计算机科学丛书

现代密码学及其应用

[美] 理查德 E. 布拉胡特（Richard E. Blahut）著
伊利诺伊大学香槟分校

黄玉划 薛明富 许娟 译
南京航空航天大学

Cryptography and Secure Communication

工业出版社
Machine Press

图书在版编目（CIP）数据

现代密码学及其应用 /（美）理查德 · E. 布拉胡特（Richard E. Blahut）著；黄玉划，薛明富，许娟译．—北京：机械工业出版社，2018.4（2021.6 重印）

（计算机科学丛书）

书名原文：Cryptography and Secure Communication

ISBN 978-7-111-59463-5

I. 现…　II. ①理…　②黄…　③薛…　④许…　III. 密码学　IV. TN918.1

中国版本图书馆 CIP 数据核字（2018）第 055034 号

本书版权登记号：图字　01-2017-8018

本书阐述了密码学的发展历史，重点介绍了密码学的基本概念、基本理论和基本方法以及常用具体算法。

首先，本书对密码学所需的数论、抽象代数和信息论等预备知识进行了详细叙述，并介绍了非对称密码体制（公钥密码学）中的经典算法 RSA、Elgamal、Rabin、Diffie-Hellman 密钥交换协议等。在此基础上，依次介绍了安全通信要用到的对称密码（分组密码和流密码）与散列函数及其常用算法和分析方法。最后，本书以一半的篇幅详细介绍了安全通信所涉及的公钥密码学新成果，包括椭圆曲线密码、超椭圆曲线密码、双线性对密码、格密码等，并简要介绍了安全与鉴别密码协议。

本书可作为密码学和信息安全方向的本科生和研究生教材，也可供密码学和信息安全方向的广大科技工作者参考。

出版发行：机械工业出版社（北京市西城区百万庄大街 22 号　邮政编码：100037）

责任编辑：朱秀英	责任校对：殷　虹
印　　刷：北京捷迅佳彩印刷有限公司	版　　次：2021 年 6 月第 1 版第 4 次印刷
开　　本：185mm×260mm　1/16	印　　张：25
书　　号：ISBN 978-7-111-59463-5	定　　价：119.00 元

凡购本书，如有缺页、倒页、脱页，由本社发行部调换

客服热线：(010) 88378991　88361066　　投稿热线：(010) 88379604

购书热线：(010) 68326294　88379649　68995259　　读者信箱：hzjsj@hzbook.com

文艺复兴以来，源远流长的科学精神和逐步形成的学术规范，使西方国家在自然科学的各个领域取得了垄断性的优势；也正是这样的优势，使美国在信息技术发展的六十多年间名家辈出、独领风骚。在商业化的进程中，美国的产业界与教育界越来越紧密地结合，计算机学科中的许多泰山北斗同时身处科研和教学的最前线，由此而产生的经典科学著作，不仅擘划了研究的范畴，还揭示了学术的源变，既遵循学术规范，又自有学者个性，其价值并不会因年月的流逝而减退。

近年，在全球信息化大潮的推动下，我国的计算机产业发展迅猛，对专业人才的需求日益迫切。这对计算机教育界和出版界都既是机遇，也是挑战；而专业教材的建设在教育战略上显得举足轻重。在我国信息技术发展时间较短的现状下，美国等发达国家在其计算机科学发展的几十年间积淀和发展的经典教材仍有许多值得借鉴之处。因此，引进一批国外优秀计算机教材将对我国计算机教育事业的发展起到积极的推动作用，也是与世界接轨、建设真正的世界一流大学的必由之路。

机械工业出版社华章公司较早意识到“出版要为教育服务”。自 1998 年开始，我们就将工作重点放在了遴选、移译国外优秀教材上。经过多年的不懈努力，我们与 Pearson，McGraw-Hill，Elsevier，MIT，John Wiley & Sons，Cengage 等世界著名出版公司建立了良好的合作关系，从他们现有的数百种教材中甄选出 Andrew S. Tanenbaum，Bjarne Stroustrup，Brian W. Kernighan，Dennis Ritchie，Jim Gray，Afred V. Aho，John E. Hopcroft，Jeffrey D. Ullman，Abraham Silberschatz，William Stallings，Donald E. Knuth，John L. Hennessy，Larry L. Peterson 等大师名家的一批经典作品，以“计算机科学丛书”为总称出版，供读者学习、研究及珍藏。大理石纹理的封面，也正体现了这套丛书的品位和格调。

“计算机科学丛书”的出版工作得到了国内外学者的鼎力相助，国内的专家不仅提供了中肯的选题指导，还不辞劳苦地担任了翻译和审校的工作；而原书的作者也相当关注其作品在中国的传播，有的还专门为其书的中译本作序。迄今，“计算机科学丛书”已经出版了近两百个品种，这些书籍在读者中树立了良好的口碑，并被许多高校采用为正式教材和参考书籍。其影印版“经典原版书库”作为姊妹篇也被越来越多实施双语教学的学校所采用。

权威的作者、经典的教材、一流的译者、严格的审校、精细的编辑，这些因素使我们的图书有了质量的保证。随着计算机科学与技术专业学科建设的不断完善和教材改革的逐渐深化，教育界对国外计算机教材的需求和应用都将步入一个新的阶段，我们的目标是尽善尽美，而反馈的意见正是我们达到这一终极目标的重要帮助。华章公司欢迎老师和读者对我们的工作提出建议或给予指正，我们的联系方法如下：

华章网站：www.hzbook.com
电子邮件：hzjsj@hzbook.com
联系电话：(010)88379604
联系地址：北京市西城区百万庄南街 1 号
邮政编码：100037

HZ BOOKS
华章教育

华章科技图书出版中心

译者序

本书的作者 Richard E. Blahut 是一个工程师，而非密码学者（当然这是作者自谦的说法），这反而使得本书相比其他密码学著作而言更通俗易懂。尤其是本书对密码学所需的数论、抽象代数和信息论等基础知识进行了详细铺垫，使得本书非常适合作为密码学和信息安全方向的本科生和研究生教材。作者的工程师背景也使得本书适合 IT 界的广大工程技术人员参考，尤其是那些想要了解密码学的工程技术人员。

特别是，本书前后花了大量的篇幅来详细介绍非对称密码体制（公钥密码学），这在其他密码学著作中是不多见的。因此，对于研究方向是公钥密码学的科技工作者来说，本书是一本不可多得的好书。

另外，本书不只是第 1 章最后一节专门介绍了密码学综合史，实际上每章后面的注释都介绍了各自主题的发展史。因此，本书对于了解密码学及其各个主题的历史与发展状况是一本不错的参考书。

当然，本书对对称密码（分组密码和流密码）与散列函数的介绍略显薄弱，特别是密码学的发展日新月异，新成果层出不穷。而物联网与各种无线网络的迅速发展带来了密码学的新热点——轻量级密码。实际上，轻量级密码的设计思想与普通密码是相通的。为此，译者将在 PPT 中补充这些问题。另外，绝大多数密码学书籍的习题没有给出参考答案。译者将为本书配备参考答案。这样，本书就更适合作为本科生和研究生的教材。

本书第 1 章和第 5～9 章由黄玉划翻译，第 2～4 章由许娟翻译，第 10～15 章由薛明富翻译。限于译者水平，不当之处在所难免。敬请广大专家和读者批评指正！

译者

2018 年 2 月

于南京航空航天大学东华湖

前 言

信息传输和信息保护就像是同一幅织锦的两面，但信息保护有着更为错综复杂的多重纹路。信息保护学科的核心就是经典密码学中特有的主题，即保护消息的内容避免被未授权的接收者所理解，但不以其他方式来保护消息。本书大部分内容专注于古典意义上的密码学，但用现代先进的方式来探讨。现代密码学与信息保护总体上是一个由数学、工程、信息与计算机科学组成的迷人交叉学科，这些交叉可以在本书中找到。

信息保护学科正在迅速演变，它远远超越了点对点密码学中的古典观念。当前大型公共网络对保密与安全有强烈的需求。在公共网络通信的大背景下，还有很多其他重要问题，包括授权、证书和认证等问题，这为讨论中带来了很多需要考虑的微妙因素。虽然本书的重点是密码学，但也同样涉及这些问题。同我的其他书一样，我的目标集中于讨论这些形式化的、可能永恒的问题，而不是现用系统的细节。虽然本书没有编写成一本手册来描述当前标准密码体制，但有些主题通过讨论现用的实际系统进行了最好的描述。

现代密码学采用了大量源自数论、抽象代数和代数几何等科目的高等数学资料。我相信，一个人如果对这些资料没有一定的理解，不可能成为密码学学科的专家。因此，本书对所有相关的数学主题进行了正式且严谨的探讨，但简化了描述以适应目前的需求。

本书由一个工程师而非密码学者编写，是写给那些特别想要在一定程度上深入了解信息保护学科的工程师们。虽然我承认这样做有一定风险，但也希望会有积极的教学意义。作为这个学科的外行，我能更容易地看出那些对专家显而易见而对新手却难以理解的知识点，而这些知识需要更细心地对待。但是，同时我也坚信密码学的工科生不应该缩手缩脚。尽管工程师的起始背景可能不同于一个数学家，但他能够且应该理解主要的数学知识，而不要以为任何基本原理都是理所当然的。

在写这本书时，有时我不得不按自己的方式来达到所需的结果，而这超越了我的常规教育。为此，本书以目标为中心，直接深入展开，但不失严谨性。我希望这样一本由非专业人士编写的科技书籍会适合普通技术教育读者。

当然，很多现代密码学的软肋是复杂度问题，但这个主题在本书中没有详细讨论。呈现给对手的计算问题貌似复杂难解，这样秘密就得到了保护。计算复杂难解的证据往往只是传闻。众所周知的形式化论述是经过检验的，并往往只能间接应用。关于复杂度的描述通常指的是渐近复杂度，这是理论意义上的，但可以与实例问题的实际复杂度有很大不同。由于我们倾向于在本书中尽量避免无证据的论断，所以很多关于复杂度的表述通常只出现在一般术语中，或者在章末注释中。

本书讨论了古典和现代密码学的很多专业概念，甚至讨论了一些过时的或者不足信的技术，因为它们对本学科的历史和文化很重要。这些思想有助于理解本书，并可能引领未来的发展。

许多不同的数学科目构成了密码学学科的基础，这部分内容将在第 9 章介绍，而在第 2 章将介绍数论的相关内容。背景材料放到第 9 章再介绍有助于塑造本书的风格，但有时需要提前参考第 9 章的定义和定理。本书的前半部分(第 1～8 章)讨论经典密码学和公钥密码学的早期基本方法，这些主要是基于数论的。本书前半部分所需的数学主要是数论，以及群论的基本概念，这在第 2 章中就展开论述了。第 3 章和第 4 章探讨了公钥密码学。第 5 章探讨了信息论问题，第 6 章和第 7 章探讨了传统的分组密码和流密码，第 8 章涵盖了消息认证。

本书中间的第 9 章，简要总结了后面几章所需的数学，前面几章偶尔也需要。本书的后半部分也需要其他高等数学的知识，特别是代数几何的概念。这些主题的绝大部分在需要用到的地方展开论述。特别地，第 10～12 章讨论基于椭圆和超椭圆曲线的密码学，包括配对方法。最后 3 章圆满完成了本书。第 13 章讨论实际的实施问题。第 14 章讨论了身份鉴别，而第 15 章讨论了基于格和基于编码的密码学。大部分的处理是自成一体的，或者说是有这样的目的。

本书所讲述的数学成熟、美丽而优雅，在某些方面与信号处理的工程数学相关，但是它更高级，并用自己的语言来表述。也许其中一些理论有一天将进入工程师的日常工具箱。

这本书开始于一套未编辑的讲义笔记，源自1999年我和Nigel Boston教授一起讲授的密码学课程，并于2003年和2005年同Iwan Duursma教授一起重新教该课。这些早期讲义笔记只是把讲座作为班级学生的助学工具，试图把问题阐述清楚，并帮助我自己理解相关数学内容。由于当时有许多草率未完的边角工作，这些笔记并不适于全面发行。2009年到2011年，当我主要面向工科学生单独讲授该课程时，继续完善和修订了这些笔记，最终完成当前这本书。

我对数学主题有更深层次的理解，要感谢与Boston在课堂内外的共享时光，以及与Duursma的互动。没有这些亲密合作，我不可能加深对这些内容的理解。虽然我确实感谢他们给我带来了这个新的兴趣点，但我也责怪他们让我来担负起一个新的嗜好。还要感谢与Ian Blake和Jim Massey的长期友谊，这两个人就像羽毛挠皮肤一样撩起我早期的好奇心。这本书就是这样来的。当然，在伊利诺伊大学香槟分校电子和计算机工程系的教室里，许多关心和质疑的学生带来的激励和挑战对于准备编撰这样一本书也是非常宝贵的。

感谢Nigel Boston教授、Alfred Menezes教授和Ian F. Blake教授友情提供了本书手稿的专家评论。他们的帮助是非常宝贵的，并纠正了我的许多错误。感谢Negar Kiyavash、Sam Spencer、Patricio Parada、Figen Oktem、Sara Bahramian和Leila Fuladi，与他们的早期交流也帮助我改进了手稿。这本书的质量在很大程度上要归功于Frances Bridges女士熟练巧妙的编制技艺，感谢她和Debra Rosenblum女士一起提供了这么多编排技巧。最后感谢Barbara让本书成书出版。

目　录

Cryptography and Secure Communication

出版者的话

译者序

前言

致谢

第 1 章　概述 …… 1

1.1　经典密码学 …… 1
1.2　密码保密的概念 …… 3
1.3　分组密码 …… 5
1.4　流密码 …… 7
1.5　公钥密码学 …… 8
1.6　迭代与级联密码 …… 9
1.7　密码分析学 …… 10
1.8　现实攻击 …… 11
1.9　复杂度理论 …… 12
1.10　认证与鉴别 …… 13
1.11　所有权保护 …… 14
1.12　隐蔽通信 …… 15
1.13　信息保护史 …… 16
第 1 章习题 …… 17
第 1 章注释 …… 18

第 2 章　整数 …… 20

2.1　数论基础 …… 20
2.2　欧几里得算法 …… 23
2.3　素数域 …… 25
2.4　平方剩余 …… 26
2.5　二次互反性 …… 30
2.6　雅可比符号 …… 32
2.7　素性检验 …… 35
2.8　费马算法 …… 36
2.9　Solovay-Strassen 算法 …… 37
2.10　Miller-Rabin 算法 …… 39
2.11　整数分解 …… 41
2.12　Pollard 因子分解算法 …… 42
2.13　素数域上的平方根 …… 43
第 2 章习题 …… 48
第 2 章注释 …… 50

第 3 章　基于整数环的密码学 …… 51

3.1　双素数密码 …… 51
3.2　双素数密码的实施 …… 52
3.3　双素数密码的协议攻击 …… 54
3.4　双素数加密的直接攻击 …… 55
3.5　双素数因子分解 …… 56
3.6　平方筛选法 …… 56
3.7　数域筛选法 …… 60
3.8　Rabin 密码体制 …… 62
3.9　背包密码体制的兴衰 …… 64
第 3 章习题 …… 65
第 3 章注释 …… 66

第 4 章　基于离散对数的密码学 …… 67

4.1　Diffie-Hellman 密钥交换 …… 67
4.2　离散对数 …… 68
4.3　Elgamal 密码体制 …… 69
4.4　陷门单向函数 …… 70
4.5　Massey-Omura 密码体制 …… 70
4.6　Pohlig-Hellman 算法 …… 71
4.7　Shanks 算法 …… 75
4.8　离散对数的 Pollard 算法 …… 77
4.9　指数计算方法 …… 79
4.10　离散对数问题的复杂度 …… 81
第 4 章习题 …… 83
第 4 章注释 …… 83

第 5 章　密码学中的信息论方法 …… 85

5.1　概率空间 …… 85
5.2　熵 …… 86

5.3 理想保密 …… 87
5.4 Shannon-McMillan 定理 …… 89
5.5 唯一解距离 …… 90
5.6 自然语言的熵 …… 92
5.7 熵扩展 …… 93
5.8 数据压缩 …… 94
5.9 窃听信道 …… 95
第 5 章习题 …… 98
第 5 章注释 …… 99

第 6 章 分组密码 …… 100

6.1 分组代换 …… 100
6.2 Feistel 网络 …… 101
6.3 数据加密标准 …… 102
6.4 数据加密标准的使用 …… 105
6.5 双重和三重 DES 加密 …… 105
6.6 高级加密标准 …… 106
6.7 差分密码分析 …… 109
6.8 线性密码分析 …… 110
第 6 章习题 …… 110
第 6 章注释 …… 111

第 7 章 流密码 …… 112

7.1 依赖状态的加密 …… 112
7.2 加法流密码 …… 113
7.3 线性移位寄存器序列 …… 115
7.4 线性复杂度攻击 …… 117
7.5 线性复杂度分析 …… 118
7.6 非线性反馈产生的密钥流 …… 120
7.7 非线性组合产生的密钥流 …… 121
7.8 非线性函数产生的密钥流 …… 123
7.9 相关性攻击 …… 128
7.10 伪随机序列 …… 130
7.11 序列的非线性集 …… 131
第 7 章习题 …… 133
第 7 章注释 …… 134

第 8 章 认证与所有权保护 …… 135

8.1 认证 …… 135
8.2 鉴别 …… 136
8.3 认证签名 …… 136
8.4 散列函数 …… 138
8.5 生日攻击 …… 140
8.6 迭代散列构造 …… 141
8.7 理论散列函数 …… 141
8.8 实用散列函数 …… 142
第 8 章习题 …… 146
第 8 章注释 …… 147

第 9 章 群、环与域 …… 148

9.1 群 …… 148
9.2 环 …… 150
9.3 域 …… 151
9.4 素数域 …… 153
9.5 二进制域与三进制域 …… 153
9.6 一元多项式 …… 154
9.7 扩张域 …… 159
9.8 有限域上的乘法循环群 …… 163
9.9 分圆多项式 …… 165
9.10 向量空间 …… 167
9.11 线性代数 …… 169
9.12 傅里叶变换 …… 170
9.13 有限域的存在性 …… 173
9.14 二元多项式 …… 176
9.15 模数约简与商群 …… 179
9.16 一元多项式分解 …… 180
第 9 章习题 …… 182
第 9 章注释 …… 184

第 10 章 基于椭圆曲线的密码学 …… 185

10.1 椭圆曲线 …… 185
10.2 有限域上的椭圆曲线 …… 189
10.3 点的加法运算 …… 191
10.4 椭圆曲线的阶数 …… 194
10.5 椭圆曲线的群 …… 196
10.6 超奇异椭圆曲线 …… 197
10.7 二进制域上的椭圆曲线 …… 199
10.8 点的乘法计算 …… 201

10.9 椭圆曲线密码学 …………… 202
10.10 投影平面 …………… 204
10.11 扩张域上的点计数 …………… 206
10.12 有理数上椭圆曲线的同态映射 …………… 210
10.13 有限域上椭圆曲线的同态 … 213
10.14 基域上的点计数 …………… 217
10.15 Xedni(仿指数)计算方法 …… 220
10.16 椭圆曲线与复数域 …………… 223
10.17 采用复数乘法构造的曲线 … 225
第 10 章习题 …………… 231
第 10 章注释 …………… 233

第 11 章 基于超椭圆曲线的密码学 …………… 235

11.1 超椭圆曲线 …………… 235
11.2 坐标环和函数域 …………… 238
11.3 极根和零根 …………… 240
11.4 约数 …………… 242
11.5 主约数 …………… 244
11.6 椭圆曲线上的主约数 …………… 246
11.7 雅可比商群 …………… 249
11.8 超椭圆曲线的群 …………… 250
11.9 半简化约数和雅可比商群 …… 252
11.10 Mumford 变换 …………… 253
11.11 Cantor 约简算法 …………… 257
11.12 简化约数和雅可比商群 …… 259
11.13 Cantor-Koblitz 算法 …………… 260
11.14 超椭圆曲线密码学 …………… 263
11.15 超椭圆雅可比商群的阶 …… 264
11.16 一些雅可比商群的例子 …… 265
第 11 章习题 …………… 268
第 11 章注释 …………… 269

第 12 章 基于双线性对的密码学 …………… 270

12.1 双线性对 …………… 270
12.2 基于配对的密码学 …………… 271
12.3 基于配对的密钥交换 …………… 272
12.4 基于身份的加密 …………… 273
12.5 基于配对的签名 …………… 275
12.6 攻击双线性 Diffie-Hellman 协议 …………… 275
12.7 扭转点与嵌入度 …………… 276
12.8 扭转结构定理 …………… 279
12.9 配对的结构 …………… 285
12.10 利用双线性对的攻击 ……… 286
12.11 Tate 配对 …………… 288
12.12 Miller 算法 …………… 292
12.13 Weil 配对 …………… 294
12.14 友好配对曲线 …………… 296
12.15 Barreto-Naehrig 椭圆曲线 … 297
12.16 其他友好配对曲线 …………… 299
第 12 章习题 …………… 300
第 12 章注释 …………… 302

第 13 章 实现 …………… 303

13.1 配对强化 …………… 303
13.2 加速配对 …………… 305
13.3 双倍点和三倍点 …………… 307
13.4 点的表示 …………… 309
13.5 椭圆曲线算法中的运算 ……… 310
13.6 整数环上的模加 …………… 311
13.7 整数环上的模乘 …………… 311
13.8 二进制域的表示 …………… 313
13.9 二进制域中的乘法和平方 …… 315
13.10 互补基 …………… 318
13.11 有限域中的除法 …………… 320
第 13 章习题 …………… 320
第 13 章注释 …………… 322

第 14 章 安全与鉴别密码协议 …… 323

14.1 密码安全协议 …………… 323
14.2 鉴别协议 …………… 324
14.3 零知识协议 …………… 325
14.4 安全鉴别方法 …………… 325
14.5 签名协议 …………… 330
14.6 秘密共享协议 …………… 332
第 14 章习题 …………… 333
第 14 章注释 …………… 334

第 15 章　其他公钥密码 …………… *335*
15.1　格介绍 ……………………… *335*
15.2　格理论中的基本问题………… *340*
15.3　格基约简 …………………… *341*
15.4　基于格的密码体制…………… *344*
15.5　攻击格密码体制……………… *347*
15.6　编码介绍 …………………… *348*
15.7　子空间投影 ………………… *350*
15.8　基于编码的密码学…………… *351*
第 15 章习题 ……………………… *352*
第 15 章注释 ……………………… *353*

参考文献 ………………………… *354*

索引 ……………………………… *371*

概　述

信息及其通信是当今文明世界的中枢系统，而文明与否取决于是否有有效可靠的方法来保护信息免遭对手入侵。信息采集与通信的很多方法需要保护并保证其可信性。这些需求是社会有序运作的核心，可能包括保密性、完整性、不可否认性、认证、隐蔽性、抗复制性、鉴别、授权和所有权保护。这些不同的主题或多或少可以当作是不同的需求，虽然它们理所当然地存在很大的重叠。它们一起构成了安全通信的主题。这些五花八门的主题的中心，正如本书的核心一样，就是密码学的经典主题所在之处。

通信和密码学是普通电信领域中密切相关的主题。通信是数据和消息交换的过程。本身而言，通信一词具有积极主动的色调，象征合作与开放。然而，通信过程确实还具有竞争性和防御性的一面。社会与经济交互的本质就是可以对通信系统的结构提出种类繁多的微妙需求，以确保各种类型的安全性、保密性和可信性。

保密和认证是通信系统中附加的功能。保密的功能是确保消息不被窃听者所理解。认证的功能是确保消息的来源与表征的源头一致，即认证的目的是验证消息的来源。认证并不验证消息发送方的身份，身份验证是鉴别的功能。认证可以通过不可伪造的数字签名来实现。这些要求使得它们与密码编码学相关联。密码编码学包括数据保护方法的研究、开发和实现；而密码分析学是密码体制攻击和破解方法的研究、开发和实现。总而言之，密码编码学和密码分析学构成了密码学的两大主题㊀。

古典密码体制的基本概念对于很多喜欢娱乐密码的难题破解者来说是熟悉的㊁。娱乐密码文件是新闻报纸的普遍特征，并且很受难题破解者欢迎。在密码文件中，因为字母表中的每个字母都用另一个字母表示，所以解决方案的“密钥”相当于找出26！种可能的字母排列。这些娱乐密码文件通常伴随单词空格原封不动地出现，这给破解者提供了有用的信息，可能使得难题破解变得十分简单。然而，即使没有单词空格，破解密码文件还是相当容易的。我们由此得出结论，一个人实际上并不尝试所有26！种可能的排列。这将是一个艰巨的任务。相反，难题破解者采用某种分层结构，通过推理序列来推导出置换排列。在本书的语言中，密码分析者采用“密码体系结构以及可能的加密消息的内容和语言结构”等先验知识来攻击密码体制。

1.1　经典密码学

消息$(x_1, x_2, \cdots, x_n)$此处称为明文消息，由来自有限字母表$\mathcal{A}$的n个符号序列组成，给定$\mathcal{A}$的大小为$\#\mathcal{A}$（即基数，也可用$|\mathcal{A}|$或$\|\mathcal{A}\|$表示）。为了方便起见，我们通常可以认为明文消息的长度事先固定为n，以避免在处理可变长度消息时可能出现某些不感兴趣的干扰。这样，消息$(x_1, x_2, \cdots, x_n)$就是$\mathcal{A}^n$的一个元素，但并非$\mathcal{A}^n$的每个元素都需

㊀ 密码学(Cryptology)分为密码编码学(Cryptography)和密码分析学(Cryptanalysis)。Cryptography多数情况下简译为密码学，有时可简译为密码，为简洁起见，为了体现与密码分析学(Cryptanalysis)对应时，译为密码编码学。在不需要严格区分的情况下，译稿中会根据语境混用术语“密码学”和“密码编码学”。——译者注

㊁ 娱乐密码的密钥是26个字母的置换。——译者注

要是给定应用的合法明文消息。令 $\mathcal{M}\subset\mathcal{A}^n$ 表示合法明文消息的集合。在适当的时候，集合 $\mathcal{M}$ 称为*自然语言*，或简称为*语言*。一般来说，这个说法意味着，并非 $\mathcal{A}^n$ 的每个元素都是明文消息。此处用 $\mathcal{M}\neq\mathcal{A}^n$ 来表示。事实上，$\mathcal{M}$ 的基数通常远小于 $\mathcal{A}^n$ 的基数，我们写为 $\#\mathcal{M}\ll\#\mathcal{A}^n$。这种经验在密码学的信息论方法中扮演重要角色。

对于英语最简单的模型，$m=26$，所有字母都大写，并且没有空格符号。每当我们要求消息长度固定为 n 时，可以用填充符号在消息末端填充一个较短的消息，例如符号 Z(或空格或其他替代的空符号)，以使消息具有标准长度 n。对于这个简单的英语模型，$|\mathcal{A}^n|=26^n$ ⊖，但是由 $\mathcal{M}$ 确定的合法明文消息要少得多。

密码可以分为两种类型：*分组密码*和*流密码*。分组长度为 n 的分组密码首先将更长的明文消息 $\boldsymbol{x}$(例如长度为 N)分割成 N/n 个分组(或段)；每个分组长度为 n，这样消息现在就写为$\{\boldsymbol{x}_1, \boldsymbol{x}_2, \cdots, \boldsymbol{x}_{N/n}\}$，其中 $\boldsymbol{x}_\ell$ 是消息的第 ℓ 个分组。为此，我们要求 n 整除 N。每个明文分组 $\boldsymbol{x}_\ell(\ell=1, \cdots, N/n)$ 由消息的 n 个序列符号组成，其中每个符号来自给定的字
2 母表 $\mathcal{A}$。因此 $\boldsymbol{x}_\ell\in\mathcal{A}^n$。

对于很多基本分组密码，$n=1$。这意味着符号由共同的加密规则独立加密。这样的密码虽然在娱乐密码应用中是流行的，但是对于重要的应用来说太普通而不可用，后面将叙述。

*分组加密函数*是个映射，用 $e(\boldsymbol{x})$ 表示，该映射将长度为 n 的消息分组 $\boldsymbol{x}$ 映射到另一个分组，通常长度也为 n，称为*密文分组*，并表示为 $\boldsymbol{y}=e(\boldsymbol{x})$。因此 $\boldsymbol{y}\in\mathcal{A}^n$。*密钥*是来自集合 $\mathcal{K}$ 的元素 k，$\mathcal{K}$ 称为*密钥空间*。函数中的密钥 $k\in\mathcal{K}$ 用来指定一个加密函数，现在用 $e_k(\boldsymbol{x})$ 来表示，是由 k 索引生成的预定义的加密函数集合。*分组加密器*是映射的集合，用 $\{e_k(\boldsymbol{x}), k\in\mathcal{K}\}$ 表示，构成加密函数集合。*分组解密器*是逆映射$\{d_k(\boldsymbol{y})=e_k^{-1}(\boldsymbol{y})\}$的集合，也是由 k 索引生成。这样，对于每个 k，$d_k(e_k(\boldsymbol{x}))=\boldsymbol{x}$。这种加密方和解密方都可以采用相同密钥 k 的编排，称为*对称密钥密码体制*。也许令人惊讶的是，我们最终将看到，一些密码体制的加密方和解密方采用不同的密钥，这称为*非对称密钥密码体制*。在这种情况下，每个解密密钥本身必须保密，与对应的加密密钥相关联，而加密密钥可以公开。此加密密钥需要由解密方或受信任的代理适当地公布一次。此后，解密方或代理可以是完全被动的。事实上，代理可以取消。此功能不再需要它。相反，为了生成对称密码体制采用的密钥，解密方必须主动地与每个想要发送一个或多个加密消息的发送方交互。由于现实的原因，创建保密对称密钥所需的这种交互通常是公开的，因此被称为*公开密钥交换*。公开密钥交换不同于*公开的加密密钥*，尽管它们都是公开的。

非对称密钥密码体制的另一个优点是，加密密钥的泄露不会危及系统，因为实际上加密密钥就是公开的。当然，这种考虑要求不能从公开加密密钥和密文推导出解密密钥和明文。特别地，如果使用小的消息空间使得可以采用公开加密密钥简单地加密每个可能的消息，直到观察到给定的密文，从而揭示出对应于该密文的实际明文，则该系统是脆弱的。通过用随机生成的位来填充所有短消息，可抵消这种可能性。采用这种方式，消息空间中不充足的熵由随机填充的附加熵来补充。

密钥 k 的*密码空间*是集合 $e_k(\mathcal{M})$。每当密文的字母表和分组长度与明文的字母表和分组长度相同时，密码空间包含在 $\mathcal{A}^N$ 中。很明显，$d_k(e_k(\mathcal{M}))=\mathcal{M}$。然而，一般说来，如果 $k'\neq k$，则 $d_{k'}(e_k(\mathcal{M}))\neq\mathcal{M}$。实际上，对于每个 $k'\neq k$，$d_{k'}(e_k(\mathcal{M}))\cap\mathcal{M}=\varnothing$。在这种情况
3 下，原则上，加密不安全。它容易遭受*直接攻击*。对每个 k'，简单地计算$d_{k'}(\boldsymbol{y})$，并选择其

⊖ 原文为 $\mathcal{A}^n=26^n$。——译者注

中满足 $d_{k'}(\boldsymbol{y})\in\mathcal{M}$ 的 k'。当然，如果密钥空间 $\mathcal{K}$ 的基数 $\#\mathcal{K}$ 足够大，则由于计算量过多，导致直接攻击可能是不可行的。因此，从现实的角度来看，保密性可以取决于计算资源。

在相反的情况下，对于所有 k 和所有 $k'\neq k$，也可以有 $d_{k'}(e_k(\mathcal{M}))=\mathcal{M}$。下面是一个理想保密(完全保密)的例子。对于任何密文 $\boldsymbol{y}$ 和任何明文 $\boldsymbol{x}$，存在密钥 k，使得 $e_k(\boldsymbol{x})=\boldsymbol{y}$。任何明文消息都可能是正确的。仅当密钥已知或部分已知时，才能从密文中推导出或部分推导出明文。

唯一被证明是理想保密的密码体制是一次一密。假设加密方和解密方都拥有相同的长随机二进制序列 $\boldsymbol{u}=(u_\ell,\ \ell=0,\ \cdots)$ 的副本，称为一次一密。令 $\boldsymbol{x}=(x_\ell,\ \ell=0,\ \cdots)$ 是以二进制序列形式表示的明文。加密方发送 $\boldsymbol{y}=\boldsymbol{x}+\boldsymbol{u}$(其中＋表示分组模 2 加)，解密方计算 $\boldsymbol{y}+\boldsymbol{u}$。因为 $\boldsymbol{u}+\boldsymbol{u}=\boldsymbol{0} \bmod 2$，解密方就恢复了明文 $\boldsymbol{x}$。对手或窃听者只看到 $\boldsymbol{y}$，这是一个难以理解的密文，其字母表和分组长度与明文的字母表和分组长度相同。在不知道 $\boldsymbol{u}$ 的情况下，不可能全部或部分地恢复 $\boldsymbol{x}$。

如果密码本中相同的随机序列 $\boldsymbol{u}$ 使用两次，则一次一密将不是完全安全的。这是因为 $\boldsymbol{u}+\boldsymbol{u}=\boldsymbol{0} \bmod 2$，所以如果两个消息 $\boldsymbol{x}_1$ 和 $\boldsymbol{x}_2$ 用相同的二进制密钥加密，则 $\boldsymbol{y}_1=\boldsymbol{x}_1+\boldsymbol{u}$ 且 $\boldsymbol{y}_2=\boldsymbol{x}_2+\boldsymbol{u}$，从中可以计算出 $\boldsymbol{y}_1+\boldsymbol{y}_2=\boldsymbol{x}_1+\boldsymbol{x}_2$。因为 $\boldsymbol{x}_1$，$\boldsymbol{x}_2\in\mathcal{M}$，而 $\mathcal{M}$ 在 $\mathcal{A}^n$ 中可能是稀疏的，所以可以用足够的计算资源来列出其中满足 $\boldsymbol{x}_1+\boldsymbol{x}_2$ 等于 $\boldsymbol{y}_1+\boldsymbol{y}_2$ 的所有 $\boldsymbol{x}_1$ 和 $\boldsymbol{x}_2$。我们可以期望 $\boldsymbol{x}_1$ 和 $\boldsymbol{x}_2$ 的这个列表远小于 $|\mathcal{M}|^2$。采用这种方式，通过化简到可能的明文对列表，两个密文就被部分解密。

虽然一次一密在加密级别上是安全的，但是，可能它仍然不能防止*侧信道攻击*。它的缺点是需要加密方和解密方具有相同的一次一密副本。在现实中，这意味着密码安全问题被一次一密的分发和保护问题所取代。这将是两个等同的问题，除非一次一密的分发情况与密文的分发情况不同。例如，受信任的信使可以在物理上将一次一密从一个用户携带到另一个用户，或者一次一密可以提前分发，在不同的地点通过已知安全的信道分发。

在大型公共网络上，密钥分发的古典方法是不可行的。因此，近年来已经开发了用于消息保密和消息签名的公钥交换或公钥协商新方法。令人惊讶的是，这种方法用于在两个陌生人之间创建保密密钥，而且完全处于第三方对手的视野中。这些现代方法依赖于对抗密码分析任务的计算处理难度。 4

密码学的实践要求采用给定密码技术的正规程序到位，使得密钥不会由于不当使用而泄露。这些方法称为*密码协议*，无须理解密码技术本身，通常就能理解协议。协议在*信息安全*而不是*信息保密*方面进行了各种研究，信息保密通常指密码编码学。本书的主题主要着落在信息保密方面，但信息安全方法也迫切需要，因此也需要讨论。实际上，通常不可能在保密和安全的任务之间做出明确的区分。

1.2　密码保密的概念

古典密码依赖于通过安全信道分发保密密钥。这在现代应用中是不可接受的，因为通信通常在大型公共网络上的陌生人之间进行，没有机会预先安排保密密钥的分发。像这样的双方之间的安全通信要求双方在公共信道上透明地建立它们的密钥。这是可能的，且常规惯例就是这样做的。更准确地说，通常认为现在普遍使用的方法是安全的。我们相信，只通过公共信道来通信，且完全处于老练对手的视野下，为双方准备一个只有他们自己知道的保密密钥，这是有可能的。这样的方法只能给出计算或实际的保密，并非理想保密。它们可以被具有无限计算资源的对手攻破。本书的大部分内容都致力于研究这些方法，以及攻击这些方法的手段。

早期试图基于理想保密或理想安全的概念来定义密码安全性，而理想安全、保密只能通过一次一密来保证，在普通情况下通常不可能满足。现在安全、保密的概念由非传统而更实用的密码学定义来补充，该定义由“一个密码体制何时在计算上是安全的?”问题导出。计算安全的概念是现代公钥密码方法的基础，但是理想保密的概念仍然是一个更强烈、更渴望的需求，虽然难以满足。当用更加严格的标准来判断时，计算安全的系统完全可能是不安全的。

我们将定义4种抵抗攻击的保密概念，这里假定密码分析者只拥有密文，但总是具备加密方法的完全知识。密码分析者只是不知道密钥。

5 1）理想保密或信息论保密：密文没有给出关于明文的信息。

2）无条件保密：即使有最好的可能算法，也不可能用无限的计算资源来攻破密文。

3）计算保密：即使采用最好的可能算法，由“实际的”计算资源攻破密文也是困难的。

4）实际保密：采用最著名的算法，由“实际的”计算资源攻破密文也是很困难的。

这4个保密的概念按其缺陷依次明显递减的顺序列出。我们希望所描述的密码体制尽可能强大。然而，我们通常不能声称给定的密码体制是完全安全的，因为大多数不安全。我们只能陈述我们所知道的，对于多数密码体制，从理论的角度来看，系统是完全不安全的，意味着每种体制可以用无限的计算时间或无限的计算资源来攻破。此外，我们经常不知道针对给定任务的最佳可能算法的复杂性。通常我们并不知道最好的可能算法。所陈述的最好的可能算法是未知的或是有条件的。通常，我们满足于实际保密，即使这个概念是非正式的和不精确的。已知算法的集合随时间而改变，实际计算的概念也随时间而改变。因此，主张实际保密是永远的真理。

对实际保密的任何讨论应该包括对期望的保密寿命所做的一些考虑。对于一个消息，如果必须保持秘密几十年而不是几个月，则要使用更强的系统。可以假定，除了一次一密，每种密码体制最终都能攻破，虽然也许要几个世纪以上。

密码体制也可能易受各种侧信道攻击的影响。侧信道攻击利用各种“外在事物”，通过“后门”获得关于消息或密钥的信息。消息的来源与消息的用户之间的感知关系，或消息传输的时间和环境，对密码分析者可能是有用的。对加解密计算耗时的任何测量可以给出关于密钥的一些信息。这样的信息即使是细微的，当与其他信息来源相结合时，对密码分析者也许是有用的。明文消息的微弱回显将存在于与加密装置分离的一个或多个线路上，甚至可能以这种方式无意地泄露在电源线上，这是可能的。甚至可以仔细检查加密设备的电磁或红外线信号谱，以获得关于加密密钥的信息，尽管信息细微。这个侧信道信息可以用来弥补直接攻击。

用户恢复消息的模式，例如，每个消息以日期或正式称呼为开头，已成功应用于攻击密码体制。由于这样的原因，一些体制用未加密但随机选择的数字来更新每个消息的加密
6 密钥，以进一步随机化消息空间。通过添加随机数来更新保密密钥，然后将该未加密的随机数作为附件附加到密文。该随机数被添加到用于加解密特定消息的保密密钥。这样，虽然不交换新密钥，但每个消息有效地用不同的密钥加密，以便进一步隐藏可能存在的用户恢复模式。当然，秘密只存在于初始密钥中，某些攻击被这种方式挫败。

最终，对手的最佳方式可能是绕过现代密码体制，在加密发生之前找到方式进入加密端，或在解密发生之后进入解密端，并以此直接读取明文。如果窗户是无保护的，一个前

门完全安全的锁并非真的好。这种针对入侵者的漏洞不在本书的讨论范围之内。

1.3 分组密码

分组密码将消息段封装成固定长度的明文分组，将每个明文分组加密成固定长度的对应密文分组，然后将加密分组连接以构成加密消息。通常，明文分组和密文分组具有相同的长度。我们通常会假定情况是这样的(等长)，尽管并非总是这样。解密方颠倒该过程，将连接的密文分组串分解成每个单独的分组，并逐个解密这些分组。然后将解密的明文分组连接以恢复原始消息。

我们将在本节中描述基本分组密码，主要通过示例的方式。这些基本分组密码太脆弱，不能运用于任何重要的应用中。一些基本密码对于提供基本的隐私是有用的，但是通过直截了当的计算方法就容易攻破。它们在这里只是作为一种介绍密码学学科及其术语的方式，讲其历史，并诱导寻找安全的方法。

更简单的基本分组密码的分组长度 n 等于1。明文的每个分组 x_ℓ 只是字母表 $\mathcal{A}$ 的单个符号，并且密文的每个分组 $y_\ell = e_k(x_\ell)$ 也是字母表 $\mathcal{A}$ 的单个符号。然后对消息$(x_1, \cdots, x_n)$进行加密，每次加密一个符号，以产生密文$(y_1, \cdots, y_n) = (e_k(x_1), \cdots, e_k(x_n))$。在最简单的情况下，密钥 k 和加密函数 e_k 对于所有的消息符号保持不变。

对于分组长度 n 等于1的基本分组密码，加密函数将只是字母表 $\mathcal{A}$ 的置换，即字母表 $\mathcal{A}$ 的基数 $q = \# \mathcal{A}$，其符号采用字母表的置换来加密，表示为 σ_k：$\mathcal{A} \to \mathcal{A}$，或 $x \mapsto \sigma_k(x)$。每个密钥 k 指定一个置换。因此，密钥空间 $\mathcal{K}$ 是 $\mathcal{S}_q$ 的子集，其中 $\mathcal{S}_q$ 是一个 q 元集上的置换群。 7

一些基本密码具有标准名称。对于分组长度为1的代换密码⊖(不要与稍后讨论的置换密码相混淆)，其密钥集合是大小 $q = \# \mathcal{A}$ 的字母表的所有置换构成的集合。因此，$\mathcal{K} = \mathcal{S}_q$，并且 $\# \mathcal{K} = q!$。通常把 $q!$ 作为密钥空间的基数，并且该特定置换所需的等效二进制密钥的大小是 $\log_2(q!)$位。例如，如果 $q = 26$，则等效二进制密钥的大小为 $\log_2(26!) \approx 90$，因此等效二进制密钥大小大约为90位。例如，娱乐密码的单个密钥是以下置换排列：

(A B C D E F G H I J K L M N O P Q R S T U V W X Y Z)

(F G Q P N A D E O B U J V H Y I T W K X R C L S Z M)

在26个字母的字母表上大约有 2^{90} 个这样的代换密钥。上面就是娱乐密码的一个密钥示例，该密码是具有26个字母的字母表上的代换密码。

作为代换密码的更大示例，标准键盘通常认为具有256个字符。这样字母表的大小就是256。因此该集合上有256! 种置换，这样代换密码所采用的所有可能密钥大小等效为 $\log_2(256!)$位。这是一个非常大的数字，并且需要一个超过千位的二进制字从密钥集合中指定一个密钥。相应地，通常要选择某种方式来限制密钥空间，例如可由加密算法的细节来确定。实际的密钥将比 $\log_2(256!)$位小得多，因此允许的置换集也会更小。

分组长度为1的所有分组密码实际上是代换密码。分组长度为1的分组密码名称可由受限置换集来定义，这些置换集合可由某些专用的较简单的规则来描述。移位密码是代换密码的一个特例。移位密码仅由字母表 $\mathcal{A}$ 的循环移位置换组成。令 $\mathcal{A}$ 代表模 q 加法的整数集合，用 $\mathbf{Z}_q$ 表示。如果 $\mathcal{A}$ 是罗马字母表，则 $q = 26$，且 $\mathcal{A}$ 中的字母可以用1～26的整数来表示。这样加密函数就是 $e_k(x_i) = x_i + k \pmod{26}$。移位密码的密钥空间大小为26，而等效二进制密钥的大小就是 $\log_2 26$，小于5位。因为密钥空间很小，移位密码是不安全的，

⊖ 代换密码对字母表中的字母进行置换排列。置换密码对消息分组中的字母进行置换排列。

尽管它可以用作隐私密码。

分组长度为 1 的仿射密码用 $e_k(x_i)=ax_i+b \pmod{26}$ 表示。为了使该函数可逆，必须存在 $a^{-1} \pmod{26}$，但 b 可以是 $\mathbf{Z}_{26}$ 的任何元素。下一章讨论的基本数论阐述了为了存在逆元 a^{-1}，a 必须满足 $\mathrm{GCD}(a, q)=1$。在模 q 运算下，具有逆元的 a 的集合用 $\mathbf{Z}_q^*$ 来表示。
8 对于罗马字母表，$q=26$，而 $|\mathbf{Z}_{26}^*|=12$ ⊖。因此，仿射密码 $e_k(x_i)=ax_i+b \pmod{26}$ 具有 12×26 个密钥（a 的 12 个选择和 b 的 26 个选择），且等效二进制密钥的大小小于 9 位。其中，应当避免 $a=1$ 和 $b=0$ 的无用密钥，以及其他可能的无用密钥。

可以类似地定义分组长度 n 大于 1 的分组密码。如果每个符号来自大小为 q 的字母表 $\mathcal{A}$，则每个长度为 n 的分组来自大小为 q^n 的字母表 $\mathcal{A}^n$。这样 $\mathcal{K}$ 就是 $\mathcal{S}_{q^n}$ 的子集，而 $\mathcal{S}_{q^n}$ 是 q^n 元置换群。密钥空间 $\mathcal{K}$ 就等于 $\mathcal{S}_{q^n}$。这种密码称为分组代换密码。

例如，最简单的英语模型是 $q=26$。如果 $n=2$，则有 $26^2=676$ 对字母。分组长度为 2 的分组代换密码用代换字母对取代每对字母。该分组密码是一组简单的查找表，每个具有 676 个输入条目，每对字母对应一个条目，并且每个密钥对应一个这样的查找表。攻破这种分组长度为 2 的代换密码比攻破前面描述的分组长度为 1 的娱乐密码要困难得多。因为有 $(26^2)!$ 对字母排列，在大小为 26 的字母表上有 $(26^2)!$ 个不同的分组长度为 2 的代换密码。这是一个巨大的数字，不要与 $(26!)^2$ 混淆。如果所有这些置换排列可由密钥空间 $\mathcal{K}$ 中的密钥检索得到，则密钥空间的大小为 $(26^2)!$。不能通过穷尽尝试所有的密钥来攻击这种密码，因为空间太大。因为 $(26)^2!$ 是非常大的数字——太大而不能检索密钥，可以期望这些置换排列中只有一个子集被用作实际给定密码的密钥，并且受限的密钥空间将由规则易处理的密钥来定义。如果知道受限密钥空间的知识，密码分析者将利用该知识，但是这个知识在设计良好的密码中可能是无用的。

存在那种具有标准名称的基本分组密码：Vigenère 密码是分组长度为 n 个符号的分量加法密码，采用长度为 n 个符号的加法密钥。例如，令 SNOW 表示分组长度 $n=4$ 的 Vigenère 密钥。该密钥对应的等价数值为(19，15，16，23)。为了加密单词“ball”，以分量模 26 加等价数值，即(2，1，12，12)+(19，15，16，23)=(21，16，2，9)，变为“UPBI”。为了解密，再次采用密钥“SNOW”，写成(21，16，2，9)−(19，15，16，23)=(2，1，12，12)，就恢复了单词“ball”。

分组长度为 2 的 Hill 密码具有如下形式：

$$\begin{pmatrix} y_1 \\ y_2 \end{pmatrix} = \boldsymbol{M} \begin{pmatrix} x_1 \\ x_2 \end{pmatrix}$$

公式为模 q 运算，其中 $\boldsymbol{M}$ 是个模 q 的可逆矩阵。如果 $(\det \boldsymbol{M})^{-1}$ 存在于 $\mathbf{Z}_q$ 中，则矩阵将是
9 可逆的，而如果 $\det \boldsymbol{M}$ 和 q 的最大公约数等于 1，则该逆存在。Hill 密码用一种非凡的方式为我们提供了第一个使用数论的密码例子。例如，要指定一个分组长度为 2 的 Hill 密码，需要一个 2×2 的方阵，该阵模 26 可逆。

矩阵 $\boldsymbol{M}=\begin{bmatrix} 1 & 2 \\ 3 & 4 \end{bmatrix}$ 满足 $\mathrm{GCD}(\det \boldsymbol{M}, 26)=2$，所以这个 $\boldsymbol{M}$ 不能用作 Hill 密码的密钥。

矩阵 $\boldsymbol{M}=\begin{bmatrix} 1 & 2 \\ 3 & 5 \end{bmatrix}$ 是合适的，因为 $\mathrm{GCD}(\det \boldsymbol{M}, 26)=1$。而 $\boldsymbol{M}^{-1}=\begin{bmatrix} 21 & 2 \\ 3 & 25 \end{bmatrix} \bmod 26$。为了采用该 Hill 密码加密单词“ball”，数字等价为(2，1，12，12)，每次加密两个字母：

⊖ 原文为 $\mathbf{Z}_{26}^*=12$，实际上 $\mathbf{Z}_{26}^*$ 是由 1～25 中除 13 以外的 12 个奇数构成的集合。——译者注

$$\begin{pmatrix} y_1 \\ y_2 \end{pmatrix} = \begin{bmatrix} 1 & 2 \\ 3 & 5 \end{bmatrix} \begin{bmatrix} 2 \\ 1 \end{bmatrix} \bmod 26, \quad \begin{pmatrix} y_3 \\ y_4 \end{pmatrix} = \begin{bmatrix} 1 & 2 \\ 3 & 5 \end{bmatrix} \begin{bmatrix} 12 \\ 12 \end{bmatrix} \bmod 26$$

这样 $y=(4,\ 11,\ 10,\ 18)$，其密文变为“DKJR”。采用这种方式，明文“ball”用密文“DKJR”来表示。

要解密，写成 $\begin{pmatrix} x_1 \\ x_2 \end{pmatrix} = \begin{bmatrix} 21 & 2 \\ 3 & 25 \end{bmatrix} \begin{bmatrix} 4 \\ 11 \end{bmatrix} \bmod 26$，$\begin{pmatrix} x_3 \\ x_4 \end{pmatrix} = \begin{bmatrix} 21 & 2 \\ 3 & 25 \end{bmatrix} \begin{bmatrix} 10 \\ 18 \end{bmatrix} \bmod 26$。这样 $x=(2,\ 1,\ 12,\ 12)$，就推导出单词“ball”，从而恢复了明文消息。

分组长度为 N 的*置换密码*由下式给出：

$$\begin{bmatrix} y_1 \\ y_2 \\ \vdots \\ y_N \end{bmatrix} = \boldsymbol{M} \begin{bmatrix} x_1 \\ x_2 \\ \vdots \\ x_N \end{bmatrix}$$

其中 $\boldsymbol{M}$ 是 $N\times N$ 的方阵，每行每列中都只有单个 1，并且所有其他元素都等于 0。这种矩阵称为*置换矩阵*。对于 N 个字母的分组，有 $N!$ 个置换矩阵。这意味着置换密码的密钥 10
空间大小为 $\log_2(N!)$ 位。

下面是个分组长度为 4 的置换矩阵的例子：

$$\boldsymbol{M} = \begin{bmatrix} 0 & 0 & 1 & 0 \\ 1 & 0 & 0 & 0 \\ 0 & 0 & 0 & 1 \\ 0 & 1 & 0 & 0 \end{bmatrix}$$

当该矩阵用于构成置换密码时，单词“ball”变为密文“ALBL”。置换密码简单地打乱单词的字母顺序。而加密密钥就是指派的置换矩阵。

1.4　流密码

分组密码通过将长消息划分成组来加密，每个分组具有固定的分组长度。每个分组被独立加密，然后重组成长密文。相反，非分组密码，例如*流密码*，采用不同的结构来加密消息。通常认为该消息的长度未特别指定，甚至可以是无限长的模式。然而，加密器必须是实际的，因此它具有有限的存储记忆。这通常意味着加密器每次只能观测或保存有限的消息段。当新的消息符号输入加密器时，旧的消息符号被丢弃。新的消息符号正在输入的同时，密码符号生成了并被移出该加密器。相应地，明文被依次移入流密码加密器中，而密文被依次移出加密器。

一种既非分组密码也非正式的流密码的加密例子称为*自动密钥密码*。自动密钥密码采用消息本身的某部分来伪装消息的其他部分。自动密钥没有真正的密钥，也不提供真正的密码保密。自动密钥密码的简单结构如图 1-1 所示，用 0～25 的整数来表示字母表中的字母，运算为加法模 26。这个自动密钥密码由 $y_i=x_i+x_{i-1}\pmod{26}$ 给出，是没有密钥的前馈密码的简单例子。

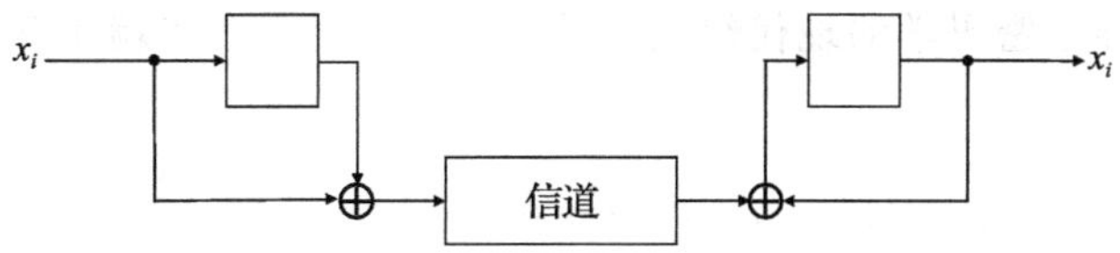

图 1-1　自动密钥密码 11

通过普通的数字表示来对英文进行编码，自动密钥密码将“DEED”编码成“DIJID”，如下所示。明文“deed”的数字表示为4，5，5，4。数据视为要用零填充，并将每个符号与其前面的符号相加，得到4，9，10，9，4，该数字相当于“DIJID”。

当然，这个自动密钥密码只是一个隐私密码。它并没有保密。通过计算 $x_i = y_i - x_{i-1} \pmod{26}$ 很容易反推。自动密钥密码，其本身是无密钥隐私密码，可以通过以下规则来构成密钥密码

$$y_i = x_i + \sum_{\ell=1}^{n} k_\ell x_{i-\ell} \pmod{26} \text{ ⊖}$$

其中 k_ℓ 是0或1，而 $k_\ell x_{i-\ell}$ 的意思很明显⊜。现在，密钥是 n 位数(k_1，k_2，…，k_n)。通过下式加密被倒推：

$$x_i = y_i - \sum_{\ell=1}^{n} k_\ell x_{i-\ell} \pmod{26}$$

这就提供了解密。

更流行的流密码称为*加法流密码*。这是一种加密技术，采用保密密钥作为种子的有限状态机来生成无尽的*密钥流*。二进制密钥流看起来类似于独立的无限随机等概二进制符号流，尽管密钥流是加密器和解密器都可以计算的确定性密钥函数。对于加密，将二进制密钥流和二进制*数据流*逐位模2加以产生*密码流*。对于解密，密钥流再次和二进制密码流逐位模2加。因为将密钥流和密码流模2加与减法相同，所以它抵消了密钥流，从而恢复了二进制数据流。

一种产生密钥流的简单方法是采用*线性递归*方式，如采用*线性反馈移位寄存器*。例如，采用一个4位的种子来初始化，定义 $x_i = x_{i-3} + x_{i-4}$。该线性递归产生一个周期为15的周期序列。注意为了计算每个 x_i，只需保留前4位就足够了，就可观察到该序列的周期不可能大于15。这4位不会超过15个可能的非零值，因为如果这4位一旦变为全0，则
12 此后的序列都为0。因此，周期不会超过15。更深入的分析将显示该周期确实是15。

因为密钥流是由有限状态机通过密钥给定的随机种子生成的，而密钥由有限长度的二进制分组构成，所以密钥流不是最大随机的。密钥流根据它的初始化种子是完全可预测的。因此称其为*伪随机序列*，意味着它只是表面上看起来是最大随机的。只有密钥才是真随机的，但它是有限的分组长度。因此，这样的密钥流数量有限，由特定的密钥值来产生。我们的任务是通过密钥构造这些密钥流，采用这种方式，密钥流的部分已知不会泄露整个密钥流。我们将在第7章探讨流密码的安全性。

1.5 公钥密码学

古典密码学只是偶尔处理一个小型社会集体的用户交换消息。在早期，建立密钥不是紧迫的问题，因为密钥可以在使用之前交换好，而且在任何社会集体中，只有少数用户参与其中。现在保密通信的问题已经完全改变。每天要交换大量的秘密消息，并且用户团体非常大，没有机会在安全的环境中进行预先的密钥交换。密码学现在必须完全在公众视野中处理。这样的方法涉及单向函数的使用。这些函数计算上是可行的，但反向计算是不可行的。这一要求引导了密码学的现代纪元，其中公开密码完全依赖于现代数学中深奥的难

⊖ 原文为 $y = x_i + \sum_{\ell=1}^{n} k_\ell x_{i-\ell} \pmod{26}$。——译者注

⊜ 两个数逻辑与，可当作普通乘法。——译者注

题，这些主题占据了本书的大部分内容。这些方法主要用于创建密钥，然后供其他密码使用，如分组密码或流密码。

图 1-2 对公钥密码学中抽象数学扮演的角色提供了一个很程序化的简略描述，并且隐约纵览了本书中将要探讨的一些主题。堆栈具有大家所熟悉的整数性质，从此基础开始，一个数学结构序列依次建立在另一个之上：素数域来自数论，扩张域来自素数域，有限域来自扩张域，椭圆和超椭圆曲线建立在有限域上，而双线性配对来自椭圆曲线。在每个层面，新的密码方法已经涌现且迅速发展，并已被普遍采用。有趣的是，当了解到一个较新颖的主题时，密码分析者经常把它引入密码学作为攻击方法，而后密码编码者也快速地采纳它作为保护方法。

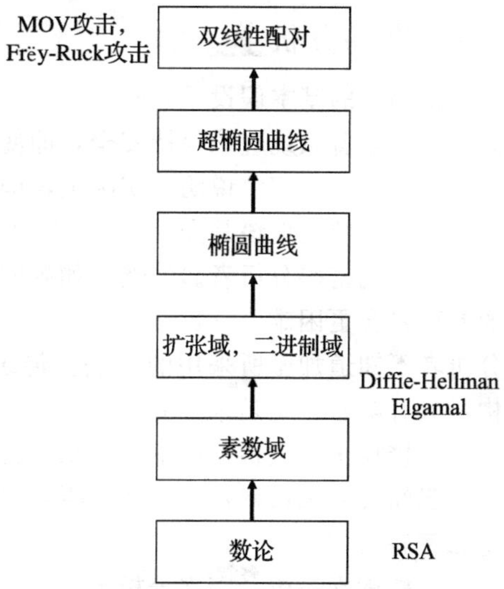

图 1-2　密码学中的数学

图 1-2 所描述的理论提纲包含了现代密码学的主要重点，但是该提纲并不详尽。其他方法，例如基于格或编码的方法，也是可用的。如果标准方法受到威胁，这些非传统的密码学方法作为标准方法的潜在替补也是重要的。 13

最后，必须指出，公钥密码学不能消除对传统私钥密码学方法的需求。在许多应用中同时采用公开密钥和保密密钥(私钥)密码体制的原因是公开密钥体制通常相当慢，导致它不太适合批量加密。因此，通常的做法是只采用公钥密码体制来创建密钥，然后用于私钥密码体制。

1.6　迭代与级联密码

给定一个密钥空间 $\mathcal{K}$，一组加密函数$\{e_k(x)\}$和一组解密函数$\{d_k(x)\}$，密码安全性受限于密钥空间的大小，用$\#\mathcal{K}$(或$\|\mathcal{K}\|$)表示。如果密钥是 m 位二进制数，则$\#\mathcal{K}=2^m$，前提是所有位都被有效地用到了。试图提高安全性的一种方法是采用两个密钥来加密两次。即采用 $y=e_{k'}(e_k(x))$来加密，而采用 $x=d_k(d_{k'}(y))$来解密。这称为*迭代密码*，或者如果两个密码是不同种类的，则称为*级联密码*。这样，密钥空间的直积 $\mathcal{K}^2$ 的大小就是$(\#\mathcal{K})^2$或$(\#\mathcal{K}_1)*(\#\mathcal{K}_2)$。如果每个密钥是一个 m 位二进制数，则$(\#\mathcal{K})^2=2^{2m}$。然而，保证这些密钥对都不相同可能还不够。两个不同的密钥对可能产生相同的加密数据，则两对密钥 14
是等效的。为此，有效密钥空间可能远小于$(\#\mathcal{K})^2$。

这样，迭代密码的使用可能表面上看起来提高了安全性，但许多情况下并非如此。例如，加性密码 $y=x+k$ 与另一个加性密码 $y'=y+k'$的级联实际上显然是加性密码 $y'=x+k+k'$，这是密钥为 $k+k'$的另一个加性密码。因此，迭代加法密码的密钥空间实际上只包含$\#\mathcal{K}$个不同的密钥，而不是$(\#\mathcal{K})^2$。对于其他迭代密码也可能真有类似的情况，但在一些密码中，这种情况可能更难以识别。通常，迭代密码或级联密码的真实安全性可能难以评估。

所谓的中间相遇明文攻击可以用于任何迭代或级联密码。这种攻击是一种概念攻击。人们并不宣称它是实用的。中间相遇攻击要求密码分析者同时拥有密文和相应的明文。第一个加密器采用每个可能的密钥 $\mathcal{K}_1$ 对已知的明文重复地加密以形成可能的“中间文本”列表。第二个解密器采用每个可能的密钥 $\mathcal{K}_2$ 对已知的密文重复地解密，以形成第二个可能的中间文本列表。然后，中间相遇攻击检查这两个列表，以找到两者共同的条目。当然，这两个列表将是巨大的，并且采用叙述的方式来存储或搜索这样的列表将是棘手的。

中间相遇攻击的计算工作量级为$\#\mathcal{K}_1+\#\mathcal{K}_2$。这样，迭代密码的有效密钥空间和保密性并没有显著增加。能在数学上建模成级联密码的任何密码都潜在地容易遭受上述改进的中间相遇攻击，此改进是假设的。我们主张，必须相应地调整级联密码的有效密钥空间大小。

虽然这个简单的论点并不宣称中间相遇攻击是实用的，但它主张迭代密码的有效密钥空间更接近$(\#\mathcal{K}_1)+(\#\mathcal{K}_2)$，而不是$(\#\mathcal{K})^2$。由于可能存在中间相遇攻击，一个人不能通过简单地引用增加的密钥空间大小来证明使用迭代密码的安全。

1.7 密码分析学

密码学的基本假设是，密码分析者知道所采用的密码体制，但不知道密钥。这个保守的假设意味着系统应该保持安全，即使密码分析者窃听了加密器和解密器，或者分析者知晓加解密方法的完整说明。实际上，即使密码体制的设计者变成密码分析者但只是没有解
15 密密钥，系统也应该是安全的。(更为保守的要求是，设计者在设计密码体制时已经打算在将来变成密码分析者。)当然，如果密码体制的结构对于密码分析者是未知的，则攻破它的差事将会更困难——也许非常困难——但是我们不希望密码体制的安全前提基础是密码分析者不知道加密所采用的方法。传统的惯例是假设密码分析者完全知道密码体制的结构：只有解密密钥是未知的。

直接攻击可以根据以下分类来考虑。

已知公开加密密钥：密文分析者只拥有公开加密密钥(如果存在)和工作原理而必须确定私密解密密钥 k。

已知密文攻击：密文分析者知道工作原理且只拥有密文 $\boldsymbol{y}$，而必须确定明文 $\boldsymbol{x}$ 或私密解密密钥 k。

已知明文攻击：密文分析器知道工作原理且同时拥有明文 $\boldsymbol{x}$ 及对应的密文 $\boldsymbol{y}$，而必须确定私密解密密钥 k。

选择明文攻击：密文分析者知道工作原理并且临时访问了包含密钥 k 的加密器。因此，密码分析者可以选择任何明文 $\boldsymbol{x}$ 并构造相应的密文 $\boldsymbol{y}$，而必须确定私密解密密钥 k。

选择密文攻击：密文分析者知道工作原理并且临时访问了包含密钥 k 的解密器，还访问了对应于该密钥的一个或多个密文 $\boldsymbol{y}$。因此，密文分析者可以推算出对应于密文 $\boldsymbol{y}$ 的明文 $\boldsymbol{x}$，而必须确定私密解密密钥 k。

协议攻击：密码分析者基于应用系统的缺陷推测出消息或消息的部分信息，而不攻击系统本身。

后门攻击：对手在加密之前或解密之后，向发送端或接收端发送代理以监测明文或明文的蛛丝马迹。

外部攻击：密码分析者监测加密器或解密器的各种物理特征，例如应用模式、温度波动、辐射或电池功率波动，以便确定密钥的部分或全部知识。

第一种攻击属于非对称密钥体制，其加密密钥和解密密钥是不相同的，并且全部或部分加密密钥是公开的。它还涉及各种密钥交换系统。这 5 种攻击中，接下来的 4 种在一定
16 程度上以脆弱性增加的顺序列出。已知密文攻击对公钥密码体制总是构成威胁，这将在后面的章节中讨论。

在 1.1 节中提到了一个简单的协议攻击示例，其密码体制采用二进制密钥与二进制数据进行基本的模 2 加法(异或)运算。如果相同的密钥 k 被使用两次以生成两个密文 $\boldsymbol{y}_1=$

$\boldsymbol{x}_1+k$ 和 $\boldsymbol{y}_2=\boldsymbol{x}_2+k$，则密码分析者可以将这两个密文相加得到 $\boldsymbol{y}_1+\boldsymbol{y}_2=\boldsymbol{x}_1+\boldsymbol{x}_2$。因为 $\boldsymbol{x}_2$ 可能是具有已知结构的消息，所以恢复被 $\boldsymbol{x}_2$ 损坏的 $\boldsymbol{x}_1$ 比恢复被 k 隐藏的 $\boldsymbol{x}_1$ 更容易。

娱乐密码试图通过类型最弱的攻击来解开，即已知密文攻击。在这种情况下，明文消息是普通英语文本，单词空格通常留在原地，并且可能的标点符号也留在原地。已知密文攻击基于以下事实：消息空间受到语言结构这样的约束，使得只存在一个恰当的消息和密钥的组合，该组合与密文一致。

一些古典密码分析技术利用了英语的统计特性。通过对许多小说、杂志和报纸的统计数据进行汇总，多次估算了 26 个字母的相对频次。同样重要的是，英语文本中双字母和三字母单词出现的相对频次也已估算出。类似地，标准英语单词和英语单词序列的相对频次也多次估算了。如果可以识别单词的边界，则密码分析者可以尝试单词的统计分析。

对于只有一个密文已知的场合，或者可能有几个密文已知的情况，唯密文攻击试图破解密码体制。密文攻击的通常目标是找到明文消息或通过只对密文进行处理并利用加密方法的全部知识来找到密钥。在大多数系统中，得到密钥还可揭示明文消息，而得到明文消息并不一定泄露密钥。

有时密文攻击可能有不同的目的。例如，目的可以是篡改消息而不对其进行解密。即便当密文不能破解时，可能还是有方法篡改合法密文，而不对其进行解密，其目的是干扰该用户加密消息的正常功能。

有一种形式的公钥密码学，其加密是公开的，包括形如 $e_k(x)=x^a \pmod n$ 的群组幂运算。为简便起见，假设我们拥有解密器 $d_k(y)=y^b \pmod n$，在此恰当的运算系统中 $ab=1 \bmod \phi(n)$。然后通过 $d_k(e_k(c)e_k(x))=(c^a x^a)^b=(cx)^{ab} \pmod n$ 给出不正确的消息 cx。以这种方式，可以通过把密文 $e_k(x)$ 乘上任何随机选择的常数，以便将任何这样的明文 x 17
转换为 x 的倍数，可以写成 $c^a \pmod n$。该性质可用于篡改密文，以便扰乱或中断解密器。即使这可能是一个无意义的消息，但它可能是一个破坏性的干扰。提到这种可能性的目的不仅仅是提出这种特定的漏洞，而且更重要的是说明即便实际上并不破解密码体制，有时可能也会对密码体制造成破坏。密码体制安全的全面验证必须预见这样的漏洞。

密码体制的选择可部分地取决于应用。一个人可能满足于适度的保密，或者也可能要求极端保密。如果信息的价值不是长久的，那么即使密码经过长时间之后最终被破解也并不重要。如果信息具有长久的价值，那么可能希望保护几十年，虽然不必是几个世纪。保护等级取决于应用。然而，这个规定终究是主观的，因为我们不知道现有密码方法的真实安全性到底如何。

我们将花很多时间来描述针对密码体制的攻击，以揭示其缺陷。例如，对流密码的常见攻击是*线性复杂度攻击*。该攻击试图从泄露的部分密钥流来计算线性递归，通过该方式来生成全部二进制密钥流。如果加法密钥流密码体制容易遭受线性复杂度攻击，则其有效保密性就像是该密码系统采用了较短的密钥。必须分析每个流密码，以表明它不易遭受到线性复杂度攻击。

1.8　现实攻击

本书讨论了密码学的数学知识，只讨论针对直接攻击的保护。现代密码学也容易遭受到其他攻击，甚至可能更加脆弱。这些就是众所周知的现实攻击⊖，包括协议攻击、后门

⊖　相对理论分析和不实用的假想攻击而言。——译者注

攻击和外部攻击。最明显的现实攻击是在加密之前或解密之后渗透进加密器或解密器以读取明文。此外，可以通过监测与加密器或解密器相关联的外部物理量来作出推断。如果现实攻击拥有系统以某种方式无意中泄露的统计信息，则可以利用对该信息的统计分析来攻击系统。计算序列总是要消耗能量，并且序列中的每个单独的计算都要消耗能量。耗能的大小取决于运算和运算量。能量来自电源供应，例如电池，并且作为热量耗散。这意味着
18 处理器所采用的功率的波动会泄露关于密钥的信息。随着计算的进行，如果能对随时空而变化的功率或温度波动进行精确详细的测量，则可以获得信息并推测出密钥或明文。也许令人惊讶的是，这样的能量攻击，尽管微弱，有时却会成功。

密码分析者还希望利用其他任何可用的辅助信息。例如，在大多数软件实现中，如果只是有缺陷，则解密所需的时间间隔取决于密钥和消息。这是因为密钥中 1 或 0 的数量可以确定程序所采用的分支顺序，并且分支执行时不会消耗相同的时间。密码学家希望确保这样的信息是不实用的，不足以充分测量，或者是微不足道的，无关紧要。再者，定时攻击虽然微弱，也曾成功过。

1.9 复杂度理论

公钥密码学取决于某些数学关系的不对称性。这些关系中，前向问题 $y=f(x)$ 是易于计算的，但是逆问题 $x=f^{-1}(y)$ 是难以计算的。我们对当前使用的各种公钥密码技术的认可和满意归结于上述命题中“难以处理”一词的阐释。既然文明世界的许多资源都受到密码技术的保护，那么要求“难以处理”一词具有精确、正式和可适用的含义似乎是必需的。遗憾的是，事实并非如此，至少当前并非如此。

然而，按照这种说法，应用中存在两个难以处理的概念，并且每个经过适当的设定后都被认可有效。这两个概念可以称为“实际难处理性”和“正规难处理性”。这两个概念通常是一致的，但并非完全一致。实际难处理性的概念对密码体制的用户终归是重要的，虽然它可能并不知道如何量化实际难处理性。相比之下，正规难处理性的概念通过探讨如何发觉算法的渐近性，以阐明实际案例的复杂性。这种正规难处理性说法的局限性在于，渐近复杂性不必是实际问题复杂性的圆满表示。事实上，可能只有在规模非常大、完全不合理的情况下，问题的渐近复杂性与实际复杂性才是贴切的。

正规复杂性理论的目标是论证某一类计算问题具有计算复杂性，或至少使其看似合理，而复杂性是问题规模中的指数函数或其他函数。这可以为密码体制安全提供强大的洞察力及信心。然而，这样的表述不应理解为复杂性比它宣称得更好。一方面，上述说法通
19 常是针对问题的典型情况，有时是考虑实例问题的最坏情况，而不是问题的每种情况，或者情况存在微妙的变化。相反，对特定问题的表述所施加的现实约束条件可能实际上排除了该问题的所有典型情况，只有那些复杂性观点不适用的实例问题无意间还留在台面上(如出现在名气不大的背包密码体制中)。

计算算法分为两种：确定性算法和概率算法。确定性算法总是会给出答案，至少原则上会给出答案。随机化算法需要随机选择的参数作为输入，而它可以给出答案，又或者可能不能给出答案，通常由已知的概率决定。如果随机化算法未能给出答案，则可以重复。多次重复使用随机选择的参数将使故障概率尽可能得小。虽然确定性算法可能看似略胜一筹，但情况不一定是这样。随机算法可能更好。此外，确定性算法可能具有无限和不可预测的停止时间，在这种情况下，其表现像随机化算法。

理论计算复杂度研究算法的渐近复杂性，并试图通过将该渐近复杂度与采用最佳可能

算法得到的渐近复杂度进行比较来判断该算法——即使最佳可能算法可能是未知的。算法用多项式、次指数或指数复杂度来描述，通常指复杂性的渐近增长，着眼于描述问题规模的一些特征参数。这当然取决于问题的规模代表什么意思。依赖整数 n 的问题规模可以是整数 n 本身，或者可以是描述整数所需的位数，位数与整数 n 的对数成比例。

对于大量有难度的计算问题，最佳算法是未知的，并且最佳算法的渐近复杂度也是未知的。这些计算问题中许多被集中以生成大的等价类问题，称为*非确定性多项式*(NP)*问题*的类和 NP *完备问题*的类，其中规模大的情况普遍认为是难以计算的。后一个等价类中的各种问题在一定程度上都是等价的，即解决这些问题之一的好算法可以转换成解决等价类中其他任何问题的好算法。我们不会在本书中探讨这些关于复杂性理论的微妙概念，也不常从这个角度对特定问题做出正式阐述。我们可以只将这些问题称为*正规难处理性*，但并没有进一步阐释该术语。

渐近复杂性算法的分类对指导实际算法的研发是重要的，但这只是故事的一部分。我们最终关注的是实际大小的计算问题，而不是渐近复杂度。指数渐近复杂度算法用于实际计算问题可能是令人十分满意的，即便用于规模大的情况也是如此，而多项式渐近复杂度算法在实践中可能是不可用的。因此，难处理性的概念通常会留下一点模糊。对于“难以处理”，我们通常指实际难处理性，意味着在问题规模等必要前提下，计算超出了合理的范围，或认为是不可能的。 20

即便所有这些事情都已经说了，人们还必须承认，算法的渐近复杂性是一个引人注目的指标，难以忽视。因为我们可能不知道一个问题的实际复杂性，那么对该问题渐近复杂性的阐述可能会给我们带来一些安慰。

因为大多数现代密码学取决于一些潜在问题的计算难处理性，算法的复杂性对于本学科是至关重要的。尽管如此，正如在本书中我们不探讨超出普通定性描述的实现一样，我们在本书中也不探讨超越普通定性说明的复杂性。

1.10　认证与鉴别

除了*保密性*主题，数据保护的广义论题还包括*认证*和*识别*。认证和鉴别的概念与保密的概念截然不同。保密的概念探讨谁可以接收消息并对其进行控制。认证和鉴别的概念探讨谁可以准备或发送消息并对其进行控制。虽然这些概念密切相关，但认证通常指的是消息源的验证，而鉴别是指验证消息源的身份。

认证是一个比保密更微妙的概念，而且更难实现。鉴别也是一个微妙的概念，甚至可能是一个有点难以捉摸的概念。“验证完全陌生人的身份”表示什么意思，想要确切定义它是特别麻烦的。认证消息包含*签名*，而签名假定不能伪造，至少凭借可用资源不能伪造。只有那个陌生人才能发送该签名。但如果陌生人没有身份，那么这种认证在什么程度上有效呢？为此，认证的任务可能变得与鉴别和证书的问题缠绕在一起，虽然它是一个截然不同的任务。我们认为认证和鉴别是比保密更困难的问题，虽然这是一个相当不精确的说法，因为实际的密码学方法既提供了不完美的保密也提供了不完美的认证。

签名可以针对明文或密文。明文可以在附加签名之后加密，并且可以包括加密后的签名。这是因为签名和保密的功能是相互独立的。再者，签名的文档可以作为一个部分插入更大的文档之中，并且该更大的文档可以单独和独立地轮流签名，而不需要注意文档内各个部分的内部签名。在另一种类型的签名系统中，可以在允许群签名的统一协议下，预备好同一文档内的签名链，这样最后的签名可保证所有内部签名是有效的。 21

签名本身不是文档，但它与文档相关联。签名通常是该文档的附件。它必须是可由机器产生和验证的。因此，它通常采取数字文件的格式。未经授权的代理人不可能修改签名或将该签名传送到替换文档，尽管签名可以与其主文档分离并且独立地传送或存储。认证的目的是确立消息的来源，而不是消息的所有权。除非本身要加密或要以其他方式来保护，否则签名可以在任何时间与其主文档一起由任何人来检查，以验证这是该特定文档的有效签名。

签名还可以有另一个用途。用于代替认证文档的来源，签名可以稍后由接收端来验证该文档在签名传送时已经存在。消息的来源预备一个密码学意义上安全的消息摘要，然后对摘要进行签名并发送摘要签名。文档本身可以在稍后的时间传送或显示。在稍后的时间，接收端根据接收到的消息来计算消息摘要，并使用先前接收到的签名来验证它，以证明在接收到签名时文档已经存在。这可以防止在发布之前重写已归档而未发布的文档。这保护了接收端。也可以用文档上的时间戳来保护发送端，但这需要一个略有不同的协议。

无论认证系统在密码级别上如何安全，在较高级别上都具有脆弱性。这就是*身份盗用*，该问题放在鉴别论题中。即使消息包含了合法签名并且该签名不能伪造，但可能接收者已被欺骗并且相信冒名者生成的签名是合法签名。如果冒名者可以利用假签名来建立假身份，那么冒名者可以假冒合法来源。为了防止这种情况，可咨询受信任的证书颁发机构，以证明签名确实属于当事人。实际上，证书机构用其自己的签名对原签名进行重新签名。该验证将签名绑定到个人，并排除了身份盗用。这引发了一个问题，即证书机构如何证明消息来源的身份，并引发了更深层的问题，即个人的身份由什么构成。

当然，引入受信任的证书颁发机构并不会使讨论终结。现在必须考虑可信证书颁发机
22 构的身份盗用。在实践中，证书机构将组织成一个层次结构，较高级别者将权力委托给证书子机构。最终，防止身份欺骗和身份盗用的保护必须来自广大社区的持续审查。

认证与 Hash(散列或杂凑)主题密切相关，并且它引发了对密码安全散列函数的需求，这将在第 8 章中探讨。散列函数产生消息摘要。对散列的需求兴起了，因为认证签名必须将整个文档作为一个单元来认证。以任何方式篡改数字文档的任何部分必然使签名无效。但签名是文档的附件，而并非用其他方法更改文档。尽管文档具有任意长度，但是期望具有固定长度的短签名——160 位签名是常用的标准。这样，散列函数就是将任意长度的文件紧凑压缩成称为*消息散列*或*消息摘要*的缩写短消息。然后对消息摘要进行签名，而不是对消息本身进行签名。要认证消息，通过使用正确的密钥，从签名的消息摘要中消除签名，从而恢复消息摘要。同时，所接收的消息本身重新散列以重新生成新消息摘要，并与恢复的消息摘要相比较。如果这两个运算的结果不一致，则拒绝认证。

在实践中，签名的消息摘要作为附件附加到数字文档。然而，如前所述，还可以在消息之前发送签名或将其存储在库中。这在消息尚未发布的应用中是恰当的，但是在将来发布时必须验证以证明它在签名生成时确实存在，并且在签名生成后文档没有改变。既然日期只是通过参考外部标准时间来定义，因此很显然，日期记录和时间戳文档要求插入对外部标准时间的引用。时间戳是可验证的日期项，附加到消息并与消息一起进行散列。日期项可以是来自日报的页面，或者可以是由可信时间戳服务发布的长二进制序列。然后签名的带时间戳的消息摘要发布在合适的可信现实服务之中，例如次日的报纸。以这种方式，可以验证消息签名的时间发生在时间戳创建之后并且在归档建立之前。

1.11 所有权保护

安全通信的另一个需求是所有权保护。许多大型数字文档包含有价值的知识产权，创

造产权很昂贵，但容易复制。为了社会企业的有序运作经营，这些文件包含的信息是必须保护的资产。数字水印和数字指纹是用来探讨建立或保护文档所有权的两种主题方法。水印和指纹是相似的主题，但它们的确有不同的特定目标和不同的解决方法。这些是与密码 23
学及本书的其他主题密切相关的数据保护方式，目前水印和指纹的已知方法虽然很有用，但从正式或理论的角度来看还不是完全令人满意的。

数字水印的目的是通过将数字签名嵌入文档之中，以便建立数字文档的所有权，该方式如果不破坏文档或使文档无效，则不能消除水印。稍后所有者可以通过论证文档中水印的存在来证明所有权的归属。

所有权保护的目标和任务不同于认证的目标和任务。认证允许文件的收件人验证该文件的来源。而所有权保护允许文件的来源证明文件来源于自己。

数字指纹的目的是通过将独一无二的数字签名嵌入数字文档的每个授权副本之中，以便检测未授权的盗版，该方式如果不破坏文档或使文档无效，则不能消除指纹，并且如果不同时复制签名，则数字文档不能复制。然后可以将所有未授权的盗版追溯到母复制，由此确立从哪个指纹复制了未授权的盗版。

在正常实践中，水印或指纹不必是不可见的——只不过是不可消除的。然而，在一些应用中，可能需要水印或指纹也是不可见的和秘密的。在当前的实践中，指纹和水印的方法已在应用中，但是规范的目标还没有完全实现。事实上，在许多应用中，需要保护的知识产权最终不在于数字文件本身，而在于该数字文件执行或描述的功能。人们总是可以通过复制文件执行或描述的功能，而不是通过复制文件本身，来破解数字所有权的保护方法。

1.12　隐蔽通信

很多情况下，双方之间通信的存在被隐藏了。消息已加密且无法读取是不够的。即使知道这种通信的发生会给对手提供信息。有一个真实的例子，正在通信的节点存在集群的情况。然后，节点的排序和消息序列的定时、顺序和来源一样，可以提供关于节点间关系的有用信息，或者可以提示它们的相关状态。消息的内容可能被隐藏，可能是利用了干 24
扰。即使消息的内容可能是不可读的，发送端还是可能想要隐藏消息或消息序列的存在。这就引出了隐蔽通信的论题。

隐蔽通信的一个例子就是，通过构造消息使得消息具有背景噪声的征象，而噪声在各种环境中都是存在的。另一个例子就是在分组化通信网络中对分组传输进行精确定时调制，这样包间时间间隔序列就可传送隐蔽信息。

更一般地，隐蔽通信的需求引出了*隐写术*的话题，隐写术是将一个消息隐藏在另一个消息内的过程。隐写术与密码学的主题间接相关，但它们是不一样的。加密通过隐藏消息的内容来提供机密性，而隐写术通过隐藏消息的存在来提供机密性。对于隐写术的例子，注意任何流行小说的每个句子都由奇数或偶数个键盘字符组成。小说的作者可以仔细选择每个句子中的单词，以控制该句子中字符数的奇偶性。通过这种方式，每个句子中字符数量的奇偶性可以选择用 0 或 1 来表示。这个 0 和 1 序列与句子序列相对应，可以由小说的作者来选择以携带用二进制表示表达的隐藏消息，每句一位。不可能发现这种隐藏消息的存在。事实上，这种隐藏的消息可能存在于本书中！

隐写术与密码学不同，因为隐写的目标是消息是不可见的，而不是不可读的。甚至消息的存在也是隐藏的。就像隐藏一样，消息当然也可以加密，但这是一个独立的函数。正如本书不详述隐写一样，我们不细述隐蔽通信。真的吗？

1.13 信息保护史

在人类文明历史的早期，阅读和写字是少数人的特权，而印刷是不存在的。写字的保密需求是有限的，简单的密码似乎已经足够。据说 Caesar 已经采用形如 $y_i = x_i + 3 \pmod{26}$ 表示的浅易代换密码。更一般地，形如 $y_i = x_i + k \pmod{26}$ 的简单移位密码已经使用了几千年。

虽然信息保护的方法已经使用了很长时间，但是这些方法正规有组织的发展只是最近才以凝聚性(组织机构型)的形式出现。相应地，针对这些方法的一般理论的正式学术研究
25 也是最近的事。事实上，只是在过去几十年中，由于广泛应用的数字通信的出现，通信的重要性产生了对信息保护的迫切需求，特别是在银行和商业中，现在信息保护主题已经产生了大量开放文献。在现代密码学之前，密码学的研究主要掌握在军事和政府实体手中，并且学术研究受到积极的阻挠。

现代密码学学科的发展主要归功于 1948 年 Shannon 的数学论文和 1967 年 Kahn 的历史书。Shannon 的论文为理解密码学的本质奠定了早期的数学框架。他还提到了用复杂数学问题作为密码体制核心的可能性，尽管没有提到公钥密码学。而 Kahn 的书激发了对密码学科的更广泛的兴趣，提倡密码学学科的规范概念，并帮助引发了对政府当时限制密码学研究的广泛挑战。后来，电子商务的需求最终导致政府放松了监管，放开了密码学研究的自由。尤其是，利用研究的 Feistel 结构和其他成果，IBM 开发了数据加密标准(DES)，DES 很快成为公认的标准，并被广泛应用于商业目的。相应地，数据加密标准的安全性和理论吸引了许多用户的极大兴趣和审查，通过激发这种兴趣和积极性，DES 也有助于在学术界和工业界形成一个开放的密码学者社区。

大约在同一时间，公钥密码学的概念在 Diffie 和 Hellman 和其他人的倡导下于 1976 年提出，尽管最初并没有为他们的想法提供具体实例。这个想法很快由于 RSA(Rivest, Shamir 和 Adleman)加密方法和 Diffie-Hellman 密钥交换方法的公布而变成现实。这样，公钥密码学很快得到广泛应用。为此，数学中的数论主题成为密码学领域的核心。这个曾誉为“纯数学”的例子失去了象牙塔的光泽，进入了“应用数学”的领域。

密码学史的下一个主要里程碑是椭圆曲线，受当时密码学的其他发展影响，Miller 于 1985 年和 Koblitz 于 1987 年把它引入密码学科。这种发展对于其自身而言是重要的，因为通常认为椭圆曲线密码体制是更强的密码学类型，对密码学也是重要的，因为它将数学中的代数几何主题作为完整的伙伴引入密码学。椭圆曲线早已作为攻击工具进入密码学领域，攻击那些基于数论的公钥密码体制。值得强调的事实是，通过 Miller 和 Koblitz 的工
26 作，椭圆曲线从攻击手段转变为保护方式。

大约 15 年后，1993 年，将攻击手段转变为保护手段的模式被重复了，双线性配对主题被引入密码学领域，最初作为工具攻击基于椭圆曲线的公钥密码学。Joux(2000)很快转变了这个工具，并设计了基于双线性配对的三方密钥交换方案。随后是 Boneh 和 Franklin (2001)的工作，这引发了几十年令人兴奋的配对应用研究和快速发展，通过其他方式，配对既可用于保密又可用于认证。

有趣的是，也许是受到启发，这种模式再次被重复，格理论被引入密码学学科。格理论最初被引入作为一种密码分析方法来攻击现有的密码体制。很快它变成了密码体制的一种设计方法。

密码编码学和密码分析学的实践作用对塑造 20 世纪的主要历史事件是巨大的，因为它是模糊难解的和不可见的。每一次现代战争的结果与许多和平时期的政治事件一样，在很大程度上取决于成功攻击假定为不可破解的密码。也许更重要的是，如果没有现代密码学方法为商业信息、金融交易、知识产权和各种个人信息提供保护，现代电子商务世界就不可能存在。

第 1 章习题

1.1 证明：排列 N 个不同符号的顺序有 $N!$ 种不同的方式。

在大小为 26 的字母表上有多少个非平凡的娱乐密码密钥？[1]

有多少个娱乐密码密钥满足没有字母用自身来表示？[2]

1.2 估算 $\log_2(256!)$的值。表示这个数字需要多少位？估算 $\log_2(26^2!)$的值。表示这个数字需要多少位？

1.3 证明当且仅当 $a-b=0 \pmod n$时，$a \pmod n = b \pmod n$。

1.4 如果 10 位电话号码本身由某个非对称加密设备加密，每个加密需要 1 微秒，平均来说，需要多长时间才能对每 10 位数字进行简单加密，直到获得给定的密文。如果每次加密需要 1 毫秒，需要多长时间？

1.5 (a) 集合 $\mathbf{Z}_{26}=\{0, \cdots, 25\}$中有多少个整数在模 26 乘法下有逆元？

(b) 在 $\mathbf{Z}_{23}$上有多少个 2×2 方阵对于模 23 乘法有逆元？ 27

(c) 在 $\mathbf{Z}_{26}$上有多少个 2×2 方阵有模 26 乘法逆元？

(d) 在 $\mathbf{Z}_{26}$中，矩阵 $\boldsymbol{M}=\begin{bmatrix}4 & 5\\5 & 19\end{bmatrix}$有模 26 乘法逆元吗？如果有，找到它。

1.6 (a) 确定仿射密码 $y=ax+b \pmod{28}$中的密钥个数。

(b) 确定仿射密码 $y=ax+b \pmod{29}$中的密钥个数。

1.7 通过对 $\mathbf{Z}_{15}$的所有元素求平方，找到 1 mod 15 的所有平方根。$\mathbf{Z}_{15}$中的多项式 x^2-1 具有多少个零根？对 $\mathbf{Z}_{17}$重复此分析。结果有什么不同？如何解释？

1.8 (a) 证明：$\sum_{i=1}^{n} x_i^2 = \dfrac{n(n+1)(2n+1)}{6}$。

(b) 是否存在任何 n 的取值，其和为平方数？[3]

(c) 根据三阶二元多项式 $p(x, y)$中的(有理)根来用符号表示和为平方数的条件。

(d) 思考但不用回答以下问题：是否存在无限多个 n 满足和为平方数？根据 Diophantine 不定方程提出该问题。

1.9 证明：有无限多个素数。

1.10 列出形如 $4k+1$ 的前 10 个素数，其中 k 为整数。列出形如 $4k+3$ 的前 10 个素数，k 为整数。是否存在任何素数不属于这两种形式？评估每种形式是否有无限多个素数？

1.11 证明：如果 n 是一个整数，并且 n 的十进制表示中各位数字之和可被 3 整除，则 n 可被 3 整除。这是一个古老的问题，为此数学计数法成为数学的一部分。

1.12 三元代数域用 $\boldsymbol{F}_3=\{0, 1, 2\}$来表示，由模 3 加法和模 3 乘法来定义：

+	0	1	2
0	0	1	2
1	1	2	0
2	2	0	1

×	0	1	2
0	0	0	0
1	0	1	2
2	0	2	1

[1] 娱乐密码的密钥是 26 个字母的置换；文中好像并未定义平凡密钥，恒等置换属平凡密钥；推测只要不是恒等置换，就是非平凡密钥，并不要求错位排列，否则就与下一问重复。——译者注

[2] 即错位排列。——译者注

[3] 针对上一问，下同。——译者注

在域 $\boldsymbol{F}_3$ 上计算以下矩阵的行列式，并且验证其秩为 3。

$$\boldsymbol{M}=\begin{bmatrix}2&1&0\\1&0&1\\2&1&2\end{bmatrix}$$

28

1.13 (a) 由线性递归 $x_i=x_{i-3}+x_{i-4}$ 产生的二进制密钥流序列的周期是多少？其中加号表示模 2 加(异或)。

(b) 长度为 L 的二进制线性递归的周期的最大可能值是多少？

1.14 阅读卡尔·弗雷德里克·高斯、伯纳德·里曼、艾伦·图灵、惠特菲尔德·迪菲和克劳德·香农的简短传记，写一个段落，说明你最欣赏谁？为什么？评论他们对密码学的贡献。

1.15 Bézout 定理说，在复数系统上，次数分别为 m 和 n 的两个二元多项式 $p(x,\ y)$ 和 $q(x,\ y)$ 在平面 $\boldsymbol{C}^2$ 中恰好有 mn 个共同的零根，乘法零根这样计数，在任何适当的时候，所谓的无穷远点都要计数。对于 $q(x,\ y)=y$ 的特殊情况，以更简单的形式重新定义 Bézout 定理。

1.16 **(三通协议)**Paul 和 Paula 采用以下协议传送分组长度为 n 的二进制消息 $\boldsymbol{m}$。Paul 私下选择一个分组长度为 n 的随机字 $\boldsymbol{r}$，并将 $\boldsymbol{r}$ 逐个(逐位异或)模加到 $\boldsymbol{m}$ 以获得加密消息 $\boldsymbol{e}=\boldsymbol{m}+\boldsymbol{r}$，将 $\boldsymbol{e}$ 发送给 Paula。Paula 私下选择另一个随机字 $\boldsymbol{s}$，并将 $\boldsymbol{s}$ 模加到 $\boldsymbol{e}$ 以获得另一个加密消息 $\boldsymbol{e}'=\boldsymbol{e}+\boldsymbol{s}$，她将 $\boldsymbol{e}'$ 发送给 Paul。Paul 减去 $\boldsymbol{r}$ 并返回 $\boldsymbol{e}''=\boldsymbol{m}+\boldsymbol{s}$ 给 Paula，然后她减去 $\boldsymbol{s}$ 以恢复 $\boldsymbol{m}$。评估此过程的安全性。

1.17 一个小监狱有 100 个囚犯，监狱长设计了一个游戏用于囚犯的转移。他准备了 100 张卡片，每张卡片一面有一个囚犯的名字，另一面都相同。每个星期一早上，将卡片洗牌，随机放在一个长桌子上，正面(名字)朝下排成一列。每个囚犯单独行动，进入房间一次，允许翻开 100 张卡中的任何 50 张。如果某囚犯没有翻到自己的名字，则游戏结束，所有囚犯都将被送回他们的牢房。如果某个囚犯翻到了自己的名字，则该囚犯通过一个侧门被送到一个等候室。然后在同一个地方将每张牌正面朝下，下一个囚犯进入房间重复这个过程，翻开任何 50 张牌。如果所有 100 名囚犯在个人翻牌期间都翻到了自己的名字，则所有 100 名囚犯都将从监狱释放。然而，一旦某个囚犯在 50 张翻开的卡片中没有翻到该囚犯自己的名字，则游戏结束，所有囚犯都将被送回他们的牢房。监狱长的理由是，每个囚犯成功的概率是 1/2，而且翻牌试验都是独立的。这样，所有 100 名囚犯都
29 成功的概率是 2^{-100}，远远小于监狱门意外开锁的概率。因此，监狱长得出结论，这个游戏是一个无害的转移，将消遣囚犯。

监狱长是对的吗？囚犯的最佳策略是什么？在一个星期内囚犯将被释放的相应概率是多少？在游戏前后，囚犯可以自由地讨论他们每周的游戏，并准备一个合作策略，但不能在游戏过程中进行沟通。(这个问题的寓意是，一个“安全”的密码体制可能并非它表征的那样。)

第 1 章注释

对密码的常规要求是，即使密码分析者知道了密码体制的所有细节，只是不知道保密密钥，密码体制也应当是安全的，这称为 Kerckhoff 准则。一次一密在 1917 年由 Gilbert Vernam 首先提出并应用于电报之中。Shannon(1949)证明了一次一密是完全保密的，而且，Shannon 证明它是获得完全保密的唯一方式。

自 16 世纪以来，Vigenère 密码就已经使用。它容易遭受到多轨频率分析。Hill(1929)提出通过在加密中引入矩阵运算来抵抗直接的频率分析攻击，从而把更深层次的数论知识引入密码学科之中。自动密钥密码，虽然不是真正的密码，早在 1946 年就被 Guanella 申请专利。

可用于探讨安全通信各种主题的书有很多，只是主题的选择和假定的读者背景不同。Barr(2002)的书是为没有技术背景的读者撰写的。它的风格是解释说明，有许多浅显易懂且详细的例子。Schneier(1996)也是为普通读者编写的，采用了广泛的技术调查的形式，而不是解释说明的方式。Garrett(2001)是一本密码学教科书，是为具有一定技术背景的普通读者撰写的，这本书对有一定水平者是很容易理解的。Stinson(1995，2006)是从计算机科学的角度来写，通俗地探讨中等难度的密码学。Koblitz(1998)是

一本更高级的书，利用数学学者的天赋来写，这限制了它的主题选择。Menezes、van Oorschot 和 Vanstone(1997)是一个备受瞩目的信息来源，但假定读者已具备一些数学背景。来自代数几何学方向的其他书籍有 Silverman(1986)以及 Washington(2008)。

其他最近的密码学书籍有：Hoffstein、Pipher 和 Silverman(2008)，其重点是公钥密码学；Galbraith(2012)，是面向数学学者的；Trappe 和 Washington(2006)，是针对数学本科生的；Katz 和 Lindell(2007)，是面向理论计算机科学本科生的；Paar 和 Pelzl(2009)，是针对数学背景较少的读者的。

Kahn(1967，1996)讨论了密码学的历史及其对社会的影响，是为普通读者编写的。该书因普及密码学科而名声在外，并将许多未来密码学者的兴趣引向密码学的隐蔽世界。最近的面向普通读者的书包括 Singh(1999)和 Levy(2001)。这些书对现代密码学的最近历史及其广泛影响进行了极好的介绍。 30~31

整　　数

数论是数学最古老的一个分支，在早期的密码学中就可以找到其踪影，直到现在依然发挥着重要的作用。在早期，人们就已经使用整数来作为表示消息的符号，并使用算术运算将数字和密钥进行结合，以隐藏数字所代表的信息。现代密码体制通过使用数论中难解或未解决的问题，以及其他数学分支中的知识来更深层次地使用数论，达到隐藏信息的目的。相应地，作为对手的密码分析者通过使用数学中深奥的定理来攻击这些密码体制，从而得到其中隐藏的信息。

2.1　数论基础

整数集{0，±1，±2，…}(表示为 **Z**)在我们熟悉的加法运算下是封闭的，并且有许多我们熟知的性质。整数加法运算是*可交换的*，即 $a+b=b+a$。整数加法运算也是*可结合的*，例如 $a+b+c$ 可以从左往右或从右往左计算。在整数加法运算下有一个特殊的整数，称为*单位元*，即 0；加法运算的逆运算称为*减法运算*。

整数集 **Z** 是*群*的一个早期例子。群是指由一个集合 G 和一个二元运算构成的代数系，对于二元运算符号 $*$ 是封闭的、可结合的，拥有*单位元* e 并且每个元素都有对应的*逆元*。例如元素 a 的逆元为 b，则 $a*b=b*a=e$。这里我们只是对群作简单介绍，详情参见 9.1 节。

整数集 **Z** 就是一个具有加法运算(表示为+)的群，0 为单位元，每个元素 a 都有逆元 $-a$。

*有限群*是元素数目有限的群。对于有限群 G 的任意元素 β，令 $\beta^2=\beta*\beta$，$\beta^3=\beta*\beta*\beta$，依此类推，则可定义 $\beta^{i+1}=\beta*\beta^i$。在元素 β 的连续运算下可得到一系列元素 β，β^2，β^3，β^4，…，最后有限群 G 的元素必然会重复，因为有限群的元素是有限的。第一个出现重复的元素为 β，因为若 $\beta^i=\beta^j$，则 $\beta^{i-1}=\beta^{j-1}$，所以当 β^i 重复出现时，β^{i-1} 也将重复。在这一系列元素中，β 第一次重复出现前的元素必然为单位元 e，因为若有 $\gamma*\beta=\beta$，则 $\gamma=e$。由不同的 β 方幂组成的集合称为 β 的*轨道*。β 的轨道中元素个数称为元素 β 的*阶*。有限群 G 的元素个数称为有限群 G 的*阶*。如果 G 的某个子集在原有的运算 $*$ 下也是一个群，则称为 G 的*子群*。G 中任意元素的轨道都是 G 的一个子群，因为其元素是循环出现的，被称为*循环子群*。如果 G 中任意元素的轨道都与 G 相同，则称 G 是一个*循环群*。

我们可从下面的定理开始关于有限群结构的讨论。

定理 2.1.1(拉格朗日)　*有限群中任意元素 β 的阶必定整除该有限群的阶。*

证明　令 β 的阶为 s。将有限群 G 的元素构造成一个二维数组，该数组的第一行为元素 β 的轨道，记为 β^0，β^1，β^2，β^3，…，β^{s-1}，其中 $\beta^0=e$ 为 G 的单位元，且 $\beta^s=\beta^0$。若有 G 中某些元素不在该数组中，选其中任意一个记为 g_1，将第一行的每个元素乘以 g_1 得到第二行，即第二行元素为 $g_1*\beta^i$。同样，这时若 G 中还有元素未被使用，则选另一个未用到的元素记为 g_2，将第一行的每个元素乘以 g_2 得到第三行。按照这个方法，继续选一个未使用的元素，然后将第一行的每个元素乘以这个元素来产生新的行。当新的一行产生后，所有元素都已被使用过，则该过程停止。因为该群为有限群，所以这个过程必然会停止。

我们现在来讨论为什么 G 中的每个元素在最终的数组中恰好出现一次。为此，首先注意到没有一个元素可以在一行中出现两次，因为如果 $g_k * \beta^i = g_k * \beta^j$，则 β^i 和 β^j 相等，这和第一行的性质相违背。其次注意到没有元素可以在不同的行出现两次，因为如果 $g_k * \beta^i = g_\ell * \beta^j$，其中 $k < \ell$，那么 $g_\ell = g_k * \beta^{i-j}$，这与 $g_k * \beta^{i-j}$ 未被使用过的事实相违背。因此 G 中的每个元素在数组中恰好出现一次，数组中元素的个数是行数与列数的乘积。特别地，G 的元素个数为 β 的阶的倍数。□ 33

整数集 **Z** 在加法运算下是封闭的。它是加法运算下的一个群。整数集在乘法运算下同样是封闭的。整数乘法是可交换的，即 $a \cdot b = b \cdot a$。整数乘法也是可结合的，即 $a \cdot b \cdot c$ 可以从左往右或从右往左计算。整数集在乘法运算下有单位元，表示为 1。一般而言，整数乘法运算没有逆运算。然而在某些情况下，当 $c = ab$ 时，乘法运算存在逆运算，即 $a = c/b$，称为**除法**，a 和 b 称为 c 的**因子**(例如 6/3=2)。在另一些情况下，b 不是 c 的一个因子，用 b 除以 c 得到的结果不在整数集内(例如 6/4 的结果不在整数集 **Z** 中)。相反，整数集往往存在**带余除法运算**。由除以 n 得到相同余数 r 的整数组成的子集表示为 $\langle r \rangle_n$，被称为等价类。r 从 0 到 $n-1$ 相应的等价类 $\langle r \rangle_n$ 都存在，这些等价类的集合 $\{\langle r \rangle_n\}$ 表示为 $\mathbf{Z}/\langle n \rangle$ 或 $\mathbf{Z}_n$。

$\mathbf{Z}_n$ 的元素被认为是(或被表示为)从 0 到 $n-1$ 的整数，即 $\mathbf{Z}_n = \{0, \cdots, n-1\}$。这些整数是 $\mathbf{Z}/\langle n \rangle$ 的规范化表示。集合 $\mathbf{Z}_n$ 继承了 **Z** 的加法运算和乘法运算。因此 $\mathbf{Z}_n$ 中的加法被定义为模 n 约简的加法[㊀]。这使得 $\mathbf{Z}_n$ 在加法运算下为一个有限群，因为容易验证需要的性质都继承自 **Z**。类似地，$\mathbf{Z}_n$ 的乘法运算被定义为模 n 约简的乘法运算。然而，集合 $\mathbf{Z}_n$ 在乘法运算下并不是一个有限群，因为在乘法运算下 $\mathbf{Z}_n$ 不需要有逆元。事实上，元素 0 在 $\mathbf{Z}_n$ 的乘法运算下永远不会有逆元。例如，3 在 $\mathbf{Z}_6$ 的乘法运算下是没有逆元的。

集合 **Z** 和 $\mathbf{Z}_n$ 具有类似的抽象结构。每个集合都有加法和乘法两种运算，则集合是加法运算下的一个群，并且满足分配率 $a(b+c) = ab + ac$ 和 $(a+b)c = ac + bc$，以及结合律 $a(bc) = (ab)c$。任何拥有该抽象结构的代数系统称为**环**。代数环将在 9.2 节进行正式的讨论。

我们将 $\mathbf{Z}_n$ 中在乘法运算下有逆元的元素的集合表示为 $\mathbf{Z}_n^*$。这些元素为 $\mathbf{Z}_n$ 中的整数 b，满足 b 和 n 没有公因子，即不存在非平凡的正整数可以同时整除 b 和 n。例如，$\mathbf{Z}_{10}^* = \{1, 3, 7, 9\}$ 及 $\mathbf{Z}_{12}^* = \{1, 5, 7, 11\}$。$\mathbf{Z}_n^*$ 的所有元素都有一个逆元，单位元为元素 1。因此集合 $\mathbf{Z}_n^*$ 是乘法运算下的一个群。乘法运算下，在 $\mathbf{Z}_{10}^*$ 这个有限群中，$1^{-1}=1$，$3^{-1}=7$，$7^{-1}=3$，$9^{-1}=9$；在 $\mathbf{Z}_{12}^*$ 这个有限群中，$1^{-1}=1$，$5^{-1}=5$，$7^{-1}=7$，$11^{-1}=-11$。 34

整数集有许多重要的性质，其中很多是从素数(或称为质数)这个概念推导得来的。合数 c 是一个可被写为 $c = a \cdot b$ 的整数，满足 a 或 b 都不为 ± 1。**素数**是比 1 大的正整数，且不可分解。整数 1 不是素数。如果除了 ± 1 没有其他整数可以同时整除 a 和 b 时，a 和 b 是**互素**的。整数 ± 1 与任何整数都是互素的。若 a 和 b 互素，我们也可以说成 a 是与 b 互素的数。

两个整数 r 和 s 的**最大公约数**表示为 $\mathrm{GCD}(r, s)$，即可同时整除 r 和 s 的最大正整数。若两个整数 r 和 s 的最大公约数是 1，则 r 和 s 互素。$\mathbf{Z}_n^*$ 的元素是 $\mathbf{Z}_n$ 中满足 $\mathrm{GCD}(a, n)=1$ 的

㊀ 当讨论的上下文是 $\mathbf{Z}_n$ 时，模 n 约简是隐含的，不需要声明。此时 $a+b$ 被理解为 $\mathbf{Z}_n$ 上的加法运算。当上下文是更大的 **Z** 时，模 n 约简是显性的，任何时候都必须声明。

元素 a。两个整数 r 和 s 的最小公倍数表示为 $\mathrm{LCM}(r, s)$，是可同时被 r 和 s 整除的最小整数。

定义 2.1.2 欧拉函数 $\phi(n)$ 是小于等于 n 且与 n 互素的正整数的个数。

小于 n 且与 n 互素的正整数的集合表示为 $\mathbf{Z}_n^*$。因此 $\phi(n) = \#\mathbf{Z}_n^*$，其中 $\# S$ 表示集合 S 的基数。$\mathbf{Z}_n^*$ 的元素称为 $\mathbf{Z}_n$ 的单位(相当于生成元)。例如，$\phi(10)=4$，因为 $\mathbf{Z}_{10}^*=\{1, 3, 7, 9\}$；$\phi(12)=4$，因为 $\mathbf{Z}_{12}^*=\{1, 5, 7, 11\}$。若 n 是与 P 互素的数，那么 $\mathbf{Z}_n$ 的每个非零元都是 $\mathbf{Z}_n^*$ 的元，这意味着如果 P 为素数，则有 $\#\mathbf{Z}_p^* = p-1$。后面学习推论 2.2.2 中扩展的欧几里得算法时，我们将给出一个推论，断言对于任意的 $a \in \mathbf{Z}_n^*$，总存在整数 A 和 N 满足

$$Aa + Nn = 1$$

因此，$Aa = 1 \bmod n$，$A(\bmod n)$(表示为 a^{-1})即是 $\mathbf{Z}_n^*$ 中 a 的逆元，且这样的 A 对于 $\mathbf{Z}_n^*$ 的每个元素都是存在的。这意味着 $\mathbf{Z}_n^*$ 在乘法运算下是一个群。

定理 2.1.3 对于素数 P 和 q，欧拉函数满足 $\phi(p)=p-1$，$\phi(q)=q-1$，$\phi(pq)=(p-1)(q-1)$ 以及 $\phi(p^e)=p^{e-1}(p-1)$。

证明 若 n 等于素数 P，则 $\mathbf{Z}_p$ 的每个非零元都与 P 互素，所以 $\#\mathbf{Z}_p^* = p-1$。因此如果 P 是素数则有 $\phi(P)=P-1$。

此外，若 $n=pq$，其中 p 和 q 都为素数，将 $\mathbf{Z}_{pq}$ 的 pq 个元素放入 $p \times q$ 数组中，元素 i 写到 $i \bmod p$ 行及 $i \bmod q$ 列的位置上。每个小于 pq 的 i 在该数组中都恰好出现一次。最后一列的所有元素都能被 p 整除，可以将这列去除。最后一行的所有元素都能被 q 整除，可以将这行也去除。缩减后的数组有 $p-1$ 列 $q-1$ 行，$(p-1)(q-1)$ 个不能被 p 或 q 整除
35 的元素。这就意味着 $\phi(pq)=(p-1)(q-1)$。

最后，在 $\mathbf{Z}_{p^e}$ 中的每个第 p 个元素都能被 p 整除，共有 p^{e-1} 个这样的倍数。从而有 $p^e - p^{e-1}$ 个元素与 p 互素，因此 $\phi(p^e)=p^{e-1}(p-1)$。 □

推论 2.1.4 若 $n = \prod_{i=1}^{\ell} p_i^{e_i}$，则 $\phi(n) = \prod_{i=1}^{\ell} (p_i - 1) p_i^{e_i - 1}$。

证明 见习题。 □

定理 2.1.5(欧拉定理) 若 β 是 $\mathbf{Z}_n^*$ 的一个元素，则有 $\beta^{\phi(n)}=1(\bmod n)$。

证明 根据欧拉函数的定义，$\#\mathbf{Z}_n^* = \phi(n)$。令 k 为元素 β 的阶。因为 $\mathbf{Z}_n^*$ 是一个有 $\phi(n)$ 个元素的群，且 β 的幂组成的集合是有 k 个元素的子群，拉格朗日定理(定理 2.1.1)要求对于整数 r 有 $\phi(n)=rk$。因为 $\beta^k \equiv 1(\bmod n)$，这意味着 $\beta^{\phi(n)} \equiv 1(\bmod n)$。 □

该定理指出在乘法模 n 运算下，因为 $xx^{\phi(n)-1}=1(\bmod n)$，$x \in \mathbf{Z}_n^*$ 的逆元可写为 $x^{\phi(n)-1}$。例如，$\phi(10)=4$，$\mathbf{Z}_{10}^*=\{1, 3, 7, 9\}$，则该定理告诉我们 $1^{-1}=1^3=1$，$3^{-1}=3^3=7$，$7^{-1}=7^3=3$ 和 $9^{-1}=9^3=9$，正如前面提到的。

推论 2.1.6(费马小定理) 若 p 为素数且 $\beta \in \mathbf{Z}_p$，则 $\beta^p = \beta(\bmod p)$。

证明 当 β 为 0 时该定理显然成立。若 p 为素数，则 $\phi(p)=p-1$，根据欧拉定理可知 $\beta^{p-1}=1(\bmod p)$，因此 $\beta^p=\beta(\bmod p)$。 □

一个素数 p 只能被 p 和 1 整除。此外，

$$\phi(p) + \phi(1) = p$$

一个双素数 $n=pq$，其中 p 和 q 都为素数，只能被 n、p、q 和 1 整除。

同时，

$$\phi(n) + \phi(p) + \phi(q) + \phi(1) = n$$

这两个结论是下面定理的特例。

定理 2.1.7 欧拉函数满足 $\sum_{d|n}\phi(d)=n$，其中$\sum$的下标是 d 整除 n 的集合(包括 n 和 1)。

证明 令 $n=pq$，其中 p 和 q 是不同的素数。则有 n 的因子为 n、p、q 和 1，所以

$$\phi(pq)+\phi(p)+\phi(q)+1=(p-1)(q-1)+(p-1)+(q-1)+1=pq$$ 36

令 $n=p^e$，其中 p 是素数，p^ℓ 为 n 的因子($\ell=0$，…，e)，则有

$$\sum_{\ell=0}^{e}\phi(p^\ell)=\sum_{\ell=1}^{e}p^{\ell-1}(p-1)+1=(p-1)\sum_{\ell=0}^{e-1}p^\ell+1=(p-1)\frac{p^e-1}{p-1}+1=p^e$$

令 $n=p^e r$，其中 p 不是 r 的因子。对于每个能整除 r 的整数 s(包括 $s=1$)，整除 n 的整数 d 是形如 $d=p^e s$，$p^{e-1}s$，$p^{e-2}s$，…，ps，s 的数。假设 $\sum_{s|r}\phi(s)=r$，我们将有 $\sum_{d|p^\ell s}\phi(d)=p^\ell r$。因此

$$\sum_{d|p^\ell s}\phi(d)=\sum_{s|r}\sum_{\ell=0}^{e}\phi(p^\ell s)=\sum_{s|r}\left[\sum_{\ell=1}^{e}p^{\ell-1}(p-1)+1\right]\phi(s)$$

$$=(p-1)\left[\sum_{\ell=0}^{e-1}p^{\ell-1}+1\right]\sum_{s|r}\phi(s)=r(p-1)\frac{p^e-1}{p-1}+r=p^e r$$

可见，该定理对所有 n 都成立。□

我们将给出一个定理来结束这节的概述，其证明比这节的其他定理都要难，需要依赖后面章节给出的命题。

定理 2.1.8 若 p 是一个素数，则 $\mathbf{Z}_P^*$ 包含一个在乘法运算下阶为 $\phi(P)=P-1$ 的元素，因此 $\mathbf{Z}_P^*$ 在乘法运算下是一个循环群。

证明 因为 $\mathbf{Z}_P^*$ 是有 $p-1$ 个元素的有限群，$\mathbf{Z}_P^*$ 的每个元素的阶都整除 $p-1$。若 $p-1$所有的因子都是不同的素数，则每个元素都有一个素数阶，整数的中国剩余定理(定理 2.2.5)给出了一个阶为 $p-1$ 的元素，所以该群是循环的。

要证明 $p-1$ 的一些因子是重复的素数更为困难，进而存在一个循环子群的阶与该素数幂相同。因此我们可以转而考虑定理 9.8.1，这是该定理的另一种表述。□

更一般的，如果 p^m是素数幂，定理仍然成立，从而 $\mathbf{Z}_{p^m}^*$是乘法运算下的循环群，包含阶为 $\phi(p^m)=p^{m-1}(p-1)$的元素。我们现在不去证明这个结论，因为我们不会用到它。这个证明非常冗长。 37

2.2 欧几里得算法

计算数论的一个核心算法是欧几里得算法，将在下面的定理中给出。欧几里得算法依赖于辗转相除法，该方法指出：对于任意两个非负整数 a 和 b(b 不大于 a)，存在两个非负整数 Q 和 r，称为商和余数，则有

$$a=Qb+r$$

且 r 小于 b。计算商和余数的基本算法是众所周知的。如果 r 等于零，那么就称 b 整除 a，记作 $b|a$。

重复执行辗转相除法可得到下面的计算最大公约数的过程。

定理 2.2.1(欧几里得算法) 给定两个不同的整数 r 和 s，且 s 大于 r，它们的最大公约数可以通过下面的迭代法得到：

$$s=Q_1 r+r_1$$

$$r = Q_2 r_1 + r_2$$
$$r_1 = Q_3 r_2 + r_3$$
$$\vdots$$
$$r_{n-2} = Q_n r_{n-1} + r_n$$
$$r_{n-1} = Q_{n+1} r_n$$

上面的迭代过程在余数为零时终止。最后一个非零的余数 r_n 就是两个数的最大公约数。

证明 因为余数是非负数且为递减的，所以这个过程必然会终止。我们将证明 r_n 能够整除 GCD(r，s)，且 GCD(r，s)也能够整除 r_n，从而证明它们是相等的。

对于这一点，通过观察定理中的第一个方程可以知道，由于 GCD(r，s)能同时整除 r 和 s，因此 GCD(r，s)也能整除 r_1。第二个方程表明 GCD(r，s)整除 r_2。逐个观察，可以看到 GCD(r，s)整除每一个 r_i，因此它也能整除 r_n。

最后一个方程表明 r_n 整除 r_{n-1}。因为 r_n 整除它本身及 r_{n-1}，第二个方程到最后的方程表明 r_n 整除 r_{n-2}。以此类推，我们得到 r_n 整除 GCD(r，s)。

38 由于 r_n 既可以整除 GCD(r，s)又能被 GCD(r，s)整除，因此 r_n 和 GCD(r，s)相等。 □

下面的推论称为扩展欧几里得算法，是数论中的一个重要结论。推论中的方程类似于 Bézout 恒等式中多项式环的方程。

推论 2.2.2(扩展的欧几里得算法) *对于任意整数 r 和 s，存在整数 R 和 S 满足*

$$\mathrm{GCD}(r,s) = Rr + Ss$$

证明 在定理 2.2.1 的方程中，最后一个非零余数 r_n 是最大公约数，它满足 $r_{n-2} = Q_n r_{n-1} + r_n$。由此向上，可以利用回代依次消除定理 2.2.1 中所有方程的余数，从而得到 r_n 是 r 和 s 的一个整系数线性组合，前面已证。 □

满足方程 GCD(r，s)$=Rr+Ss$ 的整数 r 和 s 的一个有效计算方法已经在推论 2.2.2 的证明中给出，只需简单地执行欧几里得算法，然后像证明中描述的那样进行回代。

可以很容易地改写定理中的表达式如下：

$$\mathrm{GCD}(r,s) = r(R - \ell s) + s(S + \ell r)$$

显然如果 S 以 r 的倍数递增，则 R 以 s 的相同倍数递减。

推论 2.2.3 *若整数 r 和 s 互素，那么存在整数 R 和 S 满足*

$$Rr + Ss = 1$$

证明 由假设可知 GCD(r，s)$=1$，则根据扩展的欧几里得算法可直接得到该推论。 □

特别地，如果 s 和 r 互素，则总可以找到一个比 s 小的非负数 R，使得方程 $Rr = 1(\mathrm{mod}\ s)$成立。

这一思路在下一个定理中用于推断。如之前所指出，因为 $\mathbf{Z}_n^*$ 集合中的每个元素都有逆元，因此 $\mathbf{Z}_n^*$ 在乘法运算下是一个群。此外，扩展欧几里得算法可以用来找到每个元素
39 的逆元。

推论 2.2.4 *集合 $\mathbf{Z}_n^*$ 在乘法运算下是一个群。*

证明 集合 $\mathbf{Z}_n^*$ 包含单位元 1，并在乘法运算下是封闭的，显然满足可交换和可结合的性质。$\mathbf{Z}_n^*$ 中的每个元素 x 都满足 GCD(x，n)$=1$，因此根据推论 2.2.3 可知，存在一个整数 X，满足 $xX=1(\mathrm{mod}\ n)$。由此可得 $x^{-1}=X(\mathrm{mod}\ n)$，因此每个元素 x 在乘法运算

下都有逆元。 □

欧几里得算法的另一个重要且有用的结果是它给出了一个条件，整数集中每个元素的除法运算得到的余数(或剩余)集唯一地指定了一个整数。[⊖]

定理 2.2.5(中国剩余定理)　$\{m_0, m_1, \cdots, m_{K-1}\}$是两两互素的正整数集，则同余方程组

$$c = c_k (\bmod m_k), k = 0, \cdots, K-1$$

模 $M=\prod_k m_k$ 有唯一非负解

$$c = \sum_{k=0}^{K-1} c_k N_k M_k (\bmod M)$$

其中 $M_k = M/m_k$，且 N_k 为整数，满足

$$N_k M_k + n_k m_k = 1$$

证明　由推论 2.2.2 可知，因为 $\mathrm{GCD}(M_k, m_k)=1$，特定的 N_k 必然存在。

为了证明解是有效的，有必要先证明 $c(\bmod m_k)=c_k$，其中

$$c = \sum_{k=0}^{K-1} c_k N_k M_k (\bmod M)$$

若 $\ell \neq k$，则 $M_\ell = 0(\bmod m_k)$，所以对于 $k=0, \cdots, K-1$，该方程变为

$$c(\bmod m_k) = \sum_{\ell=0}^{K-1} c_\ell N_\ell M_\ell (\bmod m_k) = c_k N_k M_k (\bmod m_k) = c_k(1-n_k m_k)(\bmod m_k) = c_k$$

即解是有效的。

为了说明解的唯一性，假设 c 和 c' 都是定理的解，都小于 M。那么余数 c_k 和 c'_k 对于每个 k 都是相等的，因此对于每个 k 来说，$c-c'$ 都是 m_k 的倍数。$c-c'$ 必定为零，因为它是 M 的倍数且介于 $-M$ 和 M 之间。 40 □

2.3 素数域

整数模 n 形成的环可以被视为一个由 n 个等价类组成的环。由 $\mathbf{Z}$ 中所有元素组成的每个等价类在整除 n 时具有相同的余数。有了这样的认识后，我们通常称之为环 $\mathbf{Z}/\langle n\rangle$。每一个等价类包含介于 0 和 $n-1$ 之间的唯一整数，称为等价类的规范化表示。相应地，环可以简单地视为有模 n 加法和模 n 乘法的集合 $\{0, 1, \cdots, n-1\}$。有了这样的认识后，我们通常称之为环 $\mathbf{Z}_n$。

每当 $c=ab(\bmod n)$ 时，我们可以在 $\mathbf{Z}$ 上定义模除，或在 $\mathbf{Z}_n$ 上定义整除，即 $a=c/b(\bmod n)$ 或 $a=b^{-1}c(\bmod n)$。推论 2.2.3 断言，当 $\mathrm{GCD}(b, n)=1$ 时，b^{-1} 存在。如果 n 是素数，则对于所有非零元 b，都存在 b^{-1}。若 n 是合数，对于不在 $\mathbf{Z}_n^*$ 中的某些非零元 b，b^{-1} 不存在。

如果环 $\mathbf{Z}_n$ 的每一个非零元素都有唯一的乘法逆元，那么对于环的每一个非零元，则用该元素的乘法逆元将除法运算定义为乘法运算，即 $a/b=b^{-1}a$。在这种情况下，环被称为域。域是一个代数术语，指的是所有非零元都可进行加、减、乘、除运算的一个代数系统，假设根据某些公理这些运算都是“行为良好”的。代数域将在 9.3 节中进行详细的定义和讨论。

我们已经看到，对于素数 p，扩展欧几里得算法表明，对每一个小于 p 的正整数，都

⊖ $\mathbf{Z}_n$ 中的每个整数作为一个余数集的代表元。——译者注

存在 $a^{-1}(\bmod p)$。下面的定理给出了同样的结论，并且不直接引用扩展欧几里得算法。

定理 2.3.1 *若 p 为素数，则 $\mathbf{Z}_p$ 的每个非零元都存在乘法逆元。*

证明 我们知道，$\mathbf{Z}_p$ 在模 p 加与模 p 乘运算下是一个环。为了证明 $\mathbf{Z}_p$ 是一个域，只需证明非零元存在乘法逆元。如果整数 a，$2a$，$3a$，…，$(p-1)a$ 模 p 的值各不相同，那么一个非零元 p 在乘法运算下就具有逆元，因为这意味着 $p-1$ 个小于 p 的互不相同的正整数中，有一个必定是 1。可以证明这些整数是各不相同的，如果 $ax=ax(\bmod p)$，那么
41 就有 $a(x-y)=0(\bmod p)$，因而存在某个 c，使得 $a(x,y)=cp$。但 a 和 $x-y$ 都不能被 p 整除，所以 c 和 $x-y$ 都必须等于零。因此对于每个 x，满足方程 $ax=1$ 的 a 有且仅有一个。这就意味着乘法运算是唯一的，因此具有逆元。 □

因为只要 p 是一个素数，$\mathbf{Z}_p$ 中的每个非零元都具有乘法逆元，所以 $\mathbf{Z}_p$ 具有 9.3 节定义的域结构。因此，$\mathbf{Z}_p$ 也可表示为 $\mathbf{F}_p$。它是含有 p 个元素的*素域*，p 被称为域 $\mathbf{F}_p$ 的*特征*。我们将根据讨论的场景称其为环 $\mathbf{Z}_p$ 或是域 $\mathbf{F}_p$。$\mathbf{F}_p$ 非零元的集合表示为 $\mathbf{F}_p^*$。

定理 2.3.1 的一个推论如下。

定理 2.3.2(Wilson 定理) *一个比 1 大的整数 p 是素数，当且仅当$(p-1)!=-1(\bmod p)$。*

证明 当 p 等于 2 或 3 时，它是平凡的，所以我们考虑 p 大于 3 的情况。在任何域中，1 的平方根只能是±1。根据定理 2.3.1，该域的其他元素都有一个与它本身不等的逆元。因此域中除了±1 以外的元素都是成对出现的。每一对都有一个成对积，即 1 模 p，所以 $\prod_{\ell=1}^{p-2}\ell=1(\bmod p)$。因此，假设 p 是素数，则 $(p-1)!(p-1)\prod_{i=1}^{p-2}\ell=-1(\bmod p)$，正如定理所述。另一方面，如果 p 是合数，那么 p 的因子必定整除$(p-1)!$，这意味着表达式$(p-1)!=-1+cp$ 对任何整数 c 都不成立，所以$(p-1)!\neq-1(\bmod p)$。 □

2.4 平方剩余

假设 p 是一个奇素数，x 是一个小于 p 的非零整数。若 $y^2\equiv x(\bmod p)$有解 y，则称 x 是 $\mathbf{Z}$ 上模 p 的*平方剩余*，或是 $\mathbf{F}_p$ 的一个*平方*[⊖]。否则，称 x 是 $\mathbf{Z}$ 中模 p 的*非平方剩余*，或是 $\mathbf{F}_p$ 的一个*非平方*。平方剩余是域 $\mathbf{F}_p$ 中的平方，因此每一个平方剩余都有一个平方根。由于 p 是奇素数，γ 和 $-\gamma$ 是 $\mathbf{F}_p$ 的不同元素，且在 $\mathbf{F}_p$ 中存在相同的平方。因此很显然，$\mathbf{F}_p$ 的 $p-1$ 个非零元素中，只有$(p-1)/2$ 个可被平方。为了更正式地说明这点，假设
42 γ 和 β 有一个相同的平方，且 $\beta<\gamma$，那么 $\gamma^2-\beta^2=0(\bmod p)$。因为 $\gamma^2-\beta^2=(\gamma-\beta)(\gamma+\beta)$，所以要么 $\gamma-\beta=0(\bmod p)$，要么 $\gamma+\beta=0(\bmod p)$。所以 $\beta=\pm\gamma$，γ^2 的平方根只能是 $\pm\gamma(\bmod p)$。因此在 $\mathbf{F}_p$ 中，对应于 γ 的$(p-1)/2$ 个非零元，x 有两个平方根，而对于其余的$(p-1)/2$ 个非零元，x 没有平方根。由此可见，模 p 的平方剩余个数等于非平方剩余的个数。

例如，对于 $p=11$，我们有

$$1^2\equiv 1$$
$$2^2\equiv 4$$
$$3^2\equiv 9$$

⊖ 因为 p 是一个素数，环 $\mathbf{Z}_p$ 与域 $\mathbf{F}_p$ 相同。在域的语境中，平方剩余被称作 $\mathbf{F}_p$ 上的平方，非平方剩余被称作 $\mathbf{F}_p$ 上的非平方。有限域 $\mathbf{F}_p$ 中的术语“平方”与“非平方”比整数环 $\mathbf{Z}$ 上的“平方剩余”和“非平方剩余”更加清晰和简洁。但是，后两个术语是传统用词且更适合在环 $\mathbf{Z}$ 的语境中使用。这些术语已经牢固地树立起来，不可避免。

$$4^2 \equiv 5$$
$$5^2 \equiv 3$$
$$6^2 \equiv 3$$
$$7^2 \equiv 5$$
$$8^2 \equiv 9$$
$$9^2 \equiv 4$$
$$10^2 \equiv 1$$

所以模 11 的平方剩余为{1，3，4，5，9}。模 11 的非平方剩余为{2，6，7，8，10}。

定理 2.4.1(欧拉准则)　*元素 β 是模奇素数 p 的平方剩余，当且仅当*

$$\beta^{(p-1)/2} = 1(\bmod p)$$

证明　元素 β 是 $\mathbf{F}_p$ 上的平方剩余，当且仅当 $\beta \equiv \gamma^2(\bmod p)$，$\gamma$ 是 $\mathbf{F}_p$ 中的一些元素。集合 $\mathbf{F}_p^*$ 是一个群(如推论 2.2.4 所断言)，所以 $\mathbf{F}_p$ 的每个非零元都满足 $\gamma^{p-1}=1(\bmod p)$。若有 $\beta=\gamma^2$，那么可写作 $1=(\gamma^2)^{(p-1)/2}=\beta^{(p-1)/2}(\bmod p)$。若 β 不能被写为这样的形式，那它就不是一个平方剩余。□

每个 0 和 $p-1$ 之间的非零整数要么是平方剩余，要么是非平方剩余。我们可以进一步扩展这个定义：考虑任何与 p 互素的整数，根据其值模 p 是平方剩余或非平方剩余，可以定义它为平方剩余或非平方剩余。现在给每个 p 的倍数分配符号 0，对每个平方剩余分配符号+1，对每个非平方剩余分配符号−1，然后我们就有 0、+1、−1 符号序列来标记模 p 的平方剩余或非平方剩余。序列的元素是由一个相当旧式的符号来描述的(显然要追溯到勒让德或高斯)，具体如下。 43

定义 2.4.2　*对任意整数 a 和任意奇素数 p，勒让德符号被定义为*

$$(a|p)=\begin{cases} 0 & \text{若 } p \text{ 整除 } a \\ 1 & \text{若 } a \text{ 是模 } p \text{ 的平方剩余} \\ -1 & \text{若 } a \text{ 是模 } p \text{ 的非平方剩余} \end{cases}$$

勒让德符号只是用来验证哪些整数为平方剩余的符号。当 $p=2$ 时，勒让德符号没有定义。

例如，$\mathbf{F}_{13}$ 的平方为 1、3、4、9、10 和 12。勒让德符号 $(x|13)$ 是 x 的一个周期函数(−1 表示非 1)，结果如下：

$$x = 0,1,2,3,4,5,6,7,8,9,10,11,12,13,14,15,16,17,\cdots$$
$$(x|13) = 0\ 1\ \not{1}\ 1\ 1\ \not{1}\ \not{1}\ \not{1}\ \not{1}\ 1\ 1\ \not{1}\ 1\ 0\ 1\ \not{1}\ 1\ 1$$

定理 2.4.3　*勒让德符号满足*

$$(x|p) = x^{(p-1)/2}(\bmod p)$$

证明　如果 p 整除 x，那么根据勒让德符号的定义，方程左边等于零，且项 $x^{(p-1)/2}$ 模 p 等于零，所以两边都为零。如果 x 是一个平方剩余，根据勒让德符号的定义，左边式子等于 1。由欧拉准则知，右边式子等于 1。如果 x 是一个非平方剩余，根据欧拉准则有 $x^{(p-1)/2} \neq 1$，我们得到 $x^{(p-1)} \equiv 1$。但是 $(x^{\frac{p-1}{2}}-1)(x^{\frac{p-1}{2}}+1)=x^{p-1}-1=0(\bmod p)$。根据欧拉准则，$p$ 不能整除 $x^{(p-1)/2}-1$，所以 p 必然整除 $x^{(p-1)/2}+1$，即 $x^{(p-1)/2} \equiv -1(\bmod p) \equiv (x|p)$，得证。□

定理 2.4.4　*整数 2 是模 p 的一个平方剩余，当且仅当 $p=\pm 1(\bmod 8)$，并且有 $(2|p)=(-1)^{(p^2-1)/8}$。*

证明　该证明用到了扩展域 $\mathbf{F}_{p^m}$ 的概念，将在 9.7 节给出解释。(通过创建和添加新的元素，每个有限域被扩展成一个更大的有限域，称为扩展域，包含选定阶的元素，阶与域的特征 p 是互素的。）

令 β 是一个阶为 8 的元素，很可能是在扩展域中。则 $\beta^8=1$ 且 $\beta^4=-1$，意味着 $\beta^2=-\beta^{-2}$。考虑元素 $\gamma=\beta+\beta^{-1}$，那么 $\gamma^2=\beta^2+2+\beta^{-2}=2$，所以 γ 是 2 的平方根。这还
44 表明 $\gamma=\beta+\beta^{-1}$ 是域 $\mathbf{F}_p$ 中的一个元素，当且仅当 $p=8k\pm1$。每个奇素数 p 可被写为 $p=8k\pm e$，其中 e 等于 1 或 3，则

$$\begin{aligned}(\beta+\beta^{-1})^p &= \beta^p+[\text{包含 } p \text{ 的项}]+\beta^{-p}\\ &= \beta^p+\beta^{-p} \qquad (\mathrm{mod}\ p)\\ &= \beta^{8k\pm e}+\frac{1}{\beta^{8k\pm e}}\\ &= \beta^{\pm e}+\beta^{\mp e} \qquad (\beta^8=1)\\ &= \beta^e+\beta^{-e}\end{aligned}$$

由此可得，若 $e=1$，$\gamma^p=\gamma$，则 2 的平方根 γ 是 $\mathbf{F}_p$ 的一个元素，因为 $\mathbf{F}_p$ 是由满足 $\gamma^p=\gamma$的元素组成。另一方面，注意到 $\beta^3=-\beta^{-1}$（因为 $\beta^2=-\beta^{-2}$），由此可得，若 $e=3$，$\gamma^p=-\gamma$，则 2 的平方根 γ 不是 $\mathbf{F}_p$ 的一个元素。

此外，这个事实可以另表示为：

$$(2\,|\,p)=(-1)^{(p^2-1)/8}$$

其中 $p=8k\pm e$，e 等于 1 或 3。则

$$(p^2-1)/8=(e^2-1)/8+2ke+8k^2$$

右边最后两项都是偶数。这意味着

$$(-1)^{(p^2-1)/8}=(-1)^{(e^2-1)/8}$$

若 2 在 $\mathbf{F}_p$ 中有一个平方根，则 e 为±1，并且右边的指数项$(e^2-1)/8$ 为零。若 2 在 $\mathbf{F}_p$ 中没有平方根，则 e 为±3，并且右边的指数项为 1。这意味着$(2\,|\,p)=(-1)^{(p^2-1)/8}$，得证。

□

下面的定理是对勒让德符号许多有用性质的一个重要概括。

定理 2.4.5 勒让德符号满足下面的性质：

(i) $(ab\,|\,p)=(a\,|\,p)(b\,|\,p)$

(ii) 如果 $a=b(\mathrm{mod}\ p)$，则$(a\,|\,b)(b\,|\,p)$

(iii) 如果 p 不能整除 a，则$(a^2\,|\,p)=1$

(iv) $(-1\,|\,p)(-1)^{(p-1)/2}$

(v) $(1\,|\,p)=1$

证明 该证明分五步。

(i) 定理 2.4.3 指出，对任意整数 x，有$(x\,|\,p)=x^{(p-1)/2}(\mathrm{mod}\ p)$，则可得到

45 $$(ab\,|\,p)=(ab)^{(p-1)/2}=a^{(p-1)/2}b^{(p-1)/2}(\mathrm{mod}\ p)=(a\,|\,p)(b\,|\,p)(\mathrm{mod}\ p)$$

最后，因为勒让德符号只可能为 0 或±1，最后一行中的模 p 运算是多余的，这种情况可以排除。

(ii) 由此可以立即得到

$$x^{(p-1)/2}=(x+p)^{(p-1)/2}(\mathrm{mod}\ p)$$

(iii) 根据(i)，因为$(a\,|\,p)=\pm1$，有$(a^2\,|\,p)=(a\,|\,p)^2=1$。

(iv) 对下一个定理 2.4.6 进行重述，即如果对某个 k 有 $p=4k+1$，那么就有$(-1\,|\,p)=1$。此外，对这样的 p 有$(-1)^{(p-1)/2}=(-1)^{2k}=1$。

另一方面，若 $p=4k+3$，则方程两边都等于 -1。

(v) 该性质是平凡的，因为 1 是 $\mathbf{F}_p$ 的一个平方。

得证。 □

下面的定理给出了在素域 $\mathbf{F}_p$ 中 $\sqrt{-1}$ 存在与否的情况。

定理 2.4.6 整数 -1 是模 p 的平方剩余，当且仅当对某个整数 k 有 $p=4k+1$。

证明 令 $\mathbf{F}_p^*$ 表示有限域 $\mathbf{F}_p$ 中非零元的集合。如后面 9.8 节所述，$\mathbf{F}_p^*$ 的元素构成一个循环群。令 π 表示该循环群的一个生成元。该生成元 π 是非平方的，因为如果它是平方的，那么 π 的每个次幂都是一个平方，这样会导致 $\mathbf{F}_p^*$ 中没有非平方元。π 的轨道可写为 π^1，π^2，π^3，…，其中非平方元与平方元交替出现(如果 i 是偶数，那么 π^i 就是一个平方数)。由于 $\pi^{p-1}=1$ 且 $(-1)^2=1$，显然序列的中间项满足 $\pi^{(p-1)/2}=-1$。若 $(p-1)/2$ 为偶数(即对某个整数 k，$p=4k+1$ 成立)，那么在上述序列的平方元位置会出现 -1。否则，-1 出现在非平方元位置。 □

由定理 2.4.6 可得一个有趣的结论。因为根据该定理，每个形如 $\mathbf{F}_{4k+1}$ 的素域都存在元素 $\sqrt{-1}$，我们知道在 $\mathbf{F}_{4k+1}$ 中有 $1^2+\sqrt{-1}^2=0$，其中 $\sqrt{-1}$ 为素域的一个元，所以是一个整数。通过将整数 $\sqrt{-1}$ 视为 $\mathbf{Z}$ 的一个元素，式子就变为 $1^2+\sqrt{-1}^2=0 \pmod p$，其中 $\sqrt{-1}$ 是 $\mathbf{Z}$ 的某个整数。同样，对于素域 $\mathbf{F}_p$ 的每个元素 x，$x\sqrt{-1}$ 也是 $\mathbf{F}_p$ 中的一个元素，可得 $x^2+(x\sqrt{-1}^2)=0 \pmod p$，将 $x\sqrt{-1}$ 替换为整数符号 y，则可写作 $x^2+y^2=0 \pmod p$。因此，对每个小于 p 的正整数 x，我们总能找到某个整数 y 以及与 x 有关的 ℓ，满足方程 $x^2+y^2=\ell p$。若有一个 x 满足 $\ell=1$，那么对于这个 x 和某个整数 y 有 $x^2+y^2=p$，这里 x 和 y 是整数。接下来的定理通常被认为是经典数论的伟大定理之一，讲的是对于 $p=4k+1$，总存在一个 x 满足 $\ell=1$。 46

定理 2.4.7(费马平方和定理) 一个奇素数 p 是两个平方数 x^2、y^2 的和，当且仅当对某个正整数 k 有 $p=4k+1$。

证明 (必要性)偶数的平方模 4 总是等于 0。而奇数的平方模 4 总是等于 1，因为奇数都可写成 $2k+1$ 的形式。因此，两个平方数的和模 4 为 0、1 或 2。这意味着形如 $4k+3$ 的奇素数不能写成两个平方数的和。

(充分性)假设 $p=4k+1$，k 为正整数。根据定理 2.4.6，$\mathbf{F}_p$ 中存在元素 $\sqrt{-1}$。令 $\mathrm{i}=\sqrt{-1}$，并考虑形如 $c=a-b\mathrm{i} \pmod p$ 的元素，a、b 为 $\mathbf{F}_p$ 中的元素，是满足 $0 \leqslant a, b \leqslant \lfloor\sqrt{p}\rfloor$ 的整数。a、b 都取值为 $\lfloor\sqrt{p}\rfloor+1$，则有 $(\lfloor\sqrt{p}\rfloor+1)^2$ 对，其值大于 p。因此，$\mathbf{F}_p$ 中的元素 c 由不同的数对 (a_1, b_1) 和 (a_2, b_2) 产生。那么，$a_1-b_1\mathrm{i}=a_2-b_2\mathrm{i} \pmod p$。由此可得，在 $\mathbf{F}_p$ 中有

$$(a_1-a_2)=\sqrt{-1}(b_1-b_2)$$

令 $x=(a_1-a_2)$，$y=(b_1-b_2)$，则 $x=\sqrt{-1}y$。因此在 $\mathbf{F}_p$ 中有 $x^2=-y^2$。作为整数，对某个非零元 ℓ 有 $x_2+y_2=\ell p$。另一方面，作为整数，$|a_1-a_2|$ 和 $|b_1-b_2|$ 都小于 $\sqrt{p}$，所以有 $x_2+y_2<(\sqrt{p})^2+(\sqrt{p})^2=2p$，仅当 $\ell=1$ 时成立。得证。 □

作为该定理的一个结果，我们可知，素数 p 在环 $\mathbf{Z}[\mathrm{i}]$[⊖] 上可以因子分解，当且仅当对整数 k 有 $p=4k+1$。例如，$13=(2+3\mathrm{i})(2-3\mathrm{i})=2^2+3^2$，$29=(2+5\mathrm{i})(2-5\mathrm{i})=2^2+5^2$，

⊖ 环 $\mathbf{Z}[\mathrm{i}]$ 定义为实部和虚部都为整数的复数的集合。

$53=(2+7i)(2-7i)=2^2+7^2$，$113(7+8i)(7-8i)=7^2+8^2$。于是，具有 $4k+1$ 形式的素数称为在 $\mathbf{Z}[i]$ 中是可分解的或可分裂的。相反，形如 $p=4k+3$ 的素数称为在 $\mathbf{Z}[i]$ 中是惰性的。

2.5 二次互反性

为了方便接下来各定理的证明，我们将使用 $\mathbf{Z}_p$ 的带符号表示。$\mathbf{Z}_p$ 的带符号表示被定义为整数集合：$\left\{-\frac{1}{2}(p-1), -\frac{1}{2}(p-1)+1, \cdots, \frac{1}{2}(p-1)-1, \frac{1}{2}(p-1)\right\}$。这些整数是 $\mathbf{Z}_p$ 中绝对值最小的一种表示。例如，$\mathbf{Z}_7=\{-3, -2, -1, 0, 1, 2, 3\}$ 为 $\mathbf{Z}_7$ 的带
47 符号表示，而 $\mathbf{Z}_7=\{0, 1, 2, 3, 4, 5, 6\}$ 为规范化表示。

显然，带符号表示时正整数是各不相同的。带符号表示的一个强大性质就是这些正整数乘上任意整数后，其绝对值仍是各不相同的。例如，在 $\mathbf{Z}_7$ 中有 $\{3, 6, 9\}=\{3, -1, 2\}$，$\{4, 8, 12\}=\{-3, 1, -2\}$，$\{5, 10, 15\}=\{-2, 3, 1\}$。这就是下面定理的内容。

定理 2.5.1 对于 $\mathbf{F}_p$ 中任意的奇素数和任意正整数 a，以及 $\mathbf{Z}_p$ 中拥有 $\frac{1}{2}(p-1)$ 个元素的集合 $\left\{a, 2a, 3a, \cdots, \frac{1}{2}(p-1)a\right\}$，当采用带符号表示时，其绝对值是各不相同的，为整数 $1, 2, 3, \cdots, \frac{1}{2}(p-1)a$。

证明 带符号表示的正数子集 $\left\{1, 2, 3, \cdots, \frac{1}{2}(p-1)\right\}$ 可以乘上任意整数 a 形成模 p 子集 $\left\{a, 2a, 3a, \cdots, \frac{1}{2}(p-1)a\right\}$。因为 $\mathbf{Z}_p$ 是域 $\mathbf{F}_p$，该子集的 $(p-1)/2$ 个元素必须是各不相同的，且每个整数 $\ell a(\bmod p)$ 在加法运算下必有唯一的逆元。将每个元素都替换为带符号表示，值都是不相同的。我们将证明该集合的所有带符号表示的绝对值也都是各不相同的。也就是说，去掉减号不会产生任何与已有数相等的数。为了证明这一点，将符号为正的项标记为 $r_1, r_2, \cdots$，将符号为负的项标记为 $-s_1, -s_2, \cdots$，其中 s_j 为正。我们将证明没有 r_i 是等于 s_j 的(即使 $-s_j$ 的符号被移去)。

令 $m_i a=r_i$，$m_j a=-s_j$ 为集合中任意两个不同的元素，则 $r_i=s_j$ 意味着 $a(m_i+m_j)=0(\bmod p)$，从而有 $m_i+m_j=0(\bmod p)$。而这是不成立的，因为 m_i 和 m_j 都是非负的且都小于 $p/2$。这意味着 r_i 和 s_j 是不同的。因此共有 $\frac{1}{2}(p-1)$ 个由 r_i 和 s_j 确定的各异的整数，所有数均为正且不大于 $\frac{1}{2}(p-1)$，且必定由 1 与 $\frac{1}{2}(p-1)$ 之间的整数组成。所以它们恰好由整数 $1\sim\frac{1}{2}(p-1)$ 按一定顺序组成。 □

定理 2.5.2(高斯引理) 设 p 为一个素数。勒让德符号满足

$$(a|p)=(-1)^{\mu}$$

其中 μ 为 $\mathbf{Z}_p$ 带符号表示的集合 $\left\{a, 2a, 3a, \cdots, \frac{1}{2}(p-1)a\right\}$ 中出现的非负数的个数。

证明 定理 2.5.1 的一个结果为集合 $\left\{a, 2a, 3a, \cdots, \frac{1}{2}(p-1)a\right\}$(模 p)中所有 $\frac{1}{2}(p-1)$ 个带符号表示的数的乘积是

$$(a)(2a)\cdots\left(\frac{p-1}{2}a\right)=(-1)^{\mu}\frac{p-1}{2}!\pmod p$$ 48

通过约去两边的$\frac{p-1}{2}$！项，方程简化为

$$a^{(p-1)/2}=(-1)^{\mu}$$

将其与$(a|p)=a^{(p-1/2)}$结合，根据定理 2.4.3 可完成该定理的证明。□

例如，$a=3$ 和 $p=31$ 时，

$\{3,6,9,12,\cdots,45\}(\bmod 31)=\{3,6,9,12,15,-13,-10,-7,-4,-1,2,5,8,11,14\}$

因此 $\mu=5$，根据高斯引理，$(3|31)=-1$。我们可以得出结论：3 在模 31 时不是平方的。

下一个定理是数论中非常著名和重要的定理，讲的是：对于两个不同的奇素数 p 和 q，勒让德符号满足$(p|q)(q|p)=\pm 1$，当且仅当$\frac{1}{2}(p-1)$和$\frac{1}{2}(q-1)$为奇数时取负号。这里要求 p 和 q 都是形如 $4k+3$ 的素数。

定理 2.5.3(二次互反性)　对于不同的奇素数 p 和 q，勒让德符号满足$(p|q)(q|p)=(-1)^{\frac{(p-1)}{2}\frac{(q-1)}{2}}$。

证明　因为 p 和 q 是两个不同的奇素数，两个勒让德符号$(p|q)$和$(q|p)$都各自等于+1或−1。这意味着定理方程的左边为+1或−1。根据高斯引理，有$(q|p)=(-1)^{v}$，$(p|q)=(-1)^{\mu}$，其中 v 和 μ 分别为带符号表示的集合 $\mathcal{S}_x=\left\{xq(\bmod p)\text{：}x=1,\cdots,\frac{1}{2}(p-1)\right\}$和$\mathcal{S}_y=\left\{yq(\bmod q)\text{：}y=1,\cdots,\frac{1}{2}(q-1)\right\}$中负数项的个数。因此，有$(p|q)(q|p)=(-1)^{v+\mu}$。于是，我们可得 $v+\mu=\frac{(p-1)}{2}\cdot\frac{(q-1)}{2}(\bmod 2)$，其中方程左边分别为 $\mathcal{S}_x$中和 $\mathcal{S}_y$中负项的个数。右边的积是 x、y 对的总数的奇偶性，其中 $1\leqslant x\leqslant\frac{1}{2}(p-1)$，$1\leqslant y\leqslant\frac{1}{2}(q-1)$。 49

因为在$\frac{-p}{2}$和$\frac{p}{2}$之间共有 p 个整数，整数 $p\ell$ 是间隔为 p 的带符号表示的一系列整数，对每个 x，必然存在唯一的非零整数 y，满足$-\frac{p}{2}<qx-py<\frac{p}{2}$。因此对于每个 x，有且仅有一个非零元 y，使得 $qx=py$ 为 $\mathbf{Z}_p$ 上的带符号表示。因为 $x<\frac{p}{2}$且 $qx<\frac{qp}{2}$，则有 $0\leqslant py\leqslant\frac{qp}{2}$和 $0\leqslant y\leqslant\frac{q}{2}$。因此 $x\in\left\{1,2,\cdots,\frac{1}{2}(p-1)\right\}$，$y\in\left\{1,2,\cdots,\frac{1}{2}(q-1)\right\}$。$y$ 的值为零的情况不再考虑，因为若 $y=0$，则 $qx-py$ 不可能是负数，且不能构成 μ。由此可得，整数 y 是集合$\left\{1,\cdots,\frac{1}{2}(q-1)\right\}$的一个元素。相应地，我们可以将 $\mathcal{S}_x$定义为 $\mathbf{Z}^2$ 的格点的集合，形式如下：

$$\mathcal{S}_x=\left\{(x,y)\,\middle|\,x=1,\cdots,\frac{1}{2}(p-1);y=1,\cdots,\frac{1}{2}(q-1);-\frac{1}{2}p<qx-py<\frac{1}{2}p\right\}$$

类似的方法也可用到 $\mathcal{S}_y$上，但 p 和 q 需要互换，x 和 y 也需要互换。于是有

$$\mathcal{S}_x=\left\{(x,y)\,\middle|\,y=1,\cdots,\frac{1}{2}(q-1);x=1,\cdots,\frac{1}{2}(p-1);-\frac{1}{2}q<py-qx<\frac{1}{2}q\right\}$$

现在回想一下，$\mu+v$ 等于 x，y 对的个数，x 和 y 满足$-\frac{1}{2}p<qx-py<0$ 或$-\frac{1}{2}q<$

$qy-qx<0$。我们只指出带符号代表为负的点，这样我们可以缩减两个格点的集合为：

$$\mathcal{S}_x^-=\left\{(x,y)\middle| x\in\left\{1,\cdots,\frac{1}{2}(p-1)\right\};y\in\left\{1,\cdots,\frac{1}{2}(q-1)\right\};-\frac{1}{2}p<qx-py<0\right\}$$

$$\mathcal{S}_y^-=\left\{(x,y)\middle| y\in\left\{1,\cdots,\frac{1}{2}(q-1)\right\};x\in\left\{1,\cdots,\frac{1}{2}(p-1)\right\};-\frac{1}{2}q<py-qx<0\right\}$$

这两个集合可用下面的草图来示意：

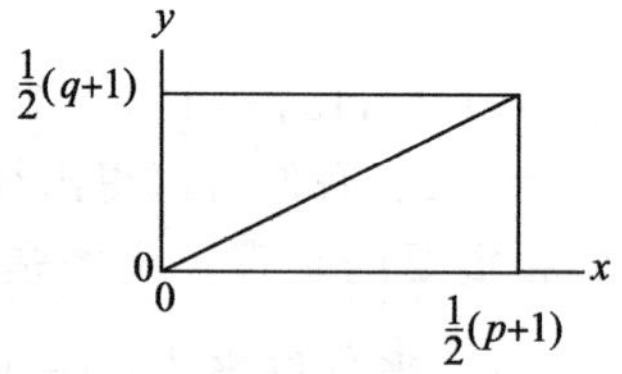

该图表示的是一个$\frac{1}{2}(q+1)$乘$\frac{1}{2}(p+1)$的格点数组，格点自身没在图中表示出来。对角线$qx=py$将集合$\mathcal{S}_x^-$和$\mathbf{S}_y^-$分割开来。其中集合$\mathcal{S}_x^-$由对角线及其上方区域的格点组成，而$\mathcal{S}_y^-$由对角线及其下方区域的格点组成。矩形边界外的点并不包含在集合$\mathcal{S}_x^-$和$\mathcal{S}_y^-$中。

我们将证明不属于$\mathcal{S}_x^-\cup\mathcal{S}_y^-$的上三角格点集合与下三角格点集合是相等的。令$\lambda$表示
50 因为$qx-py<-p/2$而排除的数组中(x, y)对的个数。我们将证明因为$qx-py>q/2$而排除的数组中(x, y)对的个数也为λ。

图中的两个三角形是全等的，可通过变量的变换成为完全相同的三角形。由此令$x=\frac{1}{2}(p+1)-x'$和$y=\frac{1}{2}(q+1)-y'$，变量x'和y'指向同一个集合，但是方向相反。在该变量变换下，不等式$qx-py<\frac{1}{2}p$变为不等式$qx'-py'>\frac{1}{2}q$，这与之前除去(x, y)对的集合情况相同。因此被排除的(x, y)对的总个数为2λ，其中λ为$qx-py>q/2$时(x, y)对的个数，也是$qx-py<\frac{1}{2}p$时(x, y)对的个数。因此，对某个整数λ有

$$\frac{p-1}{2}\cdot\frac{q-1}{2}=\mu+v+2\lambda=\mu+v(\mathrm{mod}\ 2)$$

得证。 □

二次互反性对某些计算(如素性测试)来说是非常有用的工具。举一个二次互反性应用的例子，11 和 31 都是素数，$(11-1)/2$ 和 $(31-1)/2$ 都为奇数。因此$(31|11)(11|31)=-1$。但 $31=9(\mathrm{mod}\ 11)$，即模 11 是平方的，则$(31|11)=1$，因此$(11|31)=-1$。于是我们可知 11 模 31 是非平方的。

2.6 雅可比符号

勒让德符号$(x|p)$仅当第二个整数p是一个素数时才有定义。因此，当利用勒让德符号的性质来进行计算时，我们必须知道第二个整数是素数。因此勒让德符号不能用于那些要确定第二个数是否为素数的算法中。为此，可以对勒让德符号进行推广，也就是将素数p替换为任意的正整数n。这样的推广基于这样的事实：任意奇数n有唯一的素因子分解$n=p_1^{e_1}p_2^{e_2}\cdots p_k^{e_k}$。

定义 2.6.1 对具有素因子分解$p_1^{e_1}p_2^{e_2}\cdots p_k^{e_k}$的正奇数$n$，及任意整数$m$，雅可比符号定义为

$$(m|n)=\prod_{i=1}^{s}(m|p_i)^{e_i}$$

其中，由于 p_i 都为素数，因此右边的 $(m|p_i)$ 为勒让德符号。 51

当 n 等于素数 p 时，雅可比符号就变为勒让德符号，所以可用相同的记号来表示两者。定理 2.4.5 给出的勒让德符号的性质可用来证明雅可比符号的类似性质。

与勒让德符号不同，雅可比符号 $(a \mid n)$ 不会揭示 a 是否为模 n 的平方剩余，$\mathbf{Z}_n^*$ 中一个元素是另一元素的平方模 n 称为模 n 的平方剩余。例如，虽然 $(5|21)=1$，但是整数 5 不是环 $\mathbf{Z}_{21}^*$ 上的一个平方。

定理 2.6.2 雅可比符号满足以下性质：

(0) 对任意奇数 n，$(1|n)=1$。

(1) 若 $a\equiv b(\mathrm{mod}\ n)$，则 $(a|n)=(b|n)$。

(2) 若 n 为一个正奇数，则 $(2|n)=\begin{cases}1, & 若\ n\equiv\pm1(\mathrm{mod}\ 8)\\ -1, & 若\ n\equiv\pm3(\mathrm{mod}\ 8)\end{cases}$。

(3) 若 n 为一个正奇数，则 $(ab|n)=(a|n)(b|n)$。

(4) 若 m 和 n 是互素的正奇数，则 $(m|n)(n|m)=(-1)^{\left(\frac{m-1}{2}\right)\left(\frac{n-1}{2}\right)}$。

证明 该证明分为五个部分。

(0) 因为对任意素数有 $(1|p)=1$，则 $(1 \mid n)$ 为 1 的乘积，即它自身也为 1。

(1) 若 $a\equiv b(\mathrm{mod}\ n)$，则对于 n 的素因子 p_i，$a=b(\mathrm{mod}\ p_i)$，因此 $(a|p_i)=(b|p_i)$。于是

$$(a|n)=\prod_i(a|p_i)^{e_i}=\prod_i(b|p_i)^{e_i}=(b|n)$$

(2) 令 $n=\prod_{i=1}^{s}p_i^{e_i}=\prod_{\ell=1}^{L}p_\ell$，第二个连乘中的素数 p_ℓ 不要求各不相同。在该连乘中，每个素数表示在 n 中出现的次数，且 $L=\sum_{i=1}^{s}e_i$，利用方程

$$\prod_{\ell=1}^{L}(1+x_\ell)=1+\sum_i x_i+\sum_{i\neq j}\sum_j x_ix_j+\cdots+\sum_{\substack{i\neq j\\ i\neq k}}\sum_{i\neq j}\sum_j x_ix_jx_k+\cdots$$ 52

可得

$$n^2=\prod_{\ell=1}^{L}p_\ell^2=\prod_{\ell=1}^{L}(1+p_\ell^2-1)=1+\sum_i(p_i^2-1)+\sum_{i\neq j}\sum_j(p_i^2-1)(p_j^2-1)+\cdots$$

我们现在来说明，对每个奇素数 p，p^2-1 总是 8 的倍数。因为 p 是奇数，对某个 k 有 $p=4k\pm1$，则 $p^2=16k^2\pm8k+1$，所以有 $p^2-1=8(2k^2\pm k)$。我们可以推断出上述 n^2 展开项中的 p_i^2-1 都是 8 的倍数。这意味着除去前两个项，其余项为 64 的倍数。因此

$$n^2\equiv1+\sum_{\ell=1}^{L}(p_\ell^2-1)(\mathrm{mod}\ 64)$$

于是

$$\frac{1}{8}(n^2-1)\equiv\sum_{\ell=1}^{L}\frac{1}{8}(p_\ell^2-1)(\mathrm{mod}\ 8)$$

根据定理 2.4.4 中的勒让德符号，我们有 $(2 \mid p)=(-1)^{(p^2-1)/8}$。那么因为 $(-1)^8=1$，有

$$(2|n)=\prod_{\ell=1}^{L}(2|P_\ell)=\prod_{\ell=1}^{L}(-1)^{(P_\ell^2-1)/8}$$

$$= (-1)^{\sum_\ell (P_\ell^2-1)/8} = (-1)^{(n^2-1)/8} = \begin{cases} 1, & 若\ n \equiv \pm 1 \pmod 8 \\ -1, & 若\ n \equiv \pm 3 \pmod 8 \end{cases}$$

(3) 若 n 是一个素数，那么这就是定理 2.5.3 的第(i)部分。否则，令 $n = \prod_{i=1}^{s} p_i^{e_i}$，那么

$$(ab|n) = \prod_{\ell=1}^{L} (ab|p_\ell)^{e_\ell} = \prod_{\ell=1}^{L} (a|p_\ell)^{e_\ell} (b|p_\ell)^{e_\ell} = (a|n)(b|n)$$

(4) m 和 n 都为奇数，则

53

$$(m|n) = \begin{cases} -(n|m) & 若\ m\ 和\ n\ 模\ 4\ 都等于\ 3 \\ +(n|m) & 否则 \end{cases}$$

这是定理 2.5.3 给出二次互反性的推广，将 m 和 n 都为奇素数推广到 m 和 n 都为奇数。令 $n = \prod_{i=1}^{s} p_i^{e_i} = \prod_{\ell=1}^{L} p_\ell$，其中 $L = \sum_{i=1}^{s} e_i$，在右边第二个表达式中，每个不同的素数都重复了 e_i 次。类似的，令 $m = \prod_{j=1}^{s'} q_j^{e'_j} = \prod_{\ell'=1}^{L'} q_{\ell'}$，其中 $L' = \sum_{j=1}^{s} e'_j$，在右边第二个表达式中，每个不同的素数 $q_{\ell'}$ 都重复了 e'_j 次。根据定义 2.6.1，

$$(m|n) = \prod_{\ell=1}^{L} (m|p_\ell)$$

利用该定理第(3)部分给出

$$(m|n) = \prod_{\ell=1}^{L} \prod_{\ell'=1}^{L'} (q_{\ell'}|q_\ell)$$

且根据定理 2.5.3 有

$$(m|n) = \prod_{\ell=1}^{L} \prod_{\ell'=1}^{L'} \left[(-1)^{\left(\frac{p_\ell-1}{2}\right)\left(\frac{p_{\ell'}-1}{2}\right)} \right] (p_\ell|p_{\ell'}) = (n|m) \prod_{\ell=1}^{L} \prod_{\ell'=1}^{L} \left[(-1)^{\left(\frac{p_\ell-1}{2}\right)\left(\frac{q_{\ell'}-1}{2}\right)} \right]$$

乘积中的每一项等于+1 或−1，这取决于其指数为奇数还是偶数。仅当$(p_i-1)/2$ 和$(q_j-1)/2$ 都是奇数时，该项为−1。仅当乘积中−1 项的个数为奇数时，整个乘积才等于−1。这意味着满足 $p_i=3 \pmod 4$的项的个数为奇数，且满足 $q_j=3 \pmod 4$的项的个数也为奇数。但奇数个模 4 为 3 的项的乘积模 4 仍等于 3。因此 $m=1 \pmod 4$及 $n=3 \pmod 4$，当且仅当乘积的符号为负号。因此$(m|n)=(n|m)(-1)^{\left(\frac{m-1}{2}\right)\left(\frac{n-1}{2}\right)}$，又因$(n|m)=\pm 1$，可得$(m|n)(n|m)=(-1)^{\left(\frac{m-1}{2}\right)\left(\frac{n-1}{2}\right)}$。得证。 □

作为应用定理 2.6.2 的一个例子，我们如下计算(888|1999)：

$$\begin{aligned}(888|1999) &= (2|1999)(2|1999)(2|1999)(111|1999) && 性质\ 3 \\ &= (111|1999) && 性质\ 2 \\ &= -(1999|111) && 性质\ 4 \\ &= -(1|111) && 性质\ 1 \\ &= -1 && 性质\ 0\end{aligned}$$

54 上述计算过程告诉我们：若 1999 是一个素数，那么根据定义 2.4.2，888 为模 1999 的一个平方剩余。如果我们不知道 1999 为素数，则我们得不到该结论。如果 1999 不是一个素数，那么该计算不提供自身信息。

总之，通过重复例子中的翻转和模底部整数来减小顶部整数的步骤，我们可以在与十进制数成正比的时间内计算出雅可比符号。

2.7 素性检验

寻找一个大素数(比如说 100 位)不是一个轻松的任务。假设有一个 100 位的十进制数，它的每位数字都是随机并且独立选择的。我们想确定它是否为一个素数。当末位是偶数或是 5 时，它肯定不是素数。但当末位是 1、3、7 或 9 时，我们就很难判断该数是否为一个素数。接下来的三小节介绍一些常用的素性检验方法。

素数在整数集上的分布是无规律的，看上去没有单一的模式。这种无规律性有时是有用的，后面的章节会介绍这样的情况。下面的定理是数论中的一个深奥的定理，排除了非素数有周期序列的可能性，在此不作证明。

定理 2.7.1(狄利克雷) *对于任意互素的正整数 a 和 b，序列 $ak+b$ 中包含无限多个素数，其中 $k=1, 2, 3, \cdots$。*

该定理直接告诉我们形如 $p=4k+1$ 的素数个数是无限的，同样形如 $p=4k+3$ 的素数个数也是无限的。我们也可以说模 4 余 1 的素数个数是无限的，同样模 4 余 3 的素数个数也是无限的。

该定理可以看成是一个关于非素数的命题。它间接地说明了具有特定间隔的素数序列是不存在的。尽管如此，素数具有一个平均特性，由下面的数论中深奥且著名的定理给出。在此不作证明。

定理 2.7.2(素数定理) *整数中素数的分布满足*

$$\#\{primes \leqslant x\} \sim \int_2^x \frac{\mathrm{d}t}{\log_e t}$$

表示 x 趋于无穷时，两边的比值趋近于 1。

不严格地说，素数定理说明在 x 附近的一个小区间内，素数约占 $1/\log_e x$。例如，若 x 是一个随机生成的 100 位整数，则 x 为素数的概率约为 $1/\log_e 10^{100}$。则在 100 位的整数 55
中，其为素数的概率略大于 1/200。当然，十进制表示的素数末位只能为 1、3、7 或 9。如果我们只考虑末位是 1、3、7 或 9 的整数，该情况占的比例为 4/10。对于 100 位长且末位为 1、3、7 或 9 的整数来说，其为素数的概率略小于 1/100。这意味着大约有 10^{98} 个 100 位的素数，这是个非常巨大的数目。

为了寻找一个 100 位的素数，我们可以随机选择一个候选的 100 位十进制数序列，然后测试序列中是否有一个素数。这意味着我们需要能进行素性检验的算法。下面将介绍几种实用的素性检验算法，它们都是偏 yes 的概率检验算法。每次检验都可以用于回答一个问题：“n 是否为合数?”这个过程由随机选择的一个很大的种子来控制，输出“是”或“不知道”。“不知道”意味着 n 可能是一个素数。如果回答是“不知道”，那么我们需要随机选择一个新的种子来进行新一轮的检验。一个偏 yes 的概率检验算法可以确定一个整数为合数，但不能确定它为素数。

图 2-1 展示了三种人们最为熟知的素性检验方法。我们将在下面三节中依次介绍费马算法、Solovay-Strassen 算法和 Miller-Rabin 算法。

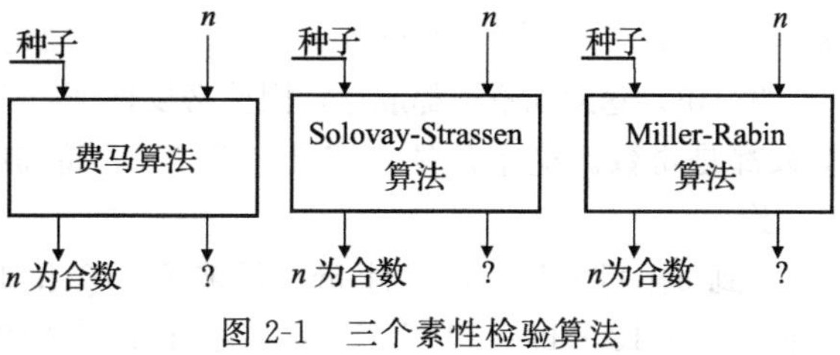

图 2-1　三个素性检验算法

图 2-1 中的三种算法都可以确定一个数 n 为合数，但完全不能确定 n 的因子，这既令人瞩目，又或令人不安。如果是其他情况，基于数论的密码学将不会获得成功。

2.8 费马算法

56 费马小定理给出了对于素数 p，每个整数 b 都小于 p 的必要条件。由费马小定理可得出一个简单而又恒定的素性检验方法，这种检验方法就称为费马素性检验算法。费马算法很简单。为了检验整数 n 的素性，费马算法先随机选择一个待测整数 b。若 $b^n \neq b(\bmod n)$，那么由费马小定理得，n 是一个合数。反之若 $b_n=b(\bmod n)$，则检验失败，不下任何定论。以上步骤可以随机选择另一个 b 重复执行。然而，由于费马小定理的逆定理不成立，所以费马算法不能判定一个数为素数，它只能判定一个数不是素数。因为费马算法在检验 n 时可能总是失败，所以它并不适合作为素性检验的主要工具。费马算法适用于做简单的初步测验，即在用一个更强大的算法前快速地筛选掉某些 n。但即使对任意与 n 互素的 b 有 $b_n=(\bmod n)$，n 也不一定为素数。这就导致了下面的定义。

定义 2.8.1 *若对 $\mathbf{Z}_n$ 中每个 b 都有 $b_n=b(\bmod n)$ 成立，则称奇合数 n 为 Carmichael 整数。*

Carmichael 整数有时候被称为*伪素数*，因为它们满足费马小定理的条件但不是素数。Carmichael 整数的存在很重要，因为这意味着费马定理本身没有强大到可以证明一个数是素数，即使所有比 n 小的 b 都被检验过。Carmichael 整数满足一定的充要条件，因此可以从素因子分解来判断是否为 Carmichael 整数。当然，若 n 的素性是未知的，那么 n 的因子分解也一定是未知的。下面的定理表明 Carmichael 整数确实存在。

定理 2.8.2(Korselt) *一个正奇合数 n 为 Carmichael 整数，当且仅当 n 无平方因子，且对 n 的每个素因子 p_i，p_i-1 都能整除 $n-1$。*

证明 （充分性）假设正奇合数 n 为无平方因子的整数，则它的素因子都是奇数且各不相同。再设对 n 的每个素因子 p_i，都有 p_i-1 整除 $n-1$。对任意整数 b，令对每个 p_i 都有 $b_i=b(\bmod p_i)$。每个 b_i 要么与 p_i 互素，要么为零。若 b_i 与 p_i 互素，那么根据费马小定理有 $b_i^{p_i-1}=1(\bmod p_i)$。此外，若 b_i 不为零，则有 $b_i^{n-1}=(b_i^{p_i-1})^{(n-1)/(p_i-)}=1(\bmod p_i)$。

若 $b_i=0$，则 $b_i^n=0$。因此对每个 i，有 $b_i^n=b_i(\bmod p_i)$。最后，在方程两边同时应用中国
57 剩余定理，我们可得 $b_n=b(\bmod n)$。这对每个 b 都成立，所以 n 是一个 Carmichael 整数。

（必要性）假设 n 是一个 Carmichael 整数。那么对于每个 $b\in\mathbf{Z}_n$ 都有 $b^n=b(\bmod n)$。首先，我们注意到根据以下分析，n 一定是无平方因子的。对整数 m 素数 p，令 $n=p^2m$。因为 n 是一个 Carmichael 整数，所以 $p^n=p(\bmod n)$。这意味着对于某个 Q 有 $p^n=p+Qp^2m$，所以 $1=p(p^{n-2}-Qm)$。但素数 p 不能整除 1，所以这是不成立的。因此 n 不可能存在因子 p^2。

令 $n=p_1\cdots p_k$，其中 p_i 是各异的奇素数。对每个 i，令 a_i 生成循环群 $\mathbf{Z}_{pi}^*$。那么对每个 i，p_i 和 a_i 都是互素的，且 a_i 有轨道 $\phi(p_i)=p_i-1$。中国剩余定理断言存在一个与 n 互素的整数 a，对所有 i 都有 $a=a_i(\bmod p_i)$。此外，因为 n 是一个 Carmichael 整数，所以 $a^{n-1}=1(\bmod n)$，这意味着 $a^{n-1}=1(\bmod p_i)$，相应地，有 $a_o^{i-1}=1(\bmod p_i)$。因为 a_i 有轨道 $p_i-1(\bmod p_i)$，我们可以得出 p_i-1 整除 $n-1$ 的结论。这对所有 i 都成立，因此必要性证明完成。 □

每个 Carmichael 整数都是奇数。这个条件在定义 2.8.1 中可能被忽略了。那么 n 是奇数可以作为定理的附加结论。

借助定理 2.8.2，注意到 $3\cdot 11\cdot 17=561$ 且 560 可被 2、10 和 16 整除，所以 561 是一个 Carmichael 整数。再有 $5\cdot 13\cdot 17=1105$ 且 1104 可被 4、12 和 16 整除，所以 1105

也是一个 Carmichael 整数。最后，注意到 $7 \cdot 13 \cdot 19 = 1729$ 且 1728 可被 6、12 和 18 整除，所以 1729 是一个 Carmichael 整数。事实上，最小的 Carmichael 整数就是 561、1105 和 1729，它们都有三个素因子。

推论 2.8.3 *每个 Carmichael 整数 n 至少是三个不同素数的乘积。*

证明 Carmichael 整数本身并不是一个素数。因为 n 是非平方的，所有素因子必须不同。假设 n 为两个素数的乘积，$n = p_1 p_2$，其中 $p_2 > p_1$。定理要求 $p_2 - 1$ 可整除 $p_1 p_2 - 1$。但由整除算法可得 $n - 1 = (p_2 - 1)p_1 + (p_1 - 1)$。因为 $p_1 - 1 \neq 0$，所以 $p_2 - 1$ 不能整除 $n - 1$，这与定理相矛盾。因此 n 不可能是两个素数的乘积。□

众所周知，Carmichael 整数的个数是无限的。然而，随着数值的增大它们的密度减小，最终变得相当稀疏。图 2-2 显示了 Carmichael 整数的近似密度，是一个与 n 的十进制数字相关的函数。例如，18 位整数平均 10^{12} 个数中有不到一个的 Carmichael 整数。因此在 10^{12} 个数中几乎只有一次机会随机选到一个 18 位复合整数，使得费马小定理对所有小 58
于 n 的 b 都成立。但是，这种稀有性并不让人觉得非常满意。可以推测，有很多 n 能够让费马小定理对"很多"或"大多数" b 都成立，无论这句话里的"很多"或"大多数"是什么含义。现在没有任何陈述来反对这一点，我们推测"近似 Carmichael"整数未必是稀疏的。因为这一缺陷，费马小定理不是一个令人满意的用来进行严格素性检验的定理，即使它可用作合数的简单检验并且迅速地否定一些需进行素性检验的整数。

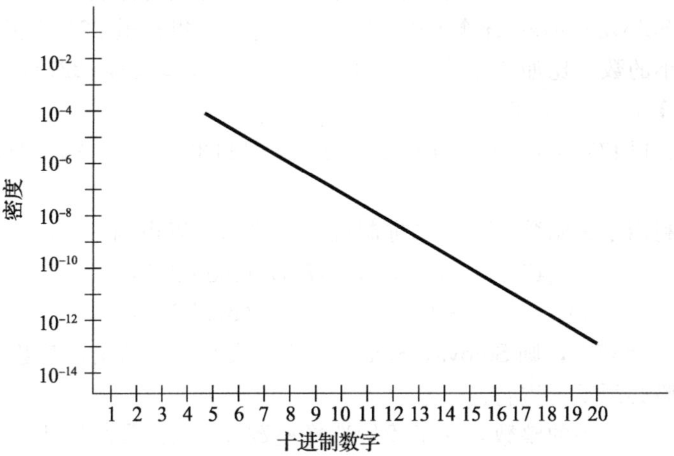

图 2-2　Carmichael 整数的近似密度

2.9　Solovay-Strassen 算法

Solovay-Strassen 算法是一个判断整数 n 是否是素数的概率算法。说它是一个概率算法，是因为它需要随机选择一个整数并进行多次重复。该算法并没有应用到费马小定理本身，所以并不容易遇到 Carmichael 整数。若算法判定 n 为合数，那么 n 就一定是一个合数。若经过多次检验后，算法认为 n 很可能为素数，那么 n 是素数的概率很大，但并不能确定。Solovay-Strassen 算法并不是唯一的常用素性检验算法。下面小节给出的 Miller-Rabin 素性检验算法的失败概率可能会更小，但结构复杂，不够显而易见。

定理 2.9.1 *若整数 n 是一个素数，那么 $(\beta|n) = \beta^{\frac{n-1}{2}} \pmod{n}$。* 59

证明 根据勒让德符号的定义，若 n 是一个素数，那么 β 是一个平方时，有 $(\beta|n) = 1$，当 β 是一个非平方时，有 $(\beta|n) = -1$。再根据欧拉准则，若 n 是一个素数，那么

$\beta^{\frac{n-1}{2}} 1 (\mathrm{mod}\ n)$，当且仅当 β 是一个平方。此外，因为对所有 β 有 $\beta^{n-1}=1(\mathrm{mod}\ n)$，那么我们可推出，若 β 是一个非平方，则 $\beta^{\frac{n-1}{2}} -1(\mathrm{mod}\ n)$。 □

该定理的逆定理是不成立的。因此它只可用作判定一个整数是合数，不能确定性地判定一个数是素数。它只能通过多次检验来给出所给整数为素数的概率。

令 n 为 Solovay-Strassen 算法将要进行素性检验的对象。若十进制数 n 的末位是 0、2、4、5、6 或 8，那么显然 n 是一个合数，这样的数不需要进一步的检验。否则，随机选择一个整数 β，$1\leqslant\beta<n$，计算雅可比符号 $(\beta|n)$ 的值。如果 $(\beta|n)=\beta^{(n-1)/2}(\mathrm{mod}\ n)$，则回答"不知道"，否则回答"$n$ 是一个合数"。由定理 2.9.1 可知，若 n 是一个素数，那么 Solovay-Strassen 算法总会回答"不知道"。若 n 是一个合数，则可能回答"不知道"，也可能回答"n 是一个合数"。这是因为若 n 是一个合数，那么 $(\beta|n)\neq(\mathrm{mod}\ n)$ 的概率至少为 1/2。

如果回答"不知道"，那么独立、随机地选择另一个整数 β 并重复该算法。[⊖]这个过程会重复很多次，当得到回答"n 是一个合数"，或在重复预定的次数 m 次之后仍得到回答"不知道"，则停止检验。

Solovay-Strassen 算法需要一个有效的方法来计算雅可比符号和 β 的大幂次。根据定理 2.5.3 给出的二次互反性定律，结合雅可比符号的性质可以得到有效计算雅可比符号的方法。而利用快速求幂及模余运算可以得到有效计算 β 幂次的方法。

这里举一个 Solovay-Strassen 算法的例子。假设我们想知道 221 是否为素数，先随机选择一个比 221 小的数，比如 47。然后利用二次互反性计算 $(47|221)$，并用快速求幂的二次幂乘方法计算 $47^{110}(\mathrm{mod}\ 221)$。则

$$(47|221)=(221|47)=(33|47)=(47|33)=(14|33)=(2|33)(7|33)=(33|7)$$

60 $$=(5|7)=(7|5)=(2|5)=-1$$

另一方面，利用十进制数 110 的二进制展开，我们可以得到

$$\begin{aligned}47^{110} &\equiv 47^{64}47^{32}47^{8}47^{4}47^{2}(\mathrm{mod}\ 221)\\ &=-1 \qquad (\mathrm{mod}\ 221)\end{aligned}$$

因此 $(47|221)=47^{110}$，则 Solovay-Strassen 检验没有得到结论。整数 221 可能是素数，可能是合数。检验必须重复进行。

选择另一个比 221 小的整数，这里我们选择整数 2。现在我们先计算 $(2|221)=-1$ 和 $2^{110}=30(\mathrm{mod}\ 221)$。因为 $-1\neq30$，我们可以判断 221 不是一个素数。注意到该过程虽然表明 221 是一个合数，但并没有给出任何有关因子的信息。计算量与整数 n 的位数呈线性关系，因此与 n 本身是对数关系。

为了减小误判 n 是素数的概率，Solovay-Strassen 算法会被执行 m 次，每次都随机选择一个不同的整数 β。令 A 代表事件"一个指定大小、随机选择的奇数 n 是合数"。令 B 代表事件"算法连续回答 m 次'不知道'"。根据贝叶斯公式，我们有

$$\Pr(A|B)=\frac{\Pr(B|A)\Pr(A)}{\Pr(B|A)\Pr(A)+\Pr(B|\overline{A})\Pr(\overline{A})}$$

根据素数定理，因为 n 是奇数，所以 $1-\Pr(A)\approx\frac{2}{\log_e n}$，其中 2 这个因子导致只有奇数进

⊖ 细心的观察者通常会发现大多数计算机程序"随机"选择整数 a 时使用的是确定性方法。这里的独立检验的概念带有一定程度的实用主义色彩。

行检验。进一步，$\Pr(B|A)\approx 2^{-m}$。因此，分子分母都乘以$\log_e n$和2^m之后，表达式变为$\Pr(A|B)\approx\frac{\log_e n-2}{\log_e n-2+2^{m+1}}$。该式给出了选择的数为合数但本身没有被检测出来的概率。

例如，若n是一个256位的数，则n的值大约是2^{256}。选取$m=50$，那么$\Pr(A|B)$约等于10^{-13}，也就是说，没有检验出n为合数的概率是非常小的。

2.10　Miller-Rabin 算法

Miller-Rabin 素性检验算法是一个关于"n是合数吗?"这个问题的偏 yes 的概率算法。如果算法回答"n是合数"，那么n肯定为合数。如果算法回答"不知道"， 61
那么n可能是素数，也可能是合数。Miller-Rabin 算法是一个概率算法，因为它需要随机选择一个整数并重复执行多次。Miller-Rabin 算法被认为比 Solovay-Strassen 算法快，但也更难理解。图 2-3 对 Miller-Rabin 算法进行了总结。

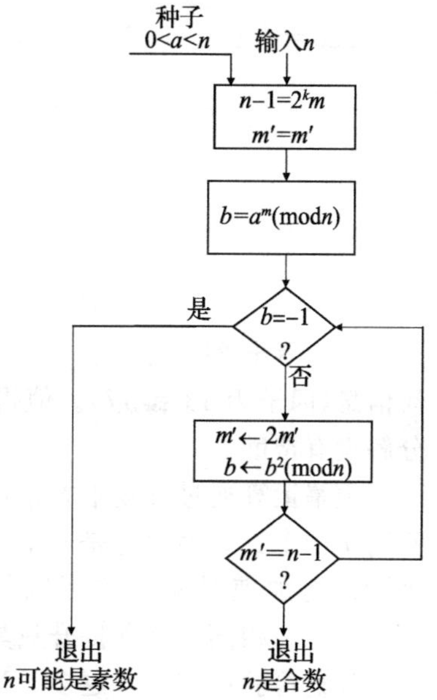

图 2-3　Miller-Rabin 算法

Miller-Rabin 算法的描述如下：只考虑奇数n，则对于某个s，我们可以写成$n-1=2^s t$，其中t为奇数。因为$n-1$为偶数，所以s不为零。s和t都很容易计算，只要不断用2去整除$n-1$，直到得到奇数为止。

随机选择一个比n小并与n互素的正整数a。与n互素的条件很容易检测，只有当GCD(a，n)是n的一个非平凡因子时，检测才会失败，这意味着n本身是一个合数。设$m=t$，然后计算$b=a^t(\text{mod } n)$并进入以下循环。如果$m=2^s t=n-1$，停止并回答"n是一个合数"。如果$b\equiv -1(\text{mod } n)$，回答"不知道"并退出。否则，将$b$替换为$b^2(\text{mod } n)$，将$m$替换为$2m$，重新开始。

命题 2.10.1　*若n是素数，Miller-Rabin 算法不会得到n是合数。*

证明　我们必须证明 Miller-Rabin 算法永远不会错误地宣布一个素数是合数。假设n是一个素数，却得到"n是合数"的回答。我们将证明这会导致矛盾，所以不可能发生。 62
只有当$a^{2^i t}\neq -1(\text{mod } n)(0\leqslant i\leqslant s-1)$时，我们才会得到"$n$是一个合数"。

假设n是一个素数，那么$a^{n-1}=1(\text{mod } n)$。因此n整除$a^{n-1}-1$。但又有

$$a^{n-1}-1=a^{2^s t}-1=(a^{2^{s-1}t}-1)(a^{2^{s-1}t}+1)$$

其中第二个因子不能被n整除，因为该算法在下一步直到最后一步都不会结束。因此n整除$(a^{2^{s-1}t}-1)$。然后由$a^{2^{s-1}t}-1=(a^{2^{s-2}t}-1)(a^{2^{s-1}t}+1)$可得$n$整除$a^{2^{s-2}t}-1$。继续按此方式展开，我们最终可得到$n$整除$(a^t-1)$，所以$a^t=1(\text{mod } n)$。因为$t$整除$n-1$，意味着$a^{n-1}=1(\text{mod } n)$，这与上述论断相悖。从而与假设"$n$是一个素数"相矛盾，所以$n$必为合数。 □

为了举例说明该算法，我们选用素数$41=2^3\cdot 5+1$和合数$81=2^4\cdot 5+1$。在第一个例子中，选取$a=2$，根据算法计算$2^5(\text{mod } 41)=32$，然后$32^2(\text{mod } 41)=-1$，则算法返回"41可能是素数"。算法可以另选一个a的值进行检验。在第二个例子中，选$a=2$，根据算法计算$2^5(\text{mod } 81)=32$，然后$32^2(\text{mod } 81)=52$，继续计算得到$52^2(\text{mod } 81)=31$和

$32^2 \pmod{81}=70$。因为计算永远不会得到-1，所以算法返回“81 是合数”。

举一个数值大一点的例子，假设我们想确定 $n=221$ 是否为素数。首先，$n-1=220=2^2 \cdot 5$，所以 $s=2$，$t=55$。选择比 221 小的任意整数 a，例如选 174。则有

$$
\begin{aligned}
a^{2^0 t} &= 174^{55} && \pmod{221} \\
&= 47 \neq -1 && \pmod{221} \\
a^{2^1 t} &= 174^{110} && \pmod{221} \\
&= 220 = -1 && \pmod{221}
\end{aligned}
$$

因为 $220=-1 \bmod 221$，所以检验没有得出结论。另取 $a=137$，计算过程如下：

$$
\begin{aligned}
a^{2^0 t} &= 137^{55} && \pmod{221} \\
&= 188 \neq -1 && \pmod{221} \\
a^{2^1 t} &= 137^{110} && \pmod{221} \\
&= 205 \neq -1 && \pmod{221} \\
a^{2^2 t} &= 1 && \pmod{221}
\end{aligned}
$$

因此我们得出 221 是一个合数。注意到这个过程(很显然)没有告诉我们关于 221 因子的任何信息(因子为 13 和 17)。值得注意的是，该算法虽然判定 221 是合数，但对 221 的因子
63 分解没有帮助。

模幂运算通过反复平方来计算，所以运行时间复杂度为 $k\log^3 n$，其中 k 为用于检验的不同 a 的个数。因此它是一个有效的多项式时间算法。我们可以通过使用整数的快速乘法来渐近地加速计算。这可以使运行时间复杂度减小到 $k\log^2 n\log\log n\log\log\log n$。这和 $k\log^2 n$几乎相同，这种提升只具有理论意义，因为它只对大得不切实际的整数有效。

我们检验的整数 a 越多，Miller-Rabin 算法成功的概率就越大。众所周知，被选的整数 a 中有四分之一会导致 Miller-Rabin 算法不能正确判定合数 n，在此不进行证明。若 Miller-Rabin 算法被重复了 k 次，每次都独立地选择不同的整数 a，那么检验合数失败的概率就为 4^{-k}。因此当 $n=25$ 时，失败的概率不会大于 $2^{-50}\sim10^{-15}$。每个令 Miller-Rabin 算法失败的合数 a 都会使 Solovay-Strassen 检验失败，从这个意义上说，Miller-Rabin 算法绝对比 Solovay-Strassen 素性检验方法强大。若 n 是一个合数，那么 Miller-Rabin 素性检验算法判断它很可能为素数的概率最大为 4^{-k}，而 Solovay-Strassen 素性检验算法判断它很可能为素数的概率最大为 2^{-k}。在实际情况中，无论被检验的合数多大，Miller-Rabin 算法检验失败的概率都显著小于 4^{-k}。

如果要检验来源不明的整数的素性，我们需谨慎使用其他在这里没有介绍的素性检验算法，因为对手可能会试图插入使检验失败的整数。在这种情况下，Miller-Rabin 算法的错误上界依然是 4^{-k}。

命题 2.10.1 的证明简单明了，但是直接证明中隐藏着一个启发式的细节，使得证明过程不再那么难以理解。该细节就是，Miller-Rabin 算法实际上就是检测 $\mathbf{Z}_n$ 中单位根是否超过两个。如果单位根超过两个，那么 n 一定是合数，因为在任何域中二次多项式 x^2-1 最多有两个根。反过来，若 n 不是一个素数，那么多项式 x^2-1 在 $\mathbf{Z}_n$ 中的零根可以多于两个。特别地，一个整数在模双素数时可以有 4 个平方根，这就是下面命题所阐述的内容。

定理 2.10.2 *若 n 是两个不同的奇素数的乘积，那么 $x^2\equiv1 \pmod n$ 有 4 个解，即 ±1 和 $\pm k$，其中 k 为整数，$\mathrm{GCD}(x^2, h)=1$。*

证明 令 $n=q_p$，其中 p 和 q 均为奇素数，则 $x^2\equiv1(\bmod n)$等价于 $x^2=1+an=1+$ 64
apq(a 为整数)。然后，可得出 $x^2\equiv1(\bmod p)$和 $x^2\equiv1(\bmod q)$。因为 p 和 q 均为素数，且 x^2-1 在任何域中都仅有两个根，包括域 $\mathbf{F}_p$ 和 $\mathbf{F}_q$，这意味着 $x^2\equiv\pm1(\bmod p)$和 $x^2\equiv\pm1(\bmod q)$。因此这里有 4 对同余式。根据中国剩余定理，每对同余式对应于原方程的不同解。对第一对，即 $x\equiv1(\bmod p)$和 $x\equiv1(\bmod q)$，解为 $x=1$。对于第二对，即 $x\equiv-1(\bmod p)$和 $x\equiv-1(\bmod q)$，解为 $x=-1$。对于第三对，即 $x\equiv1(\bmod p)$和 $x\equiv-1(\bmod q)$，根据中国剩余定理可知存在唯一解，这很容易计算出，我们将其记为 k。最后，因为 $-k\equiv-1(\bmod p)$和 $-k\equiv1(\bmod q)$，所以第四对同余项的解为 $-k$。综上，4 个解分别为 ±1，$\pm k$，其中 k 为某整数。 □

根据该定理可知，若 a 域 $\mathbf{Z}_{pq}$ 中有平方根 $\sqrt{a}$，则 $-\sqrt{a}$、$k\sqrt{a}$ 和 $-k\sqrt{a}$ 也是 a 在域 $\mathbf{Z}_{pq}$ 中的平方根。例如，数 16 在域 $\mathbf{Z}_{35}$ 中的平方根为 4、11、24 和 31。

在该定理背景下，命题 2.10.1 的另一种证明概述如下：考虑 Miller-Rabin 算法所测试的一系列 $b=a^{2^it}$ 的值。因为 b 在每一轮循环中都被平方以生成下一个 b 的值，我们检验 a^t，a^{2t}，…，$a^{2^{s-1}t}$ 的值。假设 n 是一个素数，但算法回答“n 是合数”。那么对于 $i=0$，…，$s-1$ 有 $a^{2^it}\neq-1(\bmod n)$。但这里 n 为素数，因为 $n-1=2^st$，由费马小定理可知 $a^{2^st}=1(\bmod n)$。那么 $a^{2^{s-1}t}$ 就是 1 在域 $\mathbf{F}_n$ 中的一个平方根。在任何域中 1 都仅有两个平方根，即 $+1$ 和 -1，且我们知道 $a^{2^{s-1}t}\neq-1$。因此 $a^{2^{s-1}t}=1$，所以 $a^{2^{s-2}t}$ 是 1 的一个平方根，它的值为 $+1$ 或 -1。与之前所述，它不可能为 -1。然后继续按照这种方式，我们可以得出 $a^t(\bmod n)=1$，这意味着该算法必然在开始时就立即停止。因此该算法不可能得出 n 是合数的结论。这个矛盾表明该方法不可能将一个合数错判为素数。

2.11 整数分解

几个世纪以来，大合数因子分解一直是数论中一个具有挑战性的任务，现在只取得了有限的成功。密码学中一些方法的安全性依赖于因子分解方法还太弱这一现状，而更强的因子分解方法还没出现。当然，后面会提到这并没有正式的证明。然而，鉴于过去因子分解一直没有明显突破，因而这是一个被广泛接受的学者观点。 65

对一个正整数 n 进行因子分解的任务是找到两个大于 1 的正整数 a 和 b，使得 $n=ab$ 成立。更具体地说，对 n 进行因子分解就是找到 n 的所有素因子。因此接下来的定理很重要，虽然这个定理看起来非常直观，但它仍然需要证明。

定理 2.11.1(唯一分解定理) 每个大于 1 的整数 n 均可唯一地分解为(不考虑各项的顺序)$n=P_1^{e_1}P_2^{e_2}\cdots P_k^{e_k}$，其中，$P_i$ 是各不相同的素数且 e_i 都为正整数。

证明 假设该定理是错的，令 n 是有两种不同因子分解式的最小正整数，即 $P_1^{e_1}P_2^{e_2}\cdots P_k^{e_k}=q_1^{e_1'}q_2^{e_2'}\cdots q_{k'}^{e_{k'}'}$，其中，$p_i$ 和 q_i 都是素数，且方程两边的项不同。所有的 p_i 与所有的 q_i 必定是各不相同的，否则相同的项可被消除以得到一个更小的、可用两种不同方法进行分解的数。不失一般性，令 p_1 和 q_1 分别为方程两边最小的素数，并假设 q_1 小于 p_1。那么对于非负整数 a、d，有 $p_1=aq_1+b$。用这样的方式表示 p_1 可得到

$$bp_1^{e_1-1}p_2^{e_2}\cdots p_k^{e_k}k=q_1^{e_1'}q_2^{e_2'}\cdots q_{k'}^{e_{k'}'}-aq_1p_1^{e_1-1}p_2^{e_2}\cdots p_k^{e_k}=q_1(q_1^{e_1'-1}q_2^{e_2'}\cdots q_{k'}^{e_{k'}'}-ap_1^{e_1-1}p_2^{e_2}\cdots p_k^{e_k})$$

方程两边都小于 n。因为 q_1 只出现在方程右边，没有出现在方程左边，所以两边(右边重构之后)是一个小于 n 的整数的不同素因子分解。但是，已假设 n 是这样的最小整数。因此得到矛盾，不存在这样的 n，得证。 □

唯一析因定理给出了找到 n 因子的基本方法，即用小于$\sqrt{n}$的素数都去整除 n。每次成功的整除确定 n 的一个因子。这种方法可用来因子分解 12 位左右的整数，或多几位，但不适用于更大的整数，因为计算量太大。

大数的因子分解是很困难的，基于数论的密码学就是基于已知算法都不能很好地进行大数因子分解这一点，尽管人们已经作出了极大的努力去设计易驾驭的因子分解算法。在这章中，我们仅给出 Pollard 因子分解算法。在第 3 章中，我们将回到因子分解问题，描
66 述更强的方法，主要包括平方筛选法和数域筛选法。

2.12 Pollard 因子分解算法

双素数 n 是一个形如 pq 的合数，其中 p 和 q 都是素数。在特殊情况下，Pollard 的 $p-1$ 因子分解算法可用于寻找一个双素数的因子 p 和 q，事实上，如果满足一些限制条件，那么该算法也可用于任意合数的因子分解。我们现在仅考虑双素数的因子分解。Pollard 算法的性能取决于 $p-1$ 或 $q-1$ 因子的性质，这与 p 和 q 因子的性质有很大的不同。这种因子分解方法适用于每个 $p-1$ 或 $q-1$ 的素数幂因子都很小的情况。若 $p-1$ 或 $q-1$ 有数值较大的素因子或素数幂因子，该算法将不起作用，因为计算上不可行。这个算法不适用于一般的大数因子分解，因为事实上足够大的双素数 $n=pq$ 在 $p-1$ 和 $q-1$ 中至少有一个大的素因子。具有 pq 形式的大数，$p-1$ 和 $q-1$ 的素因子都是小素数的情况是十分少见的。

因为在这个命题的上下文中没有给出小数和大数的明确定义，我们也不能在因子分解之前知道 $p-1$ 和 $q-1$ 的因子，所以我们无法事先声明 Pollard 算法是否适用于 p 和 q。我们只能试探性地说该算法在合适的情况下起作用，但这种情况很少，而且没法在尝试该算法之前通过对 n 的粗浅考察来预判。

Pollard 因子分解算法过程如图 2-4 所示。该算法的输出为 1、p、q 或 n。当输出为 p 或 q 时，算法成功；输出为 1 或 n 时，算法失败。失败仅意味着因子分解的尝试失败了，并不意味着 n 是一个素数。

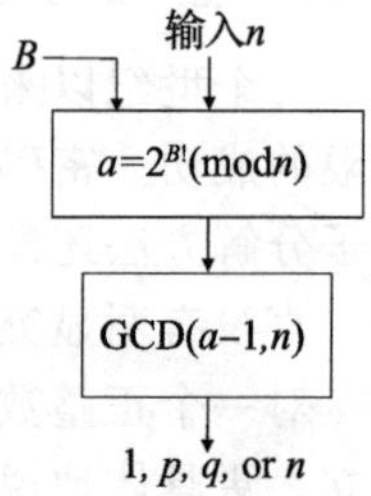

图 2-4 Pollard 因子分解算法

Pollard 算法希望通过选取一个大数 B，使得 $p-1$ 和 $q-1$ 都能
67 整除 $B!$ 来发挥作用。只要 $p-1$ 和 $q-1$ 的素数幂因子足够小就能够实现。如果算法失败，增加 B 的值继续尝试。如果 $p-1$ 和 $q-1$ 所有的素数幂因子都能整除 $B!$，则该算法对于新的 B 能够成功。如果不成功，继续增加 B 的值。最终 $B!$ 的值太大导致算法无法继续，则计算失败，必须终止。

令 n 是具有因子 p 的合数。根据费马小定理，任何小于 p 的正整数 a 满足

$$a^{p-1} = 1 (\bmod\ p)$$

因此对于任意的正整数 k 有

$$a^{k(p-1)} = 1 (\bmod\ p)$$

该算法首先确定一个待分解的奇数 n，然后选取任意整数 B。若 B 的值选得太小，算法很可能失败；若 B 的值选得太大，计算量就会变得无法承受。我们首先计算 $a=2^{B!} (\bmod\ n)$，一种计算该值的方法是：通过表达式 $2^{\ell!}=(2^{(\ell-1)!})^{\ell}$ 来计算 2^2，$2^{3!}$，$2^{4!}$，$2^{5!}$，…模 n 的值，在 $2^{B!}$ 时停止。然后通过计算 GCD$(a-1, n)$，就有机会通过算法找到 n 的一个非平凡因子。

该算法背后的原理如下。首先注意到，如果 n 有一个素因子 p，且 $p-1$ 的每个素数幂因子的值都不大于 $B!$，那么 $p-1$ 整除 $B!$。这就意味着若 $p-1=p_1^{e_1}\cdots p_k^{e_k}$，且对于每个 i 都有 $p_i^{e_i}\leqslant B$，那么 $p_i^{e_i}$ 必定可以整除 $B!$，所以 $p-1$ 整除 $B!$。在这种情形下，对于某个 k，有 $B!=k(p-1)$。

现在回顾 a 的定义：$a=2^{B!}(\mathrm{mod}\ n)$，即对某个 Q 有 $a=2^{B!}+Qpq$。如果 $B1=k(p-1)$，$a=2^{B!}(\mathrm{mod}\ p)=(2^{p-1})^k(\mathrm{mod}\ p)$同样成立。但因为 p 是素数，所以$(2^{p-1})=1(\mathrm{mod}\ p)$。因此 $a=1(\mathrm{mod}\ p)$。这意味着 p 整除 $a-1$。因为 p 同时整除 n 和 $a-1$，所以可以推断出 p 整除 GCD($a-1$，n)。因此，GCD($a-1$，n)要么等于 n，要么是 n 的一个因子。如果它等于 n，那么算法无法找出 n 的因子，因为 B 太小。

只要选择合适的素数 p 和 q，使得它们的积 $n=pq$ 不易受到 Pollard 因子分解算法的攻击，就很容易抵御 Pollard 因子分解算法。选取这样的 p 有个简单的方法：首先选取一个小一点的素数 p'，然后设 $p=2p'+1$，并检验 p 的素性。如果 p 是素数，它不满足 68
Pollard因子分解算法的条件，因为 $p-1$ 有一个大因子 p'；如果 p 不是素数，选取新的 p' 并重复上述过程。通过同样的方法选择 q。这样选择的双素数 $n=pq$ 满足 $p-1$ 和 $q-1$ 各有一个大素数因子。

2.13 素数域上的平方根

计算一个整数模素数 p 的两个平方根是一个非常困难、非常重要的问题，已经吸引了人们来认真研究寻找求解这个问题的特殊方法。这个问题对我们很重要，因为计算 $\mathbf{F}_P$ 中的平方根是利用平方筛选法进行合数因子分解的一个子任务(我们后面将会讨论平方筛选)，与其他相关的算法一样。我们将介绍三种寻找模 p 平方根的方法，假设模 p 平方根存在。

令 a 为模 p 的平方剩余。这意味着 a 是域 $\mathbf{F}_P$ 中的一个平方。计算 a 的一个平方根就是找到域 $\mathbf{F}_P$ 中的$\pm r$，满足$(\pm r)^2=a(\mathrm{mod}\ p)$。找到两个平方根中的一个就足够了，因为若 r 是 a 在域 $\mathbf{F}_P$ 中的一个平方根，那么 $p-r$ 就是另一个平方根。

判断 x 模素数 p 的平方根是否存在，只需看勒让德符号$(x|p)$，这很容易计算。如果勒让德符号不等于1，则 x 没有平方根，也就不需要平方根算法。勒让德符号等于 1 时，存在平方根。如果 p 是形如 $4k+3$ 的奇素数，那么平方根算法是平凡的，因为在这种情况下利用恒等式 $x=x^{(p+1)/4}$就可以简单地解决。这个恒等式是定理 2.4.1 中欧拉准则的一个推论，即 β 是一个平方，当且仅当 $\beta^{(p+1)/2}=\beta(\mathrm{mod}\ p)$。因此$\sqrt{\beta}=\beta^{(p+1)/4}=\beta^{k+1}$。

我们可以得出这样的结论：一个计算 $\mathbf{F}_P$ 中 x 平方根的算法，可以假定$(x|p)=1$，且 p 具有 $4k+1$ 的形式。否则，这样的算法不需要。

我们首先要介绍的两种寻找平方根的方法都是概率性的方法，且对于任意给定的平方 a，算法的复杂度随着一个关于 p 的多项式而增长。第三种方法是一种确定性的方法，对于一个固定的 a，其复杂度也是随着一个关于 p 的多项式增长，而对于一个固定的 p，复杂度随着 a 指数级增长。

计算 a 模素数 p 的平方根算法不能用于计算 a 模双素数的平方根。如果有已知的算法可以计算 a 模双素数的平方根，那么就可以很容易地将这个算法转化成整数因子分解算法。该转化基于定理 2.10.2 给出的说法，即 a 模双素数存在 4 个平方根。 69

命题 2.13.1 *对任意整数 a，求 $x^2=a(\mathrm{mod}\ pq)$的 4 个根至少和 pq 的因子分解一样难。*

证明 必须证明，如果可以求出$x^2=a(\bmod pq)$的4个根，则方程$n=pq$可以因子分解。选择任意正整数x，使用假定的平方根算法来找出方程$x^2=a(\bmod n)$的4个根，其中n为双素数pq。令4个根分别为$\pm x$、$\pm y$，其中y为正整数。那么有$x^2-y^2=0(\bmod pq)$。但作为整数，x^2并不等于y^2，且都小于n^2。所以$(x-y)(x+y)=Qpq\neq 0$。因为x和y都大于0小于n，则GCD[$(x+y)$，n]或GCD[$|x-y|$，n]必定为p或q。□

若该计算平方根的假定算法被另一个只计算一个平方根的算法替代，那么该定理从概率意义上来说还是适用的。再次任选一个x并计算$x^2(\bmod pq)$的一个平方根，希望找到一个不等于$\pm x$的平方根。若该算法返回的是x或$-x$，则失败。失败的概率为二分之一。当它失败时，随机挑选一个新的x并重复上面步骤。连续m次失败的概率为2^{-m}。否则，当算法返回的不是$\pm x$时，它将返回$\pm y$。当它返回的平方根$\pm y$不等于$\pm x$时，我们可以有$x^2-y^2=0(\bmod pq)$。因此$(x-y)(x+y)=Qqp\neq 0$。因为x和y都大于0小于n，所以$|x-y|$和$(x+y)$的最大公约数之一必定为p或q。

因此，任何计算平方根模双素数的算法都可以转化成双素数因子分解的算法。如果我们接受双素数因子分解是难解的这个前提，则我们必须接受计算平方根模双素数也是难解的这个前提。

Tonelli-Shanks 算法

只有当p是具有形式$p=4k+1$的奇素数时，$\mathbf{F}_p$上的计算平方根的算法才是必需的。

70 假设p是具有这种形式的奇素数。Tonelli-Shanks算法解决了形如$x^2=n(\bmod p)$的方程，其中n是模p的平方剩余(即n是域$\mathbf{F}_p$中的一个平方)。首先应该确定方程对于特定的n是否有解，可以通过观察雅可比符号$(n|p)$是否等于1来判断。

Tonelli-Shanks算法是一个概率性的算法，因为它需要用到素域$\mathbf{F}_P$中的一个非平方项。令人惊讶的是，即使域$\mathbf{F}_P$中一半的非零元是非平方的，还是没有已知的确定性算法可以找到域$\mathbf{F}_P$中的一个非平方项。寻找一个非平方数的最好方法是选择一个任意非零整数，通过计算雅可比符号值来对其进行检验。若它不是一个非平方数，选择另一个整数重新进行检验。每次试验成功的概率都是一半，所以通常会很快找到一个非平方数。然而这个过程偶尔会持续较长时间才找到一个非平方数。独立尝试k次后，找到非平方数的失败概率不大于2^{-k}。

任意整数可以很容易分解成$2^s t$的形式(t为奇数)，只需尽可能地重复整除2。特别地，$p-1$可以这样分解，得到2^s和t(如果$p=4k+3$，则s等于1；否则s大于1)。因为在乘法运算下$\mathbf{F}_P^*$是一个阶为$p-1=2^s t$的循环群，$\mathbf{F}_P^*$的任意子群都是一个阶整除$2^s t$的循环子群(如9.8节所示)。特别地，在$\mathbf{F}_P^*$的子群中，存在唯一的阶为2^s的循环子群。我们需要该循环子群的一个生成元π，可通过下面步骤获得。首先选择$\mathbf{F}_P^*$中的任一非零元b，令$\pi=b^t$。则$\pi^{2^s}=b^{p-1}=1$，根据定理2.4.1(欧拉准则)，仅当b为$\mathbf{F}_P$中的一个平方数时，$\pi^{2^{s-1}}=(\sqrt{b})^{p-1}$才可能等于1。因为$b$选定为非平方数，由此我们可以得到$\pi=b^t$的阶数为$2^s$。因此，为了找到阶数为$2^s$的唯一循环子群的生成元$\pi$，只要找到$\mathbf{F}_P$中的任意非平方数，并将其提升到$t$次幂就行了。然后对于每个$a$，由于$a^t$的阶能整除$2^s$，幂次$a^t$在$\pi$的轨道中($\pi$是阶为$2^s$的元素)。

为了计算$\mathbf{F}_P$中a的平方根，其中$p-1=2^s t$，迭代计算(π_i, r_i)对序列，如下所示。令$\pi_1=\pi=b^t$，其中b为$\mathbf{F}_P$中任意的非平方项，令$r_1=a^{(t+1)/2}$，注意到t是奇数，所以$(t+1)/2$是整数。那么有$r_1^2=a\cdot d$。但是a^t在π_1的轨道中，这意味着$(r_1)^2a^{-1}$也在π_1的轨道中。

如果 $(r_1^2a^{-1})^{2s-2}=1$，设 $r_2=r_1$；否则设 $r_2=r_1\pi_1$。然后，设 $\pi_2=\pi_1{}^2$，这意味着 $(r_2)^2a^{-1}$ 在 π_2 的轨道中，其中 π_2 的阶为 2^{s-1}。反复迭代这个过程，得到 (π_i, r_i) 对，其中对每个 i 都有 $(r_i)^2a^{-1}$ 在 π_i 的轨道中（π_i 阶为 2^{s-i+1}）。该过程在 $i=s$，$r_s^2=a$ 且 $(r_s)^2a^{-1}=1$ 时终止，则有 $r_s=\sqrt{a}$。

Tonelli-Shanks 算法的流程图如图 2-5 所示。

下面举一个 Tonelli-Shanks 算法的例子。令 $p=10009$，$a=7$，Tonelli-Shanks 算法首先计算 $p-1=2^st$ 的因子分解，即 71
$1008=2^4\cdot 63$。接下来找一个非平方数。整数 1，2，3，…，10 经检验都为 $\mathbf{F}_{1009}$ 中的平方项，但 $b=11$ 不是。因此选择 $b=11$。令 $r_1=a^{(t-1)/2}=a^{32}=993$，$\pi_1=b^t=11^{63}=179$。则

$$((r_1)^2a^{-1})^4=1 r_2=r_1=993,\quad \pi_2=\pi_1^2=762$$
$$((r_2)^2a^{-1})^2=-1 r_3=r_2\pi_2=925, \pi_3=\pi_2^2=469$$
$$((r_3)^2a^{-1})=-1 r_4=r_3\pi_3=964,\ (\pi_4=\pi_3^2=-1)$$
$$(r_4)^2a^{-1}=1$$

因此 $\sqrt{7}=964$，它的负值为 $1009-964=45$。所以 $\mathbf{F}_{1009}$ 中 $\sqrt{7}$ 的两个值为 45 和 964。

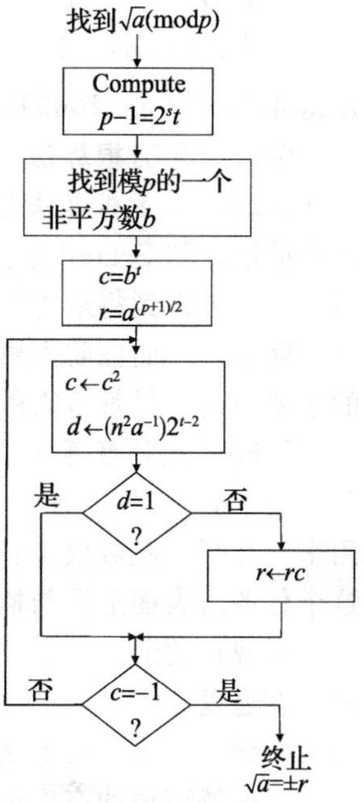

图 2-5　Tonelli-Shanks 算法

Berlekamp 平方根算法

Berlekamp 平方根算法是计算素数域 $\mathbf{F}_P$ 上的平方根算法，其中 p 具有形式 $p=4k+1$。可以要求元素 a 有一个平方根，可 72
以通过计算雅可比符号值来确定。Berlekamp 算法在一系列的检验问题中为特定的多项式执行欧几里得算法，以期最后能得到一个合适的解，从而得到一个计算平方根的概率性算法。

为了找到 $\mathbf{F}_P$ 中 a 的平方根，可以对域 $\mathbf{F}_P$ 中的多项式 x^2-a 进行分解。回想一下，当给定域中 $\sqrt{a}$ 存在时，有 $x^2-a=(x-\sqrt{a})(x+\sqrt{a})$ 成立。那么 $\pm\sqrt{a}$ 是多项式 x^2-a 的两个根。此外，欧拉准则（定理 2.4.1）指出，元素 β 为模 p 的一个平方根，当且仅当 β 是多项式 $x^{(p-1)/2}-1$ 的一个根。我们可以得到这样的结论：能够同时整除多项式 x^2-a 和 $x^{(p-1)/2}-1$、形如 $x-\beta$ 的任何因子都服从 $\beta=\sqrt{a}$。

我们可以选择多项式的欧几里得算法来计算 $\mathrm{GCD}(x^2-a,\ x^{(p-1)/2}-1)$。但是，因为 x^2-a 的两个根都是平方根，该计算总会得到 x^2-a，这没有任何意义。因此，我们必须对多项式 x^2-a 进行转化，使它仅有一个形如 $x\pm\sqrt{a}$ 的因子。我们期望若 β 是 a 的一个平方根，可能存在某个 ℓ，使得 $\beta+\ell$ 为 a，但 $\beta-\ell$ 不是一个平方剩余。确切地说，该算法要求对某个 ℓ，形如 $\pm\sqrt{a}-\ell$ 的两项中仅有一项是 $\mathbf{F}_P$ 的一个平方。尽管并不是很明显，但是总存在这样的 ℓ。

对于任意选择的整数 ℓ，计算 $\mathrm{GDC}((x+\ell)^2-a,\ x^{(p-1)/2}-1)$，以期得到一个一次因式。对于 ℓ 的其余值重复该计算，直到该算法产生一个一次因式。需要的话，我们可以简单地顺序选择 $\ell=0$，1…。若 $\sqrt{a}-\ell$ 和 $-\sqrt{a}-\ell$ 都是非平方剩余，则最大公约式为 1；而若 $\sqrt{a}-\ell$ 和 $-\sqrt{a}-\ell$ 都是平方剩余，则最大公约式为 $(x+\ell)^2-a$。当 $\sqrt{a}-\ell$ 和 $-\sqrt{a}-\ell$ 恰好仅有一项为平方剩余时，最大公约式产生唯一的线性因式 $(x-s)$，此时在 $x=s$ 处有一个根，致使 $(s+\ell)^2=a$。然后得到 $\sqrt{a}=\pm(s+\ell)$。

该算法是一个概率性算法，因为被检验的 ℓ 的取值个数并不是确定的。ℓ 一系列试验值可以任意选择，也可以按顺序选择。不论哪一种方式，如果 p 非常大，找到一个合适的 ℓ 可能需要等待很长时间，等待时间过长则算法失败。

这里举一个 Berlekamp 平方根算法的例子。令 $p=1009$，$a=7$，对于 ℓ 的连续值计算 $\mathrm{GDC}[(x+\ell)^2-7,\ x^{504}-1]$，以找到一个非平凡因子。在 $\ell=0$，$1\cdots$，7 试验失败后，设
73 $\ell=8$，计算得 $\mathrm{GDC}[(x+8)^2-7,\ x^{504}-1]=x+927$。因此 $s=-972=37$，$r=s+\ell=45$。可得 $45^2=7(\bmod 1009)$，这很容易核对。因此，$\mathbf{F}_{1009}$ 中 $\sqrt{7}$ 的两个值为 45 和 964。

Schoof 平方根算法

Schoof *平方根算法*是一种形式上非常复杂烦琐、不实用的算法。考虑到其他平方根算法的简洁性和 Schoof 平方根算法的复杂性，对 Schoof 算法进行研究不是基于实用性的考虑，而是考虑到将来可能会发现解决一些重要问题的新算法。这些新算法基于尚未被注意到的联系，从而威胁到密码学的相关方法。指出这一点正是本节介绍 Schoof 平方根算法的主要原因，尽管所需的数学背景知识散布在本书的后续章节。

Schoof *点计数算法*(在第 10 章中描述)用来计算大有限域上椭圆曲线点的个数。该任务也是 Schoof 算法的直接目的。令人意外的是，获知一个合适椭圆曲线上点的个数可被用来计算一个整数模 p 的平方根。因此，Schoof 算法原则上可用来计算素域上的平方根，这个任务从表面上看与椭圆曲线并没有关系。

以现在的形式，基于椭圆曲线上点计数的方法与其他计算平方根的算法相比并没有优势。在这里介绍是因为该算法展示了如何从意外的和未想到的联系中得到一个算法。因为现代密码学很大程度上是基于未被证明的前提之上的，即某些计算难题不存在好算法，所以对其保持谨慎的态度很重要。

基于 Schoof 算法的平方根计算方法的发展涉及了一些高级问题，即有关椭圆曲线和数域的一些问题，这在后面的章节会讨论：第 10 章给出椭圆曲线的定义和研究，第 9 章给出数域的定义和研究。这些问题对平方根算法至关重要。Schoof 点计数算法的整个发展过程将出现在第 10 章椭圆曲线的讨论中。在本节，我们不讨论 Schoof 算法，只讨论该算法在整数模 a 素数 p 的平方根计算中的应用。出于这个目的，Schoof 点计数算法是一个黑盒，只给出一个有限域上椭圆曲线上有理点的个数。实际上，只要有任何更好的算法可
74 用，自然可以改用更好的算法来计算有理点的个数。

我们将利用椭圆曲线的性质，观察有理数域 $\mathbf{Q}$ 和素数域 $\mathbf{F}_P$ 上相同的椭圆曲线。为了应用 Schoof 算法，我们使用同一个整数系数的多项式 $p(x,\ y)$，来构建有理数域 $\mathbf{Q}$ 上的椭圆曲线 $\chi(\mathbf{Q})$ 和素域 $\mathbf{F}_P$ 上的椭圆曲线 $\chi(\mathbf{F}_P)$。实际上，我们可以选择将这两个曲线视为同一个抽象曲线的两种表示。

为了计算 $\sqrt{d}$ 模 p，我们要求有理数域 $\mathbf{Q}$ 上的椭圆曲线能够进行乘以 $\sqrt{-d}$ 的*复数乘法*。如第 10 章所述，这是指用一个复数去乘以椭圆曲线，在某种意义上意味着曲线 $\chi(\mathbf{Q})$ 的每个点都“乘以”该复数。相乘得到的结果是 $\mathbf{Q}$ 的虚二次扩展域上的椭圆曲线上的另一个点，该域称为虚二次数域。

复数乘法最简单的例子是椭圆曲线 χ 的乘法：$y^2=x^3+x$ 乘以 $\mathrm{i}=\sqrt{-1}$，也就是将每个点 p 替换为 $\mathrm{i}p$，$\mathrm{i}p$ 定义为 $(x,\ y)\mapsto(-x,\ \mathrm{i}y)$。如果 $(x,\ y)$ 是 $\chi(\mathbf{Q})$ 上的一个点，那么容易确定 $(-x,\ \mathrm{i}y)$ 为 $\chi(\mathbf{Q}(\mathrm{i}))$ 上的一个点。这可以看作是乘以 $\sqrt{-1}$ 的乘法运算，因为曲线 $\chi(\mathbf{Q})$ 乘以 $\sqrt{-1}$ 4 次就将点 $p(x,\ y)$ 映射到自身，这可被看作是乘以 1。

第 10 章将对椭圆曲线复数乘法的概念进行进一步的阐释。一些椭圆曲线允许对指定的无平方因子整数 d 进行复数乘法。大多数曲线不允许对任意 d 进行复数乘法。有方法可以根据指定的 d 找到带有复数乘法的椭圆曲线，但这样的曲线很难找到，难度会随着 d 的增大快速增加。

可以通过椭圆曲线$\chi(\mathbf{F}_P)$上的有理点个数来找到 Frobenius 迹 t，即 $t=p+1-\#\chi(\mathbf{F}_P)$，已知$|t|\leqslant 2\sqrt{p}$。Schoof 平方根算法基于曲线 $\chi(\mathbf{F}_P)$上有理点的个数与曲线$\chi(\mathbf{Q})$复数乘法的阶之间的显著关系，此处仅对该关系进行描述，不进行证明。特别地，我们知道若 d 是素域 $\mathbf{F}_P$ 中一个无平方因子正整数，在 $\mathbf{Q}(\sqrt{-d})$中 $\chi(\mathbf{Q})$有复数乘法，那么多项式 x^2-tx+p 有两个根，表示为 α 和 $\bar{\alpha}$，在虚二次素域 $\mathbf{Q}(\sqrt{-d})$上，$\alpha=u+\sqrt{-d}v$，$\bar{\alpha}=u-\sqrt{-d}v$，其中 $2u$ 和 $2v$ 都为整数。因为$(x-\alpha)(x-\bar{\alpha})=x^2-tx+p$，所以可得

$$p=\alpha\bar{\alpha}=u^2+dv^2$$

以及

$$t=\alpha+\bar{\alpha}=2u$$ 75

结合以上式子有 $4p-t^2=4dv^2$。因此 $2v$ 可用式子 $2v=\sqrt{(4p-t^2)/d}$来计算。虽然该表达式也有一个平方根，但它是 $\mathbf{Z}$ 中的一个平方根，而不是 $\mathbf{F}_P$ 中。计算 $\mathbf{Z}$ 中平方根的算法是众所周知的。最后，因为 $u^2+dv^2=p$，所以 $(u/v)^2=-d(\mathrm{mod}\ p)$。可以推得 $\sqrt{-d}=\pm 2u/2v \bmod p$，$2u$ 和 $2v$ 已知时可以直接计算。最后得到$\sqrt{d}=\sqrt{-1}\sqrt{-d}$。

从 10.12 节的表格中挑选合适椭圆曲线的例子如下：

1）由多项式 $y^2=x^3+x$ 定义的曲线 χ 有 $\sqrt{-1}$的复数乘法。对应于 $\mathrm{i}=\sqrt{-1}$的 4 阶自同态由$(x, y)\mapsto(-x, \mathrm{i}y)$给出。

2）由多项式 $y^2=x^3+1$ 定义的曲线 χ 有 $\sqrt{-3}$的复数乘法。

3）由多项式 $y^2+5xy=x^3-x^2+7x$ 定义的曲线 χ 有 $\sqrt{-7}$的复数乘法。

对任意的无平方因子整数 d 都可以找到这样的多项式，但随着 d 的增大寻找的难度会越来越大。因此，我们认为 Schoof 算法的用处有限。如果我们计算$\sqrt{d}(\mathrm{mod}\ p)$时 p 是固定的，而 d 的值跨度很大，这是一个自然而然的结论。如果计算$\sqrt{d}(\mathrm{mod}\ p)$时 d 是固定的，p 有一些取值，那么 Schoof 算法会更有吸引力。例如，我们可以将 Schoof 算法看作是一种计算 $\sqrt{-1}(\mathrm{mod}\ p)$或$\sqrt{2}(\mathrm{mod}\ p)$的方法（素数 p 可以取很多值）。与计算 $\mathbf{F}_P$ 域椭圆曲线上点的个数的代价相比，这个方法只增加了一点点额外的代价。

现在举一个使用该方法计算平方根的例子。令 $p=1009$，$a=7$。先计算 $\mathbf{F}_{1009}$ 中$\sqrt{7}$的值，注意到$\sqrt{7}=\sqrt{-1}\sqrt{-7}$。我们选择两个椭圆曲线，分别基于多项式 $y^2=x^3+x$ 和 $y^2+5xy=x^3-x^2+7x$ 的。

曲线 χ：$y^2=x^3+x$ 在域 $\mathbf{F}_P$ 上有 1040 个有理点，因此 $t=-30$，$4p=30^2+56^2$，可得 $\sqrt{-1}=30/56(\mathrm{mod}\ p)$。

曲线 χ：$y^2+5xy=x^3-x^2+7x$ 在域 $\mathbf{F}_P$ 上有 1008 个有理点，因此 $t=2$，$4p=2^2+7\cdot 24^2$，可得 $\sqrt{-7}=2/24(\mathrm{mod}\ p)$。

现在很容易计算

$$\sqrt{7}=\sqrt{-1}\sqrt{-7}=(30/56)\cdot(2/24)=5/112$$

由于 $112\cdot 9=-1(\mathrm{mod}\ 1009)$，所以 $5/112=5\cdot(-9)$。可得

$$\sqrt{7}=5\cdot(-9)=-45$$

因此$\sqrt{7}$在域 $\mathbf{F}_{1009}$ 中就等于± 45。因为$-45=964 \bmod 1009$，我们可以得出$\sqrt{7}$在域 $\mathbf{F}_{1009}$

76 中的两个值是 45 和 964。

第 2 章习题

2.1 (a) 证明：若 a 整除 b，b 整数 c，那么 a 整除 c。其中 a、b、c 均为整数。

(b) 证明：若 a 能同时整除 b 和 c，那么对所有的 x、y，都有 a 整除 $bx+cy$。其中 a、b、c、x、y 均为整数。

2.2 (a) 找出 12 模 37 的所有平方根。一共有多少个？

(b) 找出 11 模 35 的所有平方根。一共有多少个？

2.3 证明：$\mathrm{LCM}(a, b)\mathrm{GCD}(a, b)=ab$。

2.4 (a) 证明：若 p、q 是两个不同的素数，那么 $\phi(pq)=(p-1)(q-1)$，$\phi(p^e)=p^{e-1}(p-1)$。

(b) 证明：$\phi(p^e m)=p^{e-1}\phi(pm)$，其中 p 不能整除 m。

(c) 证明：$\phi\left(\prod_{i=1}^{\ell} p_i^{e_i}\right)=\prod_{i=1}^{\ell}\left(p_i-1\right)p_i^{e_i-1}$。

(d) 证明：$\phi(n)=n\prod_{p_i \mid n}\left(1-\frac{1}{p_i}\right)$，其中乘积项覆盖所有整除 n 的素数。

(e) $\phi(mn)=\phi(m)\phi(n)$什么时候成立？

2.5 证明：若 q 为一个素数幂，那么 $\phi(q^m-1)/m$ 是一个整数。

2.6 证明：任意群的单位元都是唯一的，且任意元的逆也是唯一的。

2.7 证明：若 α 是 n 阶循环子群的一个生成元，那么 α^i 的阶为 $n/\mathrm{GCD}(n, i)$。

2.8 证明：n 阶循环子群有 $\phi(n)$个生成元。

2.9 证明：除了 2 和 3 以外的所有素数都具有形式 $6k\pm 1$。用这个事实设计一个素性检验方法。

2.10 给出一个素性检验方法如下。假设 n 是一个大于 1 的奇数。选择一个随机整数 a，满足 $1\leqslant a\leqslant n-1$。若 $a^{n-1}\equiv 1 \pmod n$，回答"n 可能是素数"，否则回答"n 是合数"。该检验方法的依据是什么？如果可能，使用该方法测验 561 是否为素数。这个过程中，是否有时候不能得到有用的输出？

2.11 令 $\mathcal{S}=\{1, 2, \cdots, 100\}$，即前 100 个整数。证明：$\mathcal{S}$上的任何置换可以看作是利用该置换将 $\mathcal{S}$ 分割成有序子集，每个有序子集内部由一个循环移位构成。㊀

2.12 (Eratosthenes 筛选法)

(a) 证明：若 m 没有小于$\sqrt{m}+1$ 的素因子，那么 m 是一个素数。

(b) 移除集合$\{n+1, n+2, \cdots n^2\}$中所有小于 $n+1$ 的素数的倍数。证明：剩下的数都是素数。

77 (c) 绘制使用 Eratosthenes 筛选法得出 1000 个素数的流程图。

2.13 费马小定理声称，若 p 是一个素数，那么 $\mathbf{Z}_p$ 的每个非零元都是多项式 $x^{p-1}-1$ 的一个根。

(a) 证明因子分解

$$(x^{p-1}-1)=(x^{\frac{p-1}{2}}-1)(x^{\frac{p-1}{2}}+1)$$

意味着 $\mathbf{Z}_p$ 中的$\frac{p-1}{2}$个元素是平方数，$\frac{p-1}{2}$个元素是非平方数。

(b) 证明勒让德符号满足$(\beta \mid p)=\beta^{(p-1)/2}$。

2.14 证明：若 a 和 b 在 $\mathbf{Z}/\langle p\rangle$的同一等价类中，则 a 是模 p 的平方剩余，当且仅当 b 是模 p 的平方剩余。

2.15 令 $p(x, y)=y^2-x^3-x-6$ 为 $\mathbf{F}_{11}$ 域上的二元多项式。通过判断 x^3+x+6 是否为平方剩余(对每个 x)，来确定多项式 $p(x, y)$有几个根，并给出根的值。对二元多项式 $p(x, y)=y^2-x^5-x-6$

㊀ 即证明任何置换都可以分解成不相交的轮换之积。——译者注

进行同样的分析。

2.16 找出 $\mathbf{F}_{13}$ 上的所有平方数和非平方数。证明任意非平方数的 3 次方生成一个阶为 4 的循环子群。阐述并证明这个结论可以扩展到 $\mathbf{F}_p$ 上。

2.17 证明斐波那契恒等式：对于两个整数，若每个整数都可表示为两个平方数之和，则这两个整数的乘积可表示为两个平方数之和。即 $\mathbf{Z}$ 上的两个平方数之和构成的集合在乘法运算下是封闭的。推广到 $\mathbf{Q}$ 上是否成立？

2.18 令 $n=9\,676\,489$ 为一个待分解的双素数，有 $3000^2<n<3200^2$。确定使 m^2-n 的素因子都小于 20 的 m 的个数（$3000<m<3200$）。N 足够小，找到 $3000<m_1<\cdots m_N<3200$，使得 $(m_1^2-n)\cdots(m_N^2-n)=s^2$，其中 s 的素因子都小于 20。对 n 进行因子分解。

2.19 令 $n=9\,676\,489$ 为一个待分解的双素数。再令 $f(x)=x^2+1(\mathrm{mod}\ n)$。利用迭代 $x_0=1$，$x_i=(x_i^2+1)(\mathrm{mod}\ n)=f(x_{i-1})$，以及 $x_{2j}=f(f(x_{2j-2}))$，找到一个形如 $x_i=x_{2j}(\mathrm{mod}\ n)$ ⊖ 的碰撞。然后利用 $\mathrm{GCD}(x_j-x_{2j},n)$ 分解 n。

2.20 辨别域 $\mathbf{F}_3$、$\mathbf{F}_5$、$\mathbf{F}_7$、$\mathbf{F}_{11}$ 和 $\mathbf{F}_{13}$ 中的平方数和非平方数。验证当素数 p 和 q 等于 3、5、7、11 和 13 时的二次互反性。

2.21 证明：5 是模 p 的平方剩余，当且仅当 $p=5k\pm1$。

2.22 证明：若 n 有 k 个不同的素因子，那么 $x_2=1$ 在 $\mathbf{Z}_n$ 中恰好有 2^k 个解。

2.23 （Stein 递推公式）

(a) 证明：若 n_1 和 n_2 都是正奇数，$n_2<n_1$，那么

$$\mathrm{GCD}(n_1,n_2)=\mathrm{GCD}\left(\frac{n_1-n_2}{2},n_2\right)$$ 78

(b) 应用该递推公式描述最大公分母的计算过程。

2.24 对于两个素数 $p=11$ 和 $q=19$，构造一个 $\frac{1}{2}(p-1)\times\frac{1}{2}(q-1)$ 的矩阵，有 $qx-py$ 个元素。如何用该矩阵说明定理 2.5.1？该矩阵如何与定理 2.5.3 的证明联系起来？

2.25 （费马因子分解算法）为了对 n 进行因子分解，选择使 s^2-n 为正的最大整数 s。确定 s^2-n 是否为平方数。若是，则将该平方数记为 t^2，同时令 $n-(s-t)(s+t)$。如果不是平方数，就用 $s+1$ 替换 s，重复以上步骤。如果是平方数，证明该过程总会停止，并对 n 进行因子分解。如果是非平方数，则给出在哪里失败的例子。用该方法因子分解 3811。和其他因子分解试验进行复杂度比较。

2.26 给定一个黑盒以对任意 x 计算 $\sqrt{x}(\mathrm{mod}\ pq)$，其中 p 和 q 为素数，并设计一个因子分解 pq 的程序。

2.27 假设 n 是具有 $4k+1$ 形式的奇合数。n 可否为两个平方数之和？能否基于费马平方和定理构建一个素性检测算法？

2.28 （Wilson 素性检验）

(a) 证明：对域 $\mathbf{F}_p$ 中的每个非零元 β，$x-\beta$ 是 $x^{p-1}-1$ 的一个因子。

(b) 证明 Wilson 素性检验算法（该算法基于 Wilson 定理），即 $(p-1)!=-1(\mathrm{mod}\ p)$，当且仅当 p 是素数。这是否是一个实用的素性检验方法？

2.29 计算 $\mathbf{F}_p$ 中（$p=5(\mathrm{mod}\ 8)$）平方根的一个概率算法如下所述。令 a 是一个平方项，且 $d=a^{(p-1)/4}$。证明若 $d=1$，那么 $\sqrt{a}=\pm a^{(p+3)/8}(\mathrm{mod}\ p)$；若 $d=p-1$，那么 $\sqrt{a}=\pm 2a\,(4a)^{(p=5)/8}(\mathrm{mod}\ p)$。对其他 d，该方法失败。

2.30 证明中国剩余定理可以以成对的方式执行。即若 m_1，m_2 和 m_3 互素，那么我们可以将使用互素因子 m_2 和 m_3 的表达式嵌套进使用互素因子 m_1 和 m_2m_3 的同一个表达式。这样做计算量变大还是变小了？

2.31 证明：任意的素数域 $\mathbf{F}_p$（p 为奇数）包含元素 ℓ，使得对 $\mathbf{F}_p$ 中每个不同的 γ_1 和 γ_2 对，满足 $\gamma_1^2-\gamma_2^2\neq\ell$。这与 Berlekamp 平方根算法有什么联系？

⊖ 原书 n 误写为 p——译者注

2.32　至今仍然是开放问题的两个数论中的基本猜想如下：

(Goldbach 猜想)每个大于 2 的偶数都可以表示成两个素数的和。

(孪生素数猜想)存在无限个素数 p，使得 $p+2$ 也是素数。

79 用简短的文字描述一下你对这两个猜想的反应和想法。

第 2 章注释

很多用于密码学的数论命题都是经典命题，往往令人惊叹不已，下列数学家极大地推动了它们的发展：Fermat(1601—1665)、Euler(1707—1783)、Lagrange(1736—1813)、Legendre(1752—1833)、Gauss(1777—1855)、Jacobi(1804—1851)、Dirichlet(1805—1859)，Galois(1811—1832)、Riemann(1826—1866)、Frobenius(1849—1917)。现在有很多关于数论的教材，包括 Niven、Zuckerman 和 Montgomery(1991)以及 LeVeque(1996)。

二次互反性定律被称为现代数论的开始，最早由 Euler(1783)和 Legendre(1785)提出，由 Gauss(1808)首次证明。著名的素数密度定理是数论中的一个深奥的定理，其证明随着时间的推移在不断完善，Riemann(1859)对此作出了很大的贡献。素数不规则定理是数论中的另一个艰深的定理，应归功于 Dirichlet(1835)。

欧几里得算法是从欧几里得的《*Elements*》(公元前 300 年)一书中传下来的，尽管该算法在欧几里得之前就出现了。数论和抽象代数的很多内容是在扩展的欧几里得算法基础上建立起来的。在 Bézout 开发出多项式环以及其他环相应的恒等式之前，被我们称作 Bézout 恒等式的恒等式就已经被熟知。

Carmichael(1912)首先注意到存在一些满足费马同余式的合数，Korselt(1899)预见到了这个事实。Alford、Granville 和 Pomerance(1994)证明了 Carmichael 整数的个数是无限的。1640 年提出的费马平方和猜想由欧拉在 1747 年给出了证明，现代证明很久后才出现。

数论密码学成功主要依赖于计算数论的两个基本发现。一方面是存在找到大素数(如 100 位)的可行(概率)算法，特别是 Solovay-Strassen(1977)算法和 Miller(1976)-Rabin(1979)算法。另一方面是，对两个大素数相乘得到的数进行因子分解在计算上是不可行的，这一点(似乎)已经成为公式，尽管人们为找到这样的可行算法进行了几个世纪的不懈努力。已知的通过机器来进行大数素因子分解的方法，可以简单地通过选择更大的数来抵御。

Solovay-Strassen、Miller-Rabin 和费马算法都是一般的素性检验算法，适合内嵌使用。这些算法以合理的确定性来判断素性，对被检验的数的性质没有约束。其他算法，如 Goldwasser-Kilian 素性检验算法可以用来检验更大的整数，甚至是超过 1000 位的数，但一般对被检验的数有一些限制条件。Pockling-ton-Lehmer 素性检验算法的特点不同，当它可以使用时，能确定性地回答一个数是素数，但使用的场合有限制。

至少在一定程度上，密码学学科对数论学科也作出了贡献，通过带来一些对数论的新见解和相关定理。用于因子分解的 Pollard 算法(1975)就是密码学对数论的贡献。H. W. Lenstra，Jr. (1983)对 Pollard
80~81 因子分解方法的改进被称为椭圆曲线因子分解方法。Tonelli-Shanks 算法首先由 Tonelli(1891)提出，Shanks(1970)对它进行了完善。Berlekamp(1967)因子分解算法是有限域上多项式因式分解一般化算法的特殊化。

基于整数环的密码学

所有密码体制都需要某种形式的密钥交换。如果仅有几个用户需要维持一个长期关系，那么他们可以通过一个安全的秘密信道来交换密钥，例如，利用一个可信任的信使。可见密码体制的安全性并不比秘密信道的安全性更高。然而，如果在一个网络中有大量的用户，他们的关系是无法预知且短暂的，那么仅拥有一个共享密钥是不合适的，而为每对用户各自分配一个私钥也是不合理的。因此，公钥密码体制的使用不可避免。这时候，密钥必须通过一个公开信道来交换或产生，但前提是对手不能复制和破坏这个密钥。

最早的公钥密码体制(RSA)利用了以下结果：大合数的因子分解显然是很困难的。这个前提假设的历史证据是引人注目的，而且现在依然如此。几百年以来，数学家一直在寻找合适的整数分解算法，却收效甚微。自从引入了 RSA 这样的公钥密码体制，人们付出了持续而又积极的努力来寻找大合数的因子分解方法。相应地，整数因子分解的改进方法已经找到了，但这些改进是很有限的。对于大数 n，即便是这些改进的因子分解算法也是不实用的。为对抗这些改进的算法和现代高速计算机，密码体制可以简单地使用大合数，这是因为随着被分解的整数增大，任何已知算法的复杂性都比多项式时间算法的复杂性增长得要快。当然，这种简单地使用更大的整数的方法，仅能够应对因子分解算法的一般改进；应对因子分解的革命性改进，这种方法将会失效，前提是找到了这样的改进。我们没有证据表明这样的快速算法不存在，也没有证据表明快速算法存在。如果这样的算法确实存在，我们也不能断言没有人知道这样的算法。这样的算法可能被一些组织或者个人秘密地提出。但大家的共识是，实际上并没有这样的快速算法存在。

3.1 双素数密码

广为流传的最早的公钥密码体制，称为 RSA(Rivest，Shamir，Adleman)密码体制。它是一个非对称密码体制，基于整数的模幂运算和大整数因子分解的难解性。一般技术通常称为*双素数密码*，以示与 RSA 具体实现的区别，虽然基本思想是一致的。RSA 加密技术基于初等数论。令 n 等于 pq 的乘积，p 和 q 都是大素数，有可能超过 100 位。这样的合数叫作一个*双素数*。假设有这样的一个合数 n，可能有 140 位或者 200 位，那么计算出因子 p 和 q 被认为是非常难的，或是计算上不可行的。因子分解的复杂难解性对 RSA 的安全性来说至关重要。然而整数因子分解是困难的并没有得到证明。唯一的证据是经过几个世纪的努力依然没有找到一种简单的因子分解方法。

我们将在环 $\mathbf{Z}_n$ 上展开讨论，其中 $n=pq$ 是两个不相等的大素数的积。整数 n 公开，素数 p 和 q 由解密器保密，对加密器也是保密的。因为 n 是两个素数的乘积，关于 n 的欧拉公式为 $\phi(n)=(p-1)(q-1)$。$\phi(n)$ 很容易通过 p 和 q 计算得到，但是通过 n 却(似乎)不容易计算得到。接下来，随机选取加密指数 b，$b\in\mathbf{Z}_n$，通过欧几里得算法验证 $\mathrm{GCD}(b,\phi(n))=1$。如果 $\mathrm{GCD}(b,\phi(n))$ 不等于 1，重新选择 b。然后利用扩展的欧几里得算法计算 $a=b^{-1}(\mathrm{mod}\ \phi(n))$。因为所选的 b 与 $\phi(n)$ 互素，所以整数 a 确实存在。另外一种步骤是，先随机选择与 $\phi(n)$ 互素的 a，然后计算 b。

加密密钥 b 是公开的，n 也是公开的。解密密钥 a 是保密的，且不能由 b 和 n 计算得到的。这个计算显然是不可行的。解密密钥 a 可以通过 $\phi(n)$ 计算，但是 $\phi(n)$ 对那些不知道 p 和 q 的人来说是不清楚的，或者没法知道 $\phi(n)$ 本身。人们相信 $\phi(n)$ 不能通过 n 计算得到，正如我们将要看到的，由 n 计算 $\phi(n)$ 等价于对 n 进行因子分解。

一条明文消息是 $\mathbf{Z}_n$ 中的一个元素。这意味着通过一些被认可的方式可以用 $\mathbf{Z}_n$ 的元素来表示用户消息。这是显而易见的，因为每个 $\mathbf{Z}_n$ 的元素都可以表示成一个二进制数，每条消息可以被表示为一个二进制序列。很长的二进制消息可以分块，每块用 $\mathbf{Z}_n$ 的元素表示。对每一块分别进行加密，可以用相同的密钥或一个密钥序列。反过来，加密信息可以
83 作为另一个密钥，用于相关联的大块密码体制。

加密过程如下：对于任意 $x\in\mathbf{Z}_n$，$y=e_k(x)=x^b \pmod n$，则加密是从 $\mathbf{Z}_n$ 到 $\mathbf{Z}_n$ 的映射。解密过程如下：对于 $y\in\mathbf{Z}_n$，计算 $d_k(y)=y^a \pmod n$，其中 $a=b^{-1}(\bmod\ \phi(n))$。

首先，检查一下通过解密是否得到了原始消息。

命题 3.1.1 *双素数密码体制中，$d_k(e_k(x))=x$。*

证明 因为 $a=b^{-1}(\bmod\ \phi(n))$，我们可以写为 $ab=1+r\phi(n)$，r 是整数，则 $d_k(e_k(x))=(x^b)^a \pmod n=x^{1+r\phi(n)} \pmod n=x^{\phi}\ (x^{\phi(n)})^r \pmod n$。这相当于将 x 分两种情况讨论：$x\in\mathbf{Z}_n^*$ 和 $x\notin\mathbf{Z}_n^*$。如果 $x\in\mathbf{Z}_n^*$，那么由欧拉定理（定理 2.1.5）可得 $x^{\phi(n)}\equiv 1 \pmod n$，所以 $x\in\mathbf{Z}_n^*$ 的情况下，$d_k(e_k(x))=x$。

另外一种情况，$x\notin\mathbf{Z}_n$，那么 x 和 n 不互素。$\mathrm{GCD}(x, p)=p$ 或 $\mathrm{GCD}(x, q)=q$。不失一般性，假设 $\mathrm{GCD}(x, p)=p$ 且 $\mathrm{GCD}(x, q)=1$。那么 $x=0 \pmod p$，这意味着 $x^{ab}=0=x \pmod p$。此外，因为 $x^{\phi(q)}=1 \pmod q$ 且 $\phi(n)=\phi(q)\phi(q)$，我们可以写为 $x^{ab}=x^{1+r\phi(p)\phi(q)}=x\ (x^{\phi(q)})^{r\phi(p)}=x \pmod q$。那么 $x^{ab}=x \pmod p$ 且 $x^{ab}=x \pmod q$，依据中国剩余定理，$x^{ab}=x \pmod n$。因此，对所有 $x\in\mathbf{Z}_n^*$ 和所有 $x\notin\mathbf{Z}_n^*$，$d_k(e_k(x))=x$。综上，对所有 x，都有 $d_k(e_k(x))=x$。得证。 □

RSA 的安全性基于这一事实：$e_k(x)$ 实际上是一个单向函数。但是，它是一个有陷门的单向函数。这个陷门就是 n 的因子分解。密码破译者知道这个分解，就可以计算欧拉函数 $\phi(n)=(p-1)(q-1)$，然后通过扩展的欧几里得算法找到 a。这意味着 p 和 q 必须足够大，以至于通过已知算法和现代计算机不能分解 n。整数 p 和 q 可以是 500 位左右，甚至可以是 2000 位。这样一个素数对会产生一个长达 1000 位～4000 位的双素数。

举一个双素数密码的例子，就安全性而言这个例子的取值太小。选择两个素数 $p=1171$ 和 $q=1019$，则 $n=1\,193\,249$，$\phi(n)=1\,191\,060$。解码器随机选择解密指数 $a=1\,076\,531$，并计算加密指数 $b=a^{-1}(\bmod\ \phi(n))=120\,251$，则信息 x 被加密为 $y=x^{120\,251} \pmod{1\,193\,249}$，密文 y 被解密为 $x=y^{1\,076\,531} \pmod{1\,193\,249}$。

双素数密码方法可以反过来用，变成签名方案。签名者随机选择 p 和 q，并得到 $n=pq$。然后选择一个签名密钥 α，计算验证密钥 $b=a^{-1}(\bmod\ \phi(n))$。验证密钥 b 和双素数 n
84 是公开的。签名者对消息 x 的签名为 $y=x^a \pmod n$，则签名的信息为 (x, y)。为了验证签名，验证者只需要利用签名者的公钥 b 对 y 进行解密，得到 $\hat{x}=y^b \pmod n$。如果 $\hat{x}=x$，则消息 x 的签名是有效的。因此，如果 $\hat{x}=y^b \pmod n$，消息 x 是有效的。在不知道 a 的情况下，得不到消息 x 的这个签名，这是为了确保签名的安全性。签名的安全问题将在第 8 章中进一步讨论。

3.2 双素数密码的实施

如前面小节所述，解密器选择两个大素数 p 和 q，这两个数保密，并计算 $n=pq$ 和

$\phi(n)=(p-1)(q-1)$。接着，解密器随机选择一个小于 $\phi(n)$ 的正整数 b，使得 $\mathrm{GCD}(b,\phi(n))=1$，并用扩展欧几里得算法计算 $a=b^{-1}(\bmod\ \phi(n))$。整数 n 和 b 是公开的，构成公开的加密密钥 k，其余参数保密。加密器仅知道公开的整数 n 和 b。

加密过程是 $\mathbf{Z}_n$ 上的整数运算。如果 n 被表示成一个 k 位的二进制数，那么加法就可以在复杂度为 $O(k)$ 的二进制运算中完成，乘法可以在复杂度为 $O(k^2)$ 的二进制运算中完成，模 n 减法可以在复杂度为 $O(k^2)$ 的二进制运算中完成。这就意味着模乘运算可以用复杂度为 $O(k^2)$ 的运算来完成，而指数模运算(计算 $x^c(\bmod\ n)$)可用复杂度为 $O(k^3)$ 的平方和乘法方法运算来完成。例如，计算 $x^{13}(\bmod\ n)$，人们可以通过重复平方来计算 x、x^2、x^4、$x^8(\bmod\ n)$，然后将 x、x^4 和 $x^8(\bmod\ n)$ 相乘得到 $x^{13}(\bmod\ n)$。

为发送消息 x，加密器对 x 进行加密：

$$e_k(x)=x^b(\bmod\ n)$$

为解码密文 $y=e_k(x)$，解码器利用私钥指数 a 计算：

$$d_k(y)=y^a(\bmod\ n)\equiv x^{ab}(\bmod\ n)\equiv x$$

RSA 密码体制的安全性基于下面的假设： 85

1) *$\mathbf{Z}_n^*$ 上指数运算的求逆*⊖*是难以计算的*。特别地，给定整数 b、n 和 $x^b(\bmod\ n)$，计算出 x 是困难的或复杂难解的。如果人们可以轻易地由这些整数来确定 x，那么任意密码分析者都可以破解加密传输的信息。

2) *将 n 分解为素因子是困难的*。特别地，给定双素数 pq，计算因子 p 和 q 是困难的。如果人们可以轻易地计算出 p 和 q，那么人们就可以轻易地计算得到 $\phi(n)=(p-1)(q-1)$，然后运用欧几里得算法计算出私钥指数 a，从而就可以用来破解传输的消息 x。

3) *由双素数 n 来计算 $\phi(n)$ 是困难的*如果人们可以由 n 计算出 $\phi(n)$，那么人们就可以由公开的加密指数 b 来计算出私钥指数 a。

4) *计算私钥指数 a 是困难的*。特别地，给定 b 和 n，计算 $a=b^{-1}(\bmod\ \phi(n))$ 是困难的。如果人们可以轻易地计算出 a，那么人们就可以确定 $x^{ab}=x$，这就是加密方发送的消息。

最后两个假设很相似，可能是等价的。列出第 4 点是为了提醒大家注意这样的问题。显然，分解 n 的能力使得人们可以简单地利用扩展欧几里得算法来计算出 a。知道 a 使我们可以以很高的概率分解 n，这一点不是那么明显，却是事实。这意味着如果私钥指数 a 不知何故被泄露了，仅选择一个新的 a 是不够的，有必要选择一个新的 p 和 q。

以下命题给出了这样一个事实：由 b 和 n 计算 a 等价于分解 pq。这个等价性建立在下面命题的概率算法基础上(即该算法有可能失败)。通过重复足够多次，算法的失败概率可以任意小。

命题 3.2.1 *给定 n、a 和 b，其中 $a=b^{-1}(\bmod\ \phi(n))$，可以概率性地有效分解双素数 $n=pq$。*

证明 为了找到 n 的因子 p 和 q，首先计算 $r=ab-1$。因为 $ab\equiv 1(\bmod\ \phi(n))$，也可以写成 $ab-1=0(\bmod\ \phi(n))$，则 $\phi(n)$ 整除 r。根据 Lagrange 定理，$g^{\phi(n)}=1(\bmod\ n)$，意味着对非零整数 g，$g^r\equiv 1(\bmod\ n)$。根据定理 2.10.2，双素数 n 有 4 个 1 的平方根，即 1、-1、k、$-k$，$k\in\mathbf{Z}_n$。可以尝试通过下面的步骤来确定 k。令 $r=ab-1$，随机选择一个整数 $g\in\mathbf{Z}_n^*$。接下来计算 g^r、$g^{\frac{r}{2}}$、$g^{\frac{r}{4}}$、…，当 g 的指数是奇数时停止。因为 $g^r\equiv 1(\bmod$ 86

⊖ 尽管这要求由 x^b 及已知的 b 来计算 x，但不是常见的离散对数问题，对数问题要求由 x^b 及已知的 x 来计算 b。

n)，$g^{\frac{r}{2}}$是 1 的平方根且一定是集合{1，−1，k，−k}中的一个元素。如果 $q^{\frac{r}{2}}$既不是 1 也不是−1，那么计算 GCD(x−1，n)得到 n 的一个因子。否则，对 $g^{\frac{r}{4}}$执行相同的步骤。如果直到最后一项我们都没有成功，那么对这个 g 的检验失败。可以选择另一个 g，重新检验。 □

更进一步的分析显示，这个检验方法的成功概率是 1/2。用不同的 g 重复测试 m 次，连续失败概率变为 2^{-m}，这个概率可以根据需要变得足够小。命题 3.2.1 意味着，如果我们坚信分解双素数是困难的，那么我们必然坚信从双素数 n 计算 $\phi(n)$同样是困难的。这是因为如果知道 $\phi(n)$，就可以知道 n、a 和 b，因此 n 可以被分解。

3.3 双素数密码的协议攻击

对双素数密码的直接攻击是对加解密计算过程的攻击。相反，协议攻击是对保障双素数密码安全性的方法的攻击。本节我们研究协议攻击，直接攻击在下一节介绍。

RSA 密码体制已有漫长的历史，而且明显可以抵抗所有直接攻击。但是，如果使用不恰当，对协议的攻击有可能成功。在本节，我们分析使用不恰当产生的漏洞。

一类不恰当的协议是模共享协议。为了提高效率，用户中的一个小团体决定共享一个公共模数 n。天真的可信当局选择双素数 $n=pq$ 为团体中所有成员共用，同时也为每个成员选择各自的加密密钥 a_i 和解密密钥 b_i。那么，第 i 个成员知道 a_i、b_i 和 n，通过定理 3.2.1 可以计算出 p 和 q。这意味着每个成员都可以破解任何发送给团队其他成员的消息。

另一个基本协议攻击是基于加密密钥公开这个事实，针对较小的信息空间进行穷举攻击(暴力搜索)。假定在较小信息空间上的一个应用，例如用 RSA 加密的所有 10 位电话号码集合，穷举协议攻击是可行的。假定密文 y 是一个加密电话号码，加密指数为 b，对所有可能的 10 位电话号码(小于 10 亿个)计算 $x^b \pmod n$，直到获得已知密文 y，此时得到了相应的明文 x。尽管直接搜查任务繁重，但并不是不可行的。为了抵御这种攻击，所有短消息都应该使用随机数产生器，在加密前用额外的无用符号进行填充。虽然用户会直接
87 忽略无用符号，但确实起到了抵御这种基本协议攻击的效果。

如果 p 或 q 整除 x，那么对消息 x 进行加密存在一个小缺陷。因为计算 x 和 n 的最大公分母会揭露 p 和 q 因子。但是，如果 p 和 q 是大整数，这个小缺陷可以被合理地忽略掉。因为消息 x 恰好是 p 或 q 的倍数可能性极小，发生的概率为$(p+q)/pq$。例如，如果 p 和 q 是 50 位整数，出现这样的 x 的概率大约为 10^{-50}。所以要找到这样的消息使得 n 的因子很容易猜出不太可能。

密码分析人员会用各种方法去推测素因子 p 和 q。p 和 q 的数字位中，绝不能包含任何已知的对解密器有重要含义的序列。随机选择 p 和 q 的方法必须完全不可预知，即使密码分析人员可以访问跟加密器一模一样的复制品。

因为用户对每个新消息会重新选择一个新的解密密钥 a，即使不改变 p 和 q，所以看起来不小心泄露 a 只会泄露相应的消息。实际上，知道解密指数 $a=b^{-1}$(对某个 b)会威胁到 n 的安全，如命题 3.2.1 所述。

在 RSA 中，即使所加密的消息不再保密，解密指数 a 也应该保密。这不是一个选择，因为如果知道 a，分解 n 在计算上变得可行，至少在概率意义上，如命题 3.2.1 所示。这也会威胁到其他所有用 n 加密的消息，过去的或将来的。

如果知道 n 是两个素数的积，知道 a 和 b，密码分析人员也可以这样来做。首先，选择任意的小于 n 的 w，并用欧几里得算法计算 GCD(w，n)。如果 GCD(w，n)大于 1，那

么 w 是 n 的一个因子，所以它必然是 p 或 q，而且 n 的分解是完备的。否则，$GCD(w, n)=1$。可写成 $ab-1=2^k m$（m 是奇数），按照 Miller-Rabin 算法，继续如下步骤。计算 $w^m \pmod n$。如果是 $1 \pmod n$，没有任何用处。如果遇到这种情况，选择另一个 w 重新开始。否则，计算 w^{2m}，w^{4m}，…，直到得到等于 $1 \pmod n$ 的项。对第一个这样的 t，令 $w^{2^t m} \equiv 1 \pmod n$，则 $w^{2^{t-1}m}$ 是 1 模双素数 n 的平方根。很可能这是一个非平凡的平方根，表示为 k，因为要么 $k=1 \pmod p$、$k=-1 \pmod q$，要么 $k=1 \pmod q$、$k=-1 \pmod p$。

例如，令 $n=89\ 855\ 713$，$b=34\ 986\ 517$，$w=5$。假设密码分析人员知道 $a=82\ 330\ 933$，所以计算 $ab-1=2^3 \cdot 360\ 059\ 073\ 378\ 795$。在这个例子中，$w^m \pmod n$ 是非平凡的，为 85 877 701。但是 $w^{2^{t-1}m}+1 \equiv 2 \pmod p$，且 $w^{2^{t-1}m}+1 \equiv 0 \pmod q$。这意味着 $w^{2^{t-1}m}+1$ 可被 q 整除，但不能被 p 整除。为了得到 q，计算和 n 的最大公约数。最后，因为 $w^{2m} \equiv 1 \pmod n$ 且 $w^m \not\equiv \pm 1 \pmod n$，所以 $GCD(1+w^m, n)=9103$，这是 n 的因子。因此 $89\ 855\ 713=9103 \cdot 9871$。 88

3.4 双素数加密的直接攻击

攻击 RSA 最显而易见的方式就是尝试去分解公开整数 n。已知整数 n 是两个素数的乘积，通常这两个素数的位数大致相同。为此，人们对双素数因子分解方法进行了不断的研究。本章后面部分会对这些方法进行讨论。

之前为了评估 RSA 的安全性，接连有大双素数接受公开挑战，例如表示为 RSA130、RSA140、RSA155、RSA160 和 RSA768 的双素数（这里的三位整数表示双素数的十进制位数，除了最后一个例子，它表示位数）。图 3-1 给出了分解这些和其他一些大数的早期历史。一些整数，例如 $2^{773}+1$，具有特殊的形式，可以使用特殊的因子分解方法，所以它们的成功分解对分解任意双素数意义不大。

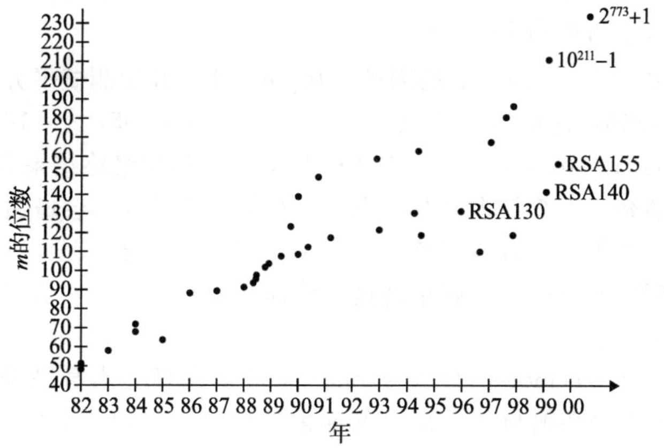

图 3-1 整数因子分解的历史

也可以通过由 n 计算欧拉函数 $\phi(n)$ 来攻击 RSA，因为解密指数 a 可以很容易地由 b 和 $\phi(n)$ 计算出来。从下面的命题可以看出，这和分解攻击没有本质上的区别。

命题 3.4.1 *n 是 pq 两个素数的乘积，计算欧拉函数 $\phi(n)$ 和分解 $n=pq$ 在计算上是等价的。*

证明 令 $n=pq$。$\phi(n)$ 显然可以由 p 和 q 计算得到，所以只需证明 p 和 q 可以由 $\phi(n)$ 和 n 计算得到。假设 $\phi(n)$ 已知。因为 $\phi(n)=(p-1)(q-1)=pq-(p+q)+1$，我们可以通 89

过 $p+q=n+1-\phi(n)$ 计算 $p+q$。然后，定义 $c=p+q$，$d=pq=n$，这两个都已经已知。这导致二次方程：

$$(x+p)(x+q)=x^2+cx+d=0$$

p 和 q 是它的根。二次方程的因式分解不难，所以如果 $\phi(n)$ 已知，很容易通过二次方程的因式分解确定 p。因此，由 n 计算 $\phi(n)$ 的任何可行算法变成由 n 计算 p 和 q 的可行算法。

□

部分信息攻击是直接攻击的一种变形。部分信息攻击需要知道关于加密参数的一些额外信息。例如，因为随机选择密钥的过程不是真正随机的，可以知道解密密钥肯定在一个限定的集合之中，那么可以利用这一点来攻击该密码体制。

3.5 双素数因子分解

双素数密码(例如 RSA)的安全性基于分解 pq(p 和 q 都是素数)形式的整数是困难的这一显然的事实。如果已知 n 有 $n=pq$ 的形式，可以用十进制位数不大于 $(b+1)/2$ 的素数逐一去除以 n(b 是 n 的十进制位数)。但是素数定理告诉我们，大概有 $10^{(b+1)/2}/(b\log_e 10)$ 个这样的试验素数。如果 $b=200$，大概要做 10^{98} 次试验，假设这些试验素数都是已知的。反过来，可以用同样的方法找到试验素数。这里只是 100 位，已经有大量的试验素数。显然，这是一个不可行的方法，需要设计更好的方法。

分解合数的一个更佳的方法是 *Dixon 因子分解方法*。*Dixon* 方法的核心思想是现代最好的因子分解方法的关键所在。令 n 是一个合数，为了我们的目的令它为一个双素数。假设我们可以找到两个小于 n 的整数 x 和 y，使得 $y\neq\pm x(\mathrm{mod}\ n)$，但 $y^2=x^2(\mathrm{mod}\ n)$，则 $x^2-y^2=0(\mathrm{mod}\ n)$，这意味着 n 整除 x^2-y^2。因此 n 整除 $(x-y)(x+y)$。但是 n 不整除 $(x-y)$ 或 $(x+y)$，因为 $x\pm y$ 不是 n 的倍数。这意味着 $\mathrm{GCD}(x\pm y, n)\neq 1$。所以，$\mathrm{GCD}(x\pm y, n)$ 的两个实例必然都是 n 的非平凡因子。在 $n=pq$ 的情况下，我们可以得出结论：两个素数 p 和 q 可以由 $\mathrm{GCD}(x\pm y, n)$ 给出。

例如，假设需要知道 $n=84\,923$ 的因子。从 $\lfloor\sqrt{n}\rfloor=292$ 开始测试平方项，最终可以找到
90 $505^2(\mathrm{mod}\ 84\,923)=256$，这也是 16 的平方。于是，令 $x=505$，$y=16$。然后用扩展的欧几里得算法计算出 $\mathrm{GCD}(505\pm16, n)\neq163\cdot521$，因此得到最终结果 $84\,923=163\cdot521$。

即使是很大的整数，计算最大公约数也是可行的，而且也不会增加 *Dixon* 方法的计算量。但是，用所需的相等的平方找到整数 x 和 y 是困难的，显然是不可行的。确实，如果我们接受因子分解问题本身是非常困难的这个前提，我们就必然相信对大整数 n 来说，找到 x 和 y 也是非常困难的。

找到一个整数 $y\neq\pm x(\mathrm{mod}\ n)$ 使得 $y^2=x^2(\mathrm{mod}\ n)$ 的任务本身是困难的，因为需要考虑的数很多。Dixon 方法必须与一个系统的搜索过程一起使用。如果 n 的因子不是太大，有这样的搜索方法。现在已知最好的搜索方法是*平方筛选法*和*数域筛选法*。平方筛选法用来处理小于被选整数 B 的素数列表。如果 B 选得太小，方法将会失败。如果 B 选得太大，平方筛选法所需要的计算量可能会过大。数域筛选法的过程与此相似，不同的是它简化了计算函数，通过引入比整数更丰富的数据结构和处理数的一个更大的类。

3.6 平方筛选法

对 RSA 最成功的攻击方法是*平方筛选法*和*数域筛选法*。这些分解大整数的算法从 Dixon 方法演化而来。平方筛选法已经成功分解了一个十进制位数大于 129 的双素数，虽

然计算量很大。

令 $n=pq$，其中 n 已知，p 和 q 未知。要找到因子 p 和 q，首先找到 $|\sqrt{n}|$，然后计算整数序列 $(\lceil\sqrt{n}\rceil)^2-n$，$(\lceil\sqrt{n}\rceil+1)^2-n$，$(\lceil\sqrt{n}\rceil+2)^2-n$，…，直到某个指定项。对每一项进行分解，分解成素数和素数幂的乘积，得到列表如下：

$$(\lceil\sqrt{n}\rceil)^2-n=2^{a_2^{(0)}}\cdot 3^{a_3^{(0)}}\cdot 5^{a_5^{(0)}}\cdot 7^{a_7^{(0)}}\cdot 11^{a_{11}^{(0)}}\cdots$$
$$(\lceil\sqrt{n}\rceil+1)^2-n=2^{a_2^{(1)}}\cdot 3^{a_3^{(1)}}\cdot 5^{a_5^{(1)}}\cdot 7^{a_7^{(1)}}\cdot 11^{a_{11}^{(1)}}\cdots$$
$$(\lceil\sqrt{n}\rceil+2)^2-n=2^{a_2^{(2)}}\cdot 3^{a_3^{(2)}}\cdot 5^{a_5^{(2)}}\cdot 7^{a_7^{(2)}}\cdot 11^{a_{11}^{(2)}}\cdots$$

等等。因此去分解一个有 m 位的整数 n，我们必须分解许多 $m/2$ 位的整数。这是平方筛选法的繁重的子任务。现在，任意选择一个小素数(但是不能太小)，如果某个项有一个或多个素数因子大于这个素数，则丢弃。 91

下一步，从剩下的方程里选择仅包含 M 个素数的 M 个方程的子集。这需要对方程列表进行搜索。最后，选择一个方程子集，其中 M 个素数出现的次数都是偶数次，注意对多重性进行恰当的计算。这些方程左边所有项的乘积是模 n 的平方，这些方程右边所有项的乘积是一个平方项。如果这个过程成功找到了这样一组多项式，那么我们将能够找到整数 A 和 B 满足方程 $A^2+Qn=B^2$，其中 A 和 B 是已知的。因此，$QPq=(B-A)(B+A)$。

如果右边两项都不能被 n 整除，则让 $p=\mathrm{GCD}[n, B-A]$，$q=\mathrm{GCD}[n, B+A]$，以达到因子分解的目的。如果两项中有一项能被 n 整除，那么用这种方法进行因子分解的尝试宣告失败。当有选项时，通过不同的选择，这个过程可以重复。这可能需要用到更大的素因子。如果多次尝试连续失败，那么必须放弃这个过程，因为计算量已经变得太大了。

例 1 找出 $n=1649$ 的两个素因子。首先，计算 $\lceil\sqrt{n}\rceil=41$。$(41+\mathrm{i})^2-n$ 的值为

$$41^2-n=32=2^5$$
$$42^2-n=115=5\cdot 23$$
$$43^2-n=200=2^3\cdot 5^2$$

因此

$$41^2=2^5 \pmod{n}$$
$$42^2=5\cdot 23 \pmod{n}$$
$$43^2=2^3\cdot 5^2 \pmod{n}$$

观察这些方程，使右边的每个小素数因子都积聚成一个偶数幂，则我们可以得到

$$41^2\cdot 43^2=2^8\cdot 5^2 \pmod{n}$$

这里，右边的每个素因子都是偶数幂。这意味着可以对这个表达式的两边进行开方，得到

$$41\cdot 43=\pm 2^4\cdot 5 \pmod{n}$$

因为 $41\cdot 43=1763=114 \pmod{n}$，归纳可得

$$114\pm 80 \pmod{n}$$

或者

$$114\pm 80=0 \pmod{n}$$ 92

最后，因为 $114\pm 80=34$，194，我们可以使用欧几里得算法很容易计算得到

$$\mathrm{GCD}(1649,34)=17$$
$$\mathrm{GCD}(1649,194)=97$$

因此，我们推出 $p=17$ 和 $q=97$ 是 n 的两个因子。

例 2 令 $n=pq$，找出 $n=89\,855\,713$ 的两个素因子 p 和 q。首先，计算得到$\lceil\sqrt{n}\rceil=9480$。在 $k=9480$，…，10 639 的序列里，k^2-n 只含有小于或等于 103 的素因子的所有 k 列在下表中(其中 103 是任意选择的素因子大小上限)。

K	在 k^2-n 内的素数
9482	3，13，19，71
9485	2，3，13
9487	2，3
9521	2，3，13，53
9553	2，3，71，103
9575	2，3，19，23，29
9607	2，3，23，47
9615	2，13，19，41
9656	3，41，89，103
9710	3，19，29，47
9745	2，3，13，23，89
9759	2，23，71，103
9837	2，23，71
9862	3，13，19，97，103
9901	2，3，13，41，71
9983	2，3，41，47，53
10012	3，19，23，89
10145	2，3，13，19，29
10171	2，3，13，47，103
10223	2，3，13，19，103
10265	2，3，13，23，47
10274	3，23，47，103
10369	2，3，13，53，89
10435	2，3，23，29，41
10457	2，3，13，89
10547	2，3，47，71，89
10603	2，3，13，19，47
10619	2，3，23，29，53
10639	2，3，13，19，41

93

在这个表中，我们必须选出一个具有 M 条记录的集合，且这些记录仅包含 M 个素数(对任意整数 M)。找到这样的集合需要进行搜索。下面的集合符合要求：

$$9485^2-n=2^3\cdot 3^4\cdot 13^2$$
$$9487^2-n=2^{14}\cdot 3^2$$
$$9607^2-n=2^4\cdot 3\cdot 23\cdot 47^2$$
$$10171^2-n=2^3\cdot 3^3\cdot 13\cdot 47\cdot 103$$
$$10265^2-n=2^4\cdot 3\cdot 13\cdot 23^2\cdot 47$$
$$10274^2-n=3\cdot 23\cdot 47^2\cdot 103$$

为了使右边是一个平方项，必须选择一些方程进行相乘。在这个例子中，可以只选择第二个方程来轻松达到这个目的：

$$9487^2 - n = (2^7 \cdot 3)^2 = 384^2$$

因此

$$Qn = (9487 - 384)(9487 + 384) = 9103 \cdot 9871$$

(在这种情况下，恰好是所希望的分解)。一般来说，通过下面的计算来结束算法：

$$\mathrm{GCD}(9103, 89\,855\,713) = 9103$$

$$\mathrm{GCD}(9871, 89\,855\,713) = 9871$$

在这个例子里，算法是成功的。它给出了因子分解 89 855 713=9103 • 9871。

然而，如果我们没有注意到第二个方程是一个平方式，可能会注意到其他方程的乘积是一个平方式。于是

$$(9485 \cdot 9607 \cdot 10\,171 \cdot 10\,265 \cdot 10\,274)^2 = 2^{14} \cdot 3^{10} \cdot 13^4 \cdot 23^4 \cdot 47^6 \cdot 103^2 \pmod n$$

得到

$$32\,989\,949^2 = 32\,989\,949^2 \pmod n$$

这个结论没有提供任何信息，该过程也无法继续。所以这次分解因子的尝试失败了，需要另一次新的尝试。

通常，当平方筛选法分解因子失败时，可以进行第二次尝试。这时候，选择另一个 M 个方程的集合，该集合仅包含 M 个素因子，可以扩大方程列表，或者提高最大素因子上限。最终，如果每一个合理的尝试都失败了，计算资源耗尽，因子分解问题仍然无法得到解决。 94

为了找到这样的方程集，这些方程的右边相乘是一个平方项，我们可以通过写下指数模 2 数组的方法来进行整理。于是

$$9485^2 - n = 2^3 \cdot 3^4 \cdot 13^2 \cdot 23^0 \cdot 47^0 \cdot 103^0$$

变成一行模 2 指数

1 0 0 0 0 0

这个数组指明了每个指数是奇数还是偶数。这个例子的模 2 指数的完整数组如下：

	2	3	13	23	47	103
9485	1	0	0	0	0	0
9487	0	0	0	0	0	0
9607	0	1	0	1	0	0
10171	1	1	1	0	1	1
10265	0	1	1	0	1	0
10274	0	1	0	1	0	1

从这个数组中选择一个行的集合，这些行的和模 2 为 0。这相当于求解如下矩阵方程：

$$(a_0 \quad a_1 \quad a_2 \quad a_3 \quad a_4 \quad a_5)\begin{bmatrix}1 & 0 & 0 & 0 & 0 & 0\\0 & 0 & 0 & 0 & 0 & 0\\0 & 1 & 0 & 1 & 0 & 0\\1 & 1 & 1 & 0 & 1 & 1\\0 & 1 & 1 & 0 & 1 & 0\\0 & 1 & 0 & 1 & 0 & 1\end{bmatrix} = (0 \quad 0 \quad 0 \quad 0 \quad 0 \quad 0) \pmod 2$$

其中，$(a_0 \quad a_1 \quad a_2 \quad a_3 \quad a_4 \quad a_5)$是一个非零向量。在这个例子中，仅有三个非零解[010000]、[101111](这两个我们都已经找到)和[111111]。

这个矩阵表述形式适用于平方筛选的任何例子。通常，按照步骤，我们必须计算二元域 $\mathbf{F}_2$ 上的零空间。

3.7 数域筛选法

如果将环 **Z** 放到一个更大的代数系统中(称为数域)，在环 **Z** 上的因子分解任务将受到更强有力的工具集的攻击，这是因为可以使用另外的代数结构。包含 **Z** 的最小数域是有理
95 数域 **Q**，但是我们需要比 **Q** 更大的数域。相应地，我们将利用有理数域的特定扩张域，称为数域。对于域、扩张域以及它们的构造方法将在后面的 9.8 节进行一般性讨论。此处我们对数域筛选法的讨论是假设大家对第 9 章的主题已有所了解。

数域筛选法是平方筛选法的一般化。它需要用到相当多的技巧和大量的计算。数域筛选法用数域代替在平方筛选法中的整数环 **Z**。数域是次数有限的有理数域的一个扩展。数域被定义为商环 $\mathbf{Q}[x]/\langle p(x)\rangle$，这里 $p(x)$是在 **Q** 上的不可约多项式。多项式 $p(x)$的系数都是有理系数，如果 $p(x)$不需要是首一多项式，则可通过消去分母将这些系数看作是整数。当 ξ 是不可约多项式 $p(x)$的根时，数域 $\mathbf{Q}[x]/\langle p(x)\rangle$也可表示为 $\mathbf{Q}(\xi)$，则 $\mathbf{Q}[x]/\langle x^2-2\rangle=\mathbf{Q}(\sqrt{2})=\{a+b\sqrt{2}\mid a,\ b\in\mathbf{Q}\}$。在 **Q** 上的不可约多项式 x^2-2 由它的根$\sqrt{2}$唯一地确定，所以两种符号 $\mathbf{Q}[x]/\langle x^2-2\rangle$和 $\mathbf{Q}(\sqrt{2})$是等价的。

数域 $\mathbf{Q}[x]/\langle p(x)\rangle$的次数(维数)等于多项式 $p(x)$的次数。数域的次数是有限的。实数域 **R** 是有理数域的一个扩张，但它不是一个数域，因为它不是有限次数的扩张。

数域筛选法在概念上比平方筛选法更难，但对非常大的双素数，在计算上更有效。已经观察到，如果待分解的双素数的十进制位数大于 120～130 位，那么数域筛选法比平方筛选法效果更好。对于小一点的双素数，明显是平方筛选法的效果更好。数域筛选法已经被用来分解 RSA-140，一个 140 位的合数的分解曾经是一个挑战。从那之后，数域筛选法被用来分解更大的数。

和平方筛选法一样，数域筛选法找到了同余平方 $x^2=y^2 \pmod n$，这里 x 和 y 是两个不同的正整数。然后计算 $\mathrm{GCD}(x-y,\ n)$和 $\mathrm{GCD}(x+y,\ n)$。如果其中之一是 n 的合适因子，这个过程就成功了。否则，进行其他尝试。和平方筛选法一样，数域筛选也通过构造矩阵来确定 x 和 y，构造矩阵的过程略有不同。由此产生的矩阵方程用合适的方法求解，其中较好的方法是稀疏矩阵方程的求解方法。

这节介绍数域是因为数域筛选法在因子分解方面的作用。目的是将平方筛选法的一些计算开销转移到更强大的数域结构之中，高效的数域结构可化解这些开销。这里需要引入素理想的概念，它将整数环上的素数扩展到更一般环上的素数。交换环 **R** 的一个素理想是
96 **R** 的一个真理想 **I**，使得如果乘积 ab 在 **I** 中(a 和 b 是环 **R** 的两个元素)，则 a 和 b 也在 **I** 中。数域筛选法依赖于环 **Z** 上的素数到环 $\mathbf{Z}[\xi]$上的素理想的扩展，这里数环 $\mathbf{Z}[\xi]$是数域 $\mathbf{Q}(\xi)$的子集，包括 $\mathbf{Q}(\xi)$中系数都是整系数的那些元素。

一般地，数域 $\mathbf{Q}[x]/\langle p(x)\rangle$定义为 **Q** 上所有次数小于 $p(x)$次数的多项式组，这里 $p(x)$是在 **Q** 上的不可约多项式。$\mathbf{Q}[x]/\langle p(x)\rangle$上的加法定义为多项式的初等加法。$\mathbf{Q}[x]/\langle p(x)\rangle$上的乘法定义为模 $p(x)$的简化多项式的初等乘法。

数域的范式是高斯有理数域 $\mathbf{Q}(\mathrm{i})=\mathbf{Q}[x]/\langle x^2+1\rangle$。$\mathbf{Q}(\mathrm{i})$中的整数是 $\mathbf{Z}[\mathrm{i}]$中的元素，被称为高斯整数。定理 2.4.6 指出，每个具有 $p=4k+1$ 形式的素数可以在 $\mathbf{Q}(\mathrm{i})$中被分解为 $p=(a+ib)(a-ib)$，其中 a 和 b 是正整数，$\mathrm{i}^2=-1$。因此，**Z** 中具有这种形式的素数 p 可以替换为 $\mathbf{Z}[\mathrm{i}]$中的两个“素数” $a+\mathrm{i}b$ 和 $a-\mathrm{i}b$，从而增加了分解基的大小。这种现象被

描述为 $\mathbf{Z}[\mathrm{i}]$比 $\mathbf{Z}$ 平滑，意思是整数的不可约分解在 $\mathbf{Z}[\mathrm{i}]$上的因子比 $\mathbf{Z}$ 上多。因此，在 $\mathbf{Z}$ 中 $377=13\cdot 29$，但在 $\mathbf{Z}[\mathrm{i}]$中 $377=(3+2\mathrm{i})(3-2\mathrm{i})(5+2\mathrm{i})(5-2\mathrm{i})$。但是，在 $\mathbf{Z}$ 中 $403=13\cdot 31$，而在 $\mathbf{Z}[\mathrm{i}]$中 403 的素因子分解为 $403=(3+2\mathrm{i})(3-2\mathrm{i})\cdot 31$。31 不具有 $4k+1$ 的形式，所以不是 $\mathbf{Z}[\mathrm{i}]$中的因子。

我们知道，平方筛选法首先构造整数环 $\mathbf{Z}$ 中一个恰当的线性方程组，然后解该方程组得到一个恰当的平方差：$B^2-A^2=Qn$，希望 $B-A$ 或 $B+A$ 是 n 的一个因子。数域筛选法仅对第一个任务有帮助：构造线性方程组。数域筛选法降低了计算复杂度，通过将原始任务放到了结构更丰富的数域中。第二部分——解方程系统——和之前一样处理。

在介绍数域筛选法之前，用多项式 $f(x)=x^2-n$ 和小素数$\{p_1, p_2, \cdots, p_m\}$的分解基对平方筛选法进行更抽象的描述。在这种描述下，筛选过程找到这样的一组整数 x_i，对每一个 x_i 都有 $f(x_i)=p_1^{e_{1i}}p_2^{e_{2i}}\cdots p_m^{e_{mi}}=\prod_{\ell=1}^{m}p_\ell^{e_{\ell i}}$。这样得到所需的平方差，通过选择 x_i 的子集 $\mathcal{U}$，使得对每个 ℓ，$\sum_{i:x_i\in\mathcal{U}}e_{\ell i}$ 和都是偶数。接下来得到 $x^2=\prod_{x_i\in\mathcal{U}}x_i^2$ 和 $y^2=\prod_{i:x_i\in\mathcal{U}}p_1^{e_{1i}}p_2^{e_{2i}}\cdots p_m^{e_{mi}}$。$x^2$ 和y^2 模 n 相等，因为

$$x^2=\prod_{x_i\in\mathcal{U}}x_i^2\equiv\prod_{x_i\in\mathcal{U}}(x_i^2-n)\equiv\prod_{x_i\in\mathcal{U}}f(x_i)=y^2\pmod n$$

因此 $x^2-y^2=(x-y)(x+y)=Qn$。然后希望通过计算 $\mathrm{GCD}(x-y, n)$和 $\mathrm{GCD}(x+y, n)$找到 n 的因子。

数域筛选法仿照平方筛选法的这种描述，采用不同的多项式 $f(x)$。因为数域筛选法用的多项式不要求是模 n 平方的形式，所以必须同时在 x_i集和 $f(x_i)$集上进行筛选。搜索 97
x_i的子集 $\mathcal{U}$，使得 $\prod_{x_i\in\mathcal{U}}x_i^2$ 和 $\prod_{x_i\in\mathcal{U}}f(x_i)$ 都是模 n 平方。这就是数域发挥作用的地方。

数域筛选法更一般的形式是选择两个多项式 $f(x)$和 $g(x)$(表示为 d 和 e)，这两个多项式是有理数域上的不可约多项式，且系数是整数，次数比较小，有公共的模 n 根。要找到这样的多项式，可以直接用顺序搜索来解决。还不知道是否有明显好于顺序搜索的方法。

一旦找到这样的两个多项式，数域筛选法就在数环 $\mathbf{Z}[x]/\langle f(x)\rangle$和 $\mathbf{Z}[x]/\langle g(x)\rangle$上构造一个分解基。这两个数环分别表示为 $\mathbf{Z}[\theta]$和 $\mathbf{Z}[\gamma]$，其中 θ 和 γ 分别是 $f(x)$和 $g(x)$的根。数域筛选法的一个简单实例为：首先找到一个不可约多项式 $f(x)$，m 是 $f(x)$的一个非零根，选择 $g(x)=x-m$ 作为第二个多项式。

将函数 $\phi(x)$自然地定义到 $\mathbf{Z}_n$ 上($\phi(x)$取数环 $\mathbf{Z}[\theta]$上的元素)，通过定义 $\phi(1)=1\pmod n$和 $\phi(\theta)=m$，从而 $\phi(a+b\theta)=a+bm\pmod n$。然后，令 $\mathcal{U}$为是整数对(a, b)的集合，且满足以下两个条件：在环 $\mathbf{Z}[\theta]$上，

$$\prod_{(a,b)\in\mathcal{U}}(a+b\theta)=\beta^2$$

其中 $\beta\in\mathbf{Z}[\theta]$；在环 $\mathbf{Z}$ 上

$$\prod_{(a,b)\in\mathcal{U}}(a+bm)=y^2$$

其中 $y\in\mathbf{Z}$。要找到这样的集合，需要用这两个条件同时进行筛选。这是算法要求苛刻的部分。假定可以找到合适的集合 $\mathcal{U}$，可以直接计算平方差。直接使用同态 $x=\phi(\beta)$ $(x\in\mathbf{Z}_n)$如下：

$$x^2=\phi(\beta)^2=\phi(\beta^2)=\phi\Big(\prod_{(a,b)\in\mathcal{U}}(a+b\theta)\Big)=\prod_{(a,b)\in\mathcal{U}}\phi(a+b\theta)=\prod_{(a,b)\in\mathcal{U}}(a+bm)=y^2\pmod n$$

这给出了所需的平方差 $x^2-y^2=0\pmod n$，则$(x-y)(x+y)=Qn$。如果 GCD$(x-y, n)$ 或 GCD$(x+y, n)$是非平凡的，它就是 n 的因子。

因此可见，关键是找到集合 $\mathcal{U}$，可以通过构造 $\mathbf{Z}[\theta]$上的分解基和 $\mathbf{Z}$ 上的分解基来解决。对于每一个整数对(a, b)，根据第一个分解基在 $\mathbf{Q}(\theta)$中表达 $a+b\theta$ 量，根据第二个分
98 解基用环 $\mathbf{Z}$ 表达 $a+bn$ 量。则得到这样的(a, b)对列表，接下来的任务是选择子集 $\mathcal{U}$，使$(a+b\theta)$在 $\mathcal{U}$ 上的乘积是 $\mathbf{Z}[\theta]$中的平方项，$(a+bm)$在 $\mathcal{U}$ 上的乘积是 $\mathbf{Z}$ 中的平方项。除了要满足两个条件而不是一个条件之外，子集的搜索和平方筛选法中对应的任务相似。

以上是对数域筛选法的一个概述。其中的各种计算任务要求比较高，执行中需要注意诸多细节，而且计算量很大，远远超出普通用户的计算能力。

3.8 Rabin 密码体制

Rabin 密码体制是另一个依赖大数因子分解难解性的密码体制。实际上，对 *Rabin* 密码体制的直接攻击和因子分解一样困难，这是比 RSA 密码体制更强的结论，因为出现了针对 RSA 的其他直接攻击。因此，*Rabin* 密码体制可能优于 RSA，RSA 是否和因子分解一样困难还不知道。但是，*Rabin* 密码体制易受选择明文攻击，而 RSA 不会。选择明文攻击试图通过对指定明文的加密和解密来确定密钥。

设 $n=pq$，p 和 q 是两个不同且很大的奇素数。现在开始，我们不给 p 和 q 施加其他的条件。稍后，我们将会解释为什么选择形如 $4k+3$ 的 p 和 q。解密器选择 p 和 q 这两个素数，并计算双素数 $n=pq$，公开 n。

加密器选择整数 B，通过 $y=e(x)=x(x+B)\pmod n$加密消息 x。整数 n 和 B 公开；整数 p 和 q 保密，仅解密器知道。

为恢复明文 x，解密器必须解二次方程式 $x^2+Bx\equiv y\pmod n$，y 是收到的密文。通过使 $z=x+B/2$ 得到平方。如果 B 是偶数，立即可得。如果 B 是奇数，从 $1/2\equiv(n+1)/2\pmod n$中找到 $B/2$。则

$$z^2=x^2+Bx+\frac{B^2}{4}=y+\frac{B^2}{4}\pmod n$$

右边是一个整数，在不知道 n 因子的情况下，可从 y 计算得到，称之为整数 C。

现在，解密任务变为解方程 $z^2=C=y+B^2/4\pmod n$（z 是未知数）。消息 $x=z-$
99 $B/2$。所以接下来的任务是计算 $z=\sqrt{C}$。定理 2.10.2 指出 $z^2=C$ 模 pq 有 4 个根。解密器知道 p 和 q，所以很容易解 $z^2\equiv C\pmod p$和 $z^2\equiv C\pmod q$，即求域 $\mathbf{F}_p$ 和 $\mathbf{F}_q$ 下的平方根，得到 z 模 p 和 z 模 q。然后，解密器利用中国剩余定理计算 z 模 n。因为对手只知道 n 不知道因子 p 和 q，所以根据 2.13 节的讨论，他无法求解二次方程。

根据加密的定义，z 只有一个解，而 $z^2\equiv C\pmod p$和 $z^2\equiv C\pmod q$各有两个解。根据中国剩余定理，$z\pmod n$有 4 个可能的解，所以有 4 种可能的明文消息。为排除错误的明文，解密器可以挑选出与合法消息相对应的解。这种方法往往可以得到令人满意的结果，因为错误消息很可能毫无意义、读不通。如果需要，消息 x 可以有一个报头，作为合法消息的一个标识，从而解决多解问题。或者，用原方程模 n 来检测这 4 个解。在本节的末尾我们会证明，如果 p 和 q 具有 $4k+3$ 的形式，那么 4 个解中只有一个解可以通过检测。

例如，令 $p=11$ 和 $q=19$，则 $n=209$。消息由 1～208(包含 1 和 208)之间的整数组成，但是一些消息很容易破解，应该避免。假设消息 x 为 173，$B=118$，则加密成 $y=173(173+118)(\text{mod } 209)=183$。整数 183 就是明文 173 的密文。为了恢复明文，解密器计算 $183+\frac{B^2}{4}(\text{mod } 209)=111$，紧接着计算 $111(\text{mod } 11)=1$ 和 $111(\text{mod } 19)=16$。然后，用计算模 a 素数平方根的理想算法来求解下面两个方程：

$$z_1^2 = 1(\text{mod } 11)$$

$$z_2^2 = 16(\text{mod } 19)$$

得到的平方根为 $z_1=\pm 1(\text{mod } 11)$和 $z_2=\pm 4(\text{mod } 19)$。因此，$z_1=1$ 或 10，$z_2=4$ 或 15。中国剩余定理用 Bézout 恒等式 $1=7\cdot 11-4\cdot 19$。那么，$z=-76z_1+77z_2(\text{mod } 209)=23$，36，175 或 186。最后，$x=z-B/2$。因此 $x=173$，186，116 或 127。由此完成了主要的解密过程，但是正确的消息必须从这 4 个候选消息中挑选出来。

当 p 具有 $4k+3$ 形式时，很容易计算模素数 p 的平方根。定理 2.3.1 的欧拉准则指出，$\beta^{(p+1)/2}=\beta(\text{mod } p)$。这是选择形如 $4k+3$ 的 p 和 q 的第一个原因。第二个原因是很容易标记消息来歧义得到正确的解，如下面的定理所示。

定理 3.8.1 *如果 p 和 q 都是 $4k+3$ 形式的素数，则方程 $z^2=A(\text{mod } pq)$仅有一个的整数解 z，这个解本身是模 pq 的一个平方。* 100

证明 方程 $u^2=A(\text{mod } p)$和 $v^2=A(\text{mod } q)$都有两个解 $\pm u$、$\pm v$。根据中国剩余定理，有 4 个 z 的候选解。这 4 个解是 $\pm au\pm bv$，其中

$$a=\begin{cases}1(\text{mod } p)\\0(\text{mod } q)\end{cases},\quad b=\begin{cases}0(\text{mod } p)\\1(\text{mod } q)\end{cases}$$

步骤 1 这一步将会证明，如果 p 和 q 都是 $4k+3$ 形式，那么 $au+bv$ 和 $au-bv$ 不可能都是模 pq 的平方。雅可比符号满足

$$(au\pm bv\,|\,pq)=(au\pm bv\,|\,p)(au\pm bv\,|\,q)=(au\,|\,p)(\pm bv\,|\,q)$$

第二行成立是因为 $b=0(\text{mod } p)$，$a=0(\text{mod } q)$。此外，$a=1(\text{mod } p)$，$b=1(\text{mod } q)$，进一步计算得到：

$$(au\pm bv\,|\,pq)=(u\,|\,p)(\pm 1\,|\,q)(v\,|\,q)=(\pm 1)^{(q-1)/2}(u\,|\,p)(v\,|\,q)$$

因为 p 和 q 模 4 都等于 3，所以$(q-1)/2$ 是奇数，右边有± 1 符号。从而得到

$$(au+bv\,|\,pq)=-(au-bv\,|\,pq)$$

因为$(au+bv\,|\,pq)$和$(au-bv\,|\,pq)$项不可能都是正数，所以 $au+bv$ 或 $au-bv$ 不是模 pq 平方。

步骤 2 这一步将证明，如果 p 和 q 模 4 等于 3，那么 z 和 $-z$ 不可能都是模 pq 的平方。假设 $z=x^2(\text{mod } pq)$且 $-z=y^2(\text{mod } pq)$。则 $z=x^2+Qpq$，$-z=y^2+Qpq$。从而就有$z=x^2(\text{mod } p)$，$-z=y^2(\text{mod } p)$，所以 $y^2=-x^2$ 在 $\mathbf{F}_{4k+3}$ 中。可得 $y=\sqrt{-1}x$，$\sqrt{-1}$ 不在 $\mathbf{F}_{4k+3}$ 中。这意味着 x^2 和 $-x^2$ 不可能都是模 $4k+3$ 的平方。因此，z 和 $-z$ 不可能都是模 pq 的平方。

结合步骤 1 和步骤 2，我们得出结论：4 个式子 $\pm au\pm bv$，只有一个是平方，所以仅有一个有平方根。 □

在之前的例子中，$p=11$，$q=19$，z 有 4 个解，即 23、36、175 和 186。在这 4 个解中，只有 36 是模 209 的平方，相应的明文消息 x 为 $36-59=186$。因为真实的消息 173 不是一个平方数，所以这种方法没法鉴别。为了把这个特性变成用来排除歧义的有效方法，

对每个消息都应该进行扩展，使它成为一个平方。

作为命题2.13.1的一个推论，我们可以归纳得出：Rabin密码体制在直接攻击方面至
101 少和RSA一样强大。但是，Rabin密码体制易受选择明文攻击：对手可以对一个已知的明文进行加密(该明文不是一个平方数)，并将密文发送给解密器，然后观察解密输出。因为解密器必然选择跟 p 和 q 相关的4个候选解之一，解密输出有可能和明文不一致。这个信息可能会帮助对手确定 p 和 q 的值。

3.9 背包密码体制的兴衰

Merkle-Hellman背包密码体制是一个受到质疑的公钥密码体制。该密码体制于1978年提出，不到10年就被破译。在教学中，它被作为一个看似安全，但最终被成功破译的例子。从中可以吸取的教训为，当一个看似无关紧要的边条件和一个看似困难的问题联系在一起时，可能会导致问题变得异常简单。在一个具体的上下文环境中，复杂难解性的说法可能并不正确，尽管出现的是看起来毫无危害的上下文。

背包密码体制最初的吸引力在于，它的安全性基于一个计算复杂性问题，该问题被称为子集之和问题㊀，从复杂性理论的角度被证明是难解的。其他密码体制的安全性往往只是基于假设而非证明的难解性问题，比如双素数因子分解问题和离散对数问题，这些问题的难解性只是得到了坊间的支持。相比较而言，背包密码体制的安全性是一个可以证明的难解性问题，这一点看起来是令人振奋的。

在定义Merkle-Hellman背包密码体制之前，我们先讲一下子集之和问题的难解性。子集之和问题为：在一般的整数集 $\{s_1, s_2, \cdots, s_n\}$ 中选择一个子集，使得和等于一个给定的整数 y。有 2^n 个子集需要考虑，所以任何差错试验方法的复杂度都是 n 的指数级。事实上，这个问题是一个目前已从理论上证明复杂难解的问题。这似乎是说Merkle-Hellman背包密码体制是安全的，因为它是基于子集之和问题的难解性。然而，子集之和问题只是在一般情况下是难解的；并不是每种情况下都是难解的。事实上，在我们感兴趣的各种情况中，子集之和问题都不是难解的。也就是说，在有Merkle-Hellman隐藏陷门的情况下，子集之和问题不具有与一般情况下相同的难解性。

术语"背包"是一个比喻，指的是用一种方法，从给定的集合中选择某些对象装满背
102 包。至于背包密码体制，对象是整数集合 $\{s_1, s_2, \cdots, s_n\}$ 中的元素。一个二进制数 x，位为 b_1，b_2，…，b_n，放进一个整数 y 中，则 $y=\sum_i b_i s_i$，是密文。为使 x 的形式唯一，我们需要为集合 $\{s_1, s_2, \cdots, s_n\}$ 定义一个特殊的性质。

定义3.9.1 一个非负整数的有序集是超递增的，如果集合中的每个整数都严格大于集合中所有小于它的整数之和。

例如，有序集{3, 5, 11, 20, 41, 81, 167, 339}是一个超递增整数集，因为每一个整数都大于它前面的整数之和。一般地，如果 $s_j > \sum_{i=1}^{j-1} s_i$，有序集 $\{s_i\}$ 是超递增的。

现在，基于超递增集 $\{s_i\}$，二进制消息 b_1，b_2，…，b_n ($b_i \in \{0, 1\}$) 显然可以唯一地表示为：

$$y = \sum_i b_i s_i$$

㊀ 这个问题属于著名的NP完备问题中的一种。

这里的和被认为是 **Z** 中的和。很容易从整数 y 恢复出消息位。如果可能，从最大的项开始，逐一减去超递增集中的项，有 $i=n$。如果在 i 步中，$y-s_i\geqslant 0$，那么位 b_i 是 1，y 替换成 $y-s_i$。否则，位 b_i 是 0，y 不变。然后 i 减 1，重复这个过程。

按照目前的定义，这个背包是不安全的，也不打算让它安全。为了让这个过程成为一种密码体制，超递增集必须被隐藏在陷门后，还必须有一个公开的副本用来加密。在公开的形式中，加密密钥作为一个集合 $\{t_i\}$ 出现，它自己不是超递增的，但和超递增集 $\{s_i\}$ 有一些秘密的关系。解密器宣布集合 t_i，并宣布它能够加密任何二进制消息 b_1，b_2，…，b_n，这个二进制消息用公开集合 $\{t_i\}$ 打包成了一个整数 $y=\sum_i b_i t_i$。

选择任意超递增集 $\{s_1, s_2, \cdots, s_n\}$。陷门由任意大于 $\sum_i s_i$ 的素数 p 和任意小于 p 的整数 a 组成，这两个数和集合 $\{s_1, s_2, \cdots, s_n\}$ 都保密。公开的整数集是 $\{t_1, t_2, \cdots, t_n\}$，其中 $t_i=as_i \pmod p$。二进制明文 $(b_1, b_2, \cdots, b_n)$ 的加密操作为 $y=\sum_i b_i t_i$。整数 y 是密文。

为了解密，找到 $a^{-1} \pmod p$。因为 p 是素数，$a^{-1} \pmod p$ 一定存在。计算 $a^{-1}y \pmod p$。得到 $a^{-1}y \pmod p$ 这使得

$$a^{-1}y = a^{-1}\sum_i b_i t_i \pmod p = \sum_i b_i(a^{-1}as_i) \pmod p = \sum_i b_i s_i$$ 103

因为集合 $\{s_1, s_2, \cdots, s_n\}$ 是超递增集，所以很容易确定明文位。

密码分析人员的任务是，已知 y 和公开整数集 $\{t_1, t_2, \cdots, t_n\}$，恢复二进制数据。令人惊讶的是，至少对那些相信背包密码体制安全性的人来说，有可行的方法可以做到。

Merkle-Hellman 背包密码体制没有受到子集和问题难解性的保护，因为集合 $\{t_1, t_2, \cdots, t_n\}$ 不是一个任意的非负整数集合。它的构造是受限的，要求序列是一个隐性的超递增序列。因此，在子集和这类问题中（一般是计算不可行的），Merkle-Hellman 背包施加了一个条件，使之成为子集和问题的一个特例。希望子集和这类问题的难解性可以来保证密码的安全性，这个目的无意中被提供陷门的要求给破坏了。

第 3 章习题

3.1 验证 274177 整除 $2^{64}+1$。检验商是否有可能是个素数，给出检验过程。

3.2 令 $n=pq$，其中 $p=1019$，$q=1171$。运用扩展欧几里得算法，计算 $1076531^{-1} \pmod{\phi(n)}$。

3.3 令 n 为 k 个不同素数的乘积，那么方程 $x^2=c \pmod n$ 有多少个解？以 $k=3$ 为例进行说明。

3.4 利用平方筛选法分解 87463。给出过程。

3.5 假定 p 和 q 都是模 4 等于 3 的奇素数。证明雅可比符号满足 $(x\,|\,pq)=(x\,|\,p)(x\,|\,q)$。这对任意的奇素数 p 和 q 都成立吗？

3.6 给定一个超递增集 $\{3, 5, 11, 20, 41, 81, 167, 339\}$ 和素数 701 以及整数 $a=223$，构造一个 Merkle-Hellman 加密集 $\{t_j\}$。对二进制消息 (10011101) 进行加密；并对密文进行解密。

3.7 (a) 证明形如 $p=4k+1$ 的每个素数都可以表示为两个平方数之和。

(b) 证明形如 $p=4k+3$ 的每个素数都可以表示为两个平方数之差。

3.8 整数 6 在环 **Z** 中有唯一的因子分解 $6=2\cdot 3$。请问整数 6 在环 $\mathbf{Z}[x]/\langle x^2+5\rangle$ 中是否有唯一的因子分解？

3.9 令 RSA 中的公开 N 为 22 879，而加密密钥为 259。以下消息被对手所截获：08864 00235 20699 08186 16629 01277 16675 19828 12791。假定字母按以下编码转换成数字，帮助对手破解该消息。 104

a = 187	f = 800	k = 313	p = 937	u = 123
b = 133	g = 215	l = 015	q = 788	v = 321
c = 051	h = 665	m = 114	r = 621	w = 434
d = 412	i = 432	n = 601	s = 430	x = 264
e = 982	j = 732	o = 072	t = 199	y = 246
				z = 380

3.10 假设 x 是模 n 的平方剩余，其中 $n=pq$，且 p 和 q 都是模 4 等于 3 的素数。Rabin 密码体制需要解密器求解方程 $y^2 \equiv x(\bmod n)$，而这个方程有 4 个解。证明：这 4 个解中恰有一个解本身就是模 n 的平方剩余(因此这可以唯一地确定消息)。

3.11 证明：勒让德符号满足 $(au+pv \mid p)=(au \mid p)$。

3.12 证明：环 $\mathbf{Z}$ 的理想 $\mathbf{I}$ 是一个素理想，当且仅当 $\mathbf{I}$ 是素数 p 的所有整数倍构成的集合。

3.13 由于 x^2-5 是 $\mathbf{Q}$ 上的不可约多项式，因此集合 $\mathbf{Q}(\sqrt{5})$ 是一个数域。因为 $(1+\sqrt{5})\,|/2$ 是 x^2-x-1 的一个根，所以它是一个代数整数，也是数域 $\mathbf{Q}(\sqrt{5})$ 中的一个元素。证明：$\mathbf{Z}(\sqrt{5})$ 不包含 $(1+\sqrt{5})/2$。一般地，数环 $\mathbf{Z}[\xi]$ 是否包含 $\mathbf{Q}(\xi)$ 中的所有代数整数？

第 3 章注释

RSA 密码体制由 Rivest、Shamir 和 Adleman 在 1978 年提出，显然是第一个公钥密码体制。相似的方法由 Cocks 在 1973 年提出，但没有发表。更早之前，Jevons(1874)描述了单向函数在密码学中的应用，使用因子分解问题构造了一个陷门函数。

任何有效的大合数因子分解算法都可以破译 RSA。但是，Boneh 和 Venkatesan(1998)指出，该过程反过来不成立。即破译 RSA 并不等价于大合数因子分解。这意味着可能会有一个有效的方式来破译 RSA，即使并不存在或还不知道是否有一个高效的分解双素数积 n 的算法。Moore(1992)指出，在 RSA 协议中进行的无害和看似无害的变更存在很多危险因素。

Merkle 和 Hellman(1978)首次给出了背包密码体制的描述。Shamir(1984)破译了背包密码体制。之后，Brickell(1985)、Odlyzko(1990)和其他研究者为修复背包密码体制的缺陷作出了很大的努力，但都以失败告终。现在认为该缺陷不可修复。它仍然是一个非常重要的例子，提醒我们其他公钥密码体制可能也存在致命缺陷，只是尚未被发现，或至少未报道。

Morrison 和 Brillhart(1975)给出了分解基的想法和 B-smooth 整数的概念，即整数的素因子都不大于 B。Dixon(1981)介绍了使用随机平方搜索双素数因子的方法。Pomerance(1985)提出了平方筛选法，作为 Dixon 分解方法的改进。Lenstra(1987)阐述了使用椭圆曲线进行因子分解的方法。1988 年，Pollard 将数域引入整数因式分解这个课题中，但当时没有发表。Coppersmith、Odlyzko 和 Schroeppel(1986)给出了一种通用技术，他们使用高斯整数域以次指数时间来计算 $\mathbf{F}_p^*$ 域上的离散对数。Pollard 将这个方法推广到数域。后来，Lenstra 和 Lenstra(1993)详细描述了数域筛选法。Coppersmith(1993)对数域筛选法进行了修正。Murphy 和 Brent(1998)以及 Kleinjung(2006)研究了数域筛选法中多项式的选择。

目前还没有整数分解的多项式时间算法，尚不清楚这种算法是否可能。1999 年 8 月，512 位双素数
105~106 RSA155 在大量的国际合作下被破译，2003 年 4 月用同样的方法破译了 RSA160。最近，经过两年的大量努力，最终在 2009 年，一个叫 RSA768 的 232 位双素数被分解。这些改进的分解方法至少暂时看来很容易抵抗，只需使用更大的整数。但在实践中，这样做可能难以接受。

基于离散对数的密码学

许多密码体制在恰当的有限群中采用指数运算作为加密方法的关键部分。这种体制的安全性都依赖于群中指数运算逆向计算问题的数学难解性，比如著名的离散对数问题。离散对数问题的复杂难解性可能依赖于特定的群。求解离散对数问题在某些群中是困难的，而在其他群中则是容易的。在许多群中，信任这种计算问题的难解性只是基于经验证据而非数学证明。这意味着，一个基于指数运算的公钥密码体制总是承担着下述风险，底层的逆向计算问题事实上可能是容易的。实际上，这个计算问题有可能已经被某个神秘而又隐蔽的密码分析者给解决了。

4.1 Diffie-Hellman 密钥交换

Diffie-Hellman 密钥交换(或称为 Diffie-Hellman 密钥协商、密钥生成)，是指双方没有预先通信，通过公开的双向信道传递信息来建立密钥的方法。尽管被称为密钥交换，但实际上没有密钥被交换。更准确地说，密钥是由双方共同产生的。即使双方之间的通信全部通过公开信道，也能建立一个共享秘密密钥。人们相信，即使窃听者获知了所有通信内容，仍然无法确定秘密密钥。Diffie-Hellman 密钥交换被认为在计算上是安全的，然而它并不能提供绝对安全性。从原则上来说，它总会被足够强大的计算资源暴力破解。但它假设目前的计算资源远远无法通过穷举攻击破解离散对数问题。

用户 A 和用户 B 协商了一个适当大小的有限群 G 和一个元素 $P\in G$，大素数 p 是 P 的阶。G 通常是一个循环群或有一个极大的循环子群。在常见的应用中，群 G 和元素 P 是整个社区共享的公开参数。用户 A 随机选取一个整数 a 并保密，用户 B 也随机选取一个整数 b 并保密。用户 A 对 P 求幂，计算 $P^a\in G$ 并通过公开信道发给用户 B。用户 B 也对 P 求幂，计算 $P^b\in G$ 并通过公开信道发送给用户 A。用户 A 知道 a 但不知道 b，计算 $(P^b)^a\in G$。用户 B 知道 b 但不知道 a，计算 $(P^a)^b\in G$。因此用户 A 和 B 得到了属于群 G 的同一个元素 P^{ab}。该元素被转换为双方共享的公共密钥。此时可以删除掉整数 a 和 b，它们不会再被使用。这样通信双方就协商得到了一个公共的群元素 P^{ab}，作为密钥(可用二进制数表示)。然后该密钥可用于任何对称密码体制，进行批量加密。

例如，如果 G 是 $\mathbf{F}_p^*$ 上的乘法循环群，则群元素都是比 p 小的非负整数，并且 P 是高阶群中的元素，通常是 $\mathbf{F}_p^*$ 的生成元。群中元素可以用长度为 $\log_2 p$ 位的二进制数来表示。

因为所有的交流都发生在公开信道，对手就可以得知 P、P^a 和 P^b 但得不到 P^{ab}。Diffie-Hellman 密钥交换建立在没有可行的计算方法可以通过 P^a、P^b 和 P 计算 P^{ab} 的基础上。该计算任务显然不会比用 P 和 P^a 来计算 a 更难，可能会更简单，因为 P^a 和 P^b 都是已知的。无论如何，离散对数问题被认为是难解的。密码攻击者就算知道 P 并窃听到 P^a 和 P^b，也无法用目前的计算机和算法计算出 P^{ab}。

虽然通常认为某些群上的离散对数问题是难解的，但并没有已知的证明。我们只能说，虽然经过不懈的努力，但破解离散对数问题的通用计算上可行的算法目前还没有公开的报道。

解决了离散对数问题即可攻破 Diffie-Hellman 密钥交换。要解决离散对数问题，必须找到已知 P^a 计算 a 的有效方法。然而，攻破 Diffie-Hellman 密钥交换和解决离散对数问题并不是等价的，或者说至少不知道是否等价。也许可以通过 P^a、P^b 和 P 直接计算 P^{ab}，而不需要计算 a 或 b，但目前没有这样的已知算法，人们普遍相信并不存在这样的算法。尽管如此，这种信任的证据只是传闻，而非理论上严格证明。

为了给出更明确的区别，我们给出两个被普遍接受的前提：

1）对很多群来说，很难通过 P^a 计算 a。

108 2）对很多群来说，很难通过 P、P^a、P^b 计算 P^{ab}。

这两个前提并不等价。如果第一条是错的，显而易见第二条也是错的。但如果第二条是错的，第一条有可能是正确的。

4.2 离散对数

若 G 是任意循环群，群运算表示为乘法。那么群元素 $y=\alpha^x$ 以 α 为底的离散对数是 $x=\log_\alpha y=\log_\alpha \alpha^x$。离散对数问题即通过 α^x 和 α 计算 x(不要与用 α^x 和 x 计算 α 弄混)。

对于许多很大的有限群而言，计算离散对数被认为是困难的，但同样对这些群，求幂却很简单。这种明显的计算不对称性是许多加密体制的基础，比如 Diffie-Hellman 密钥交换。然而，人们从未证明在这些任意大有限群中计算离散对数的难解性，因而这些加密体制的安全性也都未被证明。找到这样的可行算法称为*离散对数问题*。人们对这些体制安全性的信任依赖于对离散对数问题难解性的信任。这种信任主要基于推测以及寻找有效算法的漫长的失败历史。还没有令人满意的已知的有关离散对数问题难解性的理论证明。

要计算群 G 中一个离散幂，即计算 $y=\alpha^x$。为高效地计算 α^x，可以用二进制表示法表示整数 x，即

$$x=\sum_{i=0}^{m-1} x_i 2^i$$

整数 m 是用二进制表示 x 时的二进制位数，二进制中的每一位 x_i 是 0 或 1。要计算 α^x，首先要预先计算连续的平方序列，α，α^2，α^4，α^8，…，α^{m-1}。这需要 $m-2$ 次连续平方运算。然后计算 α^x：

$$\alpha^x=\prod_{i:x_i=1} \alpha^{2^i}$$

则计算 α^x 只需在群 G 中做 $m-2$ 次平方，并在相同的群中至多做 $m-1$ 次乘法运算。运算次数至多与群 G 阶的对数成正比。

109 求幂的逆运算即为离散对数，在一些大的群中被认为是计算上困难的。尽管也许有人能将群中的重建步骤算得更好些，比如计算 α 的连续幂直到找到 y，但也做不到足够好。并不是所有群都是这种情形。例如，在加法群 $\mathbf{Z}_n$ 中找一个离散对数实际上是解方程 $y=ax$ 得到 a 的值，用扩展的欧几里得算法很容易计算。另一方面，计算有限域 $\mathbf{F}_p^*$ 中的离散对数就是计算满足 $\alpha^x=y$ 的 x，元素 α 和域元素 y 已知。显然，计算 $x=\log_\alpha y$ 是困难的。

例如，有整数方程如下：

$$3^x=2(\bmod 9871)$$

尽管看起来容易，但实际上求解 x 并不容易。我们可以通过计算 3 的幂运算再模 9871，直到余数为 2 来计算出 x。虽然有些算法对计算 x 进行了一些优化，但并没有算法给出充分的优化。

更重要的一点，我们看到阶为 n 的群中离散对数问题的复杂度没有显著高于 n 阶最大素因子的群中的离散对数问题。原因是如果 n 可以被因子分解，则原问题可以被分解为多个子问题，每个 n 的素因子都是一个子问题。这些子问题可以用中国剩余定理联立方程式解开。为了避免这种分解，密码应用中通常选取素数作为 n。如果群的阶 n 是合数，则可以选择除 n 最大素因子之外的素数阶的一个元素作为对数底，这样从安全上不会得到什么。

此外，考虑如下公式：

$$\log_\alpha y = \log_\alpha \beta \log_\beta y$$

可见，计算群 G 中的离散对数的复杂度并不明显依赖于对数的底。

4.3 Elgamal 密码体制

Elgamal 密码体制是基于离散对数问题的加密体制。Elgamal 密码的一个缺点是密文比明文要长，通常是明文长度的两倍。从另一方面看，Elgamal 密码体制是非对称密码体制，这又可以视为一个优点。这意味着加密密钥和解密密钥是不同的。加密者和解密者各 110
自只需要知道一个密钥。密码攻击者仅知道加密密钥将无法破译密文。甚至加密者自身也无法将密文恢复成明文，密文生成的同时明文已经被丢弃了。加密密钥甚至可以公之于众或发布在一个说明中。

Elgamal 密码体制可以基于任意一个离散对数问题难解或被认为是难解的循环群。如果离散对数问题被解决了，该体制就会被破解。循环群 G 可以是 $\mathbf{Z}_p^*$，也可以是其他大群的循环子群，比如椭圆曲线的点加法群，第 10 章将对其展开探讨。

循环群 G 是公开的，且 G 的生成元 α 也是公开的，这些可以被视为密码体制的固有部分。准备接受一份密文时，解密者秘密地随机选取一个整数 a，并计算出加密密钥通过公开信道发送给加密者。该密钥 $A=\alpha^a$ 甚至可以作为公开发布的加密密钥，可以给任何人加密任何信息之后，发给上述的解密者。若要加密消息 x，必须将 x 表示为 G 的元素，加密者秘密地随机选取任意整数 b，并计算群 G 中的 α^b 和 xA^b。则加密后的消息为 $\mathbf{y}=(y_1, y_2)=e(x)=(\alpha^b, xA^b)$。解密计算为 $d(y_1, y_2)=y_2/y_1^a$，很容易看出它等于 x。

为了确保密码体制的安全性，指数 b 只能使用一次，这样可以抵御一定的攻击。这不一定是缺点。因为随机整数 b 由加密者选取，并且不会透露给解密者或任何第三方，所以每个消息使用一个新的 b 值并不会带来额外的通信开销。

Elgamal 密码体制不会将相同的消息加密成相同的密文。事实上密文是随机的，因为 b 是随机选取的，所以将同样的消息加密两次会产生不同的密文。Elgamal 密码体制是非对称的，也不是类似 Diffie-Hellman 的密钥交换算法。当然，因为消息 x 是任意的，所以被加密的消息事实上可以作为另一个加密系统的密钥，这个加密系统使用一些块加密的方法，由 Elgamal 密码体制传递信息，供以后使用。

例 令群 G 是群 $\mathbf{F}_{2357}^*$，注意 2357 是素数。这个 4 位的素数显然对于一个实际系统而言太小了。实用的系统会使用超过 50 位的素数，甚至是 100 位或更大。元素 $\alpha=2$ 在群 $\mathbf{F}_{2357}$ 上的阶为 2356。通常来说，有限域 $\mathbf{F}_q$ 中以 $q-1$ 为阶的元素 α 被称作 $\mathbf{F}_q$ 的本原元。群 $\mathbf{F}_q$ 和本原元 α 对单个解密者而言可能是独一无二的，或者它们可能是一个大型社团中的一 111
个标准。在这两种情况下，群和本原元是公开的。

初始化时，解密者随机选取整数 $a=1751$，并计算

$$A=\alpha^a$$

$$A = 2^{1751} \pmod{2357} = 1185$$

然后将该整数通过公开信道发送给加密者。这是该解密者的公开加密密钥。

要加密明文 $x=2035$，加密者随机选取整数 $b=1520$ 并计算

$$2^{1520} \pmod{2357} = 1430$$

和

$$2035 \cdot 1185^{1520} \pmod{2357} = 697$$

得到密文为(1430，697)。

要对密文(1430，697)进行解密，解密者首先要计算

$$1430^{-1751} = 1430^{605} = 872 \pmod{2357}$$

然后解密者计算

$$x = 697 \cdot 872 \pmod{2357} = 2035$$

这就恢复出了明文 x。

4.4 陷门单向函数

一个双射函数 $y=f(x)$，表示定义域中的每个点都唯一地映射到值域上的一个点。如果通过 x 来计算 y 是简易可行的，但依据反函数 $x=f^{-1}(y)$由 y 来计算 x 是复杂难解的，就称之为单向函数。我们不会试图定义计算上复杂难解这个概念，而更倾向于将此视作一种直观的概念。事实上，很难给出一个有用且精确的定义。

当给定一些相关“小道”信息时，如果反向映射在计算上变得简易可行，则称单向函数 $f(x)$为陷门单向函数。该小道信息抵消了计算上复杂难解的部分，被认为是由“神仙”

112 通过数学上的陷门提供的。

计算 a 模双素数积 $n=pq$ 的平方根是困难的，这是标准的陷门单向函数，或许是唯一有趣的例子。我们设 $n=pq$，p 和 q 都是未知的素数。任务是找出 x 满足下式：

$$x^2 = y \pmod{n}$$

其中 y 是已知的。如果已知因子 p 和 q，则上式就是简单易解的。如果 p 和 q 未知，则计算该问题的难度本质上等同于对 n 进行因子分解找出 p 和 q 的难度，如 2.13 节所述。这是陷门单向函数的一个例子，陷门即 p 和 q。在这个问题中，尽管通过 x 计算 y 很容易，但通过 y 计算 x 显然是复杂难解的。但是，如果有人泄露了两个素因子 p 和 q，则通过 y 计算 x 会变得简易可行。

在 2.13 节中已经详细讨论了如何计算 a 模素数 p 的平方根。当 $p\equiv 3 \pmod 4$时，该任务尤其简单。回想一下，x 是 $\mathbf{F}_p$ 的平方当且仅当 $x^{\frac{p-1}{2}}=1 \pmod p$。我们考虑到 x 是一个平方，所以如果 p 是形如 $4k+3$ 的数，我们可以写成：

$$x = x \cdot x^{\frac{p-1}{2}} = x^{\frac{p+1}{2}} = x^{\frac{4k+4}{2}} = (x^{k+1})^2$$

所以 x 的平方根(模 p)是$\pm x^{k+1}$。如果素数 p 是形如 $4k-1$ 的数，那么它会更多地涉及平方根的计算，但并不难解。在 2.13 节给出了这种情况的算法。

要计算 x 模双素数积 pq 的平方根，若两个素因子 p 和 q 已知，则首先必须要计算模 p 的平方根和模 q 的平方根并使用中国剩余定理联立方程组得到 4 个模 pq 的平方根。但密码破译者的任务是在不知道 p 和 q 的情况下，计算 $x \pmod n$的平方根。密码体制的安全性依赖于陷门不公开时计算困难这个前提。

4.5 Massey-Omura 密码体制

Massey-Omura 密码体制是一个三次握手的公钥密码体制，该密码体制不包含公钥或

预先选择的私钥。该体制被认为是不实用的。此处描述该体制不是因为任何可能的实用价值，而是因为它阐述了密码学的另一种途径。Massey-Omura 密码体制基于离散对数问题的难解性。该体制使用有指定生成元 α 的 n 阶大循环群 G。群 G 和其阶 n 以及指定的生成元 α 都是公开的。需要传送的明文消息 x 用 G 中的元素来表示。发送端随机地选取一个整数 $a \in \mathbf{Z}_n^*$，并运用欧几里得算法来计算 $a^{-1}(\bmod n)$。接收端随机地选取一个整数 b，并再次运用欧几里得算法来计算 $b^{-1}(\bmod n)$。加密消息 m 的 4 步协议如下： 113

1）发送端发送 G 中的元素 x^a。

2）接收端接收 x^a，计算 $(x^a)^b$，并返回 x^{ab}。

3）发送端接收 x^{ab}，计算 $(x^{ab})^{a^{-1}}$，并在此刻发送 x^b。

4）接收端接收 x^b，计算 $(x^b)^{b^{-1}}$，此时即得到消息 x。

对每个消息 x 或分组消息的每一个数据包重复该过程。a 和 b 不需要在数据包之间保持不变。只有消息的发送端知道 a，因此发送端可以随意地修改 a。只有消息的接收端知道 b，所以接收端可以随意地修改 b。

Massey-Omura 密码体制的优点是它规避了密钥分配和密钥交换，相反，该函数联合了消息传递。一个小缺点是该体制需要三次传递：两次从消息源传递，一次从目的地传递。Massey-Omura 密码体制更严重的一个缺点是该体制容易受到假冒攻击。某个第三方可以选取一个随机整数 c，用 $(x^a)^c = x^{ac}$ 应答最初的消息。如果发送端没能识别这是假冒的，则会返回 $(x^{ac})^{a^{-1}} = x^c$ 给冒充者，冒充者借此就可还原出消息 x。因此，必须使用某种策略来认证消息来源，这不仅是为了身份认证，也为了保护消息的安全。但另一方面，为了进行身份认证，要求使用一种符合身份认证策略的替代方法，而不是 Massey-Omura 密码体制。

有两个评论意见是恰当的。我们断言 $(x^{ab})^{a^{-1}} = x^b$。而这在每个循环群中都成立，因为每个循环群都是阿贝尔群，所以有 $x^{ab} = x^{ba}$。我们还断言使用群元素 x 表示消息，因此在任何一个这样的密码体制中，消息到群中元素的映射必然是特定的。当群 G 是 $\mathbf{F}_{2^m}^*$ 时，是平凡的。在这种情况下，消息可以是长度为 m 的非零二进制消息，并被视为一个 m 位的域元素。

4.6 Pohlig-Hellman 算法

在生成元为 α 的 n 阶有限循环群 G 中求解离散对数，就是找出 $x \in \mathbf{Z}_n$ 满足群中的 $y = \alpha^x$，其中 α 和 y 已知。一个重要的离散对数例子是，在循环群 $G = \mathbf{F}_p^*$ 中，群的阶 n 等于 $p-1$，需要求解的离散对数问题表示为 $y = \alpha^x(\bmod p)$。 114

Pohlig-Hellman 算法将任何阶数 n 为合数的循环群上的离散对数问题分解成多个较小群上的离散对数问题。阶为 $n = \phi(p) = p-1$ 的群 $\mathbf{F}_p^*$ 是个重要的例子。本原元为合数 ℓ 的群 $\mathbf{Z}_\ell^*$ 也是个例子。因为 $\phi(p)$ 和 $\phi(\ell)$ 通常是合数，离散对数的计算可以用多个较小的离散对数计算来替代。每个较小的离散对数都是在阶为整除 n 的素数或素数幂的较小循环子群之中。根据中国剩余定理，可以通过一组较小的离散对数问题的解得到较大离散对数问题的解。进一步计算，离散对数模 a 的素数幂可以分解成更小的部分，但与上面的分解不同，这里将素数幂看作同一个素数多个副本的乘积。

Pohlig-Hellman 算法不仅要求群 G 的阶 n 是已知的，同时也要求 n 的素因子分解是已知的。这是因为计算 n 的素因子分解是难解的，这已经导致该算法难解。假定因子分解已知是讨论 Pohlig-Hellman 算法时的一惯做法。在该假设成立的基础上，Pohlig-Hellman 算法将离散对数问题的复杂性降为素数阶的最大子群中离散对数问题的复杂性。因此，密码方案可以限制在一个给定群的最大素数阶循环子群中。根据 Pohlig-Hellman 算法，倾向于使用含有大素数阶的群，这样就不会有符合要求的子群。

Pohlig-Hellman 算法可以计算任何合数阶的循环群 G 的离散对数。如果群 G 的阶已经写成素因子分解的形式，则群的阶 n 可以表示成素数幂相乘的形式，即

$$n=\prod_{i=1}^{I} p_i^{k_i}=p_1^{k_1} p_2^{k_2} \cdots p_I^{k_I}$$

其中 $k_i \geqslant 1$。要计算 $x=\log_\alpha y$，其中 α 的阶为 n，则需要两个循环，一个外循环和一个内循环。外循环用 i 来索引，从 1 执行到 I，第 i 次外循环迭代计算 $x_i=\log_\alpha y(\bmod\ p_i^{k_i})$。通过为每个 i 值调用内循环实现该计算，并将 $p_i^{k_i}$ 看作 p_i 的 k_i 个副本的乘积。内循环以 ℓ 为索引，为每个 i 值从 1 运行到 k_i。对每个 i 值执行 k_i 次内循环迭代。

115 Pohlig-Hellman 算法运算的数量级为 $\sum_{i=1}^{k} k_i\left(\sqrt{p_i}\log p_i+\log n\right)$。可以得到一个结论：处理 n 阶离散对数问题的复杂度是由阶等于 n 的最大素因子的离散对数问题的复杂度决定的。这就是为何人们总是喜欢用循环子群作为加密群，该循环子群的阶为一个更大群的阶的最大素因子，因为就 Pohlig-Hellman 算法而言，如果 n 的因子分解已知，较小的素因子对密码的安全性贡献很小。

例如，整数 $p=5^2 \cdot 2^{448}+1$ 是个很大的素数，$\mathbf{F}_p^*$ 中的离散对数可以使用 Pohlig-Hellman 算法计算，只需要 $2+448$ 次内循环迭代，然后应用中国剩余定理计算。这是因为 $p-1=5^2 \cdot 2^{448}$。此外，在这种情况下，$p-1$ 的因子分解非常简单，只要不断地除以 2，直到结果为一个奇数。

要解释外循环的中心思想，首先将合数 n 分解成两个因子相乘，假定 $n=qr$。在初步讨论中，因子 q 和 r 不需要互素。不过内循环需要 q 和 r 是同一个素数的乘方。后面我们调用中国剩余定理时，要求素因子必须是互素的。

为了计算 $x=\log_\alpha y$，我们设 $y=\alpha^x$ 在阶 $n=qr$ 的循环群中。令 $y^r=(\alpha^x)^r$，$x=Qq+x_0$，商为 Q，余数为 x_0，则有：

$$y^r=(\alpha^{Qq+x_0})^r=(\alpha^n)^Q \alpha^{x_0 r}=(\alpha^r)^{x_0}$$

现在令 $y_0=y^r$ 而 $\beta=\alpha^r$，则该式变为 $y_0=\beta^{x_0}$，且 $x_0=\log_\beta y_0$，其中 $x_0=x(\bmod\ q)$。这与最初的离散对数问题具有的结构相同，但规模较小。同理，将 r 和 q 交换，我们有 $y_0'=\gamma^{x_0'}$，且 $x_0'=\log_\gamma y_0'$，其中 $y_0'=y^q$，$\gamma=\alpha^q$，且 $x_0'=x(\bmod\ r)$。这样，最初的 $x=\log_\alpha y(\bmod\ n)$ 问题就被替换为更简单的两个较小的离散对数问题，即

$$x_0=\log_\beta y_0$$
$$x_0'=\log_\gamma y_0'$$

上式中 x_0 和 x_0' 的解分别与 $x(\bmod\ q)$ 和 $x(\bmod\ r)$ 相等。如果 q 和 r 互素，则可以用中国剩余定理联立方程得到 $x(\bmod\ qr)$。

两个较小的离散对数问题可以用任意的合适算法计算。特别地，如果 q 或 r 中的一个是合数，则这个较小的问题可以用前面的方法进一步分解。通过充分地重复这个过程，最初的离散对数计算可以被分解成一组较小的离散对数计算，每个都具有以下形式：

116 $$x_i=\log_{\beta_i} y_i$$

Pohlig-Hellman 算法的外循环将 n 分解成互素因子 $p_i^{k_i}$，此处 β_i 具有阶数 $p_i^{k_i}$。因为素

数幂因子是两两互素的，所以方程组的解 x_i 可以运用中国剩余定理来联立解得 x。以上是外循环，下面将描述计算 x_i 的内循环。

在计算之前，我们先讲一个详细的运算例子。首先基于组成外循环的素数幂，将问题分解为多个子问题。我们会在介绍完这个例子后再来描述组成内循环的每个素数幂离散对数问题的计算。考虑生成元 $\alpha=6$ 的素域 $\mathbf{F}_{8101}$，元素 6 的阶为 8100。要计算 $\mathbf{F}_{8101}$ 中的 $x=\log_6 7531$，首先看素数幂的因子分解：

$$8101-1=2^2\cdot 3^4\cdot 5^2=4\cdot 81\cdot 25$$

由此我们必须计算 $x_1=x(\bmod 4)$，$x_2=x(\bmod 81)$ 和 $x_3=x(\bmod 25)$，并分别满足：

$$y_1=\beta_1^{x_1}(\bmod 8101)$$
$$y_2=\beta_2^{x_2}(\bmod 8101)$$
$$y_3=\beta_3^{x_3}(\bmod 8101)$$

其中 $\mathbf{F}_{8101}^*$ 中的新式子为：

$$y_1=y(\bmod 8100/4),\quad \beta_1=\alpha^{8100/4}$$
$$y_2=y(\bmod 8100/81),\quad \beta_2=\alpha^{8100/81}$$
$$y_3=y(\bmod 8100/25),\quad \beta_3=\alpha^{8100/25}$$

此处我们不详述下面三个离散对数是如何计算的。

$$x_1=\log_{\beta_1}y_1$$
$$x_2=\log_{\beta_2}y_2$$
$$x_3=\log_{\beta_3}y_3$$

任意计算 x_1、x_2 和 x_3 的方法这里都可以用，包括直接搜索。不管是怎样计算的，各个离散对数得到 $x_1=1$、$x_2=47$ 和 $x_3=14$。用中国剩余定理可以解得：

$$x=1\cdot 2025x_1+64\cdot 100x_2+24\cdot 324x_3(\bmod 8100)=6689$$

这就是所要求的解。

在继续介绍这个运算例子之前，我们必须阐述这个算法的剩余部分，即内循环，用来计算由 p^k(p 是素数)构成的 n 阶群中的离散对数。由此我们必须解出 $y=\alpha^x(\bmod p^k)$中的 x，$x=\log_\alpha y(\bmod p^k)$。该离散对数的计算会通过内循环被分解为 k 步。为了这个目的， 117
将 x 表示为底为 p 的整数，可以记作 $x(p)$来强调这个记号，即

$$x(p)=\sum_{j=0}^{k-1}x_j p^j$$

其中 $0\leqslant x_j<p$。如果用 Horner 法则来表示 x，则更明朗，如下所示：

$$x(p)=(\cdots((x_{n-1}p+x_{n-2})p+x_{n-3})p+\cdots+x_1)p+x_0=x'(p)p+x_0$$

其中 $x'(p)$表示上一行外括号里的多项式。注意，如果我们将最后一项 x_0 移除然后除以 p，则前面表达式的形式会再现。令 $x_1(p)=(x(p)-x_0)/p$。这样我们可以将 α^x 表示为：

$$\alpha^{x(p)}=\alpha^{x_1(p)p}\alpha^{x_0}$$

该式可以转换为下式：

$$\alpha^{x(p)}/\alpha^{x_0}=(\alpha^p)^{x'(p)}$$

这就需要一个迭代过程来计算 $x=\log_\alpha y$，其中 α 的阶为 p^k。首先通过列出分解式 $n=pp^{k-1}$，并采用$\beta=\alpha^{n/p^{k-1}}$来计算 x_0。然后为了计算 x_1，先计算 $\alpha^{x(p)}/\alpha^{x_0}$，并用 α^p 来替换 α。然后重复同样的步骤。

这就完成了对 Pohlig-Hellman 算法的介绍，该算法将离散对数问题简化为多个阶为素

数的离散对数问题。该算法依赖于有效计算素数阶离散对数的合适方法。Pohlig-Hellman 算法的逻辑流程图如图 4-1 所示。

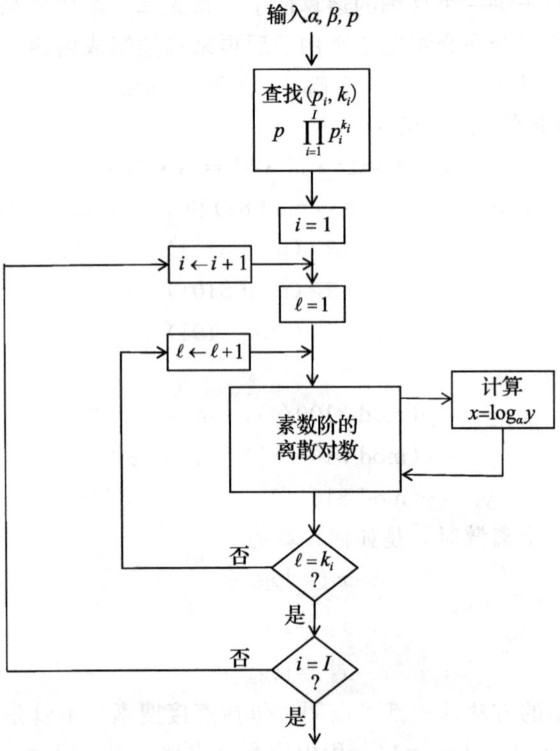

图 4-1 Pohlig-Hellman 算法

现在我们将完成介绍前面提到的素数域 $\mathbf{F}_{8101}$ 上 $y=7531$ 的离散对数运算例子，其生成元为 $\alpha=6$。为了计算 $\mathbf{F}_{8101}$ 中的 $x=\log_6 7531$，我们回顾一下因子分解 $8101-1=2^2\cdot 3^4\cdot 5^2$。前面将计算替换成了三个较小的同余式运算：

$$x_1=\log_{\beta_1} y_1 \pmod 4$$

其中 $\beta_1=6^{8100/4} \pmod{8101}$ 的阶为 4，且

$$x_2=\log_{\beta} y_2 \pmod{81}$$

其中 $\beta_2=6^{8100/81} \pmod{8101}$ 的阶为 81，且

$$x_3=\log_{\beta_3} y_3 \pmod{25}$$

其中 $\beta_3=6^{8100/25} \pmod{8101}$ 的阶为 25。

步骤 1 为了计算 $x_1=x \pmod 4$，令 $x_1=x_{11}2^1+x_{10}2^0$，其中 x_{11}，$x_{10}\in\{0,1\}$。定义 $\beta_0=\alpha^{8100/2}$，$\beta_1=\alpha^{8100/4}$，则：

$$y_{10}=7531^{8100/2}=-1=\beta_0^1,\quad 因此\ x_{10}=1$$
$$y_{11}=(7531/\alpha^{x_{10}})^{8100/4}=1=\beta_1^0,\quad 因此\ x_{11}=0$$

因此：

118~119 $$x_1=x_{11}2+x_{10}=0\cdot 2+1=1$$

步骤 2 为了计算 $x_2=x \pmod{81}$，令 $x_2=x_{23}3^3+x_{22}3^2+x_{21}3^1+x_{20}3^0$，其中 x_{23}，…，$x_{20}\in\{0,1,2\}$。定义 $\beta_0=\alpha^{8100/3}$，$\beta_1=\alpha^{8100/9}$，$\beta_2=\alpha^{8100/27}$ 和 $\beta_3=\alpha^{8100/81}$，则

$$y_{20}=7531^{8100/3}=2217=\beta_0^2,\quad 因此\ x_{20}=2$$

$$y_{21}=(7531/\alpha^{x_{20}})^{8100/9}=1=\beta_1^0,\quad 因此\ x_{21}=0$$
$$y_{22}=(7531/\alpha^{3x_{21}})^{8100/27}=6735=\beta_2^2,\quad 因此\ x_{22}=2$$
$$y_{23}=(7531/\alpha^{9x_{22}})^{8100/81}=5883=\beta_3^1,\quad 因此\ x_{23}=1$$

因此：

$$x_2=x_{23}3^3+x_{22}3^2+x_{21}3^1+x_{20}3^0=1\cdot 3^3+2\cdot 3^2+0\cdot 3^1+2\cdot 3^0=47$$

步骤 3 为了计算 $x_3=x(\bmod 25)$，令 $x_3=x_{31}5^1+x_{30}5^0$，其中 x_{31}，$x_{30}\in\{0,1,2,3,4\}$。定义 $\beta_0=\alpha^{8100/5}$，$\beta_1=\alpha^{8100/25}$，则：

$$y_{30}=7531^{8100/5}=5221=\beta_0^4,\quad 因此\ x_{30}=4$$
$$y_{31}=(7531/\alpha^{x_{30}})^{8100/25}=356=\beta_1^2,\quad 因此\ x_{31}=2$$

因此：

$$x_3=x_{31}5^1+x_{30}5^0=2\cdot 5+4=14$$

这就完成了 $x_1=1$，$x_2=47$ 和 $x_3=14$ 的计算。从这些同余式，就可以按照前面描述的方法用中国剩余定理来计算离散对数。

举一个更能体现素数域中 Pohlig-Hellman 算法价值的例子，考虑一个 107 位的素数：

$$p=22708823198678103974314518195029102158525052496759285596453269189798311427475159776411276642277139650833937$$

在这个例子中，由于所有因子都适中，因此可以将 $p-1$ 分解为：

$$p-1=2^4\cdot 104\,729^8\cdot 224\,737^8\cdot 350\,377^4$$

这是通过不断地用所有小于 10^6 的素数重复除法试验得到的。因此对于该素数 p，很容易用 Pohlig-Hellman 算法计算 $\mathbf{F}_p^*$ 中的离散对数。这仅仅因为 $p-1$ 有足够小的因子。对一个更典型的 p 而言，其离散对数问题将会受到因子分解难解性的保护，以及最大素因子的离散对数难解性保护。 120

4.7 Shanks 算法

当给定 α 和 y 时，计算一个由元素 α 生成的 n 阶有限循环群 G 中的离散对数的任务就是找到满足 $y=\alpha^x$ 的 $x\in\mathbf{Z}_n$。整数 x 可写成 $x=\log_\alpha y$。

Shanks 算法是一种权衡计算需求和内存需求的计算离散对数问题的方法。Shanks 算法也称为 Shanks *小步大步方法*，而且与中间相遇算法有些相似。Shanks 算法是目前计算任意循环群上离散对数问题的最快算法。仅适用于特定群或仅适用于特定阶群的算法在合适的情形下可能会比较快，因为这些算法更多地依赖于特殊群的特殊性质。

在循环群 G 中，令 $x=\log_\alpha y$ 表示 $y=\alpha^x$ 的求逆运算，此处对数底 α 生成循环群 G，所以 α 的阶是 n，n 是群 G 的阶。任务是计算 $x=\log_\alpha y$，这意味着由 y 和 α 计算整数 x。解是满足 $y=\alpha^x$ 的整数 x。Shanks 算法用增加内存的代价减少了计算时间。计算量与 $n^{1/2}$ 成正比，此处 $n=p-1$。所需内存也与 $n^{1/2}$ 成正比。

可以看出，任何 x 可以写成细索引 j 和粗索引 i 的形式，即 $x=mi+j$，这里 m 是固定的整数，i 和 j 都小于 m。那么表达式 $y=\alpha^x$ 变为

$$y=\alpha^{mi+j}$$

意味着

$$(\alpha^{-m})^i y=\alpha^j$$

我们将计算和存储的预计算相结合，通过这种方式来求解方程。为得到这两者之间较好的平衡，m 应该选约等于 $\sqrt{p-1}$ 的数。整数

$$m=\lfloor\sqrt{p-1}\rfloor$$

即是这样的数。且 i 和 j 满足条件 $0\leqslant i\leqslant m-1$ 和 $0\leqslant j\leqslant m-1$。

Shanks 算法计算 $\log_\alpha y$ 的过程由 4 步组成。前两步提供一个初始化，仅需要执行一次并进行保存。

121 **步骤 1** 计算 α^j，$j=0$，…，$m-1$，并保存 $\gamma_j=\alpha^j$。这给出了一个 γ_j 对 j 的表。

步骤 2 按照 γ_j 的值对表中条目排序，得到一个 j 对 γ_j 的表。这给出了一个 $\log_\alpha\gamma$ 的查找表，对 γ 的每个计算值给出对应的 j。

步骤 3 按照平方和乘法方法，计算 $\alpha^{-m}=\alpha^{n-m}$。

步骤 4 对 $i=0$，1，2，…，计算 $\alpha^j=(\alpha^{-m})^iy$，并且在表中查找 α^j，找到对应的 j。

因为前面两步可以被认为是一个预计算，所以对于许多 y 的值，在步骤 2 中计算的表能够保存并重复使用。为计算给定 y 的离散对数，对所有 i，步骤 4 可能先执行，这就形成第二个表。接下来，两个表就可以搜索共同的条目。

作为 Shanks 算法的一个例子，我们将在 $\mathbf{F}_{23}^*$ 中计算 $x=\log_5 13$。因为对每个有限域 $\mathbf{F}_q$，$\mathbf{F}_q^*$ 是一个循环群，因此 $\mathbf{F}_{23}^*$ 是一个循环群。因为 23 是一个素数，乘法群 $\mathbf{F}_{23}^*$ 的阶为 $n=22$，$\alpha=5$ 是阶 22 的一个元素。

在预备步骤中，选择 $m=\lfloor\sqrt{n}\rfloor=4$，所以 $x=4i+j$。步骤 1 中，在 $\mathbf{F}_{23}$ 中计算第一个 5 的 m 次幂。这给出了 $\mathbf{F}_{23}$ 中 $5^j(j=0,\cdots,3)$ 的表如下：

$$5^0=1$$
$$5^1=5$$
$$5^2=2$$
$$5^3=10$$

在步骤 2 中，为了对列表求逆，根据右边数据项来对这些项进行排序。结果为：

$$\log_5 1=0$$
$$\log_5 2=2$$
$$\log_5 5=1$$
$$\log_5 10=3$$

步骤 1 和步骤 2 都可以认为是预处理计算。我们也需要知道 $\alpha^{-m}=5^{-4}$，这可以计算如下：

$$5^{-1}=14$$
$$5^{-2}=14^2=12$$
$$5^{-4}=12^2=6$$

对 $y=13$ 计算 $\log_5 y$，首先检查预计算表，观察到 $\log_5 13$ 不是表的项，在这种情况下算法
122 中止。因为 $\log_5 13$ 不是表的项，算法按如下方式继续进行：在 $\mathbf{F}_{23}$ 中，计算 $(5^{-4})^iy=6^iy$，$i=0$，1，2，3，4，5。这给出表 $6^iy=13$，9，8，2，12，3，如下所示：

$$6^0y=13$$
$$6^1y=9$$
$$6^2y=8$$
$$6^3y=2$$
$$6^4y=12$$
$$6^5y=3$$

因为 2 是此表和预计算表中的共同项，而且 $2=5^2$，由此可得

$$6^3 y = 5^2$$

因为 $6=5^{-4}$，这可以写成：

$$y = 5^{4\cdot 3+2} = 13$$

这样就有 $5^{14}=13$，从而有 $\log_5 13=14$。

4.8 离散对数的 Pollard 算法

当给定 α 和 y 时，计算一个由元素 α 生成的 n 阶有限循环群 G 中的离散对数的任务就是找到满足 $y=\alpha^x$ 的 $x\in\mathbf{Z}_n$。整数 x 可写成 $x=\log_\alpha y$。

计算离散对数的 Pollard 算法是一个概率算法，因为它的计算负担随着 y 值的改变变化很大。它的期望运行时间与 $\sqrt{n}$ 成正比，与直接搜索相比较，这是一个巨大的提高，但是它对大多数应用仍然不够快速。Pollard 算法期望的运行时间与 Shanks 算法期望的运行时间相同。Pollard 算法所需内存量适中。因为这个原因，实际使用中，Pollard 算法通常是优于 Shanks 算法的。然而 Pollard 算法的运行时间更加不可预测，算法可能因为一个不可接受的等待响应时间而失败。计算离散对数的 Pollard 算法没有利用任何群 G 所独有的特性，所以它对任何群都是有效的。

在最简单的例子里，要求有限群 G 有一个素数阶。这意味着 G 没有合适的子群。因为群的阶是素数，群 G 必然是一个循环群，然后因此它是阿贝尔交换群。群 G 与 $\mathbf{Z}_n$ 同构，这里 n 是 G 的阶。 123

Pollard 算法先选择一个合适的函数 f，然后计算序列 $\gamma_i=f(\gamma_i-1)$，$i=1$，…，期望找到一个碰撞，即找到一个重复 $\gamma_k=\gamma_j$，对某个 k 和小于 k 的某个 j 成立。因为群是有限的，这个碰撞最终必然发生，但是如果群非常大的，等待时间可能是无法接受的，在这种情况下算法失败。

在第一个碰撞后，下一项必然满足 $\gamma_{k+1}=\gamma_{j+1}$，所以这个序列必然像前面一样重复。因此，序列进入一个循环，后面定期地返回到 γ_j 值。因为这个原因，计算离散对数的 Pollard 算法称为 rho(ρ)算法，因为符号"ρ"看起来像带有输入尾巴的一个循环。Pollard 离散对数算法的循环寻找结构也可以用于产生一个整数因子分解算法，叫作 Pollard rho 因子分解算法。

为定义函数 f，群 G 被分割成大小大致相等的三个集合 $\mathcal{S}_1$、$\mathcal{S}_2$ 和 $\mathcal{S}_3$，方便决定 G 属于哪个集合。在划分上的另一个唯一条件是 $\mathcal{S}_2$ 不包含群的单位元素。为计算 $\log_\alpha\beta$，函数 f 被定义为

$$f(\gamma)=\begin{cases}\beta\gamma & 若\ \gamma\in\mathcal{S}_1\\ \gamma\gamma & 若\ \gamma\in\mathcal{S}_2\\ \alpha\gamma & 若\ \gamma\in\mathcal{S}_3\end{cases}$$

其中 $\gamma_0=1$ 和 $\gamma_{i+1}=f(\gamma_i)$。$\mathcal{S}_2$ 不能包含单位元 e 的原因此时就很明显了。如果 $\mathcal{S}_2$ 包含 e，$f(e)$ 就会与 e 相同，算法将停止。在第一次碰撞时(定义为 $\gamma_k=\gamma_j$)，我们有 $\alpha^{a_k}\beta^{b_k}=\alpha^{a_j}\beta^{b_j}$，其中第 i 轮迭代中的 a_i 和 b_i 分别计算算法经过 $\mathcal{S}_1$ 和 $\mathcal{S}_3$ 的次数，并依据算法经过 $\mathcal{S}_2$ 的通道来调整计数。

例如，如果 G 等于群 $\mathbf{Z}_n^*$，那么定义划分$\{\mathcal{S}_1, \mathcal{S}_2, \mathcal{S}_3\}$的一个简单常见的方法是通过 G 中整数模 3 的值来划分。因为 $\mathcal{S}_2$ 不能包含零，我们定义这些集合为：

$$\mathcal{S}_1=\{x : x=0 \pmod 3\}$$

$$\mathcal{S}_2=\{x : x=1 \pmod 3\}$$

$$\mathcal{S}_3 = \{x : x = 2 (\bmod 3)\}$$

根据 $\gamma_0 = 1$ 和 $\gamma_i = f(\gamma_{i-1})$ 的规定，函数产生序列 γ_1，γ_2，γ_3，…。我们想要记录有多少为
124 计算 γ 而乘 α 或 β 的次数，所以我们引入两个整数 a 和 b 去计算这些相乘次数。因此，γ_i 用三元组(γ_i，a_i，b_i)代替，而且函数 f 在三元组中被重新定义为

$$f(\gamma,a,b) = \begin{cases} (\beta\gamma, a, b+1) & 若\ \gamma \in \mathcal{S}_1 \\ (\gamma\gamma, 2a, 2b) & 若\ \gamma \in \mathcal{S}_2 \\ (\alpha\gamma, a+1, b) & 若\ \gamma \in \mathcal{S}_3 \end{cases}$$

每次算法经过 $\mathcal{S}_1$ 或 $\mathcal{S}_3$ 时，γ 就分别乘以 β 或 α，且 b 或 a 的计数值就增加 1。每次算法通过 $\mathcal{S}_2$ 时，将 γ 平方，a 和 b 的当前值均为原来两倍。

按照这个方法，a 表示 γ 中出现的 α 的次数，b 表示 γ 中出现的 β 的次数。然后序列元素(γ_i，a_i，b_i)允许我们迅速写出 $\gamma_i = \alpha^{a_i}\beta^{b_i}$。

算法依赖于一个碰撞。特别地，当 $\gamma_i = \gamma_k$ 时，都有一个碰撞。则

$$\alpha^{a_i}\beta^{b_i} = \alpha^{a_k}\beta^{b_k}$$

可以写为

$$\alpha^{a_i + b_i \log_\alpha \beta} = \alpha^{a_k + b_k \log_\alpha \beta}$$

因此

$$a_i + b_i \log_\alpha \beta = a_k + b_k \log_\alpha \beta (\bmod n)$$

这就意味着

$$\log_\alpha \beta = -\frac{a_i - a_k}{b_i - b_k} (\bmod n)$$

这是离散对数问题期望的结果。

按照对这一点的描述，该计算有一个重要的而又让人无法接受的限制：$\gamma_i (i=1, 2, \cdots)$序列必须全部被保留，通过检查去辨别出第一个碰撞。为避免这个问题，算法不再寻找第一个碰撞，而是改为寻找任何一个后面的碰撞，不用存储整个序列就可以找到该碰撞。为此，注意到无须观察第一个碰撞。可以观察任何碰撞。如果当 $\gamma_{\mu+\lambda} = \gamma_\mu$ 时第一个碰撞发生，那么对所有非负数 i 都有 $\gamma_{\mu+\lambda+i} = \gamma_{\mu+i}$，这提供了一个连续的碰撞流。特别地，当 $i = \lambda - \mu$ 时，我们有碰撞 $\gamma_{2\lambda} = \gamma_\lambda$。等待这个碰撞的好处是，对于每个 i，仅 γ_i 和 γ_{2i} 需要进行比较。无须把 γ_i 与序列中的前面所有项进行比较，所以不需要存储序列的项。次要的优点是只需计算序列的 2λ 项，而不是 $\lambda + \mu$ 项。

125 这个碰撞通过同时计算序列两次来检测，两个通道上各进行一次，快通道上的计算执行两次迭代，慢通道上计算一次迭代。这样，快通道计算 γ_{2i}，同时慢通道计算 γ_i。当它们被计算出来时，比较这两个值。如果相等，序列的计算停止。此时，所有离散对数最终的计算值依据公式

$$\log_\alpha \beta = -\frac{a_i - a_{2i}}{b_i - b_{2i}} (\bmod n)$$

是已知的，计算可以被完成。

举一个 Pollard 算法的例子，按照表 4-1 中总结的，在素数域 $\mathbf{F}_{383}$ 上计算 $\log_2 228$。因为整数 2 有阶 191(mod 383)，不是每一个 $\mathbf{F}_{383}^*$ 中的非零元素都有底为 2 的对数。在域的术语中，2 是域 $\mathbf{F}_{383}$ 中一个阶数为 191 的元素，所以它生成一个含有 191 个元素的循环群。在 $\mathbf{F}_{383}$ 中只有该循环群中的元素具有以 2 为底的对数。为了计算 $\log_2 228$，令 G 是 $\mathbf{F}_{383}^*$ 上由 2(mod 383)生成的阶数为 $n=191$ 的循环子群。用前面描述的方法，将 G 按{$\mathcal{S}_1$，$\mathcal{S}_2$，$\mathcal{S}_3$}

划分。$\alpha=2$，$\beta=228$，初始化 $\gamma_0=1$，$a_0=0$ 和 $b_0=0$，开始迭代。子序列 γ_i、a_i 和 b_i 值在表 4-1 中显示，慢通道计算在表 4-1 的左边，快通道计算在表 4-1 的右边。因为 γ_i 是 $\mathbf{F}_{383}$ 中的元素，它是模 383 的求余约简。因为 G 是一个 191 阶群，指数 a_i 和 b_i 都是模 191 的求余约简。为了保持迭代较小，所有项计算时都需这样模 191 求余。但是为了便于理解，a_i 和 b_i 在这个表中没有被模求余。γ_i 的第一个重复在 $\gamma_{14}=\gamma_{28}$，因为它们都等于 144。为完成计算，注意到 $b_{28}-b_{14}(\text{mod } 191)=125$，$a_{14}-a_{28}(\text{mod } 191)=189$。则计算结果是 $\log_2 228=-189/125(\text{mod } 191)=110$。

表 4-1　Pollard 算法的例子

i	γ_i	a_i	b_i	γ_{2i}	a_{2i}	b_{2i}
1	228	0	1	279	0	2
2	279	0	2	184	1	4
3	92	0	3	14	1	6
4	184	1	4	256	2	7
5	205	1	5	304	3	8
6	14	1	6	121	6	18
7	28	2	6	144	12	38
8	256	2	7	235	48	152
9	152	2	8	72	48	154
10	304	3	8	14	96	309
11	372	3	9	256	97	310
12	121	6	18	304	98	311
13	12	6	19	121	196	624
14	144	12	38	144	392	1250

126

4.9　指数计算方法

指数计算是计算 $\mathbf{F}_p^*$ 上离散对数 $\log_\alpha x$ 的次指数方法，它将计算分解成多个小运算。它在任何情况下都是一个确定性算法，但是计算开销随着 x 变化很大，而且不可预测，所以从这个意义上来说，它有着概率算法的表现。它是超大型离散对数问题的首选算法。

假设我们想要计算 x，$3^x\equiv 2(\text{mod } 9871)$。将此表达为在 $\mathbf{F}_{9871}$ 上计算离散对数 $x=\log_3 2$。我们首先计算 3(mod 9871)的较小的幂，保存那些“平滑”整数，即因子都是小素数。为达到这个目的，对小素数集合大小的任意限制由可接受的计算量来确定。该特定的小素数集合称为计算分解基。特定的小素数个数是任意的，需要时数量可以增加。对于该问题的给定例子，如果分解基太小，算法可能失败。然而，如果指定分解基太大，计算量可能大得难以应付。

例如，计算 $\mathbf{F}_{9871}$ 上 $\log_3 2$，计算和分解 3(mod 9871)的幂直到 $3^{86}(\text{mod } 9871)$，并且列出那些没有大于 31 的素因子的整数。素数 31 被选择为计算量上的限制。列出这样的 3 的幂，从 3^{19} 开始：

$$3^{19}\equiv 2^2\cdot 11\cdot 13$$
$$3^{45}\equiv 2\cdot 7\cdot 11\cdot 17$$
$$3^{62}\equiv 5^2\cdot 31$$
$$3^{65}\equiv 7\cdot 13^2$$

$$3^{70} \equiv 2 \cdot 5 \cdot 11^2$$
$$3^{80} \equiv 2^4 \cdot 11 \cdot 17$$
$$3^{86} \equiv 2^2 \cdot 7 \cdot 11 \cdot 31$$

素数3被从分解基中省略，因为3是对数基。

现在，随机选择参数 a，b，c，…和 g，乘以左边所有项的幂，右边所有项的幂相应如下：

127 $$(3^{19})^a(3^{45})^b\cdots(3^{86})^g \equiv 2^{2a+b+e+4f+2g} \cdot 5^{2c+e} \cdot 7^{b+d+g} \cdot 11^{a+b+2e+f+g} \cdot 13^{a+2d} \cdot 17^{b+f} \cdot 31^{c+g}$$

接下来，因为我们寻找 $3^x=2$ 的解，设每个数的指数为0，除了2的指数以外。这给出一组方程如下：

$$2c+e=0$$
$$b+d+g=0$$
$$a+b+2e+f+g=0$$
$$a+2d=0$$
$$b+f=0$$
$$c+g=0$$

如果这一组方程满足条件，那么前面方程的右边就约简为一个2的次幂。解这一组线性方程是初等线性代数中的知识。有6个方程7个未知数，所以6个参数可以用它们中的任何一个来表示。我们可以看到 $a=-2d$，$e=-2c$，$f=-b$ 和 $g=-c$ 所以剩下的两个方程化简为

$$b+d-c=0$$
$$2d+5c=0$$

为了将这些方程化成只有一个不受约束的参数，令 $c=-2x$，这里 x 是任意的，则 $d=5x$，$b=-7x$，$a=-10x$，$e=4x$，$f=7x$，$g=2x$。选择 $x=1$，方程系统的一个解是 $a=-10$，$b=-7$，$c=-2$，$d=5$，$e=4$，$f=7$ 和 $g=2$。

这个解允许数据项以2的指数形式来表示，即 $2a+b+e+4f+2g$。它等于9。这个情形现在化简为

$$2^9 \pmod{9871} = (3^{19})^a(3^{45})^b\cdots(3^{86})^g = 3^{708}$$

那么在 $\mathbf{F}_{9871}$ 上有 $2^9=3^{708}$。这就意味着对于某个 k 有 $2=3^{\frac{708+9870k}{9}}$，只需考虑在区间 $0\leqslant k\leqslant 8$ 内的 k。最后，对于 $k=0$，…，8，测试每一个 k，找到一个 k，使3的指数是一个整数。事实上，有 $k=2$，这使得 $2=3^{2272}$。我们可以得出在 $\mathbf{F}_{9871}$ 上，$\log_3 2=2272$。

如果 x 不是在分解基下的素数乘积，那么尝试还没有完成。对于每一个 k 轮流测试整数 $2^k x \pmod{9871}$，观察在分解基 $3^k x=2^{i_2}5^{i_5}7^{i_7}11^{i_{11}}13^{i_{13}}17^{i_{17}}31^{i_{31}}$ 下它作为一个整数是否可以被完全分解。在找到这个 k 的情况下，离散对数按照下式给出

$$\log_3 x = i_2\log_3 2 + i_3\log_3 5 + \cdots + i_{31}\log_3 31 - k$$

对于一个有非常大的 p 值的域 $\mathbf{F}_p$，测试绝大部分 k 值是复杂难行的，所以这种方法仍然可能失败。如果在 k 上的搜索是不成功的，那么指数计算的尝试就失败了。可以用一个更大
128 的分解基进行再次尝试，或者放弃。

运用指数计算方法来计算超大域上的离散对数问题，线性方程的数量可能好几千，甚至上百万。这样用指数计算方法来求解离散对数问题仅对 $\mathbf{F}_p^*$ 上的中等规模问题可行。但可能遇到 p 的增大导致群 $\mathbf{F}_p^*$ 的大小增大。也可能遇到 $\mathbf{F}_p^*$ 替换成了另一个群，导致指数计算方法不可用。

4.10 离散对数问题的复杂度

许多公钥密码体制的安全性依赖于密码体制使用的特定群上的离散对数问题的难解性。因此，人们试图给出离散对数问题难解性的正式表述。但仍未找到一个恰当的形式来正式表述，所以我们无法给出令人满意的明确表达。只有我们的经验支持我们离散对数问题难解的观点。人们已经通过寻找计算离散对数的算法积累了很多关于难解性的相当引人注目的证据。复杂度的上限由已知的算法产生，并且复杂性描述通常是渐近的，而不会对实际应用进行大量讨论。一般不存在复杂度的下界。

原则上，离散对数问题总是可以通过计算一个 x 对 α^x 的表，然后将该表重排序成 α^x 对 x 的表的方法来解决。然而这里存储代价是指数级的，并且需要指数级的预计算。因此，对大群直接使用该方法是行不通的。

已经提出了许多解决离散对数问题的方法。它们可以进行如下分类：

(i) 可以用于任何循环群的算法。

(ii) 可以用于任何具有许多小子群的循环群的算法。

(iii) 依赖于特定群的特殊性质的指数计算方法。

(iv) 利用群之间同构的方法。

不出所料的是，可以用于任意循环群的方法通常不会是特定群的最佳方法，因为该方法没有利用该群的特性。指数计算不可以用于任意群。它适用于 $\mathbf{F}_p$ 的乘法群，可以推广到一些紧密相关的情形，但存在一些例外，它不能成功应用于其他缺少域结构的群，而且显然不能这样去应用。指数计算需要群元素平滑以便能提供某种分解基。这已被证明是可能的，例如高阶次的超椭圆曲线。 129

当给定一组参数为 n 的计算问题时，人们可以通过用 n 来描述的计算量的渐近增长来表示该问题的复杂度。人们试图通过推导上界和下界来找到这种描述。如果这些边界渐近一致，就知道了渐近复杂度。一个可行的方法是，找出该问题的一个已知算法的渐近复杂度，然后证明没有其他算法渐近地更好。然而，虽然对渐近复杂度的分析提供了对问题难度的很有价值的洞察，但渐近复杂度可能仅仅对极其大的实例有意义。尽管如此，渐近描述是一个有益的、可以接受的参考。

要对比两个非负实函数的渐近性，定义记号 $o(n)$ 和 $O(n)$。这不是通常意义上的 n 函数，而是对渐近性的描述，定义如下：对比两个函数 $f(n)$ 和 $g(n)$，$f(n)=O(g(n))$ 意味着对某个常数 c 和所有足够大的 n，$f(n)\leqslant cg(n)$。表达式 $f(n)=o(g(n))$ 表示 $\lim_{n\to\infty} f(n)/g(n)=0$。特别地，任何 n 的增长速度不超过线性的函数都是 $O(n)$ 函数。当 n 趋于无穷时，$o(n)$ 函数趋近于 0。当然，每个 $o(n)$ 函数都是一个 $O(n)$ 函数。

为描述一个问题或一个算法的渐近复杂度，定义一般的复杂度类：*多项式复杂度、次指数复杂度和指数复杂度*。为此，我们可用下面的表达式：

$$L_n[\alpha,c] = O(e^{(c+o(1))(\log n)^{\alpha}(\log\log n)^{1-\alpha}})$$

其中 $0\leqslant\alpha\leqslant 1$，$c$ 是常量。项 $\exp(c(\log n))^{\alpha}(\log\log n)^{1-\alpha})$ 描述了最主要的渐近行为。项 $o(n)$ 是剩余部分。如果 $\alpha=0$，则表达式 $L(n,c)$ 描述了 $\log n$ 上的多项式函数。因此

$$L_n[0,c] = (\log n)^{c+o(1)}$$

如果 $\alpha=1$，则 $L(n,\alpha)$ 描述了 $\log n$ 上的指数函数。因此

$$L_n[1,c] = n^{c+o(1)}$$

如果 $0<\alpha<1$，则 $L(n,\alpha)$ 描述了 $\log n$ 上的次指数函数。一个 $\log n$ 上的次指数函数比任

何 log n 上的多项式函数增长得都快，但比 log n 上的指数函数增长得慢。

表 4-2 给出了关于多种群中(一些群的定义在本书的后面部分给出)已知攻击的渐近复杂度的概述。第一列表示特定的代数系统，后三列概括了每个系统中离散对数算法显然已知的复杂度。不过，这些结论必须谨慎地去理解。$\chi(F_q)$上不存在次指数的计算离散对数的算法，这个结论指所有这样的椭圆曲线类。特殊的椭圆曲线可能存在次指数离散对数

130 算法。

表 4-2　针对离散对数问题的已知攻击复杂度

	复杂度		
	指数的	次指数的	多项式的
$\mathbf{Z}/p\mathbf{Z}$			欧几里得算法
$\mathbf{Z}_p^*$	算法	指数计算	未知
$\chi(\mathbf{F}_q)$	算法	未知	未知
jac(χ)	算法	指数计算(?)	未知

在有限域 $\mathbf{F}_p$ 的乘法群 $\mathbf{F}_p^*$ 中，离散对数问题的复杂度是次指数的，尽管复杂度显然还是很大，但这引发了对基于群 $\mathbf{F}_p^*$ 的密码体制安全性的担忧。这个担忧是由于该群中离散对数问题的近似复杂度，而不是任何特殊的实例中实际的难解性。

有限域 $\mathbf{F}_p$ 的乘法群 $\mathbf{F}_p^*$ 上的离散对数问题的复杂度的渐近增长不快于下式：

$$e^{c(\log P)^{\frac{1}{3}}(\log\log p)^{\frac{2}{3}}}$$

其中 P 是 $p-1$ 的最大素因子，常参数 c 大约是 1.4。该渐近式是由指数计算攻击的复杂度分析得到的。

表 4-2 中所列的最后两个群 $\chi(\mathbf{F}_q)$和 jac$\chi(\mathbf{F}_q)$分别定义在椭圆曲线和超椭圆曲线上。这些群将在第 10 章和第 11 章讨论。目前缺乏针对这两种低阶次群的子指数攻击，这是在密码学中引入这两种群的重要动机。特别地，因为在椭圆曲线上的点群中没有素数的概念，指数计算没有一个成功的一般化方法。该命题也适用于低阶次的超椭圆曲线，此外，在一定程度上也适用于高阶次的超椭圆曲线。任意群中离散对数问题的复杂难解性使其既可以用于密码学中的密钥交换，也可用于数字签名。

受此启发，在有限域 $\mathbf{F}_p$ 中，数域筛选法的渐近复杂度逐步描述如下：对于 $q=2^m$，运

131 行时间是 $L(2^m, q/3)$，$c\approx1.4$。当 q 是素数时，运行时间为 $L\left(p, \frac{1}{3}\right)$，且 $c=3^{\frac{2}{3}}$。当 $q=p^m$ 且 m 固定时，数域筛选法的运行时间是 $L\left(p^m, \frac{1}{3}\right)$，$c$ 取决于 m。

最后，为了便于对照，我们给出一些关于分解双素数复杂度的一般结论。双素数因子分解算法的复杂度如下所示：

平方筛选法：$L\left(n, \frac{1}{2}\right)$，$c=1$

椭圆曲线法：$L\left(p, \frac{1}{2}\right)$，$c=\sqrt{2}$

数域筛选法：$L\left(n, \frac{1}{3}\right)$，$c=1.92$($p$ 是 n 的最小素因子)

离散对数问题的渐近复杂度可以与这些结果进行对比。

因为许多密码体制依赖于离散对数问题的复杂难解性，所以有必要考虑为什么离散对

数问题在某些群中更易受到攻击。所有的循环群可以用生成元 π 表示为：$G=\{\pi^i \mid i=0, 1, \cdots, \# G-1\}$。在每个这样的群中，$i$ 是一个整数，但 π 是群的一个元素。在群 $\mathbf{F}_p$ 中，π 是整数且对于项 π^i 来说，π 和 i 都是整数。整数集有相当大的结构，同时具有加法和乘法操作。密码体制只使用乘法操作，但也有密码分析者使用群的其他操作或特性设计攻击。也许明智做法是，采用只提供密码体制所需操作的群，该群没有其他结构，例如素数和合数的丰富结构，从而不会给密码分析者提供利用该结构的机会。相应地，带有较少伴随结构的其他群变得非常重要，尤其是椭圆曲线上点的加法群。

第 4 章习题

4.1 请解释说明，对于素数 p，在加法群 $\mathbf{Z}_p$ 中，离散对数是容易计算的。在该群中，此任务就是给定 $ax=b(\bmod p)$ 且 a 非零，通过 a 和 b 来计算 x。该实例表明了在某些群中求解离散对数问题是容易的。那么这些群具有什么特点才导致离散对数问题是易解的呢？

4.2 令 $n=pq$，其中 p 和 q 都是素数。假设 p 和 q 都是已知的整数。当 a 已知时，计算满足 $x^2=a(\bmod n)$ 的 x，请给出过程。

4.3 令 G 是一个循环群，并假定 α 和 β 都是该群的生成元。证明对于群 G 中的任意值 γ，可以计算 $\log_\alpha \gamma$
的任意算法也可以用来计算 $\log_\beta \gamma$。由此得出结论：离散对数问题的复杂难解性不会受到所选对数 132
底的影响。

4.4 证明 809 是个素数并且 3 是 $\mathbf{F}_{809}$ 的本原元。运用 Shanks 算法来计算域 $\mathbf{F}_{809}$ 中的 $\log_3 525$。

4.5 （三方密钥交换）设计一个基于离散对数问题的协议，由此协议三方可以通过各自执行多次通信来建立一个共同的密钥。那么需要多少次通信？你的协议能否推广到为 4 个用户建立一个共同的密钥？你的协议能否安排每个用户只和其他用户中的一个进行通信？

4.6 证明用于计算离散对数的 Pollard 算法在数量级为 $\sqrt{n}$ 步的运算后可能进入一个循环，其中 n 是群的阶（8.5 节中所讨论的“生日惊奇”表明后端和循环的期望长度都是 $\sqrt{\pi n/8}$）。㊀

4.7 对于任意恰当的函数 $f(x)$（比如 x^2+1）和恰当的初始条件，Pollard ρ 因子分解算法迭代计算 $x \leftarrow f(x)$ 和 $y \leftarrow f(f(x))$ 以及 $d=\mathrm{GCD}(|x-y|, n)$。该算法当 $d=1$ 时继续，当 $d=n$ 时失败，而对于 n 的因子则停止。请补充细节并对该算法进行解释说明。借助“生日惊奇”来描述预计的运行时间。运用该算法来编写一个程序，对整数 1649 进行因子分解，最好是手动完成迭代。

4.8 验证 809 是个素数并且 $\mathbf{F}_{809}^*$ 中元素 3 生成一个阶为 808 的循环群。运用 Pollard 算法来计算域 $\mathbf{F}_{809}$ 中的 $\log_3 525$。

4.9 在读完第 10 章之后，运用 Shanks 算法来求解下述椭圆曲线上的离散对数问题：假定 $P=(519, 681)$ 和 $Q=(513, 40)$ 是以下椭圆曲线上的两个点

$$\chi(\mathbf{F}_{719}): y^2 = x^3 + 231x + 508$$

该曲线的阶数是素数 727。求解唯一小于 727 且满足 $Q=kP$ 的正整数 k。

4.10 在读完第 10 章之后，请叙述 Massey-Omura 密码体制如何利用椭圆曲线来实现。你认为这可以运用到实践之中吗？

第 4 章注释

公钥密码体制的正式概念由 Diffie 和 Hellman(1976)首次提出。他们的标志性论文“《New Directions in Cryptography》”提出了如今被广泛使用的公钥交换的概念——尽管并没有提供一个具体的方法。这在
当时是个适时且了不起的建议。然而，在更早的文献中这个概念已经初现端倪。从这个角度说，可能有 133
人注意到 Wilkes(1968)和 Purdy(1974)早先讨论过可以使用单向函数储存加密的密钥。然而在当时，所有的密码安全通信都使用我们现在称之为“私钥”的方式。当第一篇论文还在出版时，Diffie 和 Hellman

㊀ 原书为 8.6 节，有误——译者注。

(1976)的第二篇论文描述了他们的密钥交换协议，并且随后很快，Rivest、Shamir 和 Adleman(1978)宣布了如今广为人知且被广泛应用的 RSA 公钥密码过程。Steiner、Tsudik 和 Waidner(2000)讨论了将公钥交换扩展到三个或更多群中。

用来计算离散对数的 Pohlig-Hellman 算法发表于 1978 年。用于任意循环群中计算离散对数的其他标准方法由 Shanks(1971)和 Pollard(1978)提出。Black 等(1982)、Coppersmith(1984)和其他人证明了离散对数问题的复杂度在一些特征值为 2 的域中是次指数级的。Shoup(1997)指出，阶为素数 p 的群中，一般离散对数问题的有意义算法的复杂度近似于$\sqrt{p}$。

指数计算法得名于常用的经典术语“指数”，就是如今所谓的整数模 p 的离散对数。指数计算法的中心思想是由 Kraitchik(1922)描述的。该方法经过多年的优化和他人的应用，包括 Adleman(1979)、Merkle(1979)、Pollard(1978)以及 Odlyzko(1984)，描述了在特征值为 2 的域中指数计算的扩展。Gaudry(2000)和 Thériault(2003)研究了针对超椭圆曲线的通用指数计算攻击方法。该方法需要一个给定大小的
134 平滑数的适当频率。该频率是根据 Dickman(1930)和 deBruijn(1951)的 Dickman－deBruijn 公式估算的。

密码学中的信息论方法

最强的密码保密概念是理想保密或信息论保密。如果不能从密文中得到任何关于明文或密钥的信息，则密码学体制具备理想保密。这个定义显然是定性的，但它确实还需要一个“信息”的定义来使其精确化。本书中，我们将理想保密的概念及其达成的方法同绝大多数保密的概念及其达成的方法进行了对比和讨论。后面的大多数方法从理想保密的角度来说是完全不安全的，只不过是用来保护“计算难处理性屏障”后面的信息。

理想保密的概念来源于香农(Shannon)，他试图给密码学学科提供一个正式而又宽广的基础。他研究了何时密码体制是可证安全的深度问题。他采纳的准则是，理想保密意味着密文不给出信息；既不给出关于明文的信息，也不给出关于密钥的信息。为了量化这一准则，他借助了自己对“信息”一词的正式定义。香农公式以概率论的方法和术语为基础。这要求每个选为发送消息的 $\boldsymbol{x}$ 有一个先验概率，用 $p(\boldsymbol{x})$表示。在对手观察到密文 $\boldsymbol{y}$ 之后，所发送的消息是 $\boldsymbol{x}$ 的概率由条件概率 $p(\boldsymbol{x}|\boldsymbol{y})$给出。然而对于知道密钥 k 的解密端来说，这个条件概率就是 $p(\boldsymbol{x}|\boldsymbol{y}, k)$。对于正确的密码体制来说，$p(\boldsymbol{x}|\boldsymbol{y}, k)$对于正确的消息 $\boldsymbol{x}$ 等于1，否则等于0。

香农的根本概念是，当且仅当 $p(\boldsymbol{x}|\boldsymbol{y})=p(\boldsymbol{x})$时，即便当 x 是正确的信息时 $p(\boldsymbol{x}|\boldsymbol{y}, k)$等于1，密文 $\boldsymbol{y}$ 也不给出关于明文 $\boldsymbol{x}$ 的信息。也就是说，当给定 $\boldsymbol{y}$ 而不给定 $\boldsymbol{k}$ 时，$\boldsymbol{x}$ 的条件概率分布与没有给出 $\boldsymbol{y}$ 时 $\boldsymbol{x}$ 的无条件概率分布相同。然而，该说法依赖巨大空间上均等的概率向量。因为 $\boldsymbol{x}$ 是大空间 $\mathcal{A}^m$ 中的一个元素，该条件在上述概率分布的形式下可能很麻烦。最好是通过引入熵的概念来把这个条件封装成一个更易于处理的形式，而熵是描述概率向量的标量参数。熵的概念将在本章阐述。

5.1 概率空间

明文消息是来自离散字母表 $\mathcal{A}$ 的符号序列。这个序列来自一个信源，其输出是 $\boldsymbol{x}=(x_1, \cdots, x_n)$，$\boldsymbol{x}_\ell$ 是第 i 个数据，n 是消息的长度。我们将信源模型化为随机的，产生具有概率 $p(\boldsymbol{x})=p(x_1, \cdots, x_n)$的消息 $\boldsymbol{x}$，这是一个我们认为可以理解的概念。我们不深入研究概率在这个应用过程中的客观意义。

概率信源的最简单模型是*无记忆信源*。一个信源如果满足 $p(\boldsymbol{x})=p(x_1, \cdots, x_n)=\prod_{\ell=1}^{n} p(x_\ell)$，那么它就是无记忆信源。无记忆信源随机独立地产生输出消息的单个符号 x_ℓ，但每个符号具有相同的概率分布。无记忆信源提供了一个信源输出的抽象模型，可用于帮助理解密码学学科和其他领域的许多主题。

联合概率分布 $p(\boldsymbol{x})=p(x_1, \cdots, x_n)$不一定是平稳的和无记忆的，而是与边缘和条件概率分布相关。概率分布 $p(\boldsymbol{x})$可以通过对所有其他分量求和来得到其分量中任何子集的边缘概率。例如：

$$p(x_1,\dots,x_\ell)=\sum_{x_{\ell+1}}\sum_{x_{\ell+2}}\cdots\sum_{x_n}p(x_1,\dots,x_n) \text{ 和 } p(x_\ell)=\sum_{x_1}\sum_{x_2}\cdots\sum_{x_{\ell-1}}\sum_{x_{\ell+1}}\cdots\sum_{x_n}p(x_1,\cdots,x_n)$$

一个信源是无记忆信源，当且仅当它的概率分布 $p(\boldsymbol{x})$是其边缘概率的乘积。

条件概率 $p(x_\ell \mid x_{\ell-1}, \cdots, x_1)$由 $p(x_\ell \mid x_{\ell-1}, \cdots, x_1) = p(x_\ell \mid x_1, \cdots, x_{\ell-1}) = \dfrac{p(x_1, \cdots, x_\ell)}{p(x_1, \cdots, x_{\ell-1})}$给出。其他条件概率可类似地定义。

与无记忆信源相对的是有记忆信源。有记忆信源最常用的模型是一阶马尔可夫信源。在这个信源中，$p_\ell(x_\ell \mid x_{\ell-1}, \cdots, x_1) = p(x_\ell \mid x_{\ell-1})$(其中 $i=2, \cdots, n$)，并且条件概率分
136 布 $p(x_\ell \mid x_{\ell-1})$在 i 大于 1 的情况下都是相同的函数。于是 $p(\boldsymbol{x}) = p(x_1)\prod_{\ell=2}^{n} p(x_\ell \mid x_{\ell-1})$ 。

单个分量上每个边缘概率 $p(x_\ell)$的定义如前所述。在标准条件下，在条件 $p(x_\ell \mid x_{\ell-1})$上，马尔可夫信源的边缘概率 $p(x_\ell)$将与 n 一起收敛到概率矩阵 $p(x_\ell \mid x_{\ell-1})$的唯一特征向量，对应特征值等于 1。这个特征向量总是一个概率向量。这样的特征向量对于马尔可夫条件概率矩阵总是存在的。

5.2 熵

具有概率分布 $\boldsymbol{p}$ 的离散无记忆信源的平均信息量采用一个称为信源熵的简单数字来整齐表示。熵是概率向量 $\boldsymbol{p}$ 的标量函数，由 $H(\boldsymbol{p}) = -\sum_{j=0}^{J-1} p_j \log p_j$ 定义。为了在 $p_j=0$ 时给第 j 个项赋予含义，定义 $0 \log 0 = \lim_{x\to 0}[-x \log x] = 0$。其中，如果对数的底为 2，则熵的单位为位，如果对数的底为 e，熵的单位为奈特。对于定量描述，我们优先选择以 2 为对数的底。以 e 为底的对数通常优先用于理论研究。

熵可视为一个标量用来测量由概率分布 $\boldsymbol{p}$ 产生的随机性总量。概率向量的熵类似于实向量的量级。

我们将采用一个很有用的不等式 $\log_e x \leqslant x-1$ 来分析熵，其中当且仅当 $x=1$ 时等号成立。

定理 5.2.1 熵满足不等式 $H(\boldsymbol{p}) \leqslant \log J$，当且仅当 $p_j = \dfrac{1}{J}(j=0, \cdots, J-1)$时，等号成立。

证明

$$H(\boldsymbol{p}) - \log J = -\sum_{j=0}^{n-1} p_j \log p_j + \sum_{j=0}^{n-1} p_j \log \frac{1}{J} = \sum_j p_j \log \frac{1}{J p_j}$$
$$\leqslant \sum_j p_j \left(\frac{1}{J p_j} - 1\right) = \sum_j \frac{1}{J} - \sum_j p_j = 0$$

137 这由不等式 $\log_e x \leqslant x-1$ 得出。 □

n 维概率向量是实数向量，其所有分量都是非负的并且和为 1。令 $\boldsymbol{P}^n$ 表示所有 n 维概率向量构成的集合，则集合 $\boldsymbol{P}^n$ 称为 n 维概率空间。我们可以将所有 j 的分布 $p_j = \dfrac{1}{n}$视为空间 $\boldsymbol{P}^n$的“原点”，并写成 $\boldsymbol{0} = \left(\dfrac{1}{n}, \dfrac{1}{n}, \cdots, \dfrac{1}{n}\right)$。然后，受定理 5.2.1 启发，我们可以定义 $\boldsymbol{P}^n$ 中任何 $\boldsymbol{p}$ 到原点的“距离”为 $d(\boldsymbol{p}, \boldsymbol{0}) = H(\boldsymbol{p}) - \log \boldsymbol{J}$，当 $\boldsymbol{p}=\boldsymbol{0}$ 时，它等于零。由此产生一个更具一般性的定义。

定义 5.2.2 $\boldsymbol{P}^n$ 中两个元素 $\boldsymbol{p}$ 和 $\boldsymbol{q}$ 之间的 Kullback 距离、发散度或相对熵为 $d_K(\boldsymbol{p},\boldsymbol{q}) =$

$\sum_{j=1}^{n} p_j \log \frac{p_j}{q_j}$。

Kullback 距离满足 Gibbs 不等式 $d_K(\boldsymbol{p}, \boldsymbol{q}) \geqslant 0$，这再次遵循了不等式 $\log_e x \leqslant x-1$。虽然 Kullback 距离是非负的，但它不是对称的，并且不满足三角不等式。它不是一个度量标准。

通常，当与随机变量 X 相关联的概率向量未被分配数值时，虽然未必合适，但为了方便和通用，写成 $H(X)$以代替 $H(\boldsymbol{p})$。在这种情况下，应当理解为，H 实际上并非 X 的函数，而是与 X 相关联的概率向量 $\boldsymbol{p}$ 的函数，尽管并没有提到该概率向量。

可以给出关于随机变量 X 的边缘信息。假设 Y 是第二个随机变量，Y 取值为 k 的概率为 q_K，这样当 Y 取值为 k 时，X 取值为 j 的概率为 $P_{j|k}$。然后，当给定随机变量 Y 取值为 k 时，X 的熵是 $H(X|k) = -\sum_j P_{j|k} \log P_{j|k}$，并且条件熵就是期望值

$$H(X|Y) = \sum_k q_k H(X|k) = -\sum_k \sum_j q_k P_{j|k} \log P_{j|k}$$

下面的定理说明了边缘信息从不增加熵。

定理 5.2.3 条件熵满足 $H(X|Y) \leqslant H(X)$。

证明 本证明利用了不等式 $\log_e x \leqslant x-1$。因为 $p_j = \sum_k q_k P_{j|k}$，我们可以写成

$$H(X|Y) - H(X) = \sum_j \sum_k q_k P_{j|k} \log \frac{P_{j|k}}{\sum_k q_k P_{j|k}} \leqslant \sum_j \sum_k q_k P_{j|k} \left(\frac{P_{j|k}}{\sum_k q_k P_{j|k}} - 1 \right) = 0$$

这就证明了定理。 □ 138

由平稳无记忆信源产生的长度为 n 的消息内信息量是 $nH(\boldsymbol{p})$，因为 $\boldsymbol{p}$ 是一个乘积概率分布。由任意信源(可能具有记忆)产生的长度为 n 的消息的信息量是

$$H(\boldsymbol{p}^{(n)}) = -\sum_{x \in \mathcal{P}} p^{(n)}(\boldsymbol{x}) \log p^{(n)}(\boldsymbol{x})$$

其中 $\boldsymbol{p}^{(n)}$ 是明文消息集合上的概率分布。如果信源是无记忆的，则很容易看出 $H(\boldsymbol{p}^{(n)}) = nH(\boldsymbol{p})$。然而，如果信源不是无记忆的，则 $H(\boldsymbol{p}^{(n)}) = nH(\boldsymbol{p})$。信源中的记忆总是减小熵，这意味着信源的信息量总是随着依赖性而减少。

5.3 理想保密

密码学中的*理想保密*或*信息论保密*概念是一个非常强大的概念，是一个苛刻的目标。理想保密要求密文不提供有关明文的信息。这个概念要求，即使有无穷的计算资源，密码分析者在检查密文之后也得不到明文或密钥的信息。每当对信源的概率描述恰当时，可以量化该条件。理想保密要求消息空间和密钥空间上的概率分布在观察密文之后不改变。知道密文 $\boldsymbol{y}$ 对明文 $\boldsymbol{x}$ 的后验概率分布 $p(\boldsymbol{x}|\boldsymbol{y})$没有影响。因此在理想保密的情况下，香农定义，对于所有的 $\boldsymbol{x}$ 和 $\boldsymbol{y}$ 有 $p(\boldsymbol{x}|\boldsymbol{y}) = p(\boldsymbol{x})$。当然，为了消息可以被解密，对于真实的消息 $\boldsymbol{x}$，$p(\boldsymbol{x}|\boldsymbol{y}, k) = 1$ 也是必要的。

一个不具备理想保密的密码体制，大多数情况下，仍然会被期望表面上看起来似乎具有理想保密性。其确定性结构必须被深深地隐藏，并且不要被任何标准统计程序或易处理的算法所泄露。这启发了*数据扩散*的概念，即改变明文的任何一位，密文通常将有大约一半的位数发生改变；还启发了*数据混淆*的概念，即改变密钥的一位，密文通常也将有大约一半的位数发生变化。此外，对于任何协议检查，这些变化应该都是不可预测的，并且看起来是随机的。

定理 5.3.1 对于具有密钥空间 $\mathcal{K}$ 和消息空间 $\mathcal{M}$ 的密码体制，除非 $\#\mathcal{K}$ 至少与 $\#\mathcal{M}$ 一样大，否则不具备理想保密。

证明 相反，假设 $\#\mathcal{K}$ 小于 $\#\mathcal{M}$。那么，对于每个密文 $\boldsymbol{y}$，由 k 索引得到的加密函数 $\boldsymbol{y}=e_k(\boldsymbol{x})$ 满足 $\bigcup_{k\in\mathcal{K}} \mathrm{e}_k^{-1}(\boldsymbol{y}) \leqslant \mathcal{M}$。然后给定密文 $\boldsymbol{y}$，一些对于 $\boldsymbol{y}$ 不可能的明文 $\boldsymbol{x}$ 将被排除，
139 因此密文 $\boldsymbol{y}$ 确实会给出关于明文 $\boldsymbol{x}$ 的信息。 □

当然，定理 5.3.1 只是给出了一个必要条件，而并非充分条件。即使 $\#\mathcal{K}\geqslant\#\mathcal{M}$，也有可能一不小心设计了一个会泄露信息的密码体制。

只有当密钥至少与消息一样长时，传统的密码体制对于来自密码分析者的直接攻击才可能是理想安全的。密码体制中具有理想保密性的标准及唯一实例是一次一密乱码本。一次一密乱码本是密钥空间至少与消息空间一样大的密码体制，消息符号来自大小为 q 的字母表。密钥是消息字母表中与消息一样长的随机且独立选择的符号序列。该密钥对于发送端和接收端都是已知的；而对密码分析者来说是未知的。密钥符号与消息符号进行模 q 加运算，一个密钥符号对应一个消息符号。一次一密乱码本的随机密钥流必须与密码体制整个生命周期中的整组消息一样长。另外，一次一密乱码本不会重复使用。

更具体地，二进制一次一密乱码本是随机二进制序列 $b_\ell(\ell=0, \cdots, N-1)$，$b_\ell$ 对于发送端和接收端都是已知的，但对于密码分析者而言是未知的。令 $a_\ell(\ell=0, \cdots, n-1)$ 是二进制数据序列。密文是模 2 和 $c_\ell=a_\ell+b_\ell(\ell=0, \cdots, n-1)$。解密很简单。利用 $b_\ell+b_\ell=0(\bmod 2)$ 的事实，我们得到解密规则 $a_\ell=c_\ell+b_\ell$。一次一密乱码本是理想安全的密码体制。它只能通过分发或存储一次一密乱码本的安全侧信道攻击来破解。然而，许多数字通信系统传输非常长的消息——可能每秒发送数百万位。由于难以分发和存储长密钥，因此，与整个消息的长度相比，绝大多数密码体制的密钥较短。这样，加密消息中存在冗余，密码分析者可以利用该冗余来推断密钥。密码体制依靠复杂性来补偿使用短密钥的缺陷，该复杂性是由密钥与数据融合的方式产生的。其目的是以高度渐变和非线性的方式将数据与密钥混合以产生消息 $\boldsymbol{c}=f(\boldsymbol{a}, k)$，这样即使函数 f 是已知的，也不能从码字 $\boldsymbol{c}$ 和消息 $\boldsymbol{a}$ 的全部或部分来计算出明文或密钥 k。这意味着函数 f 足够复杂，以至于没有实用的方法可以将其反推以恢复明文或密钥。

定理 5.3.2 消息空间、密码空间和密钥空间具有相同大小的密码体制具有理想保密性，当且仅当密钥等概使用，并且对于每个明文和每个密文，有且仅有一个密钥将该明文
140 映射到该密文。⊖

证明 对于任何密钥 k，$e_k(\boldsymbol{x})=\boldsymbol{y}$ 是消息空间到密码空间的一对一映射。否则解密是不可能的。此外，很容易看出，对于任何固定的 $\boldsymbol{x}$ 和 $\boldsymbol{y}$，$e_k(\boldsymbol{x})=\boldsymbol{y}$ 恰好对应一个密钥 k，这意味着 $\boldsymbol{y}$ 由 $\boldsymbol{x}$ 和 k 唯一地确定。

令 $\boldsymbol{x}$ 是一个随机消息，并且令 $p_X(\boldsymbol{x})$ 是消息空间上的概率分布。令 $p_K(k)$ 是密钥空间上的概率分布。随机变量 X 以概率 $p_X(\boldsymbol{x})$ 取值 x。随机变量 K 以概率 $p_K(k)$ 取值 k。消息和密钥独立选取。这意味着 $\boldsymbol{y}=e_k(\boldsymbol{x})$ 的概率由 $p(\boldsymbol{y}|\boldsymbol{x})=p_K(k|e_k(\boldsymbol{x})=\boldsymbol{y})=p_K(k)$ 给出。然后通过贝叶斯公式 $p(\boldsymbol{x}|\boldsymbol{y})=\dfrac{p(\boldsymbol{x}, \boldsymbol{y})}{p_Y(\boldsymbol{y})}=\dfrac{p(\boldsymbol{y}|\boldsymbol{x})p_X(\boldsymbol{x})}{p_Y(\boldsymbol{y})}$，这样得到 $p(\boldsymbol{x}|\boldsymbol{y})=\dfrac{p_K(k)p_X(\boldsymbol{x})}{p_Y(\boldsymbol{y})}$。

而理想保密要求 $p(\boldsymbol{x}|\boldsymbol{y})=p_X(\boldsymbol{x})$。因此，对于所有 k 和 $\boldsymbol{y}$，当 $p_K(k)=1/K$ 时，

⊖ 后者是前者的必要条件，只是信息论中概率意义上的充分条件，而非密码学性质上的充分条件，例如还需满足依赖性、非线性、伪随机性等基本性质。——译者注

$p_K(k)=p_Y(\boldsymbol{y})$成立，否则不成立。 □

推论 5.3.3 唯一具有理想保密性的密码体制是一次一密乱码本。

证明 该证明是上述定理的直接结果。 □

每个一次一密乱码本都可以认为等同于与二进制消息一起使用的二进制一次一密乱码本。密钥由长度为 n 位的随机二进制串组成。有 2^n 个这样的密钥。消息 $\boldsymbol{x}$ 由 n 位串组成。密文 $\boldsymbol{y}$ 是 $\boldsymbol{x}$ 和 k 的模 2 和组合。这样 $\boldsymbol{y}=\boldsymbol{x}+k$。

理想保密的定义可以通过熵来更简明地重新描述。当且仅当条件熵满足 $H(X|Y)=H(X)$时，密码体制具有理想保密性。这个说法等同于上述要求，对于所有 $\boldsymbol{x}$ 和 $\boldsymbol{y}$ 满足 $p(\boldsymbol{x}|\boldsymbol{y})=p(\boldsymbol{x})$，但这个说法更简洁，因为熵是标量，而概率分布是向量，并且可能处在一个非常大的空间中。当用熵来表示时，对问题的利害关系所作的描述更简单。

5.4 Shannon-McMillan 定理

给定序列集合 $\mathcal{A}^n$及其子集 $\mathcal{M}\subset\mathcal{A}^n$，作为消息集合，我们希望估计 $\#\mathcal{M}$，以便我们可以分析密码体制的有效性。该分析是本节的目的。如果消息以相等的概率出现，则每个 141
消息发生的概率为 $1/\#\mathcal{M}$。相应地，其熵为 $H(\mathcal{M})=\log_e(\#\mathcal{M})$，并且每个符号的熵为 $\frac{1}{n}\log_e(\#\mathcal{M})$。字母表 $\mathcal{A}$ 中符号序列的可能数量是$(\#\mathcal{A})^n=e^{n\log_e(\#\mathcal{A})}$，而序列的实际数量是 $e^{H(\mathcal{M})}$。

有很多方法来估计 $\mathcal{M}$ 中合法消息的数量，例如研究语句措辞结构的语法方法。然而，我们将通过更经得起检验的概率分析来估计 $\#\mathcal{M}$，即采用 $\mathcal{A}$ 中字母上的简单概率分布来间接形成此估计。然后我们用 $\mathcal{A}^n$的典型序列来取代 $\mathcal{M}$。这种方法将需要一些背景。

定理 5.4.1(Chebychev 不等式) 假设 X 是平均值为 $\overline{x}$ 的实值离散变量。那么

$$\Pr[|x-\overline{x}|>\alpha]\leqslant\frac{\mathrm{var}(x)}{\alpha^2}$$

其中 $\mathrm{var}(x)$是随机变量 x 的方差。㊀

证明 令 $\phi(x)=\begin{cases}0 & 若|x-\overline{x}|<\alpha\\ 1 & 若|x-\overline{x}|\geqslant\alpha\end{cases}$；那么因为 $\phi(x)\leqslant\left(\frac{x-\overline{x}}{\alpha}\right)^2$，我们可以写成

$\Pr[|x-\overline{x}|>\alpha]=\sum_j\phi(x_j)p(x_j)\leqslant\sum_j\left(\frac{x_j-\overline{x}}{\alpha}\right)^2p(x_j)=\frac{\mathrm{var}(x)}{\alpha^2}$，这就是定理的内容。

□

定义 5.4.2 给定 $\delta>0$，如果 $|\frac{1}{n}\log p(\boldsymbol{x})-H(\boldsymbol{p})|<\delta$ 中对数底与熵计算中使用的一致，则由熵为 $H(\boldsymbol{p})$的无记忆信源 $\boldsymbol{p}$ 产生的分组长度为 n 的序列 $\boldsymbol{x}$ 被称为典型序列(或 δ 典型序列)。 142

分组长度为 n 的典型序列集合可写成

$$\mathcal{F}(\delta)=\left\{\boldsymbol{x}:|\frac{1}{n}\log p(\boldsymbol{x})-H(\boldsymbol{p})|<\delta\right\}$$

这种典型性的概念够强大，足以满足我们的需要。另一个我们并不需要的替换概念，由下式给出

㊀ 原文为 $\mathrm{var}(x)$是随机变量 $\overline{x}$ 的方差；而均值 $\overline{x}$ 是常量。——译者注

$$\mathcal{L}(\delta)=\left\{\boldsymbol{x}: \left|\frac{1}{n}n_j(\boldsymbol{x})-p_j\right|<\frac{\delta}{J}\text{for } j=0,1,\cdots,J-1\right\}$$

其中 $n_j(\boldsymbol{x})$是序列 $\boldsymbol{x}$ 中符号 j 出现的次数。

上述定义 5.4.2 中的典型序列近似显示了正确的熵，而另一个替换典型序列近似显示了符号的正确频率。不严格地说，两者都称为典型序列，虽然在含义上有些模棱两可。

对于下面的定理，更弱的典型性概念足以满足需要，说明几乎所有的序列都是典型的，其中样本熵近乎就是实际熵。

定理 5.4.3(Shannon-McMillan 定理) 给定熵为 $H(\boldsymbol{p})$的离散无记忆信源 $\boldsymbol{p}$ 和任何大于 0 的 δ，我们可以选择足够大的 n，使得由信源产生的分组长度为 n 的所有可能信源字构成的集合可以划分为两个集合 $\mathcal{F}(\delta)$和 $\mathcal{F}^c(\delta)$，对于这两个集合，以下命题成立：

(i) 信源字属于 $\mathcal{F}^c(\delta)$的概率小于 δ。

(ii) 如果信源字 $\boldsymbol{x}$ 在$\mathcal{F}(\delta)$中，则其出现概率大约为 $2^{-nH(\boldsymbol{p})}$，意思是$|-n^{-1}\log p(\boldsymbol{x})-H(\boldsymbol{p})|<\delta$。

证明 令 $\mathcal{F}$表示典型序列$\{\boldsymbol{x}: |-\log p(\boldsymbol{x})-nH(\boldsymbol{p})|<n\delta\}$构成的集合。那么 $\mathcal{F}$满足命题(ii)的要求。根据 Chebychev 不等式，

$$\Pr[|-\log p(\boldsymbol{x})-nH(\boldsymbol{p})|\geqslant n\delta]\leqslant\frac{\mathrm{var}[-\log p(\boldsymbol{x})]}{n^2\delta^2}\leqslant\frac{n\sigma^2}{n^2\delta^2}=\frac{\sigma^2}{n\delta^2}$$

其中 $\sigma^2=\sum_j p_j(\log p_j)^2-\left(\sum_j p_j\log p_j\right)^2$ 是一个与 n 无关的常数。相应地，对于足够大

143 的 n，有 $\sum_{x\in\mathcal{F}^c}p(\boldsymbol{x})\leqslant\delta$。这就完成了定理的证明。 □

推论 5.4.4 $\mathcal{F}$中的元素数量满足$(1-\delta)2^{n(H(\boldsymbol{p})-\delta)}\leqslant\#\mathcal{F}\leqslant 2^{n(H(\boldsymbol{p})+\delta)}$。

证明 令 $H=H(\boldsymbol{p})$，并写成 $1\geqslant\sum_{x\in\mathcal{F}}p(\boldsymbol{x})\geqslant\sum_{x\in\mathcal{F}}2^{-n(H+\delta)}=\#\mathcal{F}2^{-n(H+\delta)}$，再利用命题(i)可得，$1-\delta\leqslant\sum_{x\in\mathcal{F}}p(\boldsymbol{x})\leqslant\sum_{x\in\mathcal{F}}2^{-n(H-\delta)}=\#\mathcal{F}2^{-n(H-\delta)}$，这就完成了推论的证明。 □

定理的证明包含比定理中的命题稍强的结论。我们将单独表述这个结论，如以下推论所示。

推论 5.4.5 分组长度为 n 的信源字属于集合 $\mathcal{F}^c$的概率 $\Pr[\mathcal{F}^c]$由下式界定

$$\Pr[\mathcal{F}^c]\leqslant\frac{1}{n\delta^2}\left[\sum_j p_j(\log p_j)^2-\left(\sum_j p_j\log p_j\right)^2\right]$$

证明 这就是 Chebychev 不等式直接明确的表述，其中括号项是随机变量$-\log p_j$ 的方差。 □

集合 $\mathcal{F}$中的组成元素所构成的序列是由无记忆明文信源生成的典型序列。由定理可知，对于大数 n，出现非典型序列的概率可以忽略。所有典型序列几乎是等概出现的，它们大约有 2^{nH}个。

Shannon-McMillan 定理是大数定理的一种形式。它表明，即使无记忆信源输出的概率分布属非常不对称的偏态分布，当从大型分组的水准上来看时，信源输出几乎肯定是典型分组，并且任何单个典型分组出现的概率几乎是等概的。典型分组是具有典型符号频率的分组。

5.5 唯一解距离

恢复明文消息的任务需求比信息不泄露的需求更强烈。一次一密乱码本没有泄露信

息，因此提供了理想保密性。较弱的系统可能会泄露一些信息，但仍然认为是可用的。如果有无限的计算资源可以利用，例如，可能的明文消息可减少成一个大小为 10^{30} 的列表，那么即使它不构成理想保密，也可以认为是足够安全的。那么需要多少密文才能通过已知密文攻击的方式来确定消息 $m\in\mathcal{M}$ 或密钥 $k\in\mathcal{K}$？这是一种利用无限计算资源通过连续尝试每个合法密钥来试图解密的攻击。如果在尝试每个密钥之后只有一个合法消息被解密，消息和密钥就找到了。 144

假密钥数量的期望值近似等于零的最小密文消息长度称为**唯一解距离**。唯一解距离[⊖]是典型密文的最短长度，原则上，可以通过唯密文攻击来确定保密密钥，因为平均来说，对于每个密文，只有一个明文对应它。这个概念是构成娱乐密文的基础，它通常长约 40 个字母。我们将看到，代换密码下的英文文本的唯一解距离约为 40。

令 $\mathcal{M}$ 是明文消息的集合，其中 m 是集合 $\mathcal{M}$ 中的一个明文消息。明文空间的熵用 $H(\mathcal{M})$ 来表示。字母表 $\mathcal{A}$ 上密文消息的分组长度为 n。

令 $\mathcal{K}$ 是大小为 $2^{\log_2\|\mathcal{K}\|}=\|\mathcal{K}\|$ 的密钥空间。如果密钥等概使用，则 $H(\mathcal{K})$ 等于 $\log_2\|\mathcal{K}\|$。这样在 $\mathcal{K}$ 中就有 $2^{H(\mathcal{K})}$ 个密钥。如果密钥不等概使用，则 $H(\mathcal{K})$ 小于 $\log_2\|\mathcal{K}\|$，并且存在 $2^{H(\mathcal{K})}$ 个有效密钥。例如，如果密钥分发系统不使用所有可能的密钥，或者采用密码分析者已知的不等概分布方式来使用，则 128 位的密钥熵 $H(\mathcal{K})$ 可以小于 128 位。

给定明文消息 $m\in\mathcal{M}$ 和密钥 $k\in\mathcal{K}$，定义假密钥集合 $\mathcal{K}_F=\{k'\in\mathcal{K}:d_k{}'(e_k(m))\in\mathcal{M},\ k'\neq k\}$。如果 $\mathcal{K}_F$ 的基数对于 m 和 k 的大多数选择是小的，则密码体制是不安全的。我们想要以一种简单的方式来表征这一点。

定义 5.5.1 唯一解距离 n_u 是最小的 n，使得基本上只有一个密钥 k 与随机密文 $\boldsymbol{y}$ 对应。

大小为 $\#\mathcal{A}$ 的字母表 $\mathcal{A}$ 上分组长度为 n 的密码空间包含 $2^{\log_2\|\mathcal{A}\|}=\|\mathcal{A}\|$ 个密文。正当的密码体制会使用该空间中的所有密文，并且通常等概使用它们。其中有 $2^{H(\mathcal{K})}$ 个密钥，约 $2^{H(\mathcal{M})}$ 个消息，因此大约有 $2^{H(\mathcal{K})}\,2^{H(\mathcal{M})}$ 个密钥-消息对。对于每个密文，大约有 $2^{H(\mathcal{K})}$ 145
$2^{nH(\boldsymbol{p})}/2^{n\log_2\|\mathcal{A}\|}$ 个密钥－消息对与它相对应。

如果 $H(\mathcal{K})+nH(\boldsymbol{p})-n\log_2\|\mathcal{A}\|=0$，则该值为 1。因此，唯一解距离定义为

$$n_u=\frac{H(\mathcal{K})}{\log_2\|\mathcal{A}\|-H(\boldsymbol{p})}$$

长度为 n_u 的消息几乎总是可以通过直接搜索来解密，它尝试所有可能的密钥，直到恢复合法的明文。当然，对于使用中的大多数系统，尝试所有可能的密钥是不容易计算的。尽管如此，唯一解距离的概念是经典密码学的核心概念之一。

例如，具有概率分布 $(p_0, p_1)=(0.89, 0.11)$ 的无记忆二进制信源熵为 $H(\boldsymbol{p})=0.5$。因此，如果 $\|\mathcal{A}\|=2$ 且 $H(\mathcal{K})=128$，则唯一解距离为 256。因此，长度为 256 位的消息通常可以通过尝试所有可能的密钥来唯一地解密，直到恢复典型序列。为了增大唯一解距离，可以增大 $H(\mathcal{K})$ 或者可以使 $H(\boldsymbol{p})$ 接近于 $\log_2\|\mathcal{A}\|$。对于最大随机二进制信源，其 $H(\boldsymbol{p})=1$ 且唯一解距离为无穷大。

为了确定加密英文文本的唯一解距离，有必要估计英文文本的熵，这将在下一节中进行。这样的估计值范围在 2.3～4.03 位之间，平均估计值大概是每个符号的熵为 3.0 位。用于加密英文的各种密钥长度对应的唯一解距离如图 5-1 所示，对于 $H(\mathcal{K})$ 和 $H(\boldsymbol{p})$ 的各

⊖ 唯一解距离不是通常数学意义上的距离。可能称其为唯一解长度会更好。

种取值，使用$\# \mathcal{A}=\log_2 26=4.76$位。特别地，对于简单的代换密码，$H(\mathcal{K})=\log_2 26!=88.3$位。这样，依据英语的特定统计模型，娱乐密码的唯一解距离范围大约在22～121个符号之间。如果每个字母的熵为3.0位，则唯一解距离将是50个符号。这与以下事实一致：娱乐密码文件的典型序列大约有40个英文字母或稍多一点。单词空格提供了额外的信息，这有助于密码难题破解者。

密钥熵(位)	唯一解距离	
	$H(\boldsymbol{p})=4.03$	$H(\boldsymbol{p})=2.3$
40	55	10
56	76	14
64	88	16
80	110	20
88	121	22
128	176	32
256	352	64

146

图 5-1 加密英文的唯一解距离

5.6 自然语言的熵

确定自然语言(例如英语)的熵需要相当大的努力，并且需要制定语言的理想化模型。这需要采用某种方式来定义语言$\mathcal{M}$的结构。一种方法是定义语言的语法模型，使得有效消息可以与无效消息区分开。语法模型可以通过定义有效消息必须满足的一组规则来隐含地列出所有可能的消息。然而，这可能是复杂的，并且出于我们的目的，希望一个概率模型就可以满足需求。这要求将概率分配给每个可能的消息。无效消息的概念被不可能消息的概念所取代。概率模型的表述要求首先指定消息空间$\mathcal{M}$，然后为$\mathcal{M}$中的每个消息m分配概率$p(m)$，使得$p(m)\geqslant 0$，且$\sum_{m\in\mathcal{M}} p(m)=1$。对于每个$m\in\mathcal{M}$，消息$m$的概率为$p(m)$。消息空间上的熵为

$$H(\mathcal{M})=-\sum_m p(m)\log p(m)$$

消息空间$\mathcal{M}$上包含$\#\mathcal{M}$个消息，则等概分布为，对于所有$m\in\mathcal{M}$，有$p(m)=\frac{1}{\#\mathcal{M}}$。

将英文文本中消息的概率模型与语法模型进行协调，我们可以枚举出所有正确的英文消息序列，对它们进行计数，并分配概率$p(m)=(\#\mathcal{M})^{-1}$。那么$H(\mathcal{M})=\log_2(\#\mathcal{M})$。这个过程是不切实际的，难以执行，因为它是一个太庞大的任务，且$\mathcal{M}$的精确定义是难以阐释的。

因为这种计算$H(\mathcal{M})$的方法是不切实际的，并且可能有点模糊，所以我们采用消息空间的简单概率模型。其中最简单的是无记忆分量模型。字母表$\mathcal{A}$中的每个字母以指定的、不随时间改变的概率出现，并且消息是固定长度为n的分组。符号$x\in\mathcal{A}$以概率$p(x)$出现。消息$\boldsymbol{x}=(x_1, \cdots, x_n)$以概率的乘积$p(\boldsymbol{x})=\prod_{\ell=1}^{n} p(x_\ell)$出现，因为符号是独立的。每个消息的熵为$H(\mathcal{M})=-\sum_x p(\boldsymbol{x})\log p(\boldsymbol{x})$，而每个符号的熵为$H(\boldsymbol{p})=-\frac{1}{n}H(\mathcal{M})=-\sum_j p_j\log p_j$。

英文文本中任何字母出现的概率可以由所采集的样本文本中该字母出现的频次来估算。通过对英文文本的许多样本进行检阅， 147
英语无记忆模型中字母出现的频次表如表 5-1 所示。这个无记忆信源的熵为 4.19 位。

表 5-1 英文字母出现的频次

字母	概率	字母	概率
A	0.082	N	0.067
B	0.015	O	0.075
C	0.028	P	0.019
D	0.043	Q	0.001
E	0.127	R	0.060
F	0.022	S	0.063
G	0.020	T	0.091
H	0.061	U	0.028
I	0.070	V	0.010
J	0.002	W	0.023
K	0.008	X	0.001
L	0.040	Y	0.020
M	0.024	Z	0.001

一个更好的英文模型是有记忆信源。捕获记忆的一种方式是将信源字母表视为相关的字母对，但是这些对是独立地产生的。如果字母表 $\mathcal{A}$ 由 26 个字母组成，加上一个空格符号，则有 27^2 对字母，称为*双字母组合*(简称连字)。通过检查许多文本样本，可以编制这 27^2 对连字出现的先验概率列表。不包含空格的 30 个最频繁的连字按出现频次递减的顺序为：TH，HE，IN，ER，AN，RE，ED，ON，ES，ST，EN，AT，TO，NT，HA，ND，OU，EA，NG，AS，OR，TI，IS，ET，IT，AR，TE，SE，HI 和 OF。英文的连字模型包含每对连字的概率，除了这 30 对，还包括所有其他对，总共 27^2 对连字。连字模型的另一种替代模型是马尔可夫模型，其中字母的概率取决于处理中的字母。

一个更复杂的英文模型是将信源字母表视为三字母组合，称为*三连字*(三元组)，三连字是独立产生的。如果包含空格，那么就有 27^3 个三连字。在英文文本中不包含空格的 12 个最频繁的三元组按频次递减的降序列出为：THE，ING，AND，HER，ERE，ENT，THA，NTH，WAS，ETH，FOR 和 DTH。人们可以编制所有三连字的先验概率列表，或者是最频繁的三连字的先验概率与不频繁的三元组的默认概率一起列表。更受期望的三连字集合将包括空格，甚至其他标点符号。 148

可以定义其他英文文本模型。语言符号可以看作是单词(字)而不是字母，并且消息是来自固定“字母表”的 n 个单词的序列，例如 4096 个单词。单词层面上的无记忆模型认为连续的单词是独立的。

一旦建立了这样的模型，英文文本的熵就可以估算出来。通过这种方式估算得到的熵的范围为每个字母 2.3～4.03 位。

5.7 熵扩展

如果明文信源熵的数值小，则唯一解距离将很小。这样的密码体制容易遭受到直接密文攻击。如果给定的密文只有一个密钥可以考虑，则可以通过直接搜索来恢复明文。可能这个直接搜索也可以被层次结构代替以减少攻击工作。在任何情况下，唯密文攻击都可以成功。有两种可能的方法来增加唯一解距离，以降低这种脆弱性。这个唯一解距离由

$$n_u = \frac{H(\mathcal{K})}{\log_2\|\mathcal{A}\| - H(\boldsymbol{p})}$$

给出，可以通过增加分子来增大唯一解距离。这意味着需要增加密钥空间的大小或至少确保密钥等概地使用。或者，可以通过减小 $\log_2\|\mathcal{A}\|$ 来减小分母或通过增加 $H(\boldsymbol{p})$ 来增大唯一解距离。

有两种方法通过增加 $H(\boldsymbol{p})$来增大唯一解距离，从而减少漏洞。增大唯一解距离的一种方法是，通过人为地增加每个符号的熵来增加信源熵，这将在本节中讨论。第二种方式是通过消除冗余来减少消息的长度，即数据压缩的方法，通过改变字母表上的概率分布，使其更接近均匀，具体将在下一节讨论。

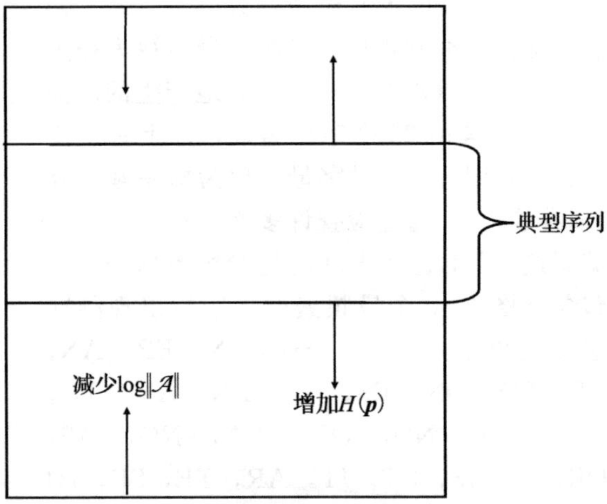

图 5-2　如何增加唯一解距离

这样，通过采用这两种方法中的任一种来减少冗余，使得典型序列的数量减少，因而大多数剩余序列是典型序列。这两种方法的对比如图 5-2 所示。可以减小消息空间的大小，以便减少非典型序列的数量，或者可以增加典型序列的数量。

假设信源字母表 $\mathcal{A}=\{A, B, C\}$具有三个概率分布为 $\boldsymbol{p}=\left(\frac{5}{8}, \frac{1}{4}, \frac{1}{8}\right)$的符号。如果 $H(\boldsymbol{p})=\log_2\|\mathcal{A}\|$，则唯一解距离是无限的，那么唯密文攻击肯定会失败，即使拥有无限的计算资源。为了增加熵，可以分割符号以形成新的字母
149 表$\{A_1, A_2, A_3, A_4, A_5, B_1, B_2, C\}$，现在具有 8 个符号。当符号 A 出现时，它被 A_1，A_2，A_3，A_4 或 A_5 随机等概地取代。类似地，当符号 B 出现时，它被 B_1 或 B_2 随机等概地替代。现在，新的人为信源熵为 3，即等于 $\log_2\|\mathcal{A}|$。相应地，唯一解距离是无限的，直接的唯密文攻击必然失败。然而，解密器可以通过采用显而易见的方式，简单地合并人为的符号以恢复实际符号，从而恢复原始消息。

5.8 数据压缩

如果 $H(X)<\log J$，则信源输出符号(或输出分组)是不等概的。一种在相同字母表中将信源输出符号分组映射成相同长度符号分组的加密体制，必定具有有限的唯一解距离，因此容易遭受已知密文攻击。这是因为对于每个密钥，很多密文不太可能出现。如果唯一解距离是有限的，并且分组长度较大，则只有一个明文消息对应该密文。为了消除分组中的冗余，可以采用*数据压缩编码*。数据压缩编码将每个信源输出序列编码为代码符号序列。数据压缩编码可以是*固定长度分组码*、*可变长度分组码*或*树形码*。分组码采用 $H(X^n)=H(Y^k)$将n个消息符号压缩成 k 个紧缩的消息符号。因为该分组已经从 n 个符号
150 减少到 k 个符号，所以每个符号的熵以 n/k 的比率增加。

我们将只描述可变长度类型的分组码，这就是著名的*赫夫曼码*。考虑一个大小为 8 的字母表$\{A, B, C, D, E, F, G, H\}$产生的信源。假设概率如下：

$$P_A=P_B=P_C=P_D=\frac{1}{32}$$

$$P_E=P_F=\frac{1}{16}$$

$$P_G=\frac{1}{4}$$

$$P_H=\frac{1}{2}$$

该信源熵 $H(\boldsymbol{p})=-\sum_j p_j\log_2 p_j$ 为 $2\frac{1}{8}$位。唯一解距离为

$$n_u=\frac{H(\mathcal{K})}{\log_2(\#\mathcal{A})-H(\mathcal{M})}=\frac{H(\mathcal{K})}{3-2.125}=\frac{8}{7}H(\mathcal{K})$$

如果 $H(\mathcal{K})$是 128 位，那么原则上，由大约 147 个密文字符组成的已知密文将足够长，使得可以通过采用直接唯密文攻击来解密。

为了减小此漏洞，可以使用数据压缩编码来增加唯一解距离。赫夫曼码就是一个这样的编码。以下映射就是用于信源的赫夫曼码的一个例子：

$$A\leftrightarrow 00000$$
$$B\leftrightarrow 00001$$
$$C\leftrightarrow 00010$$
$$D\leftrightarrow 00011$$
$$E\leftrightarrow 0010$$
$$F\leftrightarrow 0011$$
$$G\leftrightarrow 01$$
$$H\leftrightarrow 1$$

该编码是可变长度编码，意味着码字的长度并非全部相等。然而，由于编码的特性，码字串总是可以唯一地解析成正确的码字。平均码字长度为 $\bar{\ell}=\sum_j p_j\ell_j=2\frac{1}{8}$ 位，这正好等于熵 $H(\boldsymbol{p})$。出现该等式是因为在此例中，概率都是 2 的负幂。在这个例子中，压缩数据的唯一解距离是无限的。虽然在没有压缩的情况下可以解密 147 位的密文，但是密文从直接攻击的角度来说是安全的。

通常，对于无记忆信源，先将两个最小概率符号组合成新的人为符号，然后采用相同的方法处理较小的编码符号，通过这样的简单迭代过程来构造二进制赫夫曼码。在压缩的码字中，两个组合的符号通过在该码字的末端分别采用 0 或 1 来区分。 151

赫夫曼码的唯一解距离大于未压缩的信源数据，但通常不是无限的。它可以通过将信源处理成一串连字来变得更大。

5.9 窃听信道

如定理 5.3.1 所断言，对于一个密码体制，除非密钥空间至少与消息空间一样大，否则不具有理想保密性。然而，该定理没有考虑噪声污染密文的可能性。虽然对手可能并不这样观测密文，而只能观测密文的降级版本。实际的通信信道要经受噪声和其他破坏的影响。为了数据传输的常规目的，可采用 15.6 节中介绍的精细校正方法来让信道变得可靠，更重要的是在各种破坏存在的情况下使信道无差错。然而，当在公共信道上发送保密密钥时，可能想要做的不仅仅是使信道无差错，还可能想要利用窃听者观察到的噪声来隐藏所发送的消息，使得消息不能被截获。为了使其有效，即使对手完全了解纠错的方法，也必然无法消除其噪声的影响。在理论上，可以对发送的消息进行设计，使得预期的接收端可以在噪声存在的情况下完全恢复消息，但是对于窃听噪声足够严重的情况，密码分析者不能恢复关于消息或密钥的任何信息。这样的信道称为*窃听信道*。窃听信道的信息理论研究证明，存在渐近良好的通信方法，防止在该信道上窃听。然而，实现这种功能的实际通信方法显然还没有到位。

保密容量被定义为发送端可以可靠地向接收端发送信息的最大速率，条件是该信息不

能被窃听者恢复。问题的阐述要求所有参与者都充分了解了信道的所有方面，包括信道中噪声的统计信息。只有发送的码字是未知的。由码字代表的信息可以是消息，或者也可以是由相关联的批量加密体制使用的密钥。

窃听信道的一种简单情况是*次级*窃听信道。次级窃听信道是一个窃听噪声信道，由主
152 信道噪声和附加噪声组成，如图 5-3 所示。这两项噪声将连续介绍。只不过窃听者所接收的信号中附加的噪声保护了编码消息免受窃听者窥探。编码器产生一个编码消息，该编码消息必须可由预期的接收者完全重构，即使它被噪声污染；然而当它到达窃听者时，码字上更强的噪声应该使消息完全不能被窃听者所辨认。窃听者所接收的消息中，更强的噪声可以认为扮演了类似于一次一密乱码本的角色，尽管不需要理想保密。

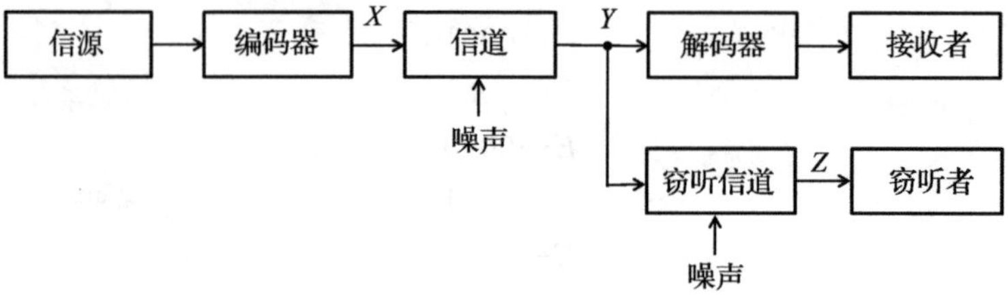

图 5-3 次级窃听信道

可以通过检查窃听信道中最简单的不平凡例子来促进增大保密容量，此例子就是图 5-4 所示的次级二进制对称窃听信道。在该例子中，三个字母表 X、Y、Z 中的每一个都是二进制字母表。对于在直接信道中附加的二进制噪声，取值等于 1 的概率为 ε'，即取值等于 0 的概率为 $1-\varepsilon'$。对于附加在窃听信道中的附加二进制噪声，取值等于 1 的概率为 ε''，即取值等于 0 的概率为 $1-\varepsilon''$。这意味着窃听者错误地看到一位的概率是 $\varepsilon=(1-\varepsilon')\varepsilon''+\varepsilon'(1-\varepsilon'')$。

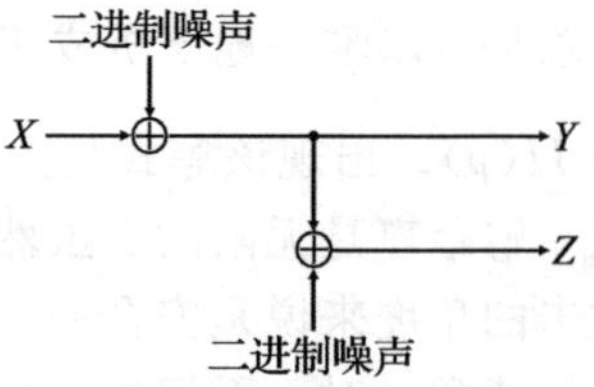

图 5-4 次级二进制窃听信道

二进制窃听通道上通信系统的任务可以通过二进制向量空间 $\mathbf{F}_2^n$ 中的汉明球来激发。
153 对于 $\mathbf{F}_2^n$ 中的任何元素 $\boldsymbol{c}$，半径为 t 的汉明球由式 $\mathcal{S}_d=\{\boldsymbol{v}\in\mathbf{F}_2^n \mid d_H(\boldsymbol{c},\ \boldsymbol{v})\leqslant t)$ 给出。

编码器可以当作是 M 个码字 $\{\boldsymbol{c}_m\in\mathbf{F}_2^n \mid m=1,\ \cdots,\ M)$ 的列表。每个码字对应于 M 个消息中的一个。选择码字，使得围绕码字的某些半径为 t 的汉明球集合成对地不相交。码字 M 的数量受 t 的选择所限制。大数定理表明，对于大数 n，当通过二进制对称信道发送 $\boldsymbol{c}_m\in\mathbf{F}_2^n$ 时，解码器几乎总是接收到一个到 c 的汉明距离约为 $n\varepsilon'$ 的噪声向量 v。因此，人们希望 t 稍大于 $n\varepsilon'$。那么，以 v 为中心的半径为 t 的球将只包含正确的码字。

然而，窃听者所接收的噪声向量 $\boldsymbol{v}'$ 到 $\boldsymbol{c}_m$ 的汉明距离约为 $n\varepsilon$，大于 $n\varepsilon'$。这样，希望选择码字 $\{\boldsymbol{c}_m\}$ 的集合，使得到码字 $\boldsymbol{c}_m$ 的距离为 $n\varepsilon$ 的每个 $\boldsymbol{v}\in\boldsymbol{F}_2^n$ 到大量(指数级)其他码字的距离也为 $n\varepsilon$。

将点填充到 $\mathbf{F}_2^n$ 中以实现此目的的方法尚未研究好。人们可能希望码字的某种规则结构可以满足需求，但也许并非这样。每个码字位于两个同心汉明球的中心，即半径为 d_1 的较小球体和半径为 d_2 的较大球体。每个较小的球体不应包含任何其他码字。而较大球体表面上每个点应该是包含大量(幂级)其他码字的球体中心。

二进制情形是一般情况的代表。在一般情况下，离散无记忆窃听信道具有三个字母表：输入字母表 $\mathcal{A}$、输出字母表 $\mathcal{B}$ 和窃听字母表 $\mathcal{C}$。信道输入 $a_j\in\mathcal{A}$ 产生两个输出 $b_k\in\mathcal{B}$

和 $\boldsymbol{c}_i\in\mathcal{C}$，其概率为 $P(b_k, c_i|a_j)$，缩写为 $P_{ki|j}$。这可以都放到形如 $\boldsymbol{P}=\{P_{ki|j}\}$的数组之中。如果分组输入 $a=(a_{j_1}, a_{j2}, \cdots, a_{j_n})$产生两个分组输出 $\boldsymbol{b}=\{b_{k_1}, b_{k_2}, \cdots, b_{k_n})$和 $\boldsymbol{c}=(c_{i_1}, c_{i_2}, \cdots, c_{i_n})$，其概率为 $P(\boldsymbol{b},\boldsymbol{c}|\boldsymbol{a})=\prod_{\ell=1}^{n}P(b_{h_\ell},c_{i_\ell}|a_{j_\ell})$，简写为 $\prod_{\ell=1}^{n}P_{k_\ell i_\ell|j_\ell}$，则信道是无记忆的。条件转移概率可分解为 $P_{ki|j}=P'_{k|j}P''_{i|j}$的离散无记忆窃听信道是次级离散无记忆窃听信道。

当给定信道输出 $\boldsymbol{v}$ 时，如果对于所有的 $m'\neq m$ 有 $P(\boldsymbol{v}|\boldsymbol{c}_m)\geqslant P(\boldsymbol{v}|\boldsymbol{c}_{m'})$，则最大似然解码器判定发送了码字 $\boldsymbol{c}_m$。可以采用任何方便的方式来打破最大概率的限制，但是当计算差错概率时，可假定这总是错误的。给定任何 $\varepsilon>0$，可通过选择 M 和 n，使得解码差错概率小于 ε，以满足主信道的需求。为了满足安全性的需求，M 进一步受附加条件中 m' 的期 154
望数量所约束，要求 $P(\boldsymbol{v}'|\boldsymbol{c}_{m'})\geqslant P(\boldsymbol{v}'|\boldsymbol{c}_m)$是幂级大。这意味着窃听者将从其数据中找到许多(幂级)码字比正确的码字更像发送的码字。

保密容量是一种渐近的说法，需要两个界限。正常解码的差错概率和窃听器解码的正确概率都必须小于指定值 p_e，当分组长度 n 趋于无穷大时，p_e 渐近趋于零。相应地，保密容量在运算上定义为 $C_s=\lim\limits_{P_e\to 0}[\lim\limits_{n\to\infty}\frac{1}{n}\log_2 M(n/p)]$，其中 $M(n, p_e)$是分组长度为 n 的码字所构成的集合的最大基数，其中正常解码差错概率不大于 p_e，而窃听器中差错码字的数量至少为 $p_e M$。

信息理论的常规数学方法阐明了保密容量可以表示为 $C_s=\max\limits_{X-Y-Z}=I(X;Y)-I(X;Z)$，其中两个互信息量是概率矩阵 $\boldsymbol{P}$ 的函数，而马尔可夫链用 X-Y-Z 来表示，即随机变量 Y 和 Z 与信道输入 X 具有马尔可夫关系，此时取最大值。我们不推导这个信息论的命题。

然而，用信息论定义的保密容量来取代用运算定义的保密容量并没有结束分析工作。仍然有必要估算上述最大值，这是一个不平凡的问题。

高斯窃听信道的特例对于保密容量有一种闭式的解决方案。该窃听信道的特例由直接信道上的高斯噪声和窃听者信道上的高斯噪声组成。信道的单个输入是实数 s，而分组输入是平均功率为 S 的实数向量 $\boldsymbol{s}=\{s_1, s_2,\ldots, s_n\}$。这可以定义为 $S=\frac{1}{n}\sum s_i^2$，或者作为期望值。高斯窃听信道的保密容量是 $C_s=\frac{1}{2}\log\left(1+\frac{S}{N}\right)-\frac{1}{2}\log\left(1+\frac{S}{N_a}\right)$。

高斯窃听信道有两种版本，如图 5-5 所示。在第一种情况下，解密器和窃听器接收相同的信号，但是每个被独立的高斯噪声所污染，并且窃听者的噪声具有更大的功率。在第 155
二种情况中，称为次级高斯广播信道，窃听者的噪声取决于预定接收机信号中的噪声。这两种情况是普通高斯噪声情况的两个极端，噪声协方差矩阵为

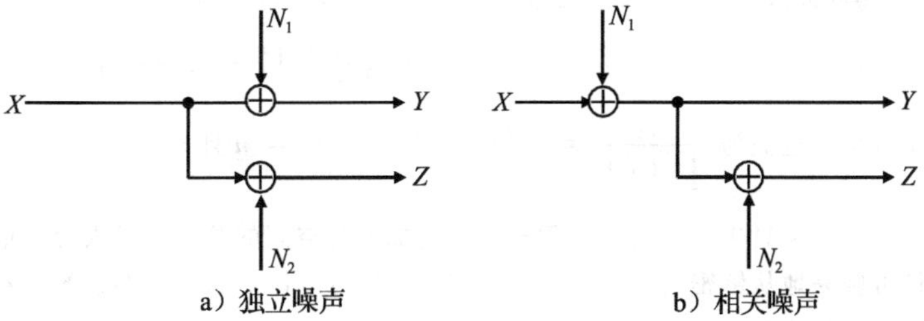

a) 独立噪声　　b) 相关噪声

图 5-5　高斯窃听信道

$$\boldsymbol{\Sigma} = \begin{vmatrix} \sigma_1^2 & \rho\sigma_1\sigma_2 \\ \rho\sigma_1\sigma_2 & \sigma_2^2 \end{vmatrix}$$

其中 σ_2 大于 σ_1。

第 5 章习题

5.1 证明基本不等式 $\log_e x \leqslant x-1$。

5.2 (a) 给出构造哈夫曼码的详细过程。

(b) 构造具有 6 个符号和概率分布的哈夫曼码，示例如下：

$$\boldsymbol{p} = (0.3, 0.2, 0.2, 0.1, 0.1, 0.1)$$

5.3 简单的计算机执行 ADD、SUB、MPY 和 STO 4 个命令，它们用符号 A、S、M 和 T 来表示。计算机程序包括一系列命令符号，我们只考虑这 4 个。在检测多个计算机程序的基础上，确定了 4 类指令以概率 $\frac{3}{4}$、$\frac{1}{16}$、$\frac{1}{16}$ 和 $\frac{1}{8}$ 独立地使用。

(a) 序列采用分组长度为 3 的分组代换密码加密。唯一解距离是多少？

156 (b) 现在，假设确定指令序列是具有转移矩阵和均匀概率分布的一阶马尔可夫信源

$$\boldsymbol{P} = \begin{bmatrix} \frac{13}{16} & 0 & \frac{1}{4} & 1 \\ \frac{1}{16} & 0 & \frac{1}{4} & 0 \\ \frac{1}{16} & 0 & \frac{1}{4} & 0 \\ \frac{1}{16} & 1 & \frac{1}{4} & 0 \end{bmatrix} \qquad \boldsymbol{p} = \begin{bmatrix} \frac{3}{4} \\ \frac{1}{16} \\ \frac{1}{16} \\ \frac{1}{8} \end{bmatrix}$$

（注意，正如均匀分布所需，$p_j = \sum_i P_{j|i} p_i$ 。）

使用该模型，重复(a)部分。

(c) 构造数据分组长度为 2 的赫夫曼码。

(d) 现在唯一解距离是多少？

5.4 证明：$\#\mathcal{P} = \#\mathcal{K}$ 的密码体制只有当等概使用每个可能的密文时，才具有理想保密性。

5.5 证明：如果密码体制对一种明文概率分布达到理想保密，则对于所有明文概率分布都达到理想保密。

5.6 (a) 证明 $H(X, Y) = H(Y) + H(X|Y)$。

(b) 证明 $H(X, Y) \leqslant H(X) + H(Y)$。当且仅当 X 和 Y 相互独立时，等号成立。

(c) 由(a)和(b)得出结论 $H(X|Y) \leqslant H(X)$。当且仅当 X 和 Y 相互独立时，等号成立。

5.7 假设明文字母表由英文字母表的 26 个字母组成，字母表以概率分布 $\boldsymbol{p}$ 独立使用。密钥由英文字母表的最大随机字母序列组成，与明文消息等长。加密规则为：$y = x + k \pmod{26}$。应用分量(y, x, k)是代表字母的等效数字。证明该体制具有理想保密性。

5.8 (多项式系数的渐近近似)Stirling 近似值为

157 $$\sqrt{2n\pi}\left(\frac{n}{e}\right)^n < n! < \sqrt{2n\pi}\left(\frac{n}{e}\right)^n\left(1 + \frac{1}{12n-1}\right)$$

证明多项式系数可以近似为 $\dfrac{n!}{\prod_k (n_k!)} \approx e^{nH(p)}$ ，其中 $\sum_k n_k = n$ 且 $p_k = n_k/n$。

5.9 熵扩展的方法通过向消息中嵌入附加的随机性来增加消息空间的熵。通过人为地重新融合不同的符号，该随机性可轻易地从解密的消息中消除。密码分析者可以利用重新融合的符号知识来抵消熵扩展的有效性吗？为什么？

5.10 次级高斯窃听信道由具有平均功率为 S 的实数作为信道输入，在主信道上加入方差为 σ_1^2 的高斯噪

声，并且在窃听信道上加入方差为 σ_2^2 的附加高斯噪声。因此，窃听者观察到方差为 $\sigma_1^2+\sigma_2^2$ 的噪声，其中一部分与主接收机中的噪声相关。

(a) 如果窃听噪声独立于主接收机观察到的噪声，但仍然具有相同的方差 $\sigma_1^2+\sigma_2^2$，则保密容量如何变化？

(b) 如果主接收机拥有到发送端的反馈信道，你希望答案是不同的吗？为什么？

第 5 章注释

Claude Elwood Shannon(1916—2001)将信息理论的方法引入密码学。他的工作(1949)通常被认为是现代密码学的基础。香农在早期就看到密码学的理论与通信理论密切相关。通信理论研究如何传递信息，而密码学理论研究如何伪装信息。香农的信息论公式在这两个主题中都有应用。他介绍了理想保密的概念，并认识到熵函数和加密之间的关系。香农 1949 年的密码学论文是推动形式化密码学数学理论发展的一个重要推动力。Miller(1882)和 Vernam(1926)等人早期引入了一次一密乱码本；香农证明了一次一密是实现理想保密的唯一方法。香农还提出了术语“数据扩散”和“数据混淆”。

现在数据压缩是一个完全成熟的主题，目前有许多数据压缩编码可用，赫夫曼码是一个早期的例子。通常进行数据压缩的主要目的是减少数据记录的大小，用于存储或传输。然而，通过消除冗余，数据压缩在安全性方面也发挥着重要作用。 158~159

窃听信道由 Wyner(1975)引入。Leung-Yan-Cheong 和 Hellman(1978)研究了窃听信道的高斯实例。

第 6 章

Cryptography and Secure Communication

分组密码

分组密码是将明文消息分割成固定长度片段的对称密钥密码。每个片段也称为明文分组(可简称明文块)，由固定数量的明文符号组成。采用对于加密器和解密器都已知的密钥 k，每个明文块独立地加密成分组长度为 n 的密文分组(可简称密文块)[⊖]。在许多常用分组密码中，密文块的长度 n 与明文块的长度相等，但并非所有的分组密码都是如此。连接各密文块以形成密文消息，然后将其发送给解密器。解密器接收密文消息，然后将其分解成长度为 n 的密文块序列，采用相同的密钥 k，独立地将长度为 n 的每个密文块解密成相应的明文块。解密器输出的明文块连接后重构成明文消息，然后将其发送给用户。

加密函数和密钥 k 对于不同分组可以保持不变，每个分组加密不依赖于其他分组中的数据。每个分组独立加密。对称密钥分组密码要求对于同一个分组，加密器和解密器使用相同的密钥。这意味着需要安全的方法来将该密钥分发给加密器和解密器或在它们之间安全交换这个密钥。可以利用任何密钥分发的方法，包括公钥密码学。

6.1 分组代换

分组密码采用 $\boldsymbol{y}=e_k(\boldsymbol{x})$将分组长度为 r 的明文块 $\boldsymbol{x}$ 映射到分组长度为 n 的密文块 $\boldsymbol{y}$。虽然 r 不需要等于 n，但对于本章的大多数分组密码，我们将设定 r 等于 n。更准确地来说，分组密码是通过密钥集合 $\mathcal{K}$ 中的密钥 k 来索引得到的映射集合$\{e_k\}$。我们通常认为 $\boldsymbol{x}$ 和 $\boldsymbol{y}$ 是二进制分组，分组长度 n 可以等于 64 或 128 位。如果分组长度是 64 位，则存在 2^{64} 种可能的明文和 2^{64}种可能的密文。加密映射 $e_k(\boldsymbol{x})$将集合中长度为 n 的 2^{64} 个二进制分组
160 映射到相同集合中的 2^{64} 个二进制分组。这意味着 $e_k(\boldsymbol{x})$是分组集合上的代换密码。2^{64} 个二进制明文块中的每一个都被指派一个 64 位二进制密文块来取代它。因此，从抽象的角度来看，对于每个 k，函数 $e_k(\boldsymbol{x})$是所有明文消息空间上的简单固定置换。不同的密钥 k 给出明文块的不同置换。如果有 $\#\mathcal{K}$个密钥，那么给定的分组密码由消息分组的 $\#\mathcal{K}$ 个置换组成，而每个密钥 k 指定其中一个置换。例如，如果密钥长度为 64 位，那么最多有 2^{64} 个密钥。这是一个大数字，2^{64} 个明文消息上置换的总数是$(2^{64})!$ 个。而这是一个巨大的数字，比 2^{64}大得多。分组密码的设计任务就是选择一个既能提供安全性又能提供简单性的置换集合。这两个目标瞄向对立的方向，具有挑战性的问题就是在它俩之间找到一个平衡。

分组密码体制的抽象结构如图 6-1 所示。此图将分组密码概念化为 $\#\mathcal{K}$ 个加密表构成的集合，密钥 k 的每个取值对应一个这样的表。将要采用的加密表由密钥来指定。然后，该指定的表通过 n 位明文块来寻址，而该表的每个地址存储

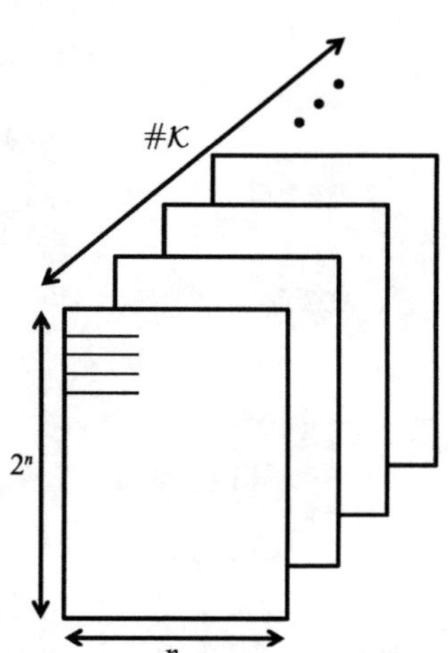

图 6-1 概念化分组密码

⊖ 后面“分组”一般简称为“块”。——译者注

了一个 n 位密文块。因为加密必须是可逆的，所以每个表中作为密文的每个 n 位分组仅出现一次。因此，由 k 指定的每个加密表是 n 位分组集合上的置换。当然，图中所示的每个这样的表都将是巨大的，所以图只是概念性的。在实际应用中，表中不可能存储各个数据项，而应该仅当需要时才进行计算，因此计算结构是必要的；然而表的结构应该能以某种方式防止敌手通过观测一个或多个密文来有效推演出消息或选择的密钥。

计算简单性的目标意味着应该存在一个简单的过程，将密钥的各位与明文的各位融
合，以便形成密文。该要求排除了许多分组置换，所有这些置换不符合简单的计算过程。 161
例如，上述随机分组置换存储将需要一个由 2^{64} 个长度为 64 位的数据项构成的表，而这显然通常不能采用简单的算法来表示。像这样的表是不可行的。只有那些置换可采用易处理算法来表示的分组密码是可行的，但是该置换应当是和一个随机置换一样神秘莫测。

安全性的目标要求算法没有任何缺陷可供密码分析者来推导出密钥或明文。通常认为这个目标强加了一些广泛性的需求。密文的每一位应该是每个明文位和每个密钥位的函数(这称为完备性)。改变明文的任一位或密钥的任一位，对应密文应该同时有一半的位数发生改变(这称为雪崩效应)。类似地，改变密文的任一位，解密后的明文应当以不可预测的方式改变。特别地，当密文的一个比特求反(求补)时，明文应当有平均大约一半的位数发生改变。更一般地，在密文和明文之间不应存在明显的统计关系。在这个表述中，“明显”一词很重要，因为对于每个密钥来说，密钥和密文之间的关系最终当然是确定性的。但是这种确定性关系只应在整个系统的全局视角内可见，而并非在有限的数据集中。

6.2 Feistel 网络

许多常用数字分组密码的公认原理是通过对基本核心计算进行迭代来同时实现安全性和计算简单性。该原理体现在具有许多迷人特性的流行结构中，这种结构称为 Feistel 网络。Feistel 网络如图 6-2 所示。明文是具有偶数位的二进制数据字，将其分成两半。Feistel 网络的核心计算交换两半数据字的顺序，在交换期间对一半数据采用非线性密钥函数来处理，然后将其加到另一半。Feistel 网络通过对此核心计算进行多轮迭代来实现安全性。每轮迭代称为 Feistel 轮。每轮可采用全部密钥 k 或由部分密钥生成的子密钥 $k^{(i)}$ 来加密。由于每轮结构是相同的，并且计算简单，加密是简单而又安全的。重要的是，密钥函数必须是非线性的，因为线性运算可以互换和合并。如果运算是线性的，则可以将所有多轮迭代合并成单个等效轮，这将让攻击变得更容易。

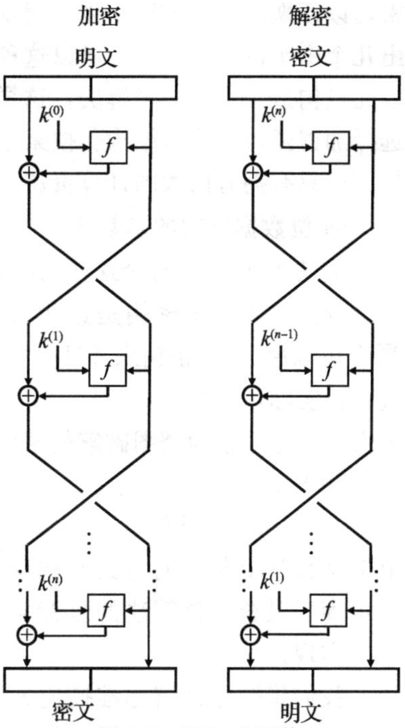

图 6-2 Feistel 网络

Feistel 网络结构具有有趣而又有效的特性，解密
与加密是相似的，区别仅在于子密钥以相反的顺序使 162
用。网络层面没有规定核心计算中密钥函数的选择，并不会影响网络的结构和可逆性。该密钥函数可以是密钥和数据的任何固定非线性函数，而并非由 Feistel 迭代结构来另行指定。

虽然 Feistel 网络的简单结构类似于级联密码的结构，但是由于在两半数据之间加入了数据换位而存在相当大的差异。换位可采用术语“数据扩散”来隐含描

述。类似地，函数 f 将密钥的各位融合到数据的各位之中可采用术语“数据混淆”来隐含描述。这样，Feistel 网络的目标就是提供“数据混淆和数据扩散”。

Feistel 网络作为分组密码体制的实用结构已经很流行，且是成功的。在这些流行的应用中，每轮只使用完整密钥的一部分。在一定程度上，这是为了避免任何无意的自我抵
163 消；如果每轮使用相同的完整密钥，可能会不经意间发生这种自我抵消。

针对 Feistel 网络的攻击有几种类型。如著名的差分密码分析攻击和线性密码分析攻击，这将在本章后面定义和探讨。这些攻击对于采用形如 Feistel 网络的流行分组密码显然是不成功的。此外，将密钥分割成子密钥也产生了潜在的漏洞。有人可能推测，可以采用某些未指定的方式来单独攻击轮加密，因为每轮只受到较短的子密钥保护，但目前似乎没听说有这样的攻击方式。

6.3 数据加密标准

数据加密标准(DES)是一个基于(已被广泛采用的)Feistel 网络的标准分组密码。DES 现在已经大大过时了，并已被高级加密标准(AES)所取代。虽然 DES 的应用不再广泛，但是对它的讨论仍然具有重要的教学意义，并可为分组密码提供良好的介绍。很好地理解 DES 是很好地理解 AES 的良好开端。

DES 采用分组长度为 56 位的二进制密钥，将分组长度为 64 位的二进制明文块加密为分组长度为 64 位的二进制密文块。通过在每 7 个密钥位之后插入一个校验位，DES 将 56 位的密钥延长到 64 位用于存储或分发，从而可以在每组 8 位中检测到密钥中的单个位错误。

为了阐述 DES 设计需求，假设二进制明文信源熵为每位 0.5 位。那么具有 56 位密钥的二进制分组码的唯一解距离是 112 位。这略小于两个密文块，因此我们知道采用相同密钥编码的两个 64 位分组随机二进制序列实际上不可能是正确的信源输出序列。因此，对于这样的信源，在长度为两个分组的密文消息上，原则上可以通过简单地尝试所有可能的密钥来解密，以便恢复典型信源中唯一对应的两个分组明文。因为有 2^{56} 个密钥，并且一次只能推导出几个密钥位或明文位，所以这种搜索尝试曾经认为在计算上是难以处理的，除非该计算可以通过构造一个算法来解决，这样就比直接搜索快得多。为此，具有挑战性的问题就是如何选择加密函数，使得结构化搜索不存在。不管其意图是什么，现在这种攻击在计算上是可行的，但只有拥有巨大的计算资源才能将其实现。

64 位数据空间的基数为 2^{64}。将该空间映射到其本身的方式数量是 2^{64}！个。每个这样的映射是 2^{64} 个分组数据集合上的一个置换，而每个密钥是这些置换中的一个选择。置换只有 2^{56} 个可以由 56 位密钥来寻址。可以说 DES 的设计需求是，通过一种实际可行的方式，从 2^{64}！个置换集合中选择 2^{56} 个置换
164 来实现，但不会为企图破解的密码分析者提供任何漏洞。

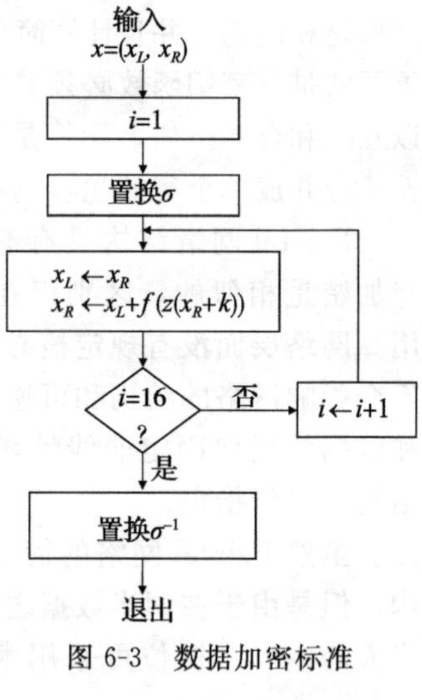

图 6-3 数据加密标准

DES 算法通过对由 Feistel 网络表示的基本核心计算进行多轮迭代来达到实用性。迭代的目的是采用一种计算上简单但又数学上复杂的方式来构建一种混合，以便设计达到基本步骤的融合。该算法的目标是为高安全性提供快速而又简单的实现。

我们将数据加密标准描述为由 16 轮核心加密计算构成的迭代算法，如图 6-3 所示。每步迭代称为轮次。加密核心由

函数 $f(z,\ k')$构成，其中 z 是采用指定方式对数据各位重排后的 48 位子分组，而 k'是由 56 位密钥 k 的子集采用指定方式排列生成的 48 位子密钥。

完整加密由 16 轮迭代构成

$$x_L^{(i)} = x_R^{(i-1)}$$
$$x_R^{(i)} = x_L^{(i-1)} + f(z(x_R^{(i-1)}), k^{(i)})$$

其中 $x_L^{(i)}$ 和 $x_R^{(i)}$ 每个都是 32 位，我们考虑 64 位分组 $x^{(i)}$ 的左半部分和右半部分，写为 $x^{(i)}=(x_L^{(i)}\mid x_R^{(i)})$。第一轮之前的预处理是明文消息的一个固定置换。该操作将被写为 $x^{(0)}=\sigma(x)$，其中 σ 表示固定置换。最后一轮之后是初始置换 σ 的逆置换 $y=\sigma^{-1}(x^{(16)})$。显然，那就是解密必须以置换 σ 开始并且必须以置换 σ^{-1} 结束。因为该置换 σ 是众所周知的，所以置换 σ 没有密码学意义，并且没有明显的目的。 165

显然，对于任何函数 $f(z,\ k)$，可以通过重复与以下方式相同的步骤来简单地解密第 i 轮：

$$x_L^{(i-1)} = x_R^{(i)} + f(z(x_L^{i}), k^{(i)})$$
$$x_R^{(i-1)} = x_L^{(i)}$$

因此，解密具有与加密相同的形式，只不过运算逆向进行。这意味着最后的加密轮对应于第一个解密轮。方程中除此之外的唯一其他差异是左右互换位置。实际上，除了子密钥顺序之外，解密在结构上与加密是相同的。

内部加密由函数 $f(z,\ k)$构成，其中 z 是 48 位数据子分组，而 k 是 48 位子密钥。采用以下方式，通过简单地重复一些位，将 32 位字 x 扩展成 48 位字 z：

$$z = (x_{32}, x_1, x_2, x_3, x_4, x_5, x_4, x_5, x_6, x_7, x_8, x_9, x_8, x_9, x_{10}, x_{11}, \cdots, x_{31}, x_{32}, x_1)$$

该方式首先通过将 32 位字循环移位一位将 x_{32} 置于首位，然后在每第 6 位之后重复前两位，如上式所示。

每轮的 48 位子密钥由 56 位完整密钥的子集按置换后的顺序排列构成。根据完整密钥来描述子密钥的最直接方式是明确地列出全部 16 轮子密钥的各位数据。对于 $\ell=1$，…，64，64，令 k_ℓ 表示 64 位的完整密钥 k。16 轮子密钥为

$$k^{(1)} = (k_{10}, k_{51}, k_{34}, k_{60}, k_{49}, \cdots, k_{62}, k_{55}, k_{31})$$
$$k^{(2)} = (k_{02}, k_{43}, k_{26}, k_{52}, k_{41}, \cdots, k_{54}, k_{47}, k_{23})$$
$$k^{(3)} = (k_{51}, k_{27}, k_{10}, k_{36}, k_{25}, \cdots, k_{38}, k_{31}, k_{07})$$
$$\vdots$$
$$k^{(16)} = (k_{18}, k_{59}, k_{42}, k_{04}, k_{57}, \cdots, k_{06}, k_{63}, k_{39})$$

一种更简洁的方法是采用数学表达式来指派子密钥。这样，16 轮子密钥通过表达式来定义如下：对于 $i=0$，…，47，$j=1$，…，16，$k_{ij}=k_{18-8j+41_i}$，其中下标可采用模 64 来约简，左侧的 k_{ij} 表示子密钥 $k^{(j)}$ 的第 i 个位。16 轮子密钥中的每一个都是 48 位子密钥。解密所需的 16 轮子密钥集合是相同的 16 轮密钥集合，但是从 $k^{(16)}$ 开始按相反顺序来使用。

接下来，对于第 i 轮所采用的子密钥 $k^{(i)}=k^{(1)}$，…，$k^{(16)}$，输入写成二进制和 $z+k^{(i)}$。然后将其分割为 8 个部分，即 $z+k^{(i)}=(B_1,\ B_2,\ \cdots,\ B_8)$，其中 B_ℓ 是 6 位字，并且$(B_1,$ 166
$B_2,\ \cdots,\ B_8)$是由这 8 个 6 位字级联构成的 48 位字。混淆函数的最后一步就是将 32 位向量 $f(z,\ k^{(i)})$定义为 $f(z,\ k^{(i)})=(S_1(B_1),\ S_2(B_2),\ \cdots,\ S_8(B_8))$，其中每个函数 $S_\ell(B_\ell)$ 将 6 位映射成 4 位。这意味着每个 $S_\ell(B_\ell)$可以认为是由 64 个 4 位数字构成的表。每个 $S_\ell(B_\ell)$的 64 个数字通常采用 4×16 的十六进制符号阵列来表示，称为代换盒，或简称为 S 盒。总共有 8 个这样的 S 盒。每个 S 盒的 4 位数字用十六进制符号表示如下：

$$S_1 = \begin{bmatrix} E & 4 & D & 1 & 2 & F & B & 8 & 3 & A & 6 & C & 5 & 9 & 0 & 7 \\ 0 & F & 7 & 4 & E & 2 & D & 1 & A & 6 & C & B & 9 & 5 & 3 & 8 \\ 4 & 1 & E & 8 & D & 6 & 2 & B & F & C & 9 & 7 & 3 & A & 5 & 0 \\ F & C & 8 & 2 & 4 & 9 & 1 & 7 & 5 & B & 3 & E & A & 0 & 6 & D \end{bmatrix}$$

$$S_2 = \begin{bmatrix} F & 1 & 8 & E & 6 & B & 3 & 4 & 9 & 7 & 2 & D & C & 0 & 5 & A \\ 3 & D & 4 & 7 & F & 2 & 8 & E & C & 0 & 1 & A & 6 & 9 & B & 5 \\ 0 & E & 7 & B & A & 4 & D & 1 & 5 & 8 & C & 6 & 9 & 3 & 2 & F \\ D & 8 & A & 1 & 3 & F & 4 & 2 & B & 6 & 7 & C & 0 & 5 & E & 9 \end{bmatrix}$$

$$S_3 = \begin{bmatrix} A & 0 & 9 & E & 6 & 3 & F & 5 & 1 & D & C & 7 & B & 4 & 2 & 8 \\ D & 7 & 0 & 9 & 3 & 4 & 6 & A & 2 & 8 & 5 & E & C & B & F & 1 \\ D & 6 & 4 & 9 & 8 & F & 3 & 0 & B & 1 & 2 & C & 5 & A & E & 7 \\ 1 & A & D & 0 & 6 & 9 & 8 & 7 & 4 & F & E & 3 & B & 5 & 2 & C \end{bmatrix}$$

$$S_4 = \begin{bmatrix} 7 & D & E & 3 & 0 & 6 & 9 & A & 1 & 2 & 8 & 5 & B & C & 4 & F \\ D & 8 & B & 5 & 6 & F & 0 & 3 & 4 & 7 & 2 & C & 1 & A & E & 9 \\ A & 6 & 9 & 0 & C & B & 7 & D & F & 1 & 3 & E & 5 & 2 & 8 & 4 \\ 3 & F & 0 & 6 & A & 1 & D & 8 & 9 & 4 & 5 & B & C & 7 & 2 & E \end{bmatrix}$$

$$S_5 = \begin{bmatrix} 2 & C & 4 & 1 & 7 & A & B & 6 & 8 & 5 & 3 & F & D & 0 & E & 9 \\ E & B & 2 & C & 4 & 7 & D & 1 & 5 & 0 & F & A & 3 & 9 & 8 & 6 \\ 4 & 2 & 1 & B & A & D & 7 & 8 & F & 9 & C & 5 & 6 & 3 & 0 & E \\ B & 8 & C & 7 & 1 & E & 2 & D & 6 & F & 0 & 9 & A & 4 & 5 & 3 \end{bmatrix}$$

$$S_6 = \begin{bmatrix} C & 1 & A & F & 9 & 2 & 6 & 8 & 0 & D & 3 & 4 & E & 7 & 5 & B \\ A & F & 4 & 2 & 7 & C & 9 & 5 & 6 & 1 & D & E & 0 & B & 3 & 8 \\ 9 & E & F & 5 & 2 & 8 & C & 3 & 7 & 0 & 4 & A & 1 & D & B & 6 \\ 4 & 3 & 2 & C & 9 & 5 & F & A & B & E & 1 & 7 & 6 & 0 & 8 & D \end{bmatrix}$$

$$S_7 = \begin{bmatrix} 4 & B & 2 & E & F & 0 & 8 & D & 3 & C & 9 & 7 & 5 & A & 6 & 1 \\ D & 0 & B & 7 & 4 & 9 & 1 & A & E & 3 & 5 & C & 2 & F & 8 & 6 \\ 1 & 4 & B & D & C & 3 & 7 & E & A & F & 6 & 8 & 0 & 5 & 9 & 2 \\ 6 & B & D & 8 & 1 & 4 & A & 7 & 9 & 5 & 0 & F & E & 2 & 3 & C \end{bmatrix}$$

$$S_8 = \begin{bmatrix} D & 2 & 8 & 4 & 6 & F & B & 1 & A & 9 & 3 & E & 5 & 0 & C & 7 \\ 1 & F & D & 8 & A & 3 & 7 & 4 & C & 5 & 6 & B & 0 & E & 9 & 2 \\ 7 & B & 4 & 1 & 9 & C & E & 2 & 0 & 6 & A & D & F & 3 & 5 & 8 \\ 2 & 1 & E & 7 & 4 & A & 8 & D & F & C & 9 & 0 & 3 & 5 & 6 & B \end{bmatrix}$$

167

对于每个 S 盒，每 6 位输入指定对应该 S 盒中的一个元素。S 盒所指派的元素指定了用十六进制符号表示的 4 位输出。

每个 S 盒的每一行由 16 个十六进制符号的置换排列构成。另外，S 盒中的数字据说是任意的，可能是通过随机选择来产生的。虽然有意的或偶然的结构化模式可能存在于 S 盒的数字选择之中，但是并没有证据表明这是真的。有些人曾推测，在这些整数模式中可能存在隐藏的陷门，这使得 DES 的设计者在不知道密钥时也能轻易地解密消息。并没有证据表明这样的陷门是存在的。然而，强调这个隐蔽的陷门可能存在，这对于密码学的研究是重要的。如果此陷门确实存在，它将会是一个比我们遇到的绝大多数其他陷门更微妙的陷门。

S 盒集合可以用 8 个检索表构成的集合来表示，每个表由 64 个 4 位数字组成。8 个搜索表，每个有64个字，总共包括512个字，并通过6位的B_ℓ和3位表示的ℓ总共9位来寻址。这9位可以认为是存储4位数字的单个地址。

6.4 数据加密标准的使用

虽然数据加密标准被描述为单一分组密码，并且可以假定这种单一使用是最常见的，但是它也可以采用各种其他方式来使用。为了将其作为具有单个密钥的单一分组密码来使用，该密钥被一次性嵌入，并将较长的消息分解为64位的分组。这些分组被逐个移送到加密器之中，并采用相同的密钥来逐个加密。连续的分组加密除了使用相同的密钥之外，不以任何方式交互影响。然后将各个64位密文块连接起来以生成整个密文消息。解密是该过程的逆向过程。㊀

以这种方式将DES用作单一分组密码的一个小问题是，每当明文块重复时，将产生重复的密文块。例如，如果未压缩文档具有许多空白页面，或者如果两个文档具有相同的页面设置时，这种情况可能会出现。

存在几种针对DES基本运作方式的替代方案，供用户自由选择决定。这些替代方案并不一定提供更多的安全性，但是被一些用户优先选择。这些可选方案，包括普通分组加密，如图6-4所示。这些方法可以配合任何分组密码一起使用。

使用DES的一种替代方式是在对明文块进行加密之前将每个64位密文块按组模加到下一个64位明文块㊁。这个 168
步骤对于解密器解密是无所谓的，因为明文块可以按顺序逐个恢复。该方案的一个变种是将56位密文模加到密钥，用于加密下一个分组。该步骤对于解密器解密也是不重要的，只是分组解密需要采用与加密相同的顺序。

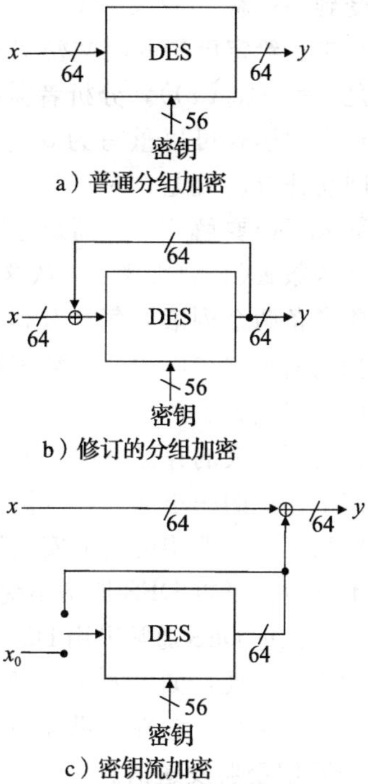

a）普通分组加密

b）修订的分组加密

c）密钥流加密

图6-4 DES的可选标准化方案

如何使用DES的另一种替代方案是产生半无限的二进制密钥流，就像是加法流密码使用的密钥流，如第7章所述。可采用任何64位向量x_0来初始化加密器，并采用分配的密钥k对初始向量进行加密，以产生第一组64位密钥流㊂。然后在每个步骤之中，采用相同的密钥k对加密器的前一组64位输出进行加密。加密器的每个输出又用作下一组64位密钥流，并且还用作加密器的下一个输入。采用这种方式，可产生无限的密钥流位序列，并且将其与明文逐位模加。解密通过生成相同的密钥流并且与密文逐位模减来对加密过程进行解密。 169

6.5 双重和三重DES加密

目前针对DES的已知最佳攻击是，可以通过简单地尝试所有2^{56}个密钥来进行直接暴力攻击。这大约有64×10^{15}个密钥。对于粗略的计算，假设可以构建一个专用计算机，例如每秒尝试100亿个密钥。那么这将只需要600万秒来尝试所有的密钥，约60天。这种

㊀ 这相当于ECB模式。——译者注
㊁ 这就是CBC模式。——译者注
㊂ 这就是OFB模式。——译者注

假定的攻击看起来也许是极端的，但它是可能的，可以看作是一个未来的漏洞。这样的计算表明，对于一些或许多应用来说，密钥的大小是令人不满意的，因此必须加长密钥。

任何分组密码可以级联起来，因此本节中所讨论的多重加密适用于任何分组密码。我们专门指定 DES，因为为了加长密钥，DES 的 56 位密钥大小导致一些场合需使用双重和三重加密。

双重 DES 加密由两次相同的加密应用过程构成，但采用两个不同的密钥来加密，形式为 $y=e_{k'}(e_k(x))$，如图 6-5 所示。三重 DES 加密由 3 次相同的加密应用过程构成，采用两个或三个不同的密钥来加密。采用三个密钥的加密形式为 $y=e_{k''}(e_{k'}(e_k(x)))$。然而，可以选择设定 $k''-k$，那么这就变成 $y=e_k(e_{k'}(e_k(x)))$。在这种情况下，三重加密仅使用两个密钥来模仿三重加密，即仅使密钥总长度加倍。这与双重加密所采用的密钥长度相同，但是推断三重加密的密文更安全。双密钥的三重加密不如三个密钥的三重加密安全，至少对
170 于强力攻击是如此。显然，没有任何针对三重密钥加密的攻击比暴力攻击破坏更大。

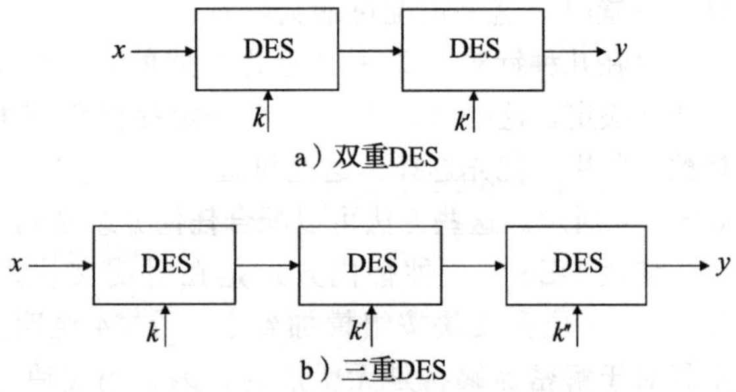

图 6-5 使用 DES 的级联加密

双重加密不太流行，因为它容易遭受到一种称为中间相遇攻击的已知明文攻击。给定已知的明文密文对 x 和 y，满足 $y=e_{k'}(e_k(x))$，分析者需找到 k 和 k'。这个表达式可以重写为 $d_{k'}y=e_k(x)$。中间相遇攻击就是，对于所有 2^{56} 个解密函数 $d_{k'}(y)$ 要解密 y，而对于所有 2^{56} 个加密函数 $e_k(x)$ 要加密 x。从这些条件看来，要准备两个列表，每个长度为 2^{56}，然后找到两个列表中共同的数据项。采用这种方式，通过在两个列表中找到单个共同的数据项，就找到了两个密钥 k 和 k'。这种攻击似乎是难以处理的，因为它需要巨大的工作量并且需要巨大的存储空间，但该工作量实际上只是采用已知明文攻击来破解单个密钥加密所需工作量的一小部分。我们得出结论，双重加密比单重加密更安全，但它不具备 112 位密钥长度本应期望的增强安全性。为此，可以认为，它所附加的努力和所增加的密钥长度并不值得。三重 DES 加密不受中间相遇攻击的威胁，所以是首选。

三重 DES 通常采用 DES 解密取代中间加密的奇异想法来实现，这样 $y=e_k(d_{k'}(e_k(x)))$。对于该实现，如果 $k'=k$，则单重 DES 加密与三重 DES 加密相同。这对三重 DES 安全没有实际影响。它在一些应用中可能是有吸引力的，因为它允许三重 DES 加密器给单重 DES 解密器发送消息，除了如何指派密钥之外，没有其他任何改变。只需要在三重 DES 加密中设定 k' 等于 k。这是提供向后兼容技术的一种方式，其中采用三重 DES 的新密码体制可以与采用单重 DES 的旧密码体制透明地结合使用。

6.6 高级加密标准

高级加密标准(AES)是一种分组密码，在其优选形式中，采用 128 位的数据长度和 128、192 或 256 位的密钥长度。加密过程由重复的核心计算构成。该核心计算的每次重复称为轮次。轮数取决于密钥长度，等于 10、12 或 14 轮。我们将主要讨论其中密钥长度为 128 位的情况，它采用 10 轮迭代。

高级加密标准的结构受到 Feistel 网络结构的启发。然而，AES 与将数据分成两半的 Feistel 有很大不同。它并非 Feistel 网络，但可以认为是 Feistel 网络的推广。

令 k 是长度为 128 位的密钥，并将 128 位的密钥看成由 16 字节组成，每个字节由 8 位组成。假设 s 是长度为 128 位的明文块，并将 128 位的明文块也看成由 16 字节组成，每 171
个字节由 8 位组成。为了便于描述计算过程，16 个明文字节看成按如下形式排列的 4×4 方阵：

$$s=\begin{bmatrix} s_{00} & s_{01} & s_{02} & s_{03} \\ s_{10} & s_{11} & s_{12} & s_{13} \\ s_{20} & s_{21} & s_{22} & s_{23} \\ s_{30} & s_{31} & s_{32} & s_{33} \end{bmatrix}$$

因为矩阵 **s** 的每个元素代表 8 位，所以整个阵列由加密过程的初始 128 位明文组成。每轮迭代采用新矩阵来替换矩阵 **s**。在 10 轮加密过程结束时，矩阵 **s** 包含的元素就是密文块。核心计算中的一部分涉及矩阵 **s** 的各个元素与密钥 k 之间的融合计算。这可以认为是“数据混淆”的任务。核心计算的另一部分涉及矩阵元素的重新排列。这可以认为是“数据扩散”的任务。

每轮加密都从前一轮产生的缓存加密分组开始，如图 6-6 所示。每轮迭代都开始于 128 位子密钥与最近缓存的加密分组之间的组合计算。然后，每轮迭代从当前的 128 位临时加密分组来计算新的 128 位加密分组。新的 128 位分组再次以相同的形式分成 4×4 字节的方阵，继续称为 **s**。

每轮加密包括 4 个步骤，如图 6-6 所示。

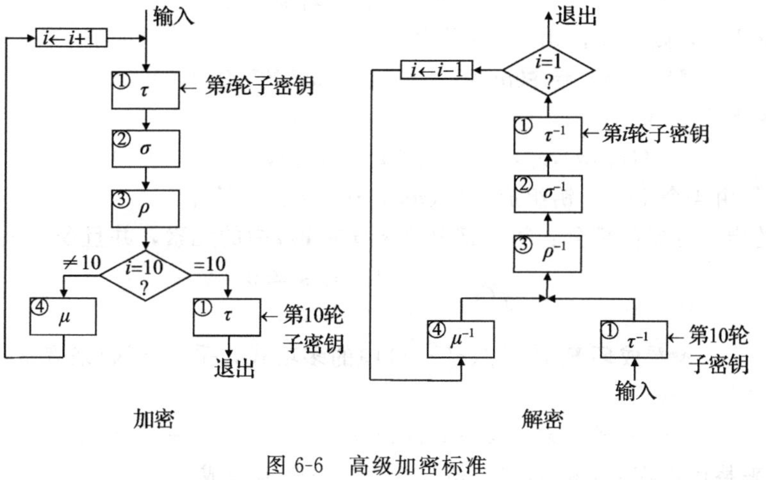

图 6-6　高级加密标准 172

步骤 1　此步骤是加密步骤。这是唯一用到了密钥的步骤。每轮指派的 128 位子密钥和 128 位迭代分组视为 $\mathbf{F}_2$ 上的两个 128 位向量，并将两个向量逐位模加。步骤 1 显然是可逆的，只需简单地将 128 位子密钥和 128 位密码字进行模加。这是因为 $s+k+k=s$。

步骤 2　此步骤是一个非线性步骤，其中矩阵的每个数据项都采用一个函数来变换。这样，4×4 方阵的每个字节 s_{ij} 都采用 $s_{ij}\leftarrow\sigma(s_{ij})$ 来变换，其中 σ 是一个将 8 位数映射成 8 位数的可逆非线性函数。后面将描述该函数。现在，函数 $\sigma(s)$ 可以简单地采用图 6-7 中给出的检索表来描述，其中字节 s 用十六进制符号对 (x, y) 来表示。可以通过查验每个 8 位数字在表中恰好出现一次来验证 $\sigma(s)$ 是可逆的。这样 $\sigma(s)$ 就是所有字节的一个置换。

步骤 3　此步骤由 4 行字节循环移位组成，即对 **s** 的四行中每一行进行字节循环移位。每行采用多项式 $s(x)=s_3x^3+s_2x^2+s_1x+s_0$ 来表示，其中多项式系数由每行中的元素给定。那么，步骤3的函数$\rho(s)$可采用多项式$xs(x)(\bmod x^4-1)$来表示。显然，这个步骤是可逆的。

步骤4 该步骤的运算就是对矩阵$\boldsymbol{s}$的每一列进行操作。将$\boldsymbol{s}$中的每个元素看成$\mathbf{F}_{256}$中的元素，即采用$\mathbf{F}_{256}$中关于z的多项式来表示，其运算基于$\mathbf{F}_{256}$中不可约多项式$z^8+z^4+z^3+z+1$上的乘法。可采用变量x表示的多项式$s(x)=s_3x^3+s_2x^2+s_1x+s_0$来识别每列中的4个元素，其中多项式的系数就是列中的元素。令$c(x)$和$d(x)$是$\mathbf{F}_{256}[x]$中的固定多项式，由下式给定

$$c(x)=(z+1)x^3+x^2+x+z$$

$$d(x)=(z^3+z+1)x^3+(z^3+z^2+1)x^2+(z^3+1)x+(z^3+z^2+z)$$

其中系数写成关于z的多项式，z表示$\mathbf{F}_{256}$中的元素。采用基本多项式乘法，通过$\mathbf{F}_{256}$中系数的加法和乘法运算来计算多项式乘积$c(x)d(x)$，可得出$c(x)d(x)=1(\bmod x^4-1)$。相应地，通过将乘积$c(x)s(x)$乘以$d(x)(\bmod x^4-1)$来对乘积$s(x)c(x)$求逆可得到$s(x)$。

加密共进行10轮迭代，每轮包括上述4个步骤[⊖]。在10轮迭代结束时，将第11个子密钥与迭代输出模加以生成最终的密文。这就完成了对加密函数中4个步骤的描述。为了

174 完成对AES的描述，现在我们必须描述11个子密钥和置换函数σ的计算。

11个128位子密钥序列$k^{(0)}$，$k^{(1)}$，…，$k^{(10)}$，将它们作为44个32位字构成的序列来计算，每个32位字是1/4的密钥，44个字由$\boldsymbol{w}=(w_0, w_1, \cdots, w_{43})$给出，其中128位主密钥划分为$\boldsymbol{k}=(w_0, w_1, w_2, w_3)$。如果$j\neq 0(\bmod 4)$，则1/4密钥$w_j$定义为

$$w_j=w_{j-1}+w_{j-4}$$

如果$j=0(\bmod 4)$，则1/4密钥w_j定义为

$$w_j=\xi(w_{j-1})+w_{j-4}+(x^{(j-4)/4},0,0,0)$$

其中函数ξ由下式给出

$$\xi(a_0,a_1,a_2,a_3)=(\sigma(a_1),\sigma(a_2),\sigma(a_3),\sigma(a_0))$$

那么，$k^{(i)}$就是由4个1/4密钥组成，由$(w_{4i}, \cdots, w_{4i+3})$给定。

函数σ的定义分成两部分：第一部分将s看成$\mathbf{F}_{256}$中的元素，并且令$s\leftarrow f(s)$，其中

$$f(s)=\begin{cases}s^{-1} & 若\ s\neq 0\\ 0 & 若\ s=0\end{cases}$$

随后，第二部分将s看成环$\mathbf{F}_{256}[x]/\langle x^8-1\rangle$中的多项式，采用s(x)来表示。然后，通过下式将$s(x)$映射到$r(x)$

$$r(z)=(z^4+z^3+z^2+z+1)s(z)+(z^6+z^5+z+1)(\bmod z^8-1)$$

并采用$r(x)$来替代矩阵$\boldsymbol{s}$中的$s(z)$。该计算可以清晰地写成

$$\begin{bmatrix}r_0\\r_1\\r_2\\r_3\\r_4\\r_5\\r_6\\r_7\end{bmatrix}=\begin{bmatrix}1&0&0&0&1&1&1&1\\1&1&0&0&0&1&1&1\\1&1&1&0&0&0&1&1\\1&1&1&1&0&0&0&1\\1&1&1&1&1&0&0&0\\0&1&1&1&1&1&0&0\\0&0&1&1&1&1&1&0\\0&0&0&1&1&1&1&1\end{bmatrix}\begin{bmatrix}s_0\\s_1\\s_2\\s_3\\s_4\\s_5\\s_6\\s_7\end{bmatrix}+\begin{bmatrix}1\\1\\0\\0\\0\\1\\1\\0\end{bmatrix}$$

⊖ 实际上，AES前9轮每轮包括4步，最后一轮只有前3步，没有第4步。——译者注

现在，通过对 256 个可能值中的每一个依次设定 $s(x)$，就可以计算得出图 6-7 中的数据项。

x\y	0	1	2	3	4	5	6	7	8	9	A	B	C	D	E	F
0	63	7C	77	7B	F2	6B	6F	C5	30	01	67	2B	FE	D7	AB	76
1	CA	82	C9	7D	FA	59	47	F0	AD	D4	A2	AF	9C	A4	72	C0
2	B7	FD	93	26	36	3F	F7	CC	34	A5	E5	F1	71	D8	31	15
3	04	C7	23	C3	18	96	05	9A	07	12	80	E2	EB	27	B2	75
4	09	83	2C	1A	1B	6E	5A	A0	52	3B	D6	B3	29	E3	2F	84
5	53	D1	00	ED	20	FC	B1	5B	6A	CB	BE	39	4A	4C	58	CF
6	D0	EF	AA	FB	43	4D	33	85	45	F9	02	7F	50	3C	9F	A8
7	51	A3	40	8F	92	9D	38	F5	BC	B6	DA	21	10	FF	F3	D2
8	CD	0C	13	EC	5F	97	44	17	C4	A7	7E	3D	64	5D	19	73
9	60	81	4F	DC	22	2A	90	88	46	EE	B8	14	DE	5E	0B	DB
A	E0	32	3A	0A	49	06	24	5C	C2	D3	AC	62	91	95	E4	79
B	E7	C8	37	6D	8D	D5	4E	A9	6C	56	F4	EA	65	7A	AE	08
C	BA	78	25	2E	1C	A6	B4	C6	E8	DD	74	1F	4B	BD	8B	8A
D	70	3E	B5	66	48	03	F6	0E	61	35	57	B9	86	C1	1D	9E
E	E1	F8	98	11	69	D9	8E	94	9B	1E	87	E9	CE	55	28	DF
F	8C	A1	89	0D	BF	E6	42	68	41	99	2D	0F	B0	54	BB	16

图 6-7 AES 的 S 盒

对于解密，必须对这个非线性步骤求逆。关系式

$$s(z) = (z^6 + z^3 + z)r(z) + z^2 + 1 (\bmod z^8 - 1)$$

为第二部分提供了求逆关系，因为

$$(z^4 + z^3 + z^2 + z + 1)(z^6 + z^3 + z) = 1 (\bmod z^8 - 1)$$ 175

且

$$(z^6 + z^3 + z)(z^6 + z^5 + z + 1) + z^2 + 1 = 0 (\bmod z^8 - 1)$$

步骤 1 的两个部分合在一起可以简单地看成由 256 个 8 位字节所构成的集合上的置换，从而避免提及域 $\mathbf{F}_{256}$。这样，可以预先计算函数 σ 并将其存储为表。存储该表的常规方式如图 6-7 所示，在有关 AES 的文献中该表称为 *S* 盒。在 *S* 盒的这种表示中，每个 8 位字节采用一对十六进制符号来表示。这些来自十六进制字母表的符号{0，1，2，…，A，B，C，D，E，F}对应于 16 个二进制数{0000，0001，…，1111}。*S* 盒的输入是字节 (x, y)，其中 x 由 4 位组成，并用来指定矩阵的行，y 也由 4 位组成，并用来指定列。*S* 盒的输出采用 $b(x, y)$ 来表示，存储在 *S* 盒矩阵中 (x, y) 指定的位置。

AES 的计算安全性方面赢得广泛的信任，尽管该结果并没有得到正式的数学证明。在 AES 加密过程中，并没有从数学上确定有意的或偶然的陷门不存在。然而，也没有证据表明这样的陷门确实存在。

6.7 差分密码分析

差分密码分析是一种针对 DES 的攻击，可用于攻击任何 Feistel 网络。但它攻击 DES 并没有成功。如果 Feistel 的迭代轮数不是太大，它就能成功。的确，看起来 DES 至少要采用 16 轮迭代加密是有必要的，以确保差分密码分析并不具备优于暴力攻击的可能性。

差分密码分析是一种选择明文攻击，用这样的差分方式选择两个明文，如果两个密文块逐位模减，则将存在一定量的抵消。希望这个差分密文可以用来对密钥做一些推论，即使是微乎其微的。通过重复这个过程许多次，也许是巨大的次数，人们希望能逐步破解密钥。

为了解释差分密码分析，我们将描述它如何用于攻击只采用 3 轮迭代的修改 DES。那么可以详细写出明文($x_L^{(0)}$，$x_R^{(0)}$)的加密，第一步是

$$x_R^{(3)} = x_L^{(2)} + f(x_R^{(2)}, k^{(3)}) = x_R^{(1)} + f(x_R^{(2)}, k^{(3)})$$

最后一步是

176 $$x_R^{(3)} = x_L^{(0)} + f(x_R^{(0)}, k^{(1)}) + f(x_R^{(2)}, k^{(3)})$$

类似的扩展适用于第二个明文($x_L^{*(0)}$，$x_R^{*(0)}$)的加密。这就是

$$x_R^{*(3)} = x_L^{*(0)} + f(x_R^{*(0)}, k^{(1)}) + f(x_R^{*(2)}, k^{(3)})$$

令 $\Delta x_R = x_R - x_R^*$，以及 $\Delta x_L = x_L - x_L^*$。那么

$$\Delta x_R^{(3)} = \Delta x_L^{(0)} + f(x_R^{(0)}, k^{(1)}) - f(x_R^{*(0)}, k^{(1)}) + f(x_R^{(2)}, k^{(3)}) - f(x_R^{*(2)}, k^{(3)})$$

现在，选择满足 $x_R^{(0)} = x_R^{*(0)}$ 的明文，使得两个中间项抵消。那么该方程就变为

$$\Delta x_R^{(3)} - \Delta x_L^{(0)} = f(x_R^{(2)}, k^{(3)}) + f(x_R^{*(2)}, k^{(3)})$$

但是 $\Delta x_R^{(2)} = \Delta x_L^{(3)} = \Delta y_L$ 并且 $\Delta x_L^{(0)} = \Delta x_L$，所以我们有

$$\Delta y_R - \Delta x_L = f(y_L, k^{(3)}) - f(y_L^*, k^{(3)})$$

因为这是一种选择明文攻击，所以明文是已知的，且 Δx_L 也是已知的。此外，两个密文也是已知的。现在，除了密钥 $k^{(3)}$，方程中的每个参数都是已知的。现在，针对所有密钥的暴力试验和差错测试将最终给出 $k^{(3)}$ 的全部或部分。采用这种方式，有效密钥空间的大小已经减小到子密钥的 48 位。针对这个较小密钥空间的暴力攻击比针对原始密钥空间的暴力攻击更容易处理，尽管仍然繁重。

针对 16 轮 DES 的差分密码分析攻击要困难得多，而且很烦琐，但可以做到。据称，采用 2^{43} 个明文的差分密码分析攻击将使得推导出 DES 密钥成为可能。虽然认为这种复杂性可能是勉强可行的，但对于典型应用来说肯定是不合理的。如果 DES 的迭代轮数少于 16 轮，差分密码分析攻击将没有那么复杂，那么 DES 的安全性将成为问题。

6.8 线性密码分析

两个线性函数的级联总是可以用单个线性函数来替换。因此，在具有多轮迭代的密码体制中所存在的线性是密码分析者可以攻击的潜在弱点。因此，为了抵抗可能的线性攻击，像 DES 这样的现代分组密码采用复杂的非线性运算。

线性成为脆弱性的另一个原因是为了将类似的运算合并在一起，线性运算的执行顺序可以互换，或许相似的运算可以组合以便有效地降低复杂性。因为密码分析者认识到线性系统容易遭受这种方式的攻击，所以针对非线性系统建议采用的一种攻击是，通过采用线
177 性函数逼近非线性函数的策略来部分地抑制非线性。对于诸如 DES 这样的 Feistel 网络情况，目标是将主攻击简化成一个针对线性或部分线性密码体制的更简单的攻击，并且与一些附加技术组合使用以抵消剩余的非线性。

例如，在 DES 中，线性密码分析攻击将采用一种合适的算术系统来对函数 f 或函数 f 的某一部分进行建模，然后将线性函数拟合到该函数。采用这种方式，原始非线性函数将被建模成与残余非线性函数相组合的线性函数。这种攻击方法已经尝试过用于攻击 DES，但是(显然)失败了。虽然线性密码分析没能成为成功攻击 DES 的方法，然而它相比暴力攻击而言似乎有更好的潜力，但有待新的想法来将其增强，当然我们都不希望这种攻击方法成功。

第 6 章习题

6.1 高级加密标准(AES)使用(最多)256 位的密钥长度加密 128 位的数据块。由 128 位字构成的集合上

有多少个置换排列？有多少个长度为256位的密钥？估算AES实际可能使用的置换集的规模。[1]

6.2 解释为什么三重DES不容易遭受中间相遇攻击。

6.3 DES使用16轮核心迭代和56位密钥。假设这看作是由两个8轮加密构成的双重加密。从这个角度来看，中间相遇攻击是否能给出一个有吸引力的破解DES的方法？给出理由或反驳。这与双重DES的中间相遇攻击有什么关系？

6.4 描述密钥k长度为128位的DES修订方案，假定加密器不变。你的修改方案是否容易遭受中间相遇攻击？采用什么方式，如果存在，你的修改是比高级加密标准更安全，还是更不安全？

6.5 假设DES的密钥和明文都(按位)取补。这意味着DES的密文也是(按位)取补？在相同条件下，AES的密文是否也是取补？

6.6 验证AES的解密确实是对AES加密的求逆运算。

6.7 采用模式$y^{(i)}=e_k(x^{(i)}+y^{(i-1)})$将DES加密序列合并成一串序列，其中$x^{(i)}$是第$i$个明文块，$y^{(i)}$是第$i$个密文块。解释为什么这样不会降低安全性。它会提高安全性吗？请表述如何解密密文串。[2]

6.8 设计和描绘一个Feistel网络的变体，将64位明文分成4个1/4字而不是两个半字。确保加密是可逆的。你察觉到你的设计有任何实现优势吗？你察觉到任何安全漏洞吗？ 178

第6章注释

数据加密标准是早期就开始研究的一个分组密码体制，由IBM对Feistel的研究开始，DES于1977年成为行业标准。称Lucifer为DES的前期版本，如Feistel(1974)和Sorkin(1984)是早期的商业分组密码。这些方法基于Feistel网络，在1971年及以后广泛颁行。显然，从来没有揭晓过DES代换盒中的常数是如何选择的。Smid和Branstad(1992)已经介绍了DES的历史。用于小型应用的其他常用分组密码，例如IDEA和SAFER，也是从Feistel网络的概念演变而来，尽管它们对Feistel的两半分组进行了修改，取而代之的是将64位明文分解成8字节。

差分密码分析的方法虽然在开发DES时可能已经知道，但是直到20年后才由Lai、Massey和Murphy(1991)提出，后来出现在Biham和Shamir(1993)出版的开放文献中[3]。线性密码分析由Matsui(1994)引入，期望它会带来成功的唯密文攻击。虽然线性密码分析已取得一些有限的成功，并进一步削弱了人们对DES的信心，但它没有引发实用攻击。差分密码分析和线性密码分析的方法由Langford和Hellman(1994)合并为一种单一的攻击，尽管仍然不是一种成功的攻击。

尽管差分密码分析和线性密码分析用于攻击DES时取得了有限的成功，但DES的真正弱点是密钥空间太小。Hellman(1980)表明建立一个专用计算机是可行的，它可以通过基本的暴力攻击解开56位密钥的DES密码分组。这导致要使用双重加密和三重加密。Merkle和Hellman(1981)引入了中间相遇攻击，以揭开任何双重加密的优缺点。中间相遇攻击对三重加密无效。

数据加密标准现已被高级加密标准取代，AES标准是在公开征求建议书之后设计的。这个标准基于Daemen和Rijmen(2000，2001)的提案，最初是用他俩名字的组合“Rijndael”来命名。在对原始提案进行了修改之后，它才成为以现有名称命名的标准。由于AES增加了密钥长度，使得差分密码分析、线性密码分析、暴力攻击等似乎没有攻破AES的任何希望。就像怀疑DES一样，怀疑者总是怀疑在AES的数学中有一个巧妙隐藏的陷门，没有密钥但知道陷门的密码分析者借助它可以读取消息。没有证据支持这种怀疑，但也没有证据表明这样的陷门不存在。本章给出了AES的标准过程。还给出了AES过程的代数描述，一部分由Lenstra(2002)介绍，一部分由Rosenthal(2003)介绍。 179~180

---

[1] 简单考虑，置换的目的是实现交叉扩散，均匀扩散的扩散速度最快。AES的置换实际上是16字节的排列。另外，AES的128位分组数据分成4个字，每个字为4字节。如果每个字有1字节保留在该字之中(位置可变可不变)，另外3字节均匀置换到其他3个字之中，这样扩散最快。——译者注

[2] 这就是著名的CBC模式。——译者注

[3] 从年份看，原书表述有误。——译者注

第 7 章

Cryptography and Secure Communication

流 密 码

分组密码将消息分割成固定长度的数据块，与其相比，*流密码*具有固定的开始段，但没有固定的结束段。流密码加密不定长度的明文数据流，例如长位流，我们可以将其视为无限数据流。流密码采用长度为 m 位的加密密钥，将无限的明文符号流送到加密器，输出无限的密文符号流。之后，无限的密文符号流进入解密器，解密器采用长度为 m 位的相同密钥，输出无限的明文符号流。

也许是受到了一次一密乱码本的启发，流密码具有悠久的历史，并且在许多应用中得到广泛使用。流密码的一种常见形式称为*加法流密码*，它将 m 位密钥转换成半无限的二进制流，称为*密钥流*。加密器将二进制密钥流与二进制数据流逐位模 2 加(异或)，以形成码流。解密器再次将相同的密钥流与码流逐位模 2 加，从而以这种方式恢复数据流。

回忆一下由半无限随机等概位序列组成的二进制一次一密乱码本，乱码序列对加密器和解密器都是已知的。对于用作一次一密乱码本的随机二进制序列没有限制，只要是最大随机的。这意味着序列的各位是相互独立和等概的。

在实践中，二进制加法密钥流由一段 m 位分组的主密钥来指定。这意味着该密码中只能有 2^m 个密钥流，并且分组密钥将决定会使用这 2^m 个密钥流中的哪一个。设计流密码的目标是选择这 2^m 个密钥流，使得它们看起来是任意的和拟随机性的，没有明显的可读取结构，并且可由 m 位密钥简单地构建。虽然密钥流的各位是彼此相关的，但这种相关性不容易提取。

一个二进制密钥流，其自身由长度为 m 的密钥生成，也可以用不同的方式来连续更新相邻分组密码使用的密钥。简单地将半无限二进制密钥流分割成 m 位分组序列，此时每个分组可视为一个新的 m 位密钥，用于相邻分组密码体制。用这种方式，每个数据分组可以采用不同的密钥或频繁更新的密钥来进行分组加密。尽管这样计算出的密钥序列是由密钥流生成器通过主密钥来进行简单初始化而生成的，但人们可以假定分组密码得到进一步保护，因为它连续地更新密钥。

181

7.1 依赖状态的加密

为了实用性，流密码应当是可实现的，因而加密器的存储器必定是有限的。因此，大体来讲，加密器通常是由密钥控制的有限状态机。我们假定有限存储器可以容纳 L 个符号，其取值取自一些有限字母表 $\mathcal{A}$，通常是二进制字母表。存储器中 L 个符号的当前取值所构成的集合称为存储器的*状态*。状态的取值取自大小为 $(\#\mathcal{A})^L$ 的分组字母表。对于二进制字母表，状态可以取 2^L 个值。

例如，密钥函数 $y_i=e_k(x_i, x_{i-1}, x_{i-2}\cdots, x_{i-L})$ 形成一个流密码，该流密码由长度为 L 的状态存储器和加密密钥 k 构成。在该示例中，状态等于明文的 L 个最近的符号。状态存储器简单地用来存储明文的这 L 个最近的符号。密文的第 i 个符号直接采用这 L 个存储的明文符号来计算。这种加密器称为*前馈加密器*，该名称指的是过去的界限，从 i 到 $i-L$，随着 i 增加而向前移动，并且过去的明文符号最终被加密器丢弃。当前符号的加密

不受最近 L 个明文符号之前的符号所影响。

更一般地，令时间 i 处的存储器保存状态向量，定义为 $(s_1^{(i)}, s_2^{(i)}, \cdots, s_L^{(i)})=\boldsymbol{s}^{(i)}$。对于每个 i，采用当前缓存状态和新输入的符号来计算新状态。则有限状态机可描述为

$$y_i = e_k(x_i, \boldsymbol{s}^{(i-1)})$$
$$\boldsymbol{s}^{(i)} = f(x_i, \boldsymbol{s}^{(i-1)})$$

甚至更一般地，用于更新状态的函数 f 也可以与密钥 k 有关。那么，作为有限状态机的加密器可描述如下：

$$y_i = e_k(x_i, \boldsymbol{s}^{(i-1)})$$
$$\boldsymbol{s}^{(i)} = f_k(x_i, \boldsymbol{s}^{(i-1)})$$

对于流密码，加密器的一般形式如图 7-1 所示。 182

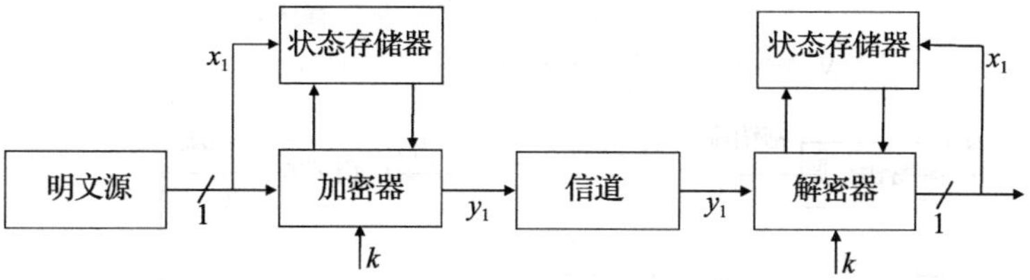

图 7-1 依赖状态的加密

解密器具有类似的结构，作为有限状态机的解密器描述如下：

$$x_i = d_k(y_i, s^{(i-1)})$$
$$s^{(i)} = f_k(x_i, s^{(i-1)})$$

注意，在解密器中，定义状态 $s^{(i)}$ 的函数与加密器中的相同。此外，恢复明文码元 x_i 无须参考新状态 $s^{(i)}$。在计算明文符号 x_i 之后，所有解密器所需计算的新状态值 $s^{(i)}$ 才需要用到。

对于流密码，要构成依赖状态的加密器，一种方法是采用分组加密器作为加密器的核心，通过简单的外部操作来扩充，可将分组加密器转换为流加密器。例如，就像第 4.4 节中所讨论的，令 $\boldsymbol{y}=e_k(\boldsymbol{x})$ 表示分组长度为 n 的分组加密函数。令 $x_\ell=(\ell=1, \cdots)$ 表示一系列数据块，每个数据块的长度为 n。然后将流加密定义为分组流 $\boldsymbol{y}_\ell=e_k(\boldsymbol{x}_\ell+\boldsymbol{y}_{\ell-1})$，$\boldsymbol{y}_{\ell-1}$ 可从任意指定的初始分组 $\boldsymbol{y}_0$ 开始。这样，在每个分组加密之前，将每个密文块与下一个明文块模加。将所有密文块连接以生成密文消息。流解密方式为 $\boldsymbol{x}_\ell=d_k(\boldsymbol{y}_\ell)+\boldsymbol{y}_{\ell-1}$，在每个分组解密之后与前一个密文块模加抵消以恢复明文分组。⊖

7.2 加法流密码

简单而又广泛使用的流密码是*加法流密码*(加性流密码)，它是流密码的一种特例。有时候听说加法流密码是受香农一次一密乱码本的启发。一次一密乱码本需要半无限的、真正随机的二进制序列。相反，加法二进制流密码采用周期非常大的周期性二进制序列来模仿一次一密乱码本，并且表面上似乎具有随机二进制序列的形式。 183

阿贝尔群 G 上的加法流密码体制通过将 G 中无限的符号序列与明文逐位模加来加密。由此可得，$y_i=x_i+z_i^{(k)}$，其中序列 $\{z_i^{(k)}\}$ 称为*密钥流*，是来自群 G 的无限长符号序列。二进制域 $\mathbf{F}_2$ 采用模 2 加法运算，通常能满足 G 的需求。将要用到的密钥流通过来自密钥集

⊖ 这就是 CBC 模式。——译者注

合 $\mathcal{K}$ 的主分组密钥 k 来指派。对于每个主密钥 $k\in\mathcal{K}$，都存在一个这样的密钥流。如果密钥是 m 位二进制数，则存在 2^m 个密钥流。密钥扩展的任务就是将分组密钥 k 扩展成半无限的密钥流。尽管密钥流是由有限状态机通过主密钥确定性地生成的，但是人们尝试设计该过程，使得密钥流看起来是最大随机的，并且使得密钥流的未来取值不能由密钥流的部分过去取值来预测。相应地，这样的密钥流通常称为伪随机密钥流。

加性密钥流密码体制如图 7-2 所示。为了生成由 $z^{(k)}$ 来表示的密钥流，我们通过以下规则来计算第 i 个位

$$z_i^{(k)} = e_k(\boldsymbol{s}^{(i-1)})$$
$$\boldsymbol{s}^{(i)} = f_k(\boldsymbol{s}^{(i-1)})$$

其中 k 是主密钥，i 是时间参数，而 $\boldsymbol{s}^{(i)}$ 是状态向量($s_1^{(i)}$，$s_2^{(i)}$，…，$s_L^{(i)}$)。密文是由下式给定的位序列

$$y_i = x_i + z_i^{(k)} = x_i + e_k(s^{(i-1)})(\text{mod } 2)$$

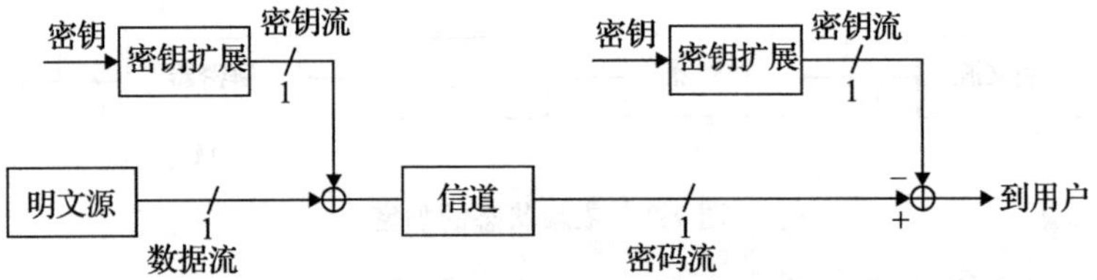

图 7-2　加性密钥流密码

加性密钥流密码是流密码的一种特例，其中 f_k 和 e_k 没有将数据位 x_i 作为一个参数，因此密钥流不依赖于数据。因为只有 $\#\mathcal{K}=2^m$ 个密钥，所以只有 2^m 个密钥流，每个密钥流都可以是无限长的序列。实际的密钥流产生器必定具有有限的复杂性，因此它采用有限状态机来生成无限的密钥流。因为有限状态机只有有限数量的状态，它最终必定会重复某一个状态。一旦它重复某一个状态，它必定重复该状态后的相同历史状态。这样，通过有
184 限状态机产生的每个密钥流最终都是周期性的。

如果密钥流与该密钥流的任何循环转换之和等于初始密钥流的某些其他循环转换，则加性密钥流密码是线性的。也就是说，对于任意 ℓ，都存在一个 ℓ 满足

$$z_i + z_{((i+\ell))} = z_{((i+\ell'))}$$

其中对于所有的 i，双括号表示模 n 运算，而 n 是循环序列的周期。因为线性序列可以由移位寄存器来生成，所以它们称为线性移位寄存器序列。线性加法密钥流的理论始于线性移位寄存器序列的研究。

加法密钥流必须在加密端和解密端同步，这意味着解密必须从密文符号 y_i 中减去密钥流符号 z_i。如果它减去密钥流符号 $z_{i'}$，而 $i'\neq i$，那么我们计算得到

$$y_i - z_{i'} = x_i + z_i - z_{i'}$$

这对用户来说是不可理解的。这个要求不是加法密钥流所独有的。任何依赖状态的流密码都必须给定初始状态，并且还必须与密钥流的第一个符号同步。的确，在任何数字位流通信系统中同步总是需要的。即使分组密码也必须正确地分组以用于解密。

虽然这些观点可能是显而易见的，但是可能不明显的地方是，密钥流同步的方法可能会为密码分析者提供可以利用的漏洞，尽管我们没有证明这种观念。人们要始终当心支撑加密的辅助函数有可能提供漏洞。

7.3 线性移位寄存器序列

域 $\mathbf{F}_q$ 上的周期序列是域中元素构成的无限序列 $\boldsymbol{v}=(v_0, v_1, v_2, \cdots)$，对某些整数 n 满足 $v_{i+n=}v_i$，n 称为序列的周期。*移位寄存器序列* $\boldsymbol{v}=(v_0, v_1, \cdots, v_0, v_1\cdots)$是个周期序列，其元素可以由反馈移位寄存器电路产生。然而，根据这个广泛的定义，每个周期性序列都是移位寄存器序列。这个术语通常仅用于指由非平凡反馈移位寄存器电路生成的周期性序列，其周期为 q^m-1，或对于 m 的某些取值，周期是 q^m-1 的因子，反馈移位寄存器电路又称递归。

*移位寄存器*是 q 元存储器单元构成的有序集合，每个存储单元都用于存储该域中的一个元素。在每个时钟周期中，每个单元的更新所取的新值都来自最左边的相邻元素。左端的存储单元在左边没有相邻元素；该存储单元的新值取自其他存储单元中数据的线性组 185
合。该线性组合称为*反馈*。为了产生一个周期为 q^m-1 的周期序列，有限状态机需要的存储单元至少为 m 个，最多为 q^m-1 个。移位寄存器电路可以采用以下递归来表示

$$v_i = f(v_{i-1}, v_{i-2}, \cdots, v_{i-L})$$

其中，对于周期为 q^m-1 的序列，L 最小为 m，最大为 q^m-1。

域 $\mathbf{F}_q$ 上的*线性序列*是由移位寄存器生成的序列，寄存器的反馈是存储单元中数据的线性函数。域 $\mathbf{F}_q$ 上的*最大线性移位寄存器序列*是由只有 m 个存储单元的移位寄存器生成的周期为 q^m-1 的线性序列。最大移位寄存器序列又称为 *m 序列*。

我们只考虑二进制域 $\mathbf{F}_2$ 上的移位寄存器序列。域 $\mathbf{F}_2$ 上的一个最大序列与 $\mathbf{F}_2$ 上的不可约多项式紧密相关，因此也和域 $\mathbf{F}_{2^m}$ 相关。域 $\mathbf{F}_2$ 上一个周期为 q^m-1 的周期序列可以由域 $\mathbf{F}_2$ 上的 m 次不可约多项式 $p(x)$来构造。如果要求不可约多项式 $p(x)$具有如下性质：对模 $p(x)$运算，元素 x 的阶为 2^m-1，则该序列周期为 2^m-1，这意味着 $p(x)$是本原元多项式而元素 x 是域 $\mathbf{F}_{2^m}$ 上的一个本原元。本原元多项式和本原元将在第 9 章中讨论。[⊖]

域 $\mathbf{F}_{2^m}$ 上的每个非零元素可以由 m 位二进制数字或本原元 α 的幂指数来表示，这意味着对于每一个从 0 到 2^m-2 的 ℓ，存在唯一的 m 位二进制数字与 α^ℓ 对应。对于每一个 ℓ，通过取与 α^ℓ 相对应的高位二进制数字来生成 2^m-1 个位序列。该周期序列或其任意循环移位序列都是 m 序列。这样的 m 序列可以采用任意本原元多项式来构造。这些序列除了具有固定不变的结构外，我们将看到它们可能还具有类似随机序列的许多性质。

令 $p(x)$为域 $\mathbf{F}_{2^m}$ 中的元素生成的本原元多项式，采用关于 x 的多项式来表示。那么 $x=\alpha$就是一个本原元，并且满足

$$x^m + p_{m-1}x^{m-1} + p_{m-2}x^{m-2} + \cdots + p_1 x + p_0 = 0$$

其中系数是域 $\mathbf{F}_2$ 中的元素，因此

$$x^\ell + p_{m-1}x^{\ell-1} + p_{m-2}x^{\ell-2} + \cdots + p_1^{\ell-m+1}x + p_0^{\ell-m}$$

其中 $\ell=m, m+1, \cdots$。它确切地描述了由 $p(x)$所给定的 m 级线性反馈移位寄存器的操作。m 序列就是由该电路生成的位反馈序列。

所有 m 序列的结构遵循以下事实：本原元 x 的阶数为 2^m-1。这要求对于 2^m-1 步反馈中的每一步，线性反馈移位寄存器必须存储不同的 m 位二进制数字；否则该模式将提前

⊖ 在抽象代数中，多项式系数的最大公因子是可逆元的多项式称为本原多项式；两个本原多项式的乘积仍是本原多项式，即本原多项式不一定是不可约多项式。为了与此本原多项式区分，译者将多项式的根是本原元的不可约多项式称为本原元多项式，下同。很多密码学著作把本原元多项式称为本原多项式，会产生歧义。——译者注

186 重复。2^m-1 个非零 m 位二进制数中的每一个必须在移位寄存器中确切地只出现一次。这意味着 0 和 1 的数量是近似均衡的。出于与移位寄存器中的高阶 r 位子序列类似的缘由，对于最大为 m 的 r，所有 r 位子序列可得到类似的均匀结论。

m 序列是一个线性序列，意味着该序列的两个循环转换之和等于该序列的另一个循环转换。也就是说，因为 α^{i+a} 和 α^{i+b} 的低位对于 c 的某些取值满足

$$\alpha^{i+a}+\alpha^{i+b}=\alpha^{i+c}$$

该线性特性源于域的结构，因为对于域 $\mathbf{F}_q$ 中的任意 a 和 b，域 $\mathbf{F}_q$ 中存在 c 使得

$$\alpha^{a}+\alpha^{b}=\alpha^{c}$$

例如，令 α 为本原元多项式 $p(x)=x^4+x+1$ 的根。那么 α 就是域 $\mathbf{F}_{16}$ 中的一个本原元。元素 α 的乘法移位寄存器电路如图 7-3所示。表 7-1 显示了域 $\mathbf{F}_{16}$ 中 α 的循环轨迹，$\mathbf{F}_{16}$ 中的元素采用多项式基来表示。表 7-1 最左边一列给出了周期序列 000100110101111。其他每列是该列的一个循环转换。该周期
187 序列是一个线性移位寄存器序列。

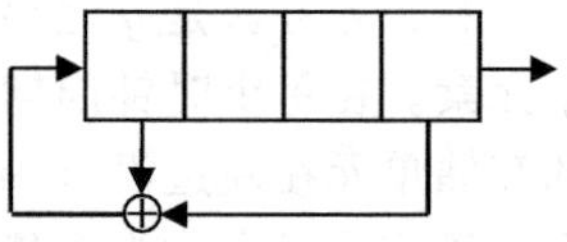

图 7-3　一个简单的线性反馈移位寄存器

最大序列模仿了随机序列的许多性质。随机二进制序列大约有一半位是 1，而一半位是 0。[⊖]类似地，双位字 00、01、10 和 11 中每一个均以 1/4 的概率出现。同样，每个 3 位字均以 1/8 的概率出现，并且对于长度不大于 m 的更长多位字，相似的结论都成立。上面提到的 m 序列满足这些条件。的确，人们可以说，它完全满足这些条件。它有 7 个 0 和 8 个 1；当循环交叠观察时，00 出现 3 次，01、10 和 11 分别出现 4 次；000 出现 1 次，001、010、011、100、101、110 和 111 分别出现 2 次，这对于周期为 15 的序列来说是尽可能接近均匀的。

表 7-1　α 的循环

α^0	=	0	0	0	1
α^1	=	0	0	1	0
α^2	=	0	1	0	0
α^3	=	1	0	0	0
α^4	=	0	0	1	1
α^5	=	0	1	1	0
α^6	=	1	1	0	0
α^7	=	1	0	1	1
α^8	=	0	1	0	1
α^9	=	1	0	1	0
α^{10}	=	0	1	1	1
α^{11}	=	1	1	1	0
α^{12}	=	1	1	1	1
α^{13}	=	1	1	0	1
α^{14}	=	1	0	0	1

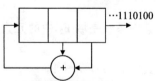

另一个线性反馈移位寄存器的例子如图 7-4 所示。多项式 $p(x)=x^3+x+1$ 是一个 3 次本原元多项式。相应地，可以采用图 7-4 中所示的反馈移位寄存器来生成长度为 7 的 m 序列。当采用 x^0 来初始化移位寄存器时，x^0 从左到右表示为 100，现在输出端生成的位序列从左到右为 0010111…，它将周期性重复出现。这是一个周期为 7 的 m 序列。再次，在一个周期中 0 和 1 的数量相差为 1，这对于一个分组长度为奇数的序列来说是尽可能接近相等的。循环观察序列，交叠的 2 位子序列是 00、01、10、01、11、11、10。除了子序列 00 外，每种类型有 2 个序列，这对于一个分组长度为奇数的序列来说是尽可能接近相等的。循环观察 3 位的子序列，也是均衡的；除了子序列 000，其余每个均出现一次。

图 7-4　一个周期为 7 的 m 序列的产生

该特征对任意 m 序列都成立。例如，选择一个 30 次的本原元多项式 $p(x)$。m 序列的周期为 $2^{30}-1$，即大约为 10^9 位。对于每个小于 30 的 r，除了长度为 r 的全零子序列，其余长度 r 的子序列均以相等的频次出现。

⊖ 当然，序列本身不是随机的。这种说法是指序列是从全体序列中选择的。序列是该选择的结果。

所有最大线性移位寄存器序列构成的集合都是可以通过选择本原元多项式 $p(x)$ 来获得的序列集合。$p(x)$ 的次数 m 决定了扩域 $\mathbf{F}_{2^m}$ 和最长序列的周期 2^m-1。依据 9.13 节中的定理 9.13.5 来计算，m 次本原多项式 $p(x)$ 的数量是有限的，因此，长度为 2^m-1 的最大序列也是有限的。 188

7.4 线性复杂度攻击

产生周期序列 $\boldsymbol{v}=(v_0, v_1, \cdots, v_{n-1})$ 的最短线性递归长度称为周期序列的线性复杂度。如果线性递归是已知的，那么除了初始化阶段，整个周期序列都是已知的。线性复杂度攻击是针对加法密钥流的部分已知明文攻击。根据密钥流的任意已知段，线性复杂度攻击尝试计算线性递归

$$v_i = -\sum_{k=1}^{L} \Lambda_k v_{i-k}$$

这样根据已知的密钥流段就可产生所有密钥流。

由于已知明文很容易从加法流密码中分离出来以显示密钥流，因此每当有足够长的明文段已知时，线性复杂度攻击都是可用的。该攻击首先找到用于生成已知密钥流段的最短线性递归，然后采用该线性递归来生成已知密钥流的扩展部分，期望扩展部分将是整个密钥流。如果密钥流的已知段太短，则此攻击将失败。

线性复杂度攻击是一种针对密钥流本身的攻击，而不是针对产生密钥流的过程。该攻击不需要知道密钥流实际是如何产生的。密钥流不需要通过线性递归来产生，但如果是周期序列，则总是认为可以通过足够长的线性递归来产生。这是因为域 $\mathbf{F}$ 上每个周期为 n 的周期序列都可以通过平凡线性递归 $x_i=x_{i-n}$ 来产生，其中 $i=n+1, n+2, \cdots$。这样对于域 $\mathbf{F}$ 中每个周期为 n 的周期序列，其线性复杂度都不大于 n，且通常小得多。

对于该攻击来说，线性递归、初始状态及其长度 L 是否已知都不是首要的。对于 $i=1, \cdots L$，采用未知数 Λ_i 来指定未知递归；而对于 $i=0, \cdots L-1$，采用未知数 v_i 来确定未知初始状态。仅当密钥流的 $2L$ 个连续符号子序列给定时，才能通过线性复杂度攻击来确定递归和初始状态。如果密钥流的线性复杂度实际上最多为 L，则递归就给出了关于 L 个未知数 Λ_j 的 L 个线性方程组。这个线性方程组可以写成以下矩阵的形式： 189

$$\begin{bmatrix} v_{L+1} \\ v_{L+2} \\ \vdots \\ v_{2L} \end{bmatrix} = \begin{bmatrix} v_L & v_{L-1} & \cdots & v_1 \\ v_{L+1} & v_L & \cdots & v_2 \\ \vdots & & \vdots & \\ v_{2L-1} & & \cdots & v_{L-1} \end{bmatrix} \begin{bmatrix} \Lambda_1 \\ \Lambda_2 \\ \vdots \\ \Lambda_L \end{bmatrix}$$

其中 $v_1, v_2, \cdots, v_{2L}$ 是观测的密钥流段，总共 $2L$ 个连续符号。状态方程组所需的所有 v_i 是已知的，而 Λ_i 是未知数。通过求解矩阵方程中的权重矢量 Λ_i 来找出递归。那么就可以通过运行递归来产生整个周期序列。

只要观测的密钥流段长度至少是密钥流实际线性复杂度(将在下一节定义)的两倍，线性复杂度攻击就会成功，因为除了系数 $\Lambda(x)$ 未知，上述矩阵方程的所有元素都是已知的。已知线性复杂度 L 对于线性复杂度攻击不是必要的。如果观测的密钥流段长度满足所需条件，即至少是线性复杂度的两倍，攻击就会成功；否则攻击将失败。由于这个原因，只有当线性复杂度远小于密钥流周期的一半时，线性复杂度攻击才构成威胁。如果线性复杂度接近密钥流长度或周期的一半，则线性复杂度攻击需要几乎所有的密钥流是已知的，以便产生其余的密钥流。在这种情况下，线性复杂度攻击不是一种合适的攻击方法。

由于用于描述递归的矩阵方程所具有的特性，线性复杂度攻击是可操作而又有意义的。线性复杂度攻击之所以是可操作的，是因为有高效的计算算法来求解这种形式的矩阵方程。该矩阵本身就是著名的 Toeplitz 矩阵。存在快速算法来对这种形式的矩阵求逆。而且，由于线性方程组的特殊形式，甚至有更快的算法可用于求解该方程组，而不需要求逆阵。线性复杂度攻击之所以是有意义的，是因为如果线性复杂度确实是 L，则序列的任意 $2L$ 个连续已知分量可以重构整个序列。甚至一些非连续的分量分组数据有时也足以构建可逆阵。可以根据用于描述递归的矩阵分量和秩来分析这些数据，这些术语将在第 9 章的 9.12 节中定义。

7.5 线性复杂度分析

上面我们已经阐明，加法密钥流可能容易遭受线性复杂度攻击，该攻击通过构建线性
190 递归，根据已知的密钥流小段来产生完整的密钥流。如果这种攻击成功了，那么密钥流只和密钥流片段一样安全。线性复杂度攻击要求密钥流的某些段明确收到了，或者可以采用某种方式从观测的密文段中推演出来。这个相当于(部分)已知明文攻击。

域 $\mathbf{F}$ 或环 R 中长度为 L 的线性递归可采用以下形式来表示：

$$v_i = -\sum_{k=1}^{L} \Lambda_k v_{i-k} \quad i = L, L+1, \cdots$$

长度为 L 的线性递归根据首个长度为 L 的分量来产生整个序列 $\boldsymbol{v}$。例如，环 Z 中的基本线性递归 $v_i = v_{i-1} + v_{i-2}$ 产生著名的斐波那契数列(1，1，2，3，5，8，13，…)。

任意序列 $\boldsymbol{v}$ 的线性复杂度定义为产生该序列的最短线性递归长度。例如，斐波那契数列的线性复杂度是 2，因为线性递归 $v_i = v_{i-1} + v_{i-2}$ 可产生斐波纳契数列，但不存在更短的线性递归来产生斐波那契数列。

当给定序列的一个片段时，线性复杂度攻击试图找到一个线性递归来产生该序列。为了防止线性复杂度攻击，我们需要线性复杂度大的序列，但为了实用，这些序列的结构不能太复杂。否则，序列将难以生成。

线性复杂度攻击基于一个观测：如果序列 $\boldsymbol{v}$ 满足递归

$$v_i = -\sum_{k=1}^{L} \Lambda_k v_{i-k} \quad i = L, L+1, \cdots$$

并且 v_i 对于参数 i 的 $2L$ 个连续值是已知的，则递归给出了 L 个系数 Λ_i 未知的线性方程组。

存在几个有助于研究线性复杂度的定理。我们从以下定理开始，该定理阐述了一个条件，如果两个线性递归在某一点一致，则后面它们将继续保持一致。该定理用来证明下面两个定理。

定理 7.5.1(一致性定理) 如果长度分别为 L 和 L' 的两个线性递归 $\Lambda(x)$ 和 $\Lambda'(x)$，各自都产生序列 v_0，v_1，…，v_{r-1}，并且如果 $r \geqslant L + L'$，则两个线性递归随后可以产生相同的序列。

证明 根据定理的条件，要证明两个递归产生相同的第 r 个数据项。我们将要证明：

191

$$-\sum_{k=1}^{L} \Lambda_k v_{r-k} = -\sum_{k=1}^{L'} \Lambda'_k v_{r-k}$$

做如下假设：

$$v_i = -\sum_{k=1}^{L} \Lambda_k v_{i-k} \quad i = L, \cdots, r-1$$

和

$$v_i = -\sum_{k=1}^{L'} \Lambda'_k v_{i-k} \quad i = L', \cdots, r-1$$

因为 $r \geqslant L+L'$，我们可以在这两个方程两边取 $i=r-j$。那么我们就可以写成：

$$v_{r-j} = -\sum_{k=1}^{L} \Lambda_k v_{r-j-k} \quad j = 1, \cdots, L'$$

和

$$v_{r-j} = -\sum_{k=1}^{L'} \Lambda'_k v_{r-j-k} \quad j = 1, \cdots, L$$

这些都是来自给定序列 v_0，v_1，…，v_{r-1} 中的指定数据项。最后，我们得到：

$$-\sum_{k=1}^{L} \Lambda_k v_{r-k} = \sum_{k=1}^{L} \Lambda_k - \sum_{j=1}^{L'} \Lambda'_j v_{r-k-j} = \sum_{j=1}^{L'} \Lambda'_j \sum_{k=1}^{L} \Lambda_k v_{r-k-j} = -\sum_{j=1}^{L'} \Lambda'_j v_{r-j}$$

证毕。 □

定理 7.5.2(Massey 定理) *如果产生序列(v_0，v_1，……，v_{r-2})的最短线性递归长度为 L，且不能产生序列 $\boldsymbol{v}=(v_0, v_1, \cdots, v_{r-2}, v_{r-1})$，则产生 $\boldsymbol{v}$ 的每个线性递归长度至少为 $r-L$。*

证明　(反证法)假设存在一个长度为 L' 的线性递归满足 $L'<r-L$，能够产生序列(v_0，…，v_{r-1})。那么我们就有两个递归来产生(v_0，…，v_{r-2})。但 $L+L'\leqslant r-1$，因此根据一致性定理，这与定理的前提条件相矛盾。 □

例如，递归 $v_i=v_{i-1}+v_{i-2}$ 产生斐波那契数列。特别地，它可产生有限长度序列(1，1，2，3，5，8，13，21，34)，但它不能产生更长的序列(1，1，2，3，5，8，13，21，192
34，A)，除非 $A=55$。对于 A 的其他取值，Massey 定理阐明了产生该序列的每个线性递归长度有至少为 8。类似地，域 $\mathbf{F}_2$ 上产生有限长序列 1，1，0，1，1，0，1，1，0，0 的最小线性递归长度也至少为 8。

令 ω 是域 $\mathbf{F}$ 中或者可能是扩展域 $\mathbf{F}$ 中阶数为 n 的元素。如果域 $\mathbf{F}$ 有特征根，这样的 ω 总是存在的；而如果有限域 $\mathbf{F}_q$ 和特征值 p 互素，这样的 ω 总是存在的。进一步，域 $\mathbf{F}_{p^m}$ 中存在这样阶数为 n 的 ω，当且仅当 n 整除 p^m-1。那么任意长度为 n 的向量 $\boldsymbol{v}$ 都具有傅里叶变换 $\mathbf{V}$，由下式给定：

$$V_j = \sum_{i=0}^{n-1} \omega^{ij} v_i \quad j = 0, \cdots, n-1$$

傅里叶变换的性质将在 9.12 节中总结。

下面的定理表征了傅里叶变换的汉明重量，其中向量的汉明重量定义为该向量中非零分量的数量。

定理 7.5.3(Blahut 定理) *只要分组长度为 n 的傅里叶变换存在，域 $\mathbf{F}$ 上周期为 n 的周期序列的线性复杂度等于其傅里叶变换的汉明重量。*

证明　令 $\boldsymbol{v}$ 是分组长度为 n 的周期序列，并且令 $\mathbf{V}$ 是 $\boldsymbol{v}$ 的傅里叶变换，用分量表示成以下形式：

$$V_j = \sum_{i=1}^{n-1} v_i \omega^{ij}$$

其中 ω 为域 $\mathbf{F}$ 中或其扩展域中的任意 n 阶元，假定这样的 n 阶元 ω 存在。考虑以下形式的任意递归：

$$v_i = -\sum_{k=1}^{L} \Lambda_k v((i-k))$$

其中双括号表示模 n 运算。令 $\Lambda(x)=1+\sum_{i=1}^{L}\Lambda_i x^i$ 且 $v(x)=\sum_{i=0}^{n-1}v_i x^i$。递归可以写成多项式的乘积 $\Lambda(x)v(x)=0(\bmod n)$，由此我们可以写成 $\Lambda(\omega^{-i})v(\omega^{-i})=0$。

其中 ω 是任意 n 阶元素，可能在扩展域中。为此，如果 $\lambda_i=\Lambda(\omega^{-i})$ 且 $v_i=V(\omega^{-i})$，我
193 们将看到只要 $v_i\neq 0$，就有 $\lambda_i=0$。由于 $\Lambda(x)$ 含有的根的个数不能多于其次数 L，因此我们得出结论：$L\geqslant wt(\boldsymbol{v})$。此外，我们总可以采用所有根来构造次数为 $wt(\boldsymbol{v})$ 的多项式 $\Lambda(x)$。这个 $\Lambda(x)$ 对应于一个最短递归，并且该递归的长度必定是 $L=wt(\boldsymbol{v})$。 □

7.6 非线性反馈产生的密钥流

线性移位寄存器序列是密钥流的一个基本示例。它可能是构造加性密钥流密码的最常用的数学结构，但它通常通过添加某些细节来增强，包括增强安全性。虽然线性移位寄存器序列有一个简洁的数学结构且很优美，但它容易遭受线性复杂度攻击，所以增加细节是必要的。线性移位寄存器序列存在许多这样的细节来抵抗线性复杂度攻击。在本节中我们将考虑基于非线性移位寄存器反馈的结构，在 7.7 节中将讨论几种线性移位寄存器序列的组合结构，而在 7.8 节中将探讨如何构造关于线性反馈移位寄存器输出的非线性运算。

如果函数 f 是非线性的，则形如 $v_i=-f(v_{i-1}, v_{i-2}, \cdots, v_{i-m})$ 的递归称为*非线性递归*。二进制递归的所有变量和运算都在域 $\mathbf{F}_2$ 中。为了指派任意一个具有 m 位存储器的非线性二进制递归，要观测 2^m 个可能状态中的每个输入状态，f 的输出值可能是 0 或 1。这样函数 f 可以描述成长度为 2^m 的二进制数。存在 2^{2^m} 个这样的二进制数，因此存在 2^{2^m} 这样的二进制函数(类似于命题逻辑中存在 2^{2^m} 个 m 元真值函数)。其中，2^m 个是线性函数。每个递归最终都是周期性的，因为函数 f 中自变量对应的状态只能取有限的数值，因而必然重复。有些这样的递归对于某个初始暂态(这取决于初始化)可以提前出现周期特征，这些递归称为*奇异递归*。对任何初始化周期都相同的递归称为*非奇异递归*。

正如我们所见，虽然 m 位存储器可以保存 2^m 个值，但一个长度为 m 的线性反馈移位寄存器并不能产生周期大于 2^m-1 的序列。这是因为要用 m 位状态存储器来产生周期为 2^m-1 的周期序列㊀，线性反馈移位寄存器必定从不保存全 0。如果它一旦真的保存全 0，则之后将继续保存全 0。然而，一个非线性周期序列的周期可以是 2^m，并且可以采用由 m
194 位存储器构成的有限状态机来产生。它不能产生周期大于 2^m 的序列。

定义 7.6.1 *deBruijn 序列是 q 元字母表上周期为 q^m 的任意周期序列，其中每个由 m 个符号构成的字在长度为 q^m 的分段中均出现一次。*

该定义说明了如下事实：q^m 个 m 元组以长度为 m 的任意分段开始，并且有些将扩展超过该段。实际上，这 q^m 个 m 元组将在长度为 q^m+m-1 的区间。由于我们进一步讨论时限定为二进制序列，因此存在 2^m 个以任意周期开始的 m 元组。

每个 deBruijn 序列可以由如下形式的非线性布尔反馈函数生成

$$v_i = f(v_{i-1}, v_{i-2}, \cdots, v_{i-m}) = v_{i-m} + g(v_{i-1}, \cdots, v_{i-m+1})$$

只有那些周期为 2^m 的函数 g 可以生成 deBruijn 序列。总共有 $2^{(2^{m-1}-m)}$ 个周期为 2^m 的二进制 deBruijn 序列。

长度为 4 的 deBruijn 序列只有一个，长度为 8 的 deBruijn 序列有 2 个，长度为 16 的 deBruijn 序列有 16 个，长度为 32 的 deBruijn 序列有 2048 个。一些例子如下：

㊀ 原文有误。——译者注

$m=2$　0011

$m=3$　00010111

$m=4$　0000111101100101

$m=5$　00000100011001010011101011011111

由于 deBruijn 序列的存储器为 m 位，而周期为 2^m，因此存储器的每个可能状态在每个周期中必定循环出现。循环检查上述序列，将发现长度为 2^m 的序列中显示了每个 m 位子序列字。deBruijn 序列中可以没有初始暂态。

图 7-5 显示了一个移位寄存器电路的示例，产生长度只有 4 的 deBruijn 序列。deBruijn序列的一个周期是 0011，然后重复。图 7-5 还显示了 2 位存储器产生的状态序列。因为 0011+0110=0101 不是 0011 的循环转换，所以这个周期性序列显然不是线性的。即便如此，$m=2$ 时的非线性序列还是可以由长度为 3 的线性反馈移位寄存器来产生，如图 7-6所示。 195

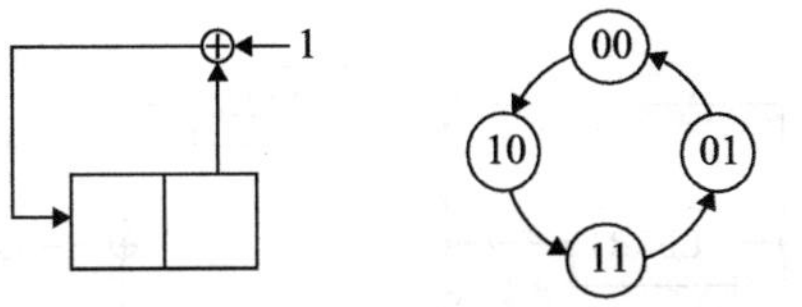

图 7-5　用于产生 deBruijn 序列的移位寄存器

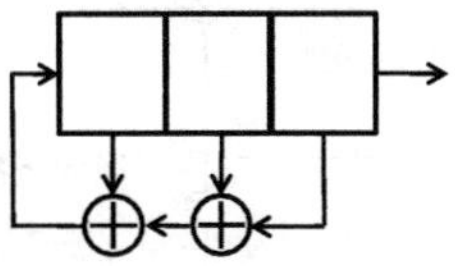

图 7-6　用于产生 deBruijn 序列的线性反馈移位寄存器

它不能由长度为 2 的线性反馈移位寄存器来产生，因此这个序列的线性复杂度是 3。对于普通 deBruijn 序列的线性复杂度，没有已知的简单表示形式。

图 7-6 所示的线性反馈移位寄存器产生一个非线性序列，且其反馈采用 $v_i=v_{i-1}+v_{i-2}+v_{i-3}$对应的多项式方程 $z^3=z^2+z+1$ 来描述。我们回想起来，一个不可约多项式必然产生一个线性序列，而这不是一个线性序列。但 z^3+z^2+z+1 不是一个不可约多项式，因此 7.3 节中的讨论不能断言这个递归会产生一个线性序列，并且确实没有。

7.7　非线性组合产生的密钥流

deBruijn 序列引入非线性以便产生周期尽可能大的周期序列，该序列可以用 m 位的状态存储器来生成。然而，序列周期最大化不是唯一需要着重考虑的。安全性最大化和复杂度最小化之间的平衡尤为重要，这种平衡可以通过一些更巧妙的非线性来实现，如通过几个线性反馈移位寄存器序列的组合来实现。图 7-7 显示了对线 196
性反馈移位寄存器的输出进行非线性运算的一般形式。其中一些基本方法命名为组合乘法递归。

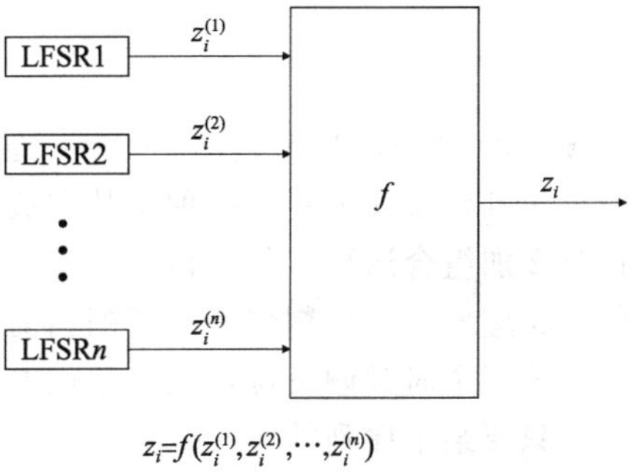

图 7-7　移位寄存器序列的非线性组合

Geffe 密钥流是两个移位寄存器序列$\{u_i\}$和$\{v_i\}$的组合，$\{u_i\}$和$\{v_i\}$的周期分别为 n_1 和 n_2，采用周期为 n_3 的第三个移位寄存器序列来控制，如图 7-8 所示。Geffe 密钥流是由多个线性反馈移位寄存器通过非线性但无记忆的组合来构成。Geffe 密钥流在域 $\mathbf{F}_2$ 中定义为 $z_i=w_iu_i+\overline{w}_iv_i$，其中 $\overline{w}_i=1+w_i$。Geffe 密钥流的周期是 $n=\text{LCM}[n_1, n_2, n_3]$。而 Geffe 密钥流的线性复杂度是$(n_1+1)n_2+n_1n_3$，这是后叙定理 7.8.3 的直接结果。如果 n_1、n_2 和 n_3 是两两互质且近似相等，

则 $n \approx n_1^3$。因此线性复杂度约为 $2n^{2/3}$，这与 n 相当。相应地，Geffe 密钥流不是特别容易遭受到明文线性复杂度攻击。然而它容易遭受到相关性攻击，这将在 7.9 节中描述。

Beth-Piper 密钥流采用了两个移位寄存器序列 $\{u_i\}$ 和 $\{v_i\}$，当 v_i 为 0 时，它重复 $\{u_i\}$ 的位。这样对于每个 i：

$$\text{如果 } v_i = 0, \text{则 } z_i = u_\ell \text{ 且 } \ell \leftarrow l$$

$$\text{如果 } v_i = 1, \text{则 } z_i = u_\ell \text{ 且 } \ell \leftarrow \ell + 1$$

每当 $\boldsymbol{v}$ 的一个位为 0 时，将使得 $\boldsymbol{z}$ 最近的符号重复。每当 $\boldsymbol{v}$ 的一个位为 1 时，它选择 $\boldsymbol{u}$ 的下一个未使用的符号来作为 $\boldsymbol{z}$ 的下一个符号。Beth-Piper 密钥流的线性复杂度明显是未知的，但显然这个密钥流对相关性攻击会降低安全性。

交替密钥流采用三个移位寄存器来产生，如图 7-9 所示。其中一个序列的每个位都用来触发另外两个移位寄存器中某一个的时钟，但不同时触发两个。然后将两个序列的输出进行模加。

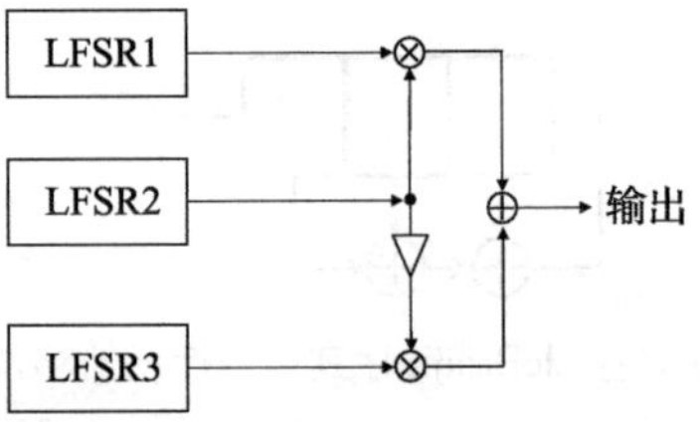

图 7-8　Geffe 密钥流产生器

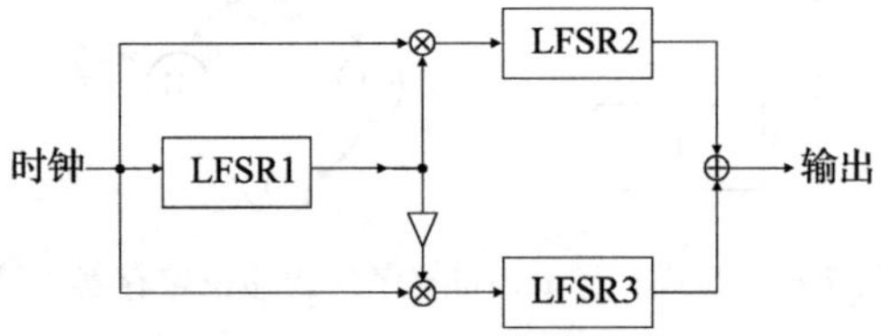

图 7-9　交替产生器

收缩密钥流使用两个线性移位寄存器序列 $\{u_i\}$ 和 $\{v_i\}$。每当 v_i 为 0 时，删除位 u_i。这样对于每个 i：

$$\text{如果 } v_i = 0, \text{则 } i \leftarrow i + 1$$

197 $$\text{如果 } v_i = 1, \text{则 } z_i = u_\ell, i \rightarrow i + 1, \ell \rightarrow \ell + 1^{\ominus}$$

每当 $\boldsymbol{v}$ 的一个位为 0 时，将使得 $\boldsymbol{u}$ 最近的符号被跳过；每当 $\boldsymbol{v}$ 的一个位为 1 时，则将 $\boldsymbol{u}$ 的下一个符号来作为 z 的下一个符号。收缩密钥流的线性复杂度似乎是未知的。人们认为收缩密钥流对相关性攻击是免疫的。

举个 Beth-Piper 密钥流和收缩密钥流的例子，令 $\boldsymbol{v}$ 和 $\boldsymbol{u}$ 分别为周期是 15 和 7 的周期序列：

$$\boldsymbol{v} = 010011010111100\cdots$$

$$\boldsymbol{u} = 000101111000101111\cdots$$

则 $\boldsymbol{z}=00000110111\cdots$ 是 Beth-Piper 密钥流，而 $\boldsymbol{z}=00110001\cdots$ 是收缩密钥流。

多时钟密钥流基于一种交替方法，它对三个长度不同的线性反馈移位寄存器的输出进行模 2 加组合运算。每个移位寄存器还通过寄存器的一个内部状态来提供一个指派的控制位。相应地，该控制位是该序列当前输出的一位延迟。在一些模式中三个控制位组合起来以形成三个时钟触发位，三个移位寄存器中的每一个采用一个触发位。一个典型的规则就是，只要某个序列的控制位不同于另外两个序列的控制位，则该移位寄存器的当前输出位就重复而不改变。这是通过禁用该移位寄存器的时钟来实现的，如图 7-10 所示。图中三个控制位由 a、b 和 c 来指定。三个控制位 a、b 和 c 通过简单的逻辑计算得到三个时钟位 A、B 和 C，由以下式子来给定：

⊖　原文为 $z_i = u_i$，没用到 ℓ，这样 $\ell \rightarrow \ell + 1$ 就是多余的。参照前一组公式可知，应该是 $z_i = u_\ell$。——译者注

$$A=a\cdot b+\overline{a}\cdot\overline{b}+a\cdot c+\overline{a}\cdot\overline{c}$$

$$B=b\cdot c+\overline{b}\cdot\overline{c}+b\cdot a+\overline{b}\cdot\overline{a}$$

$$C=c\cdot a+\overline{c}\cdot\overline{a}+c\cdot b+\overline{c}\cdot\overline{b}$$ 198

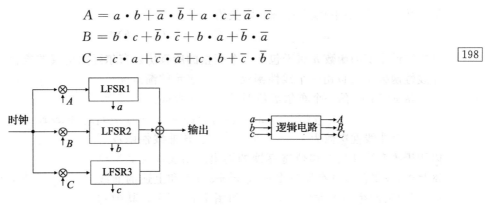

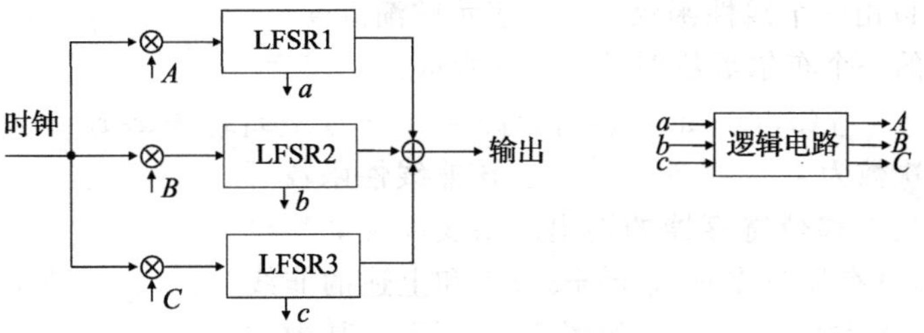

图 7-10　多时钟密钥流

通过每个时钟触发位与时钟位的逻辑乘法，时钟位被触发从而激活了相应的移位寄存器。这意味着每个移位寄存器只有大约一半的时间被触发从而激活，且总是处于一种明显不规则的模式之中。人们觉得这种不规则性可以抵抗线性复杂度攻击。

7.8　非线性函数产生的密钥流

密钥流也可以由线性反馈移位寄存器通过非线性函数对线性反馈移位寄存器的状态进行运算来生成。我们感兴趣的是由长度为 n 的非线性二进制移位寄存器生成的二进制序列，这意味着我们感兴趣的是从域 $\mathbf{F}_2^n$ 到 $\mathbf{F}_2$ 的二进制函数。

从域 $\mathbf{F}_2^n$ 到域 $\mathbf{F}_2$ 的任意函数 $f(x_1,\cdots x_n)$称为*布尔函数*。每一个布尔函数可以采用一种标准形式来表示，例如著名的*代数标准型*，或者更简单地，就称为*标准型*，由以下乘积之和来表示：

$$f(x_1,\cdots x_n)=[a_0]+[a_1x_1+\cdots+a_nx_n]+[a_{12}x_1x_2+a_{13}x_1x_3+\cdots+a_{n-1,n}x_{n-1}x_n]+\cdots+[a_{1,2,\cdots,n}x_1x_2\cdots x_n]$$

该和中任一项的*次数*被定义为该项中变量的个数。各项根据次数采用方括号来分组。第一个括号$[a_0]$中包含唯一的零次项；第二个括号$[a_1x_1+\cdots+a_nx_n]$中包括所有的一次项；第$(i+1)$个括号中包含所有的 i 次项。标准型中任意非零系数项的最大次数 λ 称为布尔函数 $f(x_1,\cdots,x_n)$的*非线性次数*。*仿射布尔函数*是一次非线性布尔函数；而*线性布尔函数*是系数 a_0 等于 0 的仿射布尔函数。线性布尔函数满足 $f(x_1,x_2,\cdots,x_n)+f(x_1',$ 199
$x_2',\cdots,x_n')=f(x_1+x_1',x_2+x_2',\cdots,x_n+x_n')$。所有其他布尔函数都是*非线性布尔函数*。

任何二进制函数都可以采用*真值表*来描述。这个真值表的数据项由域 $\mathbf{F}_2^n$ 中的元素来索引得到。这些二进制向量长度为 2^n 且可作为表的索引地址。表中位置标记为$(x_1,x_2,\cdots,x_n)$的内容是二进制函数 f 在$(x_1,x_2,\cdots,x_n)$处的真值。该值为 0 或 1。

两个二进制向量 $\boldsymbol{v}$ 和 $\boldsymbol{u}$ 之间相同位置取值不同的个数称为*汉明距离*，采用 $d_H(\boldsymbol{v},\boldsymbol{u})$来表示。$\boldsymbol{v}$ 和 $\boldsymbol{u}$ 之间的汉明距离与汉明重量有关，即 $d_H(\boldsymbol{v},\boldsymbol{u})=w_H(\boldsymbol{v}-\boldsymbol{u})$。

从域 $\mathbf{F}_2^n$ 到域 $\mathbf{F}_2$ 的两个布尔函数 f 和 h 之间的*汉明距离*表示为 $d_H(f,h)$[⊖]，等于自变量矢量$(x_1,\cdots,x_n)$赋值相同时 $h(x_1,\cdots,x_n)$和 $f(x_1,\cdots,x_n)$的真值不同的个数。两个这样的布尔函数之间的汉明距离最大为 2^n。布尔函数 f 的*非线性度*是从 f 到所有仿射布

⊖　原书有误。——译者注

尔函数集合的(最小)汉明距离，定义为：

$$n(f) = \min_{h} d_H(f,h)$$

其中取最小值的函数 h 属于包含 n 个变量的所有仿射布尔函数构成的集合。非线性度衡量非线性函数 f 可以由一个线性函数来近似表示的渐近度。

从 $\mathbf{F}_2^6$ 到 $\mathbf{F}_2$ 的一个布尔函数例子如下式所示：

$$f(x_1,x_2,x_3,x_4,x_5,x_6) = 1 + x_3 + x_1x_2 + x_5x_6$$

这是一个非线性次数为 $\lambda=2$ 的布尔函数。该非线性函数可以用于改变线性反馈移位寄存器的输出。用线性反馈移位寄存器(该寄存器具有反馈多项式 x^2+x+1 和上述的非线性函数)来产生一个非线性输出，如图 7-11 所示，其中初始状态为 100000。

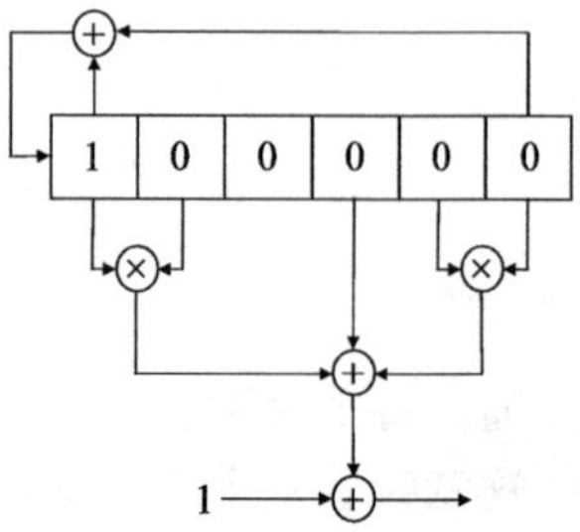

图 7-11　线性反馈移位寄存器的非线性输出

第二个例子是从域 $\mathbf{F}_2^4$ 到域 $\mathbf{F}_2$ 的函数，如下式所示：

$$f(x_1,x_2,x_3,x_4) = 1 + x_2 + x_4 + x_1x_2x_3$$

其非线性次数为 $\lambda=3$。

定义 7.8.1　线性反馈移位寄存器序列的非线性输出是域 $\mathbf{F}_2$ 上由非线性二进制函数 $z_i = f(x_1^{(i)}, \cdots, x_m^{(i)})$ 给定的一个序列，其中 $(x_1^{(i)}, \cdots, x_m^{(i)})$ 是域 $\mathbf{F}_{2^m}$ 上一个元素 α 的二进制幂轨迹表示，由 $(\alpha^1, \alpha^2,$
200 $\alpha^3, \cdots, \alpha^i, \cdots)$ 来给定。

定理 7.8.2(密钥定理)　对于由长度为 L 而非线性次数为 λ 的移位寄存器所产生的线性反馈移位寄存器序列的非线性输出，其线性复杂度不大于 $\sum_{i=1}^{\lambda}\begin{bmatrix}L\\i\end{bmatrix}$。

证明　证明基于定理 7.5.3，即周期为 n 的周期序列 $\boldsymbol{v}$ 的线性复杂度等于其傅里叶变换 $\boldsymbol{V}$ 的汉明重量。如果序列 $\boldsymbol{v}$ 是由长度为 L 的任意线性反馈移位寄存器产生的，则序列 $\boldsymbol{v}$ 的线性复杂度最大为 L。此外，通过叠加反馈连接，两个序列之和的线性复杂度不大于它们两个各自线性复杂度中的较大者。这意味着足以证明该定理，对于非线性函数 $f(v_1, \cdots, v_n)$，只有唯一的非线性项。

我们先证明一个特例，即次数为 2 的只有唯一非线性项的非线性函数。作为一个关于 i 的函数，次数为 2 的唯一非线性项产生周期序列 $w_i = v_{i-a}v_{i-b}$，缩写为 $w_i = v_i'v_i''$，其中 $v_i' = v_{i-a}$ 而 $v_i'' = v_{i-b}$。周期序列 $\boldsymbol{w}$ 是一个分量乘积，因此由卷积定理可以得到

$$\boldsymbol{W} = \boldsymbol{V}' * \boldsymbol{V}''$$

其中，在傅里叶变换域中，$\boldsymbol{V}'$ 和 $\boldsymbol{V}''$ 分别为 $\boldsymbol{v}'$ 和 $\boldsymbol{v}''$ 的傅里叶变换，它们可以互相转换。令 $V'(x) = \sum_{j=0}^{n-1} V_j'x^j$ 而 $V''(x) = \sum_{j=0}^{n-1} V_j''x^j$。多项式 $V'(x)$ 和 $V''(x)$ 是稀疏的，每个的重量最多为 L，并且根据傅里叶变换的平移性质，两者对于确切相同的分量都是非零的。根据定理 7.5.3，对于分量为 $w_i = v_{i-a}v_{i-b}$ 的序列 $\boldsymbol{w}$，其线性复杂度等于多项式 $W(x)$ 的重量，其中 $W(x) = V'(x)V''(x)$。原始多项式乘积 $V'(x)V''(x)$ 中存在 L^2 个项，但是有许多关于 x 的项指数相同，因此将合并成一项，甚至抵消。二次非线性项的线性复杂度不大于 $W(x)$ 中
201 非零系数的个数。

为了确定 $W(x)$ 中非零系数的个数，令 ℓ 只是 $V(x)$ 中非零系数项的指数，因此乘积可以写成：

$$W(x)=\sum_{\ell'=1}^{L}\sum_{\ell''=1}^{L}V'_{j\ell'}V''_{j\ell''}x^{j\ell'+j\ell''}$$

每当 $j_{\ell'}+j_{\ell''}=j_{i'}+j_{i''}$ 时，$V'_{j\ell'}$，$V''_{j\ell''}$ 和 $V'_{ji'}$，$V''_{ji''}$ 相加。总和的 L^2 个项可以写成矩阵形式。对于 $\ell'=\ell''$ 的对角线元素，x 的幂指数项出现 1 次。对于那些 $\ell'\neq\ell''$ 的非对角线元素，x 的幂指数项出现 2 次，对角线两边各出现一次。这意味着这些项的数量为：

$$L_W=\begin{bmatrix}L\\1\end{bmatrix}+\begin{bmatrix}L\\2\end{bmatrix}$$

那是因为对角线上有 $\begin{bmatrix}L\\1\end{bmatrix}$ 个项，而对角线外有 $\begin{bmatrix}L\\2\end{bmatrix}$ 个项。由于可能出现抵消，其中有些项可能为 0。输出序列的线性复杂度不大于 L_W，并且由于有些项可能抵消，所以可能会更小。这就证明了二次非线性函数。

对形如 $v'_iv''_iv'''_i$ 的项进行类似的分析，可以得到：

$$L_W=\begin{bmatrix}L\\1\end{bmatrix}+\begin{bmatrix}L\\2\end{bmatrix}+\begin{bmatrix}L\\3\end{bmatrix}$$

该分析很容易推广到高次项。

最后，各项之和的线性复杂度不大于任一项的最大线性复杂度，定理得证。□

密钥定理的一个例子如图 7-12 所示。左图是长度为 3 且非线性次数为 2 的线性反馈移位寄存器的非线性输出。该移位寄存器序列的周期是 7，因此输出序列的周期是 7。线性移位寄存器序列本身为 $\boldsymbol{x}=(1101001)$，据此，通过两个项相乘，非线性输出序列为 $\boldsymbol{z}=(1100000)$。每个序列从右到左读。密钥定理说明了该输出序列的线性复杂度最大为 6。图 7-12中右图是一个长度为 6 的线性反馈移位寄存器，对于图示的初始状态将产生相同的输出。没有更短的线性反馈移位寄存器来产生该序列。这样该输出序列的线性复杂度实际上是 6，其满足密钥定理。 202

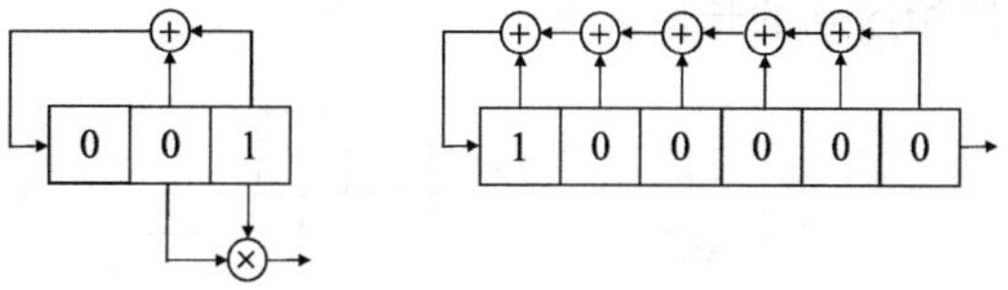

图 7-12　密钥定理图解

密钥定理的第二个例子如图 7-13 所示。左图是一个长度为 4 且非线性次数为 3 的线性反馈移位寄存器的非线性输出。线性移位寄存器本身产生序列 $\boldsymbol{x}=(111010110010001)$ 并据此通过三项相乘来计算得出非线性周期输出序列 $\boldsymbol{z}=(001000010000000)$，每个序列分别从左向右读。图 7-13 中右图是一个产生相同周期序列的线性反馈移位寄存器。在这种情况下，密钥定理说明了其线性复杂度不大于 14。实际上，其线性复杂度是 10，因为我们图示了长度为 10 的线性反馈移位寄存器可以用来产生该序列，并且没有更小的线性反馈移位寄存器也产生该序列。这个例子表明了密钥定理是不紧密的。通过参考密钥定理的证明，这可以理解为傅里叶变换域中各种分量抵消的结果。

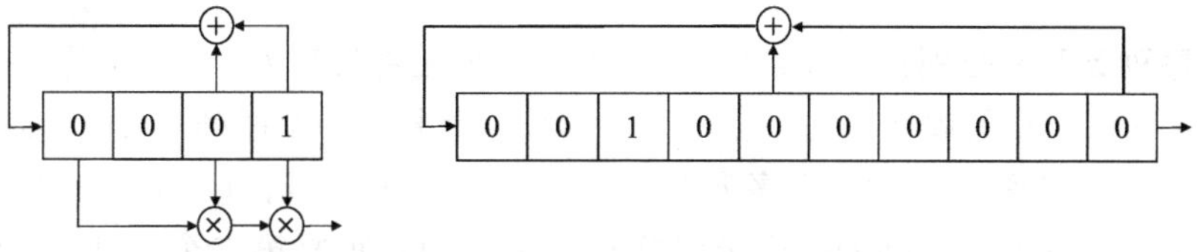

图 7-13　密钥定理的非紧密性图解

另一种方法是采用多个线性反馈移位寄存器的输出分量乘法来产生序列。非线性组合可以只采用每个移位寄存器的一个输出，并不像表面上那样受到限制，因为该说法允许使用相同移位寄存器的多个副本，只是起始状态不同。图 7-14 中左图显示了两个线性反馈移位寄存器，它们的输出相乘以生成密钥流。图 7-14 中右图显示了产生相同序列的单个线性反馈移位寄存器。不存在更短的移位寄存器产生相同序列。这样，非线性密钥流的线性复杂度是 6。它等于两个原始移位寄存器的长度的乘积，这与接下来的定理相吻合。

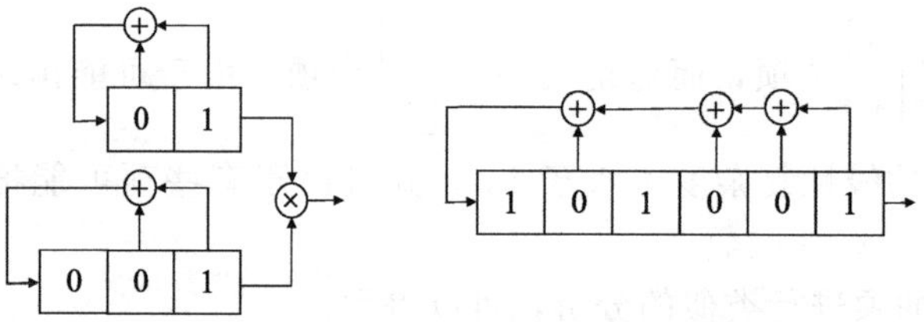

203 图 7-14 非线性组合产生器及其等同器件

如果移位寄存器的输出相加来生成密钥流，类似的结论也成立，如图 7-15 所示。此外，图的右边显示了一个长度为 5 的单一线性反馈移位寄存器可产生相同的序列。不存在更短的移位寄存器来产生相同的序列。这样线性密钥流的线性复杂度就是 5。这等于两个原始序列的长度之和。

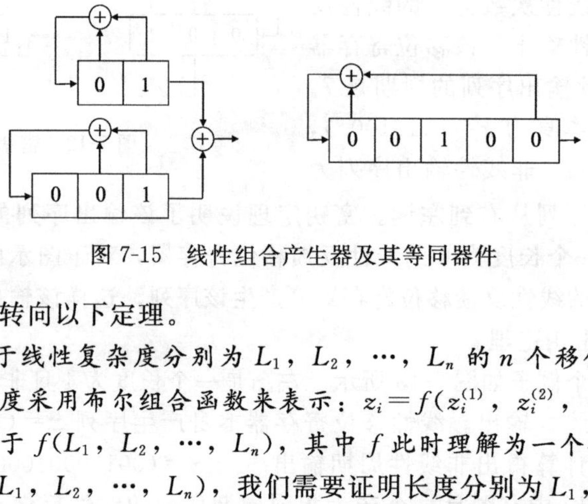

图 7-15 线性组合产生器及其等同器件

现在我们把目标转向以下定理。

定理 7.8.3 *对于线性复杂度分别为 L_1，L_2，…，L_n 的 n 个移位寄存器序列，其非线性组合的线性复杂度采用布尔组合函数来表示：$z_i=f(z_i^{(1)}, z_i^{(2)}, \cdots, z_i^{(n)})$。在标准型中该线性复杂度不大于 $f(L_1, L_2, \cdots, L_n)$，其中 f 此时理解为一个整数上的函数。*

证明 令 $L=f(L_1, L_2, \cdots, L_n)$，我们需要证明长度分别为 L_1，L_2，…L_n 的线性反馈移位寄存器之间的组合可以由一个长度不大于 L 的线性反馈移位寄存器来代替。由于布尔组合函数可以作为二进制加法和二进制乘法序列来执行，因此只需要证明该定理对于简
204 单的分量二进制加法 $z_i=x_i+y_i$ 和分量二进制乘法 $z_i=x_iy_i$ 成立。对于每种情况，证明的方法就是将问题转换到傅里叶变换域然后参考定理 7.5.3，这说明 $\boldsymbol{x}$ 和 $\boldsymbol{y}$ 的傅里叶变换重量分别为 L_1 和 L_2。

令周期序列 $\boldsymbol{x}$ 和 $\boldsymbol{y}$ 分别具有互素周期 n_1 和 n_2。现在将长度为 n_1 和 n_2 的两个周期序列都看成周期为 $n=n_1n_2$ 的周期序列，按以下方式来：重复第一个序列 n_2 次以生成周期为 n 的周期序列。根据定理 9.13.3，新序列的傅里叶变换序列由具有 n_2-1 个 0 的原始傅里叶变换分量组成，插入原始序列的每个分量之后。类似地，重复第二个序列 n_1 次以生成长度为 n 的周期性序列。再次，根据定理 9.13.3，周期为 n 的较长序列的傅里叶变换由含有

n_1-1 个 0 的原始序列分量组成，插入原始序列的每个分量之后。

首先考虑 $z_i=f(x_i, y_i)=x_iy_i$ 为乘积的情况，如上所述，$\boldsymbol{x}$ 和 $\boldsymbol{y}$ 是具有互素周期 n_1 和 n_2 的周期序列。两个序列都延长到公共周期 $n=n_1n_2$。周期为 n 的两个新序列逐位相乘，因此其傅里叶变换为卷积。因为两个傅里叶变换分别具有 L_1 和 L_2 个非零分量，所以卷积最多有 L_1L_2 个非零分量。那么根据定理 7.5.3，傅里叶逆变换的线性复杂度最大为 L_1L_2。实际上，如果 n_1 和 n_2 互素，则卷积中恰好有 L_1L_2 个非零分量。因此，如果 n_1 和 n_2 互素，则线性复杂度将恰好是 L_1L_2。

接下来，考虑 $z_i=f(x_i, y_i)=x_i+y_i$ 为加法的情况，如上所述，$\boldsymbol{x}$ 和 $\boldsymbol{y}$ 是具有公共周期 $n=n_1n_2$ 的周期序列。两个序列分别有 L_1 和 L_2 个非零分量，因此和最多有 L_1+L_2 个非零分量。因为 n_1 和 n_2 互素，两个序列的傅里叶变换中非零分量不会出现在相同的分量中。这意味着不存在抵消，因此恰好有 L_1+L_2 个非零分量。再次，根据定理 7.5.3，傅里叶逆变换的线性复杂度最大为 L_1+L_2。如果 n_1 与 n_2 互素，则等号成立(取到最大值)。 □

下一个定理表明，在满足某些条件下，定理 7.8.3 中的等号成立(取到最大值)。

定理 7.8.4 *如果线性反馈移位寄存器序列是最长序列，之前定理中不等式的等号成立。*

证明 证明只需检查定理 7.8.3 的证明中等号成立的条件，不再做进一步讨论。 □ 205

作为该定理的一个例子，Geffe 密码是具有标准型 $f(z_1, z_2, z_3)=z^{(3)}+z^{(1)}+z^{(2)}z^{(3)}$ 的非线性组合函数，且周期为 $\mathrm{LCM}(L_1, L_2, L_3)$。根据定理 7.8.3，线性复杂度至多为 $L_3+L_1L_2+L_2L_3$；而根据定理 7.8.4，如果所有移位寄存器都具有最大长度，则等号成立。这样当 $L_1=30$，$L_2=31$，$L_3=29$ 时，该线性组合的线性复杂度就是 1858。如果至少观测到 Geffe 密钥流的 3716 个连续位，则线性复杂度攻击将会成功。该 Geffe 密钥流的周期是 26 970，因此线性复杂度攻击至少需要观测到一个周期序列的 10%。

一种相关的构造意在抑制任何可能被密码分析者利用的结构，避免密码分析者利用该结构来对多移位寄存器的输出进行组合，这些移位寄存器的时钟各自以“停止-运行”的方式工作，在时钟模式中具有一些不规则性。为了生成一个周期至少为几十亿的密钥流，我们需要 30 位以上的存储器。该密钥流可以通过三个线性反馈移位寄存器的非线性或不规则组合来获取。其中一个例子就是 GSM 流密码，如图 7-16 所示，它由三个移位寄存器电路的组合构成。该密码采用了长度分别为 19、22 和 23 的三个线性反馈移位寄存器。它总共需要 64 位来初始化这三个移位寄存器。GSM 密码采用的三个特征多项式为：

$$p_1(x) = x^{18}+x^{17}+x^{16}+x^{13}+1$$
$$p_2(x) = x^{21}+x^{20}+1$$
$$p_3(x) = x^{22}+x^{21}+x^{20}+x^{7}+1$$

该流密码的不规则非线性特征源自 Beth-Piper 密钥流隐含的自时钟方案。

为了以简单的方式来初始化 GSM 流密码生成器，GSM 密码通过将密钥加到每个移位寄存器右侧的反馈项上，从而将 64 位密钥全部移入三个移位寄存器。所嵌入的 64 位密钥相当于 64 个初始化位，用来填充三个移位寄存器。由于反馈的缘故，在密钥移入寄存器之后，初始化位与密钥并不相同，但取决于密钥。⊖

⊖ 这就是 A5 算法。——译者注

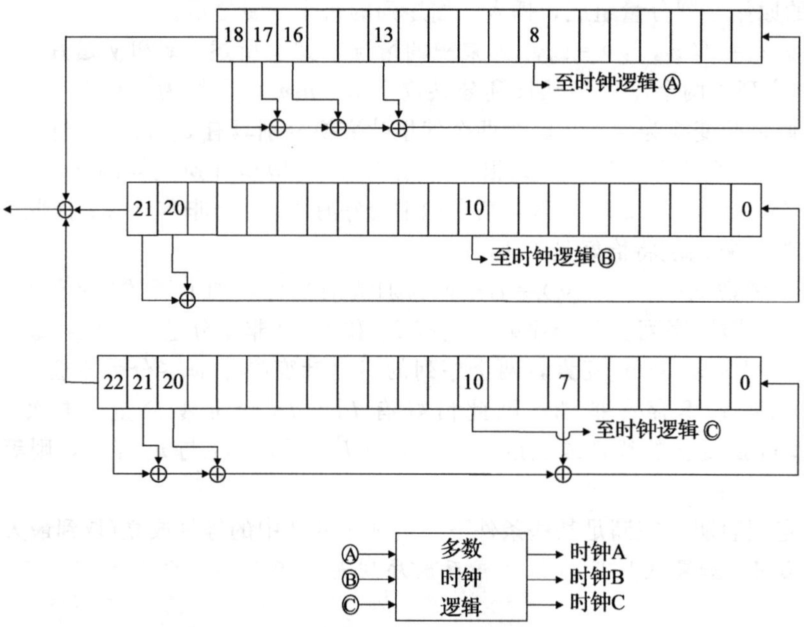

图 7-16 GSM 流密码

三个线性反馈移位寄存器电路的 3 个输出一起模加以产生密钥流。为了保护密钥流序列免受线性复杂度攻击，三个移位寄存器电路并不是在每个时钟时间都移位。相反，三个时钟命令由三个移位寄存器统一工作来产生。每个移位寄存器都有一个特定的时钟位，如图 7-16 所示。只有当一个特定的时钟位至少与另外两个移位寄存器的特定时钟位中的一个保持一致时，该移位寄存器的时钟才触发。为此，移位寄存器最多有一个不移位，因而这样的时钟位算少数。容易看出，每个移位寄存器的时钟将在 4 个时钟周期内触发 3 次，并且没有哪个移位寄存器可以永久停滞。

7.9 相关性攻击

一种称为*相关性攻击*的已知明文攻击用于破解特定形式的非线性流密码。我们已经讨论过，为了抵抗线性复杂度攻击，要如何选用一个基于若干移位寄存器的非线性组合来产生二进制密钥流。Geffe 密码就是一个简单的例子。然而，该密钥流可能容易遭受到其他不同方式的攻击。例如可能容易遭受到相关性攻击。可以利用统计评估的方法来攻击 Geffe 密码所采用的非线性组合，至少部分地穿透 Geffe 的非线性，从而可以揭示一些关于基本线性反馈移位寄存器的信息。为了应对相关性攻击的威胁，密码编码者避免采用某些形式的非线性组合函数。相关免疫性应该构建在密钥流产生器之中以阻止相关性攻击。

206
~
207

相关性攻击需要知道明文的一个重要片段，以便用来找到密钥。这再次涉及逆向形式的问题，即通过给定密钥流 e_k 的部分信息来找到 k。此处密钥 k 就是用来确定多个基本线性反馈移位寄存器输出的未知参数。在该攻击的标准版本中，所有线性反馈移位寄存器及用于组合其输出的非线性函数都是完全已知的。那么密钥只是由各移位寄存器的初始化状态组成，攻击的目标是找到该初始化状态。相关性攻击需要密钥流和基本线性反馈移位寄存器的特定参数之间存在明显的相关性。

我们将描述针对 Geffe 密钥流的相关性攻击。Geffe 密钥流由两个子密钥流的合并构成，两个线性反馈移位寄存器各产生一个子密钥流。我们假定两个线性反馈移位寄存器的结构对于密码分析者都是已知的。两个线性反馈移位寄存器的长度分别为 m_1 和 m_2，因此密钥由 m_1+m_2 位组成，用来初始化这两个移位寄存器。这意味着有 $2^{m_1+m_2}$ 个可能的密钥，其中有几个密钥，例如全零初始化密钥是平凡密钥而不可用。相关性攻击将直接针对两个移位寄存器中的一个，可能是较短的一个，我们假设其长度为 m_1。长度为 m_1 ㊀的线性反馈移位寄存器只有 $2^{m_1}-1$ 个可能的非零初始化值。该移位寄存器可以采用任何非零值来初始化，并将最终循环遍历所有可能的非零值。此移位寄存器的输出是一个周期为 $2^{m_1}-1$ 的周期序列。如果移位寄存器的参数是已知的，那么该周期序列对于密码分析者就是已知的，而只有由初始化值所确定的起始状态是未知的。

Geffe 密钥流的每一位由两个子密钥流之一对应的位值来生成，两者之间的选择由第三个移位寄存器序列来控制。为了便于分析，我们将控制序列看成一个随机序列。这样，Geffe 密钥流大约一半的位从第一个子密钥流中随机选择，另一半位从第二个子密钥流中随机选择。当选择第二个子密钥流时，平均大约有一半的位与第一个子密钥流一致。这样，Geffe 密钥流大约有 75％的时间与第一个子密钥流一致。类似地，Geffe 密钥流大约有 75％的时间与第二个子密钥流一致。

相关性攻击需要知道 Geffe 密钥流的一个子序列。它将密钥流的已知片段与参考子密钥流相关联，而参考子密钥流就是由第一个线性反馈移位寄存器采用任意初始化值所生成的一个周期输出。该周期性参考子密钥流将包含一个片段，等价于此移位寄存器所采用的实际 m_1 位初始化值，但该片段(周期性地)采用一些与参考密钥流相对应的整数值 ℓ_0 来延迟。当延迟值 ℓ 等于 ℓ_0 时，移位寄存器的内容等于初始化密钥，并且参考子密钥流与已知片段下层的实际子密钥流完全相关。当 $\ell=\ell_0$ 时，两个序列中对应位置大约有 75％的位将一致。当 $\ell\neq\ell_0$ 时，对应位置大约有 50％的位将一致。那么归一化相关性的期望值就是 0.75。这样，通过参考密钥流的峰值来寻找相关性，可确定较短 Geffe 子密钥流的初始状态。 208

对于 $i=0, \cdots, t-1$，令 z_i 表示所观测的 t 位密钥流，是由已知明文揭示出来的，采用双极性字母表{－1，＋1}来表示。假定 w_i 是第一个线性反馈移位寄存器产生的密钥流位序列，也采用双极性字母表{－1，＋1}来表示。相关性定义为

$$\phi(\ell) = \sum_{i=0}^{t-1} z_i w_{i+\ell}$$

当 $\ell=\ell_0$ 时，大约有 75％的数据项将加 1 而其余项减 1。这样就有

$$E[\phi(\ell)] = \begin{cases} \frac{3}{4}t & 若\ \ell = \ell_0 \\ 0 & 若\ \ell \neq \ell_0 \end{cases}$$

$\phi(\ell)$的方差由下式给出

$$E[\phi(\ell)^2] = n$$

要估计的序列相位由下式给出

$$\hat{\ell}_0 = \mathrm{argmax}_k \phi(\ell)$$

差错概率就是某些 ℓ(而非 ℓ_0)满足上式取最大值的概率。可采用近似计算来简化差错概率的计算，取而代之的是，考虑方差 $\sigma^2=n$ 的 n 个高斯随机变量，其中有一个随机变量的平均值为 $A=n/2$，而其余变量的平均值为 0。该近似可以通过中心极限定理来得到。

㊀ 原书有误。——译者注

对于 n 个方差都为 σ^2 的高斯随机变量，均值为 A 的高斯随机变量不大于所有其他 $n-1$ 个零均值独立高斯随机变量的概率 p_e 为：

$$p_e = 1 - \int_{-\infty}^{\infty} \frac{1}{\sqrt{2\pi\sigma^2}} \mathrm{e}^{-(z-A)^2/2\sigma^2} \left[\int_{-\infty}^{z} \frac{1}{\sqrt{2\pi\sigma^2}} \mathrm{e}^{-x^2/2\sigma^2} \mathrm{d}x\right]^{n-1} \mathrm{d}z$$

上式写成 1 减去均值为 A 的随机变量大于所有其他随机变量的概率。这个表达式可以采用数字来集成。

这个表达式难以解释其代表的含义。为了理解其含义，我们利用以下标准不等式

209

$$\int_{z}^{\infty} \frac{1}{\sqrt{2\pi}} \mathrm{e}^{-x^2/2} \mathrm{d}x < \frac{1}{2} \mathrm{e}^{-z^2/2} \qquad z > 0$$

那么就有

$$\begin{aligned} 1 - p_e &= \int_{-\infty}^{\infty} \frac{1}{\sqrt{2\pi\sigma^2}} \mathrm{e}^{-(z-A)^2/2\sigma^2} \left[1 - \int_{z}^{\infty} \frac{1}{\sqrt{2\pi\sigma^2}} \mathrm{e}^{-x^2/2\sigma^2} \mathrm{d}x\right]^{n-1} \mathrm{d}z \\ &> \int_{-\infty}^{\infty} \frac{1}{\sqrt{2\pi\sigma^2}} \mathrm{e}^{-(z-A)^2/2\sigma^2} \left[1 - \frac{1}{2} \mathrm{e}^{-Z^2/2\sigma^2}\right]^{n-1} \mathrm{d}z \\ &> \int_{-\infty}^{\infty} \frac{1}{\sqrt{2\pi\sigma^2}} \mathrm{e}^{-(z-A)^2/2\sigma^2} \left[1 - \frac{(n-1)}{2} \mathrm{e}^{-Z^2/2\sigma^2}\right] \mathrm{d}z \end{aligned}$$

现在它可以写成：

$$p_e \leqslant \frac{n-1}{2} \int_{-\infty}^{\infty} \frac{1}{\sqrt{2\pi\sigma^2}} \mathrm{e}^{-(2z^2-2Az+A^2)/2\sigma^2} \mathrm{d}z$$

将指数中的完全平方式写成：

$$p_e < \frac{n-1}{2} \int_{-\infty}^{\infty} \mathrm{e}^{-2(z-A/2)^2/2\sigma^2} \mathrm{e}^{-A^2/2\sigma^2} \mathrm{d}z = \frac{n-1}{2} \sqrt{2\pi\sigma^2} \mathrm{e}^{-A^2/2\sigma^2}$$

由于 $A=n/2$ 而 $\sigma^2=n$，这就得出

$$p_e < (n-1)\sqrt{\pi n/2}\,\mathrm{e}^{-n/16}$$

忽略常数，其突出特征可粗略地表示为 $\mathrm{e}^{-(n-\log n)}$。该粗略表达式表明，对于长度为 n 的可用明文，相关性攻击的失败概率最终以指数速度快速地趋于零。

7.10 伪随机序列

加法密钥流的加密任务需要有可用的长伪随机数序列。我们只讨论这种二进制序列。二进制序列的长度应该为数百万或者甚至是数十亿位，并且相同的序列对于加密端和解密端都必须是已知的和同步的。这样的序列如果是最大随机性的，则称为一次一密乱码本。要求这样的长序列是最大随机的，这存在几个实际问题，因为真正的最大随机序列不能被压缩；它必须以每个位存储一个序列位的比例存储。安全地生成、分发和存储数百万或数
210 十亿的随机位可能是不切实际的。假定生成这些位并传送给加密器和解密器的问题通常不是需要同等考虑的重要问题。随机序列的传输必须通过安全通道，例如信使，之所以不加密是因为如果使用加密，那么加密本身也需要随机序列。当等待使用时，密钥也必须受到保护。相应地，在大多数实际应用中，为了生成一个长序列，较短的二进制序列根据一个固定的程序更新修改，并反复用于发送端和接收端，尽管该长序列不是最大随机的。这样生成的长序列就称为*伪随机序列*，而用于生成长序列的短序列称为*密钥序列*。本章就深度探讨了这些序列是如何产生的。这就引发了一些关于伪随机序列产生的问题。本节的目的就是简单地讨论这些伪随机序列，而不是产生方法的结果。

宽泛地说，二进制伪随机序列是小区间上一个周期为 n 的$\{0, 1\}$周期序列，具有随机序列的表面特征。粗略地说，对于来自序列的任何 r 位连续分段，所有 2^r 个可能字中每个 r 位字几乎以相等的频次出现。一个伪随机序列是由密钥序列根据特定的规则来产生。因此，如果密钥已知，则伪随机序列就是确定的且不是很复杂；尽管如此，它们呈现出随机性的表面特征。人们尝试设计将密钥序列映射到伪随机序列的函数，使得表面随机性和真随机性一样不可测。

人们应该如何定义一个伪随机序列呢？产生伪随机序列的理论相当广泛且充满玄妙。本章我们已经进行了一个广泛的介绍。显然，为了模仿随机性，我们要求大约一半的位是1，大约一半是0；所有位对(00，01，10 和 11)中每个出现的概率大约为 1/4；更一般地，我们要求所有 r 位字中每个字的概率大约是 2^{-r}。然而，如果序列是由有限状态机产生的，那么对于任意的大数 r，我们不能再强调这个要求，因为这样的伪随机序列最终必定是周期性的。

此外，如果我们过分强调每个序列看起来是完全随机的，那么我们就要考虑排除许多序列。出于哲学上的好奇心，为了满足名副其实的伪随机性，我们对序列施加的限定越多，序列中存在的自由度就越小，而其确定性就越强。如果我们对子序列出现的频次施加足够强的限制，那么我们将会减少那些 deBruijn 序列可能的选择。这些 deBruijn 序列是周期为 2^m 的周期序列，其中每个长度为 m 的子序列都会出现。通过从全零子序列中删除一个符号，可以获得一个周期为 2^m-1 的周期序列，其中除了全零子序列，每个长度为 m 的子序列都出现一次。这些减短的 deBruijn 序列是由有限域中的一个元素通过幂运算循环产生的最长序列。一般说来，有许多这样周期为 2^m 的减短 deBruijn 序列，其中许多序列的 211
线性复杂度远大于 m，这意味着它们不能由长度为 m 或更短的线性反馈移位寄存器来生成。此外，我们缺乏一个产生整个长 deBruijn 序列族的普适理论。

我们可以根据周期性相关函数来定义一个伪随机序列。令 $c_k(k=0, \cdots, n-1)$是一个二进制序列，其取值来自双极性字母表$\{-1, +1\}$。周期性自相关函数为：

$$\phi_i = \sum_{k=0}^{n-1} c_k c((k+i))$$

其中双括号表示模 n 运算。一个长度为 n 的伪随机序列宽泛地定义为以下长度为 n 的二进制序列，其取值来自双极性字母表，满足对于 i 不等于 0，$|\phi_i|$的值比 ϕ_0 小。这个定义可以避免对子序列进行严格的限定，但它确实对序列施加了一些控制。有不精确的定义出现是因为我们没有指定比 n 小是什么意思。经验法则就是比 n 小意味着阶为$\sqrt{n}$。

该定义可以从一个序列推广到一组序列集。一个长度为 n 的伪随机序列集合可以不精确地定义为一组长度为 n 的伪随机序列，满足任何两个不同序列之间的互相关性比 n 小。

7.11 序列的非线性集

为了完成本章对序列的探讨，我们将简要讨论几组序列集。虽然序列集在密码学中没有起到很重要的作用，但它们也是二进制序列文献中非常显眼的部分，因而也为单个序列的研究提供了额外的背景。它们也是连接其他相关主题的桥梁。

一组二进制序列集由长度同为 n 的多个序列组成，它们采用一个共同的规则来定义。例如，根据前一节的研究，分组长度为 n 的最大序列的循环转换所组成的集合构成一个分组长度为 n 的序列集合。该示例中的集合是域 $\mathbf{F}_2$ 中构建的一个二进制序列集。它是域 $\mathbf{F}_2$ 中的线性序列集合，因为两个这样的 $\mathbf{F}_2$ 序列之和是另一个类似的 $\mathbf{F}_2$ 序列。

最大序列可以用于构造其他序列集合。我们将构造域 $\mathbf{F}_2$ 中序列的非线性集合，这意味着该集合中两个序列之和通常不是该序列集合中的元素。在本节中，我们描述两个非线性序列集，称为 Kasami 序列和 Gold 序列；当采用双极性字母表{−1，+1}来表示序列
212 时，这两个序列具有良好的相关特性。两个来自同一 Kasami 序列集合或同一 Gold 序列集合的双极性序列不会混淆，即使观测时存在严重的噪声和干扰，两个序列也不会混淆。可通过对域 $\mathbf{F}_2$ 中的最大序列进行一定的组合来构造 Kasami 序列和 Gold 序列。

一组指定的 Kasami 序列集也称为 Kasami 码。Gold 序列的一个标准集也称为 Gold 码。首先，我们将描述 Kasami 序列。令 $n=2^m-1$，其中 m 为偶数，并且选择一个分组长度为 $n=2^m-1$ 的 m 序列 $\boldsymbol{a}$。由于 m 是偶数，因此 n 因子分解为

$$n=(2^{m/2}-1)(2^{m/2}+1)$$

相应地，从 $\boldsymbol{a}$ 的任何位位置开始，每次取 $\boldsymbol{a}$ 的第$(2^{m/2}+1)$位，循环重复以获得 n 位。这给出了一个分组长度为 n 的序列 $\boldsymbol{b}$，其周期长度为 $2^{m/2}-1$，周期重复 $2^{m/2}+1$ 次。换句话说，序列 $\boldsymbol{b}$ 通过对 $\boldsymbol{a}$ 循环地抽取 $2^{m/2}+1$ 次而获得。$\boldsymbol{b}$ 存在 $2^{m/2}-1$ 种不同的循环转换。Kasami 码就是这些循环转换和 $\boldsymbol{a}$ 本身一起构成的集合 $\mathcal{C}$。这样就有

$$\mathcal{C}=\{\boldsymbol{a},\boldsymbol{a}+T^{\ell}\boldsymbol{b}:\ell=0,\cdots,2^{m/2}-2\}$$

其中运算符号 T 表示循环移位一个位。Kasami 码中存在 $2^{m/2}$ 个 Kasami 序列，每个序列的分组长度为 n。我们可以利用互相关函数来评估该 Kasami 代码。给定两个序列 $\boldsymbol{c}$ 和 $\boldsymbol{c}'$，长度均为 N，其周期性互相关函数为

$$\phi_i(\boldsymbol{c},\boldsymbol{c}')=\sum_{k=0}^{N-1}c_k c'((k+i))$$

Kasami 码序列(双极性字母表)的互相关函数和自相关函数(除了主峰值)取值都只在集合$\{-1,\ 2^{m/2}-1,\ -2^{m/2}-1\}$之中。因此，一对来自 Kasami 码的序列，其互相关函数的幅度从不大于 $2^{m/2}+1$。

例如，$m=10$ 的 Kasami 码具有 32 个分组长度为 1023 的序列，该 Kasami 码中任何一对 Kasami 序列之间的互相关函数都满足幅度不大于 33，而每个自相关函数的中心值幅度为 1023。

Gold 码是一个不同的序列集合，也是由最大序列构造而来的，但采用不同的规则。Gold 序列是这样构造的，对于一个给定的 m，令 $\boldsymbol{a}$ 和 $\boldsymbol{b}$ 是一对不同的最大序列，将在后面指定。Gold 码就是以下集合

$$\mathcal{C}=\{\boldsymbol{a},\boldsymbol{b},\boldsymbol{a}+T^{\ell}\boldsymbol{b}:\ell=0,\cdots,2^m-2\}$$

其中运算符号 T 表示循环转换一位的位置。Gold 码 $\mathcal{C}$ 包含了 2^m+1 个分组长度为 2^m-1
213 的序列。

为了完成描述，我们需要指定 $\boldsymbol{a}$ 和 $\boldsymbol{b}$。这是两个分组长度为 2^m-1 的最大序列，满足互相关函数具有最大值 $2^{\lfloor(m+2)/2\rfloor}+1$。这样的一对最大序列总是存在的。Gold 码中的元素采用双极性字母表来表示，除了主峰值，其互相关函数和自相关函数的取值都只在集合$\{-1,\ -2^{\lfloor(m+2)/2\rfloor}-1,\ 2^{\lfloor(m+2)/2\rfloor}-1\}$之中。因此，来自 $\mathcal{C}$ 中任意一对序列之间的任何互相关函数都满足最大幅度为 $2^{\lfloor(m+2)/2\rfloor}+1$。

例如，$m=10$ 的 Gold 码由 1025 个分组长度为 1023 的序列组成，该码中任意两个 Gold 序列之间的互相关函数都满足幅度不大于 65。Gold 序列的每个自相关函数的中心值均为 1023，而其他值都不大于 65。

第7章习题

7.1　通过说明 x^5+x^2+1 不能被任何一次或二次多项式整除，证明 x^5+x^2+1 是域 $\mathbf{F}_2$ 上的不可约多项式。为什么这样证明？它是本原多项式吗？画出基于该多项式的线性反馈移位寄存器的草图。由该移位寄存器生成的最大序列的长度是多少？描绘该序列的周期性自相关函数，用双极性字母表来表示。

7.2　周期为 n_1 和 n_2 的两个周期性二进制序列进行模2加法，输出序列的周期是多少？

7.3　令 $p(x)$ 是 m 次二进制本原元多项式，$\boldsymbol{c}$ 是由 $p(x)$ 生成的长度为 2^m-1 的 m 序列。

(a) 证明 $\boldsymbol{c}$ 的每个循环移位也是由 $p(x)$ 生成的 m 序列。

(b) 证明每个由两个这样的 m 序列构成的线性组合也是这样的 m 序列。

(c) 证明这些 m 序列中的每一个具有 2^{m-1} 个1和 $2^{m-1}-1$ 个0。

(d) 证明这些序列中的任何两个恰好在 $2^{m-1}-1$ 个位置一致。

7.4　证明长度为 2^{m-1} 的最大二进制移位寄存器序列中，每个 r 位字出现了 2^{m-r} 次，除了全0的 r 位字，它出现了 $2^{m-r}-1$ 次。

7.5　令 $f(v_1, v_2, \cdots, v_m)$ 是从域 $\mathbf{F}_2^m$ 到域 $\mathbf{F}_2$ 的任意函数，定义序列 $\boldsymbol{v}=(v_1, v_2, \cdots)$

$$v_{m+i} = f(v_i, v_{i+1}, \cdots, v_{i+m-1})$$

其中 $i=1, 2, 3, \cdots$　214

(a) 证明序列最终是周期性的。

(b) 证明存在最小值 L(称为序列的线性复杂度)，并存在一个线性递归

$$v_i = -\sum_{k=1}^{L} \Lambda_k v_{i-k}$$

(c) 证明每个有限状态序列可以认为是移位寄存器序列。m 和 L 之间存在什么关系？

7.6　(a) 长度为16的周期性二进制 deBruijn 序列包含每段4位字吗？

(b) 可以通过一个线性反馈移位寄存器来生成长度为16的周期性二进制 deBruijn 序列吗？

7.7　证明通过把 $\prod_{\ell=1}^{m-1} \overline{v}_{i-\ell}$ 加到反馈中，可轻易将任何最大线性反馈移位寄存器序列转换到 deBruijn 序列中，其中 $\overline{\boldsymbol{v}}$ 是 $\boldsymbol{v}$ 的补元。

7.8　(a) 基于布尔反馈函数

$$f(v_{j-1}, v_{j-2}, v_{j-3}) = 1 + v_{j-2} + v_{j-3} + v_{j-1}v_{j-2}$$

的二进制递归是 deBruijn 序列吗？写出前16个输出。

(b) 描绘出可以由长度为3的线性反馈移位寄存器生成但不能由长度为2的线性反馈移位寄存器生成的周期为4的 deBruijn 序列 0011。

7.9　周期为4的周期性二进制序列有多少个？长度为4的 deBruijn 序列有多少个？长度为4的最大序列有多少个？每个 m 序列都可以通过插入一个附加的0来转换成 deBruijn 序列吗？每个 deBruijn 序列可以用这种方式获得吗？

7.10　证明对于某些布尔函数 $g(v_{j-1}, \cdots, v_{j-L+1})$，基于布尔函数 f 的二进制非线性递归 $v_j=-f(v_{j-1}, v_{j-2}, \cdots, v_{j-L})$ 是非奇异的，当且仅当 $f=v_{j-L}+g(v_{j-1}, \cdots, v_{j-L+1})$。

7.11　令 $p(x)$ 是域 $\mathbf{F}_2$ 上的 n 次不可约多项式，并且令 β 为 $p(x)$ 在合适的扩域中的零根，β 的阶数是多少？用 β 来表示 $p(x)$ 中其他的零根。

7.12　周期为 n 的循环二进制最大长度序列有多少个？在一个周期内有多少个0？有多少个1？每个长度为 r 位的子序列出现多少次(视为周期性序列)？

7.13　证明 GSM 流密码时钟策略终将记录全部三个移位寄存器，因此不能停止。　215

7.14　证明对阶数为 λ 的任意输出，密钥定理成立。

7.15　自收缩密钥流由线性反馈移位寄存器序列组成，每次通过以下规则预处理2位：

$$01 \rightarrow 0$$

$$11 \rightarrow 1$$

00→ 跳过

10→ 跳过

从长度为 15 的最大序列开始，确定相应的自收缩密钥流。它的周期是多少？使用重叠或不连续的比特对有什么优点？如何攻击自收缩密钥流？

7.16 有一个长度为 15 的周期性二进制序列，包含了全部 15 个非零子序列，但又不是最大移位寄存器序列，你能构造出该序列吗？

7.17 用二进制 deBruijn 序列构造自收缩密钥流有意义吗？

7.18 证明

$$\int_{z}^{\infty} \frac{1}{\sqrt{2\pi}} e^{-x^2/2} dx < \frac{1}{2} e^{-z^2/2}$$

其中 $z>0$。

第 7 章注释

Golomb(1964，1967)的书中可以找到关于线性反馈移位寄存器序列的早期综合研究，Golomb 早就意识到移位寄存器序列在密码学中的重要作用。移位寄存器序列，也称为线性递归序列，已被 Carmichael(1920)、Ward(1933)和 Hall(1938)研究。构成这些序列的一个重要特例称为最大长度序列，或更简单地称为 m 序列。deBruijn(1946)和 Flye Sainte-Marie(1894)引入了最大周期非线性序列，他们给出了计算这种序列数量的公式。Etzion(1999)研究了 deBruijn 序列的线性复杂度。流密码的普通介绍可以在 Rueppel(1986)的书中找到。

许多好的算法(如 Berlekamp-Massey 算法)因计算产生给定序列的最短线性递归而闻名。Massey 描述了如何将序列的线性复杂度与截断子序列的线性复杂度相关联。Blahut(1979)描述了如何将序列的线性复杂度与傅里叶变换的汉明重量相关联。Key(1976)给出了非线性递归的一个线性复杂度范围。我们强调了傅里叶变换在密钥定理证明中的重要作用。Chan、Goresky 和 Klapper(1990)的工作也研究了非线性递归。Klapper(1994)研究表明当把二进制序列视为二进制序列时，其线性复杂度可以很大，然而当把序列视为扩域中的符号序列时，复杂度可以很小。

多个移位寄存器序列或单个移位寄存器序列的多个转换等构成的非线性组合已经得到广泛研究，但这个宽广的主题有很多方面尚未被探索。Selmer(1966)和 Herlestam(1986)研究表明二进制序列的线性复杂度范围可由移位寄存器序列的非线性组合获得。而 Rueppel 和 Slaffelbach(1987)研究表明这个界(范围)在某些非限制性条件下是封闭的。由 Coppersmith、Krawczyk 和 Mansour(1993)提出的 Geffe(1973)密码、Beth-Piper(1984)密码和收缩密码是基本的非线性密码。Siegenthaler(1984)、Meier 和 Staffelbach(1988，1989)介绍了对非线性序列的相关性攻击。Brynielsson(1985)认为二进制序列具有良好的线性复杂度和强相关免疫性之间必然存在矛盾，因为很少有这样的二进制函数。Golomb 和 Gong(2005)以及 Goresky 和 Klapper(2012)讨论了具有良好相关特性的序列集。

GSM 流密码广泛应用于蜂窝电话。GSM 流密码及其称为 A5/1 和 A5/2 的两个变种是 1987 年开发的。GSM 流密码的所有细节均保密，最终只是随着时间的推移而间接公开。GSM 流密码得到广泛而又强烈的关注，尽管已知的攻击似乎仍然需要相当大的努力才能恢复明文消息，这远远超出了普通用户的能力，但它已被成功攻击。

216~217

第8章

Cryptography and Secure Communication

认证与所有权保护

认证是用来探讨消息签名者的验证方法。这些方法基于密码学，但还涉及其他额外要考虑的层面。这样，一个真实的消息就是采用一种密码安全的方式来签名的。否则，该消息是不被认可的。一个真实的消息不一定是保密的，而一个保密的消息也不一定是真实的。这种现象有时候被称作保密和认证的*分离原则*。当然，一个消息可以同时具有保密性和真实性，但是必须保证消息每一项特性的独立性。一个消息可以在签名之后加密，也可以在加密之后签名，或者同时进行加密和签名，这取决于应用的需求。一个签名的消息可能包含一个或者多个嵌入的小分段。这些子分段要么是各自独立地由第三方签名或者加密，要么是由另一方来解密。

认证与鉴别不同。鉴别这个主题是用来探讨验证或者确定消息发送者身份的方法。鉴别是验证发送方确实真的在恰当的社群中有个社群认可的身份，而认证则是验证消息确实真的来自表征的发送方。本章我们探讨认证，鉴别会在第14章进行介绍。

所有权保护是另外一个基于密码学，并且与密码学学科相关的主题。所有权保护是用来探讨谁拥有消息或者文件的控制方法，以及所有者如何去控制文件的使用。所有权保护包括*水印*和*指纹*这两个不同但又相关的主题，这些不在我们的讨论范围内。

认证、鉴别和所有权保护都是处理与验证相关的问题，但是它们实际上有很大不同。认证与所有权保护的区别在于它们需要验证的内容不同。利用所研究的认证方法，消息的*接收方*可以验证消息的*来源*，以确保消息确实来自正确的消息源。借助所研究的所有权保护方法，消息的*发送方*可以随后向他人示证自己是消息的真正来源，以便确立其对消息的所有权。所有权保护方法也包括用于防止或用于检测未经授权的使用或者未经授权的盗版。最后，采用所研究的鉴别方法，消息的*接收方*可以验证消息发送方的*身份*是相关社群所认可的。 218

8.1 认证

认证协议是一个规范化的过程，通过协议，消息的源头和发送方可以通过附加签名来构建消息的有效性。如果一个消息显示的签名属于已知的正确源头，那就认为这个消息是有效的。认证的目的就是为了防止冒名顶替者将该源头的签名附加到虚假的文件上。认证和保密是独立的功能。可以只提供保密而不提供认证，也可以只提供认证而不提供保密。签名是认证协议的核心，通常基于一个复杂而难以处理的数学问题。然而，仅仅引入一个复杂难解的数学问题还不足以确保认证的安全性。这是因为即使底层的数学问题是复杂难解的，但是所采用的协议有可能是不安全的。针对签名应用方式的直接攻击有许多其他类型，一个认证协议应对这些攻击也应该是安全的。

一个长的消息，比如法律文档，本应该对整个文档进行签名。这是因为文档的未签名部分以后可以修改，而且这种更改不会影响文档其余部分签名的有效性。此外，如果文档的不同部分是独立进行签名的，那么删除文档的一部分内容，就可能创建一个错误的文档或进行欺骗。

对于一个长消息，对这样的整个消息进行签名的计算代价是非常大的。取而代之的是，通常先对整个消息计算其消息摘要，然后再对消息摘要进行签名。然后将消息摘要的签名附加到原始消息之后。之所以只对消息摘要进行签名而不对消息本身进行签名，是为了降低计算负担并且促进签名程序的标准化。这种做法也可以防止某些类型的篡改，如将长消息划分成独立的分段来签名，从而破坏长消息。单独签名的分组可以被删除或重新排列。其余的消息分段仍然可以正确地签名，从而有可能重组成一个看似合法有效的消息，只不过这些消息分段各自采用不同的方式来独立签名。

8.2 鉴别

219 认证面临着一个不可避免的困难，需要人们关注和仔细思考，这就是身份鉴别的问题。认证协议只能验证一个给定的消息是否来自一个已经确认过的身份，但是它无法对一个远程的、孤立的、未经证明的、未经授权的陌生人(比如在网络上偶然遇见的人)进行身份鉴别。鉴别是与认证相分离的一个附加需求。认证是验证消息来自一个认可的源头。鉴别则是验证消息的来源是来自于相关社群所认可的成员。

鉴别协议一定要防止从一个人到另一个人之间的身份转移，比如身份盗用。为了防止盗用，一个现代鉴别协议需要消息源证明自己拥有正确的证书，而不用出示证书。这个过程称为*零知识证明*，将在第14章进行讨论。

个人身份鉴别是一个微妙的概念，只能由个人的群体属性和可用证书来定义。只有当证书经过一个或者多个可信任的证书中心(或者其他受信任的第三方机构)授权时，才可以将正确的证书与个人的公开身份代码绑定，从而用来建立个人的身份。这样，鉴别协议本身只是用来确保消息来自一个经过正确认证的或者先前已经确认过的源头，即拥有所需证书的消息源。这些证书把个人与较大的社群联系起来。实际上，证书就成为了个人的身份。

8.3 认证签名

一个数字消息 x 需要签名才能认证该消息的来源。这就需要一个安全的签名协议。本节中所描述的签名协议允许消息的接收方确认消息是否确实来自指定的源头。它们本身并不提供消息源的鉴别。相应地，这些签名协议就称为认证签名。鉴别签名将在14.5节中进行介绍。

一个数字消息可能是一个文本文档、一幅图片、一段视频或者其他任何数字文件。待签名的消息可能是明文或者密文。因为消息可能会很长，明文或者密文可能会在签名之前压缩；正如我们后面将要讨论的*散列*这个话题，明文或者密文消息通常是要压缩的。散列操作是用*消息摘要* $\text{hash}(x)$来代替实际的消息 x。然后对消息摘要进行签名，消息摘要的签名采用 $\text{sign}_k(\text{hash}(x))$来表示，并且将其附加到消息 x 之后。那么带签名的消息就是一个消息对 $y=(x, \text{sign}_k(\text{hash}(x)))$，其中 k 是某种密钥。密钥 k 的性质取决于所采用的签名方法。

如果需要，一个已签名的消息 y 可以全部加密，包括签名。即使未签名的消息已经加密了，我们仍然可以这样做。实际上，两个层次的密文可能需要两个独立的解密器。此
220 外，对签名所做的验证只是用来判断消息是否来源于该签名的所有者。它本身并不对消息的所有者进行鉴别。

首先，在本节的后半部分，我们将讨论签名话题；然后，在本章后面几节中，将详细

讨论散列话题。在本节中，我们将只探讨针对消息本身或者消息摘要的签名方法。

有两种方法可以用来生成一个安全的数字认证签名，一种是 RSA 签名方案，一种是 Elgamal 签名方案。RSA 签名方案采用 RSA 密码体制，并将其修改成为一种文档签名机制。Elgamal 签名方案采用 Elgamal 密码体制，并将其修改成为一种文档签名机制。

对于每一种签名方案，签名通常应用于消息摘要，而不是消息 x 本身，摘要采用 $\mathrm{hash}(x)$来表示。这个限定是以下事实所引发的结果，因为消息 x 具有可变的和无限的长度。出于这个原因，通过采用一个合适的公开散列函数，消息 x 压缩成消息摘要，采用 $\mathrm{hash}(x)$来表示。然后将签名应用于 $\mathrm{hash}(x)$，而不是 x 本身。

RSA 签名

我们首先描述 RSA 签名方案。RSA 签名方案与 RSA 加密方案采用相同的结构，但是过程相反。跟前面一样，令 $n=pq$，这里 p 和 q 是由签名者秘密生成的两个素数。a 和 b 是两个整数，它们满足 $ab=1(\mathrm{mod}\ \phi(n))$。整数 n 和 b 是公钥，而 a、p、q 是只有签名者知道的私钥。为了对一个消息 x 进行签名，数字签名定义为

$$y = \mathrm{sign}_a(x) = x^a(\mathrm{mod}\ n)$$

那么带签名的消息就采用$(x,\ y)=(x,\ \mathrm{sign}_a(x))$来表示。为了验证签名是否有效，计算 $\mathrm{ver}_b(y)=y^b(\mathrm{mod}\ n)$，并且将其与消息 x 进行比较。如果 $y^b=x$，那么消息就是真实的，因为签名只能由知道整数 a 的人来生成。由此可以得出结论：只有整数 a 的所有者是已签名消息的源头，可能陌生的验证者和其他身份人员都不是源头。

实际上，签名并不直接应用于 x，而是应用于消息摘要 $\mathrm{hash}(x)$，因此 $y=(\mathrm{hash}(x))^a$，其中 a 是私钥，并且通过检验是否满足 $\mathrm{hash}(x)=y^b$ 来提供验证。这个检验可以由任何人来公开进行，因为整数 b 和散列函数都是众所周知的。

在 RSA 签名之中需要提到一个小问题。由于验证函数 $\mathrm{ver}(y)$是公开的，且是签名函数的反函数，因此对手可以通过选择一个随机数 y 作为假签名，并且构造生成$(\mathrm{verb}(y),\ y)$，从而创建了一个带签名的假消息，形如$(x,\ \mathrm{sign}_a(x))$。这样 y 就是“消息”$\mathrm{verb}(y)$的签名。当然，虚假的消息是一个毫无意义的符号串，但是该签名确实可以成功地通过验证，且协议的其他层面必定能够识别出来这是一个毫无意义的符号串。这样 RSA 签名本身并无法应对经过精心设计的泛洪攻击。 221

Elgamal 签名

Elgamal 签名方案利用求解离散对数问题的困难性来构成一个安全的签名方案。对任何素数 p，集合 $\mathbf{Z}_p^*$ 是一个阶数为 $p-1$ 的循环群，可以通过 $\mathbf{Z}_p$ 中的某些元素 α 生成。素数 p 可以选择足够大的数，使得计算 $\mathbf{Z}_p^*$ 中的离散对数问题是复杂难解的。素数 p 和生成元 α 是任何 Elgamal 签名协议的标准体制所采用的公开参数。

为了生成一个 Elgamal 签名，单个签名者使用两个随机选择的密钥。第一个密钥是永久保密的身份密钥 i。签名者选择整数 i 一次，并且计算 $I=\alpha^i$。整数 i 需要保密。而整数 I 是公开的并且会成为签名者永久公开的认证码。更具体地说，个人身份可作为$\log_p I$ 的保管人来识别。假定只有计算 I 的人知道整数$\log_p I$ 的值，因为计算 $\mathbf{F}_p$ 之中 I 的离散对数是困难的。为了对一个消息 $x\in\mathbf{Z}_p$ 进行签名，签名者需要选择一个文档密钥，此密钥 $k\in\mathbf{Z}_p^*$ 是一个随机整数，这个整数对于文档而言是独一无二的，并且从不重复使用。该文档密钥需要满足条件 $\mathrm{GCD}(k,\ p-1)=1$，这就意味着满足条件的 k 值很少，我们可能需要尝试文档密钥 k 的几个值来找到满足条件的 k。然后我们定义 $K=\alpha^k$。

为了对消息 x 进行签名，签名者计算下式：

$$\Delta = k^{-1}(x - iK)(\mathrm{mod}(p-1))$$

并且检验 Δ 是非 0 的。在一些极少的情形中，Δ 值为 0，这就需要选取一个新的文档签名密钥 k，并且重新计算 Δ 的值。必要时这个过程需要重复，直到 Δ 是非 0 的。对消息 x 的签名 $\mathrm{sign}_k(x)$就是数据对(K，Δ)。带签名的消息就是：

$$(x, \mathrm{sign}_k(x)) = (x, (K, \Delta))$$

根据接收到的带签名消息(x，$\mathrm{sign}_k(x)$)，通过检验是否满足 $\alpha^x = K^{\Delta} I^K$ 来验证签名。下面证明验证程序的有效性，根据 Δ 的定义，可以写成

$$x = \Delta K + iK(\mathrm{mod}(p-1))$$

从而有

$$\alpha^x = \alpha^{\Delta k}\alpha^{iK} = K^{\Delta} I^K$$

222 式子右边的所有参数值都已知，因此所定义的验证是正确有效的。

由于消息经过散列函数处理，因此实际的带签名消息是(x，(K，Δ))，其中 $\Delta = k^{-1}(\mathrm{hash}(x) - iK)(\mathrm{mod}(p-1))$。那么验证方式就是 $\alpha^{\mathrm{hash}(x)} = K^{\Delta} I^K$。因为散列函数 $\mathrm{hash}(x)$ 和签名验证函数 $\mathrm{ver}_I(z, y)$都是公开的函数，所以任何人都可以通过计算 $z = \mathrm{hash}(x)$和 $\mathrm{ver}_I(z, y)$来验证签名。

第三方可以通过获取签名者的私钥，从而采用显而易见的方式来伪造签名。密钥可以通过直接攻击底层的密码技术或者通过间接的后门攻击来获取。为了防止某些这样的攻击尝试，签名密钥的某一部分仅使用一次。

8.4 散列函数

*散列函数*采用 $\mathrm{hash}(x)$或者 $h(x)$来表示，是一种明确定义的确定性过程，该过程将一个任意长度(甚至数百万位或者符号)的长消息压缩成一个固定长度的*短消息摘要*。散列函数有许多应用。此处我们只对那些用于密码学的*单向散列函数*感兴趣。这些散列函数称为*密码散列函数*。这个术语只是指应用于密码学(包括认证)的散列函数，而并不需要隐含任何保密密钥。散列函数有不含密钥的散列函数和带密钥的散列函数。对于目前密码学中的应用，消息摘要流行的散列长度最小值为 160 位。在这种情况下，散列函数将任意长度的二进制消息映射成 160 位的消息摘要。现在更长的消息摘要成为优先选择。密码散列函数称为单向散列函数，意味着给定消息摘要时，对散列函数求逆是复杂难解的，即寻找一个或者多个消息与给定的消息摘要对应是困难的。

令 $\mathcal{A}^*$ 表示字母表 $\mathcal{A}$ 中所有符号串序列所构成的集合，符号串序列是任意长度的。字母表 $\mathcal{A}$ 上任意长度的消息 x 都是 $\mathcal{A}^*$ 中的一个元素。散列函数 $\mathrm{hash}(x)$是一个将 $\mathcal{A}^*$ 映射到 $\mathcal{A}^n$ 的函数，其中 n 是消息摘要的长度。我们通常将消息看成二进制符号串，在这种情形下，散列函数就可以描述成一个从$\{0, 1\}^*$ 到$\{0, 1\}^n$ 的映射。对消息 x 的签名就是函数 $y = \mathrm{sign}(\mathrm{hash}(x))$，而带签名的消息就是数据对($x$，$y$)。

第三方可能会将签名 $\mathrm{sign}_k(\mathrm{hash}(x))$从真实的文档转移到虚假的文档，从而试图伪造签名。要做到这一点，所伪造的假文档必须与真文档具有相同的散列函数值。这就是在虚假的文档中进行无意义的尝试修改，例如添加额外的单词空格或段落缩进。虚假消息的每个修改版可能被对手采用散列来处理，因为散列函数是公开的。一旦找到一个修改后的虚
223 假消息满足散列函数值等于 $\mathrm{hash}(x)$，那么签名 $\mathrm{sign}_k(\mathrm{hash}(x))$就可以从真实消息转移到虚假消息。真实消息的散列值和虚假消息的散列值之间出现相等的情况称为散列函数的*碰撞*。为了应对此问题，散列函数必须是抗碰撞的。

一个面向密码学应用的良好散列函数应该容易计算任何消息的散列值。为了找到消息而对散列函数求逆应该是不可行的。修改消息而不改变其散列函数值应该是不可行的，找到两个不同的消息具有相同的散列函数值应该是不可行的。特别地，对手成功地将一个带签名的散列函数值转移到另一个文档应该是不可行的。

为了满足这些目标，密码散列函数应该具有许多宽泛的性质。这些性质可能看起来比任何应用都要更为保守和更为严格。然而，可以认为它们是非常一般的性质，为散列函数抵抗未知的攻击提供了信心。

定义 8.4.1 给定散列值 h，如果找到一个消息 x 满足 $\mathrm{hash}(x)=h$，在计算上不可行，则称散列函数 $\mathrm{hash}(x)$ 是抗原像攻击的。一个抗原像攻击的散列函数就是一个单向函数。

抗原像攻击是散列函数的重要性质。抗原像攻击的定义要求找到任何 x 产生给定的散列函数值是不可能的，即便是一个无意义的 x。这是一个保守的要求。抗原像攻击的概念涉及对散列函数求逆，而这是不容易分析的。相比之下，散列性质还有其他概念只涉及可能较容易分析的直接散列函数。由于这些概念比抗原像攻击更严格，因此它们提供了保守的性能界限。

定义 8.4.2 如果找到两个不同的消息 x 和 x' 满足 $\mathrm{hash}(x)=\mathrm{hash}(x')$，在计算上不可行，则称散列函数 $\mathrm{hash}(x)$ 是强无碰撞的(即强单向性)。

强无碰撞散列函数的定义针对的是任何一对不同的消息 x 和 x'，即使它们不是合法消息。该定义并不关心对手如何利用这种碰撞。相反，该说法只是指如果消息 x 和 x' 中的一个或两个在某种意义上是“典型”消息，则散列函数有时称为弱无碰撞散列函数。一个更精确的定义如下所述。

定义 8.4.3 给定消息 x，如果找到另一个消息 x' 满足 $\mathrm{hash}(x)=\mathrm{hash}(x')$，在计算上不可行，则称散列函数是弱无碰撞的(即弱单向性)。

由上述可知，一个强无碰撞的散列函数总是单向散列函数。 224

定义 8.4.4 给定 $\mathrm{hash}(x)$，如果找到一个 x' 使得连接 (x, x') 满足 $\mathrm{hash}(x, x')=\mathrm{hash}(x)$，在计算上不可行，则称散列函数是抗延长攻击的。

随机散列函数将 $\mathcal{A}^*$ 中的每个元素映射成 $\mathcal{A}^n$ 中随机指派的元素。随机散列函数对所有参与方都必须是已知的，因此它必须存储在一个(超)大表中。随机散列函数是良好散列函数的一个抽象概念，尽管只是概念上的，因为随机散列函数在最大消息长度中是指数级复杂的。对于长度为 N 的消息，随机散列函数需要一个含有 2^N 个数据项的表，其中 N 可以是数千级的，甚至更大。之所以引入随机散列函数的原因是因为它为实际的散列函数树立了一个应该力争满足的概念性目标。对于临时的观测者和密码分析者来说，一个实际的散列函数应该看起来像是一个随机散列函数。

长度为 N 的消息由 2^N 个二进制字组成，对于每个长度为 N 比特的字，从长度为 n 的随机二进制消息摘要中随机且独立地选择一个 n 位摘要跟它对应㊀。我们可以将这 2^N 个字存储在一个大小为 2^N 的表中。为了得到 N 位消息的散列值，将此 N 位消息作为地址来查找散列函数的取值。当然，即使 N 小到 4096 位，存储器也要有 2^{4096} 个数据项，因此随机散列函数并不具有现实意义。它只是一个帮助理解实际散列函数设计目标的概念部件。希望一个实用的散列函数应该是一个确定性算法，通过任何简单易处理的检查无法与随机散

㊀ 原文将 n 误为 k。——译者注

列函数区分开来。

由于消息的空间总是远大于消息摘要的空间，因此碰撞显然是必定存在的。实际上，对于每个 n 位的消息摘要，平均有 2^{N-n} 个消息经散列后映射到该消息摘要。定义一个散列函数的目标就是让它在计算上难以找到碰撞。

8.5 生日攻击

针对签名方案的*碰撞攻击*是一种概率攻击，当给定一个正确的带签名消息(x, $\mathrm{sign}_k(\mathrm{hash}(x))$)时，碰撞攻击试图对消息进行虚假签名。该攻击采用两个众所周知的函数 $\mathrm{hash}(x)$ 和 $\mathrm{ver}_k(y)$。给定一个假消息 x'，伪造者计算 $\mathrm{hash}(x)=\mathrm{ver}_k(\mathrm{sign}_k(\mathrm{hash}(x)))$ 和 $\mathrm{hash}(x')$，从正确的文档中转移签名 $\mathrm{sign}_k(\mathrm{hash}(x))$，从而对 x' 进行虚假签名。如果 $\mathrm{hash}(x)=\mathrm{hash}(x')$，那么($x'$, $\mathrm{sign}_k(\mathrm{hash}(x))$)就是针对消息 x' 的一个成功伪造的签名。否则，伪造者就将虚假消息 x' 进行无关紧要的修改并再次尝试。例如，如果 x' 是一个长文本文件，就容易做一些无关紧要的修改，像插入或删除多余的字词、空格或标点符号。
225 甚至可能有一部分文件就是专为此目的预留的虚拟文本。如果碰撞的概率足够高，这种攻击最终将会成功。为了应对这种碰撞攻击，应该使碰撞的概率很小。这就导致需要长度大于 128 位的密钥。一个广泛接受的最小签名标准是采用 160 位密钥来防止这种攻击。现在新近的标准是使用 256、384 或 512 位的签名长度。

一种变型碰撞攻击允许伪造者访问真实消息 x 和虚假消息 x'。可对两个消息进行无关紧要的修改。这就给出了一个候选 $\mathrm{hash}(x)$ 的列表和一个 $\mathrm{hash}(x')$ 的列表。如果两个列表上有一个共同的数据项，那么伪造者就将 x 提交给签名者进行签名，然后将签名转移到 x'。这个攻击假定伪造者有机会在签名之前篡改有效的消息。

在人为的变型攻击中，伪造者简单地生成消息的一个随机大集合，希望存在两个消息具有相同的散列函数值。其中一个消息提交给签名者进行签名，然后将该签名转移到另一个消息。如果这种无意义消息的人为碰撞性在统计上很罕见，那么现实的碰撞就会更少。

这种碰撞攻击称为生日攻击，因为其分析所采用的参数与用于推导*生日惊奇*的参数相同，即概率论中著名的生日惊奇。这个令人惊奇的结论就是，在任何一组随机选择的 23 人之中，至少有 2 人生日(365 天)相同的概率大于 0.5。为了阐明这一点，令 $n=365$，而令 p_c 表示碰撞的概率。随机选择的两个人生日不相同的概率是 $(n-1)/n$。随机选择的三个人生日都不同的概率是 $((n-1)/n)((n-2)/n)$。在 k 个人的集合中没有人生日相同的概率为

$$1-p_c=\left(1-\frac{1}{n}\right)\left(1-\frac{2}{n}\right)\cdots\left(1-\frac{k-1}{n}\right)=\prod_{i=1}^{k-1}\left(1-\frac{i}{n}\right)$$

对于 k 的较小取值，这可以进行数值计算。对于 k 的较大取值，则采用近似计算更方便。为此，回顾以前的知识，当 x 较小时，$1-x\approx \mathrm{e}^{-x}$，这就可以得到

226 $$1-p_c=\prod_{i=1}^{k-1}\left(1-\frac{i}{n}\right)\approx\prod_{i=1}^{k-1}\mathrm{e}^{-\frac{i}{n}}=\mathrm{e}^{-\sum_{i=1}^{k-1}\frac{i}{n}}$$

因此

$$p_c\approx 1-\mathrm{e}^{-k(k-1)/n}\approx 1-\mathrm{e}^{-k^2/n}$$

如果 $p_c=0.5$，而 $n=365$，则 $k=22.3$，这就是生日惊奇。如果 $n=2^{40}$，对于 40 位的消息摘要，要求 $p_c=0.5$，则 k 约为 10^6。这样，对于 40 位的消息摘要，碰撞攻击将需要大约 100 万次试验才能有 0.5 的概率成功发现两个消息具有散列碰撞。如果 $n=2^{160}$，对于

160 位的消息摘要，大约需要 10^{24} 次随机试验来获得两个随机消息的碰撞，这可能是一个难以计算的数值。发现两个有意义消息的碰撞则是更难的。因此采用 160 位散列函数的认证方案来抵抗生日攻击可以认为是安全的。

8.6 迭代散列构造

由于消息的长度可变且很长，因此将消息划分成固定长度的小分组，并将这些分组一个接一个编排到散列函数中处理，这样自然又方便。现代密码散列函数通常采用这种迭代步骤来构造，这种方法称为 Merkle-Damgaard *散列结构*。Merkle-Damgaard 散列结构简单地采用多轮核心运算来计算消息摘要，如果核心计算是安全的，则散列函数的整体安全性就是有保证的。任何 Merkle-Damgaard 型散列函数都是采用这种分组组织迭代结构来计算构造的散列函数，如图 8-1 所示。如果一个函数 $f(y)$ 的求逆计算是困难的，那么函数 $f(f(x))$ 的求逆计算也是困难的。

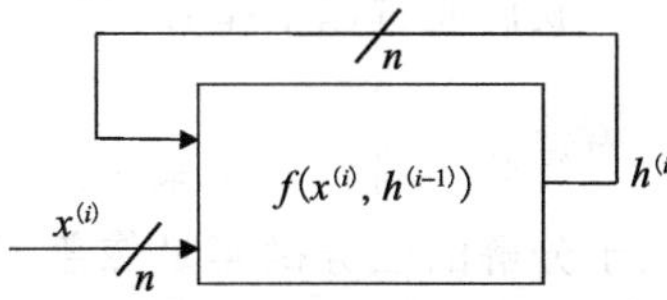

图 8-1 消息摘要的迭代计算

Merkle-Damgaard 结构将任意长度的消息划分成长度为 n 位的分组，如有必要，可用追加的位来填充完整的消息，使得消息长度是分长度 n 的整数倍。在每次迭代中，它会对临时消息摘要更新一次。分组长度通常为 n，每次迭代将新的分组编排到核心计算中，通过将下一个新分组与先前的临时消息摘要进行组合，计算得出一个新的临时消息摘要。每个新分组依次与最 227
近的临时消息摘要进行组对，二者重新组对后通过核心计算来处理。核心计算是安全的单向函数，通过对第 $(i-1)$ 个临时消息摘要和第 i 个分组消息进行计算来得到第 i 个临时消息摘要。

核心计算包括新分组数据的编排方法，可以采用多种形式。任何分组加密函数 $e_k(x)$ 都可以用作核心计算。由于一个分组加密函数 $e_k(x)$ 有两个输入，密钥 k 和明文 x，而这两个输入可以指派各种不同角色，以便与核心计算吻合，从而可定义一个 Merkle-Damgaard 迭代结构。

例如，令 $x^{(i)}$ 表示消息 x 中将要散列处理的第 i 个分组，而令 $h^{(i)}$ 表示在第 i 次迭代时的消息摘要迭代值。当迭代全部结束时，迭代值 $h^{(i)}$ 就变成了消息摘要。表达式

$$h^{(i)} = e_{x^{(i)}}(h^{(i-1)} + x^{(i-1)}) \quad i = 1,\cdots,I$$

定义了一种 Merkle-Damgaard 迭代结构，该结构可采用任意分组加密函数 $e_k(x)$ 和密钥 k。还有另一种也采用分组加密函数 $e_k(x)$ 的散列方法由下面的表达式来定义：

$$h^{(i)} = e_{h^{(i-1)}}(x^{(i)} + h^{(i-1)}) \quad i = 1,\cdots,I$$

这个表达式也定义了一种 Merkle-Damgaard 迭代结构，但是这个 Merkle-Damgaard 迭代结构与先前描述的迭代结构不同。这两个例子都从底层分组加密函数 $e_k(x)$ 的安全性上继承了它们的抗碰撞安全性。Merkle-Damgaard 结构的原则是：迭代所采用的 $e_k(x)$ 不能降低抗碰撞的安全性。这个原则与直觉当然是一致的。以下结论可以验证这一点：对于任何起始安全的加密函数，采用任何密钥来进行第二次加密不会降低初始安全性。

8.7 理论散列函数

为了满足合理要求的条件，形式上安全的散列函数（与实用散列函数相比较，可称为理论散列函数）可以采用正规的数学结构来定义。此条件基于以下假定：一些热点研究问题，例如离散对数问题或双素数因子分解问题确实是复杂难解的。然而，这些形式上安全

的代数杂凑函数一般必定涉及负荷过大的计算，从而不适合实际的散列应用。这是因为，在实践中，我们通常需要对长度可能是数百万位的超大文件进行快速杂凑运算。我们探讨形式上安全的杂凑函数，并不是为了其实用性，而是作为理想杂凑函数的示范，从而让散
228 列理论变得圆满。

Gibson 散列函数基于求解整数因子分解的困难性。从这个角度来看，它是形式上安全的。Gibson 散列函数采用一个双素数积 $n=pq$，其中 p 和 q 是不同的大素数，形如 $p=2p'+1$ 和 $q=2q'+1$，且 p'和 q'也都是素数。$\mathbf{Z}_n^*$ 的阶数是 $4p'q'$，并且有一个阶数为 $2p'q'$的循环子群，由元素 α 生成。双素数 n 由随机选取的大整数生成，先检验候选 p'和 q'的素性，再检验 $2p'+1$ 和 $2q'+1$ 的素性。如果所有的检验都是成功的，那么我们就得到了一个合适的 n。否则，我们需要从头开始来选取 n 的一个因子，或者两个因子都重新进行选取。

我们通过以下指数函数来定义消息 x 的 Gibson 散列函数值：

$$\mathrm{hash}(x)=\alpha^x \pmod n$$

为此，消息 x 本来采用一个长二进制序列的形式来表示，视为一个整数。如果双素数因子分解的任务确实是像普遍信任的那样困难，那么对 Gibson 散列函数进行求逆就是复杂难解的。

Chaum、van Heijst、Pfitzmann 散列函数基于求解离散对数问题的困难性。假定 p 是一个大素数，且 $q=(p-1)/2$ 也是一个素数。假定 α 和 β 是 $\mathbf{F}_p$ 中的两个素元，并要求 $\log_\alpha\beta$ 是未知的且难以计算。将消息 x 分成(x_1，x_2)，这样就可以视为两个非负整数，每个非负整数都不大于 $q-1$。这两个整数可以表示成两个二进制字，每个字的长度为 $\lfloor\log_2 q-1\rfloor$位。散列函数$\{0,\cdots,q-1\}*\{0,\cdots,q-1\}$定义为：

$$h(x_1,x_2)=\alpha^{x_1}\beta^{x_2} \pmod p$$

这是一个小于 p 的非负整数。

该散列函数的安全性证明依赖于确信求解 $\log_\alpha\beta$ 是计算困难的。这是因为任何找到散列碰撞的方法都可以很容易地转化为求解 $\log_\alpha\beta$ 的方法。如果可以找到不同的消息对(x_1，x_2)和(x_1'，x_2')，满足 $\alpha^{x_1}\beta^{x_2}=\alpha^{x_1'}\beta^{x_2'} \pmod p$，那么就有

$$\alpha^{x_1}\ (\alpha^{\log_\alpha\beta})^{x_2}=\alpha^{x_1'}\ (\alpha^{\log_\alpha\beta})^{x_2'} \pmod p$$

由此可得

$$x_1+x_2\log_\alpha\beta=x_1'+x_2'\log_\alpha\beta \pmod{p-1}$$

这可以写成

$$\log_\alpha\beta=\frac{x_1'-x_1}{x_2-x_2'} \pmod{p-1}$$

这样，如果这个散列函数能被破解，那么 $\mathbf{F}_p^*$ 域中的离散对数求解问题就可以被解决了。

本节中这两种形式上安全的杂凑函数都不适合对大文件进行快速杂凑运算。在下一节
229 中，我们将探讨实际可用的散列函数。

8.8 实用散列函数

一个散列函数的性能可通过简洁性和安全性来评估。散列函数的简洁性在很大程度上可通过测量其对大文件执行散列运算的速度来评价。而散列函数的安全性在很大程度上可采用两个标准来进行评判，这两个标准就是抗反推性和抗碰撞性。在实际应用中，由于散列函数经常用于对可能有几兆字节的大文件进行散列运算，因此散列函数的运算必须是简

单的才行。此外，由于散列函数必须要能抵抗各种攻击，因此它必须是安全的。这样，散列函数就需要在简洁性和安全性这两个相矛盾的目标之间进行权衡。为了达到简洁性，实用散列函数采用了大量的简单运算，包括核心分组运算和加法运算，而它们显然并不依赖复杂难解的数学问题。因此，对常用实际散列函数的安全性证明还是不足的。对散列函数安全性的验证只是传闻的，而非正式的。

本节中我们将介绍一些广泛应用的实际散列函数。本节的目的只是为常用的实用散列函数提供一个普通的了解和概貌。所讨论的内容并不试图提供具体实现所需要的完整细节。

MD4 散列函数是一个早期的无密钥散列函数，足够简单实用，跟 DES 是同一年份提出的，它的名字取自"消息摘要"这个术语。该散列函数是为了便于计算而设计的，而并非为了可证安全设计的。由于漏洞很快就公布了，它被认定为不安全的。一个改进版本就是著名的 MD5，但是这个版本现在也认为是不安全的。这两个密码散列函数——MD4 和 MD5——都是为了快速计算而设计的，而并非为了可证安全设计的。尽管 MD4 散列函数是有漏洞的，它仍然用于许多合法的应用之中，而且只有通过努力尝试才能够攻破它。基本的想法是继续改进，以便得到一个更加高级和更加安全的散列函数。最近的散列函数族正式地称为 SHA(安全散列算法)，它是经过一系列的改进后产生的。

尽管现在认为 MD4 和 MD5 密码散列函数具有潜在的不安全性，但是出于教学目的，它们仍然很受欢迎，因为现在常用的很多密码散列函数都是从它们的概念之中演变而来的。这样，此处对 MD4 散列函数进行描述是因为它为这一类散列函数提供了恰当的介绍。MD5 与 MD4 相似，这里就不再去讨论了。

MD4 散列函数产生的消息摘要为 128 位，其散列长度现在认为是不够长的。MD4 散列函数由一系列的核心迭代运算构成，这些迭代运算最终会生成 128 位的消息摘要。每次核心迭代都会处理一帧分组消息，每帧消息由 512 位构成，组织成 16 个长度为 32 位的字，并用于滚动计算 128 位的消息摘要。迭代运算不断进行，直到整个消息处理完并生成了摘要。 230

假定 x 是一个可变长度的二进制消息，由 m 位组成，将要采用 MD4 散列函数来进行散列运算。消息 x 首先依据以下规则来填充加长：

$$x \leftarrow (x,1,0,\cdots,0,m')$$

此处 m' 是一个 64 位的数据，用来表示消息的长度 m(位数)，即 $m' \equiv m \pmod{2^{64}}$ 位，并在单个 1 和 64 位的 m' 之间插入足够多的 0，使得新 x 的长度可以被 512 整除。消息的这种扩展包括单个的 1 和表示消息长度的 64 位数据以及数目可变的 0，确保当消息分成 32 位字时，每个分组消息的长度都可被 16 整除。这个扩展消息就是散列计算的输入。每次处理一帧分组消息，每帧由 16 个 32 位字组成。

散列计算的输出是 128 位的消息摘要。这 128 位的消息摘要由 4 个 32 位寄存器的级联构成，表示为 A、B、C 和 D，它们一起保存计算中不断变化的消息摘要。每次核心迭代处理一帧 512 位的分组消息，计算出一帧由 4 个 32 位字构成的摘要，并将这一帧摘要与存储在 4 个寄存器 A、B、C 和 D 中的 128 位临时消息摘要进行模加。4 个寄存器的初始化用十六进制常数表示为

$$A \leftarrow 67452301$$
$$B \leftarrow efcdab89$$
$$C \leftarrow 98badcfe$$

$$D \leftarrow 10325476$$

一帧摘要由 128 位构成，看成 4 个字，每个字的长度为 32 位。4 个字分别表示为 r_A，r_B，r_C和r_D，并在每帧计算开始时初始化为零。一帧分组消息的 16 个 32 位字作为工作变量重复使用三次，每次称为一轮，每轮由 16 步小迭代构成，因此总共包括 48 步小迭代。对于轮次 $\ell=1，2，3$，对于 $j=0，1，2，3$[⊖]，整个 3 轮迭代如图 8-2 所示，16 步小迭代的每一步迭代期间都通过以下 4 个伪代码依次对 4 个寄存器更新 4 次

$$r_A \leftarrow r_A + f_\ell(r_B, r_C, r_D) + x_{4j} \quad (\bmod 2^{32}) \quad (\bmod x^{k_{\ell 1}} - 1)$$
$$r_B \leftarrow r_B + f_\ell(r_C, r_D, r_A) + x_{4j+1} \quad (\bmod 2^{32}) \quad (\bmod x^{k_{\ell 2}} - 1)$$
$$r_C \leftarrow r_C + f_\ell(r_D, r_A, r_B) + x_{4j+2} \quad (\bmod 2^{32}) \quad (\bmod x^{k_{\ell 3}} - 1)$$
$$r_D \leftarrow r_D + f_\ell(r_A, r_B, r_C) + x_{4j+3} \quad (\bmod 2^{32}) \quad (\bmod x^{k_{\ell 4}} - 1)$$

其中函数 $f_\ell(x，y，z)$定义见下面。此处的加法是模 2^{32}整数加法。在加法之后，所得到的
231 二进制数循环移位 $k_{\ell i}$位，其中 $k_{\ell i}$是由模 x^k-1 得到的移位数，由一个表来指定。

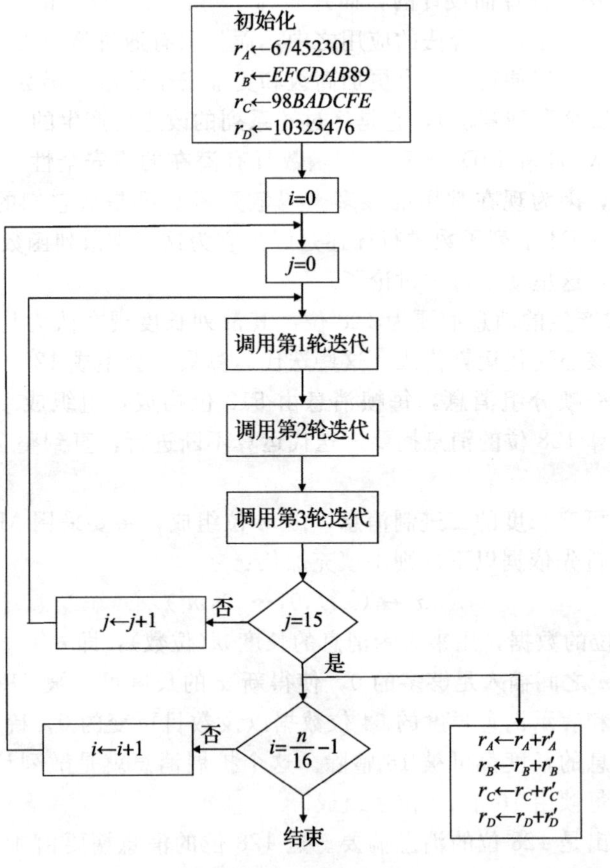

图 8-2　散列函数 MD4

在每轮迭代期间，4 个方程组依次重复使用 4 次，每帧分组消息的 16 个 32 位新数据字各使用一次。该过程重复三轮，即 $\ell=1，2，3$。函数 $f_\ell(x，y，z)$是为 4 个寄存器预定的函数，由以下三个逐位运算的布尔函数来定义

⊖　原文为 $j=1，2，3$，原文有误。——译者注

$$f_1(x,y,z) = (x \wedge y) \vee (\overline{x} \wedge z)$$
$$f_2(x,y,z) = (x \wedge y) \vee (x \wedge z) \vee (y \wedge z)$$
$$f_3(x,y,z) = x \oplus y \oplus z$$

其中∧和∨分别表示按位“与”和按位“或”，⊕表示模 2 加法，而上划线表示二进制求补。

SHA 散列函数是一个更为新颖和更为安全的散列函数，设计它是为了弥补 MD4 和 MD5 散列函数的缺陷。著名的密码散列算法 SHA-1 保留了 MD4 散列函数的精髓，但在此基础上进行了改进。SHA 散列函数产生一个 160 位的消息摘要。此长度现在认为是消息摘要的最小可接受散列长度。SHA 散列函数不断演变，现在存在许多变体，有些具有 232
较长的散列长度，例如 SHA-224、SHA-256、SHA-384 和 SHA-512。

与 MD4 散列函数一样，SHA 散列函数也需要将消息填充加长，使得消息由数目可变的 512 位分组帧构成。SHA-1 散列函数由一序列核心迭代运算构成，迭代结束时产生一个 160 位的消息摘要。与 MD4 一样，每个核心迭代编排处理一帧分组消息，每帧消息由 512 位构成，组织成 16 个字，每个字长度为 32 位，输入滚动计算以产生 160 位的消息摘要。迭代一直继续，直到整个消息处理完并产生摘要，这与 MD4 很相似。然而，一个重要的区别就是，在每次迭代期间，SHA 的每帧分组消息在算法过程中要进行 4 轮迭代（MD4 是 3 轮）。采用这种方式，在每次迭代时，下一帧 512 位分组消息编排输入核心迭代运算以产生滚动变化的消息摘要。

160 位的滚动消息摘要包含在 5 个 32 位寄存器之中，采用 A、B、C、D、E 来表示。这 5 个寄存器的初始值采用十六进制符号表示为

$$A \leftarrow 67452301$$
$$B \leftarrow efcdab89$$
$$C \leftarrow 98badcfe$$
$$D \leftarrow 10325476$$
$$E \leftarrow c3d2e1f0$$

除了滚动变化的消息摘要，算法还采用了一个由 80 个 32 位字构成的临时列表，采用 w_i 来表示，其中 $i=0$，…，79。在每个核心迭代开始时，该列表向下移动 16 个字，即丢弃已使用过的初始 16 个 32 位字，并且将下一帧的 16 个字插入列表的顶部。然后列表中的其他字 w_i 采用以下规则来逐个递推产生

$$w_i = \text{cyclicshift}(w_{i-3} \oplus w_{i-8} \oplus w_{i-14} \oplus w_{i-16}) \quad i = 16,\cdots,79$$

其中，w_i 是括号中的 32 位字循环移位一位，而⊕表示逐位模 2 加。

然后定义 4 个按位运算的布尔函数

$$f_1(x,y,z) = (x \wedge y) \vee (\overline{x} \wedge z)$$
$$f_2(x,y,z) = x \oplus y \oplus z$$
$$f_3(x,y,z) = (x \wedge y) \vee (x \wedge z) \vee (y \wedge z)$$
$$f_4(x,y,z) = x \oplus y \oplus z$$

这 4 个函数中的每一个函数都用于 20 步小迭代，因而总共有 80 步小迭代。这样，$f_1(x, y, z)$用于第一轮的 20 步迭代，$f_2(x, y, z)$用于第二轮的 20 步迭代，$f_3(x, y, z)$用于第三轮的 20 步迭代，$f_4(x, y, z)$用于第 4 轮的 20 步迭代。SHA-1 中每帧分组消息的 80 步小迭代取代了 MD4 中每帧消息所采用的三个 16 步小迭代。SHA-1 散列函数在每轮计 233
算期间还采用了一个常数来进行替换。替换的轮常数值用十六进制符号表示为

$$K_1 = 5a827999$$
$$K_2 = 6ed9eba1$$
$$K_3 = 8f1bbcdc$$
$$K_4 = ca62c1d6$$

每个轮常数用于该轮的 20 步迭代。

为了完成对 SHA-1 散列函数的定义，我们定义

$$Z = \text{cyclicshift}(A) + f_i(B,C,D) + E + W_i + K_i$$

其中 A 的数值循环移位 5 位。接下来将 A、B、C、D、E 的副本存储为 A'、B'、C'、D'、E'。然后按以下模式对 5 个寄存器存储的字进行字间移位

$$Z \rightarrow A \rightarrow B \rightarrow C \rightarrow D \rightarrow E$$

这使得 A，B，C，D，E 被(Z，A，B，C，D)所替换，然后将新产生的 C 循环移位 30 位。最后，执行以下加法运算

$$A \leftarrow A + A'$$
$$B \leftarrow B + B'$$
$$C \leftarrow C + C'$$
$$D \leftarrow D + D'$$
$$E \leftarrow D + E'$$

这就完成了对 SHA-1 的简介。没有正式的数学证明这个复杂的散列函数是安全的。安全性通过公众的持续审查以及一序列的简单重复计算来保证，但假定简单的结构计算不能轻而易举地反推。所有攻击显然都没有成功，人们正在尝试逐步破解核心计算。

第 8 章习题

8.1 令 $h(x)=x^2+ax+b \pmod{2^m}$，其中常数 a 和 b 是 $\mathbf{Z}_{2^m}$ 中的元素，并且 $x \in \mathbf{Z}_{2^m}$ 是要计算散列的消息，对于任何的 x，找到另一个消息 $x' \neq x$，使得 $h(x')=h(x)$。$h(x)$是符合要求的散列函数吗？

234

8.2 给定集合 $\mathcal{X}$中元素 x 上的散列函数 $y=h(x)$，令 $N_y = \#\{x \mid h(x)=y\}$表示满足散列值同为$y(y\in\mathcal{Y})$的消息 x 数量。令 $N=\#\{(x_1, x_2) \mid x_1 \neq x_2, h(x_1)=h(h_2)\}$表示碰撞的总数(采用双重计数)。

(a) 证明

$$\sum_{y\in\mathcal{Y}}(N_y - \overline{N}_y)^2 = 2N + \#\mathcal{X} - \frac{(\#\mathcal{X})^2}{\#\mathcal{Y}}$$

其中

$$\overline{N}_y = \frac{1}{\# N_y}\sum_y N_y$$

(b) 接下来证明：对于所有的 $y\in\mathcal{Y}$，

$$N \geqslant \frac{(\#\mathcal{X})(\#\mathcal{X} - \#\mathcal{Y})}{2(\#\mathcal{Y})}$$

当且仅当

$$N_y = \frac{\#\mathcal{X}}{\#\mathcal{Y}}$$

(c) 假设随机等概地选择消息 x_1 和 x_2，叙述并证明碰撞概率 p_e与 $\#\mathcal{Y}$ 相关联的不等式。什么时候这个不等式满足等号成立？

8.3 准备一份列表，记录你最亲近的 30 个亲属(朋友、同学或长辈)以及他们的生日。存在生日碰撞吗？这样的碰撞令人惊奇吗？

8.4 利用生日惊奇近似公式

$$p_c = 1 - \mathrm{e}^{-k^2/n}$$

证明：如果从一个 n 元集中抽取 $1.177\sqrt{n}$ 个对象(重抽复位)，则同一对象被随机抽到两次的概率将是一半。

8.5 令 $p=2p'+1$，$q=2q'+1$ 是不同的秘密素数，p'、q' 也是素数，令 $n=pq$，而 α 是 $\mathbf{Z}_n^*$ 中的 $2p'q'$ 个生成员之一，令 $h(x)$ 是由函数 $h(x)=\alpha^x \pmod n$ 定义的散列函数。给定三个碰撞 $h(1\,294\,755)=h(52\,738\,737)=h(80\,115\,359)$，试找出 p 和 q。 235

8.6 证明：在 Gibson 散列函数中，构造碰撞的任何算法可以转换成双素数因子分解算法。此证明是否要为素因子分解假定一种特殊的形式？该证明可以为 Gibson 散列函数提供安全保证吗？

8.7 描述如何利用任何密码散列函数与 Feistel 网络一起构建一个与 DES 相当的分组密码体制，解释为什么加密是可逆的，虽然散列函数是单向函数。

8.8 为了提供额外的安全性，通常的做法是，在主机系统中存储口令的散列值，而不是存储口令本身。请解释为什么这样做。为什么系统更倾向于使用附加公共信息的扩展口令而不是使用散列方法？

第 8 章注释

对于后来的增强版和最终的行业标准来说，Elgamal(1985a)发明的 Elgamal 签名方案是一个发展起点。Elgamal 签名方案很少使用其原始形式，但它的修订形式被广泛采用。特别地，Elgamal 签名方案的一种修订形式被广泛采用作为授权签名标准，命名为数字签名标准(DSS)，同时也作为数字签名算法(DSA)[⊖]。DSS 采用了群 $\mathbf{Z}_p^*$ 的子群，群 $\mathbf{Z}_p^*$ 的阶为 q，其中 q 约为 160 位，而域的大小 p 为 512～1024 位。Nyberg 和 Rueppel(1996)描述了另一种变体。Elgamal 签名方案还有基于椭圆曲线的版本，称为椭圆曲线 DSA(ECDSA)。

Merkle-Damgaard 迭代散列构造的概念是由 Merkle(1990)和 Damgaard(1990)独立发布的。Simon(1998)正式研究采用单向函数构造散列函数。Gibson(1991)提出了基于整数因子分解问题的安全密码散列函数。Chaum、van Heijst 和 Pfitzmann(1992)提出了基于离散对数问题的安全密码散列函数。由于需要满足安全性和简洁性，用于安全应用的散列函数在散列函数的普通研究内部形成了一个特殊的群体。为满足简洁性，Rivest(1991)提出了散列函数 MD4，并随后迅速改进为 MD5 和 SHA。Rivest(1991)所做的修改对散列函数的进一步发展产生了深远影响。该散列函数就是著名的安全散列算法(Secure Hash Algorithm，SHA)，1993 年被国家标准局采纳为标准，这是开放和公开竞争的结果。它拥有这个名字，因为它是传闻中安全的，而并非理论上安全的。开放和公开竞争导致了另一种新的和改进散列函数产生。

Preneel、Govaerts 和 Vandewalle(1994)研究了采用分组密码来构造散列函数。已有很多针对散列函数的攻击，但这些攻击不常出现在参考文献之中。已公布的攻击实例可在 Wang、Lai、Feng、Chen 和 Yu(2005)以及 Wang 和 Yu(2005)中找到。而集群攻击要归功于 Kelsey 和 Kohno(2006)。 236～237

⊖ 原书有误。——译者注

第 9 章

Cryptography and Secure Communication

群、环与域

某些不同的代数系统通常具有共同的结构特征。因此，搜集所有具有类似结构的代数系统，并把它们归结成同一类型进行研究，这是高效高产的工作。直接从共同结构中继承的任何特性适用于所有具有相同结构的代数系统，这些给定类型的代数性质都可以展开研究和探讨，并运用于所有相同类型的代数系统。

三种最重要的代数类型分别是*群*、*环*与*域*。我们将依次对其进行讨论。其中每一种代数类型在密码学学科的发展中都扮演着不同但又影响巨大的角色。

群中最熟悉的例子是常规加法运算下的整数集 $\mathbf{Z}$。整数集是含有无限个元素的群。群中含有有限个元素的个例是模 n 加法上小于 n 的非负整数集合，记作 $\mathbf{Z}_n$。

环中最常见的例子仍是整数集 $\mathbf{Z}$，只不过现在有两种运算。这两个运算是整数集上的常规加法和乘法运算。许多其他环也是重要的。大部分整数环的数学结构可以通过域 $\mathbf{F}$ 上一元多项式环中的相似数学结构来模拟。为了扩充我们收集的密码技术，我们将瞄向多项式环的结构，特别是多项式加法与多项式乘法下的二元多项式环。

域中最熟悉的例子是常规加法和乘法运算下的实数集与有理数集，现在还有除法运算。复数集合也是域中常见的例子。实数集、有理数集与复数集的大部分数学结构可以通过其他我们将要探讨的数学系统结构和特征来模拟。所有具有这种相同代数结构的数学系
238 统通称为域。

9.1 群

当运算满足特定的标准及所需的性质时，由集合 G 和 G 中成对元素上的单个二元运算所构成的代数系统称为群。群的概念在 2.1 节中已经介绍过了。加法下的整数集是群中的典型例子。加法下整数集的许多性质在任意群 G 中也是成立的性质。这些性质在使用群语言的抽象概念中得到了最好的研究。那么直接根据群中定义的性质所得出的结论在每个群中显然也是有效的。

群的定义如下：*群* $\boldsymbol{G}$(group)是满足四大标准性质的任意集合，含有一个二元运算 $*$，由集合中的成对元素来定义。群在运算 $*$ 下是封闭的。这样对于 G 中任意两个元素 a 和 b，$a*b$ 也是 G 中的一个元素，a 和 b 可能是相同的元素。群 G 中含有一个元素 e，称为*幺元*或*单位元*(identity element)，对于群 G 中的每个元素 a 都满足 $a*e=e*a$。最后，群 G 中的每个元素 a 都有*逆元*(inverse)，记作 a^{-1}，满足性质 $a*a^{-1}=a^{-1}*a=e$。最后，群中运算满足结合律，意味着 $(a*b)*c=a*(b*c)$。

容易证明，每个群中的幺元都是唯一的。同时，群中每个元素的逆元也是唯一的，且一个元素的逆元的逆元是该元素本身。这样就有 $(a^{-1})^{-1}=a$。

每当群中运算用于将同一个元素与其自身相运算两次或多次时，可以采用指数运算来表示。这样就有 $a^2=a*a$，而 $a^\ell=a*a*\cdots*a$，其中等式右边有 ℓ 个 a。这可以写成 $a^\ell=a*a^{\ell-1}$。

一个群可以含有有限个元素，在这种情况下，元素的个数称为群的阶，并记作 $\# G$。

群也可以含有无限个元素。

一般说来，G 的任何子集在相同的运算下如果也是群，则称为 G 的一个**子群**(subgroup)。如果存在一个最小正整数 k，满足 $g^k=e$[1]，则称 k 为群 G 中元素 g 的**阶**。对于有限阶的任何元素 g，**循环集** $\{g^1, g^2, \cdots, g^k\}$ 本身是包含在 G 中的群，它们共用相同的运算，其中 $g^k=e$。这称为 G 中的 k **阶循环子群**(cyclic subgroup)，而 g 是该循环子群的**生成元**(generator)。有限群 G 中的任意非零元素 g 都是 G 中一个循环子群的生成元，因此，如果 G 是有限群，则 G 中的每个元素都是有限阶元。这样，循环子群的阶等于生成该循环子群的任意元素 g 的阶。如果 G 中某个元素生成的循环子群就等于 G，则 G 本身就称为**循环群**(cyclicgroup)[2]。 239

还有些普通术语用于代数系统之中，它们具有群的部分性质但并不具有全部性质。这些术语有“半群”和“含幺半群”。**含幺半群**(monoid)是一个具有二元运算 $*$ 的代数系统，除了不满足每个元素都有逆元的性质，满足群的所有其他性质。**半群**(semigroup)是运算 $*$ 下封闭的代数系统，且运算 $*$ 满足结合律，但半群无须含有幺元，因而无须每个元素都有逆元。

交换律 $a*b=b*a$ 在群中不要求成立。因此，对于群 G 中的部分或所有元素可以有 $a*b\neq b*a$。然而，如果对 G 中的每个元素 a 和 b 都满足 $a*b=b*a$，则群 G 就称为**阿贝尔群**(abelian group)。循环群都是阿贝尔群。当群是一个阿贝尔群时，为了方便，通常采用符号 $+$ 来取代 $*$。那么我们可以写成

$$\ell a = a + a + \cdots + a$$

上式中右边有 ℓ 个 a。此外，我们有

$$(\ell_1 + \ell_2)a = \ell_1 a + \ell_2 a$$

举一个非阿贝尔群的例子，6 个矩阵构成的集合

$$\begin{bmatrix}1&0&0\\0&1&0\\0&0&1\end{bmatrix},\begin{bmatrix}1&0&0\\0&0&1\\0&1&0\end{bmatrix},\begin{bmatrix}0&1&0\\1&0&0\\0&0&1\end{bmatrix},\begin{bmatrix}0&1&0\\0&0&1\\1&0&0\end{bmatrix},\begin{bmatrix}0&0&1\\1&0&0\\0&1&0\end{bmatrix},\begin{bmatrix}0&0&1\\0&1&0\\1&0&0\end{bmatrix}$$

容易验证，它们在矩阵乘法下构成一个群。该群的阶数为 6，由拉格朗日(Lagrange)定理可得，每个元素的阶都整除 6。它是一个非阿贝尔群，原因如下例所示，

$$\begin{bmatrix}0&1&0\\0&0&1\\1&0&0\end{bmatrix}\begin{bmatrix}0&0&1\\0&1&0\\1&0&0\end{bmatrix}\neq\begin{bmatrix}0&0&1\\0&1&0\\1&0&0\end{bmatrix}\begin{bmatrix}0&1&0\\0&0&1\\1&0&0\end{bmatrix}$$

这个非阿贝尔群就是著名的 3 元**置换群**(permutation group)。

举一个阿贝尔群的例子，我们可取 $\mathbf{Z}_n$。这是模 n 加法运算下的集合 $\{0, 1, \cdots, n-1\}$。群 $\mathbf{Z}_n$ 中的运算按惯例采用符号 $+$ 来表示。该群是模 n 加法下的 n 阶循环群，可由元素 1 来生成。显然，它是个阿贝尔群，因为每个循环群都是阿贝尔群。此外，该群对于 n 的每个正因子都有一个循环子群。事实上，$\mathbf{Z}_n$ 的每个循环子群的阶都整除 n[3]。

拉格朗日定理阐述了有限群的基本性质，这早在第 2 章就介绍了，此处重新叙述一下。

定理 9.1.1(拉格朗日定理)　*有限群中任意元素 β 的阶可整除该群的阶。* 240

---

[1] 此处原书为 1，不是真正的 1，而是抽象的幺元，用 e 表示更恰当。——译者注

[2] 原文为任意元素。实际上，循环群 G 只是存在某个元素生成 G，并非任意元素都能生成 G。——译者注

[3] 原文为对于 n 的每个素因子。实际上，n 阶循环群 G 对于 n 的每个正因子 d，都恰有一个 d 阶循环子群，无须是素因子。——译者注

证明 第 2 章中证明了该定理，如定理 2.1.1 所示。 □

拉格朗日定理与陪集的概念密切相关。令 H 是 G 的一个子群，并且令 h_i 表示 H 中的第 i 个元素，由 i 索引得到。阿贝尔群 G 中任何元素 g 产生的陪集为集合 $\{g+h_i \mid h_i \in H\}$。所有陪集构成的集合采用 G/H 来表示，称为商群。该术语是指 G 的子群 H 将 G 划分为陪集的情况。如果 G 不是阿贝尔群，那么根据定义是 $g * h_i$ 还是 $h_i * g$，G 的陪集就称为*左陪集*(left coset)或*右陪集*(right coset)。

两个阿贝尔群 G 和 G' 的*直和*(direct sum)可记作 $G \oplus G'$ 或 $G+G'$，表示“成对元素”所构成的集合$\{a, b\}$，其中 $a \in G$ 且 $b \in G'$，直和中的运算依次采用两个群中的运算

$$(a,a') * (b,b') = (a * b, a' * b')$$ [㊀]

在上式左边，$\oplus$表示群 $G \oplus G'$ 中的运算；而在上式右边，第一个符号 $*$ 表示群 G 中的运算，第二个符号 $\cdot$ 表示群 G' 中的运算。$G \oplus G'$ 直和的阶是两个阿贝尔群的阶之积。即

$$\#(G \oplus G') = (\#G)(\#G')$$

有限阿贝尔群的基本定理表明，每个有限阿贝尔群都可以表示为两个循环子群的直和[㊁]，每个的阶都等于一个素数的幂。一个 n 阶循环群与 $\mathbf{Z}_n$ 同构[㊂]。当且仅当 m 与 n 互素时，mn 阶循环群与直和 $\mathbf{Z}_n \oplus \mathbf{Z}_m$ 同构。此外，每个有限阿贝尔群都满足以下同构关系

$$G \simeq \mathbf{Z}_{k_1} \oplus \mathbf{Z}_{k_2} \oplus \cdots \oplus \mathbf{Z}_{k_n}$$

其中 k_1，…，k_n 都是素数或素数的幂，无须是不同的。如果 m 和 n 不互素，那么 $\mathbf{Z}_m \oplus \mathbf{Z}_n$ 就不是循环群，因此它与 $\mathbf{Z}_{mn}$ 不同构。

例如，每个 8 阶阿贝尔群都与 $\mathbf{Z}_2 \oplus \mathbf{Z}_2 \oplus \mathbf{Z}_2$ 或 $\mathbf{Z}_2 \oplus \mathbf{Z}_4$ 或 $\mathbf{Z}_8$ 同构。其中，只有 $\mathbf{Z}_8$ 是循环群，因为无论是 $\mathbf{Z}_2 \oplus \mathbf{Z}_2 \oplus \mathbf{Z}_2$ 还是 $\mathbf{Z}_2 \oplus \mathbf{Z}_4$ 都不含有 8 阶元素。另一方面，每个 15 阶阿贝尔群都与 $\mathbf{Z}_3 \oplus \mathbf{Z}_5$ 同构，并且是循环群，因为 3 和 5 互素。

定义 9.1.2 *扭转群是群中每个元素都是有限阶元的群。*

扭转群不一定是有限群，但有限群一定是扭转群。G 中阶数整除 m 的元素称为 G 中
241 的 m 扭转点。G 中所有 m 扭转点所构成的集合记作 $G[m]$。集合 $G[m]$本身是一个群，但不一定是循环群。例如，如果 $G=\mathbf{Z}_3 \oplus \mathbf{Z}_3 \oplus \mathbf{Z}_5$，那么 $G[3]=\mathbf{Z}_3 \oplus \mathbf{Z}_3$ 就不是循环群。

9.2 环

环 R 是具有两个运算$+$和$\times$，即加法和乘法的代数系统，并满足某些所需的性质。这些性质在环的实例整数环 Z 中是很常见的。环需要满足的第一个性质是，R 中的所有元素与用$+$表示的运算一起必须构成一个阿贝尔群。环中运算$+$称为*加法*。加法下的幺元被称为*零*(zero)，并用 0 来表示。环需要满足的第二个性质是 R 在$\times$运算下必须是封闭的。环中运算$\times$称为*乘法*。有时候会省略乘法符号，将两个元素简单并置在一起来表示。环必须满足的下一个性质是乘法的*结合律*，这意味着$(ab)c=a(bc)$。环必须满足的最后两个性质是两个*分配律*(distributivity)，即$(a+b)c=ac+bc$ 和 $c(a+b)=ca+cb$。分配律为加法运算和乘法运算之间建立了一个相互关系，从中可以得出许多重要结论。

㊀ 原文为$(a,a') * (b,b') = (a * b, a' * b')$。为了避免歧义，同一问题中不同含义的运算需要用不同的符号来表示，这是每个学科约定俗成的正确需求。—— 译者注

㊁ 对于任意的群，不一定是阿贝尔群，这个概念就称为*直积*(direct product)，并记为 $G=G_1 \times G_2$。对于阿贝尔群来说，符号$\oplus$通常优先于$\times$。

㊂ 若两个群具有一致的结构，只是表示不同表，则称这两个群是*同构*的。从第一个群到第二个群的可逆映射(双射)并遵从群的结构就称为同构(isomorphism)。

环中的加法运算要求满足交换律。也就是说，对于 R 中所有的 a 和 b 都满足 $a+b=b+a$，因为环在加法下是一个阿贝尔群。然而，乘法运算无须满足交换律。也就是说，在 R 中可能存在元素 a 和 b，满足 $ab\neq ba$。对于所有的 a 和 b，如果环中乘法运算满足 $ab=ba$，这样的环就称为*交换环*(commutative ring)。

每个环在加法下都必定含有幺元，因为环在加法下是一个群。然而，环在乘法下无须含有幺元。如果环在乘法下含有幺元，就称为*含幺环*(ring with identity，ring with unit 或 unital ring)。乘法幺元可以称为 1(one)，但在一些环中，只能称它为幺元。

如果环在乘法下有幺元，那就可以定义*逆元*的概念。含幺环 R 中的非零元 a 在乘法下可以有右逆元。*右逆元*(right inverse)是环中的一个元素 b，满足 $ab=1$(乘法幺元)⊖。含幺环 R 中的非零元素 a 在乘法下也可以有左逆元。*左逆元*(left inverse)也是环中的一个元素 b，满足 $ba=1$。如果元素 a 同时具有左逆元和右逆元，那么它们必定是同一个元素。这可以证明如下，首先令 $ab=1$ 且 $ca=1$，其中 b 和 c 分别是 a 的右逆元和左逆元。那么就有 $b=cab=c$，因此 $b=c$。于是这个元素就简称为 a 的*逆元*，并记作 a^{-1}。环无须满足每个元素都有乘法逆元。在交换环中，一个元素的左逆元必定也是右逆元。具有逆元的非零 242
元素称为环的*单位*(unit)。并非每个非零元素都是单位。

在任意环 R 中，零元对于所有的 $a\in R$ 都满足 $0a=a0=0$。这是从分配律和环的其他公理得出的结论。

环中一些重要实例有整数环 $\mathbf{Z}$ 和模 n 的整数环 $\mathbf{Z}_n$。对我们重要的其他实例有域 $\mathbf{F}$ 上的多项式环 $\mathbf{F}[x]$和域 $\mathbf{F}$ 上的有理函数环 $\mathbf{F}(x)$。环 $\mathbf{F}[x]$由系数都在 $\mathbf{F}$ 中的所有多项式构成，运算采用多项式的常规加法和乘法。而环 $\mathbf{F}(x)$由 $\mathbf{F}$ 上的所有有理函数构成，运算采用有理函数的常规加法和乘法。*有理函数*(rational function)(或一元有理函数)是形如 $f(x)/g(x)$的表达式，其中 $f(x)$和 $g(x)$是系数都在 $\mathbf{F}$ 中的多项式。有理函数除以 $f(x)/g(x)$所表示的除法定义为有理函数乘上 $g(x)/f(x)$所表示的乘法，只要 $f(x)$不为零。首一有理函数(monic rational function)是 $f(x)$和 $g(x)$的首项系数都等于 1 的有理函数。我们还可以定义 $\mathbf{F}[x, y]$和 $\mathbf{F}(x, y)$，分别表示二元多项式环和二元有理函数环。

任意环都是由元素构成的集合，因此都有子集，其中有些子集具有特殊的形式。R 的*子环*可采用显而易见的方式来定义。其他特殊子集，比子环更具一般性，扮演着重要角色。*理想* I 是环 R 中满足两个性质的任何子集。第一个性质是，理想 I 在加法下是封闭的。第二个性质是，I 中的任一元素与 R 中的任一元素之积都是 I 中的元素。R 的*真理想*(proper ideal)是不等于该环本身的理想。任意交换环 R 的*素理想*(prime ideal)都是 R 的一个真理想 I，其中，只要 R 中的两个元素之积 ab 在 I 中，那么 a 和 b 就都在 I 中。$\mathbf{Z}$ 中的素理想是素数 p 的所有整数倍构成的集合$\{\ell p\}$。这样，素理想就是把 $\mathbf{Z}$ 中的素数推广到普通交换环的一般化素数。

例如，在整数环 $\mathbf{Z}$ 中，所有偶数构成的集合是一个真理想，因为两个偶数之和总是偶数，且一个偶数和任意其他整数之积也总是偶数。这是一个素理想。类似地，所有 3 的倍数构成的集合也是一个真理想，并且实际上也是一个素理想。6 的倍数构成的集合是一个真理想，但不是一个素理想。

9.3 域

在任意交换环中，如在整数环中，我们可以有加法、减法和乘法，而这些运算总是具

⊖ 原文为乘法逆元 b 是群中的元素。实际上，环中乘法不一定是群，因此改为 b 是环中的元素。——译者注

有相似的特征。在含幺环中，可以除以任意单位。这是因为，只要存在一个元素 b 满足
243 $ab=1$，元素 a 就称为单元。要除以 a，只需简单地乘以 b。如果每个非零元素都是单位，那就可以除以任意非零元素。满足此性质的环属于特殊类型的环。用来表示此类环中成员的一般术语就是域(field)。

有理数集 **Q**、实数集 **R** 以及复数集 **C**，每个都是域中常见的实例。每个都是含有加法、乘法、减法和除法的数字系统，满足代数应用中的所有常规性质。这意味着交换律、结合律和分配律在有理数域 **Q**、实数域 **R** 和复数域 **C** 中都成立。还有许多其他代数系统也满足这些性质。为了更好地理解，我们将这些代数系统都汇集到一起，以便我们可以同时探讨它们的共同性质。

定义 9.3.1 域 **F** 是一个至少包含两个元素的集合，含有两个二元运算，称为加法和乘法，并满足以下性质：

(1) 集合 **F** 在加法下是一个阿贝尔群。

(2) 集合 **F** 在乘法下是封闭的，且域中所有非零元素构成的集合在乘法下是一个阿贝尔群。

(3) 对于集合 **F** 中的所有 a、b、c，分配律 $(a+b)c=ac+bc$ 都成立。

特别地，线性代数中绝大多数常见的规则在任何域中都成立。域的一个子集如果在继承的加法和乘法运算下本身也是一个域，就称为子域。实数域是复数域的一个子域。

我们对含有有限个元素的域特别感兴趣。这些域就称为有限域(finite field)或伽罗华域(Galois field)，并记作 $\mathbf{F}_q$ 或 GF(q)，其中 q 为该有限域的元素个数。我们也对含有 2^m 个元素的有限域和含有 p 个元素的有限域特别感兴趣，其中 p 为奇素数。这分别称为素数域(prime field)和二进制域(binary field)。我们也对含有 p^m 个元素的有限域感兴趣，其中 p 为素数。含有 p^m 个元素的有限域称为特征为 p 的域。不存在元素个数 q 既不是素数也不是素数幂的有限域。

$\mathbf{F}_q$ 的所有非零元素构成的集合记作 $\mathbf{F}_q^*$。$\mathbf{F}_q^*$ 的每个元素都有逆元。这样，$\mathbf{F}_q^*$ 在乘法运算下就是一个有限群。此外，正如 9.8 节中将要证明的，对于每个 q，$\mathbf{F}_q^*$ 都是一个循环群。这意味着 $\mathbf{F}_q^*$ 可由单个元素来生成。

定义 9.3.2 有限域 $\mathbf{F}_q$ 中的本原元是一个这样的元素，满足域中每个非零元素都可以
244 用该元素的幂来表示。

9.8 节的主题就是证明每个有限域都有本原元。举一个本原元的例子，注意域 $\mathbf{F}_7$ 中 3 的幂运算：$3^1=3$，$3^2=2$，$3^3=6$，$3^4=4$，$3^5=5$，$3^6=1$。由于 $\mathbf{F}_7$ 中所有 6 个非零元素都出现了，因此元素 3 是一个本原元。然而，元素 2 不是本原元。

以下定理在含有 p^m 个元素的有限域中是很有用的。

定理 9.3.3 在特征为 p 的有限域中，以下表达式总是成立。

$$(a+b)^{p^m}=a^{p^m}+b^{p^m}$$

证明 首先可以证明

$$(a+b)^p=a^p+b^p$$

利用二项式定理，可以得到

$$(a+b)^p=a^p+\sum_{\ell=1}^{p-1}\begin{bmatrix}p\\ \ell\end{bmatrix}a^{p-\ell}b^{\ell}+b^p \pmod p$$

注意加法是模 p 加法。由于

$$\begin{bmatrix} p \\ \ell \end{bmatrix} = \frac{p!}{(p-\ell)!\ell!}$$

由于 p 是素数，因而上式是 p 的倍数，除非 $\ell=p$ 或 $\ell=1$。因此

$$\begin{bmatrix} p \\ \ell \end{bmatrix} (\bmod\ p) = 0, \quad 其中\ \ell = 1, \cdots, p-1$$

所以

$$(a+b)^p = a^p + b^p$$

在 $\mathbf{F}_{p^m}$ 中成立。

利用该结论两次可以得到

$$(a+b)^{p^2} = ((a+b)^p)^p = (a^p+b^p)^p = a^{p^2} + b^{p^2}$$

依此类推可得，

$$(a+b)^{p^m} = (a^{p^{m-1}} + a^{p^{m-1}})^p = a^{p^m} + b^{p^m}$$

证毕。 □

9.4 素数域

有限域的一个重要例子是含有 p 个元素的域，其中 p 为素数。首先，回顾一下模 n 的整数环，记作 $\mathbf{Z}_n$，是含幺交换环，除了可能不满足在乘法下每个非零元素都有逆元的要求，满足域所需的所有其他性质。这样，为了证明如果 n 是一个素数 p，那么 $\mathbf{Z}_n$ 就是一个域，只需证明如果 n 是一个素数 p，那么 $\mathbf{Z}_n$ 中的每个非零元素在乘法下都有逆元。 245

定理 9.4.1 *模 n 的整数环是一个域，当且仅当 n 是一个素数。*

证明 根据扩展欧几里得算法可以证明。如果 n 是素数 p，那么每个非零元素 $a \in \mathbf{Z}_p$ 都与 p 互素。因此，对于互素的一对整数(a 和 p)，通过扩展欧几里得算法来推导，可得出推论 2.2.3，即存在整数 A 和 P，满足

$$Aa + Pp = 1$$

因而 $Aa=1(\bmod\ p)$，所以 $a^{-1}=A(\bmod\ p)$，这是 $\mathbf{Z}_p$ 中的一个元素。这意味着环 $\mathbf{Z}_p$ 中的元素 a 在乘法下确实具有逆元 a^{-1}。该命题对 $\mathbf{Z}_p$ 中的每个非零元素都是真命题。这样环 $\mathbf{Z}_p$ 就是一个域。

另一方面，如果 n 是合数，例如 $n=ab$，那么就有 $ab=0\bmod n$，尽管 a 和 b 都是小于 n 的非零元。如果 a 具有逆元 a^{-1}，则有 $b=0$，这是矛盾的。因此，如果 n 为合数，那么 $\mathbf{Z}_n$ 就不是域。 □

由于对于任意素数 p，$\mathbf{Z}_p$ 都是一个域，因此后面通常用符号 $\mathbf{F}_p$ 来表示它，尽管只是讨论加法性质时，我们才可能偶尔继续采用符号 $\mathbf{Z}_p$ 来表示。域 $\mathbf{F}_p$ 是特征为 p 的域中最简单的例子，该术语用来指乘法幺元 1 在加法下为 p 阶元的任意域。

在素数域 $\mathbf{F}_p$ 中，费马小定理可表明多项式 $x^{p-1}-1$ 有 $p-1$ 个零根。这意味着因子分解

$$x^p - x = x\prod_{\ell=1}^{p-1}(x-\ell)$$

在域 $\mathbf{F}_p$ 中成立。但这太超前了。

9.5 二进制域与三进制域

每个域在乘法下都有单位元，记作 1 又称为幺元。满足 $1+1=0$ 的任意域 $\mathbf{F}$ 称为二进

246 制域(binary field)[⊖]，或者特征为 2(characteristic two)的域。满足 $1+1+1=0$ 的任意域 $\mathbf{F}$ 称为三进制域，或者特征为 3(characteristic three)的域。最简单的二进制域是 $\mathbf{F}_2$。而最简单的三进制域是 $\mathbf{F}_3$。这些域的加法和乘法表如表 9-1 所示。正如 9.4 节中所讨论的，由于 2 和 3 是素数，因此 $\mathbf{Z}_2$ 和 $\mathbf{Z}_3$ 就是域 $\mathbf{F}_2$ 和 $\mathbf{F}_3$。然而，如果 m 大于 1，那么环 $\mathbf{Z}_{2^m}$ 和 $\mathbf{Z}_{3^m}$ 就不是域。例如，在环 $\mathbf{Z}_4$ 中，$2 \cdot 2=0$。这违背了域的公理。

表 9-1　$\mathbf{F}_2$ 与 $\mathbf{F}_3$ 的运算表

$\mathbf{F}_2$:

+	0	1
0	0	1
1	1	0

×	0	1
0	0	0
1	0	1

$\mathbf{F}_3$:

+	0	1	2
0	0	1	2
1	1	2	0
2	2	0	1

×	0	1	2
0	0	0	0
1	0	1	2
2	0	2	1

对于整数 m 的任意取值，域 $\mathbf{F}_{2^m}$ 和 $\mathbf{F}_{3^m}$ 确实存在，且每个都是唯一的，即使表示的符号不同，也是同构的。这些域需要用不同的方式来定义，如采用 9.7 节中所给出的构造扩张域的一般方法来定义。借用这种方法，我们构造 $\mathbf{F}_{2^m}$ 如下。首先在 $\mathbf{F}_2$ 上选择一个不可约多项式，记作 $p(x)$。然后将 $\mathbf{F}_{2^m}$ 定义为 $\mathbf{F}_2$ 上次数最多为 $m-1$ 的所有多项式构成的集合。总共有 2^m 个这样的多项式，因此 $\mathbf{F}_{2^m}$ 含有 2^m 个元素。$\mathbf{F}_{2^m}$ 中的加法定义为多项式的常规加法。$\mathbf{F}_{2^m}$ 中的乘法定义为多项式的模乘，模不可约多项式 $p(x)$。

类似地，为了构造 $\mathbf{F}_{3^m}$，令 $p(x)$ 是 $\mathbf{F}^3$ 上的 m 次不可约多项式。然后将 $\mathbf{F}_{3^m}$ 定义为 $\mathbf{F}_3$ 上的次数至多为 $m-1$ 的所有多项式构成的集合。$\mathbf{F}_{3^m}$ 中有 3^m 个这样的多项式，因此 $\mathbf{F}_{3^m}$ 含有 3^m 个元素。$\mathbf{F}_{3^m}$ 中的加法定义为多项式的普通加法。$\mathbf{F}_{3^m}$ 中的乘法定义为多项式的模乘，模不可约多项式 $p(x)$。

9.6　一元多项式

域 $\mathbf{F}$ 上的多项式或一元多项式是形如 $p(x)=p_n x^n+p_{n-1}x^{n-1}+\cdots+p_1 x+p_0$ 的数学表达式，其中 p_n，p_{n-1}，…，p_1，p_0 都是域 $\mathbf{F}$ 中的元素，称为多项式的系数(coefficient)和域的标量(scalar)，而 x 是称为未定变量(indeterminate)的形式化符号。系数的下标称为系数的指数(index)(也是上标次数)。表达式 x^j 称为多项式的一元单项式，而表达式 $p^j x^j$ 称为项(term)。零多项式是所有系数都等于零的多项式。多项式 $p(x)$ 的首项指数是系数 p^j 非零的最大 j 值(即最高次数)。多项式 $p(x)$ 的首项系数(leading coefficient)是以 j 为首
247 项指数的系数 p_j。它必定是有限的。多项式 $p(x)$ 的次数是首项指数的整数值(即最高次数)，记作 $\deg p(x)$。依据惯例，规定零多项式的次数为 $-\infty$。首一多项式(monic polynomial)是首项系数为域中元素 1 的多项式。多项式 $p(x)=p_n x^n+p_{n-1}x^{n-1}+\cdots+p_1 x+p_0$ 的正规导数(formal derivative)是多项式 $p'(x)=np_n x^{n-1}+(n-1)p_{n-1}x^{n-2}+\cdots+p_1$，其中 ip_i 表示 i 个 p_i 的总和。

域 $\mathbf{F}$ 上的多项式可以采用常规方式相加或相乘。$\mathbf{F}$ 上的两个多项式可以采用常规多项式加法相加，方式是将次数相同的系数相加。这样就有

$$p(x)+q(x)=\sum_i (p_i+q_i)x^i$$

多项式加法运算满足群的所有公理。多项式集合是群，所有系数等于零的多项式(即零多项式)是该群的幺元。类似地，域 $\mathbf{F}$ 上的两个多项式可以采用常规多项式乘法来相乘，方式如下式所示

$$p(x)q(x)=\sum_i \sum_j p_i q_{j-i} x^j$$

⊖ 为避免有混淆的小风险，我们称 $\mathbf{F}_2$ 为特定(the)二进制域，称 $\mathbf{F}_{2^m}$ 为某(a)二进制域。

在多项式的加法运算和乘法运算下，**F**上所有多项式构成的集合是一个含幺交换环，称为*多项式环*(polynomial ring)，或一元多项式环。**F**上的多项式环记作**F**$[x]$。

实际上，在正规代数操作层面，环**F**$[x]$和环**Z**在很多方面具有相似的特征，这是由含幺交换环的性质所确定的。多项式环**F**$[x]$比整数环**Z**提出更早，我们将探讨**F**$[x]$和**Z**之间所存在的许多相同概念和定理。

多项式乘法运算通常不一定具有逆元。然而，在某些情况下，例如当$c(x)=a(x)b(x)$时，乘法就有逆元，称为*除法*(division)，可以写成$a(x)=c(x)/b(x)$或$b(x)=c(x)/a(x)$。多项式$a(x)$和$b(x)$称为$c(x)$的*因子*。**F**上的*复合多项式*(composite polynomial)$c(x)$是可以写成$c(x)=a(x)b(x)$的多项式，其中$a(x)$和$b(x)$都在**F**$[x]$之中，但它们都不是**F**中的元素。*不可约多项式*(irreducible polynomial)不是复合多项式。*素多项式*(prime polynomial)是次数至少为1的多项式，它既是一个不可约多项式，也是一个首一多项式。只有1次多项式是不可约的域称为*代数封闭域*(algebraically closed field)。复数域**C**是代数封闭域。而实数域**R**则不是。有理数域**Q**也不是。每个域都包含在一个代数封闭域之中。

正如整数环**Z**具有除法运算一样，每个多项式环**F**$[x]$也具有除法运算。给定环**F**$[x]$ 248
中的任意两个多项式$a(x)$和$b(x)$，存在两个多项式$Q(x)$和$r(x)$，称为*商多项式*(quotient polynomial)和*余数多项式*(remainder polynomial)，满足

$$a(x)=Q(x)b(x)+r(x)$$

且满足$\deg r(x)<\deg b(x)$。我们都熟悉计算商多项式和余数多项式的基本算法。这些算法在任意域中都是成立的。

由于**F**$[x]$是一个环，正如任何常见环一样，它也有理想。[⊖]回顾一下，理想I在加法下必须是封闭的，且只要$b(x)\in$**F**$[x]$而$a(x)\in I$，理想I就必须包含$a(x)b(x)$。令$g(x)$为理想I中次数最小的非零首一多项式。我们可以取$g(x)$为首一多项式，因为只要$g(x)$包含在I之中，那么所有$g(x)$的标量倍数(即$\{f\cdot g(x)\mid f\in \mathbf{F}\}$)也都包含在$I$之中。那么对于包含在$I$之中的任意多项式$a(x)$，除法运算可表示为

$$a(x)=Q(x)g(x)+r(x)$$

其中$\deg r(x)<\deg g(x)$。$r(x)$在I之中并且次数比$g(x)$小。因此，$r(x)$是零多项式，而$a(x)$是$g(x)$的倍数。由于$a(x)$是任意的，因而我们可以得出结论：**F**$[x]$的理想I中每个多项式都是$g(x)$的倍数。因此，$g(x)$可称为理想I的*生成元*。

一般说来，**F**$[x]$的理想可以定义为几个多项式的线性组合。这样，假定$g_1(x)$和$g_2(x)$是任意两个固定多项式，由此定义

$$I=\{a_1(x)g_1(x)+a_2(x)g_2(x)\mid a_1(x),a_2(x)\in \mathbf{F}[x]\}$$

显然，集合I是一个理想，因为I中的两个元素之和也是I中的元素，且I中任意元素与任意$a(x)$之积也是I中的元素。但是我们已经观察到I中的每个元素都是生成元$g(x)$的倍数。这意味着有更简单的方式来描述该理想，如下式所示

$$I=\{a(x)g(x)\mid a(x)\in \mathbf{F}[x]\}$$

由于$g_1(x)$和$g_2(x)$本身就在I之中，它们也必定是$g(x)$的倍数，因此可以写成$g_1(x)=b_1(x)g(x)$和$g_2(x)=b_2(x)g(x)$。我们可以得出结论，如果$g_1(x)$和$g_2(x)$是互素的，那么它们唯一的公因式$g(x)$就满足$g(x)=1$。由于I包含$g(x)$的每个多项式倍数，由此我们可以得出结论，如果$g_1(x)$和$g_2(x)$互素，则有$I=F[x]$。如果$g_1(x)$和$g_2(x)$不

⊖ 域没有正式的理想。

互素，那么 $g_1(x)$和 $g_2(x)$的最大公因式就是该理想的生成元 $g(x)$。

给定环 $\mathbf{F}[x]$和 $\mathbf{F}[x]$中的一个固定多项式 $p(x)$，我们可以将除法运算应用于 $\mathbf{F}[x]$中的每个元素，从而得到除以 $p(x)$后所有余式构成的集合。$\mathbf{F}[x]$中具有相同余式的所有元素都属于 $\mathbf{F}[x]$的一个子集，称为等价类(equivalence class)，因为这些元素模 $p(x)$都相等。所有这样的等价类构成的集合称为商环(quotient ring)，并记作 $\mathbf{F}[x]/\langle p(x)\rangle$。在自
249 然定义的加法和乘法下，商环 $\mathbf{F}[x]/\langle p(x)\rangle$本身就是环。$\mathbf{F}[x]/\langle p(x)\rangle$中的元素作为$\mathbf{F}[x]$的子集，是多项式构成的子集，同一子集中的所有多项式都具有相同的余式 $r(x)$。余式本身也是该等价类中的多项式。等价类的正规代表元是与该等价类相关联的余数多项式。在计算中，可正确地将商环中的元素简单地视为上述余数多项式。那么就可更简单地将商环看成由这些余式构成的集合。有时可以写成 $\mathbf{F}[x]_{p(x)}$ 来强调这种方式，从而将商环表示为正规代表元所构成的集合。

如果 $a(x)=Q(x)b(x)$，则 $a(x)$除以 $b(x)$得到的余式 $r(x)$就为 0，就称 $b(x)$可整除$a(x)$，或称$b(x)$是 $a(x)$的因式。两个多项式 $r(x)$和 $s(x)$的最大公因式记作 $\mathrm{GCD}[r(x),\ s(x)]$，是可整除 $r(x)$和 $s(x)$的最高次首一多项式。如果它们的最大公因式等于 1，则称域 $\mathbf{F}$ 上的两个多项式 $r(x)$和 $s(x)$互素。两个多项式 $r(x)$和 $s(x)$的最小公倍数记作$\mathrm{LCM}[r(x),\ s(x)]$，是可被 $r(x)$和 $s(x)$整除的最低次首一多项式。域 $\mathbf{F}$ 上的素多项式既是首一多项式也是不可约多项式。正如任意正整数都可以唯一地分解为素数和素数的幂之积一样，域 $\mathbf{F}$ 上任意首一一元多项式也可以唯一地分解为素多项式和素多项式的幂之积，如以下定理所示。

定理 9.6.1(多项式唯一分解定理)　域 $\mathbf{F}$ 上的每个首一一元多项式 $s(x)$(忽略因式的顺序)均可唯一地分解成以下形式

$$s(x) = p_1(x)^{e_1} p_2(x)^{e_2} \cdots p_k(x)^{e_k}$$

其中 $p_i(x)$是素多项式，而 e_i 是正整数。

证明　(反证法)假设该定理不成立。令 $p(x)$是使定理不成立的最小次首一多项式。那么 $p(x)$就有两种不同的因式分解：

$$p(x) = a_1(x)a_2(x)\cdots a_k(x) = b_1(x)b_2(x)\cdots b_j(x)$$

其中 $a_k(x)$和 $b_j(x)$是素多项式，有些可能重复。

所有的 $a_k(x)$必定与所有的 $b_j(x)$都不同，否则，公共项可以删除，从而给出了一个次数更小的多项式，可以用两种不同的方式来分解。

不失一般性，假设 $b_1(x)$的次数不大于 $a_1(x)$的次数。则

250 $$a_1(x) = b_1(x)Q(x) + s(x)$$

其中 $\deg s(x) < \deg b_1(x) \leqslant \deg a_1(x)$。那么就有

$$s(x)a_2(x)a_3(x)\cdots a_k(x) = b_1(x)[b_2(x)\cdots b_j(x) - Q(x)a_2(x)\cdots a_k(x)]$$

如有必要，将 $s(x)$和上式右边中括号内的项分解成它们各自的素多项式因子之积，并除以域元来使得所有因式都是首一多项式。由于 $b_1(x)$没有出现在左边，我们对于次数小于$p(x)$的首一多项式有两种不同的因式分解，这与所选的 $p(x)$相反。该矛盾就反证了定理。　□

唯一分解定理清楚表明，对于任意多项式 $s(x)$和 $t(x)$，$\mathrm{GCD}[s(x),\ t(x)]$和 $\mathrm{LCM}[s(x),\ t(x)]$都是唯一的，因为最大公因式是 $s(x)$和 $t(x)$的所有公共素因式之积，每个素因式的指数都取其出现在 $s(x)$或 $t(x)$中的较小次幂；类似地，因为最小公倍数是出现在 $s(x)$或 $t(x)$之中的所有素因式之积，每个素因式的指数都取其出现在 $s(x)$或 $t(x)$中的较大次幂。

域 $\mathbf{F}$ 上的多项式可以采用 $\mathbf{F}$ 中的元素 β 来估计。这可以通过将 β 取代多项式中的未定

变量 x 来实现，并执行指定的运算。这样就有

$$p(\beta) = p_n\beta^n + p_{n-1}\beta^{n-1} + \cdots + p_1\beta + p_0$$

如果 $p(\beta)=0$，则称 β 是一元多项式 $p(x)$ 的一个零根(zero)，或者是方程 $p(x)=0$ 的一个根(root)。$\mathbf{F}$ 上的某个多项式在 $\mathbf{F}$ 中不一定有零根。$\mathbf{F}_2$ 上的多项式 x^2+x+1 在 $\mathbf{F}_2$ 中就没有零根。

定理 9.6.2 域中元素 β 是多项式 $p(x)$ 的一个零根，当且仅当 $x-\beta$ 是 $p(x)$ 的一个因式。

证明 假定 β 是 $p(x)$ 的一个零根。除法运算表明

$$p(x) = (x-\beta)Q(x) + s(x)$$

其中 $s(x)$ 的次数小于 $x-\beta$ 的次数。这意味着 $s(x)$ 是域中的一个元素 s_0，因此有

$$p(x) = (x-\beta)Q(x) + s_0$$

然而因为有

$$p(\beta) = (\beta-\beta)Q(\beta) + s_0 = 0$$

由此可得 $s_0=0$。这意味着有

$$p(x) = (x-\beta)Q(x)$$

于是定理得证。 □ 251

定理 9.6.3(代数基本定理) $\mathbf{F}$ 上的 n 次多项式 $p(x)$ 在 $\mathbf{F}$ 中或者是 $\mathbf{F}$ 的任意扩张域中至多有 n 个零根。

证明 将 $p(x)$ 分解为不可约因式，由唯一分解定理知因式是唯一的。$p(x)$ 的次数等于其不可约因式的次数之和，并且对于每个零根，都存在一个 1 次不可约因式。 □

多项式环 $\mathbf{F}[x]$ 具有和整数欧几里得算法类似的欧几里得算法[⊖]。其结构依赖除法运算。

定理 9.6.4(多项式欧几里得算法) 域 $\mathbf{F}$ 上两个不同多项式 $r(x)$ 和 $s(x)$ 的最大公因式是非零余式 $r_n(x)$ 的标量倍数(即 $f\cdot r_n(x)\mid f\in\mathbf{F}$)，其中 $r_n(x)$ 是通过迭代计算得到的最终非零余式。

$$\begin{aligned}
s(x) &= Q_1(x)r(x) + r_1(x)\\
r(x) &= Q_2(x)r_1(x) + r_2(x)\\
r_1(x) &= Q_3(x)r_2(x) + r_3(x)\\
&\vdots\\
r_{n-2}(x) &= Q_n(x)r_{n-1}(x) + r_n(x)\\
r_{n-1}(x) &= Q_{n+1}(x)r_n(x)
\end{aligned}$$

证明 我们将要证明 $r_n(x)$ 整除 GCD[$r(x)$，$s(x)$]且 GCD[$r(x)$，$s(x)$]也整除 $r_n(x)$。这意味着 $r_n(x)$ 必须是 GCD[$r(x)$，$s(x)$]的标量倍数。特别地，从底部到顶部浏览以上方程组列表，最后一个方程表明 $r_n(x)$ 整除 $r_{n-1}(x)$。随后，倒数第二个方程表明 $r_n(x)$ 必定整除 $r_{n-2}(x)$，因为它同时整除 $r_{n-1}(x)$ 和 $r_n(x)$。继续依此类推，直到该方程组列表的上面，可以得到，$r_n(x)$ 同时整除 $r(x)$ 和 $s(x)$。因此，$r_n(x)$ 整除 GCD[$r(x)$，$s(x)$]。

然后，从顶部到底部浏览上述方程组列表，由于 GCD[$r(x)$，$s(x)$]同时整除 $r(x)$ 和 $s(x)$，第一个方程可得到 GCD[$r(x)$，$s(x)$]也整除 $r_1(x)$。而现在第二个方程可推出 GCD[$r(x)$，$s(x)$]整除 $r_2(x)$。继续依此类推，直到倒数第二个方程，可得到 GCD[$r(x)$，$s(x)$]整除 $r_n(x)$。

⊖ 欧几里得算法可以用于任意欧几里得整环(Euclidean domain)。欧几里得整环是一种代数类型，它定义了一种范数，这意味着据此可以定义除法运算。这引出了因子的概念及后面的“小”(smallness)或“平滑”(smoothness)的概念。

由于 $r_n(x)$ 整除 GCD$[r(x), s(x)]$，且 $r_n(x)$ 也整除 GCD$[r(x), s(x)]$，因此如不考
252 虑标量倍数，二者必定相同。这样该定理就得证。 □

由多项式欧几里得算法可得出以下强大的结论。多项式也密切遵从与整数欧几里得伴随算法相类似的命题。

推论 9.6.5(多项式扩展欧几里得算法) *对于域 **F** 上的任意两个不同的多项式 $r(x)$ 和 $s(x)$，在 **F** 上都存在两个多项式 $R(x)$ 和 $S(x)$，满足*

$$R(x)r(x)+S(x)s(x)=\mathrm{GCD}[r(x),s(x)]$$

证明 定理 9.6.4 中的最后一个余数多项式 $r_n(x)$ 满足以下表达式

$$r_n(x)=r_{n-2}(x)-Q_n(x)r_{n-1}(x)$$

这采用 $r_{n-1}(x)$ 和 $r_{n-2}(x)$ 给出了 $r_n(x)$。依此类推，采用 $r_{n-2}(x)$ 和 $r_{n-3}(x)$ 可表示出 $r_{n-1}(x)$。然后，通过反向代换，可以消除除了 $r_n(x)$ 以外的所有余式。这就给出了 $r_n(x)$ 是 $r(x)$ 和 $s(x)$ 与多项式系数的线性组合。由于 $r_n(x)$ 是 GCD$[r(x), s(x)]$ 的标量倍数，于是证明完毕。 □

该推论中的方程式叫作 Bé zout 恒等式(Bé zout identity)，而多项式 $R(x)$ 和 $S(x)$ 叫作 Bé zout 多项式(Bé zout polynomial)。

推论 9.6.6 *对于域 **F** 上任意两个互素的多项式 $r(x)$ 和 $s(x)$，在 **F** 上存在两个多项式 $R(x)$ 和 $S(x)$，满足*

$$R(x)r(x)+S(x)s(x)=1$$

证明 这可以通过在推论 9.6.5 中设定 GCD$[r(x), s(x)]=1$ 来得证。 □

正如在整数环 **Z** 中一样，在多项式环 **F**$[x]$ 中也存在中国剩余定理，而且是采用相同的方式得到的。

定理 9.6.7(中国剩余定理) *给定一组两两互素的多项式 $m^{(0)}(x)$，$m^{(1)}(x)$，…，$m^{(k)}(x)$，同余方程组*

$$c^{(i)}(x)=c(x) \pmod{m^{(i)}(x)}$$

恰有一个解满足

253

$$\deg c(x)<\sum_{i=0}^{k}\deg m^{(i)}(x)$$

证明 假设 $c(x)$ 和 $c'(x)$ 都满足上述的所有同余方程。那么就有

$$c(x)=Q^{(i)}(x)m^{(i)}(x)+c^{(i)}(x)$$
$$c'(x)=Q^{(i)}(x)m^{(i)}(x)+c^{(i)}(x)$$

因此，对于每个 i，$c(x)-c'(x)$ 是 $m^{(i)}(x)$ 的倍数。由于 $m^{(i)}(x)$ 是两两互素的，这意味着 $c(x)-c'(x)$ 是 k 个 $m^{(i)}(x)$ 乘积的倍数。但是 $c(x)-c'(x)$ 的次数小于 k 个 $m^{(i)}(x)$ 的次数之和。因此，$c(x)-c'(x)=0$。由此我们得出结论 $c(x)=c'(x)$。 □

这种同余方程组可以采用与整数环情况相类似的方式来求解。该方法基于推论 9.6.6 中所给出的结论，即在域上的任意多项式环中，对于任意给定的 $a(x)$ 和 $b(x)$，都存在多项式 $A(x)$ 和 $B(x)$ 满足

$$A(x)a(x)+B(x)b(x)=\mathrm{GCD}[a(x),b(x)]$$

可用于以下的定理。

定理 9.6.8 *令 $M(x)=\prod_{r=0}^{k}m^{(r)}(x)$ 是两两互素的多项式之积，且令 $M^{(i)}(x)=M(x)$ $m^{(i)}(x)$。那么对于同余方程组*

$$c_i(x) = c(x) \pmod{m^{(i)}(x)} \quad i = 0, \cdots, k$$

其唯一解就是

$$c(x) = \sum_{i=0}^{k} c^{(i)}(x) N^{(i)}(x) M^{(i)}(x) \pmod{M(x)}$$

其中 $N^{(i)}(x)$满足

$$N^{(i)}(x)M^{(i)}(x) + n^{(i)}(x)m^{(i)}(x) = 1$$

证明 我们需要证明，在给定的同余方程组中，上述 $c(x)$满足每个同余方程式。然而

$$c(x) = c^{(i)}(x)N^{(i)}(x)M^{(i)}(x) \pmod{m^{(i)}(x)}$$

因为如果 $r \neq i$，那么 $M^{(r)}(x)$就有一个因式 $m^{(i)}(x)$。然后，由推论 9.6.6 可得，

$$N^{(i)}(x)M^{(i)}(x) + n^{(i)}(x)m^{(i)}(x) = 1$$

因而我们有 254

$$N^{(i)}(x)M^{(i)}(x) = 1 \pmod{m^{(i)}(x)}$$

因此对于每个 i，都满足

$$c(x) = c^{(i)}(x) \pmod{m^{(i)}(x)}$$

这就完成了定理的证明。 □

9.7 扩张域

一般说来，总是存在一种简单的结构可将一个域扩张(extend)或扩大为更大的域。例如，二进制域 $\mathbf{F}_2$ 可以扩展为域 $\mathbf{F}_{2^m}$，相应地称之为 $\mathbf{F}_2$ 的扩张域(extension field)，简称扩域。这种相同的简单结构可以将三进制域 $\mathbf{F}_3$ 扩展为域 $\mathbf{F}_{3^m}$。实际上，此类结构可以将域 $\mathbf{F}_q$ 扩展为域 $\mathbf{F}_{q^m}$，其中 q 为素数或素数的幂。这种结构与将实数域 $\mathbf{R}$ 扩展为复数域 $\mathbf{C}$ 的常见结构是相似的。

该结构可以从最初所描述的将实数域 $\mathbf{R}$ 扩展成复数域 $\mathbf{C}$ 的正规结构来说起。众所周知，并非实数域 $\mathbf{R}$ 上的每个多项式都可以因式分解成 $\mathbf{R}$ 上的一次多项式之积。更具体地说，环 $\mathbf{R}[x]$中的任意多项式都能因式分解为一次和二次因式。此外，$\mathbf{R}[x]$中的一些多项式在 $\mathbf{R}$ 上没有唯一的一次因子。例如，多项式 x^2+1 是实数域 $\mathbf{R}$ 上的 2 次不可约多项式。它是多项式环 $\mathbf{R}[x]$中的一个元素，但它不能分解成环 $\mathbf{R}[x]$中的两个一次多项式之积。相应地，我们来定义此扩张域，称为复数域 $\mathbf{C}$，将其定义为商环 $\mathbf{R}[x]/\langle x^2+1\rangle$。尽管复数域的这种定义看起来可能并不是大家所熟悉的，但实际上这是采用不同但更正规的语言来进行的套路式定义。域中的元素是 x 中次数小于 2 的多项式，且多项式乘法是模 x^2+1 的余数。这意味着 $x^2=-1$，而$(ax+b)(cx+d)=(ad+bc)x+(bd-ac)$。如果 x 用 $\mathrm{i}=\sqrt{-1}$来代替，这就是复数乘法的常见定义。采用这种方式，复数域定义为 $\mathbf{C}=\mathbf{R}[x]/\langle x^2+1\rangle$。[⊖]

这种结构是很普遍的。给定任意域 $\mathbf{F}$ 和 $\mathbf{F}$ 上的 m 次不可约多项式 $p(x)$，$\mathbf{F}$ 称为基本域(ground field)，简称基域，目的是用于扩展，$\mathbf{F}$ 的扩张域可以构造为商环 $\mathbf{F}[x]/\langle p(x)\rangle$。这个商环形式上是等价关系 $p(x)\equiv 0$ 生成的商集，该商集中的每个元素都是等价关系 $p(x)\equiv 0$ 生成的一个等价类。然而，我们可从每个等价类中选择一个正规代表元，并将扩张域看成是由这些正规代表元所构成的集合。为了强调这种解释，当扩域视为由正规代表元所构成的集合时，我们可以将扩域写成 $\mathbf{F}[x]_{p(x)}$。$\mathbf{F}[x]_{p(x)}$ 中的元素是 x 中次数小于 $p(x)$的多项式。加法是多项式的普通加法。而乘法是多项式的模 $p(x)$乘法。由于 $p(x)$ 255

⊖ 此处的商环既是商环，也是扩域中的分式域(根域)，尽管商环和分式域是不同的概念。——译者注

是不可约多项式，每个次数小于 $p(x)$ 的多项式 $a(x)$ 都与 $p(x)$ 互素。这样 Bézout 恒等式

$$A(x)a(x)+P(x)p(x)=1$$

就给出了一个关系 $A(x)a(x)=1(\mathrm{mod}\ p(x))$。因此，每个 $a(x)$ 都有模 $p(x)$ 逆元，由 $a(x)^{-1}=A(x)(\mathrm{mod}\ p(x))$ 给定，所以该商环为域。该扩张域的*次数*(维数)等于 $p(x)$ 的次数。

复数域 **C** 是一个不能按此方式扩展的例子，因为 **C** 上不存在次数大于等于 2 的不可约多项式。相比而言，有理数域 **Q** 对于任意次多项式都有扩张域，记作 $\mathbf{Q}[x]/\langle p(x)\rangle$，其中 $p(x)$ 是不可约多项式。该扩张域的*次数*等于 $p(x)$ 的次数。有理数域的有限次(有限维)扩张域称为*数域*(number field)。数域可采用 $p(\xi)=0$ 的不可约多项式 $p(x)$ 来构造，也可记作 $\mathbf{Q}(\xi)$ 来代替原来的表示符号 $\mathbf{Q}[x]/\langle p(x)\rangle$。同样，该数域的*次数*等于 $p(x)$ 的次数。有一种数域可采用称为分圆多项式的不可约多项式来构造，该数域称为*分圆域*(cyclotomic field)。实数域 R 是 Q 的一个扩张域，但它不是有限次的扩张域，因此它不是数域。每个数域都是复数域的子域。

数域的一个简单例子是高斯有理数域 $\mathbf{Q}(i)$，由 $\mathbf{Q}(i)=\{a+\mathrm{i}b|a,\ b\in\mathbf{Q}\}$ 给定，其中加法和乘法是满足 $\mathrm{i}^2=-1$ 的复数加法和乘法。域 $\mathbf{Q}(\mathrm{i})$ 可以通过定义以下 **Q** 的商环来正式得到

$$\mathbf{Q}(\mathrm{i})=\mathbf{Q}[x]/\langle x^2+1\rangle$$

我们回顾一下以前的基本性质，x^2+1 在有理数和实数上都是不可约多项式。这样，在该商环中 $x^2=-1$。另外，为了让大家更加熟悉该结构，符号 x 可以由符号 i 来代替，而 $\mathrm{i}^2=-1$。那么就有 $\mathbf{Q}(\mathrm{i})=\{a+b\mathrm{i}\}$，其中 a 和 b 都是有理数。

数域中的某些元素在其多项式表示中只有整系数。具有整系数的数域 $\mathbf{Q}(\xi)$ 中所有元素构成的集合称为*数环*(number ring)，并记作 $\mathbf{Z}[\xi]$。$\mathbf{Z}[\xi]$ 中的元素称为 $\mathbf{Q}(\xi)$ 中的*整数*㊀。此外，$\mathbf{Q}(\xi)$ 中的元素如果是 $\mathbf{Z}[x]$ 中某个首一式多项式的一个零根，就称为 $\mathbf{Q}(\xi)$ 中的一个*代数整数*(algebraic integer)。有可能出现的是，$\mathbf{Q}(\xi)$ 中的一个代数整数不在 $\mathbf{Z}[\xi]$ 之中，因此也就不是 $\mathbf{Q}(\xi)$ 中的整数，可参阅第 10.17 节中的讨论。具有整系数的 $\mathbf{Q}(\mathrm{i})$ 的子集称为*高斯整数环*(ring of Gaussian integer)。

再举第二个数域中的例子，x^4+1 在有理数域 **Q** 上是不可约的，因为它的 4 个零根是 $(\pm1\pm\mathrm{i})/\sqrt{2}$，其中没有一个是有理数。因此 $\mathbf{Q}[x]/\langle x^4+1\rangle$ 是一个数域，可表示为
256 $\mathbf{Q}((1+\mathrm{i})/\sqrt{2})$。该数域中的元素是有理数上次数小于等于 3 的多项式。加法和乘法都是模 x^4+1 求余的多项式加法和乘法。这意味着在模数约简求余过程中 x^4 将变成 -1。为了强调这种方法与用来构造 $\mathbf{Q}(i)$ 的方法是相同的，我们将它写成㊁

$$\mathbf{Q}[x]/\langle x^4+1\rangle=\{a+bx+cx^2+dx^3\}$$

而该扩张域中元素的乘法采用 $x^4=-1$ 来约简求余。

再举第三个数域中的例子，令 φ 为*黄金比例*，即(黄金比例一般是指$(\sqrt{5}-1)/2$)

$$\varphi=\frac{1+\sqrt{5}}{2}$$

它是多项式 x^2-x-1 的一个零根。由于多项式 x^2-x-1 在 **Q** 上是不可约的，且具有零根，因此 $\mathbf{Q}[x]/\langle x^2-x-1\rangle$ 是一个数域，也可记作 $\mathbf{Q}(\varphi)$。在该数域中，约简求余可知 $x^2=x+1$。域 $\mathbf{Q}[x]/\langle x^2-x-1\rangle$ 是集合 $\{a+bx\}$，其中 a，$b\in\mathbf{Q}$。㊂

㊀ 不一定是整数。——译者注

㊁ 原文用 i 表示。此处根并非虚数单位 i，为了避免歧义，改用 x 表示。——译者注

㊂ 原文用 i 表示。为了避免歧义，改用 x 表示。——译者注

域 **F** 基于 2 次多项式的任意扩张域称为*二次扩张域*(quadratic extension field)。**Q** 的二次扩张域称为*二次数域*(quadratic number field)。举个二次数域的例子，如果 D 是一个无平方因子的整数，则可观察到 x^2+D 就是有理数上的一个不可约多项式，正如 x^2-D 一样。基于多项式 x^2+D 的数域记作 $\mathbf{Q}(\sqrt{-D})$。它由形如 $a+ib\sqrt{D}$ 的元素构成，其中 a 和 b 是 **Q** 中的任意元素，而 $\mathrm{i}=\sqrt{-1}$。在这种情况下，该域称为*虚二次数域*(imaginary quadratic number field)，尽管其元素实际上是复数。类似地，如果 D 是无平方因子的整数，x^2-D 也是 **Q** 上的一个不可约多项式。域 $\mathbf{Q}[x]/\langle x^2-D\rangle$ 中的元素是形如 $a+b\sqrt{D}$ 的实数。该域被称为*实二次数域*(real quadratic number field)并记作 $\mathbf{Q}(\sqrt{D})$。

只要 $\mathbf{F}_q$ 上存在 m 次不可约多项式，有限域 $\mathbf{F}_q$ 就可以扩展为更大的有限域，记作 $\mathbf{F}_{q^m}$。我们将在 9.13 节看到，在每个有限域 $\mathbf{F}_q$ 上都存在任意次数的不可约多项式。为了解释清楚，我们将从有限域 $\mathbf{F}_q$ 来构造二次扩张域 $\mathbf{F}_{p^2}$。若 p 是形如 $4k+3$ 的素数，那么 $p-1$ 就是模 p 的一个非平方剩余。这是显而易见的。在 $\mathbf{Z}_p$ 中含有 $4k+2$ 个非零元素，所以对于某些本原元 α 满足 $1=\alpha^{4k+2}$。因此 $\alpha^{2k+1}=-1$，从而 -1 的平方根就是 $\alpha^{(2^{k+1})/2}$，它不是 $\mathbf{Z}_p$ 中的元素。这意味着如果 $p=4k+3$，那么 x^2+1 就是 $\mathbf{Z}_p$ 中的一个不可约多项式，因此二次扩张域可以定义为模 x^2+1 多项式运算。对于形如 $4k+3$ 的任意素数，$\mathbf{F}_{p^2}$ 中的乘法定义为 $(a+bx)(c+dx)=(ad+bc)x+(ac-bd)$[⊖]，再次采用 i 来取代 x，从而模拟复数域 **C** 中的乘法。

若 p 是形如 $4k+1$ 的素数，那么 x^2+1 就不是不可约的。该多项式不能用于构造域 $\mathbf{F}_{4k+1}$ 的扩张域。对于这样的域，可选择另一种多项式来构造，诸如 x^2+x+1，x^2-x+1 257
或 x^2+x-1，只要它在该域中是不可约的。例如，x^2+x+1 在 $\mathbf{F}_{17}$ 中是不可约的，而在 $\mathbf{F}_{13}$ 中并非不可约。

总而言之，域 $\mathbf{F}_{p^2}$ 由集合 $\{a+xb \mid a, b\in\mathbf{F}_p\}$ 构成，其中加法定义如下

$$(a+ib)+(c+id)=(a+c)+i(b+d)(\bmod p)$$

如果 p 是形如 $4k+3$ 的素数，那么乘法就定义如下

$$(a+ib)(c+id)=(ac-bd)+i(ad+bc)(\bmod p)$$

而如果 p 是形如 $4k+1$ 的素数，那么乘法就定义如下

$$(a+ib)(c+id)=(ac-bd)+i(ad+bc-bd)$$

其中假定 x^2+x+1 是 $\mathbf{F}_p$ 中的一个不可约多项式(如果 $p=2(\bmod 3)$，则也是如此)。

唯一分解定理表明，$x^{q^m}-x$ 在 $\mathbf{F}_q$ 上可唯一分解为首一不可约多项式之积。$\mathbf{F}_{q^m}$ 中的每个元素都是 $x^{p^m}-x$ 的一个零根，因此 $\mathbf{F}_{q^m}$ 中的每个元素都是 $x^{q^m}-x$ 的一个不可约因式的零根。

定义 9.7.1 *最小多项式：令 γ 为扩域 $\mathbf{F}_{q^m}$ 中的一个元素，在基域 $\mathbf{F}_q$ 上以 γ 为根的所有首一多项式中，必定有一个次数最小的多项式，称作 γ 的最小多项式。*

$\mathbf{F}_q$ 上 γ 的最小多项式是唯一的。这是因为相同次数的两个最小多项式，都是首一多项式，可以相减以得到一个根为 γ 而次数更小的非零多项式，这与最小多项式的定义相矛盾。本原元的最小多项式称为*本原元多项式*(primitive polynomial)。

定理 9.7.2 *令 γ 为扩域 $\mathbf{F}_{q^m}$ 中的一个元素，$\mathbf{F}_q$ 上 γ 的最小多项式也是 γ^q 的最小多项式。*

证明 因为 q 是域特征 p 的幂，我们可以利用定理 9.3.3 来写成

$$[m(x)]^q=\left[\sum_{i=0}^{\deg m(x)} m_i x^i\right]^q=\sum_{i=0}^{\deg m(x)} m_i^q x^{qi}$$

⊖ 原书此式右边有误。——译者注

但是系数 m_i 是 $\mathbf{F}_q$ 中的任意元素，因此 $m_i^q=m_i$。这样我们就可以得到结论

$$[m(x)]^q = m(x^q)$$

258 由于 γ 是上式左边的零根，因此 γ^q 是上式右边的零根。 □

定义 9.7.3 扩张域 $\mathbf{F}_{q^m}$ 中的两个元素如果在域 $\mathbf{F}_q$ 上共享相同的最小多项式，就称为共轭元(conjugate)(相对于 $\mathbf{F}_q$ 而言)。

与同一元素共轭的两个元素本身也是彼此共轭的。这意味着共轭的概念将 $\mathbf{F}_{q^m}$ 中的元素划分成子集，称为共轭类(conjugacy class)。这样，同一共轭类中的元素都是共轭的。

定义 9.7.4 $\mathbf{F}_{q^m}$ 中元素 β 的 q 进制轨迹是下式之和

$$\text{trace}(\beta)\sum_{i=0}^{m-1}\beta^{q^i}$$

显然，在 $\mathbf{F}_{q^m}$ 中，任意元素的 q 进制轨迹中第 q 次幂就等于该元素的 q 进制轨迹。根据定义可以得到下式

$$\text{trace}(\beta+\gamma) = \text{trace}(\beta) + \text{trace}(\gamma)$$

定理 9.7.5 $\mathbf{F}_{q^m}$ 中所有元素的 q 进制轨迹均匀地取遍 $\mathbf{F}_q$ 中的每个值，也就是说每个值取 q^{m-1} 次。

证明 假设 $\beta\in\mathbf{F}_{q^m}$ 的 q 进制轨迹等于 $\gamma\in\mathbf{F}_q$。那么 β 就是以下多项式的一个零根

$$x^{q^{m-1}} + x^{q^{m-2}} + \cdots + x^q + x - \gamma$$

该多项式的次数为 q^{m-1}，因此至多有 q^{m-1} 个零根。但是只有 q 个这样的多项式，且 $\mathbf{F}_{q^m}$ 中的每个元素都是 q 个多项式之一的零根。由此定理得证。 □

定理 9.7.6 令 a 是 $\mathbf{F}_{q^m}$ 中的一个元素，二次方程

$$x^2 + x + a = 0$$

在 $\mathbf{F}_{q^m}$ 中有一个根，当且仅当 a 的二进制轨迹等于 0。

证明 令 β 为二次方程的一个根，因此有 $\beta^2+\beta+a=0$。那么两边的二进制轨迹就满足 $\text{trace}(\beta^2+\beta+a)=\text{trace}(0)=0$。因此 $\text{trace}(a)=0$。证毕。 □

下面我们根据域 $\mathbf{F}_2$ 来构造二进制扩张域 $\mathbf{F}_{2^4}$。多项式 x^4+x+1 在 $\mathbf{F}_2$ 上是不可约的。
259 令 $\alpha=x$，并列出 $\mathbf{F}_{2^4}$ 中 α 的幂运算列表。这些是 z 中通过模 z^4+z+1 约简求余得到的多项式。它们是

$$\begin{aligned}
\alpha^1 &= z\\
\alpha^2 &= z^2\\
\alpha^3 &= z^3\\
\alpha^4 &= z+1\\
\alpha^5 &= z^2+z\\
\alpha^6 &= z^3+z^2\\
\alpha^7 &= z^3 \quad z+1\\
\alpha^8 &= z^2 \quad +1\\
\alpha^9 &= z^3 \quad +z\\
\alpha^{10} &= z^2+z+1\\
\alpha^{11} &= z^3+z^2+z\\
\alpha^{12} &= z^3+z^2+z+1\\
\alpha^{13} &= z^3+z^2 \quad +1\\
\alpha^{14} &= z^3 \quad +1\\
\alpha^{15} &= 1
\end{aligned}$$

上面就是域 $\mathbf{F}_{16}$ 中的 15 个非零元素。其中，α、α^2、α^4 和 α^8 共享相同的最小多项式，即 z^4+z+1。因此 α、α^2、α^4 和 α^8 都是共轭的。另外，α^3、α^6、α^9 和 α^{12} 也共享相同的最小多项式，即 $z^4+z^3+z^2+z+1$。因此 α^3、α^6、α^9 和 α^{12} 都是共轭的。此外，α^{14}、α^{13}、α^{11} 和 α^7 也共享相同的最小多项式，即 x^4+x^3+1。α^5 和 α^{10} 也共享相同的最小多项式，即 x^2+x+1。这些最小多项式为

$$x^4+x+1=(x-\alpha)(x-\alpha^2)(x-\alpha^4)(x-\alpha^8)$$
$$x^4+x^3+x^2+x+1=(x-\alpha^3)(x-\alpha^6)(x-\alpha^{12})(x-\alpha^9)$$
$$x^4+x^3+1=(x-\alpha^7)(x-\alpha^{11})(x-\alpha^{13})(x-\alpha^{14})$$
$$x^2+x+1=(x-\alpha^5)(x-\alpha^{10})$$
$$x+1=(x-\alpha^0)$$

定义 9.7.7 *域 $\mathbf{F}$ 的代数闭包记作 $\overline{\mathbf{F}}$，是 $\mathbf{F}$ 的所有扩张域的并集。*

代数闭包是一个代数闭域。在代数闭域中的每个 n 次多项式都可分解为 n 个一次多项式之积。

$\mathbf{F}$ 的扩域的扩域本身也是 $\mathbf{F}$ 的扩域，由这个事实可以得到下述定理中的结论。等价命题就是，$\overline{\mathbf{F}}$ 中的每个 n 次多项式均可分解成 n 个一次多项式之积，有些一次多项式可能重复。 260

定理 9.7.8 *任意域 $\mathbf{F}$ 的代数闭包都没有真正的代数扩张域。*[⊖]

证明 令 $p(x)$ 是 $\overline{\mathbf{F}}$ 上的任意多项式。那么 $p(x)$ 的系数个数是有限的，且每个系数必须位于 $\mathbf{F}$ 的某个扩张域之中。这样，$\mathbf{F}$ 就存在一个有限维的扩张域，包含了 $\mathbf{F}$ 的所有扩张域，因此也包含 $p(x)$ 的所有系数。这意味着 $p(x)$ 是 $\mathbf{F}$ 的某个扩张域中的有限次多项式，因此 $p(x)$ 在该扩域的某个扩域中可因式分解。这样 $p(x)$ 在 $\mathbf{F}$ 的某些扩域中就能完全分解。这意味着 $\overline{\mathbf{F}}$ 没有非平凡的不可约多项式，因此它不能通过代数扩展得到。 □

9.8 有限域上的乘法循环群

有限域 $\mathbf{F}_q$ 中所有非零元素构成的集合是乘法运算下的一个群，表示为 $\mathbf{F}_q^*$。该非零域元构成的集合在乘法下是封闭的，并且包含 $\mathbf{F}_q$ 中每个非零元素的逆元。事实上，正如我们在本节中将要看到的，在乘法运算下，有限域中的非零元素总是构成一个循环群。相应地，除零以外，域 $\mathbf{F}_q$ 可由单个元素来生成，表示为 α，并称为本原元。$\mathbf{F}_q^*$ 中的任何元素都可以写成 α 的幂运算形式。这是有限域的一个重要性质，在许多方面都将是有用的。本节的工作就是证明该命题。

定理 9.8.1 *在乘法下，有限域 $\mathbf{F}_q$ 中所有非零元素构成的群 $\mathbf{F}_q^*$ 是一个循环群。*

证明 $\mathbf{F}_q$ 中存在 $q-1$ 个非零元素。如果 $q-1$ 是素数，那么证明就是非常简单的，因为除零元外的每个元素都是 $q-1$ 阶元，从而每个这样的元素都生成循环群。

否则，考虑 $q-1$ 的素因子分解，$q-1$ 可以分解成

$$q-1=\prod_{i=1}^{s} p_i^{e_i}$$

域 $\mathbf{F}$ 上多项式零根的个数不可能大于其次数。因此，在 $\mathbf{F}_q$ 中必定至少存在一个元素，该元素不是多项式 $x^{(q-1)/p_i}-1$ 的零根。这意味着对于每个 i，在 $\mathbf{F}_q$ 中都存在一个非零元素 a_i，满足 $a^{(q-1)_i/p_i}$ 不等于 1。下面我们将证明，b 是 $q-1$ 阶元，这意味着 $\mathbf{F}_q^*$ 是一个循环群而 b 是一个本原元。 261

⊖ 即任意域 $\mathbf{F}$ 的代数闭域都不能通过添加有限个根来扩张得到。——译者注

步骤 1　元素 b_i 的阶为 $p_i^{e_i}$。显然可证明 $(a_i^{(q-1)/p_i^{e_i}})^{p_i^{e_i}}$ 等于 1，因此 $a_i^{(q-1)/p_i^{e_i}}$ 阶整除 $p_i^{e_i}$ 且形式必定为 $p_i^{\mu_i}$。但该阶不能小于 $p_i^{e_i}$，因为 $a_i^{(q-1)/p_i^{e_i}}$ 不等于 1，且 $(a_i^{(q-1)/p_i^{e_i}})^{p_i^{e_i-1}} = a_i^{(q-1)/p_i} \neq 1$。

步骤 2　元素 b 是 $q-1$ 阶元。证明，令 n 为 b 的阶，我们需要证明 $n=q-1$。对于每个 i，我们知道

$$(b^{\prod_{k\neq i} b_k^{e_k}})^n = 1$$

但 $b = \prod_{i=1}^{s} b_i$ 且 $b_j^{p_j^{v_j}}$ ，因此我们可以得出结论

$$b_i^{n\prod_{j\neq 1} p_j^{v_j}} = 1$$

这意味着 $n\prod_{j\neq k} p_j^{e_j}$ 是 $p_k^{e_k}$ 的倍数。由于 p_j 是不同的素数，由此可得，对于每个 k，n 是 $p_k^{e_k}$ 的倍数。因此 n 是 $q-1=\prod_{k=1}^{s} q_k^{e_k}$ 的倍数。因为 $\mathbf{F}_q^*$ ⊖中每个元素的阶都不大于 $q-1$，由此可得，b 是 $q-1$ 阶元。现在证明完毕。□

推论 9.8.2　*每个伽罗瓦域都有本原元。*

证明　集合 $\mathbf{F}_q^*$ 在乘法下是一个循环群，每个循环群都有生成元 α。因此，元素 α 就是本原元。

推论 9.8.3　*含有 q 个元素的伽罗瓦域具有 $\phi(q-1)$ 个本原元。*

证明　$\mathbf{F}_q$ 的本原元 α 是 $q-1$ 阶元。$\mathbf{F}_q$ 中的每个元素都是本原元 α 的幂运算。如果 j 是 $q-1$ 的真因子，那么 α^j 就不是 $q-1$ 阶元。如果 j 与 $q-1$ 互素，那么 α^j 也必定为 $q-1$ 阶元，因此 α^j 也是本原元。这意味着 $\mathbf{F}_q$ 具有 $\phi(q-1)$ 个本原元，其中 $\phi(x)$ 是欧拉函数。

□

定理 9.8.4　*在域 $\mathbf{F}_q$ 上，我们有如下因式分解*

$$s^{q-1} - 1 = \prod_{i=0}^{q-2}(x-\alpha^i)$$

其中 α 是 $\mathbf{F}_q$ 中的任意本原元。

证明　$\mathbf{F}_q$ 中的每个元素 γ 满足 $\gamma^{q-1}=1$，因此每个元素 γ 是多项式 $x^{q-1}-1$ 的一个零根。
262 由于该多项式是 $q-1$ 次的，因此它只能有 $q-1$ 个零根，而我们已经找到了所有这些零根。□

人们由定理 9.8.4 可以得出结论，$\mathbf{F}_q$ 中的每个非零元素都是多项式 $x^{q-1}-1$ 的一个零根，因此 $\mathbf{F}_q$ 中的每个元素 β 都满足 $\beta^q=\beta$。这引出了以下定义。

定义 9.8.5　*$\overline{\mathbf{F}}_q$ 上的 Frobenius 映射定义为函数 $\pi_q(x)=x^q$。*

Frobenius 映射将 $\overline{\mathbf{F}}_q$ 中的元素映射到 $\overline{\mathbf{F}}_q$ 之中。显然，对于 $\beta\in\mathbf{F}_q$，$\pi_q(\beta)=\beta$，而对于 $\beta\notin\mathbf{F}_{q^m}$，$\pi_q(\beta)\neq\beta$。这样，$\overline{\mathbf{F}}_q$ 中的一个元素 β 在基域 $\mathbf{F}_q$ 之中，当且仅当 $\pi_q(\beta)=\beta$。Frobenius 映射可以与自身进行复合，记为 $\pi_q(\pi_q(\beta))$，也可写成 $\pi_q\circ\pi_q$ 或 π_q^2。那么就有 $\pi_q\circ\pi_q(x)=(x^q)^q=x^{q^2}$。$\pi_q$ 与它自身的 m 个自复合，记作 $\pi_q\circ\pi_q\circ\cdots\circ\pi_q$，缩写为 π_q^m。

定理 9.8.6　*$\overline{\mathbf{F}}_q$ 上的 Frobenius 映射满足下列性质*

$$\pi_q(x+y)=\pi_q(x)+\pi_q(y)$$
$$\pi_q(xy)=\pi_q(x)\pi_q(y)$$

⊖ 原书有误。——译者注

对每个 $\beta\in\mathbf{F}_{q^m}$，满足 $\pi^m(\beta)=\beta$。

证明 第一个命题利用以下结论，对于一个素数 p，$\begin{bmatrix}p\\i\end{bmatrix}$是 p 的倍数，除非 $i=p$ 或 0，因此$\begin{bmatrix}p\\i\end{bmatrix}=0(\bmod p)$。这样就有 $\pi_q(x+y)=(x+y)^q=x^q+\sum_i\begin{bmatrix}p\\i\end{bmatrix}x^{q-i}y^i+y^q$ 。第二个命题是容易证明的，因为

$$\pi_q(xy)=(xy)^q=x^qy^q=\pi_q(x)\pi_q(y)$$

第三个命题成立，因为对于 $\beta\in\mathbf{F}_{q^m}$，都有 $\pi_q\circ\pi_q\circ\cdots\circ\pi_q(\beta)=\beta_{q^m}=\beta$。 □

9.9 分圆多项式

多项式x^n-1 对任意域 **F** 都是重要的，因为x^n-1 的 n 个零根是域 **F** 本身或其扩张域中的 n 个单位根。该多项式在任何域中均可以依据素因式的次序分解为

$$x^n-1=p_1(x)p_2(x)\cdots p_k(x)$$

这些素因式依赖于域 **F**。这些素因式中如果有任意一个因式的次数大于 2，则可以用于对域 **F** 进行扩张。那么该多项式在此扩张域中就具有零根。 263

在本节中，我们对x^n-1 在有理域 **Q** 上的素因式感兴趣。当x^n-1 看成是 **Q** 上的多项式时，其 n 个零根都位于复数域 **C** 之中，**C** 是 **Q** 的代数闭包。n 个根可以写成 $\omega_n^\ell=0$，…，$n-1$，其中

$$\omega_n=\mathrm{e}^{-2\pi i/n}$$

而 $i=\sqrt{-1}$。那么 **C** 上的素因式分解就可以写成

$$x^n-1=\prod_{\ell=0}^{n-1}(x-\omega_n^\ell)$$

然而，这些素因式(除了 $x-1$ 和 n 是偶数时的 $x+1$)中的每一个都具有复系数。我们希望找到x^n-1 在 **Q** 上的素多项式因式。这些系数都是有理数的不可约首一多项式因式。x^n-1 在 **Q** 上的素因式称为*分圆多项式*。每个这样的素因式必定是复数域上那些形如 $x-\omega_n^\ell$ 的因式之积，需要将这些因式一起相乘以获得系数都是有理数的多项式。相应地，分圆多项式定义如下

$$\Phi_n(x)=\prod_{\mathrm{GCD}(i,n)=1}(x-\omega_n^i)$$

该式的系数都是有理数。我们将证明更准确的结论，这些多项式的系数都是整数。为了证明 $\Phi_n(x)$中的系数都是整数，我们注意到

$$x^n-1=\Phi_n(x)\prod_{d|n}\Phi_d(x)$$

将上式写成以下形式

$$\Phi_n(x)=\frac{x^n-1}{\prod_{d|n}\Phi_d(x)}$$

这表明对于整除 n 的所有 d，如果$\Phi_d(x)$中的系数都是整数，那么$\Phi_n(x)$中的系数就都是整数。这是因为首一多项式除法即采用系数都是整数的首一多项式除以另一个系数都是整数的首一多项式将产生仅系数都是整数的首一多项式。由于$\Phi_1(x)=x-1$，因而我们可以得出结论，所有$\Phi_n(x)$中的系数都是整数。因此，$\Phi_n(x)$是x^n-1 在 **Z** 上的因式，在 **Q** 上也是如此。它们在 **Q** 中不能进一步分解。

从上述定义可立即得到，第 n 个分圆多项式的次数满足

$$\deg \Phi_n(x) = \phi_n$$

264 其中ϕ_n是欧拉函数。

分圆多项式也可以通过在整数上对x^n-1进行因式分解来直接计算得出。前12个分圆多项式为

$$\begin{aligned}
\Phi_1(x) &= x-1 \\
\Phi_2(x) &= x+1 \\
\Phi_3(x) &= x^2+x+1 \\
\Phi_4(x) &= x^2+1 \\
\Phi_5(x) &= x^4+x^3+x^2+x+1 \\
\Phi_6(x) &= x^2-x+1 \\
\Phi_7(x) &= x^6+x^5+x^4+x^3+x^2+x+1 \\
\Phi_8(x) &= x^4+1 \\
\Phi_9(x) &= x^6+x^3+1 \\
\Phi_{10}(x) &= x^4-x^3+x^2-x+1 \\
\Phi_{11}(x) &= x^{10}+x^9+x^8+x^7+x^6+x^5+x^4+x^3+x^2+x+1 \\
\Phi_{12}(x) &= x^4-x^2+1
\end{aligned}$$

这些多项式的所有系数都等于0或±1。实际上，直到$\Phi_{104}(x)$的所有分圆多项式中所有系数都等于0或±1。(不过，分圆多项式$\Phi_{105}(x)$中有两个系数等于2。)正如我们前面的结论，每个分圆多项式的系数都是整数。

尽管分圆多项式是作为**Q**上的不可约多项式引入的，并且依据它们在扩张域**C**中的零根来描述，但是它们的系数都只在**Z**之中。这样看起来可能没有引入**Q**或**C**的充分理由，只是为了祈求在这些域中讨论方便。为此，人们可以改为引入素数域$\mathbf{F}_p$，假定该域含有阶数为n的元素。这只需要n整除$p-1$。现在分圆多项式被视为域$\mathbf{F}_p$上的多项式，零根都在域$\mathbf{F}_p$之中或者在扩张域$\mathbf{F}_{p^k}$之中。

为此，我们还是写成以下形式

$$x^n-1=\prod_{\ell=0}^{n-1}(x-\omega^\ell)$$

现在此处的ω是域$\mathbf{F}_p$中或扩张域$\mathbf{F}_{p^k}$中一个阶数为n的元素。例如，如果$p^k=an+1$对某些a成立，那么这样一个n阶元就存在于$\mathbf{F}_{p^k}$之中。勒让德素数定理确保我们选择一个n并且$k=1$时，这样一个p总是存在。更为重要的是，我们也可以自由地选用更大的k，这种形式将产生一个素数的幂用于n值的选择。

265 例如，为了生成整除$x^n-1(n=6)$的分圆多项式，采用素数域$\mathbf{F}_7$，选择$a=1$，使得$an+1$等于素数7。令$\omega=5$，它在$\mathbf{F}_7$中阶数为6。那么就有

$$\begin{aligned}
x^6-1 &= (x-1)(x-5)(x-4)(x-6)(x-2)(x-3) \pmod 7 \\
&= [(x-5)(x-3)][(x-4)(x-2)](x-6)(x-1) \pmod 7 \\
&= \Phi_6(x)\Phi_3(x)\Phi_2(x)\Phi_1(x)
\end{aligned}$$

我们得出结论，在$\mathbf{F}_7$中及$\omega=5$时，分圆多项式为

$$\begin{aligned}
\Phi_1(x) &= (x-1) \\
\Phi_2(x) &= (x-6) = x+1 \\
\Phi_3(x) &= (x-2)(x-4) = x^2+x+1
\end{aligned}$$

$$\Phi_6(x)=(x-3)(x-5)=x^2-x+1$$

这是在 **C** 中计算得出的普通分圆多项式。

举一个 n 为奇数的例子，选择 $a=2$，$n=3$ 和 $\omega=2$，使得 $an+1$ 等于素数 7。这样就有

$$\begin{aligned}x^3-1&=(x-1)(x-2)(x-4) \pmod 7\\&=(x-1)(x^2+x+1) \pmod 7\\&=\Phi_1(x)\Phi_3(x)\end{aligned}$$

我们得出结论，在 $\mathbf{F}_7$ 中及 $\omega=2$ 时，分圆多项式为

$$\Phi_1(x)=(x-1)$$
$$\Phi_3(x)=(x-2)(x-4)=x^2+x+1$$

这也是在 **C** 中计算得出的普通分圆多项式。

再举另一个例子，选择 $a=2$，$n=8$ 和 $\omega=9$，使得 $an+1$ 等于素数 17。那么在 $\mathbf{F}_{17}$ 中，x^8-1 的因式为 $(x-9^\ell)$，$\ell=1$，…，8。这样就有

$$\begin{aligned}x^8-1&=(x-1)(x-9)(x-13)(x-15)(x-16)(x-8)(x-4)(x-2) \pmod{17}\\&=\Phi_8(x)\Phi_4(x)\Phi_2(x)\Phi_1(x)\end{aligned}$$

我们得出结论，在 $\mathbf{F}_{17}$ 中及 $\omega=9$ 时，分圆多项式为

$$\begin{aligned}\Phi_1(x)&=(x-1)\\\Phi_2(x)&=(x-16)=x+1\\\Phi_4(x)&=(x-13)(x-4)=x^2+1\\\Phi_8(x)&=(x-9)(x-15)(x-8)(x-2)=x^4+1\end{aligned}$$

这些多项式还是与普通分圆多项式一致。

每个分圆多项式都可以通过这种方式得出，因为由定理 2.7.1 可知，对于每个 n，存在形如 $an+1$ 的素数 p。更一般地，人们还可以采用形如 $\mathbf{F}_{p^k}$ ⊖ 的域来生成分圆多项式。例如，$\mathbf{F}_9$ 包含一个形如 $\omega=1+\mathrm{i}$ 的 8 阶元素 ω，其中 $\mathrm{i}^2=-1$。那么人们可以再次得到 266

$$\begin{aligned}x^8-1&=(x-\omega)(x-\omega^2)(x-\omega^3)(x-\omega^4)(x-\omega^5)(x-\omega^6)(x-\omega^7)(x-\omega^8)\\&=\Phi_8(x)\Phi_4(x)\Phi_2(x)\Phi_1(x)\end{aligned}$$

通过 $\mathbf{F}_9$ 中的简单计算，那么在 $\mathbf{F}_9$ 中及 $\omega=1+\mathrm{i}$ 时(其中 $\mathrm{i}^2=-1$)，分圆多项式就是

$$\begin{aligned}\Phi_1(x)&=(x-\omega^8)=x-1\\\Phi_2(x)&=(x-\omega^4)=x+1\\\Phi_4(x)&=(x-\omega^2)(x-\omega^6)=(x-2\mathrm{i})(x+2\mathrm{i})=x^2+1\\\Phi_8(x)&=(x-\omega^1)(x-\omega^3)(x-\omega^5)(x-\omega^7)\\&=(x-1-\mathrm{i})(x+2-2\mathrm{i})(x+1+\mathrm{i})(x-2+2\mathrm{i})\\&=x^4+1\end{aligned}$$

这些多项式还是与普通分圆多项式一致。

9.10 向量空间

域 **F** 上元素构成的一个 n 元组 $(v_0, v_1, \cdots, v_{n-1})$ 记为 $\boldsymbol{v}$，称为域 **F** 上包含分量 v_i 长度为 n 的向量。域 **F** 上分组长度为 n 的所有向量构成的集合与两个运算(称为向量加法和标量乘法)一起就是下面将要定义的，称为域 **F** 上的向量空间。在向量空间的讨论中，基

⊖ 原书有误。——译者注

础域 $\mathbf{F}$ 中的元素称为标量。

标量乘法是将向量 $\boldsymbol{v}$ 乘以标量 c 的代数运算。n 元组的标量乘法按分量逐个定义为

$$c(v_0, v_1, \cdots, v_{n-1}) = (cv_0, cv_1, \cdots, cv_{n-1})$$

向量加法是将两个向量 $\boldsymbol{v}'$ 和 $\boldsymbol{v}''$ 进行组合以产生第三向量 $\boldsymbol{v}='+''$ 的运算。2 个 n 元组的向量加法按分量逐个定义为

$$(v_0', v_1', \cdots, v_{n-1}') + (v_0'' + v_1'', \cdots, v_{n-1}'') = (v_0' + v_0'', v_1' + v_1'', \cdots, v_{n-1}' + v_{n-1}'')$$

域 $\mathbf{F}$ 上所有 n 元组构成的集合是向量空间中一种具体而又常见的形式。所有 n 元组构成的向量空间只是向量空间的一个实例，但是它可能是最有用的实例。

向量空间抽象地定义为任意集合 V 以及两个运算，即向量加法和标量乘法，并满足以
267 下性质：

1）集合 V 在向量相加下是阿贝尔群。

2）（分配律）对于 V 中的任意两个元素 $\boldsymbol{v}_1$ 和 $\boldsymbol{v}_2$ 以及任意标量 c，满足

$$c(\boldsymbol{v}_1 + \boldsymbol{v}_2) = c\boldsymbol{v}_1 + c\boldsymbol{v}_2$$

3）（分配律）假定 $1\boldsymbol{v}=\boldsymbol{v}$，对于 V 中的任意向量 $\boldsymbol{v}$ 和任意两个标量 c_1 和 c_2，满足

$$(c_1 + c_2)\boldsymbol{v} = c_1\boldsymbol{v} + c_2\boldsymbol{v}$$

4）（结合律）对于 V 中的任意向量 $\boldsymbol{v}$ 和任意两个标量 c_1 和 c_2，

$$(c_1c_2)\boldsymbol{v} = c_1(c_2\boldsymbol{v})$$

在向量加法之下，V 中的零元称为向量空间的原点，并且记为 $\mathbf{0}$。注意，对于符号＋，有两种不同的用途：向量加法和域内加法。此外，符号 $\mathbf{0}$ 用于表示向量空间的原点，而符号 0 用来表示域中的零元。实际上，这些相似的符号不会造成混淆。

如果向量空间的子集在原始向量加法和标量乘法下也是向量空间，则称为*向量子空间*。在向量加法运算下，向量空间是一个群，而向量子空间是一个子群。为了检验向量空间的非空子集是否为向量子空间，只需检验向量加法下和标量乘法下的封闭性。其他所有要求的性质则可以从原始空间来继承。标量乘法下的封闭性确保全零向量在子集之中。

域 $\mathbf{F}$ 上所有 n 元组构成的集合是 $\mathbf{F}$ 上的一个 n 维向量空间，采用 $\mathbf{F}^n$ 来表示。我们已经注意到，在 n 元组空间 $\mathbf{F}^n$ 中，向量加法和标量乘法是按分量逐个定义的。在 $\mathbf{F}^n$ 中，还有另一个运算称为两个 n 元组的*分量积*。如果 $\boldsymbol{u}=(a_0, \cdots, a_{n-1})$ 和 $\boldsymbol{v}=(b_0, \cdots, b_{n-1})$，则分量积定义为 $\boldsymbol{uv}=(a_0b_0, \cdots, a_{n-1}b_{n-1})$。这是一个通过 $\boldsymbol{u}$ 和 $\boldsymbol{v}$ 的分量逐个相乘获得的向量。

$\mathbf{F}^n$ 中两个 n 元组的内积是一个标量，定义为

$$\boldsymbol{u} \cdot \boldsymbol{v} = (a_0, \cdots, a_{n-1}) \cdot (b_0, \cdots, b_{n-1}) = a_0b_0 + \cdots + a_{n-1}b_{n-1}$$

可立即验证 $\boldsymbol{u} \cdot \boldsymbol{x} = \boldsymbol{v} \cdot \boldsymbol{u}$，$(\mathrm{c}\boldsymbol{u}) \cdot \boldsymbol{v} = \mathrm{c}(\boldsymbol{u} \cdot \boldsymbol{v})$，并且 $\boldsymbol{\omega} \cdot (\boldsymbol{u}+\boldsymbol{v}) = (\boldsymbol{\omega} \cdot \boldsymbol{u}) + (\boldsymbol{\omega} \cdot \boldsymbol{v})$。如果两个向量的内积为零，则称这两个向量是*正交的*。存在一些域，域中可能有非零向量与其自身正交，但是在实数域上的向量空间中这不可能发生。如果一个向量与某个向量子空间中的每个向量都正交，就称该向量与向量子空间正交。

实向量空间 $\mathbf{R}^n$ 中向量 $\boldsymbol{v}$ 的*范式重量*或*欧几里得重量*采用其平方 $\|\boldsymbol{v}\|^2 = \boldsymbol{v} \cdot \boldsymbol{v}^*$ 来定义。
268 复向量空间 $\mathbf{C}^n$ 中向量 $\boldsymbol{v}$ 的*范式重量*或*欧几里得重量*采用其平方 $\|\boldsymbol{v}\|^2 = \boldsymbol{v} \cdot \boldsymbol{v}^*$ 来定义，其中 $\boldsymbol{v}^*$ 表示 $\boldsymbol{v}$ 的分量复共轭。$\mathbf{C}^n$ 中两个向量 $\boldsymbol{v}$ 和 $\boldsymbol{u}$ 之间的*欧几里得距离* $d_e(\boldsymbol{v}, \boldsymbol{u})$ 是分量差的欧几里得重量。这样就有 $d_e(\boldsymbol{v}, \boldsymbol{u}) = \|\boldsymbol{v}-\boldsymbol{u}\|$。

欧氏重量和欧氏距离的概念不会转移到 $\mathbf{F}_q$。取而代之的是，任意 n 元组向量空间 $\mathbf{F}^n$ 中向量 $\boldsymbol{v}$ 的汉明重量 $w_H(\boldsymbol{v})$ 定义为 $\boldsymbol{v}$ 中的非零分量的个数。$\mathbf{F}^n$ 上任意两个向量 $\boldsymbol{v}$ 和 $\boldsymbol{u}$ 之间的*汉明距离*被定义为 $d_H(\boldsymbol{v}, \boldsymbol{u}) = \omega_H(\boldsymbol{v}-\boldsymbol{u})$。

在向量空间 V 中，形如 $\boldsymbol{v}=a_1\boldsymbol{v}_1+a_2\boldsymbol{v}_2+\cdots+a_n\boldsymbol{v}_n$ 之和，称为向量 $\boldsymbol{v}_1$，…，$\boldsymbol{v}_n$ 的一个线性组合，其中 a_i 是标量。对于一组向量 $\{\boldsymbol{v}_1, \cdots, \boldsymbol{v}_n\}$，如果存在不全为 0 的标量 $a_1, \cdots, a_n$，使得 $a_1\boldsymbol{v}_1+a_2\boldsymbol{v}_2+\cdots+a_n\boldsymbol{v}_n=\boldsymbol{0}$，则称为线性相关组。不是线性相关的一组向量称为线性无关组。

对于 V 中的一组向量集，如果 V 中的每个向量都可以至少用一种方式来表示成该集合中元素的线性组合，则称该向量集跨越向量空间 V。如果 V 可由有限向量集跨越，则称 V 为有限维向量空间。由 n 个向量跨越的向量空间中，线性无关向量组所包含的向量个数不能多于 n 个。跨越同一有限维向量空间的两个线性无关向量组所包含的向量个数相同。

9.11 线性代数

线性代数与域 $\mathbf{F}$ 上的多元一次方程组相关。在实数域或复数域中常见的绝大多数线性代数运算在任意域中是有效的。实际上，这些方法有时可部分地应用于交换环上的一次方程组。

线性代数的方法可简明地用矩阵语言来表示。域 $\mathbf{F}$ 上的一个 $n\times m$ 矩阵由来自域 $\mathbf{F}$ 的 nm 个元素构成，按 n 行和 m 列的矩阵排列。因此有

$$A=\begin{bmatrix}a_{11} & a_{12} & \cdots & a_{1m}\\ \vdots & & \vdots & \\ a_{n1} & a_{n2} & & a_{nm}\end{bmatrix}=[a_{ij}]$$

$n\times m$ 矩阵 $\boldsymbol{A}$ 的转置是一个 $m\times n$ 矩阵，记为 $\boldsymbol{A}^T$，其中元素 $a_{ij}^T=a_{ji}$。$\mathbf{F}$ 上所有 $n\times m$ 矩阵构成的集合在矩阵加法下是一个群。加法幺元记为 $\mathbf{0}$，是所有元素全为零的 $n\times m$ 矩阵。两个 $n\times m$ 矩阵的加法表示为 $\boldsymbol{C}=\boldsymbol{A}+\boldsymbol{B}$，定义为对应元素逐个相加，即 $c_{ij}=a_{ij}+b_{ij}$。 269

$n\times m$ 矩阵和 $m\times \ell$ 矩阵的乘法表示为 $\boldsymbol{C}=\boldsymbol{AB}$，$\boldsymbol{C}$ 中元素定义为 $\boldsymbol{A}$ 和 $\boldsymbol{B}$ 中对应元素逐个相乘之和，即

$$c_{ij}=\sum_{k=1}^{m}a_{ik}b_{kj}$$

方阵是行数和列数相同的矩阵。$\mathbf{F}$ 上所有 $n\times n$ 的方阵构成的集合在矩阵加法和矩阵乘法下是一个环。这是一个含有幺元的非交换环。乘法下的幺元(记为 $\boldsymbol{I}$)是 $n\times n$ 的方阵，其中所有对角线位置上全为 1，而在其他位置上全为 0。

可以通过将矩阵中的每个元素乘以 α 来表示矩阵乘以标量 α。$n\times n$ 方阵集合 $\boldsymbol{A}$ 上的一个非负标量函数记为 $\|\boldsymbol{A}\|$，称为范数，满足性质 $\|\alpha\boldsymbol{A}\|=|\alpha|\,\|\boldsymbol{A}\|$。

域 $\mathbf{F}$ 上的方阵与两个重要标量相关联，称为轨迹和行列式，它们定义如下。

定义 9.11.1 域 $\mathbf{F}$ 中元素为 a_{ij} 的 $n\times n$ 方阵 $\boldsymbol{A}$ 的轨迹定义如下

$$\text{trace }\boldsymbol{A}=\sum_{i=1}^{n}a_{ii}$$

定义 9.11.2 域 $\mathbf{F}$ 中元素为 a_{ij} 的 $n\times n$ 方阵 $\boldsymbol{A}$ 的行列式定义如下

$$\det \boldsymbol{A}=\sum \xi_{i_1,\cdots,i_n}a_{1i_1}a_{2i_2}a_{3i_3}\cdots a_{ni_n}$$

其中 i_1，i_2，…，i_n 是整数 1，2，…，n 的一个置换，该和是所有可能的排列之和，并且 $\xi i_{1,\cdots,}i_n$ 根据置换是偶数还是奇数来取 ±1。

奇置换是由奇数个对换所构成的置换。偶置换是由偶数个对换所构成的置换，不能由奇数个对换来获得。对换是两个数据项的互换。

如果 $\boldsymbol{A}$ 是行列式非零的方阵，则存在另一个矩阵，记为 $\boldsymbol{A}^{-1}$，并称为 $\boldsymbol{A}$ 的逆阵，满足

性质 $A^{-1}A=AA^{-1}=I$。行列式为 0 的 $n\times n$ 方阵没有逆阵。

例如，在特征为 3 的域中，以下矩阵的行列式为 0。

$$M=\begin{bmatrix}1&0&2\\2&1&0\\0&2&1\end{bmatrix}$$

270 因此，矩阵 M 在特征为 3 的任意域中没有逆阵。在每个其他域中，该行列式都是非零的，并且矩阵 M 在那些域中具有逆阵。

定义 9.11.3 对于行数至少与列数一样多的任意矩阵 A：

A 的秩(rank)是 r 的最大值，满足 A 中的 r 列是线性无关的。

A 的量积(heft)是 r 的最大值，满足 A 中的任意 r 列都是线性无关的。

显然，对于任意矩阵 A，下述不等式都成立。

$$\text{heft } A \leqslant \text{rank } A$$

秩也可以描述为 r 的最小值，满足任意 $r+1$ 列都是线性相关的，并且量积也可以描述为 r 的最小值，满足存在 $r+1$ 列是线性相关的。

每个方阵 A 都与某个多项式相关联，称为 A 的特征多项式，定义为

$$P_A(\lambda)=\det[A-\lambda I]$$

A 的特征多项式中两个系数是 A 的行列式和 A 的轨迹。特征多项式的零根称为 A 的特征值。

我们将为下一个定理给出非常明确的证明，只适用于 2×2 方阵的情况。我们省略了用于 $n\times n$ 方阵的一般证明，它相当复杂，我们只将它应用于 2×2 的方阵。

定理 9.11.4(Cayley-Hamilton 定理) 任意方阵 A 都满足其自身的特征多项式。

证明 我们将只给出 2×2 方阵的证明。令

$$A=\begin{bmatrix}a&b\\c&d\end{bmatrix}$$

是域 $\mathbf{F}$ 上的 2×2 方阵。A 的特征方程定义为 $\deg[A-\lambda I]=0$，即

$$\lambda^2-(a+d)\lambda+(ad-bc)=0$$

该定理的意思是矩阵 A 可以插入 λ 的位置，并且得到矩阵多项式的结果等于全零矩阵。即

271 $$A^2-(a+d)A+(ad-bc)I=\mathbf{0}$$

其中 I 是单位矩阵，$\mathbf{0}$ 是全零矩阵。而

$$A^2=\begin{bmatrix}a^2+bc&ab+bd\\ca+cd&cb+a^2\end{bmatrix}$$

将A^2 和 A 直接代入特征多项式，可以得到

$$\begin{bmatrix}a^2+bc&ab+bd\\ca+cd&cb+a^2\end{bmatrix}-\begin{bmatrix}a(a+d)&b(a+d)\\c(a+d)&d(a+d)\end{bmatrix}+\begin{bmatrix}ad-bc&0\\0&ad-bc\end{bmatrix}=\begin{bmatrix}0&0\\0&0\end{bmatrix}$$

由此定理得证。□

9.12 傅里叶变换

只要域 $\mathbf{F}$ 中存在阶数为 n 的元素 ω，$\mathbf{F}$ 上分组长度为 n 的每个向量 v 就可与 $\mathbf{F}$ 上分组长度为 n 的另一个向量相关联，称为 v 的傅里叶变换，并且表示为 $\mathbf{V}$。傅里叶变换定义为各个分量积之和

$$V_j=\sum_{i=0}^{n-1}v_i\omega^{ij}\quad j=0,\cdots,n-1$$

将从 $\boldsymbol{v}$ 到 $\mathbf{V}$ 的映射本身和映射生成的像 $\mathbf{V}$ 称为傅里叶变换。

例如，在 $\mathbf{F}_5$ 中，元素 3 的阶数为 4，由此可得

$$\begin{bmatrix}V_0\\V_1\\V_2\\V_3\end{bmatrix}=\begin{bmatrix}1&1&1&1\\1&3&4&2\\1&4&1&4\\1&2&4&3\end{bmatrix}\begin{bmatrix}v_0\\v_1\\v_2\\v_3\end{bmatrix}$$

上式采用矩阵方程来表示 $\mathbf{F}_5$ 中分组长度为 4 的傅里叶变换。类似地，在 $\mathbf{F}_7$ 中，元素 3 的阶数为 6，由此可得

$$\begin{bmatrix}V_0\\V_1\\V_2\\V_3\\V_4\\V_5\end{bmatrix}=\begin{bmatrix}1&1&1&1&1&1\\1&3&2&6&4&5\\1&2&4&1&2&4\\1&6&1&6&1&6\\1&4&2&1&4&2\\1&5&4&6&2&3\end{bmatrix}\begin{bmatrix}v_0\\v_1\\v_2\\v_3\\v_4\\v_5\end{bmatrix}$$ 272

上式采用矩阵方程来表示 $\mathbf{F}_7$ 中分组长度 6 的傅里叶变换。最后，如果 α 是一个本原元，那么元素 α^3 在 $\mathbf{F}_{16}$ 中的阶数就为 5，由此可得

$$\begin{bmatrix}V_0\\V_1\\V_2\\V_3\\V_4\end{bmatrix}=\begin{bmatrix}1&1&1&1&1\\1&\alpha^3&\alpha^6&\alpha^9&\alpha^{12}\\1&\alpha^6&\alpha^{12}&\alpha^3&\alpha^9\\1&\alpha^9&\alpha^3&\alpha^{12}&\alpha^6\\1&\alpha^{12}&\alpha^9&\alpha^6&\alpha^3\end{bmatrix}\begin{bmatrix}v_0\\v_1\\v_2\\v_3\\v_4\end{bmatrix}$$

上式是 $\mathbf{F}_{16}$ 中分组长度 5 的傅里叶变换。

有限域 $\mathbf{F}_q$ 总是可以由阶数为 $q-1$ 的本原元来生成，因此有限域 $\mathbf{F}_q$ 总是具有分组长度为 $q-1$ 的傅里叶变换。此外，对于每个整除 $q-1$ 的 n，域 $\mathbf{F}_q$ 具有分组长度为 n 的傅里叶变换。对于任何不整除 $q-1$ 的 n，域 $\mathbf{F}_q$ 没有分组长度为 n 的傅里叶变换，尽管如果 n 与 q 互素，则分组长度为 n 的傅里叶变换将存在于扩张域 $\mathbf{F}_{q^m}$ 之中。

傅里叶变换具有诸多性质。可以通过**逆傅里叶变换**将向量 $\boldsymbol{v}$ 从其傅里叶变换 $\mathbf{V}$ 中恢复出来，即

$$v_i=\frac{1}{n}\sum_{j=0}^{n-1}\omega^{-ij}V_j\quad i=0,\cdots,n-1$$

该表达式将恢复向量 $\boldsymbol{v}$，因为对于任意域 $\mathbf{F}$ 都有

$$x^n-1=(x-1)(x^{n-1}+x^{n-2}+\cdots+x+1)$$

由上式可以得出，对于 $r\neq0(\mathrm{mod}\ n)$，满足 $\sum_{j=0}^{n-1}\omega^{rj}=0$，因为 ω 是一个阶数为 n 的元素，如果 $r=0$，那么就有 $\sum_{j=0}^{n-1}\omega^{rj}=0$。因此，对于 $i=0$，…，$n-1$，满足

$$\frac{1}{n}\sum_{j=0}^{n-1}\omega^{-ij}V_j=\frac{1}{n}\sum_{k=0}^{n-1}v_k\sum_{j=0}^{n-1}\omega^{(k-i)j}=v_i$$

分组长度为 n 的两个向量 $\boldsymbol{f}$ 和 $\boldsymbol{g}$ 之间的**循环卷积**定义为各个分量积之和，即

$$e_i = \sum_{k=0}^{n-1} f((i-k))g_k \quad i = 0,\cdots,n-1$$

其中双括号表示下标模 n 求余。$\boldsymbol{f}$ 和 $\boldsymbol{g}$ 的循环卷积表示为 $\boldsymbol{f} * \boldsymbol{g}$。

定理 9.12.1(卷积定理) 向量 $\boldsymbol{e}$ 由向量 $\boldsymbol{f}$ 和 $\boldsymbol{g}$ 的循环卷积来确定，当且仅当傅里叶变
273 换 $\mathbf{F}$ 和 $\boldsymbol{G}$ 的各分量满足

$$E_j = F_jG_j \quad j = 0,\cdots,n-1$$

证明 该定理成立是因为

$$e_i = \sum_{k=0}^{n-1} f_{((i-k))}\left(\frac{1}{n}\sum_{j=0}^{n-1}\omega^{-jk}G_j\right)$$
$$= \frac{1}{n}\sum_{j=0}^{n-1}\omega^{-ij}G_j\left(\sum_{k=0}^{n-1}\omega^{(i-k)j}f_{((i-k))}\right) = \frac{1}{n}\sum_{j=0}^{n-1}\omega^{-ij}G_jF_j$$

我们现在可以看出上述方程的右边是一个傅里叶反变换，这意味着 $E_j = F_jG_j$，由此定理得证。 □

定理 9.12.2(调制和平移特性) 如果 $\boldsymbol{v} \leftrightarrow$是傅里叶变换对，那么以下指定的分量也是傅里叶变换对

$$\omega^k v_i \leftrightarrow V_{((j+k))}$$
$$v_{((i-k))} \leftrightarrow \omega^k V_j$$

证明 该定理可立即通过数值代换来证明得到。 □

定理 9.12.3(重复性) 如果 $\boldsymbol{v}' \leftrightarrow '$是域 $\mathbf{F}$ 上分组长度 n'的傅里叶变换对，而向量 $\boldsymbol{v}'$重复 n''次以生成分组长度为 $n=n'n''$的向量 $\boldsymbol{v}$，那么 $\boldsymbol{v}$ 的傅里叶变换就是分组长度为 n 的向量 $\mathbf{V}$，其分量 V_j 满足 $V_{nj'} = V'_j$，而对于所有其他的 j，有 $V_j = 0$。

证明 ω 是$\overline{\mathbf{F}}$中一个阶数为 n 的元素。那么 $\beta=\omega^{n''}$就是$\overline{\mathbf{F}}$中阶数为 n'的元素，而 $\beta=\omega^{n''}$就是 $\mathbf{F}$ 中阶数 n''的元素。令

$$j = i' + n'i'' \quad i' = 0,\cdots,n'-1; \quad i'' = 0,\cdots,n''-1$$
$$j = n''j' + j'' \quad j' = 0,\cdots,n'-1; \quad j'' = 0,\cdots,n''-1$$

有了这个替代的上下标索引，方程

$$V_j = \sum_{i=0}^{n-1}\omega^{ij}v_i$$

变成为

274

$$V_{n''j'+j''} = \sum_{i'=0}^{n'-1}\sum_{i''=0}^{n''-1}\beta^{i'j'}\gamma^{i''j''}\omega^{i'j''}v_{i'+n'i''}$$

现在可将 $\boldsymbol{v}$ 看成由上下标 i'和 i''索引得到的二维 $n'\times n''$阵列。根据定理中的前提假设，阵列中的所有行都是一致的并且等于 $\boldsymbol{v}'$。这样就有 $v'_{i'+n''i''} = v'_i$，而与 i''无关，因此

$$V_{n''j'+j''} = \sum_{i'=0}^{n'-1}\beta^{i'j'}\left[\omega^{i'j}\sum_{i'=0}^{i'-1}\gamma^{i''j''}v'_{i'}\right]$$

与内部和相对应的每列傅里叶变换是常数的傅里叶变换，因此在顶行中等于 v_i，而在所有其他行中等于 0。这意味着除了第一行之外，所有行的傅里叶变换都是 0。首行的傅里叶变换是 $\mathbf{V}'$。 □

下面的定理是定理 9.12.3 的一个伴随定理。定理方程中的求和称为混叠(aliasing)。那么该定理可以概括为以下命题，$\boldsymbol{v}$ 的抽样对应于 $\mathbf{V}$ 的混叠。

定理 9.12.4(抽样定理) 如果 $\boldsymbol{v} \leftrightarrow$是域 $\mathbf{F}$ 上分组长度为 $n=n'n''$的傅里叶变换对，而 $\boldsymbol{v}$ 从 v_0 开始，选择 $\boldsymbol{v}$ 的每第 n''个分量来对 $\boldsymbol{v}$ 进行抽样，以生成分组长度为 n'的抽样向量 $\boldsymbol{v}'$，

$\boldsymbol{v}'$的分量为 $v'_{i'}=v_{n''i'}$，其中 $i'=0$，…，$n'-1$，那么 $\boldsymbol{v}'$的傅里叶变换 $\boldsymbol{V}'$就由下式来得出⊖

$$V'_j = \frac{1}{n''}\sum_{j''=0}^{n''-1} V_{((j'+n'j''))}$$

证明 根据游标序号 j'和路程序号 j''可写出频谱序号 j

$$j = j' + n'j'';j' = 0,\cdots,n'-1 \quad 且 \quad j'' = 0,\cdots,n''-1$$

那么，由于 $n'n''=1$ 并且 ω 的阶数为 n，我们可以写成

$$v'_i = v_{n''i'} = \frac{1}{n}\sum_{j'=0}^{n'-1}\sum_{j''=0}^{n''-1}\omega^{-n''i'j'}\omega^{-n''n'i'j''}V_{((j'+n'j''))} = \frac{1}{n'}\sum_{j'=0}^{n'-1}\beta^{-i'j'}\left[\frac{1}{n''}\sum_{j''=0}^{n''-1}V_{((j'+n'j''))}\right]$$

其中 $\beta=\omega^{n''}$是一个阶数为 n'的元素。通过傅里叶反变换就完成了该定理的证明。□ 275

9.13 有限域的存在性

我们已经断定如果 q 是素数或素数的幂，那么域 $\mathbf{F}_q$ 就存在，而如果 q 不是素数或素数的幂，那么域 $\mathbf{F}_q$ 就不存在。现在我们将目标转向这两个命题的证明。

首先，我们来处理关于存在性的正面命题。前面我们已经给出了采用 $\mathbf{F}_p$ 上 m 次不可约一元多项式来从基本域 $\mathbf{F}_p$ 获得扩张域 $\mathbf{F}_{p^m}$ 的构造方法。这样，$\mathbf{F}_{p^m}$ 存在性的证明现在就归结为以下证明，对于每个正整数 m，$\mathbf{F}_p$ 上确实都存在一个 m 次不可约多项式。实际上，我们将看到，在每个 $\mathbf{F}_p$ 上，对于每个次数 m，都存在许多不可约多项式。

为了对不可约多项式进行计数，我们利用 Möbius 函数 $\mu(n)$，$\mu(n)$依据整数 n 在 $\mathbf{Z}$ 上的因式分解定义为

$$u(n) = \begin{cases} 0 & 如果\ n\ 有重复的素因子 \\ 1 & 如果\ n\ 有偶数个不同的素因子 \\ -1 & 如果\ n\ 有奇数个不同的素因子 \end{cases}$$

为了避免任何误解，我们特别强调，1 没有素因子，即素因子个数为 0，而 0 是偶数，因此 $\mu(1)$等于 1。这样，对于 $n=1$，2，3，4，5，6，7，8，…，我们可以得到 $\mu(n)=1$，-1，-1，0，-1，1，-1，0，…。

定理 9.13.1 对于 n 的每个值，Möbius 函数满足

$$\sum_{d|n}\mu(d) = \begin{cases} 1 & 如果\ n = 1 \\ 0 & 如果\ n > 1 \end{cases}$$

其中表达式 $d|n$ 的范围覆盖整除 n 的所有正整数 d，包括 1 和 n。

证明 每个非空有限集中，含有偶数个元素的子集数与含有奇数个元素的子集数一样多，其中空集视为含有偶数个元素。这可以由以下结论来映证：在长度为 n 的二进制序列中，含有偶数个 1 的序列数与含有奇数个 1 的序列数一样多。

该定理对于 $n=1$ 是很容易验证的，因此我们可以只考虑 $n>1$。令 $\mathcal{S}_n$ 表示 n 的所有素因子构成的集合，并且假定没有重复的素因子。每个整除 n 的 d 本身具有一个素因子集，它是 n 的素因子集合的子集。$\mathcal{S}_n$ 的子集中，含有偶数个素数的子集数量等于含有奇数个素数的子集数量，因此定理中给出的和等于 0。 276

现在假设 n 至少含有一个重复的素因子。那么对于包含重复素数的因子 d，$\mu(d)$为 0。因此，定理中的和可以仅限于那些没有重复素因子的 d。这相当于只考虑不同素因子集合的子集，而这等价于上面已经讨论过的情况。证毕。□

⊖ 相当于采用序号同余为 j'的 n''个分量来计算 $V_j{}'$。——译者注

对于整除 n 的每个整数 d，都存在另一个整数 n/d 也整除 n。因此，将 d 替换为 n/d，定理 9.13.1 中的和可以重新写成

$$\sum_{(n|d)|n}\mu\left(\frac{n}{d}\right)=\begin{cases}1 & \text{如果 } n=1\\ 0 & \text{如果 } n>1\end{cases}$$

这似乎是采用一个不必要的间接形式来表示该定理，但它将证明是有用的。它很容易导出下一个定理中的 Möbius 反变换公式。

给定正整数上的任意函数 $g(n)$，$g(n)$的 Möbius 变换被定义为

$$G(n)=\sum_{d|n}g(d)$$

为了便于证明下一个定理，我们来定义两个集合，均基于 n 的因子对来构造，分别是 $\mathcal{S}(n)=\{(e,\ m):\ m|e|n\}$和 $\mathcal{T}(n)=\{(m,\ r):\ (m|n),\ r|(n/m)\}$。这两个集合在直接映射$(e,\ m)\leftrightarrow(m,\ e/m)$和逆映射$(m,\ r)\mapsto(mr,\ m)$下是等价的。对 $\mathcal{S}(n)$中的所有整数对求和等价于对 $\mathcal{T}(n)$中的所有整数对求和。

定理 9.13.2(Möbius 反变换公式) 整数上的任意函数 $g(n)$可以通过以下 Möbius 反变换从其 Möbius 变换 $G(n)=\sum_{d|n}g(d)$ 中恢复出来

$$g(n)=\sum_{e|n}\mu\left(\frac{n}{e}\right)G(e)$$

证明

$$\sum_{e|n}\mu\left(\frac{n}{e}\right)G(e)=\sum_{e|n}\mu\left(\frac{n}{e}\right)\sum_{m|e}g(m)=\sum_{e|n}\sum_{m|e}g(m)\mu\left(\frac{n}{e}\right)$$

该和是 $\mathcal{S}(n)$中的所有元素之和。这等价于 $\mathcal{T}(n)$中的所有元素之和。由于 $e=mr$，因而有

277

$$\sum_{e|n}\mu\left(\frac{n}{e}\right)G(e)=\sum_{m|n}\sum_{r|(n/m)}g(m)\mu\left(\frac{n}{e}\right)=\sum_{m|n}g(m)\sum_{r|(n/m)}\mu\left(\frac{n/m}{r}\right)$$

但是，根据定理 9.13.1，第二个求和是零，除非 $n/m=1$。因此有 $\sum_{e|n}\mu\left(\frac{n}{e}\right)G(e)=g(n)$，由此定理得证。 □

定理 9.13.3 $\mathbf{F}_q$ 上 n 次不可约多项式的个数表示为 $L_q(n)$，由下式确定

$$L_q(n)=\frac{1}{n}\sum_{d|n}\mu\left(\frac{n}{d}\right)q^d$$

证明 对于任意 $\mathbf{F}_q$，多项式 $x^{q^m}-x$ 是 $\mathbf{F}_q$ 上所有次数 d 整除 m 的不可约首一多项式之积。存在 $\mathbf{L}_q(d)$个次数为 d 的多项式，并且它们的乘积次数为 $dL_q(d)$。由于多项式 $x^{q^m}-x$ 的次数等于各多项式因式之积的次数，由此可得出

$$q^m=\sum_{d|m}dL_q(d)$$

Möbius 反变换公式表明

$$dL_q(d)=\sum_{r|d}\mu\left(\frac{d}{r}\right)q^r$$

这就完成了上述定理的证明。 □

例如，检验表明，在 $\mathbf{F}_2$ 上存在 3 个 4 次不可约多项式。它们是 x^4+x^3+1，x^4+x+1 和 $x^4+x^3+x^2+x+1$。在 $\mathbf{F}_2$ 上没有其他 4 次不可约多项式。为了从定理 9.13.3 中得出与这相同的结论，我们计算

$$L_2(4)=\frac{1}{4}\sum_{d|4}\mu\left(\frac{4}{d}\right)2^d=\frac{1}{4}[\mu(4)2^1+\mu(2)2^2+\mu(1)2^4]=\frac{1}{4}[0-2^2+2^4]=3$$

因此该定理表明，在 $\mathbf{F}_2$ 上存在 3 个 4 次不可约多项式。

举第二个例子，令 $n=5$ 来计算得出

$$L_2(5)=\frac{1}{5}[\mu(5)2^1+\mu(1)2^5]=\frac{1}{5}[-2+32]=6$$

因此在 $\mathbf{F}_2$ 上存在 6 个 5 次不可约多项式。

举最后一个例子，令 $n=6$ 来计算得出

$$L_2(6)=\frac{1}{6}[\mu(6)2^1+\mu(3)2^2+\mu(2)2^3+\mu(1)2^6]=\frac{1}{6}[2-4-8+64]=9$$

因此在 $\mathbf{F}_2$ 上存在 9 个 6 次不可约多项式。 278

为了证明对于 n 的每个值都确实存在不可约多项式，现在我们只需要证明定理 9.13.3 中给出的 $L_q(n)$ 对于 n 的任意取值都不等于 0。

推论 9.13.4 *在 $\mathbf{F}_q$ 上存在任意次数的不可约多项式。*

证明 定理 9.13.3 表明不可约多项式的个数为

$$L_q(n)=\frac{1}{n}\sum_{d:d\mid n}\mu\left(\frac{n}{d}\right)q^d$$

由于 $\mu(1)=1$，这可以得到

$$L_q(n)=\frac{1}{n}\left(q^n+\sum_{d:d\mid nd\neq n}\mu\left(\frac{n}{d}\right)q^d\right)\geqslant\frac{1}{n}\left[q^n-\sum_{d:d\mid nd\neq n}q^d\right]\geqslant\frac{1}{n}\left[q^n-\sum_{i=0}^{n-1}q_i\right]$$
$$=\frac{1}{n}\left[q^n-\frac{1-q^n}{1-q}\right]=\frac{1}{n}\left[\frac{q^{n+1}-2q^n+1}{q^n-1}\right]$$

如果 $q=2$，那么最终项的分子就等于 1，而如果 q 大于 2，则该分子就显然为正。因此，对于所有的 n，$L_q(n)>0$。这意味着在 $\mathbf{F}_q$ 上至少存在一个 n 次不可约多项式，因此推论得证。 □

一些首一不可约多项式具有特殊的性质，即它们在扩张域中的零根是扩张域中的本原元。这些称为*本原元多项式*。不可约多项式采用 Möbius 函数 $\mu(n)$ 来计数，而本原元多项式采用欧拉函数 $\phi(n)$ 来计数。

定理 9.13.5 *对于每个正整数 m 和每个有限域 $\mathbf{F}_q$，在 $\mathbf{F}_q$ 上确切地存在 $\phi(q^m-1)/m$ 个 m 次本原元多项式。*

证明 推论 9.13.4 表明有限域 $\mathbf{F}_{q^m}$ 确实存在。由于 $\mathbf{F}_{q^m}^*$ 在乘法下是一个循环群，因而存在一个阶数为 q^m-1 的本原元 α，并且该元素具有一个 m 次最小多项式 $m_\alpha(x)$。此外， 279
对于与 q^m-1 互素的每个 i，元素 α^i 的阶数也是 q^m-1。每个这样的 α^i 也是一个本原元，因此每个 α^i 也具有一个 m 次最小多项式 $m_{\alpha^i}(x)$。这样就存在 $\phi(q^m-1)$ 个本原元，并且每个本原元都具有 m 次的最小多项式，并且该多项式必定是 α^i 的 m 个共轭元对应的最小多项式，它们本身都是本原元。因此，存在 $\phi(q^m-1)/m$ 个这样的最小多项式。这些最小多项式就是所需的本原元多项式。 □

该定理引发人们得出结论，只要 q 是素数的幂，$\phi(q^m-1)/m$ 必定是一个整数，情况确实如此。

举一个上述定理的例子，$\phi(2^4-1)/4=2$，因此在 $\mathbf{F}_2$ 上只有 2 个 4 次本原元多项式。它们是 x^4+x+1 和 x^4+x^3+1。作为本原元多项式，这些都必定是不可约多项式。第 3 个 4 次不可约多项式是 $x^4+x^3+x^3+x+1$，而这不是本原元多项式。

第 2 个例子，$\phi(2^5-1)/5=6$，因此在 $\mathbf{F}_2$ 上存在 6 个 5 次本原元多项式。前面我们看到存在 6 个 5 次不可约多项式，这意味着 $\mathbf{F}_2$ 上的每个 5 次不可约多项式都是一个本原元

多项式。最后一个例子，$\phi(2^6-1)/6=6$，因此在 $\mathbf{F}_2$ 上存在 6 个 6 次本原元多项式。$\mathbf{F}_2$ 上其他 3 个不可约多项式不是本原元多项式。

下面的定理表明，对于所有的 m，本原元多项式的个数是非零的。

定理 9.13.6 对于每个素数的幂 q，在 $\mathbf{F}_q$上存在任意次数的本原元多项式。

证明 定理 9.13.5 表明在 $\mathbf{F}_q$ 上存在 $\phi(q^m-1)/m$ 个 m 次本原元多项式，我们足以观察到欧拉函数 $\phi(n)$永远不为零。欧拉函数 $\phi(n)$必定至少为 1，因为整数 1 肯定是一个整除 n 的正整数[⊖]。 □

为了完成对有限域存在性的讨论，我们将证明有限域 $\mathbf{F}_q$在同构意义下是唯一的。说有限域 $\mathbf{F}_q$是唯一的，这是一种正式的说法，只是表示符号不同。这意味着如果两个有限域含有相同个数的元素，那么它们就具有相同的内部结构，尽管这种等价性可能被表示的符号给模糊化了。这样，它们就是相同的有限域，可能采用不同的符号来表示。从计算的角度
280 来看，尽管这种说法是正确的，但也可能误导。为了实际的计算目的，两种不同的符号表示可以认为是两个截然不同的域。在第 12 章中，我们将密切关注域的符号表示与实现的复杂性之间存在的关系。

最后，我们将目标转向另一个命题，即如果 n 不是素数的幂，那么含有 n 个元素的域就不存在。我们将它表示为两个正向命题：每个有限域包含素数域 $\mathbf{F}_p$；仅当 q 是素数或素数的幂时才存在含有 q 个元素的有限域。

定理 9.13.7 每个有限域都含有一个唯一的最小子域，且该子域含有素数个元素。

证明 子域必须包含元素 0 和 1。元素 1 在加法下生成一个循环群，因为有限域中的任意元素在加法下都会生成一个循环群。如果 n 是该群的阶，那么该群就是群 $\mathbf{Z}_n$。令 α 和 β 是群中由元素 1 在加法下生成的两个元素。然后由分配律可知，

$$\alpha\beta=(1+1+\cdots+1)\beta=\beta+\beta+\cdots+\beta$$

其中在上式下边的求和中有 α 个 β，而加法是模 n 加法。因此，乘法也是模 n 乘法。依此类推，我们将看到乘法序列$\{\beta,\beta^2,\beta^3,\cdots\}$是 S 的一个循环子群。因此，S 包含乘法下的幺元 1，并且 β 在乘法下有逆元。这意味着 $\mathbf{Z}_n$ 是一个域，因此由定理 9.4.1 可知 n 是一个素数 p。 □

我们接下来将证明，由于有限域必定包含一个子域 $\mathbf{F}_p$，其中 p 为素数，因此该有限域必定由 p^m 个元素构成。

定理 9.13.8 任意有限域 $\mathbf{F}_q$ 中元素的个数 q 都是某个素数 p 的幂。

证明 定理 9.13.7 告诉我们，域 $\mathbf{F}_q$ 必定包含一个素数域 $\mathbf{F}_p$。令 α 是 $\mathbf{F}_q$ 中的一个本原元。而令 m 是 $\mathbf{F}_p$ 上 α 的最小多项式的次数。那么 $\mathbf{F}_q$ 中的每个元素都可以唯一地表示成次数至多为 $m-1$ 的多项式，多项式系数都在 $\mathbf{F}_p$ 之中。由于总共有 m 个系数，因此总共有 p^m 个这样的多项式。 □

9.14 二元多项式

域 $\mathbf{F}$ 上的二元多项式是由下式给出的数学术语

281

$$p(x,y)=\sum_i\sum_k p_{ij}x^iy^j$$

其中p_{ij}是域 $\mathbf{F}$ 中的元素，称为系数，而 x 和 y 是形式符号，称为未定变量。表达式 x^iy^j

---

⊖ $\phi(n)$是小于 n 且与 n 互素的正整数的个数，原文中后面的因与前面的果并无关联性。可改为“当 $n>2$ 时，$\phi(n)$必定至少为 2，因为 1 和 $n-1$ 都与 n 互素”。——译者注

称为多项式中的二元单项式，而表达式 $p_{ij}x^iy^j$ 称为多项式中的项。系数的下标称为系数的二元指数。二元零多项式是所有系数都等于 0 的二元多项式。域 **F** 上的所有二元多项式构成的集合表示为 $\mathbf{F}[x, y]$。二元有理函数是形如 $p(x, y)/q(x, y)$ 的形式表达式，其中 $p(x, y)$ 和 $q(x, y)$ 都是二元多项式。**F** 上所有二元有理函数构成的集合表示为 $\mathbf{F}(x, y)$。

两个二元多项式 $p(x, y)$ 和 $q(x, y)$ 可以通过以下规则来相加

$$p(x,y)+q(x,y)=\sum_i\sum_j(p_{ij}+q_{ij})x^iy^j$$

依据多项式加法的这个定义，域 **F** 上所有二元多项式组成的集合 $\mathbf{F}[x, y]$ 构成一个群。两个二元多项式 $p(x, y)$ 和 $q(x, y)$ 可以通过以下规则来相乘

$$p(x,y)q(x,y)=\sum_i\sum_j\sum_{i'}\sum_{j'}p_{i'j'}q_{(i-i')(j-j')}x^iy^j$$

依据多项式乘法的这个定义，域 **F** 上二元多项式集合 $\mathbf{F}[x, y]$ 是一个含有幺元的交换环，也称为含有单位元的交换环。对于这个有限的扩展，$\mathbf{F}[x, y]$ 可以认为是 $\mathbf{F}[x]$ 的推广。然而，$\mathbf{F}[x]$ 中的许多常见性质在 $\mathbf{F}[x, y]$ 中不成立。事实上，$\mathbf{F}[x, y]$ 相当复杂，这有时是一个障碍，有时又是十分有用的。

一般说来，二元多项式的乘法运算通常不具有逆元。然而，在某些情况下，当 $c(x, y)=a(x, y)b(x, y)$ 时，乘法确实具有求逆运算，称为除法，写作 $a(x, y)=c(x, y)/b(x, y)$。多项式 $a(x, y)$ 和 $b(x, y)$ 称为 $c(x, y)$ 的因式。没有非平凡二元因式的二元多项式称为不可约二元多项式。$\mathbf{F}[x]$ 中的多项式总是能在足够大的扩张域中进行因式分解，与其相比，$\mathbf{F}[x, y]$ 中的多项式通常不考虑在任何扩张域中进行分解。

单变量多项式次数的概念是直接的，而双变量多项式次数的概念可采用几种形式。$p(x, y)$ 的次数 x 是满足 p_{ij} 为非零的最大值 i（对于 j 的某些值）。$p(x, y)$ 的次数 y 是满足 p_{ij} 为非零的最大值 j（对于 i 的某些值）。二元多项式 $p(x, y)$ 的总次数或简单次数是 $p(x, y)$ 中任意非零系数项的最大值 $i+j$。总次数只定义了部分次序，因为如果 $i+j=i'+j'$，那么 x^iy^j 和 $x^{i'}y^{j'}$ 就不能按总次数来排序。为了按总次数排序，可将总次数相同的单项式按 i 的取值来排序。这意味着如果 $i+j$ 大于 $i'+j'$ 或者如果 $i+j=i'+j'$ 但 i 大于 i'，那就称 (i, j) 大于 (i', j')。这个对 $\mathbf{F}[x, y]$ 中元素的这种总次数称为分级次数。$p(x, y)$ 中的首项单项式是具有非零系数和最大分级次数的单项式。如果首项单项式的系数为 1，那么二元多项式就称为首一二元多项式。 282

通过将未定变量 x 和 y 替换为域中元素 β 和 γ，一个二元多项式可以采用仿射平面 $\mathbf{F}^2$ 上的任意点 (β, γ) 来评估。那么域中元素

$$p(\beta,\gamma)=\sum_i\sum_j p_{ij}\beta^i\gamma^j$$

就称为点 (β, γ) 对 $p(x, y)$ 的评估。

如果 $p(\beta, \gamma)=0$，那么 $\mathbf{F}^2$ 中的点 (β, γ) 就称为二元多项式 $p(x, y)$ 的零根。一元多项式只能有有限个零根，与其相比，**F** 上的二元多项式可以有无穷多个零根。平面 $\mathbf{F}^2$ 中 $p(x, y)$ 的零根集合称为平面曲线。在一个代数闭域中，为了只看到有限个零根，人们可以寻找同时满足两个二元多项式的零根。$p(x, y)$ 和 $q(x, y)$ 的一个共同根称为由 $p(x, y)$ 和 $q(x, y)$ 定义的平面曲线交集。

次数分别为 m 和 n 的两个二元多项式 $p(x, y)$ 和 $q(x, y)$ 可以在点 (β, γ) 处具有共同的零根。实际上，它们可以在多个点处具有共同的零根，但是公共零根可能的个数受限于这两个多项式的次数，除非它们具有多项式公因式。一元多项式零根的个数不可能超过其

次数，这个熟悉的命题可以推广到二元多项式，两个二元多项式如果没有多项式公因式，那么它们公共根的个数不可能超过它们的次数之积。这个命题称为 Bézout 定理。此外，Bézout 定理表明，如果计算出多个这样的零根（我们没有正式定义），那么两个多项式在代数封闭的投影平面中确切地存在 mn 个公共零根（可能有重根），如第 10.10 节所述。这些零根中有些可以在无穷远点处。这些零根中有些可以是多重零根，因此可以通过它们的多重性来计数。

例如，Bézout 定理表明，$\mathbf{R}$ 上的两个多项式 x^2+y^2-1 和 $ax^2+by^2-c^2$ 如果不同，那么在 $\mathbf{R}^2$ 中就不会超过 4 个公共零根，而在 $\mathbf{R}$ 上的代数封闭投影平面中恰有 4 个零根。由于这些公共零根都不在仿射平面 $\mathbf{C}^2$ 之中，例如如果 $a=b=1$ 而 $c=2$，那么它们的零根必定在无穷远处，可能是多重零根。

为了可视化多重零根的含义，考虑第二个二元多项式 $g(x, y)$ 是平凡多项式（$y=0$）的情况。那么我们需要找到下式的解

$$p(x,y)=0$$

283

$$y=0$$

这样方程就变为 $p(x, 0)=0$。这种情况将任务减少到求解一元多项式 $p(x, 0)$ 的零根。如果 $p(x, 0)$ 及其 $m-1$ 阶导数都在 P 处为 0，那么在点 $P=(x, 0)$ 处就存在一个 m 重零根。更一般地，为了可视化两个曲线在点 P 处有一个重根，这两个曲线可以在点 P 处彼此相切地可视化，可通过人为拉直和坐标系旋转以使得这种情况类似于 $y=0$ 的平常情况。为了严格这样做，特别是对于有限域，这将变得相当复杂。这对我们来说并不重要，因为除了无穷远点之外，我们只处理一重根。

二元多项式环 $\mathbf{F}[x, y]$ 具有理想，正如一元多项式环 $\mathbf{F}[x]$ 一样。一般说来，$\mathbf{F}[x, y]$ 的理想是由一个固定的二元多项式集合 $\{g_1(x, y), \cdots, g_m(x, y)\}$ 来生成，如下式所示

$$I=\{a_1(x,y)g_1(x,y)+\cdots+a_m(x,y)g_m(x,y)\,|\,a_j(x,y)\in\mathbf{F}[x,y]\}$$

多项式 $a_j(x, y)$ 是环 $\mathbf{F}[x, y]$ 中的任意元素。一般说来，与 $\mathbf{F}[x]$ 的理想相比，$\mathbf{F}[x, y]$ 的理想不是由单个多项式产生的，尽管 $\mathbf{F}[x, y]$ 的一些理想也是这样产生的。根据这个说法可得出结论，二元多项式环 $\mathbf{F}[x, y]$ 具有比环 $\mathbf{F}[x]$ 更丰富的结构。

指定理想的生成元不是唯一的。例如，我们可以采用 $g_1(x, y)-g_2(x, y)$ 来取代 $g_1(x, y)$，而不改变所有多项式组合生成的集合 I。一般说来，对于给定的二元多项式理想，存在许多不同的生成多项式集合。是否有最佳集，或至少有一个标准集？这个问题需要我们基于次数来考虑二元多项式集合的总次数，例如分级次数。

由于分级次数是二元多项式中单项式上的总次数，因此理想 I 的每个多项式都具有首项单项式。然而，一些单项式并不是理想中任意多项式的首项单项式。如果单项式不是理想中任意多项式的首项单项式，所有这样的单项式构成的集合称为理想 I 的*足迹*，并且表示为 $\Delta(I)$。这样就有

$$\Delta(I)=\{(i,j)\,|\,x^iy^j\text{ 不是 }I\text{ 中任意元素的首项单项式}\}$$

$\Delta(I)^c$ 中的每个元素对应一个单项式 x^iy^i，这是理想 I 中元素的首项单项式。$\Delta(I)$ 中的一个外角就是 $\Delta(I)^c$ 中的一个点，满足 $(i-1, j)$ 和 $(i, j-1)$ 不是 $\Delta(I)^c$ 中的点。理想 I 的最小基是一个多项式集 $\{g_\ell(x, y)\}\subset I$，由一个首一多项式构成，对应于 I 中足迹 $\Delta(I)$ 的每个外角。Buchberger 算法（此处不再介绍）根据 I 的给定基来计算理想 I 的最小基。用于二元多项式的 Buchberger 算法可以认为在 $\mathbf{F}[x, y]$ 中所起的作用与用于一元多项式的欧几里得算法在 $\mathbf{F}[x]$ 中扮演的角色相同。

理想的标准基或 Groebner 基是一个最小基，满足一个基准多项式中没有首项单项式出现在任意其他基准多项式之中。它是直接根据最小基来计算标准基。在一个标准基中可以只有一个首一多项式，其中首项元素对应于给定的外角，因为如果有两个首一多项式，它们之间的差将是理想 I 中的一个多项式，而 I 的首项单项式不在$\Delta(I)^c$之中。 284

9.15 模数约简与商群

许多环或群可以通过对模数约简方法进行推广来构建更小的环或群，该方法我们已经见过几次了。这是一种强大的技术，可以根据已经定义的代数结构来构造满足期望性质的新代数结构。该过程基于等价关系的概念。给定任意集合 S，S 上的等价关系将 S 划分成各个子集。如果 S 中的元素 a 和 b 在同一子集中，那么就认为它们是等价的，而该子集现在称为等价类。在集合 S 是群的特殊情况下，可以定义划分以遵从群中运算。那么等价类就称为陪集。例如，如果 $S=\mathbf{Z}$，那么模 n 的等价类定义为模数等价 $\{i\}=\{i+\ell n\}$，其中 i 是固定的而 ℓ 在 $\mathbf{Z}$ 上变化。

由一个群(或一个环)的所有陪集构成的集合遵从群的代数结构性质，称为商群(或商环)。最熟悉的例子是通过 $\mathbf{Z}$ 来构造商群 $\{\{i\}\mid i=0,\cdots,n-1\}$。该商群表示为 $\mathbf{Z}/\langle n\rangle$ 或 $\mathbf{Z}_n$，它们通常认为是等效的标记符号。我们可稍作区分。方便时，我们将采用 $\mathbf{Z}/\langle n\rangle$ 来指代所有等价类或者所有陪集构成的集合这一正式概念，表示为 $\mathbf{Z}/\langle n\rangle=\{\{0\},\{1\},\{2\},\cdots,\{n-1\}\}$，其中 $\{i\}=\{i+\ell n\}$[⊖]。我们将采用符号 Z_n 来指代具有模 p 加法的计算结构 $\mathbf{Z}_n=\{0,1,2,3,\cdots,n-1\}$。$Z_n$ 中的元素是 $\mathbf{Z}/\langle n\rangle$ 中元素的正规代表元。

多项式环 $\mathbf{F}[x]$ 中针对多项式 $p(x)$ 的模数约简可采用相似的方式来定义。$a(x)$ 的等价类由 $\{a(x)\}=\{a(x)+\ell(x)p(x):\ell(x)\in\mathbf{F}[x]\}$ 来确定。由于等价类遵从群中运算，因此它是一个陪集。所有等价类构成的集合将采用 $\mathbf{F}[x]/\langle p(x)\rangle$ 来表示。有时符号 $\mathbf{F}[x]_{p(x)}$ 将用于表示所有正规代表元构成的集合，由下式来确定

$$\mathbf{F}[x]_{p(x)}=\{a(x)\mid \deg a(x)<\deg p(x)\}$$

其中多项式加法和乘法为模 $p(x)$ 约简求余。$\mathbf{F}[x]/\langle p(x)\rangle$ 中的每个等价类恰好包含一个且仅一个正规代表元，而每个正规代表元恰好仅出现在唯一的等价类中。由于此处所定义的 $\mathbf{F}[x]/\langle p(x)\rangle$ 和 $\mathbf{F}[x]_{p(x)}$ 是简单同构的，因而我们通常可互换它们的指称。正如我们已经看到的，商环 $\mathbf{F}[x]_{p(x)}$ 是一个域，当且仅当 $p(x)$ 是不可约的。在这种情况下，域的恰当名称将优先于标记符号 $\mathbf{F}[x]_{p(x)}$。 285

给定任意不可约二元多项式 $p(x,y)\in\mathbf{F}[x,y]$，人们可以定义商环 $\mathbf{F}[x,y]/\langle p(x,y)\rangle$。形式上，这是二元多项式中所有等价类构成的集合，其中如果两个二元多项式的差是 $p(x,y)$ 的倍数，那么它们就是等价的。这个商环称为坐标环。虽然一元多项式环中的相关构造确实构成一个域，但是这种构造在二元多项式的情况下不构成域。尽管起初时这可能看似令人失望，但坐标环确实担负一个不同而又重要的使命。

坐标环的正规代表元可简易地指定为一条直线 $y=ax+b$，或抛物线 $y=ax^2+bx+c$。这是因为 y 在这些表达式中以平常的方式出现，所以它可以用于从每个二元多项式中消除 y。因此，对于这些例子，坐标环中的元素是变量 x 的多项式。这样我们就可得到同构 $\mathbf{F}[x,y]_{y-ax-b}\simeq\mathbf{F}[x]$。这种简单的结构并不是一般情况。例如，坐标环中对应于多项式 x^2+y^2-1 的正规代表元由变量 y 的一次多项式和变量 x 的任意次多项式构成，因为 $y^2=$

⊖ 原文误为 $\{i+\ell p\}$。——译者注

$1-x^2$ 可以用于消除 y^2 和所有更高幂次的 y。

强大的模数约简方法将在后续章节中频繁地继续重现。表 9-2 总结了这种构造将出现的一些实例。在每种实例中，由于底层集合是一个群，因此该构造利用了陪集的概念。商群是由所有陪集构成的集合或由指定子群导出的所有等价类构成的集合。例如，在第 11.7 节中，超椭圆曲线中所有零次因子构成的集合将按这种方式划分为等价类，称为*因子类*。所有这些类构成的集合称为*因子类群*或*雅可比商群*。在 10.17 节中，二次数域中所有分式理想构成的集合也将按这种方式划分为等价类，称为*理想类*。所有这些理想类构成的集合称为*理想类群*。

表 9-2　一些模数约简的例子

主环	等价类的环	表示的环
整数 $\mathbf{Z}$	$\mathbf{Z}/\langle n\rangle$	$\mathbf{Z}_n$
多项式 $\mathbf{F}[x]$	$\mathbf{F}[x]/\langle p(x)\rangle$	$\mathbf{F}[x]_{p(x)}$
	坐标环	
二元多项式 $\mathbf{F}[x, y]$	$\mathbf{F}[x, y]/\langle p(x, y)\rangle$	$\mathbf{F}[x, y]_{p(x,y)}$
因式	D/D°	$\mathrm{jac}(\mathbf{X})$
	雅可比行列式	
二元多项式 $\mathbf{F}[x, y]$	$\mathbf{F}[x, y]/I$ $I=\langle p_1(x, y), \cdots, p_n(x, y)\rangle$	$\mathbf{F}[x, y]_I$ $I=\langle p_1(x, y), \cdots, p_n(x, y)\rangle$

9.16 一元多项式分解

多项式在域 $\mathbf{F}$ 中因式分解的任务就是计算给定的一元首一多项式在域 $\mathbf{F}$ 中的所有素因式。这些因式是给定多项式的首一不可约多项式因子。它们是 $\mathbf{F}[x]$中的本原元。对于复数域(或任意代数闭域)上的多项式，所有本原元多项式因子都是一次多项式，对多项式 $s(x)$进行因式分解的任务等价于找到 $s(x)$中所有零根的任务。找到多项式在复数域或实数域中的零根通常采用数值方法，与整数中所采用的因式分解算法不相似。当域是实数域时，没有次数大于 2 的素因式。当域是有理数域时，素因式可以为任意次。例如，x^n-1 在有理数上的因式分解是 9.9 节中所讨论的分圆多项式。任意次的分圆多项式都存在。类似地，当域是有限域 $\mathbf{F}_q$时，任意次的素因式都存在。在有限域或有理数域的情况下，多项式的因式分解开始更类似于整数的因式分解，因为该代数是离散的。

给定首一一元多项式 $f(x)$，因式分解的任务就是计算多项式的因式分解

$$f(x)=p_1(x)^{e_1}p_2(x)^{e_2}\cdots p_k(x)^{e_k}$$

其中 $p_i(x)$是素多项式，而指数 e_i 是整数。

只需考虑所有指数e_i 都等于 1 的情况就足够了，因为如果任意e_i 大于 1，那么计算 $\mathrm{GCD}[f(x), f'(x)]$的预处理步骤将消除该因式。这是因为只要 $f(x)$可被 $p_i(x)^{e_i}$ 整除，那么正规导数 $f'(x)$就可以被 $p_i(x)^{e_i-1}$ 整除。相应地，只需考虑“无平方因子”形式的多项式因式分解就足够了

$$f(x)=p_1(x)p_2(x)\cdots p_k(x)$$

286~287 其中将要考虑的所有不可约因素都是不同的。将这种形式的多项式在有理数域或有限域上进行因式分解的任务在一定程度上可以类似于在整数上进行因式分解的任务，但是所使用的方法是不同的。

多项式在有限域 $\mathbf{F}_q$ 中进行因式分解的几种算法是可用的。*Berlekamp 多项式因式分解算法*和 *Cantor-Zassenhaus 多项式因式分解算法*是两种合适的算法。其中，我们将只描述

Berlekamp 多项式分解算法。

有限域 $\mathbf{F}_{p^m}$[1]上求解离散对数的指数-计算方法中，可找到任意多项式分解算法的一个重要应用，其中 m 大于 1 而 p 是奇素数[2]。指数-计算方法是在有限域上求解离散对数的已知最快方法。在 4.9 节中描述了计算素数域中的离散对数问题，实际上它可以重新表述为计算任意有限域中的离散对数问题。对于素数域，该方法涉及将整数因子分解为 $\mathbf{Z}$ 中的素数。类似地，$\mathbf{F}_{p^m}$ 中的元素可看成是基本域 $\mathbf{F}_p$[3]上次数至多为 m 的多项式，它必定可以分解成 $\mathbf{F}[x]$ 中的素多项式。这种因式分解可以由 Berlekamp 因式分解算法来解决。

Berlekamp 因式分解算法的输入是有限域 $\mathbf{F}_q$ 中无平方因子的首一 n 次多项式 $f(x)$。Berlekamp 因式分解算法的输出是恰当整除 $f(x)$ 的一个多项式 $g(x)$，并且 $g(x)$ 与 $f(x)$ 的系数位于相同的域之中，除非 $f(x)$ 本身是素数多项式。这给出了部分因式分解 $f(x)=g(x)(f(x)/g(x))$。然后该算法可以依此类推来应用，分别应用于 $g(x)$ 和 $f(x)/g(x)$ 以及所有后续因式，直到将 $f(x)$ 分解成不可约多项式因子。

为了探讨 Berlekamp 因式分解算法，回顾一下商环 $\mathbf{F}_q[x]/\langle f(x)\rangle$，它可以看成是除以 $f(x)$ 之后所有多项式余数构成的集合。该商环也可以看成是 $\mathbf{F}_q$ 上多项式加法下的 n 维向量空间，并且表示为 $\mathbf{V}$。我们观察 $f(x)$ 的所有素多项式因子，除了 $f(x)$ 本身之外，都包含在商环 $\mathbf{F}_q[x]/\langle f(x)\rangle$ 之中。商环 $\mathbf{F}_q[x]/\langle f(x)\rangle$ 中的一些多项式 $g(x)$ 满足同余性，

$$g(x)^q = g(x)(\bmod f(x))$$

其他多项式则不满足同余性。由定理 9.3.3 我们可以看出，满足此同余性的所有多项式构成的集合是 $\mathbf{V}$ 的一个向量子空间。它表示为 $\mathbf{A}$。该向量子空间 $\mathbf{A}$ 不是空集，它显然包含 $g(x)=0$ 和 $g(x)=1$ 两个元素。它还可以包含其他多项式。实际上，$\mathbf{V}$ 中其他一些 $g(x)$ 中的一些也可以整除 $f(x)$。我们将探讨这个子空间，希望找到这样一个 $f(x)$ 的因式。为结束讨论，我们可以利用以下定理。

定理 9.16.1 *如果* $g(x)\in\mathbf{F}_q[x]/\langle f(x)\rangle$ *满足*

$$g(x)^q = g(x)(\bmod f(x))$$ 288

那么就有

$$f(x) = \prod_{\beta\in\mathbf{F}_q}\mathrm{GCD}(f(x), g(x)-\beta)$$

证明 将子空间中定义的同余性写成以下形式

$$g(x)^q - g(x) = 0(\bmod f(x))$$

因此对于一些多项式 $a(x)$，$\mathbf{A}$ 中的每个 $g(x)$ 都可以写成 $\mathbf{F}_q[x]$ 中的多项式，如下所示

$$g(x)^q - g(x) = a(x)f(x)$$

然后，我们来回顾一下，$\mathbf{F}_p$ 中的每个元素都是 z^p-z 的一个零根，由此可得

$$z^p - z = z(z-1)(z-2)(z-3)\cdots(z-p+1)$$

因此，通过类似的推理，

$$g(x)^p - g(x) = g(x)(g(x)-1)(g(x)-2)(g(x)-3)\cdots(g(x)-p+1) = \prod_{\beta\in\mathbf{F}_q}(g(x)-\beta)$$

现在我们可以写成

---

[1] 原书有误。——译者注

[2] 原书此处那句无意义，修改后更恰当。——译者注

[3] 原书有误。——译者注

$$a(x)f(x) = \prod_{\beta \in \mathbf{F}_q} (g(x) - \beta)$$

因此，向量子空间 $\boldsymbol{A}$ 中包含的每个多项式 $g(x)$ 都必定满足

$$f(x) = \prod_{\beta \in \mathbf{F}_q} \mathrm{GCD}(f(x), g(x) - \beta)$$

于是定理得证。 □

定理中方程右边关于 β 的乘积中每一项必定是各不相同的，并且必定是 $f(x)$ 的一个因式。可能这样唯一的非平凡恰当因式就是 $f(x)$ 本身，在这种情况下，该算法对于此 $g(x)$ 会失败。对于其他 $g(x)$，可能存在一个非平凡因式。这样，对于 $\boldsymbol{A}$ 中的每个元素 $g(x)$ 和每个域中元素 β，通过计算 $\mathrm{GCD}(f(x), g(x)-\beta)$，人们希望找到 $f(x)$ 的一个恰当因式。

该任务现在变成找到向量空间 $\boldsymbol{A}$ 中的恰当元素，使得可以计算定理 9.16.1 中的最大公因式。Berlekamp 算法通过为 $\boldsymbol{A}$ 计算一个基来找到这样的多项式 $g(x)$。这可以通过观察向量空间 $\boldsymbol{A}$ 来实现，$\boldsymbol{A}$ 是 $\mathbf{F}_q$ 上某个 $n \times n$ 矩阵所构成的零空间，表示为 $\boldsymbol{M}$。矩阵元素 m_{ij} 是在 x^{iq} 模 $f(x)$ 约简求余中第 j 个指数幂项的系数。也就是说，每个 x^{iq} 可以写成

289

$$x^{iq} \equiv m_{i,n}x^n + m_{i,n-1}x^{n-1} + \cdots + m_{i,1}x + m_{i,0} \pmod{f(x)}$$

对于每个多项式 $g(x) = g_n x^n + g_{n-1}x^{n-1} + \cdots + g_1 x + g_0$，我们将行向量 $\boldsymbol{g} = (g_0, g_1, \cdots, g_n)$ 相关联。按相同的方式，行向量 $\boldsymbol{g}$ 对应于 $g(x)^q$ 模 $f(x)$ 约简求余。相应地，多项式 $g(x) \in \mathbf{R}$ 在集合 $\boldsymbol{A}$ 之中，当且仅当 $g(\boldsymbol{M}-\boldsymbol{I})=0$。也就是说，当且仅当 $\boldsymbol{g}$ 在 $\boldsymbol{M}-\boldsymbol{I}$ 的零空间中。为了找到向量子空间 $\boldsymbol{A}$ 的一个基，从而构建其中的多项式 $g(x)$，首先计算矩阵 $\boldsymbol{M}-\boldsymbol{I}$ 并将其变换为约简的行梯形。最后，从这种形式的矩阵中，简单地读出零空间的一个基。这给出了候选的 $g(x)$。那么定理 9.16.1 中所描述的最大公因式可以连续计算，直到找到 $f(x)$ 的非平凡因式。

第 9 章习题

9.1 (a) 证明在任意群中，幺元是唯一的。

(b) 证明在任意群中，任意元素的逆元是唯一的。

(c) 证明在任意群中，如果 b 是 a 的逆元，则 a 也是 b 的逆元。

(d) 证明在任意群中，$(a^{-1})^{-1}=a$。

9.2 证明如果环 $\mathbf{R}$ 在乘法下有左单位元，则该元素也是乘法下的右单位元。也就是说，如果 1 是单位元，对所有 a，满足 $1 \cdot a = a$，则对所有 a，满足 $a \cdot 1 = a$。

9.3 (a) 证明 $\mathbf{Z}_3 \oplus \mathbf{Z}_3$ 有 4 个非平凡的循环子群。它们有相同的阶吗？它们共同的阶是什么？

(b) $\mathbf{Z}_p \oplus \mathbf{Z}_p$ 有多少个循环子群？把它们表述出来。它们有非空交集吗？

9.4 证明独异点的幺元是唯一的。

9.5 假设 H 是有限群 G 的子群。证明对于 G 中的任意 g_1 和 g_2，要么 $g_1 * H = g_2 * H$，要么 $(g_1 * H) \cap (g_2 * H)$ 是空集。符号 $g * H$ 表示 H 的“左陪集”，意思是集合 $\{g * h : h \in H\}$。

9.6 证明任意环 $\mathbf{R}$ 中的零元对于所有 $a \in \mathbf{R}$，满足 $a0 = 0a = 0$。

9.7 证明在域 $\mathbf{F}$ 上的多项式环 $\mathbf{F}[x]$ 中，仅有的单位是零次多项式。

9.8 复数域上的多项式环 $\mathbf{C}[x]$ 包含仅具有实系数的多项式。具有实系数的多项式子集是子环吗？是理想吗？

290

9.9 (a) 多项式 $x^4 + x^3 + x^2 + x + 1$ 是 $\mathbf{F}_2$ 上的素多项式吗？

(b) 采用该多项式构建 $\mathbf{F}_{16}$ 的乘法运算表。

(c) 对于 $\mathbf{F}_{16}$ 的这种表示，由多项式 x 表示的元素是否具有阶数 15？

(d) 对于 $\mathbf{F}_{16}$ 的这种表示，找到乘法下循环群 $\mathbf{F}_{16}^*$ 的生成元。

9.10 (a) 证明如果 $p=3(\bmod 4)$，则 x^2+1 在 $\mathbf{F}_p$ 上是不可约的。

(b) 证明如果 $p=2(\bmod 3)$，则 x^2+x+1 在 $\mathbf{F}_p$ 上是不可约的。

9.11 证明商环 $\mathbf{F}[x]/\langle p(x)\rangle$ 在环加法和环乘法的自然定义下确实是一个环。环加法和环乘法的这些定义是什么？

9.12 对于域 $\mathbf{F}$ 上多项式的正规导数，证明

$$[r(x)s(x)]' = r'(x)s(x) + r(x)s'(x)$$

并且如果 $[a(x)]^2$ 整除 $r(x)$，则 $a(x)$ 整除 $r'(x)$。

9.13 证明如果 p 是形如 $4k+3$ 的素数，则 $p-1$ 是非平方剩余。证明对于这样的 p，x^2+1 是不可约多项式，并且 x^2+1 可用于构造 $\mathbf{F}_{p^2}$，$\mathbf{F}_{p^2}$ 中的乘法看起来像 $\mathbf{C}$ 中的乘法。

9.14 证明如果 $\mathrm{GCD}[g_1(x),\cdots,g_n(x)]=1$，则存在多项式 $b_1(x),\cdots,b_n(x)$ 满足 $b_1(x)g_1(x)+\cdots+b_n(x)g_n(x)=1$。

9.15 写出定理 9.13.3 中函数 $L_q(n)$ 的前 20 个值。

写出欧拉函数 $\phi(n)$ 的前 20 个值。证明对于所有 n，$\phi(n)\leqslant L_q(n)$。为什么会这样？

9.16 证明对于任意素数 p，只要 $\mathbf{F}_p$ 上存在 m 次不可约多项式，则域 $\mathbf{F}_{p^m}$ 总是可以构造成 $\mathbf{F}_p$ 的扩域。

9.17 证明 $\mathbf{F}_q$ 上的任意多项式 $g(x)$ 满足

$$g(x)^q - g(x) = \prod_{\beta\in\mathbf{F}_q}(g(x)-\beta)$$

9.18 证明 Möbius 反演公式。

9.19 令 ω 是域 $\mathbf{F}$ 中的一个 n 阶元素，并且令 $\boldsymbol{v}$ 是域 $\mathbf{F}$ 上长度为 n 的向量。将 $\boldsymbol{v}$ 的傅里叶变换定义为向量 $\mathbf{V}$，由下式给出：

$$V_j = \sum_{i=0}^{n-1}\omega^{ij}v_i \quad j=0,\cdots,n-1$$

(a) 定义并证明从 $\mathbf{V}$ 计算 $\boldsymbol{v}$ 的傅里叶反变换。

(b) 叙述并证明卷积定理。

9.20 通过域 $\mathbf{F}_{11}$ 中的运算来计算分圆多项式 $\Phi_5(x)$。

9.21 证明以下性质：

(i) 在环乘法下，环中单位组成的集合构成群。

(ii) 如果 $c=ab$ 并且 c 是单位，则 a 具有右逆元，b 具有左逆元。 291

(iii) 如果 $c=ab$ 并且 a 没有右逆元或 b 没有左逆元，则 c 不是单位。

9.22 令 $\mathbf{F}_{q^k}^*$ 为素数阶群，其中 k 大于 1，G 是 $\mathbf{F}_{q^k}^*$ 的循环子群，但不是 $\mathbf{F}_q^*$ 的子群。证明除了幺元，G 不包含 $\mathbf{F}_q$ 的元素。

9.23 对于整数 n 的任意取值，

$\overline{\mathbf{F}}_{p^n}=\overline{\mathbf{F}}_p$ 都是正确的吗？

9.24 令 $\boldsymbol{A}$ 和 $\boldsymbol{B}$ 是域 $\mathbf{F}$ 上的两个相容的方阵。证明 $\boldsymbol{AB}$ 和 $\boldsymbol{BA}$ 的特征多项式是相等的。

9.25 在数环中因子分解是否唯一？提示：在 $\mathbf{Z}[\sqrt{-5}]$ 中对 6 进行因子分解。

9.26 代数整数是一个复数，它是 $\mathbf{Z}[x]$ 中首一元素的零根。$\mathbf{Z}[x]$ 的首一元素是指所有系数都为整数的首一一元多项式。数域 $\mathbf{Q}(\xi)$ 的整数是 $\mathbf{Q}(\xi)$ 中的元素，也是代数整数。$\mathbf{Q}(\xi)$ 中的所有整数构成的集合是环。$\mathbf{Z}[\xi]$ 是 ξ 的整系数多项式集合，$\mathbf{Q}(\xi)$ 的整数环包含 $\mathbf{Z}[\xi]$，但 $\mathbf{Q}(\xi)$ 可能更大。

(a) 证明所有代数整数构成的集合在加法和乘法下是封闭的，因此它是复数环的子环（把复数集当作环）。

(b) 证明 $\mathbf{Q}(\xi)$ 的整数集是一个环，并且包含 $\mathbf{Z}[\xi]$。

(c) 假设 $p(x)=x^2-D$，其中 D 是无平方因子的整数。证明 $p(x)$ 在 $\mathbf{Q}$ 上是不可约的。证明 $\mathbf{Q}(\sqrt{\mathrm{D}})$ 的整数环可由下式给出

$$\mathbf{Z}[\sqrt{D}] = \{m+\alpha n \mid m,n\in\mathbf{Z}\}$$

其中，α 这样确定：如果 $D\neq 1(\bmod 4)$，则 $\alpha=\sqrt{D}$，如果 $D=1(\bmod 4)$，则 $\alpha=(1+\sqrt{D})/2$。

(d) 为什么数域中整数的定义要求多项式是首一的？

第 9 章注释

抽象代数的常规主题是现代数学的基本支柱。Evariste Galois(1811—1832)和 Niels Henrik Abel(1802—1829)首先发现并描述了许多基本结构。阿贝尔群和伽罗瓦域就是用他们的名字冠名的。我们对一元多项式环的大部分结构的理解，特别是我们对二元多项式环的理解，要归功于 Etienne Bézout(1730—1783)的工作。

完整详细地探讨本章内容的可用教科书有很多。这些书大多数从正规数学的角度来展开这些内容，而不是从工程应用的角度，或者着重点在计算代数。van der Waerden(1950)的两卷作品是一部历史悠久的经典著作。Lidl 和 Niederreiter(1983)是有限域主题的标准参考文献。Cox、Little 和 O'Shea(1992)以及 Blahut(2008)从计算或工程的角度来处理这些主题的一部分。

292~293 在有限域上对多项式进行因式分解的任务模拟了整数因子分解的任务，但是方法是不同的。Berlekamp 算法(1967，1970)和 Cantor-Zassenhaus 算法(1981)是有限域上两个实用且广泛采用的因式分解多项式方法。现在通常倾向于选择后者和最近的两种算法。

基于椭圆曲线的密码学

域 **F** 上的平面曲线 $\mathcal{X}$ 是平面 $\mathbf{F}^2$ 中一些点(x, y)构成的集合，而这些点(x, y)都是 **F** 上某个固定不可约二元多项式的零根。如果人们可以定义一个二元运算$(x, y)+(x', y')$，从曲线上任取两个点(x, y)和(x', y')，相加得到曲线上第三个点以便构成一个阿贝尔群，那么人们就可以利用这个群运算通过不同的方法来定义一个公钥密码体制。当然，随之而来的一个要求就是我们必须保证这个密码体制是安全的。该讨论中包含了椭圆曲线密码编码学和椭圆曲线密码分析学两个论题。它们共同构成了椭圆曲线密码学的两大主题。

有限域上的椭圆曲线是一类非常具有吸引力的平面曲线，这类曲线让人们能够定义曲线上任意两点间的多平台通用运算。这一运算，称为*点的加法*，可以构成一个有限的阿贝尔群，其循环子群可以用于构造公钥密码体制，称为*椭圆曲线密码体制*。椭圆曲线密码学是很吸引人的，因为还没有找到针对椭圆曲线指数计算方法的攻击方式，而且这样的攻击也很难出现，因为平滑整数的概念对椭圆曲线上的点不具有同一性。[⊖]事实上，目前没有已知的令人满意的次指数算法可用来求解椭圆曲线上的离散对数问题。基于离散对数问题的所有常用密码协议，例如 Diffie-Hellman 密钥交换和 Elgamal 密码体制以及数字签名算法，都能运用在椭圆曲线上交换群的任何循环子群当中。在各种情况下，安全性都是由椭圆曲线上阿贝尔群中离散对数问题的明显难解性来保证的。 294

10.1 椭圆曲线

假定 **F** 是一个域。在本节中我们将简要讨论域 **R** 和 **C**，而本节及之后的章节中我们将重点探讨有限域 $\mathbf{F}_q$。平面曲线 $\mathcal{X}$ 是二元多项式 $p(x, y)$在平面 $\mathbf{F}^2$ 上的所有零根构成的集合。一条平面曲线可以写成：

$$\mathcal{X}=\{(x,y)\in\mathbf{F}^2 \mid p(x,y)=0\}$$

F 上有大量的二元多项式，因此 **F** 上同样有大量的平面曲线。本章我们只讨论对我们来说有用的平面曲线类型。

平面曲线的定义可以包含超出平面之外但附属于平面的附带点，这将在后面采用形式化过程来描述。这些特殊的点称为*无穷远处的点*，简称*无穷远点*。当曲线只有唯一一个这样的无穷远点时，记为∞，这也是本章将会遇到的情况。现在，平面曲线就可以写成

$$\mathcal{X}=\{(x,y)\in\mathbf{F}^2: p(x,y)=0\}\cup\{\infty\}$$

对本章中的曲线，无穷远点是一个非常有用的补充。

⊖ 从正规的数学角度来看，任意两个有着相同素数阶 p 的循环群都是等价的并且都等价于加法下的 $\mathbf{Z}_p$。然而，从我们的目的来看，$\mathbf{Z}_p$ 不是一个令人满意的 p 阶循环群，因为 $\mathbf{Z}_p$ 中附带的乘法结构不知为何可以通过某种方式渗透到加法群结构之中，这可以用于研究加法群的循环结构。这个乘法结构在密码体制本身中并没有用到，但是它确实为密码分析者提供了另一种攻击密码体制的武器。我们更倾向于选择一个阶数为 p 的循环群，其中 p 是一个大的素数，并且在该循环群中没有附带对密码分析者有用的代数结构。尽管所探讨的循环群同构于 $\mathbf{Z}_p$，但是它必定有着根本的不同之处。我们需要阐明两个循环群之间的同构在计算上是复杂难解的这个命题来完成本次讨论。然而我们要说的是一个较弱的替代命题，即目前没有简单易处理的已知方法来求解椭圆曲线上点的加法中的离散对数问题。

有些曲线包含伤脑筋的麻烦点，称为奇异点，这些点会直接导致很多一般性数学命题出现一些令人烦恼的例外情况。我们可以通过简单地只考虑不含奇异点的曲线来避免这样的例外情况出现。为了清晰地定义非奇异平面曲线的概念，我们定义二元多项式 $p(x,\ y)$ 中的奇异点为满足下式的点 $P=(x,\ y)$

$$\frac{\partial p(x,y)}{\partial x}=\frac{\partial p(x,y)}{\partial y}=p(x,y)=0$$

如果 $\mathcal{X}$ 在 $\mathbf{F}$ 上或在 $\mathbf{F}$ 的任何有限扩张域上不含奇异点(包括无穷处的奇异点)，曲线 $\mathcal{X}$ 就称为*平滑曲线*，而多项式 $p(x,\ y)$ 就称为*非奇异多项式*。尽管我们必须保证无穷远处不存在奇异点，但我们暂时还不打算讨论这一问题。拥有一个或多个奇异点的多项式称为*奇异多项式*。

每一条平面曲线都与一个特定的标量相关，此标量称为该曲线的*阶次*。阶次是平面曲线中一个很有用的参数。虽然在平面曲线的一般情况下来定义阶次是复杂而又麻烦的，但对于非奇异平面曲线，我们可以给出阶次的一个基本定义。d 次二元多项式 $p(x,\ y)$ 所确定的一条非奇异平面曲线的阶次由 *Plücker 公式* $g=\begin{bmatrix} d-1 \\ 2 \end{bmatrix}$ 来定义[1]。对于奇异曲线，我们没有阶次的定义，因为我们并不需要这样做。由于我们只需要讨论非奇异平面曲线，因
295 此我们可以直接将 Plücker 公式作为阶次的定义。一条阶次为 1 的椭圆曲线定义如下。

域 $\mathbf{F}$ 上的一条*椭圆曲线*是以下平面曲线

$$\mathcal{X}(\mathbf{F})=\{(x,y)\in\mathbf{F}^2: y^2+a_1xy+a_3y=x^3+a_2x^2+a_4x+a_6\}\cup\{\infty\}$$

其中所定义的多项式 $p(x,\ y)$ 是非奇异多式。椭圆曲线的正式定义如下。

定义 10.1.1 *域 $\mathbf{F}$ 上的一条椭圆曲线是由以下形式的非奇异二元多项式的零根集所构成*

$$p(x,y)=y^2+a_1xy+a_3y-x^3-a_2x^2-a_4x-a_6$$

还包括符号 ∞，该符号称为无穷远点，其中 a_1、a_2、a_3、a_4 和 a_6 都是域 $\mathbf{F}$ 中的元素。

除了单独的无穷远点以外，域 $\mathbf{F}$ 上一条椭圆曲线的所有零根都是仿射零根。曲线 $\mathcal{X}$ 上不在无穷远处的点称为 $\mathcal{X}$ 的*仿射点*。类似地，平面 $\mathbf{F}^2$ 称为*仿射平面*。当把无穷远点附加到仿射平面上的时候，该扩展平面就称为*投影平面*。如果域 $\mathbf{F}$ 包含在一个更大的域 $\mathbf{K}$ 之中，例如扩张域 $\mathbf{F}_{q^m}$，或者是 $\mathbf{F}$ 的代数闭包 $\overline{\mathbf{F}}$，那么只要是 $\mathcal{X}(\mathbf{F})$ 上的点(必定也是 $\mathcal{X}(\mathbf{K})$ 上的点)就称为 $\mathcal{X}(\mathbf{K})$ 上的*有理点*。[2]

在定义 10.1.1 所给出的多项式中，系数下标和上标指数具有特定的标准形式，称为椭圆多项式的 *Weierstrass 形式*。[3]

因为椭圆曲线要求是非奇异的，由偏导数可以生成以下两个表达式，即

$$a_1y=3x^2+2a_2x+a_4$$

和

$$2y+a_1x+a_3=0$$

以下曲线上的任何点必定不会同时满足上述两个表达式

$$\mathcal{X}: y^2+a_1xy+a_3y=x^3+a_2x^2+a_4x+a_6$$

否则，相应的曲线就不是一条椭圆曲线，对我们也就没有意义。同时我们必须注意无穷远

[1] $g=1,\ 3,\ 6,\ 10,\ \cdots$，没有取遍所有正整数；$g$ 只由 d 决定，曲线的阶次完全可以简单地定义为 $g*=d-2$。——译者注

[2] $\mathcal{X}(\mathbf{K})$ 上的点，但不是 $\mathcal{X}(\mathbf{F})$ 上的点，就不是有理点了。——译者注

[3] 与一元多项式不同，二元多项式的系数下标和上标指数不一致。——译者注

处点也不能是一个奇异点，不过我们在 10.10 节中就能够知道这个点永远不可能是奇异点。

多项式 $p(x, y)$ 的零根是曲线上的点。一个点可以采用 P 或者 Q 来表示。后面我们将定义椭圆曲线上一个关于点的二元运算，称为点的加法运算，使得 $\mathcal{X}(\mathbf{F})$ 构成一个阿贝尔群。[⊖]那么无穷远点将扮演群中幺元的角色。这也是我们之所以要将这个点小心地附加到曲线上的原因。 296

图 10-1 所示的三条曲线例子都是 $\mathbf{R}$ 上基于以下多项式形式的曲线

$$\mathcal{X}: y^2 = x^3 + ax + b$$

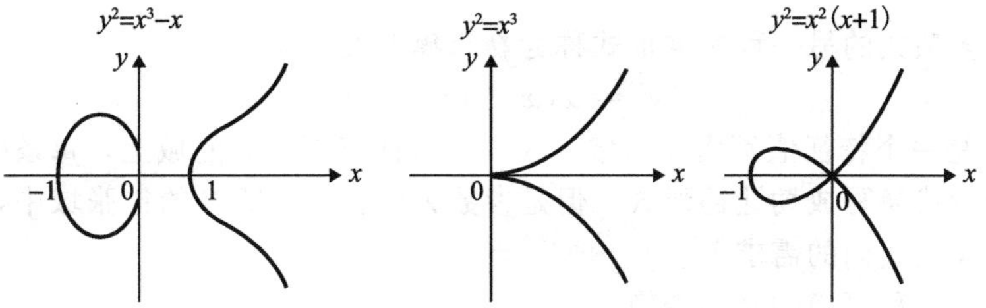

图 10-1 三种平面曲线

对于这些例子，$p(x, y)$ 中的系数都是实数，并且曲线上的点都位于 $\mathbf{R}^2$ 上。图 10-1 中的两个例子，即多项式为 y^2-x^3 和 $y^2-x^2(x-1)$ 的例子，包含奇异点，因而不是平滑曲线。这些奇异点是曲线上两处偏导数都等于 0 的点。由于这些曲线不是平滑的，因此它们不是椭圆曲线，对我们来说它们是没有意义的。

如果域的特征值既不是 2 也不是 3，那么通过合适的变量代换，我们总能将椭圆曲线 $\mathcal{X}$ 写成以下形式

$$\mathcal{X}: y^2 = x^3 + ax + b$$

这一形式称为椭圆多项式的*短 Weierstrass 形式*。$\mathbf{R}$ 或 $\mathbf{C}$ 上的一条椭圆曲线总能写成短 Weierstrass 形式。如果 p 大于 3，那么在 $\mathbf{F}_p$ 上的任何椭圆曲线都能写成短 Weierstrass 形式。

当多项式写成短 Weierstrass 形式时，非奇异多项式成立的条件就可以简单地依据椭圆曲线或椭圆多项式的*判别式*来表述，定义为 $4a^3+27b^2$，如以下定理所述。

定理 10.1.2 *多项式 y^2-x^3-ax-b 在特征值不为 2 或 3 的任何域 $\mathbf{F}$ 上是非奇异的，当且仅当 $4a^3+27b^2$ 在域 $\mathbf{F}$ 中不为零。*

证明 我们很容易看出多项式是非奇异的，当且仅当右边的三次多项式 x^3+ax+b 没有重根。x^3+ax+b 重根当且仅当我们能写成以下形式

$$x^3 + ax + b = (x - x_1)^2(x - x_2) = x^3 - (2x_1 + x_2)x^2 + (x_1^2 + 2x_1x_2)x - x_1^2x_2$$ 297

因此通过对照两边的系数，我们可以得到 $2x_1+x_2=0$，所以这一等式就可以简化为

$$x^3 + ax + b = x^3 - 3x_1^2x + 2x_1^3$$

而 2 或 3 均不符合上式的根。因此在 $\mathbf{F}$ 中 $4a^3+27b^2=4(-3x_1^2)^3+27(2x_1^3)^2=0$，当且仅当多项式是奇异的。证毕。 □

由于域 $\mathbf{F}$ 上的多项式的系数同时也是 $\mathbf{F}$ 的任何扩张域中的元素，$\mathbf{F}$ 上的多项式同样也

⊖ Riemann 和 Roch 定理表明任何平滑曲线如果具有由有理映射确定的群结构，必定是一条椭圆曲线。椭圆曲线是唯一一种能采用点的加法来定义一个群的曲线。

可以看成是 **F** 的任何扩张域上的多项式。这就意味着一个多项式不仅定义了它所在域上的一条曲线，同时还定义了它所在域的任何扩张域上的曲线。当我们希望强调只讨论多项式系数所在域上的点时，曲线上的这些点就是曲线上的有理点；这一术语源自以下结论，形如 $x^2+y^2=1$ 的多项式看成 **Q** 上的一个多项式时，只有诸如 $\left(\pm\frac{3}{5}, \pm\frac{4}{5}\right)$ 的有理点是该式子的根。特别地，有理数域 **Q** 上的椭圆曲线，记作 $\mathcal{X}(\mathbf{Q})$，是实数域 **R** 上椭圆曲线 $\mathcal{X}(\mathbf{R})$ 的子集，而相应地，$\mathcal{X}(\mathbf{R})$ 又是复数域上椭圆曲线 $\mathcal{X}(\mathbf{C})$ 的子集，它们都基于同一多项式。然而，**C** 上的椭圆曲线无法简单直观地呈现出来，因为两个变量 x 和 y 都是复数，都含有实部和虚部。

椭圆曲线多项式的另一种标准形式称为*勒让德形式*，即

$$y^2 = x(x-1)(x-\lambda)$$

其中 $\lambda\in\mathbf{F}$，**F** 是一个特征值不为 2 的域。在一个特征值不为 2 的域上，每条椭圆曲线都能通过合适的变量代换写成勒让德形式，但是参数 λ 可能会在域 **F** 的扩张域中，因此勒让德形式可能无法满足我们的需求。

这一形式有一种可逆的坐标变换

$$x = u^2x' + r$$
$$y = u^3y' + su^2x' + t$$

其中 r、s、t 和 u 都是 **F** 上中的任意元素，并且 u 是非零的，它们将采用变量 x' 和 y' 来给出椭圆曲线的另外一种不同形式。在这种情况下，我们将新的椭圆曲线视为与原来的椭圆曲线等价，因为它们之间仅仅只有坐标轴的选取不同。这两条曲线之间可以说是互相同构的。为了得出两条椭圆曲线 $\mathcal{X}(\mathbf{F}_q)$ 和 $\mathcal{X}'(\mathbf{F}_q)$ 是同构的结论，我们引入一个常数，称为椭圆曲线的 *j 不变量*，其所在域的特征值大于 3，定义为

298

$$j(\mathcal{X}) = 1728\,\frac{4a^3}{4a^3+27b^2}$$

其中曲线采用短 Weierstrass 形式来表示。我们可以看出在相同域上并且具有相同 j 不变量的两条椭圆曲线是同构的。如果多项式是非奇异的，那么 j 不变量表达式中的分母总是非零的，因此 $j(\mathcal{X})$ 对于所有椭圆曲线都是有限的。当然，对于一个椭圆曲线，j 不变量也可以采用长 Weierstrass 形式中所表示的系数来描述，但是这样的表达式既不实用也缺乏信息量，此处就不多说了。

定理 10.1.3 *如果域 **F** 上系数分别为 (a, b) 和 (a', b')、形式为短 Weierstrass 形式的多项式所定义的两条椭圆曲线具有相同的 j 不变量，那么在 $\overline{\mathbf{F}}$ 中就存在一个非零的 u，满足*

$$x' = u^2x \quad y' = u^3y$$

且

$$a' = u^4a \quad b' = u^6b$$

因此两条曲线在代数闭包 $\overline{\mathbf{F}}$ 上是同构的。

证明 如果 a 为 0，那么 j 不变量就为 0，因此 a' 同样也为 0。这就意味着 b 和 b' 非零。在这样的情况下，b' 只是 b 的一个倍数。如果 a 非零，令 $u^4=a/a'$，这就意味着 $u^2=\pm\sqrt{a/a'}$。那么，因为 j 不变量是相同的，由此可以得到

$$\frac{4a^3}{4a^3+27b^2} = \frac{4a'^3}{4a'^3+27b'^2} = \frac{4u^{-12}a^3}{4u^{-12}a^3+27b'^2} = \frac{4a^3}{4a^3+27u^{12}b'^2}$$

这就意味着

$$b'^2 = (u^6b)^2$$

因此 $b'=\pm u^6 b$。相应地，选择符号 u^2 使得 $b'=(a/a')^{3/2}b$，进而可以完成整个证明。 □

如果两条椭圆曲线具有相同的 j 不变量，那么它们就是同构的⊖，而且可以通过上述坐标变换的形式来进行相互之间的转换。如果 u 是 $\mathbf{F}$ 中的一个元素，那么同构在基域 $\mathbf{F}$ 中就是显而易见的。如果参数 u 是在一个扩张域之中，即使新的曲线保留在基域 $\mathbf{F}$ 之中，那么从视觉的角度来看，同构就隐藏在基域之中。然而，同构可以通过逐步扩张，从而在扩张域中可见。 299

10.2 有限域上的椭圆曲线

一条椭圆曲线可以定义在任何域 $\mathbf{F}$ 上。特别地，一条椭圆曲线可以定义在一个有限域 $\mathbf{F}_q$ 上。如果 $\mathbf{F}$ 是特征值不为 2 的任意域，那么通过合适的变量代换，系数 a_1 和 a_3 将变为 0，因而 Weierstrass 形式就可以化简为

$$\mathcal{X}: y^2 = x^3 + a_2 x^2 + a_4 x + a_6$$

如果 $\mathbf{F}$ 是特征值不为 3 的任意域，那么通过合适的变量代换，系数 a_2 将变为 0，因而 Weierstrass 形式就可以化简为

$$\mathcal{X}: y^2 + a_1 xy + a_3 y = x^3 + a_2 x^2 + a_6$$

如果 $\mathbf{F}$ 是特征值不为 2 或 3 的任意域，那么通过合适的变量代换，Weierstrass 形式就可以化简为短 Weierstrass 形式

$$y^2 = x^3 + ax + b$$

正如我们之前定义的那样。

对于一个特征值为 2 或 3 的域，短 Weierstrass 形式不能通过变量代换来实现的原因是，包括形如 $(y+A)^{2(\bmod 2)}$ 或 $(x+B)^{3(\bmod 3)}$ 的变量代换不能产生所需要的交叉项，从而影响所期望的抵消结果。当然，短 Weierstrass 形式中的多项式确实也存在于特征值为 2 或 3 的域上。关键在于，在这样的域上，其他多项式同样也存在，并且无法通过变量代换化简为这种短形式。

有限域上几个椭圆曲线的例子如图 10-2 所示。图的左边是域 $\mathbf{F}_{11}$ 上基于以下多项式的曲线

$$y^2 = x^3 + x + 1$$

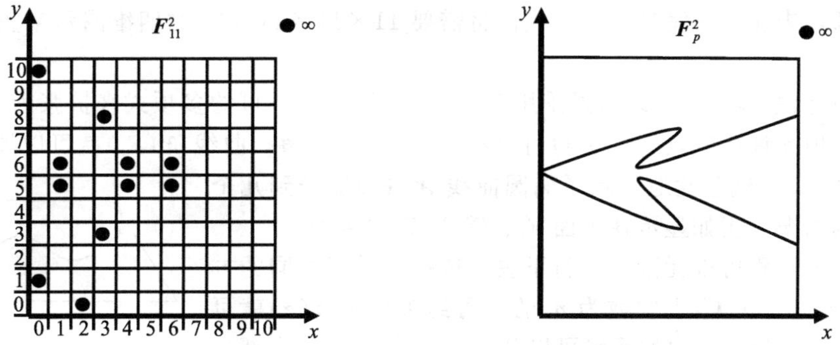

图 10-2 域 $\mathbf{F}_{11}$ 和 $\mathbf{F}_p$ 上的一些椭圆曲线

那么曲线 $\mathcal{X}(\mathbf{F}_{11})$：$y^2=x^3+x+1$ 上就有 12 个点(0，±1)(1，±5)(2，0)(3，±3)(4，±5)(6，±5)和∞，这些可以通过直接查找得到。这 12 个点如图 10-2 所示。图 10-2 的右边象

⊖ j 不变量的每个值对应于代数闭包 $\overline{\mathbf{F}}_q$ 上的一个同构类。当只在 $\mathbf{F}_q$ 中观察时，存在两个同构类，它们可以通过互相扭转构成。

征性地表示了大素数域 $\mathbf{F}_p$ 上的一条椭圆曲线。$\mathbf{F}_p$ 上的曲线之所以只是象征性地表示，是因为如果 p 是一个非常大的素数，那么曲线上就有太多的点，使得无法清晰地显示出曲线。曲线并不位于 $\mathbf{R}^2$ 之中，因此并不具有 $\mathbf{R}^2$ 的几何特性。

$\mathbf{F}_{11}$ 上的二元多项式 $y^2=x^3+x+1$ 同时也是 $\mathbf{F}_{11}$ 的任意扩张域上的二元多项式。这就意味着 $\mathbf{F}_{11}$ 上的椭圆曲线可以视为 $\mathbf{F}_{11}$ 的任何扩张域上的一条椭圆曲线。为了对域 $\mathbf{F}_{11}$ 进行扩张，我们要注意，由于 $\sqrt{-1}$ 并不存在于 $\mathbf{F}_{11}$ 之中，因此多项式 x^2+1 是不可约的。扩张域 $\mathbf{F}_{11^2}$ 可以写成集合 $\{a+\mathrm{i}b\}$，其中 a，$b\in\mathbf{F}_{11}$ 而 $\mathrm{i}^2=-1$。

域 $\mathbf{F}_{11^2}$ 中有 121 个点，而在仿射平面 $\mathbf{F}_{11^2}^2$ 上有 121^2 个点，加上无穷远点，也就是投影平面上总共有 14 642 个点。当提升到 $\mathbf{F}_{11^2}$ 上时，图 10-3 中所示的曲线是这个“复数平面”上的点集。在更大的域上，椭圆曲线表示为 $\mathcal{X}(\mathbf{F}_{11^2})$：$y^2=x^3+x+1$。只要有耐心，人们就可以计算出该曲线在平面 $\mathbf{F}_{11^2}^2$ 上总共有 120 个点。在这 120 个点中，有理点有 12 个，它们的 x 和 y 都在基域 $\mathbf{F}_{11}$ 之中。

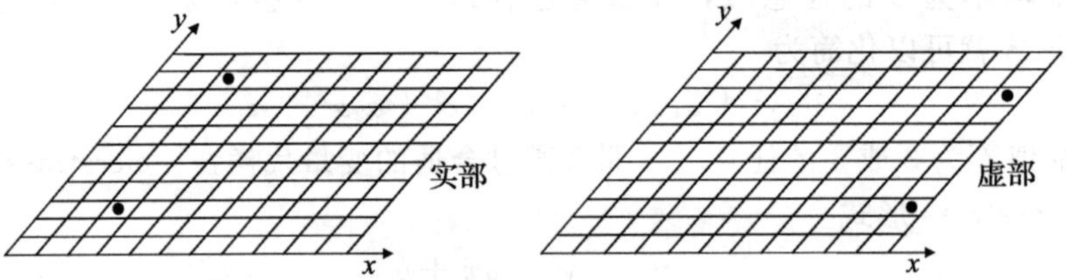

图 10-3 曲线 $\mathcal{X}(\mathbf{F}_{11^2})$上的一些点

即使对于这样比较小的例子，人们也能得出结论，对于直接查找而言，我们不论是列出还是找出所有曲线上的点都是非常不便的，因为点的数量太多了。曲线 $\mathcal{X}(\mathbf{F}_{11^2})$上点的一些例子有$(-1, \pm i)$、$(5, \pm i)$和$(1-i, \pm 2(1+i))$，验证它们在曲线上只需要将它们代入所定义的多项式就能得到。后两个点如图 10-3 所示。平面左边显示了两个点的“实
300~301 部”$(x_R, y_R)=(1, \pm 2)$，而平面右边展示了两个点的虚部$(x_I, y_I)=(-i, \pm 2i)$。需要强调的是，一个点$(x, y)=(x_R+ix_I, y_R+iy_I)$由两个实部$(x_R+y_R)$和两个虚部$(x_I+y_I)$组成，但是图 10-3 只是在平面的左边展示了两个点的实部，而在平面右边只是显示了两个点的虚部，未能统一完整显示。我们将需要 11×11×11×11 的四维图示来正确地描绘所有的 120 个点。

更一般地说，域 $\mathbf{F}_q$ 可以通过采用 $\mathbf{F}_q$ 上次数为 m 的不可约多项式来扩张为域 $\mathbf{F}_{q^m}$。那么只需简单地允许待定点(x, y)也可以在平面 $\mathbf{F}_{q^m}^2$ 上取值，曲线 $\mathcal{X}(\mathbf{F}_q)$就可以提升为曲线 $\mathcal{X}(\mathbf{F}_{q^m})$。图 10-4 概念性地显示了椭圆曲线 $\mathcal{X}(\mathbf{F}_q)$提升到几个扩张域上的情况，正如显示在平面 $\mathbf{F}_q^2$、$\mathbf{F}_{q^2}^2$ 和 $\mathbf{F}_{q^3}^2$ 中那样。

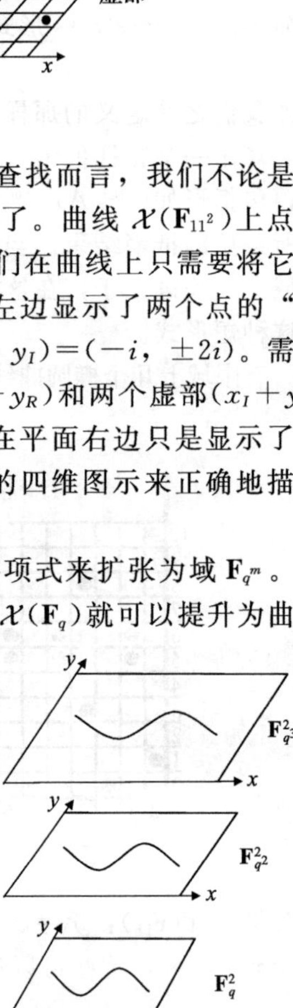

图 10-4 拓展到某些扩张域上的椭圆曲线

域扩张的过程可以无限地进行下去。这样，采用相同的方式，域 $\mathbf{F}_{11}$ 通过使用 $\mathbf{F}_{11}$ 上次数为 m 的不可约多项式 $p(z)$ 就可以扩张为域 $\mathbf{F}_{11^m}$ 域 $\mathbf{F}_{11^m}$ 中的元素可以分为 m 个部分，每个部分都是 $\mathbf{F}_{11}$ 中的元素。这些域中元素可以方便地采用关于变量 z 的 $m-1$ 次多项式来表示。仿射平面 $\mathbf{F}_{11^m}$ 上的点有两个坐标，而$(x(z), y(z))$在以下情况下是曲线上的一个点

$$y(z)^2=x(z)^3+x(z)+1 \pmod{p(z)}$$

其中所有系数都是 $\mathbf{F}_{11}$ 中的元素，即都是模 11 求余数，并且 z 中的多项式都模 $p(z)$ 求余式。采用这种方式，人们就可以检

测一个点($x(z)$，$y(z)$)是否在曲线上。如果 m 很大，有些时候在曲线上想要找到即使只是一个这样的无理点也是困难的。

在基域 $\mathbf{F}_q$ 中，如果(x，y)$\in\mathcal{X}(\mathbf{F}_q)$，那么($x^q$，$y^q$)$\in\mathcal{X}(\mathbf{F}_q)$就是显而易见的，因为 $\mathbf{F}_q$ 上的每个元素 β 都满足 $\beta^q=\beta$，所以对于平面上的所有点(x，y)都有(x^q，y^q)=(x，y)。同样，如(x，y)$\in\mathcal{X}(\mathbf{F}_{q^m})$，那么就有($x^q$，$y^q$)$\in\mathcal{X}(\mathbf{F}_{q^m})$成立，尽管不是显而易见的。这是因为，对于 $\mathbf{F}_{q^m}$ 上任意的 β 和 γ，都有 $(\beta+\gamma)^q=\beta^q+\gamma^q$。相应地，可以按这种方式考虑任意点($x$，$y$)$\in\mathcal{X}(\mathbf{F}^2_{q^m})$。这就意味着 $y^2=x^3+ax+b$，其中(a，b)$\in\mathbf{F}_q$。因此

$$(y^2)^q=(x^3+ax+b)^q$$ 302

从中我们可以得出

$$(y^q)^2=(x^q)^3+ax^q+b$$

因此(x^q，y^q)$\in\mathcal{X}(\mathbf{F}_{q^m})$。这个关于点 P=(x，y)的函数称为 Frobenius *函数*，记作 $\pi_q(P)=\pi_q(x,\ y)=(x^q,\ y^q)$。

为了采用前例的方式来解释说明这一结论，回顾一下(5，$\pm i$)$\in\mathcal{X}(\mathbf{F}_{11^2})$。相应地，($5^{11}$，$(\pm i)^{11}$)$\in\mathcal{X}(\mathbf{F}_{11^2})$，这就是点(5，$\mp i$)，可以通过直接计算来验证。这是在找到一个点之后，再找出曲线上更多点的一种方法，但是通过这样的方法只有一小部分新点能找出来，因为 Frobenius 映射下的轨道是比较小的。

10.3 点的加法运算

我们现在可以来定义椭圆曲线 $\mathcal{X}$上*点的加法*运算。这一运算将椭圆上的两个点相加得到椭圆上的第三个点。此处“加法”这个词语只是一个用来方便表示这一新运算的术语。点的加法运算和域中的加法运算是截然不同的。

为了简便起见，本节中我们只探讨形如 $y^2=x^3+ax+b$ 的多项式。我们可以直接将讨论的对象拓展到形式更一般的多项式之中。点的加法运算，记为+，含义是如果 P 和 Q 都是椭圆曲线 $\mathcal{X}$上的点，那么 $P+Q$ 也是曲线 $\mathcal{X}$上的一个点。点的加法运算定义可以用来构成一个阿贝尔群。在定义点的加法之前，我们先确定群中的单位元和逆元。椭圆曲线上的点∞是群中的单位元，意思是对于所有 $p\in\mathcal{X}$，都满足 $P+\infty=P$。为了强调其作为群中单位元的作用，点∞在本章中也记作 $\mathcal{O}$。平面上的原点记为(0，0)，并非群中的单位元，甚至无须是椭圆曲线上的点。

点 P 的逆元，记为$-P$，定义为 $P+(-P)=\mathcal{O}$。我们首先针对曲线关于 y 对称的情况来明确地指定$-P$，此情况为 p(x，y)的短形式，由 $y^2=x^3+ax+b$ 给定。如果 P=(x，y)，那么 P 的逆就是$-P$=(x，$-y$)，它同样也是曲线上的点。我们将同时通过(x，y)和(x，$-y$)的直线看作垂线。它将在单位元 $\mathcal{O}$处与曲线第三次相交。这样，点的加法就定义为(x，y)+(x，$-y$)=$\mathcal{O}$。对于多项式不能写成 $y^2=x^3+ax+b$ 的一般情况，后面我们会发现$-P$ 的表达式稍有不同。

点的加法运算定义可理解为 $\mathbf{F}$ 上投影平面中一条“直线”与同一平面中曲线 $\mathcal{X}$的交点。然而，直线的概念必须是一个直观的纯代数概念，定义为一个一次多项式的所有零根构成的集合。我们不需要一个与一般域上的直线相对应的几何概念。此说法的一种例外情 303
况是实数域，这种情况下我们可以将一条直线的代数概念和直线的几何概念混用以便加深人们的直观印象。这种几何解释对于绝大多数域来说都是不可行的。尽管如此，类似“直线”、“相交”的一些几何术语会在一般情况之中展开讨论，即便这些术语可能没有相对应的几何解释。

点的加法运算基于以下结论，直线与椭圆曲线 $\mathcal{X}$一般必须有三个交点，不论在任何情况下直线与曲线都至少会有两个交点。为了精确地说明，切点可以看成一个二重交点，而直线经过的点及其负元点和无穷远点都同时视为与曲线的交点。那么每条与 $\mathcal{X}$相交至少两次的直线确切地与 $\mathcal{X}$相交恰好 3 次；其中一个交点可以是无穷远点，而另外两个点有可能是同一个二重交点。

之前我们已经采用 $P+(-P)=\mathcal{O}$定义了 P 的负元。现在我们要定义点的加法，条件是只要 P、Q 和 R 是 $\mathcal{X}$中位于同一直线上的 3 个点，它们相加就满足

$$P+Q+R=\mathcal{O}$$

这两个条件意味着 $P+Q=-R$。这样 $P+Q$ 之和就是 R 的负元，而 R 是同一直线上的第三个点。

此处符号＋的使用必须与 $\mathbf{F}_q$ 中元素间的加法使用的符号＋小心地区分开来。这样我们就至少会有三种均记为＋的不同加法运算要讨论：域的加法、点的加法和多项式加法。我们还有域中的乘法运算，记作×。

为了图形化地描述 $\mathbf{R}^2$ 上一条对称椭圆曲线中点的加法运算，我们画一条通过 P 和 Q 两个点的直线，然后找出直线与曲线相交的第三个点。那么，对于一条对称椭圆曲线，$P+Q$之和定义为直线与曲线的第三个交点关于 x 轴的镜像。在 P 和 Q 具有相同横坐标 x 的特殊情况下，同时通过 P 和 Q 的直线是一条垂线，而直线与曲线相交的第三个点就是无穷远点。最后，P 与自身相加，在 P 点画一条与曲线相切的直线。点 $P+P$ 定义为切线与曲线的第三个交点的负元，记作 $2P$。

图 10-5 显示了 P_1 和 P_2 两个点如何在仿射平面 $\mathbf{R}^2$ 上“相加”以生成点 P_3，以及点 P_2 和 P_3 如何“相加”以生
304 成点 P_4。这一过程可以无限继续下去，将点 $P_{\ell-1}$ 和 $P_{\ell-2}$ 相加以计算得到点 P_ℓ，从而可以计算产生一个曲线上的无穷点序列。该序列中的某些元素可能是重复的。如果曲线只含有有限的点数，重复必定会发生。

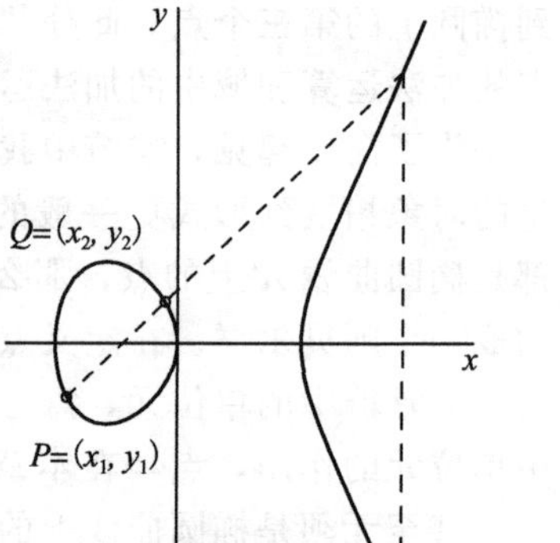

图 10-5　椭圆曲线上点的加法

现在我们考虑大家熟悉的实数域 $\mathbf{R}$ 上的平面曲线 $\mathcal{X}(\mathbf{R})$：$y^2=x^3+ax+b$，以及它与实数平面 $\mathbf{R}^2$ 上任何直线的交点。直线的方程为 $y=mx+c$，或者直线是垂线的情况，即 $x=c$。在后一种情况下，曲线 $\mathcal{X}$简化为 y^2 等于一个常数，因此直线与曲线相交于两个仿射点，或者直线与曲线只有一个仿射点，没有其他交点。无穷远点是垂线与曲线的第三个交点。因此有$(x, y)+(x, -y)=\mathcal{O}$，从而有$-(x, y)=(x, -y)$，其中 $P=(x, y)$而$-P=(x, -y)$。如果直线不是垂线，那么直线 $y=mx+c$ 与椭圆曲线 $\mathcal{X}$相交处的 x 值是以下方程的解

$$(mx+c)^2=x^3+ax+b$$

这是一个关于 x 的三次多项式，其系数都在 $\mathbf{R}$ 之中，因此它在复数域 $\mathbf{C}$ 上必定有三个解。如果 β 是一个复数解，那么它的共轭复数 β^* 同样也是一个解。因此要么两个解是复数，要么三个解都是实数。如果所选择的直线与 $\mathcal{X}(\mathbf{R})$在平面 $\mathbf{R}^2$ 上有两个交点，那么 x 有两个解必定是实数，从而第三个解也必定是实数。这就意味着经过曲线 $\mathcal{X}(\mathbf{R})$上任意两个指定点的直线与平面曲线 $\mathcal{X}(\mathbf{R})$相交的第三点也必定确切地位于实数平面之中，例如两点为
305 $P=(x_1, y_1)$和 $Q=(x_2, y_2)$，其中 $x_1\neq x_2$。第三个交点记为$(x_3, -y_3)$，因为它等于

$-(P+Q)$。此第三点可以通过对以下三次方程进行因式分解来计算得出

$$\prod_{\ell=1}^{3}(x-x_\ell)=x^3+ax+b-(mx+c)^2$$

通过比较上式左右两边 x^2 项的系数，可以得到 $x_1+x_2+x_3=m^2$。我们还可以得到

$$x_3=m^2-x_1-x_2$$
$$y_3=m(x_1-x_3)-y_1$$

从这些方程式以及斜率 m 的值，我们就可以轻易计算出点 $P_3=(x_3, y_3)$。如果直线与曲线 $\mathcal{X}$相交于两个不同的点，例如 $P=(x_1, y_1)$和 $Q=(x_2, y_2)$，那么直线的斜率就是

$$m=\frac{y_2-y_1}{x_2-x_1}$$

另一种情形，如果点 P^1 要与其自身相加，那么直线就是椭圆曲线在点 P^1 处的切线。即使是在有限域上，这一概念也可以通过两个性质来定义：点 P^1 同时位于直线和曲线上，以及直线和曲线在点 P^1 处具有相同的斜率。其中，斜率定义为以下偏导数的值

$$m=\left.\frac{\mathrm{d}y}{\mathrm{d}x}\right|_{P_1}=\frac{3x_1^2+a}{2y_1}$$

与 $\mathcal{X}$相切于 P^1 处的斜率为 m 的直线总是恰好与曲线 $\mathcal{X}$相交于另一个点，记为$(x_3, -y_3)$。因而有

$$x_3=m^2-2x_1$$
$$y_3=m(x_1-x_3)-y_1$$

如果(x_1, y_1)和(x_2, y_2)是曲线上的点，那么(x_3, y_3)同样也是曲线上的一个点。

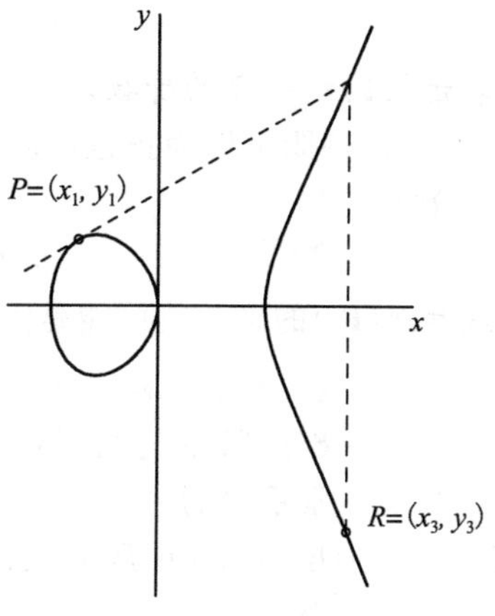

图 10-6　椭圆曲线上的点加倍

图 10-6 显示了点 P 如何与其自身相加。点 $2P$ 定义为 P 与其自身之和，即 $2P=P+P$。通过 P 计算得到 $2P$ 的过程称为*点加倍*。虽然我们是在实数域上推导点的加法计算公式，但这一推导对于如下形式的椭圆曲线仍然是普遍适用的，且在任何域上都是成立的。

$$\mathcal{X}: y^2=x^3+ax+b$$

我们只需简单地用域 **F** 来取代 **R**，用代数闭包 $\overline{\mathbf{F}}$ 来代替 **C**，并用有限域中的形式导数来替代实数域中的导数即可。除非域的特征值是 2 或 3，否则每条椭圆曲线都可以通过变量代换写成这样的形式，因此这是对点的加法进行的一个普适性描述。

在由这种形式的多项式所确定的椭圆曲线上，点的加法部分流程图如图 10-7 所示。为了将 $\mathcal{X}$上两个不同的点相加，我们需要在域 **F** 上进行 3 次乘法运算和一次求逆运算。点加倍需要在域 **F** 上进行 4 次乘法运算和一次求逆运算。一些处理特殊情

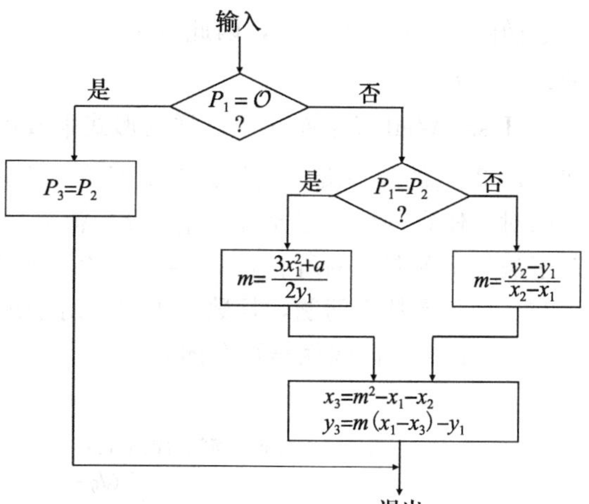

图 10-7　椭圆曲线上点的加法部分流程图

306～307

况的细节，例如要求当 $P_1=P_2$ 且 $y_1=0$ 时 P_3 必定等于 $\mathcal{O}$，这在简化的流程图中被忽略掉了。在完整的流程图中，这些特殊情况必须包含在内。

10.4 椭圆曲线的阶数

假定 $\mathcal{X}$是 $\mathbf{F}_q$ 上的一条椭圆曲线，其中 $\mathbf{F}_q$ 是一个特征值为 p 的域。在 $\mathbf{F}_q$ 的仿射平面上总共有 q^2 个点。我们想要知道这些点中有多少个点属于曲线 $\mathcal{X}$，我们还想知道这个整数的确切值。这就引出了确定一个椭圆曲线阶数的工作任务。

在点的加法下，一条椭圆曲线上的所有点可以构成一个群。曲线 $\mathcal{X}$上的点数，记为 $\#\mathcal{X}(\mathbf{F}_q)$，就是它的阶数。我们可以试探性地观察到 $p(x, y)$在 y 上的次数为 2，因此对于一个固定的 x，例如 $x=\beta$，如果只有一个未定变量 y，多项式就会降为 2 次。对于 β 我们有 q 种选择，因此总共有 q 个这样关于 y 的二次(平方)多项式。我们期望对于大约一半的 β，其二次多项式在 $\mathbf{F}_q$ 上会有两个解，而对于其余的 β，多项式没有解。这样，我们就可以得出在 $\mathcal{X}$上大约有 q 个仿射点，加上一个无穷远点。

基于这一试探性的讨论，$\#\mathcal{X}(\mathbf{F}_q)$和 $q+1$ 这两个整数之间的区别引起了我们的兴趣，从而引出了如下定义：

定义 10.4.1 有限域 $\mathbf{F}_q$ 上椭圆曲线 $\#\mathcal{X}(\mathbf{F}_q)$的 Frobenius 轨迹是整数

$$t = q+1-\#\mathcal{X}(\mathbf{F}_q)$$

其中 $\#\mathcal{X}$表示椭圆曲线 $\mathcal{X}$的阶数。

Frobenius 轨迹既可以为正也可以为负。为了确定 $\#\mathcal{X}(\mathbf{F}_q)$，只需确定整数 t。这样曲线 $\mathcal{X}$上的点数就可以写成

$$\#\mathcal{X}(\mathbf{F}_q) = q+1-t$$

但确定 t 或 $\#\mathcal{X}(\mathbf{F}_q)$的确切值可能是困难的。

Hasse 定理㊀表明整数 t 满足 $|t|\leqslant 2\sqrt{q}$。这一值称为 Hasse 界。我们将解释这一定理的另一版本，这一推广版本适用于任何平面曲线，不仅仅是椭圆曲线。对于代数几何来说，这一定理是非常重要的，我们仅给出定理的表述，而不加以证明。
308

定理 10.4.2(Hasse-Weil 界的 Serre 改进㊁) $\mathbf{F}_q$ 上阶次为 g 的平面曲线 $\mathcal{X}$中有理点的个数满足

$$q+1-g\lfloor 2\sqrt{q}\rfloor \leqslant \#\mathcal{X}(\mathbf{F}_q) \leqslant q+1+g\lfloor 2\sqrt{q}\rfloor$$

由于椭圆曲线的阶次为 1，因此该定理表明域 $\mathbf{F}_q$ 上椭圆曲线中的点数可能会与 $q+1$ 有偏差，但偏差最多为$\pm\lfloor 2\sqrt{q}\rfloor$。

Hasse-Weil 界不能采用这样的形式来改进，因为有可能找到一条曲线 $\mathcal{X}$满足 t 值在区间$\pm g\lfloor 2\sqrt{q}\rfloor$的任一端，正如许多 t 值位于上述区间之内。事实上，只要 $\mathrm{GCD}(p, t)=1$，那么对于任意符合定理要求的给定 t，总是存在一条椭圆曲线；而如果 q 是 2 的幂，那么对于满足定理要求的所有 t，都存在一条椭圆曲线。p 为奇素数时，对于某些 t 值，曲线不存在，这只是技术问题，且数量很少。对于满足 Hasse-Weil 界的绝大多数 t 值而言，如果 p 足够大，椭圆曲线就是存在的。

㊀ 这一定理可以写成如下充满魅力的形式：

$$(\sqrt{q}-1)^2 \leqslant \#\mathcal{X}(\mathbf{F}_q) \leqslant (\sqrt{q}+1)^2$$

㊁ 基底函数

为了改变 Frobenius 轨迹的正负极性，一种改变曲线的简单方法就是将椭圆曲线“扭转”成为一条不同的椭圆曲线。给定椭圆曲线

$$\mathcal{X}(\mathbf{F}_q):y^2 = x^3 + ax + b$$

我们将它的扭转定义为

$$\mathcal{X}'(\mathbf{F}_q):y^2 = x^3 + d^2ax + d^3b$$

其中 d 是 $\mathbf{F}_q$ 中任意的非平方数。扭转曲线 $\mathcal{X}'(\mathbf{F}_q)$的 j 不变量由下式确定

$$j(\mathcal{X}') = \frac{4(d^2a)^3}{4(d^2a)^3 + 27(d^3b)^2} = 1728\,\frac{4a^3}{4a^3 + 27b^2}$$

它与 $j(\mathcal{X})$相等。因此 $\mathcal{X}(\mathbf{F}_q)$和 $\mathcal{X}'(\mathbf{F}_q)$在代数闭包 $\overline{\mathbf{F}}_q$ 上是同构的，然而它们在基域 $\mathbf{F}_q$ 上的零根个数并不相同，所以它们在基域中视为不同的曲线。

我们之后会发现曲线 $\mathcal{X}'(\mathbf{F}_q)$的 Frobenius 轨迹 t'满足 $t'=-t$。这一结论在统计较大曲线上的点数时是很有用的，因为它以统计一条曲线上的点数为代价，给出了两条曲线上的点数。下面的定理阐明了这一性质。

定理 10.4.3 *$\mathbf{F}_q$ 上的一条椭圆曲线 $\mathcal{X}$：$y^2=x^3+ax+b$ 和它的扭转曲线 $\mathcal{X}'$上的有理点总数满足*

$$\#\mathcal{X}+\#\mathcal{X}' = 2q+2$$

证明 多项式 $y^2=x^3+ax+b$ 在 y 上是二次的。因此如果 x^3+ax+b 是一个非零平方数，那么椭圆曲线对于 x 的每个取值就有两个对应点。 309

令 $z=xd$，其中 d 是 $\mathbf{F}_q$ 中的一个非零元素。因为 x 可以通过 $x=z/d$ 得到，所以这是 $\mathbf{F}_q$ 中所有非零点的一个置换排列。这样，随着 x 逐个遍历 $\mathbf{F}_q$ 中的所有非零点，z 同样也逐个遍历 $\mathbf{F}_q$ 中的所有非零点，只不过是顺序不同。假设 x^3+ax+b 是 $\mathbf{F}_q$ 中的一个平方数，而 d 是一个非平方数。那么 $d^3(x^3+ax+b)$就是一个非平方数，其中 $dx=z$，这就意味着 $z^3+ad^2z+bd^3$ 是一个非平方数。类似地，如果 x^3+ax+b 是一个非平方数，那么 $z^3+ad^2z+bd^3$ 就是一个平方数。采用这种方式，当 x 逐个遍历 $\mathcal{X}(\mathbf{F}_q)$上的所有非零点，$z$ 同样也逐个遍历 $\mathcal{X}'(\mathbf{F}_q)$上的所有非零点，并且两个多项式中恰有一个是平方数，但并非两个多项式同时是平方数；而每个平方数都恰好对应着其中一条曲线上的两个点，但并非同时对应两条曲线上的点。这样两条曲线上的点数相加就是 $2q$ 个点。另外，每条曲线都有一个无穷远点，加上这两个无穷远点，总共就有 $2(q+1)$个点。证毕。 □

例如，在域 $\mathbf{F}_{131}$上，椭圆曲线

$$\mathcal{X}(\mathbf{F}_{131}):y^2 = x^3 - 3x + 8$$

有 110 个点，可以通过直接枚举来验证这一点。因此，可以计算得到 Frobenius 轨迹为 $t=q+1-\#\mathcal{X}(\mathbf{F}_{131})=22$。然后我们回顾一下，由于$-1$ 是 $\mathbf{F}_{131}$中的一个非平方数，而 $131=4k+3$，因此我们立刻就可以知道椭圆曲线 $\mathcal{X}'(\mathbf{F}_{131})$：$y^2=x^3-3x-8$ 是 $\mathcal{X}(\mathbf{F}_{131})$的扭转，它含有 $q+1+22=154$ 个点。我们可以进一步地对域 $\mathbf{F}_{131}$上的其他椭圆曲线进行探讨。从同构的角度来看，只需考虑采用短 Weierstrass 形式 $y^2=x^3+ax+b$ 定义的曲线就足够了。由于该多项式中只有两个自由参数 a 和b，且 b 非 0，因此只有 130×131 种可能性。然而，j 不变量是 $\mathbf{F}_{131}$中的一个元素，只能取 131 个值，因此不超过 130 个同构类。对于特征值不是 2 或 3 的有限域 $\mathbf{F}_q$，一条椭圆曲线的 j 不变量为

$$j(\mathcal{X}) = 1728\,\frac{4a^2}{4a^3 + 27b^2}$$

这是 $\mathbf{F}_q$ 中的一个元素，因此只能取 q 个值。具有非零 $j(\mathcal{X})$的曲线称为常规椭圆曲线，将

会在 10.6 节中给出定义。$j(\mathcal{X})$总共有 $q-1$ 个非零值，因此 $\mathbf{F}_q$ 上的常规椭圆曲线总共有 $q-1$个同构类。

10.5 椭圆曲线的群

之前我们已经断言，在点的加法运算下，椭圆曲线上的所有点构成一个阿贝尔群。很明显，在点的加法下，曲线上的所有点构成的集合是封闭的，点的加法存在一个逆运算，
310 并且存在一个单位元。一个群所需的唯一一个不是非常明显的性质就是结合律(其他三个性质很明显)。我们需要证明

$$(P_1+P_2)+P_3=P_1+(P_2+P_3)$$

该结合律可以通过基本的代数运算来进行验证。然而，这样的验证方式是烦琐的，因为在 $P_2=P_1$，$P_2=-P_1$ 或 $P_1=\mathcal{O}$的特殊情况下，我们需要对其进行独立检验。我们将这一验证留作课后习题。一个更为复杂也更为精妙的方法是，首先在复数域上采用一个几何证据来证明结合律成立，然后论证如果结合律对某个域上的椭圆曲线成立，那么这一性质必定对所有域上的椭圆曲线都成立，因为代数运算都是相同的。我们将在 10.16 节中通过抽象推理来重新表述这一方法。到那时我们将会重新讨论结合律。

有限域 $\mathbf{F}_{23}$上椭圆曲线的一个例子是 $\mathcal{X}(\mathbf{F}_{23})$：$y^2=x^3+x+1$。通过检验平面 $\mathbf{F}_{23}^2$上的每个点是否为 $p(x, y)$的一个零根，可以直接找出 $\mathcal{X}(\mathbf{F}_{23})$上的所有点。一种提供更多信息的流程是通过使用点的加法运算来找到曲线上的所有点。显然，点(0, 1)是 $\mathcal{X}(\mathbf{F}_{23})$中的一个元素。运用点加倍和点的加法计算公式，我们可以轻而易举地计算得到：

$$\begin{aligned}
2P &= P+P=(0,1)+(0,1)=(6,19)\\
3P &= 2P+P=(6,19)+(0,1)=(3,13)\\
4P &= 2P+2P=(6,19)+(6,19)=(13,16)\\
5P &= 4P+P=(13,16)+(0,1)=(18,3)\\
6P &= 3P+3P=(3,13)+(3,13)=(7,11)\\
&\vdots\\
27P &= 26P+P=(6,4)+(0,1)=(0,-1)\\
28P &= 27P+P=(0,-1)+(0,1)=\mathcal{O}
\end{aligned}$$

这样，如上述倍乘的直接枚举所示，点(0, 1)的阶数为 28。之前我们已经断言 $\mathcal{X}(\mathbf{F}_{23})$是一个群，拉格朗日定理表明 28 必定整除 $\#\mathcal{X}(\mathbf{F}_{23})$。但是 x 在 $\mathbf{F}_{23}$中只能取 23 个值，而对于每个 x，y 最多能取两个值。还有一个无穷远点，因此曲线上的点不会多于 47 个。由于唯一一个不大于 47 又能被 28 整除的正整数就是 28 本身，因此我们可以得出结论 $\#\mathcal{X}(\mathbf{F}_{23})=28$。这样在点的加法下，点(0, 1)的轨道就包含了曲线上的每个点。我们进而可以推断 $\mathcal{X}(\mathbf{F}_{23})$在点的加法下是一个循环群，而点(0, 1)就是这个群的生成元。最后，我们要注意因为点 P 的阶数是 28，而点 $4P$ 的阶数是 7，是一个素数。因此点 $4P=(13, 16)$能生成一个阶数为素数的循环子群。

因为 $\mathcal{X}(\mathbf{F}_{23})$是一个阶数为 28 的循环群，它与 $\mathbf{Z}_{28}$同构，这就意味着 $\mathcal{X}(\mathbf{F}_{23})$和 $\mathbf{Z}_{28}$作为
311 群有着相同的抽象结构。然而，当我们指定 $kP\in\mathcal{X}(\mathbf{F}_{23})$对应于 $k\in\mathbf{Z}_{28}$，这样的同构就是非常清晰明朗的，而我们还没有任何比上述清晰的解释更简洁的标准解释。我们没有给出一个求逆说明以便将任意点 $Q\in\mathcal{X}(\mathbf{F}_{23})$与 $\mathbf{Z}_{28}$中的点相关联。确实，这样的解释说明可以求解椭圆曲线上的离散对数问题，而这一问题我们将在后面进一步详细讨论；我们断言，对于阶数较大的椭圆曲线，这一问题是复杂难解的。

总体来说，椭圆曲线 $\mathcal{X}(\mathbf{F}_q)$在点的加法下是一个阿贝尔群，因此它可能会含有循环子群。给定一个具有大素数阶的循环子群 G，以及元素 $Q=aP$，其中 P 是已知点，椭圆曲线上的离散对数问题就是在给定 Q 和 P 的情况下来计算 a。对于阶数较大的群，由 a 和 P 来求解 aP 在计算上是简单易行的，但由 aP 和 P 来求解 a 在计算上则是复杂不可行的，或者说我们是这么认为的。

10.6 超奇异椭圆曲线

现在我们来介绍各类超奇异椭圆曲线。这些曲线具有很多有趣的性质，而这些性质也受到了特殊的关注。它们的特殊结构使得曲线结构和点的加法计算公式可以得到些许简化。

定义 10.6.1 对于有限域 $\mathbf{F}_q$ 上的一条椭圆曲线 $\mathcal{X}$，其中 q 是素数 p 的幂，如果该曲线的 Frobenius 轨迹 t 是 p 的倍数，那么该曲线就称为超奇异曲线。如果 Frobenius 轨迹 t 等于 1，那么椭圆曲线 $\mathcal{X}$就称为不规则椭圆曲线。如果椭圆曲线 $\mathcal{X}$不是超奇异椭圆曲线，当然也不是不规则椭圆曲线，那么这条曲线就是一条常规椭圆曲线。

在这种情况下，词语“超奇异”也许是个无奈选择的不恰当术语，因为它与奇异曲线其实毫不相关。从定义来看，每条椭圆曲线必定都是非奇异的。

$\mathbf{F}_q$ 上的一条椭圆曲线同时也是 $\mathbf{F}_q$ 的任意扩张域上的椭圆曲线。有人可能会猜测基域上的超奇异曲线在任何扩张域上也是超奇异的。10.11 节中的推论 10.11.3 表明对于 $\mathcal{X}(\mathbf{F}_{q^2})$来说这是正确的，而定理 10.11.6 进一步表明对于所有的 m，这对 $\mathcal{X}(\mathbf{F}_{q^m})$也是成立的。

一般地，$\mathbf{F}_{p^m}$ 上一条椭圆曲线上的点数满足

$$\#\mathcal{X}(\mathbf{F}_{p^m}) = p^m + 1 - t$$

对于一条超奇异椭圆曲线，上式中 t 是 p 的倍数，因此 $\mathbf{F}_{p^m}$ 上椭圆曲线中的点数总是可以写成 $ap+1$ 的形式，其中 a 是整数。如果 p^m 是 2 的幂，那么每条阶数为奇数的曲线都具有偶数轨迹 t，从而是超奇异的。如果多项式的阶数中含有偶数个仿射点，那么曲线的阶数必定是奇数，因为只有一个无穷远点。 312

在二进制域 $\mathbf{F}_{2^m}$ 上，恰好有三类超奇异椭圆曲线。这些类在同构意义下可以表示为

$$\mathcal{X}_1: y^2 + y = x^3$$

$$\mathcal{X}_2: y^2 + y = x^3 + x$$

$$\mathcal{X}_3: y^2 + y = x^3 + x + 1$$

$\mathbf{F}_{2^m}$ 上的每条超奇异曲线都可以通过合适的变量代换转化为这三类曲线之一。相比较而言，曲线

$$\mathcal{X}_4: y^2 + xy = x^3 + x^2 + 1$$

是一条常规椭圆曲线。而曲线

$$\mathcal{X}_5: y^2 = x^3 + x + 1$$

是奇异的。它不是一条椭圆曲线。

更一般地说，在二进制扩张域 $\mathbf{F}_{2^m}$ 上，曲线

$$\mathcal{X}(\mathbf{F}_{2^m}): y^2 + a_3 y = x^3 + a_4 x + a_6$$

是一条超奇异曲线，其中系数 a_3 和 a_6 都是域 $\mathbf{F}_{2^m}$ 中的非零元。类似地，在三进制扩张域 $\mathbf{F}_{3^m}$ 上，曲线

$$\mathcal{X}(\mathbf{F}_{3^m}): y^2 = x^3 + a_4 x + a_6$$

总是超奇异的，其中系数 a_4 和 a_6 都是 $\mathbf{F}_{3^m}$ 中的非零元素，并且 $\mathbf{F}_{3^m}$ 上的任何超奇异曲线都能通过合适的变量代换写成这一形式。

定理 10.6.2 素数域 $\mathbf{F}_p$ 上的一条超奇异椭圆曲线，是一个含有 $p+1$ 个点的阿贝尔群，其中 p 不等于 2 或 3。

证明 每条椭圆曲线都是一个阿贝尔群。根据 Hasse-Weil 界可得 $\#\mathcal{X}(\mathbf{F}_p)-p-1=t$，其中 $t\leqslant\lfloor 2\sqrt{p}\rfloor\leqslant 2\sqrt{p}$。根据超奇异曲线的定义，$t$ 可被 p 整除。因此 t^2 是不大于 $4p$ 且能被 p^2 整除的整数。如果 p 大于 3，这是不可能的，除非 $t=0$，因此我们可以得到 $t=0$，而 $\#\mathcal{X}(\mathbf{F}_p)=p+1$。 □

定理 10.6.3 椭圆曲线 $\mathcal{X}(\mathbf{F}_p)$：$y^2=x^3+b$ 是一条超奇异椭圆曲线，其中 $p=2 \pmod 3$ 并且 b 不为零。

证明 这一命题要求 $p-2$ 是 3 的倍数，因此 $p-1$ 不会是 3 的倍数。由于每个元素的阶数都必须整除 $p-1$，因此 $\mathbf{F}_p$ 中没有阶数为 3 的元素。这就意味着如果 β 和 γ 是不同的非零元素，那么 β^3 和 γ^3 就不可能相等，因为如果它们相等，那么就有 $(\beta/\gamma)^3=1$，而这是
313 不可能的。这样 $p-1$ 个非零元素就有 $p-1$ 个不同的立方，因此 $\mathbf{F}_p$ 中的每个元素在 $\mathbf{F}_p$ 上都有一个唯一的立方根。这就意味着对于 y 的每个取值，恰有一个 x 满足 $x^3=y^2-b$，即 y^2-b 的唯一立方根。因为 y 有 p 个取值，所以在曲线上有 p 个仿射点和一个无穷远点。因此在椭圆曲线上有 $p+1$ 个点，所以曲线是超奇异的。证毕。 □

定理 10.6.4 椭圆曲线 $\mathcal{X}(\mathbf{F}_p)$：$y^2=x^3+ax$ 是一条超奇异椭圆曲线，其中 p 是形如 $p=3 \pmod 4$ 的素数，并且 a 是 $\mathbf{F}_p$ 中的一个非零元素。

证明 在域 $\mathbf{F}_p$ 上，满足 $p=3 \pmod 4$ 的椭圆曲线具有一个形如 $y^2=x^3+ax$ 的多项式，且该多项式不含常数项。非零系数 a 要么是一个平方数，要么是一个非平方数。由于当 p 的形式为 $p=4\ell+3$ 时，-1 是一个非平方数，人们可以看出 $+a$ 和 $-a$ 中有一个是平方数。在这两种情况下，通过变量代换都可以将多项式简化为如下形式

$$y^2 = x^3 \pm x$$

正负极性取决于 a 是否是一个平方数。我们将 $\mathbf{F}_p$ 写成 $\{0, \pm 1, \pm 2, \cdots, \pm(p-1)/2\}$。那么由于 -1 是一个非平方数，因此 $\beta^3\pm\beta$ 是一个平方数，当且仅当 $(-\beta)^3\pm(-\beta)=(-1)(+\beta^3\pm\beta)$ 是一个非平方数。这就意味着对于 $\mathbf{F}_p$ 中的 $p-1$ 个非零元素，在方程式 $y^2=x^3\pm 1$ 的右边恰好有 $(p-1)/2$ 个元素是平方数。每个这样的平方数对应曲线上的两个点，总共有 $p-1$ 个点。由于 $(0, 0)$ 和 ∞ 是曲线上的两个附属点，因此我们可以得到

$$\#\mathcal{X}(\mathbf{F}_p) = p+1$$

这就意味着 $t=0$。我们能进一步得出任何这样的曲线都是超奇异椭圆曲线。 □

定理 10.6.5 椭圆曲线 $\mathcal{X}(\mathbf{F}_p)$：$y^2=x^3+1$ 是一条超奇异曲线，当且仅当 $p=2 \pmod 3$，其中 p 是一个奇素数。

证明 此处我们忽略该定理的证明。 □

之前我们已经知道了素数域 $\mathbf{F}_p$ 上的一条超奇异椭圆曲线含有 $p+1$ 个点。因此，曲线 $\mathcal{X}(\mathbf{F}_p)$ 不含阶数为 p 的点。以下定理表明这一结论在 $\mathbf{F}_p$ 的任何扩张域上同样成立。

定理 10.6.6 如果 q 是素数 p 的幂，那么椭圆曲线 $\mathcal{X}(\mathbf{F}_p)$ 是一条超奇异椭圆曲线，当
314 且仅当在 $\mathbf{F}_p$ 的代数闭包中没有阶数为 p 的点。

证明 在特征值为 p 的域上，一条超奇异椭圆曲线的轨迹 t 是 p 的倍数。这样对于某个整数 a 就有

$$\#\mathcal{X}(\mathbf{F}_q) = q+1-t = ap+1$$

因此 p 不能整除 $\#\mathcal{X}(\mathbf{F}_q)$，所以 $\mathcal{X}(\mathbf{F}_q)$没有含有 p 个元素的子群。这一推理思路可以倒过来反向理解，因此这一定理可以双向证明。□

10.7 二进制域上的椭圆曲线

可以在任意域上定义椭圆曲线。在本节中，我们将要讨论特征值为 2 的域上的椭圆曲线。⊖一条椭圆曲线的 Weierstrass 规范形式是

$$y^2+a_1xy+a_3y=x^2+a_2x^2+a_4x+a_6$$

通过合适的变量代换，$\mathbf{F}_{2^m}$ 上的任意常规椭圆曲线都可以表示成以下更为简单的形式

$$y^2+xy=x^3+a_2x^2+a_6$$

其中系数 a_6 不能为 0。系数 a_2 和 a_6 都是 $\mathbf{F}_{2^m}$ 中的元素，而 a_6 不等于 0。令 $q=2^m$。二元组 (a_2, a_6)有 $q(q-1)$种选择，但是这些选择中有很多是互相同构的曲线。对于特征值为 2 的域，其 j 不变量具有简单的形式 $j(\mathcal{X})=a_6^{-1}$，只能取 $q-1$ 个非零值，因此 $\mathbf{F}_q$ 上的常规椭圆曲线只有 $q-1$ 个同构类。

$\mathbf{F}_q$ 上的常规椭圆曲线恰好有 $2(q-1)$个同构类。它们采用 $\mathbf{F}_{2^m}$ 中的 2^m-1 个非零 j 不变量来标识，而且每个 j 不变量具有两个扭转变量。这些曲线给定如下

$$y^2+xy=x^3+a_2x^2+a_6$$

其中 $a_6\in\mathbf{F}_{2^m}^*$，且 $a_2\in\{0, \gamma\}$，而 γ 是轨迹为 1 的域 $\mathbf{F}_{2^m}$ 中的任意元素。

椭圆曲线 $\mathcal{X}$是满足某个椭圆曲线多项式的所有点(x, y)构成的集合。在一般情况下，人们可以考虑 $\mathbf{F}_{2^m}$ 的任意扩张域中的点(x, y)。然而，我们通常只对有理点感兴趣，它们是曲线上纵横坐标分量都在 $\mathbf{F}_{2^m}$ 之中的点。$\mathcal{X}$的阶数必定满足 Hasse-Weil 界

$$|\#\mathcal{X}-q-1|\leqslant\lfloor 2\sqrt{q}\rfloor$$ 315

这样曲线上的点数大约等于 2^m，从而有

$$|\#\mathcal{X}-2^m|\approx 2\sqrt{2^m}$$

这就意味着对于较大的 m，我们拥有一个很好的公式来估算 $\mathbf{F}_{2^m}$ 上任意椭圆曲线的阶数。然而，Hasse－Weil 界并没有给出曲线的确切阶数。对于在密码学中的应用，我们需要得到确切的数值，因为我们需要知道曲线阶数的最大质因数，以便知道最大循环子群的阶数。我们将会在 10.11 节和 10.14 节中完成这一任务。如果较小群的阶数是已知的，10.11 节中给出了由 $\#\mathcal{X}(\mathbf{F}_q)$来计算 $\#\mathcal{X}(\mathbf{F}_{q^m})$的一种方法。10.14 节给出了直接计算 $\#\mathcal{X}(\mathbf{F}_q)$的一种方法。

现在我们将检验二进制域上椭圆曲线中点的加法运算。对于一条由 Weierstrass 规范形式定义的椭圆曲线，点 $P_1=(x_1, y_1)$的负元记作 $P_2=-P_1$，是经过 P_1 的垂线与曲线相交的另外一个点。这就意味着，当 x_1 是常数时，y_1 和 y_2 就满足

$$(y-y_1)(y-y_2)=y^2+a_1x_1y+a_3y-x_1^3-a_2x_1^2-a_4x_1-a_6$$

那么就有

$$y^2-(y_1+y_2)y+y_1y_2=y^2+(a_1x_1+a_3)y-(x_1^3+a_2x_1^2+a_4x_1+a_6)$$

因此有

$$y_1+y_2=-a_1x_1-a_3$$

由此我们可以得到

$$-P_1=(x_1, -y_1-a_1x_1-a_3)$$

⊖ 一个二进制域一般是指一个特征值为 2 的扩域，而此特定二进制域一般是特指基域 $\mathbf{F}_2$。

对于任意一对点 P_1 和 P_2，我们运用点的加法得到第三个点 P_3，之后我们可以将点的加法记作

$$P_3 = P_1 + P_2$$

或者是

$$P_1 + P_2 - P_3 = \mathcal{O}$$

写出经过 P_1 和 P_2 的直线方程(或者是在 P_1 点与曲线相切的直线)并找出这一直线与曲线 $\mathcal{X}(\mathbf{F}_p)$ 相交的第三个点，这是一个基本的代数问题。如果将点写作成 $P_1=(x_1, y_1)$、$P_2=(x_2, y_2)$ 和 $P_3=(x_3, y_3)$，那么对于一个特征值为 2 的域和一条用短 Weierstrass 形式 $y^2+xy=x^3+a_2x^2+a_6$ 表示的曲线而言，要求解的点 P_3 将满足

$$x_3 = m^2 + m + a_2 + x_1 + x_2$$

316 $$y_3 = m(x_1 + x_3) + x_3 + y_1$$

其中，如果 $P_1 \neq P_2$，那么就有斜率

$$m = \frac{y_1 + y_2}{x_1 + x_2}$$

而如果 $P_1=P_2$，那么就有斜率

$$m = \frac{x_1^2 + y_1}{x_1}$$

以上就是在特征值为 2 的域上点的加法计算公式。

有限域 $\mathbf{F}_{2^m}$ 上定义的椭圆曲线在平面 $\mathbf{F}_{2^m}^2$ 上只有有限数量的点。曲线 $\mathcal{X}$ 和点的加法运算+一起构成了一个有限阿贝尔群，因此，就如其他的有限阿贝尔群一样，都可以标准地分解成循环子群。为了描述这一有限群，我们需要知道曲线 $\mathcal{X}$ 上确切地有多少个点。如果 $\mathcal{X}$ 的阶数包含一个大的素因子 p，那么这个群就包含一个阶数为 p 的循环子群。下述定理表明整个群并不含有素数阶子群。

定理 10.7.1 在特征值为 2 的域上，如果 $\mathcal{X}$ 是一条常规椭圆曲线，那么 $\mathcal{X}$ 的阶数可以被 2 整除。

证明 在特征值为 2 的域上，常规椭圆曲线可以由下式给定

$$\mathcal{X}(\mathbf{F}_{2^m}): y^2 + xy = x^3 + a_2x^2 + a_6$$

点 $0, \sqrt{a_6}$ 显然是曲线 $\mathcal{X}(\mathbf{F}_{2^m})$ 上的一个元素。通过点的加法可以轻松地验证得出这个点的阶数为 2。 □

这一定理可以与 Hasse-Weil 界结合起来枚举 $\mathcal{X}$ 阶数的可能取值。例如，我们考虑 $\mathbf{F}_{16}$。那么由 Hasse-Weil 界可以得出

$$16 + 1 - 2\sqrt{16} \leqslant \#\mathcal{X}(\mathbf{F}_{16}) \leqslant 16 + 1 + 2\sqrt{16}$$

因为我们知道对于一条常规椭圆曲线而言，$\#\mathcal{X}(\mathbf{F}_{16})$ 是 2 的倍数，所以对于这样的曲线，我们可以得到

$$\#\mathcal{X}(\mathbf{F}_{16}) \in \{10,12,14,16,18,20,22,24\}$$

这一说法不能进一步强化。对于 a_2 和 a_6 的某些取值，上述情况中的每一种都会出现。这
317 种情形与 m 取其他值时 $\mathbf{F}_{2^m}$ 上的椭圆曲线是相似的。

定理 10.7.2 对于任意的取值 $a_6 \in \mathbf{F}_{2^{2\ell+1}}$，$\mathbf{F}_{2^{2\ell+1}}$ 上由以下两个方程式定义的两条椭圆曲线

$$y^2 + xy = x^3 + a_6$$

$$y^2 + xy = x^3 + x^2 + a_6$$

一共含有 $2\cdot 2^{2\ell+1}$ 个有理点，每个点可依据其多重性来重复计数。

证明 每条曲线都有一个无穷远点。这样我们需要证明两条曲线一共有 $2\cdot 2^{2\ell+1}+2$ 个仿射点。

首先，我们考虑 $x\neq 0$ 的情况。通过用 $y=xz$ 来代换，两个多项式可以写成

$$z^2+z=x+\frac{a_6}{x^2}$$

$$z^2+z=x+1+\frac{a_6}{x^2}$$

重复计数时，定理 9.7.6 表明 $z^2+z=\beta$ 有两个解，当且仅当 β 的二进制轨迹等于零。否则方程式没有解。因此第一个方程式有一个解，当且仅当

$$\text{trace}\left(x+\frac{a^6}{x^2}\right)=0$$

第二个方程式有一个解，当且仅当

$$\text{trace}\left(x+1+\frac{a^6}{x^2}\right)=0$$

这可以改写为

$$\text{trace}\left(x+\frac{a^6}{x^2}\right)=\sum_{i=0}^{2\ell}1^{2^i}=1$$

因为加法是模 2 加。对于 $x\in\mathbf{F}_{2^{2\ell+1}}$ 的每个取值，轨迹等于 0 或 1。因此，对于 x 的每个非零取值，两条曲线中的一条给出两个点，而另外一条则不会给出点。这就统计到了 $2(2^{2\ell+1}-1)$ 个点。

最后，如果 $x=0$，两条曲线都可以简化为

$$y^2=a_6$$

每条曲线给出一个附加点 $(0,\sqrt{a_6})$，其多重性为 2。这就统计了 4 个附加点。因此我们得到在仿射平面上总共有 $2\cdot 2^{2\ell+1}$ 个点。加上两个无穷远点，我们就证明了定理中的命题。 □ 318

定义 10.7.3 形如

$$\mathcal{X}(\mathbf{F}_{2^m}):y^2+xy=x^3+1$$

或是

$$\mathcal{X}(\mathbf{F}_{2^m}):y^2+xy=x^3+x+1$$

的椭圆曲线称为 Koblitz 椭圆曲线。

Koblitz 曲线是二进制域上的一种常规椭圆曲线，所以它的阶数为偶数。这样它的阶数就不可能是一个素数。然而，这个阶可以是一个素数的小倍数。

例如

$$\#\mathcal{X}(\mathbf{F}_{2^{101}}):y^2=x^3+x+1=2\times 126\,765\,060\,022\,823\,088\,614\,280\,085\,080\,11$$

这是素数的两倍，再如

$$\#\mathcal{X}(\mathbf{F}_{2^{103}}):y^2=x^3+1=4\times 253\,530\,120\,045\,645\,953\,586\,253\,006\,706\,9$$

这是素数的 4 倍。Koblitz 曲线很具有吸引力，因为其点的加法计算公式可以简化，而且点的加法也可以通过一种简单的方式来实现。

10.8 点的乘法计算

之前我们已经断言，在点的加法运算下，椭圆曲线上的所有元素构成一个阿贝尔群。显然，在点的加法下，曲线上的所有点构成的集合是封闭的。此外，在点的加法下有一个

单位元，这就是无穷远点，记为 $\mathcal{O}$。更进一步而言，曲线上的每个点 $P=(x, y)$都有一个相对应的负元 $-P=(x, -y-a_1x-a_3)$，并且满足性质 $P+(-P)=\mathcal{O}$。这就引出了点的减法概念，采用 $P-Q=P+(-Q)$来定义。如果多项式 $p=(x, y)$中的系数 a_1 和 a_3 都等于零，那么 $P=(x, y)$的负元就简化为 $-P=(x, -y)$。

点的乘法 kP 定义为 k 个 P 之和。这样就有

$$kP = P + P + \cdots + P$$

上式右边之和中有 k 项，全都等于 P。任意的点 P 都可以采用递推式 $kP=(k-1)P+P$ 来求出点的乘法 kP。然而，如果 k 很大，递推就不是一种计算 kP 的合适方法。取而代之的是，任意的点 P 可以通过求解 $2P=P+P$ 来简单地计算“加倍”，并且通过求解 $4P=2P+2P$来计算“再加倍”。如果 k 很大，计算 kP 最简单的方法就是连续地加倍和相加。首先计算出 $2P$，$4P$，$8P$，…，2^mP。然后，使用 k 的二进制表示来对这些点构成的合适
319 子集进行选择和相加。举一个这样的例子 $29P=16P+8P+4P+P$。

一般情况下，我们将 k 的二进制表示写成

$$k = k_0 + k_1 2 + k_2 2^2 + \cdots + k_{m-2} 2^{m-2} + k_{m-1} 2^{m-1}$$

其中 $k_i \in \{0, 1\}$。然后，由于 $k_i \in \{0, 1\}$，因此我们显然可以得到

$$kP = \Big(\sum_{i=0}^{m-1} k_i 2^i\Big)P = \sum_{i=0}^{m-1} k_i (2^i P) = \sum_{i:k_i=1} 2^i P$$

为了用上式中最后的表达式来计算 kP，我们需要进行 $m-1$⊖次点加倍来计算出集合 $\{2^iP: i=0, \cdots, m-1\}$，以及通过最多 $m-1$ 次加法运算来执行指定的求和。这样，采用这种方式由 k 和 P 来计算出 kP，其复杂度与 $\log_2 n$ 成正比，其中 n 是 $\mathcal{X}$上群的阶数。

尽管比较简单，这一流程对于密码学仍有非凡的意义，因为采用这种方法来计算出 kP 是可行的，即使 k 是一个 100 位的二进制数，而通过递推式 $kP=(k-1)P+P$ 来计算出 kP 就是不可行的。

另一方面，没有比较可行的已知方法可用于对这一计算过程求逆。当给定点 P 和 Q 时，计算出满足 $kP=Q$ 的 k 值显然是困难的；其复杂度与 n 成正比，此处 n 同样也是群 $\mathcal{X}(\mathbf{F}_q)$的阶数。这就是椭圆曲线上的离散对数问题。人们总是可以通过计算 iP 来求解方程式 $kP=Q$，其中 $i=1, 2, 3, \cdots$，一直到获得 Q 的值，但是如果 k 太大，这种方法就不可行。人们可以做得比这个笨拙的方法好一点，但是据我们所知，改进得并不多。

这样由 k 计算 kP 和由 kP 计算 k 之间的计算复杂度差距是巨大的。假设 P 的阶数是一个 100 位的素数。那么由 k 计算出 kP 的复杂度就与 100 成正比，而由 kP 计算 k 的计算复杂度则显然与 x^{2100} 成正比。这种非对称性就是椭圆曲线密码学的基础。

10.9 椭圆曲线密码学

有限域上的一条椭圆曲线在点的加法下是一个阿贝尔群，因此我们可以凭借基于有限阿贝尔群的任意密码技术来构造一种密码体制。通常情况下，我们需要一个大的循环群，
320 最好是素数阶的，这样我们就可以选一条椭圆曲线满足在点的加法下是一个素数阶的大循环群，或者是在点的加法下包含一个素数阶的大循环子群。

超奇异曲线曾经在椭圆曲线密码学中非常受欢迎，因为点的加倍只需要一次求逆和 4 次乘法。也就是说，如果 $P=(x_1, y_1)$，那么 $2P=(x_3, y_3)$就满足

⊖ 原书有误。——译者注

$$x_3=\left(\frac{x_1^2+a_4}{a_3}\right)^2$$

$$y_3=\left(\frac{x_1^2+a_4}{a_3}\right)(x_1+x_3)+y_1+a_3$$

而且，通过选择 $a_3=1$，我们甚至可以避免对除法的需求。这一简化就是人们采用超奇异曲线的动机。然而现在看来，对于使用一种具有先天潜在弱点的曲线来说，这一简化只有微不足道的优点。有时候会在密码体制设计中避免使用超奇异椭圆曲线，因为有证据表明使用超奇异曲线的密码体制会更不安全。特别地，正如我们将会在第 12 章中讨论的，任意椭圆曲线上点的加法群可以映射到乘法群中的一个离散对数问题之中，该乘法群建立在 $\mathbf{F}_q$ 的一个足够大的扩张域上。可以选用一条常规椭圆曲线使得扩张域足够大，同时避免离散对数问题遭受这种方式的攻击。对于一条超奇异曲线而言，合适的扩张域并没有这么大，因此在这一扩张域上的离散对数问题求解可能并非足够复杂困难的。这一结论可能显得过于谨慎了，因为规模巨大的扩张域 $\mathbf{F}_q$ 可在一定程度上弥补离散对数问题的弱点，但是这也是很多人考虑避免使用超奇异椭圆曲线的充分理由。对于一些人来说，简化计算这一优点并不是那么具有吸引力。

例如，由曲线 $\mathcal{X}$：$y^2+y=x^3+x$ 可以给出 $\mathbf{F}_{2^{173}}$ 上的一条超奇异椭圆曲线。之后我们将会在 12.8 节中发现，一种称为 MOV 攻击的方法可以将椭圆曲线 $\mathcal{X}(\mathbf{F}_{2^{173}})$ 上的离散对数问题映射到 $\mathbf{F}_{2^{692}}^*$ 中的离散对数问题，$\mathbf{F}_{2^{692}}^*$ 是有限域 $\mathbf{F}_{2^{692}}$ 中的乘法群。$\mathbf{F}_{2^{692}}$ 中的元素是 692 位的二进制数。该域中的离散对数可以通过域 $\mathbf{F}_{2^{692}}$ 中的 10^{18} 次 692 位算术运算来求解得到。这一计算复杂度一般认为并不实用，但是也许并非复杂难解的。

椭圆曲线密码体制通常采用 Diffie-Hellman 密钥交换来创建一个对称密钥以用于大型加密体制。它还可采用类似于双素数密码学的方法来直接加密信息，虽说这样的用法比较少见。在这种情况下，消息必须用曲线 $\mathcal{X}(\mathbf{F}_q)$上的点 P 来表示。一种比较自然的做法是采用消息来选择点 P 的 x 坐标。然而，并非 x 的每个值都对应曲线上的一个点。只有那些满足 x^3+ax+b 是平方数的 x 值才可能是曲线上的点。为了避免消息 x 不满足上述平方数 321 的条件，例如，我们可以预留消息的 8 位字段作为坐标 x。这些位不是消息的一部分，而是选择用来确保消息对应一个有效的点 P。这 8 位的每一种选择都以 1/2 的概率对应曲线上的一个点，而我们有 256 个选择，因此我们可以计算出这 8 位的选择都不对应曲线上有效点的概率为 2^{-256}。

现在我们来讨论一些采用椭圆曲线来进行密钥交换的其他更常用方法。

Diffie-Hellman 密码体制

任何具有素数阶的大循环子群都可以采用任意的普通方法来构建一个 Diffie-Hellman 公钥密码体制。构建基于椭圆曲线的公钥密码体制可以首先采用 Diffie-Hellman 密钥交换来创建密钥，然后将该密钥用于任意满足要求的分组密码或者流密码以进行大量数据加密。椭圆曲线上的 Diffie-Hellman 密钥交换通过从循环群 $\mathbf{Z}_p^*$ 到 $\mathcal{X}(\mathbf{F}_q)$中任意循环子群的转换来实现对 Diffie-Hellman 协议过程的即时转换。曲线 $\mathcal{X}(\mathbf{F}_q)$和点 $P\in\mathcal{X}(\mathbf{F}_q)$构成一个标准，这一标准对于密码体制的所有用户都是已知的，可能对于密码分析者也是已知的。点 P 可以生成 $\mathcal{X}(\mathbf{F}_q)$的一个循环子群，而密钥是该子群中的一个元素。两个用户，不妨称为用户 A 和用户 B，通过在公共信道上交换消息来交互创建只有他们两个自己知晓的保密密钥。用户 A 随机选择一个大整数 a 并计算出 aP，aP 是公开传输的，而整数 a 是保密的。用户 B 随机选择一个大整数 b 并计算出 bP，bP 是公开传输的，而整数 b 是保密的。只有用户 A 知道 a，也只有用户 B 知道 b。在接收到 aP 之后，用户 B 计算 $b(aP)=(ab)P$。在接收到 bP 之后，用户 A 计算 $a(bP)=(ab)P$。现在双方都计算出了曲线上的同一个点。这就是点 $(ab)P$。点的部分信息，例如 P 的 x 坐标(或者是 y 坐标)提供了双方共用的保密密钥。

对此体制的直接攻击方式是由 P 和 aP 来计算出 a。这要求攻击者能求解出椭圆曲线上的离散对数问题。对所有第三方(包括密码分析者)来说，唯一可用的已知信息只是 P、aP 和 bP。这一体制的安全性依赖于由 P、aP 和 bP 计算出 $(ab)P$ 是复杂难解的假设。尽管这一假设尚未被证实，但似乎所有企图找到这样一种由 P、aP 和 bP 来计算出 $(ab)P$ 的方法都是不成功的。

Elgamal 密码体制

我们同样可以采用椭圆曲线 $\mathcal{X}(\mathbf{F}_q)$ 来定义一种公钥密码体制，从而构造一种 Elgamal 密码体制，具体步骤如下。$\mathcal{X}(\mathbf{F}_q)$ 中循环子群的一个生成元 P 是公开的，它可能是一个公
322 开标准。密钥等消息采用曲线上的点 M 来表示。为了接收一个消息，解密方随机地选择一个整数 a，然后计算出点 $A=aP$，这个点之后会通过公共信道发送给加密方。点 $A=aP$ 就是公开加密密钥，用于加密发送到此解密方的任何消息，A 可以公布在一个公开的目录之中。为了加密消息 M，加密方选择一个随机整数 b，然后计算出两个点 $Q_1=bP$ 和 $Q_2=M+bA$，并且将 (Q_1, Q_2) 作为加密消息发送出去。解密方收到后计算 $Q_2-aQ_1=(M+b(aP))-b(aP)=M$。所有运算都是 $\mathcal{X}(\mathbf{F}_q)$ 上点的加法、点的减法或者点的乘法。然而，密码分析者并不知道 a，而计算 a 是复杂难解的，因此密码分析任务显然也是复杂难行的。

椭圆曲线上的 Elgamal 密码体制依赖于求解椭圆曲线群中离散对数问题是困难的这一假设。这就意味着它并不能为 Diffie-Hellman 密钥交换方法提供一种替代的方法，Diffie-Hellman 密钥交换方法可保护椭圆曲线上的离散对数问题免遭破解。如果椭圆曲线上的离散对数问题被破解，那么两种加密方法就都将失效。

10.10 投影平面

一条椭圆曲线 $\mathcal{X}$ 的定义还包含一个附属的无穷远点。由于这种方式是引入的，因此无穷远点看起来似乎是人为附加到曲线上的，而不像是曲线实际上自然包含的一部分。此外，无穷远点并不是用来定义曲线 $\mathcal{X}$ 的多项式 $p(x, y)$ 的可见零根。然而，我们可以采用一种自然的方式将 $\mathbf{F}$ 上的平面扩大成为一个更大的对象，称为 $\mathbf{F}$ 上的*投影平面*，简称*投影面*。为了将原平面和投影平面进行对比，原平面 $\mathbf{F}^2$ 被称为*仿射平面*。此处仿射平面由所有的二元组 (x, y) 构成，而投影平面由所有的三元组 (x, y, z) 构成，并且满足条件：三元组最右边的非零元素必须是 1。这样投影平面就可以定义为 $\{(x, y, 1) \mid x, y\in\mathbf{F}\}\cup\{(x, 1, 0) \mid x\in\mathbf{F}\}\cup\{1, 0, 0\}$。这一并集中的第一个集合可以看成是仿射平面在投影平面内的一个复制副本。后两个集合的并集称为*无穷远处的直线*，简称*无穷远直线*。第三个集合中的单一元素就是无穷远点，它附属于无穷远处的直线。

为了在 $\mathbf{F}$ 上的投影平面中定义椭圆曲线，二元多项式 $p(x, y)$ 必须重新写成*三元齐次多项式* $p(x, y, z)$。齐次多项式是每个单项式都具有相同总次数的多项式。为了将次数为 n 的二元多项式 $p(x,y)=\sum_{ij} p_{ij}x^iy^i$ 重新写成次数为 n 的三元多项式 $p(x, y, z)$，我们只需要插入一个 z 的幂到每个单项式之中，使得每个单项式具有相同的次数。那么就有

323

$$p(x,y,z)=\sum_{ij} p_{ij}x^iy^jz^{n-i-j}=y^2z+a_1xyz+a_3yz^2-x^3-a_2x^2z-a_4xz^2-a_6z^3$$

$p(x, y)$的仿射零根是 $z=1$ 时 $p(x, y, z)$的零根，无穷远处的直线上可能会有 $p(x, y, z)$的附加零根。$p(x, y)$的投影零根是 $z=0$ 时 $p(x, y, z)$的零根。

对于一条椭圆曲线而言，在无穷远处的直线上只有一个零根，这就是(0，1，0)。为了阐明这一点，我们来回顾一下，对于一条椭圆曲线

$$p(x,y) = y^2 + a_1xy + a_3y - x^3 - a_2x^2 - a_4x - a_6$$

此多项式的三元形式为

$$p(x,y,z) = y^2z + a_1xyz + a_3yz^2 - x^3 - a_2x^2z - a_4xz^2 - a_6z^3$$

现在每个单项式都是三次的，而这也是二元多项式 $p(x, y)$的次数。三元多项式 $p(x, y, z)$保留了 $p(x, y)$的所有仿射零根，其中 $z=1$。为了找出在无穷远直线上的零根，我们令 $z=0$。那么就有 $p(x, 1, 0)=x^3$，它仅当 $x=0$ 时是零根。最后，我们要注意到(1，0，0)并不是一个零根。这样椭圆曲线总是在无穷远处的直线上有唯一一个零根。这就是点(0，1，0)。

$p(x, y, z)$关于 z 的偏导数为

$$y^2 + a_1xy + 2a_3yz - a_2x^2 - 2a_4x - 3a_6z^2$$

其中无穷远点$\infty=(0, 1, 0)$简化为 $y=1$，并不为 0。因此，椭圆曲线在无穷处的唯一点永远不会是一个奇异点。

在三维仿空间 $\mathbf{F}^3$ 中讨论 $p(x, y, z)$的零根也许是比较有益的。由于 $p(x, y, z)$是一个齐次多项式，因此如果(α, β, γ)是 $p(x, y, z)$的一个零根，那么$(\lambda\alpha, \lambda\beta, \lambda\gamma)$同样也是 $p(x, y, z)$的一个零根。这就意味着同时经过原点和 $p(x, y, z)$的任一零根的直线上的所有点都是 $p(x, y, z)$的零根。这样 $\mathbf{F}^3$ 上的零根集完全由经过零点的“射线”组成。我们只需要阐明每条射线上的一个点就足够了，因为一个点就确定了整条射线。这些代表性的点都是投影零根。如果 z 是非零的，那么代表点就是$(x, y, 1)$。这可以看成是仿射平面上的一个点。如果 z 是零，那么代表点就是$(x, 1, 0)$，除非 y 是零。否则它就是(1，0，0)。

这样，当从投影平面的角度来观察椭圆曲线 $\mathcal{X}$时，无穷远点的存在看起来更自然。如果椭圆曲线上的点看成是三维空间中从原点发出的射线，那么无穷远点只不过是 $z=0$ 的射线。它们是位于(x, y)平面之中的射线。此外，在一个可逆的坐标系变换下，零根包括无穷远处的零根，可以放置在投影平面中的新位置上。

例如，假定 $\mathbf{F}$ 为特征值不是 2 或 3 的任意域。二元多项式 $p(x, y)=y^2-x^3-ax-b$ 变成了三元齐次多项式 $p(x, y, z)=y^2z-x^3-axz^2-bz^3$。该多项式的所有零根构成了一条椭圆曲线。在无穷远处直线上的唯一零根是(0，1，0)。在任意的可逆坐标系变换中，该齐次多项式将转换为另一齐次多项式，其所有零根也构成一条椭圆曲线。坐标变换 324

$$\begin{bmatrix} x \\ y \\ z \end{bmatrix} = \begin{bmatrix} 0 & 1 & 1 \\ 1 & 0 & 1 \\ 1 & 1 & 1 \end{bmatrix} \begin{bmatrix} u \\ v \\ w \end{bmatrix}$$

是可逆的，因为矩阵的行列式对于任何域特征值都为 1。在这一坐标变换下，关于(x, y, z)的三元多项式将变成另一个关于(u, v, w)的三元齐次多项式，而后者可以通过将 w 设定为 1 来简化为一个二元多项式。这一多项式描述了一条关于 u 和 v 的椭圆曲线，但它不再是 Weierstrass 形式。原来的无穷远点$(x, y, z)=(0, 1, 0)$移到了$(u, v, w)=(0, -1, 1)$处。

我们再举一个例子，假定 $\mathbf{F}$ 是一个特征值为 2 的域。二元多项式 $x^3+x^2+xy+y^2+1$ 变为三元齐次多项式 $x^3+x^2z+xyz+y^2z+z^3$。再一次，我们采用一个可逆的坐标变换来将此多项式的零根重新放置到投影平面中的新位置上。

10.11 扩张域上的点计数

用于定义椭圆曲线 $\mathcal{X}(\mathbf{F}_q)$的多项式 $p(x, y)$也可以看成是扩张域 $\mathbf{F}_{q^m}$上的一个多项式，因此 $p(x, y)$同样也定义了更大域上的椭圆曲线 $\mathcal{X}(\mathbf{F}_{q^m})$。图 10-4 概念性地显示了这一说法。对于 $\mathbf{F}_q$ 的每个扩张域，均会有椭圆曲线的一个放大版本出现。当然，每个扩张域都包含了基域，因此基域上曲线中的点同样也是扩张域上曲线的一部分。我们的目标是通过求解基域上的点数来计算扩张域上曲线中的点数，而非通过直接计数的方式。

为了计算一条椭圆曲线 $\mathcal{X}(\mathbf{F}_q)$上的有理点数，只需计算出 Frobenius 轨迹就足够了，而该轨迹定义为 $q+1$ 与 $\#\mathcal{X}(\mathbf{F}_q)$之差。这样就有

$$t = q + 1 - \#\mathcal{X}(\mathbf{F}_q)$$

当然，这一定义对于扩张域 $\mathbf{F}_{q^m}$上的同一曲线同样也成立。于是就有

$$t_m = q^m + 1 - \#\mathcal{X}(\mathbf{F}_{q^m})$$

其中 t_m 是 $\#\mathcal{X}(\mathbf{F}_{q^m})$的 Frobenius 轨迹。本节中我们的任务就是由 t 计算出 t_m。

325 二次多项式 z^2-tz+q 中，整系数 t 和 q 取自一条椭圆曲线 $\mathcal{X}(\mathbf{F}_q)$，而 t 等于 Frobenius 轨迹，多项式在复数域上可以分解为

$$z^2 - tz + q = (z-\alpha)(z-\beta)$$

因为我们根据 Hasse-Weil 界知道，t^2-4q 永远不可能为正，并且我们知道零根 α 和 β 是复数，所以它们是共轭的。此外，α 和 β 满足 $\alpha+\beta=t$ 和 $\alpha\beta=q$。α 和 β 这两个复数对于计算扩张域上椭圆曲线中的点数非常重要。实际上，在后面的定理 10.11.2 中将会证明

$$z^2 - t_m z + q^m = (z-\alpha^m)(z-\beta^m)$$

我们用 $\#\mathcal{X}(\mathbf{F}_{q^m})$表示 $\mathbf{F}_{q^m}$上椭圆曲线的基数。将扩张域上的 Frobenius 轨迹定义为 $t_m = q^m+1-\#\mathcal{X}(\mathbf{F}_{q^m})$，然后，就像基域上的那样，定义多项式 $z^2-t_mz+q^m$。存在两个共轭复数 α_m 和 β_m，使得此多项式在复数域上可以分解为(实际上 $\alpha_m=\alpha^m$，$\beta_m=\beta^m$)

$$z^2 - t_m z + q^m = (z-\alpha_m)(z-\beta_m)$$

以下引理采用 s_m 来表示 $\alpha^m+\beta^m$，但后面我们将会发现 $s_m=t_m$。

引理 10.11.1 *在复数域上令 $z^2-tz+q=(z-\alpha)(z-\beta)$，其中 $t=\alpha+\beta$ 是 Frobenius 轨迹，而 $q=\alpha\beta$，令 $s_m=\alpha^m+\beta^m$，那么 s_m 满足以下整数递推方程*

$$s_{m+1} = ts_m - qs_{m-1}$$

其中 $s_1=\alpha+\beta$，而 $s_0=\alpha^0+\beta^0=2$，因此对于所有的 m，s_m 都是一个整数。

证明 二次因式分解 $z^2-tz+q=(z-\alpha)(z-\beta)$意味着参数 α 满足 $\alpha^2-t\alpha+q=0$。这个式子乘以 α^{m-1}得到

$$a^{m+1} - ta^m + qa^{m-1} = 0$$

通过同样的方式，我们得到

$$\beta^{m+1} - t\beta^m + q\beta^{m-1} = 0$$

这两个方程式相加可以得到

$$a^{m+1} + \beta^{m+1} - t(a^m+\beta^m) + q(a^{m-1}+\beta^{m-1}) = 0$$

由于 $s_m=a^m+\beta^m$，因此以上方程就变成了 $s_{m+1}-ts_m+qs_{m-1}=0$。这就得出了上述引理中的递推方程。因为 s_0 和 s_1 都是整数，所以所有的 s_m 都是整数，因此 $a^m+\beta^m$就是一个整数。
326 证明完毕。 □

下面的定理将这个 s_m 对于任意 m 的因式分解与 $m=1$ 时的因式分解相关联起来。此定理提供了强有力的关系，因为它表明只需在基平面 $\mathbf{F}_q^2$ 中对零根进行计数就足够了。那么任意扩张平面 $\mathbf{F}_{q^m}^2$ 中的零根数量就可以通过一个简单的公式来计算。

定理 10.11.2 对于域 $\mathbf{F}_q$ 上的一条椭圆曲线 $\mathcal{X}(\mathbf{F}_q)$，当提升到扩张域 $\mathbf{F}_{q^m}$ 上时，投影平面上有

$$\#\mathcal{X}(\mathbf{F}_{q^m})=q^m+1-(\alpha^m+\beta^m)$$

个点，其中 α 和 β 是 z^2-tz+q 的两个零根。

证明 为了证明这个定理，需要证明

$$z^{2m}-t_m z^m+q^m=z^{2m}-s_m z^m+q^m$$

上式右边多项式中采用 z^m 取代 z 来作为多项式的未定变量。首先可以观察到 $(z-\alpha)$ 和 $(z-\beta)$ 分别整除 $(z^m-\alpha^m)$ 和 $(z^m-\beta^m)$。另外还有 $(z-\alpha)(z-\beta)=z^2-tz+q$ 和 $(z^m-\alpha^m)(z^m-\beta^m)=z^{2m}-(\alpha^m+\beta^m)+q^m$。我们可以得出结论，存在一个多项式 $Q(z)$ 满足 $z^{2m}-s_m z^m+q^m=Q(z)(z^2-tz+q)$，其中所有的系数都是整数。

尽管多项式 $z^{2m}-(\alpha^m+\beta^m)z^m+q^m$ 与多项式 $z^{2m}-(\alpha_m+\beta_m)z^m+q^2$ 相似，但是并没有给出理由来证明中间项是相等的。不存在这样的证明，除非前一个多项式赋予运算意义。为此我们提前参考定理 10.13.3。通过在 $\mathbf{F}_{q^m}$ 中调用这个定理，并且注意到 Frobenius 映射满足 $\pi_{q^m}=\pi_q^m$，可以得出以下两个多项式

$$\pi_{q^m}^2(P)-[t_m]\pi_{q^m}(P)-[q^m]P=\mathcal{O}$$

和

$$\pi_{q^m}^2(P)-[s_m]\pi_{q^m}(P)-[q^m]P=Q(\pi_q)(\pi_q^2(P)-[t]\pi_q(P)-[q]P)=\mathcal{O}$$

上述两个表达式相减得到

$$[s_m-t_m]\pi_{q^m}(P)=\mathcal{O}$$

仅当 $s_m=t_m$ 模阶数同余时，上式成立。因此 $\alpha^m+\beta^m$ 是扩张域 $\mathbf{F}_{q^m}$ 上曲线的 Frobenius 轨迹 t_m。证明完毕。 □

为了运用上述定理来计算 $\#\mathcal{X}(\mathbf{F}_{q^m})$，我们必须先知道 $\#\mathcal{X}(\mathbf{F}_q)$。如果 q 较小，那么就可以通过计算所定义的椭圆多项式在平面上的每个点并对零根进行计数来得到 $\#\mathcal{X}(\mathbf{F}_q)$。 327
然后，由于 $\#\mathcal{X}(\mathbf{F}_q)=q-1+t$，因此我们就知道了 t。通过对多项式 z^2-tz+q 进行因式分解来得到 α 和 β，进而由 t、α 和 β 来计算 t_m。于是就有 $\#\mathcal{X}(\mathbf{F}_{q^m})=q^m+1-t_m$。

例如，$\mathbf{F}_2$ 上的一条椭圆曲线给定如下

$$\mathcal{X}(\mathbf{F}_2):y^2+y=x^3+x$$

并且

$$\#\mathcal{X}(\mathbf{F}_2)=q+1-t$$

如果 $x=0$，则 $y=0$ 或 1。如果 $x=1$，则仍然还是 $y=0$ 或 1。这样曲线 $\mathcal{X}(\mathbf{F}_2)$ 由 (0，0)，(0，1)，(1，0)，(1，1) 和 ∞ 五个点构成。因此 $t=2+1-5=-2$，由此可以得到多项式 $x^2-tx+q=x^2+2x+2=0$。相应地，这个多项式的两个零根就是 α，$\beta=-1\pm\sqrt{-1}$。例如，由此我们可以得到

$$\#\mathcal{X}(\mathbf{F}_{2^{173}})=2^{173}+1-(\alpha^{173}+\beta^{173})$$

这就给出了一种简易可行的方法来计算 $\mathcal{X}(\mathbf{F}_{2^{173}})$ 上点的数量。然而，此表达式涉及复数运算，这一般会由于数值不精确而带来难题。另一种只使用整数运算的可选方法可能更受欢迎，将会在随后给出。

首先考虑 $m=2$ 的情况，这是一种二次域扩张的情况。在这种特定情况下，定理的表

述采取了一种简单的形式，如以下推论中所述。

推论 10.11.3 如果椭圆曲线 $\mathcal{X}(\mathbf{F}_q)$在基域 $\mathbf{F}_q$ 上有 $\#\mathcal{X}(\mathbf{F}_q)=q+1-t$ 个点，那么在二次扩张域 $\mathbf{F}_{q^2}$ 上，椭圆曲线 $\mathcal{X}(\mathbf{F}_{q^2})$含有

$$\#\mathcal{X}(\mathbf{F}_{q^2})=(q+1-t)(q+1+t)$$

个点。

证明 定理 10.11.2 表明

$$\#\mathcal{X}(\mathbf{F}_{q^2})=q^2+1-(\alpha^2+\beta^2)$$

其中 $\alpha+\beta=t$ 并且 $\alpha\beta=q$。因此有 $\alpha^2+\beta^2=(\alpha+\beta)^2-2q=t^2-2q$。由此我们可以得到

$$\#\mathcal{X}(\mathbf{F}_{q^2})=q^2+1-t^2+2q=(q+1)^2-t^2=(q+1-t)(q+1+t)$$

328 这就证明完毕。 □

例如，对于多项式 $y^2=x^3-3x+8$ 所表示的椭圆曲线 $\mathcal{X}(\mathbf{F}_{131})$，在 10.4 节中已经讨论过了，阶数为 110 并且 $t=22$。因此

$$\#\mathcal{X}(\mathbf{F}_{131^2})=(132-22)(132+22)=16\,940$$

因为 -1 在域 $\mathbf{F}_{131}$ 中不是一个平方数，我们可以将扩张域 $\mathbf{F}_{131^2}$ 中的元素写成 $a+ib$ 的形式，其中在扩张域 $\mathbf{F}_{131^2}$ 中 $\mathrm{i}=\sqrt{-1}$。那么曲线上的一个点 P 就可以写成$(a+ib,\ c+id)$的形式，其中 $x=a+\mathrm{i}b$ 和 $y=c+\mathrm{i}d$ 是 $\mathbf{F}_{131^2}$ 中点的两个复数坐标。

依据$\#\mathcal{X}(\mathbf{F}_{q^2})$，可以再次运用推论 10.11.3 来求解$\#\mathcal{X}(\mathbf{F}_{q^4})$。首先，由推论 10.11.3 可得

$$\#\mathcal{X}(\mathbf{F}_{q^2})=(q+1)^2-t^2=q^2+1-(t^2-2q)$$

这与$\#\mathcal{X}(\mathbf{F}_q)$具有相同的形式，只是用 q^2 取代了 q 并且用 t^2-2q 代替了 t。现在参照推论 10.11.3，用 $\mathbf{F}_{q^2}$ 取代 $\mathbf{F}_q$，用 q^2 代替 q，用 t^2-2q 替换 t。那么就有

$$\#\mathcal{X}(\mathbf{F}_{q^4})=(q^2+1-t^2+2q)(q^2+1+t^2-2q)=(q+1-t)(q+1+t)(q^2-2q+1+t^2)$$

这就是曲线 $\mathcal{X}$在 $\mathbf{F}_{q^4}$ 上含有的点数。

继续讨论该例子，因为 $q=131$ 并且 $t=22$，我们知道 $q^2=17\,161$ 并且 $q^2+1-\#\mathcal{X}(\mathbf{F}_{131^2})=222$，因此我们可以计算得到

$$\#\mathcal{X}(\mathbf{F}_{131^4})=(q^2+1)^2-(t^2-2q)^2=291\,484\,960$$

扩张域 $\mathbf{F}_{131^4}$ 中的元素形式为 $a+xb+x^2c+x^3d$，通过对关于 x 的多项式乘法模一个 4 次不可约多项式 $p(x)$来进行求余约简，并且整数系数进行模 131 求余约简。那么曲线 $\mathcal{X}(\mathbf{F}_{q^4})$中点的形式就是$(a+xb+x^2c+x^3d,\ e+xf+x^2g+x^3h)$。[⊖]

一般来说，对于任意偶数 n，我们可以将推论 10.11.3 写成

$$\#\mathcal{X}(\mathbf{F}_{q^m})=(q^{m/2}+1-t_{m/2})(q^{m/2}+1+t_{m/2})=\#\mathcal{X}(\mathbf{F}_{q^{m/2}})[\#\mathcal{X}(\mathbf{F}_{q^{m/2}})-q^{m/2}-1]$$

如果 $m/2$ 也是一个偶数，以上表述方式还可以再次重复，最终采用尽可能大的 ℓ 对应的$\#\mathcal{X}(\mathbf{F}_{q^{m/2\ell}})$来表示$\#\mathcal{X}(\mathbf{F}_{q^m})$。

如果 m 是一个合数但不是 2 的幂，那么就需要采用另一个替代公式，这将在本节后面介绍。这个令人期待的公式将在定理 10.11.6 中给出，这样我们继续讨论上述例子，对于

329 $t=22$ 的椭圆曲线$\#\mathcal{X}(\mathbf{F}_{131})$，我们可以得到

$$\#\mathcal{X}(\mathbf{F}_{q^3})=(q+1)^3-t^3-\begin{bmatrix}3\\1\end{bmatrix}q[\#\mathcal{X}(\mathbf{F}_q)]$$

设定 $q=131$ 并且 $t=22$ 以及$\#\mathcal{X}(\mathbf{F}_q)=110$，上式就变成了

⊖ 本文中 i 多处表示虚数单位，为避免歧义，改用 x 表示。——译者注

$$\#\mathcal{X}(\mathbf{F}_{131^3}) = 132^3 - 22^3 - \begin{bmatrix}3\\1\end{bmatrix} \cdot 131 \cdot 110 = 2\,246\,090$$

对于一些 m 的取值，曲线 $\mathcal{X}(\mathbf{F}_{131^m})$上的点数计数总结如表 10-1 所示。除了 $m=1$ 的情况，在其他每种情况下，计数都包含了在较小的子域中已经被计数的点。这意味着 $\mathcal{X}(\mathbf{F}_{q^3})$上的点包含了 $\mathcal{X}(\mathbf{F}_q)$中的点，但不包含 $\mathcal{X}(\mathbf{F}_{q^2})$中的点，因为 $\mathbf{F}_{q^2}$ 不是 $\mathbf{F}_{q^3}$ 的一个子域。$\mathcal{X}(\mathbf{F}_{q^4})$上的点包含 $\mathcal{X}(\mathbf{F}_{q^2})$中的点，因为 $\mathbf{F}_{q^2}$ 是 $\mathbf{F}_{q^4}$ 的一个子域，但不包含 $\mathbf{F}_{q^3}$ 中的点。也要注意到在每种情况下 $\#\mathcal{X}(\mathbf{F}_{q^m})$都能被 $\#\mathcal{X}(\mathbf{F}_q)$整除，这是拉格朗日定理所要求的。最后要注意到 $\#\mathcal{X}(\mathbf{F}_{q^m})$上点的数量大体上随着 q^m 增长，并且保持与 Hasse-Weil 界一致。

表 10-1 $\mathbf{F}_{131^m}$ 上曲线中的点计数

m	$\#\mathcal{X}(\mathbf{F}q^m)$
1	110
2	16 940
3	2 246 090
4	291 484 960

研究椭圆曲线的一个强大工具是椭圆曲线的 zeta 函数㊀。zeta 函数是依据扩张域 $\mathbf{F}_{q^r}$ 上 $\mathcal{X}$ 的点数来定义的，点数表示为 $N_r = \#\mathcal{X}(\mathbf{F}_{q^r})$。

定义 10.11.4 域 $\mathbf{F}_q$ 上椭圆曲线 $\mathcal{X}$ 的 zeta 函数定义为

$$Z(x) = e\sum_{k=1}^{\infty} N_r x^r / r$$

其中 N_r 是 $\mathcal{X}(\mathbf{F}_{q^r})$中点的数量。

如定义所述，椭圆曲线的 zeta 函数包含一个无限求和，因此它看起来似乎没有用，至少在这种形式下没用。下面的定理为 zeta 函数提供了一种更有吸引力且更有用的表达式。 330

定理 10.11.5(Hasse) $\mathbf{F}_q$ 上一条椭圆曲线的 zeta 函数可以采用一种简单的形式来表示，即表示成一个关于 x 的有理函数，定义为

$$Z(x) = \frac{1 - tx + qx^2}{(1-x)(1-qx)}$$

其中 $t=t_1$ 是 Frobenius 轨迹。

证明 我们从以下因式分解来开始证明

$$x^2 - tx + q = (x-\alpha)(x-\beta)$$

然后依据定理 10.11.2 可得

$$N_n = q^n + 1 - (\alpha^n + \beta^n)$$

现在我们可以得到

$$\begin{aligned}\log Z(x) &= \sum_n N_n x^n / n = \sum_n (q^n + 1 - \alpha^n - \beta^n) x^n / n \\ &= \sum_n \frac{1}{n} q^n x^n + \sum_n \frac{1}{n} x^n - \sum_n \frac{1}{n} \alpha^n x^n - \sum_n \frac{1}{n} \beta^n x^n\end{aligned}$$

为此，利用级数展开

$$-\log(1-x) = \sum_{n=1}^{\infty} \frac{1}{n} x^n$$

我们可以得到

$$\begin{aligned}\log Z(x) &= -\log(1-qx) - \log(1-x) + \log(1-\alpha x) + \log(1-\beta x) \\ &= \log \frac{(1-\alpha x)(1-\beta x)}{(1-x)(1-qx)}\end{aligned}$$

㊀ 词语“zeta 函数”是一个标准术语，用于这种形式的任意生成函数。在其他上下文中该术语也采用这种形式。

由此可知定理成立。 □

定理 10.11.5 中的 zeta 函数表达式只取决于单个未知参数 t。相应地，t 可以通过计算 $\mathcal{X}$ 中有理点的数量来确定。于是 t 的取值就可由 $t=q+1-N_1$ 来给定，其中 $N_1=\#\mathcal{X}(\mathbf{F}_q)$。那么对于 r 的所有取值，zeta 函数就给出了 $\mathcal{X}(\mathbf{F}_{q^r})$ 中点的数量。

下面的定理依据较小域上椭圆曲线中点的数量来表示出扩张域上椭圆曲线中点的
331 数量。

定理 10.11.6 如果 $\#\mathcal{X}(\mathbf{F}_q)=q+1-t$，那么对于奇数 m 就有

$$\#\mathcal{X}(\mathbf{F}_{q^m})=(q+1)^m-t^m-\sum_{i=1}^{(m-1)/2}\begin{bmatrix}m\\i\end{bmatrix}q^i[\#\mathcal{X}(\mathbf{F}_{q^{m-2i}})]$$

证明 我们已经知道 $\alpha+\beta=t$ 和 $\alpha\beta=q$，$\#\mathcal{X}(\mathbf{F}_{q^m})$ 的表达式可以按下面的方式得出：通过变量代换可以得到

$$\begin{aligned}q^m+1-\alpha^m-\beta^m&=(q+1)^m-(\alpha+\beta)^m+q^m+1-(q+1)^m+(\alpha+\beta)^m-\alpha^m-\beta^m\\&=(q+1)^m-t^m-\sum_{i=1}^{m-1}\begin{bmatrix}m\\i\end{bmatrix}q^i+\sum_{i=1}^{m-1}\begin{bmatrix}m\\i\end{bmatrix}\alpha^i\beta^{m-i}=(q+1)^m-t^m-\sum_{i=1}^{m-1}A_i\end{aligned}$$

其中

$$A_i=\begin{bmatrix}m\\i\end{bmatrix}(q^i-\alpha^i\beta^{m-i})$$

回顾前面的知识可知，m 是一个奇数并且将 A_i 上的求和分成了两个求和，一个滚动求和从 1 到 $(m-1)/2$，另一个滚动求和是从 $(m+1)/2$ 到 $m-1$：

$$\sum_{i=1}^{m-1}A_i=\sum_{i=1}^{(m-1)/2}A_i+\sum_{i=(m+1)/2}^{m-1}A_i$$

接着在第二个求和中通过设定 $i=m-j$ 来进行变量代换，使得 j 从 $(m+1)/2$ 滚动循环到 1。那么就有

$$\sum_{i=0}^{m-1}A_i=\sum_{i=0}^{(m-1)/2}A_i+\sum_{i=0}^{(m-1)/2}A_{m-i}=\sum_{i=0}^{(m-1)/2}(A_i+A_{m-i})$$

相应地就有

$$\sum_{i=0}^{m-1}A_i=\sum_{i=1}^{(m-1)/2}\begin{bmatrix}m\\i\end{bmatrix}(q^i+q^{m-i}+\alpha^i\beta^{m-i}+\alpha^{m-i}\beta^i)=\sum_{i=1}^{(m-1)/2}\begin{bmatrix}m\\i\end{bmatrix}q^i(q^{m-2i}+1-\alpha^{m-2i}-\beta^{m-2i})$$

因此有

$$q^m+1-\alpha^m-\beta^m=(q+1)^m-t^m-\sum_{i=1}^{(m-1)/2}\begin{bmatrix}m\\i\end{bmatrix}q^i[q^{m-2i}+1-\alpha^{m-2i}-\beta^{m-2i}]$$

332 上式右边求和的方括号中，第 i 项可以看成是 $\#\mathcal{X}(\mathbf{F}_{q^{m-2i}})$，这就完成了定理的证明。 □

最后，注意到 $q+1-t$ 显然整除 $(q+1)^m-t^m$，并且通过归纳假设，$q+1-t$ 整除上式右边方括号中的每一项。因此 $q+1-t$ 整除整个等式右边。这与推论 10.11.3 一致，它表明 $\#\mathcal{X}(\mathbf{F}_{q^2})$ 是 $q+1-t$ 的一个倍数，还表明只要 $\#\mathcal{X}(\mathbf{F}_{q^m})$ 是 $q+1-t$ 的一个倍数，$\#\mathcal{X}(\mathbf{F}_{q^{2m}})$ 也就是 $q+1-t$ 的一个倍数。所有这些只是简单地映证了一个结论，$\mathcal{X}(\mathbf{F}_q)$ 是群 $\#\mathcal{X}(\mathbf{F}_{q^m})$ 的一个子群，因而拉格朗日定理断言 $\mathcal{X}(\mathbf{F}_q)$ 整除 $\#\mathcal{X}(\mathbf{F}_{q^m})$。

10.12 有理数上椭圆曲线的同态映射

域 $\mathbf{F}$ 上的任意椭圆曲线 $\mathcal{X}$ 都可以通过将曲线上的每个点映射到相同曲线上的一个点或

另一条椭圆曲线上的一个点，从而将该曲线映射到自身或相同域 **F** 上的另一条椭圆曲线。如果一种映射保持了相关的代数结构，那么该映射就称为同态映射，或者简称为同态，在我们的讨论中是保持了椭圆曲线的代数结构。特别地，椭圆曲线中的一种同态是保持点的加法性质的同态。如果当 $P_1+P_2=P_3$ 时，都有 $\phi(P_1)+\phi(P_2)=\phi(P_3)$，那么映射 $\phi(P)$ 就保持点的加法性质。保持点的加法性质的同态具有我们想要探讨的特殊性质。该映射可能还具有其他结构，需要采用更加特定的术语来表示。

在一条椭圆曲线上定义同态的一种方法是，依据两个有理函数 $R_1(x, y)$ 和 $R_2(x, y)$，采用表达式 $\phi(P)=(R_1(x, y), R_2(x, y))$ 将一条椭圆曲线上的点 $P=(x, y)$ 映射到另一条椭圆曲线的一个点。这种情形就是下面定义中的主体。

定义 10.12.1 *椭圆曲线 $\mathcal{X}$ 的一个自同态就是一个从 $\mathcal{X}$ 到其自身的加法同态，并且可以采用有理函数来描述。*

因为一个自同态必定是点的加法同态，唯一的常自同态是零自同态，即对于所有的 P，都有 $\phi(P)=\mathcal{O}$。自同态将一条椭圆曲线映射到自身，是同态映射的一种特殊情况，同态是将一条椭圆曲线 $\mathcal{X}_1$ 映射到另一条椭圆曲线 $\mathcal{X}_2$ 上，这两条椭圆曲线不一定是同一条曲线。

定义 10.12.2 *椭圆曲线的同源映射是一种采用有理函数描述的同态，将一条椭圆曲线 $\mathcal{X}_1$ 映射到另一条椭圆曲线 $\mathcal{X}_2$，也保持点的加法性质。*

如果存在一个从 $\mathcal{X}_1$ 到 $\mathcal{X}_2$ 的同源映射 ϕ，并且也存在一个从 $\mathcal{X}_2$ 到 $\mathcal{X}_1$ 的同源映射 ϕ'，那么两条曲线 $\mathcal{X}_1$ 和 $\mathcal{X}_2$ 就是同源的。在这种情况下，函数复合 $\phi' \circ \phi$ 就是 $\mathcal{X}$ 上的一个自同态。一种可逆的同源映射的特殊情况如以下定义所述。 333

定义 10.12.3 *F 上两条椭圆曲线的同构是从一条椭圆曲线 $\mathcal{X}_1$ 到另一条椭圆曲线 $\mathcal{X}_2$ 的一个可逆同态映射，保持点的加法性质，并且可以采用一个仿射坐标变换来给定。仿射坐标变换的坐标变换形式为*

$$x = u^2x' + r$$
$$y = u^3y' + su^2x' + t$$

*其中 r、s、t 和 u 都是域 **F** 中的元素并且 u 非零。*

两条通过同构映射相关联起来的椭圆曲线称为同构。两条椭圆曲线都与第三条椭圆曲线同构，那么这两条椭圆曲线也是同构的。这意味着同构的概念将 **F** 上所有椭圆曲线构成的集合划分成独立的等价类。这些等价类中的每个等价类采用域中单个代表元来表示，称为 j 不变量，这已在第 10.1 节中定义了。在一个代数闭域中，两条具有相同 j 不变量的椭圆曲线位于同一个等价类之中，因此是同构的。

$\mathcal{X}$ 上所有自同态构成的集合记为 end($\mathcal{X}$)。集合 end($\mathcal{X}$) 显然是非空的，因为它总是包含了恒等自同态，定义为 $\phi(P)=P$。曲线上另一个显而易见的自同态采用形如 $y^2=x^3+ax+b$ 的多项式来定义，即 $\phi(P)=-P$。除了这两个自同态之外，集合 end($\mathcal{X}$) 还包含了许多其他的自同态。

一个自同态很容易通过定义 $\mathcal{X}$ 上的每个点与一个正整数 n 的乘法来描述。这个映射将点 $P\in\mathcal{X}$ 映射到点 $[n]P$，其中 $[n]P$ 是 n 个 P 之和，该求和就是点的加法，如 10.3 节中所定义的。点 $[n]P$ 显然也是 $\mathcal{X}$ 中的一个元素。此外，因为 $[n](P+P')=[n]P+[n]P'$，所以这个映射保持了点的加法性质。因此这个映射是一个自同态。通过这种方式，**Z** 中的每个元素对应了 end($\mathcal{X}$) 中的一个元素。我们可以说 end($\mathcal{X}$) 包含了 **Z** 的一个像，这意思是 **Z** 中的每个元素在 end($\mathcal{X}$) 中都有一个对应元素，尽管不一定是 end($\mathcal{X}$) 中

一个独一无二的元素㊀

我们可以在自同态集合上定义加法和乘法。如果 ϕ_1 和 ϕ_2 都是自同态，那么形如 $\phi_1+\phi_2$ 的自同态之和就定义为 $(\phi_1+\phi_2)(P)=\phi_1(P)+\phi_2(P)$。两个自同态的乘积 $\phi_1\phi_2$ 定义为 $(\phi_1\phi_2)(P)=\phi_1(\phi_2(P))$。有了这些定义之后，一条椭圆曲线上的自同态集合就是一个环。因为 $\mathrm{end}(\mathcal{X})$ 是一个环，我们可以得出结论，对于任意 $\phi\in\mathrm{end}(\mathcal{X})$，环 $\mathrm{end}(\mathcal{X})$ 也包含自同态 $p(\phi)$，其中 $p(z)$ 是系数为整数的任意多项式。

例如，如果 ϕ 是将点 P 乘以整数 n 的自同态，那么 ϕ^2 就是将点 P 乘以 n^2，并且 $p(\phi)$ 就是将点 P 乘以整数 $p(n)$。因为 $p(n)$ 只不过是另一个整数，采用这种方式，这个复合自
334 同态的过程对应了整数乘法，并不会生成一个新的自同态。

人们可能会提出疑问，$\mathrm{end}(\mathcal{X})$ 是否包含其他不能用整数倍乘法来描述的自同态？我们将会看到，对于 $\mathbf{Q}$ 的二次扩张域上的一些椭圆曲线，环 $\mathrm{end}(\mathcal{X})$ 的确包含了其他的自同态，但不是指 $\mathbf{Q}$ 的二次扩张域上的每条椭圆曲线。然而，对于许多椭圆曲线，环 $\mathrm{end}(\mathcal{X}(\mathbf{Q}))$ 除了包含整数倍乘法的自同态以外并不包含任何其他的自同态。

举一个不使用整数倍乘法的自同态例子，我们考虑有理复数域 $\mathbf{Q}(\mathrm{i})$ 上的椭圆曲线：

$$\mathcal{X}(\mathbf{Q}(\mathrm{i})):y^2=x^3+x$$

曲线上的映射为 $\phi(P)=\phi(x,y)=(-x,\mathrm{i}y)$，其中 $\mathrm{i}^2=-1$。如果 $P=(x,y)$ 是 $\mathcal{X}$ 上的一个点，那么 $(-x,\mathrm{i}y)$ 也是 $\mathcal{X}$ 上的一个点，这很容易验证。这样映射 $\phi(x,y)$ 就是 $\mathrm{end}(\mathcal{X}(\mathbf{Q}(\mathrm{i})))$ 中的一个元素。此外，$\phi^2=-1$，这可以用符号简单地表示为 $\phi=\sqrt{-1}$ 或者 $\phi=\mathrm{i}$。这意味着环 $\mathrm{end}(\mathcal{X}(\mathbf{Q}(\mathrm{i})))$ 包含了一个与整数高斯环 $\mathbf{Z}[\mathrm{i}]$ 同构的环。那么我们就可以说这个椭圆曲线在它的自同态环上具有对应 $\mathrm{i}=\sqrt{-1}$ 的复数乘法。该自同态的符号 i 意味着将椭圆曲线 $\mathcal{X}$ 中的点 $P=(x,y)$ 映射到点 $(-x,\mathrm{i}y)$。这个我们可以写成 $[\mathrm{i}]P=(-x,\mathrm{i}y)$，它也是曲线中的一个点。

与之前的整数倍乘法构成的自同态例子相比，这个复数自同态取决于定义椭圆曲线的特定多项式。我们将会看到，$\mathbf{Q}$ 上的一些椭圆曲线有这种附加的自同态，而另一些椭圆曲线就没有这些额外的自同态。在后一种情况中，$\mathrm{end}(\mathcal{X})$ 作为环同构于整数环 $\mathbf{Z}$。在前一种情况中，$\mathrm{end}(\mathcal{X})$ 包含了 $\mathbf{Z}$ 的一个像，同时它也包含其他的自同态。

$\mathbf{Q}$ 上的一些椭圆曲线具有复数乘法，而其他的椭圆曲线没有，乍看起来，这可能显得很奇特。为了让这种情况看起来不那么令人惊奇，我们拿格中更熟悉的情况来作为参照，如图 10-8 所示。该图中的格在进行恰当的变换后保持不变，这对于任意格都成立。另外，这个格在进行 90°旋转后也保持不变。并不是每个格都具有这样的旋转
335 不变性。大多数都没有，但也有一些有。

只有一些格具有旋转对称性，但是大多数都没有这样的性质，就像有理数域上有些椭圆曲线有复数乘法，但是大多数都没有。

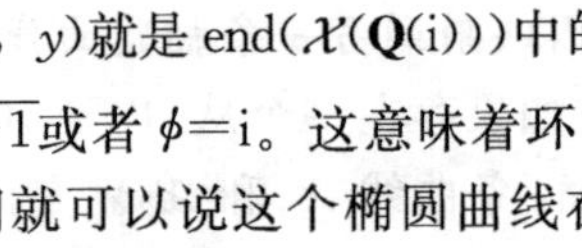

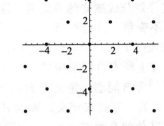

图 10-8 具有 90°旋转对称性的格

这种类比不仅仅是一个类比。在 10.16 节中，我们将会描述复数椭圆曲线和 $\mathbf{C}^2$ 中格之间的一个同构。那么，因为 $\mathbf{C}$ 上的每条椭圆曲线都和 $\mathbf{C}^2$ 中的一个格紧密关联，而 $\mathbf{Q}$ 上的每条椭圆曲线都可以嵌入 $\mathbf{C}$ 之中，我们可以期望 $\mathcal{X}(\mathbf{Q})$ 上复数乘法的存在性与复数格中

㊀ 尽管不一定是单射。——译者注

的一些性质有一定的关联性。实际上，也的确如此。一条椭圆曲线具有复数乘法，当且仅当，对应的复数格除了变换特性，还需具有适当的对称性。

具有旋转对称性的格的第二个例子如图 10-9 所示。这个格在 60°旋转后保持不变。图 10-9 表明格对应了椭圆曲线 $\mathcal{X}(\mathbf{Q})$：$y^2+y=x^3$。在这个例子和之前的例子中，即使格实际上位于 $\mathbf{C}^2$ 之中，也可以在实数平面上描述出来，因为格中每个点的 x 分量都是纯实数，而格中每个点的 y 分量都是纯虚数。$\mathbf{C}^2$ 中其他大多数格的 x 分量和 y 分量都有一个非零的实数部分和一个非零的虚数部分，不能这么轻易地在 $\mathbf{R}^2$ 中描绘出。

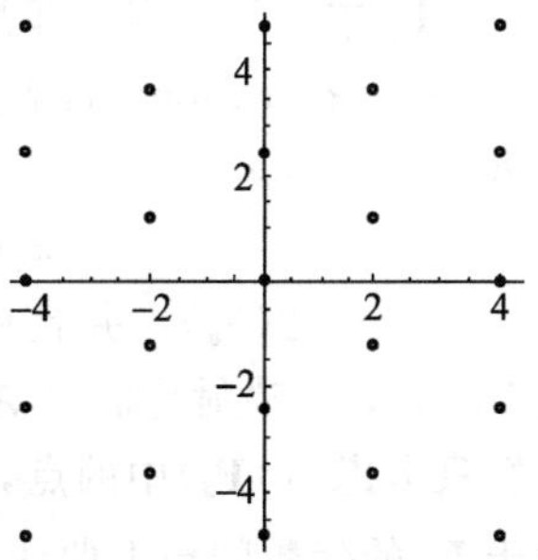

图 10-9 具有 60°旋转对称性的格

具有复数乘法的椭圆曲线的一些例子如下所述。

1) 多项式 $y^2=x^3+x$ 所定义的椭圆曲线 $\mathcal{X}$ 具有对应 $\sqrt{-1}$ 的复数乘法。与 $\mathrm{i}=\sqrt{-1}$ 相对应的 4 阶自同态由 $(x, y)\longmapsto(-x, \mathrm{i}y)$ 来给定。该同态中点的循环为

$$(x,y)\longmapsto(-x,\mathrm{i}y)\longmapsto(x,-y)\longmapsto(-x,-\mathrm{i}y)\longmapsto(x,y)$$

2) 多项式 $y^2=x^3+4x^2+2x$ 所定义的椭圆曲线 $\mathcal{X}$ 具有对应 $\sqrt{-2}$ 的复数乘法。对应 $\sqrt{-2}$ 的自同态由下式给定

$$(x,y)\longmapsto\left(-\frac{y^2}{2x^2},-\frac{y(x^2-2)\sqrt{-2}}{4x^2}\right)$$ 336

3) 多项式 $y^2=x^3+1$ 所定义的椭圆曲线 $\mathcal{X}$ 具有对应 $\sqrt{-3}$ 的复数乘法。在 $\mathbf{Q}(\sqrt{-3})$ 中点的循环为

$$(x,y)\longmapsto(\mathrm{e}^{\mathrm{i}2\pi/3}x,y)\longmapsto(\mathrm{e}^{\mathrm{i}\pi/3}x,y)\longmapsto(x,y)$$

由于 $\mathrm{e}^{\mathrm{i}\pi/3}=\cos\frac{\pi}{3}+\mathrm{i}\sin\frac{\pi}{3}=\frac{1}{2}+\mathrm{i}\frac{\sqrt{3}}{2}$，因此 $\mathbf{Q}(\mathrm{e}^{\mathrm{i}\pi/3})$ 可以表示为 $\mathbf{Q}(\sqrt{-3})$。

4) 多项式 $y^2+5xy=x^3-x^2+7x$ 所定义的椭圆曲线 $\mathcal{X}$ 具有对应 $\sqrt{-7}$ 的复数乘法。

上述多项式和其他几个多项式所定义的曲线具有复数乘法，如表 10-2 所示。在所列出的每种情况中，都存在一个从曲线到其自身的自同态，其特征与曲线中点和指定复数的乘法相同。

表 10-2 一些具有复数乘法的曲线

数域	椭圆的多项式	数域	椭圆的多项式
$\mathbf{Q}(\sqrt{-1})$	$y^2=x^3+x$	$\mathbf{Q}(\sqrt{-19})$	$y^2+y=x^3-38x+90$
$\mathbf{Q}(\sqrt{-2})$	$y^2=x^3+4x^2+2x$	$\mathbf{Q}(\sqrt{-43})$	$y^2+y=x^3-860x+9\,707$
$\mathbf{Q}(\sqrt{-3})$	$y^2+y=x^3$	$\mathbf{Q}(\sqrt{-67})$	$y^2+y=x^3-7370x+243\,528$
$\mathbf{Q}(\sqrt{-7})$	$y^2+xy=x^3-x^2-2x-1$	$\mathbf{Q}(\sqrt{-163})$	$y^2+y=x^3-217\,442\,0x+123\,413\,669$
$\mathbf{Q}(\sqrt{-11})$	$y^2+y=x^3-x^2-7x+10$		

10.13 有限域上椭圆曲线的同态

有限域 $\mathbf{F}_q$ 上椭圆曲线 $\mathcal{X}(\mathbf{F}_q)$ 的自同态环 $\mathrm{end}(\mathcal{X}(\mathbf{F}_q))$ 在某些方面相似于有理数域 $\mathbf{Q}$ 上一条椭圆曲线的自同态环 $\mathrm{end}(\mathcal{X}(\mathbf{Q}))$，但是在其他方面又有不同之处。一方面，$\mathrm{end}(\mathcal{X}(\mathbf{Q}))$ 有时只包含 $\mathbf{Z}$ 的一个像，而有时其他自同态也包含 $\mathbf{Z}$ 的一个像。另一方面，为了在有限域上的自同态环中找到 $\mathbf{Z}$ 的一个同构，人们需要找到代数闭包 $\overline{\mathbf{F}}_q$ 和环 $\mathrm{end}(\mathcal{X}(\overline{\mathbf{F}}_q))$。环 $\mathrm{end}(\mathcal{X}(\overline{\mathbf{F}}_q))$

总是包含了 $\mathbf{Z}$ 的一个同构，同样也总是包含其他的自同态。

前面我们说过，域 $\mathbf{F}_q$ 或其任意扩张域上的 Frobenius 映射由 $\pi_q(x)=x^q$ 来定义。之前
337 也说过，$\mathbf{F}_q$ 中的每个点 β 都是多项式 x^q-x 的一个零根，所以 $\mathbf{F}_q$ 中的每个 β 满足 $\beta^q=\beta$，因此 $\pi_q(\beta)=\beta$。Frobenius 映射可应用于有限域 $\mathbf{F}_q$ 或其任意扩张域上曲线 $\mathcal{X}$ 中任意点的坐标 x 和 y。这样就有

$$\pi_q(x,y) = (\pi_q(x),\pi_q(y)) = (x^q,y^q)$$

其中 $(x,\ y)\in\mathcal{X}(\mathbf{F}_q)$，并且依据惯例，无穷远点映射到其自身。由于 $(x^q,\ y^q)=(x,\ y)$，因此 Frobenius 映射将曲线 $\mathcal{X}(\mathbf{F}_q)$ 中的每个点映射到其自身。这是一个恒等映射，因此如果我们只考虑 $\mathcal{X}(\mathbf{F}_q)$ 中的点，Frobenius 映射就是平凡映射。然而，Frobenius 映射也可以应用于 $\mathbf{F}_q$ 的代数闭包上曲线 $\mathcal{X}(\overline{\mathbf{F}}_q)$ 中的点，一般是将 $\mathcal{X}(\overline{\mathbf{F}}_q)$ 中的一个点映射到 $\mathcal{X}(\overline{\mathbf{F}}_q)$⊖ 中的另一个点。容易看出，$\pi_q$ 将 $\mathcal{X}(\overline{\mathbf{F}}_q)$ 中的一个点 P 映射到 P 自身，当且仅当 P 是 $\mathcal{X}(\mathbf{F}_q)$ 中的一个元素。实际上，此映射可以用来作为识别 $\mathcal{X}(\mathbf{F}_q)$ 中点的方法。对于 $\mathcal{X}(\overline{\mathbf{F}}_q)$ 中的这些点及其他点，适用下述定理。

定理 10.13.1 *$\mathcal{X}(\overline{\mathbf{F}}_q)$ 上的 Frobenius 映射是一个自同态。另外，对于任意 $P\in\mathcal{X}(\overline{\mathbf{F}}_q)$，Frobenius 映射满足 $\pi_{q^k}(P)=P$，当且仅当，$P\in\mathcal{X}(\overline{\mathbf{F}}_{q^k})$。*

证明 为了证明定理中的第一个命题，需要证明对于每个 $P\in\mathcal{X}(\overline{\mathbf{F}}_q)$ 点，$\pi_q(P)$ 也是曲线 $\mathcal{X}(\overline{\mathbf{F}}_q)$ 中的一个点，并且 $\pi_q(P)$ 保持点的加法性质：$\pi_q(P+P')=\pi_q(P)+\pi_q(P')$。为了简化证明，我们只针对以下短 Weierstrass 形式的多项式所定义的曲线来给出定理的证明

$$y^2 = x^3 + ax + b$$

对于椭圆多项式中更一般性的 Weierstrass 形式，其证明本质上是相同的。

假设 $(x,\ y)\in\mathcal{X}(\overline{\mathbf{F}}_q)$。多项式等号两边同时求 q 次幂得到

$$(y^2)^q = (x^3 + ax + b)^q$$

因为 a 和 b 都是域 $\mathbf{F}_q$ 中的元素，定理 9.3.3 表明上式可以变成

$$(y^2)^q = (x^q)^3 + ax^q + b$$

这意味着 $(x^q,\ y^q)\in\mathcal{X}(\overline{\mathbf{F}}_q)$，从而证明了第一个性质。

接着，为了直接论证 Frobenius 映射保持了点的加法性质，我们可以明确地在 Frobenius 映射中代入点的加法计算公式。至于更多的几何论证，经过观察知道，如果点 P_1、P_2 和 P_3 在一条直线上，表示为直线 $y=ax+b$，那么点 $\pi_q(P_1)$、$\pi_q(P_2)$ 和 $\pi_q(P_3)$ 也在一条直线上，表示为 $y=a^qx+b^q$，这就证明了第二个性质。

定理中第二个命题是显然成立的，因为 $\pi_{q^k}(x,\ y)=(\pi_{q^k}(x),\ \pi_{q^k}(y))=(x,\ y)$ 成立，
338 当且仅当 $(x,\ y)\in\mathcal{X}(\mathbf{F}^{2}_{q^k})$。证毕。 □

该定理可以简洁地表示为 $\pi_q(\mathcal{X}(\overline{\mathbf{F}}_q))=\mathcal{X}(\overline{\mathbf{F}}_q)$。这是一个等式，而非子集间的包含，因为每个点都是有限阶元，所以对每个 P，都存在一个 m 满足 $\pi_{q^m}(P)=P$。从这个定理来看，当应用于有限域上椭圆曲线中的点时，Frobenius 映射是一个自同态。然而，接下来将会描述一个不同的而又更加复杂的自同态，称为 Frobenius 自同态。

Frobenius 映射 $\pi_q(P)$ 将 $\mathcal{X}(\overline{\mathbf{F}}_q)$ 中的每个点映射到 $\mathcal{X}(\overline{\mathbf{F}}_q)$ 中的另一个点并且在加法下是封闭的。此外 $\pi_q^2(P)$ 定义为 $\pi_q(\pi_q(P))$。因此，任意整系数多项式 $p(x)$ 给出了另一个映

⊖ 原书有误。——译者注

射 $p(\pi_q)$。下面的定义通过多项式 $p(x)=x^2-tx+q$ 来给出了上述结论的一个重要实例。

定义 10.13.2 Frobenius 特征自同态是一个关于平面 $\overline{\mathbf{F}}_q^2$ 上点的函数，定义为

$$\psi_q(P) = \pi_q^2(P) - [t]\pi_q(P) + [q]P$$

其中 $\pi_q^2(P)=\pi_q(\pi_q(P))$，而 t 是曲线的 Frobenius 轨迹。

很容易看出基域 $\mathbf{F}_q$ 上椭圆曲线 $\mathcal{X}(\mathbf{F}_p)$ 中的每个点 P 都满足由下式给定的 Frobenius 特征方程

$$\pi_q^2(P) - [t]\pi_q(P) + [q]P = \mathcal{O}$$

现在我们知道，这不过是论证以下结论，在任何有限阿贝尔群中，群的阶数乘上群中任意元素都会得到幺元。点 P 的阶数是使得$[r]P=\mathcal{O}$成立的最小正整数 r。群 $\mathcal{X}(\mathbf{F}_q)$的阶数为 $\#\mathcal{X}(\mathbf{F}_q)=q+1-t$，因此任意元素 P 的阶数整除 $q+1-t$。这样对于 $\mathcal{X}(\mathbf{F}_p)$中的每个点 P 都有$[q+1-t]P=\mathcal{O}$。然后利用阿贝尔群中加法的标准性质，上述方程可以改写为

$$P - [t]P + [q]P = \mathcal{O}$$

对于 $P\in\mathcal{X}(\mathbf{F}_q)$，有$(x^{q^2}, y^{q^2})=(x^q, y^q)=(x, y)$，因此对于所有的$(x, y)\in\mathcal{X}(\mathbf{F}_q)$，上式可以改写为

$$(x^{q^2}, y^{q^2}) - [t](x^q, y^q) + [q](x, y) = \mathcal{O}$$

简而言之，对于所有的 $P\in\mathcal{X}(\mathbf{F}_q)$这就变成了 $\psi_q(P)=\mathcal{O}$。这样该特征多项式将 $\mathcal{X}(\mathbf{F}_q)$中的每个点映射到群中的单位元 $\mathcal{O}$。

下面的定理将这一结论推广到 $\mathcal{X}(\overline{\mathbf{F}}_q)$中的所有点。该定理表明 $\psi_q[\mathcal{X}(\overline{\mathbf{F}}_q)]=\{\mathcal{O}\}$。此证明是基于扭转点的概念。如 12.7 节中定义，只要 m 与 q 互素，$\mathcal{X}(\overline{\mathbf{F}}_q)$中满足$[m]P=\mathcal{O}$的任意点 P 就是一个 m 扭转点。所有 m 扭转点构成的集合是 $\mathcal{X}(\overline{\mathbf{F}}_q)$的一个子群并且表示为 $\mathcal{X}(\mathbf{F}_q)[m]$。 339

该子群由所有 m 扭转点构成，阶数为 m^2 并且满足以下同构关系

$$\mathcal{X}(\overline{\mathbf{F}}_q)[m] \simeq \mathbf{Z}_m \times \mathbf{Z}_m$$

这是一个强有力的命题，将会在 12.8 节中进行充分的解释说明。此处我们将利用到这个结论，并且提前借鉴定理 12.8.2 作为判断证明的依据。

因为上述同构右边的集合 $\mathbf{Z}_m$ 是模 m 的整数加法，$\mathbf{Z}_m$ 可以直观地看成排列在圆环中的 m 个离散点。那么 $\mathbf{Z}_m\times\mathbf{Z}_m$ 就可以直观地看成一个离散圆环曲面。可以简单地从 $\mathbf{Z}^2$ 格点中取 $m\times m$ 片段，并通过连接左右边缘再连接上下边缘，从而缠绕成一个圆环曲面。这就构成了圆环曲面 $\mathbf{Z}_m\times\mathbf{Z}_m$。图 10-10 描绘了一个圆环曲面，由 $\mathbf{Z}_m\times\mathbf{Z}_m$ 所描述的离散网格内接而成。下一个定理的证明将要参考这个离散圆环曲面。

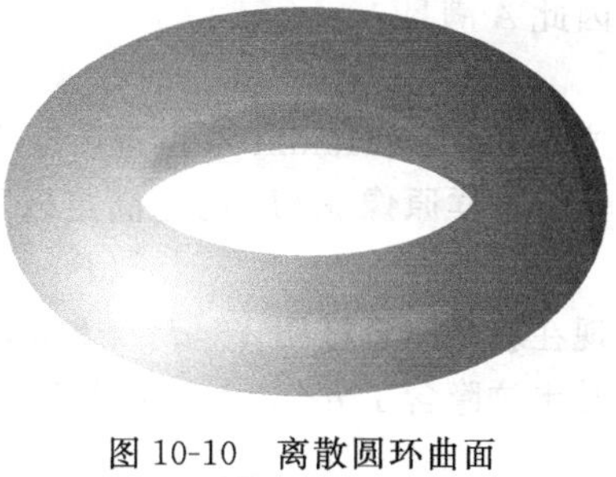

图 10-10 离散圆环曲面

定理 10.13.3 Frobenius 的特征自同态 $\psi_q(P)$对于曲线 $\mathcal{X}(\overline{\mathbf{F}}_q)$中的所有点 P 都满足

$$\pi_q^2(P) - [t]\pi_q(P) + [q]P = \mathcal{O}$$

证明 我们已经观察到，对于所有的 $P\in\mathcal{X}(\overline{\mathbf{F}}_q)$，这个命题都直接成立，因为这就是前面已经证明过的命题，一个有限群中的每个元素与其阶数相乘都得到单位元。相应地，我们需要证明的任务就是将该结论推广到代数闭包 $\overline{\mathbf{F}}_q$ 上的曲线 $\mathcal{X}(\overline{\mathbf{F}}_q)$之中。对于一些素数 m 来说，由于 $\mathcal{X}(\overline{\mathbf{F}}_q)$中的每个点都是一个 m 扭转点，因此只需要固定素数 m，并证明该定理对于所有的 m 扭转点都成立就足够了。

我们将要讨论定理 12.8.2 中给出的同构 $\mathcal{X}(\overline{\mathbf{F}}_q)[m]\simeq\mathbf{Z}_m\times\mathbf{Z}_m$。该同构将 $\mathcal{X}(\overline{\mathbf{F}}_q)[m]$ 中的一个点 P 和 $\mathbf{Z}_m\times\mathbf{Z}_m$ 中的一个元素 $\Omega=(z_1, z_2)$一一对应。但是如果 P 是 $\mathcal{X}(\overline{\mathbf{F}}_q)$中的一个 m 扭转点，那么 $\pi_q(P)$就是 $\mathcal{X}(\overline{\mathbf{F}}_q)$中一个阶数为 m 的点。如果 P 对应Ω，那么 $\pi_q(P)$

340 在 $\mathbf{Z}_m\times\mathbf{Z}_m$ 中的像就可以表示为$\hat{\pi}_q(\Omega)$。于是 $\pi_q(P)$与$\hat{\pi}_q(\Omega)$的对应关系可以采用以下图解的方式来说明：

$$\begin{array}{ccc} \mathcal{X}(\overline{\mathbf{F}}_q)[m] & \leftrightarrow & \mathbf{Z}_m\times\mathbf{Z}_m \\ \pi_q(\cdot)\downarrow & & \downarrow\hat{\pi}_q(\cdot) \\ \mathcal{X}(\overline{\mathbf{F}}_q)[m] & \leftrightarrow & \mathbf{Z}_m\times\mathbf{Z}_m \end{array}$$

这也可以用点来简单表示如下

$$\begin{array}{ccc} P & \leftrightarrow & \Omega \\ \downarrow & & \downarrow \\ \pi_q(P) & \leftrightarrow & \hat{\pi}_q(\Omega) \end{array}$$

通过这个定义，从 Ω 到$\hat{\pi}_q(\Omega)$的映射可以看成是上述图解中其他三个箭头的合成。我们将通过观察 $\mathbf{Z}_m\times\mathbf{Z}_m$ 中像$\hat{\pi}_q(\Omega)$的特征来确定 $\pi_q(P)$的特征。

假设(β_1, β_2)是 $\mathbf{Z}_m\times\mathbf{Z}_m$ 的一个基，并假定$\hat{\pi}_q$ 是由 π_q衍生的从 $\mathbf{Z}_m\times\mathbf{Z}_m$ 到 $\mathbf{Z}_m\times\mathbf{Z}_m$ 的映射。现在证明就变成线性代数中的 Cayley-Hamilton 定理在函数$\hat{\pi}_q$ 中的应用了。为此目的，我们观察到 $\mathcal{X}(\overline{\mathbf{F}}_q)[m]$上的 Frobenius 映射满足以下线性条件

$$[\alpha]\pi_q(P_1)+[\beta]\pi_q(P_2)=\pi_q([\alpha]P_1+[\beta]P_2)$$

因此 $\pi_q(P)$是 $\mathcal{X}(\overline{\mathbf{F}}_q)[m]$上的一个线性函数。这意味着它的像$\hat{\varphi}_q(z)$也是 $\mathbf{Z}_m\times\mathbf{Z}_m$ 上的一个线性函数。对于一些 2×2 的整数矩阵 $\mathbf{A}$，该函数必定具有以下形式

$$\hat{\varphi}_q(\beta_1,\beta_2)=\begin{bmatrix} a & b \\ c & d \end{bmatrix}\begin{bmatrix} \beta_1 \\ \beta_2 \end{bmatrix}(\bmod m)=\mathbf{A}\begin{bmatrix} \beta_1 \\ \beta_2 \end{bmatrix}(\bmod m)$$

Cayley-Hamilton 定理适用于实数域上的矩阵，因此也适用于 $\mathbf{Z}$ 上的矩阵 $\mathbf{A}$。多项式 $p(\lambda)=\det(\mathbf{A}-\lambda\mathbf{I})$是矩阵 $\mathbf{A}$ 的特征多项式。该多项式为

$$p(\lambda)=\lambda^2-(a+d)\lambda+(ad-bc)$$

因此 $\mathbf{A}$ 满足

$$\mathbf{A}^2-(a+d)\mathbf{A}+(ad-bc)\mathbf{I}=\mathbf{O}$$

这与 Cayley-Hamilton 定理所断言的一致。

这样原像 $\pi_q(P)$必定满足以下多项式方程

341 $$\pi_q^2(P)-[a+d]\pi_q(P)+[ad-bc]P=\mathcal{O}$$

现在就只剩下证明 $a+d=t$ 和 $ad-bc=q$。只需要证明 $ad-bc=q$ 就足够了，因为很容易看出这隐含了 $a+d=t$。但是我们知道对于一些 k 有 $\pi_q^k(P)=P$，这意味着

$$\begin{bmatrix} a & b \\ c & d \end{bmatrix}^k=\mathbf{I}$$

那么对于一些小于 k 的 j 就有$[\det\mathbf{A}]^k=1(\bmod q^k-1)$并且$[\det\mathbf{A}]^j\neq 1(\bmod q^j-1)$，这可以推出 $\det\mathbf{A}=q$。

我们可以得出结论，对于素数 m 的每个取值，该定理适用于 $\mathcal{X}(\overline{\mathbf{F}}_q)$中的所有 m 扭转点。因为对于 m 的一些取值来说，$\mathcal{X}(\overline{\mathbf{F}}_q)$中的每个点都是一个 m 扭转点，所以该定理适用于 $\mathcal{X}(\overline{\mathbf{F}}_q)$中的每个点。证毕。 □

有一些观点可能有助于对上述定理进行解释说明。$\mathbf{F}_q$ 上的一个多项式也是 $\mathbf{F}_{q^2}$ 上的一

个多项式，我们可以选择后者来作为基域。回顾推论 10.11.3 可知

$$\#\mathcal{X}(\mathbf{F}_{q^2}) = (q+1-t)(q+1+t)$$

因此群 $\mathcal{X}(\mathbf{F}_{q^2})$的阶数就是$(q+1-t)(q+1+t)$，从而有

$$[(q+1-t)(q+1+t)]P = \mathcal{O}$$

$\mathcal{X}(\mathbf{F}_{q^2})$的特征多项式可以因式分解为

$$(\pi_q^2 + [t]\pi_q + [q])(\pi_q^2 - [t]\pi_q + [q])P = \mathcal{O}$$

令 $P'=(\pi_q^2-[t]\pi_q+[q])P$。那么要么 $P'=\mathcal{O}$，要么 P 映射到满足$(\pi_q^2+[t]\pi_q+[q])P'=\mathcal{O}$的点 P'。该定理表明前一个选项总是成立。

更一般地，我们也可以将 $\mathbf{F}_{q^m}$ 看成基域并运用推论 10.11.3 可以得到

$$Q(\pi_q)(\pi_q^2 - [t]\pi_q + [q])P = \mathcal{O}$$

和前面类似，令

$$P' = (\pi_q^2 - [t]\pi_q + [q])P$$

那么要么 $P'=\mathcal{O}$，要么 $Q(\pi_q)P'=\mathcal{O}$。该定理表明前一个选项总是成立。 342

10.14 基域上的点计数

在 10.11 节中，当所定义的多项式的所有系数都在较小的基域 $\mathbf{F}_q$ 上时，我们描述了一种对大扩张域 $\mathbf{F}_{q^m}$ 上椭圆曲线中的点数进行计数的高效方法。此方法采用曲线上有理点的数量来进行初始化。这些点都是曲线上的点，点的纵横坐标都在基域 $\mathbf{F}_q$ 之中。如果基域较小，那么曲线上有理点的总数就可以通过直接枚举的常规方法得出。然而，当定义椭圆曲线的多项式的系数在较大的域中时，直接枚举对于曲线上的点计数并不是一种合适的方法，因为此时有理点的数量是极大的，近似等于域本身的大小。对于一个大素数 p，当曲线定义在域 $\mathbf{F}_p$ 上时，$\mathbf{F}_p$ 上需要采用一种特定的点计数算法。对于这样的域而言，点计数可以基于一种称为 Schoof 算法的方法来求解，此处我们只用普通的术语来描述该算法，并且只进行简要介绍。

Schoof 算法用来计算一个极大整数 $\#\mathcal{X}(\mathbf{F}_q)$，但我们真正想要知道的是 $\#\mathcal{X}(\mathbf{F}_q)$的最大素因子。通常情况下，我们想要知道的最大素因子与 q 是可比的，但目前大整数的因子分解方法还是未知的。我们可以通过以下方式来绕过对 $\#\mathcal{X}(\mathbf{F}_q)$因子分解的需求。首先，通过除法试验，我们从 $\#\mathcal{X}(\mathbf{F}_q)$中排除掉尽可能多的小素数因子，这是合理可行的。之后，我们对上一步所产生的整数进行素性检验。如果素性检验失败，那么该曲线就会被舍弃，继而对一条新的曲线进行检验。此搜索过程会采用这种方式持续检验曲线，直到找到一条具有大素数因子的曲线为止。有了这样的一套流程，我们就不需要尝试对 $\#\mathcal{X}(\mathbf{F}_q)$进行完全因子分解了。

Schoof 算法通过将一个大问题分解为多个小的子问题来计算椭圆曲线的 Frobenius 轨迹 t，子问题可以运用中国剩余定理来联合求解。让我们来回顾一下，Frobenius 轨迹 t 的定义是 $t=q+1-\#\mathcal{X}(\mathbf{F}_q)$，即域的大小加 1 之和与椭圆曲线的阶数之差。Hasse-Weil 界告诉我们$|t|\leqslant 2\sqrt{q}$。由于 t 远小于 q，因此 Hasse-Weil 界为我们保证了大型有限域上一条椭圆曲线中点的数量近似等于域的大小，二者之差与域的大小的平方根成正比。然而，Hasse-Weil 界只给出了关于 t 的一个平方根界。它并没有给出曲线上确切的点数，而我们需要确切地知道点的数量。

有了这一观察结果，我们的任务就简化为对 t 的计算，而 t 是一个明显小于 $\#\mathcal{X}(\mathbf{F}_q)$的数，但 t 仍然很大。对于满足 $\prod_i \ell_i$ 大于 $4\sqrt{q}$的多个小素数 ℓ_i，Schoof 算法通过计算 $t_i=$

$t(\bmod \ell_i)$来规避直接计算 t 的困难性，而 t 必定位于 $4\sqrt{q}$这一区间之内。然后，我们运用
343 中国剩余定理从一组余数 t_i 来计算 t。得到了 t，我们就能轻易地求解出 $\#\mathcal{X}(\mathbf{F}_q)$。

Frobenius 特征方程可以写成

$$(x^{q^2}, y^{q^2}) + [q](x,y) = [t](x^q, y^q)$$

其中$[q](x, y)$和$[t](x^q, y^q)$分别定义为点的加法下点$(x, y)\in \mathcal{X}(\overline{\mathbf{F}}_q)$的 q 倍乘积和点$(x^q, y^q)\in \mathcal{X}(\overline{\mathbf{F}}_q)$的 t 倍乘积，而$+$就是表示点的加法。Frobenius 特征方程看似给出了计算 t 的一种方法。选取任意点 $P=(x, y)$，并同时计算(x^{q^2}, y^{q^2})和(x^q, y^q)。然后，求解出满足$[t](x^q, y^q)=(x^{q^2}, y^{q^2})+[q](x, y)$的 t 值即可。然而，这一方程式具有$[*]P=Q$的形式。要求解此方程，人们需要计算曲线群中的离散对数，而这是一个复杂难解的计算问题。取而代之的是，Schoof 算法则只需要选取几个阶数为小素数 ℓ_i 的点 $P=(x, y)$，并只需对这些点展开计算即可。对于这些小问题，计算不再是复杂难解的了。采用这样的方式，Schoof 算法将一个复杂难解的大问题分解为简单易处理的小问题，然后运用中国剩余定理来对这些小问题联合求解。

Frobenius 轨迹位于宽度为 $4\sqrt{q}$的区间之内，因为对于一条椭圆曲线，t 满足

$$-2\sqrt{q}\leqslant t\leqslant 2\sqrt{q}$$

因此由中国剩余定理可知，任意一组满足 $\prod_i \ell_i > 4\sqrt{q}$ 且两两互素的整数 ℓ_i 都可以作为一组模数，这样就能由相对应的余数来求解出 t。出于这个目的，我们需要选取 ℓ_i 为素数。从素数定理可以看出，为了达到我们的目的，需要数量级为 $\log q$ 个的素数。

定理 10.14.1 假设 P 为 $\mathcal{X}(\overline{\mathbf{F}}_q)$中一个阶数为素数 ℓ 的元素。那么 P 满足

$$\pi_q^2(P) - [t_\ell]\pi q(P) + [q_\ell]P = \mathcal{O}$$

其中 $t_\ell=t(\bmod \ell)$，$q_\ell=q(\bmod \ell)$。

证明 定理 10.13.3 表明对于 $\mathcal{X}(\overline{\mathbf{F}}_q)$中的所有元素，都有 $\pi_q^2(P)-[t]\pi_q(P)+[q]P=\mathcal{O}$。如果 P 是一个阶数为 ℓ 的点，其中 ℓ 是一个素数，那么就有$[q]P=[q_\ell]P$。此外，如果 P 是一个阶数为 ℓ 的点，那么由于$[t]\pi_q(P)=\pi_q([t]P)$，因此我们就可以得到$[t]\pi_q(P)=\pi_q([t_\ell]P)=[t_\ell]\pi_q(P)$。由此定理得证。 □

现在 Schoof 算法的主要思路已经建立起来了。然而，它还没有达到足够成熟的形式，而不能投入实际运算。我们剩下的任务是，对每个素数 ℓ_i，找到阶数为 ℓ_i 的点 P。由于这样的点 P 可能会在一个极大的扩张域上，因此这一过程可能会是困难的，或者说找出并直观明确地表述这样的一个点几乎是不可能的。幸运的是，我们可以在只知道它们存在的前
344 提下隐性地处理这些点，并且只需要利用定理 10.14.1 所需的性质。这一过程是通过使用一个特定的商环来实现的，这一商环记作 R_ℓ，作为扭转群 $\mathcal{X}(\overline{\mathbf{F}}_q)[\ell]$中所有点的代表，$\mathcal{X}(\overline{\mathbf{F}}_q)[\ell]$是一个由满足$[\ell]P=\mathcal{O}$的所有点 $P\in\mathcal{X}(\overline{\mathbf{F}}_q)$构成的群。为了实现这个过程，需要该理论的一些重要扩展，但是此处没有给出。

Schoof 算法纲要的基本结构如图 10-11 所示。$\mathcal{X}(\overline{\mathbf{F}}_q)$的 ℓ 扭转群采用集合 R_ℓ 来表示。算法的核心步骤是，在并不对 R_ℓ 中的点进行实际计算的情况下，在 Frobenius 特征多项式上测试 R_ℓ 中的点，此处我们不再叙述。

举个例子，我们将简单地介绍 Schoof 算法应用于计算域 $\mathbf{F}_{64}$上椭圆曲线 $\mathcal{X}$：$y^2+xy=x^3+1$ 中点的数量。因为 64 是 2 的幂而基域是 $\mathbf{F}_2$，我们可以通过采用 10.11 节中的递推方法来轻易地计算出曲线上点的数量，并且可以得到$\#\mathcal{X}(\mathbf{F}_{64})=56$ 和 $t=9$。但是，如果

我们所处理的曲线太大，那么就不能采用这些简单的方法。

为了运用 Schoof 算法来计算曲线的阶数，首先选择足够数量的小素数以满足它们的乘积超过 $4\sqrt{64}=32$。素数组 2、3、5 和 7 满足这个条件。相应地，对于每个 ℓ，我们需要计算 $t(\bmod \ell)$。这就是下面这些余数：

令 $\ell=2$，我们可以得到 $t(\bmod 2)=t_2=1$

令 $\ell=3$，我们可以得到 $t(\bmod 3)=t_3=0$

令 $\ell=5$，我们可以得到 $t(\bmod 7)=t_5=2$

令 $\ell=7$，我们可以得到 $t(\bmod 7)=t_7=2$

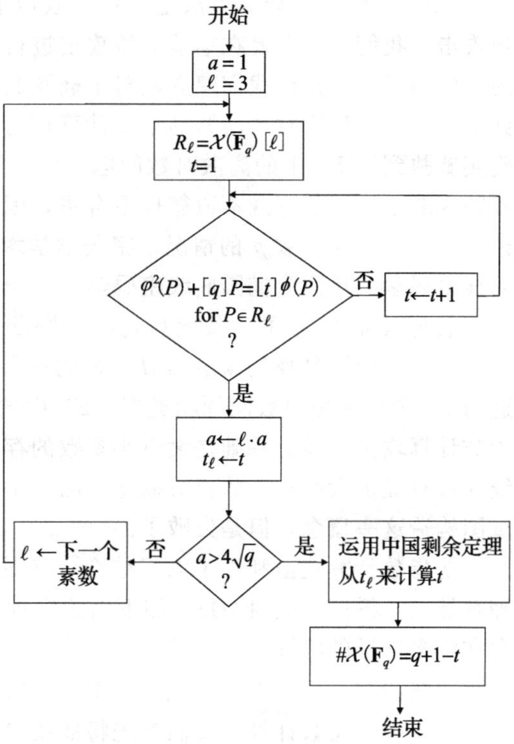

图 10-11 Schoof 算法的结构

对于 ℓ 的每个取值，可以采用任何合适的方法来计算对应的每个余数。依据这些余数，我们可以通过中国剩余定理计算得到 $t=9$，由此可得 $\#\mathcal{X}(\mathbf{F}_{64})=q+1-t=56$，这与之前的计算结果一致。

为了计算所需要的余数，对于不同的 ℓ_i 可以采用不同的方法。对于 $\ell=2$，我们可以立即得出结论，由于曲线不是一条超奇异曲线，因此轨迹是奇数，从而有 $t(\bmod 2)=t_2=1$。接着，为了计算 t_3，令 $\ell=3$，因此我们需要求解以下方程

$$[t_3]\pi_q(P)=\pi_q^2(P)+P$$

其中点 P 是 $\mathcal{X}(\overline{\mathbf{F}}_q)$ 中任意阶数为 3 的点，因而有 $[64]P=P$。我们可以假设一个阶数为 3 的点可能位于一个超大的扩张域之中。如果真是这样，我们别想要看到这个点。另外，由于我们还不知道曲线 $\mathcal{X}(\mathbf{F}_q)$ 的阶数，因而我们无法知道扩张域的规模。我们也不知道如何找到一个阶数为 3 的点。我们需要将定理扩展到阶数为 3 的点而又无须计算出它们。类似地，我们也需要将该定理扩展到阶数为 ℓ 的点而又无须计算出它们。此处我们不阐述具体如何去做，只是做一些讨论。

对于每个选定的素数 ℓ，Schoof 算法需要计算 $t(\bmod \ell)$。为达此目的，下面的过程很有用。先确定多项式 x^2-tx+q 对于模素数 ℓ 能否因式分解。如果它可以分解，那么就通过一种称为 Elkies 算法的方法来确定 $t(\bmod \ell)$。否则，如果多项式 x^2-tx+q 在 ℓ 上不能因式分解，那么就通过一种称为 Atkins 算法的方法来确定 $t(\bmod \ell)$。该术语可能不是很准确地表明了两种方法之间的不同之处在于 ℓ 的特定选择，但是同样也依赖于 t 和 q。这样给定一个素数 ℓ，对于一些椭圆曲线，我们可以选择 Elkies 方法，而对于其他的椭圆曲线，我们可以选择 Atkins 方法，这取决于 t 和 q 的取值。当然，我们并不知道 t，因此我们需要采用一种间接的方法来确定多项式 x^2-tx+q 是否可以因式分解。 345~346

Elkies 方法和 Atkins 方法的关键在于一个 ℓ 扭转点不仅是椭圆曲线多项式的零根，而且也是其他多项式的零根。如果可以找到满足一个 ℓ 扭转点 P 就是一个零根的任意多项式 $f(x, y)$，那么该多项式就可以通过消除一些项来简化复杂性。这就意味着对于任意选定的 ℓ，我们需要找到一个满足所有 ℓ 扭转点都是零根的多项式。求解此问题的方法是已知的，但是这会让我们远远偏离需要探讨的内容。

10.15 Xedni(仿指数)计算方法

Xedni(仿指数)计算方法是针对素数域上有限椭圆曲线群中离散对数问题的一种不成功攻击。我们之所以要在本节对该攻击进行讨论，是因为此种攻击方式的失败提供了部分的专门知识，能够让我们建立起对于椭圆曲线密码学安全性的信心。仿指数计算攻击是受到了有限域上离散对数问题的指数计算攻击方法启发而产生的。然而，虽然指数计算攻击确实威胁到了 $\mathbf{F}_p^*$ 上的离散对数问题，但人们认为仿指数计算攻击对于椭圆曲线密码学的威胁太弱了。由于它既不道德也不合法，因此本节我们将讨论仿指数计算。此处我们只考虑域的大小 q 为素数 p 的情况。密码学学术界的结论是仿指数计算方法不能够威胁到椭圆曲线密码学，反而为椭圆曲线密码学的安全性提供了一种有趣的验证。

假定 $\mathcal{X}$是 $\mathbf{F}_p$ 上的一条椭圆曲线，并假设 P 和 S ㊀是 $\mathcal{X}(\mathbf{F}_p)$中的两个点。椭圆曲线上的离散对数问题是找到满足$[a]P=S$ 的整数 a，其中$[a]P$ 表示 a 个 P 采用点的加法相加。这与 $\mathbf{F}_p^*$ 中的离散对数问题相类似，$\mathbf{F}_p^*$ 中的离散对数问题容易遭受到指数计算攻击，但是指数计算攻击的前提基础是大量小素数的存在性以及平滑整数的概念。相比而言，椭圆曲线并没有提供大量小点的相应概念，因为本来就不存在小点的概念。仿指数计算攻击方法试图构造这一概念，但是失败了。

仿指数计算攻击利用了以下结论，有限域上的一条椭圆曲线 $\mathcal{X}(\mathbf{F}_q)$可以提升为一条有理数域上的椭圆曲线 $\mathcal{X}(\mathbf{Q})$，如下面的定理 10.15.1 中所述。实际上，在有理数域上可能存在很多这样的椭圆曲线，且许多曲线具有超大系数，$\mathcal{X}(\mathbf{F}_q)$可以提升到这些曲线。一条椭圆曲线 $\mathcal{X}(\mathbf{F}_q)$的提升是指曲线 $\mathcal{X}(\mathbf{Q})$上的点可以通过模 p 求余化简到 $\mathcal{X}(\mathbf{F}_q)$上。

为了模仿指数计算，我们首先将曲线 $\mathcal{X}(\mathbf{F}_q)$提升为曲线 $\mathcal{X}(\mathbf{Q})$，然后将两个点 P 和 S 提升到 $\mathcal{X}(\mathbf{Q})$上。如前面所述，人们认为这个任务可能比要求替换的离散对数问题更加困
347 难。这是因为尽管点 P 和 S 都提升到 $\mathbf{Q}$ 之中，但可能是采用两个相当大的整数之比来表示的，甚至是难以处理的大整数。取而代之的是，有人首先将椭圆曲线 $\mathcal{X}(\mathbf{F}_q)$上随机选定的一小部分点提升到平面 $\mathbf{Q}^2$ 之中，然后拟合一条经过这些点的椭圆曲线，并希望这些提升的点是线性相关的，这才有可能应用仿指数计算方法。然而仿指数计算方法在这个地方失败了，因为要求这些提升点线性相关几乎是不可能的。目前普遍认为不存在计算上简单易行的方法来确保提升后的点是线性相关的。

提升的有效性基于以下定理。

定理 10.15.1 *假设 P 和 S 是椭圆曲线 $\mathcal{X}(\mathbf{F}_q)$：$y^2=x^3+Ax+B$ 中的两个元素。那么在有理数域 $\mathbf{Q}$ 上存在一条椭圆曲线 $\mathcal{X}(\mathbf{Q})$：$y^2=x^3+\hat{A}x+\hat{B}$使得整数$\hat{A}$和$\hat{B}$以及点$\hat{P}$和$\hat{S}$满足在模 p 等价运算下，有 $A\equiv\hat{A}$，$B\equiv\hat{B}$，$P\equiv\hat{P}$和 $S\equiv\hat{S}$。*

证明 假设 $P=(x_1, y_1)$和 $S=(x_2, y_2)$是 $\mathcal{X}(\mathbf{F}_q)$：$y^2=x^3+Ax+B$ 中的两个点。为了证明该定理，我们需要选择恰当的整数$\hat{A}$和$\hat{B}$以及坐标都是整数的整点$\hat{P}=(\hat{x}_1, \hat{y}_1)$和整点$\hat{S}=(\hat{x}_2, \hat{y}_2)$，使得$\hat{P}=P \pmod p$而$\hat{S}=S \pmod p$，并且满足$\hat{P}$和$\hat{S}$都在曲线 $\mathcal{X}(\mathbf{Q})$：$y^2=x^3+\hat{A}x+\hat{B}$上。$x_1=x_2$ 和 $x_1\neq x_2$ 这两种情况需要分开考虑。

设 P 和 S 的 x 坐标不同：$x_1\neq x_2$。选取整数$\hat{x}_1$ 和$\hat{x}_2$ 使得$\hat{x}_1=x_1 \pmod p$并且$\hat{x}_2=x_2 \pmod p$。选取$\hat{y}_1$ 使得$\hat{y}_1=y_1 \pmod p$。选取$\hat{y}_2$ 使得$\hat{y}_2=y_2 \pmod p$并且满足 $y_2^2-y_1^2=$

㊀ 注意区分加粗的有理数域 $\mathbf{Q}$ 和未加粗的点 Q；为了从视觉上明显区分，译者将点 Q 改为点 S。——译者注

$0(\bmod\ x_2-x_1)$。由中国剩余定理可知，满足限定条件是完全有可能的，因为$|x_2-x_1|<p$，所以 $\mathrm{GCD}(p, x_2-x_1)=1$。

接着我们需要选取$\hat{A}$和$\hat{B}$并满足

$$\hat{y}_1^2=\hat{x}_1^3+\hat{A}\hat{x}_1+\hat{B}$$
$$\hat{y}_2^2=\hat{x}_2^3+\hat{A}\hat{x}_2+\hat{B}$$

我们可以求解出这两个方程式中的$\hat{A}$和$\hat{B}$，得到

$$\hat{A}=\frac{\hat{y}_2^2-\hat{y}_1^2}{\hat{x}_2-\hat{x}_1}-\frac{\hat{x}_2^3-\hat{x}_1^3}{\hat{x}_2-\hat{x}_1}$$
$$\hat{B}=\hat{y}_1^2-\hat{x}_1^3-\hat{A}\hat{x}_1$$

但是$\hat{y}_2^2-\hat{y}_1^2$和$\hat{x}_2^3-\hat{x}_1^3$都可以被$\hat{x}_2-\hat{x}_1$整除，这意味着上述方程式右边的所有分数都是整数。因此$\hat{A}$和$\hat{B}$都是整数。我们可以读得出结论点$\hat{P}$和$\hat{S}$确实位于所需的曲线$\mathcal{X}(\mathbf{Q})$：$y^2=x^3+\hat{A}x+\hat{B}$上。

现在，假设 P 和 S 的 x 坐标是相等的：$x_1=x_2$。在这种情况下 $P=\pm S$。选取整数 348
$\hat{x}_1$、$\hat{y}_1$ 和$\hat{A}$使得 $x_1=x_2=\hat{x}_1(\bmod\ p)$，$y_1=\hat{y}_1(\bmod\ p)$，并且 $A=\hat{A}(\bmod\ p)$。接着，令$\hat{B}=\hat{y}_1^2-\hat{x}_1^3-\hat{A}\hat{x}_1$。那么$\hat{P}=(\hat{x}_1, \hat{y}_1)$和$\hat{Q}=\pm\hat{P}$就是$\hat{\mathcal{X}}(\mathbf{Q})$：$y^2=x^3+\hat{A}x+\hat{B}$中的点。

最后，我们需要验证$\hat{\mathcal{X}}(\mathbf{Q})$没有奇异点。但是

$$4\hat{A}^3+27\hat{B}^2=4A^3+27B^2(\bmod\ p)$$

是非零的，因此$\hat{\mathcal{X}}(\mathbf{Q})$没有奇异点。这是 $\mathbf{Q}$ 上符合所需条件的一条椭圆曲线。证毕。 □

注意如果 $\mathbf{F}_p$ 下的素数 p 含有 100 位十进制数字，那么系数$\hat{A}$和$\hat{B}$可能含有 300 位十进制数字。这就是为什么需要提出备选方法的原因。

针对离散对数问题$[a]P=S$ 的仿指数计算攻击过程描述如下。任意二元三次多项式 $ax^3+bx^2y+cxy^2+dy^3+ex^2+fxy+gy^2+hx+iy+j$ 含有 10 个系数，但是如果要求 y^3 的系数为 0，那么就只有 9 个系数是任意的。这就意味着一个采用 Weierstrass 形式的三次多项式可以经过任意 9 个点，但是一般而言，不会超过 9 个点。

我们选取 r 对整数(s_i, t_i)，其中 $i=1, \cdots, r$，并且 r 最大为 9，但是典型情况是 5 或 6。这意味着计算尚未确定，允许具有灵活性。那么，为了求解$[a]P=S$，我们构造曲线$\mathcal{X}(\mathbf{F}_p)$上的 r 个试验点

$$P_i=[s_i]P-[t_i]Q$$

我们将每个这样的点 P_i 提升为有理数平面 $\mathbf{Q}^2$ 上的一个点$\hat{P}_i$，并构造经过这些点的曲线$\mathcal{X}(\mathbf{Q})$。这是完全有可能的，因为 Weierstrass 形式含有 9 个自由系数。通过选定曲线$\mathcal{X}(\mathbf{Q})$，现在所有提升后的点$\hat{P}_i$ 在曲线 $\mathcal{X}(\mathbf{Q})$上都有代理点。

如果这样的情况存在，那么就可以在有理数域 $\mathbf{Q}$ 上的曲线 $\mathcal{X}(\mathbf{Q})$中，找到提升点$\hat{P}_i$ 之间的一个依赖关系

$$[n_1]\hat{P}_1+\cdots+[n_r]\hat{P}_r=\mathcal{O}$$

如果这样的关系不存在，那么该攻击就将失败，情况几乎肯定是这样的。当该攻击方法失败时，人们要么通过新的试验点来重新开始该攻击，要么结束该过程。

该依赖关系如果存在，就可以依据点的乘法写成如下形式

$$\sum_{i=1}^{r}n_i(s_i\hat{P}-t_i\hat{Q})=\mathcal{O}$$

这也可以写成以下形式

349

$$\sum_{i=1}^{r} n_i(s_i\ \hat{P} - t_i a\ \hat{P}) = \mathcal{O}$$

或者写成

$$\sum_{i=1}^{r} n_i(s_i - t_i a)\ \hat{P} = \mathcal{O}$$

这意味着 $\sum_{i=1}^{r} n_i(s_i - t_i a)$ 整除 $\mathcal{X}(\mathbf{F}_p)$的阶数 m。现在任务变成了求解一个整数问题。给定 n_i、s_i、t_i 和 m，并且 $\sum_{i=1}^{r} n_i(s_i - t_i a)$ 整除 m，那么 a 是多少？这样求解椭圆曲线上一个假定困难的离散对数问题就被一个整数问题所取代，整数问题的求解相对而言容易多了。然而，这需要 $\mathcal{X}(\mathbf{Q})$上的这些点之间是线性相关的，这正是该攻击失败的原因所在之处。

举一个此攻击方法的简单例子，假设 $p=11$，我们考虑 $\mathbf{F}_{11}$ 上的椭圆曲线 $\mathcal{X}$：$y^2=x^3+x+6$。假定 $P=(3,6)$而 $S=(7,2)$。我们的任务就是求解出方程式$[a]P=S$ 中的 a。对于这个小例子而言，很容易验证点 P 和 S 都是曲线 $\mathcal{X}(\mathbf{F}_{11})$上的点，并且 $S=[4]P$ 就是我们想要寻找的解。尽管我们已经知道答案是 4，但我们将通过采用仿指数计算方法来简介求解 a 值的过程。在这个计算中，我们列出 $\mathcal{X}(\mathbf{F}_{11})$上的 13 个点，如下所示：

$$\begin{aligned} P &= (3,6)\\ 2P &= (8,8)\\ 3P &= (5,2)\\ 4P &= (7,2)\\ 5P &= (2,4)\\ 6P &= (10,2)\\ 7P &= (10,9)\\ 8P &= (2,7)\\ 9P &= (7,9)\\ 10P &= (5,9)\\ 11P &= (8,3)\\ 12P &= (3,5)\\ &\mathcal{O} \end{aligned}$$

当然，在一般情况下，上述列表是未知的。此处给出该列表只是为了方便。

对于 $i=1, 2$，我们任意选取整数对(s_i, t_i)，例如$(2, 1)$和$(3, 2)$。然后通过参考 $\mathcal{X}(\mathbf{F}_{11})$ 的列表，我们可计算得到 $P_1=[s_1]P-[t_1]S=(8, 3)$和 $P_2=[s_2]P-[t_2]S=(2, 7)$。当然，这两个点需要直接计算得到，不能利用 $\mathcal{X}(\mathbf{F}_{11})$上的列表，因为该列表在一般情况下
350 是未知的。现在，将这些点看成不在 $\mathbf{F}_{11}$之上，而是在 $\mathbf{Q}$ 中将这些点拟合成一条经过它们的椭圆曲线。由于我们只选取了两个点，因此我们可以采用形如 $y^2=x^3+Ax+B$ 的多项式。然后通过下式来求解出系数

$$\begin{bmatrix} A \\ B \end{bmatrix} = \begin{bmatrix} 8 & 1 \\ 2 & 1 \end{bmatrix}^{-1} \begin{bmatrix} -503 \\ 41 \end{bmatrix}$$

那么我们想要得到的椭圆曲线就是

$$\mathcal{X}(\mathbf{Q}): y^2 = x^3 - \frac{272}{3}x + \frac{667}{3}$$

两个提升后的点位于这条曲线之上。现在如果 n_i 存在，我们需要找到整数 n_i，使其满足下式

$$\sum_i [n_i]P_i = \mathcal{O}$$

即使是这样的小例子，也需要太多的人工计算，而这是不大可能的。取而代之的是，为了继续阐释此方法，我们假定下式是一个解

$$\sum_i [n_i]P_i = [3]P_1 + [4]P_2 = \mathcal{O}$$

如果这是一个解，那么它将意味着 $3(2-a)+4(3-2a)$ 整除 13。也就是说，$18-11a$ 整除 13。$a=4$ 是一个解，因为 $18-11a=-26$ 是 13 的一个倍数。于是我们就可以得到 $a=4$，这可以通过计算 $4P$ 就等于 S 来进行验证。

10.16 椭圆曲线与复数域

椭圆曲线主题具有丰富多样的内容，这看起来似乎是一个无穷无尽的理论。椭圆曲线可以通过变换对应到其他看似与椭圆曲线关系不大的数学结构之中。尽管我们的兴趣在于有限域上的椭圆曲线，但复数域在历史和数学背景中仍然保持突出的地位。我们可以通过几何的方式来理解实数域和复数域上的椭圆曲线，也可以通过代数的方式。实数域或复数域上的几何概念是一个有助于直观理解泛域上椭圆曲线的辅助工具。

前面我们断言椭圆曲线上点的加法运算定义了一个群，而这需要一个相应的证明，但之前我们只给出了部分的证明。令人惊奇的是，结合律的证明并非轻易唾手可得的，因为直接证明的方法是烦琐的，同时巧妙的证明方法又是难以寻觅的。验证群的性质成立最为直接的方法是采用基本方程中的基本代数运算。然而，通过写出方程组来验证结合律 $(P_1+P_2)+P_3=P_1+(P_2+P_3)$ 成立可能相当烦琐，因为在一定程度上，存在一些特殊情况 $P_1=P_2$ 或 $P_1=-P_2$ 或者 $P_1=\mathcal{O}$ 需要验证。此外，这种通过基本代数运算的直接证明 351
方法尽管十分严格，但是不能提供任何新的见解。相反，人们可以通过一个大不相同的合理设定来间接地证明群的性质成立。

实数系统中的一个*圆环曲面*是个便于理解又易于可视化的几何对象，就像是将二维平面嵌入三维欧式空间之中。一个实数圆环曲面如图 10-10 所示。复数系统中的圆环曲面不能在三维欧氏空间中实现可视化。然而，复数系统中的圆环曲面对我们来说是非常重要的，因为正如我们将要断言的，它与复数域上的椭圆曲线是同构的。这就意味着一个复数圆环曲面和一条复数椭圆曲线之间可以采用点的加法方式来相互映射。由于这两个对象的代数性质是彼此相仿的，因此针对一个对象的推理通常也适用于另一个对象。

另外，我们将进行相当深奥而又微妙的评价，$\mathbf{F}$ 上椭圆曲线中点的加法在 $\mathbf{F}$ 上具有一组恒等式组成的结构，其有效性只取决于每个域所满足的形式化公理。一个特定域所独有的专属性质在这些恒等式的任何证明中并没有发挥作用。因此如果任何域上椭圆曲线中点的加法定义构成一个群，那么该点的加法定义肯定在每个域中构成椭圆曲线上的一个群。这就意味着只需证明复数域上椭圆曲线中的群结构就足够了，而这可以通过针对复数圆环曲面的推理来完成。

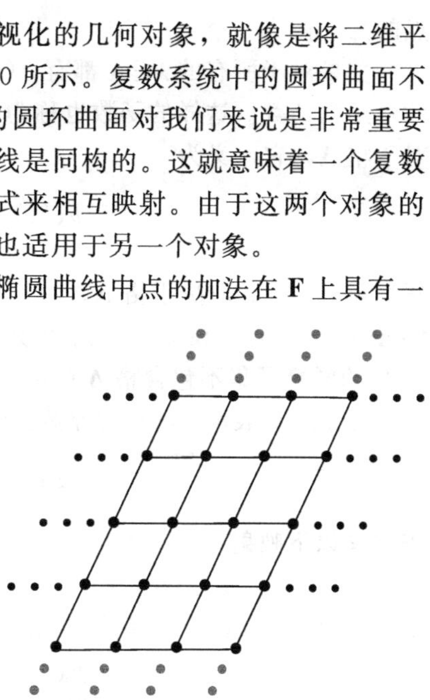

图 10-12 格

平面 $\mathbf{C}^2$ 上的一个格不能轻易地这样可视化，但是平面 $\mathbf{R}^2$ 上的一个格 $\mathbf{\Lambda}$ 可以简单地可视化，如图 10-12 所示。我们考虑商群 $\mathbf{R}^2/\mathbf{\Lambda}$，它是由实数平面 $\mathbf{R}^2$ 上的

格 $\mathbf{\Lambda}$ 导出的所有等价类构成的集合。图 10-12 中任意一个单元(包括两个边缘)中的所有点充当 $\mathbf{R}^2\mathbf{A}$ 的所有规范代表元构成的集合。该单元通过周期性地复制来填充实数平面，如图 10-12所示。为了构成商群 $\mathbf{R}^2/\mathbf{A}$，任意单元左边缘的点与该单元右边缘的点一致，而底
352 部的点与顶部的点一致，因此商群 $\mathbf{R}^2/\mathbf{A}$ 实际上是一个实数圆环曲面。

采用格的类似结构在平面 $\mathbf{C}^2$ 上构成一个复数圆环曲面。由于复数圆环曲面中的每个点由两个复数构成，这个复数圆环曲面不能嵌入三维欧氏空间之中，因此相比实数圆环曲面而言，它很难可视化。采用与 $\mathbf{R}^2$ 中的格相同的方式，复数格 $\mathbf{\Lambda}$ 中的代表单元通过周期性复制来填充平面 $\mathbf{C}^2$。

本节中的主要定理表明，任意域上的一条椭圆曲线在点的加法下构成一个群。这个定理可以通过基本的代数运算来直接证明。相反，我们转移话题来介绍复数格，我们还援引了椭圆曲线的结构和格的结构是相关联的结论。尽管这看起来像是一个非常间接的证明方法，但它将椭圆曲线主题上升到了一个更高的抽象层次，这将最终得出更鲜明的直观见解。

为此，$\mathbf{F}$ 选定为复数域 $\mathbf{C}$，并假设 $\mathbf{\Lambda}$ 是 $\mathbf{C}^2$ 中由两个复数 ω_1 和 ω_2 产生的复数格。这可以定义为

$$\mathbf{\Lambda} = \{(m\omega_1 + n\omega_2): m, n \in \mathbf{Z}\}$$

上式可以简洁地表示为

$$\mathbf{\Lambda} = \mathbf{Z}\omega_1 + \mathbf{Z}\omega_2$$

格 $\mathbf{\Lambda}$ 是 $\mathbf{C}^2$ 中的一个格，因为 ω_1 和 ω_2 是复数。我们考虑商群 $\mathbf{C}^2/\mathbf{\Lambda}$，它是由复平面 $\mathbf{C}^2$ 上的复数格 $\mathbf{\Lambda}$ 导出的所有等价类构成的集合。由于 $\mathbf{C}$ 在加法下是一个群，而 $\mathbf{\Lambda}$ 是一个子群，因此集合 $\mathbf{C}^2/\mathbf{\Lambda}$ 也是一个群。我们将给出一个从群 $\mathbf{C}^2/\mathbf{\Lambda}$ 到一条椭圆曲线的映射，它保持加法性质，将 $\mathbf{C}^2/\mathbf{\Lambda}$ 中的加法对应到曲线上点的加法。因此 $\mathbf{C}^2$ 上椭圆曲线中点的加法构成一个群，因为它继承了源自 $\mathbf{C}^2/\mathbf{\Lambda}$ 的群结构。依此类推，这就意味着任意域中椭圆曲线上点的加法构成一个群。

如果对于所有的 $\lambda \in \mathbf{\Lambda}$ 都有 $f(z+\lambda)=f(z)$，那么复数函数 $f(z)$就称为具有周期格 $\mathbf{\Lambda}$ 的*双周期函数*。这样的函数也称为*椭圆函数*[⊖]。椭圆函数的一个例子是 Weierstrass *函数*，对于格 $\mathbf{\Lambda}$，它定义为

$$p_{\mathbf{\Lambda}}(z) = \frac{1}{z^2} + \sum_{\substack{\lambda \in \Lambda \\ \lambda \neq 0}} \left(\frac{1}{(z-\lambda)^2} - \frac{1}{\lambda^2} \right)$$

复数函数 $p_{\mathbf{\Lambda}}(z)$取决于格 $\mathbf{\Lambda}$。由于 $p_{\mathbf{\Lambda}}(z)$是双周期的，因此它给出了一个易于定义的函数 $\mathbf{C}/\mathbf{\Lambda} \to \mathbf{C} \cup \{\infty\}$。在 $\mathbf{C}$ 的任意紧凑子集中，对 λ 求和相对于 z 是绝对而又均匀收敛的，其
353 中 $\mathbf{C}$ 的紧凑子集不包含格 $\mathbf{\Lambda}$ 中的一个点。

令 $p'_{\mathbf{\Lambda}}(z)$表示 $p_{\mathbf{\Lambda}}(z)$的导数。然后就可以采用

$$z \longmapsto \left\{ \begin{matrix} (p_{\mathbf{\Lambda}}(z)) & \text{如果} & z \notin \mathbf{\Lambda} \\ \infty & \text{如果} & z \notin \mathbf{\Lambda} \end{matrix} \right\}$$

来定义以下映射

$$\mathbf{C}/\mathbf{\Lambda} \to \mathbf{C} \times \mathbf{C} \cup \{\infty\}$$

令 $p'_{\mathbf{\Lambda}}(z)$表示 $p_{\mathbf{\Lambda}}(z)$的导数。我们将会在下面证明函数 $p_{\mathbf{\Lambda}}(z)$满足以下微分方程

$$p'_{\mathbf{\Lambda}}(z)^2 = 4p_{\mathbf{\Lambda}}(z)^3 - g_2 p_{\mathbf{\Lambda}}(z) - g_3$$

⊖ 不要与定义椭圆曲线的多项式相混淆。

其中复常数 g_2 和 g_3 取决于格 $\mathbf{\Lambda}$。这样点($p_{\mathbf{\Lambda}}(z)$，$p'_{\mathbf{\Lambda}}(z)$)就是椭圆曲线 $\mathcal{X}(\mathbf{C})$：$y^2=4x^3-g_2x-g_3$ 中的一个点。

这是一个通过复数分析得到的同构，并且该映射同构于一条椭圆曲线。实际上，**C** 上的任何椭圆曲线都可以通过这种方式构成，因此我们说 $\mathbf{C}/\mathbf{\Lambda}$ 是一条椭圆曲线。[⊖] 但是 $\mathbf{C}/\mathbf{\Lambda}$ 具有群的结构，因此同构将群结构从 $\mathbf{C}/\mathbf{\Lambda}$ 映射到了 $\mathcal{X}(\mathbf{C})$。这样椭圆曲线上点的加法群性质可以从 $\mathbf{C}/\mathbf{\Lambda}$ 的群结构推演得到。特别地，椭圆曲线上点的加法满足结合律。

还剩下要证明 $p_{\mathbf{\Lambda}}(z)$ 满足上述微分方程。主要的证明思路如下所示。我们将级数展开

$$\frac{1}{(1-z/\lambda)^2}=1+2\frac{z}{\lambda}+3\frac{z^2}{\lambda^2}+4\frac{z^3}{\lambda^3}+\cdots$$

得到 Weierstrass 函数的 Laurent 级数

$$p_{\mathbf{\Lambda}}(z)=z^{-2}+3G_4z^2+5G_6z^4+7G_8z^6+\cdots$$

那么就有

$$p'_{\mathbf{\Lambda}}(z)=-2z^{-3}+6G_4z+20G_6z^3+\cdots$$

其中系数 G_k 称为 Eisenstein 系数，取决于格 $\mathbf{\Lambda}$。将上述两个表达式分别求立方和求平方得到

$$p_{\mathbf{\Lambda}}(z)^3=z^{-6}+9G_4z^{-2}+15G_6+\cdots$$

$$p'_{\mathbf{\Lambda}}(z)^2=4z^{-6}-24G_4z^{-2}-80G_6+\cdots$$

现在，我们来定义幂级数

$$f(z)=p'_{\mathbf{\Lambda}}(z)^2-4p_{\mathbf{\Lambda}}(z)^3+60G_4p_{\mathbf{\Lambda}}(z)+140G_6$$ 354

这显然是一个关于 z 的幂级数，具有幂为 0 的常数项，因为取消了 z 的幂为负数的所有项。但是，通过检查 $p_{\mathbf{\Lambda}}(z)$ 发现不可能有 z 的幂为正数的项，由此可得 $f(z)=0$。最后，用 y 替代 $p'_{\mathbf{\Lambda}}(z)$，用 x 替代 $p_{\mathbf{\Lambda}}(z)$，就可以得到椭圆曲线所要求的方程。

定理 10.16.1 *域 F 上一条椭圆曲线中的所有点在点的加法下构成一个群。*

证明 该证明依赖于 $\mathbf{C}^2/\mathbf{\Lambda}$ 和 $\mathcal{X}(\mathbf{C})$ 之间的同构。加法在二维平面 $\mathbf{C}^2$ 中满足结合律。通过格 $\mathbf{\Lambda}$ 来模数求余化简保持了结合律。接着，前面我们说过，对于一些格 $\mathbf{\Lambda}$，**C** 上的每条椭圆曲线 $\mathcal{X}(\mathbf{C})$ 同构于一个复数圆环曲面 $\mathbf{C}^2/\mathbf{\Lambda}$。由于 $\mathbf{C}^2/\mathbf{\Lambda}$ 在模加运算下是个群，$\mathcal{X}(\mathbf{C})$ 在点的加法下也是个群，因此对于 $\mathbf{F}=\mathbf{C}$，定理得到证明。而椭圆曲线上点的加法群性质是点的加法方程得出的必然结果，并且这些方程对于任意域都是一致的。因此，该定理对于任意域 **F** 都必定成立。证毕。 □

10.17 采用复数乘法构造的曲线

有限域上的一条椭圆曲线可以通过一种直观的方式来生成，首先选取一个素数的幂 q 作为域的大小，然后选择 Weierstrass 系数，以此来构成该域上一个合适的多项式。在没有任何准则限制时，人们可以任意挑选这些参数，然后计算所产生的椭圆曲线的点数，并通过其他方式来检验该曲线，观察该曲线是否合适。因为人们想要得到的一条曲线满足阶数具有一个非常大的素因子，在找到一条符合要求的曲线之前，可能需要检验大量的曲线。人们可能更希望有一种更直接的方法。还有更多可行的曲线构造方法。一种方法是，首先确定一些希望得到的曲线参数，比如一个很大的素数阶，然后通过这些参数来构造特定的曲线。本节中描述了这样的一种方法，其他的方法将在第 12 章进行介绍。

在本节中，我们将讨论一种比较先进的曲线构造方法，该方法基于椭圆曲线上的复数

⊖ 这依赖于词语“is”(是)的含义。

乘法理论，但是只给出了此方法的一个粗略介绍。基于椭圆曲线上复数乘法理论的曲线构造方法首先进行一些整数计算，以便为希望得到的曲线选择一个合适的阶数，然后依据这些参数来构造椭圆曲线。它构造了有限域上一条含有规定点数的椭圆曲线，作为复数乘法下虚二次数域上一条椭圆曲线的求余化简。这样的一条曲线必定具有一个大于 **Z** 的自同态环。

355 为了概述本方法的主要思想，我们首先不加解释地列出关键步骤，然后再解释。该过程首先选取一个无平方因子的整数 D，称为椭圆曲线的*判别式*。与 D 的每个值都相关联的是另一个整数 h_D，称为 D 的*类数*，其概念将在后面进行定义。该方法要找到一个素数 p 满足 Diophantine 不定方程[⊖] $4p=x^2+Dy^2$，其中 x 和 y 都是整数。(因子 4 是惯例约定俗成的，尽管不需要。)D 的一个解由三个整数 x、y 和 p 构成。那么该解就隐含着存在 h_D 对椭圆曲线，考虑同构，阶数为 $m=p+1\pm x$。两条成对曲线经过扭转后可互相得到。

我们举一个简单的例子来概述此方法，选择一个无平方因子的整数 $D=7$，其类数为 $h_D=1$。由于 $h_D=1$，因此在 $\mathbf{F}_q$ 上只有一对(考虑同构)相关联的椭圆曲线，其阶数为 $m=p+1\pm x$。对于 $x=1\ 676\ 624\ 638\ 069\ 870$，素数

$$p = 781\ 221\ 660\ 082\ 682\ 887\ 337\ 352\ 611\ 537$$

是方程 $4p=x^2+Dy^2$ 的一个解。我们得出结论，在 $\mathbf{F}_q$ 上有两条椭圆曲线，它们通过扭转彼此相关联，其阶数为 $p+1\pm x$。一条曲线的阶数为

$$m = p+1-x = 781\ 221\ 660\ 082\ 681\ 210\ 712\ 714\ 541\ 668$$

这是一个奇素数的 4 倍。该曲线的扭转曲线阶数为

$$m' = p+1+x = 781\ 221\ 660\ 082\ 684\ 563\ 961\ 990\ 681\ 408$$

这不像第一条曲线那样引人注意，因为 m' 没有这样大的素数因子。通过这样的方式，整数 m 可以在曲线本身求解出之前进行计算并进行素性检验。由于 m 满足条件，因此接下来可以进行曲线的计算，将在下面描述。考虑同构，可以得到这两条曲线为

$$\mathcal{X}(\mathbf{F}_p): y^2 = x^3 + 586\ 337\ 137\ 088\ 968\ 521\ 507\ 562\ 977\ 329x + 470\ 612\ 877\ 688\ 284\ 093\ 511\ 930\ 750\ 213$$

和

$$\mathcal{X}(\mathbf{F}_p): y^2 = x^3 + 384\ 410\ 658\ 135\ 923\ 325\ 515\ 205\ 253\ 294x + 777\ 088\ 212\ 145\ 737\ 475\ 235\ 038\ 576\ 554$$

可以直接确定第一条曲线的阶数为 m，而第二条曲线的阶数为 m'。那么第一条曲线就是我们感兴趣的曲线。

尽管采用复数乘法的方法得到的曲线既不是一条任意的曲线，也不是一条典型的曲线，但没有任何证据表明这样一条曲线有任何特殊的漏洞可供密码分析者利用。然而，这
356 种构造曲线的方法知识还是为对手保留了攻击的可能性，对手可以通过一些尚未发现的方法来降低椭圆曲线中离散对数问题的复杂度。

接下来该讨论求解给定 Diophantine 不定方程 $4p=x^2+Dy^2$ 的方法。对于更一般的 Diophantine 不定方程 $x^2+dy^2=n$，Cornacchia 算法是求解 x 和 y 的一种方法，其中 d 和 n 是给定的互素整数。首先找到满足 $r_0^2=-d \pmod n$ 的任意 r_0。如果没有这样的 r_0 存在，那么给定的方程就无解。如果有解，就采用下面的欧几里得算法来求解：

$$n = Q_0 r_0 + r_1$$

⊖ Diophantine 不定方程是系数和未定变量都只取整数值的多项式方程。

$$r_0 = Q_1 r_1 + r_2$$
$$\vdots$$
$$r_{k-2} = Q_{k-1} r_{k-1} + r_k$$

当 $r_k \leqslant \sqrt{n}$ 时停止。那么就有 $x=r_k$ 和 $y=\sqrt{(n-x^2)/d}$，只要 y 是一个整数就行。如果 y 不是一个整数，那么该 Diophantine 不定方程就无解。

对于一个选定的 D，为了采用这种方法来构造曲线，人们可以选择各种合适的素数 p 进行尝试，直到找到一个满足方程 $x^2+Dy^2=4p$ 有解的素数，可以通过 Cornacchia 算法来找到素数 p。找到一个解的期望尝试次数是 h_D，其中，对于每个 D，h_D 是 D 的类数，如之前所述。

接下来我们的任务是解释上述 Diophantine 不定方程的由来。为此，我们首先来回顾一下，$\mathbf{F}_q$ 上一条椭圆曲线的阶数 m 由 $m=\#\mathcal{X}(\mathbf{F}_p)=p+1\pm t$ 来确定，其中 $t=\alpha+\beta$，并且 α 和 β 都是以下二次方程的根

$$z^2 - tz + p = 0$$

为了构造一条阶数引人关注的椭圆曲线，我们从上述方程开始，注意到复数

$$\alpha = (x + \mathrm{i}\sqrt{D}y)/2$$

和

$$\beta = (x - \mathrm{i}\sqrt{D}y)/2$$

满足 $\alpha+\beta=x$。进一步有 $(z-\alpha)(z-\beta)=z^2-xz+(x^2+Dy^2)/4$。如果 $x=t$ 并且 $(x^2+Dy^2)/4=p$，那么这个多项式的形式就符合我们的要求，这就是上面讨论的 Diophantine 不定方程。对于一个给定的无平方因子整数 D，如果我们可以找到三个整数 x、y 和 p 满足这个方程，并且 $p+1\pm t$ 具有一个大素数因子，那么我们就有希望找到一条对应的椭圆曲线。该说法并不是说这样一条椭圆曲线就一定存在，只是表明它有可能存在。还需要更多的解释来证明它确实存在。 357

如果这样一个解存在，现在我们的任务就变成了找到一条具有以下形式的椭圆曲线

$$\mathcal{X}(\mathbf{F}_p): y^2 = x^3 + ax + b$$

其 Frobenius 轨迹 t 就是上述选定的 t，并且这条曲线可以通过椭圆曲线上的复数乘法方法来找到。同样，我们首先描述这个方法，之后再解释，但缺乏对基础理论的完整叙述。

正如我们所观察到的，椭圆曲线 $\mathcal{X}(\mathbf{F}_p)$ 与以下判别式

$$\Delta = 4a^3 + 27b^2$$

和 j 不变量

$$j = 1728\,\frac{4a^3}{4a^3 + 27b^2}$$

相关联，其中 Δ 是非零的。$j=0$ 或 1728 的椭圆曲线是非典型的，需要专门考虑。在进一步的讨论中，我们将会排除这样的曲线。考虑同构，在相同的有限域上只有两条椭圆曲线具有相同的 j 不变量，并且它们可以相互扭转得到。一条给定了 j 不变量的椭圆曲线很容易构造出来。在域 $\mathbf{F}_p$ 中，令 $k=j_0/(1728-j_0)$。那么曲线 $\mathcal{X}(\mathbf{F}_p)$：$y^2=x^3+3kx+2k$ 就是一条满足 j 不变量为 j_0 的椭圆曲线，这很容易验证。此外，曲线 $\mathcal{X}(\mathbf{F}_p)$：$y^2=x^3+3kc^2x+2kc^3$ 也是一条具有相同 j 不变量的椭圆曲线，其中 c 是 $\mathbf{F}_p$ 中的任意非零元素。对于每个 j，这条 $\mathbf{F}_p$ 中的曲线要么同构于相同的曲线，要么是该曲线的一个扭转，这取决于 $\mathbf{F}_p$ 中的 c 是一个平方数还是一个非平方数。这些是可以通过复数乘法方法来找到的曲线。

这样我们只需要找到与曲线对应的可能的 j 不变量即可，其中曲线具有参数 p、m 和

m'，参数可以通过求解 Diophantine 不定方程 $4p=x^2+Dy^2$ 来得到。这些 j 不变量可以通过求解另一个多项式 $H_D(x)$ 的零根来得到，该多项式称为希尔伯特类多项式，是一个次数为 h_D 的多项式。希尔伯特类多项式 $H_D(x)$ 具有 h_D 个零根，都在 $\mathbf{Z}$ 中，这样通过它的零根就可确定 h_D 个 j 不变量，每个 j 不变量产生一对椭圆曲线(属同构类)。在每一对曲线中，一条阶数必定为 m，而另一条阶数必定为 m'。很容易确定哪条曲线具有哪个阶数，以解决这个模棱两可的问题。

希尔伯特类多项式 $H_D(x)$ 提供了一种神奇的方法，$\mathbf{Q}(\sqrt{-D})$ 上一条椭圆曲线中的信息通过多项式转换可以变成 $\mathbf{F}_p$ 上一条对应椭圆曲线的信息。这是因为希尔伯特类多项式 $H_D(x)$ 对于两条曲线都是相同的。它在 $\mathbf{Q}(\sqrt{-D})$ 中的零根是 $\mathbf{Q}(\sqrt{-D})$ 上椭圆曲线的 j 不变量，而它在 $\mathbf{F}_p$ 中的零根是 $\mathbf{F}_p$ 上椭圆曲线的 j 不变量。我们知道在一个域上，曲线的 j 不变量可以计算
358 $H_D(x)$，然后找到 $H_D(x)$ 在其他域中的零根，从而找到它在该域中对应的 j 不变量。

从这一点而言，曲线构造方法的潜在计算开销是可以确定的。为了找到一个 j 不变量，该方法对一个次数为 h_D 的多项式 $H_D(x)$ 进行计算，并且找到它的任一零根。我们只需要知道一个 j 不变量，因为我们只想要构造 $\mathbf{F}_p$ 上的一条椭圆曲线，尽管如此，我们首先必须对一个次数可能很大的多项式进行计算，只是为了找到一个零根。对于一些 D 而言，如果 $H_D(x)$ 具有很大的系数或者如果 h_D 很大，这将会是一个计算负担。如果 h_D 较小，这对于一些其他的 D，计算开销就不是问题。

我们举一个希尔伯特类多项式的例子

$$\boldsymbol{H}_{23}(x)=x^3+3\,491\,750x^2-5\,151\,296\,875x+12\,771\,880\,859\,375$$

上述希尔伯特类多项式对应于判别式 $D=23$。$H_{23}(x)$ 的次数为 3，这就意味着类数 h_{23} 为 3。多项式 $H_{23}(x)$ 的 3 个零根就是 3 个 j 不变量。最后，给出了 3 对椭圆曲线

$$\mathcal{X}(\mathbf{F}_p): y^2=x^3+3kx+2k$$

$$\mathcal{X}'(\mathbf{F}_p): y^2=x^3+3kc^2x+2kc^3$$

其中 $k=j/(1728-j)$ 是 $\mathbf{F}_p$ 中的元素，j 的 3 个取值中的每一个都是 $H_{23}(x)$ 的零根，而其中的 c 是 $\mathbf{F}_p$ 中的任意一个非平方数。对于 j 的每个取值，对应的曲线 $\mathcal{X}'(\mathbf{F}_p)$ 就是 $\mathcal{X}(\mathbf{F}_p)$ 的一个扭转。

本节剩余的部分是对复数乘法方法的数学基础进行的一个总结。该总结倾向于通过调研来为这个高深主题的主要概念提供一个简要的介绍。我们首先选择结构丰富的二次数域。因为虚数 $\sqrt{-D}$ 在多项式 x^2-tx+q 的复数零根 α 的表示中扮演着重要角色，在一条椭圆曲线的寻找过程中，自然而然要考虑虚数二次数域 $\mathbf{Q}(\sqrt{-D})$。这样的域在 9.7 节中已经讨论过了。为了通过这种方法来找到所期望的曲线，需要理解域 $\mathbf{Q}(\sqrt{-D})$ 的结构。

我们知道虚二次数域是一个以下形式的域

$$\mathbf{Q}(\sqrt{-D})=\{a+\mathrm{i}b\sqrt{D}\,|\,a,b\in\mathbf{Q}\}$$

其中 D 是一个无平方因子的正整数，现在称为二次数域的判别式，a 和 b 都是有理数，而
359 $\mathrm{i}=\sqrt{-1}$。(如果 $D=1$，这是由那些称为高斯有理数的复有理数构成的域。)数域 $\mathbf{Q}(\sqrt{-D})$ 中的一些元素称为代数整数[⊖](或简单整数)。$\mathbf{Q}(\sqrt{-D})$ 的代数整数环表示为 $\mathcal{O}_D$(或者 $\mathcal{O}_{\mathbf{Q}(\sqrt{-D})}$)，由那些 $\mathbf{C}$ 中的同时也在 $\mathbf{Q}(\sqrt{-D})$ 中的代数整数构成。这样对于一些首一多项

⊖ 一般来说，复数域 $\mathbf{C}$ 中的代数整数是 $\mathbf{Z}[x]$ 中的首一多项式在 $\mathbf{C}$ 中的零根。这些多项式是系数为整数的首一多项式。

式 $p(x)\in\mathbf{Z}[x]$，有 $\mathcal{O}_D=\{\beta\in\mathbf{Q}(\sqrt{-D})\mid p(\beta)=0\}$。集合 $\mathcal{O}_D$在 $\mathbf{Q}(\sqrt{-D})$中扮演的角色与 $\mathbf{Z}$ 在 $\mathbf{Q}$ 中扮演的角色相类似。

集合 $\mathcal{O}_D$包含了集合 $\mathbf{Z}(\sqrt{-D})=\{a+\mathrm{i}b\sqrt{D}\mid a,\ b\in\mathbf{Z}\}$中的所有元素，并且还可能含有 $\mathbf{Q}(\sqrt{-D})$中的其他元素。实际上，对于 $\mathbf{Z}$ 中的任意整数 a 和 b，数 $a+b\sqrt{-D}$总是多项式 $x^2+2ax+a^2+b^2D$ 的一个零根。这样 $\mathbf{Z}(\sqrt{-D})$为集合 $\mathbf{Q}(\sqrt{-D})$提供了无限多个代数整数。然而，并非 $\mathcal{O}_D$中的每个元素都是 $\mathbf{Z}(\sqrt{-D})$中的一个元素。可能存在其他元素，如以下定理所述。

定理 10.17.1 $\mathbf{Q}(\sqrt{-D})$的代数整数构成的集合 $\mathcal{O}_D$满足

$$\mathcal{O}_D=\begin{cases}\mathbf{Z}[(1+\sqrt{-D})/2] & \text{如果}\quad D=3(\mathrm{mod}\ 4)\\ \mathbf{Z}[\sqrt{-D}] & \text{如果}\quad D=1,2(\mathrm{mod}\ 4)\end{cases}$$

证明 $\mathcal{O}_D$中的任意元素 s 都是 $\mathbf{C}$ 中的一个代数整数，同时也位于集合 $\mathbf{Q}(\sqrt{-D})$之中，因此 $s=a+b\sqrt{D}$，其中 a 和 b 都是整数。如果 $b=0$，那么 s 就是一个整数。如果 b 非零，那么 s 是以下多项式的一个零根

$$f(x)=(x-(a+b\sqrt{-D}))(x-(a-b\sqrt{-D}))=x^2-2ax+(a^2+Db^2)$$

其中要求 $2a$ 和 a^2+Db^2 都是整数。如果 s 是其他任意多项式 $g(x)$的一个零根，那么 $f(x)$就整除 $g(x)$，因为 s 也是 $f(x)$的一个零根。这样我们就只需要考虑 $2a$ 和 a^2+Db^2 都是整数的情况。

由于 $2a$ 是一个整数，因此要么 a 本身就是一个整数，要么 a 是一个半整数。如果 a 是一个整数，那么 a^2+Db^2 是一个整数，当且仅当 Db^2 是一个整数，这就意味着 b 本身就是一个整数，因为 D 是一个无平方因子的整数。

如果 a 是一个半整数，从而就有 $a=c+\frac{1}{2}$，其中 c 是一个整数。那么就有 $a^2=c^2+c+\frac{1}{4}$，因此 Db^2 必定等于 $d+\frac{3}{4}$，其中 d 是一个整数。令 $D=4k+\ell$，其中 $\ell=1$，2 或 3。那么 $Db^2=4kb^2+\ell b^2=d+\frac{3}{4}$成立，当且仅当 b 是一个奇整数的一半，并且 ℓ 等于 3。

这样如果 $\ell=1$ 或 2，那么 a 和 b 必定都是整数，因此有 $\mathcal{O}_D=\mathbf{Z}(\sqrt{-D})$。如果 $\ell=3$，那么 $\mathcal{O}_D$中的元素就具有形式 $a+b\sqrt{-D}$，其中要么 a 和 b 每个都是任意的整数，要么每个都是任意整数(其中 b 是奇数)加 1/2。这就意味着 $\mathcal{O}_D$中的元素具有形式 $A+B(1+\sqrt{-D})/2$，其中 A 和 B 都是任意整数。这样就证明了 $\mathcal{O}_D=\mathbf{Z}[(1+\sqrt{-D})/2]$。 □

一个虚二次数域 $\mathbf{Q}(\sqrt{-D})$含有无限多个元素，因此这个域是一个无限域。然而，一个称为理想类群的有限群可以通过一个虚二次数域来构造。理想类群中的元素可以称为理想类，我们将会先讨论它，然后再解释。理想类群中理想类的数量由类数 h_D 确定，h_D 在本节前面提到过了。这样对于每个无平方因子的整数 D，域 $\mathbf{Q}(\sqrt{-D})$与一个类数 h_D 相关联。此外，如果在与 $\mathbf{Q}(\sqrt{-D})$相对应的理想类群中含有 h_D 个理想类，那么自同态环 end$(\mathcal{X}(\mathbf{F}_p))=\mathcal{O}$中非同构椭圆曲线 $\mathcal{X}(\mathbf{F}_p)$的对数就等于 h_D，其中 $\mathcal{O}_D=\mathbf{Z}[(\sqrt{-D})]$ 360

判别式 D 和类数 h_D 之间的关系不只是一种简单的关系。对于一些 D，类数 h_D 可能较小。但是对于其他的 D，它可能非常大。对于 $h_D=1$，判别式 D 仅有的 9 个取值为 $D=1$，2，3，7，11，19，43，67 和 163。没有显而易见的模型来描述这个序列。特别地，在同

构的意义下，$h_7=1$ 意味着只有一对椭圆曲线具有形如 $\text{end}(\mathcal{X}(\mathbf{F}_p))=\mathbf{Z}+\mathbf{Z}\omega$ 的自同态环，其中，由定理 10.17.1 可知 $\omega=(1+\sqrt{-7})/2$，因为 $7=3(\text{mod } 4)$。相比而言，在同构的意义下，$h_5=2$ 意味着确切地有两对椭圆曲线具有自同态环 $\text{end}(\mathcal{X}(\mathbf{F}_p))=\mathbf{Z}+\mathbf{Z}\omega$，其中 $\omega=\sqrt{-5}$，因为 $5=1(\text{mod } 4)$。进一步对比 $h_{23}=3$，在同构的意义下，这意味着确切地有三对椭圆曲线具有自同态环 $\text{end}(\mathcal{X}(\mathbf{F}_p))=\mathbf{Z}+\mathbf{Z}\omega$，其中 $\omega=(1+\sqrt{-23})/2$，因为 $23=3(\text{mod } 4)$。

定理 10.17.1 告诉我们下式成立

$$\mathbf{Q}[\sqrt{-D}]\supset\mathcal{O}_D\supseteq\mathbf{Z}[\sqrt{-D}]$$

并且如果 $D=3(\text{mod } 4)$，则右边的包含就是严格的。在任何情况下，$\mathbf{Q}[\sqrt{-D}]$包含了无限多个代数整数。我们的下一个任务就是给代数整数集合附加结构使得无限集合 $\mathcal{O}_D$可以划分成一个基数有限的集合。为此，首先扩大 $\mathcal{O}_D$来得到其分式域 $K=\{a/b|a,\ b\in\mathcal{O}_D,\ b\neq 0\}$。域 K 和环 $\mathcal{O}_D$之间的关系与有理域 $\mathbf{Q}$ 和整数环 $\mathbf{Z}$ 之间的关系相同。K 中的一个元素可以定义为两个代数整数之比，从而使得除法是可行的，只要分母是非零的。乘法定义为$(a/b)(c/d)=ac/bd$。除以(c/d)可以定义为乘以(d/c)，只要 c 是非零的。

为了定义理想类群，我们首先定义一个分式理想。$\mathcal{O}_D$的一个**分式理想**定义为 K 的一个子集 I，I 对于 $\mathcal{O}_D$中的元素乘法封闭㊀，并且存在一个非零的 $r\in\mathcal{O}_D$，使得$(r)I\subseteq\mathcal{O}_D$，其中$(r)I=\{ri|i\in I\}$。可以认为元素 r 是在清除 I 中的分母。在 $\mathcal{O}_D$的所有分式理想构成的集合上定义一个等价关系，如果存在 $a,\ b\in\mathcal{O}_D$，使得$(a)I=(b)J$，那么两个理想 I 和 J 就是等价的。通过这种方式，所有分式理想构成的集合划分成等价类，表示为(I)。这些等价类就是理想类。最后，值得注意的是，理想类构成了一个群，因为存
361 在一个定义为$(I)(I')$的群运算。在此运算下，所有理想类构成的集合称为**理想类群**。理想类的个数是有限的，因此它可用于计算目的。这个结论也是我们对理想类群进行精心构造的原因。

我们举一个分式理想的例子，集合

$$I=\left\{\frac{2a_1+a_2-5a_4+(a_2+2a_3+a_4)\sqrt{-5}}{3+\sqrt{-5}}\,|\,a_i\in\mathbf{Z}\right\}$$

是 $\mathbf{Q}(\sqrt{-5})$中的一个分式理想，因为$(3+\sqrt{-5})I=\langle 2,\ 1+\sqrt{-5}\rangle$。

虚二次数域中的一个**阶层**㊁(order)是 $\mathcal{O}_D$的一个子环 $\mathbf{R}$，$\mathbf{R}$ 包含 $\mathbf{Z}$。这样 $\mathbf{Z}\subset\mathbf{R}\subseteq\mathcal{O}_D$对于任意阶层 $\mathbf{R}$ 都成立。阶层总是具有以下形式

$$\mathbf{R}=\mathbf{Z}+\mathbf{Z}f\delta$$

其中 f 是一个正整数，而 δ 由下式给定

$$\delta=\begin{cases}(1+\sqrt{-D})/2 & \text{如果}\quad D=3\pmod 4\\ \sqrt{-D} & \text{如果}\quad D=1,2\pmod 4\end{cases}$$

通过选择一个大于 1 的整数 f，阶层 $\mathbf{R}$ 就是 $\mathcal{O}_D$的一个合适子集，但总是包含了 $\mathbf{Z}$。

一条非超奇异椭圆曲线 $\mathcal{X}(\mathbf{F}_q)$具有一个自同态环，要么等于 $\mathbf{Z}$，要么等于虚二次数域 $\mathbf{Q}(\sqrt{-D})$中的一个阶层。如果曲线的自同态环等于一个虚二次数域中的一个阶层，那么

㊀ I 中的元素乘上 $\mathcal{O}_D$中的元素得到的还是 I 中的元素。——译者注

㊁ 环论中的阶层(order)是一个具体有形的名词，不要和群的阶数(order)概念相混淆。

就说该曲线具有复数乘法。我们可以通过先选择一个无平方因子的整数 D 来确定数域 $\mathbf{Q}(\sqrt{-D})$，然后以此来构造这样一条曲线，如前所述。

最后，希尔伯特类多项式 $H_D(x)\in\mathbf{Z}[x]$定义为复数椭圆曲线 $\mathbf{C}/\mathcal{O}_D$中 j 不变量对应的最小多项式，其中 $\mathcal{O}_D$是阶是判别式 D 对应的一个虚二次阶层。这样就有

$$H_D(x)=\prod_{\alpha}(x-j(\alpha))$$

由于一个 j 不变量总是一个代数整数，因此有 $H_D(x)\in\mathbf{Z}[x]$。多项式 $H_D(x)$的因式分解完全在 $\mathbf{F}_p$ 上，并且它的零根恰好就是椭圆曲线 $\mathcal{X}(\mathbf{F}_p)$的 j 不变量，而曲线的自同态环同构于 $\mathcal{O}_D$。 362

第 10 章习题

10.1 证明在 $\mathbf{R}^2$ 上由多项式 $y^2=x^3$ 和 $y^2=x^2(x+1)$定义的平面曲线是奇异的。证明在 $\mathbf{R}^2$ 上由多项式 $y^2=x^3-x$ 定义的平面曲线是非奇异的。

10.2 通过下述椭圆曲线描述群 $\mathcal{X}(\mathbf{F}_5)$

$$\mathcal{X}(\mathbf{F}_5):y^2=x^3+1$$
$$\mathcal{X}(\mathbf{F}_5):y^2=x^3+x$$
$$\mathcal{X}(\mathbf{F}_5):y^2=x^3+2x$$

你能找到 $\mathbf{F}_5$ 上一条比上述 3 条曲线拥有更多点的椭圆曲线吗？

10.3 (a) 设 $\mathcal{X}$是 $y^2+y=x^3+x+1$ 定义在 $\mathbf{F}_2$ 上的曲线。证明 $\mathcal{X}$是一个超奇异椭圆曲线。

(b) 令 $q=2^m$。假定 P 和 Q 是曲线 $\mathcal{X}(\mathbf{F}_q)$的两个点，给出坐标 $P+Q$ 的公式的证明(确定所有的情况都考虑到了)。

(c) 根据 m 给出群 $\mathcal{X}(\mathbf{F}_q)$的阶的公式。

(d) 假设 $\mathcal{X}(\mathbf{F}_q)$上的一个离散对数问题可以简化成一个 $\mathbf{F}_{q^m}$ 上的乘法群的离散对数问题，找到一个 m 的值，使其可以基于 $\mathcal{X}(\mathbf{F}_q)$来产生一个适度安全的椭圆曲线密码体制，且适用于智能卡。

10.4 设 $\mathcal{X}$是 $\mathbf{F}_3$ 上的椭圆曲线，由下式给出

$$\mathcal{X}:y^2+y=x^3-x+1$$

$\mathcal{X}$有多少个有理点？在扩张域 $\mathbf{F}_{3^m}$ 中的曲线上有多少个点？

10.5 证明首一多项式 $y^2=x^3+x+1$ 在域 $\mathbf{F}_{11}$上是非奇异的。Hasse-Weil 界允许该多项式可有多少个零根？明确地找到这些零点。该椭圆曲线上有多少个点？它们能构成一个循环群吗？最大的循环的阶是多少？

10.6 明确证明如果一个域的特征是 2 或 3，那么一般来讲，它不可能把一个 Weierstrass 形式的椭圆多项式化简成一个短 Weierstrass 形式。

10.7 设 $\mathcal{X}$：$y^2=x^3+x+6$ 是域 $\mathbf{F}_{11}$上的一个椭圆曲线。找到 $\mathcal{X}$的点。这些点能构成一个点加法下的循环群吗？有多少个生成元？

10.8 对于特征不是 2 或 3 的域，证明多项式 x^3+ax+b 没有重复的零根，当且仅当 $4a^3+27b^2$ 是非零的。为什么域的特征是 2 或 3 的情况必须被排除？ 363

10.9 对于每一个奇素数 p，椭圆曲线

$$\mathcal{X}:y^2=x^3+x$$

满足 $\#\mathcal{X}(\mathbf{F}_p)=0 \pmod 4$是否是真的？

10.10 考虑一个椭圆曲线 $\mathcal{X}$：$y^2=x^3+ax+b$，其中 a，$b\in\mathbf{F}_q$，$\mathbf{F}_q$ 是个特征大于 3 的域。推导出该椭圆曲线上用于求解点的加法的代数公式。

10.11 通过显式代数方程的基本运算来证明椭圆曲线上点的加法运算满足结合律

$$(P_1+P_2)+P_3=P_1+(P_2+P_3)$$

这需要考虑到许多特殊情况。

10.12 通过仔细绘制一张 $\mathbf{R}^2$ 中标记有三个点 P_1、P_2 和 P_3 的椭圆曲线图来证明 $\mathbf{R}^2$ 中椭圆曲线上点的加法运算满足结合律

$$(P_1+P_2)+P_3 = P_1+(P_2+P_3)$$

然后画一条合适的直线来证明等式两侧。

10.13 从定义 10.1.1 给定的 Weierstrass 形式的椭圆曲线开始，导出一组适合于任何域特征的椭圆曲线上的点加法的一组方程组。

10.14 找出椭圆曲线 $\mathcal{X}$：$y^2=x^3+1$ 上的点 $P=(2, 3)$的阶。如果不指定域，能否解决这个问题？在什么样的域中这个问题是有意义的？

10.15 给定椭圆曲线 $\mathcal{X}(\mathbf{F}_q)$：$y^2=x^3+ax+b$ 和 $\mathcal{X}'(\mathbf{F}_p)$：$y^2=x^3+d^2ax+d^3b$，证明在 $\mathbf{F}_q$ 中，如果 d 是非零平方数，可以通过一个简单的变量转换将 $\mathcal{X}(\mathbf{F}_p)$转换成 $\mathcal{X}'(\mathbf{F}_p)$。

10.16 (a) 设 $\mathcal{X}(\mathbf{F}_q)$是 $\mathbf{F}_q$ 上的椭圆曲线。证明 $\#\mathcal{X}(\mathbf{F}_{q^3})$是 $\#\mathcal{X}(\mathbf{F}_q)$的整数倍。

(b) 更精确地证明 $\#\mathcal{X}(\mathbf{F}_{q^3}) = (q^2-q+qt+1+t+t^2)\#\mathcal{X}(\mathbf{F}_q)$，其中 t 是 Frobenius 轨迹。

10.17 Koblitz 椭圆曲线是二进制域 $\mathbf{F}_{2^p}$ 上基于多项式 $p(x, y)=y^2+xy=x^3+a_2x^2+1$ 的椭圆曲线，且有 $a_2=1$ 或 0。在 $\mathbf{F}_{2^p}$ 上至少找到一个 Koblitz 椭圆曲线的例子，使得 $\#\mathcal{X}(\mathbf{F}_{2^p})$是一个素数的 2 或

364 4 倍，其中 p 是一个奇素数，a_2 是 1 或 0。

10.18 证明椭圆曲线

$$\mathcal{X}(\mathbf{F}_{43}: y^2 = x^3+39x^2+x+41$$

在 $\mathbf{F}_{43}$上有 43 个点。这是一个异常椭圆曲线吗？

10.19 假设 $\mathbf{F}_p$ 包含了一个阶为 3 的元素 β，并且令 $\Phi(x, y)=(\beta x, y)$。假定 P 是椭圆曲线 $\mathcal{X}(\mathbf{F}_p)$：$y^2=x^3+1$ 的一个元素。

(a) 证明 $\Phi(P)$是 $\mathcal{X}(\mathbf{F}_p)$的一个元素。

(b) 证明对于 $\mathcal{X}(\mathbf{F}_p)$上的所有 P_1 和 P_2 有 $\Phi(P_1+P_2)=\Phi(P_1)+\Phi(P_2)$。

10.20 令 $\pi_q(P)$表示由 $\pi_q(x, y)=(x^q, y^q)$定义的椭圆曲线 $\overline{\mathbf{F}}_q$ 上的 Frobenius 映射。通过椭圆曲线上点的加法来处理这个等式，明确证明 $\pi_q(P_1+P_2)=\pi_q(P_1)+\pi_q(P_2)$。这能推出 $\pi_q([a]P)=[a]\pi_q(P)$吗？

10.21 假定 k 是一个 128 位的数字，并且假设 P 是椭圆曲线 $\mathcal{X}(\mathbf{F}_p)$上的任意点。点$[k]P$ 可以通过由 P 连续翻倍和加法的方法计算得到。

(a) 通过连续翻倍、加法和减法，找到一种计算$[k]P$ 的方法。这种方法的优点是什么？

(b) 通过利用不连续的翻倍和加法，但是没有减法，找到一种算法。例如，$28P=2(2(4P+2P+P))$。对于任意的 128 位的 k，你的算法有任何优点吗？

10.22 找到一个用于求解椭圆曲线上点减半的方程组，点减半可用于密钥交换密码体制。点减半是点加倍的一种逆运算，要求计算 $Q=\frac{1}{2}P$。也就是说，给定 P，必须找到 Q 使得 $2Q=P$。比较点加倍和点减半所需的计算。

10.23 求解 $\#\mathcal{X}(\mathbf{F}_{64})$：$y^2+xy=x^3+1$。

10.24 假定 p 是一个不小于 5 的素数。证明 $\mathcal{X}(\mathbf{F}_p)$是一个超奇异椭圆曲线，当且仅当 $\#\mathcal{X}(\mathbf{F}_p)=p+1$。通过找到一个计算例子，证明这个表述不能被扩展到 $p=3$。

10.25 证明椭圆曲线上唯一固定不变的自同态是零同态，对于所有的 P 由 $\phi(P)=\mathcal{O}$给定。

10.26 令 $\mathcal{X}(\mathbf{F}_q)$是域 $\mathbf{F}_q$ 上的一个椭圆曲线，并且令 $\mathcal{X}(\mathbf{F}_{q^r})$是上升到扩张域 $\mathbf{F}_{q^r}$ 上的相同曲线。

(a) 证明对于任意点$(x, y)\in\mathcal{X}(\mathbf{F}_{q^r})$，有$(x^q, y^q)\in\mathcal{X}(\mathbf{F}_q)$。

(b) 对于任意$(x, y)\in\mathcal{X}(\mathbf{F}_{q^r})$，定义点$(x, y)$的轨迹是

$$\operatorname{trace}(x,y) = (x,y)+(x^q,y^q)+(x^{q^2},y^{q^2})+\cdots+(x^{q^r},y^{q^r})$$

365 证明(x, y)的轨迹是 $\mathcal{X}(\mathbf{F}_q)$的一个元素。

10.27 (a) 证明：如果 $\mathcal{X}(\mathbf{F}_{q^m})$对于 $m=1$ 是一个超奇异椭圆曲线，那么 $\mathcal{X}(\mathbf{F}_{q^m})$对于每个 m 都是一个超奇异椭圆曲线。

(b) 证明：如果 $\mathcal{X}(\mathbf{F}_{q^m})$对于 $m=1$ 是一个异常椭圆曲线，那么 $\mathcal{X}(\mathbf{F}_{q^m})$对于某些 m 可以是非异常的。

10.28 椭圆曲线 $\mathcal{X}(\mathbf{F}_q)$的 zeta 函数可以表示成

$$Z(x)=\frac{1-tx+qx^2}{(1-x)(1-qx)}$$

其中 t 是 Frobenius 轨迹。通过对数微分法，证明

$$\#\mathcal{X}(\mathbf{F}_{q^n})=q^n+1-\alpha^n-\beta^n$$

其中 α 和 β 是 $1-tx+qx^2$ 的零根。

10.29 假设 q 不是 2 的幂。$\mathbf{F}_q$ 上椭圆曲线的 Edwards 表示由 Edwards 多项式

$$x^2+y^2=1+dx^2y^2$$

定义，其中 a 是 $\mathbf{F}_q$ 上的非零、非平方元素。证明这个曲线等价于多项式

$$y^2=(x-d-1)(x^2-4d)$$

对于乘法，这是椭圆曲线的 Weierstrass 的形式。

10.30 $\mathbf{F}_3$ 上形如 $y^2=x^3-x\pm1$ 的多项式是一个超奇异多项式。假设 m 与 6 互素(因此 m 是奇数)。[⊖] 证明

$$\#(\mathbf{F}_{3^m})=3^m\pm3^{(m+1)/2}+1$$

其中的符号与上述多项式的符号一致。*提示*：计算

$$(3^m+3^{(m+1)/2}+1)(3^m-3^{(m+1)/2}+1)。$$

10.31 证明 Cornacchia 算法。

10.32 证明：对于任意非零 a，$\mathbf{F}_p$ 上由 $p=3(\mathrm{mod}\ 4)$和多项式 $y^2=x^3+ax$ 确定的椭圆曲线是一个超奇异椭圆曲线。

10.33 证明一个 $\mathbf{F}_p$ 上的超奇异椭圆曲线，对于 p 不等于 2 或 3，在任意扩展域中没有阶为 p 的点。

第 10 章注释

椭圆曲线因椭圆函数而得名，用在椭圆积分的研究之中，并且它们本身是依据椭圆的情况来定义的。这就是该名称错综复杂的历史渊源。早期实数或复数系统中的椭圆曲线利用几何框架进行了深入的研究。实数系统中的一个椭圆曲线从几何上很容易描绘成平面上的一个曲线。除此之外，在复平面上的一个椭圆曲线与复数系统中的一个圆环面之间存在着一个平行的结构关系。椭圆曲线的所有概念后来采用纯代数参数进行了重新定义，以便其结果可应用于任何域之中。然而，实数椭圆曲线的几何直觉为其他领域中椭圆曲线的纯代数结构提供了指导和直观的理解。 366

平面曲线的早期研究，包括椭圆曲线，只考虑实数域和复数域中的曲线。后来，Andre Weil(1906—1998)坚决舍弃了几何，改为采用单一的代数方法来推导出平面曲线的所有性质。这一举措有助于为平面曲线的研究开辟新的方向，例如有限域上的椭圆曲线。实际上，曲线、平面、曲面和其他类型的几何问题都可以在任何域中进行研究。尽管有这样的现代观点，但对于我们当中的绝大多数人而言，与实数域相关联的几何直觉是一个帮助理解的强大工具和进一步发展的指南针。

Miller(1985)和 Koblitz(1987)观察发现，对于椭圆曲线，指数计算没有浅显易行的类推方法，受此启发，他们各自独立地提出了在椭圆曲线上采用点的加法来定义密码体制的思想。显然，Lenstra(1987)运用椭圆曲线进行整数分解的工作当时没有公开发表，这将他们的注意力吸引到了椭圆曲线上。

著名的 Hasse-Weil 界起源于 Helmet Hasse(1898—1979)。1936 年 Hasse 证明了椭圆曲线上的这个界，而在 1949 年，Weil 对于任意类型的曲线证明了其一般化的结论。我们已经说过，界的一种微小改进形式要归功于 Serre。数域中的代数整数研究，例如著名的*代数数论*，其中部分理论是由 Richard Dedekind(1831—1916)提出的。

现在有可行的强大方法来计算有限域上一般椭圆曲线中有理点的个数。Schoof 算法(1985)得到 Elkies(1991)和 Atkin(1988)的改进后使得一个椭圆曲线上的点计数成为可能。没有这些方法，现在的大椭圆曲线密码体制将会很困难，并且在设计上不一定可行。超高阶椭圆曲线上有理点计数的纪录在不断刷新。例如，对于 $q=10^{499}+153$ 和 $q=2^{1301}$ 的情况，Lercier 和 Morain(1995)运用 Schoof 算法，计算了 $\mathbf{F}_q$

⊖ m 与 6 互素，因此 m 是奇数，不是偶数，原书有误。——译者注

上一些椭圆曲线中的点数。最近，引入了Satoh(2002)算法作为一种备用方法，现在成为基于p进制域理论的点计数方法中的优选算法。

Silverman(2000)受指数计算方法的启发，引入并异想天开地命名了Xedni(可译为仿指数或Silverman指数)计算方法。Xedni计算方法企图通过模仿指数计算来攻击椭圆曲线密码。依据Jacobson和其他学者(2000)的工作，现在看来，从这个角度并不能成功攻击椭圆曲线密码学，尽管我们仍然没有一个正式的解释说明，也没有证据来证明这个公众的评价结论。这个消极的评价实际上应该看作是对椭圆曲线密码学影响力的一个积极肯定。

尽管说一个可数无限集合大于另一个可数无限集合没有技术意义，但从实用的角度来看，我们还是要说基于有限域上椭圆曲线的密码体制数量远大于基于整数因子分解的密码体制个数。这是因为环$\mathbf{Z}_p$中的实用选项数少于许多有限域上椭圆曲线集合中的选项数。对于椭圆曲线的各种选择，为了对所有这些可能性进行分门别类，并且鉴别出它们独具的任意优点或者缺点，人们可能会假设有一个几乎无限量的工作要做。

采用复数乘法来构造有限域上椭圆曲线的想法源于Atkin和Morain(1993)。使用点减半来取代点翻倍的建议是由Knudsen(1999)和Schroeppel(2000)独立提出的。点减半使得找点翻倍的计算负担减少了。367~368 对椭圆曲线密码学主题的详细讨论可以参阅Blake、Seroussi和Smart(1999)以及Silverman(1986)和Washington(2008)，还有Hankerson、Menezes和Vanstone(2004)。椭圆曲线密码学的历史可以参阅Koblitz、Koblitz和Menezes(2011)。联邦信息处理标准(FIPS)中规范了椭圆曲线密码的标准化应用版本。

基于超椭圆曲线的密码学

基于椭圆曲线的密码学取得了广泛成功，这激发人们开始探究其他有可能应用于密码学的曲线。然而，椭圆曲线是唯一一种满足以下性质的平面曲线，可以通过定义点的加法来使得曲线上的点构成一个群。不过这并不意味着我们无法使用其他曲线。这只是意味着这些曲线上的点必须通过其他的方式来构成一个群。基于其他曲线来构建群结构是比较困难的。一般说来，曲线 $\mathcal{X}$ 必须被嵌入一个更大的代数结构，在这个结构的基础上，我们才能定义合适的群运算。超椭圆曲线就是可以构造这种群结构的一类曲线。超椭圆曲线上的雅可比商群构成的交换群与超椭圆曲线自然是相关联的。相对于曲线本身，超椭圆曲线上的雅可比商群确实可以定义一个合适的群结构。基于曲线上雅可比商群的群结构，我们就能利用超椭圆曲线来构建一种密码体制。本章的大部分内容致力于定义超椭圆曲线上的雅可比商群及其相关联的计算方法。之后，我们就能即刻利用一个大的有限群来构建密码学的常规实用方法。

由于椭圆曲线是超椭圆曲线的一种特殊情形，因此本章也会致力于拓展我们对于椭圆曲线的理解。特别地，通过 11.3 节中对椭圆曲线上极根和零根的分析，我们将会学习到椭圆曲线上所定义的约数和有理函数等概念。

11.1 超椭圆曲线

域 $\mathbf{F}$ 上的超椭圆曲线是域 $\mathbf{F}$ 上椭圆曲线的推广。超椭圆曲线构成了平面曲线中的一个大类，但是它们在密码学中的应用只有很少一部分得到详细研究。超椭圆曲线定义如下。

定义 11.1.1 域 $\mathbf{F}$ 上阶次为 g 的超椭圆曲线 $\mathcal{X}$ 是形如 $p(x, y)=y^2+h(x)y-f(x)$ 的多项式的有理投影零根所构成的集合，该多项式在 $\mathbf{F}$ 的任何扩张域上不含仿射奇异点，其中一元多项式 $h(x)$ 和 $f(x)$ 都是 $\mathbf{F}[x]$ 中的元素，满足条件 $\deg h(x)\leqslant g$ 和 $\deg f(x)=2g+1$。

有限域 $\mathbf{F}_q$ 上超椭圆曲线更明确的定义是：

$$\mathcal{X}(\mathbf{F}_q) = \{(x,y) \in \mathbf{F}_q^2 : y^2 + h(x)y = f(x)\} \cup \{\infty\}$$

其中除了单独的无穷远点之外，其他所有的零根都是仿射零根，多项式在所有的仿射点上都是非奇异的，而 $h(x)$ 和 $f(x)$ 满足阶次所要求的条件[⊖] $\deg h(x)\leqslant g$ 和 $\deg f(x)=2g+1$。

阶次为 1 的超椭圆曲线是椭圆曲线。除了椭圆曲线的情形之外，超椭圆曲线总是含有一个奇异点(0, 1, 0)，这就是唯一的无穷远点。这一奇异点是定义无法避免的结果。只有在仿射平面上，我们才要求超椭圆曲线不能含有奇异点。相应地，如果多项式 $y^2+h(x)y-f(x)$ 不含奇异仿射点，那么就称它为非奇异的。

如果域 $\mathbf{F}$ 包含在一个更大的域 $\mathbf{K}$ 之中，例如 $\mathbf{F}$ 的扩张域 $\mathbf{F}_{q^m}$ 或者是代数闭包 $\overline{\mathbf{F}}$，那么在 $\mathbf{K}$ 上，超椭圆曲线同样也可以定义为以下形式：

$$\mathcal{X}(\mathbf{K}) = \{(x,y) \in \mathbf{K}^2 : y^2 + h(x)y = f(x)\} \cup \{\infty\}$$

⊖ 我们不考虑 $f(x)$ 的次数为偶数的超奇异椭圆曲线。

因为相同的多项式 $y^2+h(x)y-f(x)$ 也可以看成是任何包含 **F** 的更大域 **K** 上的多项式。这一概念与以下大家熟知的概念是相似的，即分析一个系数都在有理数域 **Q** 中的多项式，以找出它在实数域 **R** 或复数域 **C** 中的零根。$\mathcal{X}(\mathbf{K})$中同时也在 $\mathcal{X}(\boldsymbol{F})$中的点是 $\mathcal{X}(\mathbf{K})$中的有理点。

如果多项式 $p(x, y)$在 **F** 或 **F** 的任何扩张域上不含奇异仿射点，那么它满足定义的要求。如果仿射平面上 $p(x, y)$等于零的任意点对应的两个形式化偏导数不全为 0，那么多项式在仿射平面上就是非奇异的。这就意味着以下两个方程

$$2y+h(x)=0$$
$$h'(x)y=f'(x)$$

在 $y^2+h(x)y=f(x)$的任何仿射点上一定不能同时成立，其中 $h'(x)$和 $f'(x)$分别表示 $h(x)$和 $f(x)$的形式化导数。否则，相对应的曲线就不是一条超椭圆曲线，从而就不会引起我们的兴趣。

由于每条阶次大于 1 的超椭圆曲线的无穷远点必定是一个奇异点，因此有时候可能会存在与那个点相关联的技术性难题。我们并不处理这些难题，而是忽视它们，睁一只眼，闭一只眼，将目光转向前面讨论的方向，希望继续探讨我们信任的方向不会带来不良
370 影响。

引理 11.1.2 *超椭圆多项式是不可约的。*

证明 假设多项式 $p(x, y)=y^2+h(x)y-f(x)$是可约的。那么就有

$$y^2+h(x)y-f(x)=(y-a(x))(y-b(x))$$

因而有

$$\deg[a(x)b(x)]=\deg a(x)+\deg b(x)=\deg f(x)=2g+1$$

它是一个奇数，所以 $a(x)$和 $b(x)$不可能具有相同的次数，也不可能同时具有大于 g 的次数。它们之中有一个次数小于 g，而另一个的次数则大于 g。但是

$$\deg[a(x)+b(x)]=\deg h(x)\leqslant g$$

这两种说法是矛盾的。因此该多项式是不可约的。 □

定理 11.1.3 *如果 q 是 2 的幂且曲线是超椭圆曲线，那么 $h(x)$就必须是非零的。*

证明 假设 $\mathbf{F}_q$ 的特征值是 2 且 $h(x)=0$。那么曲线方程以及它的两个偏导数就可以化简为以下两个方程

$$y^2=f(x)$$
$$f'(x)=0$$

Bézout 定理表明这两个方程在某些扩张域上必定有一个相同的零根。更直接地说，如果 β 是 $f'(x)$的一个零根，那么在某个扩张域上就存在 $y=\sqrt{f(\beta)}$，因此两个方程有一个相同的解。因此如果 $h(x)=0$，那么多项式就是奇异的。 □

假设 $\mathbf{F}_q$ 的特征值是一个奇素数。那么，通过变量代换，$h(x)$就可以通过以下形式变换为零。令 $y=z-\frac{1}{2}h(x)$，那么就有

$$y^2+h(x)y-f(x)=\left(z-\frac{1}{2}h(x)\right)^2+h(x)\left(z-\frac{1}{2}h(x)\right)-f(x)$$
$$=z^2-\frac{1}{4}h(x)^2-f(x)=z^2-g(x)$$

其中 $g(x)=f(x)+\frac{1}{4}h(x)^2$。由于 $\deg(g(x))=2q+1$，因此多项式 $z^2-g(x)$同样也给出

了一条超椭圆曲线，它与原曲线是等价的。这样如果多项式 $p(x, y)=y^2-f(x)$是非奇异的，那么它就在特征值为奇数的域中给出了一条完整的一般化超椭圆曲线。由这一结论可 371
知，如果 q 不是 2 的幂，那么我们通常可以通过适当的变量代换来使 $h(x)=0$。于是超椭圆曲线就可以写成

$$\mathcal{X}: y^2 = f(x)$$

相比而言，如果 q 是 2 的幂，那么我们就不能使用变量代换。那么超椭圆曲线就只能写成原有形式

$$\mathcal{X}: y^2 + h(x)y = f(x)$$

其中 $2\deg h(x)+1\leqslant\deg f(x)$。

定理 11.1.4 如果 q 是一个奇素数或者奇素数的幂，那么 $\mathcal{X}$: $y^2=f(x)$是一条超椭圆曲线，当且仅当 $f(x)$没有重根。

证明 由于我们可以在不失一般性的前提下将 $h(x)$设定为 0，因此一条非奇异曲线应满足的条件将上述命题简化为以下三个方程

$$y^2= f(x)$$
$$2y= 0$$
$$0= f'(x)$$

要求它们没有公共解。这进一步将上述命题简化为 $f(x)$和 $f'(x)$没有公共零根。而 $f(x)$和 $f'(x)$有一个公共零根，当且仅当 $f(x)$有一个重根。因此二元多项式 $y^2-f(x)$是奇异的，当且仅当 $f(x)$有一个重根。证毕。 □

域 $\mathbf{F}_7$ 上的一条超椭圆曲线举例如以下曲线

$$\mathcal{X}: y^2 + xy = x^5 + 5x^4 + 6x^2 + x + 3$$

由于 $\deg f(x)=2g+1$，因此 $\mathcal{X}$的阶次是 2。我们很容易验证多项式是非奇异的，因此曲线确实是一条超椭圆曲线。$\mathbf{F}_7$ 上的投影平面包含 49 个仿射点。通过直接代换，我们能确定有理仿射点是(1，1)，(1，5)，(2，2)，(2，3)，(5，3)，(5，6)，(6，4)，仅有这些点满足用于定义曲线 $\mathcal{X}$的方程，曲线还含有一个无穷远点。这样我们可以进一步枚举出 $\mathbf{F}_7$ 上超椭圆曲线的有理点构成的集合为

$$\mathcal{X}(\mathbf{F}_7)\{(1,1),(1,5),(2,2),(2,3),(5,3,),(5,6),(6,4),\infty\}$$

包括一个无穷远点，记作∞。这样曲线 $\mathcal{X}(\mathbf{F}_7)$就由投影平面上的 8 个点组成。这些点上不存在群结构，因此∞不是群中的单位元。

超椭圆曲线通常会与直线 $y=mx+c$ 有两个以上的相交点，但是它与垂直线 $x-c=0$ 只会有两个相交点，或者根本没有交点。这是因为通过 $x=c$ 的代换，用于定义曲线的多 372
项式变成了 y 上次数为 2 的多项式，该多项式有两个有理数解，或者没有有理数解。任何其他的直线 $y=mx+c$ 与超椭圆曲线最多有 $2g+1$ 个有理交点，这可以通过在曲线方程中用 $mx+c$ 替换 y 来观察出。现在相交点的 x 坐标可以通过求解以下一元多项式的零根来找到

$$p(x) = (mx + c)^2 + h(x)(mx + c) - f(x)$$

这是一个次数为 $2g+1$ 的一元多项式，因此它最多含有 $2g+1$ 个零根。事实上，这个一元多项式恰好有 $2g+1$ 个零根，这包含了在足够大的扩张域上的重根计数。那么采用 $y=mx+c$ 就可以从 x 坐标轻易地计算得出每个零根的 y 坐标。

定义 11.1.5 超椭圆曲线 $\mathcal{X}$上点 $P=(x, y)$的对偶点定义为点$\widetilde{P}=(x, -y-h(x))$。无穷远点的对偶点就是其自身，这样就有$\widetilde{\infty}=\infty$。$\mathcal{X}$上的特殊点定义为满足$\widetilde{P}=P$ 的自对

偶点 P。$\mathcal{X}$上的普通点就是 $\mathcal{X}$上非特殊点的点。

曲线上一个点的对偶点一定是曲线上的一个点，而如果该点是一个特殊点，对偶点就是其自身。对偶点的对偶点是点本身。这样普通对偶点的概念构建了一对普通点，并且与特殊点进行了区分。

让我们来回顾一下，$\mathbf{F}_7$ 上的超椭圆曲线例子

$$\mathcal{X}: y^2 + xy = x^5 + 5x^4 + 6x^2 + x + 3$$

可以明确地采用以下集合来表示

$$\mathcal{X}(\mathbf{F}_7) = [(1,1),(1,5),(2,2),(2,3),(5,3),(5,6),(6,4),\infty]$$

曲线 $\mathcal{X}(\mathbf{F}_7)$上只有仿射点(6，4)和无穷远点是特殊点，并且有 6 个普通点是成对的，而成对点具有相同的 x 值。此曲线在平面 $\mathbf{F}_7^2$ 上的详细表示如图 11-1 的左边所示，包括无穷远点。该图为我们揭示了为什么普通点在 x 的特定值上成对出现，而特殊点(6，4)没有对偶点。

图 11-1 的右边同样显示了这些特征，但现在是象征性地表示了 $\mathbf{F}_p$ 上的一条超椭圆曲线，其中 p 是一个大素数，例如一个 50 位的十进制素数。在这样的情况下，网格太细微，并且曲线 $\mathbf{F}_p^2$ 上的点小到我们无法分辨。图上只有一条象征性的曲线来表示曲线上的众多

373 点。一种更好的表示方法是，用平面上的灰色阴影部分来表示曲线 $\mathcal{X}(\mathbf{F}_p)$上不能分辨的点。这一灰色阴影会非常浅淡，因为由 Hasse-Weil 界可知，如果 p 是一个 50 位的素数，那么只有大约 10^{50}个点在曲线上，而平面 $\mathbf{F}_p^2$ 包含了大约$(10^{50})^2$个点。

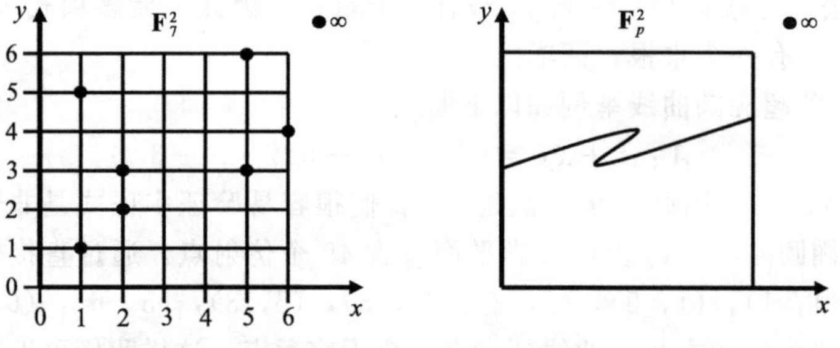

图 11-1 $\mathbf{F}_7$ 和 $\mathbf{F}_p$ 上的超椭圆曲线

11.2 坐标环和函数域

由域 $\mathbf{F}$ 上所有二元多项式构成的集合，与多项式加法和多项式乘法运算一起组成的环，记为 $\mathbf{F}[x, y]$，称为 $\mathbf{F}$ 上的二元多项式环。与每条平面曲线 $\mathcal{X}(\mathbf{F})$：$p(x, y)=0$ 相关联的是 $\mathbf{F}[x, y]$的一个模数求余约简，称为坐标环。这一模数约简是由 $\mathbf{F}[x, y]/\langle p(x, y)\rangle$ 或者 $\mathbf{F}[x, y]_{p(x,y)}$ 表示的商环，其中 $p(x, y)$是用于定义平面曲线 $\mathcal{X}(\mathbf{F})$的多项式。在超椭圆曲线 $p(x, y)=y^2+h(x)y-f(x)$的情形下，坐标环表示为 $\mathbf{F}[x, y]/\langle y^2+h(x)y-f(x)\rangle$(或者可能表示为 $\mathbf{F}[x, y]_{y^2+h(x)y-f(x)}$)。这也可以更简明地用符号 $\mathbf{F}[\mathcal{X}]$来表示。

坐标环的概念将直线中点上定义的函数概念扩展到曲线 $\mathcal{X}$ 中点上定义的函数 $f(P)$，其中直线中点上定义的函数表示为 $f(x)$。坐标环中的每个元素可以可视化为满足 $f(x, y)=0$ 的所有平面构成的集合，其中平面在曲线上的所有点 P 处具有相同的取值 $f(P)$。

由 $\mathbf{F}[x, y]$中的元素模 $y^2+h(x)y-f(x)$生成的坐标环通常是 $\mathbf{F}[x, y]$的等价类构成的集合。如果 $q(x, y)-r(x, y)=a(x, y)(y^2+h(x)y-f(x))$对于某个二元多项式 $a(x, y)$成立，则称 $\mathbf{F}[x, y]$中的两个元素 $q(x, y)$和 $r(x, y)$是等价的。那么对于 $P\in\chi(\mathbf{F})$，就有 $q(P)-r(P)=0$ 成立。一个等价类是全体相互等价的二元多项式构成的集合，

而坐标环是全体等价类构成的集合。通过 $\mathbf{F}[x, y]$中的元素模 $p(x, y)$来生成坐标环的过程与通过 $\mathbf{Z}$ 中的元素模 p 来生成 $\mathbf{Z}/\langle p\rangle$的过程是相类似的。正如 $\mathbf{Z}/\langle p\rangle$的每个元素都含有一个独一无二的规范代表元，由小于 p 的非负整数构成，坐标环 $\mathbf{F}[x, y]/\langle y^2+h(x)y-$ 374
$f(x)\rangle$中的每个元素也都有一个独一无二的规范代表元，作为代表元的二元多项式中，y 的最大次数为 1，而 x 的次数任意。通过重复使用 $y^2=-h(x)y+f(x)$来消除 y 的 2 次以上的幂，坐标环的任意元素可表示为一个形如 $\beta(x, y)=a(x)+b(x)y$ 的多项式。我们可以将规范代表元本身看成是坐标环中的元素，从而我们可以不再提到等价类。坐标环中的加法是多项式的加法。坐标环中的乘法是多项式模 $y^2+h(x)y-f(x)$乘法。这就意味着，只要两个多项式乘积的结果中生成了单项式 y^2，就通过设定的 $y^2=-h(x)y+f(x)$来消除。总而言之，

$$\mathbf{F}[x,y]_{y^2+h(x)y-f(x)}=\{a(x)+b(x)y\,|\,a(x),b(x)\in\mathbf{F}[x]\}$$

通过 $y^2=-h(x)y+f(x)$约简了元素之间的乘积。

坐标环 $\mathbf{F}[x, y]/\langle p(x, y)\rangle$的定义适用于任何二元多项式 $p(x, y)$。它类似于构建单变量商环 $\mathbf{F}[x]/\langle p(x)\rangle$的方法，我们知道，只要 $p(x)$是 $\mathbf{F}$ 上的一个不可约多项式，$\mathbf{F}[x]/\langle p(x)\rangle$就是一种扩张域。然而对于二元多项式，即使 $p(x, y)$是不可约的，商环 $\mathbf{F}[x, y]/\langle p(x, y)\rangle$也不是一个域。这是因为在 $\mathbf{F}[x, y]/\langle p(x, y)\rangle$中并不存在所需要的乘法逆元。为了让这个环变成为一个域，必须明确地包含乘法逆元。特别地，人们可以从一个较大的环 $\mathbf{F}(x, y)$开始，$\mathbf{F}(x, y)$由 $\mathbf{F}$ 上的所有有理函数构成，通过计算模 $p(x, y)$来化简这个较大的环。这个较大的商环表示为 $\mathbf{F}(x, y)/\langle p(x, y)\rangle$。其元素通常是那些有理函数的等价类。每个等价类都有一个独一无二的规范代表元，它是一个有理函数，该有理函数的分子是 $\mathbf{F}$ 上 y 的次数最多为 1 的一个多项式，而分母是 $\mathbf{F}$ 上的非零多项式，y 的次数也最多为 1。那么每个非零有理函数 $f(x, y)=\dfrac{a(x, y)}{b(x, y)}$满足 $a(x, y)$和$b(x, y)$都是非零的，因此有逆元 $f(x, y)^{-1}=a(x, y)/b(x, y)$。我们可以得出结论，$\mathbf{F}(x, y)/\langle p(x, y)\rangle$是一个域，因为满足域所需要的所有性质。这称为*函数域*。

坐标环 $\mathbf{F}[x, y]/\langle p(x, y)\rangle$包含在函数域 $\mathbf{F}(x, y)/\langle p(x, y)\rangle$之中。函数域具有更简洁更优美的结构，但是坐标环本身具有令人感兴趣的实用结构。

有一些与超椭圆曲线的坐标环结合使用的附属术语。令 $\mathbf{F}[x, y]_{p(x,y)}=\{a(x)+yb(x)\}$表示坐标环中的规范代表元构成的集合。作为 $\mathbf{F}[x, y]/\langle p(x, y)\rangle$中的一个元素，$\beta(x, y)=a(x)+yb(x)$的*次数*定义为

$$\deg[\beta(x,y)]=\max\{2\deg a(x),2g+1+2\deg b(x)\}$$ 375

元素 $\beta(x, y)=a(x)+b(x)y$ 的*共轭元*定义为

$$\beta^*(x,y)=a(x)-b(x)(y+h(x))$$

如果 $h(x)$为 0，那么共轭元就具有引人关注的形式 $\beta^*(x, y)=a(x)-b(x)y$。$\beta(x, y)$的*范数*看成是坐标环 $\mathbf{F}[x, y]/\langle y^2+h(x)y-f(x)\rangle$中的一个元素，定义为

$$\text{norm}(\beta(x,y))=\beta(x,y)\beta^*(x,y)$$

范数可以表示为一个关于 x 的一元多项式，如下式所示：

$$\begin{aligned}\text{norm}(\beta(x,y))&=(a(x)+b(x)y)(a(x)-b(x)(y+h(x)))\\&=a(x)^2-a(x)b(x)h(x)+b(x)^2(y^2+h(x)y)\end{aligned}$$

由于 $y^2+h(x)y=f(x)$对于坐标环中的每个元素都成立，因此上式就变成

$$\text{norm}(\beta(x,y))=a(x)^2-a(x)b(x)h(x)-b(x)^2f(x)$$

这不依赖于 y。通过这种方式，范数可以表示为只有一个变量的多项式。通过将一些多项式问题重新表述成更简单的一元多项式问题，范数有助于研究那些平面曲线上的多项式问题。

11.3 极根和零根

域 $\mathbf{F}$ 中关于一个变量的有理函数定义为

$$f(x)=\frac{a(x)}{b(x)}$$

其中 $a(x)$ 和 $b(x)$ 都是首一多项式。这个一元有理函数可以采用它的零根和极根来描述，两种根可能位于一个扩张域之中。零根是指满足分子 $a(x)=0$ 的 x 值；极根是指满足分母 $b(x)=0$ 的 x 值。极根和零根依据一个标量乘法系数确定了函数 $f(x)$，其中如果要求有理函数是首一的，那么标量乘法系数就等于 1。

当有两个变量时，情况就不相同了。域 $\mathbf{F}$ 中含有两个变量的有理函数定义为

$$f(x,y)=\frac{a(x,y)}{b(x,y)}$$

这个函数不能够由极根和零根的有限集合来描述。分子 $a(x,\ y)$ 的零根构成了一条平面曲线，同样，分母 $b(x,\ y)$ 的根也是如此。一条平面曲线具有无穷多个零根，其中一些位于基域 $\mathbf{F}$ 中，并且所有根都包含在代数闭包 $\overline{\mathbf{F}}$ 之中。然而，在一个坐标环或者函数域中时，
376 情况就不相同了。

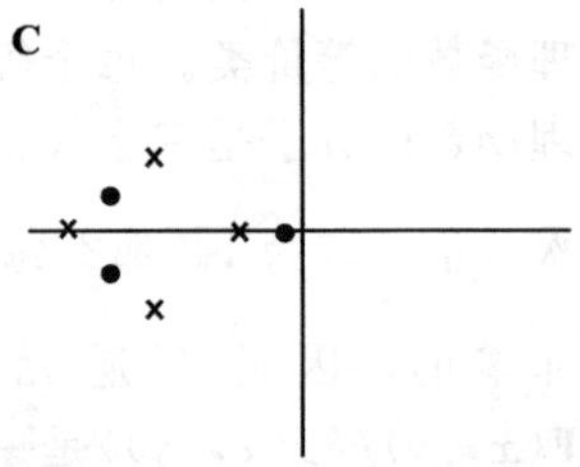

图 11-2 极根和零根

一种大家熟悉的用来定义实数域 $\mathbf{R}$ 上一个一元多项式或者一个一元有理函数的方法是，为该有理函数设计一种极根和零根都在复平面上的模型，如图 11-2 所示。尽管极根和零根都是复数，但由于每个极根或零根的复共轭也是一个极根或零根，因而生成的多项式只有实系数。这样，为了获得实数域 $\mathbf{R}$ 上的一个有理函数，我们指定复数域 $\mathbf{C}$ 中的极根和零根，遵循恰当的共轭关系。我们想要在新的条件下模仿这种方法，但这是两种不同的方式。我们想要的域是一个有限域 $\mathbf{F}_q$，而不是复数域 $\mathbf{C}$，并且我们想要构造的是二元多项式和二元有理函数，而不是一元多项式与一元有理函数。

构造有限域 $\mathbf{F}_q$ 上一元多项式的方法与构造 $\mathbf{R}$ 上一元多项式的方法相似。它们虽然相似，但需要注意几个不同点。一个值得注意的不同点是，扩张域 $\mathbf{F}_{q^m}$ 中的一个元素通常有多个共轭元。实际上，如果 β 是 $\mathbf{F}_{q^m}$ 中的一个零根，那么 β 就属于 $\mathbf{F}_{q^m}$ 上一个含有 m 个共轭元的集合，包含 β 本身。另一个不同点是代数的概念并不能让它们自身具有类似于图 11-2 一样的几何信息图解。可能是出于这个原因，人们通常是在一个包含所有极根和零根的最小扩张域 $\mathbf{F}_{q^m}$ 中描述极根和零根，而不是在代数闭包 $\overline{\mathbf{F}}_q$ 之中。

我们将展开讨论与上述过方法相类似的方法，通过在二维复平面[⊖] $\mathbf{C}^2$ 中指定一组二维复零根来指定实数域上的一个二元多项式。然而，首先需要更多的讨论才能描述这种方法。一般而言，一个二元多项式 $a(x,\ y)$ 的零根并不构成离散点集，而是构成了一条曲线。出于这个原因，人们只需指定多项式的某些零根与一个固定多项式具有的零根相同。

⊖ 术语“复平面”习惯上指 $\mathbf{C}$，因此我们用 $\mathbf{C}^2$ 指二维复平面。

这些共同根可以认为是由多项式 $a(x, y)$所定义的曲线与一条固定参考曲线相交的点构成的集合。在我们讨论的情况中，该固定的参考曲线就是正在讨论中的超椭圆曲线。由多项 377
式 $a(x, y)$所定义的曲线与多项式 $p(x, y)$所定义的超椭圆曲线相交的点构成的集合指定了一个 $a(x, y)$，但不是唯一的 $a(x, y)$。实际上，如果二元多项式 $a(x, y)$具有所需要的零根，那么 $a(x, y)+b(x, y)p(x, y)$也有。因此，曲线上这样一个零根集合就对应于坐标环 $\mathbf{F}[x, y]/\langle p(x, y)\rangle$中的一个元素。

反过来不一定成立。一条固定曲线相对应的每个零根集合并非都可以与一个二元多项式相关联或者与坐标环 $\mathbf{F}[x, y]/\langle p(x, y)\rangle$中的一个元素相关联起来。对于固定曲线 $\mathcal{X}$ 上的一些点集，不存在多项式 $a(x, y)$满足零根恰好就是曲线上的这些点。相应地，二维复平面 $\mathbf{C}^2$ 上极根和零根的每种模型并非都对应一个二元有理函数。一条曲线在 $\mathbf{C}$ 中的极根和零根的某些模型与任意的二元有理函数都不一致。类似的观点适用于 $\mathbf{F}_q$ 上的二元多项式和二元有理函数。与坐标环上的一个函数相对应的一种极根-零根模型可以称为极根-零根主要模型。

一种惯用方法是，通过指定与一条曲线相同的极根和零根来指定二元有理函数的等价类。这可以通过给定零根和极根的一个表格这样的正规方法来表示。这个列表称为有理函数的约数。约数将在下节中正式定义，它是一个整数值的向量，其分量都由曲线上的点索引得到。在曲线上点 P 中的正整数表示 $f(x, y)$在曲线上的点 P 处具有一个零根，此整数值给定了该零根的阶数。而点 P 中的负整数表示 $f(x, y)$在曲线上的点 P 处具有一个极根，此整数值给定了该极根的阶数。

对于投影坐标中的一个一元有理函数，约数只不过是在每个点处的极根和零根数量。多项式

$$f(x)=\frac{a_i x^i+a_{i-1}x^{i-1}+\cdots+a_0}{b_j x^j+b_{j-1}x^{j-1}+\cdots+b_0}$$

可以写成以下两种齐次形式，如果 j 小于 i，就写成

$$f(x,z)=\frac{a_i x^i+a_{i-1}x^{i-1}z+\cdots+a_0 z^i}{b_j x^j z^{i-j}+b_{j-1}x^{j-1}z^{i-j+1}+\cdots+b_0 z^i}$$

或者是，如果 j 大于 i，就写成

$$f(x,z)=\frac{a_i x^i z^{j-i}+a_{i-1}x^{i-1}z^{j-i+1}+\cdots+a_0 z^i}{b_j x^j+b_{j-1}x^{j-1}z+\cdots+b_0 z^j}$$

这样，在齐次形式中，分子和分母中的每个单项都具有相同的次数。齐次函数的仿射点具有$(x, 1)$的形式，而无穷远点为$(1, 0)$。现在，无穷远处极根和零根的含义就清楚了。可以存在次数为 $i-j$ 的极根或者次数为 $j-i$ 的零根，这取决于哪个是非负的。 378

类似的描述适用于二元函数。有理函数

$$f(x,y)=\frac{a_{ii'}x^i y^{i'}+a_{ii'-1}x^i y^{i'-1}+\cdots+a_{00}}{b_{jj'}x^j y^{j'}+b_{jj'-1}x^j y^{j'-1}+\cdots+b_{00}}$$

可以写成以下两种齐次形式，如果 $j+j'$小于 $i+i'$，就写成

$$f(x,y,z)=\frac{a_{ii'}x^i y^{i'}+a_{i,i'-1}x^i y^{i'-1}z+\cdots+a_{00}z^{i+i'}}{b_{jj'}x^j y^{j'}z^{i+i'-j-j'}+b_{jj'-1}x^j y^{j'-1}z^{j+j'+1}+\cdots+b_{00}z^{i+i'}}$$

或者是，如果 $j+j'$大于 $i+i'$，就写成

$$f(x,y,z)=\frac{a_{ii'}x^i y^{i'}z^{j+j'-i-i'}+a_{i,i'-1}x^{i'}y^{i'-1}z^{j+j'-i-i'+1}+\cdots+a_{00}z^{j+j'}}{b_{jj'}x^j y^{j'}+b_{jj'-1}x^j y^{j'-1}z+\cdots+b_{00}z^{j+j'}}$$

在二元有理函数的齐次形式中，分子和分母中的每个单项都具有相同的次数。

齐次二元函数 $f(x, y, z)$的仿射点是形如$(x, y, 1)$的点。无穷远处的点是那些形式为$(x, 1, 0)$或者$(1, 0, 0)$的点。总体而言，这些点构成了无穷远线。点$(1, 0, 0)$就是无穷远线上的无穷远点。

11.4 约数

为了提供超椭圆曲线上构建群所需的背景，我们需要展开介绍约数这一技术主题。在我们重新定义平面曲线上的约数之前，我们先回顾一下前面所定义的由集合 $\mathcal{X}$索引得到的一个向量。给定任意索引集 $\mathcal{X}$，域 $\mathbf{F}$ 上的一个向量 $\boldsymbol{v}$ 可以写成点的有限形式化之和 $\sum_i \alpha_i P_i$，其中 P_i 是 $\mathcal{X}$中的元素，用来索引得到向量中的分量，而 α_i 是 $\mathbf{F}$ 中的元素，其中只有有限个是非零的。在形式化求和中，求和运算并不表示一个可执行的操作。两个这样的向量 $\boldsymbol{v} = \sum_i \alpha_i P_i$ 与 $\boldsymbol{v}' = \sum_i \alpha_i' P_i$ 之和定义为 $\sum_i (\alpha_i' + \alpha_i) P_i$。索引集 $\mathcal{X}$可以是任意集合，比如整数集，或者椭圆曲线或超椭圆曲线上的有理点集。要求只有有限个系数是非零的，这对于有限域上一条超椭圆曲线中的有理点自动成立。

下面约数的定义可以与向量的定义相对照。约数类似于向量，但是约数的分量是整
379 数，而不是域中元素，且索引集总是由曲线上的点构成，可能只是有理点。

定义 11.4.1 *平面投影曲线 $\mathcal{X}$上的一个约数(或 Weil 约数)是 $\mathcal{X}$上有限个点的一个形式化之和，表示为 $D = \sum_i m_i P_i$，其中 m_i 是整数，而 P_i 是曲线上的点。*

约数在形式上定义为一个有限和⊖，$D = \sum_i m_i P_i = m_1 p_1 + m_2 p_2 + \cdots + m_n p_n$，其中每个 m_i 都是一个整数，可能是负数或者可能是零。约数只不过是为曲线上有限个点中的每个点分配一个整数。约数中出现的求和符号是形式上的，它并不代表一个可执行的运算。加法符号也可以由逗号来代替。由于约数是一个有限和，因此只有有限个 m_i 可以是非零的。

两个约数 $D = \sum_i m_i P_i$ 与 $D' = \sum_i m_i' P_i$ 之和定义为

$$D + D' = \sum_i (m_i + m_i') P_i$$

上式中的求和 $m_i + m_i'$ 就是整数的加法求和，但是求和符号 $\sum_i$ 是与定义约数的符号相对应的形式化求和。通过取两个具有非零整系数的点集的并集，并将同时属于两个点集的任意点上的整系数相加，可实现两个约数相加，可能对于一些 i 会出现 $m_i + m_i' = 0$ 的情况。通过这种加法定义，约数集合构成了曲线 $\mathcal{X}$中点集上的一个阿贝尔群。(一个用这种方式

⊖ 此处在概念上存在遗憾和模糊。在约数中，符号+不是一个可执行的运算。符号+的含义是“伴随”意义上的“和”，然而在点的加法中，符号+的含义是“加法”意义上的“和”。符号 $m_1 P_1 + m_2 P_2$ 可能表示“附带乘法系数 m_1 的点 P_1 伴随附带乘法系数 m_2 的点 P_2”，或者也可能表示“用整数 m_1 乘上 P_1，用整数 m_2 乘以 P_2，然后相加。”两种加法符号的使用方法都已经确立，从而由上下文解决了模糊的问题。此外，两个约数之间的加法符号是可执行的：$m_1 P_1 + m_2 P_2 + (m_1' P_1 + m_2' P_2) = (m_1 + m_1') P_1 + (m_2 + m_2') P_2$。圆括号内的求和符号是可执行的，两个圆括号之间的加法是不可执行的。为了在上下文不足时明确地解决这个模糊问题，符号$[m_1]P_1 + [m_2]P_2$ 用来表示点的加法，而 $m_1(P_1) + m_2(P_2)$用来表示约数。这样，从计算上来看，表达式 $m_1(aP_1 + bP_2) + m_2(cP_1 + dP_2)$就有一个明确的含义，表示一个约数由两个点$[a]P_1 + [b]P_2$ 和$[c]P_1 + [d]P_2$ 构成，而 $m_1([a]P_1 + [b]P_2) + m_2([c]P_1 + [d]P_2)$的含义就更加确定了，尽管更加烦琐。为了这个目的，中间的加法符号可以看成逗号。另外，符号$[a+b]P$ 表示点 P 乘上 $a+b$，而符号$(a+b)P$ 表示点 p 具有乘法系数$(a+b)$。

在任意集合上构成的群称为该集合上的自由阿贝尔群。)从计算的角度来看，约数就是 $\mathcal{X}$ 上的点以及与这些点相关联的整数一起构成的一个有限集。由 $\mathcal{X}$ 上的点索引得到的所有约数构成的集合用 $\mathcal{D}$ 来表示。

我们不能在超椭圆曲线上定义点的加法来构成一个有限群，但是我们可以尝试改为在超椭圆曲线的约数集合上定义加法，以构成一个有限群。由于两个约数是可以相加的，因此约数集类似于我们想要定义的群，但并不是完全确切。由于系数是任意的整数，因此 $\mathcal{X}$ 上的约数集是无限的，而我们想要一个有限群。我们下一步的任务是，采用一种类似于由 $\mathbf{Z}$ 模数求余约简来生成 $\mathbf{Z}_p$ 的模数约简方法，由此方法生成等价类来强化约数集的概念。这意味着我们需要定义一种方法，通过模一个约数来求余约简另一个约数。在我们给出这个定义之前，我们先提炼并扩展与约数相关的术语。 380

约数 D 的*支撑集*表示为 $\sup D$，是满足 m_i 非零的点集。一个*有效约数*是满足所有 m_i 均为非负的约数。约数 D 的*范数*记为 $|D|$，定义为 $|D|=\sum_{i\neq\infty}|m_i|$。约数 D 的*次数*表示为 $\deg D$，定义为 $\deg D=\sum_i m_i$。次数定义了一个映射 $\mathcal{D}\to\mathbf{Z}$，为每个约数分配了一个整数。

曲线中用来求解有理函数 $h(x, y)$ 值的点可以通过参考约数 D 来指定。如果约数在点 P_i 处具有系数 m_i，那么有理函数 $h(x, y)$ 在点 $P_i=(\beta, \gamma)$ 处的取值就为 $h(P_i)^{m_i}=h(\beta, \gamma)^{m_i}$。更一般地说，有理函数 $h(x, y)$ 在整个约数 $D=\sum_i m_iP_i$ 上的取值定义为 $h(D)=\prod_i h(P_i)^{m_i}$。

次数为零的约数是满足 $\sum_i m_i=0$ 的约数。这通常用 $m_\infty=-\sum_{i\neq\infty}m_i$ 来表示，从而次数为零的约数可以写成

$$D=\sum_i m_iP_i-\Big(\sum_i m_i\Big)\infty$$

此时此处第一个求和只针对仿射点。[⊖]当只处理次数为零的约数时，人们有时并没有明确提到 m_∞，因为它已经隐含在其中。人们也可以将一个次数为零的约数写成 $D=\sum_i m_iP_i-(*)\infty$，其中 $(*)$ 是 $\sum_i m_i$ 的简写，或者更简单地记为 $D=\sum_i m_iP_i$，只需提到仿射点，而隐含了数据项 $(*)\infty$。所有次数为零的约数构成的集合记为 $\mathcal{D}^\circ$，是 $\mathcal{D}$ 的一个子群。

两个约数 $\sum_i m_iP_i$ 和 $\sum_i m_i'P_i$ 的*最大公约数*表示为 $\mathrm{GCD}(D, D')$，是次数为 0 的约数

$$\mathrm{GCD}(D,D')=\sum_i \min(m_i,m_i')P_i-\Big[\sum_i \min(m_i,m_i')\Big]\infty$$

两个约数 $\sum_i m_iP_i$ 和 $\sum_i m_i'P_i$ 的最大公约数必定是 $\mathcal{D}^\circ$ 中的一个元素。

每个 $\mathcal{D}^\circ$ 中的约数都可以用投影曲线中整系数之和为零的一个有限点集来识别。通过考虑将每个约数映射到其次数的函数，集合 $\mathcal{D}^\circ$ 通常采用这种更形式化的方式来描述。那 381

⊖ 此处符号稍微有点混乱。可能写成下式更清楚

$$D=\sum_i m_iP_i+\Big(\sum_i m_i\infty\Big)$$

第二个加法符号表示整数加法。第一个加法符号是一种形式上的(不可执行的)求和。

么 $\mathcal{D}^{\circ}$就可以定义为次数映射的核。次数映射的核是次数映射下一个映射到零次的约数集，因此这种新说法只不过是用一种更加别致的方式来阐述同一件事情。

所有的约数的集合 $\mathcal{D}$ 对于我们的需求来讲规模太大了，因为它包含了无穷个约数。即使是较小的集合 $\mathcal{D}^{\circ}$对于我们的需求来讲也太大了。它也包含了无穷多个约数。为了得到一个有限的集合，我们必须进一步化简该集合。在 11.6 节和 11.7 节中，我们会发现将要定义的化简后的集合，在定义了恰当的群运算后变成了阿贝尔群。但是首先，在本节中，我们必须定义一个简化的约数，和一个简化的约数上的群运算。因此，简化约数的集合被称为*简化约数群*，或者*雅可比商群*，并且群运算被称为*简化约数的加法*，或者*雅可比商群加法*。

我们会通过如图 11-3 的左边所示的两步来约束约数的集合。首先，我们限制阶为零的约数集合为半简化约数。这些依据特殊点定义的点，与定义 11.1.5 定义的点是对称的。然后我们进一步约束半简化约数集合，使其成为简化约数。简化约数集合，当定义了合适的群运算后，就是在超椭圆曲线上希望得到的群。

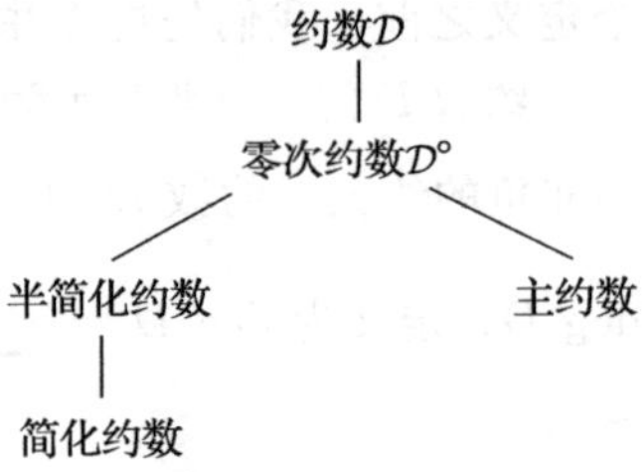

图 11-3 约数的分类

定义 11.4.2 *超椭圆曲线上的一个半简化约数是 $\mathcal{D}^{\circ}$中的一个元素，满足下列条件中的前三个条件；超椭圆曲线上的一个简化约数是 $\mathcal{D}^{\circ}$中满足下列 4 个条件的元素：*

(1) *所有的 m_i 在 $i\neq\infty$时都是非负的；*

(2) *如果 P_i 是一个特殊点，那么就有 $m_i\leqslant 1$；*

(3) *一个点及其对偶点不会同时具有非零系数；*

(4) *所有仿射点中的 m_i 之和不大于阶次 g。*

因为所有的 m_i 是非负的，一个简化约数可以定义为模最大等于 g 的半简化约数。很
382 明显在 $\mathcal{X}(\mathbf{F}_q)$上的简化约数集合是有限的，因为 $\mathcal{X}(\mathbf{F}_q)$由有限个点构成，且没有任何点的系数会是负的或者大于 g 的。如果阶次 g 大于 1，那么每个简化约数可以包含不止一个点，但是不超过 g 个点。

然而对于椭圆曲线，$g=1$，那么最多有一个 m_i 可以等于 1，且所有其他 m_i 等于 0。因此对于一个椭圆曲线，每一个简化约数都是包含了椭圆曲线的一个点的集合。然后一个简化约数和 $\mathcal{X}$的一个点相当。一个椭圆曲线的简化约数的集合相当于简化曲线本身。因此一个超椭圆曲线上的简化约数的集合可以看成由另一个椭圆曲线生成。

就像任何约数都可以相加，简化约数也可以相加，但是一般来讲两个简化约数的和不是一个简化约数。为了在简化约数的结构上得到一个群，我们现在必须讲解一个模化简运算过程。这是一种将任何半简化约数化简成一个对应的简化约数的方法。首先我们必须引入主约数的概念。

11.5 主约数

从 $\mathbf{F}$ 上的曲线 $\mathcal{X}$的点获得阶为零的约数的一种方法是在曲线上用一个有理函数的极根和零根来指定约数的点，并用极根和零根的阶来指定约数的整数系数。域 $\mathbf{F}$ 上的一个有理函数是 $H(x,y)=F(x,y)/G(x,y)$的一种表示，其中 $F(x,y)$和 $G(x,y)$是 $\mathbf{F}$ 中的多项式。我们要求任意分子和分母消除相同的因子，并且多项式 $F(x,y)$和 $G(x,y)$都不能被曲线 $\mathcal{X}$定义的多项式整除。如果分子 $F(x,y)$在 P 处等于零，那么 P 被称为有理函数

$H(x, y)$的一个零根。如果分母$G(x, y)$在P处等于零，那么P被称为有理函数$H(x, y)$的一个极根。借助 Bezout 定理，$F(x, y)$和$G(x, y)$在$\mathcal{X}$上可以有有限个零根。所以$H(x, y)$在曲线$\mathcal{X}$上也只有有限个极根和零根。

有可能$F(x, y)$和$G(x, y)$在曲线$\mathcal{X}$上的同一点P处有零根。那么$H(x, y)$在P处既有零根也有极根。这对于任意域$\mathbf{F}$上的一个单一变量的有理函数$H(x)=F(x)/G(x)$来讲是不可能的，因为一个相同的零根意味着一个相同的阶为1的约数，而且我们要求消除任意$F(x)$和$G(x)$的相同因子。然而，对于有两个变量的多项式是不同的。有两个变量的有理函数在曲线的一点处可以既有零根也有极根，因为$F(x, y)$和$G(x, y)$可以在P处有共同的零根，然而在域$\mathbf{F}$或者任意$\mathbf{F}$的扩张域上不会有一个相同的多项式向量。因此，有理函数的值不是在点P定义的。 383

$H(x, y)$在曲线上点P处的一个估值[㊀]表示为v_P或$v_P(H)$，定义为点P处的零根个数减去点P处的极根个数。如果$H(x, y)$在P处只有一个阶为n的零根，那么$v_P(H)=n$。如果$H(x, y)$只在P处有一个阶为n的极根，那么$v_P(H)=-n$。如果$H(x, y)$在P处有阶为n的零根和阶为m的极根，那么$v_P(H)=n-m$。

有理函数$H(x, y)$可以被用来定义超椭圆曲线$\mathcal{X}$上的一个约数，表示为 div $H(x, y)$或者 div H，且定义为

$$\operatorname{div}(H(x,y)) = \sum_{p} v_P(H)P - (*)\infty$$

其中现在显示的总和只是在有理仿射点的和，$(*)$代表一个整数，由无穷远处的零根个数减极根个数得到。在无穷大处确定极根和零根的个数很难，但是如果我们接受每个约数都是用这种方式，从一个有理函数形成的并且阶为零的说法，那么我们可以写出$(*) = \sum_{P} v_P(H)$。这意味着$\sum_{P} v_P(H) - (*) = 0$。对于一个这种方式定义的约数来讲，整数系数表示为$(*)$，的确对应于无穷处的零根个数减极根个数。[㊁]出于我们的目的，我们简单地定义$(*)$表示仿射极根的总数减去仿射零根的总数，这样的定义仅仅是缺少了修饰，但并不失严谨性。

一个二元有理函数的一个极根或者一个零根的阶是由一个单变量有理函数的一个极根或者零根的阶的衍生而来，但是在二元情况下定义阶很麻烦。它的确对应了依照曲线等于零的有理函数的分子或者分母的衍生的数量，但是一条曲线和另一条曲线相交或者相切的概念并没有直接定义。然而它是一个直观的概念，并且这个概念可能满足我们的需求。

确定有理函数$H(x, y)$在点P处的一个零根的阶的方法，是用曲线等式$p(x, y)=0$来通过代数的方法将$H(x, y)$处理成

$$H(x,y) = A(x,y)^r B(x,y)$$

使得$B(P)\neq 0$和$A(P)=0$。那么r就是点P处零根的阶。

例如，给定曲线$\mathcal{X}$：$y^2=x^3-x$，那么有理函数$f(x, y)=x/y$在$(x, y)=(0, 0)$处是否有零根，如果有，它的阶是多少？表达式$f(x, y)=x/y$在$(x, y)=(0, 0)$并没有定义，但是我们通过对应曲线可以写出

$$f(x,y) = \frac{x}{y} = \frac{y}{x^2-1}$$ 384

㊀ 估值不要与求值相混淆。

㊁ 这可以简化，因为超椭圆曲线只有一个无穷远点。

从中我们可以发现 $f(0,0)=0$。为了发现这个零根的阶，将 $f(x,y)$写成

$$f(x,y)=y\frac{1}{x^2-1}=A(x,y)^rB(x,y)$$

第二项对应于在(0，0)处非零的 $B(x,y)$，且第一项 y 对应有指数 1 的 $A(x,y)$，所以(0，0)是阶为 1 的零根。

再举一个例子，给定同样的曲线，有理函数在 $f(x,y)=x$ 处显然有零根。为了确定该有理函数在(0，0)处的零根的阶，用曲线方程式 $y^2=x^3-x$ 可以写出

$$f(x,y)=x=y^2\frac{1}{x^2-1}=A(x,y)^rB(x,y)$$

同样的，对应 $B(x,y)$的项在(0，0)处不等于 0，对应 $A(x,y)$的项的指数等于 2，所以对于这个有理函数来讲，(0，0)是阶为 2 的零根。

任意能通过这种方式，从一个曲线 $\mathcal{X}$上获得有理函数的极根和零根的约数的阶总是等于 0，因为∞的系数保证了该总和为 0。不仅如此，下面给出了阶为 0 的约数的一个特别说明。

定义 11.5.1 考虑重根计数，曲线 $\mathcal{X}$上一个有理函数中，与零根和极根相对应的约数称为 $\mathcal{X}$的主约数。

那么自然而然产生了几个问题。每个阶是零的约数都是主约数吗？一个主约数可以对应 $\mathcal{X}(\mathbf{F}_q)$上的单一有理函数吗？在下节中我们会对椭圆曲线回答这些问题，假设考虑到所有的极根和零根在代数闭包 $\overline{\mathbf{F}}_q$ 中。这是一个很重要的结论，因为它告诉了我们，$\mathbf{F}$ 的代数闭包中包含足够指定一个有理函数的所有极根和零根。那么曲线上的有理函数只有一个标量乘数充分可以被确定。如果没有极根，那么零根的集合仅仅确定一个多项式 $a(x,y)$模 $p(x,y)$。也就是，零根确定了坐标环 $\mathbf{F}[x,y]_{p(x,y)}$的一个元素。

11.6 椭圆曲线上的主约数

总的来讲，尽管本章主要处理超椭圆曲线，本节也将讨论阶次为 1 的超椭圆曲线的一个特殊情况，即椭圆曲线。椭圆曲线上主约数的研究既可以说明约数的性质，也可以加深
385 对椭圆曲线的理解。

很容易给出椭圆曲线上的一个主约数的例子，因为一条与椭圆曲线 $\mathcal{X}(\mathbf{F}_q)$相交的直线至少相交两次，有三个交点，多个交点也同样计数。因此基本有理函数 $\ell(x,y)=ax+by+c$ 其中的分母等于1，在椭圆曲线 $\mathcal{X}$的三点处等于 0，表示为 P_1、P_2 和 P_3。所以主约数是 $\mathrm{div}(\ell(x,y))=P_1+P_2+P_3-[3]\mathcal{O}$。无穷远点处必须有一个阶为 3 的极根，因为主约数的阶总是为 0。

相似的，穿过 $P_3=(x_3,y_3)$和 $-P_3=P_1+P_2$ 的垂直线由平凡有理函数 $x-x_3$ 的零根给出。穿过 P_3 的垂直线是 $v(x,y)=x-x_3$。垂直线 $x-x_3$ 的约数是 $\mathrm{div}(x-x_3)=P_3+(-P_3)+[-2]\mathcal{O}$，其中取值为 -2 ⊖ 的系数是必要的，那么约数的阶是 0。从这两个约数中，我们能得到

$$\begin{aligned}\mathrm{div}\left(\frac{ax+by+c}{x-x_3}\right)&=\mathrm{div}(ax+by+c)-\mathrm{div}(x-x_3)\\&=(P_1+P_2+P_3+3\mathcal{O})-(P_3+(P_1+P_2)-2\mathcal{O})\\&=P_1+P_2-(P_1+P_2)-\mathcal{O}\end{aligned}$$

⊖ 为了兼顾单个零根与∞处约数中的系数 -2，我们认为∞有三个极根外加一个零根，但是省略技术解释。

这个表达式是一个一元有理函数的约数，所以是主约数。届时，通过恰当的验证，我们能发现，不仅是左侧的一元函数决定了右侧的约数，而且右侧的约数也确定了左侧的有理函数。这里的限制是，有理函数取决于一个标量倍数。

我们也可以用这种等式联系约数

$$[P_1]+[P_2]=[P_1+P_2]+\mathcal{O}+\operatorname{div}\left(\frac{ax+by+c}{x-x_3}\right)$$

其是一个联系约数的等式。然而，左侧的约数不是一个主约数。通过 Bézout 定理可以判断出来，其不对应于任何有理函数。因此右侧也不能描述一个主约数。

并不是每一个约数都是一个主约数。对于一些约数而言，并没有曲线 $\mathcal{X}$上的极根和零根与该约数对应。一个简单的不是主约数的约数的例子是接下来的定理的一个简单结果。一个规范的有理函数足以证明这个定理。椭圆曲线上的一个规范的有理函数是一个分子和分母上都是首一多项式的有理函数，每一个多项式的 y 的阶最大是 1。

定理 11.6.1 不存在一个有理函数在椭圆曲线 $\mathcal{X}(\mathbf{F})$上只有一个或者两个有理仿射零根或极根，除了两个零根或两个极根位于垂线上之外。 386

证明 设 $y^2+h(x)y=f(x)$是表示椭圆曲线的等式，注意如果(β, γ)是曲线的一个点，那么$(\beta, -(\gamma+h(\beta))$也是曲线的一个点。设 $f(x, y)=h(x, y)/g(x, y)$是域 $\mathbf{F}$ 上的任意有理函数。那么 $h(x, y)=a(x)+yb(x)$。设 $P=(\beta, \gamma)$是 $h(x, y)$的一个零根。那么 $h(\beta, \gamma)=a(\beta)+\gamma b(\beta)=0$。如果多项式 $b(x)$是 0，那么对于所有的 y 包括 $y=\gamma$ 和 $y=-(\gamma+h(\beta))$，都有 $h(\beta, \gamma)=a(\beta)=0$，这表示 $h(x, y)$在曲线上有不止一个零根。⊖如果多项式 $b(x)$不是 0，那么在仿射变换下，选择一个新的坐标系，使得其中的 $h(x, y)$是 0。相同的理由 $f(x, y)$不可能有且只有一个有理仿射极根。

现在，假设 $f(x, y)$有一个仿射约数 $D=[P_1]+[P_2]$，有两个有理点。定义$\widetilde{f}(x, y)=f(x, y)/(ax+by+c)$，其中 $ax+by+c$ 是通过 P_1 和 P_2 的直线的表达式，所以它穿过第三个点 P_3。因此$\widetilde{f}(x, y)$是有仿射约数$\widetilde{D}=-[P_3]$的一个有理函数。但是我们已经证明这样的一个约数并不存在。因此有 $D=[P_1]+[P_2]+[-2]\infty$，并且 $P_2\neq -P_1$ 的一个主约数不存在，除非 $P_2=-P_1$。相似的表示也适用于 $g(x, y)$，所以我们能推断出定理的表述成立。 □

这一思路可以反复使用以寻找特定的其他也不是主约数的更高次约数。然而，代替继续用这种笨拙的方式，我们通过一个定理阐述并证明了一个通用的结论。

定理 11.6.2 椭圆曲线 $\mathcal{X}(\mathbf{F})$上的一个约数 $\sum_i a_iP_i$ 是 $\mathcal{X}(\mathbf{F})$的一个主约数，当且仅当满足下列两个条件：

(i) $\sum_i a_i=0$；

(ii) 作为点之和，$\sum_i [a_i]P_i=\mathcal{O}$。

证明 第一个条件，$\sum_i a_i=0$，由一个整数加法构成。依据一个主约数的定义，对于一个任意超椭圆曲线上的主约数来讲都是一个必要条件。

第二个条件涉及了点的加法，所以它是适用于椭圆曲线的。设 $f(x, y)$是一个有 m 个零根和 m'个极根的有理函数，且有约数 D。我们会通过移动任意落在一条线上的三个点

⊖ Bézout 定理表明有 $3\deg[a(x)+yb(x)]$个公共零根，但是这些不一定是有理仿射零根。

来使 $f(x, y)$变成另一个有理函数。为了找到这样一条线上的三个点，我们可能在一些第三点处创建极根-零根对。假设 $f(x, y)$是一个 $\mathcal{X}(\mathbf{F})$上的有理函数且有两个零根落在直线 $\ell(x, y)$上，与椭圆曲线相交于第三个点。如果 $f(x, y)$在直线 $\ell(x, y)$上有两个零根，

387 那么函数 $f'(x, y)=\dfrac{f(x, y)}{\ell(x, y)}$移动这两个零根，并有一个新的 $f(x, y)$没有的极根，但是有 $f(x, y)$所有的其他的零根和极根。不仅如此，如果 $f(x, y)$只有两个零根在直线 $\ell(x, y)$上，那么

$$f'(x,y) = \frac{f(x,y)}{\ell(x,y)}$$

的确使得这两个零根 $\ell(x, y)$移动并在 $\ell(x, y)$的第三个零根有一个新的极根。极根和零根的个数减少了一个。在任何情况下，$f'(x, y)$比 $f(x, y)$的总零根和极根数要少。另外，如果 $f(x, y)$至少有两个极根，也可以作类似的化简，引入一个新的极根。可以多次重复这个过程来减少零根或极根的数量，直到函数至少有两个零根或极根。此过程必须在一个函数没有零根或极根时终止，因为定理 11.6.1，其既不能在一个函数只有一个或者两个零根时终止，也不能在一个函数只有一个或两个极根时终止，并且其也不在一个函数有超过两个极根或零根时终止。

为了结束证明，我们注意到求和表达式 $\sum_i [a_i]P_i$ 的值在过程中的任一步都没有发生改变，且该求和项 $\sum_i [a_i]P_i$ 在值为 $\mathcal{O}$时终止，所以其一定是以等于 $\mathcal{O}$开始。 □

我们的下一项任务是展示一个椭圆曲线上的一个有理函数的代表元是由其极根和零根依据一个常数乘法器定义的。在下一个定理中出现了相似表述，每一个单变量有理函数可以表示成

$$f(x) = e\frac{\prod_{\ell}(a_\ell x + 1)}{\prod_{\ell'}(c_{\ell'} x + 1)}$$

其中 a_ℓ 和 c_ℓ 是代数封闭域 $\overline{\mathbf{F}}$ 的元素，且如果 $f(x)$是单变量，$e = \prod_{\ell'} c_{\ell'} / \prod_{\ell} a_\ell$ 。

那么接着到了下一个表述。

定理 11.6.3 代数闭域 $\overline{\mathbf{F}}$ 上一条椭圆曲线 $\mathcal{X}(\overline{\mathbf{F}})$中的每个有理函数都等价于形如下式的一个函数

$$f(x,y) = e\frac{\prod_{\ell}(a_\ell x + b_\ell y + 1)}{\prod_{\ell'}(c_{\ell'} x + d_{\ell'} y + 1)}$$

其中所有的常数都是 $\overline{\mathbf{F}}$ 中的元素。

证明 通过 Bézout 定理我们知道每一个 $\mathcal{X}(\overline{\mathbf{F}})$上的有理函数有一个极根和零根的有限

388 集合，且对应于一个主约数。因此一个如阐述形式的有理函数能够通过一个主约数找到。

$f(x, y)$的零根总数可以减少到至少两个，通过对合达的域元素 a 和 b 定义一个新的函数

$$g(x,y) = f(x,y)/(ax + by + 1)$$

可能引入一个新的极根。相似地，$f(x, y)$的极根总数可以减少到至少两个，通过对合适的域元素 c 和 d 定义一个新的函数

$$g(x,y) = f(x,y)(cx + dy + 1)$$

引入一个新的零根。

这一过程可以重复到没有余下的零根和极根为止。但是任意没有零根或极根的有理函数是一个常数。因此迭代只在如下情况时停止

$$f(x,y)\frac{\prod_{\ell'}(c_{\ell}x+d_{\ell}y+1)}{\prod_{\ell}(a_{\ell}x+b_{\ell}y+1)}=e$$

这与需要证明的命题等价。证毕。 □

定理给出的代表元不需要是特别写出的，但是其分子和分母通过将曲线等式倍增和化简后是独一无二的。然后原有理函数的代表元被恢复。在 11.2 节中阐述的更加规范，定理给出的代表元不需要是唯一的，但是它是函数域中的一个特别的元素，所以对应了函数域中该元素的代表元。

这一定义让我们能接着阐述接下来的推论。

推论 11.6.4 *椭圆曲线 $\mathcal{X}(\mathbf{F}_q)$的一个主约数唯一地对应于 $\mathcal{X}(\mathbf{F}_q)$上一个只有仿射零根和极根的规范有理函数。*

证明 从定理的表示直接得到，因为每条直线只和椭圆曲线在仿射点相交。 □

我们用 Weil 互易定理结束本节，该定理表示一个合适的 $f(x, y)$在 $g(x, y)$的极根和零根处的等式的乘积是等价于对应的 $g(x, y)$在 $f(x, y)$的极根和零根的等式的乘积。通过限制椭圆曲线的表达式，本节的想法可以用于证明。 389

定理 11.6.5(Weil 互易性) *令 $D=\text{div}f(x, y)$和 $D'=\text{div}g(x, y)$是两个不相交的约数，在椭圆曲线 $\mathcal{X}(\mathbf{F})$上没有公共点。那么就有 $f(D')=g(D)$。*

证明 证明分为两步。

步骤 1 如果 $f(x, y)$和 $g(x, y)$是简单的直线的等式，本定理很容易证明。首先考虑穿过原点的一条垂直线和一条水平线。那么两个多项式是平凡的，且由 $f(x, y)=y$ 和 $g(x, y)=x$ 给出。$f(x, y)$和 $y^2+xy=x^3+ax^2+bx+c$ 共有的零根在 $y^2=c$ 处。因此相交的三个点是$(0, \sqrt{c})$、$(0, \sqrt{-c})$和 $\mathcal{O}$。$g(x, y)$和 $y^2+xy=x^3+ax^2+bx+c$ 共有的零根在 x^3+ax^2+bx+c 处。因此相交的三个点在$(x_1, 0)$、$(x_2, 0)$、$(x_3, 0)$处，其中 x_1、x_2 和 x_3 是多项式 x_3+ax^2+bx+c 的零根。不止如此，任何两条直线都可以通过坐标转换变成这两种情况，转换后的直线可能不是相互正交的。因为一个椭圆曲线在坐标变换下仍然是一个椭圆曲线，结论对于 $f(x, y)=ax+b$ 和 $g(x, y)=bx+c$ 都成立。那么

$$f(D')=f(x_1,y_1)f(x_2,y_2)f(x_3,y_3)=f(P_1')f(P_2')f(P_3')=x_1x_2x_3=c$$

和

$$g(D)=g(P_1)g(P_2)g(P_3)=-\sqrt{c}\sqrt{c}=c$$

平行于 x 轴的两条直线的简单证明成立。更多地，任何两条直线都可以通过一个(可能非正交的)坐标变换转换成这两种情况之一。因为一个椭圆曲线在坐标变换下仍然是一个椭圆曲线，结论对于 $f(x, y)=ax+b$ 和 $g(x, y)=bx+c$ 都成立。

步骤 2 现在通过定理 11.6.3 结束证明，该定理表示每一个在椭圆曲线上的有理函数等价于一条直线的乘积，或在分子上，或在分母上，或两者都是。 □

11.7 雅可比商群

我们现在回到超椭圆曲线的任意阶次的探讨上，特别是那些不是椭圆曲线的曲线有大于 1 的阶次。对于一个阶次大于 1 的超椭圆曲线，我们没有一个像定理 11.6.2 一样的简 390

练的定理来帮助我们得到一个主约数。

设 $\overline{D}$ 表示一个超椭圆曲线 $\mathcal{X}$ 上的主约数，设 $\overline{\mathcal{D}}$是 $\mathcal{X}$ 上的主约数的集合。因为对于任意两个有理函数 $H_1(x, y)$和 $H_2(x, y)$乘积的约数满足 $\text{div}(H_1H_2)=\text{div}(H_1)+\text{div}(H_2)$，我们推断 $\overline{\mathcal{D}}$是 $\overline{\mathcal{D}}^0$的子群，约数集合阶为 0。更多地，其是一个合适的子群因为不是每个度为 0 的约数都是一个主约数。这意味着定义了商群 $\overline{\mathcal{D}}^0/\overline{\mathcal{D}}$且它是非平凡的。特别地，一个度为 0 的约数相当于全零约数，当且仅当它是一个主约数的时候。

我们接下来正式给出雅可比商群的定义。

定义 11.7.1 *超椭圆曲线 $\mathcal{X}(\mathbf{F}_q)$的雅可比商群表示为 $\text{jac}(\mathcal{X})$或 $\text{jac}(\mathcal{X}(F_q))$，就是商群 $\overline{\mathcal{D}}^0/\overline{\mathcal{D}}$。*

因此，雅可比商群认为所有的主约数是构成一个等价类相当于全零约数。所有互不相同的约数都被认为是等价的，所以属于同一个等价类。这些等价类也被更通用的称为约数类[⊖]，然后将约数类结合起来构成*约数群*，对于超椭圆曲线来讲仅仅是雅可比商群的另一个名字，但是对于更多地群来讲是一个标准的名字。

如果 $\mathcal{X}$是一个椭圆曲线，那么 $\text{jac}(\mathcal{X})$和曲线 $\mathcal{X}$是同构的，因为在椭圆曲线中，总有 $\mathcal{X}$ 的一个点 P 在 $\text{jac}(\mathcal{X})$的一个元素$\{P\}$中。在这种情况下，雅可比商群显然是一个阿贝尔群。

如果格大于 1，那么 $\text{jac}(\mathcal{X})$的元素是约数的不平凡等价类。$\text{jac}(\mathcal{X})$的元素包括 $\mathcal{X}$的点的有限集合和一个整数权重 m_i 附给每个点。$\text{jac}(\mathcal{X})$的每个元素是 $\mathcal{X}$的点的一个有限列表，且点 P 有一个权重 m 并写作 $m(P)$。$\text{jac}(\mathcal{X})$的两个元素 D 和 D'的和定义为

$$D+D'=\sum_i m_iP_i+\sum_i m_i'P_i=\sum_i(m_i+m_i')P_i(\text{mod }\overline{\mathcal{D}})$$

模$\overline{\mathcal{D}}$操作可以通过搜集任意的 $D+D'$的集合，来构成一个主约数 $\overline{D}\in\overline{\mathcal{D}}$，然后设搜集条件
391 等于 0。

因此，尽管 $\mathcal{X}$的点在任何一个群运算的定义中都不能构成一个群，但是 $\text{jac}(\mathcal{X})$的元素可以通过定义合适的群运算来构成一个群，即约数模加。

$\text{jac}(\mathcal{X})$是一个有限集合，这是我们希望的，所以规范地来看，我们的工作结束。然而，从计算的角度来看我们的工作还没有结束，为了实现计算，我们需要一种选取主约数的方法来使模化简可以实现。这需要更多的定义。

11.8 超椭圆曲线的群

让我们通过一种更加实际的方式来认识雅可比商群。一个阶次是 1 的超椭圆曲线是一个椭圆曲线，且在其点上可以构成自然群，和在第 10 章中讨论的一样。相对地，如果阶次大于 1，那么超椭圆曲线在其点集上没有自然群。在曲线的点集上定义点加法来构成一个群。尤其是，在椭圆曲线中的方法在这里并不适用，因为一条直线可以和一个超椭圆曲线相交超过三个点，而没能找到别的结构来定义点加法，来使其构成群。然而有一点，我们可以通过将超椭圆曲线 $\mathcal{X}$嵌入一个更大的有群结构的集合来实现。我们可以通过尝试替换 $\mathcal{X}(\mathbf{F}_q)$中的每个点来实现。那么用只包含一个点的集合$\{P\}$来代替点 $P\in\mathcal{X}$。然后可能有人尝试用一个集合的并集$\{P_1\}+\{P_2\}=\{P_1, P_2\}$来定义点的加法。然而，这种尝试并没有意义，因为$\{P_1\}\cup\{P_1, P_2\}=\{P_1, P_2\}$，这可以导出这种操作并不能用来构成一个

⊖ 一个约数类就是一个多项式集合，不要与约数相混淆，一个约数是极根和零根的一个集合。

群运算的结论。实际上，$\{P\}$没有负元的概念。第二种尝试可能是像$\{P_1\}+(P_1, P_2)=\{2P_1, P_2\}$一样定义加法，且像$-\{aP_1, bP_2\}=\{(-a)P_1, (-b)P_2\}$一样定义负元。这个概念差不多是我们需要的了，但是仍然不够准确。有一点要注意，这种集合的元素的数量向着无穷大增长，然而我们需要的是一个有限集合且其包含一个大的循环子群。正确构造这一概念的方法是利用定义 11.4.2 给出的简化约数的概念。

定义 11.8.1 *超椭圆曲线 $\mathcal{X}(\mathbf{F}_q)$的雅可比商群表示为* jac($\mathcal{X}$)*或* jac($\mathcal{X}(\mathbf{F}_q)$)，*它是简化约数的集合。*

就像这里给出的，一个雅可比商群只定义了一个集合，而不是一个群。这是因为还没有为这个简化约数集合定义一个群运算。

我们现在有两个给定的定义，定义 11.7.1 和定义 11.8.1，面对不同的对象，它们都称为雅可比商群。但他们实际上是不同的：它们中的一个定义了一个等价类的集合，另一 392
个定义了一个简化约数的集合。然而，我们的下一个任务就是说明每一个等价类都包含一个简化约数，且每一个简化约数都在一个等价类中，所以两个定义，尽管不完全相同，但是是相当的。一个简化约数是所有等价类的一个代表元。

通过一个例子来总结定义 11.8.1，设 $\mathcal{X}$是 $\mathbf{F}_7$ 上阶次为 2 的超椭圆曲线，点集如之前所描述

$$\mathcal{X}(\mathbf{F}_7)=\{(1,1),(1,5),(2,2),(2,3),(5,3),(5,6),(6,4),\infty\}$$

很容易列出此曲线上的雅可比商群的代表元。它们是公式 $\sum_i m_iP_i$ 的简化约数。这意味着每个 m_i 都是非负的，且在每个约数中，m_i 之和最大是 2，因为曲线的格是 2。这意味着曲线 $\mathcal{X}$上的零个、一个或两个点会出现在每个简化约数中，因此零个、一个或两个点会出现在雅可比商群的代表元中。更多地，一个点及其对称点不可能同时有非零系数，并且一个特殊点的系数不可能大于 1。表 11-1 中给出的元素都满足这些要求，且没有冗余元素。这些就是雅可比商群的全部元素。每个元素的阶都是 0。在表 11-1 中有 32 个条目。这些是雅可比商群的全部元素，因此这个雅可比商群的阶为 32。 393

表 11-1 $\mathbf{F}_7$ 上一个雅可比商群中的元素

0	(6, 4)+(1, 1)−2∞
(6, 4)−∞	(6, 4)+(1, 5)−2∞
(1, 1)−∞	(6, 4)+(2, 2)−2∞
(1, 5)−∞	(6, 4)+(2, 3)−2∞
(2, 2)−∞	(6, 4)+(5, 3)−2∞
(2, 3)−∞	(6, 4)+(5, 6)−2∞
(5, 3)−∞	(1, 1)+(2, 2)−2∞
(5, 6)−∞	(1, 1)+(2, 3)−2∞
2(1, 1)−2∞	(1, 1)+(5, 3)−2∞
2(1, 5)−2∞	(1, 1)+(5, 6)−2∞
2(2, 2)−2∞	(1, 5)+(2, 2)−2∞
2(2, 3)−2∞	(1, 5)+(2, 3)−2∞
2(5, 3)−2∞	(1, 5)+(5, 3)−2∞
2(5, 6)−2∞	(1, 5)+(5, 6)−2∞
	(2, 2)+(5, 3)−2∞
	(2, 2)+(5, 6)−2∞
	(2, 3)+(5, 3)−2∞
	(2, 3)+(5, 6)−2∞

显然简化约数可以像约数一样相加。例如，如果 $D=2(1.5)-2\infty$，并且 $D'=(1, 1)+(5, 6)-2\infty$，那么

$$D+D'=(1,1)+2(1,5)+(5,6)-4\infty$$

然而，$D+D'$不是一个简化约数，所以它不是 jac($\mathcal{X}$)的元素。它必须通过一些方式化简。我们会定义化简方法，以便于简化约数的集合构成群。雅可比商群的加法运算通过模化简，定义为约数加法。零约数扮演着群中单位元的角色，因此在雅可比商群的群中也表示为 $\mathcal{O}$。需要注意的是，雅可比商群中的单位元 $\mathcal{O}$，不是(0, 0)，(0, 0)是平面 $\mathbf{F}_q^2$ 的原点；也不是∞，∞是 $\mathcal{X}(\mathbf{F}_q)$在无穷大的点。

我们接下来的任务(在下一节中)是定义一个 jac($\mathcal{X}(\mathbf{F}_q)$)的元素的化简运算来构成一个群。然后群的运算是在模化简后的简化约数的加法。这个在雅可比商群的元素上的群运算

被称为雅可比商群加法。通过这个加法运算，jac($\mathcal{X}(\mathbf{F}_q)$)变成一个有限的阿贝尔群。目前，我们的任务是定义这个运算。后面，我们会设计一个简单的算法来实现雅可比商群加法的运算。

11.9 半简化约数和雅可比商群

我们不能通过在阶次大于 1 的超椭圆曲线上定义点的加法的方式来构成群。代替地，在超椭圆曲线的雅可比商群上定义加法。一个超椭圆曲线上的计算由雅可比商群的元素的加法实现。

为了理解这种计算，我们回忆一下，超椭圆曲线用下式表示

$$\mathcal{X}: y^2 + yh(x) = f(x)$$

它的雅可比商群由下述内容给出

$$\mathrm{jac}(\mathcal{X}) = \{\text{阶次为 0 的约数}\}/\{\text{主约数}\}$$

如规范定义，jac($\mathcal{X}(\mathbf{F}_{q^r})$)的元素是等价类，雅可比商群的加法是等价类的加法。然而，这个等价类集合的说法不适合实际的计算。代替地，每个等价类应该由一个代表元指定。就像商群 $\mathbf{Z}/\langle n\rangle$等价于 $\mathbf{Z}_n$ 的代表元的集合，同样的雅可比商群作为等价类的集合等价于一个代表元的集合。我们已经多次提及规范代表元，指的是将雅可比商群作为简化约数
394 集合。我们在本节中会发现每个等价类只包含一个简化约数，并且每个简化约数在对应的等价类中，所以这个代表元实际上是合适的。一个等价类的代表元是一个唯一的在该等价类中的简化约数。因此，我们可以把雅可比商群看成是一个简化约数的集合而不是一个等价类的集合。我们现在的任务是证明这个说法是正确的。

回顾一个简化约数的定义是一个 $\sum_i m_i P_i - (*)\infty$ 形式的约数，其中所有的系数 m_i 是非负的且满足特定的其他条件。回顾仿射点 $P=(a,\ b)$的对称点是$\widetilde{P}=(a,\ -b-h(a))$。如果$\widetilde{P}$是 P 的对称点，那么 P 也是$\widetilde{P}$的对称点。如果 $P=\widetilde{P}$，则点 P 是一个特殊点，否则是一个普通点。因为$\widetilde{\infty}=\infty$，所以点$\infty$是一个特殊点。如果垂线 $x-a=0$ 和超椭圆曲线 $\mathcal{X}$ 相交于普通点 P，那么它也和 $\mathcal{X}$相交于对称点$\widetilde{P}$。如果 $H(x,\ y)$是曲线 $\mathcal{X}$上的有理函数，那么 div(H)表示 $H(x,\ y)$的约数。有理函数 $x-a$，定义了直线 $x=a$，或者有两个普通点或者一个特殊点在曲线上。当 $P=(a,\ b)$是一个普通点时，那么 $\mathrm{div}(x-a)=P+\widetilde{P}-2\infty$。当 $P=(a,\ b)$是一个特殊点时，那么 $\mathrm{div}(x-a)=2P-2\infty$。

定义 11.4.2 中定义的半简化约数是一个 $D=\sum_i m_i P_i - \left(\sum_i m_i\right)\infty$ 形式的约数，每个 m_i 是一个非负整数，其中 P_i 和 $\widetilde{P}_i$ 不同时在 D 中出现，且如果 P_i 是一个特殊点，那么 $m_i \leqslant 1$。一个简化约数，同样在定义 11.4.2 中定义，是一个所有仿射点的 m_i 的和最大是 g 的半简化约数。

有待发展一个合适的定理来产生一个 jac($\mathcal{X}$)的代表元来表示简化约数的集合。这是一个使得计算方便的具有代表性的雅可比商群。首先，在接下来的定理中，我们说明了每一个等价类中至少有一个半简化约数。其次，在后面的章节中，我们说明了每个等价类中都只有一个简化约数。当然，每个简化约数都必须在一个等价类中，因为每个阶为零的约数都在一个等价类中。所有的这些意味着等价类和简化约数至今存在着一一对应关系。

定理 11.9.1 一条超椭圆曲线上每个次数为 0 的约数 D 和范数 $|D|$ 至少等价于一个满足范数 $|D'| \leqslant |D|$ 的半简化约数 D'。

证明 设 $D=\sum_P M_P P$ 是一个阶为 0 的约数。根据指定的等价关系，任意主约数可以附加到 D 中，或者在不改变等价类的情况下从 D 中减去。本着寻找相当于 D 的半简化约数的目的，我们只用到对应垂线的主约数就足够了。将 $\mathcal{X}$ 的普通点划分为两个集合，$\mathcal{X}_1$ 和 $\mathcal{X}_2$，那么对称的 P 和 $\widetilde{P}$ 在不同的集合，且如果 $m_P \geqslant M_{\widetilde{P}}$，$P$ 在 $\mathcal{X}_1$ 中。这种做法总是可行的，并且方法并不唯一。设 $\mathcal{X}_0$ 表示一组特殊点。 395

将约数 $\mathcal{D}$ 写成

$$\mathcal{D}=\sum_{P\in\mathcal{X}_0} m_P P+\sum_{P\in\mathcal{X}_1} m_P P+\sum_{\widetilde{P}\in\mathcal{X}_2} m_{\widetilde{P}}\widetilde{P}-(*)\infty$$

并回顾雅可比商群的定义，那么对于环 $\mathbf{F}(x, y)$ 的任意有理函数 $f(x, y)$ 而言，D 和 $D-\operatorname{div}f(x, y)$ 是同一个等价类。因此，定义一个约数 $\mathcal{D}'$ 为

$$D'=D-\sum_{P\in\mathcal{X}_0}\left\lfloor\frac{m_P}{2}\right\rfloor \operatorname{div}(x-a_P)-\sum_{P\in\mathcal{X}_2} m_P \operatorname{div}(x-a_P)$$

其中，在每一个求和项中，a_P 是第一个坐标 $P=(a_P, b_P)$，且 $x-a_P$ 是一条垂线的等式。那么 D' 等价于 D，因为右侧的后两项是主约数。通过表达式 $\operatorname{div}(x-a)$，我们现在有

$$D'=D-\sum_{P\in\mathcal{X}_0}\left\lfloor\frac{m_P}{2}\right\rfloor(2P-2\infty)-\sum_{P\in\mathcal{X}_2} m_P(P+\widetilde{P}-2\infty)=\sum_{P\in\mathcal{X}_0} m'_P P+\sum_{P\in\mathcal{X}_1} m'_P P$$

其中显然对于 $P\in\mathcal{X}_0$，有 $0\leqslant m'_P\leqslant 1$。所有 $\mathcal{X}_2$ 中的点的系数 m_P 都是从 $\mathcal{X}_2$ 中的那些点转换到 $\mathcal{X}_1$ 中的对称点，其他的点没变。那么 D' 是一个等价于 D 的半简化约数，且 $|D'|\leqslant|D|$，如我们希望证明的一样。 □

可以发现这个定理证明的核心思想是一对对称的点，P 和 $\widetilde{P}$，和系数 m_P 和 $m_{\widetilde{P}}$，可以看出，通过加入(或减去)系数 m_P 和 $m_{\widetilde{P}}$ 中同样的常数，两个系数中的较小者为零。这个方面的定理证明会在定理 11.11.1 的证明中再次使用来推断每个约数类包含一个简化约数。

11.10 Mumford 变换

在这一点上，它有助于引入另一种半简化约数的表示。就像一个实变量 $S(t)$ 的函数可以有效地通过它的傅里叶变换 $S(f)$ 来表示，同样，一个半简化约数 $D=\sum_P m_P P-(*)\infty$ $\left(\text{缩写}\ \sum_P m_P P\right)$ 可以有效地通过它的 Mumford *表示*或 Mumford *变换*来表示。一个简化约数的 Mumford 变换用 $(a(x), b(x))$ 来表示，是一个适用于特定计算的多项式。雅可比商群可以通过 Mumford 变换进行重定义，尽管这种定义模糊了雅可比商群作为一个约数类群的定义的界限，其中有阶为 0 的约数模有理函数的约数。为了构造在 Mumford 变换中的一个约数的表示方式，我们会用到表达式 $D=\operatorname{div}(a(x)b(x))$。 396

约数完全描述一个有理函数在超椭圆曲线上的标量乘法。一个有理函数的约数可能被看成另一种在方便进行多种计算的超椭圆曲线上的有理函数的表示。反过来，Mumford 变换是另一种方便进行多种计算的半简化约数的表达，比如雅可比商群元素的加法。Mumford 变换不是为非半简化约数的约数定义的。出于一些目的，相比于处理一个约数的一些极根和零根的列表，处理一个包含一对单变量多项式 $a(x)$ 和 $b(x)$ 的半简化约数的 Mumford 变换更简单。

定义 11.10.1 一个半简化约数 $D=\sum_i m_i P_i-(*)\infty$ 中的仿射点表示为 $P_i=(x_i, y_i)$，

约数的 Mumford 变换是一对多项式$(a(x),\ b(x))$，其中$a(x)=\prod_i (x-x_i)^{m_i}$，而$b(x)$是对每个$i$都满足$y_i=b(x_i)$的最低次多项式。

对于一个简化约数来讲，多项式$a(x)$一定是一个阶最大是g的多项式，$b(x)$是一个阶小于g的多项式。否则，Mumford 变换对应一个半简化约数。我们会讲述一种方法来从 Mumford 变换$(a(x),\ b(x))$中恢复半简化约数D，并且我们会讲述一种从半简化约数D中获得 Mumford 变换$(a(x),\ b(x))$的方法。因此这两种关于一个半简化约数的表达是等价的。零约数，所有的m_i都等于零的约数，对应于雅可比商群中的单位元。相对的，零约数对应 Mumford 变换域中的(1，0)。

很容易用 Mumford 变换来计算表达式$D=\sum_i m_iP_i$。多项式$a(x)$的计算是明确的。如果所有非零的m_i都等于 1，多项式$b(x)$可以通过拉格朗日余项来确定。否则，它可以通过命题 11.10.3 中描述的中国剩余定理来确定。反过来，显然从 Mumford 变换中恢复得到D的一般表达也很容易。为了计算x_i和m_i，一个变量$a(x)$。那么对于每个i，y_i通过在x_i处估算$b(x)$得到。

我们的下一项任务是展示 Mumford 变换的$b(x)$整除多项式$b(x)^2+b(x)h(x)-f(x)$。这个多项式是$y-b(x)$的负形式并且在下面计算。因为多项式$y-b(x)$是坐标环$\mathbf{F}[x,y]_{p(x,y)}$的一个元素，它有如下形式

$$\begin{aligned}\operatorname{norm}(y-b(x))&=(y-b(x)(y+h(x)+b(x)))=y^2-b(x)^2+yh(x)-b(x)h(x)\\&=f(x)-b(x)^2-b(x)h(x)\end{aligned}$$

397

其最后一行成立，是因为$y^2+h(x)y=f(x)$。一般会进一步转换成负多项式$b(x)^2+b(x)h(x)-f(x)$。

导致 Mumford 变换的这个重要属性的前提是下面关于一个曲线的一个单点的命题。本命题的证明提出了一种直接的标准来计算一个单点约数的多项式$b(x)$的方法。为了将这个命题扩展到一般的半简化约数，使用中国剩余定理与一个单点约数的$b(x)$结合起来。

命题 11.10.2 给定超椭圆曲线$\mathcal{X}(\mathbf{F})$：$y^2+h(x)y=f(x)$上的任意点$P=(x^*,\ y^*)$以及任意非负整数m，如果P是一个特殊点，那么m就不大于 1，于是就存在一个次数小于m的唯一多项式$b(x)$，满足$b(x^*)=y^*$且$b(x)^2+b(x)h(x)-f(x)$可以被$(x-x^*)^m$整除。

证明 要验证一个特殊点处定理的条件，注意如果m是非零的，它一定是 1。那么$b(x)=y^*$是一个阶为 0 的多项式，且满足条件$b(x^*)=y^*$，并使用曲线的等式，直接替代$b(x)^2+b(x)h(x)-f(x)$所展示的第二个条件。

为了验证一个普通点处定理的条件，暂时使用x来代替$x-x^*$，那么要求的条件就变成

$$g(x)\triangleq b(x)^2+b(x)h(x)-f(x)=0 \pmod{x^m}$$

现在转换后的点由$P=(0,\ y^*)$给出。在点$(0,\ y^*)$处，等式$y^2+h(x)y=f(x)$变成$y^{*2}+h_0y^*=f_0$。因为曲线是非奇异的，我们知道$2y^*+h_0\neq0$。

要验证条件$g(x)$可以被x^m整除，需要证明，对于$\ell=1,\ \cdots,\ m-1$，有$g_\ell=0$。为了证明$g_0=g(0)=0$，我们注意到$b_0=y^*$，所以

$$g(0)=g_0=b_0^2+b_0h_0-f_0=y^{*2}+y^*h_0-f_0=0$$

因为$(0,\ y^*)$是曲线的一个点。为了证明g_1是 0，我们写出

$$g(x)=(b_0+b_1x+\cdots)^2+(b_0+b_1x+\cdots)(h_0+h_1x+\cdots)-(f_0+f_1x+\cdots)$$

从中可以推出

$$g_1 = (2b_0 + h_0)b_1 - f_1$$

这个可以通过设 b_1 等于 0 得到，因为 $b_1 = (b_0h_1 - f_1)/(2b_0 + h_0)$，我们知道 $2b_0 + h_0$ 不是 0。同样，如果对于 $i=1$，…，$\ell-1$，有 $b_i=0$，那么对于 $\ell=2$，…，$m-1$，

$$g(x) = (b_0 + b_\ell x^\ell + \cdots)^2 + (b_0 + b_\ell x^\ell + \cdots)(h_0 + h_1 x + \cdots) - f(x)$$ 398

从中我们推出

$$g_\ell = (2b_0 + h_0)b_\ell + b_0h_\ell - f_\ell$$

因为 $2b_0 + h_0$ 不是 0，所以它可以通过将 b_ℓ 置 0 得到。每个 g_ℓ 在 b_ℓ 处是线性的，且只包含那些 $i \leqslant \ell$ 的 b_ℓ。反之，每个 g_ℓ 可以通过选择 b_ℓ 置 0 得到。因为那个 b_ℓ 的系数是 $2b_0 + h_0$，所以对于每个 ℓ 而言是非零的。因此对于 $\ell=1$，…，$m-1$，有 $g_\ell=0$，且 $\deg b(x) < m$。这个过程生成了一个满足定理需求的唯一的多项式 $b(x)$。

扭转变量的变化返回到点(x^*, y^*)。这就完成了一个普通点处验证$(x-x^*)^m$ 整除 $b(x)^2 + b(x)h(x) - f(x)$的过程。

下一个定理使用中国剩余定理来将这种表述扩展到多个点。 □

命题 11.10.3 *假设 $D = \sum_i m_i P_i - (*)\infty$ 是超椭圆曲线 $\mathcal{X}(\mathbf{F}_p)$ 中的一个半简化约数。存在唯一一个次数小于 $\sum_i m_i$ 的一元多项式 $b(x)$，满足对于所有的 i，都有 $b(x_i) = y_i$，且 $\prod_i (x - x_i)^{m_i}$ 整除 $b(x)^2 + b(x)h(x) - f(x)$。*

证明 命题 11.10.2 解释了对于每一个约数的仿射点(x_i, y_i)，对于每个 m_i，都有一个唯一的阶小于 m_i 的多项式 $b_i(x)$，使得$(x-x_i)^{m_i}$整除 $b_i(x)^2 + b_i(x)h(x) - f(x)$。对于约数的每个点 P_i，令 $b_i(x)$是这个多项式。中国剩余定理认为，有一个阶小于 $\sum_i m_i$ 的多项式 $b(x)$，且对于每个 i，满足 $b(x) = b_i(x) (\bmod\ (x-x_i)^{m_i})$。我们必须证明 $b(x)$满足要求的条件。令

$$b(x) = \sum_{j=0}^{n} b_j(x) N_j(x) \prod_{k \neq j} (x - x_k)^{m_k}$$

是中国剩余定理给定的多项式，其中 $N_j(x)$是由推论 9.6.6 得到的多项式且满足

$$N_j(x) \prod_{\ell \neq j} (x - x_k)^{m_k} + n_j(x)\ (x - x_j)^{m_j} = 1$$

显然，$b(x_i) = b_i(x_i) = y_i$。为了验证 $b(x)^2 + b(x)h(x) - f(x) = 0 \left(\bmod \prod_i (x - x_i)^{m_i}\right)$，注意到因为所有交叉项是 0 模 $\prod_i (x-x)^{m_i}$，所以 $b(x)$的平方是

$$b(x)^2 = \sum_i b_i(x)^2 N_i(x)^2 \prod_{i' \neq i} (x - x_i)^{2m_i} \left(\bmod \prod_i (x - x_i)^{m_i}\right)$$ 399

但是 $N_i(x) \prod_{i' \neq i} (x - x_i)^{m_i} = 1 - n_j(x)\ (x - x_i)^{m_i}$，所以

$$\begin{aligned} b(x)^2 &= \sum_i b_i(x)^2 N_i(x)[1 - n_i(x)\ (x - x_i)^{m_i}] \prod_{i' \neq i} (x - x_{i'})^{m_{i'}} \left(\bmod \prod_i (x - x_i)^{m_i}\right) \\ &= \sum_i b_i(x)^2 N_i(x) \prod_{i' \neq i} (x - x_{i'})^{m_{i'}} \left(\bmod \prod_i (x - x_i)^{m_i}\right) \end{aligned}$$

最后，设 $f_i(x)$由下式给出

$$f_i(x) = f(x) \bmod (x - x_i)^{m_i}$$

所以

$$f(x)=\sum_{i=0}^{n} f_i(x)N_i(x)\prod_{r\neq i}(x-x_r)^{m_k}$$

这给出了

$$b(x)^2+b(x)h(x)-f(x)=\left[\sum_i \frac{b_i(x)^2+b_i(x)h(x)-f_i(x)}{(x-x_i)^{m_i}}\right]\prod_i (x-x_i)^{m_i}$$

其中，依据命题 11.10.2，求和项中的每一项都是一个多项式。这就完成了定理的证明。

□

下一个定理是对命题 11.10.3 的一个改写。

定理 11.10.4 Mumford 变换在域 $\mathbf{F}$ 上超椭圆曲线 $\mathcal{X}(\mathbf{F})$：$y^2+h(x)y=f(x)$ 中的半简化约数 D 和 $\mathbf{F}$ 上的多项式对$(a(x), b(x))$之间构建了一种一一对应关系，并满足

(1) $a(x)$是一个首一多项式。

(2) $\deg b(x)<\deg a(x)=\deg D$。

(3) $b(x)^2+b(x)h(x)-f(x)$是 $a(x)$的倍数。

此外，这些也满足 $\deg a(x)\leqslant g$ 的$(a(x), b(x))$对应于简化约数。

证明 给定一个半简化约数 $D=\sum_i m_iP_i-(*)\infty$，其中 $P_i=(x_i,y_i)$，定义 $a(x)=\prod_i (x-x_i)^{m_i}$ 和 $b(x)$有极小阶，使得 $y_i=b(x_i)$。那么 $a(x)$是一个首一多项式，且 $\deg b(x)$小于 $\deg a(x)$，因为 $b(x)$的阶是 1，小于不同点(x_i, y_i)的数量。对应关系是一一对应，因为第三个条件保证了$(x_i, b(x_i))$是超椭圆曲线的一个点，$b(x)$必须满足第三个条件。

400 定理的最后陈述是及时的，因为每个有 $\deg a(x)\leqslant g$ 的半简化约数是一个简化约数。

□

定理表示 $c(x)=(b^2(x)+b(x)h(x)-f(x))/a(x)$是一个多项式。因此，我们选择用一种冗余的替代形式来表示 Mumford 变换

$$D=\operatorname{div}(a(x),b(x),c(x))$$

这个替代表示包含潜在的超椭圆曲线本身，因为多项式定义的曲线是 $y^2=b^2(x)-a(x)c(x)$。

本节的最后一个定理认为从 Mumford 变换恢复得到的一般形式的约数的方法是使用约数的最大公约数的概念。

定理 11.10.5 半简化约数 $D=\operatorname{div}(a(x), b(x))$满足

$$\operatorname{div}(a(x),b(x))=\operatorname{GCD}[\operatorname{div}(a(x)),\operatorname{div}(b(x)-y)]$$

证明 设 $\mathcal{X}_0$是 D 的支撑集(后简称支集)的一组特殊点，$\mathcal{X}_1$是 D 的支集的普通点的集合，$\mathcal{X}_2$是 $\mathcal{X}_1$中的所有点的对称点的集合。通过半简化约数的定义可以知道对称点不可能在支集中。那么

$$D=\sum_{P_i\in\mathcal{X}_0}P_i+\sum_{P_i\in\mathcal{X}_1}m_iP_i-(*)\infty$$

接着观察，如果 $P=(x, y)$是 $a(x)$的一个零根，那么$-P=(x.-y-h(x))$也是 $a(x)$的一个零根，所以

$$\operatorname{div}(a(x))=\operatorname{div}\prod_i (x-x_i)^{m_i}=\sum_{P_i\in\mathcal{X}_0}2P_i+\sum_{P_i\in\mathcal{X}_1}m_iP_i+\sum_{P_i\in\mathcal{X}_2}m_iP_i-(*)\infty$$

再观察

$$\operatorname{div}(b(x)-y)=\sum_{P_i\in\mathcal{X}_0}t_iP_i+\sum_{P_i\in\mathcal{X}_1}s_iP_i+\sum_{P_i\in\mathcal{X}_3}r_iP_i-(*)\infty$$

其中 $\mathcal{X}_3$是曲线上所有不在 $\mathcal{X}_0\cup\mathcal{X}_1\cup\mathcal{X}_2$的集合中的一组点。因此

$$\operatorname{div}(a(x),b(x)-y)=\sum_{P_i\in\mathcal{X}_0}\min(2,t_i)P_i+\sum_{P_i\in\mathcal{X}_2}\min(m_i,s_i)P_i$$

就只余下说明 $s_i\geqslant m_i$。其意味着 $\min(m, s_i)=m_i$，且 $t_i\leqslant 1$ 意味着 $\min(2, t_i)\leqslant 1$。为了说明 $s_i\geqslant m_i$，我们知道该公式在坐标环的多项式 $b(x)-y$，是 $b(x)^2+b(x)h(x)-f(x)$。但是 $a(x)=(x-x_i)^{m_i}$整除 $b(x)^2+b(x)h(x)-f(x)$，这意味着 $s_i\geqslant m_i$，因此 $\min(m_i, s_i)=m_i$。 401

要看到一个特殊点 x_i 的坐标 x_i 是 $b(x)^2+b(x)h(x)-f(x)$的一个简单零根，该多项式的导数如下化简

$$\begin{aligned}2b(x)b'(x)+b'(x)h(x)+b(x)h'(x)-f'(x)&=b'(x)(2y-h(x))-(h'(x)y-f'(x))\\&=f'(x)-h'(x)y\neq 0\end{aligned}$$

第二个等式成立是因为在一个特殊点 $2y-h(x)=0$ 处成立。最后一行的不等式成立是因为曲线是非奇异的。因此，对于一个特殊点，x_i 是一个简单零根，所以对于 $P_i\in\mathcal{X}_0$，有 $t_i=1$。因此 $\min(2, t_i)\leqslant 1$。 □

11.11 Cantor 约简算法

为了证明每个约数类都至少包含一个简化约数，我们会给出一个计算算法，以便在同一个约数类中，从一个半简化约数计算一个简化约数。通过定理 11.9.1 知道，每个等价类都一定有一个半简化约数。我们会使用一种称为 Cantor(康托)约简的方法，从一个半简化约数计算简化约数。然后我们会证明一个约数类中不能包含两个简化约数，并且从此推断每个约数类仅包含一个简化约数。

本节讨论的康托约简，仅仅考虑形式为 $\mathcal{X}$：$y^2=f(x)$的超椭圆曲线的 Mumford 转换域中的约数。一般条件非零的 $h(x)$仍然相同，并且留下用于检验。在 11.13 节中，会使用康托约简算法，可能也有非零的 $h(x)$，通过化简两个简化约数的结合成为一个简化约数来定义雅可比商群加法。雅可比商群加法中形成的约数是用 Mumford 表示的。在很多应用中，在计算后仍然可以保留为 Mumford 表达形式。在这些应用中，没有必要再把新的约数重新变换回极根-零根的表达形式。

康托约简如下所述。使用等价的约数 $D=\operatorname{div}(a(x), b(x))$来代替半简化约数 $D'=D-\operatorname{div}(b(x)-y)$。其之所以是一个等价的约数，是因为 $\operatorname{div}(b(x)-y)$是一个主约数。这个约数可以写成一种更具有暗示性的形式，$D'=-((b(x)-y)-D=\operatorname{div}(a'(x), b'(x))$。第一个不等式是一个琐碎的符号运算。第二个等式成立是因为 D'必须有一个 Mumford 转换，对于一些 $a'(x)$和 $b'(x)$，其也可以写成$(a'(x), b'(x))$。现在我们可以认识到

$$a'(x)=(f(x)-b^2(x))/a(x)$$

和

$$b'(x)=-b(x)\pmod{a'(x)}$$ 402

这就是康托约简。我们能发现除非$(a'(x), b'(x))$表示一个简化约数，否则 $\deg a'(x)$小于 $\deg a(x)$，这意味着康托约简算法降低了任意一个不是一个简化约数的半简化约数的阶。接着是下面的定理的证明。

定理 11.11.1 康托约简算法计算得到一个等价于给定半简化约数的简化约数。

证明 这里有两个表述要证明。在步骤 1 中，我们证明该算法计算得到一个简化约数。在步骤 2 中，我们证明该简化约数等价于给定的半简化约数。

步骤 1 设$(a(x), b(x))$定义了一个 Mumford 转换域中的一个半简化约数 D，并设 $\deg a(x)=m$ 和 $\deg b(x)=n<m$。然后因为 $a'(x)=(f(x)-b^2(x))/a(x)$是一个多项式，在前面的章节中证明过，那么我们可以写出

$$\deg a'(x)\leqslant \max(2g+1,2n)-m=\max(2g+1-m,2n-m)$$

假设 $m\geqslant g+2$。那么 $2g+1\leqslant 2m-3$，且 $2n-m\leqslant m-2$，所以

$$\deg a'(x)\leqslant \max(m-3,m-2)=m-2$$

其小于 $a(x)$的阶。假设 $m=g+1$，那么

$$\deg a'(x)\leqslant \max(g,g-1)=g$$

我们可以推断，如果模$|D|$大于 g，这个化简过程会使$|D|$减小。该化简过程可以重复多次直到$|D|$不大于 g。

步骤 2 为了证明 D'等价于 D，我们必须通过使用一个主约数来证明 D'和 D 不同。我们会证明 $D'=D-\mathrm{div}(b(x)-y)$。该过程会使用到一个基本的等价性

$$\sum_i m_i P_i-(*)\infty\sim-\sum_i m_i \widetilde{P}_i+(*)\infty$$

这是约数 D 的对称约数的表述，表示为$\widetilde{D}$，等价于约数 D 的负，意味着两者都在同一个等价类中。这个等价性来自于一个垂线 $\ell(x, y)$的约数，该垂线在超椭圆曲线总有形式

403 $$\mathrm{div}\,\ell(x,y)=P+\widetilde{P}-(*)\infty$$

那么证明被分成了几个部分。首先 $\mathrm{div}(a(x), b(x))$被转化成 $\mathrm{div}(a(x))$和 $\mathrm{div}(b(x))$的表示。通过它们得到 $\mathrm{div}(a'(x))$和 $\mathrm{div}(b'(x))$的表示。最终用等式 $\mathrm{div}(a'(x), b'(x))=\mathrm{GCD}(a'(x), b'(x))$形成 D'。

(i) 任意半简化约数 D 可以写成

$$D=\sum_{P_i\in\mathcal{X}_0}P_i+\sum_{P_i\in\mathcal{X}_1}m_iP_i-(*)\infty$$

其中 $\mathcal{X}_0$和 $\mathcal{X}_1$是 D 的特殊和一般点。D 的 Mumford 表示是$(a(x), b(x))$，并且 $a(x)$的约数满足

$$\mathrm{div}(a(x))=D+\widetilde{D}=\sum_{P_i\in\mathcal{X}_0}2P_i+\sum_{P_i\in\mathcal{X}_1}m_iP_i+\sum_{\widetilde{P}_i\in\mathcal{X}_2}m_i\widetilde{P}_i-(*)\infty$$

其中 $\mathcal{X}_2$是 $\mathcal{X}_1$中点的对称点的集合。

(ii) 因为 $D=\mathrm{GCD}(a(x), b(x)-y)$，那么 $\mathrm{div}(b(x)-y)$必须有下列形式

$$\mathrm{div}(b(x)-y)=\sum_{P_i\in\mathcal{X}_0}P_i+\sum_{P_i\in\mathcal{X}_1}n_iP_i+\sum_{P_i\in\mathcal{X}_2}0\,\widetilde{P}_i+\sum_{P_i\in\mathcal{X}_3}s_iP_i-(*)\infty$$

其中 $\mathcal{X}_3$是与 $\mathcal{X}_0$、$\mathcal{X}_1$、$\mathcal{X}_2$以及$\{\infty\}$不相交的点的集合，且当 P_i 是一个特殊点的时候 $n_i\geqslant m_i$ 和 $s_i=1$。但是

$$\mathrm{norm}(b(x)-y)=(b(x)-y)(b(x)+h(x)+y)=b^2(x)+b(x)h(x)-f(x)$$

并且 $b(x)+h(x)+y$ 的约数是 $b(x)-y$ 的约数的对称约数。因此

$$\begin{aligned}\mathrm{div}(b^2(x)+b(x)h(x)-f(x))=&\sum_{P_i\in\mathcal{X}_0}2P_i+\sum_{P_i\in\mathcal{X}_1}n_iP_i+\sum_{\widetilde{P}_i\in\mathcal{X}_2}n_i\widetilde{P}_i+\sum_{P_i\in\mathcal{X}_3}s_iP_i\\&+\sum_{P_i\in\mathcal{X}_3}s_i\widetilde{P}_i-(*)\infty\end{aligned}$$

(iii) 我们从(i)和(ii)中推断 $\mathrm{div}(a'(x))$有下述形式

$$\begin{aligned}\mathrm{div}(a'(x))&=\mathrm{div}(b^2(x)+b(x)h(x)-f(x))-\mathrm{div}(a(x))\\&=\sum_{P_i\in\mathcal{X}_1}(n_i-m_i)P_i+\sum_{P_i\in\mathcal{X}_1}(n_i-m_i)\widetilde{P}_i+\sum_{P_i\in\mathcal{X}_3}s_iP_i+\sum_{P_i\in\mathcal{X}_3}s_i\widetilde{P}_i-(*)\infty\end{aligned}$$

(iv) 我们知道因为 $b'(x)=-h(x)-b(x)(\bmod a'(x))$，对于一些多项式 $s(x)$，我们有 $b'(x)=-h(x)-b(x)+s(x)a'(x)$。设 $P_1=(x_i,\ y_i)$，那么 $b'(x_i)=-h(x_i)-b(x_i)+$ 404
$s(x_i)a'(x_i)=-h(x_i)-y_i$。因此

$$\operatorname{div}(b'(x)-y)=\sum_{P_i\in\mathcal{X}_i}0P_i+\sum_{P_i\in\mathcal{X}_1}r_i\widetilde{P}_i+\sum_{P_i\in\mathcal{X}_3}0P_i+\sum_{P_i\in\mathcal{X}_3}w_i\widetilde{P}_i+\sum_{P_i\in\mathcal{X}_4}z_iP_i-(*)\infty$$

(v) 我们推断

$$\begin{aligned}\operatorname{div}(a'(x),b'(x))&=\sum_{P_i\in\mathcal{X}_1}(n_i-m_i)\widetilde{P}_i+\sum_{P_i\in\mathcal{X}_1}s_i\widetilde{P}_i-(*)\infty\\&\sim-\sum_{P_i\in\mathcal{X}_1}(n_i-m_i)P_i-\sum_{P_i\in\mathcal{X}_1}s_iP_i-(*)\infty\\&=D-\operatorname{div}(b(x)-y)\end{aligned}$$

这就完成了定理的证明。 □

11.12 简化约数和雅可比商群

现在我们可以证明雅可比商群实际上表示的是简化约数的集合。这个问题已经提及多次，但是还没有证明。这是一个重要的表述，因为它用一个适用于计算的具体的概念代替了雅可比商群作为一个约数类群的抽象的概念。

当然，逆定理就不需要证明了，因为一个简化约数是一个度为 0 的约数，因此也是一个等价类中的一个元素。

定理 11.12.1 *次数为 0 的每个约数等价于一个唯一的简化约数。*

证明 因为每个约数类至少包含了一个半简化约数，定理 11.11.1 证明了每个度为 0 的约数至少等价于一个简化约数。因此我们只需要证明在同一个等价类中不可能有两个简化约数。然后这两种表述证明在每一个等价类中存在一个唯一的简化约数。

假设 $D=\sum_P M_PP$ 和 $D'=\sum_P m'_PP$ 是同一个等价类中不同的简化约数。那么这意味着 D-D'是一个主约数，因此等价于一个半简化约数，用 D''来表示。我们将证明这样的 D''不可能存在。

步骤 1 我们首先证明 D''不是零约数。因为 D 和 D'不相等，那么必然有一个点 Q 使得 $m_Q\neq m'_Q$。一般来讲，因为这些整数都是非负的，我们可以设 $m_Q\geqslant 1$。我们首先通过在点 Q 和它的对称点$\widetilde{Q}$处检验半简化约数 D''，来证明该等价半简化约数 D''不是一个零约数。 405
为此，回顾定理 11.9.1 的证明，通过在一对对称点$(P,\ \widetilde{P})$的两个 m_P 和 $m_{\widetilde{P}}$ 上加(或减) $m_{\widetilde{P}}$ 的运算，来从一个零次约数得到一个半简化约数。

有三种情况要考虑。

(i) 如果 $m_Q=m'_{\widetilde{Q}}=0$，那么 $m''_Q=m_Q\geqslant 1$。

(ii) 如果 $m'_Q\neq 0$ 且有 $1\leqslant m'_Q\leqslant m_Q$，那么 $m''_Q=(m_Q-m'_Q)\geqslant 1$。

(iii) 如果 $m'_{\widetilde{Q}}\neq 0$ 且有 $1\leqslant m'_{\widetilde{Q}}\leqslant m_Q$，那么 $m''_Q=(m_Q+m'_{\widetilde{Q}})\geqslant 1$。

(如果 Q 是一个特殊点，这三种情况都不发生。)没有其他的可能性了，那么我们推断 $m''_Q\geqslant 1$。因此 D''不是一个零约数。

步骤 2 我们接着证明 D''不可能是一个非零半简化约数。如果 D''是一个半简化约数且非零，那么它一定对应了一个非零有理函数的极根和零根。因为 D''是一个半简化约数，它所有的系数都是非负的，所以这个有理函数没有极根。因此它是一个多项式 $f(x,\ y)$。作为坐标环中的一个元素，该多项式可以写成 $f(x,\ y)=a(x)-yb(x)$，其阶为 $2g+1$，

除非 $b(x)$ 是零。但是 $\deg|D''|\leqslant 2g$，所以我们能推得 $b(x)=0$ 和 $f(x, y)=a(x)$。这表示，如果曲线的点 $P=(x, y)$ 是一个一般点，满足 $f(P)=f(x, y)=0$，那么 $\widetilde{P}=(x, -y)$ 是曲线的一个点并满足 $f(\widetilde{P})=f(x, -y)=0$。这与 D'' 是一个半简化约数就是矛盾的。因此 $D-D'$ 不等价于一个非零的半简化约数。

因为 D'' 既不可能是一个零约数也不可能是一个非零的半简化约数，我们能得到 D'' 不是一个半简化约数的结论。这个悖论说明这个证明的前提是错的，这就意味着那两个简化约数不可能在同一个等价类中。 □

我们现在得到雅可比商群的每一个等价类都有且只有一个简化约数。这意味着我们可以通过每一个等价类的简化约数来确认其本身并且认为雅可比商群时简化约数的集合而不是等价类的集合。从计算的角度来看，这足够认为雅可比商群是简化约数的集合了。为了使这个集合成为一个群，加法被定义在简化约数的集合上就像主约数集合上的模加。

11.13 Cantor-Koblitz 算法

超椭圆曲线的一个雅可比商群的元素或者可以被看成约数类，表示约数的等价类，或者是简化约数，是约数类的代表元。第一种解释把雅可比商群的结构放入了等价类的定义，这表示等价类的加法是琐碎且抽象的。然而在代数几何计算中，不可能对这样的一个等价类进行计算。为了能够计算，需要更加具体的东西。将简化约数作为代表元是具体的
406
且将雅可比商群的结构用一个简化约数的集合表示是简单的。然而，代数结构在模块化化简中本身实际是在加法运算中。为了能够计算，必须明确描述模化简计算。为此，Mumford 表示一个简化约数是方便计算的。

Cantor-Koblitz 算法是一个有效的方法，来使两个雅可比商群元素相加得到一个新的雅可比商群元素。其要求每一个雅可比商群元素可以通过唯一包含在用 Mumford 表示的约数类中的简化约数来表示。然而一个约数的形式定义是作为一个点集适合于相关定理和理论的发展，Mumford 表示是一种方便计算的表示方法。

Cantor-Koblitz 算法会在任意超椭圆曲线 $\mathcal{X}(\mathbf{F}_q)$：$y^2+h(x)y=f(x)$ 上阐述，但是对于非二进制域，我们需要设 $h(x)$ 等于 0。当 $h(x)=0$ 时，该算法也被称为康托算法。对于一个二进制域，必须保留一个非零的 $h(x)$。

Cantor-Koblitz 算法利用扩展的欧氏多项式算法。给定了和 D_1+D_2 是两个简化约数 $D_1=\operatorname{div}(a_1(x), b_1(x))$ 和 $D_2=\operatorname{div}(a_2(x), b_2(x))$ 的和，等价的简化约数 $D_3\sim D_1+D_2$，表示为 $\operatorname{div}(a_3(x), b_3(x))$，通过两步计算得到，一步组合一步化简。化简的步骤在前面的 11.11 节中已经阐述，并且定理 11.11.1 证明了，化简过程计算得到的一个简化约数等价于一个给定的半简化约数。组合步骤结合任意两个半简化约数，其可以是任意两个简化约数，来形成一个半简化约数。首先，扩展欧氏算法被使用了两次来计算多项式

$$d(x)=\operatorname{GCD}[a_1(x), a_2(x), b_1(x)+b_2(x)+h(x)]$$

后面用 Bézout 表示为

$$d(x)=s_1(x)a_1(x)+s_2(x)a_2(x)+s_3(x)(b_1(x)+b_2(x)+h(x))$$

其中 $s_1(x)$、$s_2(x)$ 和 $s_3(x)$ 是通过多项式的扩展欧氏算法计算得到的 Bézout 多项式。一个半简化约数，$\operatorname{div}(a_3(x), b_3(x))$，通过下式来计算

$$a_3(x)=a_1(x)a_2(x)/d^2(x)$$

$$b_3(x)=\frac{s_1(x)a_1(x)b_2(x)+s_2(x)a_2(x)b_1(x)+s_3(x)(b_1(x)b_2(x)+f(x))}{d(x)}\pmod{a_3(x)}$$

其中 $a_3(x)$ 和 $b_3(x)$ 都是多项式。 407

总的来讲，$\mathrm{div}(a_3(x),\ b_3(x))$ 不会是一个简化约数，但是我们会证明它总是一个半简化约数，因此可以通过 11.11 节中的康托约简过程得到一个简化约数。如果 $\deg a_3(x)$ 大于 g，通过化简过程来减小阶

$$a_3'(x) = (f(x) - h(x)b_3(x) - b_3^2(x))/a_3(x)$$

然后

$$b_3'(x) = -h(x) - b_3(x)(\mathrm{mod}\ a_3'(x))$$

如果 $\deg a_3(x) > g$，重复这一化简过程，当 $\deg a_3(x) \leqslant g$ 时停止。那么

$$D_3 = \mathrm{div}(a_3(x), b_3(x))$$

是满足 $D_3 \sim D_1 + D_2$ 的唯一简化约数。

定理 11.13.1 *Cantor-Koblitz 算法产生一个等价于 D_1+D_2 的简化约数。*

证明 这里仅需要证明结合过程产生一个半简化约数。这是因为定理 11.11.1 证明了化简过程从一个半简化约数产生了一个简化约数。组合过程的证明很长，因此被分成了几个部分。

步骤 1 证明的第一步即证明 $a_3(x)$ 和 $b_3(x)$ 都是多项式。首先注意到 $a_1(x)$ 和 $a_2(x)$ 分别被 $d(x)$ 整除，因为 $d(x)$ 就是这么定义的，这表示 $a_1(x)a_2(x)$ 可以被 $d(x)^2$ 整除，所以 $b_3(x)$ 的表达式中的前两项也分别被 $d(x)$ 整除。第三项中的第二个因式可以写成

$$b_1(x)b_2(x) + f(x) = b_1(x)(b_1(x) + b_2(x)) + (f(x) - b_1(x)^2)$$

这个表达式右侧的首项可以被 $d(x)$ 整除，因为 $d(x)$ 是这么定义的。由命题 11.10.3 得，右侧的最后一项是 $d(x)$ 的倍数，因此也是可以被 $d(x)$ 整除的，因为 $a(x)$ 可以被 $d(x)$ 整除。因此 $a_3(x)$ 和 $b_3(x)$ 是多项式，并且 $\deg b(x) < \deg a(x)$。

步骤 2 第二步的证明是为了证明 $D_3 = \mathrm{div}(a_3(x),\ b_3(x))$ 是一个半简化约数的。但是，通过定理 11.10.4 可以知道，任意的 $(a(x),\ b(x))$ 是一个半简化约数，如果 $\deg b(x) < \deg a(x)$ 且 $a(x)$ 整除 $b(x)^2 + b(x)h(x) - f(x)$。（注意，在步骤 3 中的证明思路可以形成这种表述的可选择性证明，但是我们更倾向于这种更书面的证明方式。） 408

步骤 3 证明的最后一步，是证明 D_3 等价于 D_1+D_2。这意味着 $\mathrm{div}(a_3(x),\ b_3(x))$ 对应移去了合适的主约数后的约数 D_1+D_2，我们会证明每一对 D_3 的对称点 P 和 $\widetilde{P}$ 有着同样的一对权重 m 和 $\widetilde{m}$，其中一个可以通过约数 D_1 和 D_2 的相加得到，然后减去 $[P]+[\widetilde{P}]-2[\mathcal{O}]$ 形式的主约数，其是对应于穿过两个对称点的一条直线。我们已经看到这个算法提供了一个满足 $\deg b(x) < \deg a(x)$ 和 $a(x)$ 整除 $b(x)^2 + b(x)h(x) - f(x)$ 的算法。因为任何满足这些条件的约数是一个半简化约数，证明就完成了。为了证明 D_3 是一个半简化约数，我们会检验每一对对称的一般点 $(P,\ \widetilde{P})$ 和每一个特殊点 P，来验证要求的条件是否适用于这些点。

一般一次会处理一对一般点。对于每对一般点 $(P,\ \widetilde{P})$，有 4 个权重要考虑：两个对应于约数 D_1 的对称点的权重，两个对应于约数 D_2 的对称点的权重。这里 4 个权重表示为 m_1、$\widetilde{m}_1$、m_2 和 $\widetilde{m}_2$，依据两个在约数 D_1 和 D_2 中的对称点 P 和 $\widetilde{P}$ 得到，一般来讲，我们会要求这些点和约数是标记的，使得第一个权重 m_1 不会比其他的权重小。因为 D_1 和 D_2 每一个都是一个半简化约数，每一对对称点 $(P,\ \widetilde{P})$ 在这两个约数中只能有一个非零权重。这意味着我们需要考虑的每对对称点 $(P,\ \widetilde{P})$ 的几组的权重或者是 $(m_1,\ 0,\ m_2,\ 0)$ 或者是 $(m_1,\ 0,\ 0,\ \widetilde{m}_2)$，并且在两种情况中 m_1 至少和其他情况的一样大。

(i) 设 $m_1=0$，那么$\widetilde{m}_1=m_2=\widetilde{m}_2=0$。这意味着 $a_1(x)$和 $a_2(x)$都不能使 P 的 x 坐标为零，因此 $a_1(x)a_2(x)$没有使其为零的 x。因此 P 和$\widetilde{P}$都不出现在 D_3 中。

(ii) 设$\widetilde{m}_1=\widetilde{m}_2=0$，那么 $a_1(x)$有$(x-x_P)$，但是$(x-x_{\widetilde{P}})$不是一个因式，并且 $a_2(x)$也没有一个因式$(x-x_P)$，所以 $d(x)$没有$(x-x_P)$或$(x-x_{\widetilde{P}})$作为一个因式。因此$(x-x_P)^{m_1}$是 $a_1(x)a_2(x)/d(x)$的一个因式，但$(x-x_{\widetilde{P}})$不是。因此 P，而不是$\widetilde{P}$，出现在 D_3 中。

(iii) 设 m_1 和 m_2 都是非零的。那么 $a_1(x)$有$(x-x_P)^{m_1}$是一个因式，并且 $a_2(x)$有$(x-x_P)^{m_2}$是一个因式，且 $a_1(x)a_2(x)$有$(x-x_P)^{m_1+m_2}$是一个因式。但是 $b_1(x)+b_2(x)$没有一个$(x-x_P)$作为因式，因为 $b_1(x_P)=b_2(x_P)=y_P$ 是非零的，所以 $b_1(x_P)+b_2(x_P)=2y_P$。因此 $a_1(x)a_2(x)/d(x)$有$(x-x_P)^{m_1+m_2}$作为一个因式，但是没有$(x-x_{\widetilde{P}})$作为一个因式。因此 P，而不是$\widetilde{P}$，出现在 D_3 中，且有权重 m_1+m_2。

(iv) 设 m_1 和$\widetilde{m}_2$ 都是非零的，那么 $a_1(x)$有$(x-x_P)^{m_1}$是一个因式且 $a_2(x)$有$(x-x_{\widetilde{P}})^{\widetilde{m}_2}$是一个因式。并且 $b_1(x_P)-b_2(x_P)=0$，所以 $b_1(x_P)+b_2(x_P)=0$。实际上，$b_1(x_P)+b_2(x_P)$有$(x-x_P)^{\widetilde{m}_2}$是一个因式，所以 $d(x)$也有$(x-x_P)^{\widetilde{m}_2}$，如采取合适的坐标
409 系，那么 $a_1(x)a_2(x)/d(x)_2$ 有权重$(x-x_P)^{m_1-\widetilde{m}_2}$。

就像集中情况被分开对待一样，我们还必须考虑特殊点。在特殊点的每种情况中，$y=0$，m_1 和 m_2 各自是 0 或 1。特殊点没有不同的对称点。

(i) 设 $m_1=1$ 且 $m_2=0$，还有 $b_1(x_P)+b_2(xP)=2y_P$，在这种情况中 $d(x)$是非零的。

(ii) 设 $m_1=m_2=1$，在这种情况中 $a_1(x)a_2(x)$和 $d(x)$都被$(x-x_P)$整除。

总的来讲，组合的步骤的确生成了一个等价于 D_1+D_2 的半简化约数 D_3。化简过程，如定理 11.11.1 所示，的确产生了一个等价于一个半简化约数的简化约数，所以证明结束。 □

举一个康托算法的简单的例子，我们会计算对于超椭圆曲线 $\mathcal{X}(\mathbf{F}_3)$：$y^2=x^5-1$ 上的雅可比商群的两个元素的和 $D_3=D_1+D_2$，这个曲线有 4 个点：(1，0)、(2，1)、(2，2)和∞。设 $D_1=\mathrm{div}(x^2+2,\ x-1)$和 $D_2=\mathrm{div}(x+1,\ 1)$是用 Mumford 表示的两个约数。那么

$$\mathrm{GCD}[x^2+2,x+1,x]=1$$

且扩展欧氏算法给出 Bézout 关系

$$(x^2+2)(2)+(x-2)(x)+(2)(x)=1$$

然后我们计算

$$g_3(x)=x^3+x^3+2x+2$$

$$b_3(x)=x+2$$

和

$$a_3'(x)=x^2+2x+1$$

我们推断和 D_1+D_2 由下式给出

$$(x-1,0)+(x^2-x+1,-x+1)=(x^2-x+1,x-1)$$

用 Mumford 表示。那么 $D_1+D_2=2(2,\ 1)$。

第二个例子，取椭圆曲线 $\mathcal{X}(\mathbf{R})$：$y^2=x^5-4x^4-14x^3+36x^2+45x$ 和三个点 $P=(1,\ 8)$，$Q=(3,\ 0)$和 $R=(5,\ 0)$。设 $D_3=D_1+D_2$，其中

$$D_1=P+Q-[2]\mathcal{O}=\mathrm{div}(x^2-4x+3,-4x+12)$$

410 $$D_2=P+R-[2]\mathcal{O}=\mathrm{div}(x^2-6x+5,-2x+10)$$

那么和

$$D_1 + D_2 = [2]P + Q + R - [4]\mathcal{O}$$

不是一个简化约数。它必须通过康托算法化简，这对于人工计算来讲有一点复杂。

11.14 超椭圆曲线密码学

椭圆曲线密码体制被广泛使用并且已经经过彻底的验证，我们相信它是安全的。超椭圆曲线密码体制同样被认为是安全的，但是它还没有像椭圆曲线密码体制那样被彻底的验证。因此有人提出，是否有必要对超椭圆曲线密码体制进行同样的验证。赞成它的使用价值的看法在这个时候并不能引人注意，赞成它的研究价值的看法更引人注意。有可能突然发现椭圆曲线密码体制的一些弱点或不足之处，但是对于超椭圆曲线来讲，它没有那么脆弱。而且，超椭圆曲线的密码学研究可能为椭圆曲线的密码学提供新的角度。更实际的讲，超椭圆曲线密码学可能可以更简洁地实现需要的安全等级。这是因为约数的一个元素由许多点构成，数量就像曲线的格一样多。一个 b 位长的密钥可以通过一个简化约数的几个点来表示，每个表示都是用了一个小于 b 位的一个域中的元素，并且阶是 b/g 位。如果计算涉及一个小域 $\mathbf{F}_{2^{b/g}}$ 上的一个曲线的点 g，比起计算涉及一个大域 $\mathbf{F}_b$ 上的单个点，计算可以变得更容易，那么就降低了计算复杂度。然而，这种方法的确有它的不足之处。这些特性对于密码分析者有一些优势。如果格太大，那么引入元素平滑性的概念，并且指数计算的方法可能成为一种可行的攻击。当然，这种说法指的是渐近行为，不是实际的安全性。

超椭圆曲线的雅可比商群是一个有限的阿贝尔群，因此它有循环子群。出于用于加密的目的，我们对那些有非常大素数阶的难解离散对数问题的循环子群很有兴趣。因为超椭圆曲线的雅可比商群上的一个大的循环子群上的离散对数问题被认为是难解的，一般来讲，任何密码体制都是基于一个有限群，假设超椭圆曲线是经过悉心选取的。为此，设简化约数 D 是 G 的公共生成器，一个素数阶 r 的雅可比商群 $\mathrm{jac}(\mathcal{X}(\mathbf{F}_q))$ 的循环子群，可以进行雅可比商群加法运算。对于 $\ell=1, \cdots, r$，循环子群的元素表示为 ℓD。

任何基于一个抽象结构的加密技术都可以通过一组雅可比商群定义。例如，一个使用超椭圆曲线上的雅可比商群矩阵的公钥密码体制，可以用 Diffie-Hellman 密钥交换协议来定义。这是一个简单的公钥密码体系的推广对于 10.4 节中的 Diffie-Hellman 密钥交换使用一个椭圆曲线。 411

为了设计基于超椭圆曲线上的雅可比商群的 Diffie-Hellman 密钥交换的密码体制，需要一个超椭圆曲线 $\mathcal{X}$ 和一个按标准选定的雅可比商群的指定的元素 D 和公开参数。这些参数对于所有用户都是公开的。雅可比商群的指定元素 D 是一个给定的简化约数，并且应该有一个很大的素数阶。

为了使用 Diffie-Hellman 过程来转换密钥，A 方随机选择一个大整数 a，然后计算并传递 aD 给 B 方，其中 aD 是一个群 G 中的简化约数。相似地，B 方随机选择一个大整数 b，然后计算并传递一个简化约数 bD 给 A。A 方计算简化约数 $a(bD)$，其等于$(ab)D$，B 方计算简化约数 $b(aD)$，其等于$(ab)D$。双方有相同的密钥，其是雅可比商群的一个元素，因此是一个由超椭圆曲线上的点集构成的简化约数。这个简化约数是保密的，同时对于双方用户来讲是已知的。一个二进制序列通过一些转化标准，由约数形成然后形成密钥。例如，密钥可以由点$(ab)D$ 的 x 坐标形成。

密码分析者仅有简化约数 D，aD 和 bD 由此计算$(ab)D$。因为相信这个问题像在一个椭圆曲线的雅可比商群上的离散对数问题一样困难，密码分析者不能找到$(ab)D$。

任何通用的有限阿贝尔群上的离散对数问题的攻击都可以用来攻击一个超椭圆曲线的雅可比商群上的离散对数问题。这其中包括 Pohlig-Hellman 算法、Shanks 算法和针对离散对数的 Pollard 算法。Pohlig-Hellman 算法只适用于阶是可分解的群。为了避免 Pohlig-Hellman 攻击，有人谨慎地选择一个超椭圆曲线上一个有大素数的阶或者包含一个大素数向量的雅可比商群。然而，如果雅可比商群的阶不能被对手的任何已知的算法分解，那么 Pohlig-Hellman 攻击就不构成威胁。这样的一个雅可比商群对于密码学家来讲可能也是无用的。

最引人关注的威胁可能是 Frey-Rüuck 攻击。这种攻击将雅可比商群映射到一个乘法有限域的循环群中。Frey-Rück 攻击在超椭圆的阶次增加时似乎将成为一个更大的威胁。这是因为增加的阶次取决于对于一个固定密钥的雅可比商群的元素中更多更小的点。为此，通常会选择阶次为 2 或 3 的超椭圆曲线。

11.15 超椭圆雅可比商群的阶

412 在本节中，我们会讨论一个超椭圆曲线上的点的计数方法和在该曲线上的雅可比商群的元素的计数方法。Hasse-Weil 界告诉我们一个超椭圆曲线上的有理点的个数满足

$$q+1-g\lfloor 2\sqrt{q}\rfloor \leqslant \#\mathcal{X}(\mathbf{F}_q) \leqslant q+1+g\lfloor 2\sqrt{q}\rfloor$$

一个对应的关于雅可比商群的元素个数(等价类的个数)的表述是

$$(\sqrt{q}-1)^{2g} \leqslant \#\mathrm{jac}(\mathcal{X}(\mathbf{F}_q)) \leqslant (\sqrt{q}+1)^{2g}$$

后一种表述被称为雅可比商群的阶的 Hasse-Weil 界限。我们不证明这个表述。

这些表述联系到了一个意想不到，但是有用的定理，给出了有限域上的一个超椭圆曲线的点的数量，和一堆复杂的数中的雅可比商群的元素数量。为了阐述这个定理，我们首先为一个超椭圆曲线定义一个 zeta 函数。超椭圆曲线的 zeta 函数和它在椭圆曲线上的定义相同。

定义 11.15.1 域 $\mathbf{F}_q$ 上超椭圆曲线 $\mathcal{X}$ 的 zeta 函数定义为

$$Z_{\mathcal{X}(\mathbf{F}_q)}(t) = \mathrm{e}\sum_{r=1}^{\infty} N_r t^r / r$$

其中 N_r 是 $\mathcal{X}(\mathbf{F}_{q^r})$ 中点的数量。

定理 11.15.2(Weil) 一条超椭圆曲线的 zeta 函数是一个关于 t 的有理函数，由下式给定

$$Z(t) = \frac{\psi(t)}{(1-t)(1-qt)}$$

其中 $\psi(t)$ 是一个次数为 $2g$ 且系数为整数的多项式。

证明 这是定理 10.11.5 的扩展，和椭圆曲线的特殊情况是相同的表述。这里不会给出关于这个更一般化的表述的证明。 □

定理 11.15.3 当把域 $\mathbf{F}_q$ 上阶次为 g 的一条超椭圆曲线 $\mathcal{X}(\mathbf{F}_q)$ 提升到扩张域 $\mathbf{F}_{q^m}$ 上时，曲线含有

$$\#\mathcal{X}(\mathbf{F}_{q^m}) = q^m+1-(\alpha_1^m+\overline{\alpha}_1^m+\alpha_2^m+\overline{\alpha}_2^m+\cdots+\alpha_g^m+\overline{\alpha}_g^m)$$

个点，并且雅可比商群的基数为

$$\#\mathrm{jac}(\mathcal{X}(\mathbf{F}_{q^m})) = \prod_{i=1}^{g}|1-\alpha_i^m|^2$$

413 其中，每个复数 α_1，…，α_g 都是平方根，满足 $|\alpha_i|^2=q$。

证明 这是定理10.11.2的扩展，这与椭圆曲线有相同的表述。这里对超椭圆曲线的表述不再证明。 □

这个定理如此有用的原因是，g 个复数 α_1，…，α_g 并不依赖于 m。曲线 $\mathcal{X}(\mathbf{F}_{q^m})$ 上的点的数量可以通过列举几个比较小的 m 值发现。依据该定理的说法，从这些计数可确定复数 α_i。然后使用同样的定理，对于任意更大的 m，雅可比商群中点的数量都可以计算。

对于一个超椭圆曲线，该定理并不认为Frobenius轨迹可以推广到 g 个参数，表示为 t_1，t_2，…，t_g，对于每个 i，有 $t_i=\alpha_i+\overline{\alpha}_i$。

11.16 一些雅可比商群的例子

第一个超椭圆曲线的一个雅可比商群的例子，我们会讨论域 $\mathbf{F}_{2^m}$ 上的曲线：

$$\mathcal{X}: y^2+y=x^5+x^3+x$$

我们想要找到该雅可比商群的阶，表示为 $\#\mathrm{jac}(\mathcal{X}(\mathbf{F}_{2^m}))$。一般来讲，我们想要知道 $\#\mathrm{jac}(\mathcal{X}(\mathbf{F}_{2^m}))$ 是否有一个阶是一个大素数的子群。如果 $\#\mathrm{jac}(\mathcal{X}(\mathbf{F}_{2^m}))$ 有一个较大素因子，或者它本身是一个素数，那么前面的说法成立。

因为这个超椭圆曲线的阶次 g 等于2，从定理11.15.3中我们可以知道复数 ω_1 和 ω_2 及其逆 $\overline{\omega}_1$ 和 $\overline{\omega}_2$ 存在，使得对于所有的 m 有

$$\#\mathcal{X}(\mathbf{F}_{2^m})=q^m+1-\omega_1^m-\overline{\omega}_1^m-\omega_2^m-\overline{\omega}_2^m$$

并且

$$\#\mathrm{jac}(\mathcal{X}(\mathbf{F}_{2^m}))=|1-\omega_1^m|^2|1-\omega_2^m|^2$$

所以我们必须找到复数 ω_1 和 ω_2。我们可以明确地从 $m=1$ 和 $m=2$ 的情况开始，因为我们的例子中的超椭圆曲线是定义在域 $\mathbf{F}_2$ 上的，所以我们可以得到 $\#\mathcal{X}(\mathbf{F}_2)=3$ 和 $\#\mathcal{X}(\mathbf{F}_4)=9$。

在 $\mathbf{F}_2$ 中，$y\in\{0, 1\}$。对于两个值 $y=0$ 和 $y=1$，我们发现 $y^2+y=0$，所以我们必须在 $\mathbf{F}_2$ 中对 $x^5+x^3+x=0$ 求解。显然，在 $\mathbf{F}_2$ 中 $x=1$ 不能解这个等式，所以 $\mathbf{F}_2$ 中，只有 $x=0$ 可以解这个等式。在无穷处的点，由 $\infty=(0, 1, 0)$ 给定，是一个齐次多项式

$$p(x,y,z)=y^2z^3+yz^4+x^5+x^3z^2+zx^4$$ 414

的零根，所以我们已经发现该曲线在 $\mathbf{F}_2$ 中只有三个有理点，表示为(0, 0)、(0, 1)和∞。

在 $\mathbf{F}_4$ 中，$y\in\{0, 1, \alpha, \alpha+1\}$ 且对于 $\alpha\in\mathbf{F}_4$ 满足 $\alpha^2=\alpha+1$，我们容易发现如果 $y=0$ 或1，$y^2+y=0$，并且如果 $y=\alpha$ 或 $\alpha+1$，$y^2+y=1$。我们也容易发现如果 $x=0$，α 或 $\alpha+1$，$x^5+x^3+x=0$，并且如果 $x=1$，$x^5+x^3+x=1$。因此该曲线在 $\mathbf{F}_4$ 上有9个有理点，表示为(0, 0)，(0, 1)，(1, α)，(1, $\alpha+1$)，(α, 0)，(α, 1)，($\alpha+1$, 0)，($\alpha+1$, 1)和∞。

从复数域 $\mathbf{C}$ 上的等式

$$\#\mathcal{X}(\mathbf{F}_{q^m})=2^m+1-\omega_1^m-\overline{\omega}_1^m-\omega_2^m-\overline{\omega}_2^m$$

当 $m=1$ 或2时，我们有

$$3=2+1-\omega_1-\overline{\omega}_1-\omega_2-\overline{\omega}_2$$

$$9=4+1-\omega_1^2-\overline{\omega}_1^2-\omega_2^2-\overline{\omega}_2^2$$

从中解出复数域 $\mathbf{C}$ 上的元素 ω_1 和 ω_2。这两个等式可以被写成

$$\omega_1+\overline{\omega}_1+\omega_2+\overline{\omega}_2=0$$

$$(\omega_1+\overline{\omega}_1)^2-2\omega_1\overline{\omega}_1+(\omega_2+\overline{\omega}_2)^2-2\omega_2\overline{\omega}_2=-4$$

设 $\gamma_1=\omega_1+\overline{\omega}_1$ 和 $\gamma_2=\omega_2+\overline{\omega}_2$，并且有 $\omega_1\overline{\omega}_1=\omega_2\overline{\omega}_2=q$ 和 $q=2$ 来得到等式

$$\gamma_1+\gamma_2=0$$

$$\gamma_1^2+\gamma_2^2=4$$

因此 $\gamma_1=\sqrt{2}$和 $\gamma_2=-\sqrt{2}$，这意味着 $\omega_1+\overline{\omega}_1=\sqrt{2}$和 $\omega_1\overline{\omega}_2=2$。因此 ω_1 是 $x^2-\sqrt{2x}+2$ 的一个零根。因此

$$\omega_1,\overline{\omega}_1=\frac{\sqrt{2}\pm\sqrt{-6}}{2}$$

$$\omega_2,\overline{\omega}_2=\frac{-\sqrt{2}\pm\sqrt{-6}}{2}$$

现在对于任意 r 计算 $\#\mathcal{X}(\mathbf{F}_{q^m})$就直接了。在表 11-2 中列举出了一些情况。$\mathrm{jac}(\mathcal{X}(\mathbf{F}_{q^m}))$的值也被列出。

表 11-2 曲线及其雅可比商群的计数

r	$\#\mathcal{X}(\mathbf{F}_{q^r})$	$\#\mathrm{jac}(\mathcal{X}(\mathbf{F}_{q^r}))$
1	3	7
2	9	49
3	9	49
4	9	441
5	33	1 057
6	97	2 401

$\#\mathrm{jac}(\mathcal{X}(\mathbf{F}_{2^m}))$是一个关于 m 的函数的依赖性也可以由下列等式开始研究

415 $$\#\mathrm{jac}(\mathcal{X}(\mathbf{F}_{2^m}))=|1-\omega_1^m|^2|1-\omega_2^m|^2$$

首先为了简化表示用一些代数来消除 ω_1 和 ω_2。用 $\omega_1^6=8=\omega_2^6$ 来简化表示，并写出

$$\#\mathrm{jac}(\mathcal{X}(\mathbf{F}_{2^m}))=\begin{cases}2^{2m}+2^m+1 & \text{如果}\quad m=1,5(\bmod 6)\\(2^m+2^{m/2}+1)^2 & \text{如果}\quad m=2,4(\bmod 6)\\(2^m-1)^2 & \text{如果}\quad m=3(\bmod 6)\\(2^{m/2}-1)^4 & \text{如果}\quad m=0(\bmod 6)\end{cases}$$

对于这个超椭圆曲线来讲，它是一个很明显的简化，不能指望找到一个$\#\mathrm{jac}(\mathcal{X}(\mathbf{F}_{2^m}))$的大素数向量能和$\#\mathrm{jac}(\mathcal{X}(\mathbf{F}_{2^m}))$相比较，除非 $m=1$ 或 5(mod 6)。对于任意其他的 m，每个$\#\mathrm{jac}(\mathcal{X}(\mathbf{F}_{2^m}))$的素数向量不会比$\sqrt{\#\mathrm{jac}(\mathcal{X}(\mathbf{F}_{2^m}))}$更大。

例如，有 $m=101$，等于 5(mod 6)，对于这个曲线可以计算

$$\#\mathrm{jac}(\mathcal{X}(\mathbf{F}_2^{101}))=7\cdot 607\cdot p$$

其中 p 是一个 58 位的素数。因为$\mathrm{jac}(\mathcal{X}(\mathbf{F}_{2^{101}}))$是一个群，这表示有一个$\mathrm{jac}(\mathcal{X}(\mathbf{F}_{2^{101}}))$的子群其阶由一个 58 位素数给定。

然而为了应用于密码体制，这个子群可能被视为有一个潜在的弱点。这是因为

$$(2^{2m}+2^m+1)(2^m-1)=2^{3m}-1$$

所以这个子群位于 $\mathbf{F}_{2^{303}}^*$ 中。原则上来讲，$\mathrm{jac}(\mathcal{X}(\mathbf{F}_{2^{101}}))$上的一个离散对数问题可以被映射到 $\mathbf{F}_{2^{303}}^*$ 上的一个离散对数问题，其中通过使用一个延续索引计算思路的攻击方法更容易解决。因为这个到 $\mathbf{F}_{2^{303}}^*$ 的映射是可解的，所以在$\mathrm{jac}(\mathcal{X}(\mathbf{F}_{2^{101}}))$上的离散对数问题可能对于这样的 $\mathbf{F}_{2^{303}}^*$ 上的攻击是脆弱的，比如已知的 Frey-Rück 攻击。由于 Frey-Rück 攻击，这个特别的曲线被看作可能是脆弱的并且，因此，可能对于密码体制来讲是不安全的。实际上，对于任意值 m，在 $\mathbf{F}_{q^{3m}}$ 上计算离散对数问题是渐近的，比直接在$\mathrm{jac}(\mathcal{X}(\mathbf{F}_{2^m}))$上计算离散

416 对数问题更简单。因为$\mathrm{jac}(\mathcal{X}(\mathbf{F}_{2^m}))$整除 $2^{3m}-1$，这个特别的超椭圆曲线可能对于任意的 m 被看成是脆弱的。

这里的情况应该和当一个椭圆曲线被用来加密时可能是脆弱的事实来比较，因为 Weil 和 Tate 配对(在 12 章中讨论)其给出了将雅可比商群映射到一个小的有限域的乘法群。

为了我们域 $\mathbf{F}_{2^m}$ 上的一个超椭圆曲线的一个群扩展的第二个例子，我们研究曲线

$$\mathcal{X}:y^2+y=x^{383}+1$$

很容易发现它是非奇异的。回顾 $\deg f=2g+1$，这个曲线阶次为 191。我们不想计算 ω_1，…，ω_{191}，因为它会用到 191 个等式在 191 个未知向量，并且会需要在每个子域 $\mathbf{F}_{2^i}$ 中，其中 $i=1$，…，191，计算曲线的点的数量。然后 191 个等式的集合会需要用来或是高精度算

术的代数性或是数值性计算。一种可选择的方法是使用雅可比商群和来估计 zeta 函数，这是我们不讨论的问题。使用雅可比商群求和的方法，有人能够推出

$$\#\mathrm{jac}(\mathcal{X}(\mathbf{F}_q)) = 1 - 711 \cdot 2^{87} + 2^{191} = ap$$

其中 p 是一个 58 位的素数并且 a 是一个整数。它可以通过对于任意小于 2000 的正数 k，p 不能整除 $2^k - 1$ 的计算来确认。因此对于任意小于 2000 的 k 没有阶为 p 的群位于 $\mathbf{F}_{2^k}$ 中，并且可能对于更大的 k 也没有。因此由于域 $\mathbf{F}_{2^{2000}}$ 太大，这个域中的离散对数问题是显然难解的，所以 Frey-Rück 攻击会失败。

然而，基于这个超椭圆曲线的密码体制可能对于一种叫作 Adleman-deMarrais-Huang (ADH)的攻击十分脆弱。AHD 攻击的已经发展到特征值为奇数的域的曲线。对于一个固定的 p，这个攻击对于一个高阶曲线有复杂性 $\exp O(\sqrt{g\log g})$。

第三个例子，考虑 $\mathbf{F}_2$ 上的曲线

$$\mathcal{X}(\mathbf{F}_2): y^2 + y = x^7$$

这个曲线的阶次是 3。通过在一个小扩张域中直接计数找到 ω_1、ω_2 和 ω_3 是可行的。因此雅可比商群的阶可以通过下式找到

$$\#\mathrm{jac}(\mathcal{X}(\mathbf{F}_{2^{47}})) = 7p$$

其中 p 是一个 42 位素数。而且，对于任意小于 2000 的正数 k，p 不能整除 $2^{47k} - 1$。因此这个密码体制并不害怕 Frey-Rück 攻击，因为对于任意小于 2000 的 m，该群都不在 $\mathbf{F}_{2^m}^*$ 上。同时这个密码体制对于 ADH 攻击也不脆弱，因为 $\log q$ 比 g 大很多。可能这个密码体制对于一些其他的攻击是脆弱的，但是这些都是未知的。 417

再有两个基于 $\mathbf{F}_2$ 上的曲线

$$\mathcal{X}: y^2 + xy = x^5 + x^2 + 1$$

和

$$\mathcal{X}: y^2 + xy = x^5 + 1$$

每个都有阶次 $g=2$。对于第一条曲线

$$\#\mathrm{jac}(\mathcal{X}(\mathbf{F}_{2^{61}})) = 2p$$

其中 p 是一个 37 位素数。对于第二条曲线

$$\#\mathrm{jac}(\mathcal{X}(\mathbf{F}_{2^{67}})) = 2p$$

其中 p 是一个 40 位素数。这两条曲线对于 Frey-Rück 攻击和 ADH 攻击都是安全的。一个基于这些曲线的任意一个的密码体制对于现在每个已知的基于曲线计算的攻击都是安全的。当然，这些例子由于密钥空间受素数规模限制而很小，所以其可能对直接攻击(穷举攻击)的攻击方法来讲是脆弱的。

我们最后的例子是一个阶次为 2 的曲线

$$\mathcal{X}: y^2 + xy = x^5 + x^2 + 1$$

其中

$$\#\mathrm{jac}(\mathcal{X}(\mathbf{F}_{2^{113}})) = 2p$$

其中 p 是一个 68 位素数，用十进制表示为

$$p = 53\,919\,893\,334\,301\,278\,715\,823\,297\,673\,841\,230\,760\,642\,802\,715\,019\,043\,549\,764\,193\,368\,381$$

一个该雅可比商群的元素可以在 Mumford 转换域中表示为$(a(x), b(x))$。一个阶为 p 的雅可比商群的一个元素可以表示为

$$a(x) = x^2 + \mathrm{08B44E44B14ADACC86D8762982405}x + \mathrm{134B113A6992FECFC7D878550F4E3}$$

$$b(x) = \mathrm{08F7B4B8D16067C3561E600C51AA7}x + \mathrm{1D2057F41205A1701420E0C6F159D}$$

其中在 $a(x)$ 和 $b(x)$ 中的系数是 $\mathbf{F}_{2^{113}}$ 中的元素，使用了十六进制数字表示。每一个十六进制符号的取值都在表{0，1，2，…，F}中，且代表了一个 4 位二进制数字。$a(x)$ 和 $b(x)$ 的每个系数都是一个长度为 29 的十六进制数字，因此对应于一个 116 位的二进制数字。
418 (因为这个二进制数字对应于 $\mathbf{F}_{2^{113}}$ 中的元素，前三位领头位总是 0。)在一个多项式基中，$a(x)$ 的两个系数作为二进制域 $\mathbf{F}_{2^{113}}$ 中的元素，可以用 $\mathbf{F}_2$ 中的系数表示成

$$a_1 = a_{1,112}z^{112} + \cdots + a_{1,1}z + a_{1,0}$$
$$a_2 = a_{2,112}z^{112} + \cdots + a_{2,1}z + a_{2,0}$$

第 11 章习题

11.1 证明如果域的特征值不是 2 并且 $h(x)=0$，那么椭圆曲线

$$y^2 + h(x)y = f(x)$$

是非奇异的，当且仅当 $f(x)$ 是一个无平方因子的多项式。

11.2 证明如果直线 $x-a=0$ 穿过超椭圆曲线 $\mathcal{X}$：$y^2+h(x)y=f(x)$ 上的一个普通点 (a, b)，那么它也穿过 $\mathcal{X}$ 上的另一个普通点 $(a, -b-h(a))$。

11.3 证明超椭圆曲线上一个点的对立点本身也一定是该超椭圆曲线上的一个点。

11.4 考虑 $\mathbf{F}_2$ 上第 3 类超椭圆曲线 $\mathcal{X}$：$y^2+y=x^7$。通过找到复数 ω_1、ω_2 和 ω_3 来求解 $\#\mathrm{jac}(\mathcal{X})(\mathbf{F}_{2^{47}})$ 的一个表达式。

11.5 对于有限域 $\mathbf{F}_q$ 上的超椭圆曲线 $\mathcal{X}$：$y^2+h(x)y=f(x)$，证明下列命题。

(a) 如果 q 是偶数，并且如果曲线上没有奇异仿射点，那么 $h(x)$ 就是非零的。

(b) 如果 q 是奇数，那么可以通过适当地修改变量，使得 $h(x)$ 是 0。那么 $\mathcal{X}$ 是一个超椭圆曲线当且仅当 $f'(x)$ 没有重复的零根。

11.6 在域 $\mathbf{F}_7$ 中，点 $(6, 4)$ 是以下超椭圆曲线上的一个特殊点

$$\mathcal{X}: y^2 + xy = x^5 + 5x^4 + 6x^2 + x + 3$$

证明这个特殊点是一个二重根。这是一般准则中的一个实例吗？

11.7 整数 $p=2^{31}-1$ 是 Mersenne 素数中的一个素数。当 $p=2^{31}-1$ 时，估算一下 $\mathbf{F}_q$ 上存在多少个第 2 类超椭圆曲线。

11.8 椭圆曲线 $\mathcal{X}(\mathbf{F}_q)$ 属于第 1 类超椭圆曲线，所以康托算法可以用于点的加法。如果椭圆曲线上的三个点 (a_1, b_1)、(a_2, b_2) 和 (a_3, b_3) 满足 $(a_1, b_1)+(a_2, b_2)=(a_3, b_3)$，通过康托算法来证明以下
419 对应关系 $(x-a_1, b_1)+(x-a_2, b_2)=(x-a_3, b_3)$。

11.9 令

$$f(x,y) = \frac{y^4+1}{(x^2+1)^3}$$

和

$$g(x,y) = \frac{y^4}{(x^2+1)^3}$$

是有理域 $\mathbf{Q}$ 上椭圆曲线 $\mathcal{X}(\mathbf{Q})$：$y^2=x^3-x$ 中的两个有理函数

(a) 证明 $f(x, y)$ 在 $\mathcal{X}(\mathbf{Q})$ 上没有极点或零根。

(b) 证明 $g(x, y)$ 在 $\mathcal{X}(\mathbf{Q})$ 上没有极点。那么 $g(x, y)$ 在 $\mathcal{X}(\mathbf{Q})$ 上有零根吗？

(c) 求解 $f(x, y)$ 和 $g(x, y)$ 在 $\mathcal{X}(\mathbf{Q})$ 上的约数。

11.10 详细说明椭圆曲线上雅可比商群中的 Hasse-Weil 区间。对于椭圆曲线，它是如何与 Hasse-Weil 界相关联的？

11.11 证明对于椭圆曲线 $\mathcal{X}(\mathbf{F})$ 上的任意两个二元有理函数 $f(x, y)$ 和 $g(x, y)$，如果存在某些非零常数 c 使得 $g(x, y)=cf(x, y)$，那么对于任意零次约数 D 都有 $f(D)=g(D)$。乘法常数 c 是不相关的。

11.12 (a) 证明一个特征为奇素数的超椭圆曲线总是可以写成

$$\mathcal{X}(\mathbf{F}_p): y^2 = (x-\alpha_1)\cdots(x-\alpha_{2g+1})$$

其中各个 α 是某些扩张域中的不同元素。

(b) 证明超椭圆对合 $(x, y) \to (x, -y)$ 具有 $2g+1$ 个固定点。

11.13 令 $G(x, y)=a(x)-b(x)y$ 和 $H(x, y)=c(x)-d(x)y$ 是坐标环 $\mathbf{F}[x, y]/\langle y^2+h(x)y-f(x)\rangle$ 中的两个元素。证明 $\mathrm{norm}(G(x, y)H(x, y))=(\mathrm{norm}G(x, y))(\mathrm{norm}H(x, y))$。

11.14 在 $h(x)$ 不为零的情况下概括康托约简过程。

11.15 可以将 Weil 互换性的证明推广到超椭圆曲线吗？

第 11 章注释

椭圆曲线理论拥有大量丰富的文献资源，且一般都能获取到，相比较而言，超椭圆曲线理论只有有限的文献资源。其中大部分分散地存在于一些高级而又晦涩难解的出版物之中，并且只对专家开放。一篇能获取到的文章是由 Menezes、Wu 和 Zuccherato(1998)进行的调研综述，他们所提供的资料更适合密码学者的层次水平，而并不对代数几何学者的口味。最近的一篇调研综述是由 Boston 和 Darnall(2009)发表的文章。

一个小特征超椭圆曲线上的点计数部分地取决于 zeta 函数的显著特性，其中许多性质是由 Weil(1948)发现的。运用 zeta 函数理论，一个扩张域上超椭圆曲线中的点数可以通过几个小子域上的点计数来计算得到。这种方法对于超大阶次的曲线并不理想。Koblitz(1991)阐明了如何运用雅可比和来确定大阶次域上的 zeta 函数。将 Schoof 算法推广用于超大基域上的超椭圆曲线不是能立即实现的。Kedlaya(2001)和 Vercauteren(2006)研究并定义了大型域上超椭圆曲线中的点计数。

Koblitz(1989)建议将超椭圆曲线应用于密码学之中，作为椭圆曲线应用于密码学的一个推广。在 Mumford 表示的一个非二进制域上，Cantor(1987)为超椭圆曲线中雅可比商群的二元加法提供了一个算法。Koblitz(1987)阐述了如何该算法用于二进制域上的曲线，并且由 Menezes、Wu 和 Zuccherato(1998)进行了理论上的证明。

Frey 和 Ruck(1994)推广了 MOV 攻击，阐明了如何将雅可比商群上的离散对数问题替换成一个扩张域上的离散对数问题，从而提供了一种针对超椭圆曲线密码学的攻击方法。

针对超椭圆曲线中雅可比商群上离散对数问题的 ADH 攻击，是基于指数计算的思想，是由 Adleman、DeMarrais 和 Huang(1994)提出的。大阶次曲线，阶次可能等于 10 或者更大，可能容易遭受到 ADH 攻击。最近，Thériault(2003)以及 Gaudry 等(2000，2007)阐述了一种针对超椭圆曲线密码学的改进攻击，类似于指数计算攻击。上述文献研究了这些针对大级别超椭圆曲线的攻击在有限域规模上的渐近复杂度。至于针对实际规模的超椭圆曲线的攻击复杂度问题，大部分文献都没有说明。 420~421

第 12 章

Cryptography and Secure Communication

基于双线性对的密码学

一个较大的数学结构总是可以构建在一个较小的数学结构之上。例如，一对集合再加上两个集合之间的关系函数，一起当作一个整体来看待，就可以构成一个更大的数学结构。这样，通过将椭圆曲线上每个点映射到有限域中的一个点，一个大的椭圆曲线就可以映射到对应的大型有限域。但是我们想要超越这个映射：我们想要将椭圆曲线上的一对 r 扭转点映射到有限域中的一个点。更精确地说，我们想要将椭圆曲线上一对阶数同为素数 r 的子群映射到有限域中一个阶数也为素数 r 的子群。这种结构就是本章将要探讨的主要内容。在点的加法运算下，大型椭圆曲线上两个 r 阶加法子群 G_1 和 G_2 中各取一点，这一对点映射到有限域上乘法子群 G_T 或 $G_\times$ 中的一个点。这种映射将一对群作为定义域，而将单个群作为值域，它们作为一个整体，成为新的数学结构，就是我们在本章中需要探讨的问题。

我们将讨论这种映射的特殊情况，称为双线性对，并将这种配对方法运用到密码学当中。我们将证明在多数情况下，将两个基础群中的难解问题映射到另一个群中的问题(显然)依然是难解的，两个基础群中看似难解的问题有时也可以映射到另一个群中容易遭受已知攻击的问题。实际上，本章的核心就是：尽管群中感兴趣的离散对数问题是复杂难解的，但是双线性对可以将椭圆曲线上的离散对数问题转化为有限域上的离散对数问题。

我们还将探讨利用双线性对为安全信息系统提供其他的保护方法。在适当的情况下，人们甚至可以将本章讨论中引入的数学对象用于解决某些协议问题，所提供的密码学功能
422 可以减少漏洞以免遭攻击。

12.1 双线性对

双线性对，或是**配对**，能够运用三个群进行抽象化地定义。前两个群可以是同一个群，也就是在点加法下的椭圆曲线 $\mathcal{X}(\mathbf{F}_q)$的素数阶子群。当然，这两个子群也可能不同，然而它们还是有密切联系的，就是在点加法下来自椭圆曲线 $\mathcal{X}(\mathbf{F}_q)$的群的两个相同素数阶的不同循环子群。在有必要进行区分的时候，第一种称为**对称双线性映射**，它是我们要讨论的范例，第二种称为**非对称双线性映射**。前两个群的任意一个，G_1 和 G_2，都具有群的运算关系，这种运算关系为加运算，表示为＋。当在加法运算下的这两个群为同一个群时，这个群可以被表示为 G_+。第三个群是具有相同阶的乘法群 $\mathbf{F}_q^*$ 的循环子群，这个乘法群 $\mathbf{F}_q^*$ 是一个有限域 $\mathbf{F}_q$ 的扩展。这个群运算为域乘法，记作×。第三个群可以表示为 G_T 或 $G_\times$。G_+ 的一对元素(Q, R)到 G_T 的对称映射表示为 Φ。因此 G_+ 的一对元素(Q, R)被映射到 G_T 的元素 $\Phi(Q, R)$。如果 $\Phi(Q, R)$的每个变量都是线性的，那么对称双线性映射 $\Phi(Q, R)$是一个线性对。特别地，对于所有的整数 a 和 b 以及所有的群 G_+ 中的 Q、Q'、R 和 R'满足：

$$\Phi(aQ+bQ',R)=\Phi(Q,R)^a\Phi(Q',R)^b$$
$$\Phi(Q,aR+bR')=\Phi(Q,R)^a\Phi(Q,R')^b$$

和

$$\Phi(aQ,bR)=\Phi(Q,R)^{ab}$$

更准确地讲，一个双线性对——不管是对称双线性对，还是非对称双线性对，都是非退化的双线性映射，并且是容易计算的。如果对于每一个 $P\neq\mathcal{O}$，这个对称线性对都是非退化的，那么至少有一个 Q 使得 $\Phi(P, Q)\neq 1$，并且对于每一个 $Q\neq\mathcal{O}$，至少有一个 P 使得 $\Phi(P, Q)\neq 1$。提出这个条件是为了避免平凡性。由于可计算性的概念并没有被准确定义，所以双线性对的概念也没有被准确定义。但是从实践的角度来看，这种说法表达的含义是清晰的。

我们需要三个群 G_1、G_2 和 $G_\times$，它们的基数都是相同的素数。也就是说，$\# G_1=\# G_2=\# G_\times$ 并且等于同一个素数。由于单位元是一个群中唯一一个阶是 1 的元素，并且一个阶为素数的群有不止一个元素，那么至少存在一个元素不是单位元。任意其他元素的阶都大于 1，并且由拉格朗日定理知道，它的阶一定整除群的阶。由于群的阶已经指定为素 423
数，那么每一个非单位元元素的阶一定等于群的阶。因此这三个群都是循环群，并且对于每个群，任何非单位元元素 g 都能够作为这个群的生成元。我们将这个由生成元 g 生成的群记为 $G=\langle g\rangle$。

群 G_+ 是由任何不是单位元的元素 $S\in G_+$ 生成的，因此 $G_+=\langle S\rangle$。因为一个双线性对是非退化的，那么存在一个元素 R，使得 $\Phi(S, R)$ 不是群 $G_\times$ 的单位元，并且 $\Phi(S, R)$ 能够生成 $G_\times$ 的所有元素，也就是说，$G_\times=\langle\Phi(S, R)\rangle$，因此，$\Phi$ 将 G_+ 群的生成元转换为 $G_\times$ 群的生成元。

$\mathcal{X}(\mathbf{F}_q)$ 中一个阶数为 11 的循环群的配对例子如图 12-1 所示。

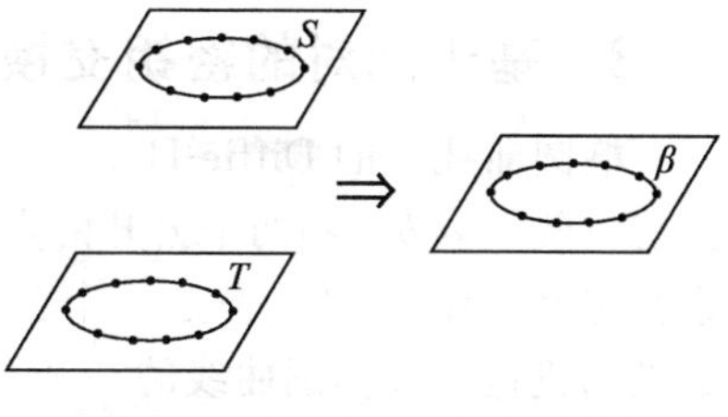

图 12-1 从 $\mathcal{X}[11]\times\mathcal{X}[11]$ 到 $\mathbf{F}_{q^k}[11]$ 的映射

左侧是两个阶为 11 的输入群，右侧是阶为 11 的输出循环群。左侧循环群中的点分别表示为 aS 和 bT，点 S 和 T 作为生成元。配对是 $\Phi(aS, bT)=\beta^{ab}$，其中 β 是一个恰当的扩展域 $\mathbf{F}_{q^k}$ 中阶为 11 的元素。在这个小例子中，这个映射可以通过先由 a 和 b 计算 aS 和 bT，然后计算 β^{ab} 实现。对于一个用于加密的大循环群，由 aS 和 bT 计算 a 和 b 显然是难解的，因为椭圆曲线上的离散对数问题是难解的。该线性对避开了对这种离散对数的需求。函数 Φ 的重要结构是一个参数 aS 通过进行 b 次步长为 a 的循环可以遍历所有的点，而另外一个通过执行 a 次步长为 b 的循环可以遍历所有的点。当我们定义了一个配对的时候，S 和 T 哪一个生成元被选作参考点并不重要。我们不需要清楚地知道 S 和 T。我们不需要知道它们，甚至不需要知道计算 S 和 T，或者 a 和 b 是不是可解的，只要 $\Phi(aS, bT)$ 本身能够由 aS 和 bT 计算出来就可以了。后面我们通过设计明确的计算公式来构造特定的配对。然后我们必须验证由公式导出的配对符合配对的所有特性。因此在这种情况下，作为标识的 S 和 T 必须存在，尽管我们并不需要知道它们是什么，也不考虑加密时的情况。 424

相反地，如无必要，我们将倾向于选择群 G_+ 和 $G_\times$，那么群 $G_\times$ 中的离散对数问题至少是和群 G_+ 的一样难解的。对于实用的基于配对的密码体制，在 $\mathcal{X}(\mathbf{F}_q)$ 的子群中的离散对数问题应该是难解的，并且在 $\mathbf{F}_{q^k}^*$ 中的离散对数问题也应该是难解的。

12.2 基于配对的密码学

基于配对的密码学是密码学的一个分支，使用双线性对的数学结构，将椭圆曲线上的一对点映射到一个有限域中，从而丰富了安全通信的各种问题。基于双线性对的方法可用于三方密钥交换、短签名和基于身份的加密中。它的基础结构是基于一个较大有限域上的一个椭圆曲线的一对循环子群到一个该域的扩张域上的双线性映射。有几个很重要的这种双线性对的例子。其中两个是 Weil 配对和 Tate 配对。这些配对及其变化，将在本章后面的章节中阐述。这些配对是相当难解的数学问题。然而现在，并不需要详细解释或者描述双线性对。只需要描述任意这样的双线性对需要满足的标准特性就可以了。这些特性描述的外部行为，使得配对函数本身可以看成一个黑盒来使用。本章的第一部分解决这些双线性对如何应用于各种加密的问题。配对本身会在本章最后以一种详尽解析黑盒的方式来
425 讨论。

概念图 12-2 解释了双线性对的目的。底部路径显示的替代过程中，G_+ 每次先映射到 $\mathbf{Z}_r$，然后 $\mathbf{Z}_r$ 的每对元素映射到 $G_\times$。虽然这个过程确实给出了双线性对的形式，但就像它写的那样，它是难解的，因为它包含了一个离散对数。图 12-2 靠上的部分显示了该配对的计算过程，将 $G_+ \times G_+$ 直接映射到 $G_\times$，绕过了椭圆曲线的群中的离散对数的计算。出人意料的是，和间接路径相比，直接路径计算更加简单。配对与离散对数比起来尽管在概念上更加难以理解，但是当群的阶很大的时候计算却很简单。这一事实是本章的核心所在。没有这一事实，本章将毫无意义。

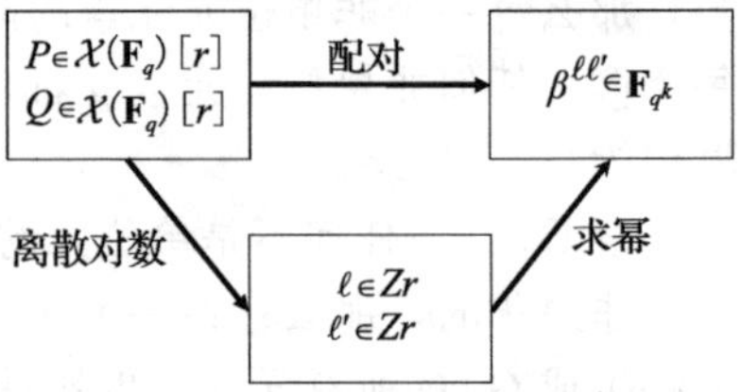

图 12-2 采用配对避开难解问题

12.3 基于配对的密钥交换

椭圆曲线上的 Diffie-Hellman 密钥交换是基于一个曲线的公共点 P，两个随机选择的保密整数 a 和 b，和两个公开的点 aP 和 bP。该 Diffie-Hellman 密钥交换可以用双线性对重新定义。设 $\Phi(P, Q)$ 是一个公开的双线性对，并且设 s 为一个公开的大整数。A 和 B 分别随机地选择椭圆曲线的一个点，分别表示为 P_A 和 P_B。A 计算 $Q_A = sP_A$，并且将其公开。B 计算 $Q_B = sP_B$，并且将其公开。A 秘密地计算 $\Phi(Q_A, P_B) = \Phi(P_A, P_B)^s$。B 秘密地计算 $\Phi(P_B, Q_A) = \Phi(P_B, P_A)^s$。那么，双方有相同的域元素，$\Phi(P_B, P_A)^s$，可以被用作密钥。即使密码分析者知道 s、Q_A 和 Q_B，他也不能计算出 $\Phi(P_B, P_A)^s$。

双线性对的应用还可以提供一次通过的三方密钥交换，即 Diffie-Hellman 密钥交换的特征，而传统的 Diffie-Hellman 协议为了一次三方密钥交换必须传输三个消息。这意味着每一方必须传输三次。通过使用双线性对，每一方只需要传输一次。

假设现在有三方，A、B 和 C，在一个公开网络上要创建一个密钥。这可以通过使用标准 Diffie-Hellman 密钥交换协议与多次传输来实现，如图 12-3 所示。在对称的协议中，每一方必须发送 3 条消息。每一方首先选择一个随机的整数，分别记为 a、b 或 c，然后每一方计算 α^a、α^b 和 α^c。在第一次传输中，每一方分别广播 α^a、α^b 和 α^c。A 方收到 α^b 和 α^c，计算 $(\alpha^b)^a$ 和 $(\alpha^c)^a$，然后将 α^{ab} 传送给 C 方，α^{ac} 传送给 B 方。其他两方做同样的事情。结果是，A 方收到 α^{bc} 并计算 α^{abc}，B 方收到 α^{ac} 并计算 α^{abc}，以及 C 方收到 α^{ab} 并计算 α^{abc}。在每一方的三次传输之后，三方都有 α^{abc}。这里有三次传输是多余的，我们可以通过将传输过程

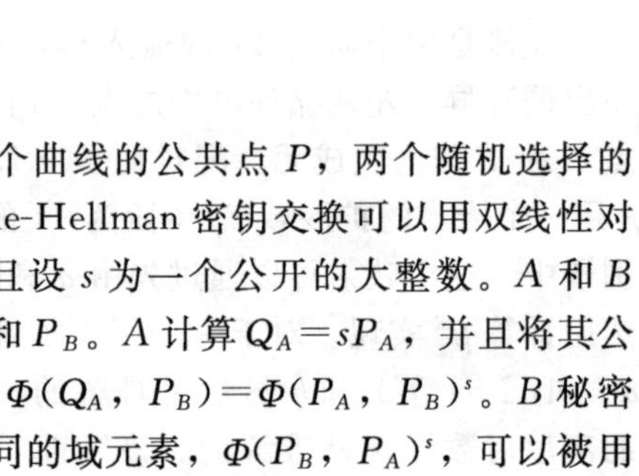

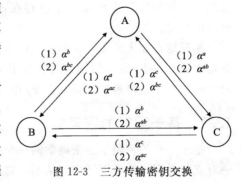

图 12-3 三方传输密钥交换

变为非对称的过程来简化它们。

密码分析者能够观察到这种复杂的转换，并且通过 α^{abc} 去发现 α、α^{a}、α^{b}、α^{c}、α^{ab}、α^{ac} 和 α^{bc}。这是 Diffie-Hellman 问题中更加普遍的一个问题。显然，这个问题并不比 Diffie-Hellman 问题更加困难。它可能会更简单，当然也有可能不会。

然而，任意的双线性对都能用于可替换的三方密钥交换，如图 12-4 所示。这种可替换的密钥交换以 Joux 密钥交换为代表。在每个节点只进行一次交换。这种 Joux 密钥交换需要一个双线性对 $\Phi(P_1, P_2)$，就像在椭圆曲线中取出两个点 P_1 和 P_2，将其放进有限域 $\mathbf{F}_{q^k}$ 中，其中三方 A、B 和 C 分别选择整数 a、b 和 c，并且分别计算和转换点 aP、bP 和 cP。A 方计算 $\Phi(bP, cP)^{a}=\Phi(P, P)^{abc}$。B 方收到 aP 和 cP，并且计算 $\Phi(aP, cP)^{b}=\Phi(P, P)^{abc}$。C 方收到 aP 和 bP，并且计算 $\Phi(aP, bP)^{c}=\Phi(P, P)^{abc}$。这样，三方都拥有了公钥 $\Phi(P, P)^{abc}$，它是域 $\mathbf{F}_{q^k}$ 中的一个元素。这样，它就是被三方用作一个公共密钥。

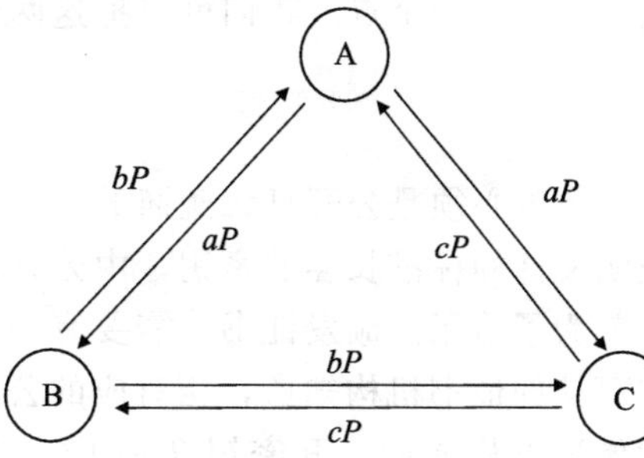

图 12-4　一次传输密钥交换

密码分析者可以观察到 aP、bP 和 cP，并且可以通过观察到的 aP、bP 和 cP 来尝试 426～427
计算 $\Phi(P, P)^{abc}$ 来攻击这个协议。显然，如果 $a=\Phi(P, P)$。密码分析者可以很容易计算域元素 α^{ab} 和 α^{ac}。因此这种攻击可以视为企图通过域元素 α^{ab}，α^{bc} 和 α^{ca} 来计算 α^{abc} 的攻击。我们认为这和用 α^{a} 以及 α^{b} 来计算 α^{ab} 是同样困难的。

12.4 基于身份的加密

公钥加密体制吸引人的一个地方在于它使用了个人的公开身份，由名称、网络地址或较长的文档编辑起来，作为加密密钥。然而使用一般的 Diffie-Hellman 密钥交换时，基于身份加密这一目的被离散对数问题的难解性所阻挠。

为了实现它，我们回顾 Diffie-Hellman 密钥交换，其要求用户选择一个随机整数 a，取决于群，然后计算群元素 aP 或 α^{a}，然后就得到了密钥。一种基于身份使用 Diffie-Hellman 密钥交换的加密方案会选择一个 a，使 aP(或 α^{a})等价于用户的公开身份，如用户的名称和网络地址。但是这需要用户解决离散对数问题来找到一个对应于 aP(或 α^{a})的 a。如果基群的选择足够简单，使得用户可以解决离散对数问题，那么密码分析者也可以解决离散对数问题，所以这样的系统是不安全的。

因此乍看起来，基于身份的公钥密码体制是不可能实现的。实际上，基于身份的公钥加密可以通过使用双线性对来实现，但是它需要建立一个认证服务器。

基于身份的加密方法是一种由用户在不需要共享密钥、找到一个公开密钥或寻求一个可信的第三方来进行密钥交换的情况下，加密或验证一个签名的技术。那么，用户的公钥就由一个普通的身份标签，如名称和地址构成。唯一的限制是用户的公钥必须是足够长的，并且，签名也是，这种身份不能被后来者否认。在公开秘钥背后的私密密钥由认证服务器从一个持有人的私密密钥生成并且不公开。对于认证服务器的需求是不能避免的，因为如果通过计算离散对数，用户可以从该用户的身份得到私密密钥，那么别人也可以得到。

那么，一个双线性对 $\Phi(Q, R)$ 可以被用于基于身份的密码体制。为了达到这个目的，我们需要与公开密钥的代表元对应的域元素 $\Phi(Q, R)$ 的代表元。例如，如果公钥是由二

428 进制数字串表示，那么域元素 $\Phi(Q, R)$ 也必须用二进制数字串来表示。

这里需要两个散列函数 H_1 和 H_2。一个函数用于处理用户身份的标准表示，另一个函数用来处理用户的消息。身份散列函数 H_1 将公开身份简化为椭圆曲线的一个点 Q。消息的散列函数 H_2 将消息化简为标准长度的二进制字符串。那么，我们可以认为身份是该椭圆曲线的一个点。我们可以把这两个函数定义为：

$$H_1:\{0,1\}^* \Rightarrow G_+ \setminus \{0\}$$
$$H_2:G_\times \Rightarrow \{0,1\}^\ell$$

这些函数必须是公开且无碰撞的。每个用户的公开加密密钥实际上是为该用户的公共身份证明文件的标准长度的密钥，由公共函数 H_1 进行散列运算。

为了给用户颁发证书，需要有一个可信的证书颁发机构，所拥有的私密证书密钥 t 只有可信的证书机构知道，相对应的公开证书密钥为 $T=tP$，其中 P 是群 G_+ 的一个生成元。就像证书机构的公开密钥 T 一样，点 P 是公开的，并且对于所有用户来说都是已知的。受信任的证书机构在系统中颁发每个基于身份的公开密钥 Q。然后受信任证书机构就可以通过破坏私密证书密钥 t 来退出颁发过程。

为了颁发证书，证书机构需要观察用户的公开密钥 Q，并且在一个受保护的信道中回应用户对个人永久私密解密密钥的请求。回应消息是 tQ，其中 t 为用户的秘密证书密钥，而 Q 是用户的公钥。对于这个函数，受信任的证书机构不需要验证用户的身份。身份认证是一个单独的函数，并且可以独立执行。该证书机构唯一的任务就是，在安全信道中不经过质询就向出示公开加密密钥的任何人返回一个私密解密密钥。

基于身份的密码体制所使用的密钥集如图 12-5 所示。这可以与图 12-6 所示的 Diffie-
429 Hellman 密码体制中的密钥结构进行对比。

	私钥	公钥
证书机构	t	$tP=T$
解密者	tQ	Q

图 12-5　一种基于身份的密码体制中的密钥结构

	私钥	公钥
用户A	a	aP
用户B	b	bP

图 12-6　Diffie-Hellman 密码体制中的密钥结构

值得注意的是，对于基于身份的密码体制，用户的密钥和基于椭圆曲线的密码体制中用到的密钥是相反的。在这种情况下，公钥通过私密密钥的点乘法运算获得。现在，私密密钥通过公开密钥的点乘法运算得到。基于身份的密码体制的吸引力可以归结为在图 12-5 中出现的曲线中的点的 t 倍乘法。

在认证之后，密钥无限期有效，不需要重新认证或者证书机构进行其他的操作。所有当事方认证后，可信任证书机构可以解散，因为该网络不再需要它了。然后就可以认为该网络是永久安全的。即使该网络中的一个成员因为一些疏忽丢失了它自己的密钥，该网络余下的部分仍然是安全的。

为了对持有公钥 Q 的用户的消息 x 进行加密，加密器随机地选择整数 r，并计算 rP 和 $\Phi(Q, T)^r$，其中 Q 是基于身份的公钥，T 是验证身份的公钥。域元素 $\Phi(Q, T)^r$ 可以表示为二进制序列。加密后的消息可以表示为：

$$\{rP, x+\Phi(Q,T)^r\}$$

因为 r 是随机选取的，$\Phi(Q, T)^r$ 也是随机的，并且消息是被完全隐藏的。

在描述解密方法前，我们将提供以下化简公式：

$$\Phi(Q,T)^r = \Phi(Q,tP)^r = \Phi(Q,P)^{rt} = \Phi(tQ,rP)$$

并且再次提出 rP 是加密消息的一部分。这个解密器在知道 tQ 的情况下，能够计算出右侧的式子，也就是能够计算出 $\Phi(tQ, rP)$，因此需要得到 $\Phi(Q, T)^r$。那么就能很容易地恢复这条消息：

$$x + \Phi(Q,T)^r - \Phi(tQ,rP) = x$$ 430

这种系统提出了各种实际的安全问题。对于用户来讲，私密密钥 tQ 的生成与分配必须是安全的并且需要努力避免丢失、复制或者通过非授权的途径得到每个用户的私密密钥。然而任何用户的私密密钥的丢失只会威胁该用户过去或者现在的消息的安全性，并不会影响整个网络。

从计算上来说，基于身份的密码体制遇到了和许多标准的公钥密码体制相同的问题。也就是当知道私钥的时候，计算是相对容易的。没有私钥想要恢复信息是复杂难解的，需要离散对数问题的解决方法。

对基于身份的密码体制的批评指出，即使基于身份的公开密钥是简单的名称和地址，在很多普通的情况中，其仍然需要查找。在这种情况下，在批判者的眼中，这个过程是一件小事但仍然需要单独查找一个加密密钥。因此，在把密钥等同于身份方面没有那么大的优势。

12.5 基于配对的签名

双线性对可以作为一种得到数字签名的方法。此方法在短签名的应用中很有吸引力。该方法利用公开已知的加密散列函数将任意长度的二进制字符串映射为一个摘要，其中包含加法群 G_+ 的非零元素，比如椭圆曲线的一个点。选择的群 G_+ 要足够大，使得对该群求解离散对数问题是难解的。

通常在签名协议中，安全加密散列函数用于将任意长度的二进制字符串化简为一个固定长度的摘要。在这种情况下，摘要必须是加法群 G_+ 的一个非单位元来作为双线性对的输入。假设群 G_+ 是一个椭圆曲线的群的一个子群。那么散列函数具有下述形式：

$$H:\{0,1\}^* \Rightarrow G_+ \setminus \{0\}$$

签名者随机选择比 $\# G_+$ 小的任意非零整数 a，公布该用户的公开签名认证密钥 aP。为了对消息 x 签名，签名者需要计算 $H(x)=\text{hash}(x)$和点

$$aH(x) \in G_+$$

签名的消息是$(x, aH(x))$。由 $\# G_+$确定签名的长度。为了从签名消息计算得到 a，其中包含了对离散对数问题的计算，因此这个计算的逆过程是难解的。

这种签名可以通过使用双线性对的特性以及签名者的公开签名密钥 aP 进行有效的验证。只要简单计算 $\Phi(aH(x), P)$，其只包含已知的签名消息 $aH(x)$和公开的点 P。然后 431
通过消息 x 以及公开签名认证密钥 aP 来计算 $\Phi(H(x), aP)$。如果 $\Phi(aH(x), P) = \Phi(H(x), aP)$，那么签名就是有效的。

基于双线性对签名的优点是对于给定的安全级别，该签名相较于其他的签名方法得到的签名更短。该优点是广泛接受的观点，但是只得到传闻证据的支持。

12.6 攻击双线性 Diffie-Hellman 协议

本章的大部分内容都是基于双线性 Diffie-Hellman 问题的难解性。这个观点被普遍认

同，但是没有已知的证据可以证明它。对于攻击者而言，在一个椭圆曲线的群中，原始的 Diffie-Hellman 问题是，当给定 P、aP 和 bP 时，要找到 abP，其中 P 是椭圆曲线中一个可以生成循环群的点，a 和 b 都是整数。同样，Diffie-Hellman 问题也可以用任意的较大的循环群来解释。在适用乘法运算的 $\mathbf{F}_q^*$ 中，该问题变成给定 α、α^2 和 α^b 找到 α^{ab}。

Diffie-Hellman 问题被密码学研究群体认定为难解问题，但还是没有证据能够证明这个说法。离散对数问题的解决方法能够帮助解决 Diffie-Hellman 问题，但解决 Diffie-Hellman 问题却不需要解决离散对数问题。此外，我们仍不知道原始的 Diffie-Hellman 问题是不是比离散对数问题更简单，但是显然不会更加困难。

当给定 P、aP、bP、cP、abP、bcP 和 caP 时，出现在三方密钥交换中的扩展的 Diffie-Hellman 问题就是找出 $abcP$。这个问题显然不会比原始的 Diffie-Hellman 问题更加困难，因为我们总是可以简化掉一些条件。例如，当给定 P、aP 和 bcP 时，找到 $abcP$。一般认为三方交换的 Diffie-Hellman 问题并不比原来的 Diffie-Hellman 问题更加简单，但是显然没有证据能够证明这种说法。

另一种变化就是所谓的双线性 Diffie-Hellman 问题。这种 Diffie-Hellman 问题，当运用于椭圆曲线时，我们假设有一个加法群 G_+ 和乘法群 $G_\times$ 之间的双线性对 Φ，这个问题的核心就是当给定 Φ、P、aP、bP 和 cP 时，找到 $\Phi(P, P)^{abc}$。这个问题并没有离散对数问题复杂，因为一旦相关的离散对数问题被解决了，就可以得到 a、b、c 的值，那么这个问
432 题就变得简单了。

我们最后要讨论的一个变化就是决策性 Diffie-Hellman 问题。在一个椭圆曲线中，要做的任务是当我们给定 Q、P、aP 和 bP 的时候，确定一个给定的点 Q 是否等于 abP。在一个有限域中的任务是，当给定 β、α、α^a 以及 α^b 的时候，确定一个给定的元素 β 是否等于 α^{ab}。这个问题与原始 Diffie-Hellman 问题看起来相似，但实际上完全不同。决策性 Diffie-Hellman 问题的一种解决方法不一定是原始 Diffie-Hellman 问题的解决方法。实际上，如果通过双线性对来解决，椭圆曲线上的决策性 Diffie-Hellman 问题很容易解决。只需要计算 $\Phi(P, Q)$ 和 $\Phi(aP, bP)$。其中第二项等于 $\Phi(P, abP)$。这意味着如果 $\Phi(P, Q)=\Phi(aP, bP)$，那么 $Q=abP$。因此决策性 Diffie-Hellman 问题的计算复杂性和双线性对的计算复杂性相同。

我们需要强调的是，虽然决策性 Diffie-Hellman 问题似乎和原始的 Diffie-Hellman 问题乍看上去没有太大区别，但实际上对于椭圆曲线上的群来讲更容易，因为我们有公开的解决算法。这里的教训是，问题的复杂性可能是一个微妙的问题，并且很大程度上取决于问题陈述的准确程度。

12.7 扭转点与嵌入度

在符合点加法的情况下，一个有限域 $\mathbf{F}_q$ 上的椭圆曲线可以形成一个阿贝尔群。由 Hasse-Weil 界限可以知道，这个群中点的个数大约等于域的大小 q。如果域非常大，那么椭圆曲线上点的数量也会非常多，所以曲线的点会形成一个很大的群。如果要求域的大小是 50 位整数，那么群的阶也会是一个 50 位的整数。虽然这个群起初会非常大，但是可以慢慢了解这个群。实际上，我们不仅研究曲线 $\mathcal{X}(\mathbf{F}_q)$ 的群结构，也包括对于特定的 k，在扩张域 $\mathbf{F}_{q^k}$ 上的曲线 $\mathcal{X}(\mathbf{F}_{q^k})$ 的群的结构。

我们知道，任何有限阿贝尔群同构于多个循环群的和，如下所示：

$$G \simeq \mathbf{Z}_{k1} \oplus \mathbf{Z}_{k2} \oplus \cdots \oplus \mathbf{Z}_{kn}$$

每个子群 $\mathbf{Z}_i$ 都是一个素数阶循环群。如果这个分解的子群的阶是两两互素的，那么 G 本身就是一个循环群。不止如此，任意素数阶子群都是循环群。如果符合点加法的椭圆曲线 433 $\mathcal{X}(\mathbf{F}_q)$的群是一个阿贝尔群，那么它也有这样的分解。在第 10 章中，我们研究了有非常大的素数阶群的循环子群。

任意阶为素数 r 的阿贝尔群同构于 $\mathbf{Z}_r$，所以任意阶为 r 的 $\mathcal{X}(\mathbf{F}_q)$的子群 G_+ 同构于 $\mathbf{Z}_r$。这意味着这样的一个子群 G_+ 是循环群。群的定理告诉我们这样的同构的确存在，但是要详细的阐述这样的同构等价于解决椭圆曲线上的离散对数问题，从计算上来讲是难解的。为了更加了解群 G_+，我们必须研究 $\mathcal{X}(\mathbf{F}_q)$的子群本身，而不是作为同构于 $\mathbf{Z}_r$ 的一个替代品来研究，从计算的角度来看，由于离散对数的难解性，这个同构对于我们来讲是不可见的。

将椭圆曲线分解成为子群是通过引入扭转点的概念实现的。对于任意整数 r，一个 $\mathcal{X}(\mathbf{F}_q)$ 的 r 扭转点就是一个使得$[r]P=\mathcal{O}$的点 P。这个椭圆曲线 $\mathcal{X}(\mathbf{F}_q)$也可以被考虑为扩张域 $\mathbf{F}_{q^k}$ 或者说延伸的概念 $\overline{\mathbf{F}}_q=\bigcup_{i=1}^{\infty}\mathbf{F}_{q^i}$，这种基域 $\mathbf{F}_q$ 中的 $\mathcal{X}(\mathbf{F}_q)$的 r 扭转点表示为 $\mathcal{X}(\mathbf{F}_q)[r]$，由 $\mathcal{X}(\mathbf{F}_q)$的所有阶为 r 的点构成，$\mathcal{X}(\mathbf{F}_q)$所有点的阶都整除 r，并且单位元是 $\mathcal{O}$。很容易发现 $\mathcal{X}(\mathbf{F}_q)[r]$是 $\mathcal{X}(\overline{\mathbf{F}}_q)$的一个子群。对于大多数 r 来讲，$\mathcal{X}(\mathbf{F}_q)[r]$只由单位元构成。对于素数阶 r 来讲，当且仅当 r 整除 $\#\mathcal{X}(\mathbf{F}_q)$时，$\mathcal{X}(\mathbf{F}_q)$的有理 r 扭转点的集合是不平凡的。$\mathcal{X}(\overline{\mathbf{F}}_q)$的 r 扭转点的集合有相似的定义。

一般来讲，任意的群中的每个点都有有限的扭转，即使这个群本身是无限的，这样的群被称为*扭转群*。尽管椭圆曲线 $\mathcal{X}(\overline{\mathbf{F}}_q)$有无限多的元素，它也是一个扭转群，因为 $\mathcal{X}(\overline{\mathbf{F}}_q)$ 的每个点都是 $\mathcal{X}(\mathbf{F}_{q^k})$的一个元素，因此对于一些 k 来讲，阶是有限的。我们会发现，对于大多数 r，如果 $\mathcal{X}(\overline{\mathbf{F}}_q)$中有任意 r 扭转点，那么就有 r^2 个 r 扭转点。

一个有限域上的椭圆曲线是一个有限的阿贝尔群，所以可以用有限群的表示定理来描述它的结构。为了分析这个结构，我们首先分析子群 $\mathcal{X}(\mathbf{F}_q)[r]$的结构，其由 $\mathcal{X}(\mathbf{F}_q)$的所有 r 扭转点构成。这可能是一个 $\mathbf{F}_q$ 的扩张域中，所有阶可以整除 r 的点的集合，并且包含了无穷远点 $\mathcal{O}$。除去 r 是域的特征 p 的因子的情况(留作课后练习)，我们可以发现这个子群总是有下列同构给定的形式[⊖]

$$\mathcal{X}(\overline{\mathbf{F}}_q)[r]\simeq\mathbf{Z}_r\oplus\mathbf{Z}_r$$

这个重要的同构是下节的核心。特别地，下节中的定理 12.8.2 告诉我们，如果任意点有扭转 r，那么有 r^2 434 个点有扭转 r。如果 r，但不是 r^2，整除 $\#\mathcal{X}(\mathbf{F}_q)$，那么它们中有 r 个点在有理曲线 $\mathcal{X}(\mathbf{F}_q)$上。那么剩下的 r^2-r 的扭转为 r 的点在哪里呢?

表 12-1 $\mathcal{X}(\overline{\mathrm{F}}_{67})$中的两个循环群

$P=(09,01)$	$Q=(58,01i)$
$2P=(59,63)$	$2Q=(08,63i)$
$3P=(64,38)$	$3Q=(03,38i)$
$4P=(17,46)$	$4Q=(50,46i)$
$5P=(36,23)$	$5Q=(31,23i)$
$6P=(62,65)$	$6Q=(05,65i)$
$7P=(21,06)$	$7Q=(46,06i)$
$8P=(06,17)$	$8Q=(61,17i)$
$9P=(06,50)$	$9Q=(61,50i)$
$10P=(21,61)$	$10Q=(46,61i)$
$11P=(62,02)$	$11Q=(05,02i)$
$12P=(36,44)$	$12Q=(31,44i)$
$13P=(17,21)$	$13Q=(50,21i)$
$14P=(64,29)$	$14Q=(03,29i)$
$15P=(59,04)$	$15Q=(08,04i)$
$16P=(09,66)$	$16Q=(58,66i)$
$17P=\mathcal{O}$	$17Q=\mathcal{O}$

用一个例子来说明这个问题的答案，我们注意到 $\mathbf{F}_{67}$中的曲线对应的超奇异多项式 $y^2=x^3+x$ 有 68 个点。因为 17 整除 68，所以有理曲线一定有一个阶为 17 的子群。点$(9.1)\in\mathcal{X}(\mathbf{F}_{67})$阶为 17。

⊖ 如果将这个群同构的左边看成定义在 $\mathbf{Z}^2$ 上的一个“圆环曲面”，可能会对我们的理解有所帮助。那么描述 $\mathcal{X}(\mathbf{F}_q)[r]$的扭转结构定理就阐述了一个结论，即一条椭圆曲线 $\mathcal{X}(\mathbf{C})$同构于一个复圆环曲面。

它的计算过程在表 12-1 的左侧给出。因此，$\mathcal{X}(\mathbf{F}_{67})$有 17 个有理 17 扭转点。

因为素数 67 符合 $4k+3$ 的形式，所以元素$\sqrt{-1}$在 $\mathbf{F}_{67}$ 中并不存在，所以 $\mathbf{F}_{67^2}$ 可以用 $i^2=-1$来定义。不仅如此，映射$(x,\ y)\rightarrow(x,\ iy)$将 $\mathcal{X}(\mathbf{F}_{67})$的一个点映射到 $\mathbf{F}_{67^2}$ 的一个点。在 $\mathbf{F}_{67^2}$ 中，点$(-9,\ i)$的轨道可以参考 $\mathbf{F}_{67}$ 点$(9,\ 1)$的轨道来写。由点$(-9.i)\in\mathcal{X}(\mathbf{F}_{67^2})$生成的轨道的阶为 17。它的轨道在图 12-1 的右侧显示。这些 $\mathcal{X}(\mathbf{F}_{67^2})$的点也是 17 扭转点。一般来讲，对于每个从 0 到 16 的 a 和 b 来讲，$[a]P+[b]Q$ 也是一个 17 扭转点。因此整个 17 扭转点的集合在下面给出

$$\mathcal{X}(\overline{\mathbf{F}}_{67})[17]=\mathcal{X}(\mathbf{F}_{67^2})[17]=\{[a]P+[b]Q\,|\,a=0,\cdots,16,b=0,\cdots,16\}$$

这些点可以如图 12-7 所示，在一个表格中显示。在这个表格中有 289 个点，对应于$\mathcal{X}(\overline{\mathbf{F}}_{67})$的 17^2 个 17 扭转点，如果 P 和 Q 是指定的，那么其他任何点都可以通过给
435 定整数系数 a 和 b 来确定。$\mathcal{X}(\mathbf{F}_{67^2})[17]$的任意点 R 总是可以写成$[a]P+[b]Q$，因为 a 和 b 的值可以通过先计算椭圆曲线的轨迹[⊖]$[a]P=\mathrm{trace}_q(R)$得到。

b \ a	0	1	2	3	4	…	16
0	O	P	$2P$	$3P$	$4P$	…	$16P$
1	Q	$P+Q$	…			…	$16P+Q$
2	$2Q$	$P+2Q$	…			…	$16P+2Q$
3	$3Q$	$P+3Q$	…			…	$16P+3Q$
4	$4Q$	$P+4Q$	…			…	$16P+4Q$
⋮	⋮	⋮					⋮
16	$16Q$	$P+16Q$	…				$16P+16Q$

图 12-7 $\mathcal{X}(\overline{\mathbf{F}}_{67})$中的 17^2 个 17 扭转点

该轨迹将点 R 映射到基域内的群的点上。对于一些 a，我们可以指定这个点$[a]P$，即使 a 不能由 P 和$[a]P$ 计算得到。那么因为 $R=[a]P+bQ$，对于一些 b，我们可以写出$[b]Q=R-[a]P$，即使 b 是不能通过计算得到的。当然，Q 可以被任意它的轨道中的非单位元的点代替，可以写成 $R=[a]P+[c]Q'$，其中 $Q'=[c/b]Q$。也有人可以将 r 扭转点的集合表示成

$$\mathcal{X}(\overline{\mathbf{F}}_{67})[17]=\langle P\rangle\oplus\langle Q\rangle$$

其中$\langle P\rangle$和$\langle Q\rangle$表示 P 和 Q 的生成轨道。这是一种引用图 12-7 中的数组的方法。只有两个循环及其元素被明确引用。一个循环由第一行给定，并且另一个循环由第一列给定。相反地，另一种抽象该数组的方法是将曲线中的点划分成等价类，然后参考等价类的循环。依据图 12-7 的数组，将第一行的元素看成一个循环，并且将行本身看成一个元素作为第二个循环。这种解释可以写成

436 $$\mathcal{X}(\overline{\mathbf{F}}_{67})[17]=\mathcal{X}(\mathbf{F}_{67})[17]\oplus\mathcal{X}(\mathbf{F}_{67^2})/17\mathcal{X}(\mathbf{F}_{67^2})$$

右侧的第一项是在数组中的第一行的循环群。右侧的第二项是由对应于数组的行的等价类构成的商群。

$\mathcal{X}(\mathbf{F}_{67})[17]$的例子引出了一个重要的定义。

定义 12.7.1 假设 $\mathrm{GCD}(r,\ p)=1$。对应于素数 p 的 r 的嵌入度是满足 r 整除 p^k-1 的最小整数 k。同样的定义适用于用素数的幂 q 来代替 p 的情况。

每一个整除椭圆曲线 $\mathcal{X}(\mathbf{F}_q)$的阶的素因子 r 都有其本身的嵌入度。(通常要求 r^2 不整除$\#\mathcal{X}(\mathbf{F}_q)$。)对于不同的 r，它们的嵌入度可能不同。我们一般对$\#\mathcal{X}(\mathbf{F}_q)$是素数或者有一个主素因子的椭圆曲线感兴趣。然后我们可能会简单涉及椭圆曲线的嵌入度，也就是主素

⊖ 椭圆曲线 $\mathcal{X}(\mathbf{F}_{q^r})$中一个点 $R=(x,\ y)$的 q 进制轨迹定义为

$$\mathrm{trace}_q(x,y)=(x,y)+(x^q,y^q)+(x^{q^2},y^{q^2})+\cdots+(x^{q^r},y^{q^r})$$

因子的嵌入度。可能会出现嵌入度相当大的情况。这样的曲线对于涉及嵌入度的构造不太有用。对于其他的曲线，嵌入度可能相当小。图 12-1 中的例子显示了一个嵌入度只有 2 的椭圆曲线。[⊖]

要认识到嵌入度总是存在的，对于每个 $i=1$，2，3…，使用整数的除法写作 $p^i-1=Q_ir+R_i$，余下的 R_i 是非负的并且小于 r。因此，它必须重复。设 $R_\ell=R_j$ 是第一次重复，然后给出 $p^j-p^\ell=(Q_j-Q_\ell)r$，所以 $p^\ell(p^{j-\ell}-1)=(Q_j-Q_\ell)r$，又 r 并不整除 p^ℓ，所以它整除 p^{k-1}，其中 $k=j-\ell$。

例如，11 整除 $131^2-1=(131-1)(131+1)$。因此 11 相对于 131 的嵌入度是 2。我们已经知道 $\mathcal{X}(\mathbf{F}_{131})$：$y^2=x^3-3x+8$ 在 $\mathbf{F}_{131}$ 中有 11 个 11 扭转点，并且在 $\mathbf{F}_{131^2}$ 中有 11^2 个 11 扭转点。实际上，在 $\mathbf{F}_{131}$ 的扩张域上都没有其他的 11 扭转点了，所以所有的 11 扭转点在 $\mathbf{F}_{131^2}$ 中，因为 2 是 11 相对于 131 的嵌入度。

设 $P\neq\mathcal{O}$ 是 $\mathcal{X}(\mathbf{F}_{131})[11]$ 的一个非单位元点。那么因为 11 是一个素数，P 产生 $\mathcal{X}(\mathbf{F}_{131})[11]$。设 Q 是 $\mathcal{X}(\mathbf{F}_{131^2})[11]$ 的一个元素，不在 $\mathcal{X}(\mathbf{F}_{131})$ 中。那么 Q 产生一个 $\mathcal{X}(\mathbf{F}_{131^2})$ 中的 11 个点的环且不包括 $\mathcal{O}$，没有点在 $\mathcal{X}(\mathbf{F}_{131})$ 中。最后，我们可以写出

$$\mathcal{X}(\mathbf{F}_{131^2})[11]=\{[a]P+[b]Q\,|\,a=0,\cdots,10,b=0,\cdots,10\}$$

通过保持 a 或 b 是一个常数并改变其他参数，可以形成一个 $\mathcal{X}(\mathbf{F}_{131^2})[11]$ 的一个循环子群。通过这种方式，121 的 11 扭转点可以被组织进 12 个循环子群，每个子群中有 11 个点。单位元 $\mathcal{O}$ 被所有的循环群共享，所以循环群是不相交的。12 个循环群中只有一个完全位于 $\mathbf{F}_{131}$ 中。其他的 11 个循环群可以没有除了单位元以外的 $\mathbf{F}_{131}$ 中的元素，因为一个素数阶的循环群的每个元素都是该循环群的一个生成元，并且 $\mathcal{X}(\mathbf{F}_{131})$ 对于点加法是封闭的。 437

我们的第二个例子是嵌入度 k 等于 4 的超奇异椭圆曲线。曲线 $\#\mathcal{X}(\mathbf{F}_{2^m})$：$y^2+y=x^3+x+1$ 对于任何 m 都是超奇异的。很容易验证，在基域 $\mathbf{F}_2$ 上，曲线的阶是 $\#\mathcal{X}(\mathbf{F}_2)=1$。然后，通过定理 10.11.2 知道，对于任意的 m，$\#\mathcal{X}(\mathbf{F}_{2^m})=2^m+1-(1+i)^m+(1-i)^m$，其中 $i=\sqrt{-1}\in\mathbf{C}$，这个 $\#\mathcal{X}(\mathbf{F}_{2^m})$ 的表达式对于任意的 m 的值都是成立的，但是如果 m 是一个奇数，它需要一个方便的形式来表示，那么

$$\#\mathcal{X}(\mathbf{F}_{2^m})=\begin{cases}2m-2^{(m+1)/2}+1 & \text{如果}\quad m\pm 1\pmod 8\\ 2m+2^{(m+1)/2}+1 & \text{如果}\quad m\pm 3\pmod 8\end{cases}$$

并且

$$2^{2m}+1=(2^m-2^{(m+1)/2}+1)(2^m+2^{(n+1)/2}+1)$$

设 $q=2^m$ 并设 r 整除 $\#\mathcal{X}(\mathbf{F}_{2^m})$，因为 r 整除右侧的两个条件之一，r 整除 q^2+1。因此，r 整除 $q^4-1=(q^2+1)(q^2-1)$。我们推断嵌入度最多是 4。很容易发现 r 不能整除 q^2-1 或 q^3-1。因此我们推断每个能整除 $\mathcal{X}(\mathbf{F}_{2^m})$ 的阶的 r 的嵌入度是 4，设 m 是奇数。

12.8 扭转结构定理

目前，除了涉及了阿贝尔群的正则定理，我们只是通过在群 $\mathcal{X}(\mathbf{F}_q)$ 中的几个例子来认识循环群。然而，我们现在准备步入更高的阶段，我们可以发现一个 $\mathcal{X}(\mathbf{F}_q)$ 的循环子群或素数阶子群嵌入在一个离散环的较大的结构中。在本节中，我们会讨论一个更深层并且更

⊖ 这是描述素数域上一条超奇异椭圆曲线的一般情形，对于 r 的任意取值，嵌入度总是 2。更一般地，对于任意超奇异椭圆曲线，嵌入度最多是 6。

重要的定理，其具有很多实用价值。我们讨论的这个定理的证明方法中使用到了基本的方法并且涉及了广泛的代数运算。

为了先预习如何证明，我们考虑这样一种情况，其中素数 r 整除 $\#\mathcal{X}(\mathbf{F}_q)$并且 r 的嵌入度 k 等于 2。这些条件也就是 r 整除 $q+1-t$ 且 r 整除 q^2-1。我们的目的是证明 r^2 整除 $\#\mathcal{X}(\mathbf{F}_{q^2})$，这意味着 $\mathcal{X}(\mathbf{F}_{q^2})$有一个阶为 r^2 的子群。图 12-7 显示的是一个 17 扭转点的实例。为此，我们需要回顾推论 10.11.3

438

$$\#\mathcal{X}(\mathbf{F}_{q^2}) = (q+1-t)(q+1+t)$$

并且假设 r 的嵌入度是 2，那么 r 整除 $q+1-t$ 和 q^2-1，但是不整除 $q-1$。因此 r 整除 $q+1$。因为 r 整除 $q+1-t$ 和 $q+1$，它必定整除 $q+1+t$ 所以 r^2 整除 $\#\mathcal{X}(\mathbf{F}_{q^2})$。反过来，如果嵌入度不是 2，$r$ 不整除 $q+1$，那么 r 也不整除 $q+1+t$。那么嵌入度不是 2 的时候，r^2 也不整除 $\#\mathcal{X}(\mathbf{F}_{q^2})$。

本节的特征定理更加一般化的阐述了，如果 k 是素数 r 的嵌入度且如果 $\mathcal{X}(\mathbf{F}_q)$有 r 个 r 扭转点，那么 $\mathcal{X}(\mathbf{F}_{q^k})$有 r^2 个 r 扭转点。更强大的命题是，$\mathcal{X}(\overline{\mathbf{F}}_q)$没有其他 r 扭转点，虽然这是正确的，但是此处不会给出证明。

引理 12.8.1 假设 r 整除 $\#\mathcal{X}(\mathbf{F}_q)$，那么对于每个 m 都有

$$\frac{\#\mathcal{X}(\mathbf{F}_{q^m})}{\#\mathcal{X}(\mathbf{F}_q)} = m\frac{q^m-1}{q-1} \pmod r$$

当 m 小于嵌入度 k 的时候，上式就是非零的；而当 m 等于 k 的时候，上式就等于零。

证明 在 $m=k$ 时，如果 $\#\mathcal{X}(\mathbf{F}_{q^m})$可以被 r^2 整除，那么左侧是 0 模 r。为此定义

$$R_m = \frac{\#\mathcal{X}(\mathbf{F}_{q^m})}{\#\mathcal{X}(\mathbf{F}_q)} \pmod r$$

也就是，$R_m=\#\mathcal{X}(\mathbf{F}_{q^m})/(q+1-t)$，其中 $q+1-t$ 有因子 r。拉格朗日定理表示 $\#\mathcal{X}(\mathbf{F}_{q^m})$的每一项都可以被 $q+1-t$ 整除。因此，为了证明 $\#\mathcal{X}(\mathbf{F}_{q^m})$可以被 r^2 整除，我们必须证明 R_m 本身可以被 r 整除。

接下来通过归纳法证明。显然在 $m=1$ 时，$\#\mathcal{X}(\mathbf{F}_{q^m})$可以被 r 整除。假设对于所有小于 m 的 ℓ 都成立。m 的奇偶性需要分开考虑。

如果 m 是偶数，那么推论 10.11.3 可以写成

$$\#\mathcal{X}(\mathbf{F}_{q^{2m}}) = [\#\mathcal{X}(\mathbf{F}_{q^m})[2(q^m+1) - \#\mathcal{X}(\mathbf{F}_{q^m})]$$

并且，通过拉格朗日定理可以知道$\#\mathcal{X}(\mathbf{F}_{q^m})$是$\#\mathcal{X}(\mathbf{F}_q)$的倍数，因此它也是 r 的倍数。那么对于偶数 m，可以证明

439

$$\begin{aligned} R_{2m} &= R_m[2(q^m+1) - \#\mathcal{X}(\mathbf{F}_{q^m})](\bmod r)] = m\frac{q^m-1}{q-1}2(q^m+1) \pmod r \\ &= 2m\frac{q^{2m}-1}{q-1} \pmod r \end{aligned}$$

如果 m 是奇数，那么运用定理 10.11.6

$$\#\mathcal{X}(\mathbf{F}_{q^m}) = ((q+1)^m - t^m) - \sum_{i=1}^{(m-1)/2} \begin{bmatrix} m \\ i \end{bmatrix} q^i[\#\mathcal{X}(\mathbf{F}_{q^{m-2i}})]$$

因此

$$R_m = \sum_{i=0}^{m-1} (q+1)^i t^{m-1-i} - \sum_{i=1}^{(m-1)/2} \begin{bmatrix} m \\ i \end{bmatrix} q^i R_{m-2i} \pmod r$$

$$= m(q+1)^{m-1} - \sum_{i=1}^{(m-1)/2} \begin{bmatrix} m \\ i \end{bmatrix} q^i R_{m-2i} \pmod r$$

其中第二行成立是因为 $q+1-t=0 \pmod r$，所以 $t=q+1 \pmod r$。我们的任务是证明，当 m 小于 k 的时候，R_m 是非零的，并且当 m 等于 k 的时候，$R_m=0$。因为对于 $m<\mathrm{k}$，有 $q^m-1\neq 0$ 并且还因为对于定义的 k，有 $q^k-1=0 \pmod r$，我们可以得到

$$\sum_{i=0}^{m-1} q^i \pmod r = \frac{q^m-1}{q-1} \pmod r \quad \begin{cases} \neq 0 & m<k \\ = 0 & m=k \end{cases}$$

需要注意的是 $q-1\neq 0 \pmod r$。因此为了完成证明，我们需要用归纳法证明

$$R_m = m\sum_{i=0}^{m-1} q^i \pmod r = m\frac{q^m-1}{q-1} \pmod r$$

假设对于 $\ell<m$，$R_\ell = \ell\sum_{i=0}^{m-1} q^i \pmod r$。对于 $\ell=1$ 成立，那么

$$R_m = m(q+1)^{m-1} - \sum_{i=1}^{(m-1)/2} \begin{bmatrix} m \\ i \end{bmatrix} q^i (m-2i)\frac{q^{m-2i}-1}{q-1} \pmod r$$

$$= m(q+1)^{m-1} - \sum_{i=1}^{(m-1)/2} \begin{bmatrix} m \\ i \end{bmatrix} \frac{q^{m-i}(m-2i)}{q-1} - \sum_{i'=m-1}^{(m+1)/2} \begin{bmatrix} m \\ m-i' \end{bmatrix} \frac{q^{m-i'}(m-2i')}{q-1}$$

其中在第二个求和中，i 被 $m-i'$ 所替代。然后在第二个求和中，再用 i 代替 i'，所以有 $\begin{bmatrix} m \\ m-i \end{bmatrix} = \begin{bmatrix} m \\ i \end{bmatrix}$，可以写出

$$R_m = m(q+1)^{m-1} - \sum_{i=1}^{(m-1)/2} \begin{bmatrix} m \\ i \end{bmatrix} \frac{(m-2i)q^{m-i}}{q-1} - \sum_{i=(m+1)/2}^{m-1} \begin{bmatrix} m \\ i \end{bmatrix} \frac{(m-2i)q^{m-i}}{q-1}$$

$$= m(q+1)^{m-1} - \frac{m}{q-1}\sum_{i=1}^{m-1} \begin{bmatrix} m \\ i \end{bmatrix} q^{m-i} + \frac{2}{q-1}\sum_{i=1}^{m-1} i \begin{bmatrix} m \\ i \end{bmatrix} q^{m-i}$$ 440

这两个求和能够写成：

$$\sum_{i=1}^{m-1} \begin{bmatrix} m \\ i \end{bmatrix} q^{m-i} = (q+1)^m - (q^m+1)$$

和

$$\sum_{i=1}^{m-1} i \begin{bmatrix} m \\ i \end{bmatrix} q^{m-i} = m[(q+1)^{m-1}-1]$$

因此有以下结论：

$$R_m = \frac{m}{q-1}[(q^2-1)\ (q+1)^{m-2} - [(q+1)^m - (q^m+1)] + 2[(q+1)^{m-1}-1]]$$

可以化简为：

$$R_m = \frac{m}{q-1}[(q^2-1-q^2-2q-1+2q+2)(q+1)^{m-2} + (q^m+1-2)] = m\frac{q^m-1}{q-1}$$

这就完成了 m 是奇数时的证明。这样结论对于 m 是奇数和偶数的情况都成立，从而证明完毕。

□

因为对于 $m=k$，有 r 整除 q^m-1，但不是所有的 m 都小于 k，引理证明了 $\#\mathcal{X}(\mathbf{F}_{q^k})$ 对

于嵌入度 k 有因子 r^2。因此，$\mathcal{X}(\mathbf{F}_{q^k})$包含了 r^2 个扭转为 r^2 或 r 的点。这 r^2 个点构成了一个阿贝尔子群，现将其表示为 G。因为 r 是一个素数，有限群 G 同构于 $\mathbf{Z}_r \oplus \mathbf{Z}_r$ 或 $\mathbf{Z}_{r^2}$。我们剩下的任务就是确定其究竟同构于谁。第一种情况，$\mathbf{Z}_r \oplus \mathbf{Z}_r$，是一个离散环的结构。我们可以预料到这个选择，因为在复数域中，一个椭圆曲线可以被看成一个复数环。复数环的实数部分是一个实数环，并且该实数环对应于离散环 $\mathbf{Z}_r \oplus \mathbf{Z}_r$。我们不会继续阐述这种抽象的方法。

我们的任务是证明有限群 G 不会同构于 $\mathbf{Z}_{r^2}$。如果其成立，那么只会有 r 个阶为 r 的点且它们都在基域 $\mathbf{F}_q$ 中。为了排除这种情况，我们需要证明至少有一个阶为 r 的点不在基域中。表 12-1 中的例子是这种说法的一个实例。但我们必须证明这个例子不是一个特例。

我们首先花一点时间通过观察嵌入度为 2 的曲线来引入一个定理。设 r 是 $\#\mathcal{X}(\mathbf{F}_q)$的一个素因子且其嵌入度为 2。那么 r 是 $q+1-t$ 的一个因子，这意味着对于一些整数 a，有
441 $q+1-t+ar=0$，所以 q 可以由 $t-1-ar$ 来替代。

在 G 中有 r^2 个点，其中只有 r 个点是有理点。选择任意点 P，其不是一个有理点。因为嵌入度是 2，我们知道 $\pi_q^2(P)=\pi_{q^2}(P)=P$。然后通过这些替换，Frobenius 自同态

$$\pi_q^2(P)-[t]\pi_q(P)+[q]P=\mathcal{O}$$

被简化成

$$(\pi_q-1)[t]P=[a][r]P=R$$

其中 $R=[a][r]P$ 是曲线的一个有理点，因为$[r]P$ 是一个有理点。然而，因为 $\pi_q^2=1$ 并且 $\pi_q R=R$，该等式两边同时乘以 π_q 可以得到

$$(1-\pi_q)[t]P=R$$

这意味着 $R=-R$，所以我们推断 $R=\mathcal{O}$(对于一些曲线有 $R=(0,0)$)。最后，由定理 10.13.1 可得，方程 $\pi_q[t]P=[t]P$ 表示$[t]P$ 是曲线的一个有理点。那么除非 $t=0(\mathrm{mod}\ r)$，否则我们可以推断非有理点 P 是一个阶为 r 的点。因此，G 不能同构于 $\mathbf{Z}_r \oplus \mathbf{Z}_r$。$G$ 的所有点都是 r 扭转点。

我们现在想证明，类似的表述在一个任意嵌入度的曲线上也成立。这是下面定理的内容。定理的证明将引入一个更简洁的推理。要证明的群结构的式子是 $\mathcal{X}(\overline{\mathbf{F}}_q)[r]=\mathcal{X}(\mathbf{F}_q)[r]\oplus\mathcal{X}(\mathbf{F}_{q^k})/r\mathcal{X}(\mathbf{F}_{q^k})$右边的第二项指定的等价类的集合是图 12-8 示例中对应的每一行。同一群结构的运算是

$$\mathcal{X}(\overline{\mathbf{F}}_q)[r]=\mathcal{X}(\mathbf{F}_q)[r]\oplus\mathcal{X}(\mathbf{F}_{q^r})[r]$$

在右边的第二项指的是等价类包含非有理 r 扭转点单周期的代表元集合。规范的代表元将在定理证明中描述。

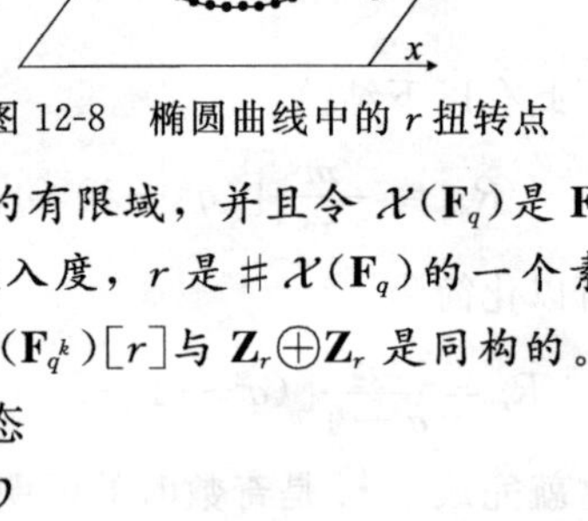

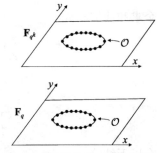

图 12-8　椭圆曲线中的 r 扭转点

定理 12.8.2(扭转结构定理)　假设 $\mathbf{F}_q$ 是一个特征为 p 的有限域，并且令 $\mathcal{X}(\mathbf{F}_q)$是 $\mathbf{F}_q$ 上的一条椭圆曲线。如果 r 和 p 是互素的，并且 k 是 r 的嵌入度，r 是$\#\mathcal{X}(\mathbf{F}_q)$的一个素
442 因子，那么 $\mathcal{X}(\overline{\mathbf{F}}_q)[r]=\mathcal{X}(\mathbf{F}_q)[r]\oplus\mathcal{X}(\mathbf{F}_{q^k})/r\mathcal{X}(\mathbf{F}_{q^k})$因此 $\mathcal{X}(\mathbf{F}_{q^k})[r]$与 $\mathbf{Z}_r \oplus \mathbf{Z}_r$ 是同构的。

证明　曲线 $\mathcal{X}(\overline{\mathbf{F}}_q)$上的每个点 P，满足 Frobenius 自同态

$$\pi_q^2(P)-[t]\pi_q(P)+[q]P=\mathcal{O}$$

$\mathcal{X}(\mathbf{F}_{q^k})[r]$中的每个点，其中 k 是嵌入度，满足这个自同态。

因为$\#\mathcal{X}(\mathbf{F}_q)=q+1-t$，由此我们可以知道，只要 r 整除$\#\mathcal{X}(\mathbf{F}_q)$，就有 $t=q+$

$1(\bmod r)$。由此可得，

$$x^2-tx+q=x^2-(q+1)x+q(\bmod r)=(x-1)(x-q)(\bmod r)$$
$$=(x-q)(x-1)(\bmod r)$$

通过这个分解，Frobenius 自同态变成

$$(\pi_q^2-[t]\pi_q+[q])P=(\pi_q-[1])(\pi_q-[q])P=(\pi_q-[1])P'=\mathcal{O}$$
$$=(\pi_q-[q])(\pi_q-[1])p=(\pi_q-[q])p''=\mathcal{O}$$

其中 $P'=(\pi_q-[q])P$ 和 $P''=(\pi_q-[1])P$

我们现在设 P 是子群 G 的任意非有理点。通过这样选择 P，点 P''不等于 $\mathcal{O}$ 并且 $\pi_q P''=[q]P''$。因为 $q^k=1(\bmod r)$，所以 $\pi_{q^k}P''=\pi_q^k P''=[q]^k P''=[q^k]P''=P''$。因此我们现在知道非有理点 P''的阶整除 q^k-1，并且我们之前知道 P''的阶整除 r^2。因此，P''的阶整除 GCD $[q^k-1,\ r^2]=r$。所以至少有一个非有理点的阶是 r。这表示 G 不同构于 $\mathbf{Z}_{r^2}$。因此 G 同构于 $\mathbf{Z}_r\oplus\mathbf{Z}_r$，证明完成。 □

在证明中阐述的 r 扭转点的两个循环$\{P\in\mathcal{X}(\overline{\mathbf{F}}_q)[r]\,|\,\pi_q(P)=[1]P\}$和$\{P\in\mathcal{X}(\overline{\mathbf{F}}_q)[r]\,|\,\pi_q(P)=[q]P\}$被称为 $\mathcal{X}(\overline{\mathbf{F}}_q)[r]$的 Frobenius 特征空间。它们经常写作

$$G_1=\mathcal{X}(\mathbf{F}_q)[r]\cap\ker(\pi_q-[1])$$
$$G_2=\mathcal{X}(\overline{\mathbf{F}}_q)[r]\cap\ker(\pi_q-[q])$$

其中核的定义是

$$\ker(\pi_q-[1])=\{P\,|\,\pi_q(P)-[1]P=\mathcal{O}\}$$
$$\ker(\pi_q-[q])=\{P\,|\,\pi_q(P)-[q]P=\mathcal{O}\}$$

对应于这些 Frobenius 特征空间的特征值是 1 和 q。这些特征值的元素是椭圆曲线的 r 扭转点的代表元。 443

推论 12.8.3 假设 r 是一个素数，且整除 $\mathcal{X}(\mathbf{F}_q)$的阶，但不整除 $q-1$ 或 q。那么 $\mathcal{X}(\mathbf{F}_{q^k})$包含所有阶数为 r 的 r^2 个点，当且仅当 r 整除 q^k-1。

证明 定理 12.8.2 表示，当 k 是整除 q^k-1 的最小整数的时候，r^2 整除 $\#\mathcal{X}(\mathbf{F}_{q^k})$。接下来是推论的证明。 □

在第 10 章中，我们讨论了由 $\mathcal{X}(\mathbf{F}_{131})$：$y^2=x^3-3x+8$ 和它的扭转 $\mathcal{X}'(\mathbf{F}_{131})$：$y^2=x^3-3x-8$ 给定的曲线。第一条曲线有 110 个点，第二条有 132 个点。这两条曲线在点加法下都是群，并且两个都有阶为 11 的子群，因为 11 既整除 110 也整除 132。那么我们关于这两条曲线上的 11 扭转点能得到些什么呢？通过定理 12.8.2 我们知道，在 $\mathcal{X}(\overline{\mathbf{F}}_{131})[11]$上有 11^2 个点，但是它们在哪儿？这些点中只有 11 个点在 $\mathcal{X}(\mathbf{F}_{131})$中。并且在 $\mathcal{X}'(\overline{\mathbf{F}}_{131})[11]$中也有 11^2 个这样的扭转点。

我们发现椭圆曲线 $\mathcal{X}(\mathbf{F}_{131^2})$：$y^2=x^3-3x+8$ 有 110×132 个点，并且 11^2 整除这个数字。不止如此，我们还能发现 $\mathcal{X}'(\mathbf{F}_{131^2})$：$y^2=x^3-3x-8$ 也有 110×132 个点。并且，131 符合 $4k+3$ 的形式，所以我们知道 $\mathbf{F}_{131^2}$ 的元素是 $a+ib$ 的形式，其中 $i=\sqrt{-1}$。因此我们可以推断，在扩张域中，$\mathcal{X}$和 $\mathcal{X}'$有某种更直接的联系，也许作为一个类似于复杂坐标曲线的实部和虚部的东西。

有限域 $\mathbf{F}_q$ 上的一个椭圆曲线的 r 扭转点包含了 $\mathbf{F}_q$ 在阶为 r 的轨道内的任意扩展中的椭圆曲线的点的集合。包括少许例外，我们发现 $\mathcal{X}(\overline{\mathbf{F}}_q)$的 r 扭转点的集合满足

$$\mathcal{X}(\overline{\mathbf{F}}_q)[r]\simeq\mathbf{Z}_r\oplus\mathbf{Z}_r$$

通过在 $\mathbf{F}_{q^k}[r]$中而不是 $\mathbf{F}_q[r]$中选择一个轨道，我们能够把这个写成

$$\mathcal{X}(\overline{\mathbf{F}}_q)[r] = \mathcal{X}(\mathbf{F}_q)[r] \oplus \mathcal{X}(\mathbf{F}_{q^k})[r]$$

一个有吸引力的标准轨道的选择是由所有满足 $\pi_q(P)=[q]P$ 的 r 扭转点构成的轨道。这个轨道的确是存在的，在 13.2 节中描述。该描述在图 12-8 中象征性地勾画了出来。当然，图中只有一个确定的 $\mathcal{O}$，其对于两个轨道都是可见的，尽管该图中显示了两次单位点。该椭圆曲线也还有许多其他没有显示的点。只有那些在两条轨道中的 r 扭转点被显示。

如果 r 是一个素数，那么由一个非零元素生成的循环群的任意非零元素也是该循环群的一个生成元。两个不同的循环子群只共享单位元。在每个循环子群中只出现它们中的
444 r^2-1个和 $r-1$ 个非单位元。因此在这种情况下，$\mathcal{X}(\mathbf{F}_q)[r]$中有 $r+1$ 个循环子群。

定理 12.8.4 假设 r 是一个整除 $\#\mathcal{X}(\mathbf{F}_q)$ 的素数，但是不整除 $q-1$ 或 q。那么 $\mathcal{X}(\mathbf{F}_{q^k})$包含扭转群 $\mathcal{X}(\mathbf{F}_q)[r]$中的 r^2 个元素，当且仅当 r 整除 $\Phi_k(q)$且对于任意小于 k 的 ℓ，r 不整除 $q^\ell-1$。

证明 设 $n=q+1-t$，并且设

$$N = q^k + 1 - \alpha^k - \beta^k = (\alpha^k - 1)(\beta^k - 1)$$

其中 $\alpha+\beta=1$ 和 $\alpha\beta=q$，r 和 n 都是整数。我们已经知道 r 整除 n，并且 r 整除 $\Phi_k(q)$。那么任务就是证明 r 也整除 N。

如第 9.9 节中讨论的，该分圆多项式 $\Phi_k(x)$ 总是可以在一个合适的素数域 $\mathbf{F}_r$ 的扩展中被分解成

$$\Phi_k(x) = \prod_{\mathrm{GCD}(\ell,k)=1} (x - \omega^\ell)$$

其中 ω 是扩张域 $\mathbf{F}_{r^\ell}$ 中阶数为 k 的一个元素，并且在域 $\mathbf{F}_{r^\ell}$ 的计算是模 r 的。因此

$$\Phi_k(q) = \prod_{\mathrm{GCD}(\ell,k)=1} (q - \omega^\ell)$$

我们知道这等于 0 模素数 r，所以右侧的因子中的一个必须等于 0 模 r。所以对于一些 ℓ，记为 ℓ'，有 $q-\omega^{\ell'}=0(\bmod r)$，所以 $q-\omega^\ell=0(\bmod r)$。特别地，现在用复数 α 和 β，我们可以写出

$$\Phi_k(\alpha)\Phi_k(\beta) = \prod_{\mathrm{GCD}(\ell,k)=1} (\alpha - \omega^\ell)(\beta - \omega^\ell)$$

两种情况可以用 $\ell=\ell'$ 结合给出

$$(\alpha - \omega^{\ell'})(\beta - \omega^{\ell'}) = \alpha\beta - (\alpha+\beta)\omega^{\ell'} + (\omega^{\ell'})^2 = q - t\omega^{\ell'} + (\omega^{\ell'})^2$$

右侧只涉及整数，可以通过模 r 化简来给出

445 $$(\alpha - \omega^{\ell'})(\beta - \omega^{\ell''}) = q^2 - tq + q(\bmod r) = q(q - t + 1) \pmod r$$

下一步是观察得出右侧是 0，因为 $q-t+1=0(\bmod r)$。最后，我们可以推出

$$N = \Phi_k(\alpha)\Phi_k(\beta)\prod \Phi_d(\alpha)\prod \Phi_d(\beta) = 0 \pmod r$$

这就完成了定理的证明。 □

现在很容易预见会发生什么。我们已经说明了对于任意素数 r，集合 $\mathcal{X}(\mathbf{F}_q)[r]$是一个阶为 r 或一个 r 的幂的平凡阿贝尔群，都有 r 整除 $\#\mathcal{X}(\mathbf{F}_q)$。因此对于任意素数 r，$\mathcal{X}(\mathbf{F}_{q^k})[r]$是一个平凡阿贝尔群且任何时候都有可以整除 $\#\mathcal{X}(\mathbf{F}_{q^k})$的阶 r。由于 k 是依次加 1 的，从 $k=1$ 开始，所有的 r 扭转点最初只在基域中。因此对于 $i=1, 2, \cdots k-1$

$$\mathcal{X}(\mathbf{F}_{q^i})[r] = \mathcal{X}(\mathbf{F}_q)[r]$$

那么当 i 等于 k 时，一个新的 r 扭转点就出现了。当然，它们本身是一个巨大的群结构的一部分，这些新的点可以在扩张域中表示。r 扭转点的初始群是这个更大的群的一个子群。所有 r 扭转点构成的群同构于 $\mathbf{Z}_r\oplus\mathbf{Z}_r$，它包含 r^2 个点。在这些点中，r 个点在 $\mathcal{X}(\mathbf{F}_q)$中，

并且其余的 r^2-r 个点在 $\mathcal{X}(\mathbf{F}_q)[r]$中，不在 $\mathcal{X}(\mathbf{F}_q)$中。

12.9 配对的结构

从抽象的角度看，有人可能认为只需要有一个双线性对关联任意两个作为源的相同素数阶 r 的群 G_1 和 G_2 和一个目标循环群 G_T。这是因为双线性特性。为了抽象地确认 $\Phi(P, Q)$，只需要当 Q 是第二个群的单位元时，确认第一个群的任意生成元在群 G_T 中的像，并且当 P 是第一个群的单位元时，确认第二个群的任意生成元在群 G_T 中的像。任何其他的对都和这个对有相似的关系，因为这三个群 G_1、G_2 和 G_T 都是素数阶的循环群，映射是 $\mathbf{Z}_r \oplus \mathbf{Z}_r \rightarrow \mathbf{Z}_r$ 的形式。然而，这种在抽象层次上的等价在结构层面或者计算层面上并不一定成立。抽象的同构将一个配对和 $\mathbf{Z}_r \oplus \mathbf{Z}_r$ 联系起来是隐藏在离散对数问题的计算难解性中。[⊖] 446
实际上，等式定义的一个双线性对可以采用其他任何形式，实现的计算结构也一样。在计算算法的定义和结构的细节中，我们可以看到配对之间的真正差异。

双线性对是一个平面上确定的一对点的函数，并且可以通过双变量有理函数来表示。为了构造一个符合我们需求的配对，我们的方法会定义一个或更多地符合双线性特性的双变量有理函数。我们会间接通过在椭圆曲线 $\mathcal{X}(\mathbf{F}_q)$上指定符合要求特性的极根和零根来指定一个合适的有理函数

$$f(x,y)=\frac{a(x,y)}{b(x,y)}$$

为此，$b(x, y)$必须可以被 $p(x, y)$整除，$p(x, y)$是定义椭圆曲线的多项式。

为了构造一个配对，我们会构造一个合适的双变量有理函数，在曲线 $\mathcal{X}(\mathbf{F}_q)$上表示为 $f(x, y)$，或者可能是两个这样的有理函数，表示为 $f(x, y)$和 $g(x, y)$。通过在曲线上指定极根和零根，有理函数 $f(x, y)$将被定义到一个未指定的乘法常数上，与 $p(x, y)$的加法倍数一样。$p(x, y)$的加法倍数是无关紧要的，因为在椭圆曲线上它等于零根。在正确的条件下分子和分母上的未指定乘法常数也许可以抵消掉，或者这些常数通过一些方法移除掉。双线性对就可以简单地写成

$$\Phi(P,P')=\frac{f(P)}{g(P')}$$

其中符号 $f(P)$表示 $f(x, y)$，其中$(x, y)=P$。

我们现在准备构造双线性对，这项任务将占据本章后面大部分内容。我们通过在这样的配对的核定义有理函数来实现它。这些有理函数会很大并且不可能实际写出来。它们只通过给出定义它们的极根和零根的规则来描述。必须依据共轭条件来指定极根和零根，以便多项式可以作为适当的域元素求值。不仅如此，定义的约数必须是主约数。否则，对于该约数来讲不存在有理函数。定理 11.6.2 在一个椭圆曲线上给出了一个约数是主约数的充分必要条件。

我们对把双线性对描述成从 $\mathcal{X}(\mathbf{F}_q)[r]\oplus\mathcal{X}(\mathbf{F}_q)[r]$到一个 $\mathbf{F}_{q^k}^*$ 中阶为 r 的轨道 μ_r 的函数 $\Phi(P, Q)$的说法比较有兴趣。然而，一些有吸引力的双线性对实际上是通过从 $\mathcal{X}(\mathbf{F}_q)[r]\oplus$ 447
$\mathcal{X}(\mathbf{F}_{q^k})[r]$到 $\mu_r\subset\mathbf{F}_{q^k}^*$ 的函数构造的，因此称为非对称双线性对。因此，一个配对的这种构造方式必须采用合适的映射 Ψ 来增强，传统上称为一个失真映射，如果这个映射存在，从 $\mathcal{X}(\mathbf{F}_q)[r]$到 $\mathcal{X}(\mathbf{F}_{q^k})[r]\setminus\mathcal{X}(\mathbf{F}_q)$。之后我们可能继续讨论从 $\mathcal{X}(\mathbf{F}_q)[r]\oplus\mathcal{X}(\mathbf{F}_q)[r]$得到

⊖ 除了这种结构的一些小例子，同构(显然)是一道受计算复杂性守护神保护的不可逾越的屏障。

的配对，即使该构造实际上给出的是从 $\mathcal{X}(\mathbf{F}_q)[r]\oplus\mathcal{X}(\mathbf{F}_{q^k})[r]$得到的配对。在这种情况下，我们就能理解为什么需要一个从基域到扩张域的失真映射 Ψ。那么配对应该写成 $\Phi(P,\ \Psi(Q))$，但是也可以非正式地写作 $\Phi(P,\ Q)$。虽然不常明确提到，但是失真映射应该理解为在需要的时候存在。

一个从 $\mathcal{X}(\mathbf{F}_q)$到 $\mathcal{X}(\mathbf{F}_{q^k})$的失真映射定义为任意使每一个 $\mathcal{X}(\mathbf{F}_q)$的非单位元的有理点的像都不在 $\mathcal{X}(\mathbf{F}_q)$中的自同态㊀。总体而言，失真映射只对于超奇异曲线来说是存在的。

举一个失真映射的例子，回忆 12.7 节中讨论的奇异曲线 $\#\mathcal{X}(\mathbf{F}_{2^m})$：$y^2+y=x^3+x+1$。在那里描述了对于任意的奇数 m 和任意的整除 $\#\mathcal{X}(\mathbf{F}_{2^m})$的素数 r，嵌入度 k 等于 4。因此，对于每一个整除 $\#\mathcal{X}(\mathbf{F}_{2^m})$的 r，所有的 r 扭转点都在 $\#\mathcal{X}(\mathbf{F}_{2^{4m}})$中。现在定义映射 $Q=\Psi(P)$，其中 $P=(x,y)$通过 $\Psi(x,\ y)=(x+\xi^2,\ y+\xi x+\eta)$，$\xi$ 和 η 是 $\mathbf{F}_{2^{4m}}\setminus\mathbf{F}_{2^m}$中任意满足 $\xi^3=1$ 和 $\eta^2+\eta=\xi^2+1$ 的非零元素。那么 Q 是 $\mathcal{X}\mathbf{F}_{2^{4m}}\setminus\mathcal{X}\mathbf{F}_{2^m}$的一个元素，这很容易验证。不止如此，很容易证明 $\Psi(P_1+P_2)=\Psi(P_1)+\Psi(P_1)$。这意味着当P是 $\#\mathcal{X}(\mathbf{F}_{q^m})$的一个 r 扭转点的时候，Q 是 $\mathcal{X}(\mathbf{F}_q)$的一个 r 扭转点。因此 $\Psi(P)$是一个失真映射。此失真映射允许一个非对称的双线性对被转换成一个对称的双线性对。

如果不存在一个失真映射，那么追踪函数可以被用在相反的方向来将扩张域中的 r 扭转点转换成基域中的 r 扭转点。这再次通过$\Phi(S,\ T)=\Phi(Tr(S),\ T)$将一个非对称的双线性对转换成一个对称的双线性对。然而这是不可取的，因为现在 S 和 T 不再是 $\mathbf{F}_q^2$ 中的点了。它们是 $\mathbf{F}_{q^k}^2$中的点，这更加复杂了。

12.10 利用双线性对的攻击

本章的主题是讨论如何使用双线性对的密码体制来得到更好的密码体制。然而，双线性对的概念首先作为密码学的主题出现并不是为了改善安全性的，而是作为攻击椭圆曲线密码体制的方法出现的。因此，在本节中我们应该转向这个方向——双线性对的攻击角
448 色。我们要研究基于双线性对的应用来攻击离散对数问题的方法。这种在一个椭圆曲线上的离散对数问题上的攻击方法要用到一个配对，比如用到 Weil 配对就被称为一个 MOV 攻击，并且类似的在一个超椭圆曲线上使用一个配对进行离散对数问题的攻击，比如使用 Weil 配对就被称为一个 Frey-Rück 攻击。

基于双线性对的攻击方法的核心思想是，通过某种方式用一个双线性对将一个椭圆曲线上的加法群中的离散对数问题映射到一个有限域中的乘法群的离散对数问题上。这种攻击的动机是有限域中的乘法群的离散对数问题的攻击方法是已知的，然而椭圆曲线上的离散对数问题的直接攻击方法是未知的。实际上，这种使用双线性对的间接攻击方法是唯一已知的椭圆曲线上的离散对数问题的攻击方法。

Weil 配对的输入是一对椭圆曲线 $\mathcal{X}(\mathbf{F}_q)$的 r 扭转点，并且输出是包含一个阶为 r 的轨道的域 $\mathbf{F}_{q^k}$的一个元素。Weil 配对可以用于将 $\mathbf{F}_q$ 中的椭圆曲线的离散对数问题转换成有限域 $\mathbf{F}_{q^k}$中的离散对数问题，其中 k 是 r 的嵌入度。因为群 $\mathbf{F}_{q^k}^*$ 上的离散对数问题的攻击是已知的，但并不是对椭圆曲线的群中的直接攻击，那么也许一个双线性对可以提供一种椭圆曲线上的离散对数问题转换为一个不同的更简单的离散对数问题。另一方面，因为嵌入度 k 不等于 1，我们可以知道 $\mathbf{F}_{q^k}$的域元素会在一个比 $\mathcal{X}(\mathbf{F}_q)$的点表示的域元素更大的算术系

㊀ 要求失真映射是一个自同态，这保证了该映射在分析与计算上是简易可行的。不认为这个限制是个重要的问题，但是它确实限定了一般性。

统中。更多数量的域元素会使得 $\mathbf{F}_{q^k}$ 中的离散对数问题比它代表的离散对数问题更加困难，这或许可以消除一种情况，即这个问题现在在一个原则上更容易受到攻击的群中。为了确保这种安全性，嵌入度应该足够大，并且这可以通过认真选择椭圆曲线来实现。

为了举例说明这些操作，选择素数：

$$p = 2^{130} + 169$$

这个素数有 40 位十进制表示

$$p = 1\,361\,129\,467\,683\,753\,853\,853\,498\,429\,727\,072\,845\,993$$

椭圆曲线用多项式模式来定义：

$$y^2 = x^3 + x + 1\,230\,929\,586\,093\,851\,880\,935\,564\,157\,041\,535\,079\,194$$

并且有基数：

$$r = \#\mathcal{X}(\mathbf{F}_p) = 1\,361\,129\,467\,683\,753\,853\,846\,060\,531\,160\,085\,896\,483$$ 449

这是一个素数。注意到只有 r 的最后 20 位数与 p 的 40 位数不同，这是由 Hasse-Weil 界限约束的。嵌入度是使得 r 整除 p^k-1 成立的最小整数 k。$\mathbf{F}_{q^k}$ 的元素是 40 位整数的 k 元组，并且在 $\mathbf{F}_{q^k}^*$ 中，有一个阶为 r 的循环子群。

第二个关于 MOV 攻击的例子，我们考虑在域 $\mathbf{F}_{2^{173}}$ 上的多项式

$$y^2 + y = x^3 + x$$

这个椭圆曲线的阶是

$$\#\mathcal{X}(\mathbf{F}_{2^{173}}) = 5 \times 13\,625\,405\,977 \times r$$

其中 r 是一个 42 位素数。这个曲线的嵌入度是 4。因此一个 MOV 攻击会用到一个双线性对来将 $\mathcal{X}(\mathbf{F}_{2^{173}})[r]$ 映射到 $\mathbf{F}_{(2^{173})^4}$，然后来解决离散对数问题。一种在这个曲线上使用 MOV 攻击离散对数问题的分析推断它需要在 $\mathbf{F}_{2^{692}}$ 上的 1.4×10^{18} 次运算，该域是一个 692 位整数构成的域。这会是一个艰巨的计算任务，尽管其不是难解性问题。

为了对抗 MOV 攻击，有人使用嵌入度很大的椭圆曲线。通过这种方式，可以通过迫使攻击者进入相同阶的离散对数问题来消除这种攻击潜在的脆弱性，但是这是在一个有限域 $\mathbf{F}_{q^k}$ 中。除非曲线是粗心大意选取的，否则 MOV 攻击和 Frey-Rück 攻击都不被看成具有威胁的攻击。不止如此，如果嵌入度很大，配对本身的计算就可能是困难的。特别地，因为一个超奇异曲线的嵌入度很小，由于 MOV 攻击的感知脆弱性，一个超奇异椭圆曲线可能避免攻击。我们知道 $\mathbf{F}_{q^k}$ 上的超奇异椭圆曲线是一个 Frobenius 轨迹 t 可以被域的特征 p 整除的椭圆曲线。特别地，对于素数域 $\mathbf{F}_q$ 上的椭圆曲线，一个超奇异椭圆曲线的轨迹是 0。一个基于超奇异椭圆曲线的密码体制对于 MOV 攻击可能是脆弱的，因为超奇异椭圆曲线的嵌入度很小。确切地讲，一个超奇异椭圆曲线的嵌入度 k 不大于 6，如果 p 是素数，那么嵌入度就是 2。这提出了一个问题，即对于 k 最多是 6 的 $\mathbf{F}_{q^k}$ 上的离散对数问题是否比阶为 q 的椭圆曲线的群上的离散对数问题更简单。与其回答这个困难问题，人们宁愿只是简单地避免在密码学中用到超奇异椭圆曲线，更倾向于使用一条嵌入度大于 6 的曲线。然而，这种忧虑可以通过对一个特定选择的椭圆曲线进行更深层的分析来消除。

为了找到 $\mathbf{F}_p$ 上的一个超奇异曲线的嵌入度，其中 p 是 2 或 3 以外的一个素数，我们注意到 $\#\mathcal{X}(\mathbf{F}_p)=p+1$。但是 p^2-1 可以被 $p+1$ 整除，因此可以被 $p+1$ 的因子整除。所以，我们想要讨论的椭圆曲线是在扩张域 $\mathbf{F}_{p^2}$ 中的椭圆曲线 $\mathcal{X}(\mathbf{F}_{p^2})$。假设 p 是一个符合 450
$4k+3$的素数。因为 -1 是一个非平方数，当 p 有 $4k+3$ 的形式的时候，我们可以把域元素写作 $a+ib$，其中 $i^2=-1$，且 a 和 b 是 $\mathbf{F}_p$ 的元素。通过自然映射$(x, y)\rightarrow(x, y)$，平面 $\mathbf{F}_p^2$ 可以映射到 $\mathbf{F}_{p^2}^2$ 上，其简单地将 $\mathcal{X}(\mathbf{F}_p)$映射到 $\mathcal{X}(\mathbf{F}_{p^2})$上。平面 $\mathbf{F}_p^2$ 也可以通过映射

$(x,\ y)\rightarrow(x,\ \mathrm{i}y)$映射到 $\mathbf{F}_{p^2}^2$ 上。但是如果$(x,\ y)\in\mathbf{F}_p$，我们通过下式来证明$(-x,\ \mathrm{i}y)\in\mathbf{F}_{p^2}$。

$$(\mathrm{i}y)^2=(-x)^3+a(-x)$$

这个可以化简为

$$y^2=x^3+ax$$

因此在这种情况中，椭圆曲线 $\mathcal{X}(\mathbf{F}_{p^2})$的副本出现在一个更大的平面 $\mathbf{F}_{p^2}^2$ 中。

12.11 Tate 配对

Tate 配对 $\Phi(P,\ Q)$是一个从 $\mathcal{X}(\mathbf{F}_q)[r]\oplus\mathcal{X}(\mathbf{F}_{q^k})/r\mathcal{X}(\mathbf{F}_{q^k})$到 $\mathbf{F}_{q^k}^*/(\mathbf{F}_{q^k}^*)^r$ 的非对称双线性对，其中的 r，不是 r^2，是 $\#\mathcal{X}(\mathbf{F}_q)$的一个因子。这些集合的定义将在后面详细阐述。可以依据这些集合的规范描述更加准确地将 Tate 配对描述为一个从 $\mathcal{X}(\mathbf{F}_q)[r]\oplus\mathcal{X}(\mathbf{F}_{q^m})[r]$到 $\mu^r\subset\mathbf{F}_{q^k}^*$ 的配对。Tate 配对比起过去的 Weil 配对的计算更加简单，这会在第 12.13节中讨论。Tate 配对可以通过 Miller 算法来估计结果，这会在 12.12 节中阐述。

$\mathbf{F}_q$ 上的一个椭圆曲线也可以看成在 $\mathbf{F}_q$ 的任意扩张域上的椭圆曲线。那么对于每个 m，都有一个椭圆曲线⊖ $\mathcal{X}(\mathbf{F}_{q^m})$。这个较大的曲线本身是一个符合点加法的阿贝尔群，并且该曲线的任意子群的阶 r 都一定整除 $\#\mathcal{X}(\mathbf{F}_{q^m})$。如果有人对每个 m 的值计算 $\mathcal{X}(\mathbf{F}_{q^m})[r]$的子群结构，那么会在额外的 r 扭转点处找到第一个 m 的值。这个值，表示为 k，是对应 r 的嵌入度。嵌入度 k 取决于椭圆曲线的循环子群 $\mathcal{X}(\mathbf{F}_q)[r]$的阶 r。不同的循环子群有不同的嵌入度。

Tate 配对可以更加简洁地描述为从 $G_1\times G_2$ 到 G_{T} 的一个双线性对，并且有 $G_1=\mathcal{X}(\mathbf{F}_q)[r]$，$G_2=\mathcal{X}(\mathbf{F}_{q^k})/r\mathcal{X}(\mathbf{F}_{q^k})$以及 $G_{\mathrm{T}}=\mathbf{F}_{q^k}^*/(\mathbf{F}_{q^k}^*)^r$。为了更加详细地描述这个商群 $G_{\mathrm{T}}=\mathbf{F}_{q^k}^*/(\mathbf{F}_{q^k}^*)^r$，设 β 和 γ 分别是 $\mathbf{F}_{q^k}^*$ 中阶为 r 和$(q^k-1)/r$ 的元素。因为 r 和$(q^k-1)/r$ 是互素的，我们可以写出

451 $$\mathbf{F}_{q^k}^*=\{(\beta^{\ell'}\gamma^{\ell''}\mid 0\leqslant\ell'<r;0\leqslant\ell''<(q^k-1)/r)\}$$

第 ℓ'个等价类，其包含了元素 $\beta^{\ell'}$，是$\{(\beta^{\ell'}\gamma^{\ell''})\mid 0\leqslant\ell''<(q^k-1)/r\}$。那么 $\mathbf{F}_{q^k}^*/(\mathbf{F}_{q^k}^*)^r$ 是这样的等价类的集合：

$$\mathbf{F}_{q^k}^*/(\mathbf{F}_{q^k}^*)^r=\{\{(\beta^{\ell'}\lambda^{\ell''})\mid 0\leqslant\ell''<(q^k-1)/r\}\mid 0\leqslant\ell'<r\}$$

这个集合的集合可以采用一个阶数为 r 的循环群来表示，记为 μ_r，由那些满足 $\ell''=0$ 的元素构成。这些是配对的值域 G_{T} 的规范代表元。它们包含了轨道 μ_r，μ_r 可由 μ_r 中一个阶数为 r 的元素 β 来生成。

Tate 配对将根据 Miller 函数来定义。椭圆曲线 $\mathcal{X}(\mathbf{F}_q)$的点 P 的一个 Miller 函数是一个二元有理函数 $f_{i,p}(x,\ y)$，其在曲线的点 P 处有多重零根 i，并且在点$[i]P$ 处有多重极根 1。因此，对于每个 P，Miller 函数 $f_{i,p}(x,\ y)$是通过它的约数定义的

$$\mathrm{div}(f_{i,P})=i(P)-([i]P)-(i-1)(\mathcal{O})$$

这个约数满足定理 11.6.2 的条件，所以这个约数是一个主约数。因此 Miller 函数就被定义好了。在 $i=r$ 的特殊情况下，其中 r 是点 P 的阶，我们有$[r]P=\mathcal{O}$，那么 Miller 函数的约数可以更加简洁地写作

$$\mathrm{div}(f_{r,P})=r(P)-r(\mathcal{O})$$

⊖ 更一般地，人们可能会说在 $\mathbf{F}_q$ 的代数闭包 $\overline{\mathbf{F}}_q$ 上有一条椭圆曲线，其中 $\overline{\mathbf{F}}_q=\bigcup_{i=1}^{\infty}\mathbf{F}_{q^i}$，而 $\mathcal{X}(\overline{\mathbf{F}}_q)$与 $\mathbf{F}_q$ 的每个扩张域都有交点。

尽管它也可以写成一般的形式。

对于任意点 $P\in\mathcal{X}(\mathbf{F}_q)[r]$ 和任意点 $Q\in\mathcal{X}(\mathbf{F}_{q^k})/r\mathcal{X}(\mathbf{F}_{q^k}^*)$，Tate 配对是一个表示为 $f_{r,P}(Q)$ 的双线性对。当提高到 $(q^k-1)/r$ 次幂的时候，一个等价类的所有元素都有同样的值。为了我们的目的，Tate 配对定义为

$$\Phi(P,Q)=f_{r,P}\ (Q)^{(q^k-1)/r}\in\mu_r$$

其中 $f_{r,p}(Q)$ 是之前定义的 Miller 函数。如我们所写的，这有时候被称为简化 Tate 配对，以此让我们注意到补充指数。补充指数的目的是为了保证如果 $\Phi(P,\ Q)$ 是非零的，那么它就是 $\mathbf{F}_{q^k}^*$ 中一个阶数为 r 的规范代表元。这是因为函数 $f_{r,p}(x,\ y)$ 只依据一个乘法常数定义。这个常数是 $\mathbf{F}_{q^k}^*$ 的任意非零元素，但可能不在想要的阶为 r 的子群中。

Tate 配对的输入是一对 r 扭转点。我们只处理素数 r。点 P 来自于循环群 $\mathcal{X}(\mathbf{F}_q)[r]$，并且点 Q 来自于 $\mathcal{X}(\mathbf{F}_{q^k})[r]$ 中除去 $\mathcal{X}(\mathbf{F}_q)[r]$ 的一个循环子群。对于这些点，可以从 Frobenius 特征空间选出标准代表。Tate 配对的输出是扩张域 $\mathbf{F}_{q^k}$ 中阶为 r 的周期中的一个元素，其 452
中整数 k 是 r 的嵌入度。因为 r 整除 q^k-1，那么 $\mathbf{F}_{q^k}^*$ 就有阶为 r 的循环子群表示为 μ_r。这个循环子群并不在基域 $\mathbf{F}_q^*$ 中。

还需要证明 Tate 配对是一个双线性对，并且提供一种计算方法。第一个任务占据了本节余下的内容。第二个任务在下节中阐述。

Tate 配对的研究是基于下面的三个约数的表达式：

$$\begin{aligned}\operatorname{div}(f_{i,P})&=i(P)-([i]P)-(n-1)(\mathcal{O})\\ \operatorname{div}(v_{P,R})&=(P)+(R)+([-1](P+R))-3(\mathcal{O})\\ \operatorname{div}(v_{P,\mathcal{O}})&=(P)+([-1]P)-2(\mathcal{O})\end{aligned}$$

第一个约数是我们找的函数的约数。第二个约数是穿过三个点 P、Q 和 R 且满足 $P+Q+R=\mathcal{O}$ 的直线的约数。如果 $P=R$，这条直线是与曲线相切于点 P 并且穿过点 $[2]P$ 的直线。第三个约数是穿过点 P、$-P$ 和 $\mathcal{O}$ 的直线的约数。

设 n 等于 1，第一个约数立刻化简为平凡约数 $\operatorname{div}(f_{1,P})=0$，其对应于一个没有极根或零根的函数。这个函数是一个常数，我们会取这个函数是 $f_{1,P}(x,\ y)=1$。

设 n 等于 2 给出约数

$$\operatorname{div}(f_{2,P})=2(P)-([2]P)-(\mathcal{O})$$

因为 $2(P)=(P)+(P)$ 和 $[2]P=P+P$，其可以被写成⊖

$$\begin{aligned}\operatorname{div}(f_{2,P})&=(P)+(P)-([2]P)-(\mathcal{O})\\ &=((P)+(P)+([-1](P+P))-3\mathcal{O})-([2]P+[-2](P)+[-2](\mathcal{O}))\\ &=\operatorname{div}(v_{P,P})-\operatorname{div}(v_{[2]P,\mathcal{O}})\end{aligned}$$

这推出函数

$$f_{2,P}(x,y)=\frac{v_{P,P}(x,y)}{v_{[2]P,\mathcal{O}}(x,y)}$$

其中 $P=(x_P,\ y_P)$，$[2]P=(x_{[2]P},\ y_{[2]P})$ 并且 m_P 是曲 $\mathcal{X}(\mathbf{F}_q)$ 在点 P 处的斜率。因此，这个约数确定了函数

$$f_{2,P}(x,y)=\frac{(y-y_P)+m_P(x-x_P)}{x-x_{[2]P}}$$

⊖ 因为此处符号＋有两种不同的含义，所以其含义需要通过括号来传达。这样，$(P)+(Q)$ 是一个约数加法，而 $P+Q$ 是一个点的加法。进一步，$(2)P$ 是一个约数，而 $[2]P$ 是一个点的倍乘。这样就有 $(P)+(P)=(2)P$，而 $P+P=[2]P$。

453 其中分子是一条穿过点(x_P, y_P)的斜率 m_P 的直线方程，并且分母是穿过点 x_P 的垂线的方程。接着我们可以得到

$$\begin{aligned}\operatorname{div}(f_{3,P}) &= 3(P)-([3]P)-2(\mathcal{O})((P)+([2]P)+([-1](P+2P))-4(\mathcal{O}))\\ &\quad -([3]P)+([-3]P)-2(\mathcal{O}) = \operatorname{div}(v_{P,[2]P})-\operatorname{div}(v_{[3]P,\mathcal{O}})\end{aligned}$$

因此

$$\begin{aligned}f_{3,P}(x,y) &= f_{2,P}(x,y)\frac{v_{P,[2]P}(x,y)}{v_{[3]P,\mathcal{O}}(x,y)}\\ &= \left(\frac{(y-y_P)+m_P(x-x_P)}{x-x_{[2]P}}\right)\left(\frac{(y-y_{[2]P})+m_{[2]P}(x-x_{[2]P})}{x-x_{[3]P}}\right)\end{aligned}$$

继续通过这种方法，一般情况是函数

$$f_{r,P}(x,y)=\prod_{\ell=1}^{r}\frac{(y-y_{[\ell]P})+m_{[\ell]P}(x-x_{[\ell]P})}{x-x_{([\ell+1])P}}$$

因为该产物是在该循环的每个周期中，并且分母取每个 ℓ 的值，这个可以重写成

$$f_{r,P}(x,y)=\prod_{\ell=1}^{r}\frac{(y-y_{[\ell]P})+m_{[\ell]P}(x-x_{[\ell]P})}{x-x_{[\ell]P}}=\prod_{\ell=1}^{r}\left(\frac{y-y_{[\ell]P}}{x-x_{[\ell]P}}+\frac{y_P-y_{[\ell]P}}{x_P-x_{[\ell]P}}\right)$$

然后

$$f_{r,P}(Q)=\prod_{\ell=1}^{R}\left(\frac{y_Q-y_{[\ell]P}}{x_Q-x_{[\ell]P}}+\frac{y_P-y_{[\ell]P}}{x_P-x_{[\ell]P}}\right)$$

并且

$$\Phi(P,Q)=f_{r,P}(Q)^{(q^k-1)/r}$$

函数 $f_{r,P}(x, y)$有等于 r 的阶 x。在实际应用中，因为 r 可能是一个超过 50 位的整数，我们不想明确地得到 $f_{r,P}(x, y)$，当然即使该函数通过椭圆曲线方程化简也不可能做到这一点。相反地，我们只在一个具体的点 Q 处研究 $f_{r,P}(Q)$，在这里我们可以发现不需要明确计算函数 $f_{r,P}(x, y)$也可以计算 $f_{r,P}(Q)$。函数 $f_{r,P}(x, y)$在一个计算 $f_{r,P}(Q)$的算法中是隐含的。

用这种方式写出的是一个 r 个条件的简单的情况，Tate 配对当有一个很大的 r 值的时候似乎是一个很麻烦的计算。然而，它是一个可倍增算法计算的形式。在这方面的应用
454 中，著名的加倍算法是 Miller 算法，将会在下节中进行描述。实际上，MOV 攻击可以看成一个椭圆曲线上的离散对数问题变形为该曲线上的一个倍增算法，从而将问题转换成一个离散对数问题更简单的域上的问题。

定理 12.11.1 Tate 配对是一个双线性对。

证明 为了证明这个定理，我们必须证明 $\Phi([a]P, Q)=\Phi(P, Q)^a$ 和 $\Phi(P, [b]Q)=\Phi(P, Q)^b$，我们通过初等计算对这两个表述分两步进行证明。

步骤 1 为了证明 $\Phi([a]P,Q)=\Phi(P,Q)^a$，我们会证明 $f_{r,P}(x,y)^a=g(x,y)^r f_{r,[a]P}(x,y)$，其中 $g(x, y)$是一个不确定的有理函数。然后推出$[g(Q)^r]^{(q^k-1)/r}=1$。因此$[f_{r,P}(Q)^a]^{(q^k-1)/r}=f_{r,aP}(Q)^{(q^k-1)/r}$。为此，写出下述的约数

$$\operatorname{div}(f_{r,P}(x,y))=r(P)-r(\mathcal{O})$$
$$\operatorname{div}([f_{r,P}(x,y)]^a)=ar(P)-ar(\mathcal{O})$$

和

$$\operatorname{div}(f_{r,[a]P}(x,y))=r([a]P)-r(\mathcal{O})$$

因此

$$\mathrm{div}\left(\frac{[f_{r,P}(x,y)]^a}{f_{r,[a]P}(x,y)}\right)=ar(P)-r([a]P)-r(a-1)(\mathcal{O})=r\{a(P)-[a]P-(a-1)(\mathcal{O})\}$$

这意味着，除了一个乘法常数，函数$[f_{r,P}(x,\ y)]^a/f_{r,aP}(x,\ y)$是一个 r 次幂的有理函数，我们定义为 $g(x,\ y)^r$。因此当乘法常数等于 1 时，$f_{r,[a]P}(x,\ y)=[f_{r,P}(x,\ y)]^a$。因为 $g(Q)$是 $\mathbf{F}_{q^k}$ 的一个元素，$[g(Q)^r]^{(q^k-1)/r}=1$ 并且 $f_{r,[a]P}(x,\ y)=[f_{r,P}(x,\ y)]^a$，正如需要证明的。

步骤 2 为了证明 $\Phi(P,\ [b]Q)=\Phi(P,\ Q)^b$，我们已经知道 $f_{r,P}(Q)$可以被写作

$$f_{r,P}(Q)=\prod_{\ell=1}^{r}\left(\frac{y_Q-y_{[\ell]P}}{x_Q-x_{[\ell]P}}+\frac{y_P-y_{[\ell]P}}{x_P-x_{[\ell]P}}\right)$$

因此，为了集中在 Q 上，暂时定义函数 455

$$g_{r,P,Q}(x,y)=\prod_{\ell=1}^{r}\left(\frac{y_Q-y_{[\ell]P}}{x_Q-x_{[\ell]P}}+\frac{y-y_{[\ell]P}}{x-x_{[\ell]P}}\right)$$

那么 $f_{r,P}(Q)=g_{r,P,Q}(P)$。通过确定穿过点 Q 和$[\ell]P$ 的直线的方程，这个可以被写成

$$g_{r,P,Q}(x,y)=\prod_{\ell=1}^{r}\left(\frac{(y-y_{[\ell]P})+m_{Q,[\ell]P}(x-x_{[\ell]P})}{x-x_{[\ell]P}}\right)=\prod_{\ell=1}^{r}\left(\frac{v_{Q,[\ell]P}(x,y)}{v_{[\ell]P,Q}(x,y)}\right)$$

$g_{r,P,Q}(x,\ y)$的每个因子的分子是穿过 Q 和$[\ell]P$ 的直线的方程。第 ℓ 个因子的分子有约数

$$\mathrm{div}(v_{Q,[\ell]P}(x,y))=((Q)+([\ell]P)+([-1](Q+[\ell]P))-3(\mathcal{O})$$

$g_{r,P,Q}(x,\ y)$的每个因子的分母是穿过$[\ell]P$ 和$[-\ell]P$ 的直线的方程，并且有约数$([\ell]P)+([-\ell]P)-2(\mathcal{O})$。因此

$$\begin{aligned}\mathrm{div}(g_{r,P,Q}(x,y))&=\sum_{\ell=1}^{r}\{(Q)+([\ell]P)+([-1](Q+[\ell]P))-(([\ell]P)+([-\ell]P)-(\mathcal{O}))\}\\&=\sum_{\ell=1}^{r}\{(Q)-([-\ell]P)+([-1])(Q+[\ell]P))+(\mathcal{O})\}\end{aligned}$$

所以 $g^a_{r,P,Q}(x,\ y)/g_{r,P,[a]Q}(x,\ y)$，伴随着$(x,\ y)$被符号抑制，有约数

$$\begin{aligned}\mathrm{div}\,\frac{(g_{r,P,Q})^a}{g_{r,P,[a]Q}}&=\mathrm{div}(g_{r,P,Q})a-\mathrm{div}(g_{r,P,aQ})=\sum_{\ell=1}^{r}\{a[Q]-a[-\ell P]+a[-(Q+\ell P)]\\&\quad-[aQ]+[\ell P]-[-(aQ+\ell P)]-(a-1)(\mathcal{O})\}=r(a[Q]-[aQ])\\&\quad+\sum_{\ell=1}^{r}\{a[\ell P]-[a\ell P]+a[-(Q+\ell P)]-[-a(Q+\ell P)]-(a-1)\mathcal{O})\}\end{aligned}$$

这就意味着，依据一个可以取 1 的乘法常数，商$(g_{r,P,Q})^a/g_{r,P,[a]Q}$是一个有理函数，我们说 $g(x,\ y)$，提升为 r 次幂。因为$[g(Q)^r]^{(q^k-1)/r}=1$，这证明了 $f_{r,P,[a]Q}(x,\ y)=[f_{r,P,Q}(x,\ y)]^a$，如我们所要证明的一样。 □

该证明使我们清楚了函数 $f_{r,aP}(x,\ y)$在计算过程中必须注意适当的标准化。Tate 配对的描述也让我们清楚 $\Phi(P,\ Q)$这样的 Tate 配对，如果对于任意非零的 ℓ 值，$Q=[\ell]P$ 456
是没有定义的。这也是为什么 P 和 Q 必须选自不同的 r 扭转点的循环子集。

推论 12.11.2 Tate 配对具有下列性质

(i) $\Phi(P_1+P_2,\ Q)=\Phi(P_1,\ Q)\Phi(P_2,\ Q)$

(ii) $\Phi(P,\ Q_1+Q_2)=\Phi(P,\ Q_1)\Phi(P,\ Q_2)$

证明 对于一些 P，可以写成 $P_1=[a]P$ 和 $P_2=[b]P$。那么特性(i)如是。特性(ii)通过相似的过程证明。 □

12.12 Miller 算法

Miller 算法是一种在点 P 处有效计算特定二元函数的算法。它对于基于配对的密码体制来讲是必不可少的。该算法是根据一个称为 Miller 函数的有理函数构造的。一个 Miller 函数，表示为 $f_{n,P}$，是一个椭圆曲线上有着下述形式的约数的任意有理函数

$$\operatorname{div}(f_{n,P}) = n(P) - ([n]P) - (n-1)(\mathcal{O})$$

其中 n 是一个正整数，P 是椭圆曲线的一个点，并且 $[n]P$ 也是椭圆曲线的一个点。有这样的约数的一个有理函数 $f_{n,P}(x, y)$ 在曲线的点 P 处有一个阶为 n 的零根，在曲线的点 $[n]P$ 处有一个阶为 1 的极根，在点 $\mathcal{O}$ 处有一个阶为 $(n-1)$ 的极根。显然这个约数满足定理 11.6.2 的条件，所以这样的有理函数一定是存在的。函数 $f_{n,P}(x, y)$ 通过它的约数，依据一个乘法常数唯一确定。显然对于一个大整数 n，我们不希望看到函数 $f_{n,P}(x, y)$，因为它会有很大的嵌入度。我们只想要得到一种对于任意指定的点 Q 估算 $f_{n,P}(Q)$ 的方法。所以我们必须在点 Q 处估算 $f_{n,P}(x, y)$，并不实际去计算函数本身。

Miller 算法是一种在一个点 Q 处估算有理函数 $f_{n,P}(x, y)$ 的递归算法。它将有理函数表示成递归的约数。特别地，它将约数 $(f_{m+n,P})$ 与约数 $(f_{n,P})$ 以及 $(f_{m,P})$ 联系起来，像计算平面上约数的直线一样。直线对应一次多项式。在定义了这个约数的递归之后，它就变成了函数本身的递归，或者是在一点处函数估值的递归。

为了理解 Miller 算法，进行以下观察。Miller 函数 $f_{m+n,P}$ 的约数是

457

$$\operatorname{div}(f_{m+n,P}) = (m+n)(P) - ([m+n]P) - (m+n-1)(\mathcal{O})$$

那么如果有人将函数 $f_{m,P}(x, y)$ 和 $f_{n,P}(x, y)$ 相乘，那么它们的约数相加，因为乘积有两者的极根和零根，也可能抵消。也就是

$$\begin{aligned}\operatorname{div}(f_{m,P}f_{n,P}) &= m(P) - ([m]P) - (m-1)(\mathcal{O}) + n(P) - ([n]P) - (n-1)(\mathcal{O}) \\ &= ([m+n]P) - m(P) - n(P) - (m+n-2)(\mathcal{O})\end{aligned}$$

这显然不是函数 $f_{m+n,P}$ 的约数。它在点 $[m]P$ 和 $[n]P$ 有剩余极根，在点 $\mathcal{O}$ 处有一个剩余零根，并且在点 $[m+n]P$ 处缺少了一个极根。然而，我们可以推断想要得到的约数应该满足

$$f_{m+n,P}(x,y) = f_{m,P}(x,y)f_{n,P}(x,y)g_P(x,y)$$

其中 $g_P(x, y)$ 是一个有理函数，有待构造，在 $[m]P$ 和 $[n]P$ 处有零根，并且在 $[m+n]P$ 和 $\mathcal{O}$ 处有极根。

从计算的角度来看，这个等式可以让我们写出点 Q 处的估值

$$f_{m+n,P}(Q) = f_{m,P}(Q)f_{n,P}(Q)g_P(Q)$$

这个等式是估值算法发展的基础。它可以通过各种方式递归地估算 $f_{n,P}(Q)$，即使 n 是一个很大的整数的时候。

为了构造函数 $g_P(x, y)$，我们会利用平面上直线的约数。直线 $\ell_{U,V}$ 穿过点 U 和 V 也穿过点 W，其中 $W = -(U+V)$，并且有约数

$$\operatorname{div}(\ell_{U,V}) = U + V + (-(U+V)) - 3\mathcal{O}$$

这是一个有三个零根的有理函数的约数；一个零根在点 U，一个零根在点 V，一个零根在点 $-(U+V)$。它满足定理 11.6.2 的要求，所以的确存在这样的一个有理函数，即我们开始用的直线。相似地，穿过点 P 的垂线 v_P 有约数

$$\operatorname{div}(v_P) = P + (-P) - 2\mathcal{O}$$

这些约数每个都定义了一个对应于一个标量乘法器的有理函数。

因此，基于 Miller 化简的 Miller 算法包含在下式中

$$f_{m+n,P}(x,y)=f_{m,P}(x,y)f_{n,P}(x,y)\frac{\ell_{mP,nP}(x,y)}{v_{(m+n)P}(x,y)}$$

其可以简化为

$$f_{m+n,P}=f_{m,P}f_{n,P}\frac{\ell_{mP,nP}}{v_{(m+n)P}}$$ 458

其中 $f_{s,P}(x, y)$简化为 $f_{s,P}$，并且 $\ell_{[m]P,[n]P}$是穿过$[m]P$ 和$[n]P$ 的直线的表示。如果$[m]P=[n]P$，那么它就是切线。最后 $v_{(m+n)P}$是穿过$(m+n)P$ 的垂线。

对于 $n+1$，Miller 简化式可以写成

$$f_{n+1,P}=f_{n,P}\frac{\ell_{P,nP}}{v_{(n+1)P}}$$

这是通过设 m 为 1 实现的。

对于 $2n$，Miller 简化式通过设 $m=n$ 可以写成

$$f_{2n,P}=f_{n,P}f_{n,P}\frac{\ell_{nP,nP}}{v_{(2n)P}}$$

通过这种方式，$f_{2^\ell,P}$可以表示为一个 2 的 N 次幂的递归，其中 $N=\lceil\log_2 n\rceil$。这个双倍公式给出了先通过 N 计算的实用方法，即使 n 非常大。那么当 n 用二进制符号表示为 $n=\sum_{\ell=0}^{N}n_i 2^\ell$，表达式 $f_{2^\ell,P}$对应 $n_\ell=1$ 的位通过 Miller 简化式结合来得到想要的 $f_{n,P}$。

既然背景定理现在成立了，就应该通过阐述下面的定理来总结主要要点。

定理 12.12.1 Miller 约简

$$f_{m+n,P}(Q)=f_{m,P}(Q)f_{n,P}(Q)\frac{\ell_{mP,nP}(Q)}{v_{(m+n)P}(Q)}$$

计算一个函数在 Q 处的取值，函数的约数具有以下形式

$$\mathrm{div}(f_{m+n,P})=[m+n]P-(m+n)P-(m+n-1)\mathcal{O}$$

它对应了一个 Miller 函数。

证明 右侧的函数的约数会被看成一个添加新的极根和零根的过程的结果，并丢弃旧的极根和零根

$$\begin{aligned}\mathrm{div}(f_{m+n,P})&=[m+n]P-(m+n)P-(m+n-1)\mathcal{O}\\&=[m]P-mP-(m-1)\mathcal{O}+[n]P-nP-(n-1)\mathcal{O}\\&\quad+mP+nP-(m+n)P-3\mathcal{O}-(m+n)P+(m+n)P+2\mathcal{O}\\&=\mathrm{div}(f_{m,P})+\mathrm{div}(f_{n,P})+\mathrm{div}(\ell_{[m]P,[n]P})-\mathrm{div}(v_{[m+n]P})\end{aligned}$$

用对应的函数替换约数完成本定理的证明。 □ 459

为了在点 Q 处对于非负整数 s 估算有理函数 $f_{s,P}(x, y)$，我们可以用图 12-9 中展示的 Miller 算法。Miller 算法通过递归加倍来计算一个 Miller 函数，其次结合倍增的子集。首先利用定理 12.12.1 来计算 $f_{2^\ell,P}(Q)$，其中 $\ell=1, 2, \cdots, [\log_2 s]$。然后，随着 s 的二进制扩展

$$s=\sum_{\ell}s_\ell 2^\ell$$

重复使用 Miller 化简来结合 $s_\ell=1$ 的所有情况，以此来计算 $f_{s,P}(Q)$。这要求使用不超过 $2[\log_2 s]$次 Miller 化简。

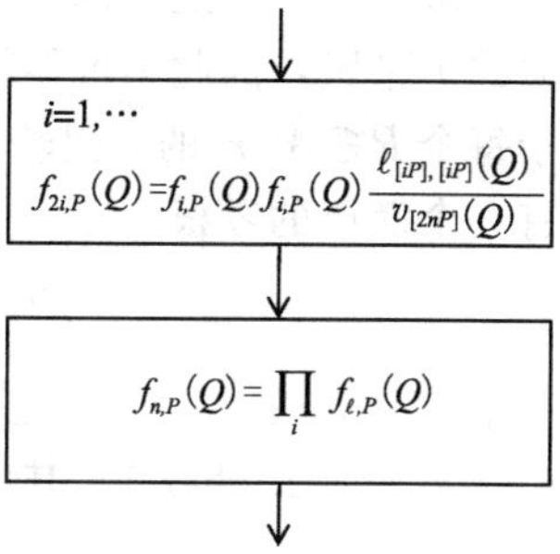

图 12-9 Miller 算法

12.13 Weil 配对

Weil 配对是一种对称双线性配对，其早于 Tate 配对，并且显然在实际应用中，它不如 Tate 配对。Weil 配对在密码学中是第二重要的计算算法。同时，在理论发展中它也扮演了重要的角色。Weil 配对的阐述和结构被认为更加抽象。在 Tate 配对中的最后求幂运算并不适用于 Weil 配对。为了消除未知的乘法常数，使用稍微不同的约数计算 Miller 算法两次并且计算两者的比率来消除未知常数。我们只对 Weil 配对进行简单的介绍。

Weil 配对是一个从 $\mathcal{X}(\mathbf{F}_q)[r]\oplus\mathcal{X}(\mathbf{F}_q)[r]$到扩张域 $\mathbf{F}_{q^k}$ 上的一个 r 扭转点的轨道 μ_r 的
460 双线性映射，其中 k 是曲线 $\mathcal{X}(\mathbf{F}_q)$的 r 扭转点的嵌入度。我们只考虑素数 r 的 r 扭转点。本节给出传统的 Weil 配对的形式，但是其是技术层面上的概念并不适用于计算。可以制定另一种计算形式[⊖]，但是这里没有给出。

我们知道一个椭圆曲线 $\mathcal{X}(\mathbf{F}_q)$的 r 扭转点被定义为任意的点 P，其中$[r]P=\mathcal{O}$。r 扭转点的集合表示为

$$\mathcal{X}[r]=\{P\in\mathcal{X}(\overline{\mathbf{F}}_q)\,|\,[r]P=\mathcal{O}\}$$

集合 $\mathcal{X}(\mathbf{F}_q)[r]=\mathcal{X}[r]$由所有 $\mathcal{X}(\mathbf{F}_q)$的 r 阶点构成，所有的阶整除 r 的点，含有单位元 $\mathcal{O}$。再回忆 $\mathcal{X}$的一个主约数是在 $\mathcal{X}(\mathbf{F}_q)$上存在一个有理函数的约数。

$\mathcal{X}(\mathbf{F}_q)$的任意 r 扭转点位于一个阶为 r 的轨道中。在 $\mathbf{F}_{q^k}^*$ 中也有一个阶为 r 的轨道，其中 k 是嵌入度。因为 r 是一个素数，除了 $\mathcal{O}$的任意元素 $P\in\mathcal{X}(\mathbf{F}_q)[r]$生成一个 $\mathcal{X}(\mathbf{F}_q)$内阶为 r 的轨道，并且 $\mathbf{F}_{q^k}$ 的任意阶为 r 的元素 β 生成一个 $\mathbf{F}_{q^k}^*$ 内的阶为 r 的轨道。因此有从一个轨道到另一个轨道的映射，将 P 映射到 β 以及将$[\ell]P$ 映射到 β^ℓ。当然，因为当给定$[\ell]P$ 时，找到 ℓ 是难解的，那么通过首先找到 ℓ 来将$[\ell]P$ 映射到 β^ℓ 也是难解的。沿着这种思路，如果$[\ell]P$ 和$[\ell']P'$是阶为 r 的两个轨道上的两个点，那么点对($[\ell]P$，$[\ell']P'$可以被映射到 $\beta^{\ell\ell'}$，如图 12-2 所示。因此有人说$[\ell]P$ 可以通过一个由$[\ell']P'$决定的生成元 $\beta^{\ell'}$ 被映射到一个 $\mathbf{F}_{q^k}$ 内的轨道上。

为了使 Weil 配对的定义可行，需要二元有理函数 $f(x,y)$和 $g(x,y)$的定义。这些函数必须是平凡的且定义好的，使得 $f(P)$和 $g(P')$是 $\mathbf{F}_{q^k}$ 的元素，无论何时，P 和 P'都是 $\mathcal{X}(\mathbf{F}_q)[r]$的元素。在一个适当的扩张域上，多项式 $f(x,y)$和 $g(x,y)$是采用它们在椭圆曲线上的二元极根和零根清单来细心构造的。

有几种接近 Weil 配对定义的方法。我们应该首先从计算的角度给出一个传统但是并不实用的定义。然后，我们会基于另一个等价的定义给出一种实用的形式。

设 P 是 $\mathcal{X}(\mathbf{F}_{q^k})$的任意一个阶为 r 的点，并设 T 满足$[r]T=P$。因为点 P 有阶为 r，点 T 有阶 r^2，尽管这样的一个点 T 的确存在于 $\mathcal{X}(\overline{\mathbf{F}}_q)$的某处，但那会是一个巨大的，十分巨大的扩张域，因此不可能精确计算。设 Q 是 $\mathcal{X}(\mathbf{F}_{q^k})$中不在 $\mathbf{F}_{q^k}$ 上的任意点。我们要求，对于每个 $R\in\mathcal{X}[r]$的 r 扭转点，$f(x,y)$在每个 R 处有一个简单的极根并且在每个 $T+R$ 处有一个简单的零根。在代数几何的形式语言中，这被写成约数

461

$$\operatorname{div}(f(x,y))=\sum_{R\in\mathcal{X}[r]}((T+R))-\sum_{R\in\mathcal{X}[r]}(R)$$

其中$(T+R)$是一个点加法。这个约数 $\operatorname{div}(f(x,y))$在每一个形式为 $T+R$ 的点处加 1 并且在每个点 R 处减 1，其中 R 是 $\mathcal{X}(\mathbf{F}_q)$的 r 扭转点集合中的点。这只是一种方式来阐述函

⊖ 此处概述的是 Weil 配对的原始形式，以便使文章更容易理解。

数 $f(x,\ y)$在每个 $T+R$ 形式的点处有一个零根，其中 $R=\mathcal{X}[r]$，并且在每个形式为 R 的点处有一个极根。现在就很清楚 T 的任意一个选择。比如$[r]T$ 有阶为 r，的确可行，因为对于任意一个这样的点 T'，点$[r](T-T')$都有阶 r。为了验证这个表达式定义一个主约数，参考定理 11.6.2。它满足该定理的第(i)部分，因为有 r^2 个阶为 1 的零根和 r^2 个阶为 1 的极根。它满足第(ii)部分，因为点加法

$$\sum_{R\in\mathcal{X}[r]}(T+R)-\sum_{R\in\mathcal{X}[r]}R=[r^2]T+\sum_{R\in\mathcal{X}[r]}(R-R)=\mathcal{O}$$

因为在 $\mathcal{X}[r]$中有 r^2 种情况，利用 T 有阶 r^2。因此我们通过定理 11.6.2 确定有理函数$f(x,\ y)$的确存在。函数 $f(x,\ y)$通过它的约数来定义依照 $\mathbf{F}_{q^k}$ 的未指定的元素的乘法。

为了完善 Weil 配对的定义，任选一个 f 不为零的点 X，然后对于任意点 P 定义

$$g(P)=f(X+P)$$

Weil 配对被定义为

$$\Phi(P,S)=\frac{f(X+P)}{f(X)}$$

如果 $f(x,\ y)$和 $g(x,\ y)$的所有系数都在 $\mathbf{F}_{q^k}$ 中，Weil 配对显然是 $\mathbf{F}_{q^k}$ 中的一个元素。这样来构造定义使得域位于 $\mathbf{F}_{q^k}$ 中一个阶数为 r 的轨道中。很容易从中推断出 Weil 配对的域等价于一个 $\mathbf{F}_{q^k}$ 中阶为 r 的轨道。

定理 12.13.1 假设函数 $f(x,\ y)$具有以下约数

$$\operatorname{div}(f(x,y))=\sum_{R\in\mathcal{X}[r]}((T+R))-\sum_{R\in\mathcal{X}[r]}(R)$$

其中对于任意的 $P\in\mathcal{X}(\mathbf{F}_q)[r]$，都有$[r]T=P$。那么 $f(P)$就是 $\mathbf{F}_{q^k}$ 中一个阶数为 r 的元素。

证明 由于其构造的性质，$f(P)$是 $\overline{\mathbf{F}}_q$ 的一个元素。可以充分证明 $f(P)$有阶 r，因为 $\overline{\mathbf{F}}_q$ 的所有阶为 r 的点是 x^k-1 的零根，因此在 $\mathbf{F}_{q^k}$ 中。这个从 $f(X+P)^n=f(x)^n$ 可以观察到。 □

Weil 配对通过这样精心构造来在下述定理中罗列特性，鉴于此只给出了一个证明的概述。 462

定理 12.13.2 Weil 配对具有如下性质：

(i) $\Phi(P_1+P_2,\ T)=\Phi(P_1,\ T)\Phi(P_2,\ T)$

(ii) $\Phi(P,\ T_1+T_2)=\Phi(P,\ T_1)\Phi(P,\ T_2)$

(iii) $\Phi(P,\ T)=\Phi(T,\ P)^{-1}$

(iv) 对于所有的 P，$\Phi(P,\ T)=1$，当且仅当 $T=\mathcal{O}$

(v) $\Phi(P^a,\ T^a)=\Phi(P,\ T)^a$，其中 P^a 表示$(x^a,\ y^a)$

(vi) 对于所有的 P，都有 $\Phi(P,\ P)=1$

证明 性质(i)可以通过写成下式来证明

$$\Phi(P_1+P_2,T)=\frac{g(X+P_1+P_2)}{g(X)}=\frac{g(X+P_1+P_2)}{g(X+P_1)}\frac{g(X+P_1)}{g(X)}=\Phi(P_2,T)\Phi(P_1,T)$$

性质(ii)的证明需要合适的术语定义，可以写成

$$\Phi(P,T_1+T_2)=\frac{g_3(X+P)}{g_3(X)}=\frac{g_1(X+P)g_2(X+P)h([r]X+[r]P)}{g_1(X)g_2(X)h([r]X)}=\Phi(P,T)\Phi(P,T_2)$$

为了完成证明，定义 f_1、f_2、f_3、g_1、g_2 和 g_3 作为点 T_1、T_2 和 $T_3=T_1+T_2$ 的恰当的有理函数。通过约数

$$(h(x,y)) = (T_1 + T_2) - (T_1) - (T_2) + (\mathcal{O})$$

定义一个有理函数 $h(x, y)$。

相应地，因为约数满足

$$\left(\frac{f_3(x,y)}{f_1(x,y)f_2(x,y)}\right) = r(h(x,y))$$

对于一些常数 c，我们能推断有理函数满足

$$f_3(x,y) = cf_1(x,y)f_2(x,y)h(x,y)^r$$

此时可知关于 $\Phi(P, T_1+T_2)$ 的方程成立。

性质(iii)可以通过写成下式来证明

$$\Phi(P+T,P+T) = \Phi(P,P)\Phi(P,T)\Phi(T,P)\Phi(T,T)$$

那么就证明了对于所有的 $T\in\mathcal{X}[r]$，都有 $\Phi(T, T)=1$，因此方程可以化简为 $1=\Phi(P, T)\Phi(T, P)$。这样就充分证明了，对于所有的 $T\in\mathcal{X}[r]$，都有 $\Phi(T, T)=1$。

性质(iv)的证明：注意如果对于所有的 P，都有 $\Phi(P, T)=1$，那么 $g(X+P)=g(X)$
463 就对于所有的 P 都成立。

性质(v)：对于任意 $R\in\mathcal{X}[r]$，令 $R^a=(x^a, y^a)$，其中 $R=(x, y)$。那么也有 $R^a\in\mathcal{X}[r]$ 成立。这样 $\Phi=(P^a, T^a)$ 就完成可以定义为 $\mathbf{F}_{q^k}$ 中的一个元素。

性质(vi)：由性质(iii)直接知道性质(vi)成立。 □

12.14 友好配对曲线

对于基于配对的密码体制的实际应用来讲，对于密码体制的安全性来讲，重要的是嵌入度不要太小，对于实现复杂度而言，嵌入度不要太大也很重要。因此需要有较小嵌入度的椭圆曲线，尽管也不能太小。因为一个随机选择的椭圆曲线的嵌入度可能很大，或者是会很小，我们希望得到更结构化的方法来寻找曲线。

为了对配对有用处，一个椭圆曲线应该有一个素数阶的较大子群并且嵌入度较小(在 6～12 的范围内比较合适)。这样的椭圆曲线，称为**配对友好椭圆曲线**，很少，因此很难通过非结构化的试验找到。尽管我们更倾向于对这个术语留下一点模糊性，一种宽松的定义是：一个配对友好的椭圆曲线应该是 $\#\mathcal{X}(\mathbf{F}_q)$ 有比 $\sqrt{q}$ 大的素因子，并且最好是阶为 q 的，还要有比 $\log_2 r$ 小的嵌入度的椭圆曲线。尽管在所有的椭圆曲线的集合中这样的配对友好曲线是稀疏的，但实际上也足够了，因为有限域上的椭圆曲线的集合很大。但是，需要有一个比较好的方法来找到配对友好曲线。

我们在定理 10.6.4 中已经遇到了一个嵌入度很小的椭圆曲线的类，它们是由那些在一个素数域 $\mathbf{F}_q$ 中的超奇异曲线构成的，其中 p 符合 $p=4\ell+3$ 的形式，并且定义的多项式符合 $y^3=x^3+ax$ 的形式。这样的椭圆曲线的嵌入度总是等于 2。因为这个嵌入度很小，这些曲线通常都认为是友好的，但是不一定适用于基于配对的密码体制。

一个素数域上的超奇异曲线的嵌入度总是等于 2。一个素数幂的域上的超奇异曲线的嵌入度总是不大于 6，并且如果域的特征大于 3，其嵌入度不大于 3。嵌入度是 2 我们就认为足够小了，甚至嵌入度是 6 也可以认为是足够小的。

Barreto-Naehrig 曲线，在 12.15 节中讨论，是一个有趣的良好的配对友好曲线的类，总是可以给出一个嵌入度是 12 的椭圆曲线。其他类还有：MNT 曲线，其嵌入度是 3、4
464 或 5，在这里没有阐述；Freeman 曲线，嵌入度是 10，会在 12.16 节中接触到。这些类总是会有素数阶的子群，其阶的大小相当于域的大小 p。其他类的曲线，比如 Brezing-Weng 曲线，就不满足这个条件。

12.15 Barreto-Naehrig 椭圆曲线

Barreto-Naehrig 椭圆曲线是一组有吸引力的配对友好的椭圆曲线。这些曲线是具有合适的嵌入度的椭圆曲线的集合。每一个 Barreto-Naehrig 椭圆曲线都是一个素数域上有素数阶的嵌入度是 12 的椭圆曲线。

为了设计这一类曲线，显然首先要指定域 $\mathbf{F}_p$ 和曲线 $\mathcal{X}(\mathbf{F}_p)$，然后接着计算一个素数阶子群的阶 r 以及 r 的嵌入度 k。相比而言，Barreto-Naehrig 构造了这一过程的逆过程。它设计了一段代码，首先指定了嵌入度 k，然后结合椭圆曲线的参数 p、r 和 t 进行计算。那么如果 p 和 r 都是素数，这些参数可以确定符合该过程的曲线。通过这种方法，曲线本身是最后被确定的项。

一个 Barreto-Naehrig 椭圆曲线是定义在素数域 $\mathbf{F}_p$ 上的曲线，并且有形如 $y^2=x^3+b$ 的多项式，其中 b 是域中的一个非零元素。我们之后会发现常数 b 是任意的，此外 $b+1$ 一定是 $\mathbf{F}_p$ 的一个平方数。我们后面会通过下面这三个联立多项式证明这些曲线，素数 p、阶 r 以及轨迹 t

$$p=36z^4-36z^3+24z^2-6z+1$$
$$r=36z^4-36z^3+18z^2-6z+1$$

并且

$$t=6z^2+1$$

其中 z 是 $\mathbf{Z}$ 中随机选取的元素，只设对于选定的 z，由 z 确定的多项式得到的 p 和 r 是素数。通过这种方式定义的曲线的嵌入度总是 12。

定义 12.15.1 *一条 Barreto-Naehrig 椭圆曲线是一条阶数为 r 的椭圆曲线 $\mathcal{X}(\mathbf{F}_p)$：$y^2=x^3+b$，其中 $b+1$ 在 $\mathbf{F}_p$ 中是一个平方数，并且存在一些整数 z，使得 p 和 r 都是可以表示成下列式子的素数*

$$p=36z^4-36z^3+24z^2-64z+1$$
$$r=36z^4-36z^3+18z^2-64z+1$$ 465

一个 Barreto-Naehrig 椭圆曲线吸引人的一个特征是曲线的参数 p、r 和 t 都是由整数 z 决定的，并且它们不需要单独作为整数存储。如果需要，每个都可以通过计算得到。

举一个简单的例子，取 $z=7$，那么 $p=100\,003$ 并且 $r=99\,709$，它们都是素数，还有 $t=295$。一个有这些参数并且嵌入度是 12 的 Barreto-Naehrig 椭圆曲线是 $\mathcal{X}(\mathbf{F}_{100\,003})$：$y^2=x^3+37$。

一个更复杂的例子，一个 160 位的 Barreto-Naehrig 椭圆曲线，用到多项式 $y^2=x^3+3$，参数是下面这样 48 位的素数：

$$p=1\,461\,501\,624\,496\,790\,265\,145\,448\,589\,920\,785\,493\,717\,258\,890\,819$$
$$r=1\,461\,501\,624\,496\,790\,265\,145\,447\,380\,994\,971\,188\,499\,300\,027\,613$$

并且因为 $t=p+1-r$，所以

$$t=120\,892\,584\,305\,217\,958\,863\,207$$

其中 z 是一个 12 位的整数。只需要存储多项式和 z 的值，因为如果需要，p 和 r 的值都可以计算得到。

通过改变 z 的值，可以构造更大(或更小)的 Barreto-Naehrig 椭圆曲线。对于每个整数 z，有人从定义的多项式计算 p 和 r 并且测试它们的原始性。如果都是素数，就可以发现一个嵌入度是 12 的椭圆曲线。如果有一个不是素数，那么对于那个 z 的值，不能得到一个 Barreto-Naehrig 椭圆曲线。

显然 Barreto-Naehrig 椭圆曲线的数量相当多。12 位的整数 z 有 10^{12} 种选择，每一个都能得到对应的 49 位的整数 p 和 r。因为在 49 位整数中，素数的密度大概是百分之一，那么我们可以推测大概在 10^4 个 12 位整数 z 中有一个整数可以产生素数 r 和 p。这个推测表示大概会有 10^8 个 12 位的整数 z 可以产生 Barreto-Naehrig 曲线。当然，这只是通过将 p 和 r 的原始性视为随机和独立的事件而获得的非正式估计。这可能并不真实。

Barreto-Naehrig 曲线的正式发展开始于我们知道了对于所有整除 n 的 d，x^n-1 因子转换为分圆多项式 $\Phi_d(x)$ 的乘积这一结论。为了发展这种结构，我们将特别使用第 12 个分圆多项式 $\Phi_{12}(x)=x^4-x^2+1$。

我们知道 r 的嵌入度是使得 r 可以整除 q^k-1 成立的最小的 k 的值。但是 q^k-1 可以因子转换为一个分圆多项式的乘积。这推出了下面的定理。

定理 12.15.2 一条素数阶椭圆曲线的阶数 r 和一个素数域 $\mathbf{F}_p$ 上的 Frobenius 轨迹 t
466 都整除 $\Phi_k(t-1)$，其中 $\Phi_k(x)$ 是第 k 个分圆多项式，并且 k 是 r 的嵌入度，但是当 i 小于 k 时，k 不整除任意的 $\Phi_i(t-1)$。

证明 因为

$$q^i-1=\Phi_i(q)\prod_{\substack{d\mid i\\ d\neq i}}\Phi d(q)$$

并且 k 是一个 i 的满足素数 r 整除 q^i-1 的最小值，那么 k 是 i 的满足 r 整除 $\Phi_i(q)$ 的最小值。因为 r 整除 p^k-1，所以 r 也整除 $(p-r)^k-1$。通过 Frobenius 轨迹的定义，$t-1=p-r$，所以 r 整除 $(t-1)^k-1$。因此 k 是满足 r 整除 $(t-1)^k-1$ 的最小整数。因为 k 是使 r 整除 $(t-1)^k-1$ 的最小整数，那么 k 是满足 r 整除 $\Phi_k(t-1)$ 的最小整数也必须是真的。 □

现在，指定 $k=12$。为了继续发展，只考虑那些可以通过用整数参数 z 表示的多项式的轨道 t，它的值记作 $t=6z^2+1$。此限制排除了很多椭圆曲线，其中 t 不能用这种方式表示，但显然还留下了大量的曲线。

定理 12.15.3 一条 Barreto-Naehrig 椭圆曲线具有等于 12 的嵌入度。

证明 Frobenius 轨迹通过 $t=p-r+1=6z^2+1$ 给定。通过定理 12.15.2，我们知道 r 整除整数 $\Phi_{12}(6z^2)$，其可以写作

$$\Phi_{12}(6z^2)=6^4z^8-6^2z^4+1=(36z^4+36z^3+18z^2+6z+1)(36z^4-36z^3+18z^2-6z+1)$$

因此有定义为 $36z^4+26z^3+18z^2+6z+1$ 我们有

$$r(z)r(-z)=6^4z^8-6^2z^4+1$$

多项式 $r(z)$ 在 $\mathbf{Z}$ 上不可约的，所以除了标志 z，$r(z)$ 是 $6^4z^8-6^2z^4+1$ 的唯一因子。因此 $r(z)$ 整除 $\Phi_{12}(t-1)$。我们选择使用 $r(z)$ 或 $r(-z)$ 来作为阶 r 没有影响，因为 z 允许取正或负的整数值。

最后，通过约数算法，我们可以写出

$$\Phi_d(z)=Q(z)r(z)+R(z)$$

对于任意的 $\Phi_d(z)$ 有 d 小于 k。因为 $\Phi_d(z)$ 和 $r(z)$ 是首一多项式，$R(z)$ 必须是一个只有整
467 数系数的多项式。如果 $r(z)$ 整除多项式 $\Phi_d(z)$，那么它必须也整除 $R(z)$，但是余子式 $R(z)$ 的阶小于 $r(z)$。这意味着 $r(z)$，是一个素数，整除 $R(z)$ 其是一个小于 $r(z)$ 的非负整数。因此 $R(z)=0$ 并且 $r(z)$ 整除 $\Phi_d(z)$，对于任意的 d 小于 k。 □

为了找到一个 Barreto-Naehrig 曲线，因为我们知道 $r=p+1-t$，所以 $p=r+t-1$。如果可以找到一个 z，对于 r 和 $r+t-1$ 都是素数，那么我们有一个嵌入度为 12 的椭圆曲

线的参数 p、r 和 t 的集合。该曲线会存在，如果我们选择一个 b 的值，使得多项式 $y^2=x^3+b$ 给出一个这样的椭圆曲线。这是直接的素数 r，因为之后我们只需要找到一个曲线上阶为 r 的点来生成曲线的所有点。找到一个非零整数 b，使得 $b+1$ 是 $\mathbf{F}_p$ 中的一个平方数，并且观察点$(1, \sqrt{b+1})$是曲线 $\mathcal{X}(\mathbf{F}_p)$：$y^2=x^3+b$ 上的一个非单位点。因为 r 是一个素数，点$(1, \sqrt{b+1})$，那么，有阶 r，这确定了多项式 $y^2=x^3+b$ 定义的曲线有要求的参数。因为 4 是一个模 p 的平方数，那么 b 总是可以把 3 作为选择。

12.16 其他友好配对曲线

总的来讲，本节中的构造方法通过 10.17 节中的复数乘法的使用构造椭圆曲线，并且也基于下述不定方程的解 t 和 p

$$Dy^2 = 4p - t^2$$

其中 D 是(复数乘法)判别式，总是选定为像是 1、2 或者 3 这样小的整数。

在本节中，为了创造一个工作的大环境，t 和 p 都设为等于一个不确定 x 的多项式，x 后面会设为一个整数。因此

$$Dy^2 = 4p(x) - t(x)^2$$

使用一般的方法选择具有整数系数的多项式 $p(x)$和 $t(x)$，然后研究是否有一个整数 x 可以解出等式的 y，并且 p 是一个素数。因此素数 p 不是预先指定的。它是这种方法的一个结果。

如果等式

$$Dy^2 = 4p(x) - t(x)^2$$

对于每个整数 x 都有一个整数解 y。那么等式可以被看成参数 x 的一个多项式等式，其对于每个 x 都有一个解。那么，对于任意的 x，只需要测试 $p(x)$的原始性。在其他情况中，468
只有整数 x 的稀疏集合对应整数 y 的解。

我们知道 Barreto-Naehrig 曲线是依据分圆多项式 $\Phi_{12}(x)$构造的。有这种方法启发，设 $\Phi_k(x)$是第 k 个分圆多项式。设 $p(x)$是一个有整数系数的多项式，并且设 $r(x)$是多项式 $\Phi_k(t(x)-1)$的一个不可约因子，设 $p(x)=n(x)+t(x)-1$。对于任意无平方因子正整数 D，设(x^*, y^*)是等式 $Dy^2=4p(x)-t(x)^2$ 的一个解，并且 $p(x^*)$和 $n(x^*)$都是素数。然后设 D 不是太大，那么复数乘法的算法是一个有效构造一个有素数阶 $n(x^*)$并且嵌入度是 k 的椭圆曲线 $\mathcal{X}(\mathbf{F}_{p(x_0)})$的算法。

总的来讲，对于给定的正整数 k 和无平方因子的正整数 D，如果三个多项式 $n(x)$、$t(x)$和 $p(x)$在 $\mathbf{Z}$ 存在使得下面的命题也满足，那么存在一组无限多的嵌入度是 k 的椭圆曲线。

命题 12.16.1 假设 $n(x)$、$t(x)$和 $p(x)$都是环 $\mathbf{Z}[x]$中的元素，并满足

(1) $n(x)=p(x)+1-t(x)$。

(2) $n(x)$和 $p(x)$是 $\mathbf{Z}$ 上的不可约多项式。

(3) $n(x)$整除 $\Phi_k(t(x)-1)$，其中 $\Phi_k(z)$是第 k 个分圆多项式。

(4) 对于一些无平方因子的整数 D，方程 $Dy^2=4p(x)-t(x)^2$ 有无穷多个整数解(x, y)，其中 $p(x)$是一个素整数。

那么三元组$(t(x), n(x), p(x))$确定了一个嵌入度为 k 的无限椭圆曲线集。

证明 从前面的讨论中可以得到证明。 □

当然，可能最终方程只有有限个解。那么这给出了一个稀疏的友好配对的曲线的族群。也有可能是无解的。

Barreto-Naehring 曲线构成一个嵌入度是 12 且满足命题 12.16.1 的曲线的族群。通过设计 $\Phi_k(t(x)-1)$对于 k 的其他值的因式分解，有人可能可以构造出友好配对的椭圆曲线的其他族群。如果无平方因子数 D 足够小，这个族群的曲线可以通过复数乘法的方法来计算，在 10.17 节中讨论过。

如果，对于任意满足命题 12.16.1 的 x，$p(x)$不是一个素数，那么 x 的值不能给出一个椭圆曲线并被抛弃。不仅如此，如果 $n(x)$不是一个素数(或者至少有一个大的素因子)，那么 x 的值由于一个不适用于加密的椭圆曲线被拒绝。素数定理告诉我们 n 附近的素数密度接近于 $\log n$。因此如果有足够多的 x 满足特性，那么我们可能会认为它们中至少有
469 $(\log n)^2$ 个需要检验来找到一个既有素数 p 又有一个很大的素因子 r 的整数 n。当然，可能有一些未知的联系在素数分布和命题 12.16.1 的解之间这种似是而非的统计前提是无效的。

命题 12.16.1 是一个一组条件下椭圆曲线隐性存在的说明。有人可能通过尝试各种方法来满足这些条件。Freeman 椭圆曲线是一组基于下述不可约分解的嵌入度为 10 的曲线

$$\Phi_{10}(10x^2+5+2)=(25x^4+25x^3+15x^2+5x+1)s(x)$$

其中 $s(x)$是一个多项式。那么有

$$t(x)=10x^2+5x+3$$

和

$$n(x)=25x^4+25x^3+15x^2+5x+1$$
$$p(x)=r(x)+t(x)-1$$

那么 $Dy^2=4p(x)-t(x)^2$ [⊖]导出二次方程

$$Dy^2=15x^2+10x+3$$

这是一个很好的研究不定方程称为广义 Pell 方程[⊜]的形式。Freeman 椭圆曲线对应了这个等式的那些解，其中 $n(x)$和 $p(x)$是素数。我们知道只有当 D 是等于 43 或 67(mod 20)时才可能发生。一个 234 位的 Freeman 曲线 $y^2=x^3+Ax+B$ 通过复数乘法的方法进行计算有 $D=1\,227\,652\,867$，并且有参数

$q=$18 211 650 803 969 472 064 493 264 347 375 950 045 934 254 696 657 090 420 726 230 043 203 803

$n=$18 211 650 803 969 472 064 493 264 347 375 949 776 033 155 743 952 030 750 450 033 782 306 651

$A=-3$

和

$B=$15 748 668 094 913 401 184 777 964 473 522 859 086 900 831 274 922 948 973 320 684 995 903 275

470 因为这个曲线的嵌入度是 10，n 整除 $q^{10}-1$ 并且对于小于 10 的 i，n 不整除 q^i-1。

第 12 章习题

12.1 内积$\langle \boldsymbol{v}_1, \boldsymbol{v}_2\rangle$可以采用表达式

$$\Phi(\boldsymbol{v}_1,\boldsymbol{v}_2)=e^{\langle \boldsymbol{v}_1,\boldsymbol{v}_2\rangle}$$

⊖ 原书有误。——译者注

⊜ Pell 方程

$$ny^2-x^2=1$$

是一个经典的 Diophantine 不定方程，早期用于生成$\sqrt{n}$的近似值。

来定义一个从 $\mathbf{R}^n\times\mathbf{R}^n$ 到 $\mathbf{R}$ 的双线性对吗？

12.2 令 $\mathcal{X}(\mathbf{F}_q)$是有限域 $\mathbf{F}_q$ 上的一个椭圆曲线，其中 q 不是 2 的幂。求解 $\mathcal{X}(\mathbf{F}_q)$上所有 2 扭转点具有的形式。证明 $\mathcal{X}(\mathbf{F}_q)[2]\simeq\mathbf{Z}_2\oplus\mathbf{Z}_2$。

12.3 Joux 密钥交换协议可以推广到四方密钥交换吗？

12.4 一个双线性对满足性质 $\Phi(aP, bP)=\Phi(P, P)^{ab}$，其中 $\Phi(P, P)$是有限域中的一个元素。那么 $\Phi(aP, bP)\Phi(cP, dP)$等于什么？这与 $\Phi(aP, cP)\Phi(bP, dP)$相比较如何？

12.5 证明通过将含有 m 个签名的消息写成以下递归的形式，双线性对用于短签名时可以按 $i=1$，…，m 的顺序依次进行多方顺序签名

$$\text{sign}_n(h(m)) = \text{sign}_{n-1}(h(m)) + a_n h(m)$$

其中 a_i 是第 i 个签名的密钥。如何验证多重签名？

12.6 椭圆曲线

$$\mathcal{X}(\mathbf{F}_q): y^2 = x^3 + ax + b$$

的一个扭转是椭圆曲线

$$\mathcal{X}'(\mathbf{F}_q): y^2 = x^3 + d^2ax + d^3b$$

其中 d 是 $\mathbf{F}_q$ 中的任意非平方数。在该定义中，如果两个扭转曲线使用不同的非平方数 d_1 和 d_2，它们会相等吗？这两个扭转曲线作为群是否同构？

12.7 令 $\mathcal{X}(\mathbf{F}_q)$：$y^2=x^3+ax+b$ 是 $\mathbf{F}_q$ 上的一条椭圆曲线，而令 P 是 $\mathbf{F}_{p^m}$ 中的一个点。

(a) 存在从 P 到 P 的 Frobenius 映射 π_q 并满足 $q=p$ 吗？

(b) 存在从 $\mathcal{X}(\mathbf{F}_{p^m})$到 $\mathcal{X}(\mathbf{F}_{p^m})$的 Frobenius 映射 π_q 吗？

(c) π_q 保留了点的加法吗？

12.8 (a) 注意到 $13=8+4+1$ 和 $13=2(4+2)+1$，比较用于计算点的乘法 $13P$ 的几种运算的复杂度。参照 Horner 规则，阐述一般情况。 471

(b) Horner 规则可以被用在 Miller 算法中计算 Tate 配对吗？

12.9 Barreto-Naehrig 椭圆曲线构成了一类嵌入度为 12 的曲线，每个都建立在其本身的素数域 $\mathbf{F}_p$ 上。使得 Barreto-Naehrig 曲线存在的最小素数 p 是多少？该曲线的阶是多少？求解它的所有点。使得 Barreto-Naehrig 曲线存在的第二小素数 p 是多少？

12.10 假定 r 整除 $\#\mathcal{X}(\mathbf{F}_q)$，并用 $\mathcal{X}(\overline{\mathbf{F}}_q)[r]$表示$(\mathcal{X}(\overline{\mathbf{F}}_q)$上的 r 扭转点。用 $\bigcup_{\ell=1}^{\infty}\mathcal{X}(\overline{\mathbf{F}}_q)[r^\ell]$ 来定义一个 Tate 塔。假设 r^ℓ 扭转点对于所有的 ℓ 都存在，Frobenius 映射应用于 Tate 塔的像是什么(也就是说，应用于 Tate 塔中的每个元素)？

12.11 运用费马小定理来证明嵌入度总是存在的。

12.12 令 $\mathbf{F}_q$ 是一条特征值为 p 的有限域，并假定 $\mathcal{X}(\mathbf{F}_q)$是 $\mathbf{F}_q$ 上的一条椭圆曲线。证明如果 r 和 p 不是互素的，那么就有

$$\mathcal{X}(\overline{\mathbf{F}}_q)[r] \simeq \mathbf{Z}_{r'} \oplus \mathbf{Z}_{r'}$$

或者

$$\mathcal{X}(\overline{\mathbf{F}}_q)[r] \simeq \mathbf{Z}_{r'} \oplus \mathbf{Z}_{r'}$$

其中 r'是与 p 互素的 r 的最大因子。

12.13 $\mathbf{F}_3$ 上形如 $y^2=x^3-x\pm1$ 的每个多项式都是超奇异的。假设 m 与 6 互素。证明如果 $P=(\alpha, \beta)$是曲线 $\mathcal{X}(\mathbf{F}_3)$：$y^2=x^3-x\pm1$ 上的一个点，那么就有$[3]P=(\alpha^9\pm2, \beta^9)$，其中符号与多项式定义的符号一致。

12.14 定理 12.8.2 能推导出 $\mathcal{X}(\mathbf{F}_q)$中的每个 r^2 扭转点也是 $\mathcal{X}(\mathbf{F}_q)$中的一个 r 扭转点吗？

12.15 证明 $\mathbf{F}_{2^m}$ 上行如 $y^2=x^3+x$ 或者 $y^2=x^3+x+1$ 的每个多项式都是超奇异的。证明基于这种多项式的椭圆曲线阶数为 $2^m+1\pm2^{(m+1)/2}$，并且嵌入度为 4。

12.16 证明

$$\Phi(x,y) = \left(-\frac{y^2}{2x^2}, \frac{-y(x^2-2)\sqrt{-2}}{4x^2}\right)$$

是椭圆曲线 $\mathcal{X}(\mathbf{Q})$：$y^2=x^2+4x^2+2x$ 的一个自同态。请描述 $\Phi^4(x, y)$。

472 12.17 Duursma-Lee 多项式是超奇异的吗？

第 12 章注释

1940 年 Weil 引入了双线性对的概念，这早于它在密码学中的应用。Tate 配对由 Tate(1958，1963)提出并由 Lichten-baum(1969)进一步完善。双线性对主题最开始并不是作为密码编码方法引入密码学科的，而是作为一种密码分析方法。Weil 配对的第一次出现是由 Menezes、Okamoto 和 Vanstone(1993)引入的，引入作为求解椭圆曲线上离散对数问题的方法，一种当前已知的 MOV 攻击方法。MOV 攻击似乎暴露了采用超奇异曲线的任意椭圆曲线密码体制中可能存在的漏洞，但是正如 Balasubramanian 和 Koblitz(1998)所阐明的，MOV 攻击几乎从未引发针对其他椭圆曲线的子指数攻击算法。不久之后，Frey 和 Rück(1994)以及 Frey、Miller 和 Rück(1999)提出了一种针对超椭圆曲线密码学的更一般的攻击方法，该方法包含了攻击椭圆曲线密码这一特例。

也许追溯起来，自从 1993 年找到了双线性对的概念在密码学中的应用方法，它最终演变成一种密码编码的正面工具就不足为奇了。然而，正如 Koblitz、Koblitz 和 Menezes(2011)所讨论的，它的角色逆转在当时还是相当令人惊讶而又意想不到的。Sakai、Ohgishi 和 Kasahara(2000)运用 Weil 配对改写了 Diffie-Hellman 密钥交换，Joux(2000)发布了一个只有一轮的三方密钥交换协议，是通过运用配对来实现的，从而引起了密码学术界对于双线性对更多的关注。因此，可以说是这些文章促进了双线性对在其他应用中的发展。尤其是，Boneh、Lynn 和 Shacham(2001)提出了运用双线性对来产生安全的短签名。Boneh 和 Franklin(2001)讨论了基于配对的密码学问题。基于配对的密码方法是安全的，仅当配对求逆过程是复杂难解的，因此这是要探讨的一个基本问题。Galbraith、Hess 和 Vercauteren(2008)讨论了配对求逆问题的困难性。

Boneh 和 Franklin(2001)进一步讨论了基于双线性对的密码学问题，通过采用身份作为公钥，引入了一种基于配对的密码方法。基于身份的密码学概念早期由 Shamir(1985)作为一个目标来描述，但没有办法来实现它。多年来这还是一个有待实现的幻想，因为还没有找到实用的方案。

Barreto 和 Naehrig(2006)引入了一类值得注意而又广受欢迎的配对友好椭圆曲线。常见 Barreto-Naehrig 曲线的发展归功于 Miyaji、Nakabayashi 和 Takano(2001)在早期的重要工作中所阐述的深刻见解，他们构造了嵌入度为 3、4 和 6 的曲线。这些是首批已知具有实用嵌入度的非超奇异椭圆曲线。他们的方法引发了 Galbraith、McKee 和 Valenca(2007)对这个方向进行了更深入的探索。正如 Balasubramanian(1998)以及 Luca、Mireles 和 Shparlinski(2004)所阐明的，需要这样的方法，因为随机选择有限域上的椭圆曲线，其嵌入度几乎肯定大于域中对数大小的平方。这些观察结果引起人们增加了对构造配对友好椭圆曲线的兴趣。这样的方法包括：Cocks 和 Pinch(2001)，Miyaji、Nakabayashi 和 Takano(2003)，Dupont、Enge 和 Moran(2005)，Freeman(2006)，Rubin 和 Silverberg(2010)，Nogami 和 Morikawa(2010)，Izuta、Nogami 和 Morikawa(2010)。Freeman、Scott 和 Teske(2010)调研总结了构造配对友好曲线的已有方法。

求解双线性对的算法有其自身的发展历史，尽管发展显然是受到应用的激励，但双线性对运行发展在其自身的独立轨道上。广受欢迎的 Miller 算法用于计算双线性对，由 Victor Miller 于 1986 年提出，广为学术界所知，但并没有在当时公开发表。除了作为计算工具的价值，Miller 算法也促进了 Weil 配对和
473~474 Tate 配对其他观点的全面发展。通过引入一种替代的而又更快的算法，Duursma-Lee 算法(2003)转移了配对计算的重心，但只适用于特定形式的特殊曲线。相应地，这种卓有成效的见解又导致了其他配对的引入，从而进一步减少了计算负担。

实　　现

密码算法是通过执行加密或解密功能的硬件或软件设备来实现的。对于实现的讨论将加密和解密算法的讨论拓展到以下软硬件层面上的细节之中。在硬件或软件实现这个层面上的协作细节称为体系结构，简称架构。架构是一个用于硬件或软件实现的总体规划或框架，它为最终的实现细节提供结构，但并不为这些细节提供完整的描述。架构是介于算法和实现这两个概念之间的中间概念。

在实现这个层面上，可将计算方程拓展到加法器、乘法器和变换器的构造之中，包括这些硬件之间的数据路径；或者拓展到软件子程序的集合之中，包括链接和执行这些子程序的指令序列。硬件实现的设计者必须应对数据传送的细节，并且必须依据各种计算资源来做出决定，诸如加法器或乘法器是否应该由算法的子模块共享，还是应该将资源专用于指定的计算。例如，一个算法所需的许多乘法可以按时间次序共享一个乘法器，或由同时采用许多不同的乘法器来实现。每个二进制乘法器可以是一个串行乘法器，一次计算乘积的一个位；或者是一个并行乘法器，同时计算乘积的所有位，或者甚至是串行/并行混合乘法器。

类似的解释说明适用于软件实现所需的计算操作。软件实现的架构是基于计算成本和计算速度之间的平衡来决定的。域中元素的表示必须选择与计算机指令集的限定条件保持一致，而现成的计算机指令集通常不是为了满足有限域上的运算需求而设计的。

在本书所描述的算法理论中运用了许多不同层次的数学，而在实现中也有许多层次。从第一层次开始直到顶层，各层次的数学可以分别称为整数运算术、整数模运算术和素数域、扩张域和二进制域、椭圆曲线和双线性对。在实现过程中，金字塔中每个层次更高的数学都建立在更基层的数学之上。本章将仔细分析实现过程中的几个问题，从较大的问题开始，到具体的细节结束。因此，本章从层次较高的数学开始，即讨论使双线性配对计算更有效的各种方法，而以层次较低的数学为结束，即有限域运算中的计算方法。

13.1　配对强化

Tate 配对优于 Weil 配对是因为它更加简单，但其计算开销巨大。因此为了至少对于一些具有合适的特性的曲线能够加速其计算过程，我们仔细检查和重建了 Tate 配对的结构和计算方法。这种加速方法的研究模糊了理论和实现之间的一般区别。本节介绍改进加速配对计算过程的研究。下一节将深入探讨这个问题。

适用于一些椭圆曲线的简化 Tate 配对的几种强化被称为 Duursma-Lee 强化。Duursma-Lee 强化可以得到 Tate 配对的一种类型，其适用 Miller 加速算法，特别是对于特征值为 3 的域中的某些椭圆曲线。

我们知道简化 Tate 配对

$$\Phi(P,Q) = f_{r,P}(Q)^{(q^k-1)/r}$$

是考虑到 Miller 函数 $f_{r,P}(Q)$定义的。因为通过对函数作$(q^k-1)/r$ 次幂乘计算来完成简化

Tate 配对的计算开销巨大，受此启发得到了 Tate 配对的 Duursma-Lee 强化。该强化用 $q^{k/2}+1$ 替代 r，如果 k 是偶数，那么它是 q^k-1 的一个约数。由 Hasse-Weil 界限我们可以知道，一个合适的 $\mathbf{F}_q$ 上的椭圆曲线的阶 r 大约是 $q+1$，除了 k 等于 2 的情况，整数 $q^{k/2}+1$ 远大于 r。这意味着最终求幂只需要用更小的幂指数 $q^{k/2}-1$ 而不是 $(q^k-1)/r$。然而这种在幂指数上的化简仅仅是为了代替 Miller 算法在加法上的迭代。

这种方法我们可以将其一般化。设 m 是 r 的任意倍整数且整除 q^k-1，可以表示为 $r|m|q^k-1$。那么该配对可以改写成 $\Phi(P, Q)=f_{m,P}(Q)^{(q^k-1)/m}$，且 m 在 Miller 函数和求
476 幂运算中都出现。通过选择 m，能够在 Miller 算法的迭代次数和最终乘幂运算的复杂度之间进行替换。有人可能更愿意选择有更小的汉明权重的 m 和 $(q^k-1)/m$ 的二进制表示（如果其存在），以简化加法计算。

第二种 Duursma-Lee 强化是专门为了椭圆曲线 $\mathcal{X}(\mathbf{F}_{3^m}): y^2=x^3-x\pm1$ 设计的，其中 $\mathbf{F}_{3^m}$ 是一个特征值为 3 的域，并且 GCD(m, 6)=1。最后一个条件意味着 m 不能是一个偶数并且不能被 3 整除。很容易发现当 $m=1$ 时，这个曲线的阶等于 1 或者等于 7，其取决于多项式的符号选择。因此，对于 $m=1$，Frobenius 轨迹 t，被定义为 $\#\mathcal{X}(\mathbf{F}_3)-(q+1)$，是等于 ±3 的，是域的特征值的一个平凡倍数。我们可以推断该曲线在 $\mathbf{F}_3$ 中是超奇异的，因此对于所有的 m，该曲线在 $\mathbf{F}_{3^m}$ 中都是超奇异的。

复数 α 和 β，作为 z^2-tz+q 的零根，是 $(3\pm \mathrm{i}\sqrt{3})/2$。这些复数也被写成 α，$\beta=\sqrt{3}e^{\pm i\pi/6}$。对于一个一般的 m，曲线 $\mathcal{X}(\mathbf{F}_{3^m})$ 的阶 r，由定理 10.11.2 决定，是

$$\#\mathcal{X}(\mathbf{F}_{3^m})=3^m+1\pm 3^{m/2}(\mathrm{e}^{\pi m/6}+\mathrm{e}^{-\pi m/6})=3^m\pm 3^{(m+1)/2}+1$$

这个结论成立是因为 m 已经被限制为 ±1 模 6。最后一行的符号选择和定义曲线的多项式的符号选择保持一致。

可以证明这样的一个超奇异曲线的嵌入度总是等于 6。我们观察

$$(3^m+3^{(m+1)/2}+1)(3^m-3^{(m+1)/2}+1)=3^{2m}-3^m+1$$

右侧当 $x=3^m$ 时有 x^2-x+1 的形式。但是

$$x^6-1=(x-1)(x+1)(x^2+x+1)(x^2-x+1)$$

所以当 $k=6$ 时，x^k-1 可以被 x^2-x+1 整除，并且没有更小的 k 使之成立。那么阶 r 在 $k=6$ 时整除 3^{mk}，并且没有更小的 k 使之成立。因此基于多项式 $y=x^3-x\pm1$ 的超奇异椭圆曲线 $\mathcal{X}(\mathbf{F}_{3^m})$ 的嵌入度总是等于 6。

该曲线也具有特殊的性质，当用点 P 来表示域中的成对元素 $(\alpha, \beta)\in\mathbf{F}_{3^m}^2$ 时，点的三倍公式是 $3P=(\alpha^9+2, -\beta^9)$，这遵从一种基本的计算，即运用点的通用加法公式。这里需要注意的具体的特性是对于这个特定的曲线，x 和 y 的坐标在点的三倍计算过程中并不相互作用。因此点乘法运算可以使用基为 3 的运算方法快速地计算，这在 13.3 节中阐述。

这个椭圆曲线族的失真映射是 $\Psi(P)=\Psi(x, y)=(\alpha-x, \mathrm{i}y)$，其中 $\mathrm{i}^2=-1$ 并且 α 满足 $\alpha^3=\alpha\pm1$，这里的符号和定义曲线的多项式符号保持一致。为了验证这个失真映
477 射，取 $\mathcal{X}(\mathbf{F}_{3^m})$：$y^2=x^3-x\pm1$ 到 $\mathcal{X}(\mathbf{F}_{3^{6m}})$：$y^2=x^3-x\pm1$ 的 r 扭转点，在特征为 3 时，可以写出

$$\begin{aligned}(\alpha-x)^3-(\alpha-x)\pm1&=\alpha^3-x^3-\alpha+x\pm1=-x^3+x\mp1+\alpha^3-\alpha\mp1\\&=-(x^3-x\pm1)=(\mathrm{i}y)^2\end{aligned}$$

因此 $\psi(P)$ 取的是 $\mathcal{X}(\mathbf{F}_{3^m})$ 的点到 $\mathcal{X}(\mathbf{F}_{3^{6m}})$ 的点的映射。因为坐标 $\Psi(x, y)$ 是有理函数，所

以它是一个失真映射。

13.2　加速配对

受 Duursma-Lee 增强的启发，双线性配对也被重新定义和架构，各种加速计算方法得到了更普遍地应用。椭圆曲线的群中双线性配对的计算复杂性的降低加速了 Tate 配对的计算。已知 eta 配对和 ate 配对[⊖]这样两个提高计算速度的配对，从用户的角度来看具有与 Tate 配对相同的功能作用，但是内部计算结构有些不同并且更加有效。它们可以看成是 Tate 配对的更有效的版本，或者根据偏好被看成不同的配对。

在描述 eta 和 ate 快速配对之前，我们对循环群 G_1 和 G_2 的 r 扭转点换一种更加清楚简洁的表述。

该表述也可以用一种基本的方式理解。第一种描述是前面讲到的。第二种描述是，当 r 是一个素数时，通过观察发现，Frobenius 操作符 π_q 是一个线性函数，并且 r 扭转点构成一个素数阶的循环群。因此对于一些整数 a，线性函数有 $\pi_q(P)=[a]P$ 的形式。但是对于 $P\in\mathcal{X}(\mathbf{F}_{q^k})[r]$，

$$P=\pi_{q^k}(P)=\pi_q^k(P)=[a]^kP=[a^k]P$$

这意味着 $a^k=1(\bmod r)$，因为 $q^k=1(\bmod r)$，我们能推断 $a=q$。

因此，群 G_1 和 G_2 被重新定义。群 G_1 定义为 $\pi_q(P)=P$ 的 r 扭转点 P 的集合。这意味着 G_1 的点在基域中，因此 $G_1=\mathcal{X}(\mathbf{F}_p)[r]$。然后群 G_2 定义为 $\pi_q(P)=[q]P$ 的 r 扭转点 P 的集合。这可以表示为两个 Frobenius 特征空间

$$G_1=\mathcal{X}(\overline{\mathbf{F}}_q)[r]\cap\ker(\pi_q-[1])$$
$$G_2=\mathcal{X}(\overline{\mathbf{F}}_q)[r]\cap\ker(\pi_q-[q])$$ 478

其中核的定义是：

$$\ker(\pi_q-[1])=\{P\mid\pi_q(P)-[1]P=\mathcal{O}\}$$
$$\ker(\pi_q-[q])=\{P\mid\pi_q(P)-[q]P=\mathcal{O}\}$$

显然 G_1 是集合 $\mathcal{X}(\mathbf{F}_q)[r]$。其为了模仿 G_2 的定义，写成了 $\mathcal{X}(\mathbf{F}_q)[r]$这种不方便的形式。本节其余部分的商群优先用循环子群 G_2 表示，因为它允许 Frobenius 映射嵌入 Tate 配对的等式中。

我们接下来观察到，因为 $\#\mathcal{X}(\mathbf{F}_q)=q+1-t$ 且 r 整除 $\#\mathcal{X}(\mathbf{F}_q)$，那么 $q=t-1(\bmod r)$。因此，设 $T=t-1$，并且依据 Hasse-Weil 界限可以得到 $T\leqslant 2\sqrt{q}$。因此，对于模 r 计算，整数 q 可以由 $T\leqslant 2\sqrt{q}$替代。这是因为对于 $P\in G_2$，p 乘以 q 大约是模 r 的整数倍，与 r 的倍数仅差 T，所以足以用 P 乘 T 来代替。也就是说，如果 P 是一个 r 扭转点，那么$[q]P=[T]P$。接下来 Tate 配对的快速计算方法的发展便是基于这些事实。

后面 eta 和 ate 配对的发展也利用了以下结论，Miller 函数 $f_{\ell,P}(x,y)$满足扩展恒等式

$$f_{T^k,P}=f_{T,P}^{T^{k-1}}f_{T,TP}^{T^{k-2}}\cdots f_{T,T^{k-1}P}$$

通过检查等号两边的函数的约数相等，容易验证这个恒等式成立。它与 Miller 算法的结构密切相关。这个恒等式仅仅是用来验证 eta 配对和 ate 配对都是非退化的。

⊖　这个词是一个在 Tate 配对和 eta 配对之间使用的词汇。

eta 配对

eta 配对是 Tate 配对的快速计算形式，可应用于适当的曲线。eta 配对需要一个失真映射，因此它只能应用于超奇异曲线。eta 配对被定义在超奇异曲线 $\mathcal{X}(\overline{\mathbf{F}}_q)$的两个不同的 r 扭转点 P 和 Q 上。因为 Frobenius 映射被用来确定群 G_2，所以将 Frobenius 映射嵌入 eta 配对的结构中。我们知道 Frobenius 映射 $\pi_q(P)$将 $\mathcal{X}(\overline{\mathbf{F}}_q)$的点$(x, y)$映射到 $\mathcal{X}(\overline{\mathbf{F}}_q)$的点$(x^q, y^q)$。

eta 配对的讨论开始于 $\mathbf{F}_q$ 上的超奇异椭圆曲线 $\mathcal{X}(\mathbf{F}_q)$并且在下面给出简化的 Tate 配对公式

$$\Phi(P,Q) = f_{r,P}(Q)^{(q^k-1)/r}$$

其中 r 是 $\#\mathcal{X}(\mathbf{F}_q)$的一个素因子，可能是最大的素因子，并且 k 是 r 的嵌入度。在集合 G_1
479 和 G_2 中有 r 扭转点 P 和 Q。这些集合中的点满足 $\pi_q(P)=P$ 和 $\pi_q(Q)=[q]Q$。因此，Tate 配对需要 P 和 Q 都是基域中的 r 扭转点时的失真映射。eta 配对也有这种对失真映射的要求。

因为 r 整除 q^k-1 并且 $q=t-1 \pmod r$，Frobenius 轨迹 t 等于 $q+1-\#\mathcal{X}(\mathbf{F}_q)$。那么 r 整除$(t-1)^k-1$。因此 r 整除 T^k-1，其中 $T=t-1$。还有 r，不是 r^2，整除 q^k-1。定义 $N=\mathrm{GCD}(T^k-1, q^k-1)$，其会是 r 的倍数。然后存在一个不被 r 整除的整数 L，使得 $T^k-1=LN$。

我们现在可以定义 eta 配对。设 P 和 Q 是 $\mathcal{X}(\mathbf{F}_q)$中除了 $\mathcal{O}$以外的 r 扭转点。因为 N 是 r 的倍数，P 和 Q 的阶都整除 N。eta 配对定义为

$$\eta_T(P,Q) = f_{T,P}(\psi(Q))$$

其中 Ψ 是一个失真映射。

eta 配对的重要性在于 r 可以被 T 替代，而 T 是一个小得多的整数。下面阐述其重要性。一个阶为 r 的 Tate 配对的标准 Miller 算法的循环长度是 $\log_2 r$。对于各选定曲线，r 约等于 $\#\mathcal{X}(\mathbf{F}_q)$，并且根据 Hasse-Weil 界限可以得到，$\#\mathcal{X}(\mathbf{F}_q)$约等于 q。这意味着 Tate 配对的循环长度大约是 $\log_2 q$。相对地，再依据 Hasse-Weil 界限得到，$t=T+1$ 不大于$2\sqrt{q}$。因此，eta 配对的循环长度约是 $\log_2\sqrt{q}$，这意味着环路长度减少了约二分之一。

还有一个重要的问题没有解决。我们有必要验证 eta 配对是不退化的。对于所有允许的 P 和 Q，如果 $\eta_T(P, Q)=1$，那么它是退化的，因此是无用的。为了证明配对是不退化的，对于一些配对点 P 和 Q，它可以找到一个整数 c，满足

$$\eta_T(P,Q)^{C(q^k-1)/N} = \Phi(P,Q)^L$$

右侧 Tate 配对的 L 次幂是 $\mu_r \subset \mathbf{F}_{q^k}^{\times}$的一个元素，其是一个阶为 r 的循环群。因此，对于所有的 P 和 Q 右侧等于 1，当且仅当，r 不整除 L。因为 r 不整除 L，对于一些 P 和 Q，$\eta_T(P, Q)$不等于 1。然后有 $\eta_T(P, Q)\neq 1$，所以配对是不退化的。那么就只剩下找到这样的一个常数 c。设

$$c = \sum_{i=0}^{k-1} T^{k-1-i} q^i = kq^{k-1} \pmod r$$

480 因此 $c=(T^k-1)/N$ 是一个常数。这个分析和下面 ate 配对的分析是相似的。

ate 配对

ate 配对也是 Tate 配对的一种快速计算形式。它将 eta 配对的概念扩展到普通的椭圆曲线以及超奇异椭圆曲线。ate 配对不再需要一个失真映射 Ψ。为了实现该配对，ate 配对

翻转了 G_1 和 G_2，并且在 $G_2\times G_1$ 上做计算，像前面一样，$G_1=\mathcal{X}(\overline{\mathbf{F}}_q)[r]\cap\ker(\pi_q-[1])$ 和 $G_2=\mathcal{X}(\overline{\mathbf{F}}_q)[r]\cap\ker(\pi_q-[q])$。ate 配对的一个变量，被称为扭转 ate 配对，在 $G_1\times G_2$ 上计算，从而保留了对失真映射的需求。

因为 r 整除 $\#\mathcal{X}(\mathbf{F}_q)$，我们知道 $q=t-1 \pmod r$，其中 $t=q+1-\#\mathcal{X}(\mathbf{F}_q)$ 是 Frobenius 轨迹。因为 r，而不是 r^2，整除 q^k-1，我们可以推断 r 整除 $(t-1)^k-1$，所以 r 整除 T^k-1，其中 $T=t-1$。定义 $N=\mathrm{GCD}[T^k-1,\ q^k-1]$，整数 N 必须可以被 r 整除。不仅如此，对于一些不能被 r 整除的整数 L，$NL=T^k-1$。

那么 ate 配对定义为从 $G_2\times G_1$ 到 μ_r 的函数，在下面给出

$$a_T(Q,P)=f_{T,Q}(P)^{(q^k-1)/N}$$

ate 配对是 Tate 配对的快速计算形式，因为 $|T|$ 最多是 $2\sqrt{q}+1$，而 r 通常是一个很大的接近于 q 的素数。这意味着，对于 ate 配对，需要的 Miller 迭代计算少于一半的迭代次数。然而，对于一些椭圆曲线来讲，ate 配对可以和 $\Phi(k)$ 一样快，其中 k 是嵌入度，并且 $\Phi(k)$ 是欧拉函数。然而在 $\mathbf{F}_{q^k}$ 中的 Miller 多项式的系数的缺点抵消了这个优点。

ate 配对满足配对的线性特征。然而对于 eta 配对来讲，我们必须确定 ate 配对是非退化的。可以通过证明至少有一对点 P、Q 能够让 $a_T(Q,\ P)$ 是非零的，来证明该配对是非退化的。为了证明 ate 配对是非退化的，其可以证明，对于一些常数 c 来讲，有

$$a_T(Q,P)^c=\Phi(Q,P)^{L(q^k-1)/r}$$

这是因为 r 不能整除 L，所以指数 $L(q^k-1)/r$ 不是 r 的倍数。因此右侧对于每个 P 和 Q，都不可能等于 1。证明的方法在思路上是和 eta 配对的非退化的证明一样的。我们将以下等式应用到 Tate 配对 $\Phi(Q,\ P)$

$$\begin{aligned}[\Phi(Q,P)^{(q^k-1)/r}]^L&=\Phi(Q,P)^{L(q^k-1)/r}=f_{LN,Q}(P)^{(q^k-1)/N}=f_{t^k-1,Q}(P)^{(q^k-1)/N}\\&=f_{T^k,Q}(P)^{(q^k-1)/N}\end{aligned}$$ 481

只有最后一个等式需要解释。这里注意到约数满足

$$\begin{aligned}\mathrm{div}(f_{T^k,Q})&=T^k(Q)-([T^k]Q)-(T^k-1)(\mathcal{O})=T^k(Q)-(Q)-(T^k-1)(\mathcal{O})\\&=(T^k-1)(Q)-(T^k-1)(\mathcal{O})=\mathrm{div}(f_{T^k-1,Q})\end{aligned}$$

因为 $Q\in G_2$，我们知道

$$\pi_q(Q)=[q]Q=[T]Q$$

所以

$$f_{T,[T]Q}(P)=f_{T,\pi_q(Q)}(P)=f_{T,Q}^q(P)$$

然后使用上面提出的扩展等式

$$\begin{aligned}f_{T^k,Q}(P)&=f_{T\ ,Q}(P)^{T^{k-1}}f_{T,[T]Q}(P)^{T^{k-2}}\cdots f_{T,[T^{k-1}]Q}(P)\\&=f_{T,Q}(P)^{qT^{k-1}}f_{T,Q}(P)^{q^2T^{k-2}}\cdots f_{T,Q}(P)^{q^{k-1}T}=f_{T,Q}(P)^c\end{aligned}$$

其中

$$c=qT^{k-1}+q^2T^{k-2}+\cdots+q^{k-1}T=(k-1)q^k\quad(\mathrm{mod}\ r)$$

因此，Tate 配对是非退化的。

13.3　双倍点和三倍点

在一个椭圆曲线上有效计算一个点 $[r]P$ 的方法是通过加倍-加法方法来实现，其中 r 是一个大整数。这种方法是基于整数 r 的二进制扩展 $r=\sum_i r_i 2^i$ 和二进制表示 $(r_\ell,\ r_{\ell-1},\ \cdots,$

r_1，r_0)，其中 $r_i \in \{0,1\}$。这样的表示对于任意一个非负整数 r 都成立。加倍-加法方法[⊖]是基于单纯前瞻等式

482

$$[r]P = \Big[\sum_{i=0}^{\ell} r_i 2^i\Big]P = \sum_{i=0}^{\ell}[r_i][2^i]P = \sum_{i:r_i=1}[2^i]P$$

这种简单的等式有着深远的影响，它可以被认为是现代椭圆曲线密码学的基础。这是因为右边可以通过执行 ℓ 个加倍计算以及最多 $\ell-1$ 次点加法计算得到结果。由于该表达式可以方便地进行点加倍计算，对于基于椭圆曲线的密码体制是很实用的。由于从别的方向考虑没有简单的计算方法从 $[a]P$ 计算 a，对密码分析者来讲这显然是难解的。

点加倍计算方法要求进行所有的双倍计算，但一般不需要计算所有的加法。通常，如果一个人愿意像点加法一样用点减法，那么就可以减少计算量。例如，只使用加法，$63=2^5+2^4+2^3+2^2+2^1+2^0$，但如果同时使用减法，那么 $63=2^6-2^0$。当写成下面的形式的时候更加惊人

$$[63]P=[2^5]P+[2^4]P+[2^3]P+[2^2]P+[2]P+P=[2^6]P-P$$

为了计算第一个表达式，要求进行 5 次加倍计算以及 5 次点的加法计算。为了计算第二个表达式要求进行 6 次加倍计算以及 1 次点的减法计算。

一种可能可以更加快速地进行加倍计算的方法是点的三倍计算和点的加法计算结合的方法。这个方法要求有一个有效的点的三倍计算方法。R 的三进制表示是 $r=\sum_i r_i 3^i$，其中 $r_i \in \{-1, 0, +1\}$ 并且表示为(r_ℓ，…，r_1，r_o)，且有 $\ell=[\log_3 r]$。P 的连续 3 倍计算是首先计算 $[3^i]P=[3][3^{i-1}]P$。然后点的三倍-加法计算等式为

$$[r]P=\sum_{i=0}^{\ell}[r_i][3^i]P=\sum_{i;r_i=1}[3^i]P-\sum_{i;r_i=1}[3^i]P$$

该方法包含 ℓ 个点的三倍计算，最多 ℓ 次点的加法，以及一次点的减法。就像是在一个特征值为 2 的域上的平方计算是一个线性操作一样，在一个特征值为 3 的域上的立方计算是一个线性操作。也就是说，在一个特征值为 3 的域上有 $(a+b)^3=a^3+b^3$。

点的三倍计算方法可用于任何曲线，但它尤其适用于点的三倍计算简单的曲线。因此，为了进一步减少计算代价，你可以选择一个基于特定的多项式的曲线，如在特征为 3 的域上的多项式 $y^2=x^3-x\pm1$，以一个简单点的三倍计算为例，如 13.1 节所示的椭圆曲线 $\mathcal{X}(\mathbf{F}_{3^m})$：$y^2=x^3-x\pm1$，点的三倍计算通过简单的表达式 $3(\alpha, \beta)=(\alpha^9+2, -\beta^9)$ 来计算。

在阿贝尔群中点的双倍和三倍计算方法同样成立。因为超椭圆曲线的雅可比商群的集合是交换群，这些方法对于雅可比商群同样成立。Miller 算法，其作为一个约数的递归加
483 倍算法来介绍，通过抽象化极根和零根的表格来定义一个有理函数，不是递归地计算函数本身，而是在一个选定的点计算该函数的一个估值。Miller 算法是基于约数的算法，并且是一个在有限域上的算法。它可以通过模拟点的翻倍和三倍计算来定义约数的双倍和三倍计算方法。最终方法的核心是 Miller 算法。

为了计算约数的倍数 aD，将约数的双倍计算方法扩展，将 a 用二进制表示为 $a=\sum_i a_i 2^i$，其中 $a_i \in [0, 1]$。那么

⊖ 这个方法可以应用于任何群。例如在 $\mathbf{F}_p^*$ 中，其变成 $\alpha^r=\alpha^{\sum_i r_i 2^i}=\prod_{i:r_1}=1^{\alpha^{2^i}}$。

$$aD = \Big(\sum_i a_i 2^i\Big)D = \sum_i a_i(2^i D)$$

因为这是最原始的等式，在第二个等式的两边的计算代价的差异是巨大的。左侧计算的是约数 D 的 a 倍。右侧计算的是一系列约数 2^iD，然后将这些子集和 a 的二进制表示相乘之后求和。右侧的计算量与 $\log_2 a$ 成正比。

相似的，可以通过点的三倍乘法运算来计算 aD，将 a 写作 $a = \sum_i a_i 3^i$ 的形式，其中 $a_i \in [-1, 0, +1]$。那么

$$aD = \Big(\sum_i a_i 3^i\Big)D = \sum_i a_i(3^i D) = \sum_{i:a_i=1}(3^i D) - \sum_{i:ai=-1}(3^i D)$$

右侧首先计算一系列的 3^iD，其中 $i=1, \cdots, \lceil \log_3 a \rceil$，然后加上或者减去由 a 的三元表示指定的条目的子集。点的减法由点的负数加法构成，并且计算点的负数很简单。因此，点减法和加法有相同的复杂性。

13.4　点的表示

有限域 $\mathbf{F}_q$ 上的椭圆曲线或超椭圆曲线的一个仿射点是仿射平面 $\mathbf{F}_q^2$ 上的点。该仿射点由有限域 $\mathbf{F}_q$ 上的一对元素表示，并记为 $P=(x, y)$。无穷远处的点不是一个仿射点。在一个椭圆曲线上的点加法的方程表明，当一个椭圆曲线上的两个仿射点相加时，其计算过程需要涉及域上的除法运算。有限域上的除法运算，会在后面的章节中讨论，是比乘法更复杂一些的操作。所以在域的计算中努力减少除法运算是值得的。

为了简化点加法的过程，需要使用椭圆曲线上的点的其他表示方法。这样的表示方法主要是为了减少点加法运算中需要的域上的除法计算。一种不标准的方法是拖延除法的计算直到完成一系列的点加法计算，那么就可以将除法计算合并为一个除法计算。一种标准的方法是选择域元素的另一种表示方法。 484

投影点 P 的*投影表示*由三个变量 (X, Y, Z) 构成，同时我们知道一般的仿射坐标可以通过等式 $x=X/Z$ 和 $y=Y/Z$ 恢复得到。无限远处点的坐标是 Z 的值等于零的任意三元组。通过这种投影表示，计算 x 和 y 所需的除法可以通过校正 z 的乘法来代替。使用投影表示的一些点的操作可以不需要域上的除法实现，只使用域上的乘法。除法可能在后面计算从投影坐标计算仿射坐标的时候用到，但是其可以放在最后计算。

一个仿射点的*雅可比商群表示法*是该点的另一种表示方法。这种表示包含三种变量 (X, Y, Z)，但是现在知道 $x=X/Z$ 和 $y=Y/Z^2$。这里的 Y 是用投影表示的，并且雅可比商群表示中的 Y 和 Z 不同。这种表示的目的是尽量不进行除法计算，却使计算本身变得更加复杂了。

投影表示或者雅可比商群表示都可以被用在任意的椭圆曲线 $\mathcal{X}(\mathbf{F}_q)$ 上。下一种点表示法，称为 *Edwards 表示法*，是一种更加微妙的表示，只有当椭圆曲线的 Weierstrass 形式写成下面这样特定的形式的时候才可以使用，对于一些常数 c 和 d 有

$$\mathcal{X}: y^2 = (x - c^4 d - 1)(x^2 - 4c^2 d)$$

当然，Weierstrass 形式总是可以通过对一个合适的扩张域增加限制来分解成等式右边的样子。然而，Edwards 表示法可以在扩张域中使用，然而一个较大域的缺点会抵消这种表示方法可能带来的优点。

对于我们所描述的椭圆曲线的表示形式，Edwards 表示法上的点加法是简化的。曲线的 Edwards 表示的向量 (u, v) 是

$$\mathcal{X}: u^2 + v^2 = c^2(1 + du^2v^2)$$

这种表示有如下替代

$$x = \frac{-2c(w-c)}{u^2} \quad y = \frac{4c^2(w-c) + 2c(c^4d+1)u^2}{u^3}$$

其中 $w=(c^2du^2-1)$。点$(u, v)=(0, c)$现在是符合群的规则的特定元素。它对应了无限
485 大处点的 Weierstrass 形式。

Edwards 表示法中所有曲线点符合的加法规律是

$$(u_1, v_1) + (u_2, v_2) = \left(\frac{u_1v_2 + u_2v_1}{c(1 + du_1u_2v_1v_2)}, \frac{v_1v_2 - u_1u_2}{c(1 - du_1u_2v_1v_2)}\right)$$

优点是不需要特别考虑两点(u_1, v_1)和(u_2, v_2)相等的情况。Edwards 表示法中一个点的负元是$-(u, v)=(-u, v)$。

13.5 椭圆曲线算法中的运算

椭圆曲线加密的主要计算是点的加法和点的双倍乘法计算。这两个计算都在点的多倍乘法中使用到了。点的多倍乘法$[a]P$ 定义为 a 个点 P 相加的结果。点 P 的双倍的定义是 $P+P$。在第 10 章中引入了一种常用的椭圆曲线上的点的倍乘算法，是用在任意一个用短 Weierstrass 形式的椭圆曲线上的方法。一个点的多倍计算可以针对特定的曲线利用其一些特殊的特性形成特别的方法。在任何情况下，一个点的多倍计算都依赖于点的加法运算。

椭圆曲线的点加法和点双倍计算的操作是涉及一系列更基本的加法运算、乘法运算和曲线范围内的除法运算的方程组。在一个范围内的除法可以通过乘法的逆运算来实现，并且一个有限域中的乘法的逆运算可以通过使用扩展欧拉算法来实现。通过这种方式，在一个有限域中的除法通常用两种运算来替换：逆运算和乘法运算。

在最顶层，要求认真检查方程的构成，使得其能够使用最有效的表示形式。域的运算本身处于更低的研究层次。

对于一个特征值大于 3 的域上的椭圆曲线 $\mathcal{X}(\mathbf{F}_p)$：$y^2=x^3+ax+b$，点加法和点双倍乘法的方程是

$$x_3 = m^2 - x_1 - x_2$$
$$y_3 = m(x_1 - x_2) - y_1$$

其中

$$m = \frac{y_2 - y_1}{x_2 - x_1} \quad 或 \quad m = \frac{3x_1^2 + a}{2y_1}$$

第一个表达式中的 m 是用于点加法的情况，第二个表达式是用于点双倍乘法的情况。指定
486 的运算是椭圆曲线范围内的运算，其中除法运算是域内乘法的逆运算。一个点的加法计算需要 1 次域上的逆运算、3 次域上的乘法运算和 6 次域上的加法运算。一个点的双倍乘法运算需要 1 次域上的逆运算、4 次域乘法运算和 5 次域加法运算。一次域元素的双倍和三倍运算也是如此。

这些方程的形式表示分母可能被分子整除从而可以不进行任何除法运算。在这种情况下，计算一个已知变量 x_3 和 y_3 的倍数作为替代。在进行一个点的多倍乘法运算的一系列计算过程中，这些变量不断积累。它们可以整合在一起并且进行一次除法运算。实际上，这种方法是在前面的章节中描述的另一种点的雅可比商群表示。

为了确定一个椭圆曲线 $\mathcal{X}(\mathbf{F}_p)$：$y^2=x^3+ax+b$ 上的一个点 P，只需要给出 x 的坐标

和一个附加位给定 y 的符号。为了得到 y，通过使用附加位在域 $\mathbf{F}_p$ 中计算 x^3+ax+b 的平方根来解决问题。

任意的二进制数不能完全通过椭圆曲线上的点来表示，因为不是每一个 x 的值都能在曲线上找到一个对应的点。

13.6 整数环上的模加

整数计算是一个既熟悉又基础的问题，并且它是本章其他问题的基础，大多数的这种问题是标准的，不需要在这里讨论。在模整数环中的计算也是标准的，更多需要考虑的是求模运算。在本节中讨论模加和模减计算。高效的模数乘法更加复杂，其会在下节中进行说明。在一个模整数环中的除法首先通过使用扩展欧氏算法来计算模乘的逆来实现。扩展欧氏算法由许多整数加法、减法和乘法的多重应用来实现。

整数模加，写作

$$z = x + y(\text{modulo } N)$$

通过下式来计算

$$z = \begin{cases} x+y & \text{如果 } x+y<N \\ x+y-N & \text{如果 } x+y \geqslant N \end{cases}$$ 487

模减，写作

$$z = x - y(\text{modulo } N)$$

通过下式计算

$$z = \begin{cases} x-y & \text{如果 } x-y \geqslant 0 \\ x-y+N & \text{如果 } x-y<0 \end{cases}$$

这些计算，加法和减法，在软件或硬件实现中都是可以直接应用的。

13.7 整数环上的模乘

模 N 的整数乘法，其中 N 是一个任意大整数，通常是比普通的整数乘法更加困难的。这是因为模 N 化简，其定义为整数除法下得到余数的运算。因此它的复杂性依赖于除法的计算复杂性。然而，大多数这种复杂性可以通过一种称为 Montgomery 乘法算法的方法来抵消，可以假设模 N 的计算量足够大来证明该算法的必要性。整数 N 可能是一个素数或者可能是一个素数组合——如果它是一个已知素数的因子的组合，其余的化简是基于中国剩余定理的计算，并且有可能优先于该算法和 Montgomery 乘法算法的协作。

选择任意和 N 互素的整数 R 并且 R 比 N 大，有形式 b^k，其中 b 是一个在计算中用到的算术基。例如，如果整数通过二进制形式表示，那么 $b=2$，并且 $R=2^k$（存在最小的 k 使得 R 比 N 大且与 N 互素）。如果数字是通过十进制表示，那么 $b=10$，并且 $R=10^k$ 是合适的选择（存在最小的 k 使得 R 大于 N）并且 R 与 N 互素。Montgomery 乘法算法的技巧是通过交换模 N 的整数乘法的结果和模 R 的整数的乘法结果来降低计算开销。在基为 b 的算术中，模 b^k 的化简是平凡的。在基为 10 的计算中，模10^k 的化简是平凡的。

由于 R 与 N 互素，因此存在整数 r 和 n，使得

$$Rr + Nn = 1$$

此外，由于

$$R(r+\ell N) + N(n-\ell R) = 1$$

也必定成立，因此显然 r 和 n 可以被选定为 $0<r<N$ 或者 $0<n<R$。r 和 n 的选取值将称

488 为 R^{-1} 和 N^{-1}，因为 $RR^{-1}=1 \pmod N$ 而 $NN^{-1}=1 \pmod R$。

模乘的任务是计算 $z=xy \pmod N$，其中 $0\leqslant x<N$、$0\leqslant y<N$ 和 $0\leqslant z<N$。为此，通过 $\overline{x}=xR^{-1} \pmod N$ 和 $\overline{y}=yR^{-1} \pmod N$ 来定义改进被乘数。这被称为整数 x 和 y 的 Montgomery 表示。从 x 到 $\overline{x}$ 以及从 y 到 $\overline{y}$ 的映射显然是$\{0, 1, \cdots, N-1\}$的排列，因为 x 和 y 可以通过 $x=\overline{x}R \pmod N$ 和 $y=\overline{y}R \pmod N$ 得到。假设我们可以找到一个从 x 和 y 计算 $\overline{x}$ 和 $\overline{y}$ 的方法，并且避免进行模 N 计算。那么对于整数

$$\overline{z}=\overline{x}\,\overline{y}$$

我们可以很容易从 $\overline{z}$ 计算得到 xy，因为 $xy=R^2\overline{z} \pmod N$ 取决于 R 的选择，这很容易计算。从 $\overline{z}$，我们能够计算出

$$xy=R^2\overline{z} \pmod N = b^{2k}\overline{z} \pmod N$$

因为 R 是算术基的权重，b，很容易通过另一种方法来计算 $R^2\overline{z} \pmod N$。在基是 2 的情况下，其对应图 13-1 右侧的表示。最后迭代计算 $2\overline{z} \pmod N$ 的每一步，并且该迭代过程在 $2k$ 次
489 后停止。对于任意其他对数基 b，除了在最后一次迭代中的双倍计算变成了基于算术基的乘法计算，其他的计算是相同的。

现在就剩下给出一种计算 $\overline{x}=xR^{-1} \pmod N$ 的简单方法。这个方法在图 13-1 的右侧有描述，其依据的是作为中间变量给出的两个整数 m 和 t，它们通过下式定义

$$m=xN^{-1} \pmod R \quad (0\leqslant m<R)$$

和

$$t=(x+mN)/R$$

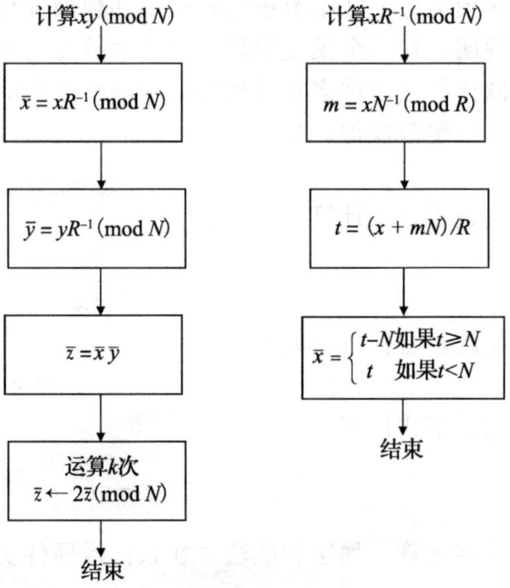

图 13-1 Montgomery 乘法

然后 $\overline{x}$ 通过下式给出定义

$$\overline{x}=\begin{cases} t-N & 如果\ t\geqslant N \\ t & 如果\ t<N \end{cases}$$

图 13-1 给出了用到这些参数的完整算法。

在证明计算乘积 xy 的命题之前，我们会首先讲解一个简单的例子。设 $N=13$，设 $z=xy \pmod{13}$，其中 $x=5$ 并且 $y=3$。在这个例子中，显然 $z=2 \pmod{13}$。我们会使用 Montgomery 乘法作为替代方法来计算。首先，设 $R=16$ 并且注意到

$$9\cdot 16-11\cdot 13=1$$

所以 $R^{-1}=9 \pmod{13}$ 并且 $N^{-1}=11 \pmod{16}$。为了计算 3 乘 5，首先要有

$$m=xN^{-1} \pmod R = 55 \pmod{16} = 7$$

并且 $t=(x+mN)/R=(5+7\cdot 13)/16=6$，所以 $\overline{x}=6$。

接着，可以写出

$$m=yN^{-1} \pmod R = 33 \pmod{16} = 1$$

和 $t=(y+mN)/R=(3+1\cdot 13)/16=1$，所以 $\overline{y}=1$。

最终 $\overline{z}=16\cdot 6\cdot 1 \pmod{13}=5$，并且 $z=16\cdot 5 \pmod{13}=2$。这显然是我们希望得到的结果。

命题 13.7.1 假设 R 满足 $\mathrm{GCD}(R, N)=1$ 且 R^{-1} 是 $R \pmod N$ 的逆元。那么就有

$$xR^{-1}(\bmod N)=\begin{cases}t-N & \text{如果 } t\geqslant N\\ t & \text{如果 } t<N\end{cases}$$

其中 $m=xn(\bmod R)$，而 $t=(x+mN)/R$。 490

证明　该证明过程由下述三步构成。

步骤 1　$mN=xnN(\bmod R)=x(-1)(\bmod R)$，所以 R 整除 $x+mN$，这表示 t 是一个整数。

步骤 2　$tR=x+mN=x(\bmod N)$，所以 $t=xR^{-1}(\bmod N)$。

步骤 3　$0\leqslant x+mN<RN+RN=2RN$，所以 $(x+mN)/R<2N$。 □

在某些情况下，为了更好地效率，可以将 Montgomery 乘法嵌入一些已经解决的方程中。因此表达式 $xy+uv$ 和 xyz 可以转换成 Montgomery 表示 $\bar{x}\,\bar{y}+\bar{u}\,\bar{v}$ 和 $\bar{x}\,\bar{y}\,\bar{z}$，然后像整数算术一样计算。Montgomery 算法的 R^2 模 N 乘法可以推到最后，并且只用一次。相似地，一系列重复的 x^2，x^4，x^8，x^{16}，…可以用 $\bar{x}^2$、$(R\bar{x}^2)(R(R\bar{x}^2)^2)^2$，…通过 R 的附加乘法来计算。Montgomery 表示的变量转换只在开始出现一次。只在最后一轮转换回传统表示。

13.8　二进制域的表示

在密码体制中常用到特征值是 2 的域。其很流行的一个原因是二进制运算在硬件上使用标准的二进制逻辑组件实现，这样在硬件上实现运算过程更加方便。这是因为基域 $\mathbf{F}_2$ 上的加法和乘法是普通的二进制操作，而在扩张域 $\mathbf{F}_{2^m}$ 上的加法和乘法操作可以被分解成基域 $\mathbf{F}_2$ 上的加法和乘法。这有很多方法可以实现。

域 $\mathbf{F}_{2^m}$ 形成了一个 $\mathbf{F}_2$ 的 m 维的向量空间，因此域 $\mathbf{F}_{2^m}$ 的元素可以用这个向量空间的一组基来表示。$\mathbf{F}_{2^m}$ 的一个基可以看成 $\mathbf{F}_2$ 上的一个向量空间，是任意集合（$\boldsymbol{e}_o$，$\boldsymbol{e}_1$，…，$\boldsymbol{e}_{m-1}$）在 $\mathbf{F}_{2^m}$ 中任意 m 个线性独立的向量。当用其他基向量表示的时候，每一个基向量是一个 m 位二进制数。因为有许多组 m 个线性独立方程组的集合，所以有很多组基。

使用基（$\boldsymbol{e}_o$，$\boldsymbol{e}_1$，…，$\boldsymbol{e}_{m-1}$）和一个 m 位二进制数（b_0，b_1，…，b_{m-1}）可以确定域元素

$$\beta=b_0\boldsymbol{e}_0+b_1\boldsymbol{e}_1+\cdots+b_{m-1}\boldsymbol{e}_{m-1}$$

其是一个基向量的线性组合。通过这种方式，在域 $\mathbf{F}_2$ 上确定的 $\mathbf{F}_{2^m}$ 的一个基向量，扩张域 491
$\mathbf{F}_{2^m}$ 上的元素可以用二进制 m 元组表示，并且用一个长度为 m 的二进制寄存器存储。那么域元素的加法就更加简单了。加法是分量模 2 运算（或者是分位运算），并且对于任意的基都是同样的计算。在任意特征为 2 的扩张域中，减法和加法是相似的过程，所以减法计算也很简单。然而，乘法和除法计算并不容易实现。乘法和除法的构造取决于基的选择。乘法和除法运算的实现与选择的用于元素表示的基相关，应该选择可以简化计算的基。

$\mathbf{F}_{2^m}$ 中最常见的基是*多项式基*

$$\{1,\alpha,\alpha^2,\cdots,\alpha^{m-1}\}$$

其中 α 是一个 $\mathbf{F}_2$ 上的次数为 m 的不可约多项式的零根。选择不同的阶为 m 的不可约多项式可以得到不同的基。通常选择本原元多项式 $p(x)$ 作为不可约多项式，那么 α 就是一个本原元。一个 $\mathbf{F}_2$ 上的本原元多项式的次数为 m。那么域上的元素的集合由下列集合给出

$$\mathbf{F}_{2^m}=\{1,\alpha,\alpha^2,\cdots,\alpha^{m-1},\alpha^m,\cdots,\alpha^{2^m-1}\}$$

每个元素都是基向量 $\{1,\ \alpha,\ \alpha^2,\ \cdots,\ \alpha^{m-1}\}$ 的一个线性组合。进一步说，这些基向量可以通过二进制数字表示

$$(1,0,0,0,\cdots,0)$$
$$(0,1,0,0,\cdots,0)$$

$$(0,0,1,0,\cdots,0)$$
$$\vdots$$
$$(0,0,0,0,\cdots,1)$$

其对应于 α^i 对应的基向量的线性组合，并且对于每个 α^i 都重复通过 $p(\alpha)=0$ 来化简。

举一个多项式基表示的域的例子，如本原元多项式 $p(x)=x^4+x+1$。然后由这个不可约多项式构造扩张域 $\mathbf{F}_{16}$，并且在表 13-1 中显示。$\mathbf{F}_{16}$ 的多项式基(在这种表示中)是$\{\alpha^0, \alpha^1, \alpha^2, \alpha^3\}$，其对应于多项式 1、$x$、$x^2$ 和 x^3。

表 13-1 多项式基表示的二进制域 $\mathbf{F}_{16}$

0
$\alpha^0=1$
$\alpha^1=x$
$\alpha^2=x^2$
$\alpha^3=x^3$
$\alpha^4=x+1$
$\alpha^5=x^2+x$
$\alpha^6=x^3+x^2$
$\alpha^7=x^3+x+1$
$\alpha^8=x^2+1$
$\alpha^9=x^3+x$
$\alpha^{10}=x^2+x+1$
$\alpha^{11}=x^3+x^2+x$
$\alpha^{12}=x^3+x^2+x+1$
$\alpha^{13}=x^3+x^2+1$
$\alpha^{14}=x^3+1$

定理 9.13.5 表示 $\mathbf{F}_2$ 上存在 $\phi(2^m-1)/m$ 个次数为 m 的本原元多项式。在这些多项式中，只需要其中一个本原元多项式来构造域。该多项式选择的基准应该是便于简化实现。这通常意味着应该选择有最少非零系数的多项式。

多项式 x^4+x+1 有三个非零系数。每个 $\mathbf{F}_2$ 上的不可约多项式 $p(x)$必须有奇数个非零式。否则，$p(1)$会等于 0，所以 $x-1$ 应该是 $p(x)$的一个因子。这表示一个不可约多项式必须至少有三个非零系数，本原元多项式 x^4+x+1 就是这样的情况。

表 13-2 本原元多项式的一个简短列表

阶
$2=x^2+x+1$
$3=x^3+x+1$
$4=x^4+x+1$
$5=x^5+x^2+1$
$6=x^6+x+1$
$7=x^7+x^3+1$
$8=x^8+x^4+x^3+x^2+1$
$9=x^9+x^4+1$
$10=x^{10}+x^3+1$
$11=x^{11}+x^2+1$
$12=x^{12}+x^6+x^4+x+1$

这样的多项式被称为*三项式*。对于一些 m，存在阶为 m 的不可约三项式，但这样的三项式不是对于每个 m 都存在。表 13-2 中展示了一个不可约多项式的列表。在该表中的每个本原元多项式都是一个三项式，无论何时对于该 m 也都存在一个本原元三项式。

492 ~ 493 $\mathbf{F}_{2^m}$ 中另一个常用基是*正规基*，其有下述形式

$$\{\alpha^{2^0},\alpha^{2^1},\alpha^{2^2},\alpha^{2^3},\cdots,\alpha^{2m-1}\}$$

这些元素在 $\mathbf{F}_2$ 中都是线性独立的。一般来讲，这样的一个集合不是线性独立的，并且在这种情况下它并不能构成一个基。当然，当这样的一个集合不能构成一个基的时候，它也不能称为 $\mathbf{F}_{2^m}$ 的一个正规基。

用这样的正规基表示的一个域元素 β 有下述形式

$$\beta=\sum_{i=0}^{m-1}b_i\alpha^{2^i}$$

其中 $b_i\in\mathbf{F}_2$。对于 $\mathbf{F}_{2^m}$ 任意的基，使用正规基表示的域元素的加法很简单，因为加法是分式模 2 加法。用正规基表示的域元素的平方计算也很容易。首先

$$\beta^2=\sum_{i=0}^{m-1}b_i^2\ (\alpha^{2^i})^2$$

但是 $b_i^2=b_i$，因为 b_i 不是 0 就是 1，因为 $\alpha^{2^m}=\alpha$

$$\beta^2=\sum_{i=0}^{m-1}b_i\alpha^{2^{i+1}}=\sum_{i=0}^{m-1}b_{i-1}\alpha^{2^i}$$

因此使用正规基的时候，平方计算可以通过 β 的二进制表示的简单的循环移位实现。使用

正规基表示的域元素的乘法并不能同样使用正规基表示的域元素平方的循环移位的方法，但是正规基的确有助于下节中阐述的串行乘法计算。

为了形成对应于表 13-1 中给出的 $\mathbf{F}_{16}$ 的一个正规基。我们可能首先考虑$\{\alpha^1, \alpha^2, \alpha^4, \alpha^8\}$。但是这个集合不是一个基，因为 x^3 就不是这 4 个元素的一个线性组合。然而，如果 $\beta=\alpha^3$，那么$\{\beta^1, \beta^2, \beta^4, \beta^8\}$是一个正规基，这也容易验证。

$$\beta^1=\alpha^3 = x^3$$
$$\beta^2=\alpha^6 = x^3+x^2$$
$$\beta^4=\alpha^{12} = x^3+x^2+x+1$$
$$\beta^8=\alpha^9 = x^3+x$$

将这 4 个元素看成向量，它们是线性独立的并且跨越整个空间，所以它们构成一个基。表 13-3 展示这个基在 $\mathbf{F}_{16}$ 中的表示。然而，这个 β 不是一个本原元。在域 $\mathbf{F}_{16}$ 中，不可能用一个本原元的幂来构成一个正规基。在一些特征值为 2 的有限域中，可能可以通过一个本原元的幂来构成一个正规基，但是在其他域中是不可能的。

表 13-3　用一个正规基表示的二进制域

0	$=0$
β^1	$=x^3$
β^2	$=x^3+x^2$
$\beta^2+\beta^1$	$=x^3$
β^4	$=x+1$
$\beta^4+\beta^2+\beta^1$	$=x^2+x$
β^8	$=x^3+x^2$
β^8	$=x^3+x+1$
β^8	$=x^2+1$
β^8	$=x^3$
β^8	$=x^2+x+1$
β^8	$=x^3+x^2+x$
β^8	$=x^3+x^2+x+1$
$\beta^8+\beta^4+\beta^2$	$=x^3+x^2+1$
$\beta^8+\beta^4+\beta^1$	$=x^3+1$

494

对于 $\mathbf{F}_{2^m}$ 中的一般乘法，有时候通过使用正规基来表示可能会很有用。设$\{e_i | i=0, \cdots, m-1\}$是 $\mathbf{F}_{2^m}$ 的一个基。因为 e_i 和 e_j 它们本身都是域元素，乘积 e_ie_j 也是域中的一个元素，因此可以用同样的基来表示。对于每个 i 和 j，设 M_{ijk}，设其值是 0 或 1，来表示基向量 e_k 是否在 e_i 和 e_j 的乘积中出现。因此

$$e_ie_j = \sum_l M_{ijk}e_k$$

其中 $M_{ijk}\in\mathbf{F}_2$。接下来直接是域元素 a 和域元素 b 的乘法。因此，如果 $a\in\mathbf{F}_{2^m}$ 是用$(a_0, \cdots, a_{m-1})$表示，并且 $b\in\mathbf{F}_{2^m}$ 是用$(b_0, \cdots, b_{m-1})$表示，那么乘积 $c=ab$ 是 $\mathbf{F}_{2^m}$ 的一个元素，可以用$(c_0, \cdots, C_{m-1})$表示，其中 $c_k=\sum_{i,j} a_ib_jM_{ijk}$。对于每个 k，设 $\boldsymbol{M}_k=[M_{ijk}]$，其是 $\mathbf{F}_2$ 上一个 $n\times n$ 的矩阵。那么 $\boldsymbol{c}$ 可以写成 $\boldsymbol{c}_k=\boldsymbol{a}\boldsymbol{M}_k\boldsymbol{b}^t$。$\boldsymbol{M}_k$ 给出了从 $\mathbf{F}_{2^m}$ 到 $\mathbf{F}_2$ 上的一个表，对于最简单的矩阵，我们应该尽可能选择每个 $\boldsymbol{M}_k$ 中非零点最少的正规基。非零点的数量不可能小于 $2n-1$。如果数量等于 $2n-1$，那么该正规基被称为一个*最优正规基*。对于一些 m 来讲，这样的最优正规基的确存在，但不是对于每个 m 都存在。在下节中讲述正规基的其他应用。

13.9　二进制域中的乘法和平方

在二进制域中的乘法很容易描述，如果域元素是使用本原元 α 的幂来表示，那么乘法 495
群 $\mathbf{F}_{2^m}^*$ 是一个循环群。非零域元素 β 和 γ，通过 α 的幂来表示为

$$\beta=\alpha^i \quad \gamma=\alpha^j$$

并且这些元素可以通过指数 i 和 j 来表示。指数表示法是一种离散对数表示。这种表示对于域元素零，需要特殊的符号和特别的处理，因为零不是 α 的幂，因此没有离散对数。

因为乘法 $\alpha^i\alpha^j=\alpha^{i+j}$ 在离散对数表示中变成指数的整数加法模 $q-1$。然而，在这种表示中，尽管乘法变得更简单，但是加法却变得更困难了，这是因为它涉及了域的更深层次

的构成。为了用 i 和 j 表示域元素的加法，元素 α^i 和 α^j 必须通过一组基来表示，然后相加来获得 α^k，其中 k 是通过取有限域基 α 的对数获得。显然这种使用对数表示的方法在域很大的情况下是难以计算的，并且即便域的规模合适也是不实用的。这种方法只有在域足够小，有限域的对数和反对数表可以存储的时候是可行的。

适用于一个很大的域的乘法计算的有效硬件电路必须和域的底层结构紧密结合。这与加法相反，其不需要涉及域的结构。当域 $\mathbf{F}_{2^m}$ 的元素是用任意基表示的时候，加法只是简单的位与位的模 2 加法，这很容易通过数字逻辑中的异或门实现，所求和的所有 m 位可以并行计算。并行计算 m 位乘法的电路更加复杂。不过仍然有许多种设计这种电路的方法。一些乘法器可能是为了减少拓扑复杂性而设计，一些可能是为了减少算术复杂性而设计，还有一些可能是为了减少计算时间而设计。

为了计算有限域上的乘积 $c=ab$，其中域元素通过多项式基表示，我们可以将域元素看作系数在 $\mathbf{F}_2$ 中的 x 的多项式。然后

$$c(x) = a(x)b(x) \pmod{p(x)}$$

模 $p(x)$ 的运算在计算中可以分布在 x 的任意合适的点的加法和乘法处。多项式 $b(x)$ 可以通过使用 Horner 法则如下表示：

$$b(x) = (\cdots((b_{n-1}x + b_{n-2})x + b_{n-3})x + \cdots + b_1)x + b_0$$

通过使用分布性，$b(x)$ 可以通过下面这样的方式和 $a(x)$ 相乘：

496

$$a(x)b(x) = (\cdots((b_{n-1}a(x)x + b_{n-2})a(x)x + b_{n-3})a(x)x + \cdots + b_1)a(x)x + b_0a(x)$$

在每一步中插入模 $p(x)$ 计算得到

$$c(x) = R_{p(x)}[\cdots xR_{P(x)}[xR_{p(x)}[xb_{m-1}a(x)] + b_{m-2}a(x)] + \cdots] + b_0a(x)$$

这表示一个图 13-2 所示的蜂窝结构的乘法器。其由 m^2 个标准单元构成，图 13-3 显示了其中的一个，通过阵列组合及连接来实现乘法计算。在一个标准单元中，一位的 a 和一位的 b 相乘（“与”门），然后结果是相加到（“异或”门）其他项上并且按照对角线传输，对应于坐标 x 的乘法。输入模 2 求和的其他项是之前单元的输出和模 $p(x)$ 溢出的反馈。多项式 $p(x)$ 的系数 p^i 决定反馈是否用在第 i 个单元。

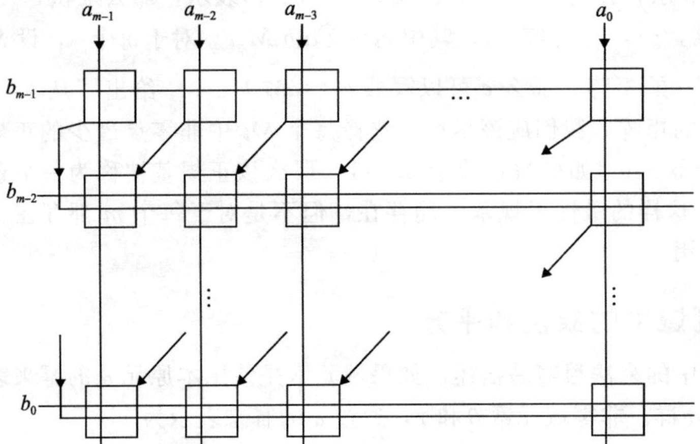

图 13-2　用于 $\mathbf{F}_{2^m}$ 乘法的一个蜂窝阵列

如果使用正规基，乘法结构是不同的。一个正规基 e_1，…，e_m 有这样的特性，对于所有的 i 有 $e_i=e_{i-1}^2$，并且 $e_1=e_m^2$。平方是一个向量表示的自循环，因为

$$(a_1e_1+\cdots+a_me_m)^2=a_1^2e_1^2+\cdots+a_m^2e_m^2=a_1e_2+a_2e_3+\cdots+a_{m-1}e_m+a_me_1$$

（因为 $a_i=0$ 或 1，所以 $a_i^2=a_i$）。

为了计算有限域上用正规基表示的域元素的乘积 $c=ab$，也许可以使用位串行乘法器。Omura-Massey 乘法器是一个位串行乘法器并且以相同的计算方式计算每一位，但并不同时进行计算。其将电路复杂性转换成了时间复杂性。只有两个被乘数需要循环移位来计算连续的位。域上的乘法 $c=a\cdot b$ 可以写作

$$\sum_{k=0}^{m-1}c_k\alpha^{2^k}=\left(\sum_{i=0}^{m-1}a_i\alpha^{2^i}\right)\left(\sum_{j=0}^{m-1}b_j\alpha^{2^j}\right)$$

两边同时平方并且重新建立索引得到

$$\sum_{k=0}^{m-1}c_{k-1}\alpha^{2^k}=\left(\sum_{i=0}^{m-1}a_{i-1}\alpha^{2^i}\right)\left(\sum_{j=0}^{m-1}b_{j-1}\alpha^{2^j}\right)$$

因此如果要设计一个计算任意一位的电路，比如说乘积 $a\cdot b$ 的一位 c_{m-1}，其他位可以通过同一电路在 a 和 b 中简单的循环移位 m 位来得到。

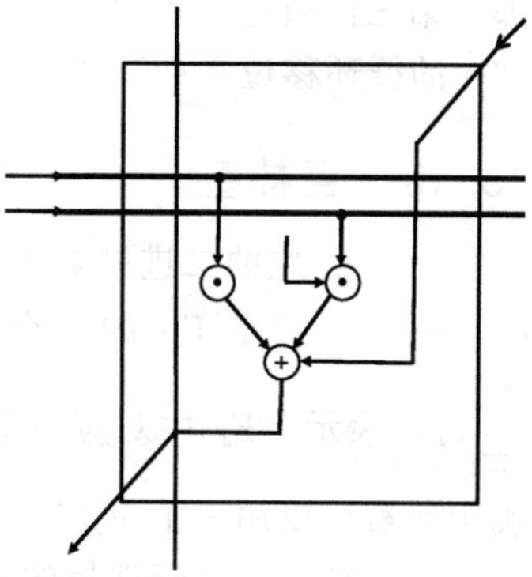

图 13-3　蜂窝阵列的一个单元

c_{m-1}在 a 的系数中是线性的，并且在 b 的系数中也是线性的。因此 c_{m-1}可以写成线性的形式　497~498

$$c_{m-1}=\sum_{i=0}^{m-1}\sum_{j=0}^{m-1}a_i\boldsymbol{M}_{ij}b_j$$

其中矩阵 $\boldsymbol{M}$ 是对称的并且矩阵元素均在 $\mathbf{F}_2$ 中。可以详细写出扩展和鉴别项来推导出该矩阵。例如，如果 $\mathbf{F}_{256}$ 是通过使用本原元多项式 $p(x)=x^8+x^7+x^5+x^3+1$ 来构造的，那么就有

$$\boldsymbol{M}=\begin{bmatrix}0&0&0&1&0&0&0&0\\0&0&0&0&0&0&1&1\\0&0&0&0&1&0&1&0\\1&0&0&0&0&1&1&1\\0&0&1&0&0&1&0&0\\0&0&0&1&1&0&0&0\\0&1&1&1&0&0&0&1\\0&1&0&1&0&0&1&1\end{bmatrix}$$

那么乘积 $c=ab$ 的第 7 位是这样计算的

$$c_7=\boldsymbol{a}^{\mathrm{T}}\boldsymbol{M}\boldsymbol{b}$$

$\boldsymbol{M}$ 的每个等于 1 的元素都是对应于 $\mathbf{F}_2$ 的 a 和 b 的每一位的乘积。因为在 $\boldsymbol{M}$ 中有 21 个 1，那么就有 21 个项是 a 中的一位乘以 b 中的一位。这些项每个都是一个“与”操作。只有当乘积中的两位都是 1 的时候结果是 1。然后在 $\mathbf{F}_2$ 中，所有的 21 个乘积项求和。为了计算 c 的其他部分，我们用下面的等式进行计算

$$c_{7-\ell}=(S^{\ell}\boldsymbol{a})^{\mathrm{T}}\boldsymbol{M}(S^{\ell}\boldsymbol{b})$$

其中 S 是一个循环移位操作。

尽管过程很复杂，但也可以直接构造矩阵 $\boldsymbol{M}$。为了说明这个过程，用在 $\mathbf{F}_{2^4}$ 中用于乘法的矩阵 $\boldsymbol{M}$ 作为一个例子。使用表 13-1 中的域的表示，那么有 $\beta=\alpha^3$，乘积是

$$c_0\beta^1+c_1\beta^2+c_2\beta^4+c_3\beta^8=(a_0\beta^1+a_1\beta^2+a_2\beta^4+a_3\beta^8)(b_0\beta^1+b_1\beta^2+b_2\beta^4+b_3\beta^8)$$

通过基本运算可以得到

$$c_3=a_2b_2+(a_0b_1+a_1b_0)+(a_0b_2+a_2b_0)+(a_1b_3+a_3b_1)$$

那么

$$M=\begin{bmatrix}0&1&1&0\\1&0&0&1\\1&0&1&0\\0&1&0&0\end{bmatrix}$$

499 那么第三位通过 $c_3=\boldsymbol{a}^{\mathrm{T}}\boldsymbol{Mb}$ 计算，并且其他位是通过使用上面描述的同样的表达式进行 a 和 b 的循环移位来计算的。

13.10 互补基

一个 m 位的二进制数可以通过在域 $\mathbf{F}_{2^m}$ 上选择不同的基用不同的方式表示。设 $\{\alpha_0, \alpha_1, \cdots, \alpha_{m-1}\}$ 是 $\mathbf{F}_{2^m}$ 的一个基，那么二进制数 $\{b_0, b_1, \cdots, b_{m-1}\}$ 是通过域元素 $b=\sum_{k=0}^{m-1} b_k\alpha_k$ 表示。$\mathbf{F}_{2^m}$ 中对应一个 m 位二进制数的元素的表示取决于基的选择。$\mathbf{F}_{2^m}$ 中的一个确定元素可以用一个 m 位二进制数来表示，该元素可以表示为基向量的线性组合。二进制数表示的结果取决于选择的是哪一种基。允许使用两种不同的基来表示有限域中的变量，进而进行有限域上的乘法计算。因此当同时使用两种或者更多的基的时候，必须小心区别哪个二进制数是用哪种基来表示的。

$\mathbf{F}_{2^m}$ 的两种基，分别表示为 $\{\mu_0, \mu_1, \cdots, \mu_{m-1}\}$ 和 $(\lambda_0, \lambda_1, \ldots, \lambda_{m-1}\}$，如果它们满足特性

$$\operatorname{trace}(\mu_i\lambda_k)=\delta_{ik}$$

其中

$$\delta_{ik}=\begin{cases}1 & 如果\ i=k\\ 0 & 如果\ i\neq k\end{cases}$$

是 Kronecker 函数，那么称它们为互补基(或者双重基)。一个二进制域 $\mathbf{F}_{2^m}$ 的元素 β 的二进制迹的定义是 $\operatorname{trace}(\beta)=\sum_{i=0}^{m-1}\beta^{2^i}$。每个基都有一个唯一的互补基。一个基也可能是它本身的互补基。多项式基 $(1, \alpha, \alpha^2, \cdots, \alpha^{m-1}\}$ 的互补基被称为互补多项式基。

定理 13.10.1(投影性质) 假设 $\{\lambda_k\}$ 和 $\{\mu_k\}$ 是 $\mathbf{F}_{2^m}$ 的一对互补基。那么域中元素 β 就可以表示为

$$\beta=\sum_{k=0}^{m-1} b_k\mu_k$$

其中系数要么是 0 要么是 1，由下式给定

500 $$b_k=\operatorname{trace}(\beta\lambda_k)$$

证明 设 b 是用基 $\{\mu_k\}$ 表示的任意域元素。因为 b_k 不是 0 就是 1，$b\mu_i$ 的二进制迹可以像下面这样计算：

$$\operatorname{trace}(b\mu_i)=\operatorname{trace}\left(\lambda_i\sum_{k=0}^{m-1} b_k\mu_k\right)=\sum_{k=0}^{m-1} b_k\operatorname{trace}(\mu_k\lambda_i)=\sum_{k=0}^{m-1} b_k\delta_{ik}=b_i$$

这就是我们要证明的。□

Berlekamp 乘法器是一个位串行乘法器，其使用多项式基 $\{1, \alpha, \alpha^2, \cdots, \alpha^{m-1}\}$，并且互补多项式基是 $\{\lambda_0, \lambda_1, \cdots, \lambda_{m-1}\}$。算法从两个域元素 b 和 c 开始，一个通过多项式基表示，另一个通过互补多项式基表示，然后计算乘积 bc，乘积通过互补多项式基 $\{\lambda_0,$

λ_1，…，λ_{m-1}}表示。设

$$b = \sum_{i=0}^{m-1} b_i \alpha^i$$

$$c = \sum_{k=0}^{m-1} c_k \lambda_k$$

那么乘积 $s=bc$ 可以扩展成

$$s = \sum_{i=0}^{m-1} \sum_{k=0}^{m-1} b_i c_k \alpha^i \lambda_k = \sum_{k=0}^{m-1} s_k \lambda_k$$

其中 s 已经通过互补多项式基{λ_0，λ_1，…，λ_{m-1}}扩展。然后依据投影性质得到

$$s_k = \operatorname{trace}(s\alpha^k)$$

特别地，因为 $\alpha^0=1$，所以 501

$$s_0 = \operatorname{trace}(s) = \operatorname{trace}(bc) = \operatorname{trace}\left(\sum_{i=0}^{m-1} \sum_{k=0}^{m-1} b_i c_k \alpha^i \lambda_k\right)$$

但是每一个 b_i 和 c_k 不是 0 就是 1。因此

$$s_0 = \sum_{i=0}^{m-1} \sum_{k=0}^{m-1} b_i c_k \operatorname{trace}(\alpha^i \lambda_k) = \sum_{i=0}^{m-1} b_i c_i$$

这是一个乘积的简单求和。还有，对于每个 k、s_k，可以通过第一个 β 与 α^k 相乘得到，然后重复同样的乘积求和过程。

例如，设 $p(z)=z^4+z+1$ 是用于构造 $\mathbf{F}_{16}$ 的本原元多项式。在 $\mathbf{F}_2$ 上，{1，α，α^2，α^3}是 $\mathbf{F}_{16}$ 的多项式基，并且{α^{14}，α^2，α，1}是互补多项式基。设

$$b = b_0\alpha^0 + b_1\alpha^1 + b_2\alpha^2 + b_3\alpha^3$$

$$c = c_0\alpha^{14} + c_1\alpha^2 + c_2\alpha^1 + c_3\alpha^0$$

并且 $s=bc$，它可以写成

$$s = s_0\alpha^{14} + s_1\alpha^2 + s_2\alpha^1 + s_3\alpha^0$$

那么，可以简单的验证

$$s_0 = b_0c_0 + b_1c_1 + b_2c_2 + b_3c_3$$

为了通过同样的表达式得到 s_1，用 $\beta\alpha$ 替代 β。同样，为了得到 s_k，用 $\beta\alpha^k$ 替代 β。

图 13-4 展示了实现 Berlekamp 位串行乘法器的电路。寄存器通过 b_0、b_1、b_3 和 b_4 初始化。每个时钟形成一个 s_k 的值和 $\beta 2^{k-1}$ 倍的 a 来得到 $\beta\alpha^k$。位串行乘法器在 m 级上有更少的门电路，并且比一般的并行乘法器有更多的时钟周期。同时进行计算的一组 m 个位串行乘法器拥有与并行乘法器大约相同数量的门和吞吐量。该电路的优点是大大减少了电线的量和其他电路元件中乘法器的分配选择。缺点是需要使用到一个域元素的多种表示，这可能需要从一个基转换成其他基来表示该域元素。当应用程序中允许被乘数预编程来避免基转换的时候，这种方法就很有研究价值。

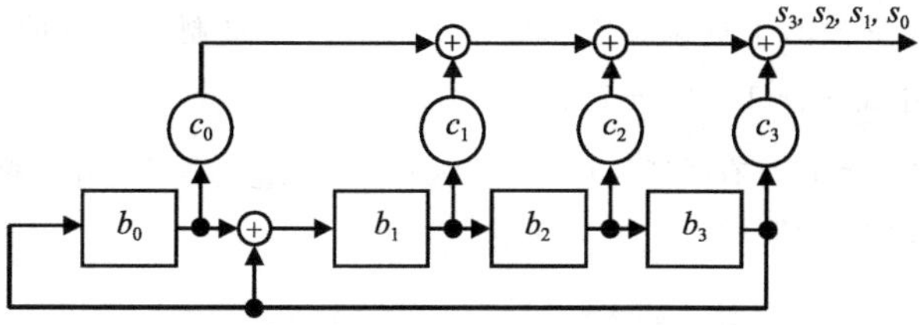

图 13-4　一个 Berlekamp 位串行乘法器 502

13.11 有限域中的除法

大多数算术系统都认为除法比乘法的实现更加困难。除法被定义为乘法的逆过程。在一个素数域 $\mathbf{F}_p$ 上，乘法是模 p 乘法。在素数域 $\mathbf{F}_p$ 中的除法是考虑到整数除法的余数和欧几里得算法定义的，因此和整数域 $\mathbf{Z}$ 中的除法紧密关联，但是其计算过程有很多不同。在 $\mathbf{F}_p$ 中为了除以 a，其必须乘以 a^{-1}，所以除法的任务是计算 a^{-1} 模 p，接着是乘法计算。

在素数域 $\mathbf{F}_p$ 中，一个非零元素 a 的逆元可以通过满足 Bezout 等式(如下)的 A 的值来确定

$$aA + pP = 1$$

通常的方法是找到满足这个等式的 A 和 P，然后通过扩展欧几里得算法计算 A。那么 $a^{-1}=A(\bmod p)$，所以 A 是 $\mathbf{F}_p$ 中 a 的逆元，除以 a 的除法计算就可以通过乘以 A 来实现。

在一般的有限域 $\mathbf{F}_{p^m}$ 中，除法有对应的结构，但是现在 $\mathbf{F}_p$ 上的域元素是多项式而不是整数。$\mathbf{F}_{p^m}$ 的每个元素可以通过 $\mathbf{F}_p$ 上的最多 $m-1$ 次的多项式来表示。通常找到 $A(x)$的方法是对多项式使用扩展欧几里得算法，来找到满足 Bézout 等式的多项式 $A(x)$和 $P(x)$，Bézout 等式表示如下

$$a(x)A(x) + p(x)P(x) = 1$$

对于多项式的除法计算，除以域元素 $a(x)$变成乘上 $A(x)$，其中 $A(x)a(x)=1$ modulo $p(x)$，$a(x)A(x)=1(\bmod p(x))$，所以 $A(x)=a^{-1}(x)$。

$A(x)$的计算使用了 $\mathbf{F}_{p^m}$ 中的欧几里得算法，其本身要求在 $\mathbf{F}_p$ 中计算逆元。整体的计算结构在图 13-5 中展示，$\mathbf{F}_{p^m}$ 中逆元的计算对应于 $\mathbf{F}_p$ 中的逆元计算。设 m'整除 m，那么要求的 $\mathbf{F}_{p^m}$ 中的逆元可以借用 $\mathbf{F}_{p^{m'}}$ 中的逆元计算。这要求 $\mathbf{F}_{p^{m'}}$ 是 $\mathbf{F}_p$ 的一个扩张域，并且 $\mathbf{F}_{p^m}$ 是 $\mathbf{F}_{p^{m'}}$ 的一个扩张域。

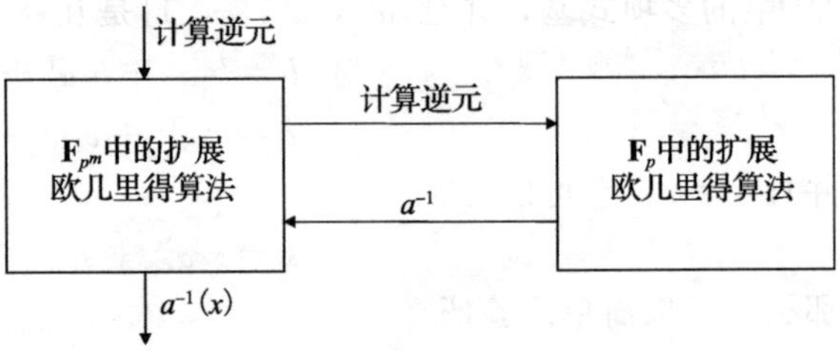

图 13-5 在有限域中计算逆元

第 13 章习题

13.1 超奇异椭圆曲线 $\mathcal{X}(\mathbf{F}_2): y^2+y=x^3+x+1$ 包含一个单一的无穷远点。

(a) 将 $\#\mathcal{X}(\mathbf{F}_{2^m})$看作一个关于 $m(\bmod 8)$的函数，求解基数 $\#\mathcal{X}(\mathbf{F}_{2^m})$。

(b) 证明对于奇数 m，$\#\mathcal{X}(\mathbf{F}_{2^m})$的任意素因子都满足嵌入度为 4。

(c) 证明如果 s 和 t 是 $\mathbf{F}_{2^{4m}}$ 中满足 $s^4=s$ 和 $t^2+t=s^6+s^2$ 的元素，那么 $\Psi(x, y)=(x+s^2, y+s, y+sx+t)$就是一个从 $\mathcal{X}(\mathbf{F}_{2^{4m}})$到 $\mathcal{X}(\mathbf{F}_{2^{4m}})$的失真映射。

13.2 (a) 叙述将一个大整数的十进制基表示转换成二进制基表示的过程。

(b) 叙述将一个大整数的十进制基表示转换成带符号三进制基表示的过程。也就是说，$a=\sum_i a_i 3^i$，其中 $a_i\in\{-1, 0, +1\}$。

13.3 逐位串行乘法器有时可以将有限域的基变化隐藏在一个双重基结构之中。假定 α 是域 $\mathbf{F}_{32}$ 中多项式 $p(x)=x^5+x^2+1$ 的一个零根。

(a) 证明

$$\{1,\alpha,\alpha^2,\alpha^3,\alpha^4\}$$

和

$$\{\alpha^{26}, \alpha^{25}, \alpha^{29}, \alpha^{28}, \alpha^{27}\}$$

是互补基。求解 $\mathbf{F}_2$ 上可为这两个互补基之间提供转换的一个 5×5 方阵。利用这些基来描绘出一个 $\mathbf{F}_{32}$ 中的逐位串行乘法器。 503~504

(b) 令

$$\beta = b_0 1 + b_1 \alpha + b_2 \alpha^2 + b_3 \alpha^3 + b_4 \alpha^4$$

$$r = c_1 1 + c_0 \alpha + c_4 \alpha^2 + c_3 \alpha^3 + c_2 \alpha^4$$

和

$$\sigma = s_1 1 + s_0 \alpha + s_4 \alpha^2 + s_3 \alpha^3 + s_2 \alpha^4$$

证明

$$s_0 = \text{trace}(\alpha^{25} \beta \gamma)$$

基于这个表达式来描绘一个逐位串行乘法器。为什么(b)中的这个乘法器可能比(a)中给出的乘法器更受欢迎？

13.4 证明 $\mathbf{Z}_n$ 中任意序列的加法、减法、乘法和平方都可以在 Montgomery 域中进行计算。

13.5 给出曲线 $\mathcal{X}(\mathbf{F}_p)$，$p \neq 2$ 中点的减法运算流程图。

13.6 对于任意整数 x，运用 Montgomery 乘法算法，给出计算数列 x^2，x^4，x^8，x^{16}，$\cdots \pmod N$)的流程图。

13.7 一个“1/4-平方”乘法器通过利用以下恒等式消除了对普通乘法的需求

$$xy = \frac{1}{4}[(x+y)^2 - (x-y)^2]$$

即采用两个平方数相减来取代乘法。这种方法能够用于二进制域中的乘法吗？

13.8 $\mathbf{F}_{q^m}$ 中元素 β 的 q 进制轨迹定义为

$$\text{trace}(\beta) = \sum_{i=0}^{m-1} \beta^{q^i}$$

证明对于 $\mathbf{F}_{q^m}$ 中的所有元素，其 q 进制轨迹均匀地取遍 $\mathbf{F}_q$ 中的每个值㊀。

13.9 写出显式方程来计算点$[3]P$，其中 P 是椭圆曲线上的一个点(x, y)。

13.10 通过重复 P、Q 和 $P+Q$ 的双倍计算，设计一个计算 $aP+bQ$ 的过程，其中 a 和 b 是整数，而 P 和 Q 是某个椭圆曲线上的两个点。与“先分别计算 aP 和 bQ，然后再相加”相比较，你的算法如何？

13.11 基于多项式 $y^2 = x^3 - x \pm 1$ 的椭圆曲线上的任意点，可以通过公式$[3](\beta, \gamma) = (\beta^9 \pm 2, -\gamma^9)$来求解三倍点。在这样的一个椭圆曲线上，基于求解三倍点的计算公式，设计一种用于计算多倍点 505
$[r]P$ 的算法。将你的算法计算量与基于双倍点的常规算法计算量进行比较。

13.12 求解仿射平面 $\mathbf{F}_{11}^2$ 上满足以下 Edwards 多项式的所有点

$$x^2 + y^2 = 1 - x^2 y^2$$

求解仿射平面 $\mathbf{F}_{11}^2$ 上满足以下 Weierstrass 多项式的所有点

$$y^2 = x^3 + 4x$$

13.13 (a) 构造并描绘 $\mathbf{F}_8$ 中加法和乘法的逻辑电路。

(b) 找到 $\mathbf{F}_8$ 上的一个 2 次不可约多项式。

(c) 采用 $\mathbf{F}_8$ 中的运算作为组件，描绘 $\mathbf{F}_{64}$ 中的加法和乘法电路。

(d) 将此电路与一个更加直接的实现进行比较。

13.14 在一个特征为 3 的域中，详细描述椭圆曲线上投影坐标所表示的两个点的加法运算过程。你能够给出一个在基域中只使用 9 次乘法的计算过程吗？

13.15 证明 Miller 函数满足

$$f_{T^k P} = f_{T,P}^{T^{k-1}} f_{T,TP}^{T^{k-2}} \cdots f_{T,T^{k-1}P}$$

㊀ 即定理 9.7.5。——译者注

可参照 Miller 算法，通过证明上式两边的函数的约数相等，从而证明上式成立。

第 13 章注释

介于密码学理论和实现之间的主题是算法和体系结构(架构)。在基于配对的密码学情况下，理论和实现通常联系得更加紧密。它们互相补充相互促进。Barreto、Kim、Lynn 和 Scott(2002)囊括了这些观点。Aranha、Karabina、Longa、Gebotys 和 López(2011)讨论了配对的快速实现。

506 由于最近发现了配对在密码学的研究中实际上是很重要的，因此目前提出并探讨了许多变型的配对。在 Frey 和 Rück(1994)中，他们引入 Tate 配对作为 Weil 配对的一种替代类型。后来，Duursma 和 Lee (2003)针对某些特定的椭圆曲线改进了 Tate 配对，以求降低计算复杂度。Barreto、Galbraith、ÓhÉigeartaigh 和 Scott(2007)对 Duursma 和 Lee 的方法进行提炼，从而引入了 eta 配对。随后 Hess、Smart 和 Vercauteren(2006)提出了 ate 配对，而 Lee、Lee 和 Park(2009)以及 Vercauteren(2010)又提出了其他配对。

Wollinger(2001)和 Lange(2002)研究了超椭圆曲线密码体制的实现。求解算法广泛应用于各种目的，在许多领域有着不同的历史。用于整数模乘的算法包括 Karatsuba 算法(1962)、Montgomery 算法(1985)和 Barrett 算法(1987)。人们引入了 Edwards 多项式(2007)来简化椭圆曲线的计算。Dimitrov 和 Cooklev (1995)提出了双基方法。Gordon(1998)调研总结了用于指数运算或者点倍乘的加法-减法链。

Hensel(1888)强调了在有限域中使用正规基的优点。Omura-Massey 乘法器(1986)工作于任意正规基上，但是如果使用最优正规基，那么该乘法器可以满足特定的最优性质。Mullin、Onyszchuk、Vanstone 和 Wilson(1989)阐明了一个正规基必须使用至少 $2n-1$ 位逐位乘法运算。Gao 和 Lenstra(1992)证明了当且仅当 $m+1$ 或者 $2m+1$ 是一个素数时，$\mathbf{F}_{2^m}$ 上的一个最优正规基是存在的。Itoh 和 Tsujii(1988)给出了在有限域中运用正规基来求解乘法逆元的快速算法。

寻找本原元二进制三项式有着稳步发展的趣史，这远远超出了当前的实际需求，正如 Seroussi (1998)所言，这些需求具有积极性的一面，还需大量可用平台。最近，Brent 和 Zimmermann(2009)报道了 $\mathbf{F}_2$ 上阶数为 32 582 657 的 3 个本原元三项式，选择这个整数是因为它是一个满足形如 2^m-1 的 Mersenne 素数。3 个 Brent-Zimmermann 多项式为 x^r+x^s+1，其中 $r=32\ 582\ 657$，而 s 是 5 110 722、
507 5 552 421 或 7 545 455 中的一个。

安全与鉴别密码协议

密码学的各种方法只有正确地融入应用之中，才能算是成功的。这样的密码技术应该是不可破解的，但如果使用不当，仍然是不安全的。这一观点引出了安全协议这一研究主题。在实际应用中，一个安全协议由基于密码技术的正规方法构成。如果没有很好地定义一个安全协议，那么完美的安全密码技术在应用过程中也会受到损害。

我们不对保密和安全这两个主题做明显的区分。这两者密切相关，试图在两者之间画一条明显的分界线是无益的。在这种情况下，密码技术是实现保密的基本方法，而协议则是使用此密码技术的一组规则。

在本章中，我们还将探讨其他形式的信息保护方法，例如鉴别和秘密共享，它们可以看成是与安全协议密切相关的主题。鉴别这一主题所探讨的方法是用来确立发送源头的身份。这是一个微妙而又困难的问题，因为身份的概念是模糊而又主观的。单独的个人或设备的身份可以是自定义的，并且不需要外部验证。该身份仅用于确定消息序列中的所有信息是否来自同一个实体。一个更宽泛的身份概念要求该实体与可验证的已知文档或与可验证的历史相关联。最终鉴别的任务是将一个个体或设备与一个社群绑定。为了解决此任务，单个实体可以建立一个私密密钥，它不会直接泄露，但是它的存在是公开的。该私密密钥使实体能解决某类数学问题，没有该私密密钥就不能解决特定的数学问题。如果受到质疑，该实体能够展示其解决这种数学问题的能力，从而该实体可在任何必要的时候确立自己的身份。实际上，该实体的身份只包含一个信息，即它是私密密钥的拥有者，这使得他能解决特定的数学问题。

本章也将讨论秘密共享这一主题，n 个参与者共享一个秘密或共享访问秘密的方法，采用这样一种方式，任意 t 个参与者必须通过合作才能共享访问该秘密。要求满足以下条件，如果少于 t 个参与者合作，那么该秘密就是完全不可访问的，而如果有 t 个参与者合作，那么秘密就被完全揭示了。$t-1$ 个参与者合作不能恢复与该秘密相关的任何信息。该秘密共享方法也可用于分派跨多个存储系统的数据集，使得任意 t 个都足以覆盖整个数据集。在此应用中，它成为一种应对存储失败的数据保护方法，而不是秘密共享方法。 508

14.1 密码安全协议

密码安全协议是一个详细的过程，通过使用选择的加密技术来确保其安全性不会受到错误使用的影响。因此通常它被认为是加密技术的一种良好实践，是对密码体制的使用过程的形式化描述，包括数据结构和消息格式的恰当表述。完全在密码保护内部及由加密功能完全隔离的看起来合理的过程，实际上也有可能泄露明文或密钥的信息。例如，一个由密码体制保护的应用程序可能单纯地要求所有接收并解密的明文都采用带指定头部的标准格式。为了实现这一要求，当接收端接收到的加密消息不符合要求时，向发送端返回一个错误消息。在一些密码体制中，这可能引入一种基于流量分析的漏洞。尽管实际应用中不太可能出现这样的漏洞，但是必须考虑并解决这种可能。因此，一个系统的安全协议应该保护该密码体制不受潜在威胁的伤害。

身份认证和鉴别也需要协议。使用口令进行身份鉴别是一种被广泛接受的方法。无论多么复杂，该方法都很容易使传输消息在传输路径上被窃听。事实上，即便是接收者之后也可能成为攻击者并通过口令实现欺骗。这说明我们需要一个更加复杂的鉴别协议。为此，开发出了不泄露口令的鉴别方案。值得一提的是，该方案中口令的拥有者知道口令，而验证者没有口令的任何信息。

一个正式的安全协议通常会包含多个需求，并集成到一个一致的包中。这些功能包
509 括：密钥协商或密钥建立，鉴别，认证，对称加密和不可否认性。更先进的协议可能包括盲签名和可否认加密体制等主题。盲签名是用于对已经加密的消息进行公证的一种签名，因此签名者不能也不会读取该消息，但可以在不使签名无效的情况下解密消息。这使得消息能够被解密，而不涉及该消息的目的地。可否认加密指形成看似未加密的加密消息，与隐写术密切相关。

一个被广泛使用的正式的密码安全协议套件是 Kerboras。该协议套件兼具安全和身份认证功能。它保护双方的沟通，防止窃听和重放攻击。它使用对称密钥加密，需要一个可信的第三方。它还使用公共密钥加密和非对称密钥加密，以及鉴别协议，这些将在下一节中介绍。

14.2 鉴别协议

*鉴别协议*是一种验证在公共信道发送消息的实体的身份的方案。受信任的机构验证打算发送消息的任何用户身份，或者可能创建一个新的身份并颁发给具有指定身份的用户。鉴别协议的唯一目的是验证受信任的机构有用户信任的身份，无法受信任的机构采用什么标准定义身份。鉴别协议必须满足的要求是没有人能模拟用户的指定身份。普通的口令是一种简单而脆弱的保护方式。一般来说，使用简单口令或个人鉴别码的方法并不能令人满意，因为攻击者可以窃取口令。即使是合法的接收端也可能成为攻击者并使用口令进行攻击。因此为了防范这种攻击，必须通过非公开密钥计算得到身份鉴别码。在验证一个实体拥有鉴别码后，为其建立对应身份。从鉴别码中提取身份密钥必须是难解的，但是鉴别码必须能够验证实体拥有身份密钥。实际上，身份密钥扮演的是一个被实体保留在秘密中的口令的作用，并且从未被公开。然而，可以验证其归属。

身份鉴别协议通过验证个体是否具有密钥或口令来鉴别个体的身份，这里称作*申请*
510 *端*。在没有公开秘密的情况下，申请端通过向*验证端*证明自己知道口令的存在来验证自己的身份。*零知识*协议是一种申请端或是向验证方或是向截取信息的第三方证明自己拥有秘密却没有公开任何其他信息的协议。

签名和鉴别之间的差别在于，签名验证消息而鉴别验证通信的参与者。一个恰当的签名文件可能由第三方合法拥有及传播，也可能由攻击方拥有，并且为了一些诸如欺骗之类的目的进行传播。身份鉴别协议的功能是验证后者的可能性。在其他情况下，人们可能只关心文件的真实性，并不关心该文件的发送者的身份或真实性。另一个可选择并较弱的要求是一致性。当一个人只想知道一个消息序列中的每一个消息都来自同一个实体时，一致性是必需的。然后身份信息被放在第一条消息中，也可以看成是发送端的第一条消息。

如果身份识别的方案没有透露任何信息，随后会使其他参与者错误地将自己标识为身份机密的拥有者，那么鉴别方案是安全的。如果有充足且必要的用于鉴别的秘密的信息，那么该鉴别方案是健全完整的。某种程度上，更广泛的群体必须将秘密的归属与个人的身份结合在一个一般性的共识上。这需要一个由群体认证的可信的认证机构的存在。可信的

认证机构发布一个公告，将身份与秘密拥有者联系起来。

身份鉴别协议是在公开信道上运行的，但是不应该泄露可能帮助有截取消息能力的攻击者后续模拟身份的信息。身份鉴别协议使用时间变量参数来保证其每个用例的独特性。这是为了防范重放攻击和交织攻击，以防范某些选择的文本攻击，并保证唯一性。

一个鉴别方案通过使用一种称为*质询-响应序列*（或称为*申请-质询-响应序列*）的过程来完成鉴别。这个序列从申请端向验证端发送*申请消息*开始（申请端请求验证）。验证端以*质询消息*响应申请端。然后，申请端向验证端发送*响应信息*，验证端检查申请端的申请消息和响应消息的一致性。如果申请端是一台设备，那么该流程只验证该设备的身份，而不验证该设备的使用者。那么仍然存在一种可能，就是该设备的拥有者并不是当前的使用者。为此，该设备的拥有者也应该参与到鉴别过程中。

一个鉴别协议必须不容易受到中间人攻击。中间攻击者是一个看不见的中间接力人，他拦截、理解、修改并转发消息达到欺骗的目的。中间人的目标是通过欺骗协议，而不是 511
破解密码体制来窃取申请人的身份。

14.3 零知识协议

零知识协议用来解决看起来矛盾的问题，即在没有任何信息的情况下，包括没有如何证明结论的相关信息，来证明一个结论。也许令人惊奇的是，零知识技术确实存在，基于特定的陷门函数在计算上复杂难解的假设。零知识协议通常应用于认证和鉴别形式的协议中。

我们使用一个直观的设定来理解零知识协议的性质。我们考虑两个并排的回型长走廊，在入口看不到的地方通过一个自闭的大门连接在一起。申请人为了证明拥有打开该门的钥匙，随机进入一个通道。验证端选择一个通道让申请人走出来。有效的申请人拥有门的钥匙可以打开通道连接处的门，并从要求的出口离开。而虚假的申请人没有钥匙，只有一半的概率能够从要求的出口离开。通过将此过程重复 m 次，验证端能确定拥有钥匙的申请人，错误率仅有 2^{-m}。

一个用于安全鉴别的零知识协议由一些能够用于问询的保密信息构成，没有特定的保密信息就不能回答对应的问询。同时必须在不泄露保密信息的情况下回应该问询。

零知识证明必须符合下列三种性质：

1）**完整性**：如果陈述是正确的，那么诚实的验证端在预期足够小的失败率的情况下能够被诚实的申请者说服。

2）**稳定性**：如果陈述是错误的，那么诚实的验证端不会被欺骗，除非验证结果符合预期足够小的错误率。

3）**零知识**：如果陈述是正确的，验证端除了知道陈述是正确的之外得不到任何信息。这一性质必须符合，即使验证端尝试通过改变选择来欺骗协议。

零知识协议基于申请端已知密钥。申请端必须证明其具有密钥且不能泄露其余信息。这通过建立一个陷门来解决计算问题。问题本身是难解的，但是如果有密钥就很容易解决。这样的问题通常是双素数分解问题或者离散对数问题，两者都是难解的。 512

14.4 安全鉴别方法

在本节中讨论一些安全鉴别的方法，如 Schnorr 鉴别协议、Okamoto 鉴别协议、Feige-Fiat-Shamir 鉴别协议以及 Guillou-Quisquater 鉴别协议。这些协议一般都是基于*申请-质询-响应序列*来进行身份鉴别。在这种协议中，当申请端的身份受到验证端质疑的时候，申请人可以产生一个只有真实申请端能够产生的响应。这样的过程，更多时候简化为质询-响应序列，必要时，能够通过重复进行这一过程来降低错误率。在本节中也讨论了 Fiat-Shamir 鉴别协议，但仅用于教学目的，因为 Feige-Fiat-Shamir 协议性能更加优越。

一个鉴别协议的性能可以通过多种因素进行判断。主要的考虑因素是安全性、计算要求、通信要求和鉴别错误的概率，但这些都不是唯一的考虑因素。一些协议需要可信的认证机构参与，并且要满足一些要求，比如对于存储的需求和安全保密的需求。可信认证机构的任务是验证和证实申请人的身份，并签发适当的证书，对申请人持有的身份秘密提出质疑。一些协议能够将证书嵌入协议中进行扩展。这些协议被称为基于身份的鉴别协议。

许多鉴别协议在安全级别、计算开销、通信开销和所需的内存开销之间存在差异。应用程序的需求将决定应该优先使用哪些协议。例如，Schnorr 鉴别协议很有竞争力，因为其只需要在第三步进行少量线上计算。其的确需要大量的计算，但这些计算可以通过离线计算来完成。Guillou-Quisquate 鉴别协议使用回合更少，占用内存少，但比 Fiat-Shamir 鉴别协议需要的计算开销更大。

Schnorr 鉴别协议

Schnorr 鉴别协议的唯一目标是确认申请人是否知道一个公开发布的域元素的有限域离散对数。只有申请人知道该域元素的离散对数。Schnorr 鉴别协议是基于这样一个事实，如果 p 足够大，那么 $\mathbf{F}_p^*$ 上离散对数的计算是难解的。因此域元素的离散对数信息是仅由
513 该实体保存的秘密信息，可以被用来作为鉴别的手段之一。一个受信任认证机构必须能够通过一些方法确定申请人身份并声称申请人确实知道域 $\mathbf{F}_p$ 中的一个元素 v 的基数为 α 的离散对数。公开发布这种效果的认证证书。该证书上受信任的权威的签名是由受信任的证书颁发机构颁发的证书，是确定该申请人的身份后的保证。

设 p 是一个素数且足够大，$p-1$ 有一个大的素因子，记为 r，使得 $\mathbf{F}_p^*$ 中离散对数问题对于 r 是难以处理的。设 α 为阶为 $r(\text{mod } p)$ 的循环 μ_r 的一个公开的发生器。整数 p、r 和 α 是协议固定的公开参数。每个潜在的申请人选择一个整数 a，使其满足 $0 \leqslant a \leqslant r-1$ 并且保密。虽然整数 a 是保密的，但是整数 $v=\alpha^a(\text{mod } p)$ 是可以通过计算得到的，并且是由受信任的认证机构公开作为该系统用户的身份验证。Schnorr 协议没有解决确保受信任的机构提供的证书的有效期问题。这是一个单独的任务。验证端使用身份鉴别协议的目标是验证申请人不知道的 v 的离散对数。

Schnorr 鉴别协议的质询-响应序列可以多次重复，但需要申请端随机选择一个整数 s 并在每一轮的开始阶段计算 $x=\alpha^s(\text{mod } p)$，并需要验证端选择一个随机整数 e。验证端可以确定真正的申请端是知道 v 的离散对数的，但是验证端自己并不能计算该离散对数。申请端和验证端的消息序列记为给定的整数序列：

申请端到验证端：$x=\alpha^s(\text{mod } p)$

验证端到申请端：e，$0<e\leqslant r-1$

申请端到验证端：$y=s+ae(\text{mod } r)$

其中 $a=\log_r v$ 只有申请端知道。为了计算质询 e 的响应 y，申请端必须知道 $a=\log_\alpha v$。从 v 计算得到 a 是不可能的，因为这个对数是难解的。

之后验证端验证 $\alpha^y v^e=x(\text{mod } p)$ 是否成立。因为对于一些 Q，有 $y=s+ae+rQ$，并且 α 有阶 r，该验证即变为计算 $\alpha^{s+ae+rQ}\alpha^{-ae}=\alpha^s(\text{mod } p)$。只有出现正确的响应 y 时才成立，y 只能由知道 $\log_\alpha v$ 的申请端计算。因为 s 是从 0 到 $r-1$ 之间随机选择的，y 也是一
514 个随机数，并且没有向攻击者提供任何能表示秘密的信息。当随机的 s 和 e 满足验证方程

时，产生验证错误的可能性是 $1/r$。如果 r 是一个 50 位的整数，这个可能性就是 2^{-50}，大约是10^{-15}。这也是能破解离散对数 $\log_\alpha v$ 的问题的概率。

Okamoto 鉴别协议

Okamoto 鉴别协议是 Schnorr 鉴别协议的改进。对于大值 p，它也是基于 $\mathbf{F}_p^*$ 中离散对数的难解性。令 r 是 $\#\mathbf{F}_p^*$ 的一个大的素数因子，那么在 Schnorr 鉴别协议中，μ_r 是阶为 r 的子群。那么 μ_r 的任意两个非零元素 α_1 和 α_2 是子群 μ_r 的生成元。

设 $\alpha_2=\alpha_1^c$，那么 $c=\log_{\alpha_1}\alpha_2$，其中 p 是 $\mathbf{F}_p$ 中的已知元素。c 的值由受信任机构随机选择。受信任机构计算 α_2，并公开 α_1 和 α_2。最后，验证端随机选择一对整数(a_1, a_2)作为密钥，并计算公开密钥 $v=\alpha_1^{-a_1}\alpha_2^{-a_2}$，被受信任机构用来做认证。

然后使用 Okamoto 鉴别协议，申请人随机选择两个非负整数 k_1 和 k_2，并且不超过 r，然后计算 $x=\alpha_1^{k_1}\alpha_2^{k_2}\pmod p$。

尽管原则上两个指数可以合并，例如 $k_1+k_2\log_{\alpha_1}\alpha_2$，但是当不知道 $\log \alpha_2$ 的时候，这是难以计算的。这确实帮助我们解释了如何用这种方法来计算 x。

验证端和申请端的信息流应如下所示：

申请端到验证端：$x=\alpha_1^{k_1}\alpha_2^{k_2}\pmod p$

验证端到申请端：e，$1\leqslant e\leqslant r$

申请端到验证端：$y_1=k_1+\alpha_1 e\pmod r$

$y_2=k_2+\alpha_2 e\pmod r$

之后验证端计算 $\alpha_1^{y_1}\alpha_2^{y_2}v^e\pmod p$，并将其与 x 进行比较。如果符合要求，就接受申请端的请求，否则拒绝申请端的请求。为了降低验证错误的可能性，可以重复几次协议过程。

举一个 Okamoto 鉴别协议的例子，选择一个素数 $p=88\,667$，并标注素数 1031 是 $\#\mathbf{F}_{88\,667}^*$ 的一个因子，那么 $\mu_{1031}\subset\mathbf{F}_{88\,667}^*$ 是一个循环子群。受信任机构选择 $\alpha_1=73\,611$，$\alpha_2=58\,902$，都是群 μ_{1031} 的元素，但是并没有泄露 $\log_{\alpha_1}\alpha_2$。

就密钥而言，申请端选择$(a_1, a_2)=(515, 846)$，并计算公开密钥 $v=13\,078$，受信任机构用它来做认证。

为了向验证端发起一次申请，申请端随机选择$(k_1, k_2)=(16, 899)$，并计算出 $x=\alpha_1^{k_1}\alpha_2^{k_2}\pmod p=73\,611^{16}\,58\,902^{899}\pmod{88\,667}=14\,574$。验证端随机选择 $e=489$ 用于质询。其响应是$(y_1, y_2)=(287, 131)$。验证端通过计算确定 $73\,611^{287}\,58\,902^{131}\,13\,078^{489}=14\,574\pmod{88\,667}$。因为这个等式成立，验证端就接受请求。如果等式不成立，那么请 515
求就被拒绝。

Fiat-Shamir 鉴别协议

Fiat-Shamir 鉴别协议的目标是验证只有申请端知道整数 v 模一个素数 n 的平方根，其中平方根是难以计算的。申请端不需要并不能泄露 v 的平方根。Fiat-Shamir 鉴别协议是基于双素数密码学的，并且基于计算模双素数积的平方根问题等价于对该双素数积进行二元因子分解问题的事实，因此它是难解的。鉴别的秘密是一个公开整数的平方根的信息。该秘密是由双素数积因子分解的难解性和模双素数积的平方根的难解性所保护。在这种情况下用任何方法都无法计算平方根。

Fiat-Shamir 协议需要一个可信任机构。该机构以某种方式验证申请端身份后，发出一个身份证书，其中包括声明申请端知道的大整数 v 的平方根。当然仍然会存在一种可能，当机构发出认证证书时，该机构受以该身份作为申请端的攻击者欺骗。这个问题必须在更高的层面上处理。Fiat-Shamir鉴别协议没有解决可信任机构的方法。

设 p 和 q 是两个大素数，那么计算双素数积 $n=pq$ 的因子就是难解的。素数 p 和 q 是由受信任的证书颁发机构选择的，但不向验证端和申请端公开，但是双素数积 n 是公开的。申请端选择一个整数 s 作为密钥，s 是大数且与 n 可比，但是比 n 小且与 n 互素。然后申请端计算 $v=s^2(\mathrm{mod}\ n)$，然后通过受信任的证书颁发机构注册整数 v。受信任的证书颁发机构将 v 与一份鉴别证书链接并发布该整数。通过这种方式，受信任的证书颁发机构向群体证明 v 的平方根只有证书中的实体才知道。因此，为了实现我们的目的，平方根的信息就变成了身份。

Fiat-Shamir 协议的可重复的质询-响应序列要求，在每一轮开始，申请端首先选择一个随机整数 r 并计算其模 n 的结果。然后申请端和验证端的通信过程如下所示：

申请端到验证端：$x=r^2(\mathrm{mod}\ n)$

验证端到申请端：$e\in\{0,1\}$

516 申请端到验证端：$y=r\cdot s^e(\mathrm{mod}\ n)$

向验证端发送的信息是 e，只有一位。验证端计算等式 $y^2=r^2v^e(\mathrm{mod}\ n)$是否成立。该协议被用来验证一个请求，同时也用于检测冒名者。如果 $y=0$，那么协议的结果就是不可信的，需要进行新一轮的检测。如果不满足不等式，那么申请被拒绝。如果满足等式，那么申请可能是也可能不是有效的。如果 $e=0$，并且有申请端已知的 r 的确是 x 的平方根。这只能保证申请端没有尝试通过发送不正确的 $x=r^2/v$ 作为申请信息，然后发送 $y=r$ 作为质询的响应来破坏协议。这不能保证申请端知道 x 的平方根。如果 $e=1$，那么或者是申请是有效的，或者是申请端尝试扰乱系统，欺骗等式。只有在申请端知道 r 是 v 的平方根时等式才成立。否则，测试失败并且申请端是冒名者。为了提高正确率，整个过程会重复很多次，每次都会有一个新的 r 值。

Fiat-Shamir 协议可以看作是验证者和冒名者的一个游戏。真的申请端是知道 v 和 x 的平方根的。它对任一质询的响应都是有效的。而假冒的申请端并不知道 v。如果发送 $x=r^2/v$，其中 x 的平方根未知且不能计算，那么在质询为$e=0$ 时该欺骗可以被发现，但是当质询为 $e=1$ 时则不会被发现。在图 14-1 中有说明。表格中的问号表示的是 $e=0$ 的情况，且质询并没有向验证端核实密钥。该请求向真的申请端请求核实。表格中的“可能”意味着验证成功，但是可能是冒名者的欺骗。

诚实

	$x=r^2$	$x=r^2$
$e=0$	?	?
$e=1$	可能	可能

不诚实

	$x=r^2$	$x=r^2/v$
$e=0$	?	不可能
$e=1$	不可能	可能

图 14-1 Fiat-Shamir 鉴别协议游戏

假设冒名者从两个选项中随机等概率的选择，且质询也是随机等概率的选择。那么冒名者只有一半的可能性被检测出来，协议过程也只有一半的可信性。在重复 m 次协议流程后，被欺骗的概率会降至 2^{-m}。

517 Fiat-Shamir 协议并不是零知识协议。这是因为密码分析者的确得到了密钥值 s 的少量信息。特别是，在每次使用该协议的过程中都有一点信息泄露。申请端可以通过用 $x=\pm r^2$ 代替 $x=r^2$，用 $y^2=\pm r^2v^3(\mathrm{mod}\ n)$来代替测试，进而避免这一点信息泄露。

Feige-Fiat-Shamir 鉴别协议

Feige-Fiat-Shamir 协议是一种零知识协议，基于双素数积的密码体制和计算模双素数积的平方根等价于求取双素数积的因子的结论。该协议比 Fiat-Shamir 协议更优，并由该协议重复驱动。

受信任的第三方选择两个大整数 p 和 q，两个素数都是符合 $4k+3$ 的形式，设 $n=pq$。

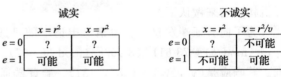

受信任的第三方不公开素数 p 和 q。申请端生成 k 个秘密数字，s_1，…，s_k，且 $\mathrm{GCD}(s_i, n)=1$，k 个密钥控制位 $b_i \in \{0, 1\}$，然后计算 $v_i=(-1)^{b_i}/s_i^2 \pmod n$，其中 $i=1$，…，k。控制位用来确保符号随机分布，从而阻止信息泄露。向量 $\boldsymbol{v}=\{v_1, v_2, \cdots, v_k\}$ 构成了公开密钥。

申请端到验证端：$x=\pm r^2$

验证端到申请端：$(e_1, e_2, \cdots, e_k)$ 其中 $e_i \in \{0, 1\}$

申请端到验证端：$y=rs_1^{e_1}s_2^{e_2}\cdots s_k^{e_k}$

验证端测试等式

$$y^2=\pm xv_1^{e_1}v_2^{e_2}\cdots v_k^{e_k}$$

是否成立。它简单证明了这个测试的有效性。通过这种方式，一次 Feige-Fiat-Shamir 鉴别协议等价于 Fiat-Shamir 鉴别协议重复 k 次。

这里给出一个 Feige-Fiat-Shamir 鉴别协议的例子，选择双素数积 $n=553\,913=683 \cdot 811$。这个双素数积太小不能保证安全，仅作为讲解例子。申请端随机选择三个整数 $(s_1, s_2, s_3)=(157, 4646, 43\,215)$ 和三个控制位 $(b_1, b_2, b_3)=(1, 1, 0)$，然后用 $v_i=(-1)^{b_2}/s_i^2$，计算申请端公开密钥：

$$(v_1, v_2, v_3)=(441\,845, 124\,423, 338\,402) \pmod{553\,913}$$

它由受信任的第三方在申请端的公开证书中输入。为了实现这个协议，申请端随机选择 $r=1279$ 和 $b=1$，然后计算 $x=r^2 \pmod{553\,913}=25\,898$。这是申请端发送给验证端的消息。验证端发送质询(0，1，0)给申请端。申请端计算 $y=rs_2 \pmod n=403\,104$，并将其返回给验证端。然后，验证端计算 $z=y^2v_2 \pmod n)\,25\,898$，其与 x 相等，从而验证了请求。 518

Guillou-Quisquater 鉴别协议

Guillou-Quisquater 鉴别协议也是基于双素数积求因子的难解性。它可以看成是 Fiat-Shamir 协议的变形，用更大的幂运算代替平方运算。鉴别的重点在于申请端知道整数 x 的 e 次方根。Guillou-Quisquater 协议允许申请端证明自己知道这个信息。该协议减少了证明-质询-响应过程中的通信量，但是增加了计算开销。

Guillou-Quisquater 鉴别协议也需要受信任的认证机构。受信任的认证机构通过协议中分离出来的方法确定申请端身份，然后发布一个公开的身份认证，包括阐述申请端知道的整数 x 模双素数积 pq 的 e 次方根㊀。计算模双素数积的 e 次方根也是复杂难解的。如果 e 是个偶数，可立即观察到该结论，因为计算平方根是复杂难解的。如果 e 是奇数也成立。

设 p 和 q 是大素数，那么求大素数 $n=pq$ 的因子就是难解的。设 s 和 v 是满足 $sv=1 \pmod{\phi(n)}$ 的整数。受信任的认证机构选择整数 p、q 和 s。这些整数都是保密的，只有该机构本身知道。受信任的认证机构计算 $n=pq$ 和 $v=s^{-1} \pmod{\phi(n)}$，然后向全体用户公开 n 和 v。一个比两者都大的正整数 e 也是协议中公开和固定的一部分。

申请端随机选择一个比 n 小的正整数 r，并计算 $x=r^e \pmod n$。质询-响应序列是

申请端到验证端：$x=r^e \pmod n$

验证端到申请端：$c \quad 1 \leqslant c \leqslant e-1$

申请端到验证端：$y=r \cdot s^e$

尽管这个协议可以重复多次，但是假冒的申请端不可能猜测到正确的 e。举例来讲，

㊀ 即 $x=y^e \bmod n$，$y=x^{1/e} \bmod n$。——译者注

如果 n 是一个 50 位的整数，那么错误的可能性是 2^{-50}，约为10^{-15}。

14.5 签名协议

我们已经学习了几种与流行的公钥密码学方法密切相关的签名方案。在 3.1 节中，介绍了与 RSA 相似的双素数积密码体制。在 8.3 节中讨论了 RSA 签名方案和 Elgamal 签名
519 方案。本节回顾了这些密钥签名认证方法来与其他签名协议进行对比。这些密钥签名方案提供认证方法，但它们本身不提供身份。公钥签名可以被看成认证签名，但它们不是鉴别签名。认证签名允许一个潜在的签名者建立一个方法证明签名者是签名消息的来源。鉴别签名不验证签名者或消息源的身份，只验证消息源的一致性。签名者不参与签名验证，也不需要进行通信验证。

包括鉴别的密钥签名是 Schnorr 签名。下述鉴别签名可作为 Elgamal 签名的一个变种，它也是基于离散对数的难解性。

为了将签名应用到鉴别问题中，签名方案也可以基于质询-响应协议构造。如 14.4 节所阐述，每个基于质询-响应序列的鉴别协议都可以被转化成签名协议。最直接的方法是用散列函数计算得到的信息摘要替代请求信息。这可能需要增加质询信息的长度，虽然通常认为 40 位的质询信息长度是足够的，但是对于信息摘要来讲我们需要 160 位。为了说明该过程，我们在下面阐述 Guillou-Quisquater 签名协议，它是通过对 14.4 节中的协议修改得到的。

非对称密钥签名

非对称密钥签名协议是基于 3.1 节和 8.3 节中阐述的求逆问题的难解性。那些签名协议允许任何用户生成一个个人签名，以便未来所有来自该用户的消息都可以被签名来验证用户是否是这些消息的来源。这些签名协议都具有同一个属性，即签名者不参与验证签名。事实上，签名者可能是无法访问的或者不存在的。基本对称密钥签名的协议不包括鉴别功能，该功能通常是通过另一种方法来纳入系统。

为了总结双素数签名协议，设 $n=pq$ 是一个足够大的双素数，那么其求解因子的计算是难解的。设 a 和 b 是两个整数，满足 $ab=1(\mathrm{mod}\ \phi(n))$。整数 n 和 b 构成公开密钥，a、p 和 q 构成非公开密钥，只有签名者知道。消息 x 的数字签名是 $y=\mathrm{sign}_a(x)=x^a(\mathrm{mod}\ n)$。签名后的信息是组合 $(x, y)=(x, \mathrm{sign}_a(x))$。为了验证签名，计算 $\mathrm{ver}_b(y)=y_b$，并与消息 x 比较。如果 $y^b=x$，那么签名是有效的。在实践中，签名要应用
520 到消息摘要之中而非消息本身。

基于 8.3 节中描述的非对称密钥签名协议是与 Elgamal 签名相似的离散对数。Elgamal 签名方案本身不包括认证功能，该功能通常会通过另一种独立的方法加入该方案。Elgamal 签名协议是基于离散对数的难解性问题。Elgamal 签名使用两个保密密钥。一个密钥记为 k，对于每一条消息都是唯一的，且该密钥对于每一条消息都是随机选定的。另一个密钥记为 i，是仅属于签名者的永久密钥。签名者一次选定个人密钥，并计算 $I=\alpha^i$，作为签名者的永久认证码。为了给消息 x 签名，签名者计算 $\Delta=k^{-1}(x-iK)(\mathrm{mod}\ p-1)$。签名就是$\mathrm{sign}_k(x)=(K, \Delta)$，签名后的信息就是$(x, \mathrm{sign}_k(x))=(x, (K, \Delta))$。验证过程即为验证等式 $x=\Delta k+iK(\mathrm{mod}\ p-1)$是否成立。如果等式成立，那么签名有效。否则签名无效。

Schnorr 鉴别签名

Schnorr 鉴别签名是另一种基于群 $\mathbf{F}_p$ 的离散对数的难解性问题的签名方法，其中 p 是

一个足够大的整数。设 p 是一个大到在 $\mathbf{F}_p^*$ 中难以求解离散对数问题的素数，且 $p-1$ 有一个很大的素因子记为 r。Schnorr 协议使用循环子群 $\mu_r \subset \mathbf{F}_p^*$，阶为 r，基为 α。签名的安全性由离散对数的难解性保证。

Schnorr 签名协议使用一个散列函数，记为 $\{0,1\}^* \to \{0,\cdots,r-1\}$，在二进制串集合上，将散列函数嵌入签名。为了构造签名协议，签名者随机选择一个大的且比 r 小的非负整数 i，并计算 $\alpha^i \pmod r$，其中 α 是 μ_r 的生成元。整数 i 是签名者的永久保密密钥，且整数 I 是签名者的永久公开密钥。公开密钥 I 可以作为一个属于该用户的标识密钥由一个可信的认证机构来进行验证。

为了对消息摘要进行签名，签名者随机选择一个比 r 小的非负整数 k 作为保密信息密钥，并计算 $K=\alpha^k \pmod p$，将其作为公开信息密钥。对每条信息都重新并独立选择一个保密消息密钥 k。签名者的公开消息密钥 K 是与要签名的消息 x 相关联的，并且消息连接 $x\|K$ 是用于产生消息摘要的散列值 $h=\text{hash}(x\|K)$。通过消息摘要来恢复 x 或 K 是难解的。

然后签名者设 $s=k-hi \pmod p$，签名即为 (h,s)，所以 $\text{sign}(x)=(h,s)$。

为了在消息 x 上验证签名 (h,s)，验证端将 α^s 乘以 I^k，其中 α 和 I 均是公开的，而 s 和 k 是由签名给出的。然后验证端验证等式 $\text{hash}(x\|\alpha^s I^k)h$ 是否成立，如果等式成立则签 521
名有效。否则签名无效。错误地声称签名有效的可能性由散列冲突的概率决定。

我们一般认为 Schnorr 签名协议是安全的。但是很明显 Schnorr 协议的安全性是由离散对数的难解性问题来保证的。有人认为其不受任何直接攻击威胁，另一种说法认为针对 Schnorr 签名的成功的攻击都能用于对离散对数问题进行攻击。那么，如果接受离散对数的难解性，Schnorr 协议就是安全的。这种说法看起来是令人信服，但我们不赞成这种说法。

Lamport 鉴别签名

Lamport 签名方案是一种基于迭代密码的简单认证协议。在一些应用中，这是有用的。Lamport 签名协议只验证来自特定消息源的信息。它并不声明消息源的身份。Lamport 协议的主要特点是极度的简洁性。Lamport 协议不需要验证端发送信息，也不需要受信任的第三方。对于任何攻击者来讲，可能存在一个缺陷：验证端在每次过程中都知道密钥，尽管该密钥只会使用一次。每个密钥只有在其过期后才会被公开。

设 h 是一个安全的单向函数，用于从当前口令中迭代计算出一个新的口令。申请端随机选择一个初始口令 w，比如一个长的二进制序列，然后计算并存储 $h^\ell(w)$，其中 $\ell=1,\cdots,t$，h^ℓ 中的 ℓ 定义的是像 $h^\ell(w)=h(h^{\ell-1}(w))$ 这样重复应用的函数 h，t 是一个必须要使用到的作为密钥的大整数。口令按照反序使用，从列表的最后一个口令开始使用。

在第 i 次鉴别中，$i=1,2,\cdots$ 申请端使用 $h^{t-i}(w)$ 作为口令。验证端存储申请端最近使用的口令。为了验证第 i 次的口令，验证端计算 $h(h^{t-i}(w))=h^{t-(i-1)}(w)$ 是否与申请端在第 $i-1$ 轮使用的口令相等。然而因为 h 是一个单向函数，所以不可能从老的口令中推算出新的口令。

单向函数 h 的一个合适的选择是在素数域上的某种计算方法。然后从任意整数 $k=k_t$ 开始，密钥的反序由 $k_{i-1}=\alpha^{k_i}$ 给出，其中 α 是群 $\mathbf{F}_p$ 的一个原始元素。密钥序列为 k_1，k_2，$\cdots$，k_{t-1}，k_t。为了初始化协议，验证端接收密钥 k_1。然后当收到第 i 条附有密钥 k_i 522
的消息时，验证端计算 α^{k_i}，其必须和 k_{i-1} 相等，否则验证失败。

对于任何窃听攻击，验证端可以观察并记录全部使用过的口令，但是不能预测下一条信息附带的口令。验证端的指数 i 只有在正确接收和认证后才能增加。Lamport 协议只能用于新口令出现后旧口令失去价值的情况。

Guillou-Quisquater 鉴别签名

Guillou-Quisquater 协议是基于大双素数积求因子的难解性问题。Guillou-Quisquater 鉴别签名可以被看成 Guillou-Quisquater 鉴别协议的改进，其使用一个散列函数代替质询。为了初始化签名过程，签名者随机选择两个保密的大素数 p 和 q，并计算 $n=pq$，然后选择一个比 n 小且与欧拉函数 $\phi(n)$ 互素的正整数 e。签名者还要选择一个比 n 小且与 n 互素的整数 I。签名者的公开认证密钥是 (n, e, J_A)。签名者对应的保密密钥是满足 $Ia^e=1 \pmod n$ 的 a。为了计算保密密钥 i，我们需要知道因子 p 和 q。使用扩展欧几里得算法来计算 $I^{-1} \pmod n$，$d_1=e^{-1} \pmod{p-1}$，$d_2=e^{-1} \pmod{q-1}$。然后计算 $a_1=(I^{-1})d_1 \pmod p$，$a_2=(I^{-1})d_2 \pmod q$。最后，计算满足 $a_1=a \pmod p$，$a_2=a \pmod q$ 的 a。

对于一些整数 n，设 h：$\{0, 1\}^* \to \mathbf{Z}_n$ 是一个散列函数，并提供一个已签名的消息 x 摘要，表示为 hash(x)。为了生成一个签名信息，签名者随机选择一个整数 k，并计算 $K=k^e \pmod n$。然后签名者计算 x 和 K 关联的摘要，定义 $h=\text{hash}(m\|K)$，然后计算 $s=ki^h \pmod n$。

为了验证签名消息 (x, s, h) 是有效的，验证端需要计算 $s^eI^h=x$。

举一个简单的例子，设 $n=pq$ 中的 $p=20\,849$，$q=27\,457$，$n=572\,450\,993$。为了生成密钥，加密者选择一个整数 $e=47$，$I=1\,091\,522$，然后计算保密密钥 $i=214\,611\,724$。那么 $(n, e, I)=(572\,450\,993, 47, 1\,091\,522)$。

为了给消息 $x=1101110001$ 签名，签名者随机选择一个整数 $k=42\,134$，并计算 $k^e \pmod n$ 得到 $r=297\,543\,350$。消息 x 和消息的密钥通过计算摘要 $h=\text{hash}(x\|K)$ 关联起

523 来。在这个例子中，我们假设消息是摘要 h，是 hash$(x\|r)=2\,713\,833$。那么 $(x, s, h)=(1101110001, 252000854, 2712833)$ 是签名文件。

为了验证签名，验证端计算 $s^e \pmod n)=398\,641\,962$，$I^h \pmod n=110\,523\,867$，$r=S^eI \pmod n=297\,543\,350$。最终因为 $u=r$，且 $h'=h(x\|u)=h(x\|r)=h$，所以这个签名就是有效的。

14.6　秘密共享协议

秘密共享的任务就是向一群个体分配访问子密钥，或潜在密钥，依据所需的目的而定。这个协议的标准构成是一个受保护信息，并给 n 个参与者分配访问子密钥，当少于 t 个参与者时不能访问该信息，任意 t 个参与者合作时就能够访问该信息。所以 n 个密钥中的 t 个密钥就能组合成一个完整密钥并能够用来解锁保密信息。少于 t 个子密钥时，无论是个体还是整体均不能解锁保密信息。

下面讲解一个简单的例子，是 $n=2$、$t=2$ 时的秘密共享过程。密钥 k 是一个比某个固定素数 p 小的随机正整数。子密钥 k_1 是随机选择的比 p 小的整数，子密钥 k_2 等于 $k-k_1 \pmod p$。子密钥 k_1 和 k_2 的阶都应该是 $p/2$。然后两个用户必须分别提供他们的子密钥，用公式 $k=k_1+k_2 \pmod p$ 计算密钥 k。即便素数 p 可能已知，k_1 或 k_2 都不能得到任何与密钥 k 有关的信息。

总的来讲，设 t 和 n 是正整数且 $t \leqslant n$，一个 (t, n) 秘密共享方案是基于在 n 个参与者中共享二进制密钥 k，使得至少需要其中的 t 个参与者才能够得到完整密钥的方案。无条件安全的秘密共享方案是任何一组 $t-1$ 个参与者都不能揭示秘密信息。一个无条件安全

的秘密共享方案的每一个共享组必须至少与秘密本身规模一样大。这是因为，即使 $t-1$ 个共享密钥已知，仍然需要第 t 个共享密钥来提供全部信息。已知的 $t-1$ 个共享密钥合并在一起并不提供任何信息。

一个(n, n)完美秘密共享系统，其由 $n-1$ 个来自向量空间 $\mathbf{F}_2^r$ 的随机选择的元素 a_1，a_2，…，a_{n-1}构成。给定的二进制消息 m 的长度是 r，共享密钥是 $a_1, a_2, \cdots, a_{n-1}, m+\sum_{\ell} a_\ell$。在这个系统中，需要全部 n 个子密钥来解锁保密消息。上述的(2，2)秘密共享系统是(n, n)秘密共享系统的一个特例。

更加有趣的一种秘密共享协议是基于将一个密钥划分为 n 个子密钥的方法，每个子密钥都不能给出密钥本身的任何信息，然而任意 t 个子密钥组合就可以用于恢复密钥。一种 524
基于 Shamir 秘密共享方案改进得到的秘密共享方案，是基于对多项式的评估构造的。这种方法的原理是一个 $t-1$ 次多项式是由平面 $\mathbf{F}^2$ 上的任意 t 个点定义的。举例来讲，面上的两个点确定一个线性多项式，三个点确定一个二次型多项式，四个点确定一个三次型多项式，以此类推。当用于差错控制任务时，相同的方法称为 Reed-Solomon 编码。

一个特定有限域 $\mathbf{F}_q$ 是该秘密共享方案的基础并是公开的。秘密由域中的一个特定元素构成，定义为 a_0。该秘密由$\lfloor \log_2 q \rfloor$位构成。加密者随机地从 $\mathbf{F}_q$ 中选择$t-1$ 个元素，记为 a_1，a_2，…，a_{t-1}。这些域元素是公开的。然后加密者计算多项式的次数 t：

$$a(x) = a_0 + \sum_{i=1}^{t} a_i x^i$$

并根据 n 个选定的有限域中的点来评估这个多项式，给出：

$$A_j = a(x_j) \quad j = 1, \cdots, n$$

集合 A_j 中的任意t 个值通过拉格朗日插值法确定了多项式 $a(x)$的阶 t，同时确定了 a_0。然而 A_j 中的任意$t-1$ 个值仅仅确定了一组阶为 t 的多项式，这样的一个多项式的每一个值都是 a_0。因此 A_i 的$t-1$ 个值并不能给出关于 a_0 的任何信息。

多项式插值法与 15 章中所描述的差错控制编码的问题密切相关。特别是这些方法和 Reed-Solomon 码息息相关。不仅如此，这种秘密共享方案能够抵抗参与者中的一部分成员通过伪造子密钥来获取正确密钥的攻击。为了检测这种伪密钥，需要已知 $t+2$ 个子密钥，这能够让验证端检测到伪造密钥并拒绝访问。

第 14 章习题

14.1 假定一个给定的口令由一个 20 个字符的有序序列组成，此口令分别给予 4 人中每人各 5 个字符，因此 4 人必须合作以便恢复口令。这是一个安全的秘密共享方案吗？

14.2 请从 Guillou-Quisquater 签名方案之中吸取经验，通过 Schnorr 鉴别协议来设计 Schnorr 签名协议。

14.3 请运用 Lamport 鉴别协议来设计一个程序以解决以下问题，酒店房间的门锁自行更新其访问密钥，当且仅当该房间的顾客发生变更。(门锁除了提交给它的密钥序列外，没有其他信息来源。) 525

14.4 (a) 假定 $s \in \mathbf{Z}$ 是一个整数，并且代表一个秘密。(例如，它的二进制表示代表了一个二进制消息。)

假设 r_i 是小于s 的随机整数，其中 $i=1$，…，$t-1$，并且令 $r_t = s - \sum_{i=1}^{t-1} r_i$。那么集合$\{r_1$，…$r_t\}$是否构成一个正确的用于 t 个用户的秘密共享方案？

(b) 假定 p 是任意一个素数，而 s 是一个比 p 小的整数并代表一个秘密。那么上述方案重新改为限定于 $\mathbf{Z}_p$ 中，是否构成秘密共享方案？

14.5 请从基于 Guillou-Quisquater 身份的鉴别协议之中吸取灵感，为 Feige-Fiat-Shamir 鉴别协议设计一种基于身份的鉴别协议版本。

14.6 证明如果平方根对大型双素数积求模计算是复杂难解的，那么即使 e 是偶数，e 次方根对大型双素数积求模计算是复杂难解的。对于一般的 e，能得出什么结论？

14.7 一个使用 Fiat-Shamir 协议的冒名顶替者声称 $x=r^2$ 或 $x=r^2/v$ 的概率分别为 q_0 和 $q_1=1-q_0$。验证者发起质询，其中 $e=0$ 和 $e=1$ 的概率分别为 p_0 和 $p_1=1-p_0$。依据博弈论中的最小-最大原则，概率 q_0 和 p_0 应该如何选择？该冒名顶替者和当事人应该从重复的过程中独立进行选择，还是应该存有依赖性？为什么？

第 14 章注释

Fiat 和 Shamir(1987)，Feige、Fiat 和 Shamir(1988)，Guillou 和 Quisquater(1988)，Schnorr(1991a，1991b)，Okamoto(1992)引入了一些著名的鉴别协议。这些协议中的绝大多数都是零知识协议和质询-响应序列过程。零知识方法的形式化研究已经发展出了交互式证明系统，这最初是由 Goldwasser、Micali 和 Rackoff(1989)以及 Babai 和 Moran(1988)正式提出的。Fiat 和 Shamir(1987)发表了从鉴别协议来构造签名方案的一般技术。

秘密共享的问题是由几人同时独立引入的，包括 Blakley(1979)和 Shamir(1979)。McEliece 和 Sarwate(1981)发现了它与 Reed-Solomon 码的联系。Karnin、Greene 和 Hellman(1983)证明了一个理想秘密
526 共享方案的每个共享至少必须与秘密本身一样大。

其他公钥密码

在每种常见公钥密码体制的底层都有一个复杂难解的数学问题，该问题目前没有简单可行的求解算法。然而对于许多这样的问题，并没有证据表明简单易处理的求解算法是不存在的。相应地，基于其他明显难解的数学问题来研发备用密码算法是一种明智的做法。一些与格或编码有关的计算问题，提供了明显难解的备选数学问题。在密码理论中，尤其是在公钥密码学中，最初引入格的目的是相反的，是为了展示或挖掘一些密码体制的弱点。格的研究很快改变了风向，转向为正面目的，即研发备用形式的公钥密码学。

格可以用来阐述一种既不是基于双素数因子分解也不是基于离散对数问题的公钥密码体制。我们感兴趣的主要问题是超大维格中所谓的最短向量问题。在正规化复杂度理论中，可以对最短向量问题的一般情况进行明确的表述；在这种意义下，与双素数因子分解和离散对数问题相比，格中的最短向量问题是理论上复杂难解的。

一个 n 维格是 n 维空间中点的一个周期性排列，典型代表是欧氏空间 $\mathbf{R}^n$。格中最常见的一个例子是 n 维整数格 $\mathbf{Z}^n$，$\mathbf{Z}^n$ 可以嵌入 $\mathbf{R}^n$ 之中。现在，基于格的密码学方法得到了很好的研究，尽管其安全性还存在争议。目前，基于格的公钥密码体制并不如基于整数因子分解或基于离散对数问题的密码体制那么广受欢迎。这可能部分归因于其复杂性和计算量超出了那些方法，但也是因为其历史上的和传闻中的证据支持不如其他方法繁多。然而，如果整数因子分解问题和离散对数问题在未来某个时候都得以解决，或者如果基于这些问题的密码体制被某些其他方式破解，那么基于格的密码体制将会变得很重要。到目前为止，基于格的密码学仍然处于其他常用方法的阴影之下。 527

15.1 格介绍

设 $\boldsymbol{B}$ 是一个实数域 $\mathbf{R}$ 上 $n\times n$ 的矩阵。所有实数集向量 $\boldsymbol{v}\in\mathbf{R}^n$ 可以被写作 $\boldsymbol{v}=\boldsymbol{Ba}$，其中 $\boldsymbol{a}$ 是一个长度为 n 的整数向量，这样的实数集定义为 $\boldsymbol{\Lambda}$，称为格，即

$$\boldsymbol{\Lambda}=\{\boldsymbol{v}=\sum_{i=1}^{n}a_i\boldsymbol{b}_i\,|\,a_i\in\mathbf{Z}\}$$

其中元素为 b_{ij} 的向量 $\boldsymbol{b}_i$ 是矩阵 $\boldsymbol{B}$ 的列向量。格 $\boldsymbol{\Lambda}$ 可以进一步简化为

$$\boldsymbol{\Lambda}=\{\boldsymbol{v}=\boldsymbol{Ba}\,|\,\boldsymbol{a}\in\boldsymbol{Z}^n\}$$

如果矩阵 $\boldsymbol{B}$ 是满秩的，那么格 $\boldsymbol{\Lambda}$ 也是满秩的。

每一个非奇异实矩阵 $\boldsymbol{B}$ 对应一个 $\mathbf{R}^n$ 上的满秩格 $\boldsymbol{\Lambda}$，这个方阵 $\boldsymbol{B}$ 被称为格 $\boldsymbol{\Lambda}$ 的生成矩阵。每一个非奇异实矩阵 $\boldsymbol{B}$ 都是一些格的生成矩阵。一些这样的矩阵 $\boldsymbol{B}$ 可能还有附加结构。一个 $n\times n$ 的方阵，其中 n 列是彼此不同的周期性变化的循环矩阵。要求 $\boldsymbol{B}$ 是一个循环矩阵，并利用此重要结构来生成格。

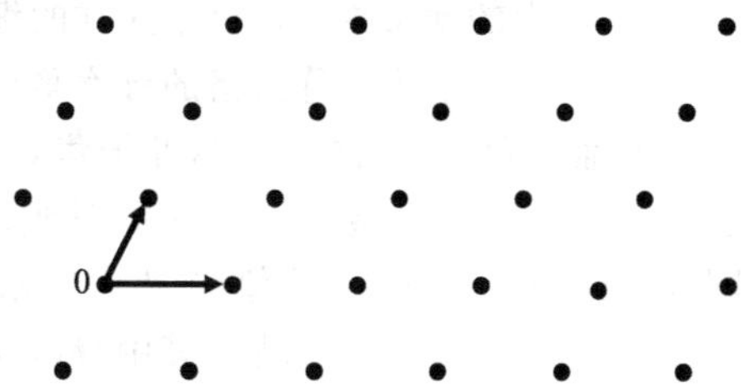
图 15-1 $\mathbf{R}^2$ 中的格

$\mathbf{R}^2$ 上一个典型的格如图 15-1 所示。格有一个定义为 $\mathbf{0}$ 的原点记做点 $\boldsymbol{v}$，使得 $\boldsymbol{a}$ 或 $\boldsymbol{v}$ 的全部元素

都等于 0。

如果矩阵 $\boldsymbol{B}$ 是非奇异的，那么 $\boldsymbol{B}$ 的列是线性独立的。在这种情况下，$\boldsymbol{B}$ 的列向量集合称为格的基。

举例来讲，设

528

$$\boldsymbol{b}_1=\begin{bmatrix}1\\2\end{bmatrix},\quad \boldsymbol{b}_2=\begin{bmatrix}1\\-1\end{bmatrix}$$

是两个基向量，那么生成矩阵是

$$\boldsymbol{B}=\begin{bmatrix}1 & 1\\2 & -1\end{bmatrix}$$

格由所有的 $\boldsymbol{Ba}$ 构成，其中 $\boldsymbol{a}$ 是一个二维的整数向量。

格的基并不是唯一的。事实上，每个格的维度至少是 2 并且有无数个基。例如，$\{(\boldsymbol{b}_1,\ \boldsymbol{b}_2)=(1,\ 0),\ (0,\ 1)\}$ 是 $\mathbf{Z}^2$ 最可能的基，然而$\{((\boldsymbol{b}_1,\ \boldsymbol{b}_2)=(1,\ 0),\ (97,\ 1)\}$ 也是一个基，但显然是不合理的。

基是格的一个相互线性独立的点的集合，记作向量。这意味着新的生成矩阵可以由旧的矩阵的基来表示，等价于 $\boldsymbol{B}'=\boldsymbol{BA}$，其中 $\boldsymbol{A}$ 是一个可逆的整数矩阵，并被称为单模矩阵。这是因为如果 $\boldsymbol{A}$ 是一个可逆的整数矩阵，那么就有$\{\boldsymbol{Ba}\mid \boldsymbol{a}\in\mathbf{Z}^n\}=\{\boldsymbol{BAa}\mid \boldsymbol{a}\in\mathbf{Z}^n\}$。下面的定理进一步描述这样的 $\boldsymbol{A}$。

定理 15.1.1 当且仅当 $\boldsymbol{B}'=\boldsymbol{BA}$ 时，两个生成矩阵 $\boldsymbol{B}$ 和 $\boldsymbol{B}'$ 生成相同的格 $\boldsymbol{\Lambda}$，其中 $\boldsymbol{A}$ 是一个整数矩阵且满足 $\det \boldsymbol{A}=\pm 1$。

证明 因为 $\boldsymbol{B}=\boldsymbol{B}'\boldsymbol{A}^{-1}$，我们可以写出 $1=\det(\boldsymbol{I})=\det(\boldsymbol{AA}^{-1})=\det(\boldsymbol{A})\det(\boldsymbol{A}^{-1})$。但是 $\det \boldsymbol{A}$ 和 $\det \boldsymbol{A}^{-1}$ 都是整数，所以它们都是 $+1$ 或 -1。 □

该定理表示，两个格 $\boldsymbol{\Lambda}$ 的生成矩阵有相同的特性。因此，任何生成矩阵的行列式的绝对值都被称为格的行列式。

如果 $\boldsymbol{B}$ 是 n 维单位矩阵，那么格 $\boldsymbol{\Lambda}$ 是 $\mathbf{Z}^n$ 上的实数格。因此每个 n 维格都是由矩阵 $\boldsymbol{B}$ 变形的 $\mathbf{Z}^n$ 上的复制。如果 $\boldsymbol{\Lambda}$ 的任何子集本身也是一个格，就称为 $\boldsymbol{\Lambda}$ 的子格。

因为格中的任意点 $\boldsymbol{x}$ 都是 $\mathbf{R}^n$ 上的元素，所以格中点的欧几里得范数$\|\cdot\|$的计算定义如下

$$\|\boldsymbol{x}\|=\sqrt{x_1^2+x_2^2\cdots+x_n^2}$$

那么任意格两点 $\boldsymbol{x}$ 和 $\boldsymbol{y}$ 的欧氏距离计算公式就是 $d(\boldsymbol{x},\ \boldsymbol{y})=\|\boldsymbol{x}-\boldsymbol{y}\|$。格的最小间距定义为 $d_{\min}=\min_{x,y\in\Lambda}d(\boldsymbol{x},\ \boldsymbol{y})$。两元素的内积，格中 $\boldsymbol{x}$ 和 $\boldsymbol{y}$ 的内积定义为

$$\langle \boldsymbol{x},\boldsymbol{y}\rangle = x_1y_1+x_2y_2+\cdots+x_ny_n$$

529 如果$<\boldsymbol{x},\ \boldsymbol{y}>=0$，那么格的点 $\boldsymbol{x}$ 和 $\boldsymbol{y}$ 正交。

如果要求生成矩阵 $\boldsymbol{B}$ 是非奇异的，那么每个 n 维格或者每个向量集都要跨越 $\mathbf{R}^n$。格引出了一种 $\mathbf{R}^n$ 上的细化单元，每个这样的细化单元被称为格的一个单元。由形如 $\boldsymbol{Bi}$ 的格点集所界定的 $\mathbf{R}^n$ 上的点集，称为格的标准单元，记为 $\mathcal{F}$，其中 $\boldsymbol{i}$ 的每个分量取值为 1 或 0。

标准单元是 $\mathbf{R}^n$ 的一个标准子集，因此它有通常意义上的体积。一个标准单元的体积被定义为 $\mathrm{vol}(\mathcal{F})$，或者在方便的时候用 $\mathrm{vol}(\boldsymbol{\Lambda})$ 表示。格的每个单元和标准单元一样都有同样的体积 $\mathrm{vol}(\boldsymbol{\Lambda})$，其值与 $\det \boldsymbol{B}$ 相等。一个格单元的体积上的 Hadamard 不等式是 $\mathrm{vol}(\boldsymbol{\Lambda})\leqslant\|\boldsymbol{b}_1\|\|\boldsymbol{b}_2\|\cdots\|\boldsymbol{b}_n\|$，其中$\{\boldsymbol{b}_1,\ \boldsymbol{b}_2,\ \cdots,\ \boldsymbol{b}_n\}$是一个由所有非零标准单元组成的基。Hadamard 不等式遵循的原理是平行六面体的体积小于其边长的乘积。

如果 $\boldsymbol{b}_i \cdot \boldsymbol{b}_j=0$，那么两个基向量是正交的。当且仅当一组基中的向量两两正交时，其是一组正交基。总的来讲，因为格的离散结构，一个给定的格没有正交基。基的正交性缺陷被定义为 $\prod_{i=1}^{n}\|\boldsymbol{b}_i\|/\det\boldsymbol{B}$ 。正交性缺陷衡量了基中向量距正交化还差多少。它比较了基向量的乘积与其定义的平行六面体的体积。正交性缺陷总是大于等于 1，当且仅当基向量是正交时，其值等于 1。

每个格都和图 15-2 中的一个球状填充以及一个双线性表达式相关联，如下所示：

$$b(x_1,\cdots,x_n)=\sum_{i=1}^{n}\sum_{j=l}^{n}b_{ij}x_ix_j$$

图 15-2 中的球状填充显然不是一个 $\mathbf{R}^2$ 有效的球状填充。显然，在两个维度中，六边格应该能产生最有效的球状填充。 530

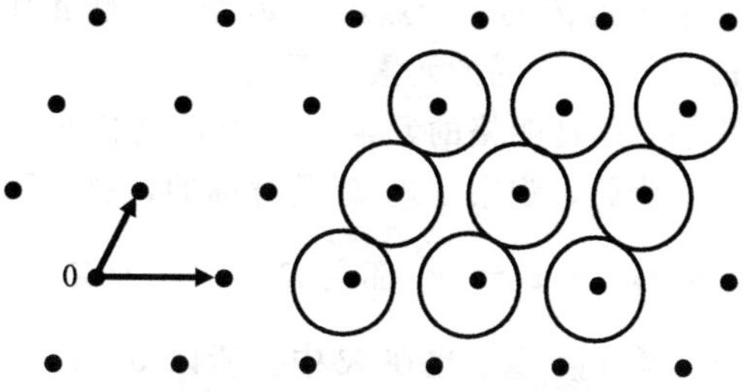

图 15-2 $\mathbf{R}^3$ 中的球状填充

一个半径为 $2/\sqrt{\pi}$，且以 $\mathbf{R}^2$ 上的一个原点为圆心的圆会附上格中的一个点，除了 $\mathbf{R}^2$ 上的任意单元格的原点。这一命题对任何集中在原点上的水平或垂直的椭圆都成立，并且椭圆面积至少等于 4。每一种情况都是下面的一般定理的一个实例。

设 $\mathcal{R}$ 是 $\mathbf{R}^n$ 上关于原点对称的一个凸区域，意味着对于 $\mathcal{R}$ 中的任意实向量 $\boldsymbol{x}$，$-\boldsymbol{x}$ 也在 $\mathcal{R}$ 中，并且可以用 $-\boldsymbol{x}$ 代表向量 $\boldsymbol{x}$ 的负。圆是 $\mathbf{R}^2$ 上的一个凸区域的实例。超球面是 $\mathbf{R}^n$ 上的凸区域的实例。

定理 15.1.2(Minkowski 凸面体定理)[⊖] 假设 $\boldsymbol{\Lambda}$ 是一个 n 维格，那么 $\mathbf{R}^n$ 中每个紧凑的、体积至少是 $2^n\mathrm{vol}(\boldsymbol{\Lambda})$的对称凸面区域 $\mathbf{R}$ 至少包含一个非零格点。

证明 我们在步骤 1 中处理不等的情况。相等的情况将通过步骤 2 中随后的限制论证来确定。

步骤 1(不等) 设 $\mathcal{R}\subset\mathbf{R}^n$ 且是一个 $\mathbf{R}^n$ 上的一个紧凑、对称的凸区域并满足

$$\mathrm{vol}(\mathcal{R})>2^n\mathrm{vol}(\mathcal{F})$$

其中 $\mathcal{F}$是 $\boldsymbol{\Lambda}$ 的一个标准单元。通过将 $\mathcal{R}$ 缩小两倍(即收缩一半)来定义集合 $\mathcal{R}'$，即 $\mathcal{R}'=\{\boldsymbol{x}'\in\boldsymbol{R}^n\,|\,2\boldsymbol{x}'\in\mathcal{R}\}$

其中 $2\boldsymbol{x}'$是向量 $\boldsymbol{x}'$中的每一个部分乘以 2 得到的向量。由于使用因子 2 缩小了 $\mathcal{R}$，因而其体积采用因子 2^n 来减少(即减少为 $1/2^n$)，我们由此可知 $\mathrm{vol}(\mathcal{R}')>\mathrm{vol}(\mathcal{F})$。

设 $\phi(x)$是 $\mathcal{R}'$的指示函数。那么

$$\phi(\boldsymbol{x})=\begin{cases}1 & \text{如果 } \boldsymbol{x}\in\mathcal{R}'\\ 0 & \text{如果 } \boldsymbol{x}\notin\mathcal{R}\end{cases}$$ 531

接着将 $\phi(\boldsymbol{x})$转化为格中每个点。我们将证明这些转化过程必须重叠。为此，构造函数

$$\Phi(\boldsymbol{x})=\sum_{\lambda\in\boldsymbol{\Lambda}}\phi(\boldsymbol{x}+\lambda)$$

我们会证明对于一些 $\boldsymbol{x}$，有 $\Phi(\boldsymbol{x})\geqslant 2$。

空间 $\mathbf{R}^n$ 是格的全部单元的并集。那么等式 $\mathbf{R}^n=\bigcup_{v\in\boldsymbol{\Lambda}}(\mathcal{F}+\boldsymbol{v})$成立，因此

⊖ 重要的 Minkowski 定理可以看成 Blichfeldt 定理的结构，其阐述了任何闭包 $S\in\mathbf{R}^n$，其体积比满秩的格 $\boldsymbol{\Lambda}\in\mathbf{R}^n$ 大，包含了两个不同的点 s_1 和 s_2，且满足 $s_1-s_2\in\boldsymbol{\Lambda}$。

$$\int_{x\in\mathcal{F}}\Phi(\boldsymbol{x})\mathrm{d}\boldsymbol{x}=\int_{x\in\mathcal{F}}\sum_{\lambda\in\mathbf{\Lambda}}\phi(\boldsymbol{x}+\lambda)=\int_{x\in\mathbf{R}^n}\phi(\boldsymbol{x})\mathrm{d}\boldsymbol{x}=\mathrm{vol}(\mathcal{R}')>\mathrm{vol}(\mathcal{F})$$

这表明区域 $\mathcal{F}$的超体积$\phi(x)$严格大于 $\mathcal{F}$。所以对于一些 $\boldsymbol{x}\in\mathcal{F}$，$\Phi(\boldsymbol{x})$大于 1，因为它只有整数值，对于一些 $\boldsymbol{x}$，它大于等于 2。因此，一些 $\phi(\boldsymbol{x}+\lambda)$重叠。

我们认为紧凑的集合 $\mathcal{R}'$严格大于标准单元 $\mathcal{F}$，所以商群 $\mathcal{R}'/\mathbf{\Lambda}$ 的一些等价类包含至少一个 $\boldsymbol{x}$。这意味着，在一个等价类中，至少有两个点 $\boldsymbol{x}'_1$ 和 $\boldsymbol{x}'_2$ 属于 $\mathcal{R}'$，对应 $\mathcal{R}$ 中的点 $\boldsymbol{x}_1$ 和 $\boldsymbol{x}_2$，可以被记作

$$\boldsymbol{x}_1=\boldsymbol{f}+\boldsymbol{v}_1$$
$$\boldsymbol{x}_2=\boldsymbol{f}+\boldsymbol{v}_2$$

其中 $\boldsymbol{f}$ 是 $\mathcal{F}$的一个点，且 $\boldsymbol{v}_1$ 和 $\boldsymbol{v}_2$ 是 $\mathbf{\Lambda}$ 中的独立元素。所以 $\boldsymbol{x}_1-\boldsymbol{x}_2=\boldsymbol{v}_1-\boldsymbol{v}_2$，其中 $\boldsymbol{v}_1$ 和 $\boldsymbol{v}_2$ 是 $\mathbf{\Lambda}$ 中不同的元素。那么点 $\boldsymbol{v}=\boldsymbol{v}_1-\boldsymbol{v}_2$ 是格 $\mathbf{\Lambda}$ 的一个非零元素。为了完成这个证明，我们必须证明格的元素 $\boldsymbol{v}$ 是指定域 $\mathcal{R}$ 的一个元素。

为此，观察发现 $\mathcal{R}'$是对称的，那么因为 $\boldsymbol{x}_2'$ 在 $\mathcal{R}'$中，$\boldsymbol{x}_3=-\boldsymbol{x}_2'$ 也在 $\mathcal{R}'$中。这意味着 $\boldsymbol{x}_1=2\boldsymbol{x}_1'$ 和 $\boldsymbol{x}_3=2\boldsymbol{x}_3'$ 都在 $\mathcal{R}$中。因为 $\mathcal{R}$是凸面的，所以$\frac{1}{2}(\boldsymbol{x}_1+\boldsymbol{x}_3)=\boldsymbol{x}_1'+\boldsymbol{x}_3'$ 也在 $\mathcal{R}$中。这意味着 $\boldsymbol{x}'_1-\boldsymbol{x}'_2$ 也在 $\mathcal{R}$ 中。所以 $\boldsymbol{v}=\boldsymbol{v}_1-\boldsymbol{v}_2$ 是包含在 $\mathcal{R}$ 中的要求的格的非零点。

步骤 2(相等) 设 $\mathcal{R}\subset\mathbf{R}^2$ 是一个 $\mathbf{R}^2$ 上紧凑对称的凸区域且满足

$$\mathrm{vol}(\mathcal{R})=2^n\mathrm{vol}(\mathcal{F})$$

设 $\mathcal{R}_k$定义了从 $\mathcal{R}$ 中得到的点集，将 $\mathcal{R}$ 中的每个点乘以 $1+\frac{1}{k}$，即

532

$$\mathcal{R}_k=\{x\in\mathbf{R}^n\mid\left(1+\frac{1}{k}\right)\boldsymbol{x}\in\mathcal{R}\}$$

那么对于任意的 k，

$$\mathcal{R}'\subset\mathcal{R}\subset\mathcal{R}_k\subset\mathcal{R}_{k-1}\subset\cdots\subset\mathcal{R}_1$$

通过步骤 1，每一个 $\mathcal{R}_k$包含了至少一个非零的格点。因为 $\mathcal{R}_1$是有界的，它只包含了格点中有限的点。对于任意更大的 k，没有更多的点能出现在 $\mathcal{R}_k$中。不仅如此，对于所有的 k，都有 $\mathcal{R}_k\subseteq\mathcal{R}_1$。因此，对于所有的 $\mathcal{R}_k$都至少含有一个非零点。又因为 $\mathcal{R}$是紧凑的，所以

$$\bigcap_{k>1}^{\infty}\mathcal{R}_k=\mathcal{R}$$

这就意味着 $\mathcal{R}$至少包含了一个非零点，由此定理得证。 □

举一个 Minkowski 定理的例子，记格 $\mathbf{\Lambda}=\mathbf{Z}^2$ 的体积由vol $(\mathbf{Z}^2)=1$ 给出。定理表示每一个紧凑对称的 $\mathbf{R}^2$ 上的凸区域至少含有 $\mathbf{Z}^2$ 上原点外的一个点。设 $\mathcal{R}$是一个有界凸区域，是 $ax^2+bxy+cy^2=1$ 定义的椭圆，其中 a、b、c 使得这个集合的区域面积至少等于 4。因为格 $\mathbf{Z}^2$ 的体积是 1，由 Minkowski 定理推得 $\mathcal{R}$包含 $\mathbf{Z}^2$ 上的至少一个点且不包含原点。

接着回忆 Hadamand 不等式说明了

$$\mathrm{vol}\,(\mathbf{\Lambda})\leqslant\|\boldsymbol{b}_1\|\cdot\|\boldsymbol{b}_2\|\cdots\|\boldsymbol{b}_n\|$$

这个不等式的松弛度描述基的非正交度。

定理 15.1.3(Hermite) *任何一个 n 维格 $\mathbf{\Lambda}$ 都有一个非零元素 $\boldsymbol{v}$ 满足*

$$\|\boldsymbol{v}\|\leqslant\sqrt{\frac{2n}{\pi e}}\left[\mathrm{vol}(\mathbf{\Lambda})\right]^{1/n}$$

证明 证明是基于定理 15.1.2 中的 Minkowski 不等式。设 $\mathcal{B}_r\subset\mathbf{R}^n$ 是一个在 n 维欧

氏空间中半径为 r 的超球体，并设 $k=\lfloor n/2 \rfloor$。半径为 r 的超球体的体积依据其维度是奇数($n=2k+1$)或偶数($n=2k$)，通过下列公式给出

$$\mathrm{vol}_{2k}(\mathcal{B}_r)=\frac{\pi^k}{k!}r^{2k}$$

$$\mathrm{vol}_{2k+1}(\mathcal{B}_r)=\frac{k!}{(2k+1)!}2^{2k+1}\pi^k r^{2k+1}$$

在任意情况中，如果 n 够大，那么 n 维欧氏空间中的超球体 $\mathcal{B}_r$ 的近似体积是 533

$$\mathrm{vol}(\mathcal{B}_r)\approx\left(\frac{2\pi e}{n}\right)^{n/2}r^n$$

如 Stirling 约等式所示[⊖]。设

$$r=\sqrt{\frac{2n}{\pi e}}\mathrm{vol}(\mathbf{\Lambda})^{1/n}$$

它给出了

$$\mathrm{vol}(\mathcal{B}_r)\gtrsim 2^n\mathrm{vol}(\mathbf{\Lambda})$$

定理 15.1.2 表明半径为 r 的球体 $\mathcal{B}_r$ 包含一个格点。因此存在一个 $\mathbf{\Lambda}$ 的非零元素，满足 $\|\boldsymbol{v}\|\leqslant\sqrt{\frac{2n}{\pi \mathrm{e}}}\mathrm{vol}(\mathbf{\Lambda})^{1/n}$，由此定理得证。 □

定理 15.1.3 给出了每个 n 维格的最短向量 $\boldsymbol{v}$ 上的上界，但是这个上界不一定是最小上界。因此，对于每个 n，定义 γ_n 作为最小数字，那么不等式

$$\|\boldsymbol{v}\|\leqslant\gamma_n[\mathrm{vol}(\mathbf{\Lambda})]^{1/n}$$

表示了每个 n 维格 $\mathbf{\Lambda}$ 的最短向量 $\boldsymbol{v}$。这个 γ_n 被称为 Hermite 常量。Hermite 常量可以被重定义为

$$\gamma_n=\max_{\mathbf{\Lambda}:\mathrm{vol}\mathbf{\Lambda}=1}\min_{\substack{v\in\mathbf{\Lambda}\\ v\neq 0}}\|\boldsymbol{v}\|$$

因此，对于每个体积缩小到 1 的 n 维格，γ_n 是一个非零点的最大可能的最短向量的长度的平方。

那么对于任意 n 维格 $\mathbf{\Lambda}$ 的 Hermite 常量，有一组基向量$\{\boldsymbol{v}_1, \boldsymbol{v}_1, \cdots, \boldsymbol{v}_n\}$，使得

$$\|\boldsymbol{v}_1\|\cdot\|\boldsymbol{v}_2\|\cdots\|\boldsymbol{v}_n\|\leqslant\gamma_n^{n/2}\mathrm{vlo}(\mathbf{\Lambda})$$

Hermite 常量通常是不知道的，但是知道它满足

$$n/2\pi e\leqslant\gamma_n\leqslant(1.744\cdots)n/2\pi e$$

比如，对于每一个 n 常量，$\gamma_n=(4/3)^{(n-1)/4}$ 满足 Hermite 不等式，但是它并不一定是最小的。当 $n=2$ 时，Hermite 常量是已知的，且 $\gamma_2=2/\sqrt{3}$。这表示平面四边形的任意两个顶点间的距离不可能大于该多边形的面积的平方根的 $2/\sqrt{3}$ 倍。六角形格具有任何二维晶格的最大可能的最短向量，因此满足该等式的界限。 534

γ_n 的已知值(最多两位小数)是 $\gamma_2=1.16$，$\gamma_3=1.26$，$\gamma_4=1.41$，$\gamma_5=1.52$，$\gamma_6=1.67$，$\gamma_7=1.81$，$\gamma_8=2$，$\gamma_{24}=4$。这些值可以被更精细的表示成 $\gamma_2^2=4/3$，$\gamma_3^3=2$，$\gamma_4^4=4$，$\gamma_5^5=8$，$\gamma_6^6=64/3$，$\gamma_7^7=64$，$\gamma_8^8=256$，$\gamma_{24}^{24}=4^{24}$。对于其余的 n，γ_n 的值是未知的。

Hermite 不等式是 Mordell 不等式的特例，该不等式是

$$\gamma_d^{k-1}\leqslant\gamma_k^{d-1}\quad 2\leqslant k\leqslant d$$

⊖ Sterling 的 $n!$ 约等式为 $\sqrt{2n\pi}\left(\frac{n}{e}\right)^n<n!<\sqrt{2n\pi}(\frac{n}{e})^n\left(1+\frac{1}{12n-1}\right)$

其中 γ_n 是 Hermite 常量。这个不等式满足等式$(k, d)=(3, 4)$。此处我们就不对 Mordell 不等式加以证明了。

15.2 格理论中的基本问题

格理论中的基本问题看起来似乎很简单，但是当 n 的取值非常大时，其实是很困难的问题。实际上，这些问题在理论上是复杂难解的，属于已知的 NP 难之类的问题。格理论中基础的难解问题如下所示：

最短向量问题：在指定格 $\mathbf{\Lambda}$ 中找到一个最短非零向量。也就是在格中找到一个距原点的欧氏距离最近的非零点。

最短向量并不一定是唯一的。例如，在 $\mathbf{Z}^2$ 中，有 4 个最短向量分别是(0，1)，(0，−1)，(1，0)和(−1，0)。

最近向量问题：对于任意的 $\boldsymbol{w}\in\mathbf{R}^n$，在指定格 $\mathbf{\Lambda}$ 中找到一个距 $\boldsymbol{w}$ 的欧氏距离最近的元素 $\boldsymbol{v}$。最近向量不一定是唯一的。在格 $\mathbf{\Lambda}$ 中可能存在多个向量到 $\boldsymbol{w}$ 的距离相同。例如，点 $\boldsymbol{w}=(0, 5, 0.5)$在 $\mathbf{Z}^2$ 中有 4 个最近的点。

格理论中的其他问题如下所示。

近似最短向量问题：在格中找到一个非零向量，使其不大于最短向量的 γ 倍，其中 γ 是给定的比 1 大的数字。

覆盖半径问题：找到一个 r 使得 $\mathbf{R}^n$ 被格中所有的以 r 为半径的格点的超球面的并集覆盖。

535 最短向量问题和最近向量问题是格中的主要计算问题。对于任一格来说，这些计算问题在格的维度增加时都变得难解，并且即便 n 取 100 这样的数字都可能超出现有的计算资源。最短向量问题这么难的原因之一是对于一个给定的 $\mathbf{R}^n$，其上的格有太多的基。当然，最短向量问题也不是对于任何一个 n 很大的格都是难以计算的。例如，对于每个 n 计算 $\mathbf{Z}^n$ 上的格是简单的。

最短向量问题和最近向量问题都是难解的问题，但又是相互关联的。最近向量问题的一个变种是*近似最近向量问题*，这可能在一些通常情况下找不到最近向量的应用中出现。

然而另一个我们还没有研究的问题是最短基问题。

最短基问题：找到最短的线性独立的向量集合$\{v_i\}$，使该集合可以跨越给定的格。

基于最短向量集的定义，最短基问题还有许多版本。有多种合理的方法来定义最短基。最短基可以是最大限度地减少了任何基向量的最大长度的基向量，或是最小化基向量的长度的乘积，从而最大限度地减少正交性缺陷的基向量。另一种最短基的定义(但不是唯一的一种)是由接下来成功最小化的过程来描述定义的。设 $\boldsymbol{b}_1$ 是 $\mathbf{\Lambda}$ 中的一个最短非零向量。然后在步骤 i，设 $\boldsymbol{b}_i$ 是 $\mathbf{\Lambda}$ 中的最短向量且与 $\boldsymbol{b}_1, \cdots, \boldsymbol{b}_{i-1}$ 相互线性独立。这些都是包含在最小球上的非零的格点，它包含了 i 个非零的格点(适当考虑关系)。这是最短基最有吸引力的一种概念，但是对于发现一种寻找到这样的基的可计算算法，我们是几乎不抱希望的。对于任一高维格，我们甚至找不到 $\boldsymbol{b}_1$。最好的情况下，我们可能能找到一个 $\boldsymbol{b}_1$ 的近似值。

总的来讲，格理论中的每一个基本问题都没有一个可计算且易解的算法来解决。因此，这些问题都有近似的格问题来替代。这些替代问题的定义是通过有近似解的要求来代替有精确解的要求，即便求得的解是一个非常粗略的近似解。

15.3 格基约简

最短向量和最近向量问题的实际解决方法的研究都包含了格的化简。本节的研究包括计算最短基的实际方法，甚至是相当短且近似正交的基。总的来讲，对一个足够大的 n 维格找到一个精确解是无望的，因为这样的问题是难解的。即便是寻找一种近似的解也是困 536
难的。最好的情况是在一种宽泛的概念下可能找到一种近似的方法，或者在特殊情况[⊖]下，又或是作用在较小的 n 时有可能找到有效的算法。

Lenstra-Lenstra-Lovász 算法(后简称 LLL 算法)是一种广泛使用的基化简算法。从格的任意基开始，LLL 算法计算出一个较短的格向量组成新的基，尽管这个基可能不是最短的。这个新的基被称为简化基，这意味着不仅仅是算法计算得到的基。更具体地说，LLL 算法近似地解决了最短向量问题，找到了一个长度不大于最短向量 $(2/\sqrt{3})^n$ 倍的向量。值得一提的是，这种近似误差在阶 n 是 100 的时候相当大，所以这种算法不能保证答案的精确度。例如，$(2/\sqrt{3})^{100}\approx 10^6$，因此这是一个很弱的约束。然而通常来讲，该算法的计算结果通常会远超出这种约束。

在一组正交基中，基向量两两正交。对欧氏空间 $\mathbf{R}^n$ 的任何子空间而言，我们总能找到一组正交基。这是因为 $\mathbf{R}^n$ 中任意一组线性独立的向量集 $\boldsymbol{v}_1, \cdots \boldsymbol{v}_n \in \mathbf{R}^n$ 都能被转换成同一子空间中两两正交的一组元素的集合。另一种有效的方法叫作 Gram-Schmidt 正交化算法。相比之下，一个格不一定需要存在一组正交基，所以这种正交化的概念并不能解决最短向量问题和最近向量问题。这是因为格是如图 15-1 所示的一组离散点的集合，且基向量必须是格的元素。尽管如此，正交化的概念仍然提供了一个有效的出发点。

Gram-Schmidt 正交化算法在本节很重要的原因是该算法中描述的概念提供了以 LLL 算法为基础进一步发展的启发和指导。LLL 算法试图在格点是离散点集的限制内模拟 Gram-Schmidt 算法。这种尝试并没有找到最优基，因为 Gram-Schmidt 算法的贪婪算法并不能在离散空间中找到合适的结果。在算法迭代过程中的一次贪心决策会抢占算法后期迭代中可能的决策，即使被抢占的决策可能是更好的决策。

格的化简任务不同于基的正交化任务，因为欧氏空间的连续性被格的离散性取代。在每次迭代中，算法会选择一个格点作为基向量。这个格点不需要是最佳选择，但它应该是算法当时能够找到的最佳选择，并且一旦做了决策就不能再被访问。因此，LLL 算法并不 537
能解决最短向量问题，它反而找到了一个近似的解决方法。特别地，它可以找到一个较小的格向量。在某种意义上找到一个合适的向量被认为和格的维度相关。

$\mathbf{R}^n$ 上的 Gram-Schmidt 算法使用了投影的概念，将一个向量 $\boldsymbol{v} \in \mathbf{R}^n$ 投影到向量 $\boldsymbol{u}$ 上，定义为 $\mu \cdot \boldsymbol{v}$，投影系数是

$$\mu = \frac{\boldsymbol{v} \cdot \boldsymbol{u}}{\|\boldsymbol{u}\|^2}$$

其中 $\boldsymbol{v} \cdot \boldsymbol{\mu}$ 是 $\boldsymbol{u}$ 和 $\boldsymbol{v}$ 的内积，并且 $\|\boldsymbol{u}\|^2 = \boldsymbol{u} \cdot \boldsymbol{u}$ 是 $\boldsymbol{u}$ 的平方范数。该算法处理两组基向量。给定的非正交基是 $\{\boldsymbol{v}_1, \cdots, \boldsymbol{v}_n\}$，计算得到的正交基是 $\{\boldsymbol{u}_1, \cdots \boldsymbol{u}_n\}$。投影系数表示为 $u_{ij} = \frac{\boldsymbol{v}_i \cdot \boldsymbol{u}_j}{\|\boldsymbol{u}_i\|^2}$。然后 Gram-Schmidt 算法递归地使用 $\mu_{ij}\boldsymbol{v}_j$，其是 $\boldsymbol{v}_i$ 到 $\boldsymbol{u}_j$ 上的投影。核心计算是

$$\boldsymbol{u}_i = \boldsymbol{v}_i - \mu_{ij}\boldsymbol{u}_j$$

⊖ 与 Merkle-Hellman 陷门背包的情况一样。

其表示从 $\boldsymbol{v}_i$ 中移除 $\boldsymbol{v}_j$ 到 $\boldsymbol{u}_i$ 上的投影。

我们明确规定，Gram-Schmidt 算法以 $\mathbf{R}^m$ 的一个 n 维子空间的任意基 $\{\boldsymbol{v}_1, \boldsymbol{v}_2, \cdots, \boldsymbol{v}_n\}$ 作为开始，通过下列公式计算出一组正交基。

$$\begin{aligned}
\boldsymbol{u}_1 &= \boldsymbol{v}_1 \\
\boldsymbol{u}_2 &= \boldsymbol{v}_2 - \frac{\boldsymbol{v}_2 \cdot \boldsymbol{u}_1}{\|\boldsymbol{u}_1\|^2}\boldsymbol{u}_1 \\
\boldsymbol{u}_3 &= \boldsymbol{v}_3 - \frac{\boldsymbol{v}_3 \cdot \boldsymbol{u}_2}{\|\boldsymbol{u}_2\|^2}\boldsymbol{u}_2 - \frac{\boldsymbol{v}_3 \cdot \boldsymbol{u}_1}{\|\boldsymbol{u}_1\|^2}\boldsymbol{u}_1 \\
&\vdots \\
\boldsymbol{u}_n &= \boldsymbol{v}_n - \frac{\boldsymbol{v}_n \cdot \boldsymbol{u}_{n-1}}{\|\boldsymbol{u}_{n-1}\|^2}\boldsymbol{u}_{n-1} - \frac{\boldsymbol{v}_n \cdot \boldsymbol{u}_{n-2}}{\|\boldsymbol{u}_{n-2}\|^2}\boldsymbol{u}_{n-2} - \cdots - \frac{\boldsymbol{v}_n \cdot \boldsymbol{u}_1}{\|\boldsymbol{u}_1\|^2}\boldsymbol{u}_1
\end{aligned}$$

在每一步中，$\boldsymbol{u}_i$ 是通过将 $\boldsymbol{v}_i$ 投影到一个由向量 $\boldsymbol{u}_1, \cdots, \boldsymbol{u}_{i-1}$ 跨越的子空间的一个正交基上，其中跨越向量定义为 $\perp(\boldsymbol{u}_1, \cdots \boldsymbol{u}_{i-1})$。这个过程是计算 $\mathbf{R}^m$ 上的正交基的正确算法。

Gram-Schmidt 算法的结果是 $\mathbf{R}^m$ 上的一个正交基，但是基向量不一定是短向量，更不一定是最短的，因为欧氏空间中的基向量可以是任意长度的。如果需要，得到的每个基向量都可以化为长度为 1 的标准向量。

相反的，找到格中的最短向量通常是困难的。能够找到近似解我们已经很满意了。LLL 算法涉及了 Gram-Schmidt 算法的输出，但是为了容纳新的目标和满足离散格的约束
538 需要改变该输出，然后再次应用 Gram-Schmidt 算法。这样做的目的是为了获得短向量，尽管可能不是最短的。LLL 算法使用并更新两个基：格基 $\{\boldsymbol{b}_1, \cdots, \boldsymbol{b}_n\}$ 和由 Gram-Schmidt 算法计算得到的正交投影基 $\{\boldsymbol{b}_1^*, \cdots, \boldsymbol{b}_n^*\}$。格基总是由格的非零点构成。投影基由正交向量构成且通常不是格中的点。在每次迭代中两种基被迭代使用。在投影基的检测中，通过进位和交换来更新格基向量。然后从新的格基中计算新的投影基，这里再次用到了 Gram-Schmidt 算法。这个改变的过程需要不断重复，直到得到要求的基。

LLL 算法的关键是，如果一些 Gram-Schmidt 算法中的投影系数满足

$$\mu_{ij} = \frac{\boldsymbol{b}_i \cdot \boldsymbol{b}_j^*}{\|\boldsymbol{b}_j^*\|^2} > \frac{1}{2}$$

那么对于一个适当的整数 a，向量 $\boldsymbol{b}_i$ 可以由 $\boldsymbol{b}_i - a\boldsymbol{b}_j$ 代替，因此降低了 Gram-Schmidt 算法的投影系数的大小。这是因为新的投影系数 μ'_{ij} 由整数 a 选定，表示为

$$\mu'_{ij} = \frac{(\boldsymbol{b}_i - a\boldsymbol{b}_j^*) \cdot \boldsymbol{b}_j^*}{\|\boldsymbol{b}_j^*\|^2} = \frac{\boldsymbol{b}_i \cdot \boldsymbol{b}_j^*}{\|\boldsymbol{b}_j^*\|^2} - a > \frac{1}{2} - a \in \left[-\frac{1}{2}, \frac{1}{2}\right]$$

总的来讲，一个向量空间的基的元素并没有优先顺序。在任何排列下，一个改变了顺序的基仍然是基。然而，Gram-Schmidt 算法一次处理一组基，因此需要一个顺序，尽管任何顺序都不能让算法有更优的表现。但是如果输入的基向量是置换后得到的基，Gram-Schmidt 算法就会输出一个不同的基，尽管仍然是一个正交基。

相较而言，LLL 算法的输出的确是一组有序基，但是算法的输入不考虑基向量的顺序。

我们对 LLL 算法的讨论分为三部分。首先，我们说明算法计算结果的输出格式。然后我们解释该算法并证明其不仅仅满足输出的要求。最后，我们总结算法计算得到的基向量的长度。

539 **定义 15.3.1** 格 $\boldsymbol{\Lambda}$ 的 **LLL 化简基**是格元素的一个有序基 $\{\boldsymbol{b}_1, \boldsymbol{b}_2, \cdots, \boldsymbol{b}_n\}$，其中 Gram-Schmidt 正交投影基 $\{\boldsymbol{b}_1^*, \cdots, \boldsymbol{b}_n^*\}$ 和投影系数 $\mu_{ij} = (\boldsymbol{b}_i \cdot \boldsymbol{b}_j^*)/(\boldsymbol{b}_j^* \cdot \boldsymbol{b}_j^*)$ 满足

(i) $|\mu_{ij}|\leqslant\frac{1}{2}$ 其中 $1\leqslant i<j\leqslant n$

(ii) $\|\boldsymbol{b}_i^*\|^2\geqslant\left(\frac{3}{4}-\mu_{i,i-1}^2\right)\|\boldsymbol{b}_{i-1}^*\|^2$ 其中 $1<i\leqslant n$

一个化简后的基是有序基。在不违反定义的情况下，其元素是有特定顺序的，且不能改变。简化得到的基并不是唯一的。对于给定的格，可以有许多简化的基。LLL 算法只是找到了其中之一。

总的来讲，Gram-Schmidt 正交投影基$\{\boldsymbol{b}_1^*, \cdots, \boldsymbol{b}_n^*\}$的元素并不是格的元素，它们是 $\mathbf{R}^n$ 的元素，其引导了 LLL 算法的发展。LLL 的简化基的定义中的常数$\frac{3}{4}$可以用$\frac{1}{4}$和 1 之间的任意常数代替，且 LLL 算法仍然有效。不会考虑值为$\frac{3}{4}$的可选选项。

定义的第二种条件被称为 Lovász 条件，因为 $\boldsymbol{b}_i\cdot\boldsymbol{b}_j=0$，所以和下述不等式相同 $\|\boldsymbol{b}_i+\mu_{i,i-1}\boldsymbol{b}_{i-1}\|^2\geqslant\frac{3}{4}\|\boldsymbol{b}_{i-1}\|^2$。

Lovász 条件中结构化的目的是确定 $\boldsymbol{b}_{i+1}$ 到$\perp(\boldsymbol{b}_1, \cdots, \boldsymbol{b}_{i+1})$上的投影是否比 $\boldsymbol{b}_i$ 到$\perp(\boldsymbol{b}_1, \cdots, \boldsymbol{b}_{i+1})$上的投影的 3/4 大。这个条件保证了 $\boldsymbol{b}_{i+1}$不会比 $\boldsymbol{b}_i$ 短太多。

LLL 算法通过下述步骤计算得到一个简化基。

1) 设 $i=1$

2) 对于每一个 $j=1, \cdots, i-1$，用 $\boldsymbol{b}_i-a\boldsymbol{b}_j$ 代替 $\boldsymbol{b}_i$(可能有 $a=0$)，使得每个新的 Gram-Schmidt 系数 μ_{ij} 满足$|\mu_{ij}|\leqslant\frac{1}{2}$

3) 然后依照下列步骤：

(a) 如果满足 Lovász 条件且 $i=n$，停止。

(b) 如果满足 Lovász 条件且 $i<n$，$i=i+1$ 并跳转到第 2 步。

(c) 如果不满足 Lovász 条件，交换 $\boldsymbol{b}_{i-1}$和 $\boldsymbol{b}_i$，$i=i-1$ 并跳转到第 2 步。

LLL 算法在图 15-3 中说明。LLL 算法保证能找到一个向量 $\boldsymbol{b}\in\boldsymbol{\Lambda}$ 作为基向量，且满足

$$0<\|\boldsymbol{v}\|\leqslant 2^{(n-1)/2}\|\boldsymbol{v}_{\min}\|$$

如定理 15.3.5 所示或者$(2\sqrt{3})^n\boldsymbol{v}_{\min}$更好，其中 $\boldsymbol{v}_{\min}$是格中长度最短的点。为了鉴别算法的缺陷，设 $n=100$，那么乘法系数是 2^{49}，比 10^{16}还要大。因此为了满足最小格点的要求，LLL 算法只能保留选择的格点，其量级不超过最小格点的量级的 10^{16} 倍。显然，这是一种很弱的约束。

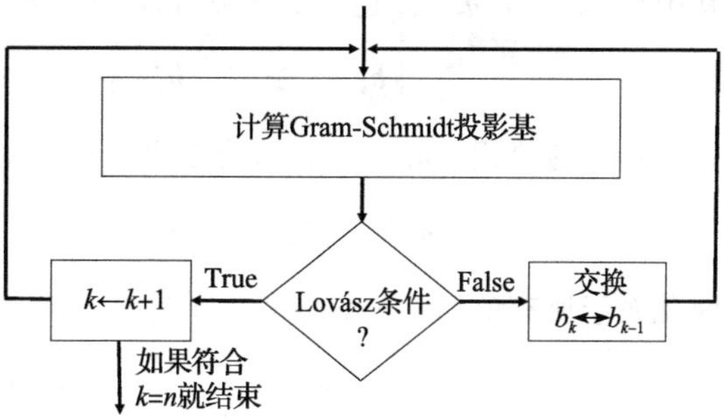

图 15-3 LLL 算法概要

尽管看起来效果很差，但是 LLL 算法出乎意料地有用。很容易发现，LLL 算法的交换步骤考虑到了要求的简化基的第二种情况。事实上如果 LLL 算法顺利终止，那么它的输出可能会满足第二种特性。简化步骤考也虑到了第一种特性。后一个命题确定如何终止。

命题 15.3.2 LLL 算法不能在输出结果不是简化基时终止。

证明 简化基的第二种特性是由交换步骤的测试触发。 □

理解 LLL 算法的关键在于证明交换步骤只能够被访问有限次，如下所示。这表明算法是一定会终止的。

命题 15.3.3 LLL 算法的交换步骤只能够执行有限次。

证明 设 $D=\prod_{i=1}^{n} d_i$，其中 $d_i=\prod_{j=1}^{i}\|\boldsymbol{b}_j^*\|^2$。对于每一个 j，每一次迭代中有 $\|\boldsymbol{b}_j^*\|\leqslant\|\boldsymbol{b}_{\min}\|$，所以 D 不可能比 $\|\boldsymbol{b}_{\min}\|^{n^2}$ 小。因此 D 的值是大于 0 的。D 的值只在步骤 3 中发生改变，其只有当 $i=j-1$ 时发生改变。然后 d_j 被 $d'_{j-1}\leqslant\sqrt{\frac{3}{4}}d_j$ 代替，D 被 $D'\leqslant\sqrt{3/4}D$ 代
540~541 替。但是如果 ℓ 趋近于无穷大，那么 $\sqrt{3/4}^{\ell/2}$ 趋近于 0。然而，D 的下界大于 0，这意味着 ℓ 不能趋近于无穷大。这就证明了交换步骤只能执行有限次。 □

定理 15.3.4 LLL 算法产生一个简化基。

证明 依照命题 15.3.2 和命题 15.3.3，因为交换步骤只能执行有限次，所以该算法一定会终止。但是它只能在产生一个简化基时终止。这就证明了本定理。 □

我们现在知道 LLL 算法在产生简化基时终止，尽管不一定是最优简化基，并且几乎可以肯定不是最优简化基。即使是最优简化基的一半效果，该算法也认为产生了简化基并停止。

现在就剩下证明该算法的效果如何了。为此，我们需要证明对于任意的 $\boldsymbol{v}\in\boldsymbol{\Lambda}$，由 LLL 算法计算出来的简化基满足 $|\boldsymbol{b}_1|\leqslant 2^{(n-1)/2}\|\boldsymbol{v}\|$。特别地，对于非零的 $\boldsymbol{v}$，$\|\boldsymbol{v}\|$ 的量级最小。

定理 15.3.5 设对于一个格 $\boldsymbol{\Lambda}\in\mathbf{R}^n$，$\{\boldsymbol{b}_1, \cdots, \boldsymbol{b}_n\}$ 是一个 LLL 简化基，那么对于每一个 $\boldsymbol{v}\in\boldsymbol{\Lambda}$，都有 $\|\boldsymbol{b}_1\|\leqslant 2^{(n-1)/2}\|\boldsymbol{v}\|$。

证明 任意格点的最小长度 $\|\boldsymbol{v}_{\min}\|$ 都满足

$$\|\boldsymbol{v}_{\min}\|\geqslant\min_i\|\boldsymbol{b}_i^*\|$$

其中 $\{\boldsymbol{b}_1^*, \cdots, \boldsymbol{b}_n^*\}$ 是通过简化基 $\{\boldsymbol{b}_i, \cdots, \boldsymbol{b}_n\}$ 得到的 Gram-Schmidt 正交投影基。但是

$$\|\boldsymbol{b}_n^*\|^2\geqslant\frac{1}{2}\|\boldsymbol{b}_{n-1}^*\|^2\geqslant\cdots\geqslant\frac{1}{2}\|\boldsymbol{b}_1^*\|^2=\frac{1}{2}\|\boldsymbol{b}_1\|^2$$

其中最后的等式，$\boldsymbol{b}_1^*=\boldsymbol{b}_1$，符合定义。因此对于任意 i，有

$$\|\boldsymbol{b}_1\|=\|\boldsymbol{b}_1^*\|\leqslant\cdots\leqslant\left(\frac{1}{2}\right)^{(i-1)/2}\|\boldsymbol{b}_i^*\|\leqslant\left(\frac{1}{2}\right)^{-(n-1)/2}\|\boldsymbol{b}_i^*\|$$

因此对于所有的 $\|\boldsymbol{v}\|\in\boldsymbol{\Lambda}$ 都可以证明

$$\|\boldsymbol{b}_1\|\leqslant\left(\frac{1}{2}\right)^{(n-1)/2}\min_i\|\boldsymbol{b}_i^*\|\leqslant\left(\frac{1}{2}\right)^{(n-1)/2}\|\boldsymbol{v}\|$$ □

这种定理表述可以进一步扩展，即对于任何非零格点集合 $\{\boldsymbol{v}_1, \boldsymbol{v}_2, \cdots, \boldsymbol{v}_n\}$，一个由 LLL 算法计算得到的 LLL 简化基满足

$$\|\boldsymbol{b}_n\|\leqslant 2^{(n-1)/2}\max_{1\leqslant j\leqslant t}\|\boldsymbol{v}_j\|$$

542 我们不再对其进行证明。

15.4 基于格的密码体制

基于格的密码体制是公钥密码体制的另一种形式。基于格的密码体制的安全性是基于格理论问题的难解性。具体而言，基于格的密码体制的安全性是基于最短向量问题和最近

向量问题的难解性。基于格的密码体制的安全性并不依赖于离散对数问题和双素数因子问题的难解性。因此如果基于格的密码体制是安全的，那么即使离散对数问题和大数素因子问题被破解，其仍然是安全的。因此，基于格的密码体制被认为是代替现有公钥密码体制的重要方法。不仅如此，不像双素数求因子和离散对数的计算问题，密码学研究群体认为它们是难解问题但是却没有给出正式的证明，而最短向量问题在已知的正式意义上是难解的。基于格的密码体制的目的是设计一种密码体制使其被破解的难度等价于在格中解决最短向量问题或者最近向量问题的难度。

一种实用的基于格的密码体制使用一个与 $\mathbf{Z}^n$ 同构的格 $\mathbf{\Lambda}$，但是计算复杂度掩盖这种同构的复杂性。格 $\mathbf{\Lambda}$ 具有与 $\mathbf{Z}^n$ 相同的无限个点。该密码体制的设计必须用某种方式将密钥和格联系起来。密钥空间 $\mathcal{K}$ 有 $\#\mathcal{K}$ 个密钥，由 $\log_2\#\mathcal{K}$ 位数字定位。该密码体制的设计要求 $\log_2\#\mathcal{K}$ 不能太大，最好是几百位的数字，以便在给定密文和密钥 k 时，容易计算得到明文，且在给定密钥空间和密文时，计算得到明文又是难解的。这里的重点是密钥空间 $\mathcal{K}$。格与密钥空间之间的已知关系不能消除无约束的格化简问题的难解性。

基于格的密码体制和基于环的密码体制密切相关。这是因为由整数 $\mathbf{Z}$ 构成的环可能作为格的一种表示。下面我们将要讲述的基于环的密码体制是一种与格理论相关的公钥密码体制。它是一种具有两个不同密钥的非对称密钥密码体制，一个加密密钥和一个解密密钥。该密码体制的安全性是基于格中的最短向量问题的难解性。

格 $\mathbf{Z}^n$ 的元素可以由环的元素 $\mathbf{Z}[x]/\langle x^n-1\rangle$ 代替。格 $\mathbf{Z}[x]/\langle x^n-1\rangle$ 的每个元素是一个阶不大于 n 的多项式。因此环 $\mathbf{Z}[x]/\langle x^n-1\rangle$ 的元素可以通过 $\mathbf{Z}^n$ 的元素确定。然而，这个环的结构比格更加丰富，这是因为多项式环 $\mathbf{Z}[x]/\langle x^n-1\rangle$ 上定义了加法和乘法。这种 543
附加的结构能够帮助我们设计出更实用的密码体制，但是可能引入一种避开格化简的难解性问题的漏洞。

多项式环 $\mathbf{Z}[x]/\langle x^n-1\rangle$ 的一个元素是

$$a=a_{n-1}x^{n-1}+a_{n-2}x^{n-2}+\cdots+a_1x+a_0$$

这个多项式的所有系数都是整数。环元素的乘法是多项式模 x^n-1 的乘法。在加法运算中，$\mathbf{Z}[x]/\langle x^n-1\rangle$ 与格 $\mathbf{Z}^n$ 是同构的。因此基于 $\mathbf{Z}[x]/\langle x^n-1\rangle$ 的一个密码体制可以看作一个基于格的密码体制。

Ajtai-Dwork 公钥密码体制

为了介绍密码体制中用到格的密码体制的相关研究，我们简单介绍一下 Ajtai-Dwork 密码体制的概念，它是早期基于格的密码体制的一种尝试。Ajtai-Dwork 密码体制在密码学的历史中是一次重要的发展，因为它是一种基于正规基最短向量问题的难解性的密码体制，而更早更广泛使用的密码体制是基于大整数因子分解和离散对数问题，不能确定其难解性的问题。实际上，Ajtai-Dwork 密码体制的安全性与最短向量问题的最坏情况的难解度相符。Ajtai-Dwork 密码体制是不成功的，因为它需要一个巨大的密钥，所以完全不实用。然而，作为密码学发展史上的入门教学案例，总的来讲是有用的，这是因为后来基于格的密码体制是由其演变而来的。我们只提供一般意义上的思想。

Ajtai-Dwork 的密钥是从 $\mathbf{R}^n$ 中半径为 1 的 n 维超球体中随机选择的点。因为密钥空间是有限的，n 维超球体可以被 $n^{-2}\mathbf{Z}$ 形式的格的细网格覆盖。格 $n^{-2}\mathbf{Z}$ 由等价于对角线元素均包含 n^{-2} 的对角矩阵的平面生成矩阵形成。Ajtai-Dwork 密码体制的密钥是从 $\mathbf{R}^n$ 中的 n 维球中任意选择的点。选定点的构成部分严格位于格 $n^{-2}\mathbf{Z}$ 和球中。一般的概念是在格中构建球体，并指定点稍微偏离超平面，不能返回超平面未知的秘密密钥。消息每次加密一位。显然因为密钥巨大，这是一种不实用的密码体制，我们对更深入的细节并不感兴趣，此处也不再给出。

GGH 公钥密码体制

Goldreich-Goldwasser-Halevi 密码体制，简写成 GGH，是一种基于格的非对称密码
544 体制。GGH 密码体制是基于格上任意基的最近向量问题的难解性的密码体制，但是该密码体制对于近似正交基来讲是易解的。正如定义所示，因为密钥规模太大，GGH 密码体制也是不实用的，但是它的确引进了一种新颖概念，该概念在后续改进中被重定义。

GGH 保密和公开密钥是同一个格中的两个元素。为了形成这些密钥，选择一个短的且近似正交的基的格 $\boldsymbol{\Lambda}$。格 $\boldsymbol{\Lambda}$ 与短正交基$\{\boldsymbol{b}_1, \boldsymbol{b}_2, \cdots, \boldsymbol{b}_n\}$近似，是保密密钥；一个长的且完全非正交的基$\{\boldsymbol{w}_1, \boldsymbol{w}_2, \cdots, \boldsymbol{w}_n\}$被选为公开密钥。

为了加密明文消息 $\boldsymbol{m}$，用二进制形式将消息表示为$(m_1, m_2, \cdots, m_n)$，二进制部分 m_i 被用来作为系数，形成公开基向量 $\boldsymbol{w}_i$。所以明文 m 唯一对应的格点 $\boldsymbol{w}$ 如下给出

$$\boldsymbol{w} = m_1\boldsymbol{w}_1 + m_2\boldsymbol{w}_2 + \cdots m_n\boldsymbol{w}_n = \boldsymbol{mW}$$

其中 $\boldsymbol{W}$ 是基向量 $\boldsymbol{w}_i$ 作为列向量的矩阵。实际上，格点 $\boldsymbol{w}$ 就是消息。然后由加密端生成一个小的随机偏移向量 $\boldsymbol{e}$，并被加入格点中，但是该偏移向量由加密端持有，并不是公开的。加密端不再使用偏移向量时能将其摧毁。通过这种方式，可以像下面一样计算密文 $\boldsymbol{c}$

$$\boldsymbol{c} = m_1\boldsymbol{w}_1 + m_2\boldsymbol{w}_2 + \cdots m_n\boldsymbol{w}_n + \boldsymbol{e} = \boldsymbol{mW} + \boldsymbol{e}$$

由于偏移向量 $\boldsymbol{e}$，密文 $\boldsymbol{c}$ 不是格 $\boldsymbol{\Lambda}$ 中的点，它与表示消息的格点相比有一点偏移。

当偏移向量 $\boldsymbol{e}$ 足够小时，且已知一个较好的基，可以通过找到距密文 $\boldsymbol{c}$ 最近的格点解密消息。也就是说，对于解密，我们需要利用一个较好的基解决最近向量问题。首先，用短近似正交基表示的 $\boldsymbol{c}$，通过 $\boldsymbol{m}'=\boldsymbol{cV}^{-1}$计算得到 $\boldsymbol{c}=m_1\boldsymbol{v}_1+\cdots m_n\boldsymbol{v}_n+\boldsymbol{e}$。然后将基的系数四舍五入到最近的整数，且将近似得到的系数用到公式 $\boldsymbol{u}=[m_1]\boldsymbol{v}_1+\cdots+[m_n]\boldsymbol{v}_n$ 中。因此，$\boldsymbol{u}$ 是与 $\boldsymbol{c}$ 最近的格向量。反过来，当 $\boldsymbol{u}$ 是用一个较差的基表示的时候，我们不能解密消息 $\boldsymbol{m}$，即 $\boldsymbol{m}=\boldsymbol{uW}^{-1}$。GGH 密码体制的安全性是基于高维非正交基的最近向量问题的难解性。

这个方案中的密钥包含了 n^2 个数字，因为基包含了 n 个向量，每个都是 $\boldsymbol{Z}^n$ 的一个元素。可能对于一个安全系统，n 被选定为 500，那么每次加密 500 位。保密密钥就是 500×
545 500 的矩阵，有 250 000 个元素。公开密钥也是如此。因此 GGH 系统的密钥的规模过于巨大，导致其不是一个实用的密码体制。它是一种概念性的密码体制，其历史意义是为了刺激更多的基于格的实用的密码体制的发展。

GGH 密码体制的密钥生成首先需要建立一个随机保密密钥$\{\boldsymbol{b}_1, \boldsymbol{b}_2, \cdots, \boldsymbol{b}_n\}$。公开密钥的向量几乎是两两正交的且不能太长。做到这一点的一个简单的方法是选择 n 个分量，n 个元素中的每一个元素都随机且独立的，可以从一些小数量级的正负数对称的集合中选取。大数定律可以保证这些基向量有很大的概率是两两正交的。

接着必须选择一个酉矩阵来将保密基转化为公开基。这个酉矩阵必须是随机选择且不公开的。该酉矩阵必须是单一的且必须实际可计算。一种形成这种矩阵 $\boldsymbol{A}$ 的方法是令 $\boldsymbol{A}=\prod_i \boldsymbol{A}_i$，其中 $\boldsymbol{A}_i$ 是很多简单的酉矩阵。这些可以逐一地与 $\boldsymbol{B}$ 相乘直到形成 $\boldsymbol{W}$。这种得到 $\boldsymbol{A}$ 的方法在密码分析中很有名。为了保护其免受一种攻击，该方法需要大量这样的矩阵 $\boldsymbol{A}_i$。

基于环的公钥密码体制

使用循环基可以避免 GGH 密码体制中要求的 $n\times n$ 的矩阵生成的密钥的规模过大。该基中的每个基向量都被定义为之前的基向量的循环平移。该基是

$$\boldsymbol{b}_1 = (b_1, b_2, b_3, \cdots, b_{n-1}, b_n)$$
$$\boldsymbol{b}_2 = (b_2, b_3, \cdots, b_{n-1}, b_n, b_1)$$
$$\vdots$$
$$\boldsymbol{b}_n = (b_n, b_1, b_2, b_3, \cdots, b_{n-1})$$

对应的格的生成矩阵是循环矩阵

$$\boldsymbol{G} = \begin{bmatrix} b_1 & b_2 & b_3 & \cdots & b_n \\ b_2 & b_3 & b_4 & \cdots & b_1 \\ \vdots & & & & \\ b_n & b_1 & b_2 & \cdots & b_{n-1} \end{bmatrix}$$

通过将这种矩阵作为生成矩阵，密钥的规模被减少到只有 n 位，因为只需要表示一列即可。这产生一个密钥规模实用的密码体制。这种特殊形式的格可以和一个基础整数环联系起来，因此可以使用具有许多特性的数学计算系统。它不仅减小了密钥的大小，还为加密端提供了计算便利，但是它也为密码分析者提供了一种新的攻击机会。 546

这种类型的早期密码体制就是著名的 NTRU 密码体制。术语 NTRU 是一段无趣历史中诞生的缩写。它源于环 $\mathbf{R}$ 上多项式环 $\mathbf{R}[x]/\langle x^N-1\rangle$ 中一种非传统且无趣的私人称谓或行话。通常 $\mathbf{R}$ 是环 $\mathbf{Z}_q$。现在这个术语用来表示一种基于环 $\mathbf{Z}_q[x]/\langle x^N-1\rangle$ 的密码体制。该环的元素是阶不大于 $N-1$ 的多项式，且可用 $x^N=1$ 化简多项式乘法。这个环有格的结构。值得注意的是，NTRU 的确是一种基于环的公钥密码体制，其中它使用到了环的加法和乘法。NTRU 密码体制的安全性很难分析，因为其包含了太多因素。实际上，早期版本发现有漏洞，后来被修复了。

任意一个格的最短向量问题，即便给定的基是最差的基，它也是难解的，它不需要一个标准难解的格。我们并不知道对于 NTRU，格的缩短向量问题是否是难解的。具有特殊形式的格不是任意格，所以通常意义上认为的难解性可能不成立。

15.5 攻击格密码体制

对基于格的密码体制的直接攻击通常归结为尝试解决最近向量问题或最短向量问题。例如，Merkle-Hellman 背包密码体制是一种早期的基于格的密码体制。因为整数封装问题可以被看成格问题，Lenstra-Lenstra-Lovász 算法可以被用来攻击该密码体制。对于一般的矩阵，最短向量问题和最近向量问题被认为是难解的。然而，这些问题对于一些矩阵而言又很简单，比如使用常规基表示的 $\mathbf{Z}^n$。背包密码体制是在封装问题中构造一个陷门，这意味着其对应的格是有限制条件的特殊格对于格化简的复杂性，其创建了一般性表述的特例。这是一个普通关注的例子。尽管原则上来讲，一个基于格的密码体制的安全性是基于最短向量问题的难解性，但是一个实用的基于格的密码体制不使用随机格。密码体制确实引入了对格结构的约束来减小密钥的大小或促进解密计算，但是这些约束可能是一种漏洞。总的来讲，已知的基于格的密码体制还没有被证明由这些一般问题的难解性来保护。

对于典型的基于格的密码体制的密码攻击方法的目标是通过给定的公开密钥 $\boldsymbol{w}_1$，$\boldsymbol{w}_2$，$\cdots$，$\boldsymbol{w}_n$ 与扰动子集和 $\boldsymbol{c}=\sum_i m_i \boldsymbol{w}_i+\boldsymbol{e}$，确定消息 m_1，m_2，$\cdots$，m_n。这种攻击方法基于格的定义，观察发现扰乱值 $\boldsymbol{e}$ 被移除时，所有这样的消息的集合是一个格。因此，最直接的攻击是发现与 $\boldsymbol{c}$ 最接近的格点，然后将 $\boldsymbol{c}$ 投影到基向量集合$\{\boldsymbol{w}_1, \boldsymbol{w}_2, \cdots, \boldsymbol{w}_n\}$上。表面上，这种方法是难解的，因为其需要解决最短向量问题。 547

然而更深入的研究揭示我们可以发现其他的可能的攻击方法私钥。这些方法在 GGH 密码体制部分得到阐述。一个实用的 GGH 密码体制必须选择一个私钥和一个公钥。首先通过随机选择创建保密密钥，然后随机的选择一个酉矩阵来通过私钥计算出公钥。其不可能用其他的方式随机选择公钥，然后通过公钥计算得到私钥，因为这是难解的。

计算私钥的一种方法是，对于一些小整数 ℓ，随机地从整数集$\{-\ell, -(\ell-1), \cdots, (\ell-1), \ell\}$中选择 n 维基向量的 n 个分量。这些基向量有很大的可能是近似正交的。通过这种方式确定保密密钥。然后选择酉矩阵。一种方法是令 $\boldsymbol{A}=\prod_i \boldsymbol{A}_i$ ，其中每个 $\boldsymbol{A}_i$ 都是随机选择的酉矩阵，即大多数元素为零和一些随机选择的元素构成的矩阵来保证其符合统一性。这个矩阵 $\boldsymbol{A}$ 给出公开密钥。$\boldsymbol{A}$ 的保密生成矩阵可以通过每个 $\boldsymbol{A}_i$ 按顺序相乘得到。

密码分析者知道计算公钥的过程，但并不是知道生成矩阵和酉矩阵的随机选择。公开格不是任意选择的。密码分析者可能利用这个过程的信息来规避难解的最短向量问题。

同样的忧虑也出现在其他形式的基于格的密码体制。所有这些担忧都已经被密码学研究群体解决，但是需要时刻警醒可能出现的漏洞。关于复杂难解性的一般性表述必须始终在特定的应用环境下进行检查。

15.6 编码介绍

向量空间 $\mathbf{F}_q^n$ 由有限域 $\mathbf{F}_q$ 上的 n 元组元素构成。一个 M 大小的*编码*是 $\mathbf{F}_q^n$ 中的一个 M 向量或点的集合。一个编码被定义为 $\mathcal{C}$，且 $\mathcal{C}$ 的元素被定义为 $\boldsymbol{c}$，称为*码字*。一个*线性编码*是 $\mathbf{F}_q^n$ 上一组点的集合，形成 $\mathbf{F}_q^n$ 的一个向量子空间。(n, k)线性编码是 $\mathbf{F}_q^n$ 的一个 k 维子
548 空间。那么 $M=q^k$。我们只对线性编码感兴趣。

任意向量 $\boldsymbol{v}\in\mathbf{F}_q^n$ 的*汉明权重*是 $\boldsymbol{v}$ 的非零部分的个数。$\boldsymbol{v}$ 的汉明权重被定义为 $w_H(\boldsymbol{v})$。两个向量空间 $\mathbf{F}_q^n$ 中的两个向量 $\boldsymbol{u}$ 和 $\boldsymbol{v}$ 的*汉明距离*是其分量的汉明权重的差。$\boldsymbol{u}$ 和 $\boldsymbol{v}$ 之间的汉明距离被定义为 $d_H(\boldsymbol{u}, \boldsymbol{v})$。

编码 $\mathcal{C}$ 的*最短距离* $d_{\min}$ 由任意两个不同的码字之间的最小汉明距离给出。因此

$$d_{\min}=\min_{\substack{\boldsymbol{c},\boldsymbol{c}'\\ \boldsymbol{c}\neq\boldsymbol{c}'}} d_H(\boldsymbol{c},\boldsymbol{c}')$$

对于一个线性编码，任意两个码字之间的分量差也是一个码字。因为 $d_H(\boldsymbol{c}, \boldsymbol{c}')=w_H(\boldsymbol{c}-\boldsymbol{c}')$，一个线性编码的最短距离 $d_{\min}$ 与最小权重的非零码字的权重相等。整数 n、k 和 $d_{\min}$ 是描述编码的标准外部参数。有着相同的 n、k 和 $d_{\min}$ 的两个编码也可能内部结构有着很大区别。一种说法认为一个 n 很大的线性编码 $\mathcal{C}$，k 和 $d_{\min}$ 也会尽可能大。另一种说法认为一个编码的各部分和应用相关并易解，关于这点将在后面进行解释。

设向量 $\boldsymbol{g}_1, \boldsymbol{g}_2, \cdots, \boldsymbol{g}_k$ 是包括 $\mathcal{C}$ 的 k 维子空间的基。码字是基向量的线性组合。令 $\boldsymbol{G}$ 是一个*生成矩阵*，以基向量 $\boldsymbol{g}_1, \boldsymbol{g}_2, \cdots, \boldsymbol{g}_k$ 作为行。然后 $\mathcal{C}$ 的每个码字可以被写作

$$\boldsymbol{c}=\boldsymbol{a}\boldsymbol{G}$$

其中 $\boldsymbol{a}$ 是一个长度为 k 的向量，被称为*数据字*。设向量 $\boldsymbol{h}_1, \boldsymbol{h}_2, \cdots, \boldsymbol{h}_{n-k}$ 是一个包含对偶空间 $\mathcal{C}^\perp$ 的$(n-k)$维子空间的基。设 $\boldsymbol{H}$ 是一个矩阵，称为*校验矩阵*，它的行是对偶空间 $\mathcal{C}^\perp$ 的基向量。显然阶 $\boldsymbol{H}=n-k$。当且仅当 $\boldsymbol{c}$ 是 $\mathcal{C}$ 的元素时，$\boldsymbol{H}^{\mathrm{T}}\boldsymbol{c}=0$。此外，非零码字 $\boldsymbol{c}$ 的最小权重等于 $\boldsymbol{H}$ 的最小依赖列集的基数。因此回忆一下定义 9.11.3，对于一个线性编码有

$$d_{\min}-1=\text{heft}\ \boldsymbol{H}$$

此外，

$$\text{heft}\,\boldsymbol{H} \leqslant \text{rank}\,\boldsymbol{H} = n - k$$

结合这些阐述给出了 $d_{\min} \leqslant n-k+1$。这个不等式就是已知的 Singleton 界。如果 Singleton 界对于编码 $\mathcal{C}$ 满足等式，那么编码 $\mathcal{C}$ 被称为最大距离编码。一般情况下，只有当 $n \leqslant q+1$ 时，$\mathbf{F}_q$ 上才存在最大距离编码。$\mathbf{F}_2$ 上的任意非平凡的编码，Singleton 界都不满足等式。 549
二进制编码在 Singleton 界上远不满足等式。

目前对于给定 n 和 k 的任意线性二进制编码，不知道 $d_{\min}$ 的取值可以是多大。同样，即使是相当小的编码，也不知道一个 $k \times n$ 阶大型二进制(或 q 进制)矩阵的重量可以是多大，甚至不知道近似值。$\mathbf{F}_q$ 上对有最小距离的线性编码(n, k)的研究转换为 $\mathbf{F}_q$ 上一个有很大分量的 k 乘 n 的矩阵的研究。

范德蒙矩阵，$k \leqslant n$，如下给出

$$\boldsymbol{H} = \begin{bmatrix} \beta_0^0 & \beta_0^1 & \beta_0^2 & \cdots & \beta_0^{n-1} \\ \beta_1^0 & \beta_1^1 & \beta_1^2 & \cdots & \beta_0^{n-1} \\ \vdots & \vdots & \vdots & & \vdots \\ \beta_{r-1}^0 & \beta_{r-1}^1 & \beta_{r-2}^2 & \cdots & \beta_{r-1}^{n-1} \end{bmatrix}$$

一般其分量不等于它的秩，但是如果 β_j 被选为一个 n 阶的连续域元素 w 的权重，矩阵的体积等于其秩。也就是说，元素必须满足 $\beta_j = w^j$，其中 $j = j_0, \cdots, j_0 + r - 1$。校验矩阵的形式是

$$\boldsymbol{H} = \begin{bmatrix} 1 & \omega^{j_0} & \omega^{2j_0} & \cdots & \omega^{(n-1)j_0} \\ 1 & \omega^{j_0+1} & \omega^{2(j_0+1)} & \cdots & \omega^{(n-1)(j_0+1)} \\ \vdots & \vdots & \vdots & & \vdots \\ 1 & \omega^{j_0+r-1} & \omega^{2(j_0+r-1)} & \cdots & \omega^{(n-1)(j_0+r-1)} \end{bmatrix}$$

通过从 ℓ 列分解出 $\omega^{\ell j_0}$，H 的每个 $k \times k$ 子矩阵可以被转换到一个 $k \times k$ 的有非零行的范德蒙矩阵。因此这样的矩阵 $\boldsymbol{H}$ 具有等于 k 的分量且给出了一个满足 $d_{\min} = n-k+1$ 的 $\mathbf{F}_q$ 上的编码，就是著名的 Reed-Solomon 编码。然而，当且仅当 $n \leqslant q-1$ 时才存在这样的一个校验矩阵。因此只有当 n 小于 $q-1$ 时，Reed-Solomon 编码才存在。有一种扩展 Reed-Solomon 编码的构造方法，用投影线 $\mathbf{F}_q$ 上所有的 $q+1$ 个点，可以将单元长度扩展到 $n = q+1$。

为了获得一个单元长度 n 大于 $q+1$ 的编码，一些研究者使用扩张域 $\mathbf{F}_{q^m}$ 上的元素。通过这种方法，可以获得单元长度为 q^m+1，但是矩阵 $\boldsymbol{H}$ 也会有扩张域 $\mathbf{F}_{q^m}^n$ 上的元素。表达式 $\boldsymbol{H}^{\mathrm{T}}\boldsymbol{c} = 0$ 描述的编码不再是 $\mathbf{F}_q^n$ 上，而是 $\mathbf{F}_{q^m}^n$ 上的编码。然而，一些满足 $\boldsymbol{H}^{\mathrm{T}}\boldsymbol{c} = 0$ 的 $\boldsymbol{c}$，会有较小域 F_q 上的全部分量，并且这样的码字的集合是 $\mathbf{F}_q^n$ 的一个线性子空间，被称为子域-子码。

一些研究者通过下列式子直接定义子域-子码

$$\mathcal{C} = \{\boldsymbol{c} \in \mathbf{F}_q^n \mid \boldsymbol{H}^{\mathrm{T}}\boldsymbol{c} = \boldsymbol{0}\}$$ 550

其中 $\boldsymbol{H}$ 的元素都在扩展张域 $\mathbf{F}_{q^m}$ 上。然而，这个定义只有在测试向量 $\boldsymbol{c}$ 是一个码字时才有用。它并不是可以用来寻找码字的明确的表述。为了生成码字，必须使用 $\boldsymbol{H}$ 的对偶矩阵作为域 $\mathbf{F}_q$ 的校验矩阵。

$\boldsymbol{H}$ 的范德蒙德矩阵形式可以用多项式的形式重定义。$\boldsymbol{H}^{\mathrm{T}}\boldsymbol{c} = 0$ 的每一行都有 $\sum_{i=0}^{n-1} \beta_j^i c_i = \boldsymbol{0}$。这种表述 $c(x) \sum_{i=0}^{n-1} c_i x^i$ 在 β_j 处取零。因此，$\boldsymbol{H}^{\mathrm{T}}\boldsymbol{c} = 0$ 是多项式 $c(x)$ 在 β_1，β_2，$\cdots$，β_{n-k} 处取

零的表示。$c(x)$的所有指定的零根构成的集合是一个理想的 $\mathbf{F}_q[x]$，由一个多项式$g(x)$生成，被称为编码 $\mathcal{C}$ 的生成多项式。然后多项式 $g(x)$除以 x^n-1，意味着对于一些多项式 $h(x)$有 $x^n-1=h(x)g(x)$。多项式 $h(x)$被称为校验多项式。每个码字都满足 $c(x)h(x)=0(\bmod x^n-1)$。如果 $c(x)h(x)=0(\bmod x^n-1)$，那么 $xc(x)h(x)=0(\bmod x^n-1)$也成立，所以当 $c(x)$是编码 $\mathcal{C}$ 的一个元素时，$xc(x)=0(\bmod x^n-1)$是编码 $\mathcal{C}$ 的一个元素。因此，这样的编码被称为循环编码。因为 $\boldsymbol{H}$ 的形式，$\mathcal{C}$ 的最小距离必须比 $g(x)$中连续零根的个数多。因此如果 $g(x)$有 r 个连续零根，循环编码 $\mathcal{C}$ 的最小距离至少是 $r+1$，称为 BCH 界，$r+1$ 称为 BCH 距离。有了这个公式，现在就明确了如何保证码字在较小域 $\mathbf{F}_q$ 中。因为每个 $c(x)$的理想共轭也必须是 $c(x)$的一个零根，所以在定义集合中的每个 β 的共轭是 $c(x)$的一个零根。我们可以得出结论，$\mathcal{C}$可以描述成阶最多为$n-1$ 的多项式$c(x)$构成的集合，具有特别定义的 $d_{\min}-1$ 个连续零根构成的集合，以及所定义的集合中全部 q 进制共轭零根。这样就有

$$\mathcal{C}=\{c(x)\,|\,c(\omega^j)=0 \text{ 如果 } j^\ell(\bmod q^m-1)\in(j_0,j_0+1,\cdots,j_0+d-2) \text{ 其中 } \ell\in\mathbf{Z}\}$$

定义集也可以写成域元素的形式

$$\omega^{j0},\omega^{j_0+1},\cdots,\omega^{j_0+d-2}$$

这些零根集合给出了一个 $\mathbf{F}_q$ 上的子域-子码，$\mathbf{F}_{q^m}$ 上的 Reed-Solomon 编码被称为 BCH 编码。一个 BCH 编码有至少和 BCH 界一样大的最小距离，但是有时编码的最小距离可能会更大，所以 $d_{\min}\geqslant d$。因为对于一个给定零根的所有共轭，向 $g(x)$中插入零很有必要，一个 BCH 编码通常对于给定的 $d_{\min}$值有 k 维。

循环编码也可以用傅里叶变换的语言来描述。为此使用多项式 $c(x)$的系数形成向量

551 $\boldsymbol{c}$，有傅里叶变换 $C_j=n^{-1}\sum_{i=0}^{n-1}\omega^{ij}c_i$。$c(x)$在 j 处的零根使 $c(w^j)=nC_j=0$。因此循环编码由所有使得傅里叶变换规定的一组分量的集合为零根的向量构成。如果这些傅里叶变换的零是 $d-1$ 个连续值 j，那么该编码的最小距离至少是 d。这就是著名的 BCH 界。如果 w 在编码 $\mathbf{F}_q$ 的域中，那么该编码是一个 Reed-Solomon 编码。如果 w 在扩张域 $\mathbf{F}_q$ 中，那么该编码就是一个 BCH 编码。

Goppa 编码是另一种改进 Reed-Solomon 编码得到的一大类编码。据了解，Goppa 类编码包含了一些很好的编码，通过 n、k 和 $d_{\min}$ 来衡量，但是我们不知道如何衡量 Goppa 编码的好坏。同时我们也没有满意的算法来计算大规模的 Goppa 编码。

Goppa 编码大多数可以给出 $\mathbf{F}_q$ 上的矩阵 $\boldsymbol{H}=\boldsymbol{H}_2\boldsymbol{H}_1$ 的零空间的子域-子码直接定义，其中 $\boldsymbol{H}_2$ 是一个 $n\times n$ 的对角矩阵且包括 $\mathbf{F}_{q^m}$ 上的非零元素，$\boldsymbol{H}_1$ 是一个 $k\times n$ 的范德蒙矩阵，由之前说明的 r 连续权重的 $\mathbf{F}_{q^m}$ 上 n 阶的元素构成。$\mathbf{F}_{q^m}$ 上有$(q^m-1)^n$ 个这样的对角矩阵 $\boldsymbol{H}_2$。每一个这样的矩阵给出了一个最小距离至少是 $r+1$，维度不大于 $n-r$ 的子域-子码。众所周知，这样的一些 Goppa 编码有最大维度和最小距离，但是也有一些没有。没有标准的步骤来说明存在可以使 Goppa 编码的最小距离和维度都很大的矩阵 $\boldsymbol{H}_2$。

15.7 子空间投影

一个线性编码 $\mathcal{C}$ 是 $\mathbf{F}_q^n$ 的一个 k 维向量子空间。任意不属于 $\mathcal{C}$ 的向量 $\boldsymbol{v}\in\mathbf{F}_q^n$ 可以通过找到码字 $\boldsymbol{c}\in\mathcal{C}$ 的最近的汉明距离 $\boldsymbol{v}$ 来投影到子空间 $\mathcal{C}$。这种投影到子空间 $\mathcal{C}$ 的操作通常出现在解码问题中。总的来讲，对于一个很大的 n，投影到 $\mathbf{F}_q^n$ 的子空间的任务通常是难解的。

然而，如果子空间满足特定的条件且有其他限制措施，它就是易解的。

设 $d_{\min}$ 是编码 $\mathcal{C}$ 的最小距离，并设 $t=\lfloor(d_{\min}-1)/2\rfloor$。围绕 $\mathbf{F}_q^n$ 中的任意元素 $\boldsymbol{v}$ 的半径为 t 的汉明球体，由 $\mathbf{F}_q^n$ 中在 $\boldsymbol{v}$ 的汉明距离 t 内的全体元素构成。两个汉明半径为 t 的汉明球面是关于由最小距离 $d_{\min}$ 且不相交的编码 $\mathcal{C}$ 的两个不同的码字。因此汉明半径 t 的汉明球面的集合是关于 $\mathcal{C}$ 的码字的不相交的集合。如果 $\boldsymbol{v}$ 在这样的一个汉明球内，那么依据编码的结构，可能在球面的中心找到码字 $\boldsymbol{c}$ 的计算会很简单。换一种说法，如果对于给定的 $\boldsymbol{v}$，已知有一个确定码字 $\boldsymbol{c}$ 在半径 t 的汉明球面中，那么对于一些满足线性复杂度的编码，
确定 $\boldsymbol{c}$ 可能会很简单。这种表示适用于很多流行的编码 $\mathcal{C}$，但是并不普遍适用。然而，即 552
使是这种形式的编码，如果 $\boldsymbol{v}$ 不在(或靠近)一个汉明球面，那么找到最近的 $\boldsymbol{c}\in\mathcal{C}$ 就是难解的。

一个 $\mathbf{F}_q^n$ 中的任意点 $\boldsymbol{v}$，距离码字 $\boldsymbol{c}$ 的汉明距离是 $d_H(\boldsymbol{v}, \boldsymbol{c})$。距离 $\boldsymbol{v}$ 最近的码字的距离是 $\min\limits_{c\in\mathcal{C}} d_H(\boldsymbol{v}, \boldsymbol{c})$。最靠近 $\boldsymbol{v}$ 的码字不一定是唯一的，且如果是这种情况，那么计算会更加困难。因此，解码任务有几种表述。这项任务的不同表述可以总结如下：

最近-码字问题：给定 $\boldsymbol{v}\in\mathbf{F}_q^n$，寻找使 $d_H(\boldsymbol{v}, \boldsymbol{c})$ 最小的所有的 $\boldsymbol{c}\in\mathcal{C}$。

限制-码字问题：给定 $\boldsymbol{v}\in\mathbf{F}_q^n$，寻找 $\boldsymbol{c}\in\mathcal{C}$ 使码字 $\boldsymbol{c}$ 满足 $d_H(\boldsymbol{v}, \boldsymbol{c})\leqslant\tau$。

有界-码字问题：给定 $\boldsymbol{v}\in\mathbf{F}_q^n$，寻找 $\boldsymbol{c}\in\mathcal{C}$ 使得码字 $\boldsymbol{c}$ 满足 $d_H(\boldsymbol{v}, \boldsymbol{c})<d_{\min}/2$。

一般来讲，对于一个给定的向量 $\boldsymbol{v}$，要找到一个最近的码字基本都是难解的。最近码字问题是难解的。甚至是最简单的有界-码字问题也是困难的且对于一个任意的线性编码可能都是难解的。然而，对于一个 Reed-Solomon 编码或 BCH 编码，有界-码字问题是易解的。尽管通常将任意一个 $\boldsymbol{v}\in\mathbf{F}_q$ 投影到子空间 $\mathcal{C}$ 的任务是难解的，对于这些编码可以通过在 $\mathbf{F}_q$ 上寻找多项式零根的任务的线性代数的方法来解决，称为*定位多项式*。这种方法对 Goppa 编码同样成立，但是只能达到由 BCH 边界指定的 BCH 距离。总的来讲，Goppa 编码实际的最小距离更大，且越大的编码的最小距离越大。

总的来讲，将任意一个 $\boldsymbol{v}\in\mathbf{F}_q$ 投影到 $\mathbf{F}_q$ 子空间的问题是难解的，这意味着这个问题的任何多项式时间算法都可以被转换为解决一类棘手问题的多项式时间算法。

15.8 基于编码的密码学

总的来讲，基于编码的密码学的安全性是基于给定的 $\boldsymbol{v}\in\mathbf{F}_q^n$ 找到其最近的码字问题的难解性。这是因为投影到子空间的问题通常是难解的，这就是最近-码字问题。为了应用
这一事实来形成一个密码体制，必须设计一种方法，通过这种方法，密钥可以将向量空间 553
$\mathbf{F}_q^n$ 的点成功投影到码字 $\boldsymbol{c}\in\mathcal{C}$ 的投影的方法成功。

与基于格的密码体制相同，基于编码的密码学是秘密地通过引进一个密钥空间 $\mathcal{K}$ 来限制这个难解性问题，通过这种方式，该问题只有在给定密文和密钥空间 $\mathcal{K}$ 时保有难解性，但是当从密钥空间中给定指定密钥 k 时就变得简单。

McEliece 密码体制是一个不对称公钥密码体制，其既不依赖于离散对数问题也不依赖于大整数因子问题。实际上，众所周知，McEliece 密码体制是难解的。特别地，为了破解 McEliece 密码体制的次指数算法可以用来解决很多通常意义上被认为是难解的计算问题。与涉及难解性的其他应用相似，该应用使用了一种特殊情形，我们将其命名为特定编码，此处难解性的说法指的是一般情况。

McEliece 密码体制有一些明显的缺点，这也是其被认为没有吸引力的原因。一个缺点

是密文的长度由因子 n/k 扩展。不止如此，它的公钥很大，可能有 500 000 位那么大。然而，因为它的确不依赖于离散对数问题的难解性，如果依赖于整数因子分解问题或离散对数问题的系统被破解，McEliece 密码体制会成为一种重要的替代密码体制。

McEliece 密码体制对编码 $\mathcal{C}$ 使用 Goppa 编码。尽管除了 Goppa 编码，基于编码的同样的结构可以用来设计一个密码体制，在每一个实例中必须证明其对攻击的抵抗性。

编码 $\mathcal{C}$ 是一个(n, k)Goppa 编码，它的最小距离 $d_{\min}$ 至少是 $2t+1$，且对其一个半径 τ 的有界距离解码算法是已知的。参数 n、k 和 t 是公开的。加密端使用三个矩阵，一个 $k\times n$ 生成矩阵 $\boldsymbol{G}$，一个 $k\times k$ 奇异矩阵 $\boldsymbol{S}$，和一个 $n\times n$ 置换矩阵 $\boldsymbol{P}$，然后计算生成矩阵 $\hat{\boldsymbol{G}}=\boldsymbol{SGP}$。公开密钥是 $n\times k$ 的生成矩阵 $\hat{\boldsymbol{G}}$。

一个明文消息 $\boldsymbol{m}$，由一个长度为 n 的二进制单元构成，用 $\hat{\boldsymbol{c}}=\boldsymbol{m}\hat{\boldsymbol{G}}+\hat{\boldsymbol{e}}$ 加密，其中偏移量 $\hat{\boldsymbol{e}}$ 是通过一个单元长度 $\boldsymbol{n}$ 和权重 $\boldsymbol{\tau}$ 随机选定的。其可以被看作 $\hat{\boldsymbol{c}}=\boldsymbol{aGP}+\hat{\boldsymbol{e}}$，其中 $\boldsymbol{a}=\boldsymbol{mS}$ 是一个替代消息且 $\boldsymbol{P}$ 是一个解密端已知的置换。也可以被写作 $\boldsymbol{c}=\boldsymbol{aG}+\hat{\boldsymbol{e}}\boldsymbol{P}^{-1}$，其中 $\boldsymbol{c}=\hat{\boldsymbol{c}}\boldsymbol{P}^{-1}$。

为了解密密文 $\hat{\boldsymbol{c}}$，首先通过 $\boldsymbol{cP}^{-1}=\hat{\boldsymbol{c}}$ 解出置换。然后通过使用解码算法来将 $\hat{\boldsymbol{c}}$ 投影到子空间 $\mathcal{C}$，从 $\hat{\boldsymbol{c}}$ 中移除 $\hat{\boldsymbol{e}}$ 来覆盖 $\boldsymbol{c}$。修改后的消息 $\boldsymbol{a}=\boldsymbol{mS}$ 在码字 $\boldsymbol{c}$ 中被覆盖。最终，明文消息
554 由 $\boldsymbol{m}=\boldsymbol{aS}^{-1}$ 给出。

第 15 章习题

15.1 证明一个格在点的加法情况下是一个群。

15.2 一个二维格由以下两个生成点来定义

$$\boldsymbol{m}_1=(12,5)$$
$$\boldsymbol{m}_2=(14,5)$$

求解最接近(9，3)的格中点。

15.3 证明 $\mathbf{R}^n$ 上的每个离散加法子群是 $\mathbf{R}^n$ 上或 $\mathbf{R}^n$ 的子空间上的一个格。本问题中的词语“离散”是什么意思？

15.4 满秩格 $\boldsymbol{\Lambda}=\{\boldsymbol{v}=\boldsymbol{Ma}\mid \boldsymbol{a}\in\boldsymbol{Z}^n\}$ 的对偶格是 $\boldsymbol{\Lambda}^{\perp}=\{\boldsymbol{v}\in\boldsymbol{Z}^n \mid <\boldsymbol{v}\cdot\boldsymbol{u}>\in\mathbf{Z},\ \forall\,\boldsymbol{v}\in\boldsymbol{\Lambda}\}$。证明 $\boldsymbol{\Lambda}^{\perp}$ 也是一个满秩格。再证明如果 $\boldsymbol{B}$ 是 $\boldsymbol{\Lambda}$ 的一个生成矩阵，那么 $(\boldsymbol{B}^{-1})^{\mathrm{T}}$ 就是 $\boldsymbol{\Lambda}^{\mathrm{T}}$ 的一个生成矩阵，且 $\det\boldsymbol{\Lambda}^{\perp}=1/\det\boldsymbol{\Lambda}$。

15.5 平面 $\mathbf{R}^2$ 上的一个椭圆由下式来给定

$$\left(\frac{u}{a}\right)^2+\left(\frac{v}{b}\right)^2=\frac{4}{\pi ab}$$

其中

$$u=x\cos\theta-y\sin\theta$$
$$v=x\sin\theta+y\cos\theta$$

这个椭圆围成一个面积为 4 的封闭区域。三个参数(a, b, θ)是否存在一个选择，满足所给定的椭圆面积为 4，中心位于(x, y)平面的原点，且椭圆内不包含格 $\mathbf{Z}^2$ 中的一个非零点？在没有明确参考 Minkowski 定理的情况下，你能够直接得出结果吗？

15.6 如果删除 Minkowski 定理中的“紧凑”一词，定理是否仍然成立？

15.7 对于 $n=2$，通过一系列草图来对 Minkowski 定理的证明进行解释说明。

15.8 描述说明一个循环编码的生成矩阵和生成多项式之间的关系。再描述说明一个循环码的校验矩阵和校验多项式之间的关系。

15.9 推导 BCH 编码的最小距离和生成多项式 $g(x)$ 的连零个数之间的关系。

第15章注释

数学家对格已经研究了很多年，包括拉格朗日(1736—1813)和高斯(1777—1855)的早期研究。现在 555
关于格的正式数学理论得到了扩充。Jacques Hadamard(1865—1963)首先公布了Hadamard不等式。Charles Hermite(1822—1901)命名了Hermite常数。Hermann Minkowski(1864—1909)提出了对多个数学分支都很重要的Minkowski凸面体定理。Blichfeldt(1873—1945)将该定理进行了推广。LLL算法由Lenstra、Lenstra和Lovász(1982)公布，后来由Pohst(1987)和Schnorr(1987)及其他学者进行了改进。

有些格在球体的有效填充问题中扮演着重要的角色。众所周知，最有效的二维球面(圆)填充方法是将球面的中心放在六角格的点上。高斯确定了最有效的三维球体规整(格)封装就是常见的快速封装，正式名称为面心立方封装。Kepler猜想(1611)认为在三维封装中没有比快速封装更有效的不规则封装方法。Hales(2005)通过大量的计算机运算验证了此猜想，该验证还在进行之中。这个与格理论相关的名人轶事确实提供了一些证据来表明格问题是相当复杂难解的。

编码在最近才开始研究，最初是工程师在研究，且通常作为有限域上向量空间的子空间。可能最值得关注的早期工作是Reed和Solomon(1960)，他们受到Shannon(1948)的启发。Berlekamp、McEliece和van Tilborg(1978)论证了最近码字问题的复杂难解性。McEliece(1978)引入了基于编码的公钥密码学。McEliece密码体制提供了一种公钥密码学类型，与基于双素数因子分解或离散对数问题难解性的密码方法截然不同。

基于离散几何结构的公钥密码体制，例如编码密码或格密码的发展始于McEliece(1978)提出的基于编码的密码学。Ajtai(1996)针对格问题的复杂性进行了开创性工作，学术界后来就将注意力转向了格。在此文章中，Ajtai提出了一组单向函数，它在最坏情况下的强度由某些最短向量格问题的难解性来保证。Micciancio(2007)认为这种安全性即使对于具有循环生成矩阵的格也依然成立。受到Ajtai文章的启发，Ajtai和Dwork(1997)提出了第一种基于格的密码体制。格在更早的时候是作为密码分析工具引入到密码学之中，例如Adleman(1983)成功攻击了陷门背包密码体制。这种攻击敲响了警钟，并对基于格的密码体制提出了挑战。Ajtai和Dwork将这种攻击工具转变成了防卫工具。尽管Ajtai和Dwork证明了在一般情况下破解他们的密码体制与计算最短向量问题一样困难，但他们的方法仍然不实用。后来Goldreich、Goldwasser和Halevi(1997)提出了一种改进而又实用的格密码体制，与基于编码的McEliece密码体制相类似。Goldreich-Goldwasser-Halevi密码体制是一种基于以下结论的陷门单向函数，最近向量问题是一个复杂难解的问题。这种加密很快，但是密钥规模过于巨大，因此并不实用。基于环的密码学中，一个深入研究的具体实例是著名的NTRU密码体制。Hoffstein、Pipher和Silverman(1998)所提出的NTRU密码体制基于下述结论，最短向量问题是一个复杂难解的问题。他们的工作最初不是采用格来阐述的。只是后来Coppersmith和Shamir(1997)揭示了它与循环格的关系以及与格密码学中Goldreich、
Goldwasser和Halevi概念的关系。在密码分析上，Nguyen和Stern(1998)研究了格公钥密码体制的脆弱 556~557
性。Yoshida(2003)提出运用一组特定的椭圆曲线来求解离散向量分解问题。Duursma和Kiyavash(2005)证明了这组曲线是不安全的。

参考文献

L. M. Adleman, A Subexponential Algorithm for the Discrete Logarithm Problem with Applications to Cryptography, *Proceedings of the 20th Annual Symposium on the Foundations of Computer Science*, 55–60, 1979.

L. M. Adleman, On Breaking Generalized Knapsack Public Key Cryptosystems, *Proceedings of the 15th Annual ACM Symposium on the Theory of Computing*, 402–412, 1983.

L. M. Adleman, The Function Field Sieve, *Algorithmic Number Theory, Lecture Notes in Computer Science*, vol. 877, L. M. Adleman and M.-D. Huang, editors, pp. 108–121, New York, Springer, 1994.

L. M. Adleman and J. DeMarrais, A Subexponential Algorithm for Discrete Logarithms over All Finite Fields, *Mathematics of Computation*, **61**, 1–15, 1993.

L. M. Adleman and M.-D. Huang, Counting Rational Points on Curves and Abelian Varieties over Finite Fields, *Algorithmic Number Theory*, *Lecture Notes in Computer Science*, vol. 1122, H. Cohen, editor, pp. 1–16, Springer, 1996.

L. M. Adleman, J. DeMarrais, and M.-D. Huang, A Subexponential Algorithm for Discrete Logarithms over the Rational Subgroup of the Jacobians of Large Genus Hyperelliptic Curves over Finite Fields, *Algorithmic Number Theory*, *Lecture Notes in Computer Science*, vol. 877, pp. 28–40, New York, Springer, 1994.

M. Ajtai, Generating Hard Instances of Lattice Problems, *Proceedings of the 28th Annual ACM Symposium on the Theory of Computing*, 99–108, 1996.

M. Ajtai, The Shortest Vector Problem in NP-Hard for Randomized Reductions, *Proceedings of the 30th Annual ACM Symposium on Theory of Computing*, 10–19, 1998.

M. Ajtai and C. Dwork, A Public-Key Cryptosystem with Worst-Case/Average-Case Equivalence, *Proceedings of the 29th Annual ACM Symposium on the Theory of Computing*, 284–293, 1997.

W. Alford, A. Granville, and C. Pomerance, There Are Infinitely Many Carmichael Numbers, *Annals of Mathematics*, **140**, 703–722, 1994.

T. M. Apostol, *Introduction to Analytic Number Theory*, New York, Springer, 1976.

D. F. Aranha, K. Karabina, P. Longa, C. H. Gebotys, and J. López, Faster Explicit Formulas for Computing Pairings over Ordinary Curves, *Advances in Cryptology*, *EUROCRYPT11*, T. Rabin, editor, pp. 48–68, New York, Springer, 2011.

M. Artin, *Algebra*, Englewood Cliffs, NJ, Prentice Hall, 1991.

D. W. Ash, I. F. Blake, and S. A. Vanstone, Low Complexity Normal Bases, *Discrete Applied Mathematics*, **25**, 191–210, 1989.

C. Asmuth and J. Bloom, A Modular Approach to Key Safeguarding, *IEEE Transactions on Information Theory*, **IT-28**, 208–210, 1983.

A. O. L. Atkin, The Number of Points on an Elliptic Curve Modulo a Prime, (unpublished) 1988.

A. O. L. Atkin and F. Morain, Elliptic Curves and Primality Testing, *Mathematics of Computation*, **61**, 29–68, 1993.

L. Babai and S. Moran, Arthur–Merlin Games: A Randomized Proof System, and a Hierarchy of Complexity Class, *Journal of Computer and System Sciences*, **36**, 254–276, 1988.

E. Bach, Explicit Bounds for Primality Testing and Related Problems, *Mathematics of Computation*, **55**, 355–380, 1990.

E. Bach and K. Huber, Note on Taking Square-Roots Modulo N, *IEEE Transactions on Information Theory*, **IT-45**, 807–808, 1999.

R. Balasubramanian and N. Koblitz, The Improbability that an Elliptic Curve has a Subexponential Discrete Log Problem Using the Menezes–Okamoto–Vanstone Algorithm, *Journal of Cryptology*, **11**, 141–145, 1998.

T. H. Barr, *Invitation to Cryptology*, Upper Saddle River, NJ, Prentice Hall, 2002.

P. S. L. M. Barreto and M. Naehrig, Pairing-Friendly Elliptic Curves of Prime Order, *Selected Areas of Cryptography 05*, *Lecture Notes in Computer Science*, vol. 3897, B. Prennel and S. Tavares, editors, pp. 319–331, New York, Springer, 2006.

P. S. L. M. Barreto and J. F. Voloch, Efficient Computation of Roots in Finite Fields, *Design, Codes, and Cryptography*, **39**, 275–280, 2006.

P. S. L. M. Barreto, S. Galbraith, C. ÓhÉigeartaigh, and M. Scott, Efficient Pairing Computation on Supersingular Abelian Varieties, *Designs, Codes, and Cryptography*, **42**, 239–271, 2007.

P. S. L. M. Barreto, H. Kim, B. Lynn, and M. Scott, Efficient Algorithms for Pairing-Based Cryptosystems, *Advances in Cryptology, CRYPTO02*, M. Yung, editor, pp. 354–368, New York, Springer, 2002.

P. S. L. M. Barreto, B. Lynn, and M. Scott, Efficient Implementation of Pairing-Based Cryptosystems, *Journal of Cryptology*, **17**, 321–334, 2004.

P. Barrett, Implementing the Rivest, Shamir, and Adleman Public Key Encryption Algorithm on a Standard Digital Processor, *Advances in Cryptology, CRYPTO86*, A. M. Odlyzko, editor, pp. 311–323, New York, Springer, 1986.

M. Bauer, A Subexponential Algorithm for Solving the Discrete Logarithm Problem in the Jacobian of High Genus Hyperelliptic Curves over Arbitrary Finite Fields, (preprint) 1999.

I. Ben-Aroya and E. Biham, Differential Cryptanalysis of Lucifer, *Journal of Cryptology*, **9**, 21–34, 1996.

C. H. Bennett, G. Brassard, and A. K. Ekert, Quantum Cryptography, *Scientific American*, **10**, 132–134, 1992.

N. Berger and M. Scott, Constructing Tower Extensions of Finite Fields for Implementation of Pairing-Based Cryptography, *Arithmetic of Finite Fields, WAIFI 2010, Lecture Notes on Computer Science*, vol. 6087, M. A. Hasan and T. Helleseth, editors, pp. 180–195, 2010.

E. R. Berlekamp, *Algebraic Coding Theory*, New York, McGraw-Hill, 1968.

E. R. Berlekamp, Bit Serial Reed–Solomon Encoders, *IEEE Transactions on Information Theory*, **IT-28**, 869–874, 1982.

E. R. Berlekamp, Factoring Polynomials over Finite Fields, *Bell System Technical Journal*, **46**, 1853–1859, 1967.

E. R. Berlekamp, Factoring Polynomials over Large Finite Fields, *Mathematics of Computation*, **24**, 713–735, 1970.

E. R. Berlekamp, R. J. McEliece, and H. C. A. van Tilborg, On the Inherent Intractability of Certain Coding Problems, *IEEE Transactions on Information Theory*, **IT-24**, 203–207, 1978.

D. Bernstein and T. Lange, Faster Addition and Doubling on Elliptic Curves, *Advances in Cryptology, Asiacrypt07*, K. Kurosawa, editor, pp. 29–50, New York, Springer, 2007.

T. Beth and F. Piper, The Stop and Go Generator, *Advances in Cryptology, EUROCRYPT84*, T. Beth, N. Cot, and I. Ingemarsson, editors, pp. 88–92, New York, Springer, 1984.

E. Biham and A. Shamir, Differential Cryptanalysis of DES-Like Cryptosystems, *Journal of Cryptology*, **4**, 3–72, 1991.

E. Biham and A. Shamir, *Differential Cryptanalysis of the Data Encryption Standard*, New York, Springer, 1993.

R. E. Blahut, *Algebraic Codes on Lines, Planes, and Curves*, Cambridge University Press, 2008.

R. E. Blahut, Transform Techniques for Error Control Codes, *IBM Journal of Research and Development*, **23**, 299–315, 1979.

I. F. Blake, Curves, Codes and Cryptography, *Codes, Curves, and Signals*, A. Vardy, editor, pp. 63–75, Boston, MA, Kluwer, 1998.

I. F. Blake, Lattices and Cryptography, *Codes, Graphs, and Systems*, R. E. Blahut and R. Koetter, Boston, MA, Kluwer, editors, pp. 317–332, 2002.

I. F. Blake, R. Fuji-Hara, R. C. Mullin, and S. A. Vanstone, Computing Logarithms in Finite Fields of Characteristic Two, *SIAM Journal on Algebraic and Discrete Methods*, **5**, 276–285, 1984.

I. F. Blake, V. K. Murty, and G. Xu, Refinements of Miller's Algorithm for Computing the Tate/Weil Pairing, *Journal of Algorithms*, **58**, 134–149, 2006.

I. F. Blake, G. Seroussi, and N. Smart, *Elliptic Curves in Cryptography*, Cambridge University Press, 1999.

G. R. Blakley, Safeguarding Cryptographic Keys, *Proceedings of the National Computer Conference*, **48**, 313–317, 1979.

D. Bleichenbacher, A Chosen Ciphertext Attack against Protocols Based on the RSA Encryption Standard PKCS #1, *Advances in Cryptology, CRYPTO98*, H. Krawczyk, editor, pp. 1–12, New York, Springer, 1998.

M. Blum and S. Micali, How to Generate Cryptographically Strong Sequences of Pseudo-Random Bits, *SIAM Journal of Computing*, **13**, 850–864, 1984.

D. Boneh, The Decision Diffie–Hellman Problem, *Proceedings of the 3rd Algorithmic Number Theory Symposium, Lecture Notes in Computer Science*, vol. 1423, pp. 48–63, New York, Springer, 1998.

D. Boneh, Twenty Years of Attacks on the RSA Cryptosystem, *Notices of the American Mathematics Society*, **46**, 203–213, 1999.

D. Boneh and M. Franklin, Identity-Based Encryption from the Weil Pairing, *Advances in Cryptology, CRYPTO01*, J. Kilian, editor, pp. 213–229. New York, Springer, 2001.

D. Boneh and M. Franklin, Identity-Based Encryption from the Weil Pairing, *SIAM Journal of Computing*, **32**, 586-615, 2003.

D. Boneh and R. Venkatesan, Breaking RSA May Not Be Equivalent to Factoring, *Advances in Cryptology, EUROCRYPT98*, K. Nyberg, editor, pp. 59–71, New York, Springer, 1998.

D. Boneh, R. DeMillo, and R. Lipton, On the Importance of Checking Cryptographic Protocols for Faults, *Advances in Cryptology, EUROCRYPT97*, W. Fumy, editor, pp. 37–51, New York, Springer, 1997.

D. Boneh, B. Lynn, and H. Shacham, Short Signatures from the Weil Pairing, *Advances in Cryptology, Asiacrypt01*, C. Boyd, editor, pp. 514–532, New York, Springer, 2001.

N. Boston and M. Darnall, Elliptic and Hyperelliptic Curve Cryptography, *Cryptographic Engineering*, C. K. Koc, editor, pp. 171–189, New York, Springer, 2009.

L. Breiman, The Individual Ergodic Theorem of Information Theory, *Annals of Mathematical Statistics*, **28** (correction in vol. 31), pp. 809–811, 1957.

R. P. Brent and P. Zimmermann, Ten New Primitive Binary Trinomials, *Mathematics of Computation*, **78**, 1197–1199, 2009.

F. Brezing and A. Weng, Elliptic Curves Suitable for Pairing-Based Cryptography, *Designs, Codes, and Cryptography*, **37**, 133–141, 2005.

E. F. Brickell, Breaking Iterated Knapsacks, *Advances in Cryptology, CRYPTO84*, G. R. Blakley and D. Chaum, editors, New York, Springer, pp. 342–358, 1984.

E. F. Brickell and A. M. Odlyzko, Cryptanalysis, a Survey of Recent Results, *Proceedings of the IEEE*, **76**, 578–593, 1988.

M. E. Briggs, *An Introduction to the General Number Field Sieve*, M.S. Thesis, Virginia Polytechnic Institute, 1998.

L. Brynielsson, On the Linear Complexity of Combined Shift Register Sequences, *Advances in Cryptology, EUROCRYPT85*, H. C. Williams, editor, pp. 156–160, New York, Springer, 1985.

D. G. Cantor, Computing in the Jacobian of a Hyperelliptic Curve, *Mathematics of Computation*, **48**, 95–101, 1987.

D. G. Cantor and H. Zassenhaus, A New Algorithm for Factoring Polynomials over Finite Fields, *Mathematics of Computation*, **36**, 587–592, 1981.

C. Carlet, On Cryptographic Complexity of Boolean Functions, *Proceedings of the 6th Conference on Finite Fields and Applications to Coding Theory, Cryptography and Related Articles*, G. L. Mullen, H. Stichtenoth, and H. Tapia-Recillas, editors, pp. 53–69, New York, Springer, 2002.

R. D. Carmichael, Note on a New Number Theory Function, *Bulletin of the American Mathematical Society*, **16**, 232–238, 1910.

R. D. Carmichael, On Composite Numbers which Satisfy the Fermat Congruence, *American Mathematical Monthly*, **19**, 22–27, 1912.

R. D. Carmichael, On Sequences of Integers Defined by Recurrence Relations, *Quarterly Journal of Pure and Applied Mathematics*, **48**, 343–372, 1920.

A. Chan and R. A. Games, On the Quadratic Spans of Periodic Sequences, *Advances in Cryptology, CRYPTO89*, G. Brassard, editor, pp. 82–89, New York, Springer, 1989.

A. H. Chan, R. A. Games, and E. L. Key, On the Complexities of deBruijn Sequences, *Journal of Combinational Theory, Series A*, **33**, 233–246, 1982.

A. H. Chan, M. Goresky, and A. Klapper, On the Linear Complexity of Feedback Registers, *IEEE Transactions on Information Theory*, **IT-36**, 640–644, 1990.

D. Chaum, E. van Heijst, and B. Pfitzmann, Cryptographically Strong Undeniable Signatures, Unconditionally Secure for the Signer, *Advances in Cryptology, CRYPTO91*, J. Feigenbaum, editor, pp. 470–484, New York, Springer, 1991.

C. Cocks, Split Knowledge Generation of RSA Parameters, *Proceedings of the 6th IMA International Conference*, M. Darnell, editor, pp. 89–95, New York, Springer, 1997.

C. Cocks and R. G. E. Pinch, Identity-Based Cryptosystems Based on Weil Pairing, (unpublished) 2001.

D. Coppersmith, Fast Evaluation of Logarithms in Fields of Characteristic Two, *IEEE Transactions on Information Theory*, **IT-30**, 587–594, 1984.

D. Coppersmith, Modifications to the Number Field Sieve, *Journal of Cryptology*, **6**, 169–180, 1993a.

D. Coppersmith, Solving Linear Equations over $GF(2)$: Block Lanczos Algorithms, *Linear Algebra and its Applications*, **192**, 33–60, 1993b.

D. Coppersmith, Solving Homogeneous Linear Equations over $GF(2)$ via Block Wiedemann Algorithms, *Mathematics of Computation*, **62**, 333–350, 1994a.

D. Coppersmith, The Data Encryption Standard (DES) and Its Strength against Attacks, *IBM Journal of Research and Development*, **38**, 243–250, 1994b.

D. Coppersmith, Small Solutions to Polynomial Equations, and Low Exponent RSA Vulnerabilities, *Journal of Cryptology*, **10**, 233–260, 1997.

D. Coppersmith and A. Shamir, Lattice Attacks on NTRU, *Advances in Cryptology, EUROCRYPT97*, W. Fumy, editor, pp. 52–61, New York, Springer, 1997.

D. Coppersmith, M. Franklin, J. Patarin, and M. Reiter, Low-Exponent RSA with Related Messages, *Advances in Cryptology, EUROCRYPT96*, U. Maurer, editor, pp. 1–9, New York, Springer, 1996.

D. Coppersmith, H. Krawczyk, and Y. Mansour, The Shrinking Generator, *Advances in Cryptology, CRYPTO93*, D. R. Stinson, editor, pp. 22–39, 1993.

D. Coppersmith, A. M. Odlyzko, and R. Schroeppel, Discrete Logarithms in $GF(p)$, *Algorithmica*, **1**, 1–15, 1986.

T. H. Cormen, C. E. Leiserson, and R. L. Rivest, *Introduction to Algorithms*, Cambridge, MA, Massachusetts Institute of Technology Press, 1990.

G. Cornacchia, Su di un Metodo per la Risoluzione in Numeri Interi dell Equazione $\sum_{k=0}^{n} C_k x^{n-k} y^k = P$, *Giomale di Mathematiche di Battaglini*, **46**, 33–90, 1908.

D. Cox, J. Little, and D. O'Shea, *Ideals, Varieties, and Algorithms*, New York, Springer, 1992.

R. Cramer and V. Shoup, A Practical Public Key Cryptosystem Provably Secure against Adaptive Chosen Ciphertext Attack, *Advances in Cryptology, CRYPTO98*, H. Krawczyk, editor, pp. 13–25, New York, Springer, 1998.

I. Csiszár and J. Körner, Broadcast Channels with Confidential Messages, *IEEE Transactions on Information Theory*, **IT-24**, 339–348, 1978.

J. Daemen and V. Rijmen, The Block Cipher Rijndael, *Smart Card Research and Applications*, J.-J. Quisquater and B. Schneier, editors, pp. 288-296, New York, Springer, 2000.

J. Daemen and V. Rijmen, Rijndael, the Advanced Encryption Standard, *Dr. Dobb's Journal*, **26**(3), 137–139, 2001.

I. B. Damgaard, A Design Principle for Hash Functions, *Advances in Cryptology, EUROCRYPT89*, J.-J. Quisquater and J. Vandewalle, editors, pp. 416–427, New York, Springer, 1989.

Data Encryption Standard (DES), National Bureau of Standards FIPS Publication 46, 1977.

N. G. deBruijn, A Combinatorial Problem, *Indagationes Mathematicae*, **8**, 461–467, 1946.

N. G. deBruijn, On the Number of Positive Integers $\leq x$ and Free of Prime Factors $> y$, *Indagationes Mathematicae*, **13**, 50–60, 1951.

J. M. DeLaurentis, A Further Weakness in the Common Modulus Protocol for the RSA Cryptoalgorithm, *Cryptologia*, **8**, 253–259, 1984.

K. Dickman, On the Frequency of Numbers Containing Prime Factors of a Certain Relative Magnitude, *Arkiv for Matematik Astronomi och Fysic*, **10**, 1–14, 1930.

W. Diffie and M. E. Hellman, New Directions in Cryptography, *IEEE Transactions on Information Theory*, **IT-22**, 644–654, 1976a.

W. Diffie and M. E. Hellman, Multiuser Crytographic Techniques, *Federal Information Processing Standard Conference Proceedings*, **45**, 109–112, 1976b.

W. Diffie and M. E. Hellman, Privacy and Authentication: An Introduction to Cryptography, *Proceedings of the IEEE*, **67**, 397–427, 1979.

V. S. Dimitrov and T. Cooklev, Hybrid Algorithm for the Computation of the Matrix Polynomial $I + A + \cdots + A^{N-1}$, *IEEE Transactions on Circuits and Systems*, **CS-42**, 377–380, 1995.

J. D. Dixon, Asymptotically Fast Factorization of Integers, *Mathematics of Computation*, **36**, 255–260, 1981.

E. Dubrova, Finding Matching Initial States for Equivalent NLFSRs in the Fibonacci and the Galois Configurations, *IEEE Transactions on Information Theory*, **IT-56**, 2961–2966, 2010.

R. Dupont, A. Enge, and F. Moran, Building Curves with Arbitrary Small MOV Degree over Finite Prime Fields, *Journal of Cryptology*, **18**, 79–89, 2005.

I. M. Duursma and H.-S. Lee, Tate Pairing Implementation for Hyperelliptic Curves $y^2 = x^p - x + d$, *Advances in Cryptology, Asiacrypt03*, C.-S. Laih, editor, pp. 111–123, New York, Springer, 2003.

I. M. Duursma and N. Kiyavash, The Vector Decomposition Problem for Elliptic and Hyperelliptic Curves, *Journal of the Ramanujan Mathematics Society*, **20**, 59–76, 2005.

H. M. Edwards, A Normal Form for Elliptic Curves, *Bulletin of the American Mathematics Society*, **44**, 393–422, 2007.

K. Eisenträger, K. Lauter, and P. L. Montgomery, Improved Weil and Tate Pairings for Elliptic and Hyperelliptic Curves, *Algebraic Number Theory*, *Lecture Notes in Computer Science*, vol. 3076, pp. 169–183, 2004.

P. Ekdahl and T. Johansson, Another Attack on A5/1, *IEEE Transactions on Information Theory*, **IT-49**, 284–289, 2003.

A. K. Ekert, Quantum Cryptography Based on Bell's Theorem, *Physics Review Letters*, **67**(6), 661–663, 1991.

T. Elgamal, A Public Key Cryptosystem and a Signature Scheme Based on Discrete Logarithms, *IEEE Transactions on Information Theory*, **IT-31**, 469–472, 1985a.

T. Elgamal, A Subexponential-Time Algorithm for Computing Discrete Logarithms over $GF(p^2)$, *IEEE Transactions on Information Theory*, **IT-31**, 473–481, 1985b.

N. D. Elkies, Explicit Isogenics, (unpublished) 1991.

N. D. Elkies, Elliptic and Modular Curves over Finite Fields and Related Computational Issues, *Advances in Cryptology, Asiacrypt98*, K. Ohta and D. Pei, editors, pp. 21–76, New York, Springer, 1998.

A. Enge, *Elliptic Curves and Their Application to Cryptography: An Introduction*, Dordrecht, Kluwer, 1999.

T. Etzion, Linear Complexity of deBruijn Sequences: Old and New Results, *IEEE Transactions on Information Theory*, **IT-45**, 693–698, 1999.

U. Feige, A. Fiat, and A. Shamir, Zero-Knowledge Proofs of Identity, *Journal of Cryptology*, **1**, 77–94, 1988.

H. Feistel, *Cryptographic Coding for Data-Bank Privacy*, RC2827, Yorktown Heights, NY, IBM Research, 1970.

H. Feistel, Block Cipher Cryptographic System, US Patent #3,798,359 (filed June 1971) March 1974.

H. Feistel, Cryptography and Computer Privacy, *Scientific American*, **228**, 15–23, 1973.

A. Fiat and M. Naor, Rigorous Time/Space Trade-Offs for Inverting Functions, *Proceedings of the 23rd Annual ACM Symposium on the Theory of Computing*, 534–541, 1991.

A. Fiat and A. Shamir, How to Prove Yourself: Practical Solutions to Identification and Signature Problems, *Advances in Cryptology, CRYPTO86*, A. M. Odlyzko, editor, pp. 186–194, New York, Springer, 1986.

C. Flye Sainte-Marie, Solution to Question No. 48, *Intermédiare des Mathématiciens*, **1**, 107–110, 1894.

K. Fong, D. Hankerson, J. López, and A. Menezes, Field Inversion and Point Halving Revisited, *IEEE Transactions on Computers*, **C-53**, 1047–1059, 2004.

D. Freeman, Constructing Pairing-Friendly Elliptic Curves with Embedding Degree 10, *Algorithmic Number Theory, Lecture Notes in Computer Science*, vol. 4076, 2006.

D. Freeman, M. Scott, and E. Teske, A Taxonomy of Pairing-Friendly Curves, *Journal of Cryptology*, **23**, 224–280, 2010.

G. Frey and H. G. Rück, A Remark Concerning m-divisibility and the Discrete Logarithm Problem in the Divisor Class Group of Curves, *Mathematics of Computation*, **62**, 865–874, 1994.

G. Frey, M. Miller, and H. G. Rück, The Tate Pairing and the Discrete Logarithm Applied to Elliptic Curve Cryptosystems, *IEEE Transactions on Information Theory*, **IT-45**, 1717–1719, 1999.

S. D. Galbraith, Supersingular Curves in Cryptography, *Advances in Cryptology, Asiacrypt01*, C. Boyd, editor, pp. 495–513, New York, Springer, 2001.

S. D. Galbraith, *Mathematics of Public-Key Cryptography*, Cambridge University Press, 2012.

S. D. Galbraith, K. Harrison, and D. Soldera, Implementing the Tate Pairing, *Algorithmic Number Theory, Lecture Notes in Computer Science*, vol. 2369, C. Fieker and D. Kohel, editors, pp. 324–337, Springer, 2002.

S. D. Galbraith, F. Hess, and F. Vercauteren, Aspects of Pairing Inversion, *IEEE Transactions on Information Theory*, **IT-54**, 5719–5728, 2008.

S. D. Galbraith, F. McKee, and P. C. Valença, Ordinary Abelian Varieties Having Small Embedding Degrees, *Finite Fields and Their Applications*, **13**, 800–814, 2007.

S. D. Galbraith, K. Paterson, and N. Smart, Pairing for Cryptographers, *Discrete Applied Mathematics*, **156**, 3113–3121, 2008.

S. Gao and H. W. Lenstra, Jr., Optimal Normal Bases, *Designs, Codes, and Cryptography*, **2**, 315–323, 1992.

S. Gao and J. von zur Gathen, Berlekamp's and Niederreiter's Polynomial Factorization Algorithms, *Contemporary Mathematics*, **168**, 101–116, 1994.

P. Garrett, *Making, Breaking Codes: An Introduction to Cryptology*, Upper Saddle River, NJ, Prentice Hall, 2001.

P. Gaudry, An Algorithm for Solving the Discrete Log Problem on Hyperelliptic Curves, *Advances in Cryptology, EUROCRYPT00*, B. Preneel, editor, pp. 19–34, New York, Springer, 2000.

P. Gaudry, E. Thome, N. Thériault, and C. Diem, A Double Large Prime Variation for Small Genus Hyperelliptic Index Calculus, *Mathematics of Computation*, **76**, 475–492, 2007.

P. R. Geffe, How to Protect Data with Ciphers that Are Really Hard to Break, *Electronics*, **46**, 99–101, 1973.

C. Gentry, *A Fully Homomorphic Encryption System*, Ph.D. Thesis, Stanford University, 2009.

C. Gentry, Fully Homomorphic Encryption Using Ideal Lattices, *Proceedings of the 41st Annual ACM Symposium on the Theory of Computing*, 169–178, 2009.

J. K. Gibson, Discrete Logarithm Hash Function that Is Collision Free and One Way, *IEEE Proceedings*, **138**, 407–410, 1991.

R. Gold, Optimal Binary Sequences for Spread Spectrum Multiplexing, *IEEE Transactions on Information Theory*, **IT-13**, 619–621, 1967.

O. Goldreich, S. Goldwasser, and S. Halevi, Public-Key Cryptosystems from Lattice Reduction Problems, *Advances in Cryptology, CRYPTO97*, B. S. Kaliski, Jr., editor, pp. 112–131, New York, Springer, 1997.

S. Goldwasser, The Search for Provably Secure Cryptosystems, *Proceedings of Symposia in Applied Mathematics*, vol. 42, *Cryptology and Computational Number Theory*, pp. 89–113, Providence, RI, American Mathematical Society, 1990.

S. Goldwasser and J. Kilian, Primality Testing Using Elliptic Curves, *Journal of the Association for Computing Machinery*, **46**, 450–452, 1999.

S. Goldwasser, S. Micali, and C. Rackoff, The Knowledge Complexity of Interactive Proof Systems, *SIAM Journal of Computing*, **18**, 186–208, 1989.

J. Dj. Golic and R. Menicocci, Statistical Distinguishers for Irregularly Decimated Linear Recurring Sequences, *IEEE Transactions on Information Theory*, **IT-52**, 1153–1159, 2006.

S. W. Golomb, *Digital Communications with Space Applications*, Englewood Cliffs, NJ, Prentice-Hall, 1964.

S. W. Golomb, *Shift Register Sequences*, San Francisco, CA, Holden-Day, 1967, 2nd edition, Walnut Creek, CA, Aegean Park Press, 1982.

S. W. Golomb and G. Gong, *Signal Design for Good Correlation*, Cambridge University Press, 2005.

S. W. Golomb and L. R. Welch, *Nonlinear Shift-Register Sequences*, JPL Memo No. 20–149, Pasadena, CA, Jet Propulsion Laboratory, 1957.

G. Gong and S. W. Golomb, Transform Domain Analysis of DES, *IEEE Transactions on Information Theory*, **IT-45**, 2065–2073, 1999.

D. M. Gordon, Discrete Logarithms in $GF(p)$ Using the Number Field Sieve, *SIAM Journal of Discrete Mathematics*, **6**, 124–138, 1993.

D. M. Gordon, A Survey of Fast Exponentiation Methods, *Journal of Algorithms*, **27**, 129–146, 1998.

M. Goresky and A. Klapper, *Algebraic Shift Register Sequences*, Cambridge University Press, 2012.

M. Goresky and A. Klapper, Fibonacci and Galois Representations of Feedback-with-Carry Shift Registers, *IEEE Transactions on Information Theory*, **IT-48**, 2826–2836, 2002.

R. Granger, D. Page, and M. Stam, Hardware and Software Normal Basis Arithmetic for Pairing-Based Cryptography in Characteristic Three, *IEEE Transactions on Computers*, **C-54**, 852–860, 2005.

R. Granger and F. Vercauteren, On the Discrete Logarithm Problem on Algebraic Tori, *Advances in Cryptology, CRYPTO05*, V. Shoup, editor, pp. 66–85, New York, Springer, 2005.

E. J. Groth, Generation of Binary Sequences with Controllable Complexity, *IEEE Transactions on Information Theory*, **IT-17**, 288–296, 1971.

G. Guanella, Means for and Method for Secret Signaling, US Patent #2,405,500, 1946.

L. C. Guillou and J. J. Quisquater, A Practical Zero-Knowledge Protocol Fitted to Security Microprocessor Minimizing Both Transmission and Memory, *Advances in Cryptology, EUROCRYPT87*, D. Chaum and W. L. Price, editors, pp. 123–128, New York, Springer, 1987.

L. C. Guillou and J. J. Quisquater, Method and Apparatus for Authenticating Accreditations and for Authenticating and Signing Messages, US Patent #5, 140, 634, 1992.

C. G. Günther, Alternating Step Generators Controlled by deBruijn Sequences, *Advances in Cryptology, EUROCRYPT87*, D. Chaum and W. L. Price, editors, pp. 5–14, New York, Springer, 1987.

T. C. Hales, A Proof of the Kepler Conjecture, *Annals of Mathematics*, **162**, 1065–1185, 2005.

M. Hall, An Isomorphism between Linear Recurring Sequences and Algebraic Rings, *Transactions of the American Mathematics Society*, **44**, 196–218, 1938.

D. Hankerson, A. Menezes, and S. Vanstone, *Guide to Elliptic Curve Cryptography*, New York, Springer, 2004.

R. Hartshorne, *Algebraic Geometry*, New York, Springer, 1977.

H. Hasse, Theorie der höheren Differentiale in einem algebraischen Funktionenkörper mit vollkommenen Konstantenkörper bei beliebiger Charakteristik, *Journal für die Reine and Angewandte Mathematik*, **175**, 50–54, 1936.

M. E. Hellman, An Extension of the Shannon Theory Approach to Cryptography, *IEEE Transactions on Information Theory*, **IT-23**, 289–294, 1977.

M. E. Hellman, A Cryptanalytic Time–Memory Tradeoff, *IEEE Transactions on Information Theory*, **IT-26**, 401–406, 1980.

M. E. Hellman and J. M. Reyneri, Fast Computation of Discrete Logarithms in $GF(q)$, *Advances in Cryptology, CRYPTO83*, D. Chaum, editor, pp. 3–13, New York, Plenum Press, 1983.

K. Hensel, Über die Darstellung der Zahlen eines Gattungsbereiches für einen Beliebigen Primdivisor, *Journel für die Reine und Angewandte Mathematik*, **103**, 230–237, 1888.

T. Herlestam, On Functions of Linear Shift Register Sequences, *Advances in Cryptology, EUROCRYPT85*, F. Pichler, editor, pp. 119–129, New York, Springer, 1985.

F. Hess, N. P. Smart, and F. Vercauteren, The Eta Pairing Revisited, *IEEE Transactions on Information Theory*, **IT-52**, 4595–4602, 2006.

L. S. Hill, Cryptography in an Algebraic Alphabet, *American Mathematical Monthly*, **36**, 306–312, 1929.

L. S. Hill, Concerning Certain Linear Transformation Apparatus of Cryptography, *American Mathematical Monthly*, **38**, 135–154, 1931.

J. Hoffstein, J. Pipher, and J. H. Silverman, *An Introduction to Mathematical Cryptography*, New York, Springer, 2008.

J. Hoffstein, J. Pipher, and J. H. Silverman, NTRU: A Ring-Based Public Key Cryptosystem, *Algorithmic Number Theory, Lecture Notes in Computer Science*, vol. 1423, J. P. Buhler, editor, pp. 267–288, New York, Springer, 1998.

D. A. Huffman, A Method for the Construction of Minimum Redundancy Codes, *Proceedings of the IRE*, **40**, 1091–1101, 1952.

T. Itoh and S. Tsujii, A Fast Algorithm for Computing Multiplicative Inverses in $GF(2^m)$ Using Normal Bases, *Information and Computation*, **78**, 171–177, 1988.

M. J. Jacobson, N. Koblitz, J. H. Silverman, A. Stein, and E. Teske, Analysis of the Xedni Calculus Attack, *Designs, Codes, and Cryptography*, **20**, 41–64, 2000.

M. Jacobson, Jr., A. Menezes, and A. Stein, Hyperelliptic Curves and Cryptography, *High Primes and Misdemeanors: Lectures in Honour of the 60th Birthday of Hugh Cowie Williams*, A. van der Poorten and C. M. Ringel, editors, Toronto, Fields Institute Communications, pp. 255–282, 2004.

W. S. Jevons, *The Principles of Science*, London, Macmillan, 1874.

A. Joux, A One-Round Protocol for Tripartite Diffie–Hellman, *Proceedings of the 4th International Symposium on Algorithmic Number Theory*, 385–394, New York, Springer, 2000.

A. Juels and M. Sudan, A Fuzzy Vault Scheme, *Design, Codes, and Cryptography*, **38**, 237–257, 2006.

D. Kahn, *The Codebreakers: The Story of Secret Writing*, London, Macmillan, 1967. Revised edition, New York, Scribner, 1996.

B. S. Kaliski, R. L. Rivest, and A. T. Sherman, Is the Data Encryption Standard a Group?, *Advances in Cryptology, EUROCRYPT85*, F. Pichler, editors, pp. 81–92, New York, Springer, 1985.

A. Karatsuba and Y. Ofman, Multiplication of Many-Digital Numbers by Automatic Computers, *Proceedings of the USSR Academy of Science*, **145**, 293–294, 1962.

E. Karnin, J. Greene, and M. Hellman, On Secret Sharing Systems, *IEEE Transactions on Information Theory*, **IT-29**, 35–41, 1983.

T. Kasami, *Weight Distribution Formula for Some Class of Cyclic Code*, Technical Report No. R-285, Urbana–Champaign, IL, University of Illinois, 1966.

J. Katz and Y. Lindell, *Introduction to Modern Cryptography*, Boca Raton, FL, CRC Press, 2007.

K. S. Kedlaya, Counting Points on Hyperelliptic Curves Using Monsky–Washnitzer Cohomology, *Journal of the Ramanujan Mathematical Society*, **16**, 323–338, 2001.

J. Kelsey and T. Kohno, Herding Hash Functions and the Nostradamus Attack, *Advances in Cryptology, EUROCRYPT06*, S. Vaudenay, editor, pp. 183–200, New York, Springer, 2006.

E. L. Key, An Analysis of the Structure and Complexity of Nonlinear Binary Sequence Generators, *IEEE Transactions on Information Theory*, **IT-22**, 732–736, 1976.

A. Klapper, The Vulnerability of Geometric Sequences Based on Fields of Odd Characteristic, *Journal of Cryptology*, **7**, 33–51, 1994.

T. Kleinjung, On Polynomial Selection for the General Number Field Sieve, *Mathematics of Computation*, **75**, 2037–2047, 2006.

E. Knudsen, Elliptic Scalar Multiplication Using Point Halving, *Advances in Cryptology, Asiacrypt99*, K.-Y. Lam, E. Okamoto, and C. Xing, editors, pp. 1351–1491, New York, Springer, 1999.

A. H. Koblitz, N. Koblitz, and A. Menezes, Elliptic Curve Cryptography: The Serpentine Course of a Paradigm Shift, *Journal of Number Theory*, **131**, 781–814, 2011.

N. Koblitz, Elliptic Curve Cryptosystems, *Mathematics of Computation*, **48**, 203–209, 1987.

N. Koblitz, A Family of Jacobians Suitable for Discrete Log Cryptosystems, *Advances in Cryptology, CRYPTO88*, S. Goldwasser, editor, pp. 94–99, New York, Springer, 1988.

N. Koblitz, Hyperelliptic Cryptosystems, *Journal of Cryptology*, **1**, 139–150, 1989.

N. Koblitz, Jacobi Sums, Irreducible Zeta Polynomials, and Cryptography, *Canadian Mathematical Bulletin*, **34**, 229–235, 1991.

N. Koblitz, *Algebraic Aspects and Cryptography*, Berlin, Springer,1998.

N. Koblitz, A. Menezes, and S. Vanstone, The State of Elliptic Curve Cryptography: Towards a Quarter-Century of Public Key Cryptography, *Designs, Codes, and Cryptography*, **19**, 173–193, 2000.

P. C. Kocher, Timing Attacks on Implementations of Diffie–Hellman, RSA, DSS, and Other Systems, *Advances in Cryptology, CRYPTO96*, N. Koblitz, editor, pp. 104–113, New York, Springer, 1996.

A. R. Korselt, Probléme chinois, *L'Intermédiaire des Mathématiciens*, **6**, 142–143, 1899.

K. Koyama, U. Maurer, T. Okamoto, and S. A. Vanstone, New Public-Key Schemes Based on Elliptic Curves over the Ring Z_n, *Advances in Cryptology, CRYPTO91*, J. Feigenbaum, editor, pp. 252–266, New York, Springer, 1991.

M. Kraitchik, *Théorie des Nombres*, vol. 1, Paris, Gauthier-Villars, 1922.

J. C. Lagarias and A. M. Odlyzko, Solving Low-Density Subset Sum Problems, *Journal of the Association of Computing Machinery*, **32**, 229–246, 1985.

X. Lai, J. L. Massey, and S. Murphy, Markov Ciphers and Differential Cryptanalysis, *Advances in Cryptology, EUROCRYPT91*, D. W. Davies, editor, pp. 17–38, New York, Springer, 1991.

B. A. LaMacchia and A. M. Odlyzko, Computation of Discrete Logarithms in Prime Fields, *Design, Codes, and Cryptography*, **1**, 47–62, 1991.

T. Lange, *Fast Arithmetic on Hyperelliptic Curves*, Ph.D. Thesis, Institute for Information Security and Cryptography, Ruhr-Universität Bochum, 2002.

S. K. Langford and M. E. Hellman, Differential-Linear Cryptanalysis, *Advances in Cryptology, CRYPTO94*, Y. Desmedt, editor, pp. 17–25, New York, Springer, 1994.

E. Lee, H.-S. Lee, and C.-M. Park, Efficient and Generalized Pairing Computation on Abelian Varieties, *IEEE Transactions on Information Theory*, **IT-55**, 1793–1803, 2009.

A. K. Lenstra and H. W. Lenstra, Jr., Algorithms in Number Theory, *Handbook of Theoretical Computer Science*, vol. A, *Algorithms and Complexity*, J. van Leeuwen, editor, pp. 673–715, New York, Elsevier, 1990.

A. K. Lenstra and H. W. Lenstra, Jr., *The Development of the Number Field Sieve*, *Lecture Notes in Mathematics*, vol. 1554, New York, Springer, 1993.

A. K. Lenstra, H. W. Lenstra, Jr., and L. Lovász, Factoring Polynomials with Rational Coefficients, *Mathematische Annalen*, **261**, 515–534, 1982.

A. K. Lenstra, H. W. Lenstra, Jr., M. S. Manasse, and J. M. Pollard, The Number Field Sieve, *The Development of the Number Field Sieve, Lecture Notes in Mathematics*, A. K. Lenstra and H. W. Lenstra, Jr., editors, vol. 1554, pp. 11–42, New York, Springer, 1993.

H. W. Lenstra, Jr., Primality and Factorization, *Proceedings of the 4th Symposium on Information Theory in the Benelux*, Acco, Leuven, Belgium, pp. 13–15, 1983.

H. W. Lenstra, Jr., Factoring Integers with Elliptic Curves, *Annals of Mathematics*, **126**, 649–673, 1987.

H. W. Lenstra, Jr., Rijndael for Algebraists, (unpublished) 2002.

R. Lercier, Computing Isogenies in F_2^n, *Algorithmic Number Theory, Proceedings of the 2nd International Symposium ANTS-II*, pp. 197–212, New York, Springer, 1996.

R. Lercier and F. Morain, Counting the Number of Points on Elliptic Curves over Finite Fields: Strategies and Performances, *Advances in Cryptology, EUROCRYPT95*, L. C. Guillou and J.-J. Quisquater, editors, pp. 79–94, New York, Springer, 1995.

S. K. Leung-Yan-Cheong and M. E. Hellman, The Gaussian Wire-Tap Channel, *IEEE Transactions on Information Theory*, **IT-24**, 451–456, 1978.

W. J. LeVeque, *Fundamentals of Number Theory*, Reading, MA, Addison-Wesley, 1977; republished by Dover, Mineola, NY, 1996.

S. Levy, *Crypto: How the Code Rebels Beat the Government – Saving Privacy in the Digital Age*, New York, Penguin Books, 2001.

S. Lichtenbaum, Duality Theorems for Curves over P-adic Fields, *Inventiones Mathematicae*, **7**, 120–136, 1969.

R. Lidl and H. Niederreiter, *Finite Fields*, vol. 20 of *The Encyclopedia of Mathematics*, Cambridge University Press, 1983.

L. Lovasz, *An Algorithmic Theory of Number, Graphs, and Convexity*, Philadelphia, PA, SIAM Publications, 1986.

M. Luby and C. Rackoff, How to Construct Pseudorandom Permutations and Pseudorandom Functions, *SIAM Journal of Computing*, **17**, 373–386, 1988.

F. Luca, D. J. Mireles, and I. E. Shparlinski, MOV Attack in Various Subgroups on Elliptic Curves, *Illinois Journal of Mathematics*, **48**, 1041–1052, 2004.

J. L. Massey, Shift Register Synthesis and BCH Decoding, *IEEE Transactions on Information Theory*, **IT-15**, 122–127, 1969.

J. L. Massey and R.-W. Liu, Equivalence of Nonlinear Shift Registers, *IEEE Transactions on Information Theory*, **IT-10**, 378–379, 1964.

J. L. Massey and S. Serconek, A Fourier Transform Approach to the Linear Complexity of Nonlinearly Filtered Sequences, *Advances in Cryptology, CRYPTO94*, Y. Oesmedt, editor, pp. 332-340, New York, Springer, 1994.

J. L. Massey and S. Serconek, Linear Complexity of Periodic Sequences, *Advances in Cryptology, CRYPTO96*, N. Koblitz, editor, pp. 358–371, New York, Springer 1996.

M. Matsui, Linear Cryptanalysis Method for the DES Cipher, *Advances in Cryptology, EUROCRYPT93*, T. Helleseth, editor, pp. 386–397, New York, Springer, 1993.

M. Matsui, The First Experimental Cryptanalysis of the Data Encryption Standard, *Advances in Cryptology, EUROCRYPT94*, A. De Santis, editor, pp. 1–11, New York, Springer, 1994.

U. M. Maurer, Conditionally Perfect Secrecy and a Provably Secure Randomized Cipher, *Journal of Cryptology*, **5**, 53–66, 1992.

U. M. Maurer, Secret Key Agreement by Public Discussion from Common Information, *IEEE Transactions on Information Theory*, **IT-39**, 733–742, 1993.

U. M. Maurer and J. L. Massey, Cascade Ciphers: The Importance of Being First, *Journal of Cryptology*, **6**, 55–61, 1993.

K. McCurley, The Discrete Logarithm Problem, *Proceedings of Symposia in Applied Mathematics*, vol. 42, *Cryptology and Computational Number Theory*, pp. 49–74, Providence, RI, American Mathematical Society, 1990.

R. J. McEliece, *A Public-Key Cryptosystem Based on Algebraic Coding Theory*, DSN Progress Report No. 42–44, pp. 114–116, Pasadena, CA, Jet Propulsion Laboratory, 1978.

R. J. McEliece and D. V. Sarwate, On Sharing Secrets and Reed-Solomon Codes, *Communications of the Association for Computing Machinery*, **24**, 583–584, 1981.

B. McMillan, The Basic Theorems of Information Theory, *Annals of Mathematical Statistics*, **24**, 196–219, 1953.

B. McMillan, Two Inequalities Implied by Unique Decipherability, *IRE Transactions in Information Theory*, **IT-2**, 115–116, 1956.

W. Meier and O. Staffelbach, Fast Correlation Attacks on Stream Ciphers, *Advances in Cryptology, EUROCRYPT88*, C. Günther, editor, pp. 301–314, New York, Springer, 1988.

W. Meier and O. Staffelbach, Fast Correlation Attacks on Certain Steam Ciphers, *Journal of Cryptography*, **1**, 159–176, 1989.

A. J. Menezes, Hyperelliptic Cryptosystems, *Journal of Cryptology*, **1**, 139–150, 1989.

A. J. Menezes, *Applications of Finite Fields*, Dordrecht, Kluwer, 1993.

A. J. Menezes, *Elliptic Curve Cryptosystems*, Dordrecht, Kluwer, 1997.

A. J. Menezes, An Introduction to Pairing-Based Cryptography, *Recent Trends in Cryptography Summer School*, I. Luengo, editor, vol. 477, Providence, RI, American Mathematical Society, 2005.

A. J. Menezes, T. Okamoto, and S. A. Vanstone, Reducing Elliptic Curve Logarithms to Logarithms in a Finite Field, *IEEE Transactions on Information Theory*, **IT-39**, 1639–1646, 1993.

A. J. Menezes and S. A. Vanstone, The Implementation of Elliptic Curve Cryptography, *Advances in Cryptology, AUSCRYPT90*, J. Seberry and J. Pieprzyk, editors, pp. 2–13, New York, Springer, 1990.

A. J. Menezes, P. van Oorschot, and S. A. Vanstone, *Handbook of Applied Cryptography*, New York, CRC Press, 1997.

A. J. Menezes, S. A. Vanstone, and R. J. Zuccherato, Counting Points on Elliptic Curves over F_2^m, *Mathematics of Computation*, **60**, 407–420, 1993.

A. J. Menezes, Y.-H. Wu, and R. J. Zuccherato, An Elementary Introduction to Hyperelliptic Curves, Appendix in *Algebraic Aspects of Cryptography*, N. Koblitz, editor, pp. 155–178, New York, Springer, Berlin, 1998.

R. C. Merkle, Secure Communications over Insecure Channels, *Communications of the Association for Computing Machinery*, **21**, 294–299, 1978.

R. C. Merkle, *Secrecy, Authentication, and Public-Key Systems*, Ph.D. Dissertation, Department of Electrical Engineering, Stanford University, 1979.

R. C. Merkle, One Way Hash Functions and DES, *Advances in Cryptology, CRYPTO89*, G. Brassard, editor, pp. 428–446, New York, Springer, 1989.

R. C. Merkle, A Fast Software One-Way Hash Function, *Journal of Cryptology*, **3**, 43–58, 1990.

R. C. Merkle and M. E. Hellman, Hiding Information and Signatures in Trapdoor Knapsacks, *IEEE Transactions on Information Theory*, **IT-24**, 525–530, 1978.

R. C. Merkle and M. E. Hellman, On the Security of Multiple Encryption, *Communications of the Association for Computing Machinery*, **24**, 465–466, 1981.

D. Micciancio, The Hardness of the Closest Vector Problem with Preprocessing, *IEEE Transactions on Information Theory*, **IT-47**, 1212–1215, 2001a.

D. Micciancio, The Shortest Vector Problem is NP-Hard to Approximate to Within Some Constant, *SIAM Journal on Computing*, **30**, 2008–2035, 2001b.

D. Micciancio, Generalized Compact Knapsacks, Cyclic Lattices, and Efficient One-Way Functions from Worst-Case Complexity Assumptions, *Computational Complexity*, **16**, 365–411, 2007.

D. Micciancio and O. Regev, Lattice-Based Cryptography, *Post-Quantum Cryptography*, D. J. Bernstein, J. Buchmann, and E. Dahmen, editors, pp. 147–191, New York, Springer, 2009.

F. Miller, *Telegraphic Code to Insure Privacy and Secrecy in the Transmission of Telegrams*, New York, C. M. Cornwell, 1882.

G. L. Miller, Riemann's Hypothesis and Tests for Primality, *Journal of Computer and Systems Science*, **13**, 300–317, 1976.

V. S. Miller, Short Programs for Functions on Curves, (unpublished) 1986.

V. S. Miller, The Weil Pairing, and its Efficient Calculation, *Journal of Cryptology*, **17**, 235–261, 2004.

V. S. Miller, Uses of Elliptic Curves in Cryptography, *Advances in Cryptology, CRYPTO85*, H. C. Williams, editors, pp. 417–426, New York, Springer, 1985.

A. Miyaji, M. Nakabayashi, and S. Takano, New Explicit Conditions of Elliptic Curve Traces for FR-Reduction, *IEICE Transactions on Fundamentals*, **E84-A**, 1234–1243, 2003.

P. L. Montgomery, Modular Multiplication without Trial Division, *Mathematics of Computation*, **44**, 519–521, 1985.

J. H. Moore, Protocol Failures in Cryptosystems, *Contemporary Cryptology: The Science of Information Integrity*, G. J. Simmons, editor, pp. 541–548, New York, IEEE Press, 1992.

L. J. Mordell, Observation on the Minimum of a Positive Quadratic Form in Eight Variables, *Journal of the London Mathematical Society*, **19**, 3–6, 1944.

M. A. Morrison and J. Brillhart, A Method of Factoring and the Factorization of F_7, *Mathematics of Computation*, **29**, 183–205, 1975.

P. Moulin and J. A. O'Sullivan, Information-Theoretic Analysis of Information Hiding, *IEEE Transactions on Information Theory*, **IT-49**, 563–593, 2003.

R. C. Mullin, I. M. Onyszchuk, S. A. Vanstone, and R. M. Wilson, Optimal Normal Bases in $GF(p^n)$, *Discrete Applied Mathematics*, **22**, 149–161, 1989.

D. Mumford, *Tate Lectures on Theta II*, Boston, MA, Birkhauser, 1984.

B. Murphy and R. P. Brent, On Quadratic Polynomials for the Number Field Sieve, *Australian Computer Science Communications*, **20**, 199–213, 1998.

National Bureau of Standards, *Secure Hash Standard*, FIBS Publication No. 180, Gaithersburg, MD, NBS, 1993.

P. Q. Nguyen, Cryptanalysis of the Goldreich–Goldwasser–Halevi Cryptosystem from *CRYPTO97, Advances in Cryptology, CRYPTO99*. M. J. Wiener, editor, pp. 288–304, New York, Springer, 1999.

P. Q. Nguyen and J. Stern, Cryptanalysis of the Ajtai–Dwork Cryptosystem, *Advances in Cryptology, CRYPTO98*, B. S. Kaliski, Jr., editor, pp. 223–242, New York, Springer, 1998.

P. Q. Nguyen and J. Stern, The Two Faces of Lattices in Cryptography, *Cryptography and Lattices, Lecture Notes on Computer Science*, vol. 2146, pp. 146–180, New York, Springer, 2001.

I. Niven, H. S. Zuckerman, and H. L. Montgomery, *An Introduction to the Theory of Numbers*, 5th edition, New York, Wiley, 1991.

Y. Nogami and Y. Morikawa, Ordinary Pairing Friendly Elliptic Curve of Embedding Degree 3 whose Order Has Two Large Prime Factors, *Memoirs of the Faculty of Engineering, Okayama University*, **44**, 60–68, 2010.

K. Nyberg and R. A. Rueppel, Message Recovery for Signature Schemes Based on the Discrete Logarithm Problem, *Designs, Codes, and Cryptography*, **7**, 61–81, 1996.

A. M. Odlyzko, Discrete Logarithms in Finite Fields and their Cryptographic Significance, *Advances in Cryptology, EUROCRYPT84*, T. Beth, N. Cot, and I. Ingemarsson, editors, pp. 224–314, New York, Springer, 1984.

A. M. Odlyzko, The Rise and Fall of Knapsack Cryptosystems, *Proceedings of the Symposia on Applied Mathematics*, vol. 42, *Cryptology and Computational Number Theory*, pp. 75–88, Providence, RI, American Mathematical Society, 1990.

T. Okamoto, Provably Secure and Practical Identification and Corresponding Signature Schemes, *Advances in Cryptology, CRYPTO92*, E. F. Brickell, editor, pp. 31–53, New York, Springer, 1992.

J. K. Omura and J. L. Massey, Computational Method and Apparatus for Finite Field Arithmetic, US Patent 4,587,627, May 6, 1986 (filed September 14, 1982).

C. Paar and C. Pelzl, *Understanding Cryptography: A Textbook for Students and Practitioners*, New York, Springer, 2009.

S. K. Park, *Applications of Algebraic Curves to Cryptography*, Ph.D. Dissertation, University of Illinois, 2007.

N. J. Patterson, The Algebraic Decoding of Goppa Codes, *IEEE Transactions on Information Theory*, **IT-21**, 384–386, 1975.

J. Pila, Frobenius Maps of Abelian Varieties and Finding Roots of Unity in Finite Fields, *Mathematics of Computation*, **55**, 745–763, 1996.

R. G. E. Pinch, The Carmichael Numbers up to 10^{15}, *Mathematics of Computation*, **61**, 381–391, 1993.

J. B. Plumstead, Inferring a Sequence Generated by a Linear Congruence, *Proceedings of the 23rd IEEE Symposium on the Foundations of Computer Science*, 153–159, 1982.

H. C. Pocklington, The Determination of the Prime or Composite Nature of Large Numbers by Fermat's Theorem, *Proceedings of the Cambridge Philosophical Society*, **18**, 29–30, 1914–16.

S. C. Pohlig and M. E. Hellman, An Improved Algorithm for Computing Logarithms in $GF(p)$ and its Cryptographic Significance, *IEEE Transactions on Information Theory*, **IT-24**, 106–110, 1978.

M. Pohst, A Modification of the LLL Algorithm, *Journal of Symbolic Computation*, **4**, 123–128, 1987.

J. M. Pollard, Theorems on Factorization and Primality Testing, *Proceedings of the Cambridge Philosophical Society*, **76**, 521–528, 1974.

J. M. Pollard, A Monte Carlo Method for Factorization, *BIT Numerical Mathematics*, **15**, 331–334, 1975.

J. M. Pollard, Monte Carlo Methods for Index Computation mod p, *Mathematics of Computation*, **32**, 918–924, 1978.

J. M. Pollard, Factoring with Cubic Integers, *The Development of the Number Field Sieve, Lecture Notes in Mathematics*, A. K. Lenstra and H. W. Lenstra, Jr., editors, vol. 1554, pp. 50–94, New York, Springer, 1993.

J. M. Pollard and C. P. Schnorr, An Efficient Solution of the Congruence $x^2 + Ky^2 = m \pmod{n}$, *IEEE Transactions on Information Theory*, **IT-33**, 702–709, 1987.

C. Pomerance, Recent Developments in Primality Testing, *The Mathematical Intelligencer*, **3**(3), 97–105, 1981.

C. Pomerance, The Quadratic Sieve Factoring Algorithms, *Advances in Cryptology, EUROCRYPT84*, T. Beth, N. Cot, and I. Ingemarsson, editors, pp. 169–182, New York, Springer, 1984.

C. Pomerance, Fast, Rigorous Factorization and Discrete Logarithm Algorithms, *Discrete Algorithms and Complexity*, D. S. Johnson, editor, pp. 119–143, New York, Academic Press, 1987.

C. Pomerance, A Tale of Two Sieves, *Notices of the American Mathematical Society*, **43**, 1473–1485, 1996.

C. Pomerance, J. W. Smith, and R. Tuler, A Pipe-line Architecture for Factoring Large Integers with the Quadratic Sieve Algorithm, *SIAM Journal on Computing*, **17**, pp. 387–403, 1988.

B. Preneel, R. Govaerts, and J. Vandewalle, Information Authentication: Hash Functions and Digital Signatures, *Computer Security and Industrial Cryptography: State of the Art and Evolution, Lecture Notes in Computer Science*, B. Preneel, R. Govaerts, and J. Vandewalle, editors, vol. 741, pp. 87–131, New York, Springer, 1993.

B. Preneel, R. Govaerts, and J. Vandewalle, Hash Functions Based on Block Ciphers: A Synthetic Approach, *Advances in Cryptology, CRYPTO93*, D. R. Stinson, editor, pp. 368–378, New York, Springer, 1993.

G. Purdy, A High-Security Log-in Procedure, *Communications of the Association for Computing Machinery*, **17**, 442–445, 1974.

M. O. Rabin, *Digital Signatures and Public-Key Functions as Intractable as Factorization*, Technical Report No. LCS-TR-212, Cambridge, MA, Massachusetts Institute of Technology Laboratory for Computer Science. 1979.

M. O. Rabin, Probabilistic Algorithm for Testing Primality, *Journal of Number Theory*, **12**, 128–138, 1980.

I. S. Reed and G. Solomon, Polynomial Codes over Certain Finite Fields, *Journal of the Society of Industrial and Applied Mathematics*, vol. 8, pp. 300–304, 1960.

O. Regev, Lattice-Based Cryptography, *Advances in Cryptology, CRYPTO06*, N. Koblitz, editor, pp. 131–141, New York, Springer, 2006.

B. Riemann, On the Number of Primes Less Than a Given Quantity, *Monatsberichte der Berliner Akademie*, 1859.

R. L. Rivest, The MD4 Message Digest Algorithm, *Advances in Cryptology, CRYPTO90*, A. Menezes and S. A. Vanstone, editors, pp. 303–311, New York, Springer, 1990.

R. L. Rivest, A. Shamir, and L. Adleman, A Method for Obtaining Digital Signatures and Public-Key Cryptosystems, *Communications of the Association for Computing Machinery*, **21**, 120–126, 1978.

J. Rosenthal, A Polynomial Description of the Rijndael Advanced Encryption Standard, *Journal of Algebra and its Applications*, **2**, 223–236, 2003.

K. Rubin and A. Silverberg, Torus-Based Cryptography, *Advances in Cryptology, CRYPTO03*, D. Boneh, editor, pp. 349–365, New York, Springer, 2003.

K. Rubin and A. Silverberg, Choosing the Correct Elliptic Curve in the CM Method, Mathematics of Computation, **79**, 545–561, 2010.

H. G. Rück, On the Discrete Logarithms in the Divisor Class Group of Curves, *Mathematics of Computation*, **68**, 805–806, 1999.

R. A. Rueppel, *Analysis and Design of Stream Ciphers*, New York, Springer, 1986.

R. A. Rueppel and O. Staffelbach, Products of Linear Recurring Sequences with Maximum Complexity, *IEEE Transactions on Information Theory*, **IT-33**, 124–131, 1987.

R. Sakai, K. Ohgishi, and M. Kasahara, Cryptosystems Based on Pairing, *Proceedings of the Symposium on Cryptography and Information Security*, Okinawa, Japan, 2000.

D. V. Sarwate and M. B. Pursley, Crosscorrelation Properties of Pseudorandom and Related Sequences, *Proceedings of the IEEE*, **68**, 593–619, 1980.

T. Satoh, On p-adic Point Counting Algorithms for Elliptic Curves over Finite Fields, *Journal of the Ramanujan Mathematics Society*, **15**, 247–270, 2000.

T. Satoh, On p-adic Point Counting Algorithms for Elliptic Curves over Finite Fields, *5th International Symposium on Algorithmic Number Theory V, Lecture Notes in Computer Science*, C. Fieker and D. R. Kohel, editors, vol. 2369, pp. 43–66, New York, Springer, 2002.

E. Savaş, T. A. Schmidt, and Ç. K. Koç, Generating Elliptic Curves of Prime Order, *Cryptographic Hardware and Embedded Systems, Lecture Notes in Computer Science*, G. Goos, J. Hartmanis, and J. van Leeuwen, editors, vol. 2162, pp. 142–158, 2001.

B. Schneier, *Applied Cryptography*, New York, Wiley, 1996.

C. P. Schnorr, A Hierarchy of Polynomial Time Lattice Basis Reduction Algorithms, *Theoretical Computer Science*, **53**, 201–224, 1987.

C. P. Schnorr, Efficient Signature Generation by Smart Cards, *Journal of Cryptology*, **4**, 161–174, 1991a.

C. P. Schnorr, Method for Identifying Subscribers and for Generating and Verifying Electronic Signatures in a Data Exchange Signature, US Patent 4,995,082A, February 19, 1996.

R. J. Schoof, Counting Points on Elliptic Curves over Finite Fields, *Journal de Théorie des Nombres de Bordeaux*, **7**, 219–254, 1995.

R. J. Schoof, Elliptic Curves over Finite Fields and the Computation of Square Roots Mod p, *Mathematics of Computation*, **44**, 483–494, 1985.

R. Schroeppel, Elliptic Curve Point Halving Wins Big, *Proceedings of 2nd Midwest Arithmetical Geometry in Cryptography Workshop*, Urbana, IL, 2000.

E. S. Selmer, *Linear Recurrence Relations over Finite Fields*, Department of Mathematics, University of Bergen, Norway, 1966.

G. Seroussi, *Table of Low-Weight Irreducible Polynomials over F_2*, Technical Report No. HPL-98-135, Palo Alto, CA, Hewlett-Packard Laboratories, 1998.

A. Shamir, How to Share a Secret, *Communications of the Association for Computing Machinery*, **22**, 612–613, 1979.

A. Shamir, A Polynomial-Time Algorithm for Breaking the Basic Merkle–Hellman Cryptosystem, *IEEE Transactions on Information Theory*, **IT-30**, 699–704, 1984a.

A. Shamir, Identity-Based Cryptosystems and Signature Schemes, *Advances in Cryptology, CRYPTO84*, G. R. Blakly and D. Chaum, editors, pp. 47–53, New York, Springer, 1984b.

D. Shanks, Class Number, a Theory of Factorization, and Genera, *Proceedings of the Symposia on Pure Mathematics*, **20**, 415–440, Providence, RI, American Mathematical Society, 1971.

D. Shanks, Five Number-Theoretic Algorithms, *Proceedings of the 2nd Manitoba Conference on Numerical Mathematics*, 51–70, 1972.

C. E. Shannon, A Mathematical Theory of Communication, *Bell System Technical Journal*, **27**, 379–423 and 623–656, 1948 (Part I) pp. 623–656 (Part II). Reprinted in book form with postscript by W. Weaver, University of Illinois Press, Urbana, IL, 1949, Anniversary edition 1998.

C. E. Shannon, The Communication Theory of Secrecy Systems, *Bell System Technical Journal*, **28**, 656–715, 1949.

P. Shor, Polynomial-Time Algorithms for Prime Factorization and Discrete Logarithms on a Quantum Computer, *SIAM Review*, **41**, 303-332, 1999.

V. Shoup, Lower Bounds for Discrete Logarithms and Related Problems, *Advances in Cryptology, EUROCRYPT97*, W. Fumy, editor, pp. 256–266, New York, Springer, 1997.

T. Siegenthaler, Correlation-Immunity of Nonlinear Combining Functions for Cryptographic Applications, *IEEE Transactions on Information Theory*, **IT-30**, 776–780, 1984.

J. Silverman, *Arithmetic of Elliptic Curves*, New York, Springer, 1986.

J. Silverman, The Xedni Calculus and the Elliptic Curve Discrete Logarithm Problem, *Designs, Codes, and Cryptography*, **20**, 5–40, 2000.

J. Silverman and J. Tate, *Rational Points on Elliptic Curves*, New York, Springer, 1992.

D. R. Simon, Finding Collisions on a One-Way Street: Can Secure Hash Functions Be Based on General Assumptions? *Advances in Cryptology, EUROCRYPT98*, K. Nyberg, editor, pp. 334–345, New York, Springer, 1998.

S. Singh, *The Code Book: The Science of Secrecy from Ancient Egypt to Quantum Cryptography*, New York, Anchor Books, 1999.

B. Smeets, *Some Results on Linear Recurring Sequences*, Ph.D. Dissertation, University of Lund, Sweden, 1987.

M. E. Smid and D. K. Branstad, The Data Encryption Standard: Past and Future, *Contemporary Cryptology: The Science of Information Integrity*, G. J. Simmons, editor, pp. 43–64, New York, IEEE Press, 1992.

J. Solinas, Efficient Arithmetic on Koblitz Curves, *Designs, Codes, and Cryptography*, **19**, 195–249, 2000.

R. Solovay and V. Strassen, A Fast Monte Carlo Test for Primality, *SIAM Journal on Computing*, **6**, 84–85, 1977.

A. Sorkin, LUCIFER, A Cryptographic Algorithm, *Cryptologia*, **8**, 22–35, 1984.

M. Steiner, G. Tsudik, and M. Waidner, Key Agreement in Dynamic Peer Groups, *IEEE Transactions on Parallel and Distributed Systems*, **PDS-11**, 769–780, 2000.

I. N. Stewart and D. O. Tall, *Algebraic Number Theory*, London, Chapman and Hall, 1979.

H. Stichtenoth, *Algebraic Function Fields and Codes*, Berlin, Springer, 1993.

D. R. Stinson, *Cryptography: Theory and Practice*, 3rd edition, Boca Raton, FL, CRC Press, 2006.

J. Tate, WC-Group over p-adic Fields, *Séminaire Bourbaki 10ᵉ Année*, Paris, Sécretariat Mathématique, 1958.

J. Tate, Duality Theorems in Galois Cohomology over Number Fields, *Proceedings of the International Congress on Mathematics*, Stockholm, 1962.

J. Tate, Duality Theorems in Galois Cohomology over Number Fields, Proceedings of the International Congress of Mathematicians, pp. 288–295. Djursholm, Sweden, Institut Mittag-Leffler, 1963.

N. Thériault, Index Calculus Attack for Hyperelliptic Curves of Small Genus, *Advances in Cryptology, Asiacrypt03*, C.-S. Laih, editor, pp. 75–92, New York, Springer, 2003.

M. Tompa and H. Woll, How to Share a Secret with Cheaters, *Journal of Cryptology*, **1**, 133–138, 1988.

A. Tonelli, Bemerkung über die Auflösung quadratischer Congruenzen, *Universität zu Göttingen Nachrichen*, pp. 344–346, 1891.

W. Trappe and L. Washington, *Introduction to Cryptography with Coding Theory*, New York, Prentice Hall, 2006.

S. M. Turner, Square Roots mod p, *American Mathematical Monthly*, **101**, 443–449, 1994.

B. van der Waerden, *Modern Algebra*, vol. 2, New York, Frederick Ungar, 1950.

F. Vercauteren, An Extension of Kedlaya's Algorithm to Hyperelliptic Curves in Characteristic 2, *Journal of Cryptology*, **19**, 1–25, 2006.

F. Vercauteren, Pairings on Elliptic Curves, *Identity-Based Encryption*, M. Joye and G. Neven, editors, Amsterdam, IOS Press, 2009.

F. Vercauteren, Optimal Pairings, *IEEE Transactions on Information Theory*, **IT-56**, 455–461, 2010.

G. S. Vernam, Cipher Printing Telegraph Systems for Secret Wise and Radio Telegraphic Communications, *Journal of the American Institute of Electrical Engineering*, **55**, 109–115, 1926.

M. Walker, Information-Theoretic Bounds for Authentication Systems, *Journal of Cryptology*, **2**, 131–143, 1990.

X. Wang, X. Lai, D. Feng, H. Chen, and X. Yu, Cryptanalysis of the Hash Functions MD4 and RIPEMD, *Advances in Cryptology, EUROCRYPT05*, R. Cramer, editor, pp. 1–18, New York, Springer, 2005.

X. Wang and H. Yu, How to Break MD5 and Other Hash Functions, *Advances in Cryptology, EUROCRYPT05*, R. Cramer, editor, pp. 19–35, New York, Springer, 2005.

M. Ward, An Arithmetical Theory of Linear Recurring Sequences, *Transactions of the American Mathematics Society*, **35**, 600–628, 1933.

L. C. Washington, *Elliptic Curves: Number Theory and Cryptography*, 2nd edition, Doca Raton, FL, CRC Press, 2008.

M. N. Wegman and J. L. Carter, Universal Classes of Hash Functions, *Journal of Computer and System Sciences*, **10**, 143–154, 1979.

A. Weil, Numbers of Solutions of Equations in Finite Fields, *Bulletin of the American Mathematics Society*, **55**, 497–508, 1949.

A. Weil, *Courbes Algébriques et les Varietes Abéliennes*, Paris, Hermann, 1948.

R. Wernsdorf, The One-Round Functions of the DES Generate the Alternating Group, *Advances in Cryptology, EUROCRYPT92*, R. A. Rueppel, editors, pp. 99–112, New York, Springer, 1992.

D. Wiedemann, Solving Sparse Linear Equations over Finite Fields, *IEEE Transactions on Information Theory*, **IT-32**, 54–62, 1986.

M. Wiener, Cryptanalysis of Short RSA Secret Exponents, *IEEE Transactions on Information Theory*, **IT-36**, 553–559, 1990.

M. V. Wilkes, *Time-Sharing Computer Systems*, Amsterdam, Elsevier, 1968.

T. Wollinger, *Computer Architectures for Cryptosystems Based on Hyperelliptic Curves*, MSc Thesis, Worcester Polytechnic Institute, 2001.

P. W. Wong and N. Memon, Secret and Public Key Image Watermarking Schemes for Image Authentication and Ownership Verification, *IEEE Transactions on Image Processing*, **IP-10**, 1593–1601, 2001.

A. Wyner, The Wire-Tap Channel, *Bell System Technical Journal*, **54**, 1355–1387, 1975.

G.-Z. Xiao and J. L. Massey, A Spectral Approach to Correlation-Immune Combining Functions, *IEEE Transactions on Information Theory*, **IT-34**, 569–571, 1988.

M. Yoshida, Inseparable Multiplex Transmission Using the Pairing on Elliptic Curves and its Application in Watermarking, *Proceedings of the 5th Conference on Algebraic Geometry, Number Theory, Coding Theory, and Cryptography*, University of Tokyo, 2003.

C.-A. Zhao, F. Zhang, and J. Huang, A Note on the Ate Pairing, *International Journal of Information Security*, **7**, 379–382, 2008.

N. Zierler, Linear Recurring Sequences, *Journal of the Society of Industrial and Applied Mathematics*, **7**, 31–48, 1959.

N. Zierler and J. Brillhart, On Primitive Trinomials, *Information and Control*, **13**, 541–544, 1968.

索　　引

索引中的页码为英文原书页码，与书中页边标注的页码一致。

A

abelian group(阿贝尔群，交换群)，240，380
  free(自由，非，无)，380
  addition(加，加法)
  divisor(除数，因子)，382
  integer(整数)，32
  jacobian(雅可比，阵)，382
  matrix(矩阵)，269
  polynomial(多项式)，248
  ring(环)，242
  vector(向量)，267
additive stream cipher(加法流密码)，12，183
ADH attack(ADH 攻击)，417
advanced encryption standard(高级加密标准)，171
adversary(对手)，4
AES(AES，高级加密标准)，171
affine boolean function(仿射布尔函数)，199
affine cipher(仿射密码)，8
affine plane(仿射平面)，296
affine point(仿射点)，296，484
agreement theorem(一致性定理)，191
algebraic closure(代数闭包)，260，338，370，451
  of a field(域)，260，337
algebraic integer(代数整数)，256，292，359
algebraic normal form(代数标准型)，199
algebraic number theory(代数数论)，367
algebraically closed field(代数闭域)，248，260
algorithm(算法)
  baby-step，giant-step(小步大步，算法)，121
  Berlekamp polynomial factoring(Berlekamp 多项式因式分解)，288
  Berlekamp square root(Berlekamp 平方根)，72
  Buchberger，284
  Cantor(康托)，407
  Cantor-Koblitz，407
  Cantor-Zassenhaus，288
  Cornacchia，357
  division(除法)，38
  Duursma-Lee，474
  euclidean(欧几里得)，38，252
  extended euclidean(扩展欧几里得)，39，246
  Fermat(费马)，56
  Gram-Schmidt，537
  Lenstra-Lenstra-Lovász，537
  meet-in-the-middle(中间相遇)，121
  Miller，457
  Miller-Rabin，61
  Montgomery multiplication(Montgomery 乘法)，488
  Pohlig-Hellman，115
  Pollard discrete logarithm(Pollard 离散对数)，123
  Pollard factoring(Pollard 因子分解)，67
  Pollard rho factoring(Pollard ρ 因子分解)，124
  Schoof point-counting(Schoof 点计数)，74，343，367
  Schoof square-root(Schoof 平方根)，74
  Shanks，121
  Tonelli-Shanks，70
aliasing(混淆，混叠)，275
alphabet(字母表)，2
  hexadecimal(十六进制)，176
anomalous elliptic curve(不规则椭圆曲线)，312，365，366
architecture(体系结构)，475
associativity(结合律)
  group operation(群运算)，239
  integer addition(整数加法)，32
  i nteger multiplication(整数乘法)，34
  point addition(点的加法)，311，351
  scalar multiplication(标量乘法)，268
asymmetric bilinear pairing(非对称双线性配对)，451
asymmetric keyed signature(非对称密钥签名)，520
asymmetric-key cryptosystem(非对称密码体制)，3
asymptotic behavior(渐近性)，130
ate pairing(ate 配对)，506
  twisted(变形)，481

Atkins procedure(Atkins 程序)，346
attack(攻击)
ADH，417
brute-force(穷举攻击；蛮力攻击)，107
collision(碰撞)，225
correlation(相关，相关性)，197，207
differential analysis(差分分析)，176
direct(直接)，3
flooding(泛洪)，222
frequency-analysis(频次分析)，30
Frey-Rück，412，416，449
impersonation(假冒)，114
implementation(实现)，18
known-plaintext(已知明文)，191
linear analysis(线性分析)，177
linear-complexity(线性复杂度)，18，191
man-in-the-middle(中间人)，511
meet-in-the-middle(中间相遇)，15，171
MOV(MOV，ECC 配对攻击)，449
replay(重放，重播)，510
side-channel(侧信道)，6
authentication(认证)，1，21，23，218
authentication signature(认证签名)
Lamport，522
autocorrelation function(自相关函数)，213
autokey cipher(自动密钥密码)，11，30

B

Bézout identity(Bézout 身份)，39，253，503
Bézout polynomial(Bézout 多项式)，253
Bézout theorem(Bézout 定理)，29，283，383，388
baby-step，giant-step algorithm(小步大步，算法)，121
Barreto-Naehrig elliptic curve，465
Barreto-Naehrig(椭圆曲线)
Basis(基)，491
complementary(互补)，500
lattice(格)，528
normal(标准)，494
orthogonal(正交)，537
polynomial(多项式)，492
BCH bound(BCH 界)，551
BCH code(BCH 码)，551
BCH distance(BCH 距离)，551
Berlekamp multiplier(Berlekamp 乘法器)，501
Berlekamp polynomial factoring algorithm(Berlekamp 多项式因式分解算法)，288
Berlekamp square-root algorithm(Berlekamp 平方根算法)，72，79
Berlekamp-Massey algorithm(Berlekamp-Massey 算法)，216
Beth-Piper keystream(Beth-Piper 密钥流)，197
bijection function(双射函数)，112
bilinear form(双线性型)，530
bilinear map(双线性映射)
asymmetric(非对称)，423
symmetric(对称)，423
bilinear pairing(双线性配对)，425
nondegenerate(非退化)，423
Tate，451
Weil，460
binary field(二进制域)，244，246
binomial theorem(二项式定理)，245
bipolar alphabet(双字母)，212
biprime(双素数积)，36，67，83
biprime cryptography(双素数密码学)，83
birthday surprise(生日惊奇)，133，226，235
bivariate monomial(二元单项式)，282
bivariate polynomial(二元多项式)，281，294
bivariate rational function(二元有理函数)，282
Blahut’s theorem(Blahut’s 定理)，193
block(分组)，160
ciphertext(密文)，160
plaintext(明文)，160
block cipher(分组密文)，2，160
block decryptor(分组解密器，解密端)，3
block encryptor(分组加密器，加密端)，3
block substitution cipher(分组代换密码)，9
boolean function(布尔函数)，199，215
affine(仿射)，199
linear(线性)，199
nonlinear(非线性)，199，200
normal form(标准型)，199
bound(界)
BCH，551
Hasse，308
Hasse-Weil，309，450
Singleton，549
Brent-Zimmermann polynomial，507
Brent-Zimmermann(多项式)
Buchberger algorithm(Buchberger 算法)，284

C

calculus(计算)，127
canonical representative（典型代表），34，374，452
　coordinate ring(坐标环)，286，442
　finite field(有限域)，255
　integer ring(整数环)，47，285
　jacobian(雅可比，阵)，394
　prime field(素域)，41
　range of a pairing(配对范围)，452
　torsion points of elliptic curve(椭圆曲线的扭转点)，443
Cantor algorithm(Cantor 算法)，407
Cantor reduction(Cantor 约简)，402
Cantor-Koblitz algorithm(Cantor-Koblitz 算法)，407
Cantor-Zassenhaus algorithm（Cantor-Zassenhaus 算法)，288
cardinality(基数)，35
Carmichael integer(Carmichael 整数)，57
Cayley-Hamilton theorem(Cayley-Hamilton 定理)，271，341
cell tessellation(单元镶嵌)，530
cellular array(单元阵列)，497
central limit theorem(中心极限定理)，209
certification authority(证书中心)，22
challenge message(挑战消息)，511
Challenge-response sequence(挑战一响应序列)，511
characteristic of a field(域的特征)，42，245
characteristic equation of Frobenius(Frobenius 特征方程)，340
characteristic polynomial of a matrix(矩阵的特征多项式)，271，292
Chebychev's inequality(Chebychev 不等式)，142
check matrix(校验矩阵)，549
check polynomial(校验多项式)，551
chinese remainder theorem(中国剩余定理)，40，115，399
　for integers(对于整数)，40
　for polynomials(对于多项式)，253
cipher(密码)
　additive stream(加法流，加性流)，12
　affine(仿射)，8，28
　autokey(自动密钥)，11
　block(分组)，2，160
　block substitution(分组代换)，9
　cascade(级联)，14
　Hill，9
　iterated(迭代)，14
　permutation(置换)，10
　privacy(保密，保密性)，12
　shift(移位)，8
　stream(流)，2，182
　substitution(代换)，8
　Vigenère，9
cipherspace(密码空间)，3
cipherstream(密码流)，12
ciphertext(密文)，3，5
　block(分组)，160
　message(消息)，160
circulant matrix(循环矩阵)，528，546
claimant(申请端)，510
class number(分类号)，357，361
closest-vector problem(最近向量问题)，535，547
code(编，码)，548
　BCH，551
　data compaction(数据压缩)，150
　fixed-length block(定长分组)，150
　Gold，213
　Goppa，552
　Huffman，151
　linear(线性)，548
　maximal-distance(最大距离)，549
　Reed-Solomon，525，550
　tree(树)，150
　variable-length block(变长分组)，150
codeword(码字)，548
coefficient(相关系数)，247
　bivariate(二元)，282
collision attack(碰撞攻击)，225
collision-free hash function，strongly(强无碰撞散列函数)，224
common factor(公因式，公因子，公约数)，34
commutative property(交换律)，240
commutative ring(交换环)，242
commutativity(交换律)
　integer addition(整数加法)，32
　integer multiplication(整数乘法)，34
complementary basis(互补基)，500
complex field(复数域)，244

complex multiplication(复数乘法)
in a endomorphism ring(自同构环中)，335
in a number field(数域中)，355
of an elliptic curve(椭圆曲线的)，75，335，355，468
complexity(复杂度)
discrete log(离散对数)，129
exponential(指数)，20
polynomial(多项式)，20
subexponential(次指数)，20，130
complexity theory(复杂度理论)，19
component，of a vector(向量的分量)，267
componentwise product(分量积)，268
composite integer(合数)，35
composite polynomial(复合多项式)，248
computational secrecy(计算保密)，6
conditional probability(条件概率)，136
confusion(混淆，混乱)，139
congruent square(平方同余)，96
conjecture(猜想)
Goldbach(哥德巴赫)，79
twin-prime(孪生素数)，79
conjugate(共轭)，376
coordinate ring(坐标环)，376
extension field(扩张域，扩域)，259，377
convolution，cyclic(循环卷积)，273
convolution theorem(卷积定理)，201，273
coordinate ring(坐标环)，286，389
coprime(互质，互素)
integers(整数)，35
polynomials(多项式)，250
Cornacchia algorithm(Cornacchia 算法)，357，366
correlation(相关，相关性)，212
correlation attack(相关性攻击)，197，207
coset(陪集)，241，285，286，290
left(左)，241
right(右)，241
covertness(隐蔽性)，1
criterion，Euler(欧拉准则)，43，69，71，73
cross-correlation function(互相关函数)，213
cryptanalysis，elliptic curve(椭圆曲线密码分析)，294
cryptanalyst(密码分析者)，2
cryptography(密码编码学)，2
asymmetric-key(非对称密钥)，3
biprime(双素数积)，83
elliptic curve(椭圆曲线)，294
hyperelliptic curve(超椭圆曲线)，411
lattice-based(基于格的)，543
public-key(公开密钥，公钥)，13，82
secret-key(保密密钥，私密密钥，私钥)，14
symmetric-key(对称密钥)，3
cryptology(密码学)，2
cryptosystem(密码体制)，1
Ajtai-Dwork，544
asymmetric-key(非对称密钥)，3
Elgamal，110
elliptic curve(椭圆曲线)，294
knapsack(背包)，20，102
Massey-Omura，113
Merkle-Hellman，102
NTRU，557
Rabin，99
RSA，83
symmetric-key(对称密钥)，3
cryptspace(密码空间)，3
curve(曲线)
elliptic(椭圆)，296
hyperelliptic(超椭圆)，369
plane(平面)，295
cycle(循环)，239
cyclic convolution(循环卷积)，273
cyclic group(循环群)，33，239
cyclic subgroup(循环子群)，33
cyclotomic field(分圆域)，256
cyclotomic polynomial(分圆多项式)，264，287

D

data compaction(数据压缩)，150
data confusion(数据融合)，139，158，163
data diffusion(数据扩散)，139，158，163
data encryption standard(数据加密标准，DES)，164
datastream(数据流)，12
dataword(数据字)，549
deBruijn sequence(deBruijn 序列)，195，211，215
decoding(译码)，552
degree(度数，次数)，282，381
bivariate polynomial(二元多项式)，282
extension field(扩张域，扩域)，256
number field(数域)，96，256
of divisor(除数，因子)，381

of embedding(嵌入式), 453
of extension field(扩域), 256
of nonlinearity(非线性), 200
derivative(导数)
formal(正规), 248
partial(偏导), 370
DES(数据加密标准), 164
double(双重), 170
triple(三重), 170
determinant(行列式)
of a lattice(格), 529
of a matrix(矩阵), 270
differential cryptanalysis(差分分析), 176
Diffie-Hellman key exchange(Diffie-Hellman 密钥交换), 107, 294, 412
elliptic curve(椭圆曲线), 322
hyperelliptic curve(超椭圆曲线), 412
pairing-based(基于配对的), 426
diffusion(扩散), 139
Digital Signature Standard(数字签名标准, DSS), 236
Digital Standard Algorithm(数字签名算法, DSA), 236
digram(双字母组合, 字母对, 连字), 148
diophantine equation(diophantine 方程), 28, 356, 470
direct attack(直接攻击), 3
direct product(直积), 241
direct sum(直和), 241, 433
Dirichlet theorem(Dirichlet 定理), 55
discrete logarithm(离散对数), 109
discrete-log problem(离散对数问题), 109, 554
discriminant(判别式)
complex multiplication(复数乘法), 468
of an elliptic curve(椭圆曲线), 297, 356
of polynomial(多项式), 297
of quadratic field(二次域), 359
distance(距离)
Euclidean(欧几里得), 269
Hamming(汉明), 269, 549
Kullback, 138
minimum(最小), 549
unicity(唯一性), 145
distortion map(失真映射), 448, 478
distributivity(分配律), 268
in a ring(环中), 242
scalar multiplication(标量乘法), 268
vector addition(向量加法), 268
divide(划分)
integer(整数), 38
polynomial(多项式), 247
division(除法), 41
bivariate polynomial(二元多项式), 282
mod ular(模, 求余), 41
of integers(整数), 34
of polynomials(多项式), 248
with remainder(带余, 除法), 34
division algorithm(辗转相除法), 38
for integers(对于整数), 38
for polynomials(对于多项式), 248
divisor(因子, 约数), 379, 392
degree of(度数, 次数), 380
effective(有效), 381
of a line(线), 403
principal(主要), 385, 447
reduced(约简), 382
semireduced(半约简), 382
with degree zero(零次因子), 381
divisor class(因子类), 287, 391, 406
group(群), 287, 391
Dixon factoring(Dixon 因子分解), 90
double DES(双重 DES), 170
double-and-add method(加倍-加法方法, ECC 用), 482
doubly periodic(双周期), 353
dual bases(对偶基), 500
dual lattice(对偶格), 555
Duursma-Lee algorithm(Duursma-Lee 算法), 474
Duursma-Lee enhancement(Duursma-Lee 增强), 476

E

eavesdropper(窃听者), 4, 510
Edwards polynomial(Edwards 多项式), 366, 506
Edwards representation(Edwards 表示), 366, 485
effective divisor(有效约数), 381
eigenvalue, of a matrix(矩阵特征值), 271
Eisenstein coefficient(Eisenstein 系数), 354
element, primitive(本原元), 111, 186
Elgamal cryptosystem(Elgamal 密码体制), 110
Elgamal signature scheme(Elgamal 签名方案), 222
Elkies procedure(Elkies 过程), 346
elliptic curve(椭圆曲线), 296, 308, 365, 370
anomalous(不规则), 312, 365

Barreto-Naehrig，465
Edwards representation(Edwards 表示)，366
Freeman(自由人)，470
friendly(友好)，464
Koblitz，319，364
Legendre form(勒让德形式)，298
ordinary(普通)，312，315
pairing-friendly(友好配对)，473
principal divisor(主因子，主约数)，385
supersingular(奇异)，312
twist of(扭转)，309
Weierstrass form(Weierstrass 形式)，315
elliptic integral(椭圆积分)，366
elliptic polynomial(椭圆多项式)
short Weierstrass form(短 Weierstrass 形式)，297
Weierstrass form(Weierstrass 形式)，296
embedding degree(嵌入度)，437，451，453
of elliptic curve(椭圆曲线)，437
supersingular curve(奇异曲线)，437
Encryption(加密)
block(分组)，3
state-dependent(状态依赖型)，182
Encryption Standard(加密标准)
Advanced(高级)，178
Data(数据)，164
endomorphism(自同构)，333，339
elliptic curve(椭圆曲线)，333，365
Frobenius，339
ring(环)，335
enhancement，Duursma-Lee (Duursma-Lee 增强，强化)，476
entropy(熵，平均信息量)，137，149
equation of a line(直线方程)
vertical(垂直)，453
equivalence class(等价类)，34，41，255，285，353
bivariate polynomial(二元多项式)，374
coordinate ring(坐标环)，374
integers(整数)，34
polynomial(多项式)，249
Eratosthenes sieve(Eratosthenes 筛选法)，77
eta pairing(eta 配对)，506
euclidean algorithm(欧几里得算法)，38
extended(扩展)，39，83，252
for euclidean domain(对于欧几里得整环)，252
for integers(对于整数)，38
for polynomials(对于多项式)，252
euclidean distance(欧几里得距离)，269
on a lattice(格中)，529，535
euclidean domain(欧几里得整环)，252
euclidean norm，of a lattice(格的欧氏范式)，529
euclidean weight(欧几里得重量)，268
Euler criterion(欧拉准则)，43，60，69，71，73
Euler theorem(欧拉定理)，36，84
evaluation(评估)，283
of a bivariate polynomial(二元多项式)，282
of a univariate polynomial(一元多项式)，251
on a divisor(关于约数，因子)，381
exponential complexity(指数复杂度)，20
exponentiation，square-and-multiply (平方与乘法指数)，85
extended euclidean algorithm(扩展欧几里得算法)，39，83
for integers(对于整数)，39
for polynomials(对于多项式)，252
extension field(扩域)，255
finite degree(有限度数，有限次数)，256
finite field(有限域)，257
quadratic(二次)，257
exterior corner(外部角落)，284

F

factor(因子)，248
bivariate(二元，双变量)，282
integer(整数)，34
polynomial(多项式)，248
factor base(分解基)，127
factoring(因子分解，因式分解)
elliptic curve method(椭圆曲线方法)，81
integer(整数)，65，89
polynomial(多项式)，247
factoring algorithm(因子分解算法)
Dixon，90
Fermat(费马)，79
number field sieve(数域筛选法)，96
Pollard p-1，67
Pollard rho(Pollard ρ)，133
quadratic sieve(平方筛选法)，91
false key(假密钥)，145
false prime(伪素数)，57
Feige-Fiat-Shamir identification (Feige-Fiat-Shamir 鉴别)，513

Feistel network(Feistel 网络), 162
Feistel round(Feistel 轮), 162
Fermat factoring(费马因子分解), 79
Fermat primality testing(费马素性检验), 57
Fermat two-squares theorem(费马平方和定理), 47, 79
Fermat's little theorem(费马小定理), 36, 56, 78, 246
Fibonacci identity(斐波那契恒等式), 78
Fibonacci sequence(斐波那契数列), 191
field(域), 41
  algebraically closed(代数封闭), 260
  binary(二进制), 246
  closure(闭包), 260, 370
  complex(复数), 244, 255
  cyclotomic(分圆), 256
  extension(扩张), 255
  finite(有限), 244
  Galois(伽罗瓦), 244
  ground(基础), 255
  number(数), 96, 256
  prime(素数, 质数), 42, 245
  rational(有理数), 244
  real(实数), 96, 244, 248, 256
  ternary(三进制), 246
fingerprinting(指纹), 23
finite field(有限域), 244
finite group(有限群), 32, 239
finite-dimensional vector space(有限维向量空间), 269
finite-state machine(有限状态机), 182
first-order Markov source(阶马尔可夫源), 136
fixed-length block code(定长分组码), 150
flooding attack(泛洪攻击), 222
footprint(足迹; 脚印), 284
formal derivative(正规导数), 248, 291, 306
  partial(偏导), 370
formally intractable(形式上难以处理), 20
forward problem(正向问题), 19
Fourier transform(傅里叶变换), 193, 201, 272, 291, 551
  inverse(反变换; 逆变换), 273
fractional ideal(分式理想), 361, 362
free abelian group(自由阿贝群, 自由交换群), 380
Frey-Rüuck attack(Frey-Rück 攻击), 412, 416, 449
Frobenius eigenspace(Frobenius 特征空间), 443, 452, 478
Frobenius endomorphism(Frobenius 同构), 339
Frobenius map(Frobenius 映射), 263, 337
  of a field element(域元), 263
  on a curve(曲线上), 339, 365
Frobenius trace(Frobenius 轨迹), 308, 312
Function(函数)
  bijection(双射), 112
  Miller, 452
  one-way(单向), 112
  totient(欧拉函数), 35
  trapdoor(陷门), 112
function field(函数域), 375

G

Galois field(伽罗瓦域), 244
Gauss's lemma(高斯引理), 48
gaussian integer(高斯整数), 97, 256
gaussian rational(高斯有理数), 97, 256, 359
Geffe keystream(Geffe 密钥流), 197
Generator(产生器, 生成器)
  of a group(群), 239
  of an ideal(理想), 249
generator matrix(生成矩阵)
  of a code(码, 编码), 549
  of a lattice(格), 528, 555
generator polynomial(生成多项式), 551
genus(类型), 295, 367, 369
  elliptic curve(椭圆曲线), 296
  hyperelliptic curve(超椭圆曲线), 369
Gibbs inequality(Gibbs 不等式), 138
Gibson hash function(Gibson 散列函数), 229, 236
Gold code(Gold 码), 213
Goldbach conjecture(哥德巴赫猜想), 79
golden ratio(黄金比例), 257
Goppa code(Goppa 码), 552
graded order(等级次序), 283
Gram-Schmidt orthogonalization(Gram-Schmidt 正交化), 537
greatest common divisor(最大公因子), 35, 38
  of divisors(因子, 约数), 381, 401
  of integers(整数), 35
  of polynomials(多项式), 251
ground field(基域), 255
group(群), 32, 238, 261
  abelian(阿贝尔群), 240

cyclic(循环)，33，239
finite(有限)，32
free(自由，非)，380
nonabelian(非阿贝尔)，240
quotient(商)，285
torsion(扭转)，241，434
group identity element(群中单位元，幺元)，32，290
GSM stream cipher(GSM 流密码)，206，215，217
Guillou-Quisquater identification (Guillou-Quisquater 鉴别)，513

H

Hadamard inequality(Hadamard 不等式)，530
Hamming distance(汉明距离)，269，549
between codewords(码字之间)，549
between functions(函数之间)，200
between vectors(向量之间)，200
Hamming sphere(汉明球)，552
Hamming weight(汉明重量)，193，269，549
between codewords(码字之间)，549
hash construction，Merkle-Damgaard (MD 散列结构)，227
hash function(散列函数)，23，223
Chaum，van Heijst，Pfitzmann，229
collision free(无碰撞)，224
Gibson，229，236
keyed(带密钥的)，223
preimage resistant(抗原像)，224
unkeyed(无密钥的)，223
hashing(杂凑，散列，哈希)，23，224
Hasse bound(Hasse 界)，308
Hasse theorem(Hass 定理)，331
Hasse-Weil bound (Hasse-Weil 界)，309，315，367，450
Hasse-Weil interval for jacobian (雅可比阵的 Hasse-Weil 区间)，413，420
Hasse-Weil theorem(Hasse-Weil 定理)，309
heft，of a matrix(矩阵分量)，190，271，549
Hermite constant(Hermite 常数)，534
Hermite theorem(Hermite 定理)，533
Hermite's inequality(Hermite 不等式)，533，535
hexadecimal alphabet(十六进制字母表)，176，418
Hilbert class polynomial (希尔伯特类多项式)，358，362
Hill cipher(Hill 密码)，9
homogeneous form(齐次型)，378
homomorphism(同态映射)，333
Horner's rule(Horner 法则)，118，471，496
Huffman code(赫夫曼编码)，151
Hyperelliptic curve(超椭圆曲线)，369，411
genus one(阶次为 1)，392
hyperelliptic involution(超椭圆退化)，420
hyperelliptic polynomial(超椭圆多项式)，371

I

ideal(理想)，243
fractional(分式)，362
of bivariate polynomials(二元多项式)，284
of polynomials(多项式)，249
prime(素数，质数)，97，243
proper(正当)，243
ideal class group(理想类群)，287，362
identification(鉴别)，21，218，510
zero-knowledge(零知识)，220
identification protocol(鉴别协议)，510
Feige-Fiat-Shamir，518
Fiat-Shamir，516
Guillou-Quisquater，519
Okamoto，515
Schnorr，513
identification signature(鉴别签名)
Guillou-Quisquater，523
Schnorr，521
identity element(单位元；幺元)
group(群)，32，239，286
integer addition(整数加法)，32
ring(环)，242
identity theft(身份盗用)，22
imaginary quadratic number field (虚二次数域)，75，257，359
impersonation attack(假冒攻击)，114
indeterminate(模糊未定的)，247，282
bivariate(二元，双变量)，282
index calculus(指数计算法)，127，294，347
indicator function(指示函数)，531
inequality(不等式)
Chebychev，142
Hadamard，530
Hermite，533，535
Mordell，535

inert(惰性)，47
information-theoretic secrecy(信息论保密)，5，139
inner product(内积，点积)，268，529
integer(整数)
  algebraic(代数)，256，292
  biprime(双素数)，67
  Carmichael，57
  composite(合数)，35
  gaussian(高斯)，256
  number field(数域)，292
  prime(素数)，35
  smooth(平滑)，97
integer factoring(整数因子分解)，89
intersection，of plane curves(平面曲线的交点)，283
intractable(难以处理，难以计算)，19
inverse(逆，反)，270
  group(群)，32，239
  matrix(矩阵)，270
  problem(问题)，19
  ring(环)，242，291
inverse Fourier transform(傅里叶反变换)，273
irreducible polynomial(不可约多项式；既约多项式)，371
  bivariate(二元，双变量)，282
  existence(实体)，279
  hyperelliptic(超椭圆)，370
  monovariate(单变量，一元)，276
isogeny(同种)，333
isomorphism(同构)
  of elliptic curves(椭圆曲线)，298，334
  of finite fields(有限域)，280
  of groups(群)，241，434
iterated cipher(迭代密码)，14

J

j-invariant(*j* 不变量)，298，309，358
Jacobi sums(雅可比和)，417，421
Jacobi symbol(雅可比符号)，51，60
jacobian(雅可比，阵)，382，391
  as quotient group(作为商群)，390
  as reduced divisors(作为约简因子)，392
jacobian addition(雅可比阵加法)，382
jacobian class group(雅可比类群)，287
jacobian representation(雅可比表示)，485
Joux key exchange(Joux 密钥交换)，427，471

K

Kerckhoff's principle(Kerckhoff 准则)，30
kernel，of degree map(度数映射内核)，381
key(密钥)，3
  asymmetric(非对称)，3
  shadow(投影)，524
  symmetric(对称)，3
key exchange(密钥交换)
  Diffie-Hellman，107，294
  Joux，427
  tripartite(三方)，133
key sequence(密钥序列)，211
Key's theorem(密钥定理)，201，216
keyspace(密钥空间)，3
keystream(密钥流)，12，184
  Beth-Piper，197
  cryptographic system(密码体制)，184
  Geffe，197
  linear(线性)，185
  majority-clocking(多时钟)，198
  pseudorandom(伪随机)，184
  self-shrinking(自收缩)，216
  shrinking(收缩)，197
knapsack cryptosystem(背包密码体制)，20，102，547
known ciphertext(已知密文)，16
  attack(攻击)，17
known plaintext(已知明文)，16
Koblitz elliptic curve(Koblitz 椭圆曲线)，319，364
Korselt theorem(Korselt 定理)，57
Kronecker delta(Kronecker δ，函数)，500
  function(函数)，500
Kullback distance(Kullback 距离)，138

L

Lagrange interpolation(拉格朗日插值)，397
Lagrange theorem(拉格朗日定理)，33，240
Lamport identification protocol(Lamport 鉴别协议)，525
language(语言)，2
lattice(格)，353，528，530
  reduction(约简)，536
leading coefficient(首项系数)，247，248
leading index(首项指数)，247
least common multiple(最小公倍数)，35

integer(整数)，35
polynomial(多项式)，251
left coset(左陪集)，241，290
left inverse(左逆元)，242，291
Legendre(勒让德)
form(形式)，298
symbol(符号)，44，69
lemma，Gauss(高斯引理)，48
Lenstra-Lenstra-Lovász algorithm，537
Lenstra-Lenstra-Lovász(算法)
line at infinity(无穷远线)，379
linear algebra(线性代数)，269
linear boolean function(线性布尔函数)，199
linear code(线性码)，548
linear combination(线性组合)，269
linear complexity(线性复杂度)，191，201，215
attack(攻击)，18，190
linear recursion(线性递归)，12，191
linear-feedback shift register(线性反馈移位寄存器，LFSR)，12
linearly dependent(线性相关)，269
linearly independent(线性无关)，269，271，528
logarithm，finite-field(有限域对数)，110，496

M

Möbius function(Möbius 函数)，276
Möbius inversion formula(Möbius 反演公式)，277，291
m-sequence(*m*-序列)，214
m-torsion point(*m*-扭转点)，339
majority-clocking keystream(多时钟密钥流)，198
man-in-the-middle attack(中间人攻击)，511
marginal probability(边缘概率)，136
Markov source(马尔可夫源)，136，156
Massey's theorem(Massey 定理)，192
Massey-Omura cryptosystem(Massey-Omura 密码体制)，113
matrix(矩阵)，270
circulant(循环矩阵)，546
inverse(逆，反)，270
permutation(置换)，11
square(平方)，270
Toeplitz，190
transpose(转置矩阵)，269
vandermonde(范得蒙)，550
matrix heft(矩阵分量)，271，549
matrix rank(矩阵的秩)，271，549
maximal-distance code(最大距离码)，549
maximal-length sequence(最大长度序列)，216
meet-in-the-middle(中间相遇)
algorithm(算法)，121
attack(攻击)，171
Merkle-Damgaard hash construction(Merkle-Damgaard 散列结构)，227
Merkle-Hellman knapsack (Merkle-Hellman 背包)，102
Mersenne prime(Mersenne 素数)，419，507
message(消息)
ciphertext(密文)，3
plaintext(明文)，2
message digest(消息摘要)，23，219，223
message hash(消息散列)，23
Miller algorithm(Miller 算法)，454，457
Miller function(Miller 函数)，452
Miller reduction(Miller 约简)，458
Miller-Rabin algorithm(Miller-Rabin 算法)，61
minimal basis(最小基)，284
minimal polynomial(最小多项式)，280
minimum distance(最小距离)，549
of a code(码，编码)，549
of a lattice(格)，529
Minkowski theorem(Minkowski 定理)，531，555
mod ular division(模除)，41
mod ular equivalence(同余)，285
mod ular reduction(模数约简)，285
mod ulation property(调制特性)，274
monic polynomial(首一多项式)，248
bivariate(二元，双变量)，283
monic rational function(首一有理函数)，388
monoid(独异点；幺半群)，240，290
monomial(单项式)
bivariate(二元，双变量)，282
univariate(单变量，一元)，247
Montgomery multiplication (Montgomery 乘法)，488，505
Mordell's inequality(Mordell 不等式)，535
morphism(同态)，333
MOV attack(MOV 攻击)，449
multinominal coefficient(多项式系数)，157
multiplication(乘法)
complex(复数)，255
matrix(矩阵)，269

polynomial(多项式)，248
multiplier(乘法器)
Berlekamp，501
bit-serial(位串；比特串)，504
dual-bases(对偶基)，504
Montgomery，488
Omura-Massey，498
parallel(并行)，475
quarter-square(四分之一平方)，505
serial(系列，串)，475
Mumford transform(Mumford 变换)，397

N

nat(奈特)，137
natural language(自然语言)，2
nondeterministic polynomial(非确定性多项式)，20
nonlinear combination generator(非线性组合生成器)，202
nonlinear order(非线性次序)，199
nonlinear output(非线性输出)，201
nonlinear recursion(非线性递归)，194
nonresidue(非剩余)
quadratic(平方)，42
nonsingular polynomial(非奇异多项式)，295
elliptic(椭圆)，295
norm(标准)，376
euclidean domain(欧几里得整环)，252
in a coordinate ring(坐标环中)，375，420
of a divisor(约数，因子)，381
of a lattice point(格点)，529
of a matrix(矩阵)，270
of a vector(向量)，268，538
normal basis(标准基)，494
optimal(最佳；最优)，495
normal form(标准型)，199
number field(数域)，96，256，292
imaginary quadratic(虚二次)，257，355
real quadratic(实二次)，257
number-field sieve(数域筛法)，67，91，96，131
number ring(数环)，256
number theory(数论)，32

O

Okamoto identification protocol(Okamoto 鉴别协议)，513
Omura-Massey multiplier(Omura-Massey 乘法器)，498
one-time pad(一次一密乱码本)，4，30，140，153，158，183
one-way function(单向函数)，13，112，134
trapdoor(陷门)，84，112
opposite，of a point(相对点)，373，382，395
optimal normal basis(最优标准基)，495
orbit(轨道)，33
order(阶)，33，239
in a number field(数域中)，362
in ring theory(环论中)，362
nonlinear(非线性)，199
of a boolean term(布尔项)，199
of a group(群)，33，239
of a pole(极点)，384
of a zero(零)，384
of an element(元素)，33
ordinary elliptic curve(普通椭圆曲线)，312，315
ordinary point(寻常点)，373，395，419
origin(原点)
of lattice(格)，528
vector space(向量空间)，268
orthogonal(正交)，268，529，530
basis(基)，537
complement(补集，补元)，538
orthogonality defect(正交缺陷度)，530
ownership protection(所有权保护)，23，218

P

pad，one-time(一次一密乱码本)，4
pairing(配对)，425
ate(ate 配对)，506
eta(eta 配对)，506
Tate(Tate 配对)，451
Weil(Weil 配对)，460
pairing-friendly curve(友好配对曲线)，464
parallel multiplier(并行乘法器)，475
Pell equation(Pell 方程)，470
perfect secrecy(理想保密)，4，5，107，157
period，of cyclic sequence(循环序列周期)，185
permutation(置换)，270
cipher(密码)，10
group(群)，240
matrix(矩阵)，11

Piücker formula(Piücker 公式)，295
plaintext(明文)
  block(分组)，160
  message(消息)，2，160
plane(平面)
  affine(仿射)，296
  curve(曲线)，294
  projective(投影)，323
pohlig-Hellman algorithm (Pohlig-Hellman 算法)，115
point(点)
  affine(仿射)，296，395
  at infinity(无穷远处)，296，484
  opposite(相对；对面)，373，382
  ordinary(普通)，395
  rational(有理数)，298
  singular(奇异)，295
  special(专用)，373，382
point addition(点的加法)，294
point counting(点计数)
  in extension field(扩域中)，325
  in ground field(基域中)，343
  Satoh algorithm(算法)，367 Satoh
  Schoof algorithm(Schoof 算法)，343
point doubling(点加倍)，306，321
point halving(点减半)，365，368
point representation(点的表示)，484
point tripling(三倍点)，477，505
pole(极限)，383
  of a rational function(有理函数)，376，383
pollard algorithm，(Pollard 算法)
  discrete logarithm(离散对数)，123
  factoring(因子分解，因式分解)，67，133
  rho factoring(ρ 因子分解)，124，133
polynomial(多项式)
  Bézout，253
  bivariate(二元，双变量)，281，294，323
  characteristic(特征)，271
  check(校验)，551
  cyclotomic(分圆)，263
  Edwards，366
  homogeneous(齐次)，323
  hyperelliptic(超椭圆)，371
  nonsingular(非奇异)，295
  prime(素数，质数)，250
  primitive(本原)，186，258
  quotient(商)，249
  remainder(余数)，249
  singular(奇异)，295
  trivariate(三元)，323
  univariate(一元，单变量)，247
  Weierstrass，296
polynomial addition(多项式加法)
  bivariate(二元，双变量)，282
  univariate(一元，单变量)，248
polynomial basis(多项式基)，492，501
polynomial multiplication(多项式乘法)
  bivariate(二元，双变量)，281
  univariate(一元，单变量)，248
polynomial ring(多项式环)，248
  bivariate(二元，双变量)，284
  univariate(一元，单变量)，247
practical secrecy(实际保密性)，6
preimage resistant(抗原像)，224
primality testing(素性检验)，55
primality testing algorithm(素性检验算法)，55
  Fermat(费马)，57
  Goldwasser-Kilian-Atkin，55
  Miller-Rabin，59
  Solovay-Strassen，59
  Wilson，79
prime field(素域)，42，244，245
prime ideal(素理想)，97，243
prime integer(素数，质数)，35
  Mersenne，419
prime number theorem(质数定理，素数定理)，55
  Dirichlet，55
prime polynomial(素多项式)，248，250，291
primitive(本原)，508
  element(元素)，111，186，258
primitive polynomial(本原元多项式)，186，258，279
  number of(数)，279
principal divisor(主因子，主约数)，387，447，461
  elliptic curve(椭圆曲线)，385
probability(概率)
  conditional(条件)，136
  marginal(边缘)，136
probability space(概率空间)，138
product(积)
  componentwise(分量)，268
  inner(内，积)，268
projection(投影，投射)

into subspace(子空间内)，552
property(性质)，500
projective plane(投影面)，283，296，323
projective representation(投影表示)，485
proper ideal(正式理想)，243
protocol(协议)，5，508
authentication(认证)，219
identification(鉴别)，510
security(安全)，508
zero-knowledge(零知识)，510
pseudorandom sequence(伪随机序列)，13，184，211
public encryption key(公开加密密钥)，3
public key exchange(公开密钥交换)，3
public-key cryptography(公钥密码学)，82

Q

quadratic equation(二次方程)，90
quadratic nonresidue(非平方剩余)，42
quadratic number field(二次数域)，257，359
imaginary(虚数)，75，257，359
real(实数)，257
quadratic reciprocity(二次互反性)，49
quadratic residue(平方剩余)，42
quadratic sieve(平方筛选法)，67，91，104
quarter-square multiplier(四分之一平方乘法器)，505
quotient(商)，38
integer(整数)，38
polynomial(多项式)，249
quotient group(商群)，241，285
quotient ring(商环)，255，285

R

Rabin cryptosystem(Rabin 密码体制)，99
ramify(分枝，分叉)，47
rank，of a matrix(矩阵的秩)，190，271，549
rational field(有理数域)，244
rational function(有理函数)，243，376，383
bivariate(二元，双变量)，376，384，447
monic(首一)，243，385
univariate(一元，单变量)，243
rational number(有理数)，95，244
gaussian(高斯)，256，359
rational point(有理点)，298
elliptic curve(椭圆曲线)，301，309
hyperelliptic curve(超椭圆曲线)，372，413
real field(实数域)，96，244，248，256
real quadratic number field(实二次数域)，257
recursion(递归)
binary(二进制)，194
linear(线性)，191
nonlinear(非线性)，194
reduced divisor(约简因子)，382，392，395
reduced Tate pairing(约简 Tate 配对)，452
Reed-Solomon code(Reed-Solomon 码)，525，550
remainder(余数)，38
integer(整数)，38
polynomial(多项式)，249
representation(表示)
canonical(典型)，47，255，394
Edwards，485
jacobian(雅可比，阵)，485
Montgomery，489
projective(投影)，485
signed(符号)，47
representative(代表)
canonical(典型)，34，41，47，285，374
coordinate ring(坐标环)，286，374
residue(剩余)，40
quadratic(平方)，42
rho algorithm(ρ 算法)，124，133
right coset(右陪集)，241
right inverse(右逆元)，242，291
Rijndael(AES 原型算法)，179
ring(环)，34，97，238，242
commutative(交换)，242
coordinate，374 坐标
of bivariate polynomials(二元多项式)，282
of univariate polynomials(一元多项式)，248
quotient(商)，285
unital(单位)，242，282
with identity(含幺)，242
ring of integers(整数环)，242
of number field(数域)，292
root(根)，252
round(轮)，171
Feistel，162
RSA，83
rule，Horner(Horner 法则)，471

S

S-box(S 盒)，176

Satoh algorithm(Satoh 算法)，367
scalar(标量；数量)，247
  multiplication(乘法)，267
Schnorr identification protocol(Schnorr 鉴别协议)，513，525
Schoof algorithm(Schoof 算法)，343，367
square-root(平方根)，74
secrecy(秘密)，4，21，219
  computational(计算)，6
  information-theoretic(信息论)，5，139
  perfect(理想)，5，139
  practical(实际)，6
  theoretic-secrecy(理论保密)，139
  unconditional(无条件)，6
secret sharing(秘密共享，秘密分享)，508
security(安全)
  of RSA，84
  perfect(理想)，5
  protocol(协议)，508
semigroup(半群)，240
semireduced divisor(半约简因子)，382，395
separation principle(分离原理)，218
sequence(序列)
  deBruijn，195，215
  Fibonacci，191
  key(密钥)，211
  maximal(最大)，213
  pseudorandom(伪随机)，211
  typical(典型)，143
serial multiplier(串行乘法器)，475
shadow key(投影密钥)，524
Shanks algorithm(Shanks 算法)，121，133
Shannon-McMillan theorem(Shannon-McMillan 定理)，143
shift cipher(移位密码)，8
shift register(移位寄存器)，185
  linear-feedback(线性反馈)，12
shift-register sequence(移位寄存器序列)，185
  linear(线性)，185
  maximal(最大)，186
  nonlinear output(非线性输出)，200
shortest-basis problem(最短基问题)，536
shortest-vector problem(最短向量问题)，535，547
shrinking keystream(收缩密钥流)，197
side-channel attack(侧信道攻击)，6
sieve(筛选法)
  Eratosthenes，77
  number-field(数域)，91，96
  quadratic(平方)，91，104
signature(签名)，21
  Elgamal，222，236
  RSA，221
  Schnorr identification(Schnorr 鉴别)，521
signed representation(符号表示)，47
Singleton bound(Singleton 界)，549
singular point(奇异点)，295
singular polynomial(奇异多项式)，295
smooth curve(平滑曲线)，295
smooth integer(平滑整数)，97，106，127，294
Solovay-Strassen algorithm (Solovay-Strassen 算法)，59
span，a vector space(向量空间跨度)，269
special point(特殊点)，373，382，395
sphere packing(球状填充)，530
  lattice(格)，530
split(分裂)，47
square matrix(方阵)，270
square root(平方根)
  mod a biprime(双素数模值)，28，64
  prime field(素域)，69
square-root algorithm(平方根算法)
  Berlekamp，72
  Schoof，74
  Tonelli-Shanks，70
standard cell(标准单元)，530
state vector(状态向量)，182
steganography(隐写术)，25
Stein's recursion(Stein 递归)，78
Stirling's approximation(Stirling 近似值)，157
stream cipher(流密码)，2，181，182
  additive(加性，加法)，183
  GSM，215
subexponential complexity(次指数复杂度)，130
subfield(子域)，244
  prime(素数，质数)，281
subgroup(子群)，33
  cyclic(循环)，33，239
sublattice(子格)，529
subring(子环)，243
subset-sum problem(“子集和”问题)，102
subspace，vector(向量子空间)，268
substitution box(代换盒，S 盒)，167

substitution cipher(代换密码), 8
subtraction, integer(整数减法), 32
superincreasing(超递增), 103
supersingular elliptic curve(超奇异椭圆曲线), 312, 450
  in extension field(扩域中), 314
  in prime field(素域中), 313
support(支配集), 381
  of divisor(约数, 因子), 381
symbol(符号)
  Jacobi(雅可比), 51
  Legendre(勒让德), 44
symmetric-key cipher(对称密钥密码), 160
symmetric-key cryptosystem(对称密钥密码体制), 3

T

Tate pairing(Tate 配对), 451
  asymmetric(非对称), 451
  reduced(约简), 452
Tate tower(Tate 塔), 472
term, bivariate(二元项), 282
ternary field(三进制域), 246
Tesselation(镶嵌), 530
theorem(定理)
  agreement(协议), 191
  Bézout, 283, 383, 388
  binomial(二项式), 245
  Blahut, 193
  Cayley-Hamilton, 271, 341
  chinese remainder(中国剩余), 40, 115, 253
  convolution(卷积), 201
  Dirichlet(狄利克雷), 55
  Fermat two-squares(费马平方和), 47
  Fermat's little(费马小定理), 36
  Hasse, 331
  Hasse-Weil, 309
  Hermite, 533
  Key's(密钥), 201, 216
  Korselt, 57
  Lagrange(拉格朗日), 33, 240
  Massey(梅西), 192
  Minkowski(明科夫斯基), 531
  prime number(素数, 质数), 55
  quadratic reciprocity(二次互反性), 49
  Riemann-Roch, 296
  Shannon-McMillan, 143
  torsion structure(扭转结构), 442
  unique factorization(唯一分解), 66, 250
  Weil reciprocity(Weil 互反性), 390
Toeplitz matrix(Toeplitz 矩阵), 190
Tonelli-Shanks algorithm(Tonelli-Shanks 算法), 70
torsion group(扭转群), 241, 434
torsion points(扭转点), 241, 339, 433, 444, 461
  of elliptic curve(椭圆曲线), 452
torsion structure theorem(扭转结构定理), 442
torus(圆环曲面), 352, 367
  complex(复数), 352
  discrete(离散), 340
  real(实数), 352
total degree(总次数), 282
totient function(欧拉函数), 35, 83, 89, 262, 279, 291
trace(轨迹)
  binary(二进制), 318, 500
  Frobenius, 308, 312
  of a field element(域元), 259, 500, 505
  of a matrix(矩阵), 270
  on elliptic curve(椭圆曲线上), 365, 436
transform, Fourier(傅里叶变换), 193
translation property(平移性质), 274
transpose, of a matrix(矩阵的转置), 269
trapdoor(陷门), 84
  function(函数), 112
tree code(树码), 150
trigram(三字母组合, 三连字), 148
trinomial(三项式), 493, 507
tripartite key exchange(三方密钥交换), 133, 426
triple DES(三重 DES), 170
triple-and-add method(三重加方法), 483
trusted authority(可信机构), 22, 513
trusted courier(可信信使), 4
trustworthy(可信), 1
truth table(真值表), 200
twin-prime conjecture(孪生素数猜想), 79
twist, elliptic curve(扭曲椭圆曲线), 309, 356
two-squares theorem(费马平方和定理), 47, 79
typical sequence(典型序列), 143

U

unconditional secrecy(无条件保密), 6

unicity distance(唯一解距离)，145，151
unimodular matrix(单模矩阵)，529
unique factorization theorem(唯一分解定理)
integer(整数)，66
polynomial(多项式)，250
unit(单位；单元)，35
of $\mathbf{Z}_n$($\mathbf{Z}_n$)，35
of a ring(环)，243，291
unital ring(含幺环)，282
univariate polynomial(一元多项式)，247

V

validation(验证)，384
vandermonde matrix(Vandermonde 矩阵)，550
variable-length block code(变长分组码)，150
vector(向量)，267，379
addition(加法)，267
vector space(向量空间)，267
finite-dimensional(有限维)，269
vector subspace(向量子空间)，268，548
verifier(验证者)，510
Vigenére cipher(Vigenére 密码)，9，30

W

watermarking(水印)，23
Weierstrass form(Weierstrass 形式)，296，363
short(短)，297，300
Weierstrass function(Weierstrass 函数)，353
weight(重量)
Euclidean(欧几里得)，268
Hamming(汉明)，193，268
Weil divisor(Weil 除数)，380
Weil pairing(Weil 配对)，460
Weil reciprocity(Weil 互反性)，390，420
Wilson primality test(Wilson 素性检验)，79
witness message(证人消息)，511

X

xedni calculus(仿指数计算)，347

Z

Zero(零，根，零根)
affine(仿射)，324
integer(整数)，32
of a bivariate polynomial(二元多项式)，282，384
of a polynomial(多项式)，252
of a rational function(有理函数)，376，383
of a univariate polynomial(一元多项式)，251
projective(投影)，324
Zero knowledge(零知识)，510
identification(鉴别)，220
Zero polynomial(零多项式)，247
bivariate(二元，双变量)，282
coefficient(系数)，247
Zeta function(Zeta 函数)，330
elliptic curve(椭圆曲线)，330
hyperelliptic curve(超椭圆曲线)，413

推荐阅读

计算机安全：原理与实践（原书第3版）

作者：威廉·斯托林斯 等 译者：贾春福 等

ISBN：978-7-111-52809-8 定价：129.00元

软件安全：从源头开始

作者：詹姆斯·兰萨姆 等 译者：丁丽萍 等

ISBN：978-7-111-54023-6 定价：69.00元

密码学：C/C++语言实现（原书第2版）

作者：迈克尔·威尔森巴赫 译者：杜瑞颖 等

ISBN：978-7-111-51733-7 定价：69.00元

应用密码学：协议、算法与C源程序（原书第2版）

作者：Bruce Schneier 译者：吴世忠 等

ISBN：978-7-111-44533-3 定价：79.00元

推荐阅读

黑客大曝光
恶意软件和Rootkit安全

云安全
基础设施构建
从解决方案的视角看云安全

面向服务器平台的
英特尔可信执行技术
更安全的数据中心指南

Web安全之
机器学习入门

Web安全之
深度学习实战

Web安全之
强化学习与GAN